개와 고양이 의학 사전

개와 고양이 의학사전

공익재단법인 동물임상의학 연구소 지음
위정훈 옮김 야마네 요시히사 • 서경원 • 이종복 감수

사람의집

ORIGINALLY PUBLISHED IN JAPAN by PIE INTERNATIONAL
UNDER THE TITLE イヌ・ネコ 家庭動物の医学大百科 改訂版
(*INU NEKO KATEI DOUBUTSU NO IGAKU DAIHYAKKA_KAITEI EDITION*)

Original Japanese Edition Art Direction: Kazuya Takaoka

PIE International

일러두기

『개와 고양이 의학 사전』에서는 원서에 있는 「이색 반려동물의 질환」과 「야생 동물의 구조와 질환」은 본문에 수록하지 않았음을 밝힙니다.

이 책은 실로 꿰매어 제본하는 정통적인 사철 방식으로 만들어졌습니다.
사철 방식으로 제본된 책은 오랫동안 보관해도 손상되지 않습니다.

이 한 권의 책이 반려동물의 생명을 지킵니다.

사랑하는 ______________________________에게

머리말

『개와 고양이 의학 사전』을 펴내며

사람은 동물에게서 많은 은혜를 받아 왔다. 특히 개와 고양이 같은 반려동물은 이제 우리 사회에 없어서는 안 될 존재가 되었다. 요즘은 사육 환경의 개선과 예방, 그리고 수의학 기술의 향상으로 반려동물도 확실하게 고령화 시대를 맞이하고 있다. 즉 보호자와 동물이 함께하는 기간이 길어졌다는 말이다. 그렇기에 오랫동안 자식처럼 받아들이고 기르며 사랑한 반려동물의 병이나 죽음은 가족에게 말로 다 할 수 없을 만큼 큰일이며 엄청난 정신적 충격이 된다.

한편, 드디어 반려동물도 사회적 주목을 받으며 조금씩 법률이 정비되고 있다. 한국은 몇 차례 개정을 통해 동물보호법(법률 제16977호)을 시행하고 있는데, 이 법은 동물에 대한 학대 행위의 방지를 비롯해 동물을 적정하게 보호하고 관리하기 위한 사항을 규정하여 동물의 생명 보호와 안전 보장을 꾀한다. 그리고 지난 2023년 4월 27일, 동물보호법 제정 31년 만에 드디어 전면 개정된 법률을 시행하게 되었다. 개정된 동물보호법에서는 동물 학대 금지와 반려동물 관리 강화가 눈에 띈다. 특히 동물 학대 행위로 판단될 경우 재발 방지를 위해 보호자에게서 동물을 격리할 수 있는 기간을 최소 5일 이상으로 늘렸고, 유죄로 판명되면 수강 명령이나 치료 프로그램을 이수해야 한다. 많은 보호자에게 울분을 샀던 돈을 받고 반려동물을 파양하는 신종 펫 숍도 불법으로 정하고 있다. 그 밖에도 보호자가 특수한 상황에 부닥쳐(6개월 이상의 군 복무, 입원, 재난 등) 반려동물을 돌볼 수 없는 경우에는 지자체에서 관리할 수 있다.

이른바 반려동물의 권리가 일부이긴 하지만 허용된 것이다. 그런 환경에서 반려동물과 사람이 함께 생활하고 공존하기 위해서는 무엇보다 건강이 제일이다. 그러나 생명 있는 모든 존재는 나이가 들면서 병도 증가한다. 그중에서도 사람과의 오랜 생활 속에서 생기는 인수 공통 감염병[1]은 가장 중요시해야 할 병이다.

이런 생각을 바탕으로 삼아 일반 보호자, 수의사와 수의학과 학생, 반려동물 연구자 등 넓은 범위를 대상으로 한, 개와 고양이의 질병을 총망라한 동물 의학서를 발간한다. 집필은 실제 임상 현장에서 매일같이 각종 병을 치료하고 있는 120명의 전문의에게 의뢰했다.

책의 내용은 제1장 개와 고양이의 몸 구조, 제2장 개와 고양이를 키우기 위한 기초 지식, 제3장 병이 의심되는 증상과 돌봄, 제4장 병과 치료, 제5장 눈으로 보는 의료의 최전선으로 각각

1 사람이나 다른 척추동물 사이에서 자연적으로 감염되는 전염병으로 광견병, 페스트 따위가 있다. 이하 모든 주는 옮긴이의 주다.

나뉜다. 예전보다 동물 질환에 관한 의학서가 많이 출판되기는 했지만 이 책에서는 부위별로 거의 대부분을 다루며 알기 쉽게 설명하고 있다. 또한 개와 고양이를 기르는 사람이 증상부터 바로 찾아볼 수 있도록 구성하였다. 아마도 이 책 한 권만 있으면 반려동물의 거의 모든 질병을 이해할 수 있을 것이다.

마지막으로, 이 책을 기획한 지 수년의 세월이 지났다. 그동안 수많은 전문의와 관계자 여러분이 지지하고 협력해 주었다. 초기에 기획을 짜준 수의사 시모카와 유미코(下川裕美子), 막대한 양의 업무를 정확히 처리해 준 비서 무라이 지에(村井千惠), 집필은 물론이고 감수에도 큰 도움을 준 수의사 후카세 도루(深瀨徹), 그 밖에 편집에 참여한 모든 분에게 깊은 감사를 드린다. 이 책이 수많은 반려동물 보호자를 비롯해 동물 의료 관계자에게도 도움이 되기를 진심으로 바란다.

야마네 요시히사(山根義久)
도쿄 농공 대학교 명예 교수, 감수자

차례

제4장 병과 치료

긴급 증상 바로 보기

이런 증상이 나타나면 긴급 사태이므로 서둘러 병원으로 가야 한다.

15

* 상세한 증상은 각 페이지에서 확인하도록.

제1장
개와 고양이의
몸 구조

19

골격

뼈는 첫째, 근육이 몸을 움직일 때 지레 역할을 한다. 둘째, 몸의 구조를 보호한다. 셋째, 칼슘과 인, 지방을 저장한다. 넷째, 혈구를 생산하는 장소가 된다. 뼈의 네 가지 주요한 작용은 사람과 같다. 개나 고양이의 골격 구조도 기본적인 부분에서는 사람과 같지만, 뼈의 개수는 사람이 200개 정도 되는 데 비해 개는 약 320개, 고양이는 약 240개다. 이것은 네발로 걷고, 동체가 길어 많은 척추뼈를 가지며, 더욱이 사람과 달리 꼬리뼈를 갖고 있기 때문이다.

한편 사람의 골격과 가장 다른 점은 개나 고양이는 빗장뼈(쇄골)가 퇴화하여 없다는 것이다. 그래서 사람보다 어깨 관절이 자유롭게 움직이며 작은 구멍에서 빠져나올 수도 있다. 개와 고양이는 어깨뼈 구조에 차이가 있다. 개의 어깨뼈는 몸의 옆쪽으로 근육을 따라 연결되어 있지만, 고양이의 어깨뼈는 머리 뒤쪽에 있으며 다리의 움직임에 따라 자유롭게 움직인다. 이것이 고양이가 유연성이 좋은 이유 중 하나다.

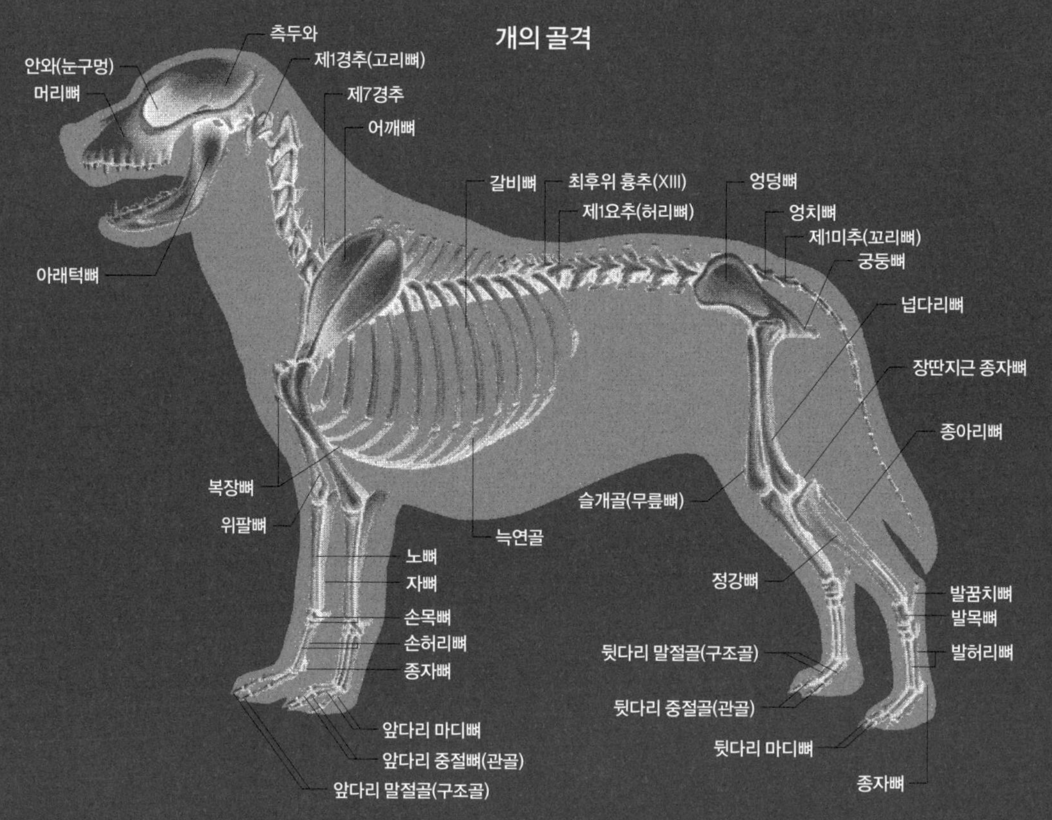
개의 골격
측두와
안와(눈구멍)
제1경추(고리뼈)
머리뼈
제7경추
어깨뼈
갈비뼈
최후위 흉추(XIII)
엉덩뼈
제1요추(허리뼈)
엉치뼈
제1미추(꼬리뼈)
궁둥뼈
아래턱뼈
넙다리뼈
장딴지근 종자뼈
종아리뼈
복장뼈
슬개골(무릎뼈)
위팔뼈
늑연골
노뼈
자뼈
정강뼈
발꿈치뼈
손목뼈
발목뼈
손허리뼈
뒷다리 말절골(구조골)
발허리뼈
종자뼈
뒷다리 중절골(관골)
앞다리 마디뼈
뒷다리 마디뼈
앞다리 중절뼈(관골)
종자뼈
앞다리 말절골(구조골)

고양이의 골격

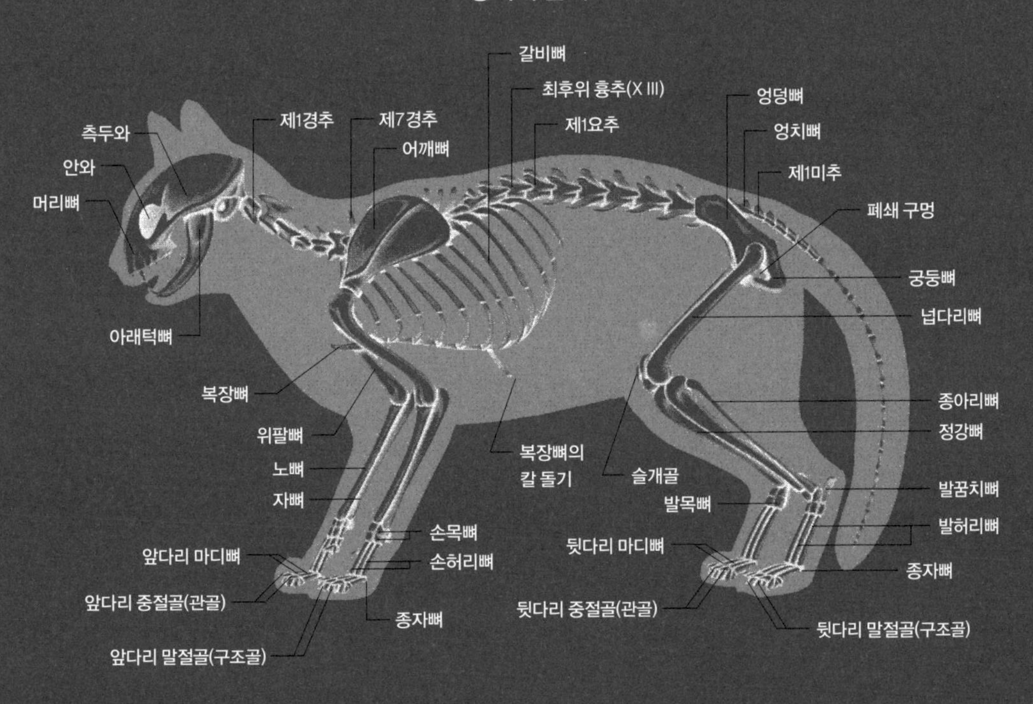
갈비뼈
최후위 흉추(XIII)
엉덩뼈
측두와
제1경추
제7경추
제1요추
엉치뼈
안와
어깨뼈
제1미추
머리뼈
폐쇄 구멍
궁둥뼈
넙다리뼈
아래턱뼈
복장뼈
종아리뼈
위팔뼈
정강뼈
복장뼈의
칼 돌기
노뼈
슬개골
자뼈
발꿈치뼈
발목뼈
손목뼈
발허리뼈
앞다리 마디뼈
뒷다리 마디뼈
손허리뼈
종자뼈
앞다리 중절골(관골)
뒷다리 중절골(관골)
종자뼈
뒷다리 말절골(구조골)
앞다리 말절골(구조골)

22

근육과 인대

근육의 역할은 사람과 거의 비슷하여 근육 수축으로 몸을 움직이거나 자세를 유지하거나 대사 활동을 한다. 개나 고양이는 사람보다 뛰어난 순발력과 도약력을 갖고 있는데, 그것을 지탱하는 것이 바로 발달된 근육이다. 개와 고양이는 사람보다 골격근의 수가 많으며, 특히 뒷다리를 중심으로 근육이 발달하여 있다. 씹는 힘을 지지하는 턱이나 측두부(머리에서, 관자뼈로 경계가 되는 표면의 부위) 근육 역시 사람보다 발달했다. 그러나 둘 다 지구력은 발달해 있지 않으며, 특히 고양이는 순간적인 순발력과 도약력으로 먹이를 잡기 때문에 지구력은 별로 없다.

인대는 섬유 다발로 이루어져 있으며, 관절 부분에서 뼈와 뼈를 이어서 관절을 강화하고 안정시킨다. 각 관절은 인대에 의해 특정 방향으로만 움직이게 되어 있다. 사람과 개나 고양이는 운동의 형태가 다르므로 인대 구조에도 차이가 있다. 예를 들어 개의 엉덩 관절은 인대에 의한 제한이 적어서 여러 방향으로 움직이므로 배뇨할 때 다리를 높이 들어 올리거나 뒷다리로 머리를 긁을 수 있다.

23

소화기

소화기는 입으로 들어온 음식을 통과시키면서 소화하는 소화관과 소화를 돕는 분비물을 분비하는 부속 기관으로 나눌 수 있다. 개와 고양이는 육식 동물로 분류되지만 실제로는 잡식이며 식물을 포함해 다양한 음식물에 적응한 소화 능력을 갖추고 있다. 단, 다른 육식 동물과 마찬가지로 소화관은 대단히 짧다. 사람의 소화관 길이는 신장의 6~7배이지만 개는 약 5배, 고양이는 약 4배밖에 안 된다. 개는 소화 흡수에 걸리는 시간이 길어서 사람은 2~3시간인데 비해 6~8시간이 걸린다. 육식 동물 중에는 맹장이 없는 것도 있는데 개는 크지는 않지만 맹장이 있는 것도 특징이다.

24

개의 근육

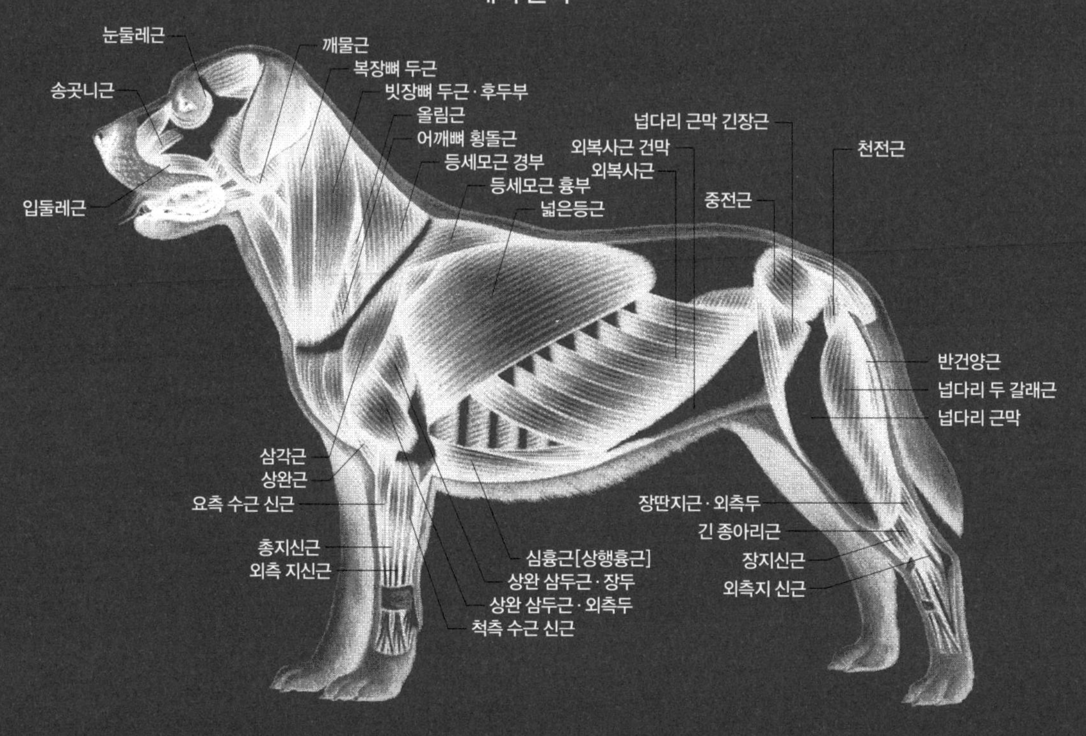
눈둘레근
송곳니근
입둘레근
깨물근
복장뼈 두근
빗장뼈 두근·후두부
올림근
어깨뼈 횡돌근
등세모근 경부
등세모근 흉부
넓은등근
넙다리 근막 긴장근
외복사근 건막
외복사근
중전근
천전근
반건양근
넙다리 두 갈래근
넙다리 근막
삼각근
상완근
요측 수근 신근
총지신근
외측 지신근
심흉근[상행흉근]
상완 삼두근·장두
상완 삼두근·외측두
척측 수근 신근
장딴지근·외측두
긴 종아리근
장지신근
외측지 신근

개의 인대

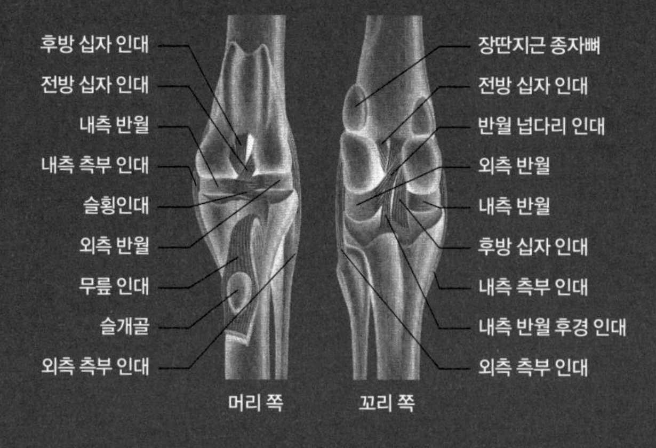
후방 십자 인대
전방 십자 인대
내측 반월
내측 측부 인대
슬횡인대
외측 반월
무릎 인대
슬개골
외측 측부 인대
장딴지근 종자뼈
전방 십자 인대
반월 넙다리 인대
외측 반월
내측 반월
후방 십자 인대
내측 측부 인대
내측 반월 후경 인대
외측 측부 인대
머리 쪽
꼬리 쪽

고양이의 근육

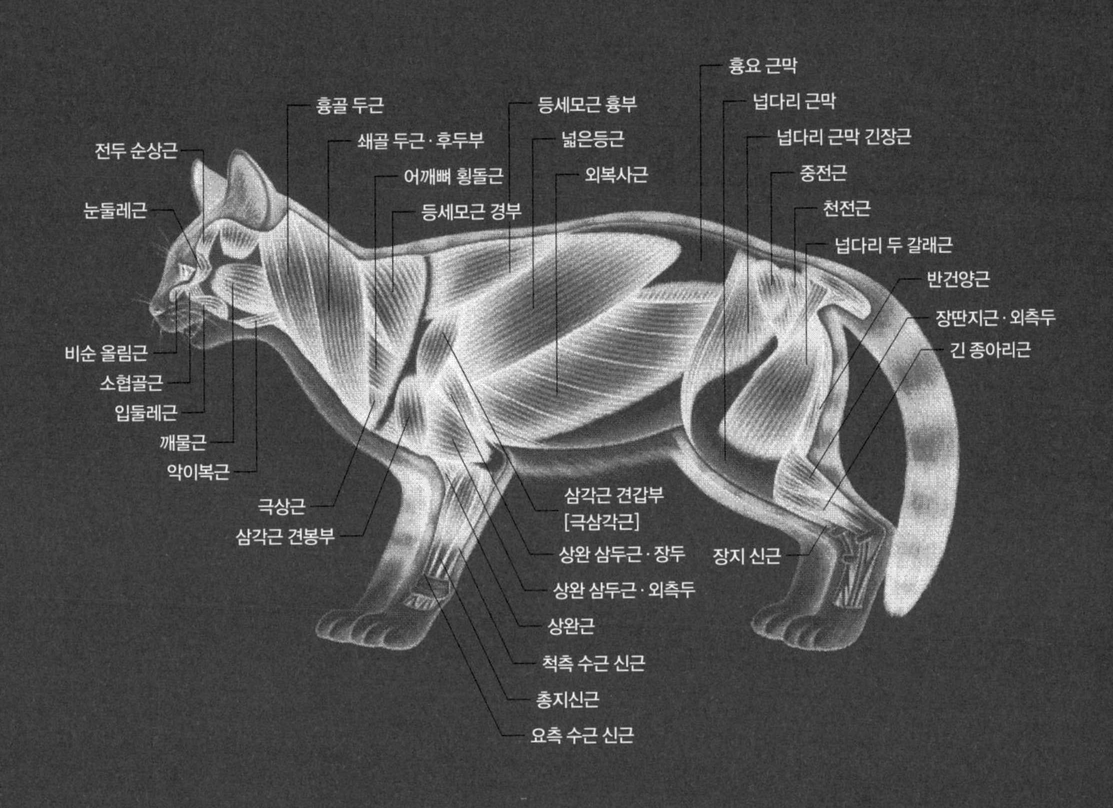

고양이의 인대

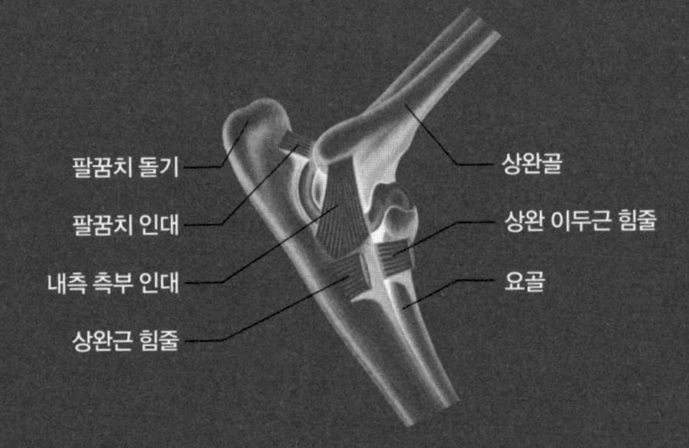

개의 몸 구조

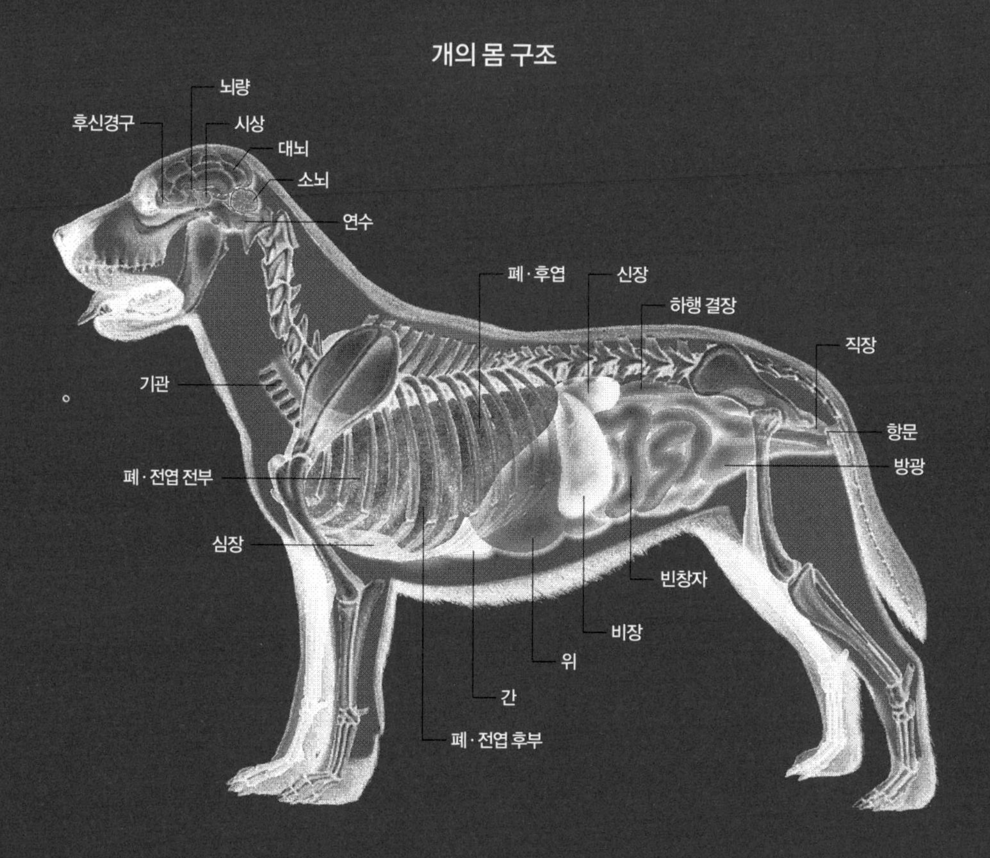
뇌량
후신경구
시상
대뇌
소뇌
연수
폐·후엽
신장
하행 결장
직장
기관
항문
폐·전엽 전부
방광
심장
빈창자
비장
위
간
폐·전엽 후부

27

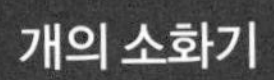

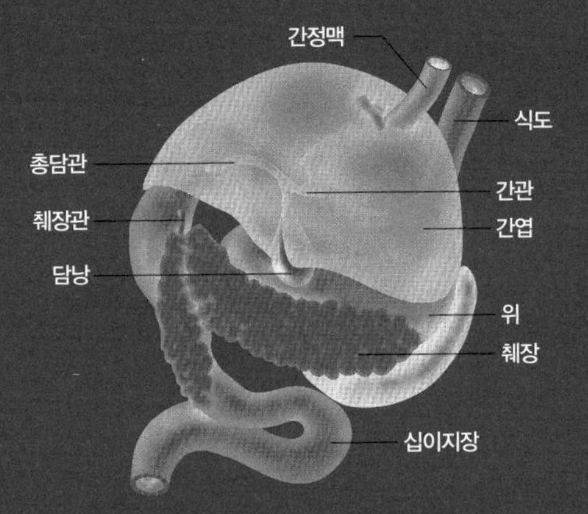

28

호흡기

호흡기의 기본적인 구조는 사람과 같다. 콧구멍에서 인두, 후두, 기관, 기관지, 폐까지를 호흡기라고 부른다. 호흡기에서는 산소를 체내로 들이마시고 필요 없는 이산화 탄소를 체외로 배출하는 중요한 작용을 한다. 발성이나 후각, 체온 조절 등에도 관여하는 중요한 기관이다. 호흡 운동으로 체내의 산과 염기 균형을 맞추며 호흡수는 개체의 크기에 따라 다르지만 개가 1분에 약 10~30회, 고양이가 20~30회다.

29

고양이의 몸 구조

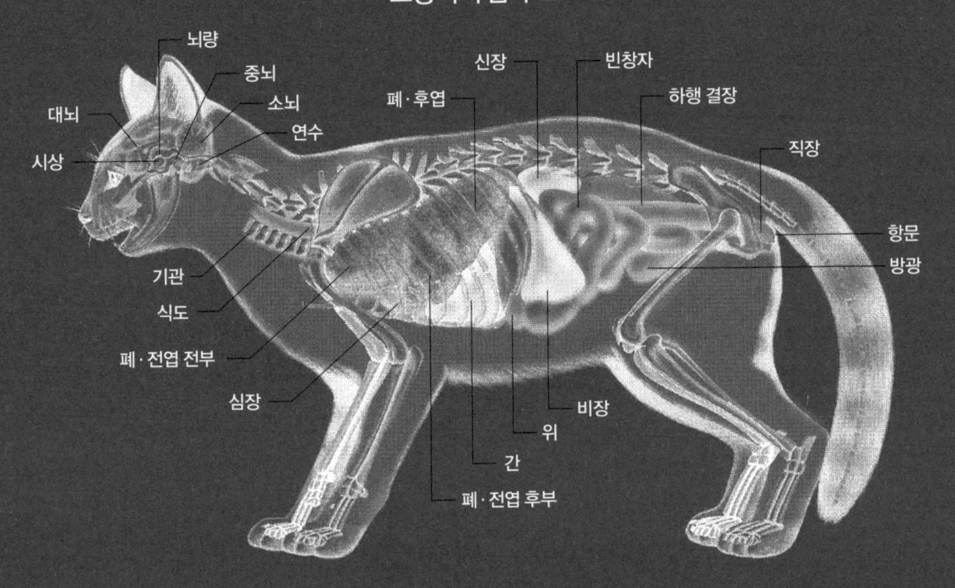

고양이의 호흡기

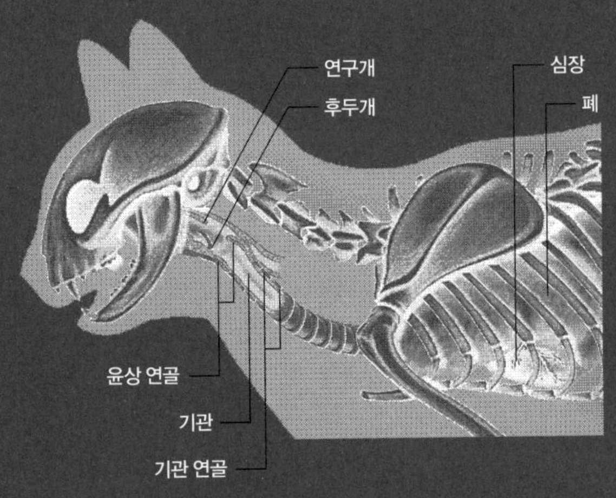

30

심장과 혈관

심장은 피를 폐로 보내서 산소와 이산화 탄소를 교환하고, 생명 유지에 필요한 산소나 에너지원을 많이 함유한 피를 온몸에 순환시키는 중요한 역할을 맡고 있다. 개와 고양이의 심장은 기본적인 구조는 사람과 같으며, 좌우의 심방과 좌우의 심실이라는 네 개의 방으로 이루어져 있다. 이 네 개의 방이 균형 있게 규칙적으로 움직임으로써 심장은 피를 온몸으로 순환시키는 펌프 같은 역할을 하고 있다. 맥박 수는 소형견이 1분에 180회 이하, 대형견이 70~160회, 고양이는 90~240회 정도다.

혈관에는 심장에서 온몸으로 보내는 혈액이 흐르는 동맥, 그리고 온몸에서 심장으로 돌아오는 혈액이 흐르는 정맥, 이렇게 두 종류가 있다. 여기에 더해 온몸에 그물눈처럼 갈라져 퍼져 있는 모세 혈관이 혈액을 온몸으로 보내 준다. 바깥 기온에 따라 수축하거나 확장하거나 체온을 조절하는 것도 혈관의 작용 중 하나다. 혈관의 구조와 작용은 개나 고양이도 거의 사람과 같다. 그러나 사람과 달리 개나 고양이는 발톱에도 혈관이 퍼져 있다.

31

신경계

신경계의 구조와 작용은 아주 복잡하며, 크게 중추 신경계와 말초 신경계 두 종류가 있다. 중추 신경계란 뇌와 척수를 가리키며, 감각기 등으로부터의 정보나 자극에 대응하여 생명 유지에 필요한 모든 작용을 담당한다. 한편, 말초 신경계는 몸의 조직과 중추 신경계를 잇는 전선 역할을 하고 있으며, 작용에 따라 지각을 전달하는 지각 신경, 골격을 움직이는 운동 신경, 내장을 움직이는 자율 신경 세 종류로 나뉜다. 개나 고양이의 신경계는 사람보다 특히 감각 신경이 뛰어나서 강력한 시각, 청각, 후각을 갖고 있다.

개의 혈관

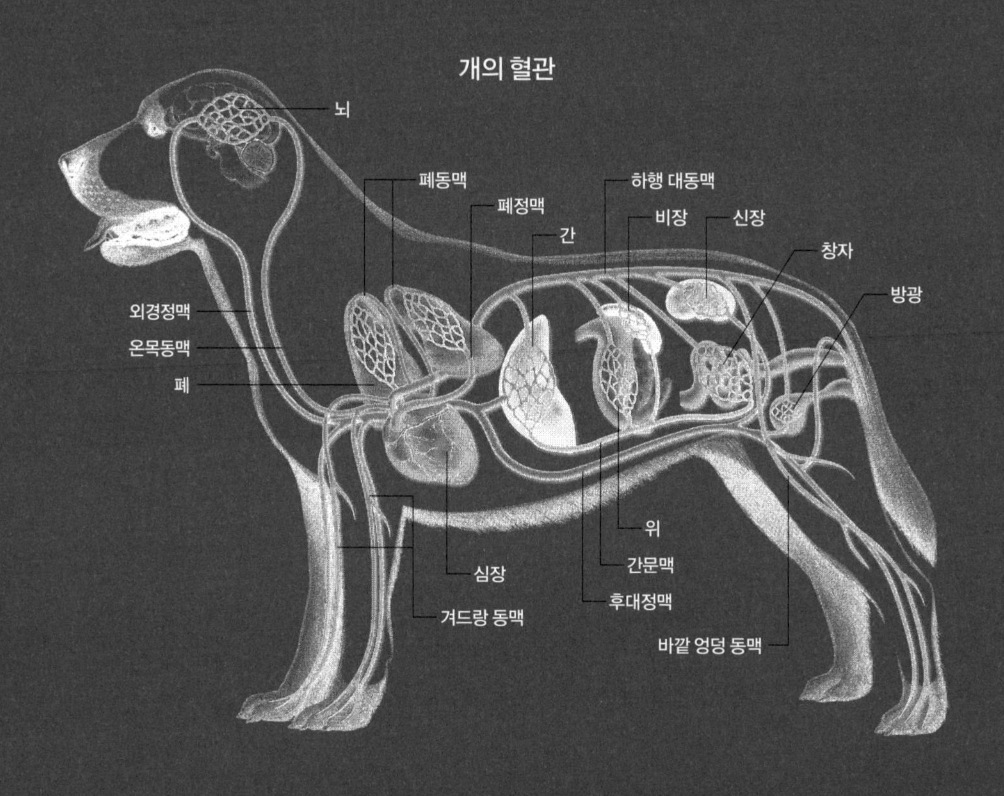
뇌
폐동맥
폐정맥
간
하행 대동맥
비장
신장
창자
방광
외경정맥
온목동맥
폐
위
간문맥
심장
후대정맥
겨드랑 동맥
바깥 엉덩 동맥

개의 심장(단면)

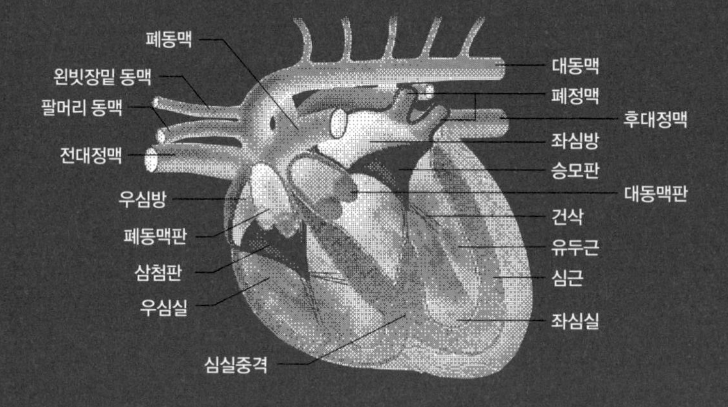
폐동맥
왼빗장밑 동맥
팔머리 동맥
전대정맥
우심방
폐동맥판
삼첨판
우심실
심실중격
대동맥
폐정맥
후대정맥
좌심방
승모판
대동맥판
건삭
유두근
심근
좌심실

고양이의 혈관

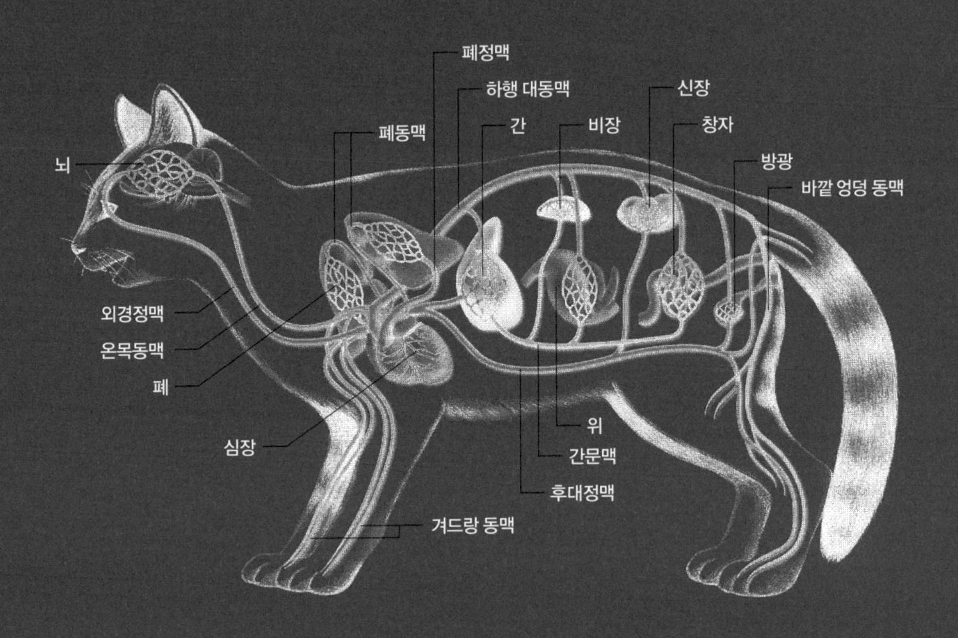

고양이의 심장(표면)

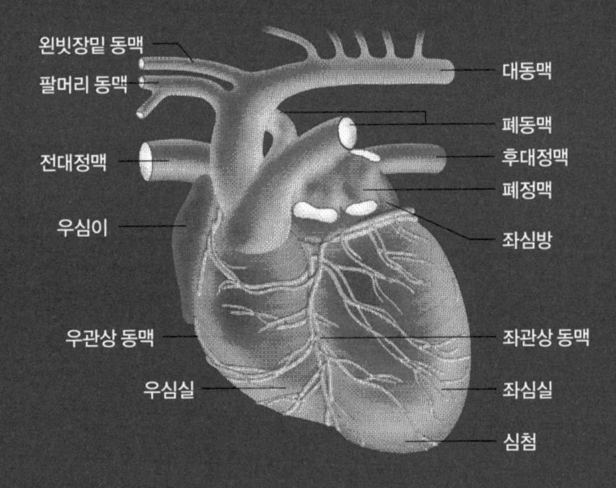

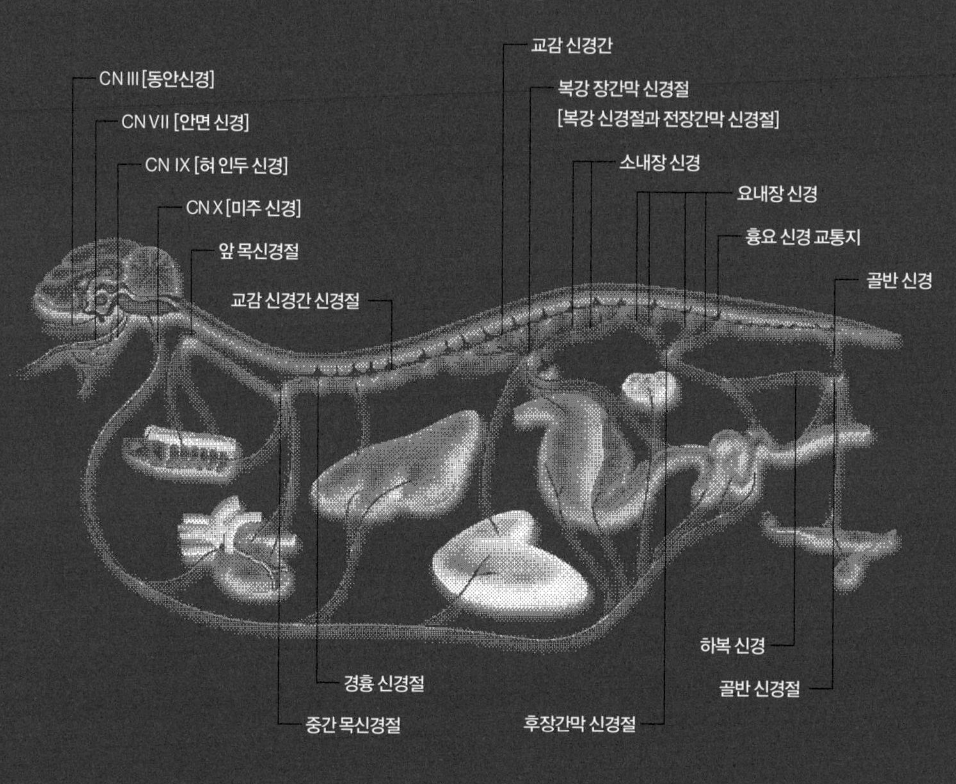
고양이의 말초 신경
교감 신경간
CN III [동안신경]
복강 장간막 신경절
[복강 신경절과 전장간막 신경절]
CN VII [안면 신경]
CN IX [혀 인두 신경]
소내장 신경
요내장 신경
CN X [미주 신경]
흉요 신경 교통지
앞 목신경절
골반 신경
교감 신경간 신경절
하복 신경
경흉 신경절
골반 신경절
중간 목신경절
후장간막 신경절

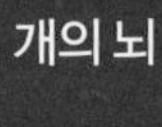

개의 뇌

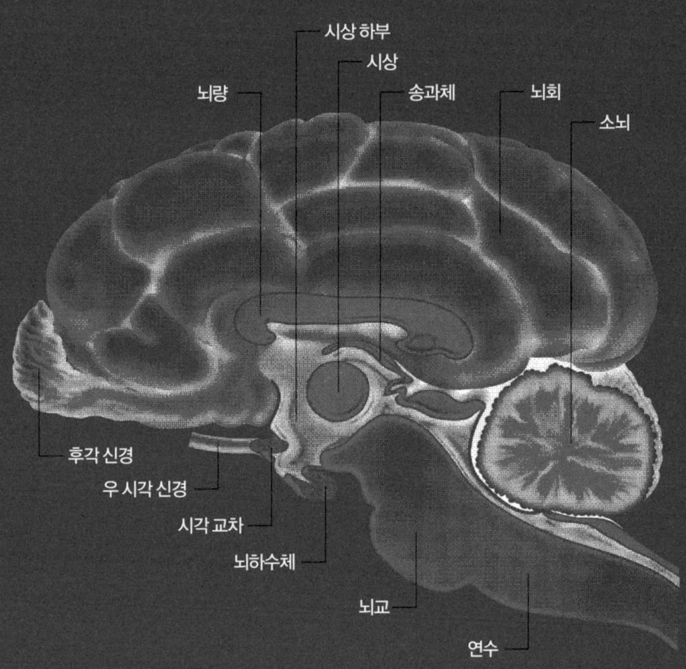

고양이의 중추 신경

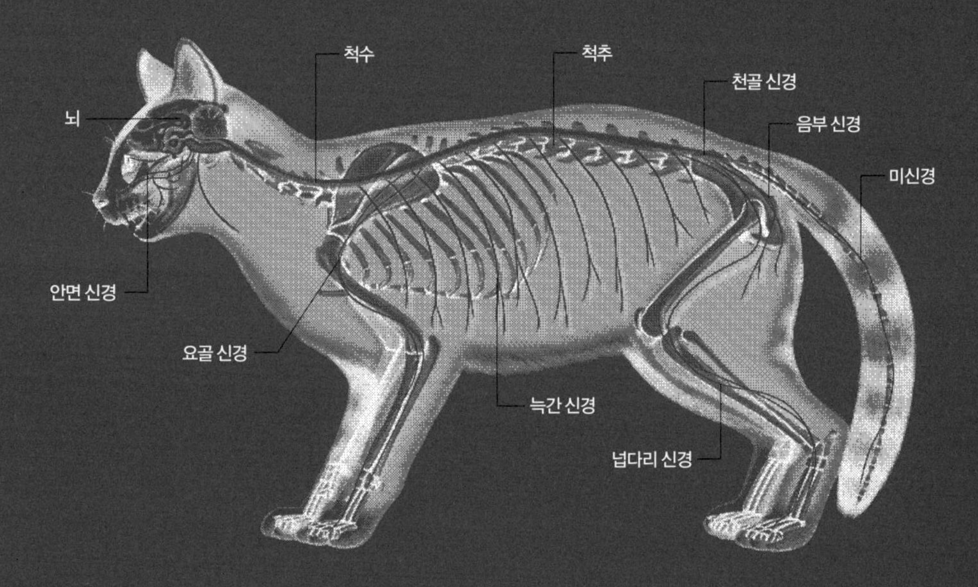

36

림프계

림프계는 림프관과 림프액으로 이루어져 있다. 림프관은 정맥과 나란히 온몸을 수없이 도는 림프액의 통로며 림프액은 림프관을 흐르는 액체로, 모세 혈관에서 넘친 조직액[1]의 집합이다. 이들의 작용으로 세포 사이에 존재하는 체액을 회수하고 체내를 정화한다. 개와 고양이의 림프 구조나 작용은 기본적으로 사람과 같다.

1 동물의 각 조직 세포 사이에 있는 액체. 일부는 혈관으로 되돌아가지만 대부분은 림프관으로 들어가 림프액이 된다.

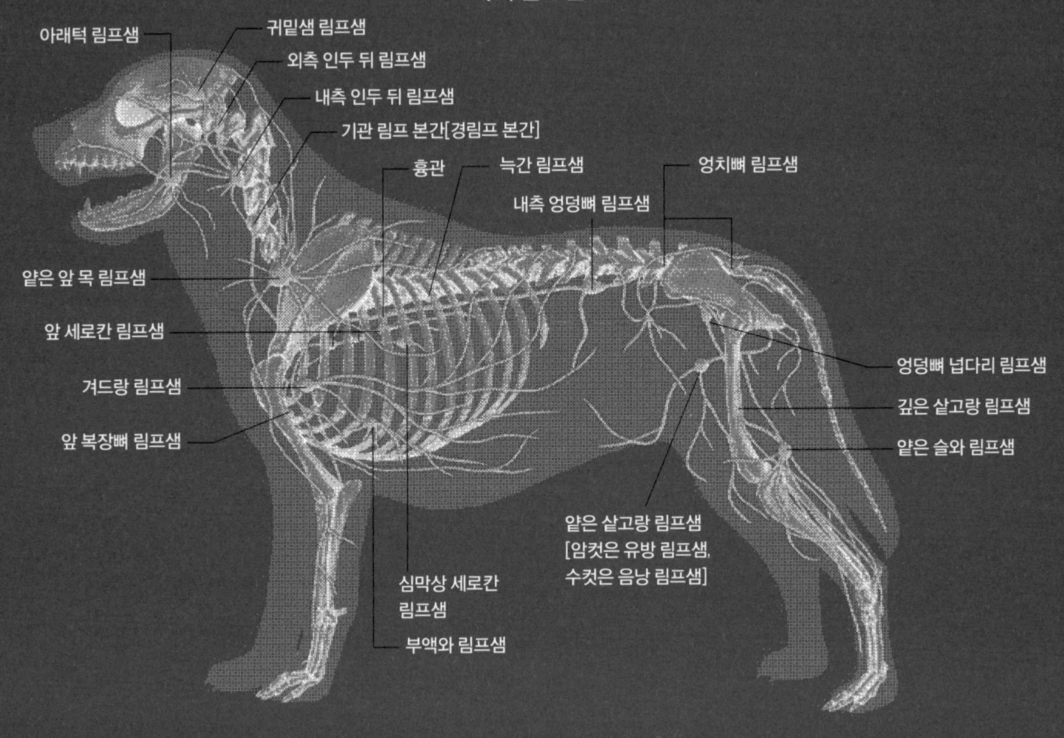
개의 림프샘
아래턱 림프샘
귀밑샘 림프샘
외측 인두 뒤 림프샘
내측 인두 뒤 림프샘
기관 림프 본간[경림프 본간]
흉관
늑간 림프샘
엉치뼈 림프샘
내측 엉덩뼈 림프샘
얕은 앞 목 림프샘
앞 세로칸 림프샘
겨드랑 림프샘
앞 복장뼈 림프샘
엉덩뼈 넙다리 림프샘
깊은 샅고랑 림프샘
얕은 슬와 림프샘
얕은 샅고랑 림프샘
[암컷은 유방 림프샘,
수컷은 음낭 림프샘]
심막상 세로칸
림프샘
부액와 림프샘

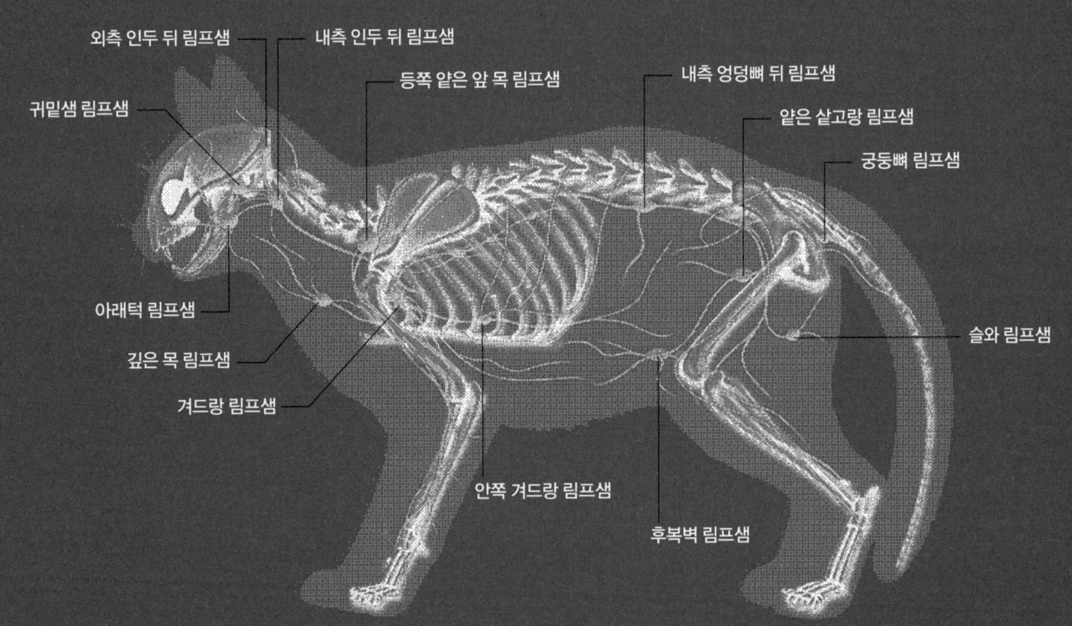
고양이의 림프샘
외측 인두 뒤 림프샘
내측 인두 뒤 림프샘
등쪽 얕은 앞 목 림프샘
내측 엉덩뼈 뒤 림프샘
귀밑샘 림프샘
얕은 샅고랑 림프샘
궁둥뼈 림프샘
아래턱 림프샘
슬와 림프샘
깊은 목 림프샘
겨드랑 림프샘
안쪽 겨드랑 림프샘
후복벽 림프샘

38

감각기

개와 고양이는 생활 방식 차이가 있어서 눈의 구조가 다르다. 둘 다 밝은색에 반응하는 추상 세포 수가 아주 적다고 알려져 있으며, 색의 밝기를 인식할 수 있을 정도의 색맹이라고도 한다. 거기에 더해 고양이의 눈은 야행성 육식 동물로 살아가기 위한 특징을 많이 갖추고 있다. 예를 들면 눈의 망막에 있는 막대 모양의 간상세포는 빛을 감지하는 기능이 사람의 6~8배 있으며, 어둠 속에서도 강력한 시력을 유지할 수 있다.

귀는 개와 고양이 모두 사람보다 뛰어난 능력을 갖추고 있다. 가청 영역은 사람이 20~2만 헤르츠인데, 개는 65~4만 5천 헤르츠, 고양이는 60~6만 5천 헤르츠까지 들을 수 있다고 한다. 둘 다 사람의 귀로는 들을 수 없는 초음파를 들을 수 있는 것이다. 특히 고양이는 음의 정확한 방향을 포착하는 청력도 뛰어나서 20미터 앞에서 소리가 나는 장소도 정확하게 인식한다. 고양이의 뛰어난 청력은 원래 사냥을 위해 발달한 것으로 보인다.

개의 눈

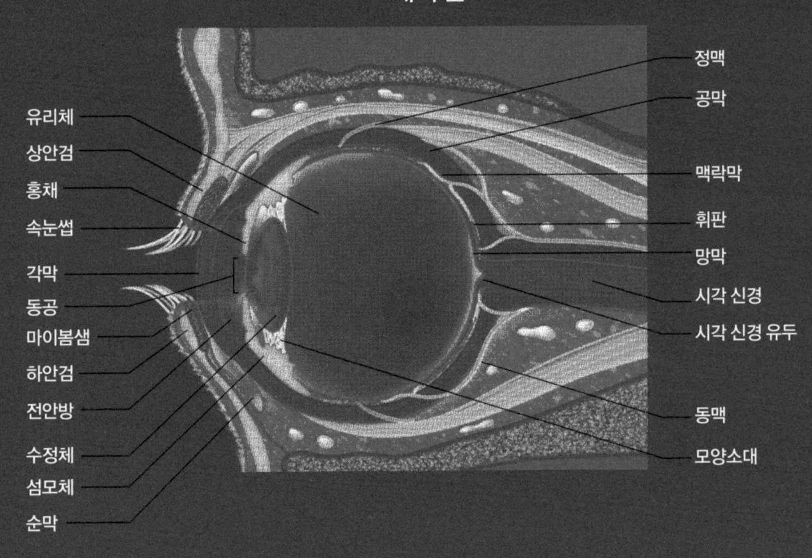
유리체
상안검
홍채
속눈썹
각막
동공
마이봄샘
하안검
전안방
수정체
섬모체
순막
정맥
공막
맥락막
휘판
망막
시각 신경
시각 신경 유두
동맥
모양소대

개의 귀

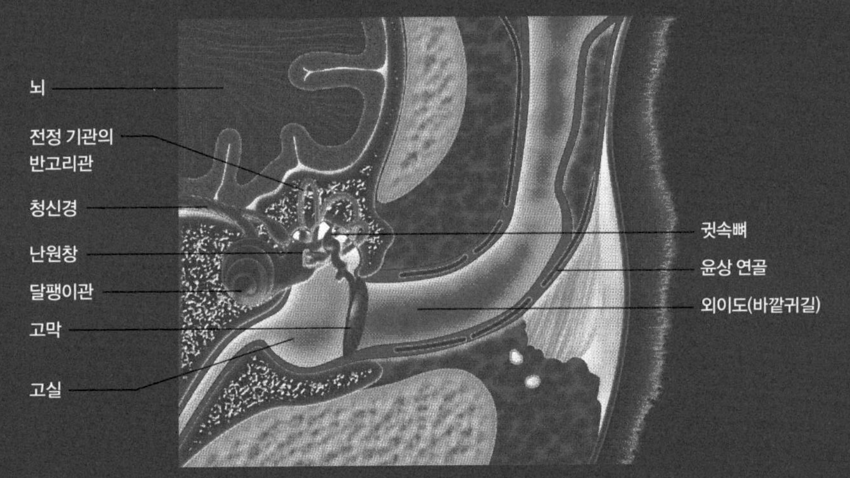
뇌
전정 기관의
반고리관
청신경
난원창
달팽이관
고막
고실
귓속뼈
윤상 연골
외이도(바깥귀길)

제2장
개와 고양이를 키우기 위한 기초 지식

43

주요 견종과 묘종의 특징

개가 가축화된 것은 지금으로부터 1만 2천 년 정도 전의 유라시아 대륙이었다고 한다. 일본 조몬 시대 유적에서도 시바견의 뼈가 매장된 흔적이 발견되었으며, 사람과 개의 인연은 훨씬 옛날부터 이어지고 있다. 태곳적부터 사람의 좋은 친구였던 개는 사냥개나 가축을 지키는 개 등의 목적에 따라 성격이나 체격을 개량하고 환경 변화에 따라 진화해 왔다. 그 결과 현재와 같이 색깔과 형태, 그리고 크기가 개성적인 순수종이 탄생했다. 현재 견종의 수는 국제 애견 협회가 공인하고 있는 것만 350종류 이상이며, 국제 애견 협회에 가입하지 않은 견종도 100종류 이상 있다고 한다. 각각의 견종은 스탠더드(견종 표준)가 제정되어 내력이나 용도, 외모, 성격, 몸체, 크기, 털 색깔 등 세세한 설정도 만들어져 있다. 이것이 견종 감정의 기초가 된다.

고양이와 사람의 인연도 4천 년 이상이다. 현재 반려동물로 키워지고 있는 고양이는 북아프리카 원산인 들고양이를 선조로 둔 집고양이다. 집고양이는 사람들의 이동과 함께 놀라운 속도로 세상에 번식해 왔다. 전 세계로 퍼진 고양이는 환경에 따라 외모나 털 빛깔을 변화시켜 왔으며, 선택 번식이 이루어지게 된 것은 19세기 이후다. 그 뒤 유전자 지식을 이용하여 다양한 털 빛깔이나 무늬를 가진 고양이가 만들어졌다. 단체에 따라 공인된 묘종은 다르지만 현재 고양이의 종류는 60종류 정도다. 고양이의 순수종은 개만큼 중시되지 않으며, 집고양이의 순수종 비율은 순수종이 인기를 얻고 있는 나라에서도 10퍼센트 미만이다. 나라 대부분에서 2퍼센트도 채 되지 않는다.

Border Collie

보더 콜리

원산국 영국 | **몸 높이** 수컷 53cm, 암컷은 53cm보다 약간 낮음 | **특징** 양치기 개로서의 능력이 훌륭하다. 확실한 업무 처리, 적확한 판단력, 현명함, 강한 근성 등이 뛰어나다. 양을 배려하는 세심함이 있지만 도시 가정에서 키우기는 다소 힘들다. 스트레스가 쌓이지 않도록 충분히 운동시켜 주지 않으면 물거나 폭력성을 드러내기도 한다. | **잘 걸리는 병** 공막 결손증, 콜리 안구 기형, 수정체 탈구, 난청 등

Rough Collie

러프 콜리

원산국 영국 | **몸 높이** 수컷 61cm, 암컷 56cm | **특징** 원래는 스코틀랜드의 양치기 개. 옛날에는 검은 털색이 많아 앵글로·색슨어로 검정을 뜻하는 콜리라는 이름이 붙었다. 힘이 좋고 활동력이 넘치며 냉담하거나 거친 면은 찾아볼 수 없다. 친해지기 쉬운 성격이며 신경질적이거나 공격적인 면이 없다. 영화 「래시」의 주인공으로 전 세계 어린이들에게 큰 인기를 얻기도 했다. | **잘 걸리는 병** 공막 결손증, 콜리 안구 기형, 수정체 탈구, 난청 등

German Shepherd Dog

독일셰퍼드

원산국 독일 | **몸 높이** 수컷 60~65cm, 암컷 55~60cm | **특징** 냉정하고 침착하며 자신감 가득한 태도와 민첩하고 군더더기 없는 움직임, 명석한 두뇌와 뛰어난 후각 등 다재다능하다. 이 개는 우수한 군용견을 찾던 독일군이 양치기 개를 여러 번 개량하여 만들어 낸 것이 시작이었다. 현재도 독일뿐만 아니라 전 세계에서 군용견, 양치기 개, 불침번견, 맹도견 등으로 이용되고 있다. | **잘 걸리는 병** 대동맥 협착증, 폰빌레브란트병, 위 식도 중적, 장염전, 항문 주위염, 변형성 척추증, 중증 근육 무력증(후천성), 고관절 형성 부전, 팔꿈치 돌기 유합 부전, 저작근 근염, 다발 근육염 등

Old English Sheepdog

올드 잉글리시 시프도그

원산국 영국 | **몸 높이** 수컷 61cm, 암컷 56cm | **특징** 예전에 시장으로 이동할 때 가축 무리를 몰던 개로, 가축 상인이 키웠다. 가축 상인의 개에게는 세금을 매겼고 세금을 냈다는 증거로 꼬리를 잘랐는데, 그 영향이 아직도 남아 있다. 성격은 안정적이고 차분하다. 가족에 대해 헌신적이고 애정을 듬뿍 담아 대한다. | **잘 걸리는 병** 심방중격 결손증, 삼첨판 형성 이상, 면역 매개 용혈 빈혈, 작은각막증, 난청 등

Shetland Sheepdog

셰틀랜드양몰이개

원산국 영국 | **몸 높이** 수컷 37cm, 암컷 35.5cm | **특징** 스코틀랜드의 작업견이었던 콜리가 선조로, 셰틀랜드섬에서 양치기 개로 활약하다가 환경에 맞춰 소형화되었다. 운동 신경이 뛰어나며 온후하고 착한 성격이다. 선조가 혹독한 환경에서 자랐기에 인내심이 강하다. | **잘 걸리는 병** 동맥관 개존증, 부정 교합, 잇몸 증식증, 담석증·담낭 슬러지, 특발 뇌전증, 각막 위축증, 공막 결손증, 콜리 안구 기형, 갑상샘 기능 저하증, 물집 유사 천포창, 일광 피부염 등

Welsh Corgi Pembroke

웰시 코기 펨브로크

원산국 영국 | **몸 높이** 암수 모두 약 25.4~30.5cm | **특징** 웨일스의 농가에서는 낮에는 양치기 개, 밤에는 집 지키는 개로 일했다. 땅딸막한 체형이지만 동작은 민첩하다. 호기심이 왕성하고 관찰력도 예리하며 사람에 대해 세심한 배려를 보인다. 헨리 2세의 총애를 받는 등 옛날부터 영국 왕실과 인연이 깊다. | **잘 걸리는 병** 특발 안면 신경염, 근육 위축증 등

Boxer

복서

원산국 독일 | **몸 높이** 수컷 57~63cm, 암컷 53~59cm | **특징** 19세기 후반에 불도그와 마스티프를 교배하여 약 100년간에 완성된 품종. 제1차 세계 대전 때 독일셰퍼드와 함께 적십자에서 활약했고, 독일에서 최초로 경찰견이 되었다. 필요할 때면 투지를 드러내지만 기본적으로는 차분하고 충실하다. | **잘 걸리는 병** 대동맥 협착증, 심방중격 결손증, 심근염(특발 심근염), 심근증(확장형 심근증), 잇몸 증식증, 특발 안면 신경염, 안검 외반증, 피부 조직구종, 비만 세포종, 혈관 육종 등

Bulldog

불도그

원산국 영국 | **몸 높이** 암수 모두 33~41cm | **특징** 예전에는 소와 격투를 벌이는 불베이팅 투견으로 알려졌는데, 투견이 금지된 이후 공격성과 폭력성이 제거되었다. 소의 뿔을 피하기 위한 낮은 키와 소의 안면을 물고 늘어질 때도 숨을 쉴 수 있도록 위로 들린 코 등 외모에 투견의 흔적이 남아 있지만 지금은 용감하고 다정한 개다. | **잘 걸리는 병** 심근염(특발 심근염), 연구개 노장, 이소성 요관, 요산염 결석, 안검 내반증, 피부 조직구종, 비만 세포종 등

Dobermann
도베르만

원산국 독일 | **몸 높이** 수컷 68~72cm, 암컷 63~68cm | **특징** 교육하기 쉽고 경계심이 강하고 민감하다. 한번 배우면 잊지 않을 정도로 머리가 좋고 기민하며 봉사 정신까지 갖추고 있어 경찰견이나 군용견으로 널리 이용된다. 유년기에 확실하게 훈련을 시키지 않으면 흉포해지기도 하므로 주의한다. | **잘 걸리는 병** 폰빌레브란트병, 제1차 유리체 과다 형성 잔존, 경부 척추증 등

Great Dane
그레이트데인

원산국 독일 | **몸 높이** 수컷 80cm 이상, 암컷 72cm 이상 | **특징** 중세 독일에서 멧돼지 사냥 때 활약했던 사냥개. 당시는 멧돼지와 맞붙어서 쓰러뜨릴 정도로 용맹한 개였다고 한다. 현재도 용감하고 무서움을 모르는 성격이지만, 우호적이고 사려 깊으며, 모르는 사람 앞에서는 수줍음을 탄다. | **잘 걸리는 병** 승모판 형성 이상, 삼첨판 형성 이상, 심근증(확장형 심근증), 음경 발육 부전, 경부 척추증, 아연 반응성 피부병(증) 등

Newfoundland
뉴펀들랜드

원산국 캐나다 | **몸 높이** 수컷 평균 71cm, 암컷 평균 66cm | **특징** 캐나다 동남부 뉴펀들랜드섬에서 오랫동안 대구잡이에 이용된 견종. 물을 튕기는 털과 물갈퀴를 갖고 있으며, 해변에서는 배를 끌거나 그물을 당기는 작업을 했다. 프랑스에서는 현재도 해난 구조견으로 활약한다. 지적이고 부드러운 성격으로 보호자와 깊은 신뢰 관계를 쌓을 수 있다. | **잘 걸리는 병** 대동맥 협착증, 이소성 요관, 고관절 형성 부전 등

Rottweiler
로트바일러

원산국 독일 | **몸 높이** 수컷 61~68cm, 암컷 56~63cm | **특징** 가장 오랜 역사를 가진 견종의 하나로, 고대 로마 제국 시대에는 양치기 개로 이용되었고 로마군이 유럽 원정할 때도 병사를 지키거나 소를 보호하는 등 활약을 했다. 충성스럽고 순종적이며 성실한 성격과 뛰어난 방어 본능은 예나 지금이나 변함없다. 최근에는 경찰견으로도 주목받고 있다. | **잘 걸리는 병** 대동맥 협착증, 사구체 신염, 시스틴 결석, 망막 형성 이상, 고관절 형성 부전, 근육 위축증, 악성 섬유 조직구종 등

Standard Schnauzer

스탠더드 슈나우저

원산국 독일 | **몸 높이** 암수 모두 45~50cm | **특징** 세 종류의 슈나우저 중에서도 가장 역사가 오래된 품종. 감각 기관이 뛰어나고 영리하여 교육하기도 좋은 개다. 예전에는 마구간의 파수견이나 쥐잡이 개로도 활약했다. 추위에 강하고 병에 대한 저항력도 있으며 아주 튼튼하다. | **잘 걸리는 병** 홍채 위축 등

Saint Bernard

세인트버나드

원산국 스위스 | **몸 높이** 수컷은 70~90cm, 암컷은 65~80cm | **특징** 모든 견종 중에서도 가장 무겁고 몸과 머리는 가장 크다. 영리하고 선천적으로 사람을 잘 따르며 조심성 있는 성격이다. 눈 덮인 알프스의 수도원에서 조난당한 사람을 구하도록 훈련되었고, 3세기에 걸쳐서 약 2천5백 명의 목숨을 구했다고 한다. 장모종과 단모종 두 종류가 있는데 장모종이 일반적이다. | **잘 걸리는 병** 안검 외반증, 제3안검샘 돌출증, 작은각막증, 고관절 형성 부전, 악관절 탈구·아탈구, 횡문근 육종 등

51

Bull Terrier

불테리어

원산국 영국 | **몸 높이** 암수 모두 약 55cm | **특징** 불도그와 멸종한 화이트 잉글리시테리어를 교배하여 만들어진 개로, 주둥이가 비스듬히 기울어진 달걀 모양의 머리가 특이하다. 투견 시대에는 인내심이 강하고 용감한 모습 덕분에 하얀 기사라는 별명이 붙었을 정도였다. 안정적인 성격으로 약간 고집스럽지만 친해지기 쉬운 개다. | **잘 걸리는 병** 후두 마비, 사구체 신염, 가족성 신장 질환, 난청, 아연 반응성 피부병(증) 등

Scottish Terrier

스코티시테리어

원산국 영국 | **몸 높이** 암수 모두 25.4~28cm | **특징** 스코틀랜드 원산의 테리어 중에서는 가장 오랜 역사를 가졌다고 여겨지며, 예전에는 오소리나 수달 사냥에 쓰였다. 실팍한 체구와 짧은 다리, 전체적으로 아담한 크기는 땅바닥에 잠복하기에 딱 좋다. 현재는 스코티시라는 애칭으로 사랑받고 있다. 독립심이 강하고 용감하지만 수줍은 성격이다. | **잘 걸리는 병** 수정체 탈구 등

Wire Fox Terrier

와이어 폭스테리어

원산국 영국 | **몸 높이** 수컷 39cm 이하, 암컷은 수컷보다 약간 낮음 | **특징** 18세기 영국에서 귀족의 스포츠로 유행했던 여우 사냥에 이용되었다. 사냥개의 본능으로 흙을 파헤치는 것을 좋아한다. 조심성이 많고 고집쟁이며, 약간의 자극에도 흥분하기 쉬워 물어뜯는 습성이 있다. 그러나 끈기 있게 교육하면 솔직하고 우호적으로 된다. | **잘 걸리는 병** 수정체 탈구 등

West Highland White Terrier

웨스트하일랜드 화이트테리어

원산국 영국 | **몸 높이** 암수 모두 약 28cm | **특징** 구김살 없는 밝은 성격에 활발한 소형견이지만, 예전에는 소형 사냥개로 활약했으며 다부진 몸과 놀라운 활력, 팔팔하게 돌아다니는 민첩함을 갖추고 있다. 순종적이고 기억력이 좋아 교육하기도 쉽다. | **잘 걸리는 병** 피루브산 키나아제 결핍증, 만성 간염, 이소성 요관, 건성 각결막염, 수정체 탈구, 넙다리뼈 머리 무혈관 괴사, 선천 비늘증 등

Yorkshire Terrier

요크셔테리어

원산국 영국 | **몸 높이** 암수 모두 23cm 정도 | **특징** 19세기 중반에 영국 요크셔 지방의 방적 공장 노동자들이 쥐잡이용으로 만든 개. 언제나 원기 왕성하게 돌아다니며 보호자에게 달라붙는 성격이다. 감정이 풍부하고 사랑스러운 외모 덕분에 움직이는 보석이라는 별명이 있다. 인내심과 지적인 면도 있다. | **잘 걸리는 병** 연구개 노장, 기관 허탈, 문맥 체순환 단락증, 수산 칼슘 결석, 시스틴 결석, 발육 장애(물뇌증), 수정체 탈구, 망막 형성 부전 등

Dachshund

닥스훈트

원산국 독일 | **몸 높이** 암수 모두 21~27cm | **특징** 몸체가 길고 다리가 짧게 개량된 것은 오소리를 구멍에서 몰아내어 포획하기 위해서다. 현재도 독일에서는 사냥개로 활약하고 있다. 용감하고 힘이 넘치며 움직임도 민첩하고 다른 견종보다 후각이 뛰어나다. 보호자의 기분을 살피는 감각이 예리하므로 반려동물로도 최적이다. | **잘 걸리는 병** 시스틴 결석, 추간판 탈출증, 기면증, 동공막 잔존, 패턴 탈모, 귓바퀴 가장자리의 지루, 증식성 혈전 괴사, 유년기 봉와직염, 당뇨병, 피부 조직구종 등

Akita

아키타견(秋田犬)

원산국 일본 | **몸 높이** 수컷 64~70cm, 암컷 58~64cm | **특징** 일본 개 중에서는 최대의 키. 역사는 100년 정도로 짧으며, 도호쿠 지방 사냥꾼들이 데리고 다니던 사냥개를 선조로 하여, 투견으로 길러져 왔다. 1931년에 천연기념물로 지정되었고 그 후 실화를 바탕으로 한 영화「하치코 이야기」가 화제가 되어 단숨에 유명해졌다. 순종적이고 수줍음을 타지만 방어 본능이 강하며 기민하고 용감하다. | **잘 걸리는 병** 중증 근육 무력증(후천성), 안검 내반증, 작은안구증 · 무안구증, 피지샘염 등

Alaskan Malamute

알래스칸맬러뮤트

원산국 미국 | **몸 높이** 수컷 63.5cm, 암컷 58.5cm | **특징** 알래스카 서부에 사는 맬러뮤트족이 썰매 끌기나 사냥, 어업용으로 길렀으며, 지칠 줄 모르는 강력한 힘을 자랑한다. 집단생활에 강한 견종이며 대단히 우호적이고 애정이 깊어서 반려견으로 최적이다. 선조 개는 시베리아 원산이라고 여겨진다. | **잘 걸리는 병** 유전성 유구 적혈구 증가증, 아연 반응성 피부병(증), 아연 결핍증 등

Chow Chow

차우차우

원산국 중국 | **몸 높이** 수컷 48~56cm, 암컷 46~51cm | **특징** 약 3천 년 전부터 중국에 있었다는 유서 깊은 개. 티베탄 마스티프와 사모예드의 피가 섞여 있는 것으로 짐작된다. 썰매 끌기나 사냥 등에 이용되었다. 낯을 가리며 보호자만 따르는 경향이 있다. | **잘 걸리는 병** 신장 형성 이상, 시스틴 결석, 안검 내반증, 동공막 잔존, 작은안구증·무안구증, 근육 긴장증, 가족성 피부염, 탈모(알로페시아 X) 등

Kishu

기슈견(紀州犬)

원산국 일본 | **몸 높이** 수컷 49~55cm, 암컷 46~52cm | **특징** 지금의 와카야마현을 중심으로 한 옛 기슈 지방의 산악 지대에서 멧돼지나 사슴 등의 사냥개로 오래전부터 키워진 개. 1934년에 천연기념물로 지정된 후로 의도적으로 털빛을 통일시켜 현재는 거의 순백색 털을 지닌다. 소박한 느낌의 개로, 어떤 일에도 지치지 않는 강한 인내심을 지니고 있다. | **잘 걸리는 병** 피부 질환 등

Pomeranian

포메라니안

원산국 독일 | **몸 높이** 암수 모두 18~23cm | **특징** 원래는 대형 양치기 개로 활약했지만, 독일 포메라니아 지방에서 소형으로 개량했다. 19세기 후반에 영국 빅토리아 여왕의 반려견이 된 것을 계기로 인기를 얻었다. 얼핏 보기엔 화려하고 사치스러운 느낌이지만 지금도 대형견이었던 시절의 성질을 잃지 않아 자신보다 큰 개에게도 맞설 만큼 용감하다. | **잘 걸리는 병** 동맥관 개존증, 기관 허탈, 속눈썹증, 눈물흘림, 탈모(알로페시아 X) 등

Samoyed

사모예드

원산국 러시아 | **몸 높이** 수컷 54~60cm, 암컷 50~56cm | **특징** 시베리아 사모예드족이 순록의 호위와 썰매 끄는 데에 이용했던 개. 새하얗고 풍성한 털은 실내에서 키울 때는 난로 대용으로도 이용되었다고 한다. 사모예드 스마일이라 불리는 미소를 가졌고 마음씨도 착하고 사교적인 성격. 경비견으로도 아주 뛰어나며 보호자에게 충실하다. | **잘 걸리는 병** 심실중격 결손증, 사구체 신염, 가족성 신장 질환, 아연 반응성 피부병(증), 근육 위축증, 피지샘염 등

Shiba

시바견(柴犬)

원산국 일본 | **몸 높이** 수컷 38~41cm, 암컷 35~38cm | **특징** 조몬 시대부터 키워진 일본 토종견. 뛰어난 집중력과 민첩한 움직임에서 소형 동물의 사냥개로 활약했다. 보호자에게 순종적이며, 쓸데없이 짖는 일이 없고 키우기 쉬우므로 해외에서도 인기가 높다. | **잘 걸리는 병** 심방중격 결손증, 유미흉, 녹내장, 갑상샘 기능 저하증, 아토피 피부염 등

Siberian Husky

시베리아허스키

원산국 미국 | **몸 높이** 수컷 53.5~60cm, 암컷 50.5~56cm | **특징** 시베리아 동북부의 축치족이 키우던 작업견으로, 짐을 실은 썰매나 보트를 끌거나 사냥을 도왔다. 극한의 환경을 견딜 수 있는 체질과 뛰어난 체력으로 북극이나 남극 탐험에서도 활약한다. 사람을 잘 따르고 다정한 성격이며 보호자에게 충실하다. | **잘 걸리는 병** 후두 마비, 이소성 요관, 각막 위축증, 백내장, 아연 반응성 피부병(증), 갑상샘 기능 저하증, 포그트·고야나기 증후군, 아연 결핍증 등

Basset Hound

바셋하운드

원산국 프랑스 | **몸 높이** 암수 모두 33~38cm | **특징** 프랑스 수도원의 수도승이 사냥할 때 사람이 도보로도 쫓아갈 수 있을 정도로 천천히 걷는 개를 만들어 내려 한 것이 시초. 후각과 추적 능력이 뛰어난 하운드 종으로, 현재도 사냥개로 활약하고 있다. 온화하고 충성심이 넘치며 부드러운 성격이므로 단독으로도, 무리를 지어서도 사냥이 가능하다. | **잘 걸리는 병** 시스틴 결석, 제3안검샘 돌출증, 악관절 탈구·아탈구, 모낭 상피종 등

Beagle

비글

원산국 영국 | **몸 높이** 암수 모두 33~40cm | **특징** 기원전부터 이어져 온 하운드 종의 자손으로, 순수한 사냥개. 뛰어난 후각과 집중력을 갖고 있어서 엘리자베스 여왕 시대에는 뛰어난 토끼 사냥용 사냥개로 사랑받았다. 잘 짖으므로 키우는 장소를 가리지만 성격은 온화하고 솔직하다. 〈스누피〉의 모델로도 유명하다. | **잘 걸리는 병** 피루브산 키나아제 결핍증, 사구체 신염, 제3안검샘 돌출증, 각막 위축증, 백내장, 작은안구증·무안구증, 녹내장(개방 우각), 갑상샘종 등

Dalmatian
달마티안

원산국 크로아티아 | **몸 높이** 수컷 56~61cm, 암컷 54~59cm | **특징** 디즈니 영화 「101마리의 달마티안 개」로 친숙한 개. 예전에는 사냥할 때 동행하거나 마차의 인솔, 서커스의 피에로 등 여러 방면에서 활약했다. 마차를 인솔할 수 있을 만큼 지구력과 다리 힘이 대단히 좋으며 끝까지 포기할 줄 모르는 끈기도 갖추고 있다. 보호자에게 충실하고 우수한 경비견으로 활약한다. | **잘 걸리는 병** 요산염 결석, 유피종, 난청 등

English Setter
영국세터

원산국 영국 | **몸 높이** 수컷 65~68cm, 암컷 61~65cm | **특징** 15세기 무렵부터 영국에서 새 사냥개로 활약하고 그 뒤 사냥개로서의 능력을 높이기 위해 스페인산 스패니얼 등과 교배되어 현재에 이르렀다. 조용하고 차분하고 예의 바른 개라서 길들이거나 돌보기 쉽지만, 가끔씩 격렬한 운동을 시켜 줄 필요가 있다. | **잘 걸리는 병** 특발 안면 신경염, 난청 등

Weimaraner

바이마라너

원산국 독일 | **몸 높이** 수컷 59~70cm, 암컷 55~65cm | **특징** 다양한 사냥개의 장점을 모아 놓은 개를 찾아 독일 중동부 바이마르 지방의 귀족들이 만들어 낸 견종. 19세기 말에 계획적으로 만들어지기 시작했는데 기원은 명확하지 않다. 블러드하운드나 멸종한 라이트훈트의 피가 섞여 있다고도 여겨진다. | **잘 걸리는 병** 복막-심막 횡격막 탈장 등

American Cocker Spaniel

아메리칸 코커스패니얼

원산국 미국 | **몸 높이** 수컷 38cm, 암컷 35cm 정도 | **특징** 메이플라워호를 타고 미국에 온 영국코커스패니얼이 선조. 선조보다 선이 뚜렷한 입체적인 얼굴이다. 새 사냥개로 활약했기 때문에 활발하고 지구력이 강하며 물에 들어가는 것을 좋아한다. 잘 교육하면 우수한 작업견이 된다. | **잘 걸리는 병** 안검 내반증, 제3안검샘 돌출증, 망막 형성 부전, 녹내장(폐색 우각), 악관절 탈구·아탈구 등

English Springer Spaniel

잉글리시 스프링어스패니얼

원산국 영국 | **몸 높이** 암수 모두 약 51cm | **특징** 옛날부터 영국에서 활약해 온 스페인산 스패니얼의 자손인 랜드스패니얼에서 만들어졌다고 한다. 17세기 무렵부터 도요새 사냥에 이용되어 새 사냥개다운 행동력과 활발함을 갖추고 있지만 성격은 대범하고 독립적이다.
잘 걸리는 병 심실중격 결손증, 포스포프룩토키나아제 결핍증, 중증 근육 무력증, 망막 형성 부전, 건선-태선 모양 피부증 등

Golden Retriever

골든리트리버

원산국 영국 | **몸 높이** 수컷 56~61cm, 암컷 51~56cm | **특징** 물새 사냥개로 발전해 온 대형견. 온후하고 침착하며 천진난만한 성격으로 아이들과 잘 지내기에 보호자 가족과 깊은 관계를 쌓을 수 있다. 머리가 좋고 교육하기 쉬우므로 맹도견이나 간호견으로, 그리고 날카로운 후각을 살려서 마약 탐지견으로도 활약하고 있다. | **잘 걸리는 병** 대동맥 협착증, 심장 종양(혈관 육종), 심막염(특발성), 중증 근육 무력증(후천성), 갑상샘 기능 저하증, 고관절 형성 부전, 팔꿈치 돌기 유합 부전, 근육 위축증, 아토피 피부병, 악성 섬유 조직구종 등

Labrador Retriever

래브라도리트리버

원산국 영국 | **몸 높이** 수컷 56~57cm, 암컷 54~56cm | **특징** 선조는 소형 물새 사냥개였으므로 수영을 잘한다. 당시에는 고집 센 성격이었는데 19세기 후반부터 개량되어 현재는 마음씨 곱고 성실한 개로 알려져 있다. 사려 깊고 현명하여 교육받으면 맹도견이나 경찰견, 구조견으로 활약한다. | **잘 걸리는 병** 비장 조직구증, 실리카 결석, 기면증, 안검 외반증, 망막 형성 부전, 고관절 형성 부전, 팔꿈치 돌기 유합 부전, 근 병증, 아연 반응성 피부병(증)

Bichon Frise

비숑프리제

원산국 프랑스 | **몸 높이** 암수 모두 30cm 이하 | **특징** 독특한 순백의 길고 꼬불꼬불한 털을 살린 트리밍이 개발된 것은 20세기 후반의 미국에서부터다. 물물 교환 상품으로 귀한 대접을 받았고 프랑스나 이탈리아를 시작으로 유럽의 왕후와 귀족들에게 총애받았다. 호기심이 왕성하고 언제나 명랑하며 보호자에 대해 깊은 애정을 가진 마음씨 착한 개다. | **잘 걸리는 병** 방광 결석, 수산 칼슘 결석 등

Boston Terrier
보스턴테리어

원산국 미국 | **몸 높이** 암수 모두 40cm 정도 | **특징** 19세기 후반에 불도그와 불테리어를 교배하여 만들어 낸, 미국에서 세 번째로 오래된 개다. 당초에는 투견이었지만 그 후 소형화되어 현재의 모습이 되었다. 미국 신사 개라는 별명을 가질 정도로 온화하고 사려 깊은 성격이다.
잘 걸리는 병 단두종 기도 폐색 증후군, 연구개 노장, 제3안검샘 돌출증, 급성 각막 수종, 패턴 탈모, 난청, 비만 세포종 등

Cavalier King Charles Spaniel
카발리에 킹 찰스스패니얼

원산국 영국 | **몸 높이** 암수 모두 30~33cm | **특징** 카발리에란 중세의 기사를 뜻한다. 교배로 예전의 면모를 잃은 킹 찰스스패니얼을 중세의 모습으로 되돌리려는 시행착오 끝에 태어난 견종이다. 튼튼해서 바깥에서 키울 수 있지만 집중적인 근친 교배로 인해 심장병에 걸리기 쉬우므로 주의한다. | **잘 걸리는 병** 승모판 기능 부족, 연구개 노장, 각막 위축증, 작은안구증·무안구증 등

Chihuahua

치와와

원산국 멕시코 | **몸 높이** 암수 모두 15~23cm 정도 | **특징** 사람을 잘 따르며 표정이 풍부하다. 애정을 쏟아 주면 솔직하게 좋아하지만 사소한 일에 겁을 잘 먹는 면도 있다. 경계심이 강해서 경비견으로 매우 유용하다. 추운 지방에서는 온기를 유지하기 위한 난로 대신으로도 사용되었다. | **잘 걸리는 병** 연구개 노장, 기관 허탈, 발육 장애(수두증), 속눈썹증, 급성 각막 수종, 홍채 위축, 패턴 탈모, 증식성 혈전 괴사 등

Maltese

몰티즈

원산국 몰타 | **몸 높이** 암수 모두 25cm 정도 | **특징** 순백의 긴 털로 덮인 고상한 자태로 옛날부터 왕실이나 귀족 여성들에게 사랑받았다. 기원은 기원전 1500년 무렵까지 거슬러 올라간다고 하며 고대 로마나 그리스, 이집트 시대의 문헌에도 이름이 남아 있다. 성격은 온화하고 순종적이다. 차분하고 몸도 튼튼하여 지금도 전 세계적으로 인기가 높다. | **잘 걸리는 병** 승모판 기능 부족, 면역 매개 용혈 빈혈, 혈소판 감소증, 눈물흘림, 갑상샘종 등

Pekinese

페키니즈

원산국 중국 | **몸 높이** 암수 모두 20cm 정도 | **특징** 예전에 중국 궁정에서 애지중지 키웠던 반려견. 아편 전쟁 때 서태후의 궁정에 남아 있던 몇 마리를 영국의 장교가 데리고 돌아와 유럽 여러 나라에 소개되었다. 무릎 위에 앉히거나 안기는 것을 싫어하는 완고함을 갖고 있지만 기본적으로는 온화하며 한번 마음을 열면 애교가 넘친다. | **잘 걸리는 병** 연구개 노장, 추간판 탈출증, 속눈썹증, 제3안검샘 돌출증, 색소 침착 각막염, 어깨 관절 탈구·아탈구 등

Poodle

푸들

원산국 프랑스 | **몸 높이** 암수 모두 43~62cm | **특징** 우아한 풍모로 예전부터 왕족이나 귀족들에게 사랑받아 왔다. 원래는 강가에서 사냥할 때 물새를 수습하여 가져오는 사냥개였다. 푸들 특유의 털 모양도 물속에서 작업의 효율을 높이기 위해 털을 깎아 주던 데에서 유래한 것이다. 총명하고 자신감이 넘치며 자립심이 강한 성격이지만 머리가 좋고 사고력이 뛰어나 길들이기 쉽다. | **잘 걸리는 병** 면역 매개 용혈 빈혈, 혈소판 감소증, 추간판 탈출증, 기면증, 눈물흘림, 백내장, 수정체 탈구, 넙다리뼈 머리 무혈관 괴사 등

Pug
퍼그

원산국 중국 | **몸 높이** 암수 모두 25~30cm | **특징** 나폴레옹의 아내 조제핀이나 오렌지 공 윌리엄 3세 등 역사적인 인물들에게 사랑받은 개로 티베트의 수도원에서도 키웠다. 애교가 많고 사교적이며 온화하다. 고집이 센 일면도 있지만 흉포하지는 않아 아이들의 놀이 상대로도 적합하다. | **잘 걸리는 병** 연구개 노장, 단두종 기도 폐색 증후군, 발육 장애(수두증), 속눈썹증, 건성 각결막염, 색소 각막염 등

Shih Tzu
시추

원산국 티베트 | **몸 높이** 암수 모두 26cm 이하 | **특징** 페키니즈와 라사 압소를 교배해서 태어난 반려견. 사자 개라 불리며 중국의 청 왕조에서 총애를 받았다. 자존심이 강하고 오만해 보이지만 사실은 사교적이며 애정이 깊고 명랑하다. 머리가 좋아서 길들이기 쉬우며 세계 각지에서 인기를 얻고 있다. | **잘 걸리는 병** 면역 매개 용혈 빈혈, 혈소판 감소증, 연구개 노장, 단두종 기도 폐색 증후군, 신장 형성 이상, 가족성 신장 질환, 수산 칼슘 결석, 눈물흘림, 색소성 각막염, 녹내장, 표피 농종 등

Afghan Hound
아프간하운드

원산국 아프가니스탄 | **몸 높이** 수컷 68~74cm, 암컷 63~69cm | **특징** 세계에서 가장 오래된 견종 가운데 하나. 선조 개들은 기원전 4000년 전 무렵부터 고대 이집트에서 사냥개로 활약했다고 하며, 노아의 방주에도 탄 개라는 전언이 있을 정도다. 그 후, 아프가니스탄 유목민의 사냥개로 키워져 현재에 이르렀다. 얼핏 고고해 보이지만 사실은 친해지기 쉬운 밝은 성격의 개다.
잘 걸리는 병 폐엽 염전, 유미흉 등

Borzoi
보르조이

원산국 러시아 | **몸 높이** 수컷 75~85cm, 암컷 68~78cm | **특징** 제정 러시아 시대에는 황족이나 귀족 계급이 독점하여 키우며 늑대 사냥용 사냥개로 이용했다. 후각보다 시각을 사용하여 사냥하는 개로, 뛰어난 시력과 속도, 민첩성이 뛰어난 발군의 신체 능력을 자랑한다. 온후하고 애정 깊은 성격이므로 반려동물로도 우수하다. 더위에 약하므로 온도 관리에 특별히 주의가 필요하다. | **잘 걸리는 병** 종양 등

Jindo
진돗개

원산국 한국 | **몸 높이** 암수 모두 45~53cm | **특징** 몸은 누런 갈색 또는 흰색이며, 귀는 뾰족하게 서고 꼬리는 왼쪽으로 말린다. 전라남도 진도군의 특산종이자 천연기념물이다. 보호자에 대한 충성심과 복종심이 매우 강하다. 야생 동물을 물었을 때 한번 물면 놓지 않는 지독한 근성이 있어 외국 사냥개와 달리 특별한 훈련을 거치지 않고도 수렵견으로서 뛰어난 자질을 발휘한다. | **잘 걸리는 병** 소화기 질병, 갑상샘 기능 저하증, 알레르기 질환, 위 확장 등

Sapsali
삽살개

원산국 한국 | **몸 높이** 암수 모두 45~52cm | **특징** 털이 복슬복슬 많이 나 있다. 얼굴을 뒤덮고 있는 긴털로 눈이 가려져 있고 귀는 아래로 향하며 주둥이는 뭉툭한 편이다. 오래전부터 한국에서 널리 길러 오던 토종개로 일제 강점기에 멸종 위기에 몰렸다가 현재 경상북도 경산시 하양읍에서 사육되고 있다. 천연기념물 정식 명칭은 〈경산의 삽살개〉다. | **잘 걸리는 병** 귓병, 안구 질환 등

Abyssinian

아비시니아고양이

원산국 에티오피아 | **체중** 암수 모두 4~7.5kg | **특징** 1895년 아비시니아 전쟁 후에 아비시니아(현재의 에티오피아)에서 영국으로 데려온 것이 시초다. 당시 영국에서는 고양이와 고대 이집트가 인기였다. 브리더들이 당시 벽화에 그려져 있던 것과 같은 고양이를 만들기 위해 개량을 거듭해 탄생한 것이 아비시니아고양이다. 독립적이고 차분한 성격이지만 사람을 잘 따르고 놀기를 좋아한다. | **잘 걸리는 병** 가족성 신장 질환, 신장 아밀로이드증, 중증 근무력증(후천성) 등

Somali

소말리

원산국 캐나다, 미국 | **체중** 암수 모두 3.5~5.5kg | **특징** 원종은 아비시니아고양이. 이름의 유래는 아비시니아의 이웃 나라인 소말리아에서 왔다. 단모인 아비시니아고양이에게서 때때로 장모 새끼 고양이가 태어나기도 하는데, 거기에서 번식시킨 신종이다. 털 한 올에 3~12가지 색깔의 띠가 들어가서 반짝반짝 아름다운 광택이 난다. 바깥 생활을 좋아하는 활발한 성격이지만 잘 길들이면 실내에서도 키울 수 있다. | **잘 걸리는 병** 중증 근무력증(후천성) 등

Persian

페르시아고양이

원산국 페르시아 | **체중** 암수 모두 3.5~7kg | **특징** 영국에서는 롱 헤어로 불리는 인기 종. 고양이의 귀족이라는 별명이 있으며 유럽에서는 순혈종 사육 고양이의 3분의 2를 차지한다. 원래는 앙카라의 개량종으로 19세기 중반에 태어났다. 경계심이 없고 온화한 성격으로 가장 얌전한 고양이 종 가운데 하나다. 머리가 좋고 보호자를 잘 따르며 실내에서 키우기 좋다. | **잘 걸리는 병** 다낭 낭콩팥, 잠복 고환, 급성 각막 수종, 각막 흑색 괴사증, 작은안구증·무안구증 등

Siamese

샴고양이

원산국 태국 | **체중** 암수 모두 2.5~5.5kg | **특징** 기원은 500년 이상이나 옛 아시아에서 생긴 돌연변이. 14세기부터 샴(현재의 타이) 왕조에서 바깥출입을 시키지 않을 정도로 애지중지했으며 이후에도 장 콕토 등 많은 유명인에게 사랑받았다. 섬세하고 복잡한 성격이며 날카로운 목소리로 잘 울어 댄다. 성적으로 조숙하여 생후 5개월 정도면 임신하기도 한다. | **잘 걸리는 병** 천식, 각막 흑색 괴사증, 수정체 탈구, 주기성 탈모, 비만 세포종 등

Himalayan

히말라야고양이

원산국 영국, 미국 | **체중** 암수 모두 3.5~7kg | **특징** 페르시아고양이의 개량종으로, 최초의 새끼 고양이는 1920년대에 스웨덴에서 태어났다. 페르시아고양이의 풍성하고 고급스러운 털과 샴고양이의 이국적인 털색을 함께 갖추고 있다. 성격도 두 종의 중간쯤이다. 사교적이고 사람을 잘 따르며 제멋대로지만 온화하다. 버마고양이와 교배는 금지되어 있다. | **잘 걸리는 병** 면역 매개 용혈 빈혈, 각막 흑색 괴사증 등

American Shorthair

아메리칸 쇼트헤어

원산국 미국 | **체중** 암수 모두 3.5~7kg | **특징** 이민과 함께 배에 올라 미국으로 간 집고양이가 원종. 신대륙의 환경에 맞춰서 튼튼하고 두꺼운 털가죽을 가진, 몸집이 큰 고양이로 진화해 왔다. 1904년 캣쇼에 처음 모습을 드러낸 이후, 미국이나 캐나다에서 쇼 캣으로 인기를 얻었다. 온화하고 독립심이 강하며 성실한 고양이로, 활동적이고 애정이 깊으며 자유를 사랑한다. | **잘 걸리는 병** 심근증 등

Scottish Fold

스코틀랜드폴드

원산국 영국 | **체중** 암수 모두 2.4~6kg | **특징** 새끼 고양이 때는 귀가 쫑긋 서 있지만 생후 3주 정도부터는 약 30퍼센트의 확률로 주름 모양으로 접혀 간다. 선조는 1880년 중국에서 탄생했으며 그 후 1961년 스코틀랜드에서 다시 나타난 돌연변이종이다. 온화하고 사람을 잘 따르며 아주 애정이 깊은 고양이다. 추위에 강한 것도 특징. | **잘 걸리는 병** 관절 질환 등

Japanese Bobtail

일본 고양이

원산국 일본 | **체중** 암수 모두 2.5~4kg | **특징** 별명은 재패니스 밥테일. 999년에 중국의 고관이 니조 천황에게 하얀 암고양이를 바친 것이 시초다. 이후 작품의 소재로 시인이나 화가에게 사랑받았다. 복 고양이(마네키네코) 인형의 모델로도 유명하며 가장 많은 것은 삼색 털인데 검정, 흰색, 적갈색이 섞인 것이 복을 부르는 상징으로 여겨진다. 애정이 깊고 대단히 활동적이다. 가족은 잘 따르지만 다른 고양이에게는 심술궂은 면도 있다. | **잘 걸리는 병** 요로 결석 등

Russian Blue

러시안 블루

원산국 러시아 | **체중** 암수 모두 3~5.5kg | **특징** 1860년대에 영국의 하급 선원들이 러시아에서 데리고 돌아온 것이 시작이라고 하며, 1950년대에 브리티시 블루와 블루 포인트 샴고양이의 피를 받아 부활했다. 조용하고 현명한 고양이로, 애정이 깊어 보호자와 함께 있기를 좋아하지만 모르는 사람에게는 강한 경계심을 갖고 대한다. 환경 변화에도 민감하므로 집 안에서 키우기에 적합하다. | **잘 걸리는 병** 요로 결석 등

Cornish Rex

코니시 렉스

원산국 영국 | **체중** 암수 모두 2.5~4.5kg | **특징** 아치형의 화사한 몸체와 작은 머리, 웨이브가 있는 털이라는 독특한 용모로 캣쇼의 인기 고양이. 선조는 영국 콘월주의 농가에서 돌연변이로 꼬불꼬불한 털을 갖고 태어난 한 마리 새끼 고양이다. 데본 렉스와는 유전학적으로 다른 종이다. 사교적인 성격이며 활동적이고 움직임이 민첩하다. 추위에 약하므로 주의해야 한다. | **잘 걸리는 병** 슬개골 탈구(무릎 관절 탈구), 배꼽 탈장, 비타민 K 부족(혈액 응고 이상) 등

Manx

맹크스

원산국 영국 | **체중** 암수 모두 3.5~5.5kg | **특징** 꼬리가 없이 전체적으로 둥근 실루엣이 특징이며, 토끼처럼 껑충껑충 전진한다. 뿌리는 아이리시해에 떠 있는 맨섬이다. 외딴 섬이라는 특수한 환경에서 꼬리가 없는 돌연변이가 몇 대에 걸쳐 이어져 왔다. 초기에는 지금보다 팔다리가 길었으나 그 후 둥근 체형을 만들기 위해 품종 개량되었다. 성격은 온화하고 냉정하며 길들이기 쉬운 고양이다. | **잘 걸리는 병** 급성 각막 수종 등

Sphinx

스핑크스

원산국 미국, 유럽 | **체중** 암수 모두 3.5~7kg | **특징** 몸을 살짝 덮을 정도의 솜털밖에 나지 않으므로 추위와 더위에 약하여 실내에서 키울 필요가 있다. 장난치기와 놀기를 좋아하며 헌신적이고 명랑한 성격으로 애묘인들의 인기를 끌고 있다. 몇몇 단체는 털이 없는 것이 건강을 해친다고 하여 스핑크스를 인정하지 않지만, 이 고양이의 유전자가 데본 렉스의 혈통에 들어가는 것을 막기 위해 등록하고 있는 단체도 있다. | **잘 걸리는 병** 추위로 인한 호흡기 이상 등

강아지와 새끼 고양이를 기르기 전에

가족으로 맞이할 강아지와 새끼 고양이를 만나는 방법은 다양하다. 다른 가정에서 태어난 새끼를 분양받거나 동물 보호 시설에서 버림받은 새끼를 입양하거나 펫 숍에서 사오거나 번식시킨 사람에게 사거나 많은 예가 있을 것이다. 최근에는 인터넷도 강아지나 새끼 고양이를 데려오는 정보원이 된다. 강아지나 새끼 고양이를 데려오려 할 때, 가족으로 어떤 아이가 적합한지는 사람이나 가정에 따라서 당연히 달라지므로 잘 생각하자. 예를 들면, 어린이나 노인이 있는 가정에서는 온순하고 순종적인 성격의 개나 고양이가 바람직할 것이고, 일 때문에 귀가가 늦는 사람이나 바쁜 사람들에게는 짧은 기간에 길들일 수 있고 매일매일 돌보는 데에 시간이 들지 않는 개나 고양이가 좋을 것이다.

가족의 생활 환경에 맞아야 한다

고양이는 집이 넓다면 실내만으로도 필요한 운동량을 얻을 수 있다. 소형견은 안전하게 놀 수 있는 정원이 있다면 반드시 산책시키지 않아도 된다. 중대형견은 적절한 운동량을 확보하기 위해 산책을 빠뜨릴 수 없으며 훈련에도 상당한 시간과 노력이 필요하다. 개의 운동이나 훈련을 위해 시간을 얼마나 들일 수 있는지 등을 잘 생각해야 한다.

개든 고양이든, 단모종인지 장모종인지도 중요하다. 장모종은 털 관리를 충분히 해주지 않으면 털이 뭉치게 되어 피부병을 일으켜서 동물에게 고통을 줄 수 있다. 필요한 털의 손질을 제대로 해줄 마음가짐과 시간이 있는지 생각한 다음에 결정하자. 수컷이냐 암컷이냐도 고려해야 할 사항이다. 둘 중 어느 쪽이 얌전한지, 키우기 쉬운지, 길들이기 쉬운지 등은 큰 차이가 없다. 그런 것은 성격 차이보다 개체마다 다르다고 여겨지고 있다. 단, 수컷 개나 고양이에게는 소변 마킹 습성이 있으므로 성적 성숙 후에 화장실 훈련이 무너지기 쉬워 암컷보다 약간 번거로운 때도 있다. 고양이는 암컷이 수컷보다 약간 작으니, 큰 고양이가 좋다면 수컷이 좋을 것이다. 몸이 부자유스럽거나 병약한 개나 고양이를 가족으로 데려온다면 그 개나 고양이를 잘 키우고 평생 돌봐 줄 각오가 되어 있는지를 잘 생각하자.

성견이나 성묘를 키우게 되는 보호자라면 키우기 시작해서 최후를 맞이할 때까지 키워야 한다. 도중에 키우지 못하게 될 가능성이 있는 사람은 동물을 키워서는 안 된다고 생각하지만, 어쩔 수 없는 사정으로 다른 사람에게 맡겨야만 하는 경우도 있을 것이다. 받아들인 사람은 이전 보호자가 아는 사람이라면 그때까지의 먹이와 생활 습관, 지금까지 걸린 병, 백신 접종 시기, 심장사상충 예방 등은 어떻게 했는지 등을 자세히 물어보자. 서로 인연을 맺는 데 강아지와 새끼 고양이보다 시간이 걸릴 수도 있다. 보호자가 갑자기 바뀌거나 환경이 갑자기 바뀐 것에 불안을 느끼고 있을 동물의 심정을 헤아려서 인내심을 갖고 대하자.

개와 고양이 고르는 법

순수종은 각각의 형태와 성질이 있으므로 보호자의 생활 습관이나 목적에 적합한 품종을 고를 수 있다. 단, 같은 품종이라도 각각이 타고난 개성을 갖고 있음은 물론, 키워진 방식이나 훈련 방식에 따라서도 성격은 크게 달라진다. 품종에 따라 걸리기 쉬운 병이 있다는 것도 미리 알아 둘 필요가 있다. 개든 고양이든 잡종은 일반적으로 튼튼해서 키우기 쉽다고 여겨진다. 그러나 예외도 적지 않다. 요즘은 동물 보호소에서 입양하여 믹스견이나 길고양이도 제대로 키우는 가정이 많다. 순수종이든 잡종이든 보호자가 어떻게 키우느냐에 따라 다르다. 대개 양치기 개들은 낯가림이 없고 누구든지 따르는 경향이 있어 사람이 많은 집에 적합하다. 토종견이든 양치기 개든 북방계, 고산계의 견종(홋카이도견, 그레이트피레네, 세인트버나드 등)은 털이 빽빽하게 나 있기 때문에 더위에 약한 경향이 있다. 여름에 서늘한 환경을 확보할 수 없는 환경이라면 북방계 개는 피해야 한다. 소형 종은 전반적으로 신경질적이며 대형 종은 온후한 경향이 있다. 그러나 개개의 품종에 따라 차이가 있으며 훈련 방식에 따라서도 크게 달라진다. 사냥개나 작업견으로 품종 개량되어 온 견종은 일반적으로 활발하고 충분한 운동량이 필요하므로 장시간의 산책이 필요하다.[1] 매일 개를 산책시키면서 자신도 운동하고 싶은 사람에게 최적이다. 푸들과 비숑프리제, 그 밖의 많은 장모종은 트리밍이 필수이므로 집에서 관리할 수 없다면 정기적으로 반려동물 미용실 등에 다닐 필요가 있다. 새된 목소리로 짖는 견종(예를 들면 스피츠나 셰틀랜드양몰이개 등)은 아파트나 주택 밀집지에 맞지 않을 수 있다. 견종에 따라 잘 짖는 종과 잘 짖지 않는 종(래브라도리트리버, 골든리트리버, 불도그 등)이 있다. 어미 개가 짖지 않는 개라면 강아지도 짖지 않는 경향이 있다고 생각하면 된다. 그러나 쓸데없이 짖는 것은 훈련의 문제다.

고양이는 아메리칸 쇼트헤어, 샴고양이, 아비시니아고양이 등이 활발하고 개구쟁이며 러시안 블루, 페르시아고양이, 히말라야고양이 등은 대범한 경향이 있다. 단모종에서는 고양이가 직접 그루밍을 하게 하고 도와줄 필요는 거의 없다. 장모종 고양이는 상당한 수고를 들여서 손질을 해주어야 하며 배까지 빗질할 수 있도록 훈련해야 한다.

집에서 키우는 개나 고양이는 중성화 수술을 시키는 것이 바람직하다. 불필요한 강아지와 새끼 고양이를 낳지 않게 하는 것뿐만 아니라 동물의 스트레스를 줄여 주고 많은 병을 예방하기 때문이다. 집에서 키우는 개나 고양이에게 새끼를 낳게 하는 것은 별로 추천하지 않는다. 새끼를 낳게 하고 싶다면 암컷을 키워야 하고, 현재 키우고 있는 수컷의 자손을 원한다면 암컷과 수컷을 함께 키워야 한다.

건강한 강아지와 새끼 고양이를 고른다

강아지와 새끼 고양이의 건강은 눈으로 보는 것만으로 판단하기는 어렵다. 왜냐하면 얼핏 보기에 건강해 보여도 전염병의 잠복기이거나 성장한 다음에 유전병이 나타나기도 하기 때문이다. 일반적으로 펫 숍에서는 얼핏 보기에 건강하지 않아 보이는 강아지나 새끼 고양이를 진열해 놓지 않는다. 만약 한눈에 병에 걸린 것을 알 수 있는

1 예를 들면 독일셰퍼드, 복서, 영국세터, 셰틀랜드양몰이개, 비글, 골든리트리버 등. 작업견이란 사냥이나 양몰이 이외의 작업을 할 목적으로 개량되어 온 견종을 가리킨다.

동물이 있다면 건강해 보이는 동물에게도 병이 옮았을지 모른다.
건강하지 않은 강아지와 새끼 고양이에게 다음과 같은 증상이 있는지 확인하자. 〈눈에 띄게 여위었다. 기침, 재채기, 콧물이 난다. 토한다. 커다란 외상이나 딱지가 있다. 표정이나 동작에 활기가 없다. 눈곱이 많이 낀다. 털이 빠져서 피부가 드러나 있다. 비듬이 많다. 식욕이 없다. 설사한다. 털이 헝클어지거나 반대 방향으로 나 있다. 배가 심하게 처져 있다.〉

키우기 전에 준비할 것들

케이지(켄넬), 사료, 갉을 수 있는 것(이가 돋고 가는 것을 촉진), 화장실과 화장실 용품(배변 패드, 모래 등), 운반용 가방, 고양이용 발톱 갈이, 밥그릇, 장난감, 그루밍 용품, 그리고 쉽게 오갈 수 있는 동물병원.
무엇보다 강아지와 새끼 고양이를 데려오기 전에 생활 환경부터 정비하자. 강아지나 새끼 고양이는 집 안을 탐색하면서 돌아다니는데 처음에는 탐색만 하지만 익숙해지면 많은 것을 갉거나 뒤집어 놓거나 긁어 보거나 한다. 강아지나 새끼 고양이가 갉으면 위험한 것(독성이 있는 관엽 식물 등)이나 잇자국이 나거나 긁히면 안 되는 것은 반드시 정리해 두어야 한다.
온도와 습도도 중요하다. 개와 고양이는 원래 야행성이며 체간(몸 가운데 중축을 이루는 머리, 몸, 가슴, 배, 꼬리의 다섯 부분) 부위에 땀을 흘리지 않으므로 추위와 더위의 변화에는 약하다. 특히 강아지나 새끼 고양이에게는 시원한 장소와 따뜻한 장소를 스스로 고르게 하는 배려가 필요하다.
품종에 따라 이상적인 실온은 다르지만, 일반적으로 여름은 27도, 겨울은 23도 정도가 좋다. 양치기 개나 양치기 고양이 종은 습도에 약한 편이므로 습도는 70퍼센트 이하가 바람직하다.

집에 데려올 때의 주의점

강아지나 새끼 고양이를 데려오기 좋은 시기가 있다. 너무 어린 새끼는 피하는 것이 현명하다. 특별한 사정이 있지 않은 이상, 젖을 뗄 때까지(최저 생후 8주령까지) 어미 밑에서 자라는 것이 나중에 신체 건강을 위해서도, 마음의 발달에도 필요한 것으로 보고 있다. 반대로 너무 커서 데려왔을 때 환경에 적응하는 데 시간이 걸리거나 훈련하기 힘든 경우가 있다.
강아지나 새끼 고양이가 집에 오면 새로운 환경에 익숙해질 때까지는 가능하면 가만히 두자. 어미에게서 떨어지고 여러 사람에게 보이고 만져져 이동한 강아지나 새끼 고양이는 대개 소심해지고 긴장하고 피곤한 상태다. 씩씩하게 뛰노는 모습을 보이는 새끼들도 있으나 피곤과 스트레스로 병이 나기도 한다. 환경이 달라지자마자 식사 내용물을 바꾸는 것은 피하는 것이 좋으며 지금까지 먹었던 것과 같은 것을 주는 것이 무난하다. 처음 1주일 정도는 환경에 익숙해지게 하는 것을 최우선으로 하고 사람과의 커뮤니케이션이나 사료의 변경은 최소한으로 하자. 동물병원에 데려가는 것도 스트레스가 되므로 병에 걸린 것 같은 증상이 보이는 경우를 제외하고 1주일 정도는 지켜본다. 단, 장내 기생충은 빨리 조사하는 것이 좋으므로 변을 가져가서 분변 검사를 의뢰한다.
처음 1주일을 무사히 넘겼다면 건강 진단을 위해 병원에 데려간다. 이때 건강하게 지내기 위한 보호자의 주의점이 궁금하다면 수의사와 상담하자. 예방 주사 스케줄에 관해서도 확인해 두면 좋다.
강아지나 새끼 고양이라도 집에 데려온 후 1주일 정도까지는 설사나 구토, 식욕 부진, 기침, 재채기, 눈곱 등 건강 문제를 일으키는 일이 많으며 이 가운데 많은 증상은 사람이 지나치게 돌봐 줌으로써 생기는 스트레스와 크게 연관된 것으로 보인다. 반드시 스트레스만으로 상태가 악화하는 것이 아니라 원래 갖고 있던 병이 스트레스로 표면화된 경우가 많은 것이다. 1주일을 넘긴 무렵부터 사람과 노는 시간을 서서히 늘리고 화장실, 빗질, 목욕, 그 밖의 훈련을 시작하자. 밖으로 데리고 나가는 일에도 조금씩 천천히 익숙해지게 한다.

개와 고양이의 유치

개나 고양이도 태어날 때는 이가 없다. 이유식을 먹기 시작하기에 앞서 대략 3주령 정도부터 유치가 나기 시작하고 젖을 완전히 떼는 8주령 정도에는 다 나게 된다. 이갈이는 생후 3개월을 지난 무렵 앞니부터 시작하여 생후 5개월 무렵에는 견치(송곳니)가 새로 나며 모든 영구치가 갖춰진다. 개와 고양이의 유치가 나는 시기와 영구치로 바뀌는 시기는 개체별로 차이가 있으며 개는 품종에 따라서도 달라지는 경향이 있다.

강아지와 새끼 고양이의 기본 훈련

훈련이란 사람이 편하게끔 동물을 개조하는 것이 아니라 동물이 보호자와 더욱 쾌적한 생활을 할 수 있도록 하는 것이어야 한다. 훈련 과정에서 보호자와 동물 사이에 신뢰 관계가 쌓이는 것이 중요하다. 집에 데려온 강아지나 새끼 고양이에게는 이름을 기억하게 하자. 주의를 끌 때나 식사를 줄 때는 이름으로 부르고, 야단을 칠 때는 이름을 부르면 안 된다. 부르면 바로 알아듣고 부른 사람이 있는 곳으로 오게 될 때까지 계속한다. 달려오면 상으로 간식을 주면 좋다.

어린 개와 고양이는 장소를 가리지 않고 배설할 때가 많다. 처음에는 케이지나 서클에 넣고 그 안의 차분해질 만한 위치에 화장실을 준비한다. 처음부터 화장실에서 볼일을 보는 강아지와 새끼 고양이도 있다. 상황을 봐서 여기저기 냄새를 맡거나 차분해지지 않는다면 화장실에 살짝 넣어 주면 좋다. 제대로 배설하면 꼭 칭찬한다. 또 하나, 케이지나 서클 전체에 신문지 또는 종이 패드를 깔아 두는 방법도 있다. 2~3일에서 1주일 지나면 신문지나 패드 위에 배설하는 것을 기억한다. 케이지나 서클에서 나와 있을 때 요의나 변의가 생기면 신문지나 패드를 찾으므로 준비해 둔 장소로 데려간다. 제대로 배설하면 꼭 칭찬해 준다.

어렸을 때는 장모종이라도 아직 털이 짧으므로 실제로 빗질을 자주 해줄 필요가 거의 없지만, 얌전히 빗질을 받는 습관은 어렸을 때부터 반드시 가르쳐 두어야 한다. 놀이한 뒤, 산책한 다음, 식후 30분 정도 지났을 때 등 강아지와 새끼 고양이가 휴식을 취하고 싶어질 무렵을 가늠하여 빗질한다. 무릎 위에 올리고 얌전해지면 빗을 댄다. 강아지와 새끼 고양이는 빗을 장난감으로 알고 깨물거나 재롱을 부릴지도 모르지만, 〈안 돼〉라고 제지하고 빗질하는 것을 가르친다. 짧은 시간 안에 끝내고 상으로 간식을 조금 준 다음 바닥에 내려놓는다.

79

예방 접종과 건강 진단

강아지나 새끼 고양이가 집에 오면 동물병원에 데려가서 건강을 체크하자. 수의사는 건강 체크를 통해 영양 상태와 다른 사항을 파악한다. 때에 따라서는 앞으로 생활 지도를 받을 필요도 있다. 만약 뭔가 이상이 있을 때 서둘러 대처하지 않으면 환경 변화에 의한 스트레스로 더욱 악화할 위험성도 있다. 또한 건강 상태가 나쁘면 백신[2] 접종을 해도 충분한 면역이 생기지 않기도 한다. 동물병원에서 수의사는 시진이나 촉진, 청진, 분변 검사 등을 한다. 즉 영양 상태를 보고 피부, 털, 귀, 눈, 코, 입 등을 보거나 만져서 이상이 없는지를 조사하는데 심장이나 폐의 청진으로 이상이 발견되는 경우도 있다.

분변 검사에서 기생충이 발견되는 일도 드물지 않다. 고양이는 고양이 백혈병 바이러스와 고양이 면역 결핍 바이러스 검사를 받아 두면 안심할 수 있다.[3] 건강해 보이는 고양이라도 검사해 보면 양성(감염됨)인 경우도 있다. 감염된 고양이는 앞으로 면역 결핍이나 혈액 질환을 앓게 될 위험성이 상당히 높으며, 여러 마리의 고양이를 키우고 있으면 다른 고양이에게 옮길 우려가 있다.

예방접종으로 막을 수 있는 병

현재 백신 접종으로 예방할 수 있는 병은 개는 개홍역, 개 파보바이러스 감염증, 개 전염성 폐렴, 개 아데노바이러스 감염증과 렙토스피라증, 개 코로나바이러스 감염증과 개 파라인플루엔자 바이러스, 광견병이 있다. 한국에서 광견병은 예방법이라는 법으로 3개월령 이상의 개에게 접종이 의무화되어 있으며 다른 백신은 임의로 접종한다. 광견병 이외에는 혼합 백신의 형태로 접종하며 5종 혼합 백신에서 9종 혼합 백신까지 있다.

고양이는 고양이 전염성 비기관염, 고양이 칼리시바이러스 감염증, 고양이 범백혈구 감소증, 고양이 백혈병 바이러스 감염증, 고양이 클라미디아 감염증을 예방할 수 있으며, 3종 혼합 백신에서 5종 혼합 백신까지 있다. 또한 고양이 면역 결핍 바이러스 감염증 백신도 개발되어 있다. 어떤 백신이 적절한지는 사육 환경이나 지역에 따라 다르므로 수의사에게 상담하면 된다.

2 몸속에 바이러스나 세균이 침입하면 면역 세포나 항체가 작용하여 그것들을 체내에서 배제하려 한다. 백신은 약한 독이나 무독화한 바이러스나 세균(또는 그 일부)을 체내에 넣어서 미리 면역 세포에 그 바이러스나 세균의 정보를 기억시키거나 항체를 만들어 두어 바이러스나 세균이 침입했을 때 일찌감치 대응할 수 있도록 한다.

3 고양이의 혈액을 소량 채취하여 항체 검사나 항원 검사를 한다.

예방 접종은 언제 하면 좋을까?

동물이 집에 오면 바로 백신을 접종하지 말고 우선 1주일 정도는 새로운 환경에 익숙해지게 한다. 이동이나 생활 환경의 변화에 따른 스트레스는 위장염을 일으키거나 면역력을 떨어뜨린다. 생명이 좌우되는 사태가 되는 일도 드물지 않다. 목욕이나 귀 청소 등 개와 고양이가 스트레스받을 만한 일은 되도록 피해야 한다. 따라서 이 시기가 지난 다음에 백신 접종을 한다. 강아지나 새끼 고양이 대부분은 모유에서 면역을 받는다(이행 항체). 이 면역은 생후 약 2개월에서 4개월이면 사라지는데 그 시기에는 개체차가 있다. 이 모유에서의 면역량이 많으면 백신이 효과가 없으므로 첫해의 백신은 여러 차례 접종할 필요가 있다.

보통 첫 백신을 생후 8주에 접종하고 이후 3~4주마다 15~18주까지 접종한다. 종료 시기는 백신의 접종에 따라 다르다. 이행 항체의 영향을 전혀 받지 않는 시기에 첫 백신을 접종하더라도 1년 이상 지속되는 강한 면역을 만들기 위해서는 2회 이상 접종이 필요하다. 첫 접종에서 1년째 이후로는 1년에 한 번 추가 접종하는 것을 권장한다. 백신 접종 전에는 반드시 건강 체크를 하여 건강하다는 것을 확인한 다음 접종한다. 가능하면 미리 한 번 진료받아서 건강 확인을 받은 후 다시 와서 백신 접종을 하는 것이 이상적이다.

예방 접종 후에 주의할 점

마지막 백신 접종 후 2~3주 동안에 완전한 면역이 생기므로 그때까지는 공원이나 감염의 기회가 있는 장소에 데려가지 않도록 한다. 접종 당일은 격렬한 운동이나 목욕을 피한다. 열이 나거나 주사 부위를 아파하는 일이 있으며, 그 때문에 몸을 떨거나 기운이 없어지기도 한다. 보통 1~2일이면 회복한다. 드물게 접종 후에 알레르기 반응이나 아나필락시스 쇼크[4]를 일으키는 일이 있다. 두드러기나 얼굴이 붓는 정도에서 쇼크 상태에 빠지는 것까지 다양한데, 백신이라는 성격상 절대로 일어나지 않는다고는 말할 수 없으므로 이상이 보이면 즉시 동물병원으로 데려가야 한다.

면역에 관하여

면역이란 세균이나 바이러스 등 미생물의 침입이나 체내의 암 발생으로부터 생체를 지키기 위한 구조다. 면역 반응은, 먼저 생체에서 이물질(세균, 바이러스, 곰팡이, 암세포, 타 개체의 조직이나 세포 등)을 항원이라고 인식하는 것에서 시작된다. 이것을 인식하는 것은 항원 제시 세포라고 불리는 대식 세포나 수지상 세포다.

항원 제시 세포로부터의 정보를 토대로 림프구(T 세포, B 세포)가 증식하고, 각각 기능을 가진 림프구로 분화해 간다. 이 증식한 림프구는 각각 한 종류의 항원에만 대응할 수 있다. 동시에 B 세포는 이물질에 특이하게 작용하는 항체(IgG나 IgM, IgA, IgE 등)를 만들어 낸다. 이들 항체는 이물(항원)과 결합하여 식세포(호중구, 대식 세포 등)나 자연 살생 세포 등의 이물을 죽이는 세포에 공격 목표를 알려 주는 표식이 된다. 또한 항체와 항원이 결합함으로써 보체(도움체)[5]라는 성분이 활성화되어 이물질에 달라붙는다. 이 보체가 이물질을 직접 파괴하거나 식세포의

4 즉시형 알레르기 반응의 하나. 반응이 아주 중대하여 체내에 이물(항원 물질)이 들어가고 몇 분에서 몇십 분 안에 두드러기나 호흡 곤란, 청색증, 구토, 설사, 혈압 저하 등의 증상이 보이며 쇼크 상태에 빠지기도 한다. 아나필락시스 쇼크는 죽음에 이르는 경우도 있으므로 신속한 치료가 필요하며 즉시 동물병원으로 달려가야 한다.

5 정상 동물의 신선한 혈액, 림프액 속에 함유된 효소 모양의 단백질 일종.

면역의 구조

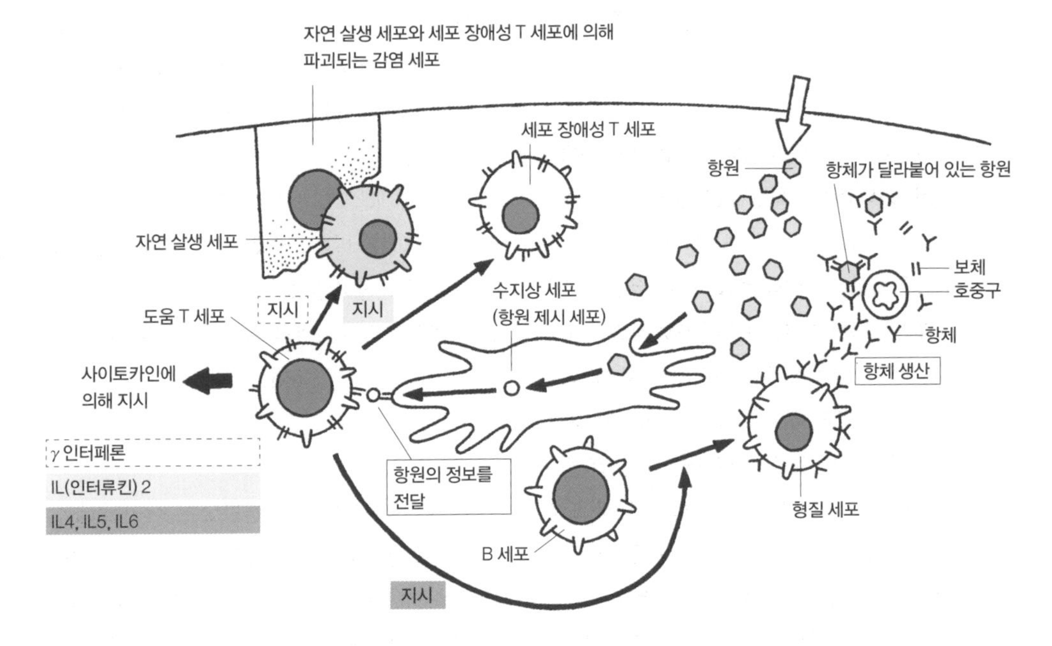

작용을 더욱 효율적으로 만들어 준다.

한편 T 세포 중 어떤 것은 도움 T 세포로 분화하여 B 세포나 식세포의 작용을 자극하고, 어떤 것은 세포 장애성 T 세포로 분화하여 바이러스나 세균이 감염한 세포나 암세포를 공격한다. 면역 시스템에서 이들 정보 전달은 도움 T 세포 등에서 방출되는 사이토카인(혈액에 함유된 면역 단백의 하나)이라는 물질이 담당하고 있다. 항원 제시 세포로부터 항원 정보를 받은 림프구는 증식하여 체내로 뿌려져서 같은 이물질이 체내에 다시 침입해 올 때 대비한다. 다음에 같은 이물질이 침입하면 이미 그 이물질에 대응할 수 있는 림프구가 다수 존재하고 있으므로 더 빨리 더 강한 면역 응답이 가능한 것이다. 이것을 면역학적 기억이라고 부른다. 한번 전염병에 걸리면 다시 같은 전염병에 걸리지 않는 것이나 백신의 원리도 이 면역학적 기억에 의한 것이다.

알레르기에 관하여

면역 반응은 미생물의 침입이나 암의 발생에서 생체를 지키는 중요한 방어 반응인데, 원래는 분명히 무해할 항원(이물)에 대해서도 면역 반응이 일어나며, 그 결과 생체의 조직이나 세포에 장애를 일으키는 일이 있다. 이것을 알레르기라고 부른다. 이물이 아니라 자기의 세포나 조직이 항원으로 인식되어 항체가 생산되어 장애를 일으키는 자가 면역 질환이라는 병이 있는데, 이것은 알레르기의 특수한 형태로 취급할 수 있다.

알레르기는 네 가지 형태로 분류된다.

제Ⅰ형 알레르기는 가장 오래전부터 알려진 타입으로, 일반적으로 알레르기 하면 이 타입의 알레르기를 가리킨다. 아토피나 음식 알레르기, 천식, 꽃가루 알레르기, 두드러기 등이 이것에 해당한다. 먼저 집 먼지, 꽃가루, 음식, 약물 등 특정한 항원(알레르겐)에 대해 IgE라는 타입의 항체가 대량으로 체내에서 만들어진다. IgE는 비만 세포나 호염기구(백혈구의 하나)와 결합하여 같은 항원이 다시 체내에 들어오기를 기다린다. 그리고 항원이 들어오면 즉시 IgE와 항원이 결합하여 비만 세포나 호염기구로부터 화학 반응 물질이 방출되며, 그 결과 다양한 알레르기 증상이 나타난다. 이 반응은 대단히 빨라서 항원을 섭취하고 30분에서 두 시간이면 반응이 나타나므로 즉시형 알레르기라고 불린다.

제II형 알레르기는 자가 면역 질환에서 많이 보이는 유형으로 항원(자기의 적혈구, 혈소판, 피부 조직 등)에 대해 항체(IgG나 IgM)가 만들어져 식세포나 자연 살생 세포에 의해 파괴되는 것이다. 면역 매개 용혈 빈혈이나 면역 매개 혈소판 감소증, 천포창 등의 자가 면역 질환이 이런 종류의 알레르기로 발병한다.

제III형 알레르기는 장애가 일어나는 조직과는 관계없는 항원과 항체가 결합한 것(면역 복합체)이 조직에 침착하여 보체의 작용 등으로 그 조직에 장애가 일어나는 것이다. 고양이 전염성 복막염이나 사구체 신염 등이 이 알레르기 반응에 의해 발병한다.

제IV형 알레르기는 항체에 의하지 않은 알레르기 반응으로, 세포 장애성 T 세포나 대식 세포가 알레르겐을 처리하려고 한 결과 국소에 염증이 생긴다. 항원이 들어와서 일련의 반응이 완성되기까지 24시간에서 48시간이 걸리므로 지연형 알레르기라고도 부른다. 투베르쿨린 반응[6]은 이 타입의 알레르기 반응으로일어난다.

---

6 피부나 점막에 극소량의 투베르쿨린을 흡수시킨 뒤에 일어나는 생체 반응.

83

개와 고양이의 행동과 습성

개나 고양이는 각각의 동종 동물뿐만 아니라 태어나서 최초의 몇 주 동안에 사람과 접촉함으로써 우리를 받아들이게 된다. 그것이 반려동물로 널리 받아들여지는 이유다. 단, 개와 고양이는 습성이나 행동 특성이 전혀 다르므로 그것을 이해하고 키울 필요가 있다.

개는 왜 상하 관계를 만들까?

개는 무리를 짓는 동물이며 사회성을 가진 동물이다. 개의 사회 조직과 구성은 먹이를 구하는 방법과 사냥 방법에 기초한다. 개는 조직화한 무리로 사냥하므로, 자기보다 몸집이 큰 사냥감을 잡을 수 있다. 한 번의 사냥으로 커다란 사냥감을 잡는다면 무리는 효율 높게 먹이를 얻을 수 있어서 합리적이다. 한편으로 이 방법에는 고도로 조직화한 명령 계통인 상하 관계가 꼭 필요하다. 명령과 확실한 실행, 즉 리더의 명령에는 절대복종한다는 관계가 성립되어 있지 않으면 사냥의 성공률이 떨어진다. 이처럼 개는 살아갈 수 있는 합리적인 수단으로 상하 관계가 있는 사회를 유지하고 있다. 수렵 생활을 유지하는 목적으로 사냥하는 장소에 있는 사냥물의 수가 먹이의 필요량보다 적지 않게 하는 노력도 필요하다. 그러므로 다른 무리가 침입하여 먹이를 빼앗아 가지 못하도록 소변이나 대변으로 마킹을 하여 영역을(사냥하기 위한 넓은 범위의 이른바 일터, 무리의 일상생활 장소인 가정, 그리고 잠을 자거나 틀어박히기 위한 나만의 방 느낌의 공간 등 세 종류가 있다) 주장하게 되었다. 이 행위는 무리에서 계급이 높은 개일수록 빈번히 행하는 경향이 있다.
개는 한 번에 네 마리 이상 새끼를 낳는 일이 많으며, 강아지들은 성장 과정에서 형제 강아지들과의 놀이를 통해 사회적 행동, 즉 상하 관계의 기초를 배워 간다. 구체적으로는 깨물기의 허용 범위 등이다. 상하 관계는 먹을 때 확실하게 나타나는데, 상위의 개가 우선시되며 좋은 부분을 먹을 수 있다. 번식기가 가까워지면 암컷을 획득하기 위해 무리 안에서 싸움이 일어나게 되고, 이것 역시 상하 관계에 관련된 현상으로 평소보다 성질이 난폭해지는 경향이 있다.

마킹이란 무엇일까?

동물의 몸 표면에는 냄새샘이라는 냄새가 나는 액을 분비하는 샘이 있으며, 마킹에는 그 냄새를 묻히는 것과 소변이나 대변 자체를 사용하여 행하는 것이 있다. 소변이나 대변은 각 개체에 따라 냄새가 다르며, 배설한 장소에는 그 냄새가 남으므로 그것을 통해 여기는 나의 장소라고 주장하는 것이다. 개는 나무나 전봇대 등 높은 장소에 마킹하기 좋아하는데, 그것은 더 높은 위치에 있는 냄새의 주인일수록 그 장소의 소유권이 위가 되기 때문이다. 소변에 의한 마킹과 보통의 배뇨는 엄밀하게는 다르지만 산책을 다닐 때 배뇨를 겸한 마킹 행동도 많다. 때로는 마킹 목적만으로, 요의가 없어도 배뇨하기도 한다.

개를 키울 때의 중요 사항

성장기일 때 사람이나 다른 개들과의 관계는 개의 정신과 행동 성장에 중요한 역할을 한다. 어미 개나 형제 개와 너무 빨리 떨어지는 것을 피하는 게 좋은 것도 이 때문이다. 단, 부모 형제와 떨어져도 다른 개와의 긴밀한 접촉이 가능하다면 반드시 그렇지는 않다.

사람에게는 평등이라는 개념이 있지만 개에게는 없다. 반드시 사람이 우위에 있는 상하 관계를 만들고 그것을 쭉 유지하는 것이 중요하다. 왜 사람이 위에 있어야 하느냐면, 공격성이나 쓸데없는 짖기, 마킹 등의 문제 행동을 피하기 위해서다.

개가 사람을 물면 보호자는 사회에서 책임을 져야 한다. 쓸데없이 짖어 대거나 마킹을 아무 곳에나 하면 생활의 질을 떨어뜨리고 이웃과의 관계도 불편해진다.

사람이 위에 있는 것은 개의 건강 관리 면에서도 중요하다. 보호자는 개의 몸 어떤 곳이든지 만질 수 있어야 한다. 만지지 못하면 피부병이나 종양의 발견이 늦어지고 귀 청소, 양치질, 발톱 깎기 등 집에서 하는 간단한 돌봄을 해줄 수 없다.

개는 사람의 성별을 식별할 수 있으며 보통은 동성에 대해 상하 관계를 쌓는 경향이 있다.[7] 따라서 수컷 개는 여성 보호자를 좀처럼 자기보다 위라고 인정하지 않는다. 이 경우는 개를 대할 때 남성적인 태도를 취하거나 목소리를 낮추는 등의 대응으로 개선되는 경우가 있는데 이것도 개의 습성이라고 이해해야 한다.

지금까지는 전반적인 개의 공통점을 설명했다. 그러나 같은 개라도 개의 긴 역사에서 양치기 개, 사냥개, 경비견, 투견, 반려견 등 견종에 따라 습성은 크게 달라진다. 어떤 개가 어떤 습성을 가졌으며 어떤 사육 환경이 적합한지를 잘 알아 둬야 한다. 인기 있는 견종이라는 이유로, 생김새가 귀엽다는 이유로 기르기 시작하는 것이 가장 큰 문제라고 말할 수 있다. 예를 들면 보호자가 바쁜 사람이고 주거 환경이 별로 넓지 않은 가정에서, 그리고 충분한 운동 공간이나 시간을 확보할 수 없는 환경에서 사냥개나 양치기 개를 기르는 것은 적합하지 않다. 보호자의 생활 환경에 알맞은 견종을 선택하는 것이 중요하다.

고양이는 단독으로도, 집단으로도 생활한다

고양이는 사람과도 다르고 개와도 다른 행위 패턴과 습성을 갖고 있다. 고양이는 쥐나 곤충 등 아주 작은 동물을 단독으로 잡아먹으면서 생활한다. 살기 위해 집단생활을 할 필요가 없어서 보통은 단독 행동을 취한다. 배가 고프면 사냥해서 먹고, 졸리면 자고, 대단히 제멋대로 행동하는 것이 보통이다. 그래서 개만큼 보호자에 대한 의존심은 없다고 말할 수 있다. 그러나 고양이가 반드시 단독 생활만을 하는 건 아니며, 조건에 따라서는 집단생활도 한다. 그러나 그 집단은 개와는 분위기가 상당히 다르다. 예를 들면 고양이를 좋아하는 사람이 정해진 장소에 정기적으로 음식물을 두는 경우라면, 그 주위에서 고양이가 집단생활을 하는 일이 있다. 고양이 집단은 어미 고양이와 새끼 고양이들로 구성되어 있는데, 일반적으로 수고양이는 혈연관계가 없어도 몇몇 무리와 공존할 수 있지만 암고양이는 쫓겨난다.

다른 고양이를 잘 받아들이는 고양이와 그렇지 않은

7 일반적으로 개의 무리 안에는 동성끼리 상하 관계가 이루어져 있다. 수컷보다 암컷이 아래에 있다.

고양이가 있다. 집단생활을 하더라도 개처럼 무리 속에서 상하 관계를 만들지는 않는다. 먹이를 먹는 순서가 있지만 그것은 복종하고 있는 것이 아니라 저 고양이보다 먼저 먹으면 공격당하니까 어쩔 수 없이 기다리는 것이다. 이처럼 고양이는 다른 고양이나 사람과 충분히 쾌적한 집단생활을 영위할 수 있는 동물이지만, 사람과 개와 같은 관계를 쌓는 것은 아니라는 것을 이해하자. 개는 보호자가 생활에 필요하니 함께 산다고 파악하지만 고양이는 좋아서 함께 있다는 친구 감각에 가까운 생각을 하는 것이다.

고양이도 원래는 수렵 동물이며, 집에서 키워져서 충분한 먹이를 얻고 있더라도 사냥한다. 단독 행동이므로 작은 새나 작은 설치류가 사냥감이 되는데, 방법은 대개 새끼 고양이일 때에 어미 고양이한테 배우지만 배울 기회가 없었던 고양이라도 할 수 있게 된다. 단, 단숨에 포획물의 숨통을 끊는 기술은 배우기 힘든 것 같다. 때때로 포획물을 놓아줬다가 다시 잡는 행위가 눈에 띄기도 하는데, 그것은 고양이가 잔인하기 때문이 아니라 단지 사냥을 잘하지 못하거나 보호자에게 어필하기 위해서다.

고양이의 마킹

고양이에게도 영역이 있으며, 영역 표시 방법은 후각에 호소하는 소변 스프레이가 일반적이다. 대변도 마킹에 사용하는 경우가 있다. 고양이는 보통 배설물을 흙에 파묻지만 마킹 행동 때는 파묻지 않거나 일부를 노출된 채로 둔다. 나무나 가구 등의 수직면을 발톱으로 긁어내리는 것도 마킹 행동으로 보인다. 이것은 긁고 있는 동안 발의 샘에서 냄새가 배출되므로, 시각과 후각에 호소하는 방법이다. 그 밖에 아래턱(아랫입술 부위 주변의 피부)이나 입의 샘 냄새를 작은 나뭇가지 같은 돌출물에 비비는 행위도 있다. 고양이의 경우는 이들 마킹이 라이벌 고양이를 다가오지 못하게 함과 동시에 자기가 안도감을 얻는다는 두 가지 목적이라는 점에서 복잡하다. 야단을 맞았을 때 스프레이하거나 새 가구에 얼굴을 빈번히 비벼 대는 것은 마음의 안정을 얻고 싶기 때문이다.

고양이를 기를 때의 포인트

고양이는 단독 행동도 집단행동도 가능한 동물이다. 따라서 관계의 끊고 맺음이 최고라고 말할 수 있다. 항상 사람이나 다른 고양이와 같이 있는 것은 고통이므로, 집 안에서는 모습이 보이지 않게 숨을 수 있는 공간을 확보해 준다. 고양이는 자기가 사람에게 어리광을 부리는 것은 좋아하지만 혼자서 뒹굴뒹굴하고 있을 때 만지는 것은 싫어한다. 고양이와 우호 관계를 쌓으려면 만지고 싶어도 참고 고양이가 다가오기를 기다리자.

이미 고양이가 있는 가정에서 새로운 고양이를 키우기 시작할 때는 신중히 대처한다. 자연스럽게 발생한 고양이 집단에는 혈연관계가 있다. 성묘가 있는 가정에 혈연관계가 없는 새끼 고양이를 데려왔을 경우, 새로 온 새끼 고양이는 적응하지만 먼저 살고 있던 고양이가 스트레스를 느끼는 예가 많다. 이 경우도 도망가서 틀어박힐 장소를 반드시 확보하여 천천히 만날 수 있도록 배려하자.

소변 스프레이와 부적절한 장소에서 배뇨는 엄밀히는 다르지만 둘 다를 피하고자 키우기 시작할 때 화장실을 어디로 할 것인지 먼저 생각해 볼 필요가 있다.[8] 소변 스프레이는 수컷 고양이에게 많다(암컷은 드물다). 소량의 소변을 꼬리를 세운 상태로 분사하며 통상적인 배뇨와는 다른,

8 소변 스프레이는 고양이가 의식적으로 화장실 이외의 장소에 냄새를 묻힐 목적으로 하는 행위다. 부적절한 장소에서의 배뇨란 보호자가 보기에는 부적절한 장소지만 고양이에게는 거기가 화장실인 경우다.

영역 마킹을 위해서도 한다. 소변 스프레이에는 고양이의 정신적 불안 요인도 있어서 마음의 안정을 얻기 위해서 하기도 한다. 보호자와의 소통, 다른 고양이와의 관계, 주거 환경 등을 고려하여 고양이를 되도록 불안하지 않게 함으로써 예방할 수 있다. 수컷 고양이는 발정과 소변 스프레이가 밀접하게 관련되어 있는데, 중성화 수술로 방지할 수 있다.

고양이가 발톱을 가는 이유

고양이의 발톱은 사람과 달리 발톱이 끝을 향해 자라는 동시에 내부에서 외부로도 층층이 겹친 모양으로 자란다. 그러므로 발톱 갈이를 해서 바깥쪽 발톱을 허물처럼 벗겨 낸다. 발톱 손질을 위한 발톱 갈이는 발톱을 뭔가에 파고들게 해서 빼내는 듯한 동작을 하거나, 이빨로 발톱을 물어뜯듯이 해서 하는 것이 보통이다. 고양이는 마음을 가라앉히기 위해서, 혹은 마킹 행동으로도 발톱 갈이를 한다. 마킹 목적의 발톱 갈이는 물건에 발톱이 파고든 상태로 길게 긁어내려서 굵은 선이 남도록 한다.

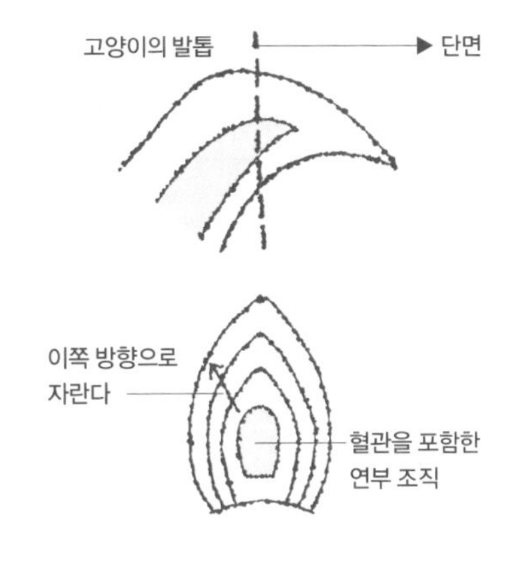

87

개와 고양이의 건강 관리

동물의 건강 관리에서 보호자의 책임은 중대하다. 병은 동물병원에서 치료하지만, 병을 발견하는 것은 보호자로 일부 치료는 집에서 할 수 있는 것도 있다. 병을 발견하거나 치료하기 위해서라도 보호자는 동물의 몸을 어디든지 만질 수 있어야 한다. 그러기 위해서는 동물과 신뢰 관계를 쌓아야 하며 훈련도 필요하다. 무엇이 이상인지를 판단할 수 있는 지식을 갖추고, 평소 병에 잘 걸리지 않게끔 생활이나 환경 등을 배려하자.

유아기(태어난 때부터 6~8주까지)
유아기의 개와 고양이는 하루의 90퍼센트를 자면서 보낸다. 수면은 몸의 성장에 중요하므로 잠자는 새끼는 깨우지 않도록 한다. 먹이는 모유가 바람직하지만 어미가 없거나 모유가 나오지 않는 경우에는 개는 강아지용, 고양이는 고양이용 우유를 준다. 배설은 혼자서는 할 수 없다. 보통은 어미가 엉덩이나 복부를 핥아서 배설을 돕는다. 그것이 불가능할 때는 사람이 하복부를 마사지하거나(손바닥으로 둥글게 그리면서 마사지한다), 항문과 음부, 성기 등을 부드러운 티슈 등으로 가볍게 압박한다. 배설 보조는 수유와 같은 정도의 간격으로 해준다. 이 시기는 체온 조절도 할 수 없으므로 언제나 어미의 몸에 붙어 있지 않으면 저체온증이 되어 목숨을 잃을 수 있다. 어미와 장시간(20분 이상) 떨어질 때는 핫 팩 등으로 보온해 준다. 보온기에 의한 고온과 화상, 그리고 열사병에도 주의한다. 반려동물용 전기장판이나 핫팩은 화상을 일으키지 않도록 수건 등으로 감싸서 조절한다.
자연 분만에서는 출산 시에 어미가 탯줄을 물어뜯어서 끊는데 너무 뜯어서 복부에 구멍이 생기거나 배꼽을 통해 감염이 일어나기도 한다. 분만 후에는 강아지나 새끼 고양이의 배꼽을 매일 살펴보고 열이 나서 빨갛거나 고름이 생기지 않았는지를 확인한다(눈을 뜨는 것은 생후 1주일 전후다). 유아기의 새끼들은 매일 반드시 체중이 증가하므로 하루에 한 번 체중을 체크한다. 체중이 증가하지 않으면 펫 밀크를 더 주거나 수의사에게 검진받을 필요가 있다. 이 시기는 모유로부터의 이행 항체로 보호받는다. 그러나 면역력은 부족하므로 다른 개나 고양이와의 접촉은 피하는 것이 무난하다. 새끼들의 몸이 더러워진 경우에는 씻어 주어도 괜찮지만 샴푸 냄새 때문에 어미가 새끼를 돌보지 않게 되는 일도 있다. 따뜻한 물로 씻어 주기만 하고 샴푸는 사용하지 않는 것이 좋다.

유년기(생후 2개월부터 8개월)
젖을 거의 뗀 이후부터인 유년기는 어느 정도 체온 조절이 가능해지고 깨어 있는 시간도 길어지며 활발하게 행동을 시작한다. 그러나 여전히 수면 시간은 길며, 그것은 심신의 성장에 꼭 필요하다. 자고 있을 때는 깨우지 않도록 주의하자. 수면 중에 깨우면 불안정한 성격이 되는 경향도 있다. 이 시기의 외부 감각은 시각이나 후각보다도 물거나 핥는 등 입을 사용한 접촉이 크다. 이가 나므로 잇몸이 간지러울 때는 물건을 깨물어서 달래려고 한다. 그러므로 주변의 물건을 깨물거나 삼키는 사고가 일어난다. 생활 환경을 정돈하면서 안전하고 깨물어도 되는 장난감을 준비하자. 전기 코드를 깨물면 감전사할 위험이 있지만 실내에서 치울 수 없는 물건이기도 하다. 이런 때는 레몬즙이나 타바스코 같은 자극물을 칠해 두면 한 번 깨물어 보고 느낌이 좋지 않아서 그다음부터는 두 번 다시 깨물지 않는 학습이 가능하기도 하다. 개는 단맛, 매운맛, 신맛, 쓴맛을 느끼는데, 느끼는 정도는 사람보다 낮다고 한다. 고양이는 단맛을 모른다. 개와 고양이 모두 신맛은 싫어한다.
이때는 슬슬 배설 습관을 들일 시기다. 보통, 식후에 하므로 배설할 것 같은 모습을 보이면 정해진 장소에서, 정해진 소재(신문지, 배변 패드, 고양이 모래)를 사용한 배설 장소에 데려가서 습관을 익히게 한다. 한번 정한 장소나 소재는 되도록 바꾸지 않도록 한다. 화장실과 먹이 장소가 너무 가까우면 배설하고 싶지 않아 하는 경우가 있다. 사람이 빈번히 지나다니는 장소나 시끄러운 장소도 바람직하지 않다. 화장실 습관이 완성된 후에 화장실 이외의 장소에 배설하는 경우는, 문제 행동이나 병인지, 발정인지를 알아볼 필요가 있다. 화장실 이외의 장소에서 여러 번 배설한다면 동물병원에서 소변 검사 등을 받아 건강 문제인지를 파악한다. 아무튼, 화장실은 청결하게 유지할 것, 그리고 소변이나 분변 상태는 평소에 관찰하는 것이 중요하다.
생후 2개월이 되면 백신 접종 등 예방을 시작할 수 있다. 모기가 나오는 계절이라면 심장사상충 예방약을 복용한다. 벼룩과 빈대 퇴치도 마찬가지다. 개나 고양이는 몸을 핥음으로써 외부 기생충을 삼켜서 퇴치하는데, 새끼는 그것을 잘하지 못한다. 그러므로 심한 기생충 감염을 일으키거나 벼룩 흡혈성 빈혈 등이 되어 목숨을 잃는 경우가 있다. 이 시기부터 빗질, 귀 청소, 양치질, 발톱 갈이 등 집에서 할 수 있는 간단한 관리를 시작하여 몸을 만져도 가만히 있도록 습관을 들인다.
건강 면에서뿐만 아니라 행동 면에서 사회성을 익히기 위해서 이 시기는 어미나 형제들과 접촉이 중요하다. 4개월령 정도까지는 가족과 함께 있게 하는 것이 나중에 생길 수 있는 문제 행동을 막아 주는 경향이 있다.

성견(생후 10개월 전후부터)
성견은 매년 백신 접종, 심장사상충 예방약 투여, 벼룩이나 빈대 퇴치 이외에도 적절한 식사와 체중 관리를 해야 한다. 1년에 한 번은 수의사에게 검진을 받으면 좋다. 또한 적절한 시기에 중성화 수술을 받도록 한다. 견종에 따라 적절한 운동량과 내용은 다르다. 사냥개나 양치기 개는 운동이 필요한 활발한 견종이므로 운동 부족은 몸과 마음 모두 건강하지 않은 상태를 초래한다. 그러나 견종에 따라서는 위험이 큰 운동도 있다. 운동은 견종이나 연령을 고려해야 한다. 실내 환경으로는 우리의 생활이 서구화되어 마루나 소파, 침대 이용이 증가하는데 이것은 개의 생활 습관병 원인도 되므로 주의가 필요하다.
개는 땀샘이 발달하지 않아 호흡으로 체온을 떨어뜨린다. 그러나 격렬한 호흡 운동이 계속되면 목이나 기관지가 손상되므로 특히 여름에는 서늘한 환경을 만들어 줄 필요가 있다. 호흡에 의한 체온 저하는 사람의 발한보다 효율이 낮으므로 열사병에 잘 걸리는 경향이 있다. 소형견은 다리가 짧아지면과 몸의 거리가 가까워 아스팔트 열 반사로 사람보다 체온이 상승하기 쉽다. 아스팔트 온도가 떨어지려면 일몰로부터 두세 시간 걸리므로 여름 산책은 이른 아침이나 늦은 밤에 하는 것이 좋다. 그 시간대에 산책하더라도 물을 갖고 다니면서 가끔 마시게 한다. 몸이 축 늘어지는 등 열사병 증상이 나타나면 물을 몸에 뿌려 주는 등 응급 치료에도 사용할 수 있다.

성묘(생후 10개월 전후부터)
성묘는 매년 백신 접종, 벼룩이나 빈대 퇴치를 하는 것 이외에 적절한 식사와 체중 관리를 명심하자. 병에 걸리지 않았어도 1년에 한 번은 수의사에게 진찰받는다. 중성화 수술도 해두면 안심할 수 있다. 성묘는 거의 운동하지 않는다. 단, 사람이나 개처럼 운동하지는 않지만 고양이는 수직 방향으로 움직이는 것을 좋아한다. 즉 높은 곳에 올라가고 싶어 하는 것이다. 고양이가 안전하게 올라갈 수 있는 높은 장소를 만들어 주자. 옷장이나 책장 위에 덮개를 깔아 두면 올라간 순간 미끄러져 떨어질 위험이 있으므로 미끄러지기 쉬운 소재는 두지 않도록 한다. 올라가면 안 되는 곳에는 가까이에 단 차이가 생기지 않도록 하거나 천장까지 물건을 쌓아 올려서 고양이가 올라가지 못하게 한다.
고양이도 땀샘은 발달해 있지 않으므로 몸을 핥아 타액의 기화열로 체온을 내린다. 그러므로 여름에는 체액이 줄어 소변량이 적어지는 경향이 있다. 수분을 많이 섭취할 수 있도록 하거나(건조한 사료보다 캔 제품으로 바꾸는 등) 냉방을 하여 그루밍을 줄이도록 한다. 단, 고양이는 수염이나 코 등의 감각기가 자극되므로 바람을 맞는 것을 싫어한다. 에어컨 바람이 직접 닿지 않도록 주의하자. 고양이는 체온을 떨어뜨리는 것뿐만 아니라 털갈이 시기나 느긋하게 있기 위해서 등 여러 가지 이유로 빈번히 그루밍한다. 특히 장모종은 삼킨 털이 위에서 뭉쳐 헤어 볼을 만들어 버리는 일이 많다. 이것은 식욕 부진이나 구토의 원인이 되므로 빗질을 자주 해주거나 헤어 볼 배출에 도움이 되는 사료를 이용하면 된다.

90

개와 고양이의 털 손질

개나 고양이의 털을 손질해 주는 것은 보기에 좋은 것만을 위해서가 아니라 털이 날리거나 그로 인해 옷이나 집이 더럽혀지는 것을 막기 위해서도 중요하다. 충분히 손질해 주면 어떤 종류의 병을 예방하는 효과도 기대할 수 있다.

트리밍

트리밍은 전신의 털을 짧게 하고 싶을 때나 불필요한 털을 제거할 때에 한다. 특히 복부나 항문 주위, 네 다리의 발바닥 부분의 털은 짧게 해두는 것이 좋다. 복부는 배꼽에서 꼬리 쪽 부분의 털을 깎는다. 이 부분에 이발기를 댈 때는 개를 서 있게 하면 이발기를 움직이기 편하다. 항문 주위의 털은 항문을 덮고 있거나 분변이 붙는 부분을 제거하도록 한다. 이발기를 사용하는 경우는 항문에 칼날이 닿지 않도록 항문에서 바깥쪽으로 이발기를 움직인다. 네 다리의 발바닥은 개와 고양이가 땀을 흘리는 곳이며 지나치게 습해서 축축해져 있기도 한다. 그러므로 발볼록살 틈새나 주위에 나 있는 털을 깎아 준다. 이때 발볼록살을 충분히 열어서 털을 깎도록 주의한다. 단, 대형견이나 비만한 개는 발볼록살 틈새에 나뭇가지 등이 끼어 있으면 무거운 체중 때문에 피부에 박히는 경우가 있다. 이런 사고를 예방하려면 체중이 무거운 개는 발바닥 털을 끝부분만 쳐주고 나머지는 남겨 둔다.

빗질

빗질은 개나 고양이의 피부와 털의 오염을 제거하는 것이 목적이지만, 피부의 혈액 순환을 좋게 하는 효과도 기대할 수 있다. 빗질에는 브러시, 슬리커 브러시(핀 브러시), 빗(콤 브러시) 등을 사용한다. 브러시는 장모종의 개나 고양이에게 사용하면 좋다. 슬리커 브러시는 털이 뭉치거나 꼬인 것을 제거할 때 유용하다. 빗은 브러시나 슬리커 브러시로 빗질을 한 다음에 마무리용으로 사용하기도 한다.

샴푸

피부나 털의 오염을 제거하기 위해 빗질에 더해 샴푸를 한다. 개는 정기적으로 샴푸를 해주면 좋다. 샴푸 제품은 다양한 것이 판매되므로, 우리가 샴푸를 고르는 것처럼 한번 사용해 보고 맞는 제품을 선택한다. 샴푸를 할 때는 털뿐만 아니라 피부까지 꼼꼼히 세정할 것을 명심하자. 특히 귓바퀴와 앞다리 무릎 부분은 피지가 쌓이기 쉬우므로 정성껏 씻어 준다. 샴푸 후에는 린스를 해주는데, 린스 제품도 샴푸 제품과 마찬가지로 맞는 것을 선택한다. 그 후, 수건으로 충분히 수분을 제거하고 드라이어를 이용하여 건조한다. 드라이닝은 브러시나 슬리커 브러시를 사용하여 빗질하면서 하면 효과적이다. 완전히 말려 주지 않으면 나중에 비듬이 생기기 쉽다.

귀 청소

귓속을 청결하게 유지하기 위해서 정기적으로 귀 청소를 해준다. 특히 귓바퀴가 늘어져 있는 견종은 귓속이 더러워지기 쉬우므로 귀 청소는 필수다. 샴푸를 할 때 귀 청소를 같이하면 좋다. 다만 더러움이 심할 때는 더 자주 해줘도 된다. 어떤 견종은 귓속에 털이 나 있으므로 먼저 이것을 뽑아 준다. 반려동물 미용실에는 겸자 가위로 털을 자르는 경우가 있는데 집에서는 손가락이나 핀셋 등으로 충분하다. 참고로, 고양이의 귓속에는 털이 나지 않는다. 마지막으로 시중에서 파는 귀 세정제 등을 솜에 적셔서 귓속을 닦아 내듯이 한다. 단, 너무 깊숙한 곳까지 청소하지 않도록 한다.

발톱 깎기

발톱이 너무 자라면 그것이 구부러져서 개와 고양이가 상처를 입는 일이 있다. 지나치게 자란 발톱으로 걸으면 집 안의 마룻바닥에 흠집을 내거나 거슬리는 소리를 내기도 한다. 2주에 한 번, 또는 길어도 한 달에 한 번은 발톱이 얼마나 자랐는지 살펴보고 길다면 잘라 준다. 발톱깎이는 개용과 고양이용으로 판매하는 것을 사용한다. 하얀 발톱은 혈관이 보이므로 그보다 앞쪽을 자른다. 그러나 검은 발톱은 혈관이 보이지 않으므로 조금씩 잘라 간다. 만일 피가 난다면 그 부분을 거즈로 덮고 세게 누르거나 지혈제를 이용하여 피를 멎게 한다. 지혈제는 시판되는 것이 있으므로 상비해 두면 좋다. 개는 발톱을 깎은 후에 발톱 줄로 절단면을 둥글게 갈아 준다. 단, 고양이는 발톱 줄로 갈아 주면 발톱이 갈라지는 일이 있으므로 하지 않는다.

눈 주위 손질

눈곱이 끼어 있는 경우, 간단히 떼어 낼 수 있다면 솜 등으로 가볍게 떼어 낸다. 눈곱이 딱딱해져 있을 때는 솜에 물을 적셔 눈곱을 말랑말랑하게 해서 제거한다. 개의 경우, 특히 흰색 털의 개에게는 눈 주위의 털이 적갈색이 되는 눈물흘림을 일으키는 품종이 있다.[9] 이런 개는 눈 주위의 털이 길면 눈의 위쪽과 코의 위쪽 털을 숱 가위로 잘라 준다.

코 주위 손질

개는 코 주위의 털이 조금이라도 길게 자라면 콧등에 닿거나 입으로 들어가기도 한다. 그러므로 코 주위의 털도 숱 가위로 짧게 쳐준다. 고양이는 코 주위에는 털이 잘 나지 않으므로 손질할 필요가 거의 없다.

치아 손질

사람과 마찬가지로 개나 고양이의 이에도 치태나 치석이 들러붙는다. 그러므로 식후에 이를 닦아 준다. 개용으로는 껌이 판매되고 있는데 사람이 손가락에 거즈를 감아서 문지르거나 칫솔로 닦아 주는 것이 효과적이다. 칫솔에는 대소 크기가 있으며 앞니용과 어금니용 두 가지 타입의 솔이 달린 것도 있다. 또한 손가락에 끼우는 골무형 칫솔도 판매하고 있다. 양치질은 물을 묻히거나 전용 치약을 묻혀서 닦아 주는데 이때 너무 힘을 주지 않도록 주의한다. 치석이 끼었다면 사람의 손톱으로 문질러 본다. 이렇게 해서 떨어지지 않으면 동물병원에서 제거하는 것이 좋다.

9 비루관이 막혀서 코로 내려가지 못하고 눈으로 흐르는 증상으로, 흰색 개는 눈 주변이 빨갛게 물든다.

92

개와 고양이의 식사와 영양

개나 고양이가 건강하게 지내기 위해서는 적절한 식이 관리를 빠뜨릴 수 없다. 식이 관리를 할 때 먼저 이해해야 할 것은, 개는 잡식 동물이고 고양이는 육식 동물이라는 사실이다. 그것은 먹이를 취하는 방법이나 대사 방법의 차이로 나타나며, 따라서 식이 관리법도 개와 고양이는 전혀 다르다. 보호자는 각각의 식습관을 이해할 필요가 있으며 성장 단계별 차이도 알아두어야 한다.

개의 식습관

개는 집단으로 사냥하며, 자기보다 몸집이 큰 초식 동물을 포획하여 한 번의 사냥으로 무리 전체의 식량을 확보한다. 포획물의 숨통을 끊으면 맨 먼저 창자와 그 내용물(변)을, 다음으로 가죽이나 근육을 먹는다. 무리의 개들이 거의 동시에 먹기 시작하므로 자기 몫이 적어지지 않도록 서둘러 허겁지겁 먹는다. 고기를 삼킬 수 있을 크기로 찢어서 겨우 몇 번 씹어서 삼켜 버린다. 그러므로 개는 대량의 위산을 분비하게 되었다. 그리고 다음에 언제 포획물을 얻을 수 있을지 알 수 없으므로 위를 극단적으로 크게 확장할 수 있게 되어 한 번에 많이 먹는 특성이 생겼다. 때로는 땅에 떨어져 있는 초식 동물의 변을 먹기도 한다. 초식 동물의 변은, 말하자면 풀이다. 채소나 과일, 버섯 등을 그대로 섭취하는 습관도 있다. 단, 습성적으로는 육식이 강한 잡식이라고 생각하면 된다.

개에게 필요한 영양소

개에게 필요한 영양소의 종류와 양의 균형은 기본적으로는 사람과 같다고 생각하면 된다. 유일한 예외가 나트륨(염분)이다. 사람은 피부의 땀샘이 발달해 있으므로 땀을 흘림과 동시에 나트륨이 빠져나간다. 한편 개는 땀샘이 거의 발달해 있지 않으므로 나트륨 필요량은 사람의 10분의 1 이하다. 나트륨 과다 섭취는 신장에 부담을 주어 신부전(콩팥 기능 부족) 발생률을 높인다. 노령으로 심부전을 앓고 있을 때는 병의 진행이 빨라진다. 사료를 직접 만들어 줄 때는 조미나 염분 없이 조리하자.

개의 적절한 식사량

개의 적절한 식사량은 성장 단계나 운동량, 견종에 따라 다양하다. 본능적으로 있으면 있는 대로 먹어 치우므로 양은 보호자가 조정해야 한다. 성장기라면 정기적인 체중 체크를 하여 먹이양을 매일매일 더 주거나 줄여 준다. 성견은 기본적으로 매일 같은 양을 주면 되지만 운동량이나 계절, 사육 환경에 따라 조절한다. 다만 바깥에서 기르는 경우, 겨울은 체온의 저하를 방지하기 위해 소비 칼로리가 증가하므로 먹이양도 증가한다. 또한 중성화 수술 후의 동물은 기초 대사율이 떨어지므로 수술 전보다 먹이양을 줄일 필요가 있다. 노령이 된 다음부터 양을 줄이는 것도 같은 이유 때문이다.
임신이나 수유 중인 개는 먹이양을 늘릴 필요가 있다. 주의가 필요한 점은 임신 초기에서 중기까지는 태아가 별로 성장하지 않으므로 이 시기에 양을 너무 늘리면 비만이 되어 난산 확률이 높아진다는 것이다. 먹이양은 임신 후기(임신 40일째 이후)부터 늘리는 것이 좋다. 그리고 젖을 만들어 내기 위해서 임신 중보다 수유 중일 때 먹이 요구량이 증가한다. 성장기 중에 젖을 뗄 때까지(생후 6~8주 정도까지) 모유를 먹는다면, 그것은 완벽한 영양식이므로 문제없으며, 인공유를 먹는 경우도 강아지용이라면 문제없다. 매일 어미 개와 강아지의 체중을 체크하여 어미 개의 체중이 안정되어 있는지, 강아지는 체중이 증가하고 있는지를 확인한다. 특히 어미 개의 식이 관리에 신경을 쓴다. 젖을 떼어 가는 동안에는 젖(액체)과 사료(고형물)의 양쪽을 주게 되는데, 서서히 고형물의 양을 늘린다. 고형물은 처음에는 물이나 강아지용 우유에 녹여서 수프 형태로 하는 것이 소화하기 쉽다. 고형물의 양을 늘림과 동시에 녹이는 물의 양도 줄여 간다.
젖을 뗀 후(8주~8개월)에는 고형 사료를 주고, 성견이 되기까지는 정기적인 체중 체크로 적절한 양을 조절하면서 늘려 간다. 식사 횟수는 1일 3회 이상으로 분산한다. 성장기용 사료에는 충분한 영양이 함유되어 있으므로 칼슘 등의 보조제를 첨가할 필요는 별로 없다. 반대로 성장기의 과도한 칼슘 섭취는 성장기 고관절(엉덩 관절) 질환의 발생 위험을 높여서 문제가 된다. 성견(10개월부터 일곱 살)은 기본적으로는 하루 먹이양은 변하지 않는다. 운동량이나 환경에 따라 조절한다. 횟수는 1일 2회 이상이 좋다. 개는 위산 과다이므로 먹이 간격이 길어지면 과도한 위산을 토해 내서 명치 언저리가 쓰리고 아픈 것을 달래기도 한다. 빈번한 구토는 역류 식도염의 원인이 되어 바람직하지 않다.
노령견(약 일곱 살 이후)은 기초 대사율이 떨어지므로 성견 때보다 섭취 칼로리를 줄일 필요가 있다. 그리고 오랜 식습관이 건강 문제로 발생하는데 그중에서도 요즘 증가하는 문제로 비만을 들 수 있다. 비만은 여러 가지 생활 습관병을 일으키는 원인이 된다.

개에게 주면 안 되는 것

개에게 주면 안 되는 음식은 파 종류(파, 양파, 부추), 초콜릿, 닭 뼈다. 파 종류는 용혈(적혈구가 파괴되는 것)을 일으키는 중독 물질을 함유하고 있다. 파가 육수에 들어 있는 정도의 양이라도 중독을 일으키는 개도 있으므로 주의가 필요하다. 초콜릿은 테오브로민이라는 독소가 함유되어 있다. 초콜릿 종류에 따라서는 함유량이 적은 것도 있지만 기본적으로는 피하는 것이 좋다. 강아지용 초콜릿으로 파는 것은 사실은 초콜릿이 아니라 초콜릿 맛을 낸 것이다. 닭 뼈는 중독을 일으키지는 않지만 씹어서 쪼개지면 바늘처럼 날카로운 형태가 되어 그것이 위장에 박힐 물리적 위험이 있다. 성분은 문제가 없지만 일부 육포 등의 딱딱한 식품은 위장 장애를 부르므로 주의가 필요하다. 물론 잘 씹어서 먹는 개는 전혀 문제가 없다.

고양이의 식습관

고양이의 식습관을 이해할 때 중요한 점은 고양이가 단독으로 사냥하는 완전한 육식 동물이라는 점이다. 포획물은 주로 쥐, 새 종류, 곤충류다. 쥐 한 마리는 고양이의 하루에 필요한 열량의 10분의 1 정도밖에 되지 않으므로 고양이는 하루에 열 번 이상 사냥을 한다. 그래서 하루에 열 번 이상으로 나눠서 먹는 습성이 되었다. 놓아둔 드라이 푸드를 소량씩 몇 번에 걸쳐 나눠 먹는 것은 이런 이유 때문이다.
고양이는 생선 맛을 좋아하지만 야생에서는 생선을 잡는 일이 없으며, 따라서 생선 중심의 원래 식생활에는 적응할 수 없다. 생선을 주원료로 한 시판 제품인 캣 푸드는 부족한 영양소를 첨가하고 있지만 집에서 생선을 주는 식사가 중심인 경우는 영양이 치우치게 된다. 또한 어류를 과도하게 섭취하면 그 함유 성분(마그네슘과 인) 때문에 하부 요로 질환의 위험이 커진다.
고양이는 음식의 물리적인 형태, 맛, 냄새, 온도에 아주 민감하다. 기본적으로는 같은 것을 계속 먹기보다는 바뀌는 것을 좋아하지만, 생후 6개월까지 입에 댄 적이 없는 것은 먹고 싶어 하지 않는 경향이 있다. 예를 들어 드라이 푸드만 먹였다면 캔에 든 음식을 먹지 않거나, 같은 드라이 푸드라도 어떤 종류의 것만 먹거나 한다. 이처럼 취향이 한정되면 나중에 식이 치료가 필요할 때 치료가 어려우므로 새끼 고양이일 때 다양하게 먹이를 주는 것이 바람직하다. 고양이는 물을 마시는 습관이 부족하여 수분을 주로 먹이를 통해 얻는다. 드라이 푸드에서는 상대적으로 수분 섭취량이 줄어든다. 수분이 적으면 소변량도 줄어들어 하부 요로 질환의 위험이 커지므로 이것을 막기 위해 결석 성분이 적은 먹이를 주는 등 요령이 필요하다. 캣 푸드를 고를 때는 표시를 꼼꼼히 살펴보고 수의사와 의논하자. 고양이는 싫어하는 것을 먹을 바에는 공복을 택하지만 사흘 이상의 단식은 지방간 같은 병으로 이어진다. 〈배가 고프면 먹겠지〉라고 생각하지 말고 먹이를 변경할 때는 지금까지 먹었던 것을 섞어 주는 등 신중하게 해주자.

고양이에게 필요한 영양소
영양 면에서 고양이에게 필요한 것은 고단백질, 저탄수화물식이다. 그중에서도 타우린 요구량은 개나 사람 이상으로 많으므로 캣 푸드 이외의 것을 주는 경우에는 첨가해 주어야 한다. 개와 마찬가지로 나트륨의 과도한 섭취는 피하자. 그리고 과도한 마그네슘과 인은 하부 요로 질환의 위험을 높이므로 주의한다. 이들 성분은 고양이가 좋아하는 마른 멸치나 가다랑어포에 많이 함유되어 있다. 수의사가 인증한 캣 푸드를 먹는다면 영양소의 편식은 막을 수 있다.

고양이의 적절한 식사량
고양이의 적절한 식사량은 성장 단계에 따라 다양하다. 고양이는 거의 운동하지 않으므로 운동량을 고려해서 하루 먹이양을 변경할 필요는 없다. 고양이는 기본적으로는 필요량을 자신이 조절하여 하루에 몇 번으로 나누어서 먹는다. 그러나 최근에는 개와 마찬가지로 있으면 있는 대로 먹는 고양이도 늘어나고 있다. 그런 경우에는 보호자가 관리해 주며 과식에 의한 비만을 예방해야 한다. 중성화 수술 후, 그리고 노령일 때 섭취 열량을 억제하는 것은 개와 마찬가지다. 개와 다른 점으로는 노령 고양이의 신부전 발병률이 높다는 것을 들 수 있다. 이 경우는 저단백질식을 줌으로써 병의 진행을 막을 수 있다.

개와 고양이의 음식 알레르기
사람과 마찬가지로 개나 고양이에게도 음식 알레르기 발생이 늘고 있다. 특정 식품에 관해 알레르기 반응을 나타내는 것으로, 구토나 설사 같은 소화기 증상이나 아토피 피부염을 나타낸다. 알레르겐[10]이 되는 음식에는 개체차가 있으며 통상적으로는 단백질에 반응하는 것이 많다고

10 알레르기 반응을 일으키는 원인 물질. 음식뿐만 아니라 식물이나 동물, 자연계의 모든 것이 알레르겐이 될 수 있다.

하는데, 쌀이나 채소에 반응하는 때도 있다. 음식 알레르기가 의심될 때는 지금까지 먹은 적이 없는 사료로 바꿈으로써 소거법적으로 알레르겐을 섭취하지 않는 방법도 있으며 요즘은 동물병원에서 알레르겐을 검사할 수도 있다.
반려동물용 기성 사료는 회사에 따라 내용이 다양하여 혼란스러운데, 예를 들어 영양가가 충족되지 않거나 과도하거나 표시 내용이 불충분하거나 틀리거나 하는 문제가 있다. 한편, 기성 제품을 이용하면 매일 관리가 편하다는 장점도 있다. 한국과 일본에는 펫 푸드 표시에 대한 법적 기준이 아직 없으므로 현재로서는 수의사의 의견을 듣고 적절한 제품을 선택하는 것이 최선이다.

고양이에게 주면 안 되는 것
어패류를 너무 많이 주면 안 된다. 어패류는 고양이의 체내에서 비타민 B_1을 파괴하여 신경 증상(신경 마비 등 후들거리면서 걷는, 이른바 허릿심이 빠져서 일어나지 못하는 상태)을 일으키는 물질을 함유하고 있으며, 비타민 B_1 결핍증을 일으킨다. 어류는 장기적인 문제, 조개류는 단기적인 문제를 낳는 원인이 된다. 마찬가지로 섭취량의 문제이기는 하지만, 탄수화물도 고양이에게는 부담이 된다. 닭 뼈나 커다란 생선 뼈는 위에 박히므로 위험하다.

개와 고양이의 현대병

1970년대 무렵까지는 개는 오로지 집 지키는 개로 바깥에서 기르고, 고양이는 집 안과 밖을 자유롭게 드나들면서 쥐나 벌레를 잡아먹었으며 식사는 거의 가족이 먹다 남은 음식이었다. 그런데 요즘 사람과 동물의 관계가 급속히 긴밀해져서 개는 집 안에서 키우게 되고 고양이는 밖에 나가지 않게 되어 전용 사료를 주고, 침대에서 같이 자는 등 반려동물을 둘러싼 생활 환경은 격변했다. 그것은 어떤 의미에서는 기뻐할 일로, 동물들도 만족하고 있을 것이다. 그러나 한편으로, 동물에게 좋으리라 생각하고 해주는 것이나 잘 모르고 해주는 것이 동물에게 커다란 스트레스가 되거나 병의 원인을 만드는 등 문젯거리도 늘고 있다. 이런 문제점을 파악하고 해결하여 사람과 반려동물이 모두 행복하게 건강한 생활을 할 수 있도록 노력할 필요가 있다.

생활 습관병

생활 습관과 관련하여 일으키는 만성병을 생활 습관병이라고 하는데 최근에는 동물에게도 사람과 같은 생활 습관병이 나타나게 되었다. 개의 생활 습관병 중에 많은 것은 비만과 관련되어 있다. 이 비만은 식습관에서 생기는 것으로 다음과 같은 다양한 병을 일으킨다.

당뇨병 요즘은 사람과 마찬가지로 에너지 섭취와 인슐린 분비의 균형이 무너져서 생기는 당뇨병이 많이 보인다. 그 결과 췌장이 피로하여 기능이 파괴되는 일이 있다.

지방간 과도한 지방은 피부밑 지방이나 내장 지방이 될 뿐만 아니라, 간에도 축적되어 지방간이 된다.

퇴행 관절증 과도한 체중이 실리면 관절이 변형되어 푸슬푸슬해지는 퇴행 관절증이 생긴다. 관절에 요철이 생기므로 걸으면 통증이 있다. 아프면 움직이지 않게 되는데, 움직이지 않으면 더욱 요철이 생겨서 관절의 변형이 진행되는 악순환이 일어난다. 이 병은 나이가 들어감에 따라서도 진행된다.

추간판 탈출증 개의 척추뼈는 사람과 달리 수평을 이루고 있다. 비만해져서 내장 지방이 붙으면 등의 중심이 지면을 향해 처지듯이 굽는 경향이 있다. 그러면 그 부위에 추간판 탈출증이 발생하기 쉬워진다.

기관 허탈 개는 기관도 수평을 이루고 있으므로 지방이 너무 늘어나면 기관이 압박되어 기관 허탈(기관이 좁아지는 상태)이 되어 호흡 곤란이나 기침 등의 증상을 일으키기 쉬워진다. 기관의 조직은 나이가 들어감에 따라 약해지므로 노령이 될수록 발생하기 쉽다.

심부전 체중이 늘어나면 혈액도 과도하게 만들어진다. 한편, 심장은 체격에 맞는 양의 혈액을 보내도록 만들어져 있으므로, 혈액의 양이 증가하면 심장의 부담이 늘어나고, 만성적으로 그 상태가 계속되면 심근이 피로해서 심부전에 이른다.

소화기 질환 내장 지방이 늘어나면 장의 연동 운동이 저하되어 변비나 설사 등의 소화기 질환이 생기기 쉽다.

개의 비만 대책

비만의 원인은 먹이를 너무 많이 주는 것과 운동 부족 때문인데 사람의 다이어트가 그렇듯이, 알고는 있지만 방지하는 데에는 엄청난 노력이 필요하다. 다만 사람과 달리 개는 자기가 먹이를 사러 가는 것이 불가능하므로 보호자가 너무 많이 주지만 않으면 된다. 다정함과 어리광을 받아 주는 것을 혼동하지 말고 식이 관리는 건강 관리임을 명심하고 책임감을 느끼고 체중 관리를 해준다.
식생활 문제로는 비만 이외에도, 결코 편식하는 것도 아닌데 먹이 내용물이 문제가 되어 병이 나는 경우가 있다. 균형이 잡히지 않은 식사를 계속하면 방광 결석이 생기는 등 비뇨기 계통에 트러블이 일어나는 예도 있으므로 정기적인 소변 검사를 받기를 권한다.

비만 체크 방법

개의 경우, 몸길이(사람의 키에 해당)가 견종에 따라 크게 다르므로 적절한 체중을 구체적인 숫자로 나타내기는 아주 힘들다. 그러므로 다음에 설명하는 이상적인 체형을 유지하도록 명심하자. 먼저 손바닥을 개의 흉부(가슴)에 대고 앞뒤로 만져 본다. 피부를 통해 늑골(갈비뼈)의 존재가 확인되면, 그다음에는 개의 허리 부분에 손을 대고 마찬가지로 만져 본다. 골반(엉덩뼈)의 존재가 확인되는가.
늑골과 골반이 확인되면 이상적인 체형의 범위 안이라고 생각해도 된다. 확인되지 않으면 비만, 눈으로 보기만 해도 늑골과 골반이 드러나 있다면 너무 여윈 것으로 판단한다. 고양이의 경우, 몸길이에 큰 차이가 없으므로 6킬로그램 이상이면 비만 경향, 8킬로그램 이상이면 비만이라고 생각하면 된다.

개의 기타 생활 습관병

주거 환경의 영향도 관절 질환을 중심으로 한 생활 습관병의 원인이 된다. 우리 생활이 서양식으로 계속 바뀌는 와중에 마룻바닥의 마루나 소파, 침대는 개의 퇴행 관절증 등 골격계 생활 습관병의 원인이 되고 있다. 특히 마루는 개가 미끄러지기 쉬운 환경이다. 하루에 몇 번씩이나 소파 등으로 뛰어오르고 뛰어내림으로써 척추, 무릎, 어깨 관절 등에 부담이 생기고 그 결과 골절이나 인대 단열, 탈구, 추간판 탈출증 등을 일으키기도 한다. 그런 문제에 대한 대책으로 소형견에게는, 특히 단 차이가 큰 장소에는 강아지용 작은 슬로프나 계단을 만들어 주자. 바닥에는 발톱이 걸리지 않을 정도의 털이 짧은 카펫이 좋다.
운동은 개에게 꼭 필요하지만 부적절한 운동으로 병에 걸리기도 한다. 그러므로 각각의 운동에는 비적응 견종이 있음을 잊어서는 안 된다. 예를 들어 닥스훈트는 추간판 탈출증이 되기 쉬우므로 프리스비를 하는 것은 문제다. 어떤 운동이 좋을지 트레이너에게 상담해서 정하는 것이 좋다. 또한 적응 견종이라 해도 평소에 별로 운동하지 않는 개에게 갑자기 격렬한 운동을 시키는 것은 문제다. 반대로 평소에 격렬하게 운동하고 있는 개는 수영이나 마사지 등의 재활 요법을 병행해 주는 것이 좋다.
현대의 도시형 생활은 보호자의 생활시간이 불규칙하거나 냉난방 기구가 보급되는 등 자연과는 동떨어진 환경이 되고 있다. 자연계에서는 해가 뜨면 일어나고 해가 지면 잠을 자고, 여름은 덥고 겨울은 춥지만, 집 안에서 사는 개에게는 반드시 그렇지는 않다. 그런 생활 환경의 변화가 개의 생체 리듬을 깨뜨려 컨디션 불량을 일으키는 경우가 있다. 이런 컨디션 문제는 미묘한 변화로 구체적인 특정 병의 원인이 되지는 않는다. 예를 들어 불규칙한 수면은 스트레스가 된다. 보호자가 바빠서 산책을 자주 가지 못한다면 이것도 운동 부족과 스트레스를 부른다. 산책 시간이 불규칙하면 배뇨를 참거나 그로 인한 스트레스나 비뇨기계의 감염증을 일으키기도 한다. 뚜렷한 인과 관계는 증명되지 않았지만 발정 주기가 불규칙해지는 등 번식 장애와의 관계도 확인되고 있다.

고양이의 생활 습관병

고양이의 생활 습관병도 개와 마찬가지로 식생활에 의한 비만 때문에 당뇨병, 간 질환, 관절 질환, 소화기 질환 등이 많다. 비뇨기계에 관해서는, 고양이는 개와 달리 방광 결석이 생기는 일은 드물지만 방광 안에 돌 모양의 결정이 쌓여서 배뇨 곤란이나 요도 폐쇄를 일으키는 일이 많이 있다. 이것은 수컷 고양이가 걸리기 쉬운 병이다. 주거 환경의 영향 면에서 고양이는 마루나 가구 배치에 개만큼 크게 영향받지는 않는다. 단, 공간이 좁은 경우나 여러 마리를 키울 때 한 마리가 숨을 수 있는 공간을 확보해 주지 않으면 스트레스로 방광염이나 번식 장애를 일으키는 경우가 있다. 생활 양식 면에서는 기본적으로는 개처럼 완급이 있는, 생체 리듬이 흐트러지지 않은 생활을 하게끔 배려하자.

스트레스

일반적으로 스트레스라면 정신적 스트레스만을 생각하는 경향이 있는데 그렇지 않다. 스트레스에는 정신적 반응과 신체적 반응이 있다. 전자의 원인은 정신적 요소, 후자의 원인은 통증이나 병 등의 신체적 요소다. 정신적 요소는 주로 자기방어 본능에서 비롯되며, 생명의 위험, 식량이나 생활 공간을 위협당하는 위험을 느꼈을 때 스트레스를 받는다고 한다. 개는 집단 사회를 형성하는 습성상 주위에 친구가 없으면 스트레스를 느끼고, 고양이는 반대로 주위에 다른 고양이가 너무 많거나 그들과 거리가 너무 가까우면 스트레스를 받는다. 사람과 달리 동물은 부끄러움이나 자존심 등 생명과 직접 관계가 없는 일에는 스트레스를 느끼지 않는 것으로 보인다. 또한 같은 수준의 자극이 있어도 스트레스를 느끼는 방식에는 개체차가 있다.
약한 자극이라도 그것이 지속되면 스트레스받는 상태라고 생각할 수 있다. 스트레스는 정신적인 트라우마가 되거나 문제 행동으로 발전하는 경우가 있다.
스트레스를 받으면 체내에서는 자기를 보호하기 위해 호르몬이 분비된다. 그들 호르몬은 보통 생명 유지에 유효하게 작용하고 있지만 때로는 역효과를 내기도 한다. 아드레날린은 심박수를 상승시키는 호르몬인데, 나이가 많고 심장이 나쁜 개가 심한 스트레스를 받으면 아드레날린이 분비되어 혈압이 상승하여 심장 발작을 일으키는 일이 있다. 스트레스에 의해 상승하는 코르티솔이라는 호르몬은 혈당치를 상승시키는 등 스트레스 상황에서 에너지를 공급하며, 동시에 면역계의 작용을 억제하므로 장기간의 스트레스가 있으면 여러 가지 병이 생기기 쉽다. 적당한 스트레스는 정신적으로도 신체적으로도 유효하게 작용하지만 과도한 스트레스가 해를 끼치는 것은 동물도 사람과 마찬가지다.
스트레스를 받았을 때 나타나는 구체적인 행동이나 증상으로, 개는 몸의 떨림, 식욕 부진, 설사, 탈모(자기 몸을 지나치게 핥거나 무는 행동을 포함한다), 공격성, 쓸데없는 짖음, 실내를 어지럽히기, 부적절한 장소에서 배설하기 등이 있다. 고양이는 털 곤두서기, 식욕 부진, 먹이 취향의 변화, 설사, 탈모(자기 몸을 지나치게 핥는 행동을 포함한다), 만지는 것을 싫어함, 발볼록살에 땀 흘림, 소변 스프레이 등을 보인다.

마음의 병
동물에게도 마음의 병이 있는데 대개는 어떤 행동의 변화가 나타나야만 사람은 비로소 그것을 인식한다. 활동성의 저하 또는 항진, 식욕과 수면의 장애 등이 생활에 지장을 줄 정도로 진행되었을 때 마음의 병으로 인식하는 일이 많다. 이것은 보호자의 인식에 의존하는 부분이 크므로, 사람에 따라서는 전혀 이상을 알아차리지 못하거나 반대로 소소한 것을 심각하게 받아들이는 현상이 일어난다. 어디서부터 병이라고 할 것인지는, 의학적 견지보다 보호자가 문제라고 생각하는지 그렇지 않은지에 달려 있다고 볼 수 있다. 이와 같은 마음의 병은, 단골 수의사나 트레이너에게 상담한다면 대부분은 거기서 해결될 것이다. 최근에는 문제 행동 치료를 중심으로 하는 동물의 정신 건강 의학과에 해당하는 전문 수의사가 늘어나고 있으니 전문의에게 상담하기를 바란다. 다만, 마음의 병이라고 단정 짓기 이전에, 반드시 다른 신체적인 병이 있는지를 확인할 필요가 있다. 이상한 행동이 뇌 질환에 의한 것이거나, 소변이 새는 원인이 비뇨기 질환인 경우도 있기 때문이다.

100

개와 고양이의 문제 행동과 대처법

사람에게 문제가 되는 모든 행동을 문제 행동이라고 부르는 연구자가 있다면, 성질이나 원인, 정도를 고려하여 다음과 같이 설명하는 반려동물 연구자도 있다. 첫째, 개나 고양이가 이상한 행동을 하는 것. 예를 들면 꼬리를 계속 쫓아서 빙빙 돌거나 상처가 생길 정도로 몸을 계속 핥는 것 등이 이것에 포함된다. 둘째, 개나 고양이의 행동이 너무 격렬해서 적정 범위를 넘는 것. 예를 들면 몇 시간 동안이나 계속 짖어 대거나 머리를 쓰다듬기만 해도 무는 등의 경우다. 셋째, 정상적인 개나 고양이의 행동이지만 보호자나 사회에 폐를 끼치는 것. 예를 들면 발정기인 개나 고양이의 울음소리나 행동, 개가 산책하면서 목줄을 잡아당기는 것 등이다. 여기서는 세 가지 가운데 하나, 또는 두 개 이상이 해당하면 문제 행동이라고 생각한다.

문제 행동의 원인과 치료

우리 사람도 컨디션이 안 좋거나 배가 고플 때는 기분이 나빠진다. 개나 고양이도 몸에 통증이 있거나 배가 고프면 기분이 좋지 않으며, 그 결과 공격적으로 될 때가 적지 않다. 개나 고양이도 과거에 불쾌했던 일과 무서웠던 일은 잘 기억하고 있다. 동물병원에 데려갔을 때 사용한 케이지를 보기만 해도 숨어 버리는 고양이, 동물병원 방향으로 가려고 하기만 해도 걷지 않는 개 때문에 난처했던 경험이 있는 보호자도 있을 것이다.
이처럼, 동물들이 화를 내거나 물거나 심하게 저항하는 데에는 반드시 그것을 뒷받침하는 컨디션 문제나 마음 상태(불쾌한 경험)가 있다.
문제 행동이 나타난 경우, 먼저 그것이 몸의 이상에 의한 것인지를 조사할 필요가 있다. 몸에 이상이 없으면 마음의 문제로 생각해야 한다. 예를 들면 여기저기에 배뇨하는 행동이 있다. 발정기에 그런 행동이 두드러진다는 것은 잘 알려져 있는데, 성견이나 성묘의 배설 장소가 어지럽혀져 있으면 많은 사람은 훈련 문제 또는 짓궂은 장난이라고 생각하기 쉽다. 그러나 그 행동의 배경에는 다양한 원인이 있을 수 있다. 먼저, 몸의 이상일 가능성을 생각하여 평소 다니는 동물병원에서 소변 검사를 비롯한 신체검사를 받아 보자.
몸에 이상이 없다면 다음으로 훈련 방법이나 화장실에 문제가 없는지를 생각해 본다. 화장실의 상자나 장소 등을 갑자기 변경한 것이 원인이기도 한다. 어느 것도 해당하지 않는다면 마음의 문제(스트레스 반응)일 가능성이 있다. 보호자의 생활 방식이 바뀌거나 가족이 바뀌는 것은 동물의 스트레스 요인 1위다. 물론 얼마 전에 호되게 야단쳤다거나 사료와 산책 시간을 바꿨거나 동물의 생활에 직접적인 영향을 주는 일이 있었다면 그것이 원인이 되는 것을 말할 것도 없다.
이런 것을 생각하면, 문제 해결이 반드시 보호자만으로 해결된다고는 말할 수 없다. 원인이 의외의 부분에 존재하기도 하기 때문이다. 따라서 보호자는 절대로 고쳐 줘야지, 그만두게 해야지 하고 이것저것 시도하기보다는 오히려 냉정하게 현상을 분석하여 문제의 악화를 방지하고 현 상태를 유지할 것을 최초의 목표로 잡아야 한다. 그러기 위해서는 문제 행동을 알아차린 시점에서 단골 수의사를 비롯한 전문가에게 상담해서 조언을 얻는 것도 유익하다.

동물이 이해할 방법을 선택한다
동물이 아는 방법으로, 동물의 눈높이에 맞춰서 진행하지 않으면 동물의 행동은 바뀌지 않는다. 말이나 호령은 동물이 그 의미를 이해하지 못하면, 〈안 돼〉라고 백 번을 소리쳐도 알지 못한다. 목줄을 잡아당기거나 위에서 눌러서 넘어뜨려도 불쾌감이나 공포심을 줄 뿐, 동물이 그 의미를 이해하기를 바랄 수는 없다. 동물이 반드시 알아듣는 규칙은 좋아하는 것을 사용함으로써 성립한다. 음식을 이용한 훈련이나 좋아하는 장난감이나 산책, 정원에 풀어 주기 등 평소 좋아하는 것이라면 무엇이든 좋다. 요령은 개든 고양이든 명령에 따르면 좋아하는 것을 주거나 제시하는 것이다. 그럼으로써 비로소 규칙이 성립한다. 예를 들어 손님을 좋아하게 하고 싶다면, 손님의 얼굴을 보면 〈앉아〉를 시키고 실행하면 상을 반복적으로 준다. 이것이 잘 안 된다면, 가장 좋아하는 것을 사용하지 않았거나 문제가 이미 상당히 악화되어 있을 가능성이 크다.

문제 행동 1. 개가 땅에 떨어진 것을 먹는다
개가 땅에 떨어진 것을 먹는다는 것은 가장 많은 상담 가운데 하나로, 이 문제의 공통점으로서 버릇이 없다, 배고파한다, 입에서 빼앗으려 하면 으르렁거린다, 문다 등으로 행동하는 일이 적지 않다. 땅에 떨어진 것을 먹는 것은 개에게는 자연스러운 행동이다. 고양이와 달리 갯과의 동물은 사냥으로 잡은 포획물, 그리고 사체나 과일의 씨, 곤충 등 지면에 떨어져 있는 것을 주워 먹는 습성이 있다. 그러므로 오늘날에도 길을 걸으면서 지면의 냄새를 맡고 먹다 흘린 것이나 쓰레기, 분변 등을 보면 입에 넣어 보거나 먹어 보는 것이다. 그러나 유감스럽게도 현대 사회에서 땅에 떨어져 있는 것은 개에게 해가 될 때가 많다. 따라서 대책을 생각하고 땅에 떨어진 것을 먹는 일은 어떻게든 막을 필요가 있다.
대책을 생각할 때 열쇠가 되는 것은 그것이 개에게는 자연스러운 행동이라는 것이다. 즉 개는 땅에 떨어진 것을 왜 못 먹게 하는지 알지 못하므로 개가 주워 먹는 것을 잊어버릴 정도로 집중할 수 있고, 흥미를 끄는 뭔가가 없다면 그것을 막을 수 없다. 예를 들어 〈이리 와〉 하고 부르면 언제 어디서나 보호자에게 달려오도록 훈련해서 땅에 떨어진 것을 먹으려 하면 〈이리 와〉라고 한다. 오면 반드시 땅에 떨어진 것을 먹는 것을 잊어버릴 정도로 맛있는 것을 주는 방법을 생각할 수 있다. 만약 입에 넣어 버렸다면 비장의 무기(개가 반드시 탐내는 먹을 것)를 사용해서 교환하자. 비장의 무기를 앞을 향해 던져서 개의 흥미를 끌어도 되고, 손으로 직접 주면서 교환해도 된다.
입에 넣어 버린 것을 무리하게 뺏는 것을 반복하면 많은 개는 방어 심리가 강해져서 뺏기지 않으려고 저항하게 된다. 그 결과, 보호자를 위협하거나 물거나 문제가 악화한다. 목둘레나 입 주위에 사람의 손이 오는 것을 언제나 경계하고 물어뜯는 습관이 생기기도 한다. 즉 무리하게 입에서 빼앗는 방법은 백해무익하다. 절대로 하지 말기 바란다.

문제 행동 2. 개가 손님에게 짖는다
손님이 왔는데 개가 짖어 댄다면, 짖는 소리 때문에 이야기를 나눌 수 없고, 이웃에도 폐가 되는 등 문제가 생긴다. 여기서는 실내견을 상정하고 설명한다. 손님에게 끈질기게 짖는 개의 대부분은 손님이 낯선 상태다. 특히 뒤로 물러서서 엉거주춤한 자세로 계속 짖어 대는 개는 낯선 사람을 경계하는 것이다. 경계하고 있는 개에게 다가가면 개는 더욱 위축되므로 먼저 경계심을 줄이고 다음 단계를 진행해 보자.
첫째, 경계심을 줄인다. 둘째, 손님에 대한 좋은 의미의 흥미를 갖게 한다. 셋째, 좋은 흥미가 지속되도록 하여, 개의 자신감을 키워 준다.
첫 번째, 개의 경계심을 줄이는 방법은 눈을 맞추지 않는다, 개를 정면으로 마주하지 않는다, 짖을 정도로 가까이 가지 않는다(짖지 않을 정도의 거리까지 떨어진다), 몸을 되도록 작게 움츠린다, 급하게 움직이지 않는다, 돌아다니지 않고 한곳에 가만히 있는다 등이다.
두 번째, 손님에 대한 좋은 의미의 흥미를 갖게 하는 방법은 반드시 개가 짖지 않고 차분해지기 시작할 때 진행하는 것이다. 손님은 개를 무시한 채로 경계심을 줄이는 방법을 계속 유지한다. 개가 손님의 냄새를 맡거나 옆에 다가와도 손님은 무시한다. 이때 보호자는 개가 좋아하는 것을 주거나, 개에게 가까운 곳에 던진다. 만약 개가 짖기 시작하면 최초의 경계심을 줄이는 방법으로 돌아간다.
세 번째, 개의 자신감을 키워 주는 방법은 개가 가장 자신 있어 하는 타입(예를 들면 남성보다는 여성, 아이들보다는 어른)의 손님을 골라서 연습한다. 손님이 올 때마다 연습을 반복한다. 처음에는 짖지 않는 것이 아니라 짖는 시간이 짧아지는 것을 목표로 한다. 이 세 단계를 손님이 올 때마다 반복하여 확실하게 짖는 일이 줄어들면 손님이 개가 좋아하는 것을 직접 주거나 던져 줘도 된다.

문제 행동 3. 고양이가 있는 집에 새로운 새끼 고양이 들이기
고양이는 개와 마찬가지로 영역 의식이 강한 동물이지만, 일반적으로 사회성이 개보다 낮으므로 새로운 고양이의 등장은 커다란 스트레스가 된다. 보호자에게는 귀여운 새끼 고양이지만 이미 살던 고양이들에게는 위협이 된다.
고양이에 따라서는 다른 고양이를 전혀 받아들이지 않는 예도 있다. 지금까지 새끼 고양이뿐만 아니라 새 가구나 낯선 손님 등 새로운 것이 집에 들어오는 것에 과민한 반응을 보였던 고양이가 있다면 새로 고양이를 데려오지 않는 것이 좋다. 한편, 그렇게 과민한 모습이 없거나 어떤 반응을 보일지 알 수 없을 때는 다음과 같은 방법을 시도해 본다.
첫 번째, 도입 단계에서는 새끼 고양이를 받았더라도 잠깐은 고양이와 만나지 않게 한다. 그리고 고양이가 좋아하는 장소에 새끼 고양이를 가지 못하게 한다.
두 번째, 만남 단계에서는 새끼 고양이를 케이지에 넣어 두고, 고양이가 새끼 고양이에게 흥미를 보이고 케이지에 접근하면 고양이가 좋아하는 것을 준다. 만약 고양이가 으르렁거리거나 털을 곤두세우면 바로 둘을 떼어 놓고 그날은 거기서 멈춘다.
첫 번째와 두 번째 단계를 몇 번 반복하여 고양이가 새끼 고양이에 대해 경계심이나 공격적인 모습을 보이지 않게 되는 경우에만 다음으로 진행한다.
마지막으로 방문 단계에서는 새끼 고양이를 고양이의 영역에 풀어놓고 대면시킨다(다만 가장 좋아하는 방이나 장소에는 새끼 고양이의 출입을 금지). 이때 항상 보호자가 지켜보고 시간도 정해

놓고 한다. 도입과 만남, 그리고 방문, 이 세 단계를 반복해도 문제가 없다면 천천히 새끼 고양이의 자유 시간과 범위를 늘려 간다.

104

임신과 출산

가정에서 키우는 개나 고양이의 출산은 보호자에게 있어서 기쁜 일일 수도 있지만 생각하지 못했던 엄청난 일이기도 하다. 반드시 새끼를 낳게 하고 싶은지, 보호자로서 책임감 있게 돌볼 수 있고 긴급 상황에 대처할 수 있는지, 어미나 새끼의 죽음까지를 포함한 위험성을 잘 이해하고 있는지 잘 생각해서 정한다.
교배하기 전에, 그 개나 고양이가 번식에 적합한지부터 생각하자. 건강하지 않거나 성격에 문제가 있다면 번식에 적합하지 않은 경우도 있다. 출산할 때 침착하게 대처하지 못하는 보호자는 개나 고양이에게 출산하게 해서는 안 된다. 무사히 출산한 경우, 태어난 강아지나 새끼 고양이의 장래에 대해서도 잘 생각해 두어야 한다. 그 새끼들을 귀여워하고 제대로 키워 줄 사람에게 입양시킬 수 있는가? 직접 키울 생각이라면 부모와 자식 간에 근친 교배가 일어나지 않도록 해야 한다. 근친 교배는 이상이 있는 새끼가 태어날 위험이 크므로 절대로 피해야 한다. 필요한 모든 마릿수대로 중성화 수술을 받게 해줄 수 있는가? 여러 마리의 개나 고양이를 키우려면 노력과 비용이 든다는 것을 미리 알아야 한다. 번식에 대해 모르는 것이 있거나 고민이 될 때는 반려동물이 교배하기 전에 평소 다니는 동물병원과 상담하자.

번식시키면 안 되는 개와 고양이
유전병이 있는 개 또는 고양이. (아토피 피부염인 개, 승모판 기능 부족인 개나 부모가 그 병을 갖고 있는 개.)
새끼에게 전염될 위험이 있는 병을 가진 개 또는 고양이. (고양이 전염성 비기관염에 걸린 적이 있는 고양이, 고양이 백혈병 바이러스나 고양이 면역 결핍 바이러스에 감염된 고양이, 감염성 피부 질환을 앓는 개 또는 고양이.)
새끼에게 태반 감염될 우려가 있는 기생충이 기생하는 암컷 개 또는 고양이. (회충, 구충 등은 태반이나 젖을 통해서 새끼에게 감염된다.)
유전병, 전염병, 기생충 이외의 지병이 있는 암컷 개 또는 고양이. (임신 중, 수유 중에 병이 악화되었을 때 사용할 수 없는 약제가 많으며 약제를 사용하면 새끼에게 기형이 발생하기 쉬워지는 등 악영향의 위험이 있다.)
전신의 상태가 나쁘거나, 체력이 달리는 암컷 개 또는 고양이. (임신을 견디지 못해 유산, 사산의 위험성이 높으며 어미의 생명이 위험해질 우려가 있다.)
노령 초산인 암컷 개 또는 고양이. (난산할 확률이 높다.)
사회화되어 있지 않은 암컷 개 또는 고양이. (새끼를 키우지 못할 우려가 있다.)
사람을 신뢰하지 않는 암컷 개 또는 고양이. (난산하더라도 도와줄 수 없다.)

난산이 많다고 알려진 견종. (브리더 이외에는 교배시키면 안 된다.)

이전에 출산이 난산이었던 암컷 개 또는 고양이.

명확한 원인을 알 수 없는 유산을 경험한 적이 있는 암컷 개 또는 고양이.

이전의 출산에서 새끼의 기형이 보인 암컷 개 또는 고양이. (새끼에게 기형이 보인다면 수컷도 교배시키면 안 된다.)

태어난 새끼가 혈액형 부적합일 우려가 있는 암수의 조합.

* 수컷이 병을 앓고 있으면 교미할 때 암컷에게 전염되고, 다시 암컷에서 새끼에게 감염될 우려가 있으므로 수컷도 전염병에 걸려 있으면 안 된다.

임신 경과

가정의 개나 고양이의 임신 기간(교미에서 출산까지의 기간)은 59~65일 정도다. 한배의 새끼가 많으면 이보다 짧고, 적으면 이보다 길어지는 경향이 있으므로 실제 일수는 57~67일 정도의 범위를 예상하면 된다. 발정 시에 여러 번 교미를 시킨 경우에는 출산 예정일의 예측 범위가 더 넓어진다. 개는 2주 정도 계속되는 발정 출혈이 끝날 무렵에 배란이 있으며, 그 전후에 교미함으로써 임신한다. 암컷 고양이는 부정기적으로 발정기가 있으며, 그 기간에 교미한다. 고양이는 교미가 배란을 유발하여 임신이 성립한다. 이것을 교미 배란 또는 유기 배란이라고 한다. 난자는 수정하면 세포 분열을 반복하여 2주~2주 반 정도면 자궁에 착상한다. 착상한 부위에 태반이 형성되고, 태아는 태반과 탯줄을 통해 어미로부터 영양을 제공받으며 발육한다. 태아는 양수에 떠 있는 상태로 양수는 태포[11]라는 막 안에 채워져 있다. 이 태포는 교미로부터 3~4주

자궁 안의 태아

지나면 중형견은 탁구공 정도의 크기가 된다. 교미에서부터 6~7주 지나면 태아는 개나 고양이의 형태가 되며 복부 엑스레이 검사로 골격도 확인할 수 있게 된다.
보통 대형견은 한배에서 낳는 강아지가 많고 소형견은 적은 경향이 있다. 래브라도리트리버, 독일셰퍼드, 시베리아허스키, 달마티안, 그레이트데인 등은 여덟 마리 전후, 때로는 열두 마리 이상 낳기도 한다. 한편, 요크셔테리어나 미니어처 닥스훈트 등의 소형견은 두세 마리 정도가 보통이고 한 마리만 낳기도 한다. 새끼의 수에 영향을 주는 다른 요소로는 교배하는 수컷과 암컷의 정신적, 육체적 건강 상태, 나이, 유전적인 번식력 차이 등을 들 수 있다. 고양이도 한 번에 태어나는 새끼의 수는 둘에서 여덟 마리 등으로 다양하다. 개든 고양이든 새끼의 수가 너무 적으면 태아가 커져서 난산의 한 가지 원인이 된다. 반대로 너무 새끼의 수가 너무 많으면 출생 시에 전체적으로 발육이 나쁘고, 또한 모유 쟁탈전이 벌어져서 약한 새끼가 젖을 충분히 먹지 못하여 죽는 일이 일어나기 쉬워진다.

발정이란

발정이란 성적으로 성숙한 동물의 암컷이 번식할 수 있는 상태며, 이 시기를 발정기라고

11 태포는 자궁 안의 태아를 감싸고 있는 막으로, 두 장이 있으며 안은 양수로 채워져 있다. 태아는 탯줄로 태반에 연결되어 양수 안에 있다.

한다. 개체차는 있지만, 개는 10~16개월령, 고양이는 6~10개월령 정도에 첫 발정이 일어난다. 동물은 발정기 이외에는 임신하기 위한 구애나 교미 등 번식 행동을 하지 않는다. 발정 초기의 암컷은 음부가 팽창하고 붉은 기가 늘어나며 개는 발정 출혈이 보인다. 수컷은 발정한 암컷을 만나면 냄새나 페로몬에 반응하여 발정하여 언제든지 번식 행동을 할 수 있다. 즉 수컷에게는 발정기가 없다. 젊은 암컷 개는 거의 반년을 주기로 2주간 정도 발정기가 보이며 발정기 마지막쯤에 배란한다. 발정 간격은 나이가 듦에 따라 길어진다. 암컷 고양이의 발정은 부정기적으로 일어나며 교미하지 않으면 통상 1~2주간 계속된다. 교미하면 배란하지 않아도 발정은 끝난다. 개나 고양이에게는 명확한 계절 번식성은 보이지 않는다.

다만 개는 무리 안에서 암컷의 발정이 동시에 일어나는 성질이 있으므로 가까운 곳의 암컷 개가 동시에 발정기에 들어가는 일은 있을 수 있다. 발정 초기의 암컷이 가까이에 있는 것을 알아차린 수컷은 자손을 남기기 위해 번식 행동을 원하므로 밖으로 나가서 서로 이성을 찾으려 한다. 밖으로 내보내 주지 않으면 집 안을 어지럽히거나 소변으로 마킹하거나, 때로는 사료를 먹지 않거나, 공격적으로 되기도 한다. 바깥을 자유롭게 드나들 수 있는 수컷 고양이는 암컷을 둘러싸고 수컷끼리 싸움을 벌이므로 상처를 입거나 교통사고를 당할 위험이 있다.

임신 중에 보호자가 반드시 해야 할 일

교배 후에는 3일 정도 간격으로 체중을 측정하고 기록한다. 개는 임신 말기에 출산의 전조를 알 수 있기 위해 체온을 측정하는 것이 바람직하므로 일찍부터 체온 측정에 익숙해지게 하고, 동시에 평상시 체온을 기록해 두면 좋다. 반면에 고양이는 체온 변화와 출산의 관계가 분명하지 않고 가정에서 체온을 재기도 곤란하므로 체온을 잴 필요는 없다.

식사 임신 전반의 한 달은 영양 요구량이 별로 증가하지 않으므로 평소처럼 먹이를 준다. 임신 후반, 특히 마지막 1~2주 동안은 대단히 왕성한 식욕을 보이므로 그것에 맞춰서 식사량을 증가시켜 간다. 영양 요구량은 태아의 수에 따라 다르지만, 출산 직전에는 평소의 2배 정도가 된다. 임신 후반에는 임신, 수유기용의 고칼로리식을 이용해도 된다.

운동, 일상생활 운동량은 임신 전과 같은 정도로 필요하지만 높은 곳에서 뛰어내리거나 무리한 자세를 취하는 일은 없도록 주의한다. 여행이나 손님 방문 등 스트레스가 되는 일이나 피곤해지는 일도 피한다. 목욕은 임신 말기까지 평소대로 해주어도 된다. 출산 예정일에는 커다란 폭이 있지만, 그 범위에서 언제 출산이 있어도 대응할 수 있도록 보호자의 스케줄을 조정해 두는 것은 대단히 중요하다.

검진 임신 중에 여러 번, 동물병원에서 검진받는다. 임신 검진을 해주는지, 교배로부터 며칠 만에 첫 검진을 받는지에 대해서는 동물병원에 미리 문의한다. 수의사는 촉진, 초음파 검사, 그리고 임신 말기에는 엑스레이 검사 등으로 태아의 상태를 알아보고, 모체의 체중 증가 정도를 비롯해 전신의 건강 상태를 점검한다. 검진할 때는 출산 시의 대처에 대해 지도받고 긴급 상황에서의 대처법 등도 잘 상담해 둔다. 난산은 일반적으로 소형견에게서 많이 보인다. 중대형견과 고양이의 난산은 그보다 적지만 출산 시에는 무슨 일이 생길지 알 수 없다.

임신 중의 문제점

개나 고양이도 입덧하는 경우가 있지만 대개는 가볍게 끝난다. 유산은 개나 고양이도 겪을 수 있다. 개나 고양이는 임신 전반에 태아가 사망해도 자궁 내에서 흡수되어 버리는 일이 많으며, 태아를 유산해도 알아차리지 못하는 경우가 많으므로 교미에서 한 달 이내의 유산은 좀처럼 볼 수 없다. 유산의 원인은 여러 가지로 세균이나 바이러스가 자궁에 감염한 경우, 톡소플라스마가 감염한 경우, 난소의 황체 기능 부족, 당뇨병, 다양한 약물이나 독성 물질 복용에 의한 태아 이상, 근친 교배에 의한 태아 이상 등이다.
임신 중에 임신과 관계없는 병을 앓기도 하지만, 태아에게 영향을 주는 약은 절대 사용할 수 없으므로 건강 상태에서 임신하는 것이 중요하다. 골절이나 그 밖의 엑스레이 검사를 하고 싶더라도 태아의 방사선 노출을 생각하면 찍을 수 없다. 단 임신 말기에는 방사선의 태아에 대한 영향이 적어져서 엑스레이 촬영을 할 수 있다. 백신 접종은 임신 중에는 피해야 한다. 백신 접종 예정일이 가깝다면 교배 전에 접종을 마친다.

출산 전 준비

차분하게 출산할 수 있는 환경을 준비하고 어미 개와 어미 고양이가 스스로 이해할 수 있는 산실을 확보할 수 있도록 배려한다. 산실은 출산 예정일보다 적어도 2주 정도 전에는 마련하여 개와 고양이가 그 장소에 익숙해질 수 있는 시간을 충분히 준다. 산실은 어미 개나 어미 고양이가 평소에 사는 방의 한쪽 구석에 만드는 것이 좋다. 이 방에는 다른 개와 고양이, 또는 그 밖의 동물을 두지 않도록 하고, 사람의 출입도 최소한으로 해야 한다. 어미 개나 어미 고양이와 친숙한 사람만 들어가고 들어가더라도 조용히 움직인다.
산실은 상자 모양으로, 어미가 옆으로 누워서 새끼에게 수유하는 데 적합한 면적이 있고 옆벽은 새끼가 밖으로 나갈 수 없으며 어미는 자유롭게 드나들 수 있는 높이로 한다. 동물이 안심할 수 있도록 옆벽은 높은 것이 좋지만, 개의 경우 부주의한 어미 개는 새끼를 밟을 수도 있으므로 주의가 필요하다. 고양이는 주변이 둘러싸인 장소에서 낳는 것을 좋아하며 높은 옆벽을 쉽게 뛰어넘을 수 있으므로 배려할 필요는 없다. 개든 고양이든 안이 무더운 것은 바람직하지 않다. 산실 바닥에는 신문지나 종이 상자를 충분히 깔아 주고 그 위에 펫 시트나 목욕 수건을 촘촘히 깔아 준 다음, 수건 몇 장을 넣어 둔다.
출산 예정일이 다가오면 장모종 개나 고양이는 음부 주변의 털을 깎아 둔다. 출산 때 양수나 출산 후 질에서 나오는 분비물과 피 등으로 털이 더러워졌을 때, 단모종은 스스로 그루밍하여 청결을 유지하지만 장모종은 그것이 불가능하기 때문이다.
유방 주변의 털도 깎아 두면 새끼가 유두를 찾기 쉬우며 젖샘염 등의 이상도 발견하기 쉬워진다. 어미가 갓 태어난 새끼를 돌보지 않을 경우에 대비하여, 탯줄을 묶을 실과 탯줄을 자를 가위, 목욕시킬 세면기, 수건과 거즈, 갓 태어난 새끼용 체중계(요리용 1킬로그램 저울이면 충분하다)도 준비해 둔다.

출산 경과

출산은 생리적 현상이므로 모든 것이 순조롭게 진행될 때는 개나 고양이의 본능적인 행동에 맡기고 따로 도와줄 필요는 없다. 사람이 간섭하면 오히려 어미가 스트레스받아 문제가 생길 수 있다. 그러나 가정에서 키워지는 개나 고양이는 보호자에 대한 의존심이 강하여 출산할 때 보호자 옆에 있고 싶어 하기도 한다.
개의 출산 경과는 전조기와 분만기로 나뉘며, 분만기는 다시 제1기, 제2기, 제3기로 나뉜다. 체온을 정기적으로 측정하면 전조기에는 36.4~37.5도로 내려간다. 최저 체온을 나타낸 다음부터 출산까지는 3~25시간이 걸린다.

파수[12]는 제2기의 시작, 또는 제1기의 마지막 무렵에 보이는 경우가 많지만, 일정하지 않고 출산이 끝날 때까지 파수하지 않는 경우도 드물지 않다. 따라서 파수는 출산 시기의 척도가 되지 않는다. 그러나 만약 파수가 보인다면 출산은 두 시간 이내다.

고양이의 출산은 기본적으로 개와 대단히 비슷한 과정을 거친다. 단, 고양이는 출산 시에 사람에 의한 간섭을 싫어하는 경향이 개보다 강해 도움을 받아들이지 않으며, 외음부가 좁아 수의사가 손가락을 삽입하여 내진하기가 곤란하므로 개보다 연구가 덜 되어 있는 것이 현실이다.

진통이 시작되고 출산까지 몇 시간이 걸리느냐는 질문을 많이 하는데, 제1기 진통의 시작을 아는 보호자는 없으며, 제2기의 복압이 가해지는 진통조차 시작되는 시점을 정확히 파악할 수 있는 사람은 거의 없다. 따라서 진통의 시작에서 출산까지의 시간을 안다 해도 실제로는 유용하지 않다.

출산 시 과정

전조기	개는 체온의 저하가 보인다. 개든 고양이든, 주변의 안전을 확인하기 위해 전조기에는 긴장한 것처럼 보이거나 다른 동물을 공격하기도 한다.
분만 제1기 (개구기)	제1기 진통이 일어나며 자궁 경관이 열리는 시기. 침착해지지 못하거나 먹지 않는다. 산실을 빈번히 마구 휘젓는 듯한 행동을 하거나, 개는 숨이 가쁜 호흡이나 떨림을 보이기도 한다.
분만 제2기 (만출기)	자궁 경관이 활짝 열리고, 복압을 동반하는 제2기 진통이 보이는 시기. 자궁에 있던 태아가 산도(출산길)를 통과하여 만출된다.
분만 제3기 (후산기)	제3기 진통으로 태반 만출이 된다.

* 분만 제기부터 제3기는 태아의 수만큼 반복된다.

12 분만 때 양막이 찢어져서 양수가 배출되는 것.

산도 통과 때

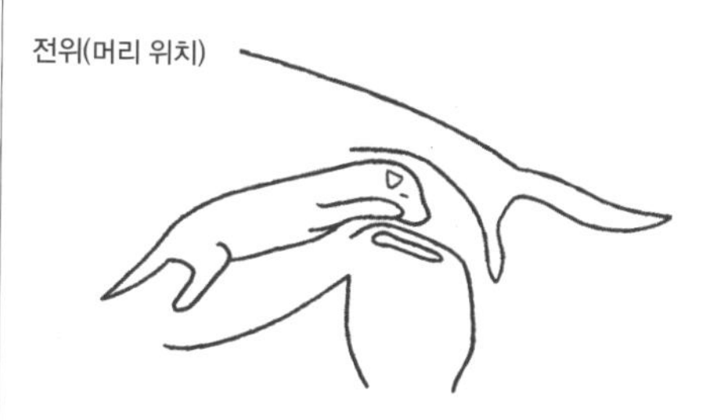

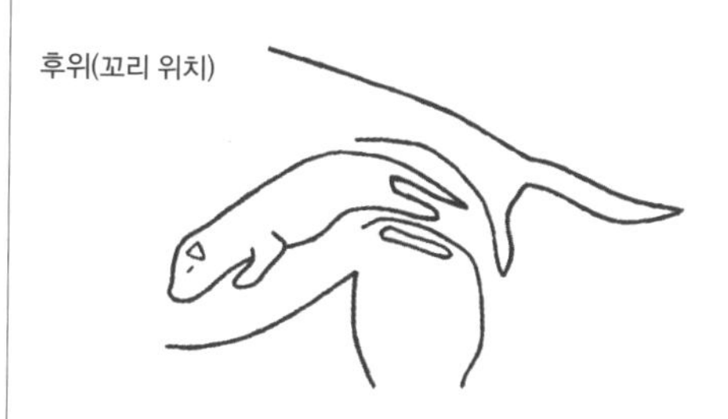

개든 고양이든 정상적인 출산에서는 새끼가 머리부터 나오는 전위가 약 60퍼센트, 꼬리와 뒷다리부터 나오는 후위가 약 40퍼센트를 차지한다.

병원에 데려갈 때

생리 현상이라고는 해도 출산은 많은 위험을 품고 있다. 비일상적인 일이므로 개나 고양이도 긴장하여 불안을 느끼며, 초산에서는 특히 그렇다. 개나 고양이도 본능적으로 가장 안전한 자신의 영역에서 출산하고 싶다고 생각할 것이다. 그러므로 특별한 경우 이외에는 집에서 출산시키는 것이 바람직하다. 출산 시의 개나 고양이를 집에서 데리고 나와 병원으로 데려가면 대부분 진통이 약해지고 신경질적인 개나 고양이는 진통이 멈춘다. 이것은 안전한 영역을 빼앗긴 긴장과 불안 때문으로 보인다. 보호자가 불안하다고 해서 진통이 시작된 개나 고양이를 함부로 병원으로 데려가서는 안 된다. 그러나 이상 분만(난산)이 의심된다면 병원으로 데려가야 한다. 단, 사례별로 판단이 다른 경우가 많으므로 개나 고양이를 데리고 나오기 전에 먼저 병원에 전화로 연락하여 상황을 설명하고 지시에 따른다. 태아의 머리둘레가 산도의 넓이보다 너무 큰 경우, 난산이 많은 견종인 경우, 그 밖에 임신 검진에서 난산이 예측될 때 병원 분만을 계획해야 하는 경우도 있다. 어떤 시점에서 입원시킬지, 무엇을 준비하면 좋을지에 대해서는 수의사와 미리 잘 상담해 둔다.

개와 고양이의 난산

개나 고양이는 출산 과정에서 사람이 개입하거나 의학적 치료를 하지 않으면 만출(해산 때 태아나 태반이 모체 밖으로 나옴)이 불가능하고 그대로 두면 어미나 태아에게 위험이 미칠 우려가 있는 상태를 난산이라고 정의하고 있다. 이상 분만 또는 분만 곤란은 난산과 같은 말이다.

난산의 원인으로는 골반 협착(모체의 발육 불량, 골반 골절, 유전 등), 태아-골반 불균형(소형견, 태아 수가 적다 등), 외음부 신장 불량(초산이며 한 마리째인 경우가 많다), 진통 미약(모체의 전신적 쇠약이나 허약, 정신적 쇼크, 저칼슘 혈증, 빈번한 분만, 비만, 운동 부족, 노령 등), 태아의 자세 이상(횡태위, 굴곡위 등)이 있다. 난산이 많은 견종은 불도그처럼 머리가 큰 견종, 요크셔테리어, 치와와 등 초소형 견종이 있다.

난산이라면 수의사가 면밀하게 진찰하여 적절한 조산, 진통 촉진제 투여 등을 실시한다. 검사 결과, 필요하다고 판단된 경우에는 제왕 절개 수술이 선택된다. 제왕 절개 수술 때는 모체의 안전, 태아의 생존 가능성 등을 충분히 고려하여 수의사의 설명을 이해할 때까지 들은 다음에 동의하기 바란다.

횡태위

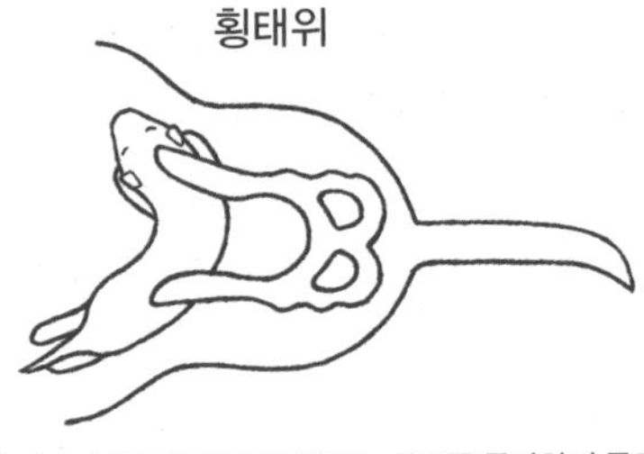

자궁 안에서 태아가 옆으로 있으면 태아는 산도를 통과하지 못해 난산이 된다.

출산 시 동물병원에 가야 할 때

- 전조기의 징후가 한 가지라도 보인 뒤로 이틀이 지나도 출산할 기미가 없다.
- 파수한 지 두 시간이 지나도 태어나지 않는다.
- 음부에서 태포가 보이기 시작해서 두 시간 지나도 태어나지 않는다.
- 앞의 새끼가 태어나고 세 시간이 지나도 다음 새끼가 태어나지 않는다.
- 강렬한 진통이 보이는데 분만하지 않는다.
- 난산 요인을 가진 개 또는 고양이(골반을 골절당한 적이 있다, 난산이 많은 견종이다, 태어날 새끼가 한 마리뿐이다)가 제2기 진통을 시작하고 있다.
- 출혈량이 비정상적으로 많다.
- 출산 중에 구토했다.
- 어미가 출산 중에 극단적으로 기력을 잃었다.
- 어미가 경련을 일으켰다.
- 태어난 새끼의 상태가 이상하다.

산후의 어미에 대한 케어

출산 후의 어미는 갓 태어난 새끼를 지키려는 본능 때문에 다른 동물이나 사람에 대해 평소와는 완전히 다른 경계심을 드러낸다. 다른 동물을 멀리하고, 사람도 필요 이상으로 가까이하는 것은 피하자. 사람이 산후의 어미나 갓 태어난 새끼에게 너무 관여하는 것이 육아를 포기하는 원인이 되기도 한다. 산후의 어미는 대단히 지쳐 있으므로 충분히 쉬고 잠을 잘 수 있도록 배려해 준다.

산후에는 퇴축 불완전, 자궁 탈출, 태반 정체, 저칼슘 혈증과 같은 병을 일으키는 경우가 있다.

새끼가 모두 죽은 경우에는 나오는 젖을 빨 새끼가 없으므로 젖샘염이 일어나기도 한다. 주의하여 때때로 유방을 체크하고 이상하게 부풀거나 응어리, 붉은 기, 통증이 있으면 병원에서 진찰받는다.

갓 태어난 새끼에 대한 보살핌

사람이 갓 태어난 새끼에게 너무 관여하면 어미에게 커다란 불안을 준다. 새끼를 지키려 하는 본능이 있기 때문이다. 갓 태어난 새끼를 만지는 것은 최소한으로 한다. 출산 후, 어미가 차분해지면 틈을 보아 새끼의 성별을 확인해 두면 좋다. 출생 시부터 체중을 재서 기록하면 새끼의 발육 상태나 건강 상태를 판단하는 중요한 정보가 된다.

우선 갓 태어난 새끼에게 외견상의 기형 같은 이상이 있는지 점검한다. 입을 벌리면 구개열이 있는지를 알 수 있다. 갓 태어난 새끼가 구개열이면 젖을 잘 먹지 못하고 젖을 코로 내뿜는다.

항문 막힘증은 항문이 막힌 기형이다. 변이 나오지 않으므로 점점 체내에 쌓여 배가 팽창한다. 기형이 의심되면 동물병원에서 진찰받는다. 배꼽 탈장은 목숨이 달릴 정도로 위험하지는 않지만, 중증이라면 치료가 필요하다.

눈에 보이지 않는 체내의 선천 이상도 있으며, 이것들은 진행성 쇠약 증후군(태어난 후에 점점 쇠약해지는 병태)이나 신생아 사망(탄생 후 곧 사망)의 원인이 되는 일이 적지 않다. 감염증 대부분도 주산기 사망[13] 또는 진행성 쇠약 증후군의 원인이 된다. 개의 신생아 용혈 황달증은 어미와 새끼의 혈액형 부적합으로 일어난다. 혈액형 부적합이 일어나는 조합끼리의 교배는 피하는 것이 현명하지만, 만약 교배했다면 초유를 먹이지 않도록 하고, 발병했다면 철저한 치료가 필요하다.

주요 선천 이상

신경계	물뇌증 소뇌 장애 신경근 전달 장애
심혈관계	난원공 개존증, 심실중격 결손증 우대동맥활 잔존증 문맥 체순환 단락증
호흡기계	연구개 노장 횡격막 기형 심막 횡격막 탈장
소화기계	구개열 식도 무력증 항문 막힘증
전신성	미숙

주산기 사망 또는 진행성 쇠약 증후군의 원인이 될 수 있는 병원체

바이러스	개 아데노바이러스 개 파보바이러스 개 헤르페스바이러스 고양이 칼리시바이러스 파라믹소바이러스
세균	브루셀라 카니스 포도상 구균 녹농균 대장균 용혈 연쇄상 구균
기타	진균 회충 구충

어미가 새끼를 돌보지 않을 때

여러 마리의 새끼 가운데 기형이나 발육이 늦은 새끼가 있으면 어미는 본능적으로 도태시키고 건강한 새끼를 우선으로 키우려 한다. 그리고 어미 자신이 인공 포육으로 자라거나 사회화가 되어

13 주산기란 출산 전후의 시기를 가리킨다. 산전에 새끼가 사망하면 사산이 되며, 산후에는 신생아 사망이 된다. 동물은 주산기의 기간이 확실하게 정의되어 있지 않다.

있지 않으면 육아를 포기할 확률이 높다. 육아를 위한 환경이 갖춰져 있지 않은 때도 육아 포기가 일어나기 쉬워진다. 즉 어미가 차분하고 안전하게 육아를 할 수 없다고 판단하면 육아를 포기해 버리는 것이다. 신경질적인 어미라면 사람의 지나친 간섭도 육아 포기의 한 가지 원인이 될 수 있다.

사람의 손으로 키우다

인공 포육에는 젖먹이기만 해주고 나머지는 어미에게 맡기는 경우와 어미로부터 떼어서 완전히 사람이 포육하는 경우가 있다. 발육이 늦은 새끼나 미숙한 새끼, 구개열인 새끼 등은 젖먹이기만 도와주고 배설 처리나 보온은 어미에게 맡겨도 된다. 새끼의 수가 너무 많아 어미가 약한 새끼를 도태시키려 할 때는 약한 새끼를 인공 포육해도 어미는 역시 새끼를 돌보려 하지 않는 일이 많으므로 어미로부터 떼어서 사람이 포육하거나 반대로 발육이 좋은 몇 마리를 떼어서 사람이 기르는 게 나을 수도 있다. 어미가 출산 시나 출산 직후에 사망한 경우나 사망하지 않았어도 출산 시의 문제 때문에 육아할 수 없는 상태라면 사람이 포육할 수밖에 없다.

인공 포육에는 개용, 고양이용 우유를 사용하며 젖병으로 준다. 구개열이나 우유를 빨 힘이 없는 새끼는 식도 튜브 등을 이용하여 먹어야 하므로 동물병원에 상담하자. 인공 포유 횟수는 하루 4~6회다. 생후 2~3주 동안은 배설을 도와줄 필요가 있다. 소변은 티슈 등으로 가볍게 자극하기만 해도 나온다. 대변은 세면기에 담은 따뜻한 물이나 수도꼭지를 틀어 흐르게 한 따뜻한 물속에서 항문을 자극하면 항문 주변의 피부를 다치지 않으면서 배설을 촉진할 수 있다.

노령 동물의 병과 치료

동물도 어떤 일정한 나이를 넘기면 노화가 시작한다. 그 나이는 수명의 절반이라고 하므로 개나 고양이의 노화가 시작되는 것은 7~8세부터가 된다. 노화 현상은 사람과 마찬가지로 나타나는데, 눈 주위에서 머리에 걸쳐 백발이 눈에 띄게 되고, 털이나 피부의 탄력이 없어진다. 근력이 쇠퇴하면 활발함이 없어지고, 운동 후에 뒷발이 떨리기도 한다. 눈이나 귀의 기능도 저하하므로 어두운 장소를 싫어하거나 이름을 불러도 알아차리지 못하기도 한다. 반면에 간식 봉지를 뜯는 소리에는 민감하게 반응하는 등 자신에게 좋은 소리는 들리기도 한다. 이런 노화 현상은 나이와 함께 두드러지게 되므로 따뜻한 마음으로 동물을 대하자. 한편 치아 관련 병에 대해서는 보호자의 책임이 중대하다. 치석은 나이가 들어감에 따라 점점 증가하여 많은 병원균이 살게 되며 체내의 다양한 장기에 악영향을 미친다. 칫솔을 사용하지 못하는 동물을 대신하여 보호자가 동물의 치아 관리를 해줘야 한다. 체내 조직도 노화가 시작되는데 겉보기에는 이상을 발견하기 곤란하므로 동물병원에서 연 1회 정도 정기적인 건강 진단을 받아 볼 것을 권한다. 요즘은 예방, 진단, 치료 기술이 발달하여 동물도 노령화가 진행되고 있다. 그 결과, 양성은 물론이고 악성 종양도 급증하여 병원 외래에서 진료받는 10~30퍼센트는 종양이 차지하게 되었다. 사람이든 동물이든 반드시 나이를 먹는다. 개나 고양이를 키우기 시작하기 전에는 노령 때 병에 대해서도 생각해 두자.

개/고양이와 사람의 연령 환산표

개/고양이	사람
1개월	1세
2개월	3세
3개월	5세
6개월	9세
9개월	13세
1년	16세
1년 반	20세
2년	24세
(1년마다)	(4세)
16년	80세

* 개나 고양이는 생후 급속히 발육하여, 1년 반이면 성인 연령에 이른다. 그 후는 1년에 사람의 네 살만큼씩 나이를 더하는데, 고양이나 소형견은 수명이 길고 대형견은 짧은 경향이 있다.

노령 동물의 돌봄

노령 동물은 노화가 원인, 또는 계기가 되는 병에 걸리는 일이 있다. 이런 병은 잠재적으로 시작되어 서서히 진행하고 만성의 결과를 갖는 것이 특징이다. 면역력도 떨어지므로 병에 걸리면 중증화되거나 치료까지 시간이 걸리는 예도 있다. 동물병원에서 하는 건강 관리에서는 예방할 수 있는 병은 모두 예방하는 것이 중요하다. 각종 전염병의 예방 주사, 심장사상충 예방은 프로그램에 따라 확실하게 받아 둔다. 중성화 수술은 생후 6~8개월에 끝내는 것이 바람직하다. 수술하면 발정기의 문제점을 미리 방지할 수 있으며 병도 예방할 수 있다. 더욱 중요한 것은 정기적인 건강 진단이다. 노령이 되면 내장 기능도 저하되지만 겉으로 보아서는 알 수 없다. 적어도 1년에 한 번은 심전도 검사와 혈액 검사를 받아서 심장이나 신장의 상태를 살펴보자.
일상생활에서 보호자는 털, 피부, 눈, 입, 귀를 관찰해야 한다. 샴푸나 빗질 등을 통해 동물의 몸을 만질 때는 털이나 피부 상태를 자세히 관찰한다. 탈모가 되거나 피부가 빨갛게 되거나 멍울 등이 생기지는 않았는지 살펴본다. 몇 초 동안 동물의 눈을 똑바로 바라보고 눈꺼풀을 위아래로 움직여 본다. 검은자위가 탁하지는 않은지, 흰자위에 충혈 등은 없는지 살핀다. 입술도 뒤집어 본다. 치석이 붙어 있지는 않은지, 치아 색깔은 어떤지, 불쾌한 냄새가 나지는 않는지. 귓속도 들여다본다. 귓밥, 그리고 냄새는 어떤지 살펴본다. 이런 관찰은 동물이 노령이 된 다음이나 이상이 발견된 이후에 하려고 하면 좀처럼 하기 힘들다. 젊고 건강한 시기부터 관찰을 시작하여 이것을 계속하는 것이다. 동물은 본래 눈, 입, 귀를 만지는 것을 싫어하는데, 어렸을 때부터 습관을 들이면 저항하지 않게 된다. 건강한 노후를 보내기 위해서도 꼭 해주기를 바란다. 노령 동물의 병은 노화가 원인인 경우가 많아 피하기 어렵고 말기가 되면 치료가 곤란해지므로 적절한 시기에 중성화 수술을 하고 몸 손질, 체중 관리, 정기 검진을 함으로써 많은 병을 예방할 수 있다.

일상생활에서 알아 둘 것

· 먹이는 소화가 잘되는 것을 주고 비만이 되지 않도록 신경 쓸 것. 시니어용 먹이를 준비해도 좋다.

· 운동은 젊었을 때처럼 할 수 없게 된다. 적절한 양을 파악하여 조절할 것.

· 적응력이 떨어지므로 큰 기온 차나 냉난방에 약해진다. 바깥에서 키우는 경우는 특히 주의하고, 실내에서 키우는 경우는 높이 단 차이를 없애는 배려도 필요하다.

· 밖에서 배설하는 습관이 있는 동물은 외출하기 힘들어지면 난감해질 수 있다. 실내에서도 배설할 수 있도록 방법을 연구해 두자.

겉보기에도 잘 보이는 병

● 사마귀(혹)

개에게 잘 발생하며 그중에서도 토이 푸들이나 몰티즈에게 많이 보인다. 피부에 지름 몇 밀리미터에서 1센티미터 정도의 콜리플라워 같은 돌기가 생긴다. 표면은 말랑말랑하고, 딱딱한 곳을 문지르면 피가 난다. 대부분은 그대로 두어도 되지만, 여러 개 발생하거나 피부의 비후[14]를 동반하면 정밀한 검사가 필요하다.

● 잇몸병

이를 감싸고 있는 잇몸 조직의 병으로 치조 농루, 치주염, 치은염이 있으며 근본 원인은 치석이다. 이에 치석이 붙으면 잇몸에 염증이 생기거나 불쾌한 구취가 발생한다. 턱뼈까지 염증이 진행되면 이는 간단히 빠져버린다. 치석에는 다양한 병원균이

14 국소적으로 세포 수가 증가하여 피부가 부어오르거나 응어리가 느껴진다. 피부암을 포함한 악성 피부병이 의심되지만 피부가 붓거나 못이 박힌 경우도 있으며, 수의사의 진단이 필요.

살고 있으며, 이 병원균을 음식물과 함께 계속 삼킴으로써 균의 독소가 심장이나 신장 등의 만성병을 일으키는 경우가 있다. 그러므로 치석은 만병의 근원으로 여겨진다. 정기적인 치석 제거는 물론, 이를 닦아서 입안을 청결하게 유지하는 것이 중요하다. 치석 예방을 목적으로 만들어진 특별 요법 식품이나 보조 식품도 효과를 기대할 수 있다. 새끼일 때부터 칫솔질을 습관 들이면 잇몸병 예방은 가능하다.

● 백내장

개에게 많이 나타난다. 눈 속의 렌즈(수정체)가 하얗게 탁해지므로 빛에 대한 감각이 둔해진다. 그 결과, 시력이 쇠퇴하고 어두운 곳에서는 사물이 잘 보이지 않게 된다. 수술을 하여 하얗게 탁해진 유리체를 제거하거나 눈 속에 렌즈를 삽입함으로써 시력의 회복을 기대할 수 있다. 이 치료는 안과 전문 병원에서 한다.

● 회음 탈장

수컷 개에게 많이 나타나며, 꼬리 밑동의 왼쪽이나 오른쪽이 크게 부풀어 오른다. 이 주위의 근육이 나이가 들면서 약해져서 배변 등으로 복압이 가해졌을 때 장의 일부나 방광이 삐져나오는 것이 원인이다. 방치하면 장의 통과 장애나 배뇨 장애가 발생하여 목숨을 잃기도 한다. 치료 방법은 수술뿐이다. 미리 방지하려면 생후 6~8개월 무렵에 중성화 수술을 하는 것이 좋다.

● 정소(고환) 종양, 젖샘 종양

고환이나 젖샘 종양은 개에게 많이 나타난다. 종양이 상당히 커질 때까지 일상생활에는 부자유스러움이 없어서 그대로 방치하기 쉽다. 그러나 이른 시기의 적출 수술이 바람직하며, 통증이나 불쾌감이 없다고 해서 그대로 두면 안 된다. 고양이에게는 젖샘 종양의 발생은 비교적 적지만 발생하면 악성일 위험성이 높으므로 바로 적출 수술을 한다. 중성화 수술이 예방책이다.

행동으로 나타나기 쉬운 병

● 추간판 탈출증, 퇴행 관절증, 인대 손상

추간판 탈출증은 개의 허리등뼈 부위에 많이 발생하는 병이다. 개 중에서도 닥스훈트가 잘 걸린다. 탈장 부분에서 신경이 압박되므로 뒷다리의 운동 실조나 마비가 나타난다. 퇴행 관절증이나 인대의 손상은 개에게 많으며 필요 이상의 압력이 장기간 관절에 가해지면 발생하는 경우가 있다. 병변이 있는 다리를 가볍게 또는 심하게 절름거리는 증세가 보인다. 증상의 정도에 따라 치료법이 다르며 생활의 질을 개선하기 위해서는 소염제나 진통제가 필요하지만, 투여할 때는 수의사의 지시를 잘 지키고, 보호자가 마음대로 약의 양을 조절하거나 중지하지 않는 것이 중요하다. 중증이면 수술받기도 한다. 운동 기관의 병에서는 비만도 증상을 악화시키므로 적절한 체중 관리가 중요하다.

● 치매

사람과 마찬가지로 개도 치매가 문제가 되고 있다. 노령화에 따라 생기는 뇌의 변화가 원인이며, 이해할 수 없는 이상한 행동을 하는 경우가 있다. 전형적인 증상 가운데 하나는 배회다. 자기가 지금 어디에 있는지를 알지 못하게 되어, 정처 없이 계속 걷게 된다. 존재하지 않는 것이 보이는 듯이 공중의 한 곳을 바라보는 동작이나, 보호자를 알아보지 못하고 먹이의 취향이 갑자기 변한다, 밤중에 울거나 대소변을 참지 못하고 싸거나 적절하지 않은 장소에서 배설하는 등의 증상이 나타나기도 한다. 갑자기 개의 몸에 손을 대면 위축되기도 하므로 얼굴을 보고 말을 걸면서 천천히 다가간다. 연 1회 정도 정기적인 검사를 하여 적어도 컨디션에 이상이 없는 상태를 유지하자. 약물을 투여하면 증상이 개선되는 예도 있다.

배설할 때 나타나기 쉬운 병

● 당뇨병

물을 많이 마시거나 소변을 자주 보는 증상을 보이며 급격히 여위어 간다. 때로는 갑자기 쇼크 상태가 되어 급사하는 예도 있다. 당뇨병에는 몇 가지 타입이 있는데 대부분은 인슐린의 분비 부족으로 발병한다. 부족한 만큼의 인슐린을 매일 정해진 시간에 투여(주사)해야 하는데, 이것은 모두 보호자가 하게 된다. 비만이 원인이 되는 경우가 많은 병이므로 적정한 체중 관리가 예방책이 된다.

● 만성 신부전

고양이에게 많이 발생하며 소변량에 이상이 보이는 일이 있다. 고양이의 하루 배뇨량은 체중 1킬로그램당 10~20밀리리터이므로 체격이 커도 하루에 150밀리리터 이상의 소변이 배출된다면 명백하게 신장 기능에 문제가 있다. 증세가 가벼운 경우에는 내복약의 투여나 식이 요법으로 병의 진행을 늦출 수 있다. 심하면 인공 투석, 신장 이식 등의 치료 방법밖에 없으나 아직 동물에게 적용하기는 곤란하므로 정기 검사를 통한 조기 발견이 중요하다. 결정적인 예방법은 현재로서는 없다.

● 전립샘 비대증

수컷 개에게 보이는 병으로, 비대한 전립샘이 요도를 압박하므로 배뇨에 시간이 걸리게 된다. 그 결과 방광염이나 신부전을 일으키기도 한다. 경증일 때는 중성화 수술이나 내복약의 투여로 대응할 수 있지만, 중증일 때는 전립샘 적출 수술을 해야 한다. 미리 방지하려면 노령기에 중성화 수술을 하기 바란다.

● 자궁 축농증

출산을 경험하지 않은 다섯 살 이상의 암컷 개에게 비교적 많이 보인다. 자궁 안에 고름이 차는 병이며 발병 초기에는 물을 많이 마시게 된다. 식욕과 기력을 잃으면 증세가 급격히 악화하여 신부전이나 쇼크로 사망할 위험성도 있다. 많은 경우 긴급 수술을 통해 자궁과 난소를 끄집어낸다. 노령기의 중성화 수술이 예방책이 된다.

기침을 동반하는 일이 많은 병

● 승모판 기능 부족

소형견에게 많이 보이며, 그중에서도 몰티즈에게 많이 발생한다. 심장 내의 승모판(좌방실판)이라 불리는 판이 노령화에 따라 완전히 닫히지 않게 되어 폐에 부담이 생기는 병으로, 먼저 밤중에 컹컹, 켁 하는 기침이 연속적으로 나오게 된다. 기침은 약물을 투여하면 나을 수 있지만, 이것은 증상의 발현을 억제하는 것이 목적이며 완치시키는 것이 아니다. 약을 투여할 때는 수의사의 지시를 잘 지키고 마음대로 복용량을 바꾸거나 중지하지 않는 것이 중요하다.

● 심장사상충증

개의 대표적인 기생충증 가운데 하나다. 길이가 15~30센티미터나 되는 실 모양의 필라리아 충체가 우심실이나 폐동맥에 기생하여 동물은 토할 때처럼 기침한다. 치료법은 병의 진행 상태나 증상에 따라 다르다. 중증이면 계단을 하나씩 올라가는 식의 장기 치료가 되므로 수의사와 긴밀하게 연락하고 지시를 잘 따르는 것이 중요하다. 고양이에게는 돌연사의 원인이므로 예방이 중요하다.

최후의 순간

개와 고양이 대부분은 보호자보다 빨리 수명이 다하는 때가 온다. 그때가 되어도 당황하지 않도록 마음의 준비를 해두자. 보호자의 도움을 받아 걸을 수 있는 동안에는 하루에 몇 번 보행 운동을 시킨다. 먹이는 노령 동물 전용으로 소화가 잘되는 것을 준다(동물병원에서 취급하는 전용 사료가 좋다). 병이 진행되어 더 이상 설 수 없게 된 경우에 가장 중요한 것은 욕창이 생기지 않도록 간호하는 것이다. 고양이나 소형견은 별로 문제가 되지 않지만 중형 이상의 개에게는 중요하다.
때때로 이름을 부르거나 몸을 어루만져 줌으로써 외로워하지 않도록 마음의 간병도 중요하다. 이런 식의 간병은 어떤 병을 앓아 일어설 수 없게 된 동물에게도 적용할 수 있다. 동물도 나이가 들면 추간판 탈출증이나 퇴행 관절증 등 몸 여기저기에 만성 통증을 앓게 된다. 생활의 질을 개선하기 위해서라도 통증을 어떻게든 줄여 주어야 한다.
많은 제약 회사에서 동물용 소염 진통제가 발매되고 있으며, 모두 동물병원에서 처방되는 약인데, 통증의 질이나 정도에 따라 사용하면 효과를 기대할 수 있다.
하지만 어떤 치료도 소용없다고 진단받았다면 보호자는 어떻게 하겠는가. 두 가지 중 하나를 선택해야 한다. 첫 번째는 자연에 맡기고 마지막까지 지켜보는 것이고, 두 번째는 안락사다.
동물이 누워서만 지내더라도 통증이나 고통이 없다면 첫 번째 방법을 택할 수 있다. 그러나 진통제로도 제어할 수 없는 통증을 동반하거나 암이나 커다란 욕창 등으로 고통받는 때는 두 번째 방법을 선택해야 하는 경우가 있다. 안락사는 대개 마취제를 사용하는데 마취제를 투여하면 통증과 의식이 없어지고 대뇌의 작용이 정지한다. 계속 투여하면 호흡 중추도 마비되어 호흡이 정지한다.
그 상태를 유지하거나 칼륨액을 투여하고 심정지를 기다린다. 동물병원 중에는 어떠한 이유로도 안락사하지 않는 곳도 있다. 안락사가 실행되면 결코 되돌릴 수 없으므로 보호자에게는 그야말로 최후의 결단이다.

욕창 방지법

몸 폭의 절반 정도 두께가 있는 매트에 기저귀 대용의 방수 시트를 깔고 그 위에 동물을 옆으로 눕히고 하루에 몇 번씩 뒤집어 눕혀 준다. 옆으로 눕혀서 재운 경우에 욕창이 생기기 쉬운 장소는 골반과 무릎 사이에 뻗어 있는 넙다리뼈 머리(넙다리뼈의 위쪽 끝에 있는, 공처럼 둥근 부분), 다음으로 어깨며, 뼈가 튀어나온 부분이 시트와 닿는 곳이다. 이런 부위가 직접 시트에 닿지 않을 정도로 두툼한 도넛 모양의 쿠션(동물의 크기에 따라 다르지만 폭 10센티미터 정도로 뼈가 튀어나온 부분이 쏙 들어갈 정도의 것)을 받쳐 준다. 욕창이 생긴 부위는 먼저 털이 많이 빠져서 피부가 비쳐 보이게 된다. 이어서 피부 표면이 빨갛게 짓이겨진 것처럼 되며, 더욱 진행되면 피부 조직이 소실되어 도려낸 것처럼 푹 파인 구멍이 생긴다. 피부 표면이 소변으로 젖어 있거나 불결한 상태라면 이런 반응이 한층 빨리 진행되므로 언제나 청결을 유지하는 것이 중요하다. 욕창은 일반적인 외상과 같은 치료를 하지만 피부에 일단 큰 구멍이 생기면 좀처럼 낫기 힘들다.

117

응급 치료와 구급 질환

응급 치료란 갑작스러운 병이나 상처에 대해 일단 행하는 조치다. 동물에 대한 응급 치료의 대부분은 사람의 그것에 준하지만, 동물은 통증이나 불안 때문에 저항하는 일이 많으므로 충분히 치료할 수 없는 경우도 종종 있다. 그러나 기본적인 것은 알아두면 좋을 것이다. 급히 치료한 다음에는 동물병원으로 데려가서 수의사의 진찰을 받을 필요가 있다.

외상, 출혈

가장 많이 발생하는 것으로 여겨진다. 베인 상처나 찰과상 정도에서 뼈나 내장의 손상까지, 다종다양한 외상이 있다. 원인도 동물들끼리의 싸움, 예리한 날붙이로 피부가 찢어져서 생기는 열창, 교통사고, 자연재해 등 다양하다. 원인이 명확한 때와 그렇지 않은 때에 따라 대응도 달라지므로 가능한 원인을 찾아내야 한다. 집 안이나 바깥에서 일어난 가벼운 외상이라도 발톱이 부러지거나 산책하다가 발바닥을 베면 초기 출혈량에 놀랄 수 있다. 높은 곳에서 떨어지거나 교통사고 등으로 인한 외상은 보기보다 중증인 경우가 많다. 사고 직후에는 별것 아닌 것처럼 보여도 그 후 급격하게 상태가 변하는 일도 있으므로 조기 대응이 필요하다.
응급 치료로서는, 어느 경우든 우선은 안정부터 시켜야 한다. 동물이 흥분해 있다면 차분해질 수 있는 장소로 천천히 이동시킨다. 그와 동시에 의식이 있는지, 호흡에 이상은 없는지, 걸을 수 있는지, 피를 흘리고 있는지, 아파하는 곳이 있는지를 객관적으로 관찰한다. 가능하다면 외상 부위를 확인해 둔다. 그 후의 응급 치료나 구급을 결정하는 데에 대단히 유용하다. 집에서 하는 응급 치료가 가장 많을 것으로 예상되는 것은 베인 상처나 찰과상, 발톱 손상이다. 이들에 대해서는 되도록 흐르는 물(가능하면 따뜻한 물)로 상처 부위를 씻어 내고 출혈이 있으면 청결한 천(수건이나 손수건 등)으로 환부를 5~10분 이상 압박하여 지혈한다. 출혈 부위의 압박은 기본 중의 기본이며, 상당한 출혈이라도 대부분 그런 치료로 치료된다. 그 후 수의사에게 진찰받아 적절한 치료를 한다. 출혈이 별로 없더라도 동물에게 물린 상처처럼 나중에 곪을 위험성이 있는 것은 초기 단계에서 상처 난 부위를 충분히 씻어 내고 빨리 진료받아야 한다. 전신에 미치는 원인이거나 의식 장애가 보이는 경우, 심한 통증이 있는 경우, 출혈량이 많은 경우는 긴급한 대응이 필요하다. 바로 동물병원으로 데려가자.

구토

원인에 따라 응급 치료 방법이 다르지만, 가장 중요한 것은 토사물이 기관이나 폐에 들어가지 않게 하는 것이다. 원칙적으로, 치료받을 때까지 먹이는 주지 않는다. 물은 진료를 받기까지 시간이 걸리면 구토에 주의하면서 소량씩 적량을 주어도 된다. 단, 연속적으로 토하거나 장시간에 걸쳐 토할 때는 위 염전(위 뒤틀림), 장염전(창자꼬임증), 장폐색(창자막힘증)의 위험성이 있으므로 서둘러 수의사의 적절한 치료를 받을 필요가 있다.

이물질을 잘못 삼켰을 때

약물(화학 제품, 약, 관엽 식물을 포함한 식물 등) 이외의 이물질을 삼켰을 때는 무리하게 토하게 하지 않는다. 원칙적으로 진료받을 때까지 먹이는 주지 않는다. 삼킴과 동시에 호흡 곤란을 일으키면 충분히 주의하면서 입안에 막히는 물질이 없는지 확인한다. 입안에 없다면 기관 막힘을 의심할 수 있으므로 절대로 무리하지 말고, 그러나 망설이지 말고 몸통 뒷부분을 잡아 올리듯이 하면서 작은 동물이라면 등을 세게 두드리거나, 또는 옆으로 눕히고 손으로 힘차게 흉부를 압박해 본다. 이런 치료를 하여 호흡 곤란이 개선되더라도 반드시 수의사에게 진찰받는다.

기침과 호흡이 괴로워 보일 때

일상생활에서 가끔 보이는 가벼운 기침 이외에는, 바이러스 호흡기병이나 연구개 노장(위턱의 가장 안쪽에 있는 연구개라는 부분이 너무 길거나 부어올라 호흡 곤란이 되는 상태), 기관 허탈(기관이 짜부라진 것 같은 형태로 변형되어 호흡 곤란을 일으키는 상태), 기관지염, 폐렴, 기흉(폐나 기관, 흉벽에 구멍이 뚫려 흉강에 공기가 찬 상태), 종양, 울혈 심질환(심장으로 들어가는 커다란 혈관이나 폐의 혈관에 혈액이 많이 고이는 상태의 심장 관련 병을 말한다. 대부분 만성 심부전과 같은 의미로 사용되는데 노령인 개에게 많은 승모판 기능 부족이나 심장사상충에서의 심장병이 울혈

입안의 이물질 꺼내기

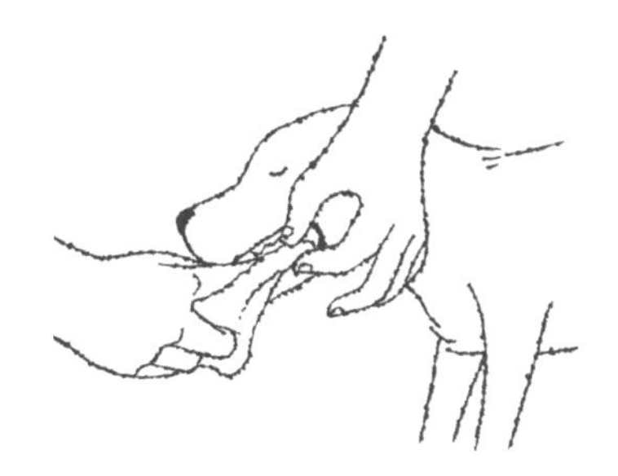

입안에 이물질이 있다면 침 때문에 미끄러지지 않도록 수건이나 거즈 등을 사용하여 물리지 않도록 조심하면서 꺼낸다.

등 두드리기

뒷다리를 모아서 잡고 거꾸로 들어 올려서 등을 여러 번 두드린다. 잡고 흔들면 이물질이 나오기도 한다.

흉부 압박법

한 손으로 등을 지탱하고 다른 한 손으로 맨 마지막 늑골(맨 뒤의 갈비뼈) 아래를 밀어 올린다. 이때 복부를 너무 압박하지 않도록 주의한다.

심질환으로 분류된다) 등으로 인정된다. 동물이 흥분해 있으면 별로 넓지 않고 어둑하고 조용한 곳에서 진정시킨다. 기침에 이어 구토하는 경우가

있으므로, 토사물이 기관에 들어가지 않도록 물이나 음식은 기침이 가라앉을 때까지 중지하거나 상태를 보면서 조금씩 준다. 증상이 호전되지 않는다면 서둘러서, 증상이 호전되더라도 나중에 반드시 수의사의 진찰을 받는다.

경련 발작

뇌 질환이나 대사 질환, 순환기 질환 등 다양한 원인을 생각할 수 있다. 경련 발작 중에는 동물이 높은 곳에서 떨어지거나 주위의 물건에 부딪히지 않도록 도와준다. 발작 중에 토했을 때는 토사물이 기관에 들어가는 것을 막기 위해 충분히 주의하면서 토사물을 수건 등으로 제거한다. 경련 발작이 계속되면 빨리 수의사에게 진찰받을 필요가 있다. 경련이 가라앉더라도 반드시 진찰받자.

골절, 타박상

명백하게 뼈가 부러졌다는 것을 알 수 있는 사지 골절인 경우, 특히 큰 동물이라면 병원에 데려갈 때까지 조금이라도 통증이 줄어들도록 가능하다면 부목을 대준다. 많은 경우, 응급 치료에 대해 동물은 저항하므로 켄넬이나 상자 등에 넣어서 몸을 움직이지 못하도록 하여 진료받는다.

호흡 정지, 심정지

교통사고, 높은 곳에서 낙하, 감전, 물에 빠지는 등의 사고나 호흡기나 순환기 관련 병에 걸린 경우에 일어날 위험성이 있다. 사람과 마찬가지로, 빠른 응급 치료가 생사를 좌우한다. 먼저 입안에 이물질 막힘이 없는지를 확인한다. 동물의 입가에 귀를 가까이하거나, 가슴의 움직임을 지켜보며 호흡하고 있는지를 확인한다. 그와 동시에 넓적다리 안쪽을 만져서 맥박이 느껴지는지, 동물의 가슴에 귀를 대고 심장 소리가 들리는지를 확인한다. 심장 소리가 들리지 않으면 심장 마사지를 한다.

심장 마사지하는 법

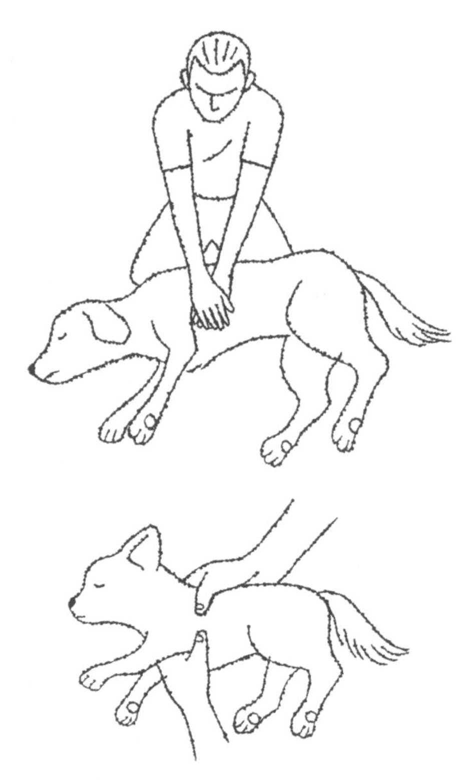

동물을 오른쪽이 아래가 되도록 옆으로 눕히고(오른쪽 앞다리와 오른쪽 뒷다리가 아래쪽이 되게 한다), 목을 쭉 펴주고 심장 위치(왼쪽 앞다리를 구부렸을 때 팔꿈치 부분)에 손바닥을 댄 다음, 너무 강한 힘을 주지 않도록 하면서(늑골이 약간 눌릴 정도) 1초에 1~2회 속도로 누른다. 소형 동물이라면 두 손안에 몸을 끼워 넣듯이 해서 누른다.

열상, 화상

사람과 달리, 별로 많이 생기지 않을 것으로 여겨진다. 그러나 감전되거나 뜨거운 물을 뒤집어쓰거나, 불에 데어 상처를 입는 사고가 생길 수 있다. 기본적으로 화상의 면적과 깊은 정도로 중증 상태를 정하지만, 개나 고양이는 사람보다 피부의 표면 가까이에 혈관이 작으므로 똑같은 화상을 입어도 홍반이나 물집은 적은 경향이 있다. 그러나 피부 조직의 손상은 사람과 같다. 감전되었을 때는 당황하지 말고 동물에게 닿지 않도록 조심하며 콘센트를 빼고 의식의 회복을 확인한다. 입안에 화상을 입는 경우가 많은데,

입안을 식혀 줄 때는 기도로 물이 들어가지 않도록 주의한다. 뜨거운 물을 뒤집어썼을 때는 서둘러 환부를 물(가능하면 흐르는 물)로 식힌다. 불이 몸에 옮겨붙었다면 천(가능하면 물에 적셔서)을 덮어서 불을 끄고 그 후 환부를 흐르는 물로 식혀 준다. 응급 치료로 털이 광범위하게 젖으면 쇼크까지 더해져 저체온증을 병발할 우려가 있으므로 빨리 진료받는다. 감전되었을 때도 되도록 빨리 수의사에게 진료받을 필요가 있다.

쇼크 상태

쇼크란 급격하게 혈액의 순환이 억제된 상태를 말하며, 심각한 외상이나 알레르기 반응 등 다양한 원인으로 일어나며, 혈압의 저하나 몸 말단의 순환 기능 상실, 호흡 기능 상실 등 다양한 이상을 일으킨다. 때때로 기립 불능이나 의식 상실, 허탈 등의 급격한 증상을 나타내기도 하는데, 기운이 없다, 별로 움직이지 않는다 등의 막연한 증상만 보이는 경우도 많다. 교통사고 같은 커다란 외상을 입은 후나 예방 접종 등의 주사 후, 벌레에게 물렸을 가능성이 있을 때, 심장병을 앓고 있는 동물이 갑자기 기운을 잃었을 때는 주의가 필요하다. 몸 안에서 다량의 출혈이 일어난 경우도 급격한 기운 저하, 허탈 등이 보이기도 한다. 패혈증이 계기가 되어 일어나는 패혈증 쇼크처럼 사지가 차가워지는 쇼크 증상도 있으며, 대응이 늦어질 위험이 있으므로 주의가 필요하다. 쇼크 치료는 시간과의 싸움이므로 당장 수의사에게 진찰받아야 한다.

청색증

피부나 점막이 청색으로 변한다. 산소 농도가 낮은 공기를 계속 마셨을 때나 동물의 혈액, 폐, 심장에 문제가 있는 경우에 일어난다. 청색증이 보이면 동물을 흥분하지 않게 할 것, 기온을 떨어뜨려 산소 소비량을 적게 할 것을 명심한다. 저산소가

상처 입은 동물을 옮기는 방법

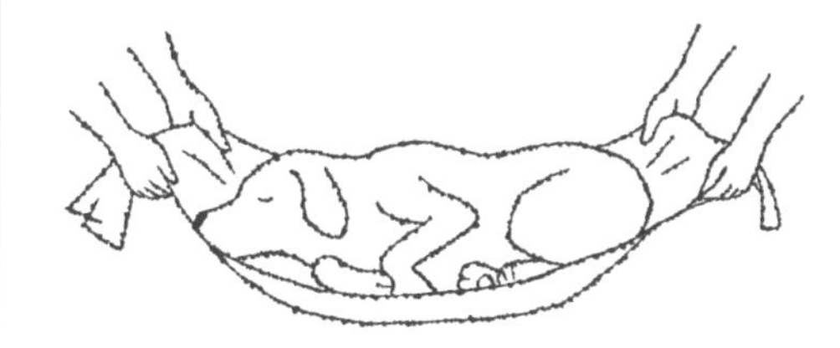

커다란 타월이나 수건을 들것 삼아 조심히 옮긴다.

몸을 고정시키는 방법

동물에게 치료할 때는 날뛰거나 움직이지 않도록 잡을 필요가 있다. 이 동작은 동물을 일으켜 세운 상태에서 몸을 고정시키는 방법이다.

원인이므로 곧바로 동물을 신선한 공기를 마실 수 있는 장소로 이동한다. 상태가 호전되더라도 빨리 진료받자. 원인을 짐작할 수 없는 경우에도 빨리 수의사에게 진료받아야 한다.

구급 질환 1. 일사병, 열사병에 걸렸다면

개와 고양이는 사람보다 땀샘이 발달하지 않아 몸을 직접 차가운 것에 대거나, 날숨에 의한 기화열에 의존해서 하는 체온 조절을 하는 수밖에 없다. 기관이 발달하지 않은 퍼그나 불도그, 또는 뚱뚱한 동물에게 발병 위험이 크므로 주의하자.

증상 초기에는 입을 크게 벌리고 혀를 내밀면서 여러 번 괴로운 듯이 호흡한다. 침을 흘려서 입 주변이 젖어 있는 경우가 많다. 증상이 진행되면 의식이 없어지거나 경련 발작을 일으키기도 한다.

응급 치료 의식도 있고 비교적 가볍다고 생각한다면

차가운 물을 적당한 양으로 나눠서 마시게 하고 시원한 장소에서 몸을 식혀 준다. 동물의 호흡이 안정되고 체온이 정상이 될 때까지 주의하여 관찰한다. 상태가 안정되어도 탈수로 위장 운동이 약해져 있으므로 먹이는 수분이 많은 것을 조금씩 준다. 의식이 몽롱하거나, 의식이 없거나, 불러도 반응이 약한 경우에는 서둘러 치료해야 한다. 무리하게 물을 마시게 하면 물이 기관으로 들어가 버릴 위험이 있으므로 주의한다. 응급 치료 후, 가능하다면 차가운 수건이나 보냉제 등을 경부(목)나 옆구리, 복부에 대주고 서둘러 동물병원으로 데려간다. 경증으로 보이더라도 나중에 증상이 악화하는 일이 많으므로 반드시 진료받는다. 체온이 41도를 넘을 때는 혈관 내에 다수의 핏덩어리가 생기는 파종 혈관 내 응고라는 병이 될 가능성이 있으며 긴급함이 높아진다.

예방 개를 실내에서 키우면, 기온이 높고 날씨가 청명한 날에는 그늘이 있고 바람이 잘 통하는 장소에 개가 있을 수 있게 한다. 특히 어두운 색깔의 털을 가진 뚱뚱한 개는 체온 조절이 힘들어서 조심해야 한다. 실내에서 키우든 실외에서 키우든 더울 때는 차가운 물을 많이 주어도 된다. 자동차 안에 동물을 두면 겨울철이라도 열사병을 일으킬 가능성이 있다.

구급 질환 2. 저체온증이 되었다면

체력이 소모된 동물이나 유년, 노령 동물이 몸이 젖은 상태에서 추운 곳에 방치되면 단시간이라도 급격한 체온 저하를 부른다. 특히 실내에서 키우는 여윈 노령견에게서 종종 보인다.

증상 체온이 정상 이하로 떨어지면 병적인 증상을 나타낸다. 주로 침울, 의식 저하나 상실, 동공 수축, 호흡이 느려짐, 심박수나 혈압 저하 등의 증상을 보인다.

응급 치료 몸이 젖어 있을 때는 잘 말려 주고 천천히 덥혀 줄 필요가 있다. 사지의 말단에서는 모세 혈관이 수축하여 만지면 차갑게 느껴진다. 배를 중심으로 한 체간 부위를 적극적으로 온도를 더해 주며 사지 말단이 따뜻해질 때까지 계속한다. 응급 치료를 하면서 동물병원으로 데려간다. 의식 장애가 있을 때는 동물병원에서 데운 수액이나 적극적으로 온도를 높여 주는 치료를 해준다. 갑상샘 기능 저하증이 숨어 있을 가능성도 있다.

예방 겨울철이나 비가 와서 젖을 수 있는 날에는 실외에서 키우는 개는 실내로 옮긴다. 특히 노령 동물이나 체력이 약한 동물은 엄중한 주의가 필요하다. 실외에서 사육한다면 겨울철에는 체중이 감소하지 않도록 먹이양을 늘려 주어야 하는 경우도 있다.

구급 질환 3. 다른 동물에게 물렸다면

집이나 공원 등에서 개들끼리 또는 고양이끼리, 개가 고양이를 무는 등의 사고가 종종 일어난다. 소형 동물이 대형 동물에게 물린 경우에는 생명이 걸린 중대한 사고가 되기도 한다.

응급 치료 물리고 있는 와중에는 부주의하게 손을 대지 말고 상황을 보아 물고 있는 동물의 코끝을 목표로 주변에 있는 물건으로 때리거나 아무것도 없을 때는 발로 차서 떨어지게 한다. 물고 있는 것을 억지로 떼어 내려고 잡아당기거나 하면 상처가 더욱 커다란 열상이 되어 버리기도 한다. 이미 물린 후라면 동물이 차분해진 다음 다른 사람의 도움을 받아 물린 곳을 확인한다. 그런 다음, 동물이 크게 날뛰지 않는다면 흐르는 물로 상처 부위를 충분히 씻어 낸다. 상처에서 피가 나면 씻어 낸 다음 출혈 부위를 깨끗한 거즈나 수건으로 충분한 시간을 들여서 신중하게 압박한다. 물린 직후나 그 후에 쇼크 상태가 되는 예도 있으므로 빨리 진료받는다. 물리고 나서 며칠 후에 물린 부위가 붓고 이어서 고름이 나오기도 한다. 심하면 물렸을 때 체내에 침입한 세균이 전신에 퍼져서 균혈증을 일으키기도 하므로 서둘러 병원에서 치료받을 필요가 있다.
예방 개는 공원 등에서도 목줄을 풀어 주지 않는다. 모르는 개는 가까이하지 않게 하는 것이 현명하다. 심상치 않은 상태의 개가 오면 천천히 거리를 벌린다. 반려동물 공원 등에서 놀게 할 때는 주위의 상황에 언제나 주의를 기울인다. 고양이는 집 밖으로 자유롭게 내보내지 않는 것이 안전하다. 여러 마리의 개나 고양이를 키운다면 동물들끼리의 궁합도 있으므로 궁합이 나쁘면 다른 곳에서 키워야 하는 경우도 있다. 예방 차원에서 중성화 수술을 빨리해 주는 방법도 있다.

구급 질환 4. 교통사고를 당했다면

개와 고양이 모두 많이 겪는 문제 가운데 하나로 자동차뿐만 아니라 오토바이나 자전거와의 접촉도 많다. 뼈가 부러지거나 내장에 손상을 입었을 위험성이 크므로 반드시 수의사에게 진료받는다.
응급 치료 교통사고 현장을 목격했고 상처가 부분적인 찰과상 정도면 상처의 더러움을 씻고, 출혈이 있으면 압박 지혈을 한다. 통증이 있다면 안정시키면서 빨리 진찰받게 한다. 아마도 교통사고를 당한 것 같지만 사고 상황을 모르거나 머리, 가슴, 배 등에 상처를 입고 있다면, 출혈 유무에 상관없이 동물병원에서 진찰받는다. 진찰받을 때, 발견했을 때의 상황, 발견에서 진료받기까지의 의식 상태, 호흡이나 사지의 이상 유무, 배뇨 여부, 아파하는 부위 등을 알려 주자.
예방 개는 목줄을 절대로 풀어 주면 안 된다. 많은 사고가 〈우리 개는 괜찮다〉라는 지나친 믿음 때문에 일어난다. 드물게 목줄을 매고 있으면서 교통사고를 당하는 일이 있으므로 목줄을 길게 하여 산책할 때는 특히 주의하자. 고양이는 자유롭게 외출시키지 않는 것이 최고의 예방책이다.

구급 질환 5. 뱀에게 물렸다면

살무사의 독이 반시뱀의 독보다 두 배나 강력하지만, 살무사는 독니가 짧고, 독의 총량도 적으므로 임상 증상은 반시뱀이 심각한 것으로 여겨진다. 유혈목이는 얌전한 뱀이며 독니도 입안 깊숙이 있으므로 깊이 물리지 않으면 독은 들어가지 않지만 사람이 사망할 수도 있으므로 충분히 주의할 필요가 있다.
증상 살무사나 반시뱀에게 물린 상처에서 많이 보이는 증상은 물린 부위의 출혈, 부종, 혈압 저하 등인데, 개가 전신 증상에 이르는 일은 드문 것으로 보인다. 그러나 어린 동물이나 병을 앓고 있는 동물, 노령 동물은 물린 상처 부위의 조직 괴사로 심한 기력 상실, 의식 수준의 저하 등 중대한 전신 증상을 일으킬 위험이 있으므로 빨리 진료받을 필요가 있다.
응급 치료 동물은 털로 덮여 있으므로 물린 구멍을 확인하기가 어렵다. 물린 부위가 부어오르거나 동물이 치료에 협조적이면, 물린 구멍에서 피를 빨아내듯이 압박하고 가능하다면 물로 씻어 낸다. 살무사 독은 물린 부위의 피부밑에서 출혈이 일어나고 뚜렷한 부기를 동반하여 팽팽하게 부풀어 오른다. 부기가 심각하면 그 부분의 조직이 압박되어 혈액 순환 장애가 일어나서 괴사하기도 한다. 특히 어린 동물이나 노령 동물은 쇼크 상태에 빠지는 것도 예상된다. 어느 쪽이든 당장 진료받아야 한다.
예방 캠핑 같은 야외 활동에 데려갈 때나 산이나 강 주변의 자연이 펼쳐진 지역에서는 풀밭에서 개가 머리나 앞다리를 물리는 일이 많으므로 주의한다.

구급 질환 6. 벌에 쏘였다면

벌에 쏘인 것 같다면서 동물병원을 찾을 때가 있는데, 벌뿐만 아니라 모기나 다른 벌레에게 물렸을 때도 대처 방법은 같다. 벌에 쏘인 상처가 문제가 되는 것은 장수말벌, 말벌, 꿀벌, 호박벌 등 약 20종이다.

증상 가벼운 정도에서 중증 상태까지 환부의 부기, 통증, 발적 등이 보인다. 동물은 쏘인 부위를 비정상적으로 핥거나 문지르거나 절룩인다.

응급 치료 벌의 침이 남아 있다면 침을 집거나 하지 말고, 손가락으로 튕겨 내듯이 제거한다. 그다음에 항히스타민제나 스테로이드 연고를 환부에 바르고, 쏘인 부위를 아이스 팩 등으로 차갑게 해준다.
호흡이 거칠어지고 쏘인 부위의 통증이 전부가 아닌 것 같다면 알레르기 반응을 일으키고 있을 가능성이 있으므로 동물병원에서 빨리 치료해야 한다.

예방 야외에서는 가까운 곳에 벌집이 있을 것 같은 장소에 다가가지 않도록 조심한다. 근처에 벌이 있다면 급하게 움직이지 않도록 하면서 천천히 그 장소를 떠난다. 절대로 벌을 쫓으려는 행동은 하면 안 된다.

124

동물의 종양 발생과 치료

몸을 구성하는 세포나 조직 일부가 개체 전체로서의 조화를 유지하지 않고 과도하게 증식하여, 생체에 어떤 악영향을 미치는 세포 덩어리를 형성한 것이 종양이다. 개와 고양이의 병에 있어서 종양이 차지하는 비율은 30여 년 전부터 급속히 증가하고 있으며 사람과 마찬가지로 암(악성 종양)이 사인 1위를 차지하는 날도 그리 멀지 않았다. 종양 발생률이 증가한 원인 가운데 하나는 엑스레이 검사나 초음파 검사 같은 영상 진단 기술이 발달하여 기존 검사법으로는 발견하기 힘들었던 체내 종양의 검출 정밀도가 높아졌다는 점을 꼽을 수 있지만, 뭐라 해도 최대의 요인은 반려동물의 수명이 비약적으로 늘었다는 점이다.
종양은 노령 동물에게 많이 발생하는 병이므로 수명이 늘어나면 그만큼 발생 위험성이 증가하는 것은 말할 필요도 없다. 참고로, 열 살 이상까지 산 개의 약 절반은 암으로 사망했다는 보고도 있다.
종양이라는 말에서 왠지 불치의 병을 상상하는 경향이 있는데 발생한 모든 종양이 생명에 연관되지는 않는다. 종양은 생물학적 또는 임상적인 관점에서 양성 종양과 악성 종양으로 분류된다.
양성 종양인 경우, 그것의 영향은 발생한 부위에 한정되며 생명을 위협할 위험성은 거의 없다. 따라서 외과적 절제만으로 충분히 대응할 수 있다.
한편, 악성 종양은 종양이 온몸에 미치는 영향이 대단히 크며 죽음으로 직결되는 경우도 적지 않다.
악성 종양은 대부분 복강 내나 흉강 내의 주요 장기에서 발생하고 성장 속도가 빠르며 다른 장기나 조직으로 전이하기 쉽다는 특징도 있다. 악성 종양이라 해도 발생이나 증식이 그 부위에만 그치면 외과적 절제나 방사선 요법 등 국소 요법으로 치료할 수도 있다. 그러나 발생 부위에서 떨어진 다른 장기나 조직까지 전이해 버리면 화학 요법이나 면역 요법으로도 충분히 제어하기 힘들다. 현재는 치료법의 개선, 그리고 유전자 치료를 포함한 치료법의 개발과 도입으로 종양 치료에 새로운 길이 열리고 있다.

종양의 발생 경향

개에게서 종양이 많이 발생하는 부위는 피부 · 연부 조직[15]이다. 이 부위에 발생하는 종양은 모든 종양 가운데 약 3분의 2(59퍼센트)를 차지하는데, 다행히도 대부분 양성 종양이다.
피부 · 연부 조직 다음으로 종양 발생률이 높은 부위는 젖샘(8퍼센트), 비뇨 생식기(6퍼센트), 조혈기 · 림프계(6퍼센트), 내분비 기관(5퍼센트),

15 골격을 제외한 결합 조직 및 운동 지지 조직을 말한다. 즉 섬유성 결합 조직, 지방 조직, 근육, 혈관, 림프관, 힘줄집,활막, 관절낭, 장막(포유류, 조류, 파충류의 배의 맨 바깥쪽을 싸고 있는 막) 등.

소화기(5퍼센트) 등이다. 종양의 종류별로 보면, 가장 많이 발생하는 것이 피부 조직 구종(24퍼센트)이며 지방종(21퍼센트), 샘종(10퍼센트)이 뒤를 잇는다. 즉 개에게서는 양성 종양이 종양 발생률의 상위 세 가지를 차지하고 있다. 한편, 고양이는 악성 림프종의 발생률이 단연 높다. 개와 마찬가지로 피부·연부 조직의 종양도 많이 보이며, 편평 상피암이나 섬유 육종 같은 악성 종양의 비율이 높아서 양성 종양이 주를 이루는 개와는 상당히 다른 경향을 나타낸다.

종양의 원인

세포가 종양화하는 것은 어떤 원인으로 세포 내의 유전자(특히 DNA)가 손상되어 그 세포의 비정상적인 증식을 막지 못하게 되기 때문이다. 종양이 노령 동물에게 많이 발생하는 것은 세포 내의 유전자가 오랜 세월 동안 조금씩 손상된 결과라고 생각할 수도 있다. 그러나, 그 외에도 유전자 손상을 부르는, 또는 촉진하는 요인은 개나 고양이 주위에 헤아릴 수 없이 많이 존재한다. 대표적인 것으로 화학적 발암 인자(다양한 화학 물질, 대기 오염 물질, 배기가스, 담배 연기, 식품과 식물 첨가물 등), 물리학적 발암 인자(방사선, 자외선, 열상 등), 생물학적 발암 인자(종양 바이러스)[16] 등이 있다. 이처럼 모든 종양의 원인이 나이가 들어감에 따라 생기는 유전자 손상 때문은 아니므로 식생활 개선, 공기 오염이나 자외선 손상 방지를 포함한 주거 환경의 정비 등을 통해 우리 주변부터 개와 고양이의 암 예방에 적극적으로 대처하는 것이 앞으로는 중요하다.

16 세포에 감염함으로써 종양을 발생시키는 바이러스. 바이러스 유전자가 감염한 세포의 유전자에 섞여 들어감으로써 세포를 암으로 바꾼다.

126

사람과 동물의 공통 감염병

개나 고양이를 비롯해 많은 동물이 반려동물로 집 안에서 키워지게 되어 사람에게 옮기는 병이 늘었다. 사람과 동물의 공통 감염병을 인수 공통 감염병이라고 하며, 세계 보건 기구에서는 사람과 척추동물 사이에 자연스럽게 전파하는 병이라고 정의하고 있다. 여기서는 대표적인 병과 주의할 점에 대해 이야기한다. 인수 공통 감염병에는 바이러스로 일어나는 병, 세균으로 일어나는 병, 리케차나 클라미디아에 의해 일어나는 병, 원충으로 일어나는 병 등이 있다. 감염증을 일으키지 않기 위해서는 기본적으로 동물을 청결하게 기르는 것이 중요하다. 마른 분변을 흡입하지 않고, 절대로 맨손으로 만지지 않고 먹이를 입으로 주지 않고 손을 충분히 씻는 등 주의가 필요하다.

바이러스로 일어나는 병

● 광견병

광견병 바이러스에 의한 병이다. 감염되면 사람과 동물 모두 신경 증상을 일으킨다. 림프샘이 붓고 경련이나 호흡 곤란 따위의 격렬한 증상을 보이며 특히 물을 마시거나 보기만 하여도 공포를 느끼며 목에 경련을 일으킨다. 외국에서 수입한 동물(특히 야생 동물)을 통한 침입에 주의할 필요가 있다. 동물에게 물린 상처를 통해 감염되므로 물리지 않도록 주의가 필요하다. 감염되면 치료법은 없으며 죽음에 이르는 병이다.

● 일본 뇌염

일본 뇌염 바이러스에 의한 병이다. 주로 돼지나 말에서 모기(작은빨간집모기)를 매개로 사람에게 전파되므로 모기가 생기지 않도록 환경을 정비하고 모기에 물리지 않도록 하는 주의가 필요하다. 혼수 상태, 두통, 근육 강직 따위의 증상이 나타나며 사망률이 높다. 광견병과 일본 뇌염 바이러스 질환에는 항생제가 효과가 없고 백신으로 예방할 수 있다.

세균으로 일어나는 병

● 고양이 할큄병

바르토넬라 헨셀라에라는 세균에 의해 일어난다. 감염되어도 동물은 발병하지 않고 사람에게만 발병하는 병이다. 사람이 고양이 발톱에 할퀴거나 물린 다음 피로감, 관절염, 발열, 림프샘 부기가 일어난다. 고양이에게 증상은 없다. 예방을 위해서라도 고양이의 발톱 손질을 충분히 할 필요가 있다. 항생제로 치료할 수 있다.

● 파스튜렐라증

주로 파스튜렐라 멀토시다라는 세균에 의해 일어난다. 먹이를 입으로 건네주거나 물린 상처 또는 할퀸 상처를 통해 감염된다. 동물을 청결히 하고 물리지 않도록 하는 등 주의가 필요하다. 항생제로 치료할 수 있다.

●살모넬라증

살모넬라균에 의해 일어난다. 감염되어도 동물은 발병하지 않고 사람에게만 발병하는 병이다. 동물의 분변과 함께 배설된 살모넬라가 입을 통해 체내로 들어가서 감염되며 식중독을 일으키기도 한다. 수생 동물, 특히 붉은귀거북이 살모넬라를 배출하는 것으로 알려져 있으며, 거북이나 수조의 물을 만진 손가락을 통해 경구 감염되는 경우가 있다. 동물과 그 주변을 청결하게 하고 손을 충분히 씻는 것이 중요하다. 항생제로 치료할 수 있지만 내성균(항생 물질이나 약물에 견디는 힘이 강한 세균)이 나타나기 쉬우므로 주의가 필요하다.

리케차나 클라미디아로 일어나는 병

●앵무병

클라미디아 시타시균에 의한 병으로, 조류 클라미디아라고도 한다. 앵무, 사랑앵무 등의 새나 비둘기 등의 분변, 타액이나 깃털 등을 사람이 들이마시면 감염되며 발열, 두통, 기관지염 등의 증상이 나타난다. 먹이를 입으로 주지 말고, 새장 안의 마른 분변을 흡입하지 않는 등의 주의가 필요하다. 대개는 항생제(테트라사이클린계)로 치료할 수 있지만 시기를 놓치면 중증 폐렴이 되기도 한다.

●Q 열

콕시엘라 부르네티균에 의해 일어난다. 반려동물(고양이가 많음)의 마른 분변이나 먼지를 흡입함으로써 감염되며 사람은 인플루엔자 같은 증상을 나타낸다. 동물을 청결하게 키우는 것이 중요하다. 항생제로 치료할 수 있다.

원충으로 일어나는 병

●톡소포자충증

톡소플라스마 원충에 의해 일어난다. 이 원충에 감염되면 개, 고양이, 돼지 등은 유산, 설사, 중추 신경 증상을 일으킨다. 임산부에게 옮으면 유산하거나 태어난 아이에게 맥락막염, 물뇌증, 작은머리증, 구순열(입술갈림증) 따위의 기형과 뇌의 장애가 나타난다. 감염 동물의 건조 분변을 흡입해도 원충에 감염되므로 동물의 분변은 부지런히 치울 것을 명심하자. 그 밖에 기생충에 의한 인수 공통 감염병은 회충증, 에키노코쿠스(포충)증, 심장사상충 등 많이 있다.

개나 고양이가 물거나 할퀴었을 때

· 광견병의 위험성이 있는 개에게 물린 경우에는 곧바로 모든 상처를 비누나 역성 비누(본체가 양이온성인 비누. 세척력은 없으나 살균 작용, 단백질 침전 작용이 커서 약용 비누로 쓰인다)로 철저하게 씻어 내고 바로 진료받는다. 병원에서는 항혈청을 국소에 접종하고 병원체가 체내에 머물지 않도록 환부는 봉합하지 않는 것이 일반적이다.

· 고양이 할퀸병의 위험성이 있는 고양이에게 할퀴어지거나 물렸을 경우에는 환부를 소독하고 항생제를 투여한다. 의사에게 바로 진료받는 것이 좋다.

주요 인수 공통 감염병

병명	매개 동물	감염 경로	사람의 증상
광견병	개, 고양이, 식충 박쥐, 야생 동물	감염 동물에게 물린 상처	기본적으로는 급성 뇌염이며, 초기에는 두통, 발열, 미쳐서 날뛰게 되면 착란, 전신 마비
일본 뇌염	돼지, 말	작은빨간집모기가 매개, 흡혈 시 바이러스 감염	대개는 감염되어도 증상은 나타나지 않지만 발병하면 고열과 뇌염이 주된 증상
고양이 할퀸병	고양이	고양이에게 할퀴어지거나 물린 상처	상처 부위의 구진, 물집, 림프샘염, 발열, 드물게 뇌염
살모넬라증	개, 고양이, 새, 수생 동물, 기타	오염된 식품, 물, 식기 등을 통해 입으로 감염	구토, 발열, 복통, 설사성 위장염. 고령자나 유아는 패혈증이나 수막염을 일으키기도 함
렙토스피라증	개, 기타	상처 부위나 음식, 음수에 의한 입으로 감염	황달, 출혈, 눈 결막의 충혈, 신장 장애 등
파스튜렐라증	개, 고양이	동물에게 물리거나 할퀴어진 상처에서	국소의 통증, 부기를 동반하는 염증, 염증이 심층부에 이르면 골수염, 패혈증성 관절염
개 브루셀라병	개	소변 등으로 배출된 균이 상처 부위나 입을 통해 감염	주요 증상은 발열
결핵	개, 고양이, 기타	고양이는 상처 부위를 통해 감염, 사람의 경우는 흡입	폐결핵 증상은 초기에는 기침, 가래, 발열, 이어서 온몸이 나른하고 흉통, 식욕 부진, 폐 조직의 파열이 진행되면 체중 감소, 호흡 곤란
캄필로박터증	개, 고양이, 새	균에 오염된 식품이나 음료수를 통해서, 또는 보균 동물과의 접촉으로	발열, 복통, 설사, 드물게 간염, 패혈증, 수막염
예르시니아증	개, 고양이, 기타	균에 오염된 식품이나 음료수를 통해서, 또는 보균 동물과의 접촉으로	발열, 설사, 복통 등을 동반하는 위장염, 드물게 관절염, 인두염, 심근염, 골수염
야생 토끼병	개, 고양이, 새, 기타	폐사한 동물과의 접촉에 의한 피부 감염, 오염된 고기나 오염된 물의 섭취, 참진드기에게 물려서 감염	발열, 근육통, 림프샘염
리스테리아증	개, 고양이, 기타	동물들끼리는 상처 부위를 통해 감염, 사람의 경우는 식품을 통해 감염	수막염, 뇌염, 패혈증, 또는 유산

병명	매개 동물	감염 경로	사람의 증상
세균 이질	원숭이	오염 식품, 음수를 통해 입으로 감염	갑작스러운 설사(설사가 나타나지 않는 이질균 감염도 있음), 이어서 점액변, 점혈변을 본다. 기력을 잃고 구토하기도 함
라임병	야생 설치류, 새	참진드기가 매개하여 흡혈 시 감염	초기는 진드기에게 물린 부위의 홍반, 이어서 피부염, 신경 증상, 관절염 등
앵무병(조류 클라미디아증)	새	감염된 새의 배설물, 오염된 깃털, 마른 변의 흡입	인플루엔자 같은 고열 및 호흡기 증상, 때로 중증 폐렴
Q 열	개, 고양이, 새, 기타	진드기를 매개로 한 감염과 매개로 하지 않은 감염, 균의 흡입 또는 오염된 식품의 섭취	인플루엔자 같은 급성 열 질환, 만성에서는 간염, 심내막염
피부 사상균증	개, 고양이, 토끼, 설치류	동물과의 접촉, 오염된 토양, 티끌과 먼지로 감염	피부의 원형 발적, 탈모, 물집 등의 피부 증상
크립토콕쿠스증	개, 고양이, 기타	비둘기나 새의 마른 변에 존재하며 그것이 먼지로 공기 중에 떠돌다가 동물이 흡입하여 감염	만성 기관지염이나 폐렴을 동반하는 호흡기 증상
백선	개	동물끼리, 또는 사람이 동물에 접촉함으로써 감염	버짐 같은 피부염, 심한 화농(곪음)
톡소포자충증	개, 고양이, 기타	감염된 동물의 고기나 내장을 날로 먹었을 때, 드물게 감염 동물의 혈액에 상처 입은 부위가 직접 닿았을 때	발열, 경부, 겨드랑이, 사타구니 림프샘염, 나른함, 맥락막염, 수종 폐렴, 임신 중인 모체가 감염되면 조기 유산, 기형아 출산의 위험성이 있음
회충증	개, 고양이	손가락이 기생충 알에 오염되어 음식을 섭취할 때 입을 통해 감염	내장 이행증(미열, 기침, 근육 관절통, 간의 부기, 간 기능 장애) 눈 이행증(시력 저하, 실명)
심장사상충증	개, 고양이	토고숲모기, 흰줄숲모기 등에 의한 흡혈 시에 감염	심장사상충의 미성숙 충이 폐동맥에 쌓여서 기침 등 폐결핵 의심 증상이 나타남
에키노코쿠스증	개, 여우, 기타	오염된 동물의 고기를 날로 먹었을 때, 오염된 물(강물)을 마셨을 때	대부분 간에 포충이 형성되므로 간에 장애가 나타난다. 아주 드물게 뇌, 척수, 폐, 심장, 신장, 골수강의 장애가 나타남

* 그 밖에 기생충에 의한 것은 구충증, 옴진드기, 폐흡충증, 고양이 조충증, 만손주혈흡충증, 조실 조충증, 일본주혈흡충증, 동양 안충증, 참진드기 감염증, 발톱진드기 감염증, 벼룩 감염증, 크립토스포리듐증 등이 있다.

130

개와 고양이의 임상 검사

살아 있는 동물 자체, 또는 동물에게서 채취한 어떤 재료를 대상으로 하는 검사를 임상 검사라고 한다. 임상 검사는 병을 진단하고 그 병의 정도를 파악하기 위해, 그리고 치료를 개시한 후에는 회복의 양상을 판단하기 위해 실시된다. 즉 임상 검사는 초진 시부터 치유에 이르기까지 치료와 표리일체를 이루어 행해지는 것이다. 요즘은 다양한 종류의 임상 검사 기술이 비약적으로 발전하여 동물 의료에 공헌하고 있다. 다양한 임상 검사를 받을 때, 검사 항목에 따라서는 사전에 어떤 제한이 따르는 일이 있다. 예를 들면 혈당치를 측정한다면 측정하기 전에 한참 동안 음식을 주지 말아야 하고, 어떤 종류의 효소 활성 측정은 격렬한 운동 후에는 피해야 한다. 검사가 예정되어 있다면 수의사에게 주의할 점을 미리 물어보는 것이 좋다. 많은 임상 검사를 해도 확진에 이르지 못한 경우에는 특수한 검사법으로, 전신 마취를 하여 시험적으로 개복 수술이나 개흉술 등을 하여 최종적으로 확인하기도 한다. 이런 시험적 절개에서 바로 진단이 되면 그대로 치료적 수술로 이행하는 일도 적지 않다.

동물 자체를 대상으로 하는 검사

동물 자체를 대상으로 하는 임상 검사에는 체온, 맥박 수, 호흡수의 측정이나 진찰 시에 시진(눈으로 보아서 검사), 촉진(손으로 만져서 검사), 청진(청진기로 검사), 타진(손가락이나 특수한 기구로 동물의 몸을 두드려서, 그 반향음을 들어서 검사) 이외에 심전도나 심장음도에 의한 검사, 그리고 내시경을 이용한 검사, 초음파 검사(에코 검사), 엑스레이 검사, CT 검사, MRI 검사 등이 있다. 더 정밀한 검사로, 각종 조영 검사나 심장 카테테르법 등을 하기도 한다.

동물에게서 채취한 것을 대상으로 하는 검사

동물에게서 채취한 검사 재료를 검체라고 하며, 이것을 대상으로 하는 검사를 검체 검사라고 한다. 일반적인 검체는 혈액, 소변, 분변 등이지만 위액이나 뇌척수액 등을 이용하거나 천자액이나 끄집어낸 조직 조각 등을 재료로 하기도 한다. 천자액이란 병변 부위에 주삿바늘이나 천자 바늘(속이 빈 가는 침)이라는 특수한 기구로 흡인하여 채취한 액체를 말한다. 끄집어낸 조직 조각이란 병변 조직을 시험적으로 절제하여 채취한 것으로, 보통은 마취한 상태에서 채취한다. 또한 혈액은 있는 그대로의 상태(전혈)로 검사에 사용하는 경우와 액체 성분(혈장 또는 혈청)만을 분리하여 검사에 사용하는 경우가 있으며 검사 항목에 따라 나뉘어 사용된다.
동물을 진료할 때는 그때그때 임상 검사의 목적에 맞춰서 그것에 적합한 검체를 이용하며 혈액학적 검사나 생화학적 검사, 미생물학적 검사, 기생충학적 검사, 면역학적 검사, 병리학적 검사 등을 실시한다. 이런 검사는 동물병원에서 바로 할 수 있는 것도 있고, 외부의 위탁 회사에 의뢰해야 하는 예도 있지만, 혈액학적 검사나 생화학적 검사 관련해서는 동물용으로 뛰어난 검사 기기가 개발되어 많은 동물병원에 보급되어 있다.

소변 색깔 검사

혈액 검사는 집에서 할 수 없지만 소변 검사는 색깔을 관찰하는 정도라면 일반 가정에서도 간단히 할 수 있다. 정상인 소변은 담황색 또는 옅은 황갈색을 띤다. 이것은 주로 신장에서 생산되는 우로크롬이라는 노란 색소가 포함되어 있기 때문이다. 소변 속의 하루 우로크롬 배설량은 거의 일정하므로 소변 색깔은 소변량이 많으면 희석되어 연해지고 소변량이 적으면 농축되어 진해진다. 소변량이 적은데도 소변이 연한 색을 띠고 있다면 신장 기능의 이상이 의심된다. 소변 색깔의 변화와 그 원인으로 생각할 수 있는 것을 아래 표에 제시했다. 이것은 어디까지나 기준이므로 이상이 의심될 때는 동물병원에 상담하자.

색깔	원인
무색 (물처럼 투명)	저비중(1,005 이하)인 경우 다량의 수분 섭취, 이뇨제 투여, 흉수나 복수의 감퇴기, 요붕증 고비중(1,030 이상)인 경우 당뇨병
황갈색 ~ 갈색	고열(소변의 농축, 우로빌린요 배설), 황달(빌리루빈요)
갈색 ~ 등적색 ~ 적색	혈뇨, 혈색소뇨
황록색~백색 혼탁	농뇨(고름요)
유백색	유미뇨(지방이 섞여 유백색을 띠는 오줌)

132

기생충증과 대책

다른 생물의 체내에 들어가거나 체표에 붙어서 생활하면서 그 생물로부터 영양소를 섭취하는 등 혜택을 누리면서 상대인 생물에게는 피해를 주는 동물을 기생충이라고 한다. 그리고 기생충에게 기생당하는 생물은 숙주라고 한다. 기생충이란 그것의 생활 방식에서 비롯된 이름이다. 일반적인 동물 분류로는 기생충은 다양한 그룹에 속해 있다. 예를 들면 세포 하나가 하나의 몸을 이루고 있는 원충류나 몸이 평평하여 편형동물이라는 그룹에 속하는 흡충류와 조충류, 몸이 실 모양인 선충류, 그리고 진드기류나 곤충류 가운데 기생충이 되는 것도 있다. 동물의 체내에 기생하는 것을 내부 기생충, 체표나 피부의 표층에 기생하는 것을 외부 기생충이라고 한다. 내부 기생충은 주로 원충류나 흡충류, 조충류, 선충류이며 외부 기생충은 진드기류와 곤충류이다.

기생충에 의한 피해

기생충이 숙주인 동물에게 주는 피해는 다양하다. 증상이 없으며 거의 해가 없는 것처럼 보이는 예도 있고 목숨을 잃을 정도의 중증이 되는 예도 있다. 기생충증의 증상은 기생충이 몸 안 어디에 기생하고 있는지에 따라 달라진다. 예를 들어 회충류의 성충은 개나 고양이의 소장에 기생한다. 그러므로 회충증은 주로 설사 같은 소화기 증상이 나타나게 된다. 심장사상충의 성충은 심장에 기생하므로 심장사상충증은 순환기 증상을 보인다. 한편 벼룩류는 동물의 체표에 기생하며 피를 빨고 있으므로 벼룩 감염증에서는 피부염을 일으키기도 한다.

기생충의 피해는 개나 고양이에게 그치지 않고 보호자인 사람에게까지 미치기도 한다. 개나 고양이에게 벼룩이 기생하고, 그 벼룩에게 사람도 물리는 일은 자주 있다. 단, 사람과 동물의 공통 기생충이 있다고는 해도 개나 고양이로부터 직접적으로 사람에게 옮기는 것, 그리고 개나 고양이로부터는 옮기지 않고 기생충이 일단 다른 동물에 기생한 다음에 그 동물로부터 사람에게 옮기는 것이 있다. 직접 옮기는 타입으로는 회충류나 벼룩류 등이 있고 다른 동물로부터 옮기는 타입으로는 모기가 중간 숙주인 심장사상충이 알려져 있다.

기생충 검사

개나 고양이가 기생충에 감염되었다면 바로 퇴치해야 한다. 혹시 증상이 보이지 않더라도 언제 발병할지 알 수 없으며 기생충의 종류에 따라서는 사람에게 옮기는 것도 있기 때문이다. 퇴치하려면 맨 먼저 그 기생충의 종류를 조사해야 한다. 기생충의 종류에 따라 치료에 사용하는 약이

다르므로 기생충 검사에는 다양한 방법이 있다.

●내부 기생충 검사

동물의 체내에 존재하는 기생충은 체표에서는 발견할 수 없다. 그러므로 기생충이 낳은 알(충란)이나 유충 등을 조사함으로써 기생충의 존재를 확인한다. 기생충에는 소화기계에 기생하는 종류가 많은데, 소화기계에 기생하는 기생충은 분변으로 충란이나 유충이 나온다. 그래서 기생충 검사라고 하면 분변 검사라고 할 정도로 분변을 재료로 한 검사가 많이 이루어지고 있다. 단, 이들 충란 등은 맨눈으로는 보이지 않는 크기라서 현미경이 필요하다. 그러나 가정에서도 기생충을 발견할 수 있기도 하다. 예를 들면 개나 고양이의 분변을 관찰하면 작고 하얀 알갱이가 보이는 경우가 있다. 크기는 1밀리미터 정도인 것도 있고, 쌀알 정도의 크기인 것도 있는데, 이들은 대개 조충의 편절(조충류의 몸은 몇 개의 마디가 한 줄로 이어져 있으며, 그 마디 하나하나를 편절이라고 한다)이다. 또한 회충류 등의 성충이나 미성숙충이 자연스럽게 분변으로 나오기도 한다. 이럴 때는 그것을 채취하여 물에 넣고 냉장하여 동물병원에 갖고 가면 좋다. 한편 혈액 안에 기생하는 기생충도 있는데 이것들을 검출하려면 혈액 검사를 해야 한다. 심장사상충인 마이크로필라리아 검사는 대표적인 예라고 할 수 있다. 심장사상충에 대해서는 혈액의 액체 성분을 검사 재료로 하여, 그 안에 미량 포함된 기생충의 배설물과 분비물을 검출하는 면역학적 검사도 하고 있다.

●외부 기생충 검사

외부 기생충 중에서 참진드기류나 벼룩류처럼 맨눈으로 확인할 수 있는 크기의 것들은 동물의 체표를 관찰함으로써 검사한다. 이것은 가정에서도 쉽게 할 수 있는 기생충 검사다. 특히 벼룩은 벼룩 제거 빗을 이용하면 쉽게 찾아낼 수 있다. 외이도(바깥귀길)에 기생하는 귀 옴(이개선증)은 검은 귀지 안에 하얀 점으로 확인할 수 있기도 하다. 맨눈으로 보면 확실하게 진드기라는 것을 알 수 없을 수도 있지만, 면봉 등으로 귀지를 살짝 파내서 돋보기로 관찰하면 벼룩이 움직이고 있는 것을 볼 수 있다. 이런 외부 기생충이 검출된 경우, 벼룩이나 귀 옴은 물에 넣어서 냉장 보관하여 동물병원에 가져가면 진단에 도움이 된다. 그러나 참진드기는 무리하게 떼어내면 동물의 피부가 상처를 입는 일이 있으므로 기생한 상태에서 그대로 진료받기 바란다. 맨눈으로 볼 수 없는 작은 것들은 피부에 병변을 형성하는 경우가 많으므로 병변 부위를 긁어내어 현미경으로 관찰한다. 이것은 동물병원에서 하는 검사다.

●분변 검사

많은 기생충은 그것의 알 등이 분변 안에서 나타나는 일이 많으므로 분변 검사는 기생충 검사로서 종종 행해지곤 한다. 검사받을 때는 되도록 배설 직후의 분변을 동물병원에 가져가는 것이 중요하다. 시간이 지나면 충란 등이 발육하여 검사를 충분히 할 수 없게 되는 일이 있다. 잠시 보존해야 할 때는 밀폐 용기에 넣어서 냉장 보존한다. 냉동하면 기생충이 죽어 버려 검사가 힘들어지는 예도 있다. 분변은 자연스럽게 배출한 것을 채취하면 충분하다. 단, 흙 위에 배설하면 자연계에서 살고 있는 작은 생물이 섞여 들지 않도록 흙에 닿지 않은 부분의 분변만 채취한다. 동물병원에서는 슬라이드글라스 위에 분변을 얇게 깔아서 현미경으로 관찰하거나 약품 등을 사용한 고검출률 검사를 한다. 때에 따라서는 분변을 배양하여 기생충의 종류를 특정하기도 한다.

● **심장사상충 검사**

심장사상충 검사는 그것의 새끼인 마이크로필라리아가 있는지를 조사하는 것이 일반적이다. 마이크로필라리아는 심장사상충의 암컷 성충이 낳은 유충으로, 숙주 동물의 혈액 속을 떠다닌다. 그리고 그 동물이 모기에게 물리면 혈액과 함께 모기의 체내로 들어가서 발육하고 그 모기가 개 등을 흡혈할 때 다음 숙주에게 옮겨 간다. 마이크로필라리아의 유무를 조사하려면 채혈해서 혈액을 현미경으로 관찰한다. 마이크로필라리아는 밤에 체표의 혈관으로 모여든다. 이것은 모기의 활동 시간에 맞춘 행동인 것으로 보이는데, 이 성질을 이용하여 야간에 채혈하면 마이크로필라리아 검사의 신뢰도가 높아진다. 그러나 기생하는 심장사상충이 수컷, 암컷 중 어느 한쪽뿐인 경우나 미성숙한 경우, 심지어 암수 성충이 모두 기생하고 있다 해도 마이크로필라리아를 검출할 수 없을 때가 있다. 그래서 혈액 중에 마이크로필라리아가 보이지 않을 때도 진단할 수 있도록 면역 반응을 이용한 검사 방법이 개발되었다. 심장사상충도 생물이므로 분비물이나 배출물을 내놓는데, 이런 물질을 면역학적 방법을 사용하여 검출하는 것이다. 이를 위해 몇 종류의 도구가 개발되어 여러 동물병원에서 이용되고 있다.

기생충증 치료와 예방

기생충증 치료는 기생하는 벌레 몸체를 없애는 것이 중심이다. 필요하다면 병의 증상에 따른 대증 요법[17]을 시행한다. 기생충을 퇴치하기 위한 약을 구충제라고 하는데, 없애는 기생충의 종류에 맞게 구충제를 분류할 수 있다. 적절한 구충제를 동물병원에서 처방받으면 된다. 한편 대증 요법은 설사에 대해서는 지사제를 투여하고 탈수나 영양 불량에 대해서는 수액을 맞히는 등 각각의 상황에 맞춰서 실시한다.

기생충증을 예방하려면 개나 고양이의 주변을 청결하게 유지하는 것이 필요하다. 분변은 빨리 처리하고 동물의 분변과 간접적으로라도 접촉하지 않도록 한다. 다른 동물을 먹음으로써 감염되는 기생충에 대해서는 그런 동물을 먹지 않도록 사육 환경을 정돈하는 것도 필요하다. 그런데도 심장사상충이나 벼룩류 등의 감염을 막기는 어렵다. 그러므로 이들 기생충에 감염되는 것은 피할 수 없다고 생각하고, 감염되어도 그것을 바로 없애는 약이 보급되어 왔다. 심장사상충증은 예방약이 있다. 이 약은 감염되어 있는 심장사상충의 유충을 정기적으로 퇴치하기 위한 것이다. 벼룩 퇴치제 역시, 몇 주에서 몇 개월에 걸쳐 효과가 지속되며 그동안에 만약 벼룩이 기생해도 바로 퇴치할 수 있는 약제가 개발되어 있다.

17 병의 원인을 찾아 없애기 곤란한 상황에서, 겉으로 나타난 병의 증상에 대응하여 치료를 하는 치료법. 열이 높을 때에 얼음주머니를 대거나 해열제를 써서 열을 내리게 하는 따위가 이에 속한다.

135

동물에게 사용하는 약과 사용법

동물용으로 개발된 약제를 동물용 의약품이라고 하며, 이 중에서 작용이나 부작용이 비교적 약한 것을 특히 동물용 의약 외품이라고 한다. 단, 동물용 의약 외품의 작용이 약하다는 것은 효과가 낮다는 뜻이기도 하다. 동물용 의약품은 작용하는 대상인 동물 종별로, 한국에서는 농림축산식품부가 제조나 판매를 승인한다. 그러나 실제 수의료 현장에 필요하다고 여겨지는 모든 약제에 동물용 의약품이 개발되어 있지는 않다. 이런 경우에는 사람용 약제나 다른 동물용으로 개발된 약제가 사용되게 된다.
각각의 약은 특유의 효과를 나타낸다. 약은 일반적으로 그 효과(약효)에 근거하여 분류된다. 예를 들면 신경계에 작용하는 약(마취제)이나 순환기계에 작용하는 약(강심제), 소화계에 작용하는 약(지사제), 체액의 균형에 작용하는 약(이뇨제)으로 나눌 수 있다. 어떤 약을 사용할 것인지는 각각의 동물 상태에 따라 잘 생각해야 한다. 되도록 동물병원에서 수의사에게 처방받기 바란다.

동물에게 약을 주는 방법
동물에게 약제를 투여하는 경우, 복용(내복)이나 주사, 점안, 점이, 외용 등의 방법이 있다. 내복용 약제로는 가루나 과립, 알약, 물약 등이 있다. 이것들은 소화관에서 흡수되도록 만들어진 것이다. 개나 고양이에게 내복약을 먹이려면 강제로 먹이거나 음식에 섞어서 먹인다. 단, 사료에 약을 섞으면 아주 드문 일이기는 하지만 효과가 떨어지기도 한다. 가정에서의 투약 방법에 대해서는 수의사와 상담하는 것이 좋다. 주사법으로는 피부밑 주사, 근육 주사, 정맥 주사, 복강 주사 등이 있으며 약제 종류 등에 따라 사용법이 나뉜다. 동물에게 주사를 놓는 것은 동물병원에서 수의사에 의해 실시된다.
점안과 점이는 전용 점안제나 점이제를 눈이나 귓속에 직접 투여하는 것이다. 특히 점안제는 주사제와 마찬가지로 무균으로 제조되어 있다. 그러므로 이런 약제의 용기 입구에 손을 대거나 환부에 접촉하면 그 안에 든 약을 오염시키게 되며, 때에 따라서는 눈이나 귀에 감염이 일어나기도 한다. 투약할 때는 오염 방지를 위해 취급에 주의해야 한다. 외용약으로는 피부에 바르는 연고나, 주로 벼룩이나 참진드기 퇴치에 사용하는 약으로 피부에 약제를 방울지게 떨어뜨리는 적하 방식의 물약이 있다.
적하 투여용 물약은 피부 일부나 등을 쭉 따라가며 약제를 적하하는 것으로, 그 부분의 피부에서 체내로 약이 흡수되는 타입과 전신의 체표에 약이 분포하는 타입으로 나뉜다. 피부 일부에만 적하하는 방식을 스폿 온이라고 하고, 등을 따라서 적하하는 방식을 푸어 온이라고 한다. 스폿 온을 하려면 나중에 개나 고양이가 그 부분을 핥지 않도록 뒷덜미의 좌우 견갑골(어깨뼈) 사이의 털을 가르고 피부에 약제를 떨어뜨린다.
그 밖에 약물을 함유한 샴푸도 있으며, 이것은 개나 고양이의 몸을 씻어 주면서 전신의 체표에 약을 작용하게 하는 것이다. 적하 투여용 물약과 샴푸 제제는 동물에게 특수한 약의 형태라고 할 수 있다.
가정에서는 내복약이나 점안제, 점이제, 외용약, 연고, 적하 투여용 물약, 샴푸 제제 등 다양한 타입의 약제를 사용하는 경우가 있을 것이다. 어떤 종류의 약이든 정해진 용법과 용량을 지키고 투약 후에 동물에게 이상이 보이면 바로 수의사에게 진료받는 것이 중요하다.

약을 구하는 방법과 보관

동물용 약은 동물병원에서 처방받거나 약국이나 반려동물용품점 등에서 구매한다. 이 두 가지 방법으로 구매하는 약의 차이는 사람의 약과 마찬가지로, 의사의 처방을 받는 약과 처방전 없이 약국 등에서 살 수 있는 약의 차이와 같다.
약제는 특별히 지시가 없는 한, 대개는 직사광선이 닿지 않는 서늘한 장소에 둔다. 이때 사람이 먹는 약과 혼동하지 않도록 따로 보관하는 것이 좋다.
약제에는 유효 기한이 있으며 이것이 지난 것을 사용하는 것은 피해야 한다. 동물병원에서 처방이나 조제된 약제에는 유효 기한이 기재되어 있지 않지만, 수의사가 지시한 대로 사용한다. 오랫동안 두었다가 다음에 또 사용하거나 다른 동물에게 투여하지 않는다.

약의 부작용

어떤 약을 동물에게 투여할 때 가장 크게 인정받고 치료 또는 그것과 비슷한 목적을 위해 이용되는 작용을 주작용이라고 한다. 그러나 약이 나타내는 작용은 주작용만은 아니다. 반대로 치료하는 데 불필요한 작용이나 오히려 장애가 되는 작용을 하기도 한다. 이것을 부작용이라고 한다. 엄밀히 말하면 부작용이 없는 약은 없다. 주작용을 강하게 나타내는 한편, 부작용이 되도록 나타나지 않는 약이 좋은 약이라고 말할 수 있을 것이다. 현재는 좋은 약이 많이 개발되어 있지만, 그런데도 때로는 두드러진 부작용이 인정되는 것이 있다. 부작용이 나타나는 방식은 약의 종류에 따라 다르지만, 특히 문제가 되는 것으로 약물 알레르기의 발생이나 간 기능이나 조혈 기능 저하 등이 있다. 부작용은 반드시 투약 후에 곧바로 나타나는 것은 아니다.
약을 준 다음 적어도 하루는 동물의 상태에 세심한 주의를 기울이고, 뭔가 이상이 있어 보인다면 수의사와 상담한다.

개와 고양이와 함께 여행을 갈 때

동물을 데리고 여행할 때는 어디를 어떻게 여행하든 동물의 안전과 건강을 먼저 생각해야 한다. 반려동물 공공 예절에도 평소 이상으로 신경을 써야 한다. 여행할 때의 이동 수단에는 차(자가용, 택시, 버스), 지하철, 비행기, 배 등이 있다. 원칙적으로 공공 교통 기관을 이용할 때는 동물의 몸이 노출되지 않도록 전용 캐리어 등에 넣는다. 이것은 공공 예절이기도 하지만 급브레이크 등의 사고 시에 충격을 최소한으로 하는 목적도 있다. 개는 고양이보다 멀미하기 쉬운 경향이 있다. 멀미 증상은 침을 흘리거나 토하거나 비틀거리는 것이다. 미리 동물병원에서 멀미약을 처방받는데, 그래도 증상이 나타날 때는 당일 식사를 거르거나 휴식을 많이 취하는 등 배려가 필요하다. 밖이 보이는 자리에 태우는 것이 괜찮을 때도 있다. 어떤 교통수단을 선택한다 해도, 갑자기 장거리 여행에 데려가는 것이 아니라 짧은 여행을 여러 번 하여 익숙하게 해주는 것이 쾌적하게 여행하는 요령이다. 숙박할 때는 동물과 동반 입실할 수 있는 시설이나 반려동물 호텔을 이용하는 등 동물도 묵을 수 있는 장소를 미리 확보한다. 건강 관리와 관련해서는 환경 변화나 피로 등으로 여행 중에는 컨디션이 나빠지는 경우가 적지 않다. 익숙한 먹거리를 주고 상비약을 지참해야 한다. 이동 중에는 세심하게 휴식을 취하고 수분 보급 등에도 신경을 쓴다. 또한 지역에 따라 유행하는 병이 다양하므로 사전에 백신 접종이나 심장사상충 예방, 벼룩과 진드기 퇴치는 반드시 해준다. 혹시라도 달아났을 때를 대비하여 연락처를 적은 목걸이 등을 채워 두는 것이 좋다.

차를 이용한다

차를 이용할 때는 우선 열사병에 주의해야 한다. 이것은 1년 내내 발생한다. 한여름 뜨거운 햇빛 아래 에어컨이 켜져 있지 않은 차 안은 70도까지 상승하며, 별로 알려지지 않지만 겨울이라도 맑은 날이라면 40도까지 상승한다. 잠깐 동안이라도 엔진을 꺼둔 차에 동물을(물론 사람도 그렇지만) 그대로 둔 채 자리를 뜨는 일은 절대 금지다. 차에 따라서는 에어컨을 켜도 차 안이 균일하게 시원하지 않은 때도 있다. 타기 전에 냉기의 사각지대가 없는지 잘 확인하고, 필요에 따라 캐리어나 반려동물용 카 시트를 앞좌석에 두고 보냉제를 이용하는 것도 좋다. 운전 중에는 되도록 자주 동물의 상태를 관찰한다. 차 안에서 자유롭게 걸어 다니게 하는 것은 바람직하지 않다. 동물이 브레이크 밑에 들어가 끼거나 운전자의 얼굴을 핥으려고 하여 시야를 가리는 등 안전 운전에 방해가 되는 상황이 많다. 이것은 동물의 안전을 위해서이기도 하다. 급브레이크 때 몸이 내동댕이쳐지거나 창이나 문을 열 때 갑자기 뛰쳐나가는 등 뜻밖의 사고가 일어날 수도 있다. 반드시 켄넬이나 캐리어일 필요는 없으며 상자나 간단한 가방 같은 것도 괜찮으므로 어느 정도 행동의 자유가 제한될 수 있는 물건을 준비한다. 동물이 흥분하여 어쩔 수 없는 사정상 자유로운 상태로 동물을 태우는 때가 많을지 모른다. 많은 개가 창밖으로 상체를 내밀고 바람을 맞으며 바깥을 구경하는 것을 아주 좋아한다. 그러나 둘 다 대단히 위험하므로 그렇게 하지 않아야 한다. 휴게소나 주차장에서는 배설물 처리 등 공중도덕을 지킨다. 또한 안전 관리에도 보통 이상으로 주의해야 한다. 차 문을 열기 전에 반드시 목줄을 매거나 켄넬에 넣는 등 뛰쳐나가는 사고를 방지하기 위해 노력하자.

비행기를 이용한다

비행기를 이용해 여행을 계획한다면 항공사의 반려동물 탑승 규정을 반드시 확인하자. 현재 한국 항공사 대부분은 보호자가 반려동물을 전용 케이지에 넣어 기내 지정 좌석 밑에 동반 탑승하거나, 수화물로 위탁하는 방법으로 운송하고 있다. 항공사마다 반려동물 탑승 규정에 차이가 있어 세부 기준을 미리 알아 두는 것이 돌발 상황을 예방할 수 있다. 특히 목적지가 해외라면 해당 국가 또는 항공사마다 준비해야 할 서류가 달라 꼼꼼하게 준비해야 한다. 항공기에 탑승할 수 있는 반려동물은 개와 고양이, 그리고 반려동물용 새 등 3종만 가능하다. 맹견은 운송할 수 없다. 국내 항공사의 기내 탑승 몸무게 제한 기준은 7~9킬로그램 이내로 위탁 운송은 케이지 포함 45킬로그램 이하다. 반려동물은 개인 수화물 무료 허용량과 상관없이 별도의 탑승 요금을 내야 하고, 절차도 따로 밟아야 하므로 여유 있게 공항에 도착해야 한다. 국내선은 출발 24시간 전, 국제선은 출발 48시간 전까지 예약을 마쳐야 한다. 기내에서 반려동물을 케이지 밖으로 꺼내 무릎에 앉히거나 케이지를 옮겨서는 안 된다.

지하철을 이용한다

지하철을 이용할 때는 개찰구부터 케이지에 넣어야 한다. 케이지 크기와 무게를 제한하는 일도 있으므로 확인해 둔다. 버스와 마찬가지로 케이지나 이동 가방에 반려동물의 머리까지 전부 들어가 있는 경우 탑승이 가능하다. 리쉬를 착용한 장애 보조견의 경우 케이지 없이도 탑승할 수 있으므로 장애 보조견의 스트레스와 안전한 수행을 위해 만지거나 말을 거는 등의 행동은 해서는 안 된다. 차나 비행기보다 멀미는 덜하지만 개체차가 있으므로 불안하다면 멀미약을 준비한다. 토사물, 배설물, 침 등이 떨어질 수도 있으니 케이지는 지하철 선반에 올려 두지 않는 것이 좋다.

배를 이용한다

반려동물과 배에 탑승할 때는 사방이 막혀 있는 이동장이나 가방을 이용해야 하며, 반려동물의 머리까지 들어갈 수 없는 슬링백 등을 이용했을 때는 탑승이 제한될 수 있다. 이동장에 넣어 사람들과 함께 객실을 이용할 수 있지만 여객선 내에 반려동물 전용 공간이 있는 배에 탑승했다면 이때는 반려동물과 함께 펫 존을 이용해야 한다. 회사에 따라 대응이 다르므로 미리 문의하자. 그리고 카페리에서 차 안에 넣은 채로 반려동물을 두는 것은 대단히 위험하므로 피하도록 한다.

해외로 나갈 때

동물을 데리고 출국하는 경우, 동물 종에 따라서 검역받아야 하는 경우가 있다. 동물 검역이란 동물의 병 침입을 막기 위해서 하는 검사와 진찰로, 세계 각국에서 실시되고 있다. 검역이 필요한 동물 종은 나라에 따라 다르며, 동물 종에 따라 검역 내용이나 필요 조건도 달라진다. 출입국의 조건은 같은 나라에서도 지역에 따라 다른 때가 있다.
예를 들면 미국은 본토와 하와이주는 전혀 다르며, 하와이주가 훨씬 엄격하다. 같은 나라에서도 출국 조건과 입국 조건이 다른 경우가 있다. 출입국이 가능한 장소도 동물 종에 따라 다르며, 모든 공항과 항구에서 허용되지도 않는다. 심지어 상대국과의 관계, 국제 조약이나 당시에 유행하는 질병 대책에 따라 출입국의 조건은 시시각각으로 다양하게 변화한다. 따라서 국경을 넘어서 동물을 이동시킬 때는 미리 동물 검역소나 상대국의 대사관 등에 수시로 문의할 필요가 있다.[18]
한국에서 반려동물(개와 고양이)을 외국으로 데리고 나가기 위해서는 광견병 예방 접종 증명서(동물병원 수의사와 상의) 등 검역증 발급에 필요한 서류를 준비하여 공항에 있는 농림축산검역본부 사무실에 방문하여 검역 신청을 한다. 서류 검사와 임상 검사를 거쳐 검역 증명서를 발급받은 후 선사나 항공사 데스크로 가서 기내 동반 탑승에 관해 안내받는다.

해외에서 데리고 올 때
외국에서 개나 고양이를 데리고 우리나라로 들어올 경우는 수출국 정부 기관이 증명한 검역 증명서(EU 회원국에서 발행하고 출발하는 국가가 EU 회원국인 펫 패스포트에 한한다)를 준비해야 한다. 검역 증명서에는 개체별 마이크로 칩 이식 번호와 수출국 정부 기관 또는 국제 공인 광견병 항체 검사 기관에서 실시한 광견병 중화 항체 검사 결과(0.5IU/ml 이상, 채혈 일자가 국내 도착 전 24개월 이내)와 개체별 나이(출생 연월일) 등이 확인되어야 한다. 다만, 생후 90일 미만과 광견병 비발생 지역은 제외된다. 기내에서는 항공사 직원이 나눠 주는 세관 신고서(휴대품 신고서)의 검역 대상 물품을 기록하고, 공항에서는 세관 검사대를 통과하기 전에 동물 검역관에게 반려동물의 수출국 정부 기관 증명 검역 증명서를 제출한다. 검역 증명서를 갖추지 않으면 반송 조치 대상이 되며, 검역 증명서 기재 요건이 충족되지 않으면 별도의 장소에서 계류 검역을 받아야 한다.

18 국가별 검역 조건은 농림축산검역본부 홈페이지(www.qia.go.kr)에서 확인할 수 있다.

제3장
병이 의심되는 증상과 돌봄

식욕이 전혀 없다

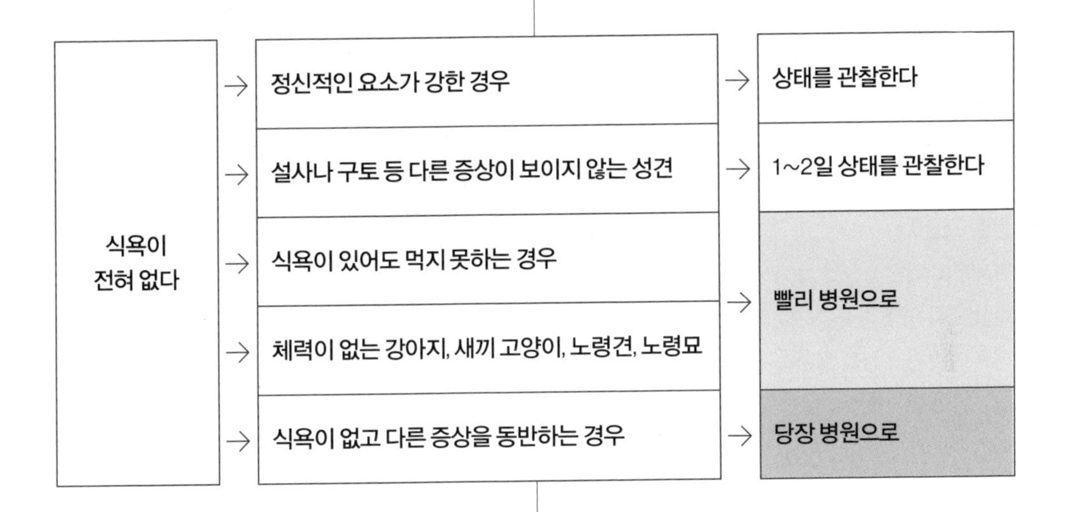

생각할 수 있는 주요 병

구내염 주로 고양이
치은염 개, 고양이
치주염 개, 고양이
비염, 비강·부비강 질환 개, 고양이
저작근 근염(호산구성 근염) 개
특발성 삼차 신경염 주로 개
고양이 백혈병 바이러스 감염증 고양이
고양이 면역 결핍 증후군 고양이
고양이 칼리시바이러스 감염증 고양이
고양이 전염성 비기관염 고양이
종양 개, 고양이

원인

개와 고양이에게 식욕은 건강의 척도다. 식욕이 없어졌다는 것은 건강하지 않음을 의미한다. 식욕이 전혀 없다면 병에 걸렸고, 그 병이 중병일 수 있다.

식욕이 없어서 먹지 못한다 일반적인 병을 생각할 수 있다. 예를 들면 간, 신장, 심장, 폐, 뇌 등 내장의 장애, 종양, 통증, 감염증 등이다. 그 밖에 구토, 설사, 기침, 호흡 곤란, 배뇨와 배변의 장애, 보행 이상, 발열 등을 동반하는 일이 있다.

식욕이 있는데 먹지 못한다 일반적으로는 목보다 위쪽의 부위, 즉 목구멍, 구강 내, 코나 뇌의 일부에 장애가 있는 경우를 생각할 수 있다. 예를 들면 코에 장애가 있어서 냄새를 맡지 못하거나 입이나 목구멍에 통증이 있어서 사료를 씹거나 삼키지 못하는 경우 등이 있을 것이다.

구강 내의 이상 구내염, 심각한 치석에 의한 치은염이나 치주염(잇몸 고름) 등이 의심된다. 고양이의 경우는 고양이 백혈병이나 고양이 면역 결핍 증후군, 고양이 칼리시바이러스 감염증에 걸리면 구강 내에도 이상이 자주 보인다. 이에 이물질(생선 가시 등)이 낀 예도 있다.

코, 목구멍의 이상 고양이 전염성 비기관염, 종양 등으로 이상이 생긴다.

기타 아래턱 골절, 저작근 근염에 의해 입이 벌어지지 않거나 삼차 신경 마비에 의한 먹이 흘림, 스트레스 등을 생각할 수 있다.

관찰 포인트

언제부터 어떤 증상을 보이게 되었는지 보호자가 알 수 있도록 평소 동물을 관찰하는 습관을 들이자.

입을 아파하고 침을 흘린다 구강 내나 코, 목구멍의 이상을 생각할 수 있다. 특히 고양이 칼리시바이러스 감염증이나 고양이 전염성 비기관염 등에 걸리면 자주 나타난다.

고양이가 밖에서 돌아온 뒤로 식욕이 없다 밖에서 교통사고를 당해 충격받았거나 아래턱 골절일 수 있다. 싸움으로 물린 상처 때문에 열이 나서 식욕이 없어지기도 한다.

냄새만 맡고 먹지 않는다 일반적인 병 이외에 구내염이나 저작근 근염 등에 걸려서 입을 벌리면 통증을 느끼는 경우가 있다. 삼차 신경 마비 같이 입 주위나 혀를 움직이는 근육이 마비를 일으켜 섭식이 곤란해졌을 수도 있다.

먹을 것에 흥미를 보이지 않는다 일반적인 병 이외에 정신적인 스트레스를 생각할 수 있다.

정신적 스트레스 동물의 성격에 따라서는 정신적인 영향을 받아서 식욕이 저하하는 경우도 있다. 입원이나 호텔 숙박으로 가족과 떨어지거나 수술에 관한 두려움이나 통증 스트레스, 사육 환경의 변화 등이다. 예를 들면 가족 중에 아기가 태어나거나 낯선 손님 때문에 식욕에 영향을 받는 경우도 적지 않다. 사료의 종류를 바꾸거나 사료에 약을 섞음으로써 사료 맛이 변하여 먹지 않게 되기도 한다.

돌봄 포인트

식욕에 변화가 나타난 것은 언제인지 확인하자. 외출에서 돌아와 먹지 않게 되었다면 외상이 원인일 수 있다. 이상이 없는지 주의 깊게 관찰하자. 정신적인 스트레스 등 짐작되는 사건이 있다면 원인을 제거해 준다. 사료를 바꿨다면 예전 것으로 되돌려주고 상태를 관찰한다.

고양이는 특유의 만성 구내염이라는 병이 있다. 원인은 다양한데 별로 좋은 약이 없다. 아파서 식욕이 없어지는 것은 사람과 마찬가지다. 입의 통증 때문에 그루밍을 할 수 없게 되므로 털의 상태가 나빠지거나 털이 뭉치기도 한다. 기분이 좋을 때는 앞발로 재주껏 세수하지만, 세수도 하지 않게 되어 얼굴 주변이 침으로 끈끈해지고 입 냄새가 심해진다. 병원에서는 통증을 완화하는 치료를 하고 일상생활에서는 입 주위를 닦아서 청결하게 해주거나 먹이를 부드럽게, 또는 약간 냄새가 피어오를 정도로 데워서 주면 식욕이 생기기도 한다. 찬물을 마시고 입안이 얼어붙을 정도로 아팠던 경험이 있는 사람은 이해할 수 있을 것이다.

145

먹는 양과 횟수가 증가한다

먹는 양과 횟수가 증가한다	→	생리적 원인 때문(임신 · 수유, 성장기, 풍부한 운동, 추운 환경, 좋아하는 사료, 저칼로리식, 먹이 싸움 등)	→	상태 관찰
	→	단기간의 비정상적 체중 증가나 감소, 설사나 먹는 물 양의 증가, 배가 불러온다 등	→	병원으로

생각할 수 있는 주요 병

당뇨병 개, 고양이

갑상샘 기능 항진증 주로 고양이

부신 겉질 기능 항진증 주로 개

외분비 췌장 부전 개, 고양이

만성 특발 장 질환(염증성 장 질환, 장 림프관 확장증) 개, 고양이

소화관 내 기생충증 개, 고양이

인슐린종 주로 개

고양이 전염성 복막염 고양이

돌발성 후천 망막 변성증(중년에서 노년의 브르타뉴스패니얼, 꼬마슈나우저, 닥스훈트) 개

말단 비대증 개, 고양이

원인

먹는 양이나 횟수가 증가하는 것을 다식이라고 한다. 다식이 되는 이유는 다음과 같은 것들을 생각할 수 있다. 예를 들어 몸의 대사가 활발해지면 에너지를 필요 이상으로 소모하므로 에너지 보급이 필요하다. 당뇨병이나 장의 소화 흡수 장애처럼 먹은 것이 효율적으로 에너지로 변환되지 않는 경우는 포만감을 얻지 못해 과식하는 경향이 있다. 좋아하는 것을 너무 많이 줘서(병이 아님) 에너지 과다가 되는 예도 있다. 다식에는 생리적인 것과 병에 의한 것이 있다. 다식이라 해도 살이 찌는 경우와 살이 찌지 않는 경우가 있다. 다음과 같은 원인을 생각할 수 있다.

다식이 되어 살이 쪘다

[성장기] 일반적으로 성장기에는 체중이 증가한다. 성장함에 따라 뼈나 근육의 양이 증가하기 때문인데, 살이 찐 것처럼 보일 수도 있다.

[임신기] 태아의 성장에 따라 체중이 증가한다.

[약의 부작용] 원래 어떤 병에 걸려 있어서, 치료를 위해 복용하고 있는 약(스테로이드제, 항히스타민제, 항경련제 등)의 부작용으로 살이 찌는 경우가 있다.

[먹이 싸움] 함께 사는 개들끼리 먹이 싸움을 하므로 다식하게 되는 경우가 있다.
[병] 부신 겉질 기능 항진증에 걸리면 복부가 팽창하기도 한다. 돌발성 후천 망막 변성증이나 고양이의 말단 비대증에서는 다식이 병의 증상 중 하나가 되기도 한다.
다식인데 체중에 변화가 없다 수유 중인 암컷 개나 암컷 고양이, 다식임에도 불구하고 운동량이 많은 개, 추운 환경(겨울에 바깥에서 키우는 경우 등)에 놓인 동물은 다식해도 살이 찌지 않는다.
다식인데 여윈다 평소에 주는 식사가 저칼로리식이면 다식임에도 여위기도 한다.

관찰 포인트
다식이 된 이후로 체중 등에 변화가 없는지 관찰한다.
임신 혹은 수유 중, 성장기, 운동량이 풍부하다 건강한 상태다. 그 밖에 달라진 상황이 없다면 걱정할 필요는 없다. 상태를 계속 관찰하자.
환경이 바뀌었다 새롭게 다른 동물을 기르기 시작했다, 새로운 가족이 늘었다 등 정신적인 사건도 다식의 원인이 되기도 한다. 추운 계절에 밖에 매어둔 채로 두고 있지는 않은지 환경도 체크하자.
먹이가 바뀌었다 사료의 종류를 바꾼 뒤로 식욕이 좋아졌다면 취향의 문제일 수 있다.
약을 먹고 있다 병 때문에 투약 중인 약에 따라 식욕이 증진하는 경우가 있다(스테로이드제 등).
먹는 물 양과 소변량이 증가한다 당뇨병, 부신 겉질 기능 항진증, 갑상샘 기능 항진증, 돌발성 후천 망막 변성증 등의 원인이 되기도 한다.
설사를 하고 있다 외분비 췌장 부전, 염증성 장 질환, 소화관 내 기생충증, 림프관 확장증 등의 병을 생각할 수 있다.
복부가 부풀어 있다 간의 비대를 일으키는 부신 겉질 기능 항진증을 생각할 수 있다. 그 밖에도 복수가 차는 고양이 전염성 복막염이나 림프관 확장증 등 많은 병을 생각할 수 있으며, 그것을 감별하는 것이 중요해진다.

돌봄 포인트
개나 고양이는 성장이 빨라서 거의 1년이 채 안 되어 사람으로 치면 어른이 된다. 특히 생후 1개월의 이유기부터 생후 4개월에 걸쳐 부쩍부쩍 자라며 식욕도 아주 왕성하다. 유치에서 영구치로 이를 가는 무렵이 되면 몸이 에너지를 요구하지 않게 되므로 식욕이 줄어들기 시작한다. 그런데 성장이 정지한 것을 알지 못한 보호자가 먹이를 너무 많이 주면 한 달 뒤에는 눈 깜짝할 사이에 비만이 되어 버린다. 또한 갑자기 식욕이 줄어들기 때문에 보호자가 식욕이 떨어진 것으로 착각하여 먹이 종류를 이것저것 바꿔 주어 제멋대로 행동하는 성격으로 만들어 버리는 경우도 많다. 보호자 대부분은 키우는 동물의 비만에 대해 무관심한 듯하다. 한 달에 한 번은 체중을 재거나 기록해 둘 것을 권한다. 운동 부족이나 열량 초과로 살이 찐 경우는 심장과 간뿐만 아니라 무릎이나 어깨, 고관절에 부담이 생기고 보행 장애를 일으키기도 한다. 신나게 먹는다고 해서 너무 많이 주지 않는 것이 중요하다.

물을 많이 마신다, 소변량이 증가한다

물을 많이 마시거나 소변량이 증가한다 →	마시는 물, 소변량은 늘었지만 식욕 저하 등 다른 증상이 없다 →	2~3일 상황을 관찰
	다른 증상(식욕 저하나 구토, 기력 감소 등)이 있다 →	당장 병원으로

생각할 수 있는 주요 병

당뇨병 개, 고양이

부신 겉질 기능 항진증 주로 개

부신 겉질 기능 저하증 주로 개

부갑상샘 기능 항진증 개, 고양이

요붕증 개, 고양이

신부전 개, 고양이

사구체 신염 개, 고양이

세뇨관 사이질 신염 개, 고양이

자궁 축농증 암컷 개, 암컷 고양이

갑상샘 기능 항진증 주로 고양이

급성 간 부전 개, 고양이

원인

섭취하는 수분의 양과 소변량이 증가하는 것을 다음 다뇨라고 한다. 화장실에 몇 번을 가도 소변이 조금밖에 나오지 않는 상태는 빈뇨라고 하는데, 이것은 다음 다뇨와는 달리 하루의 소변량이 많은 것이 아니며, 먹는 물 양에도 변화가 없다. 매일 먹는 물 양은 소변을 만드는 신장이나 목의 갈증, 신장의 작용을 보조하는 호르몬 작용으로 정해진다. 따라서 신장이나 호르몬에 이상이 생기면 다양한 증상이 나타나게 된다. 즉 신장에서 만들어지는 소변의 과정에 어떤 이상이 일어나서 체내의 수분이 부족해지면 목이 말라서 먹는 물의 양도 증가한다. 정신적인 영향을 받을 만한 사건이 있거나 약의 복용, 신장 관련 병에 걸려도 비슷한 증상을 나타낼 때가 있다.

관찰 포인트

먹는 물의 양이나 소변량에 어떤 변화가 일어나고 있는지 주의 깊게 관찰하자.

먹는 물 양과 소변량 하루에 필요한 물의 양은 체중 1킬로그램당 40~60밀리리터다(체중 10킬로그램인 개라면 하루 기준으로 마시는 물은 400~600밀리리터, 소변량

200~450밀리리터다). 이상이 보이면 매일 정해진 시간에 수분 섭취량을 측정해 보자. 예를 들면 페트병 1리터의 수분을 음수대에 넣고 24시간 후에 마시고 남은 물을 페트병으로 옮겨서 측정하면 하루의 수분 섭취량을 측정할 수 있다. 하루 소변량의 기준은 체중 1킬로그램당 20~45밀리리터다. 소변량을 측정하는 것은 손이 가는 일이라 번거로우므로 먹는 물 양을 매일 측정한다. 먹는 물 양이 하루의 기준이 되는 양의 두 배 이상이라면 명백하게 이상한 상태다.

사료 종류와 생활 환경 일반적으로 사료의 종류나 기온 등의 생활 환경에 따라 먹는 물 양은 좌우된다. 특히 개는 운동량에 따라 먹는 물 양이 증가하는데, 건강하다면 소변량이 극단적으로 증가하는 일은 없다.

소변의 색깔이나 상태 실내에 화장실을 설치하면 소변의 관찰이 가능하다. 소변 색깔이 연하면 소변량이 증가했을 가능성이 있다. 소변이 끈적끈적하면 당뇨병일 수도 있다.

중성화 수술을 받지 않은 개와 고양이 음부에서 점액이 나오거나 복부가 팽창해 있으며 기운도 없고 식욕도 저하했는데 먹는 물 양이 극단적으로 증가했다면 자궁 축농증의 위험성이 있다.

기운이나 식욕은 있지만 전신 탈모가 나타나고 복부가 팽창되었다 개라면 부신 겉질 기능 항진증을 생각할 수 있다.

기운이나 식욕이 아주 왕성한 고양이 노령 고양이라면 갑상샘 기능 항진증을 생각할 수 있다.

기운이나 식욕의 저하, 체중 감소가 보인다 개와 고양이 모두 당뇨병, 사구체 신염, 사이질 신염, 부갑상샘 기능 항진증 등을 생각할 수 있다.

돌봄 포인트

소변량이 많아지면 화장실을 관리하는 것이 번거로워지므로 물을 억제하는 보호자도 있는데, 물이 부족하면 탈수 증상을 일으키기도 하므로 언제든지 자유로이 신선한 물을 마실 수 있게 해야 한다. 다음 다뇨 상태가 장기간 지속되면 심장, 간, 신장 등의 장기에 부담을 주어 병이 나기도 한다. 그런 경우는 반드시 수의사에게 진찰받아야 한다. 그리고 고양이는 나이를 먹어감에 따라 신장 기능이 저하하는 일이 있다. 천천히 진행되므로 보호자가 알아차리지 못하는 경우가 많다. 초기 증상은 먹는 물 양과 소변량 증가이며, 마침내 털의 상태가 나빠지고 체중이 감소하게 된다. 식욕도 천천히 저하하고 입 냄새가 심해진다. 이 증상이 나타나면 중증이다. 고양이는 개와 달리 벌컥벌컥 물을 마시는 모습을 별로 보이지 않는데, 음수대 앞에 멈춰 서 있는 모습이 보인다면 먹는 물 양이 증가해 있는 것일지 모른다. 확실하게 관찰하자.

149

토한다

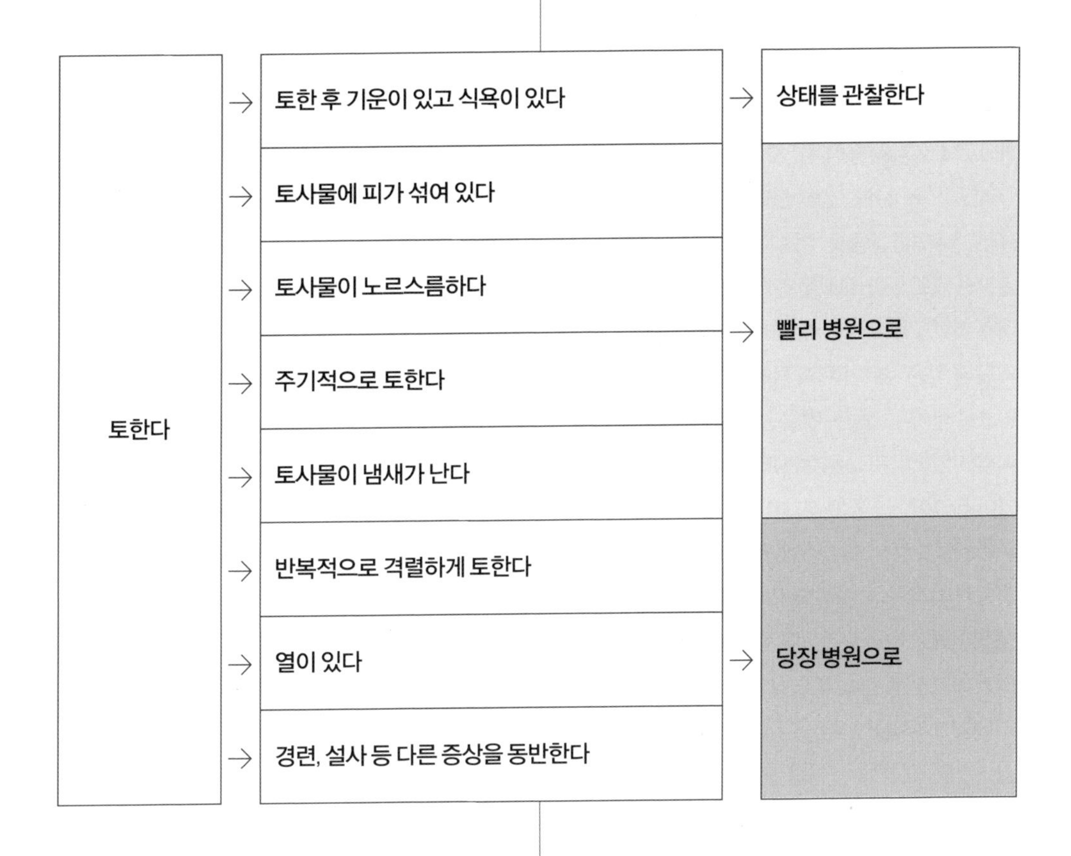

생각할 수 있는 주요 병

- 거대 식도증 개, 고양이
- 우대동맥활 잔존증 주로 개
- 흡인 폐렴 개, 고양이
- 식도 내 이물(식도 경색) 개, 고양이
- 식도염 개, 고양이
- 급성 위염 개, 고양이
- 만성 위염 개, 고양이
- 췌장염 개, 고양이
- 위궤양 개, 고양이
- 종양 개, 고양이
- 장폐색 개, 고양이

개 파보바이러스 감염증 개
고양이 범백혈구 감소증 고양이
렙토스피라증 특히 암컷 개
신장염 개, 고양이
신우신염 개, 고양이
세뇨관 사이질 신염 개, 고양이
사구체 신염 개, 고양이
신부전 개, 고양이
요독증 개, 고양이

원인
구토는 개나 고양이에게 자주 보이는 증상 중 하나로 소화기의 병이나 전신의 다양한 이상 때문에 일어난다. 특히 개는 산책 중에 길바닥에 떨어진 쓰레기나 이물질 등을 먹는 일이 있으며, 그것이 원인인 예도 있다. 토사물의 내용물에 따라 게워 내는 것과 구토로 나눌 수 있다.
게워 냄 먹은 사료가 위에 들어가기 전에 역류하여 입으로 힘차게 내뱉는 것을 게워 낸다고 한다. 먹은 직후에 일어나는 경우가 많으며 먹은 것은 소화되지 않아 위액이 거의 섞여 있지 않다. 토사물은 식도를 통과하던 도중이므로 원통형인 경우가 있다.
식도가 막히거나(폐색) 압박되면 타액이나 사료가 잘 넘어가지 않게 되어 게워 내게 된다. 식도의 여러 가지 기능 장애, 이물질이나 선천 심혈관 기형(우대동맥활 잔존증) 등으로 게워 내는 현상이 일어난다.
구역질 토하기 전에 일어나는 불쾌한 증상을 말한다. 동물은 기운이 없어지고 몸을 떨거나 입 주변을 핥아 대거나 침을 흘린다. 원인은 식도나 위의 운동 저하다. 반대로 십이지장의 운동이 항진하여 담즙이 위로 역류하여 담즙으로 위 점막이나 식도가 자극받아 속이 쓰린 것 같은 상태가 된다. 구역질은 기침으로 착각할 수 있으니 주의 깊게 관찰하자.
구토 위의 내용물을 토해 내는 것을 말한다. 구토는 게워 내는 것과 달리 토하기 전에 구역질 증상이 나타나는 일이 많다. 구토는 숨뇌에 있는 구토 중추가 자극됨으로써 위의 내용물이 반사적으로 밀어 올려져서 식도를 역류하여 입으로 배출된다. 토하기 전에 복부 근육이 수축하여 배가 위아래로 상하 운동을 하는 것 같은 몸짓을 보이는 경우가 많다. 식도나 위의 폐색, 압박, 이물질을 잘못 삼킴(약, 식물 등), 세균, 바이러스, 기생충 등에 의한 감염증, 그리고 종양 등 다양한 원인을 생각할 수 있다.

관찰 포인트
토한 시간이나 상황, 토사물의 내용, 그리고 다른 증상을 동반하는지가 진단의 중요한 실마리가 된다. 보호자의 주의 깊은 관찰이 중요하다.
토한 후의 상태 토한 후에 아무 일 없었다는 듯이 식욕이 있고 증상이 한 번뿐이라면 병의 위험성은 없다고 보아도 된다. 토한 후의 동물 상태를 주의 깊게 관찰하자.
식사와의 관계 식후에 토하는지, 식사와 관계없이 토하는지가 중요하다. 식후에 바로 토했다면 식도나 위의 이상, 식후 몇 시간 후에 토했다면 장의 이상을 생각할 수 있다.
토한 횟수 한 번 토했는가, 여러 번 토했는가, 토한 양은 어느 정도인가, 토사물의 색깔은 어떤가, 토한 시간대는 언제인가를 관찰하자.
토사물에 피가 섞여 있다 소화기계의 병(식도염, 위염, 위궤양 등), 독성 물질을 먹거나 감염을 생각할 수 있다.
토사물의 내용 토사물의 내용은 먹이나 물인지, 사료의 소화 상태는 어떤지, 위액이나 담즙이 섞여 있는지, 식물 등의 이물질이 섞여 있지 않은지 관찰하자.
토사물이 노르스름하다 간에서 만들어지는 담즙이

역류하여 위산 과다가 되었을 가능성이 있다.

토사물이 냄새가 난다 장폐색을 일으켰을 가능성이 있다.

반복적으로 격렬하게 토한다 심각한 소화기계 병, 독성 물질, 감염증 등이 의심된다.

다른 증상을 동반한다 설사, 발열, 경련 등의 증상을 동반하면 심각한 병에 걸렸을지도 모른다.

돌봄 포인트

증상이 오래가면 탈수 증상을 일으켜, 체내의 이온 균형이 무너진다(산 염기 평형[1] 이상 이나 전해질[2] 이상). 또한 체중 감소에 의한 영양 상태의 악화도 일어날 수 있으므로 되도록 빨리 수의사의 진찰을 받기 바란다. 한 번 토했지만 기운이 있다면 식사는 시험적으로 평소처럼 주고 상태를 관찰해도 좋다. 계속해서 토하는 경우는 수의사에게 치료받을 때까지 물과 먹이를 주지 말고 수의사의 지시를 기다린다. 고양이는 털갈이하는 시기에 빈번히 몸단장하면서 많은 양의 털을 삼킨다. 그것이 위 속에서 털 뭉치(헤어 볼)가 되는데 이것은 병이 아니다. 평소에 헤어 볼을 삼키지 않도록 빗질 등을 자주 해준다.

1 몸은 산과 염기의 평형으로 일정한 수소 이온 농도로 유지되고 있다. 이 평형이 무너지면 다양한 이상이 일어난다.

2 몸에는 나트륨, 칼슘, 인 등의 물질이 존재한다. 이들 물질을 물에 녹이면 음이온과 양이온을 형성하여 용액이 전도성을 갖게 되므로 전해질이라고 한다. 체내의 전해질 균형이 무너지면 다양한 이상이 일어난다.

쇼크 상태

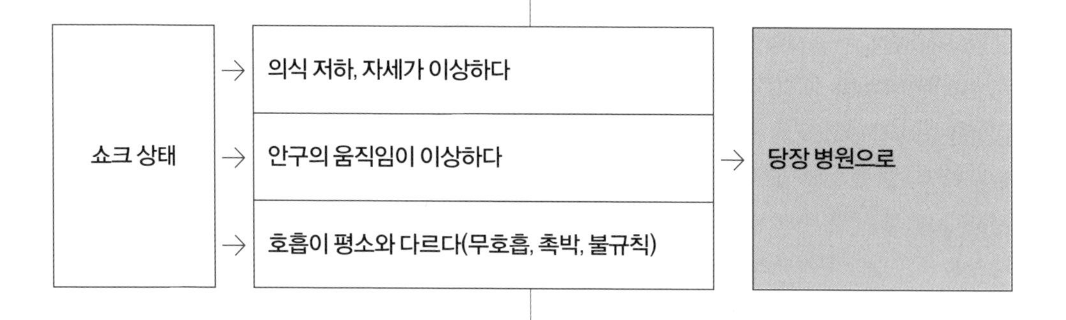

생각할 수 있는 주요 병

발육 장애(물뇌증) 개, 고양이
수막염 개, 고양이
뇌전증 지속 상태 개, 고양이
간성 뇌증 개, 고양이
부신 겉질 기능 저하증 주로 개
당뇨병 개, 고양이
저혈당증 개, 고양이
갑상샘 기능 저하증 주로 개
패혈증으로 인한 뇌증 개, 고양이
요독증 개, 고양이
개홍역 개
고양이 전염성 복막염 고양이
납 중독 개, 고양이
부동액(자동차용)에 의한 중독 개, 고양이
종양 개, 고양이
열사병, 일사병 개, 고양이
사고에 의한 뇌 외상 개, 고양이
사고에 의한 내장 파열 개, 고양이

원인

쇼크 상태(허탈)란 의식이 저하되어 일어나서 몸을 움직이는 것이 곤란한 상태를 말한다. 쇼크 상태는 장기의 기능 장애로 급격한 혈액 순환 장애를 일으키는데, 그 결과 산소나 포도당 등의 필요 에너지의 공급을 세포가 받지 못하게 되어 쇼크 상태에 빠진다. 병 대부분이 쇼크로 진행할 위험성이 있으며 구체적인 증상으로는 동물은 옆으로 드러눕기, 체온 저하, 잇몸의 창백, 비정상적인 호흡, 실금(소변, 대변) 등을 일으킨다. 쇼크는 대개 교통사고, 중독, 열사병, 일사병, 혈전증, 뇌전증 등에 의해 갑자기 일어나며, 원래 갖고 있는 병(기저 질환)이 더욱 악화하여 쇼크를 일으키는 경우가 있다. 간 질환, 신장 질환, 심장 질환, 대사 질환 등이 되면 쇼크 상태에 빠지는 경우가 있다. 이런 상태가 보이면 생명이 대단히 위태로운 상황이므로 망설이지 말고 당장 수의사의 진찰과 치료를 받기 바란다.

관찰 포인트

다음과 같은 증상이 나타나는지 관찰한다.

의식이 저하되었다, 자세가 이상하다 일으켜 세우려 해도 일어서지 못하고 의식이 저하된 것처럼 보인다. 옆으로 누운 채로 네 다리만 무의식으로 움직인다. 옆으로 누운 채로 목을 늘어뜨리고 머리를 뒤쪽으로 젖히려는 듯한 자세를 취한다.

안구의 움직임이 이상하다 안구가 규칙적으로 상하 또는 좌우로 왕복 운동을 하고 있다. 안구에 자극을 주어도 전혀 움직이지 않고, 반응이 보이지 않는다. 동공이 확장되거나 축소되어 있다.

호흡이 평소와 다르다 호흡이 무호흡이거나 거의 하지 않는 것처럼 보인다. 자는 듯이 보인다. 호흡이 불규칙하고 빠른 것처럼 보인다.

잇몸 색깔이 평소와 다르다 잇몸 색깔이 선홍색이 아니라 너무 짙거나 너무 연하다.

체온 이상 열사병에 걸리면 체온이 40도 이상의 고온이 된다. 쇼크 상태에서는 대부분 38도 이하가 된다.

실금한다 의식이 거의 없음에도 불구하고 소변이나 대변을 흘린다.

돌봄 포인트

의식이 저하해 있으므로 집 안에서도 다치는 경우가 있다. 부드러운 담요 등을 바닥에 깔아 주면 좋다. 의식이 거의 없는 경우는 호흡이 멎지 않도록 고개를 펴준다. 산소 호흡기가 있으면 산소를 흡입하게 해준다. 고열이 있는 경우는 복부나 머리를 차갑게 해주어도 된다. 구토 증상이 보일 때는 토사물로 목이 막히는 일이 있다. 눈을 떼지 말고 주의 깊게 지켜보며 되도록 빨리 병원에 데려간다.

배가 부풀어 오른다

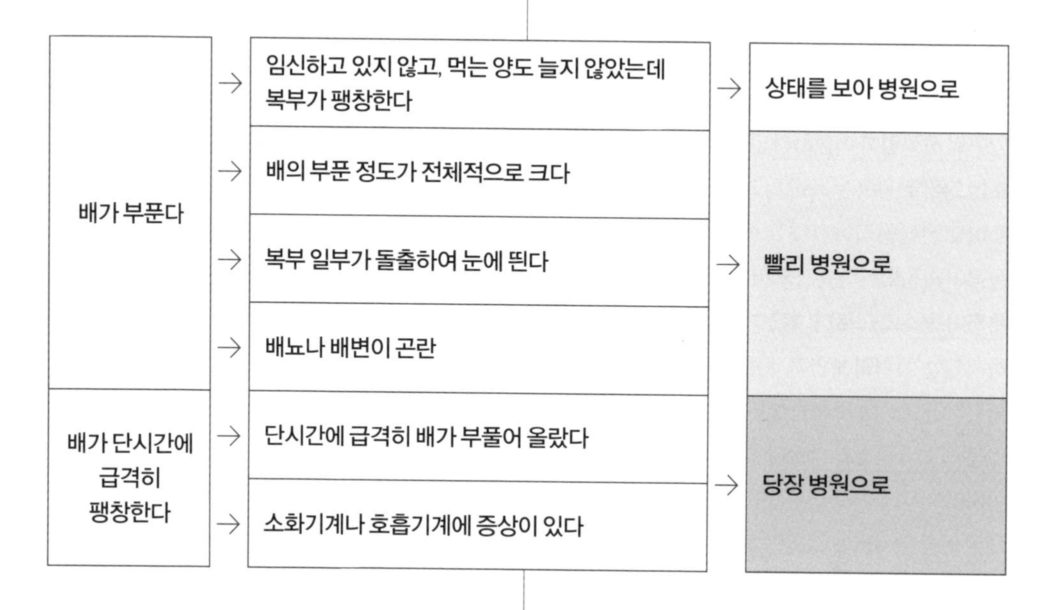

생각할 수 있는 주요 병

선천 심장병(폐동맥 협착증, 심실중격 결손증) 개, 고양이

심근증(확장 심근 병증) 개, 고양이

만성 간 질환(만성 간염, 간경변, 간 섬유증) 개, 고양이

간 종양 개, 고양이

비장 종양(혈관 육종) 개, 고양이

낭콩팥(다낭 낭콩팥) 개, 고양이

물콩팥증 개, 고양이

부신 겉질 기능 항진증 주로 개

위 확장 주로 개

위 염전(위 뒤틀림) 개, 고양이

거대 결장증 주로 고양이

지방간 주로 고양이

요로 결석(요관 결석, 방광 결석, 요도 결석) 개, 고양이

복막염 개, 고양이

고양이 전염성 복막염 고양이

방광 마비 개, 고양이

정소 종양 수컷 개, 수컷 고양이

자궁 축농증 암컷 개, 암컷 고양이

자궁 수종 암컷 개, 암컷 고양이
심장사상충증 주로 개
만성 특발 장 질환(장 림프관 확장증) 개, 고양이
항문 막힘증 개, 고양이
소화관 내 기생충증 개, 고양이

원인

개와 고양이는 다양한 원인으로 배(복부)가 부푼다(복부 팽만). 원인으로는 복부 내의 장기(위, 장, 간, 방광, 신장 등) 자체가 커지는 경우, 복부 내의 장기 이외(복수 등)를 원인으로 하는 경우, 그리고 복부 근육이 느슨해지거나 처짐, 피부가 얇아져서 크게 보이는 경우, 임신, 비만, 과식 등에 의한 경우 등이다. 배가 커지는 병에는 다음과 같은 것이 있다.

복부 내의 장기가 커진다

[소화기 병] 특히 대형견에게 많은 위 확장과 위 염전(위 안에 급격하게 가스가 참), 고양이의 거대 결장증(심한 변비에 따른 숙변), 항문 막힘증(선천성 항문 폐쇄에 의한 숙변), 고양이의 지방간에 의한 간 비대, 그리고 소화기 종양 등이 있다.
[비뇨기 병] 요석증(결석의 요도 폐쇄에 따른 방광 내 소변의 고임), 방광 마비(추간판 탈출증 등으로 신경 장애를 원인으로 하는 소변 고임), 신장 자체가 커지는 낭콩팥, 물콩팥증 등을 일반적으로 볼 수 있다.
[생식기 병] 자궁 축농증(자궁 내의 고름), 자궁 수종 등이 있다.
[기타] 종양 질환으로는 간 종양, 비장 혈관 육종, 정상 피종, 세르톨리 세포종, 림프샘 종양. 또한 소화관의 기생충으로 여윈 강아지나 새끼 고양이는 섭식 시에만 위의 내용물 양의 증가로 배가 극단적으로 팽창하기도 한다.

장기 이외의 원인으로 배가 부푼다

[복수의 증가] 다양한 원인으로 배에 복수(배 속의 체액)가 찬 상태다.
[순환기 이상] 개에게 보이는 심장사상충증, 선천 심장병, 개의 확장형 심근증 등이 있다.
[소화기 병] 간염이나 림프관 확장증 등에 의한 저단백 혈증으로 복수가 저류한다.
[기타] 복막염(복강 내 감염, 고양이에게서는 코로나바이러스에 의한 전염성 복막염인 경우도 있음)을 원인으로 하는 경우도 있다.

근육이나 피부가 처진다, 늘어진다 개의 부신 겉질 기능 항진증에서는 복부의 근육이 처진다. 그러므로 복부가 늘어져서 부풀어 보인다.

비만 배의 안쪽(피부밑)의 지방 축적으로, 주변에서 많이 볼 수 있는 상태다. 특별한 문제는 없더라도 당뇨병이나 추간판의 병, 관절의 병 등을 경계할 필요가 있다. 단순 비만이라고 믿고 있는데 실제로는 병 때문에 배가 팽창한 때도 많이 있다. 주의 깊게 관찰하자.

과식 특히 식욕이 왕성한 강아지와 새끼 고양이는 보호자가 보고 있지 않은 곳에서 단시간에 과식하여 급속히 배가 커지는 일이 있다. 일시적인 현상이며 시간이 지나면 원래대로 돌아온다.

임신 임신하고 있어도 출산 직전까지 배가 부풀어 오른 것이 뚜렷하지 않은 경우가 있다. 개나 고양이는 교배에서 평균 60일 전후면 출산한다. 다른 병이 의심되는 경우는 임신의 확정, 난산의 위험성 유무, 임신한 마릿수를 확인할 필요가 있다. 수의사에게 진찰과 필요한 검사를 받으면 좋다.

관찰 포인트

평소에 식사량을 체크하고 정기적으로 체중 측정을 하여 눈에 띄는 변화가 보이지 않는지 관찰하는 습관을 들이자. 장모종인 개와 고양이는 비만한 것처럼 보이지만 자세히 관찰하면 늑골이나 등뼈가 울퉁불퉁하게 튀어나오거나 털의 윤기가 없는 때가 있다. 배가 부푼 정도뿐만 아니라 전신 상태를 관찰하자.

배가 부풀어 오른 시기 배가 커진 시기는 언제쯤이었는가.
배뇨, 배변의 이상 배뇨, 배변의 횟수는 변화가 없는가. 배뇨나 배변 시에 진통이나 무지근한 느낌이 보이고 배가 부풀어 있을 때는 요석증, 거대 결장증의 위험이 있다.
식사 섭취량의 변화 식사량의 변화는 없는가.
복부 이외의 변화 그 밖에 이상이 보이지 않는가.
배가 전체적으로 커졌다 배가 부드럽고 통통하게 부풀어 있는 경우는 복수가 찬 것일 수 있다.
일부가 크게 돌출되어 눈에 띈다 배 일부가 튀어나온 듯하고 만지면 딱딱하다면 종양을 의심할 수 있다.
왼쪽이 단시간에 급격히 커진다 대형견이 구토하는 듯한 모습을 괴롭게 반복하고 단시간에 복부 왼쪽이 크게 부풀어 오를 때는 위 염전과 위 확장을 의심할 수 있다.

돌봄 포인트

단기간에 급속하게 배가 부풀어 오르거나 소화기나 호흡기 등에 다른 이상 증상을 동반하는 경우는 서둘러 수의사의 진료를 받을 필요가 있다. 기력이 있고 식욕이 있더라도 호흡 상태, 배뇨나 배변, 털의 상태에 이상이 보이면 안일하게 생각하지 말고 수의사와 상담하자. 배가 부풀어 오르는 병은 어느 정도 서서히 진행된다. 식욕이나 기력에 극단적인 변화를 동반하지 않는 경우도 많다. 장기적인 비만, 확정적인 임신, 명백한 과식 등을 제외하고는 수의사의 전문적인 진단과 자세한 검사를 토대로 한 진단이 필요하다.
대형견과 초대형견에 많은 위 확장과 위 염전은 사망률이 높은 급성병으로 식후 몇 시간 만에 발병한다. 복부가 확장하고 몇 번이나 구토하는 모습을 되풀이하지만 아무것도 토하지 않고 호흡이 괴로운 듯한 상태가 보인다면 긴급 사태다. 치료를 받지 않으면 쇼크 상태에 빠지고 죽음에 이르는 예도 있다. 혀나 점막의 색깔이 보라색이 되고 왼쪽 복부가 급격히 커지는 듯한 경우에는 당장 수의사에게 진찰받아야 한다. 이 병은 중형견이나 소형견에게는 적으며 고양이에게는 대단히 드물다.

몸이 붓는다

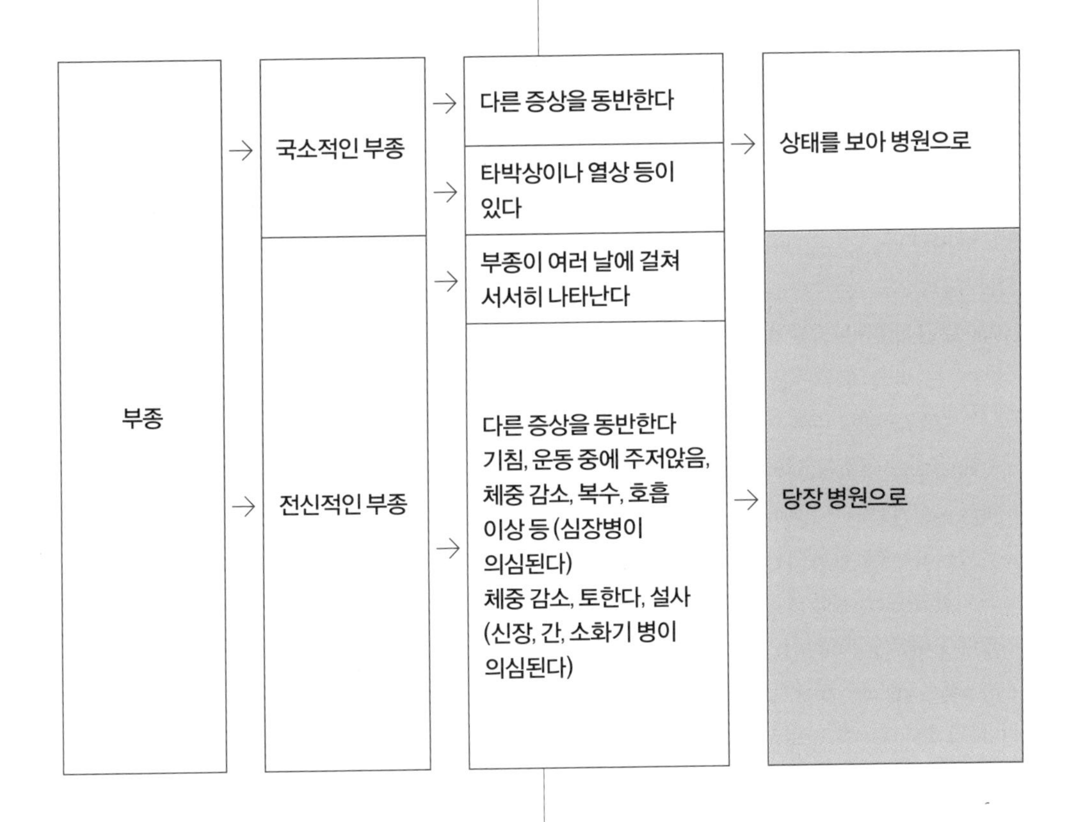

생각할 수 있는 주요 병

선천 심장병(폐동맥 협착증, 심실중격 결손증) 개, 고양이

심근증(확장 심근 병증) 개, 고양이

흉수증 개, 고양이

복수 개, 고양이

신우신염 개, 고양이

사구체 신염 개, 고양이

만성 간 질환(만성 간염, 간경변, 간 섬유증) 개, 고양이

간 종양 개, 고양이

만성 특발 장 질환(장 림프관 확장증) 개, 고양이

만성 설사 개, 고양이

심장사상충증 주로 개

봉와직염 개, 고양이
열상 개, 고양이
감염증 개, 고양이
알레르기 개, 고양이
비대성 뼈관절 병증 개, 고양이

원인

동물의 몸을 구성하고 있는 세포는 많은 수분(체액)[3]이 차지하고 있다. 보통, 체액량은 일정하게 유지된다. 그러나 어떤 이상이 일어나면 피부밑 조직에 체액이 과다하게 고여서 부종이 생긴다. 부종은 다양한 병을 원인으로 하여 개와 고양이에게 일어나는 증상의 하나로 전신에 일어나는 것과 몸의 일부에 국소적으로 일어나는 것으로 나뉜다.

전신 부종

[심장 질환] 심장에서 박출되는 혈액량이 감소하면 신장에서의 소변 생산을 억제하는 항이뇨 호르몬의 하나인 알도스테론이 작용하여 몸속으로 수분을 흡수한다. 심장의 병이 원인이 되어 일어나는 부종은 그것이 과다하게 흡수되기 때문이다. 부종을 일으키는 병으로는 개에게서는 심장사상충증, 선천 심장병, 심근증 등이 있다. 고양이의 병은 개와 비슷하다. 부종을 동반하여 기침, 운동 중 주저앉음, 기운 없음, 체중 감소 등의 증상이 나타나며, 때에 따라서는 복수 증세로 체중 증가를 보이기도 한다.
[신장 질환] 신장의 기능이 저하하여 수분이나 나트륨이 체내에 과다하게 축적되어 부종이 일어나며, 몸에 필요한 단백질이 소변으로 배출되어 버리면 단백질이 부족하여 부종이 일어난다. 신장병으로는 신우신염, 사구체 신염 등이 있다.
[간 질환] 간에서는 혈액 속 단백질의 일종인 알부민을 합성한다. 알부민은 혈액의 삼투압을 조절하는 역할을 하는데, 부족하면 저알부민 혈증을 일으키고 말초 조직에 수분이 쌓이게 되어 부종이 일어난다. 간염, 간 종양 등이 있다.
[소화기 질환] 소화기 질환에 걸리면 몸에 필요한 영양, 단백질을 흡수하지 못하게 되어 부종을 일으키는 원인이 된다. 개의 림프관 확장증, 만성 설사 등에서는 저단백 혈증을 일으키며 부종도 병발한다.
[알레르기] 음식물이나 백신 주사 등을 원인으로 하는 급성 알레르기에서는 주로 눈이나 입술 주위에 부종이 보인다. 몸 여기저기에 작은 혹 같은 부종으로 나타나기도 한다.

국소 부종 몸의 일부에 일어나는 국소 부종은 정맥이나 림프의 흐름이 국소적으로 좋지 않아서, 또는 염증 때문에 생기는 경우가 있다. 봉와직염,[4] 열상, 감염증, 개의 비대성 뼈관절 병증 등에서 보인다.

관찰 포인트

부종이 나타나기 쉽고 관찰하기 쉬운 부위는 개에게는 사지, 눈 위쪽, 입술 주변에 주로 부기가 보인다. 고양이는 사지로 확인하면 된다.

차가운 느낌, 통증 없는 부기 대부분 차가운 느낌이 있고, 만져도 통증이 없는 부기로서 확인할 수 있는 것이 특징이다. 타박상 등으로 생긴 부기는 일반적으로 만지면 아파하거나 빨갛게 되므로 잘 관찰하여 판단한다.

손가락으로 눌러도 원래대로 돌아오지 않는다

부종이 있는 피부는 손가락으로 눌러도 원래대로 돌아오지 않는 압흔(손가락으로 누른 그대로 움푹함)이 보인다. 때로는 복수나 흉수증을

3 체내의 조직이나 세포 사이를 채우는 액체로, 혈액이나 림프액, 뇌척수액, 조직액 등이 있다.
4 피부밑 결합 조직을 따라 염증, 화농이 퍼지고, 광범위한 부기가 인정된다. 고양이의 물린 상처에서 많이 일어나는데 개에게도 보인다. 대부분 세균 감염이 원인이므로 치료하려면 항생제를 투여하고 고름이 생기면 수술로 절개하여 씻기도 한다.

동반하기도 한다.

전신 부종이 나타나는 시기 심장이나 신장, 간 질환을 원인으로 하는 전신 부종은 며칠에서 몇 주일에 걸쳐서 천천히 나타나므로 주의하자.

다른 증상을 동반한다 심장 질환에서는 기침하거나 운동 중에 주저앉거나 기운이 없을 때, 체중 감소, 복수, 호흡 이상 등의 증상을 동반하는 경우가 있다. 신장, 간, 소화기 질환에서는 체중 감소나 식욕 감퇴, 구토, 설사 등의 증상이 보이는 경우가 있다. 부종이 나타나면 이런 증상들이 없는지 주의 깊게 관찰하자.

국소 부종의 원인 몸의 일부에 보이는 부종은 상처나 열상(화상) 등이 원인인 경우가 있다. 원인을 특정할 수 있는 것이 없는지 상황을 잘 관찰한다.

돌봄 포인트

전신 부종을 일으키는 원인은, 심장, 신장, 간 등에 중대한 질환을 앓는 경우가 많으므로 그 밖에 이상이라고 생각되는 증상이 보이지 않더라도 수의사와 상담하자. 기침이나 호흡 이상이 보이면 심장 질환이 의심되며, 급격한 증상의 변화가 있을지 모른다. 되도록 빨리 진료받자. 다른 증상을 동반하지 않는 경우라도 빨리 진료받는 것이 병을 조기 진단하는 데 실마리가 된다. 증상을 주의 깊게 관찰하여 수의사에게 알린다.

호흡이 힘들어 보인다

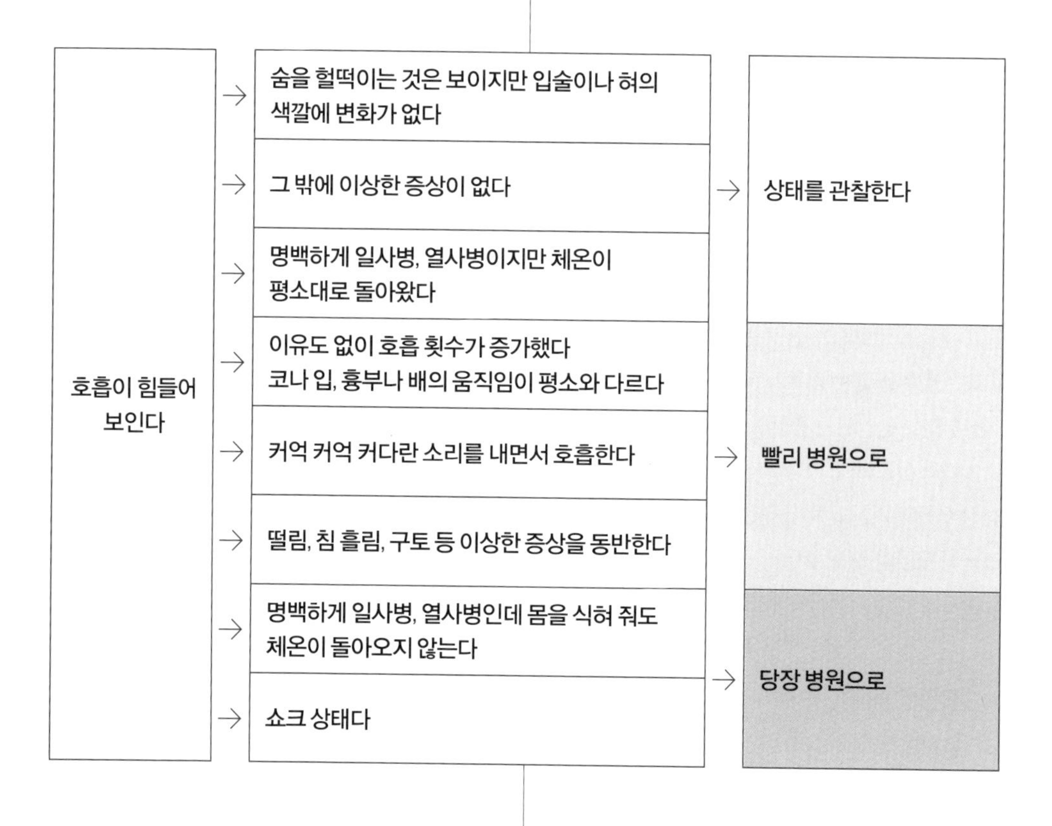

생각할 수 있는 주요 병

비공 협착증 개, 고양이

비강·부비강 종양 개, 고양이

후두 부종 주로 개

후두 종양 개, 고양이

연구개 노장 주로 개

개 전염성 기관·기관지염(켄넬 코프) 개

개홍역 개

기관 허탈 개

기관 폐색 개

기관지염 개, 고양이

폐렴 개, 고양이

농흉 주로 개

폐종양 개, 고양이

혈흉 개, 고양이
폐부종 개, 고양이
유미흉 개, 고양이
기흉 개, 고양이
개 헤르페스바이러스 감염증 개
고양이 전염성 호흡기 증후군 고양이
고양이 칼리시바이러스 감염증 고양이
선천 심장병(폐동맥 협착증, 심실중격 결손증, 동맥간 개존증, 팔로 네 징후) 개, 고양이
심장사상충증 주로 개
심근증 개, 고양이
승모판 기능 부족 주로 개
흉수증 개, 고양이
복수 개, 고양이
빈혈 개, 고양이
두부 외상 개, 고양이
횡격막 탈장 개, 고양이
일사병, 열사병 개, 고양이
부동액(자동차용)에 의한 중독 개, 고양이

원인

생물이 생명을 유지하는 데 필요한 산소를 체내로 들여보내고 필요 없는 이산화 탄소를 체외로 방출하는 작용을 호흡이라고 한다. 운동하거나 갑자기 심하게 몸을 움직이면 호흡이 힘들어지는(호흡 곤란) 것은 개와 고양이에게 많이 보이는 일반적인 상태다. 그런데 보통의 호흡으로는 몸이 필요로 하는 충분한 산소를 얻을 수 없을 때나 체온을 조절할(호흡을 촉진하여 발산을 재촉할) 때 호흡이 고통스러워지는 경우가 있다. 따라서 코, 후두, 기관 등 호흡할 때 공기의 통로에 해당하는 부위에 병이 생겼을 수 있다. 혈액을 내보내는 심장에 이상이 생기면 호흡이 곤란해진다. 그 밖에 발열, 빈혈, 일사병, 열사병, 화상이나 교통사고 등으로 일어난다.

관찰 포인트

평소에 호흡 상태를 주의 깊게 본다. 1분 동안 개는 약 15~30회, 고양이는 약 20~25회 호흡을 한다. 호흡에 이상을 느꼈을 때는 횟수뿐만 아니라 코와 입, 가슴과 배의 움직임, 그리고 호흡을 동반하여 쌔액 쌔액 하는 소리가 들리는지를 자세히 관찰한다. 동시에 혀나 입술의 색깔에 변화가 없는지 주의해서 본다.

빠른 호흡(호흡 촉박) 심한 운동, 흥분, 긴장, 높은 기온 등에 반응하여 보인다. 동시에 팬팅[5]이라고 불리는 호흡이, 특히 개에게 많이 보인다. 건강한 상태에서는 팬팅이 보이더라도 입술이나 혀는 분홍색이다. 팬팅은 이상한 증상은 아니지만 너무 심하게 지속될 때, 동시에 몸을 떠는 모습이 보일 때, 이유 없이 팬팅할 때는 병을 의심할 필요가 있다. 또 발열을 동반하는 병에 걸렸을 때, 동물은 체내의 열을 숨을 헐떡임으로써 방출하여 체온을 조절한다. 개와 고양이는 직장의 온도가 38~39도의 평열 범위에 있는지를 확인할 필요가 있다. 단, 운동 직후나 극단적으로 흥분할 때도 체온은 상승하므로 상태를 잘 관찰하여 판단한다.

이상한 호흡

[코호흡] 공기를 흡입할 때 콧방울이 확대된다. 콧구멍이 벌름벌름하는 것처럼 보인다.
[개구 호흡] 호흡이 괴로울 때 입을 크게, 뻐끔뻐끔 벌리고 하는 호흡이다.
[기좌 호흡] 앉은 상태에서 앞발을 열고 턱을 들어서 가슴을 크게 움직이고 있는 호흡을 말한다. 복수를 일으켰을 때 개나 고양이에게 이런 호흡이 보인다.
[천속 호흡] 호흡 횟수는 많지만 가슴의 움직임이

5 개나 고양이는 더울 때나 운동 후에 입을 벌리고 하아 하아, 하고 헐떡이는 경우가 있다. 이것을 팬팅이라고 한다. 팬팅을 함으로써 수분을 증발시키고 열을 방출한다.

적은 얕은 호흡을 말한다. 기흉이나 흉수증 등에서는 이런 호흡을 볼 수 있다.
[커억 커억 하고 커다란 소리를 내는 호흡] 소형견에게 많이 보이며 기관 허탈(호흡에 필요한 공기의 통로인 기관이 눌려서 좁아진 상태를 말한다)의 위험성이 있다.
[쌔액 쌔액 하는 소리를 내는 호흡] 기관지염을 일으키고 있을 위험성이 있다. 이들 이상한 호흡의 대부분은 표정도 힘들어 보이고 보호자가 불러도 여유가 없어서 반응이 둔해진다. 산소 부족과 이산화 탄소의 배출이 저하되면 혀나 입술에 청색증 증상이 보이기도 한다.
[그 밖에 이상한 증상을 동반한다] 떨림, 침 흘림, 구토 등 다른 이상을 동반할 때는 합병증도 생각할 수 있으므로 특히 주의가 필요하다.

돌봄 포인트
호흡이 괴로워 보이더라도 원인이 되는 병은 다양하다. 사람용 감기약 등은 절대로 먹여서는 안 된다. 오히려 병이 악화한다. 특히 개구 호흡이나 기좌 호흡을 보이면 중증(폐부종, 흉수, 농흉이 의심된다)이므로 되도록 빨리 수의사의 진찰을 받는다. 우선 호흡 변화가 언제부터 어느 정도의 시간인지, 어떤 호흡을 하고 있는지, 동작이나 식욕의 상태, 일상생활에서의 변화 등을 주의 깊게 관찰하여 수의사에게 전한다.
일사병이나 열사병이 명백한 원인이 되어 호흡에 이상이 보인다면 바람이 잘 통하는 시원한 장소로 옮겨서 찬물로 몸을 식히고 치료한다. 그러나 중증인 경우는 단시간에 쇼크 상태에 빠져 죽는 예도 있다. 특히 일사병으로 탈수 증상이 심하면 죽음에 이를 수 있으므로 체온을 재서(개와 고양이는 직장 온도가 39도 이하가 평열) 바로 수의사에게 진찰받는다.
소형견이나 단두종은 갑자기 눈을 돌리고 꾸엑 꾸엑, 하고 큰 소리를 내면서 몸을 뒤로 젖히는 자세로 숨을 코로 계속 들이마시는 역재채기 현상이 있다. 몇십 초 정도 지나서 가라앉으면 언제 그랬냐는 듯이 멀쩡해지지만, 처음 이런 상태에 직면하면 심장이나 호흡기의 발작이라고 생각하기도 한다. 대부분은 1분 전후면 가라앉고 치료할 필요 없으며 특별한 예방법도 없다.

발육이 이상하다

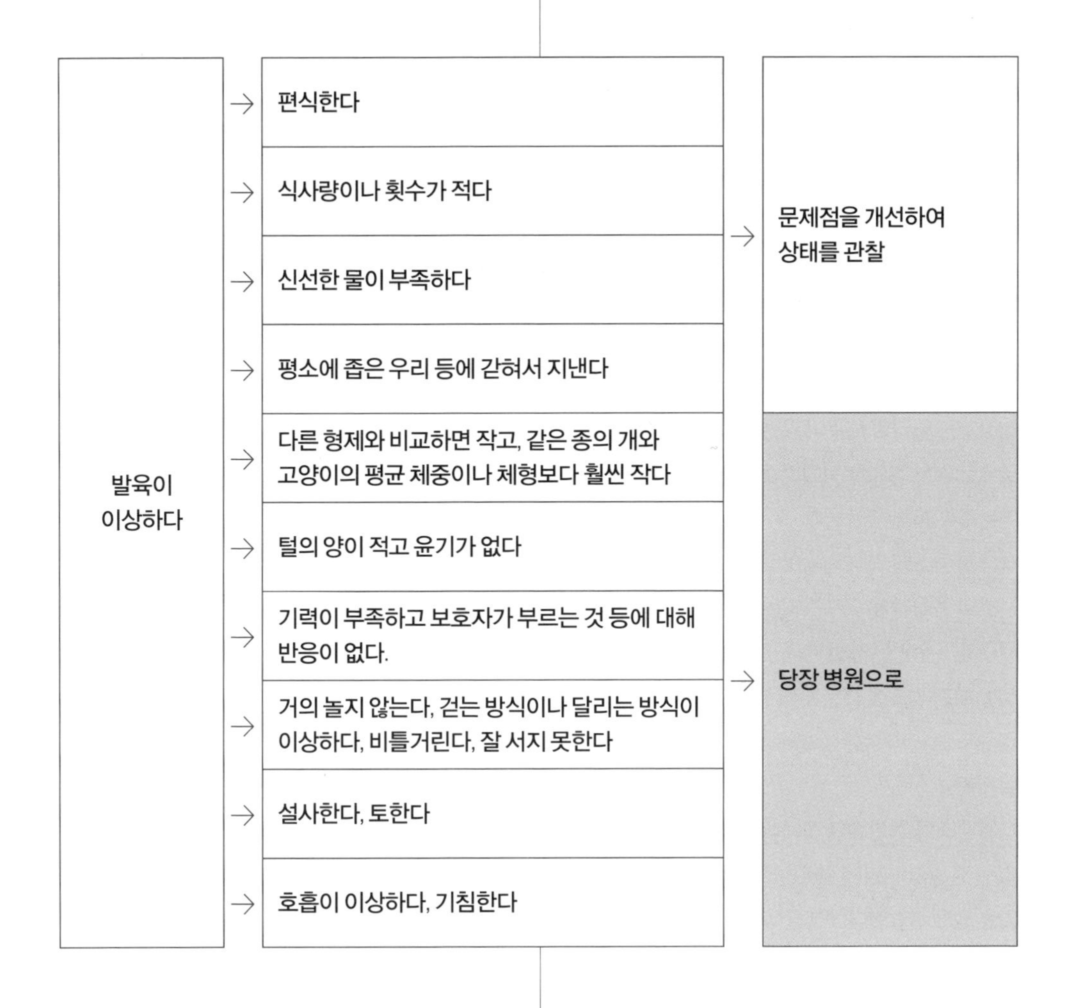

생각할 수 있는 주요 병

폐동맥 협착증 개, 고양이

심실중격 결손증 개, 고양이

동맥관 개존증 개, 고양이

우대동맥활 잔존증 개, 고양이

문맥 체순환 단락증 주로 개

소화관 내 기생충증 개, 고양이
선천 갑상샘 기능 저하증 주로 개
저소마토트로핀증 개, 고양이
소아 당뇨병 개, 고양이
골연골증 개, 고양이

원인
같은 부모에게 태어났지만 다른 형제보다 이상하게 작거나, 표준 체격에 크게 못 미친다면 발육 이상이 의심된다. 기본적인 먹이나 생활 관리 문제가 원인이 되기도 하는데, 그중에는 병이 숨어서 성장을 방해하는 예도 있다. 개와 고양이는 평소 병을 경계할 필요가 있다.

관찰 포인트
성장기에는 정기적으로 1주일에 한 번 체중을 잰다. 개나 고양이의 종류에 따라 체중 증가 속도는 다르다(대형 종일수록 증가도 빠르다). 동물이 성장하는 중인데 체중이 감소하거나 몇 주일 동안 옆으로 걷는 상태를 보이며 체중이 증가하지 않을 때는 주의할 필요가 있다.
식생활 평소에 먹이 내용이 치우쳐 있지 않은가. 사료의 양이나 횟수가 적지는 않은지, 신선한 물이 부족하지는 않은지 살핀다.
생활 환경 평소에 좁은 우리 등에 갇혀서 지내지는 않는지, 동물의 생활 환경에 문제가 없는지 살펴본다.
다른 증상을 동반한다 식사나 생활 관리에 문제가 없는 것 같다면 병에 걸렸을 가능성이 있다. 다음과 같은 점을 관찰한다. 머리만 이상하게 크거나 늑골이 도드라지는데 배만 크게 부풀어 보인다, 다른 형제와 비교해 보면 작거나 같은 종의 개와 고양이의 평균적인 체중이나 체형보다 훨씬 작다, 털의 양이 적고 윤기가 없다, 기력이 부족하고 보호자가 부르는 소리 등에 대해 반응이 없거나 둔하다, 거의 놀지 않는다, 걷는 방식이나 달리는 방식이 이상하다, 비틀거린다, 잘 서지 못한다, 설사한다, 토한다, 호흡이 이상하다, 기침한다 등 이런 모습이 보이면 수의사의 진찰을 받아 보자.

돌봄 포인트
먹이나 운동 등 생활 관리에 문제가 있으면 곧바로 사료와 생활 환경을 개선한다. 그리고 체중의 증가나 체격의 성장을 관찰한다. 특히 생후 2~3개월령, 젖을 뗀 직후인 강아지나 새끼 고양이는 식사 횟수를 1일 4회 정도로 나눠서 균형 잡힌 성장기용 먹이를 제공하는 것이 이상적이다. 그 밖에도 어쩐지 상태가 이상할 뿐만 아니라 기침한다, 호흡 상태가 좋지 않다, 설사한다, 토한다, 걸음걸이가 이상하다 등의 이상이 있으면 빨리 수의사에게 진찰받도록 한다. 극단적인 이상이 보이지 않더라도 보호자가 불안을 느낀다면 수의사와 상담해 보자.

여윈다

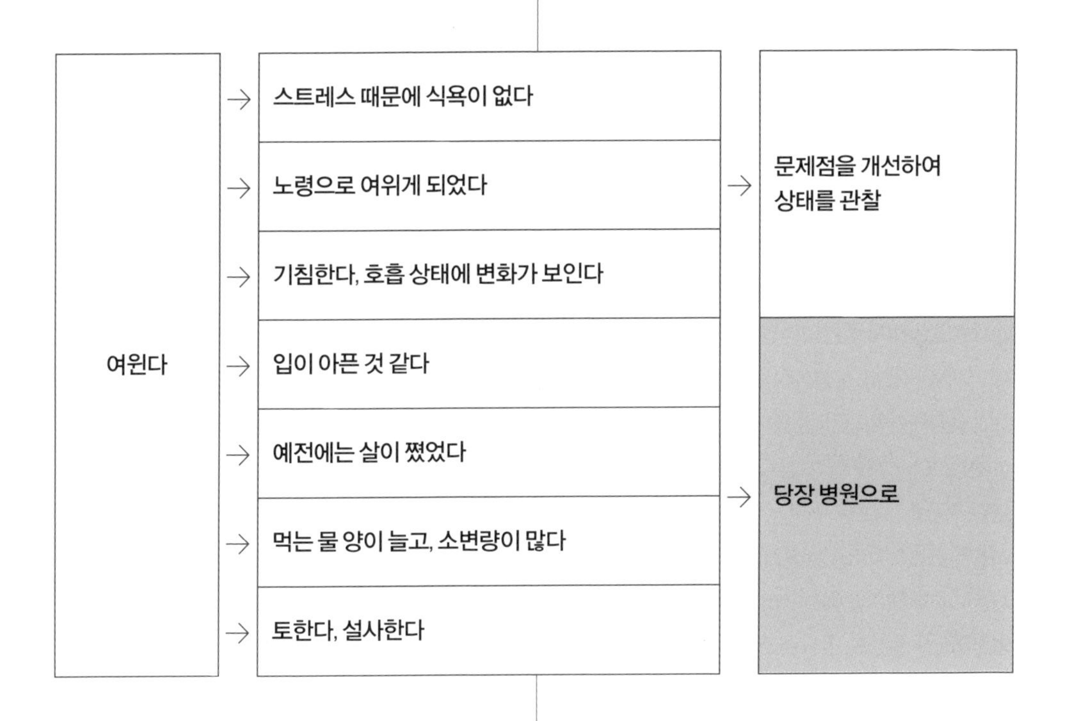

생각할 수 있는 주요 병

구내염 주로 고양이

치주 조직의 종양 개, 고양이

구강 연조직의 종양 개, 고양이

치주병 개, 고양이

치은염 개, 고양이

소화관 내 기생충증 개, 고양이

심장사상충증 주로 개

승모판 기능 부족 주로 개

문맥 체순환 단락증 주로 개

만성 특발 장 질환(장 림프관 확장증) 개, 고양이

담석증 개, 고양이

만성 간 질환 개, 고양이

지방간 주로 고양이

췌장염 개, 고양이

위 내 이물(털망울 병증) 개, 고양이

만성 위염 개, 고양이

식도 확장증(거대 식도증) 개, 고양이

신우신염 개, 고양이
사구체 신염 개, 고양이
부신 겉질 기능 저하증 주로 개
갑상샘 기능 항진증 주로 고양이
당뇨병 개, 고양이
종양 개, 고양이

원인

식사를 제대로 하지 않을 때(섭식 불량), 먹기는 하지만 영양분을 체내에서 흡수하지 못할 때(소화 불량), 또는 흡수한 영양을 체내에서 필요에 따라 이용하지 못할 때(대사 이상) 여위게 된다. 개나 고양이가 여위는 원인은 다양하다. 그중에는 일시적이며 병이 아닌 것도 있다. 예를 들어 여름이 되면 더위 때문에 식욕이 감퇴하거나 스트레스로 여위는 예도 있다. 노령인 탓에 여위기도 한다. 하지만 급격하게 여윈다면 병이 원인일지 모른다. 주로 소화기의 병, 심장병이나 신장병, 당뇨병, 종양 등에 걸리면 야위는 일이 있다.

관찰 포인트

여위면 근육이나 피부밑 지방의 양이 줄어들어 늑골이나 등뼈가 울퉁불퉁하게 도드라진다. 급격히 여윈다면 보기에도 변화가 크고, 몸집이 작아 보이거나 안았을 때 가볍게 느껴지므로 쉽게 알 수 있다. 그러나 건강해 보이더라도 정기적으로 체중을 측정하자. 장기간에 걸쳐서 체중이 천천히 감소한다면 병에 걸렸을 수 있다. 체중 증감은 건강 상태를 파악하는 데 중요한 기준이 된다.

식사 섭취량 식사나 환경 변화에 예민한 개나 고양이는 필요한 식사량을 섭취하지 않아서 여위는 때도 있다. 식사의 섭취량에 변화가 없는지 관찰하자.

먹는 물 증가 이전에는 살도 쪘고 잘 먹었는데 요즘 들어 점점 여위는 경우로, 극단적으로 물을 마시게 되고 소변량이 증가했다면 당뇨병에 걸렸을 수 있다.

나이(노화) 노화에 따른 체중 감소라고 생각했는데 실제로는 병인 경우가 많이 있다. 이상이 없는지 주의해서 관찰하자.

기침한다, 호흡 상태에 변화가 보인다 기침이나 호흡에 이상이 보일 때는 심장병이 원인일 위험성이 있다.

입이 아픈 것 같다 먹으려 하다가 냄새만 맡고 망설이거나 먹고는 아픈 듯이 울거나 머리를 비틀면서 입에서 뱉어 버린다, 언제나 냄새가 나는 침을 입 주위에 묻히고 있다면 치은염이나 구내염의 위험성이 있다. 치석이 많이 붙어 있지는 않은지, 잇몸이 붉고 부어 있지는 않은지 관찰하자.

토한다, 설사한다 먹어도 토하거나 설사해 버릴 때는 소화기 관련 병에 걸렸을 우려가 있다. 간이나 신장의 병에도 같은 증상이 보인다.

돌봄 포인트

식욕은 있는데 입이 아파서 먹지 못하는 것은 보호자의 눈에도 확연히 보인다. 구내염이나 치주염은 상태를 보아 개선되지 않을 것 같다면 병원에 데려가서 바르는 약(요오드)을 받으면 된다. 식사량이나 질과 관계없이 여위는 병은 많이 있다. 특히 극단적인 식욕 부진이나 설사, 구토, 호흡 이상 등의 이상이 있다면 빨리 수의사의 진찰을 받기 바란다. 병은 아니지만 더위나 스트레스가 원인으로 보이는 식욕 부진이라면 생각할 수 있는 원인을 제거하고 상태를 관찰한다. 사료 변경에 의한 체중 변화나 식욕 변화를 비교해 보아도 좋다. 노령인 개나 고양이는 이나 잇몸 상태도 고려하여 염분이나 단백질을 억제하고 소화 흡수가 잘되고 대사에 부담이 없는 먹이를 선택하는 등 배려하자.

살이 찐다

생각할 수 있는 주요 병

부신 겉질 기능 항진증 주로 개

원인

신체 각 부위의 지방 조직이 증가한 상태며 소비 열량보다 섭취 열량이 너무 많으면 살이 찐다. 너무 살이 찌는 것 자체는 병이 아니지만 당뇨병이나 호흡기와 순환기의 병, 간과 담도의 병, 넓적다리와 무릎 관절의 병 등이 발생하기 쉽게 된다. 체중은 늘어나지 않았지만 북부가 부풀어 겉보기에는 살이 찐 것처럼 보이는 때가 있다. 이것은 심장병이나 복강 내 종양이 원인인 경우도 있다.

관찰 포인트

잘 먹고 먹은 만큼의 열량을 소비하지 못하면 과식이 되어 살이 찐다. 같은 양을 먹더라도 식사가 고탄수화물이나 고지방에 치우쳐 있으면 섭취 열량이 많아져서 살이 찐다. 중년 이상의 나이가 넘으면 소비 열량이 적어지므로 젊었을 때와 같은 양을 먹으면 섭취 열량 증가로 살이 찐다. 중성화 수술 후에도 살이 찌기 쉽다. 갑자기 체중이 증가한 경우나 부기가 있는 경우, 또는 복부가 부풀어 올랐는데 출렁거리는 느낌이 있다면 병이 원인일 수 있다.

비만 판정 개나 고양이가 적정 체중을 유지하고 있는지, 너무 살이 쪘는지를 판단하는 검사법은 몇 가지가 있다. 가장 간단하게 일상생활에서 판단할 수 있는 것은 동물의 흉벽(가슴벽)을 손으로 만져 보아 늑골이 만져지는지로 비만도를 판단하는 방법이다. 손으로 늑골을 만지지 않더라도 보기만 해도 늑골이 확인되면 너무 여윈 것이다. 동물의 흉벽을 보아서는 늑골을 알 수 없지만 만져 보면 늑골을 확인할 수 있으면 적당하다. 손으로 만져서 찾아봤을 때 늑골이 느껴지면 약간 비만이며, 전혀 늑골이 만져지지 않으면 비만이라고 판단한다.

탈모나 피부 증상을 동반한다 개의 부신 겉질 기능 항진증 등 내분비성 병에 의한 비만에는 탈모나 피부 취약 등의 증상을 볼 수 있다. 피부 증상이 나타나면 수의사에게 진단받기 바란다.

돌봄 포인트

비만은 다양한 병을 부르므로 되도록 표준 체중을 유지하게 해야 한다. 평소에 꾸준히 체중을 측정하여 체중이 증가하지 않도록 식사량이나 내용을 조절한다. 평소의 식사 내용을 다시 점검하자. 개나 고양이용 간식이나 사람이 먹는 음식 등 간식이 많지 않은지, 현재 먹고 있는 사료가 나이에 맞는 것인지, 하루에 주는 양은 적절한지, 집에서 직접 만든 사료에 탄수화물 또는 지방 함량이 많지 않은지 등을 확인한다.

섭취 열량이 과도하다면 줄이도록 한다. 열량을 줄이기 위해 식사량을 극단적으로 줄이면 공복을 호소하며 훔쳐 먹거나 이물질을 입에 넣을 가능성이 있다. 그러므로 식사량은 조금씩 줄이고 먹이 내용은 라이트나 체중 조절 등의 표시가 있는 저칼로리 사료가 좋다. 동물병원에는 비만 치료식 또는 비만 예방식 등의 처방식이 있으므로 감량에 효과적이다. 식사 횟수가 적으면 식사 시간까지 공복감을 호소하거나 한꺼번에 많이 먹어서 만복감을 얻으려 하거나 영양 흡수가 항진되기도 한다. 하루 섭취량을 몇 번에 나눠서 주는 것이 이상적이다. 공복감을 너무 호소한다면 채소를 주어도 좋다.

운동하여 소비 열량을 늘리는 방법도 어느 정도 효과는 있다. 그러나 운동 중심으로 여위기는 힘들다. 갑자기 운동시키면 몸에 부담이 되므로 주의하자. 어쩐지 기운이 없고 부어 있는 느낌이 들 때, 또는 급격히 체중이 증가한다면 수의사에게 진찰받아 보자.

169

피부가 이상하다

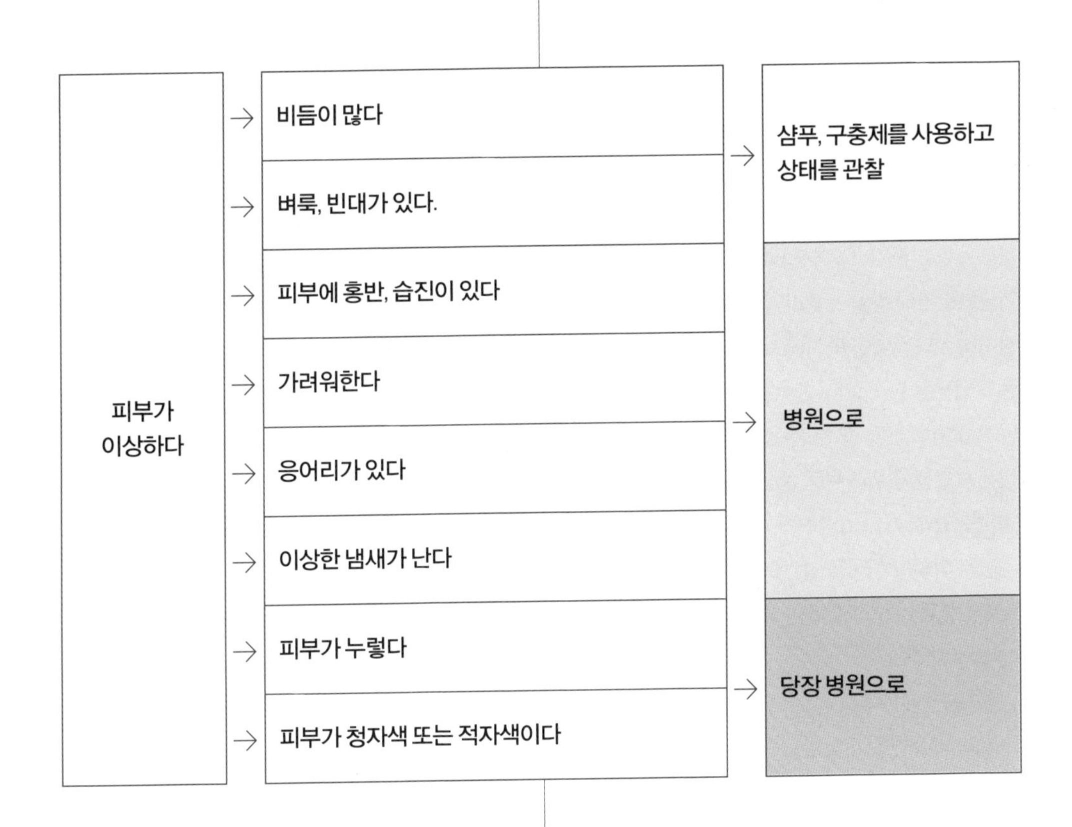

생각할 수 있는 주요 병

선천 질환(선천 비늘증, 백색증, 피부 무력증 등) 개, 고양이

각화 이상증(원발성 특발 지루, 아연 피부 반응, 비타민 A 반응성 피부증 등) 개

내분비 질환(부신 겉질 기능 항진증, 갑상샘 기능 저하증 등) 주로 개

알레르기 질환(아토피 피부염, 벼룩 알레르기 피부염 등) 개, 고양이

자가 면역 질환(천포창, 홍반 루푸스 등) 개, 고양이

개홍역 개

농피증 주로 개

진균 감염증(피부 사상균증 등) 개, 고양이

크립토콕쿠스증 주로 고양이

외부 기생충 감염증 개, 고양이
일광 피부염 개, 고양이
고양이 대칭성 탈모증 고양이
피부 종양 개, 고양이
호산구 육아종 고양이
용혈 빈혈 개, 고양이
혈소판 감소증 개, 고양이
간 질환 개, 고양이
젖샘 종양 개, 고양이
두드러기 개
피부밑 농양 고양이
흑색 표피 비후증(흑색 색소 부착) 개

원인

피부는 자외선이나 외부 압력 등 다양한 자극으로부터 몸을 보호하거나 세균이나 바이러스의 침입을 막거나 체온을 유지(보온)하는 등의 작용을 한다. 지나친 수분 소실을 방지(건조 방지)하거나 몸을 방수하는 역할도 한다. 그 밖에 피부는 추위나 통증 등을 감지하는 감각기 역할도 있다. 개나 고양이의 피부는 털로 덮여 있어서 피부의 이상을 발견하기가 힘들며, 이상을 알아차렸을 때는 이미 진행되고 있기도 하다.

관찰 포인트

피부의 색에 변화가 있거나 습진, 응어리 등이 있으면 병을 생각할 수 있다. 가려워하는 모습이 보일 때는 기생충에 감염되었을 가능성이 있다.
피부 전체가 누렇다 황달을 생각할 수 있다.
피부가 청자색, 적자색이다 피부밑 출혈을 생각할 수 있다. 피부밑의 얕은 부위에 출혈이 일어나면 적자색, 깊숙한 부위에 출혈이 일어나면 청자색이 된다. 외상 등 짐작되는 일이 없고 청자색 또는 적자색의 멍이 보이는 경우는 혈소판 감소증 등 혈액병을 생각할 수 있다.
피부에 붉은 얼룩이 있다(홍반) 피부병 가운데 가장 많이 보이는 증상으로 홍반은 피부에 염증이 생겨 혈관이 확장된 것이다. 피부에 홍반이 보이면 피부염을 생각할 수 있다.
습진이 있다 습진은 피부염에서 보이는 주된 증상의 하나다.
응어리가 있다 개나 고양이는 중년 이후가 되면 피부 종양 발생률이 높아진다. 피부 종양에는 양성과 악성이 있다. 젖샘 종양은 피임하지 않은 암컷에게 발생률이 높으며 드물게 수컷에게도 발생한다.
가려움증이 있다 가려움은 피부염(알레르기, 내분비, 외부 기생충 등), 감염(세균, 진균, 외부 기생충) 등이 원인으로 일어난다. 사료를 바꾼 후에 가려워하게 된 경우는 사료 알레르기가 의심된다. 같이 살고 있는 다른 개나 고양이가 가려워하는 경우는 벼룩, 진드기, 옴, 이 등 외부 기생충 감염 가능성이 있다.
이상한 냄새가 난다 피부의 감염(세균, 진균), 피부의 괴사, 피부에 생긴 응어리가 터졌을 때 일어난다.
비듬이 있다 알레르기나 지루 피부염 등에서 보인다.
외부 기생충 유무 개나 고양이의 피부와 털, 그리고 개나 고양이가 생활하는 장소에 벼룩, 진드기 등이 있는지 꼼꼼히 살펴본다.

돌봄 포인트

개나 고양이는 가려움이 있으면 뒷다리의 발톱을 세워서 자꾸 긁거나 깨물거나 핥고 몸을 바닥이나 벽에 문질러 댄다. 이런 행위는 피부에 염증을 일으키거나 상처를 만들기도 하고 털이 빠지는 원인이 되기도 한다. 더욱이 세균의 이차 감염이 더해지면 피부의 상태는 악화한다. 그러므로 되도록 이런 행위를 억제하는 것이 중요하다.
벼룩이나 진드기를 발견했을 때는 함부로 손으로

떼어 내려 하지 말고 벼룩이나 진드기 구충제를 사용하여 제거한다. 피부병 치료제는 여러 종류가 있으며 원인에 따라 사용하는 약도 다르다. 피부에 상처가 있다면 주변의 털을 깎는 등 되도록 청결을 유지한다. 약을 사용하기 전에 수의사에게 진찰받는다.
특히 장모종인 개(올드 잉글리시 시프도그, 몰티즈 등)나 고양이는 평소에 샴푸나 빗질을 세심하게 해주고 피부 상태를 관찰한다. 샴푸 횟수는 피부병이 없다면 한 달에 한 번 정도가 적당하다. 그래도 더러움이나 냄새가 걱정된다면 더러워진 부위만을 씻기고 시판되는 브러싱 스프레이 등을 이용하는 방법이 있다. 샴푸 후에는 잘 헹궈 주고 완전히 건조한다.
사람의 음식이나 개나 고양이용 간식을 많이 먹으면 토하거나 설사하는 등 소화기 질환의 원인이 되며 음식 알레르기의 원인도 된다. 전용 사료를 주식으로 주고 간식은 되도록 억제한다.
특히 따뜻한 계절에는 벼룩, 진드기가 늘어난다. 시판되는 구충제나 동물병원에서 구충제를 구매하여 예방하자.

172

점막이 창백하다

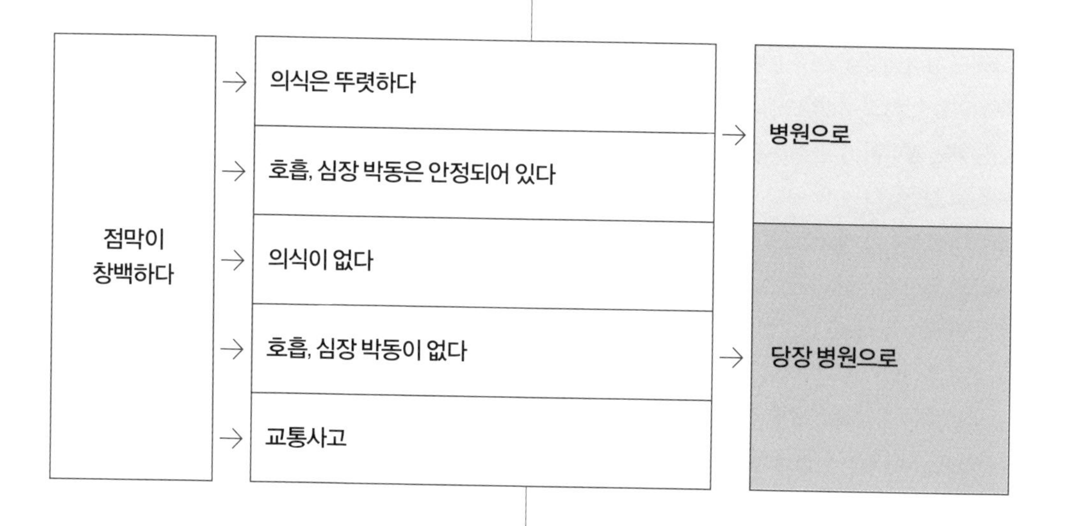

점막 색깔을 확인할 수 있는 부위

위 눈꺼풀과 아래 눈꺼풀의 안쪽 → 눈의 결막
입의 안쪽 → 혀나 잇몸의 색, 입술의 점막
수컷은 음경 안쪽 → 음경 점막
암컷은 질의 안쪽 → 질 점막

생각할 수 있는 주요 병

기관지 · 폐 질환 개, 고양이
흉강, 흉막 질환 개, 고양이
빈혈 개, 고양이
심장 질환 개, 고양이
쇼크 상태 개, 고양이

원인

점막 색깔은 혈액의 순환 상태나 혈액 중의 빌리루빈 양 등을 나타낸다. 점막이 창백해지는 원인 중 하나는 교통사고나 외상 등에 의한 대량 출혈이다. 그 밖에 선천 심장병이나 호흡기 질환에 의한 저산소 상태, 교통사고나 외상 등에 의한 쇼크, 또는 심질환 등으로 말초 조직의 혈관이 수축하고, 그 결과 혈액의 순환이 감소하는 것이 원인이 된다.

관찰 포인트

기운이 없다, 쉽게 피곤해한다, 걸음이 휘청거린다, 호흡이 빠르다, 실신한다, 발끝이 차갑다 등의 증상이 보이면 앞에서 제시한 부위의 점막 색깔을 확인한다.

돌봄 포인트

우선 동물을 안정시킨다. 혈액 순환이 방해받으면 산소 공급이 적어져서 저산소 상태가 된다. 그러므로 목줄이나 하네스를 하고 있거나 옷을 입고 있다면 이것들을 벗겨서 호흡을 편하게 해준다. 이때 배가 위쪽을 향하게 안거나 눕히면 호흡이 압박받으므로 등을 위로 하여 약간 비스듬히 옆으로 하거나 엎드리게 하거나 앉은 자세를 한다. 혈액 순환이 잘되지 않아 체온이 떨어지면 적절하게 보온한다. 교통사고라면 외상이나 출혈 부위가 있는지를 확인한다. 출혈은 흉강 내나 복강 내 등 눈으로 확인할 수 없는 부위에서 일어나기도 하므로 주의한다. 의식이 없다면 호흡이나 심장 박동의 유무를 확인하고 바로 수의사에게 연락한다.

174

눈이 빨갛다

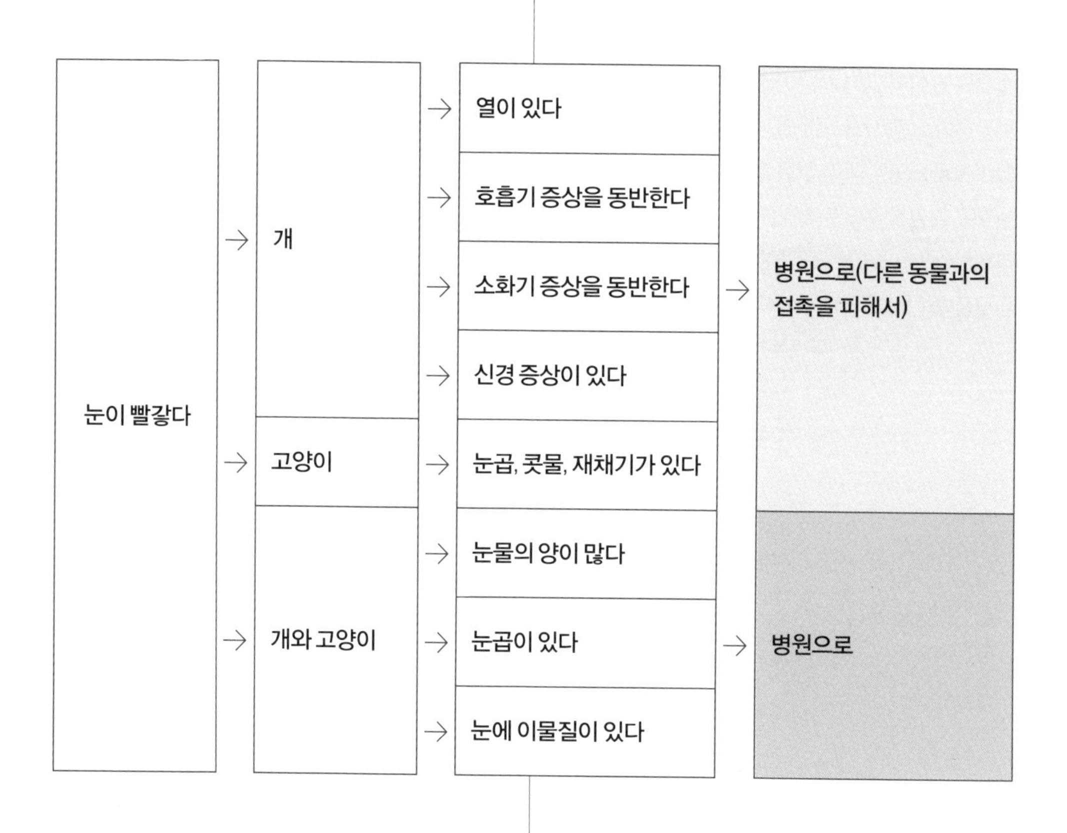

생각할 수 있는 주요 병

안검 내반증(불도그, 세인트버나드, 차우차우, 래브라도리트리버 등) 개

안검 외반증(세인트버나드, 불도그, 복서, 래브라도리트리버 등) 개

속눈썹증(치와와, 토이 폭스테리어, 페키니즈, 퍼그 등) 개

안검염 개

결막 이상 개, 고양이

결막염 개, 고양이

건성 각결막염 주로 개

호산구성 각막염 고양이

고양이 전염성 비기관염 고양이

고양이 헤르페스 각결막염 고양이

개홍역 개
고양이 칼리시바이러스 감염증 고양이
고양이 클라미디아 감염증 고양이

원인
상안검과 하안검(윗눈꺼풀과 아랫눈꺼풀), 그리고 안구를 잇는 결막은 외계와 직접 닿아 있으므로 다양한 종류의 원인으로 염증을 일으킨다. 막이 염증을 일으켜서 충혈되면 이른바 빨간 눈 상태(결막 충혈)가 된다. 눈이 빨갛게 되는 병으로는 결막염이 알려져 있다. 원인으로는 먼지, 식물의 씨앗, 각종 스프레이, 기타 물리적 자극, 외상, 세균이나 바이러스 등 미생물에 의한 감염, 알레르기 등이 있다. 일반적으로는 한쪽 눈이 빨개진 경우는 물리적 자극이 원인이며 양쪽 눈이 빨개진 경우는 세균이나 바이러스에 의한 감염증, 알레르기가 주된 원인이 된다. 결막염 이외에 눈이 빨개지는 원인으로는 눈꺼풀의 구조상 문제, 각막 등의 안구에서 염증 파급, 적혈구 증가, 흥분, 체온 상승 등이 있다.

관찰 포인트
일반적으로 눈이 붉으면 다음과 같은 증상이 많이 보인다. 눈물 생성량이 많아진다, 눈곱이 많아진다, 가려워한다, 눈을 만지는 것을 싫어한다, 빈번히 눈을 깜박인다, 눈꺼풀 주위의 털이 빠진다, 전염성 바이러스 감염증에는 열이나 호흡기 증상을 수반할 때도 있다. 외이염이나 피부 감염 등의 병이 있으면 가려워서 앞발로 눈 주위를 긁어서 눈이 빨개지기도 한다. 그러므로 귓속이나 머리 부분의 피부에 이상이 없는지 관찰하자.

돌봄 포인트
눈에 이물질이 들어갔을 때는 깨끗한 물이나 시판되는 인공 눈물로 눈을 씻어 낸다. 눈꺼풀을 뒤집어서 조사해 보면 결막의 이물질을 제거할 수 있는 경우도 있다. 눈을 비비거나 무리하게 이물질을 빼내려고 하면 각막이나 결막에 상처를 입을 수 있으므로 주의해야 한다. 마른 티슈로 닦아 내면 각막에 상처를 입힐 위험성이 있으니 깨끗한 물이나 인공 눈물을 적셔서 가볍게 닦아 낸다. 아무리 해도 빼낼 수 없을 때는 수의사의 진찰을 받자. 감염이 의심되면 눈 주위를 닦은 것이 감염원이 되어 함께 사는 개나 고양이에게 감염시키는 경우가 있다. 접촉하지 않도록 주의해서 버린다. 개나 고양이는 눈의 불쾌감이나 가려움 때문에 앞발로 자꾸 눈을 긁거나 눈을 벽이나 바닥에 문질러서 오히려 염증이 생기게 하거나 감염 부위를 넓히는 원인이 된다. 목 보호대를 씌우는 등 비비지 못하게 해야 한다.

콧물, 재채기가 나온다

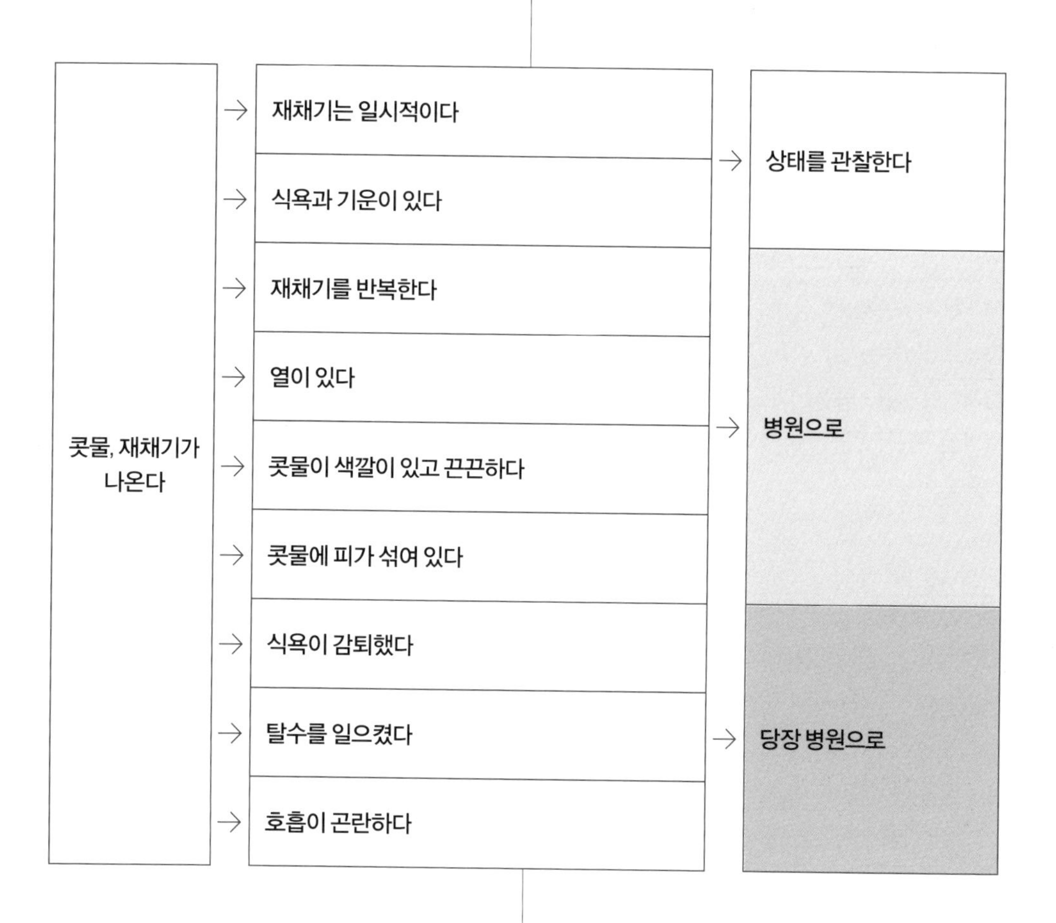

생각할 수 있는 주요 병

개홍역 개

개 전염성 기관·기관지염 개

고양이 전염성 비기관염 고양이

고양이 전염성 호흡기 증후군 고양이

고양이 헤르페스 각결막염 고양이

크립토콕쿠스증 주로 고양이

비염 개, 고양이

부비강염 개, 고양이

비강·부비강 종양 개, 고양이

구개열 개, 고양이

비강 내 이물질 개, 고양이

구강 내 질환의 파급 개, 고양이

원인

공기의 통로인 비공(콧구멍)부터 코의 안쪽까지를 비강이라고 한다. 비강에는 부비강이라 불리는 뼈의 공동이 있으며, 좁은 통로로 비강과 이어져 있다. 비강과 부비강의 벽은 얇은 점막으로 덮여 있으며 안에는 공기가 들어 있다. 코는, 호흡하는 공기에 온도와 습도를 제공하고 공기 중에 떠다니는 작은 쓰레기나 세균, 바이러스 등을 걸러서 기관이나 폐로 들어가지 않도록 하거나 냄새를 맡는 역할을 하고 있다. 비강이나 부비강 내에 염증이 생기면 비강이나 부비강 내의 점막에 의해 콧물이 만들어진다. 재채기는 비강 내에서 이물질을 배출하기 위한 방어적인 반사로, 가루나 각종 스프레이 자극으로 유발된다.

관찰 포인트

재채기를 어떤 식으로 하는지, 단발인지 아니면 반복적으로 오랫동안 계속하는지 관찰하자. 재채기를 유발할 만한 계기나 원인이 되는 것은 없었는지도 확인한다. 비강 내에 이물질이 있거나 비강 내를 자극할 만한 것을 흡입하지 않았는지, 이전에도 같은 증세가 보인 적은 없었는지 생각한다.

콧물의 양, 색깔, 냄새, 끈적임 어떤 콧물을 흘리는지 확인한다. 콧물의 양, 색깔, 냄새, 끈적임의 정도는 어떤가. 피가 섞여 있지는 않은가. 피가 섞여 있다면 비강 내의 염증뿐만 아니라 종양 때문일 수도 있다.

입안을 관찰한다 비강 내의 염증은 구강 내의 질환(구개열 등)이나 치아 질환과 연관된 경우가 있다.

호흡이 힘들어 보인다 과도한 콧물 때문에 코로 숨을 쉬지 못하고 호흡이 빨라지거나 입으로 호흡하고 있지는 않은가.

돌봄 포인트

비강 내에 염증이 생기면 비루관(코눈물관)이 막히기 쉬워져서 눈물의 배출이 방해받아 눈물이 나기 쉬운 눈이 되거나 눈곱이 많아진다. 고양이는 비강 내에 콧물이 가득 차서 냄새를 맡지 못하게 되어 식욕이 저하되기도 한다. 콧물, 재채기로 날린 물질(비말 물질)에는 많은 병원체가 함유되어 있다고 생각하자. 주위의 사물과 접촉하게 하거나, 함께 사는 개나 고양이가 병원체를 핥지 않도록 충분히 조심하자. 콧물이나 비말 물질은 티슈나 솜 등으로 닦아 내고 닿지 않도록 조심하며 봉지에 넣어 버린다. 콧물이 멈추지 않거나 재채기를 많이 하면 수분을 잃으므로 신선한 물을 충분히 마시게 해준다. 만약 밖에서 키우면 근처에 공사를 하거나 페인트를 칠하는 등의 작업을 할 때 화학적인 냄새에서 떨어진 곳으로 이동시킨다. 집 안에서 키우면 향이 강한 향수의 사용이나 흡연 등은 피하고 실내 환기를 잘 시킨다.

고양이가 전염성 호흡기 증후군에 걸리면 콧물, 재채기, 눈곱, 눈이 빨개지는 증상을 보이는데 이것은 바이러스 감염증이나 세균 감염증이 합병하여 일어나는 것이다. 고양이의 전염성 호흡기 증후군의 절반은 고양이 전염성 비기관염(고양이 코감기)과 고양이 칼리시바이러스 감염증(고양이 인플루엔자)이 원인이다. 고양이의 혼합 백신은 이들 바이러스에 대한 항체가 함유되어 있으므로 적절하게 백신을 접종하면 이들 감염을 예방할 수 있다. 만에 하나 감염되어도 상태의 악화를 억제할 수 있다.

심장 박동이 불규칙하다

정상적인 심박수(1분간) 기준

강아지 1분당 220회까지

성견 1분당 70~160회

토이 견종 1분당 180회까지

고양이 1분당 90~240회

생각할 수 있는 주요 병

부정맥 개, 고양이
심장 종양 주로 개
대사 질환(전해질 대사 이상) 개, 고양이
저산소증 개, 고양이
내분비 질환 개, 고양이
빈혈 개, 고양이
쇼크 상태 개, 고양이
발열 개, 고양이
저체온 개, 고양이
중독 개, 고양이

원인
심장은 일정한 리듬으로 박동하고 있는데 심장 박동(심박) 횟수는 몸이나 심장의 상태에 따라 변화한다. 이것을 조절하는 데에는 자율 신경이나 호르몬 등이 관여하고 있다. 심장을 지배하는 자율 신경에는 맥박을 빠르게 하는 교감 신경과 맥박을 느리게 하는 미주 신경의 두 계통이 있다. 호르몬에서는 부신이나 신경의 말단에서 분비하는 아드레날린, 노르아드레날린이 중요하다. 이들 호르몬은 심장의 수축력을 강하게 하고 맥박을 빠르게 하는 작용이 있다. 심장 박동에 영향을 주는 것으로 혈액 속 칼슘이나 칼륨 등의 이온, 산소의 농도, 대사 산물, 혈압 등이 있다. 격렬하게 운동하여 몸 안의 대사가 갑자기 왕성해지면 심장의 맥박은 증가한다. 건강하더라도 격렬한 운동이나 흥분, 체온이 높은 경우 등은 심장 박동 수가 증가한다. 그러나 운동을 하지도 않았는데 심장 박동에 이상이 보이는 일이 있다. 그중에는 심장의 기능이 저하할 만한 중대한 병에 걸려 있는 예도 있다.

관찰 포인트
개나 고양이가 심하게 살이 찌지 않았다면 왼쪽 또는 오른쪽 흉벽에서 앞다리의 팔꿈치에 해당하는 부위에 손을 대면 심장 박동이 전달된다. 좌우 뒷다리의 사타구니 부근을 지나가는 동맥의 박동을 헤아려도 심박수를 측정할 수 있다. 심박수나 박동의 리듬에는 개체차가 있으므로 평소에 심박수나 박동의 리듬을 관찰해 두면 좋다. 심박의 리듬이 흐트러진 것, 불규칙한 것은 부정맥이라 한다.
심장 박동이 흐트러지는 방식 부정맥은 심장 박동이 느려지는 경우와 빨라지는 경우, 박동의 리듬이 규칙적인 경우와 불규칙한 경우로 나눌 수 있다.
다른 증상을 동반한다 심장 박동이 불규칙해지면 심장에서 내보내는 혈액의 양이 감소하여 다양한 증상을 동반한다. 가벼운 것으로는 증상이 거의 나타나지 않는 것이 있으며 약간 안정을 취하기만 해도 회복하는 때도 있다. 그러나 심하면 실신하거나 심장 박동이 정지하기도 한다. 쉽게 피곤해하거나 가만히 있는데도 호흡이 빠르거나 점막이 창백하거나 실신하거나 혹은 경련 발작 등을 보이면 수의사의 진찰을 받자. 심전도 검사 등 정확한 검사가 필요하다.

돌봄 포인트
동물이 흥분해 있다면 조용한 장소로 이동하여 진정시킨다. 몸이 뒤로 젖혀지게 끌어안거나 눕히면 호흡이 힘들므로 서 있는 자세, 앉은 상태, 또는 엎드린 자세로 재운다. 목줄, 하네스, 옷 등을 착용하고 있다면 이것을 벗겨 내고 신선한 공기를 충분히 마실 수 있게 하여 호흡을 편하게 해준다. 개는 건강하더라도 박동의 리듬이 불규칙하거나(동성부정맥), 호흡을 동반하여 리듬이 불규칙해지는(호흡 부정맥) 경우가 있다. 이들 증상은 병이 아니다. 그러나 이들 이외의 심장 박동의 이상이 개에게 보이거나 고양이의 심장 박동의 리듬이 불규칙하다면 빨리 수의사에게 진찰받자.

기침한다

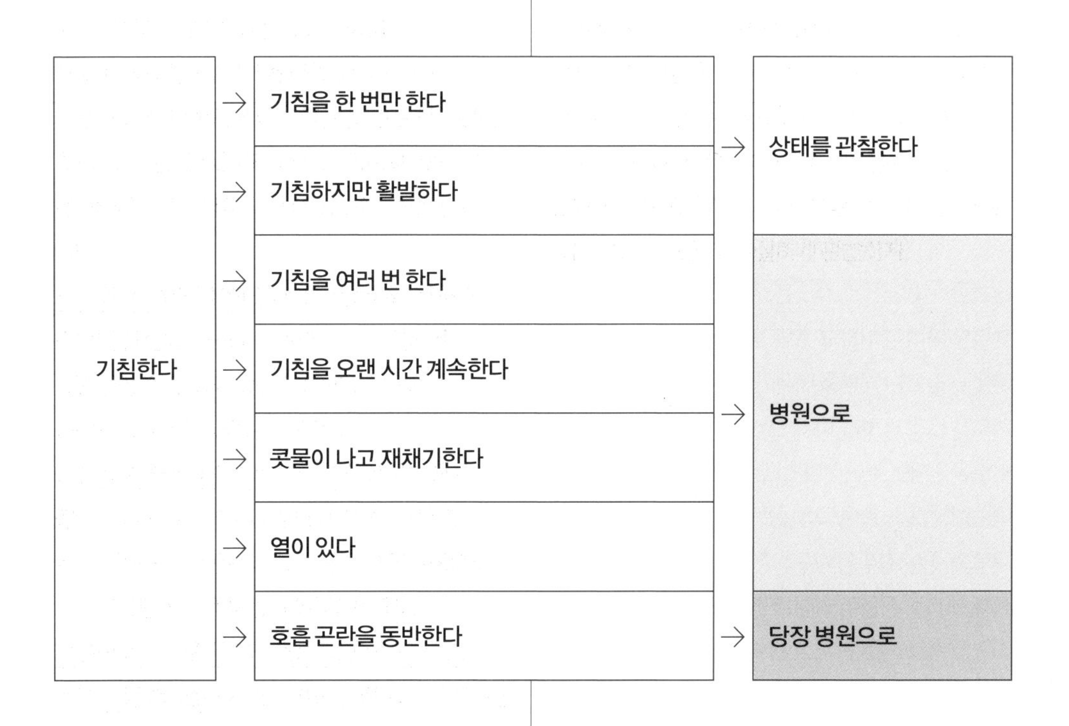

생각할 수 있는 주요 병

개홍역 개
개 전염성 기관·기관지염 개
호흡기계 기생충증 주로 개
알레르기 개, 고양이
후두염 개, 고양이
기관지염 개, 고양이
기관 허탈 개
기관지 압박 개
기도 내 이물 개, 고양이
호산구 폐렴 주로 개
승모판 기능 부족 주로 개
심장사상충증 주로 개
심막액 고임 개, 고양이
흉수증 개, 고양이
유미흉 개, 고양이
심장 종양 주로 개
후두·기관 종양 개, 고양이

폐종양 개, 고양이
천식 고양이
폐렴 개, 고양이
폐부종 개, 고양이
판막 질환 주로 개
심근증 개, 고양이
폐렴 개, 고양이

원인

기침은 목구멍, 기관, 기관지, 폐 등의 기도 안에 어떤 자극이 가해졌을 때 일어나는 일종의 반사 운동으로, 자극물을 제거하기 위한 방어적이다. 기도 안으로 이물질 등이 들어가면 기침한다. 또한 감염증에 걸리거나 기관 등의 호흡기계에 이상이 있으면 증상의 한 가지로 기침이 나타난다. 심장병으로도 심한 기침이 나오는 경우가 있다. 개나 고양이의 기침은 크게 커억 커억 하는 느낌의 마른기침과 쌔액 쌔액 하는 느낌의 젖은기침의 두 가지로 나눌 수 있다. 고양이는 개보다 기침하는 모습은 별로 보이지 않지만, 기도 내의 이물질이나 폐 또는 심장의 종양 때문에 기침하는 경우가 있다. 마른기침할 때는 기도가 과민한 상태가 되므로 목구멍이나 목 안쪽 부위를 만져서 자극하면 기침하거나 기침 후에 메스꺼워하는 등의 증상을 나타내기도 한다. 마른기침의 대표적인 병으로는 후두염, 기관지염, 기관 허탈 등이 있다. 마른기침하더라도 증상이 진행됨에 따라 기도 내에 분비물이 고여서 젖은기침으로 변화한다. 젖은기침의 대표적인 병으로는 만성 기관지염, 폐렴, 심장 판막증, 심근증에 의한 폐부종 등이 있다.

관찰 포인트

기침하는 때가 언제인지 관찰하자. 운동하거나 흥분했을 때 기침하는지 안정 시에 하는지, 아침이나 저녁에 하는지, 하루 종일 하는지, 발작적으로 기침하는지, 반복적으로 기침하는지도 관찰한다. 기침은 한 번만 하는가, 또는 길게 계속하는가, 기침 이외에 호흡 곤란을 일으키지는 않는가, 열이 나거나 호흡이 힘들거나, 기침과 함께 기도 내에서 분비물(기관에서 배출되는 가래 등)이나 피를 토하지 않는지 등도 관찰한다.

돌봄 포인트

기침을 많이 하면 기도 내 염증을 조장하고 병원균을 확산하게 된다. 기침을 오래 하면 혈압이나 심장, 폐에도 좋지 않으므로 안정시켜서 기침을 억제하도록 한다. 집 안에서 키운다면 환기를 충분히 해주고 기침을 유발할 만한 흡연이나 향이 강한 향수 등의 사용을 피한다. 목줄이나 하네스, 옷을 착용하고 있다면 이것들을 벗겨 주거나 호흡을 편하게 할 수 있는 자세를 취하게 한다.
원래 홍역 이외의 전염성 호흡기 질환을 통틀어 켄넬 코프(기관·기관지 기능을 방해하는 감염증)라고 불렀으나 이들 병은 다양한 병원체로 생기므로 요즘은 개 전염성 기관·기관지염이라는 명칭이 적절하다고 보고 있다. 전염력이 강하여 병든 개와의 접촉이나 기침, 재채기 등을 통해 공 기감염을 일으키기도 한다. 기관, 기관지, 폐에 염증을 일으키며 심한 기침이 보이는 것이 특징이며, 개의 혼합 백신을 접종함으로써 예방할 수 있다.

182

피를 토한다

피를 토한다	한 번뿐이고 출혈량이 적다	상태를 관찰한다
	입안에 외상이 있다	병원으로
	식욕이 저하하고 있다	병원으로
	기운이 없다	병원으로
	여위어 간다	병원으로
	한 번의 출혈량이 많다	당장 병원으로
	반복해서 피를 토한다	당장 병원으로
	격렬하게 콜록거리며 기침한다	당장 병원으로
	호흡이 곤란하다	당장 병원으로
	점막의 색이 창백하거나 청색증이 있다	당장 병원으로
	심장 박동이 약하다	당장 병원으로
	의식이 없다	당장 병원으로

생각할 수 있는 주요 병

심장사상충증 주로 개
심부전에 의한 폐부종 개, 고양이
중증 호흡기계 질환 개, 고양이
혈소판 감소증 개, 고양이
파종 혈관 내 응고 개, 고양이
혈우병 개, 고양이
후두, 기관, 폐의 종양 개, 고양이
흉부 외상 개, 고양이
이물질 흡입 개, 고양이
격렬한 기침 개, 고양이
싸움에 의한 폐 손상 개, 고양이
구강 내, 목구멍 외상 개, 고양이
식도, 위의 염증 개, 고양이
구강 종양 개, 고양이
식도 종양 개, 고양이
위의 종양 개, 고양이

원인

폐, 기관지 등의 호흡기계에서 출혈하고 기침과 함께 피를 토하는 경우를 각혈이라고 한다. 반면에 입안, 목구멍, 식도, 위, 십이지장 등의 소화기계에서 출혈하여 피를 토하는 경우를 토혈이라고 하며 각혈과 구분한다.

각혈 각혈은 토해 낸 피가 선홍색이며 거품이 섞여 있는 일이 많다. 고양이의 기침은 개보다 불명료하다. 호흡기계에서 토해져 나온 혈액을 바로 삼켜 버리는 일이 많으므로 고양이의 각혈은 알아차리는 일이 대단히 드물다. 각혈은 잘못해서 이물질을 기도 안으로 삼키거나 교통사고나 싸움 등에 의한 기관이나 폐의 손상으로 기도 내에서 출혈할 때 보인다. 기관지나 폐, 심장 등의 병이나 종양, 혈액병 등에 의해서도 일어난다.

토혈 위, 십이지장 등에서 출혈할 때는 거무스름한 색을 띤다(입안, 목구멍 등의 상부 소화기에서 출혈할 때는 거무스름하지 않다). 토혈에서는 흑색변이 보이는 경우도 있다. 토혈은 입안, 목구멍에서의 출혈, 식도나 위의 병과 종양, 혈액병 등으로 일어난다.

관찰 포인트

일반적으로 동물은 피를 토하더라도 삼켜 버리는 일이 많아서 출혈을 발견하기 힘든 경우가 대부분이다. 격렬하게 기침한 뒤나 각혈이 의심되면 힘들어하거나 날뛰지 않을 정도로 입안을 관찰하여 입안에 피가 묻어 있지 않은지 확인한다.

피를 토한 상황 어떤 상황에서 피를 토했는지 관찰한다. 갑자기 일어났는지, 횟수는 한 번뿐인지, 반복적으로 보이는지 등 기록해 두자.

전조의 유무 피를 토하기 전에 구역질, 통증, 기침, 코피 등의 증상이 있었는가. 이물질을 잘못 삼켰을 가능성은 없는가. 이전에 호흡기나 심장, 소화기가 나쁘다고 진단받은 적이 있었는가.

토해 낸 혈액의 상태 토해 낸 혈액의 양과 색깔은 어떤지, 토해 낸 혈액의 색깔이나 성질에 따라 각혈인지 토혈인지를 판단할 수 있다. 혈액 이외의 혼합물이 있는지도 관찰한다.

기침 상태, 호흡 상태 기침의 강도나 빈도, 호흡수나 호흡 상태, 점막의 색이나 청색증의 유무를 관찰한다.

피를 토해 낸 후의 상태 변화 출혈량이 많고, 격렬하게 기침하고, 호흡 곤란, 청색증 등의 증상이 보이면 생명의 위험에 처해 있을 수도 있다. 되도록 빨리 수의사의 진찰을 받는다.

돌봄 포인트

우선 동물을 안정시킨다. 토사물을 닦아 내려고 무리하게 입을 벌려서 호흡을 힘들게 하거나 흥분시키지 않도록 한다. 목줄이나 하네스, 옷을 착용하고 있으면 이것들을 벗겨 내어 호흡이 편하게 되도록 해준다. 각혈이나 토혈이 계속될 때는 잘못해서 토사물을 삼키지 않도록 머리를 아래쪽으로 향하게 한다. 이 경우, 몸이 뒤로 젖혀지게 안거나 눕히면 호흡이 압박되거나 토한 것을 잘못 삼킬 위험성이 있으므로 주의한다.
의식이 없다면 호흡이나 심장 박동의 유무를 확인하고 바로 수의사에게 연락한다. 각혈이라면 동물병원에 도착할 때까지 얼음주머니나 얼음 베개 등을 수건으로 감싸서 가슴이나 머리, 목에 대준다. 흉부를 차갑게 하면 혈관이 수축하여 염증이나 출혈이 억제된다.

피부와 점막이 노랗다

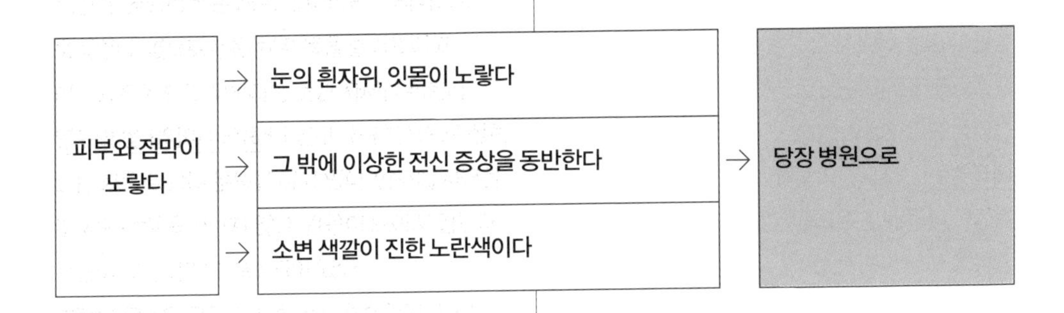

생각할 수 있는 주요 병

면역 매개 용혈 빈혈 주로 개
하인츠 소체 빈혈 개, 고양이
헤모바르토넬라증 주로 고양이
고양이 백혈병 바이러스 감염 고양이
고양이 전염성 복막염 고양이
톡소포자충증 개, 고양이
렙토스피라증 개, 고양이
바베시아증 개, 고양이
만성 간 질환 개, 고양이
급성 간 부전 개, 고양이
지방간 주로 고양이
문맥 체순환 단락증 주로 개
간외 담즙 정체(총담관 폐색증) 개, 고양이
담석증, 담낭 슬러지 개, 고양이
간 종양 개, 고양이
담낭 · 담도 종양 개, 고양이

원인

간의 주요 작용으로 담즙 분비가 있다. 담즙 색소란 담즙에 함유된 색소(주로 빌리루빈)로 간, 비장, 골수 혈액의 헤모글로빈에서 만들어져 담즙 안으로 배출된다. 몸에 어떤 이상이 생겨서 체내를 순환하는 빌리루빈이 배출되지 않게 되면 혈액 중에 증가하고, 그 결과 피부나 점막 등이 노랗게 된다. 이 증상을 황달이라고 한다. 체내의 빌리루빈이 증가하면 반드시 황달이 나타나는 것은 아니다. 검사 등으로 빌리루빈 수치가 증가(고빌리루빈 혈증)해 있더라도 간 · 담 관계나 조혈기계 병에서는 황달이 나타나지 않는 경우가 있다. 황달의 원인은 크게 용혈 황달, 간성 황달, 폐쇄 황달 세 가지로 분류된다. 전염성 있는 병(렙토스피라증)이나 혈액 기생 원충에 의해 일어나는 병(바베시아증), 고양이 전염성 복막염 등에서도 황달이 나타난다. 그 밖에 패혈증, 방광 파열, 염증 장병, 췌장암에서도 이차성으로 간 질환을 일으키며 그중에서 황달을 볼 수도 있다.

용혈 황달 빌리루빈의 증가가 보이지만 황달은 가벼우며 빈혈을 동반한다. 대표적인 병으로 면역 매개 용혈 빈혈이 있다. 용혈 빈혈의 원인이 되는 물질의 섭취나 세균, 바이러스, 리케차, 기생충 감염, 선천 이상에 의해서도 용혈 빈혈이 일어난다.

간성 황달 간세포의 괴사나 기능 부전, 간 내 담즙울체(쓸개즙 정체)로 일어난다. 황달의 정도는 중간 정도다. 대표적인 병은 개에게서는 만성 활동성 간염, 간내 담즙울체, 급성 간 괴사, 간경변, 고양이에게는 지방간, 담관 간염, 간 림프종, 고양이 전염성 복막염 등이 있다.

폐쇄 황달 간외 담관의 울체가 원인이 되어 중증 황달이 나타난다. 주요 원인은 총담관 폐색증, 담석증, 담낭 슬러지 등이다.

관찰 포인트

황달의 정도는 다양하다. 용혈 빈혈에서는 황달이 비교적 가벼우므로 발견하기 어려우며 동물은 빈혈 때문에 별로 움직이고 싶어 하지 않으며, 가만히 있는 일이 많아진다. 간성 황달, 폐쇄 황달은 황달이 심하게 나타나므로 맨눈으로도 확실하게 확인할 수 있다. 어떤 경우든 긴급해야 하므로 빨리 수의사에게 진찰받을 필요가 있다.

황달의 확인 부위 눈의 흰자위 부분이나 잇몸 등이 노르스름해졌는지 확인한다. 황달이 심해지면 귓바퀴나 하복부에도 보인다.

소변 색깔 소변은 짙은 노란색이 된다. 가벼운 황달은 맨눈으로 확인할 수 없는 때가 있으므로 주의한다.

다른 증상을 동반한다 황달이 의심되는 경우는 기력과 식욕이 없는 등 다른 증상을 동반한다. 예를 들면 용혈 빈혈에서는 황달과 빈혈이 보인다. 하지만 간성 황달이나 폐쇄 황달에서는 별다른 특징이 없다. 그러나 어떤 식으로든 전신 증상이 나타나므로 주의 깊게 관찰한다.

돌봄 포인트

황달이 의심되면 증상이 가벼운 것처럼 보이더라도 되도록 빨리 수의사에게 진찰받는다. 황달은 어떤 경우든 진행성이므로 조기 진단과 조기 치료가 필요하다. 병원으로 갈 때까지는 되도록 안정을 취하게 하고 물은 언제든지 자유롭게 마실 수 있도록 해준다. 황달은 다양한 원인으로 일어나므로 수의사에게 진단받은 다음 수의사의 지도에 따라 먹이를 준다.

설사한다

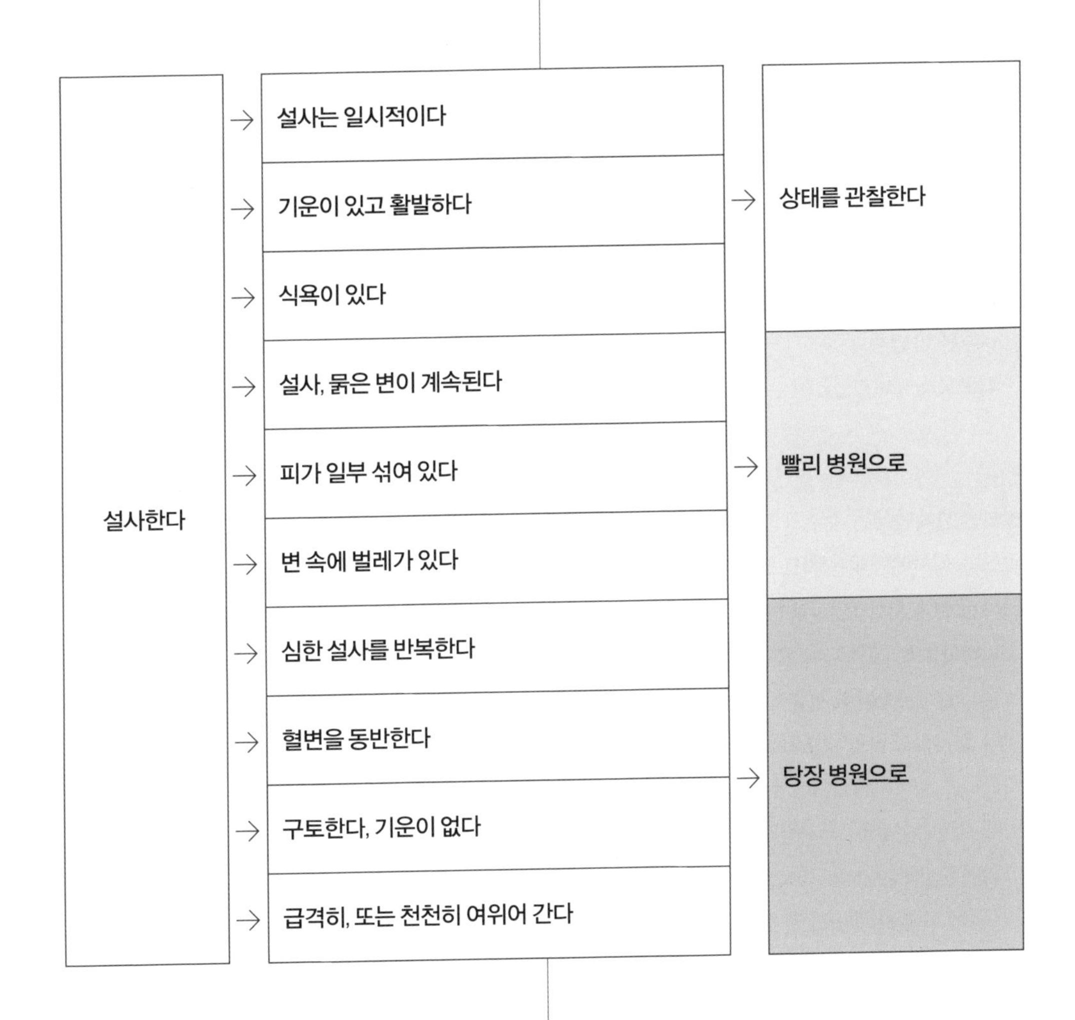

생각할 수 있는 주요 병

소화기 내 기생충증 개, 고양이

소화관 세균 감염증 개, 고양이

세균병 개, 고양이

개 코로나바이러스 감염증 개

개홍역 개

개 파보바이러스 감염증 개
고양이 범백혈구 감소증 고양이
독소 개, 고양이
장염 개, 고양이
출혈성 위장염 개
급성 췌장염 개, 고양이
만성 특발 장 질환 개, 고양이
위 종양 개, 고양이
식이성 과민증 개, 고양이
히스토플라스마증 개, 고양이
지아디아증 개, 고양이
장폐색 개, 고양이
췌장염 개, 고양이
외분비 췌장 부전 개, 고양이
담낭 · 담관 질환 개, 고양이
갑상샘 기능 항진증 주로 고양이
글루텐 장 병증 개
락토오스 불내성 개

원인
설사란 변에 함유된 수분의 양이 증가한 상태를 말한다. 설사에는 묽은 변도 있고 물똥 같은 변도 있다. 급성 설사나 진행이 빠른 설사는 급격히 악화하며 특히 강아지나 새끼 고양이, 노령견이나 노령 고양이는 하루에서 며칠 만에 사망하기도 한다. 설사라고 얕잡아 보지 말고 서둘러 진단받고 치료하는 것이 바람직하다. 설사한다고 해서 반드시 병에 걸린 것은 아니다. 사람과 마찬가지로 우유를 마시면 설사하는 개나 고양이도 있고 알레르기나 스트레스로 설사하기도 한다.
개와 고양이는 다양한 병 때문에 설사하는데 일반적으로는 기생충이나 바이러스, 세균 등에 감염되어 설사를 일으키는 일이 많으며 위, 대장, 소장에 이상이 있어도 설사한다. 개 파보바이러스 감염증, 고양이 범백혈구 감소증 등 개와 고양이 특유의 전염성 병도 있다.

관찰 포인트
일반적으로 소장성 설사는 한 번의 배변량이 증가하지만, 대장성 설사는 반대로 적거나 정상인 경우가 대부분이다. 대장성 설사는 물똥 설사라기보다는 보통은 묽은 변이며, 때로는 설사 상태가 오랫동안 계속된다. 배변량은 평소와 같거나 감소하고, 체중이 조금씩 감소하는 것이 특징이다.
환경 변화 급성 소장성 설사는 사료 변경이나 주워 먹기, 이사, 이동 등과 같은 환경의 변화 때문에 생긴다. 일반적으로 구토 등 다른 증상이 없다면 1회성인 경우가 많다.
전신 증상을 동반한다 구토나 쇠약 등의 전신 증상을 동반하는 경우는 세균 감염, 바이러스 감염이 의심된다. 감염증에서는 하혈이나 발열, 탈수, 복통 등의 증상을 동반한다. 심각한 증상을 보이는 경우가 많으며 서둘러 치료하는 것이 바람직하다.
특수한 병태를 나타내는 설사 만성 소장성 설사는 특수한 병태를 나타내는 경우가 있으며 원인도 알레르기성, 종양성, 식이성, 감염성, 기능성 등으로 다양하다. 이런 증상이 보이면 수의사에 의한 확진과 치료가 필요하다.
특수한 만성 설사 소화관에는 직접적인 문제가 없는데도 만성 설사를 일으키는 병으로는 외분비 췌장 부전에 의한 소화 효소의 분비가 없는 것, 담즙의 분비 장애에 의한 간 · 담도 질환, 갑상샘 기능 항진증 등이 있다.
변에 피가 섞여 있다 변에 일부 피가 섞여 있는 경우는 호산구 장염, 림프플라스마 세균성 장염, 육아종 장염, 림프종, 소장암이 의심된다. 변 전체가 붉을 경우는 출혈성 장염(세균 감염, 바이러스 감염) 등이 의심된다.

돌봄 포인트

설사의 원인이 사료 변경이나 환경 변화 때문이라고 특정할 수 있을 때는 그 원인을 제거하거나 경감시킨다. 구토나 그에 따른 탈수 등의 증상이 보일 때는 급격히 쇠약해지기도 하니 주의하자. 묽은 변이나 설사가 계속된다, 변에 벌레가 있다, 반복적으로 심한 설사가 이어진다, 혈변이나 구토가 보인다, 기운이 없다 등의 증상이 보이면 수의사의 진료가 필요하다.

변비에 걸렸다

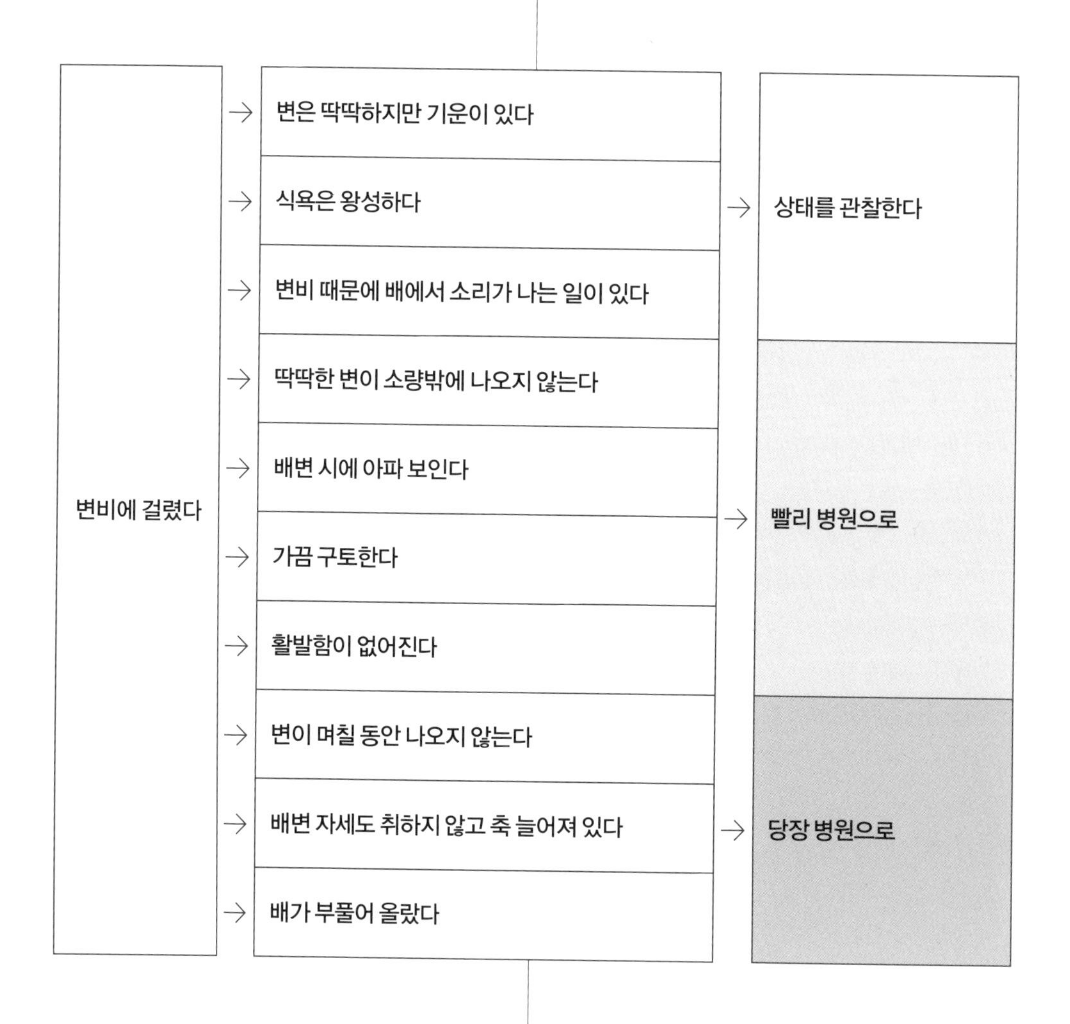

생각할 수 있는 주요 병

장폐색 개, 고양이

종양(결장 종양, 직장 종양) 개, 고양이

탈장(회음 탈장) 개, 고양이

골절(골반 골절) 개, 고양이

전립샘 비대 수컷 개

생식기계 종양 개, 고양이
척수 질환 개, 고양이
추간판 탈출증 개, 고양이
추간판 척추염 개, 고양이
거대 결장증 주로 고양이
항문낭염 개, 고양이
항문 주위염 개, 고양이
항문 협착 개, 고양이
항문 이물 개, 고양이
고관절 탈구 개, 고양이
회음부의 종양이나 이물 개, 고양이
갑상샘 기능 항진증 주로 고양이
갑상샘 기능 저하증 주로 개
부갑상샘 기능 항진증 개, 고양이
발열 등 소모성 질환으로 인한 탈수 개, 고양이

원인

변비란 보통의 배변보다 변이 단단하고 건조하여 배변 시에 배에 강하게 힘을 주지 않으면 변이 나오지 않는 상태다. 사료를 먹지 않고 2~3일 배변이 없는 상태는 변비라고 하지 않는다. 그런데 배변이 없는 것을 변비로 착각하거나 배가 무지근한 것을 변비와 혼동하는 경우가 많다. 변의가 있고 배출하려고 배에 힘을 주어도 배출이 되지 않을 때는 비뇨·생식기 병이나 하부 요로에 병이 있을지도 모른다. 그러나 변비와의 차이를 보호자가 판단하기는 어려우며 수의사의 진찰이 필요하다. 변비는 〈생각할 수 있는 주요 병〉에서 나타낸 것과 같은 병을 원인으로 개와 고양이에게 일어난다. 그중에서도 고양이는 거대 결장증으로 변비가 생기기 쉽다. 그러나 다음과 같은 이유로 변비가 되는 경우가 있다.

이물 섭취 뼈, 또는 그루밍할 때 섭취한 털이나 이물 때문에 일어난다.

환경 변화 이사나 화장실 변경, 철거에 의한 주변 환경 변화로 일어난다.

수분 부족, 사료 변경 수분 부족이나 사료 변경으로 일어나는 경우가 있다. 운동 부족 때문에 일어나기도 한다.

약의 영향 이전부터 약(항콜린 작동제, 항히스타민제, 항경련제, 바륨 등)을 먹는 경우, 약의 영향으로 변비가 되는 경우가 있다.

대장 폐색 항문 주위의 이상(항문낭염, 항문 주위염, 항문 협착) 등으로 변비가 되기도 한다. 골반 골절로 골반이 변위(자리를 바꿈)하고, 그 결과 직장이 압박되어 좁아지면 변의 통과에 지장이 생겨 변비가 되거나 뒷다리 골절, 고관절 탈구 등 뒷다리의 기능 상실로 변비가 되는 경우가 있다.

기타 질병 신경 장애(척수의 병, 추간판 질환, 거대 결장 등), 대사·내분비의 병(결장 평활근 기능의 정지, 갑상샘의 병 등) 등에도 변비가 보인다. 또한 쇠약해져서 전신의 근육이 허약해 탈수를 일으키면 변비가 되기도 한다.

관찰 포인트

변비가 계속될 때는 병을 의심한다. 변비라도 조금씩 배변하고 있다면 비교적 가벼운 변비로, 일시적일 수 있다. 그러나 전혀 배변할 수 없다면 병적이라고 생각해야 한다.

변의 횟수 변의 횟수는 하루 1~3회라면 정상이라고 생각할 수 있다. 다만, 개체차가 있으므로 평소에 배변 횟수를 파악하여 건강했을 때보다 횟수가 감소한다면, 그 밖에 이상한 증상이 나타나지 않는지 살핀다. 변의 굳기를 관찰함으로써 증상과 합쳐서 변비를 의심하는 힌트가 된다.
배변 자세를 취해도 배변이 없다, 배가 가스 때문에 팽창한다, 식욕이 없다 등의 증상이 변비를 동반하여 나타난다.

돌봄 포인트

변비 때문에 가스가 차서 팽창해 있는 경우는 관장하여 변과 함께 가스의 배출을 시도한다. 이것은 수의사가 한다. 먹이는 배변이 부드럽게 이루어질 만한 섬유질이 많은 식사로 대체한다. 단, 보호자가 마음대로 판단하여 바꾸면 안 된다. 수의사와 의논한 다음 지시에 따라 최적의 먹이를 제공할 필요가 있다. 언제든지 마시고 싶으면 마실 수 있도록 깨끗한 물을 준비해 둔다. 배변 자세를 취해도 이틀 이상 배변이 되지 않으면 빨리 진찰받을 필요가 있다. 배뇨 장애가 원인이 되어 변비를 일으키는 경우가 있다. 보호자는 변비와 혼동하기 쉬우며, 판단을 할 수 없는 경우가 대부분이다. 빨리 진찰받아 병 때문에 그런 건 아닌지 진단받는다. 배뇨 장애라면 긴급 치료가 필요하다. 그냥 변비라면 1~2일 배변이 없어도 큰 문제는 아니다. 보호자가 수의사의 진단 없이 자기 판단으로 관장하거나 내버려 두지 않도록 한다.

배가 아파한다

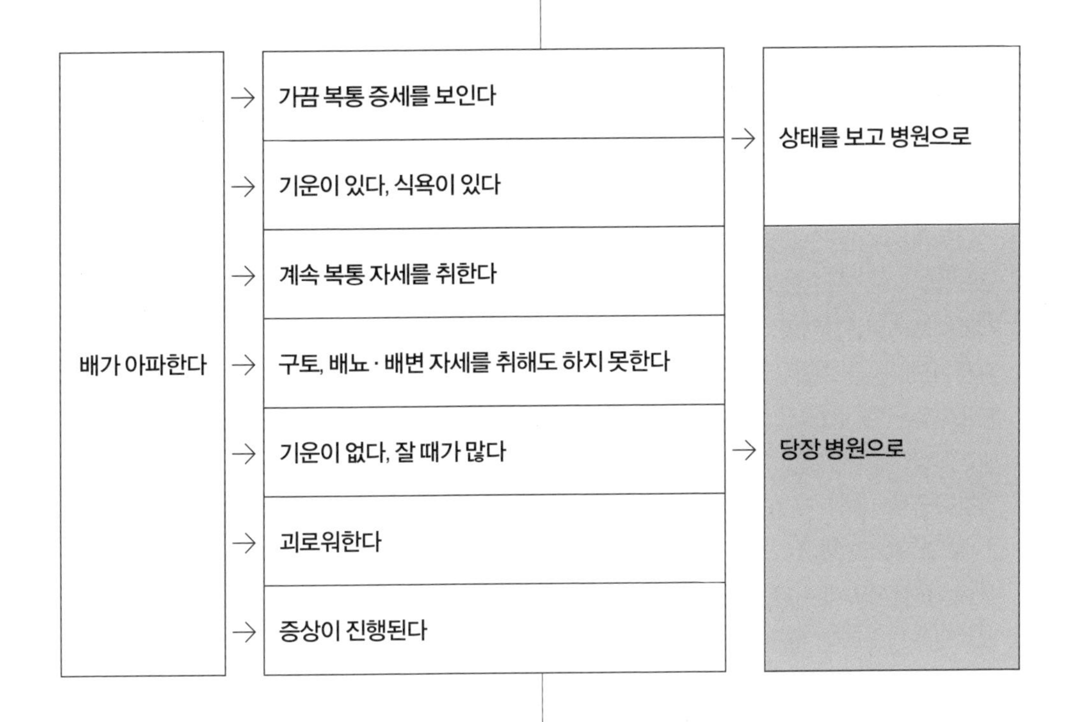

생각할 수 있는 주요 병

만성 간 질환 개, 고양이
간 종양 개, 고양이
창상 개, 고양이
담석증, 담낭 슬러지 개, 고양이
간외 담즙 정체(총담관 폐색증) 개, 고양이
담낭 파열, 간외 담관 파열 개, 고양이
위 확장 개, 고양이
위 염전 개, 고양이
급성 위염 개, 고양이
만성 위염 개, 고양이
위궤양 개, 고양이
위 내 이물 개, 고양이
독성 물질 섭취 개, 고양이
위 파열 · 위 천공 개, 고양이
췌장염 개, 고양이
췌장 종양 개, 고양이
비종(울혈, 종양, 감염) 개, 고양이

비장 종양 개, 고양이
장염(세균, 감염증, 기생충) 개, 고양이
장폐색 개, 고양이
장겹침증 주로 개
장염전 주로 개
소장 종양 개, 고양이
독소 개, 고양이
신우신염 개, 고양이
세뇨관 사이질 신염 개, 고양이
사구체 신염 개, 고양이
신장 종양 개, 고양이
물콩팥증 개, 고양이
비뇨기계 외상 개, 고양이
요도 폐쇄 개, 고양이
부신 비대 개, 고양이
난소 종양 암컷 개, 암컷 고양이
자궁 축농증, 자궁 내막염 암컷 개, 암컷 고양이
자궁 염전 암컷 개, 암컷 고양이
자궁 파열 암컷 개, 암컷 고양이
자궁 탈출 암컷 개, 암컷 고양이
암컷의 생식기 종양 암컷 개, 암컷 고양이
하부 요로 감염증 주로 개
특발성 하부 요로 질환 고양이
요로 결석(방광 결석) 개, 고양이
방광 종양 개, 고양이
전립샘염 수컷 개
전립샘 농양 수컷 개
전립샘 종양 수컷 개
잠복 고환 수컷 개, 수컷 고양이
정소염(고환염), 정소 상체염(부고환염) 수컷 개, 수컷 고양이
정소 종양 수컷 개, 수컷 고양이
대장 종양 개, 고양이

원인

동물은 배가 아픈 상태가 되면 움직이기 싫어하며 등을 둥글게 말고 가만히 있는 때가 많다. 이것은 복부를 무의식적으로 보호하려 하는 상태로, 이렇게 함으로써 아픔을 조금이라도 완화하려는 것이다. 통증 때문에 안절부절못하고 서성대며 주위를 맴도는 일도 있다. 때로 격통이 있으면 무심코 울음소리를 내기도 한다. 배의 어디가 아픈지, 대개는 겉으로 보아서는 판단하기 힘들다. 복통은 갑자기 일어나는 일이 많으므로 수의사의 빠른 진단이 필요하다.

외상, 사고 사고나 추락 후에 일어난 복통은 복막염, 복강 내 장기의 손상이 원인이라고 생각할 수 있다.

내장의 이상 구토나 설사를 동반하는 것으로는 위, 등의 소화기계, 비뇨기계 이상을 추측해 볼 수 있다.

관찰 포인트

복통의 원인은 여러 가지다. 그중에서도 복강 내 장기의 손상이 심하면 죽음에 이르기도 하며 충분히 관찰하는 것이 중요하다.

긴급한 복통 교통사고나 추락, 싸움 등으로 복부 장기의 손상, 이물의 섭취에 의한 장폐색, 염전(비틀리거나 서로 꼬이는 병)은 구급 질환이므로 서둘러 진찰받아야 한다.

만성으로 경과하는 복통 만성으로 경과하는 경우는, 진찰받는 타이밍을 놓치는 경우가 있다. 손쓰기에는 너무 늦지 않도록 주의 깊은 관찰과 판단이 필요하다. 별로 좋아지지 않은 것 같다면 수의사에게 진찰받는다.

통증의 정도를 측정한다 복통의 정도에 따라서는 안아 올릴 때 아픔 때문에 물거나 으르렁대기도 한다. 통증이 가벼우면 별다른 증상을 보이지 않고 기운이 없거나 몸을 둥글게 말고 잠을 자는 상태가 많아진다. 그러나 증상이 진행되어 격통이 있을 때는 만지려고 하면 화를 내기도 한다. 활기와

식욕의 유무는 건강 상태의 척도가 되므로 평소에 점검하는 것이 중요하다.

다른 증상을 동반한다 구토나 설사가 보이는 경우, 배변, 배뇨 자세를 취해도 배설하지 못하는 경우, 통증을 나타내는 경우는 수의사의 진찰이 필요하다. 명백하게 평소와 상태가 다를 때, 예를 들면 배가 아픈 것 같고 기운과 식욕이 없고 방구석에서 웅크리고 있는 일이 많다면 충분한 관찰이 필요하다.

돌봄 포인트

병원에 갈 때까지는 되도록 안정시킨다. 증상이 진행되면 돌이킬 수 없는 예도 있으므로 빨리 진료받는다. 추간판 병이나 다발 관절염, 근염, 혈관염 등에서는 복통 비슷한 증상을 나타내므로 주의가 필요하다. 일반적으로 보호자가 판단하기는 어려우므로 수의사에게 진찰받을 필요가 있다.

소변이 잘 나오지 않는다

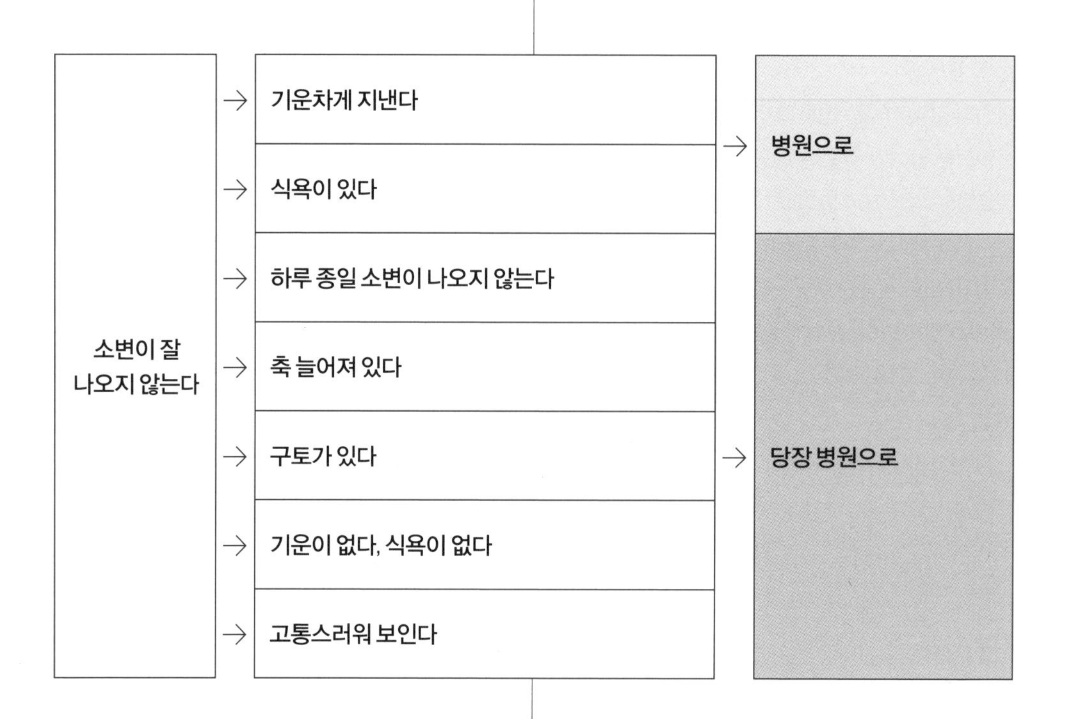

생각할 수 있는 주요 병

요로 결석(방광 결석) 개, 고양이

전립샘 비대 수컷 개

전립샘 종양 수컷 개

자궁이나 질의 종양 암컷 개, 암컷 고양이

직장 종양 개, 고양이

하부 요로 감염증(방광염) 개

특발성 하부 요로 질환 고양이

원인

소변은 신장에서 만들어져 방광에 고이며, 요도를 통해 몸 밖으로 배출된다. 그런데 소변의 배설이 원활하지 않은 경우가 있는데 이런 상태를 배뇨 곤란이라고 한다. 배뇨 자세를 취해도 소변이 제대로 나오지 않거나, 조금밖에 나오지 않거나 소변이 방울방울 떨어진다면 전형적인 증상이다. 전혀 배뇨하지 못하는 상태가 오랫동안 계속되면 고질소 혈증(혈액에 함유된 성분인 요소 질소가 증가한 병적 상태. 신장 기능이 저하되거나 탈수 등을 일으킬 때 보인다) 등 중증 상태에 빠지기도 한다. 배뇨 곤란은 개와 고양이 모두 일어나며 암컷보다 수컷에게 많이 보인다. 방광에서 요도구(소변 출구)까지의 사이에 종양이나 결석 등이 있으면, 걸림돌이 되어 배뇨 곤란을 일으킨다.

종양 방광이나 요도에 종양이 있으면 그것이 배뇨로를 막게 된다. 자궁이나 질, 직장에 발생한 종양이 요도를 바깥쪽에서 압박하여 배뇨 곤란을 일으키는 때도 있다.

전립샘 이상 요도는 전립샘 안을 관통하고 있다. 그러므로 종양이나 농양 등으로 전립샘이 비대해지면 요도가 압박되어 배뇨 곤란을 일으킨다.

방광 결석 결석은 암컷이든 수컷이든 생기는데, 수컷이 좀 더 배뇨 곤란의 원인이 된다. 이것은 수컷의 요도가 암컷보다 가늘고 길기 때문이다. 특히 수컷 고양이에게서는 모래알 같은 작은 결석이 배뇨 곤란의 원인이 된다.

요도가 구부러진다 회음 탈장이나 샅 탈장 등을 일으켰을 때, 방광이 복강 내에서 탈출해 버리는 때가 있는데 요도가 구부러져 배뇨 곤란을 일으키는 것이다.

관찰 포인트

배뇨 횟수는 개체차가 있다. 평소에 동물의 배뇨 상태(횟수나 1회의 배뇨량, 색 등)를 잘 관찰해 두는 것이 중요하다. 소변이 전혀 나오지 않거나 잘 나오지 않는 것을 알았다면 서둘러 진찰받는다. 그중에서도 하루 종일 소변이 나오지 않으면 당장 수의사의 진찰을 받는다. 구토를 동반할 때는 요독증을 병발하고 있을 위험성이 있다.

방광염에 걸리면 배뇨 후에도 잔뇨감이 있다. 실제로는 방광에 소변이 남아 있지 않은데 잔뇨감이 있으므로 동물은 계속 배뇨 자세를 취하는 경우가 있다. 그러면 보호자는 이런 상태를 배뇨 곤란이라고 믿어 버린다.

돌봄 포인트

배뇨가 거의 없고 기운이나 식욕이 없을 때, 고통스러워 보일 때, 축 처져 있을 때는 빨리 수의사에게 진료받는다. 소변을 채취할 수 있다면 진료받을 때 가져간다. 진단에 도움이 된다.

소변의 색이 붉다

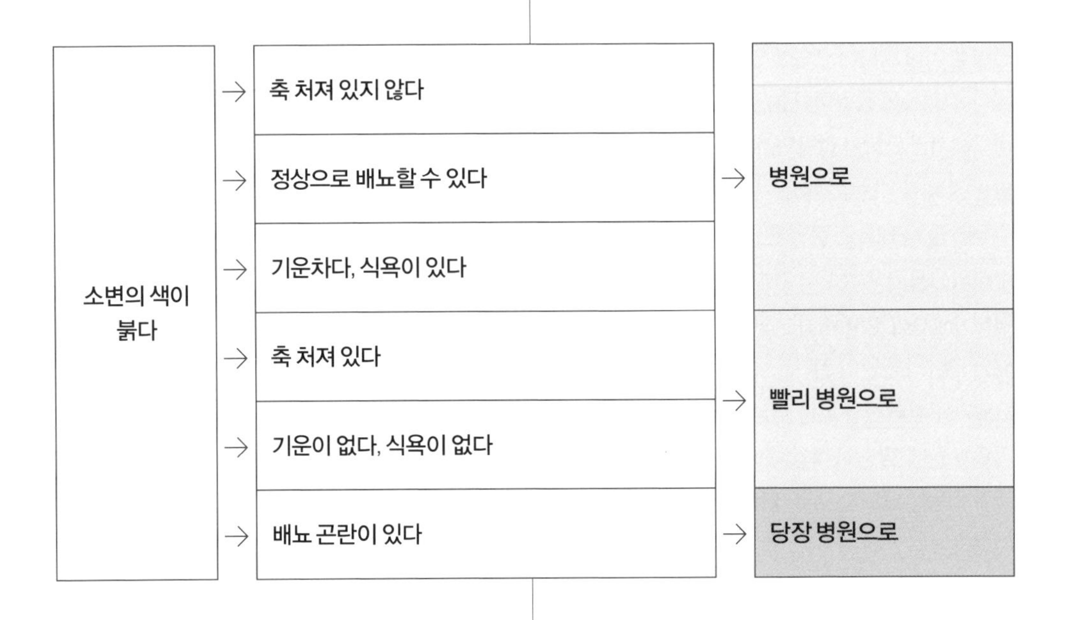

생각할 수 있는 주요 병

요로 결석(방광 결석) 개, 고양이

하부 요로 감염증(방광염) 개

특발성 하부 요로 질환 고양이

방광 종양 개, 고양이

전립샘염 수컷 개

혈소판과 응고계 질환 개, 고양이

급성 심장사상충증(대동맥 증후군) 주로 개

하인츠 소체 빈혈(양파 중독) 개, 고양이

면역 매개 용혈 빈혈 주로 개

바베시아증 주로 개

간 질환 개, 고양이

담낭·담관 질환 개, 고양이

헤모바르토넬라증 고양이

원인

불그스름한 빛을 띤 소변을 적색뇨라고 한다. 적색뇨에는 적색에서 갈색, 또는 짙은 오렌지색 등으로 보이는 소변도 포함된다. 개와 고양이는 방광염이나 방광 결석 등의 병에 걸리면 피가 소변에 섞여 붉게 보인다. 그러나 고양이에게 헤모글로빈요를 보는 일은 거의 없다. 소변이 불그스름한 색이 되는 것은 소변에 불그스름하게 보이는 물질이 존재하기 때문이다. 불그스름하게 보이는 물질로는 적혈구, 헤모글로빈, 빌리루빈 등이 있다. 소변이 붉게 보이는 원인 물질을 특정하려면 잠재혈 반응, 빌리루빈요 검사, 요침전물 검사가 필요하다. 이들 검사는 동물병원에서 받을 수 있다.

혈뇨 소변 중에 적혈구가 존재하는 상태를 혈뇨라고 한다. 혈뇨는 신장에서 요도구 사이에서 출혈하고 있다는 신호다. 배뇨의 시작에 인정되는 혈뇨는 주로 요도 및 생식기에서의 출혈을 의미한다. 배뇨의 처음부터 소변을 다 보는 마지막까지 보이는 혈뇨는 신장 질환과 혈액 응고 이상에 의한 출혈일 가능성이 있다. 배뇨의 마지막에 혈뇨가 보이면 방광에서의 출혈을 의미한다. 배뇨할 때마다 혈뇨가 나타나는 방식이 달라지는 소변은 요도와 생식기에서의 출혈이 의심된다. 혈뇨의 원인으로는 감염, 염증, 결석, 종양 등이 있는데, 그것을 구별하기 위해서는 요침전물 검사가 중요하다.

헤모글로빈요 소변에 헤모글로빈이 존재하고 있는 상태를 헤모글로빈요라고 한다. 헤모글로빈요는 소변이 산성일 때는 갈색, 알칼리성일 때는 적색이 된다. 헤모글로빈요가 보이는 원인은 두 가지다. 하나는 소변 중 적혈구(소변 중 적혈구의 존재는 혈뇨를 의미한다)가 파괴되어 적혈구 내부의 헤모글로빈이 나온 경우나, 다른 하나는 어떤 원인으로 혈관 내 적혈구가 파괴되어(용혈이라고 한다), 혈중으로 나온 헤모글로빈이 신장에서 소변으로 배설되는 경우다(이것을 진짜 헤모글로빈요라고 부른다). 용혈을 일으키는 병으로는 개의 양파 중독[6]이나 급성 심장사상충증, 또는 면역 용혈 빈혈 등이 있다.

빌리루빈요 소변 중에 빌리루빈이 존재하는 상태를 빌리루빈요라고 한다. 빌리루빈은 간에서 만들어지며 대부분 담즙으로 배출된다. 그러나 혈액에 빌리루빈 양이 많아지면 신장에서 소변으로 배출된다. 빌리루빈요 대부분은 진한 황색이나 오렌지색으로 보인다. 간세포의 장애나 담즙 울체(담즙의 흐름이 좋지 않아지는 것)가 일어나면 이런 상태가 된다.

관찰 포인트

평소에 소변의 색을 관찰하는 것은 중요하다. 평소의 색을 기억해 두지 않으면 소변의 색이 변화해도 알아차리지 못한다. 적색뇨에는 적색뿐만 아니라 진한 황색이나 오렌지색, 적포도주 같은 색, 콜라나 등유 같은 갈색도 포함된다. 보호자가 물을 주는 것을 깜박하여 동물이 마실 물이 없었을 때 소변이 짙은 황색이 되기도 한다.

소변의 채취 소변 색깔이 이상하다는 것을 알아차렸을 때, 그 소변을 병원에 가져가면 진단에 도움이 된다. 배뇨 중인 소변을 쟁반이나 접시 등으로 받으면 채취할 수 있지만, 사용하는 용기는 깨끗하게 씻어서 건조시킨 것이어야 한다. 수분이 남아 있거나 다른 성분이 섞여 있으면 올바른 검사 결과를 얻을 수 없다. 채취한 소변은 되도록 빨리 검사받는 것이 중요하다.

결석, 방광염의 증상 결석 등이 있을 때는 배뇨하려고 애를 쓰지만 소변이 거의 나오지 않는 상태가 보인다. 방광염이라면 조금 전에 소변을 보러 갔는데 또 화장실에 들어가는 등의 빈뇨 증상이 보이는 경우가 있다.

발정기 발정기의 수컷 개는 소변에 혈액이 섞이는 경우가 있다. 일시적이므로 걱정할 필요는 없다.

6 양파, 대파 등의 파 종류를 먹음으로써 일으키는 양파 중독은 개뿐만 아니라 고양이에게서도 보고된다. 하지만 고양이는 적은 편으로, 이것은 고양이가 양파 냄새를 싫어하여 먹지 않기 때문으로 보고 있다.

돌봄 포인트

소변의 색이 평소와 달라도 기운이 있고 식욕이 평소와 같고 배뇨도 원활하다면 서둘러 진료받지 않아도 된다(진료받을 필요가 없다는 의미는 아니다). 배뇨가 거의 없고 방울방울 나오는 상태이거나 소변의 색이 이상할 때, 기운이나 식욕이 없고, 고통스러워 보일 때, 축 처져 있을 때는 빨리 진료받기 바란다.

경련을 일으킨다

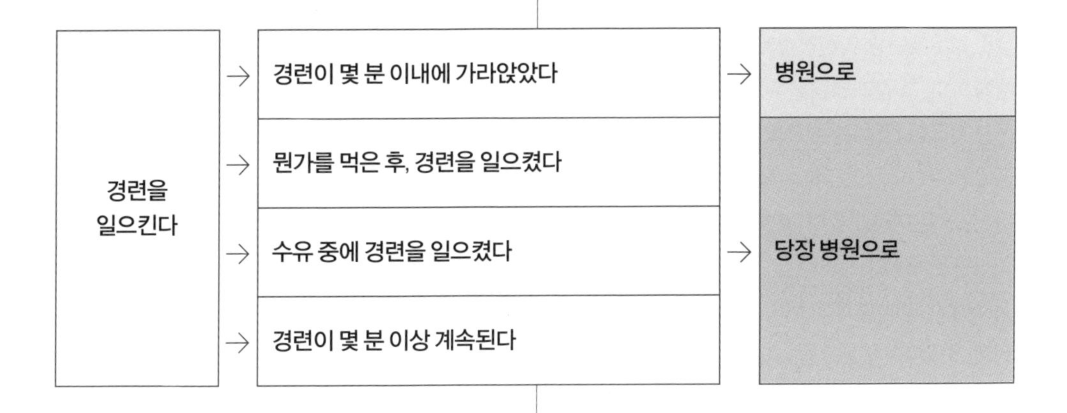

생각할 수 있는 주요 병

뇌전증 주로 개
유기인 중독(살충제 중독) 개, 고양이
저칼슘 혈증 주로 암컷 개
열사병 개, 고양이
크립토콕쿠스증 개, 고양이
광견병 개, 고양이
개홍역 개
고양이 전염성 복막염 고양이
뇌종양 개, 고양이
신부전 개, 고양이
비타민 B_1 결핍증 주로 고양이

원인

경련이란 하나의 근육 또는 하나의 신경에 지배되고 있는 근육군(몇 개의 근육의 집합)이 자기의 마음대로 되지 않는 상태에서 강한 수축을 일으킨 때를 말한다. 구체적으로는 손발이 실룩실룩하거나 온몸의 근육이 수축을 반복하는 것 같은 상태를 가리킨다. 예를 들면 사람의 딸꾹질은 횡격막의 경련이다. 위와 십이지장 사이에 있는 날문이라는 부위가 일으키는 날문 경련 수축이라는 병도 있다. 동물에게서 이들 복강 내 근육의 경련을 관찰하는 것은 불가능하므로 여기서는 개나 고양이에게 보이는 체표의 근육 경련을 제시한다.

뇌의 이상, 뇌전증 근육의 수축을 지배하고 있는 중추 신경계에 원인을 알 수 없는 이상 흥분이 일어나 근육이 수축하는 것이 뇌전증이다.

뇌전증에는 부분 발작과 전반 발작이 있다.
부분 발작은 일부 근육군을 지배하고 있는 뇌의 운동야(대뇌 겉질의 운동 기능에 관계하는 부위)라 불리는 부위에만 흥분이 일어나는 것으로, 그 운동야가 지배하고 있는 근육(예를 들면 다리)이 경련을 일으킨다. 전반 발작은 뇌가 광범위하게 이상 흥분을 일으켜 전신의 골격근에 경련이 일어난다.

뇌염, 뇌종양 개홍역이나 고양이 전염성 복막염 등의 감염증으로 뇌염이 발생한 경우나 뇌종양이 생긴 경우에는 중추 신경계에 이상 흥분이 일어나는 때가 있다. 그 결과 경련을 일으킨다.

신경 자극이 전달되는 방식의 이상 신경에서 근육으로 자극을 전달하는 물질(신경 전달 물질)을 아세틸콜린이라고 한다. 보통 아세틸콜린은 시간이 지나면 분해된다. 그러나 유기인제(농약이나 살충제)를 입에 넣거나 하면 아세틸콜린의 분해가 방해되어 계속 체내에 남아 있게 된다. 그러면 근육의 수축이 계속되어 경련을 일으킨다.

근육 흥분성(흥분하기 쉬움) 이상 혈액에는 칼슘이 함유되어 있다. 혈액 속 칼슘은 신경 세포막의 안전성에 관여하고 있다. 그러나 혈액 속의 칼슘 농도가 낮아지면 더 낮은 정도의 자극에 흥분하게 된다. 저칼슘 혈증이 되면 운동 신경 섬유의 활동이 이상 흥분하여 저칼슘 혈증에 특징적인 칼슘 경직(강한 수축)이 일어난다. 이때 전신의 골격근(특히 사지와 후두)의 경련이 보인다.
저칼슘 혈증은 부갑상샘 기능 저하증이나 수유 중인 어미 동물(주로 흥분하기 쉬운 소형견)에게 보인다. 전자는 부갑상샘 호르몬[7]이 감소하여 뼈로부터의 칼슘 공급이 불충분해지고 거기에 더해 신세뇨관에서의 칼슘 재흡수나 소화관에서의 칼슘 흡수가 감소하는 것이 원인이다. 후자는 혈액의 칼슘이 모유로 이행하여 혈중 칼슘이 감소하는 것이 원인이다.

관찰 포인트

뇌전증 경련은 혀를 핥거나 행동이 이상해지는 등 전조 증상을 보이는 경우가 있다. 경련이 일어나기 전에 뭔가를 먹었다면 중독을 생각할 수 있다. 몇 분 안에 가라앉으면 생명의 위험은 없는 것으로 본다. 그러나 경련이 가라앉지 않는다면 빨리 수의사에게 진찰받는다. 증상을 일으키기 전에 먹은 것이나 구토한 내용물은 진단에 도움이 되기도 한다. 어떤 상태에서 경련이 일어났는지를 설명할 수 있도록 침착하게 관찰하자.

돌봄 포인트

경련을 일으키고 있을 때는 의식이 흐려져 보호자를 알아보지 못하기도 한다. 그럴 때는 물기도 하므로 동물에게 손을 댈 때는 충분히 주의한다.
특발 뇌전증은 고양이보다 개에게 많이 보인다.
유기인제 중독도 개에게 많다. 그중에서도 수유 중인 어미에게 보이는 저칼슘 혈증은 대형견이나 고양이에게는 적고, 소형견이고 흥분하기 쉬운 개에게 보이는 것이 특징이다.

7 뼈와 신장에 작용하여 혈액 속의 칼슘 농도를 높이는 등 중요한 역할을 하는 부갑상샘 호르몬은 부족하면 혈액 속의 칼슘 농도가 감소하여 칼슘 경직을 일으킨다.

의식을 잃는다

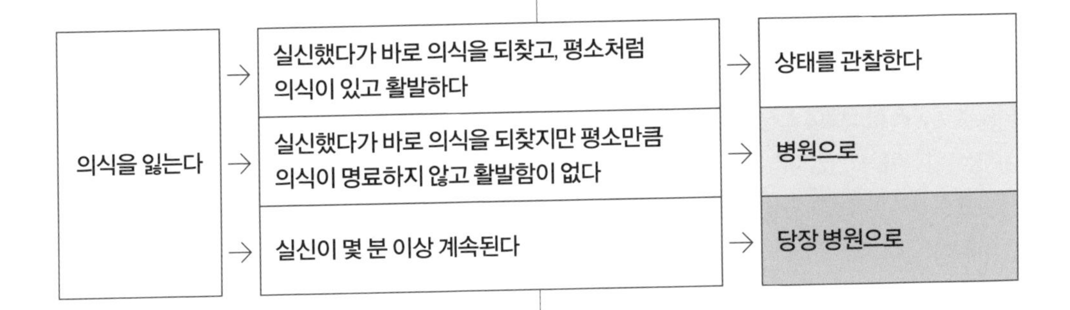

생각할 수 있는 주요 병

중증 동맥관 개존증 개, 고양이
중증 심실중격 결손증 개, 고양이
중증 폐동맥 협착증 개, 고양이
중증 대동맥 협착증 개, 고양이
팔로 네 징후 개, 고양이
아이젠멩거 증후군 개, 고양이
심장사상충증 주로 개
승모판 기능 부족 주로 개
심근증(확장 심장 근육 병증) 개, 고양이
심장 눌림증을 동반하는 심막액 저류 개, 고양이
부정맥(빈발하는 심실 부정맥, 잦은맥박, 느린맥박) 개, 고양이
극도의 긴장과 공포 개, 고양이
기면증 개

원인

돌발적으로 또는 발작적으로 갑자기 쓰러지는 일시적인 의식 장애를 실신이라고 한다. 뇌의 활동에는 산소나 포도당이 필요한데 어떤 원인으로 뇌의 혈류가 급격하게 감소하거나 일시적인 정지가 일어나면, 의식이 소실되고 근육의 긴장이 저하하여, 탈진 상태가 되어 실신하는 것이다. 실신은 고양이보다 개에게 많다고 하는데, 개는 대개 보호자가 지켜보는 곳에 있으므로 고양이보다 알아차리기 쉬운 것일 수도 있다. 실신에는 심장에 이상이 있는 경우(이것을 심장성 실신이라 부른다)와 이상이 없는 경우가 있으며, 후자는 대부분 신경 조절성 실신으로 여겨진다.

심장에 이상이 있는 경우 심장에 병이 있으면 심장박출량이 저하하여 뇌에 허혈(조직이나 장기에 흐르는 혈액이 극도로 감소하는 상태)이 생기거나, 폐를 순환하는 혈류가 감소하여 저산소 상태가 되거나 중증 부정맥 때문에 심장박출량이 저하하는 일이 있다. 이것들이 원인이 되어 심장성 실신이 일어난다.

심장에 이상이 없는 경우 신경 조절성 실신이란 건강한 동물이라도 일어나는 1회성 실신이다. 신경 조절성 실신은 다양한 검사를 해도 원인을 특정할 수 없다. 그러나, 감정적인 스트레스나 공포, 불안, 아픔, 격렬한 운동 등이 원인이라고 생각된다. 어떤 원인으로 정맥의 환류량이 감소하면 교감 신경의 긴장과 부교감 신경의 억제가 생기고, 계속해서 일어나는 복잡한 신경 반사 때문에 최종적으로 혈관이 확장하고 심박수가 감소한다. 결과적으로 뇌의 혈류량이 감소하여 실신이 일어난다. 실신이 심원성인지 비심원성인지를 감별하기 위해서는 세심한 주의가 필요하며 감별할 수 없는 경우도 많이 있다.

관찰 포인트

실신하기 전에 무엇을 하고 있었는지 생각하자. 격렬한 운동을 하고 있었다, 극도로 흥분했다, 얌전하게 앉아 있었다 등 구체적으로 기억해 낸다. 심장성 실신으로 장시간 지속될 때는 주의한다. 다른 증상을 동반하는지도 생각한다. 최근에 산책을 하다가 움직이지 않게 되는 일이 있었다는 등 이른바 운동 불내성이 관찰되면 심장 이상을 생각할 수 있다.

돌봄 포인트

실신하면 안전한 곳으로 동물을 이동시킨다. 의식을 회복하고 아무 일 없었다는 듯이 돌아다니면 잠시 상태를 관찰한다. 의식이 회복되어도 기운이 없어 보이면 수의사에게 진단받는 것이 좋다.

205

침을 흘린다

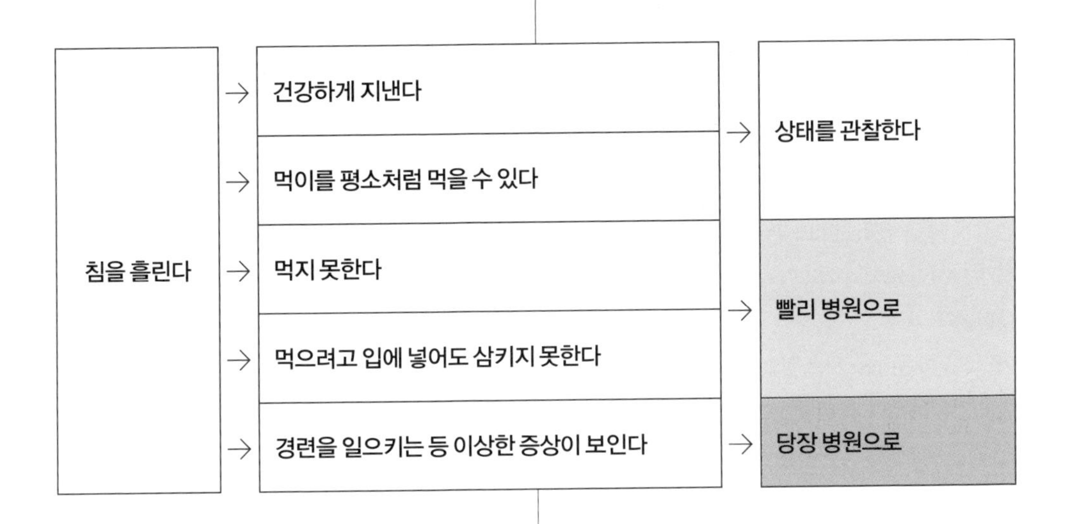

생각할 수 있는 주요 병

구내염 주로 고양이
설염 개, 고양이
구강 내 이물, 외상 개, 고양이
종양 개, 고양이
편도염 개, 고양이
유기인 중독(살충제 중독) 개, 고양이
식도염 개, 고양이
식도 내 이물(식도 경색) 주로 개
인두 마비 개, 고양이
구순열, 구개열 개, 고양이
광견병 개, 고양이
개홍역 개, 고양이

원인

침을 흘리는 것은 개나 고양이에게 보이는 일반적인 상태다. 예를 들면 배가 고픈 개 앞에 먹이를 두고 기다려라고 하면 침을 흘리는데 이것은 생리적이며 건강한 반응이다. 그러나 그중에는 침 과다증이라고 불리는, 병적으로 침을 흘리는 경우가 있다. 비정상적인 침흘림증은 타액의 양이 많아서 입 밖으로 흘러나오는 경우와 타액 분비량은 정상 범위 안이지만 입 밖으로 흘러나오는 경우가 있다. 후자는 가성 침 과다증이라고 한다. 타액은 주로 귀밑샘, 아래턱샘, 혀밑샘의 세 종류(개는 광대뼈샘도 있어서 네 종류) 선에서 분비된다. 이들 분비는 음식 냄새 등으로 활발해지는데 구강 점막의 기계적 자극(음식이나 구강 내 이물 등)에 따라서도 유발된다.

구강 내의 병 구내염, 설염, 종양, 외상, 구강 내 이물, 혀에 걸린 실 같은 이물, 편도염 등에 걸리면 침 과다증의 원인이 된다.

가성 침 과다증 식도 경색이나 인두 마비로 음식을 삼키지 못하고(연하 장애), 침이 식도로 흐르지 못하는 경우가 있다. 또한 입술에 형태적인 이상이 있어서 침이 새는 예도 있다.

감염성의 병 광견병이나 신경성 디스템퍼(개홍역, 강아지가 잘 걸리는 급성 전염병) 등의 병에서는 마비성 연하 장애가 일어난다. 삼키지 못한 침이 입 밖으로 흘러나와 침 과다증 증상이 나타난다.

유기인제 중독 유기인제 중독에서는 신경 자극 전달 물질(아세틸콜린)의 분해가 방해받아서 타액 분비가 왕성해지며 결과적으로 침 과다증이 나타난다.

기타 고양이는 싫어하는 맛의 약을 먹을 때나 강도 높은 긴장이 있을 때 침을 흘리는 경우가 있다.

관찰 포인트

입 주위를 앞발로 긁거나 한다면 입안에 이물이 있을 수 있다. 침에 피가 섞여 있는 경우에는, 입안에 외상이 있거나 중증 구내염일 가능성이 있다. 침 흘림이 심하고 경련을 동반할 때는 유기인제 중독이 의심된다. 한편 세인트버나드나 그레이트피레네 등은 평소에 침을 많이 흘리는 견종이다. 자동차를 타는 것에 익숙하지 않은 개가 차멀미를 할 때도 침을 흘린다. 그러나 이것은 일시적인 것으로 자동차에서 내려서 시간이 지나면 낫는다.

돌봄 포인트

치석을 제거하자. 치석은 구내염의 원인이므로 양치질 같은 예방 대책을 세운다. 위험한 물건은 반려동물 가까이 두지 않도록 하며, 골프공은 내부의 고무 실이 풀리면 혀뿌리에 끼는 경우가 있으므로 장난감으로 주는 것은 위험하다. 먹이가 달린 낚싯바늘이나 낚싯줄도 문제의 원인이므로 동물 근처에 두지 않도록 한다. 실을 핥는 것을 좋아하는 고양이도 있는데, 이런 고양이 주위에는 재봉실 등을 놓아 두지 않도록 한다. 경련 증상을 동반하는 때는 서둘러 수의사의 진료를 받는다.

운동을 싫어한다, 쉽게 피곤해한다

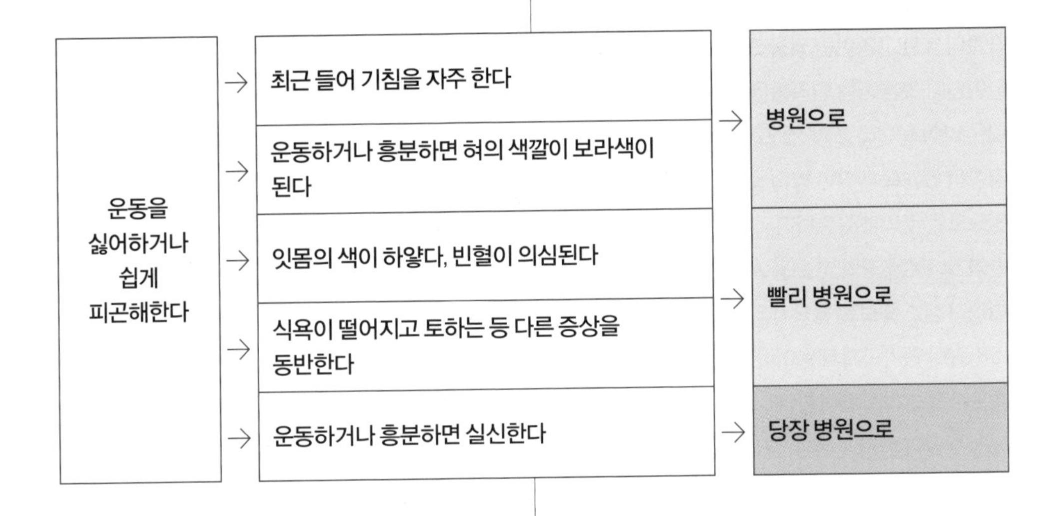

생각할 수 있는 주요 병

선천 심장병 개, 고양이
심장사상충증 주로 개
판막 질환 개, 고양이
심근증 개, 고양이
부정맥 개, 고양이
흉수증 개, 고양이
복수 개, 고양이
기관 허탈 주로 개
연구개 노장 주로 개
농흉 주로 고양이
오목가슴 개, 고양이
심막 횡격막 탈장 개, 고양이
복막-심막 횡격막 탈장 개, 고양이
천식 고양이
빈혈 개, 고양이
고관절 형성 부전 주로 개
넙다리뼈 머리의 허혈성 괴사 개, 고양이
퇴행 관절증 개, 고양이
추간판 탈출증 주로 개
변형 관절염 주로 개
갑상샘 기능 저하증 주로 개
부신 겉질 기능 항진증 주로 개
부신 겉질 기능 저하증 주로 개
비만 개, 고양이

원인

동물이 운동을 싫어하거나, 축 늘어지는(쉽게 피곤해한다) 상태를 의학 용어로는 운동 불내성이라고 한다. 지속적인 육체 운동을 견디지 못하는 체질을 의미한다. 개는 산책하는 일이 많으므로 보호자가 이상을 알아차리는 경우가 많지만 고양이는 개처럼 산책시키는 일이 없으므로 쉽게 피곤해하는 등 상태 변화를 알아차리는 것이 늦어지는 경향이 있다. 평소에 몸단장, 발톱 갈기 등의 동작에 변화가 없는지 잘 관찰한다. 외출하는 습관이 있는 고양이는 외출하지 않게 되는 변화가 일어난다. 보호자는 반려동물이 쉽게 피곤해하는 것은 나이 탓이라고 착각하고 가볍게 생각하는 경향이 있는데 심각한 병이 숨어 있는 경우도 많으므로 주의가 필요하다.

순환기나 호흡기의 병 운동 시에는 전신에 충분한 혈액과 산소를 보낼 필요가 있다. 그것은 산소 소비량이 증가하기 때문이며, 몸은 심박수나 호흡수를 늘려서 대응한다. 그 결과, 심박이나 폐에 부담이 생기게 된다. 심장에 병이 있으면 그것들에 대응할 수 없다. 운동 불내성은 한 살 이하의 개나 고양이에게서는 선천 심장 기형이 의심된다. 개는 노령이 됨에 따라 승모판 기능 부족으로 대표되는 심장 판막의 병이 많아지며, 운동 불내성이 나타나게 된다. 개의 대표적인 병으로 필라리아라는 기생충이 심장 안에 기생해서 일어나는 심장사상충증이 있는데, 이것은 모기를 매개로 하는 감염증이므로 충분한 예방이 필요하다. 심장사상충은 고양이에게 감염되어 증상이 나타나기도 한다. 기관 허탈은 소형견(포메라니안 등)에게 많이 보이며, 그런 경우에는 돌연사하기도 한다. 그 대부분은 유전성 체질이라고 생각되는데 나이가 들어감에 따라 발생이 증가한다.
단두종(퍼그, 치와와, 불도그 등) 개는 연구개 노장이 많이 보이며 호흡이 힘들어서 운동을 싫어하는 경우가 있다. 고양이는 그 밖에 가슴에 고름이 차는 농흉이나 기관지 천식이 있다.

혈액병 혈액 속의 적혈구는 폐에서 산소를 받아서 온몸으로 운반하는 작용이 있다. 빈혈이 되면 적혈구가 감소하므로 산소가 온몸으로 도달하지 못하게 되어 운동을 싫어하거나 쉽게 피곤해한다. 빈혈의 원인은 여러 가지이지만 정확한 진단을 하기 위해서는 골수 검사가 필요한 경우가 있다.

뼈 · 관절병 운동하면 근육이나 뼈, 관절에 부담이 생긴다. 운동으로 통증이 생기면 운동을 싫어하게 된다. 뼈와 관절에 통증을 일으키는 병은 고양이보다 개에게 많이 보인다.

비만 최근 개나 고양이의 비만이 문제가 되고 있다. 비만 동물은 사지에 과도한 부담이 생기고 체온 조절이 어려우므로 운동을 싫어하거나 쉽게 피곤해한다.

내분비병(호르몬 이상) 개에게 많이 보이는 부신 겉질의 병이나 갑상샘 기능 저하증은 움직임이 둔해진다, 축 처진다, 쉽게 피곤해한다 등의 증상이 보인다.

관찰 포인트

개는 먹기와 산책을 아주 좋아하는 동물이다. 때로 보호자를 끌면서 앞장서 걷는 일이 많다. 평소에 개는 산책하는 모습을, 고양이는 몸단장을 잘 관찰하도록 하자. 순환기나 호흡기 질병이 있으면 운동이나 흥분할 때 기침이나 거친 호흡을 보인다. 혀가 보라색이 되거나 실신한다면 대단히 위급한 상황을 생각할 수 있다. 빈혈은 원인에 따라 긴급한 것이 있다. 평소에 잇몸이 건강한 색(분홍색)인지 체크할 필요가 있다.

돌봄 포인트

운동을 싫어한다면 강요하지 않는 것이 중요하다. 보호자 이외의 사람을 완강하게 거부하는 개나 고양이는 동물병원에 가는 것만으로 대단히 흥분하게 된다. 순환기나 호흡기 질환이 있거나 빈혈이 심하면 극도의 흥분으로 호흡 기능 상실, 더 나아가 죽음에 이르기도 한다. 먼저 병원에 가기 전에 미리 운동을 싫어하는 상황을 설명하자. 운동을 싫어하는 상태가 단기간에 일어났는지, 어떤 기간에 걸쳐서 서서히 눈에 띄게 되었는지를 수의사에 전하는 것이 중요하다. 살이 쪘을 때 운동량을 갑자기 늘리는 것은 위험하다. 원래 어떤 병(기초 질환)에 걸려 있어서 그 병 때문에 살이 쪘을 수도 있다. 먼저, 그것부터 점검하자. 비만 동물에게는 운동은 적절히 하고, 비만 동물용 처방식을 주어 섭취 열량 관리를 엄격하게 한다. 체중 조절도 중요한 치료법이다. 고양이는 집 안을 탐색하기 좋아하니, 고양이가 점프해서 올라갈 수 있도록 가구를 재배치해도 좋다.

210

동작이 어색하다

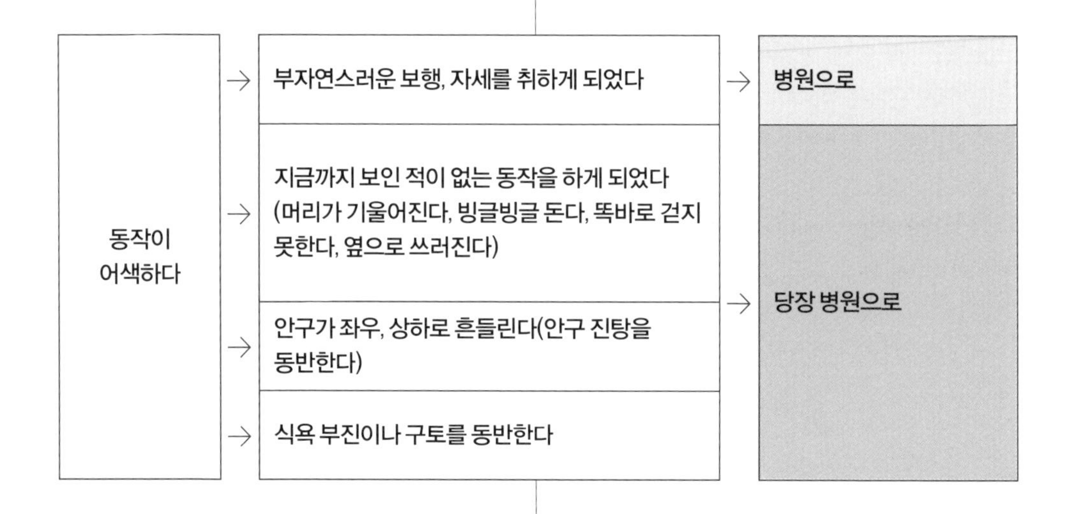

생각할 수 있는 주요 병

특발 전정 장애 개, 고양이

뇌 외상 개, 고양이

뇌출혈, 뇌경색 개, 고양이

신경계 종양 개, 고양이

약물 중독 개, 고양이

소뇌 저형성증 개, 고양이

개홍역 개

광견병 개, 고양이

톡소포자충증 개, 고양이

원인

몸을 움직여서 한 가지 동작을 할 때, 몇 개의 근육이 협조하여 움직일 필요가 있다. 단순해 보이는 동작도 여러 근육이 수축하고 협조하여 움직이고 있다. 그런데 의식이나 지능에 문제가 없고 운동 마비가 없는데도 정상적인 움직임을 할 수 없는(근육의 균형 이상) 때가 있다. 이런 상태를 의학적으로는 운동 실조(조화 운동 못함증)라고 한다. 예를 들면 똑바로 걸으려고 하는데 구부러지는 상태다. 증상은 손상을 입은 부위에 따라 다르다. 운동 실조는 척수성 운동 실조, 전정성 운동 실조, 소뇌 조화 운동 못함증의 세 가지로 크게 분류된다. 이 가운데 비교적 많이 보이는 것은 전정성 운동 실조다.

척수성 운동 실조 외상이나 종양 등이 원인으로,

근육이나 관절 등으로부터의 감각 경로가 손상됨으로써 일어난다.

전정성 운동 실조 중추성 또는 말초성의 전정계가 손상됨으로써 일어난다.

소뇌 조화 운동 못함증 소뇌가 손상됨으로써 일어난다. 소뇌가 손상되면 다리를 나란히 해서 서지 못하고 벌린 자세가 되거나 다리를 지나치게 들어 올리는 부자연스러운 보행을 보이기도 한다. 먹거나 마실 때 머리의 동작을 제어하지 못해 음식이나 물에 머리를 처박기도 한다.

전정의 병 전정은 내이(속귀)의 일부로, 평형 감각을 맡고 있다. 전정의 병에 걸리면 평형 감각을 잃는다. 또한 중이염이나 내이염으로 전정이 손상되는 예도 있다.

특발 전정 증후군 비교적 많이 보이는 병으로 뚜렷한 원인을 알 수 없으므로 특발이라고 부른다. 개는 열 살이 넘으면 병이 나는 경우가 많아 노년성 전정 증후군이라고 불리기도 한다. 고양이는 나이와 관계없이 발병한다. 전정은 머리, 눈, 체간을 중력에 대해 똑바른 위치로 유지하는 기능이 있다. 편측성 전정 질환이 있으면 손상이 있는 방향으로 머리가 기울어지거나 빙글빙글 계속해서 맴돌기도 한다. 또한 안구가 무의식적으로 수평 방향이나 수직 방향으로 움직이는 현상이 보이기도 한다.

관찰 포인트

개와 고양이에게 많이 보이는 병으로 특발 전정 증후군을 들 수 있다. 머리가 기울어지는 사경(기운목)이라는 증상이 많이 나타나므로 주의해서 관찰하자. 특발성 전정 증후군은 구토나 식욕 부진이 많이 나타난다. 물을 마실 때나 걸을 때 모습을 관찰하여 예전과 같은지, 다른 개나 고양이와 다르지는 않은지를 관찰한다.

돌봄 포인트

특발 전정 증후군은 치료받지 않고 내버려 두면 증상이 진행되기도 한다. 이 병이 의심될 때는 반드시 동물병원에 데려간다. 단, 평형 감각을 잃으면 공포감 때문에 날뛰는 개나 고양이도 있다. 만질 때는 물리지 않도록 주의한다.

212

다리를 감싼다, 다리를 들어 올린다, 다리를 질질 끈다

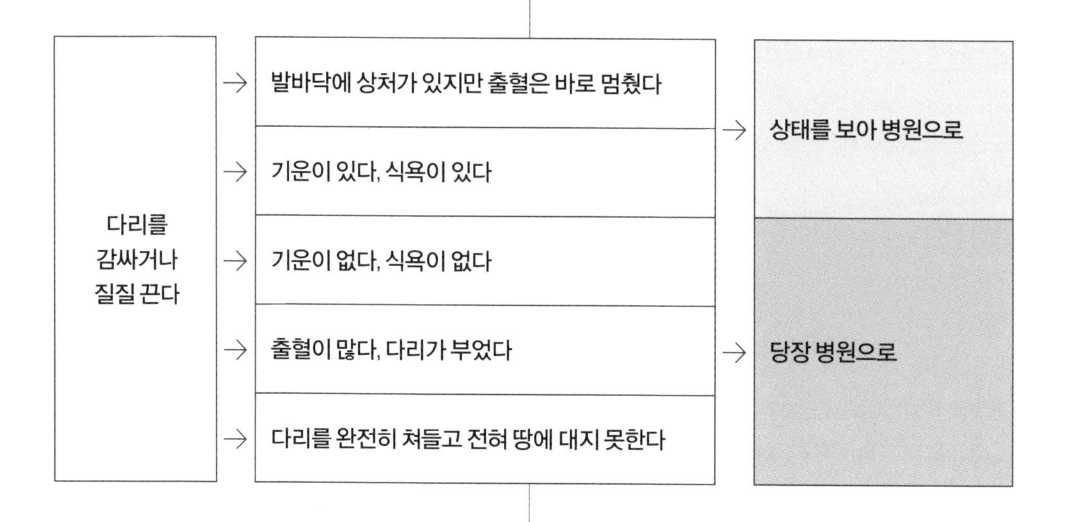

생각할 수 있는 주요 병

- 외상 개, 고양이
- 추간판 탈출증 개, 고양이
- 골연골 형성 이상증 개, 고양이
- 구루병, 골연화증 개, 고양이
- 연골 외 골증 개, 고양이
- 골연골증 주로 개
- 고관절 형성 부전 주로 개
- 팔꿈치 형성 부전 주로 개
- 성장통 주로 개
- 넙다리뼈 머리의 허혈성 괴사 개, 고양이
- 슬개골 탈구 개, 고양이
- 관절염 개, 고양이
- 퇴행 관절증 개, 고양이
- 변형 관절염 주로 개
- 전신 홍반 루푸스 개, 고양이
- 전방 십자 인대 단열 개, 고양이
- 다발 근육염 주로 개
- 비대성 골증 개, 고양이
- 비타민 A 과다증 주로 고양이
- 운동기계 종양 개, 고양이
- 갑상샘 기능 저하증 주로 개
- 혈전 색전증 주로 고양이
- 당뇨병 개, 고양이

원인

발에 균등하게 체중을 싣지 못하고 발을 절름거리는 상태를 파행이라고 한다. 보통은 통증이 있으면 파행을 보인다. 원인은 여러 가지를 생각할 수 있는데 발톱에만 문제(발톱 빠짐)가 있는 예도 있고, 다리 골절로 수술이 필요한 때도 있다. 파행의 대부분은 개는 산책을 할 때 걸음걸이로 알 수 있다. 그러나 산책 습관이 별로 없는 고양이는 알아차리기 힘들다. 개는 견종에 따라 몸의 크기가 다양한데 그것은 사람이 다양한 크기의 개를 만들어 왔기 때문이다. 그래서 뼈의 발육 이상이 고양이보다 많이 보이는 것이다. 발정기의 고양이는 외출하는 일이 많으므로 교통사고를 당하거나 다른 고양이와 싸움하여 골절이나 외상을 입는 기회가 늘어난다. 개와 고양이가 근육, 뼈, 관절의 병에 걸리면 걸음걸이에 이상이 보이기도 한다.

관찰 포인트

네 다리 가운데 어떤 다리를 감싸며 걷는지를 관찰한다. 감싸고 있는 다리를 자주 핥아서 침으로 젖어 있는 때도 있다. 발볼록살에 뭔가가 박혀 있거나 발끝에 껌이나 사탕 등이 끼어 있으면 그 부분을 자주 핥는다. 출혈이 없는지, 부기는 없는지, 열이 나지는 않는지, 통증은 없는지 등을 관찰한다. 다리를 감싸게 된 계기가 있다면 진찰 때 수의사에게 알린다. 집에서는 다리를 감싸고 있던 개가 병원에 오면 완전히 멀쩡하게 걷는 일이 많은데 약간 아픈 정도는 숨기는 경향이 있다. 골절이나 큰 관절의 탈구가 있을 때는 다리를 땅에 전혀 딛지 못한다.

돌봄 포인트

걸음걸이가 이상해지는 원인은 여러 가지다. 이상하다고 느끼면 수의사에게 진찰받자. 통증이 있는 경우가 많으므로 함부로 환부에 손을 대지 않도록 하자. 다리를 절름거릴 때가 있는가 하면 그렇지 않은 경우도 있는 등 걸음걸이가 한결같지 않다면 걸음걸이가 이상한 상태를 동영상으로 기록해 두자. 출혈이 있는 경우는 붕대 등을 감아서 지혈한 상태로 병원으로 데려간다. 단, 개나 고양이의 기질에 따라서는 그렇게 할 수 없는 경우도 있다. 운동을 너무 해서 다리에 무리가 가서 다리를 감싸는 경우도 있는데 이런 때는 운동을 제한하기만 해도 좋아지기도 한다. 요즘은 개와 사람이 하나가 되는 어질리티나 원반던지기 등이 인기가 있는데, 너무 심하게 하지 않는 것이 좋다.

214

몸과 입에서 냄새가 난다

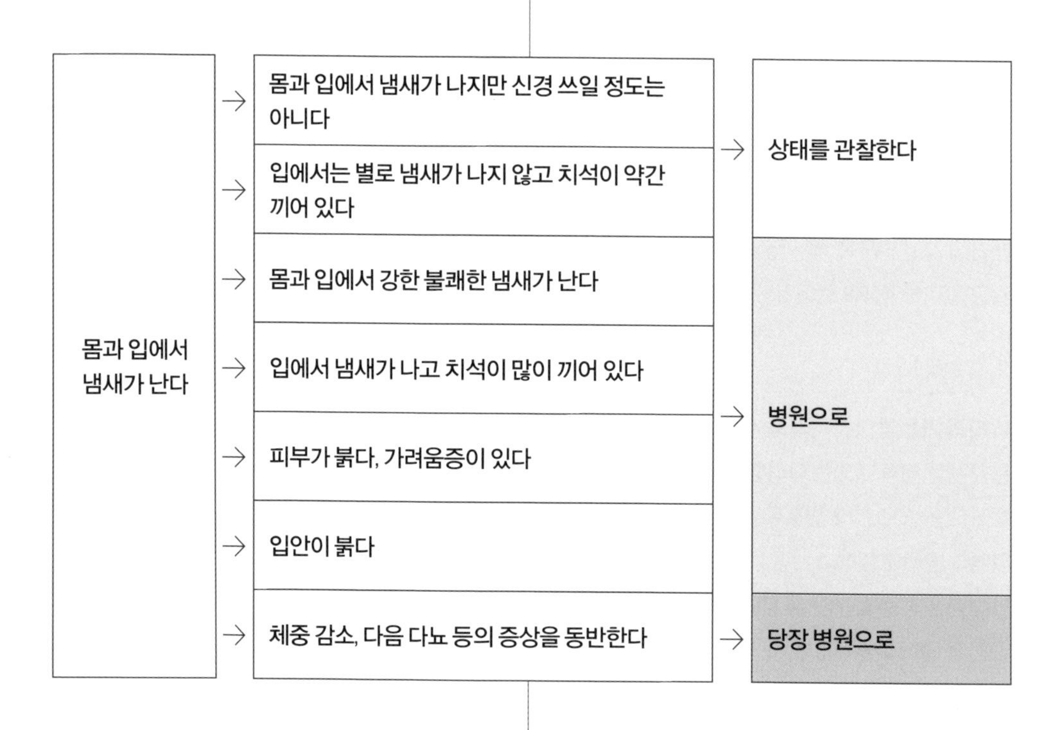

생각할 수 있는 주요 병

외상 개, 고양이

피부의 세균 감염증 개, 고양이

피부의 진균 감염증 개, 고양이

구내염 주로 고양이

치주염 개, 고양이

신부전 개, 고양이

급성 간 부전 개, 고양이

치아 종양 개, 고양이

구강 종양 개, 고양이

인두 종양 개, 고양이

고양이 백혈병 바이러스 감염증 고양이

고양이 면역 결핍 바이러스 감염증 고양이

고양이 칼리시바이러스 감염증 고양이

원인

동물의 몸이나 입에서 냄새가 날 때는 그 부위에 감염을 일으키고 있는 경우가 대부분이다.

개 중에는 알레르기가 되기 쉬운 견종(시추, 웨스트하일랜드 화이트테리어, 프렌치 불도그, 골든리트리버 등)이 있다. 이들 견종은 감염성 피부염도 함께 앓기 쉬우며 피부염이 체취의 원인이 되는 경우가 있다. 고양이가 입에서 냄새가 나고 구내염까지 있을 때는 바이러스(고양이 면역 결핍 바이러스, 고양이 백혈병 바이러스, 고양이 칼리시바이러스) 등의 감염증에 걸려 있는 때도 있으므로 주의가 필요하다.

체취 몸 전체, 또는 몸의 일부에서 나는 냄새를 체취라고 한다. 체취 중에서도 특히 불쾌한 냄새가 나는 경우는 세균이나 진균이 만들어 내는 물질이 원인이다. 몸의 특정 부위에서 냄새가 나는 경우는 외상을 일으킨 부위의 감염을 생각할 수 있다. 몸 전체에서 냄새가 나는 경우는 세균성 피부염, 진균성 피부염이 의심된다. 원래 피부병에 걸렸는데 이차적으로 피부염을 일으켜서 냄새가 나기도 한다.

구취 입안에서 나는 강한 냄새를 구취라고 한다. 구강 내의 병을 포함하여 다양한 병이 원인이다. 입에서 냄새가 날 때는 구내염, 치주염, 구강 내의 종양이 의심된다. 구내염은 신부전이나 바이러스 질환이 원인으로 생기는 경우가 있다. 고양이의 구내염은 비교적 쉽게 볼 수 있는데, 원인으로는 심한 치석의 부착부터 바이러스, 원인 불명의 것들까지 다양하다. 구내염이 중증이 되면 아파하고 먹지 못하게 된다. 치료는 항염증제를 이용하거나 스케일링, 또는 이를 뽑는데 그중에는 제어하기 힘든 고양이도 많다. 반려동물의 구강 내에 이상이 없음에도 불구하고 입에서 냄새가 날 때는 간 부전(간 기능 상실)이나 케토시스[8]가 의심된다.

관찰 포인트

강한 체취나 구취가 날 때는 냄새가 나는 부위와 상태, 냄새의 종류를 잘 관찰한다. 몸의 특정 부위가 냄새가 날 때는 그 부위를 찾아내면 진단이나 치료가 쉬워진다. 몸 전체에서 좋지 않은 냄새가 나는지, 특정한 부위에서 나는지를 관찰한다. 몸 전체에서 난다면 피부병을 생각할 수 있고, 특정 부위에서 난다면 곪았을 가능성이 있다.

피부와 털의 상태 피부나 털의 상태를 잘 관찰한다. 피부가 붉거나 털이 끈적끈적하거나 가려워한다면 피부병이 의심된다.

입의 상태 구취가 날 때는 입안을 잘 관찰한다. 잇몸이 붉은 것 같다면 구내염을 일으킨 것이다. 또한 치석의 부착 정도나 부스럼(종양)이 있는지를 관찰한다. 중증 구내염이나 종양은 출혈하기도 한다.

구취의 종류 어떤 냄새가 나는가. 입안에 이상이 없고 암모니아 냄새가 날 때는 간 부전을 일으켰을 가능성이 있다.

다른 증상을 동반한다 다른 증상을 동반하는지 관찰한다. 예를 들어 피부병이 있으면 가려움증 등을 동반하고 신부전이 있으면 체중 감소, 다음 다뇨 등의 증상이 보인다.

돌봄 포인트

평소에 빗질이나 샴푸 등의 손질을 해준다. 몸 전체나 특정 부위에서 이상한 냄새가 날 때는 병이 의심되므로 수의사에게 진찰받는다. 입안에서 이상한 냄새가 나면 양치질한다. 양치질은 익숙해질 필요가 있으며, 어릴 때부터 훈련을 시켜 두지 않으면 동물이 싫어한다. 식사 후에 이를 문질러 닦아 주는 것부터 시작하면 좋다. 동물용 치아 관리 용품이 시판되고 있으므로, 그것들을 이용하면 좋다. 이상을 알았다면 수의사에게 진료받는다.

8 혈액 속에 함유된 케톤체라는 물질이 혈액 속에서 증가한 상태로, 중증 당뇨병 등에서 보인다.

눈에 장애가 있다

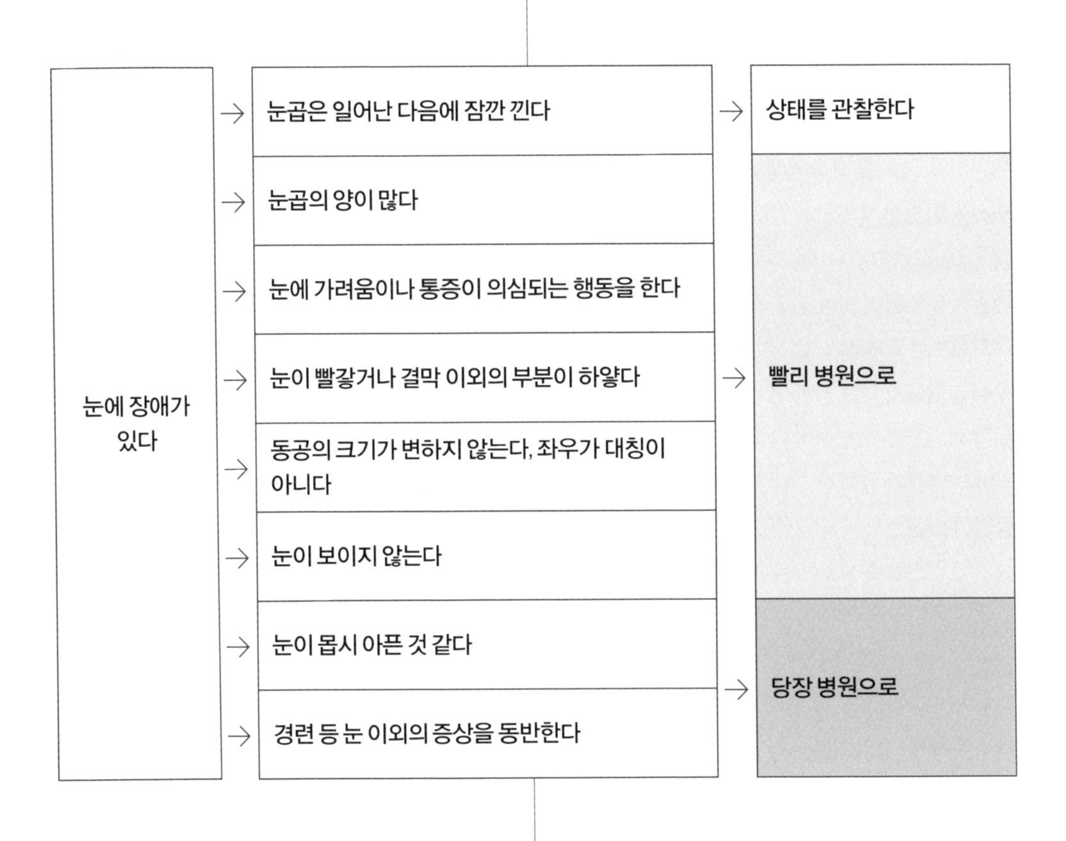

생각할 수 있는 주요 병

- 결막염 개, 고양이
- 건성 각결막염 주로 개
- 색소성 각막염 주로 개
- 만성 표층성 각막염 주로 개
- 호산구 각막염 고양이
- 각막 궤양 개, 고양이
- 각막 흑색 괴사증 고양이
- 각막 열상 개, 고양이
- 제3안검샘 돌출증(체리 아이) 개
- 안검 내반증 개
- 안검 외반증 개
- 속눈썹증 개
- 안검염 개

동공막 잔존 개
홍채 위축, 홍채 모반, 홍채낭 개, 고양이
홍채 모양체염(전포도막염) 개, 고양이
백내장 주로 개
수정체 탈구 주로 개
당뇨병 개, 고양이
망막 박리 개, 고양이
진행성 망막 위축 주로 개
콜리 안구 기형 개
녹내장 주로 개
호너 증후군 개, 고양이
눈의 종양 개, 고양이

원인
개와 고양이에게 보이는 눈의 이상은 거의 공통적이다. 개에게는 진행성 망막 위축이나 특정 견종(콜리, 셰틀랜드양몰이개)에게 보이는 콜리 안구 기형이 있고 고양이에게만 보이는 각막 흑색 괴사증(각막 괴사증과 같은 병)이라는 병도 있다. 병에 따라서는 눈의 가려움증이나 통증을 동반하는 것에서 시력에 영향을 미치는 것까지 다양한 증상이 보인다. 사물을 보는 데에는 뇌의 기능이 크게 관련되어 있다. 시력에 이상이 있다면 뇌에 문제가 있을 수 있다. 눈에는 결막, 각막, 순막 · 안검, 전안방, 포도막, 수정체 등이 있다. 눈의 이상으로는 이들 부위의 장애, 시력 장애 등을 생각할 수 있다.
결막 장애 흰자위에 장애가 생기면 빨갛게 되거나 눈이 가렵다. 세균, 진균, 바이러스, 알레르기, 외상, 이물 등이 원인으로 일어나는 병으로는 결막염이 있다.
각막 장애 검은자위에 장애가 생긴다. 각막의 병이 진행되면 눈에 구멍이 뚫려 실명하는 일이 있다. 각막의 병으로는 각막염, 각막 부종, 각막 궤양, 각막 흑색 괴사증이 있다. 눈물의 양이 감소하여 각막염을 일으키는 건성 각막염(안구 건조증) 등이 있다.
순막 · 안검의 장애 개나 고양이에게는 눈꺼풀과 안구 사이에 제3의 눈꺼풀이 있으며, 이것을 순막이라고 한다. 눈꺼풀을 안검이라고 한다. 순막이나 안검의 병으로는 순막 돌출, 안검 내반증, 안검 외반증, 속눈썹증 등이 있다. 속눈썹이 안쪽으로 말려 들어가 있으면 안구가 지속적인 자극을 받아 결막염이나 각막염을 일으키기도 한다.
전안방 장애 전안방이란 각막에서 수정체 사이의 부위를 가리킨다. 이 부위에 출혈이나 염증성 물질(불순물이나 이물질 등)이 보이면 전안방 출혈, 전안방 축농 등의 병이 의심된다. 출혈의 원인으로는 외상이나 혈액 응고계 장애, 포도막염 등을 의심할 수 있으며, 축농의 원인으로는 각막 궤양이나 포도막염이 의심된다.
포도막 장애 포도막은 홍채, 모양체, 맥락막으로 구성되며 각막에서 수정체까지의 사이에 있다. 이 부위에 염증이 생기면(포도막염) 다양한 합병증을 일으킨다. 포도막염의 원인으로는 바이러스에 의한 감염증이나 외상, 중독 등이 있다.
수정체 장애 눈의 렌즈를 수정체라고 한다. 수정체가 손상되면 실명하기도 한다. 렌즈 부분이 하얗게 되거나 렌즈의 초점이 맺히는 위치가 어긋나기도 한다. 이런 이상을 일으키는 병으로 백내장, 수정체 탈구가 있다. 백내장은 다양한 원인으로 일어나며 당뇨병에 걸리면 발병하기도 한다.
시력 장애 눈병은 시력을 저하하기도 한다. 그런 병으로는 망막 박리나 유전 진행성 망막 위축 등이 있다. 뇌종양 등 중추 신경계 병에 걸리면 시력에 영향을 주기도 한다.
기타 안구의 압력(안압)이 높아지는 녹내장, 한쪽 눈이 꺼지고 눈꺼풀이 처지고 순막이 돌출하는 세 가지 증상이 동시에 나타나는 호너 증후군, 눈이 정상적인 위치에서 벗어나는 안구 탈출이 있다. 눈에 종양이 발생하기도 하는데 녹내장의 원인은 대부분 안방수라는 눈 안을 순환하는 물의 배출 장애로 다른 눈병과 같이 일어나 녹내장에 걸리기도 한다. 호너 증후군은 중이염이나 내이염, 뇌 질환이 원인이 되어 눈으로 증상이 나타나기도 하며, 대부분 돌발성이다.

관찰 포인트

눈에 이상을 일으키는 원인은 다양하며 원인에 따라 증상도 다양하다. 눈의 증상이 어떻게 나타나는지 다음과 같은 점에 주의하며 동물의 상태를 관찰한다.

눈곱의 성질과 양 맑은 장액성인가, 끈적한 점액 농성인지 눈곱의 성질이 진단에 도움이 되기도 한다. 결막염, 각막염, 건성 각막염 등의 염증성 병에는 눈곱이 보인다.

눈물의 양 보통 충분한 양의 눈물이 만들어지고 있으면 눈은 약간 촉촉하게 보인다. 그러나 눈이 계속 건조하면 건성 각막염이 의심된다. 눈물이 비정상적으로 나오는 눈물흘림도 있다.

눈의 가려움증이나 통증 가렵거나 통증이 있으면 개나 고양이는 눈을 땅에 문지르거나 앞다리로 눈을 긁어 대는 동작을 보인다. 특히 아픔이 심할 때는 눈을 여러 번 깜박이는 안검 경련이라 불리는 모습이 보이며 아파서 눈을 만지지 못하게 할 수도 있다. 가려움증이 있을 때는 결막염이, 통증이 있는 때는 각막염, 포도막염, 녹내장 등이 의심된다.

눈의 상태 눈의 색깔이나 동공 크기를 관찰한다. 결막이 빨갛게 되었다면 결막염이 의심된다. 수정체가 하얗게 되었다면 백내장이 의심된다. 동공은 어두운 장소에서는 커지고 밝은 장소에서는 작아진다. 보통, 동공의 크기는 좌우 대칭이다. 밝기에 상관없이 동공의 크기가 변하지 않거나 좌우가 비대칭이라면 시각에 장애가 있거나 뇌 질환을 생각할 수 있다.

시력 저하 눈병은 시력에 영향을 주는 경우가 있다. 눈이 보이는지 잘 관찰한다. 사물에 부딪히는 일이 많다면 시력이 저하했을 위험성이 있다. 어두운 곳과 밝은 곳에서 시력에 차이가 있는지를 관찰한다.

눈의 움직임이 이상하다 눈이 규칙적으로 좌우, 상하, 회전하는 등의 움직임이 보일 때는 뇌나 전정에 이상이 있을 수 있다.

다른 증상을 동반한다 다양한 병의 한 가지 증상으로 눈에 장애가 나타나는 경우가 있다. 눈 이외에 다른 징후가 없는지 잘 관찰한다. 예를 들면 시력의 이상 이외에 경련 발작을 동반할 때는 뇌 질환을 생각할 수 있다.

돌봄 포인트

눈병은 길어지면 시력에 장애를 초래하는 일이 있다. 눈의 이상을 알아차렸다면 빨리 수의사에게 진찰받기 바란다. 눈병은 대부분 눈약에 의한 치료가 필요하다. 보호자가 눈약을 동물에게 넣어 주지 않으면 치료가 힘들어진다. 동물이 어렸을 때부터 인공 눈물을 넣어 주는 등 눈약에 익숙해지게 하자. 퍼그나 시추, 페키니즈, 프렌치 불도그 등 코가 짧고 눈이 튀어나온 단두종은 다른 견종보다 눈의 자극에 대한 반응이 둔감하다고 한다. 이들 견종은 눈에 충격받기 쉬운 얼굴 생김새이므로 눈병이 비교적 많은 경향이 있다. 이런 견종은 평소에 눈의 상태를 신경 쓰는 것이 좋다.

219

귀에 장애가 있다

증상	세부 증상	조치
귀에 장애가 있다	귀가 더럽다	상태를 관찰하여 귀 청소를 한다
	냄새가 없다	
	가려워하지 않는다	
	귓바퀴(귓불)가 부어 있다	병원으로
	귀에서 냄새가 난다	
	귀를 신경 쓴다, 가려워한다, 아파한다	
	머리를 흔든다	
	귀에서 피가 난다	당장 병원으로
	머리가 마비되어 있다, 기울어져 있다	
	눈이 규칙적으로 떨린다	
	소리를 듣지 못한다	

생각할 수 있는 주요 병

귀의 균열 개, 고양이

귀혈종 주로 개

피부병 개, 고양이

귓바퀴 전체의 홍반(아토피와 음식 알레르기) 개, 고양이

종양 개, 고양이

이물 개, 고양이

귀 옴(이개선증) 개, 고양이

난치성 말라세치아 감염 개, 고양이

외이염 개, 고양이

지루 외이염 개, 고양이

중이염 개, 고양이

내이염 개, 고양이

난청 개, 고양이

원인

귀는 이개(귓바퀴), 외이(바깥귀), 중이(가운데귀), 내이(속귀)로 나뉘고 장애 부위에 따라 다양한 증상이 나타난다. 그중에서도 외이염은 개에게 가장 많이 보이는 병으로, 방치하면 내이, 중이까지 병이 진행되므로 빨리 치료받을 필요가 있다. 특히 늘어진 귀를 가진 견종(아메리칸 코커스패니얼, 골든리트리버, 래브라도리트리버, 미니어처 닥스훈트 등)은 귀 내부의 환경이 유지되기 어려워서 외이염이 되기 쉬운 경향이 있다. 그중에서도 아메리칸 코커스패니얼은 중증 외이염이 되기 쉬우니 조기 치료가 중요하다. 귀는 피부 일부이므로, 알레르기 피부염을 일으키기 쉬운 견종(시추, 몰티즈, 셰틀랜드양몰이개, 웨스트하일랜드 화이트테리어 등)도 주의하기를 바란다. 고양이는 귀 옴에 의한 외이염이 가장 많다.

귓바퀴의 이상 눈에 보이는 귀 부위를 귓바퀴라고 한다. 보이는 부위이므로 이상을 발견하기 쉽지만 귀의 내부에 이상(외이염 등)이 있는 예도 있다. 귓바퀴에서는 외상, 귀혈종(귓바퀴 속에 피가 고이는 병)이 가장 일반적으로 보인다. 다른 병에 걸리면 귓바퀴에 장애를 초래하는 것이 있다. 예를 들면 면역 매개 질환(낙엽 천포창, 전신 홍반 루푸스)이나 알레르기 피부염 등의 피부병에 걸리면 귓바퀴에 장애가 나타난다. 귓바퀴에 생기는 대표적인 종양으로는 편평 상피암이 있다.

외이의 이상 귓구멍에서 고막까지를 외이라고 한다. 외이에 이상이 있으면 귀를 신경 쓴다(귀를 문지르는 등), 가려워한다, 냄새가 난다, 귀를 만지면 싫어한다, 아파한다, 머리를 흔든다 등의 동작이 보인다. 증상이 악화하면 머리를 기울이는 사경이라는 증상이 나타난다. 외이염의 원인으로는 세균성이나 진균, 기생충(귀 옴)이 가장 많이 보인다. 풀의 씨앗 같은 이물질이 원인이 되기도 하고, 알레르기 피부염 증상으로 나타나기도 한다. 출혈이 있거나 치료해도 반응이 없다면 외이의 종양을 의심한다.

중이와 내이의 이상 고막부터 안쪽까지를 중이와 내이라고 하며 이상이 있으면 머리를 흔들거나 나쁜 쪽 귀를 아파한다. 중이의 병으로는 안면 신경 마비나 호너 증후군(한쪽 눈이 꺼지고, 눈꺼풀이 처지고, 순막이 돌출하는 증상의 총칭)이 보인다. 내이의 병으로는 사경이나 눈이 규칙적으로 흔들리는 안구 진탕, 전도, 회전·선회 운동 등의 증상이 보인다. 중이염과 내이염은 외이염이 진행된 경우가 대부분이다. 드물게 구강으로부터의 감염도 있다.

청각의 이상 귀의 기능 이상을 말하며, 불러도 오지 않는 등의 난청 증상이 보인다. 후천성이라면 내이염을 생각할 수 있다. 달마티안이나 푸른 눈에 하얀 털을 가진 고양이는 선천성 난청을 일으키기 쉬운 경향이 있다. 물뇌증 등의 신경계 병이 관련될 때도 있다.

관찰 포인트

증상의 정도나 빈도, 다른 부위의 이상이 있는지를 주의 깊게 관찰한다. 귀에서 냄새가 난다면 다른 증상이 없더라도 세균이나 진균이 귓속에서 번식하고 있을 위험성이 있다.

귀지의 색깔 귀지의 색이 까맣다면 기생충이나 진균을 원인으로 의심해 볼 수 있다. 노란색이라면 세균을 의심한다.

가려운 정도 가려운 정도를 관찰한다. 비정상적인 가려움증에는 기생충이 관계된 경우가 많다.

귓속의 출혈 출혈이 보인다면 귀에 종양이 생겼을 가능성이 있다.

들리지 않는지 알아본다 귀가 들리지 않는지 관찰한다. 귀가 들리지 않는다면 내이의 병이나 신경계 병을 생각할 수 있다.

다른 동물과의 접촉 여부 기생충이 원인인 외이염은 밖에 나가서 다른 개나 고양이와 접촉해서 옮았을 가능성이 높다.

계절에 따른 증상의 차이 외이염은 장마철이나 여름에 비교적 많이 보인다.

귀 이외의 증상이 있다 귀의 증상과 피부의 이상이 보인다면 피부병에 걸려 있는 때도 있다. 얼굴(특히 눈)에 이상이 있는 경우(안면 신경 마비, 호너 증후군, 사경, 안구 진탕)은 중이나 내이의 장애가 의심된다.

돌봄 포인트

동물병원에 내원하는 병 가운데 가장 많이 보이는 병이 외이염이다. 귀 청소나 먹는 약, 바르는 약 등으로 치료할 수 있으면 좋지만, 외이염도 중증이 되면 외과 수술이 필요하다. 그중에서도 아메리칸 코커스패니얼의 외이염은 특히 중증이 되기 쉬우며 대부분 수술해야 한다. 평소에 귀의 관리나 관찰을 게을리하지 않도록 하자. 이처럼 늘어진 귀를 가진 개는 귀의 관리가 특히 중요한데, 귀가 늘어져 있으면 귀가 건강한 환경을 유지하기 어렵다. 병을 예방하기 위해 귀 안쪽의 털을 짧게 깎아 주는 등 공기가 잘 통하게 해줄 필요가 있다. 평소에 귀의 상태를 관찰하여 귀지의 색깔과 냄새를 점검한다. 귀 청소도 중요하다. 그런데 개나 고양이는 사람과 달리 외이도가 L 자형으로 들어가 있다. 그러므로 귀지를 안쪽으로 밀어 넣어 버리기 쉬운 면봉을 사용한 귀 청소는 추천하지 않는다. 귀 청소 전용액을 귓속에 부어서 귀의 연골(만져 보면 딱딱한 감촉이 있는 부분)을 부드럽게 마사지한 다음, 머리를 흔들게 하여 액체를 배출시킨다. 샴푸 액체가 귀에 들어가는 일도 많으므로 샴푸 후에 귀 청소를 하는 것이 좋다. 단, 귓병이 의심될 만한 증상이 보이면 귀를 만지지 말고 수의사에게 진료받는다.

222

코에 장애가 있다

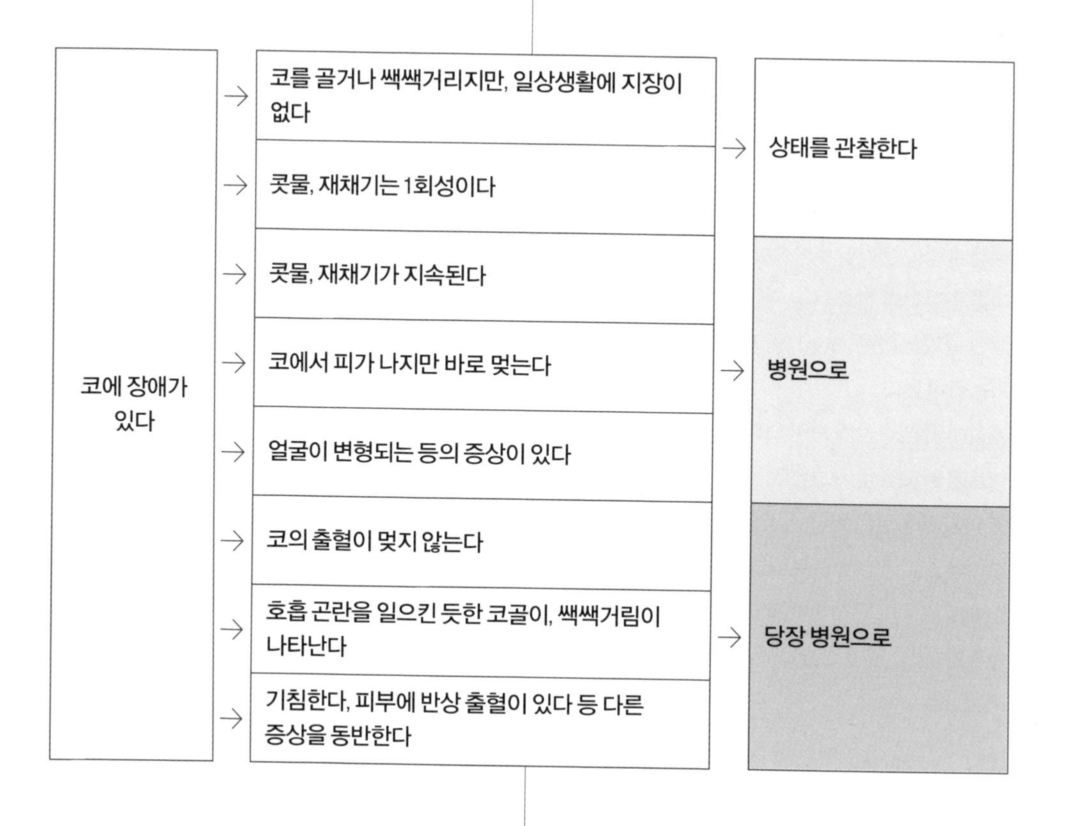

생각할 수 있는 주요 병

개 아데노바이러스 감염증 개

개홍역 개

개 파라인플루엔자바이러스 개

개 헤르페스바이러스 감염증 개

고양이 칼리시바이러스 감염증 고양이

고양이 전염성 호흡기 증후군 고양이

고양이 전염성 비기관염 고양이

고양이 클라미디아 감염증 고양이

부비강염 개, 고양이

비강 내 이물 개, 고양이

치루 개, 고양이

비염 개, 고양이

비강·부비강 종양 개, 고양이

폐부종 개, 고양이
혈소판 감소증 주로 개
연구개 노장 주로 개
단두종 기도 폐색 증후군 주로 개
비공 협착증 개, 고양이

원인

개와 고양이에게 보이는 코의 장애로는 콧물, 재채기, 코 출혈, 코골이, 쌕쌕거림(호흡할 때 기도에서 쌔액 쌔액, 쉬- 쉬- 등의 소리가 난다) 등이 있다. 중증화되면 호흡이 힘들어지거나 냄새를 맡지 못하게 되어 식욕 부진이 되기도 한다. 개는 견종에 따라 코의 형태가 크게 다르다. 코가 짧은 견종(퍼그, 페키니즈, 프렌치 불도그 등)은 연구개 노장이 되는 일이 많고, 코가 긴 견종(셰틀랜드양몰이개, 콜리 등)은 코가 짧은 견종보다 코의 종양이 많이 보이는 경향이 있다. 고양이에게는 감염증에 의한 코의 이상이 많이 보인다. 개와 고양이는 치아병으로 코에 장애를 일으키는 일이 있다. 코에 장애가 있다고 해서 반드시 콧병이라고는 할 수 없다. 통상적으로 개나 고양이의 코는 젖어 있으며 코가 건조하다면 컨디션이 좋지 않은 경우가 대부분이다. 그러나 콧병일 위험성은 별로 없다.

콧물, 재채기 코의 주요한 증상은 콧물, 재채기다. 재채기는 코에서 반사적으로 공기를 배출하는 것이며, 보통은 콧물을 동반한다. 콧물은 성질에 따라 장액성(콧물이 맑다), 점액 농성(콧물이 끈적끈적하고 노란색), 출혈성(피가 섞여 있다)으로 나눌 수 있다. 가장 의심스러운 주된 원인은 이물이나 세균(클라미디아), 진균, 바이러스, 알레르기에 의한 비염이다. 비염이 진행되면 부비강염이 되고 입안의 염증이 코로 진행할 위험성도 있다.

코의 출혈 코에서 피가 나는 것을 말한다. 재채기와 함께 배출된 콧물에 피가 섞여 있거나 코에서 지속해 줄줄 흐르는 출혈이 있다. 중증 비염, 부비강염, 비강 내의 종양이 의심된다. 코에 출혈이 보일 때는 폐부종 등 순환기 병에 걸려 있을 위험성이 있다. 출혈이 멎지 않을 때는 혈소판 감소증이나 혈액 응고 이상 등 혈액병이 의심된다.

코골이, 쌕쌕거림 공기의 통로가 좁아졌을 때 생기는 커다란 소리를 말한다. 흥분했을 때나 더울 때 악화되기 쉬운 경향이 있다. 코가 짧은 견종은 연구개 노장이, 고양이는 비공 협착증이 의심된다. 비강 내 폴립(용종)도 생각할 수 있다.

관찰 포인트

콧물의 성질, 재채기의 빈도, 코를 골거나 쌕쌕거리는 시기, 호흡 상태를 주의 깊게 관찰한다. 1회성 콧물이나 재채기라면 병일 위험성은 낮다. 동물의 상태를 주의 깊게 관찰하여 콧물, 재채기가 계속되는 것 같다면 코에 장애가 있을 수 있다. 콧물의 내용물에 따라서도 어느 정도 감별할 수 있다. 콧물이 맑을 때(장액성)는 알레르기나 초기 바이러스 감염이 의심된다. 콧물이 노랗고 끈적끈적할 때(점액 농성)는 세균 감염을 일으켰을 위험성이 있다. 재채기는, 언제부터 어떻게 시작되었는지, 어느 정도인지를 잘 관찰한다. 갑자기 시작된 심한 재채기가 계속된다면 비강 내의 이물을 생각할 수 있다.

코에서의 출혈 출혈의 타입을 관찰한다. 콧물에 피가 섞여 있다면 비염이나 심한 폐부종을 생각할 수 있다. 출혈하고 있다면 종양이나 혈액의 병을 생각할 수 있다.

코골이, 쌕쌕거림을 일으키는 시간대 언제 어떤 때, 코를 골거나 쌕쌕거리는 소리가 나는지 잘 관찰한다. 잘 때는 약간의 코골이나 쌕쌕거림이라면 문제는 없다. 그러나 호흡 곤란을 일으키는 코골이나 쌕쌕거림은 치료해야 한다.

호흡 상태 콧병은 직접 호흡과 관련되어 있으므로 호흡이 잘되고 있는지 충분히 관찰한다. 호흡 곤란이 보이면 긴급한 치료가 필요하다.

얼굴 상태 코에 종양이 생기면 얼굴 형태가 변하거나 눈이 튀어나온다.

치아 상태 치아병이 콧물의 원인이 되기도 한다. 특히 윗니의 이상(특히 충치)은 비강에 영향을 주기도 하므로 점검해 본다.

다른 증상을 동반한다 기침하거나 피부에 반상 출혈이 있을 때는 중병에 걸렸을 위험성이 있다.

돌봄 포인트

비염은 가벼운 병으로 여겨지는 경향이 있는데, 병이 오래가서 만성화되거나 부비강염으로 진행되면 치료하기 힘들다. 냄새를 맡지 못하면 식욕을 잃기도 한다. 콧물이 보이면 빨리 수의사에게 진찰받는다. 코 출혈은 출혈이 일어나는 부분이 콧속에 있으므로 지혈하기 힘들다. 출혈이 멈추지 않으면 긴급 치료가 필요하다. 코골이나 쌕쌕거리는 소리는 일상생활에 지장이 있다면 상태를 관찰한다. 단, 평소에 코를 골거나 쌕쌕거리는 소리를 내는 동물은 더위에 약한 경우가 많으므로 일사병에 충분히 주의하자. 일상생활에 지장을 초래하는 호흡 곤란을 일으켰다면 빨리 수의사에게 진찰받는다. 요즘 들어 사람과 마찬가지로 개나 고양이에게도 알레르기 비염이 존재하는 것이 알려졌다. 꽃가루 알레르기도 있지만 동물에게 가장 많은 알레르기 비염의 원인은 집 먼지다. 치료는 기본적으로 대증 요법(증상을 낮추는 치료 방법)을 시행하는데 공기 청정기 등을 이용하여 환경을 관리하자.

225

유방이 붓고 응어리가 있다

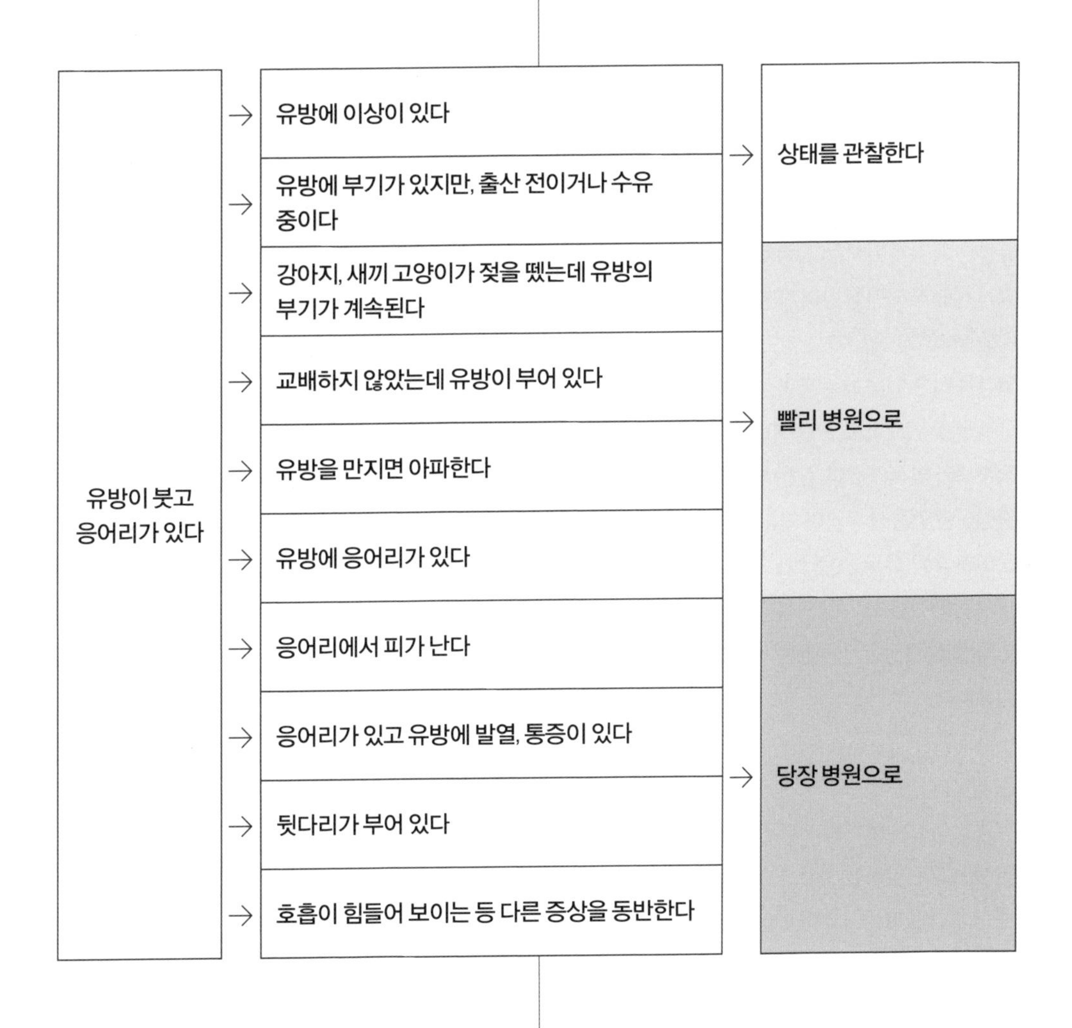

생각할 수 있는 주요 병

젖샘염 개, 고양이

염증성 유방암 개, 고양이

젖샘 종양 개, 고양이

원인

개나 고양이의 젖샘은 흉부에서 복부 전체에 걸쳐 존재하며, 일반적으로 개는 다섯 쌍, 고양이는 네 쌍의 유두가 있다. 개와 고양이에게 보이는 젖샘 종양에는 양성과 악성이 있으며 개는 양성과 악성의 비율이 반반이지만, 고양이는 악성일 위험성이 대단히 높으므로 조기 치료가 필요하다. 개와 고양이에게 젖샘의 부기나 열감이 보이면 젖샘염이 의심된다. 개는 염증성 유방암이라는 대단히 악성인 종양이 생길 수도 있으므로 주의가 필요하다.

유방은 부기, 열감, 응어리 등으로 이상을 알 수 있다.

부기, 열감 개나 고양이의 암컷은, 생리적으로 출산 약 10일 전부터 유방이 발달한다. 필요한 수유를 마치고 강아지나 새끼 고양이가 젖을 떼게 되면 유방은 빠르게 퇴행한다. 동물이 발정 후에 상상 임신 상태가 되면 유방이 부풀기도 한다. 그러나, 이들 생리적인 요인과는 별도로 유방이 붓거나 열감을 띠고 있을 때는 통증을 동반한 젖샘염을 생각할 수 있으다. 또한 응어리가 있다, 유방에 적자색의 발적이 있다, 심한 통증이 있다 등의 증상이면 염증성 유암이 의심된다.

응어리 유방(유두 가운데와 그 주변)에 종양이 생기면 만졌을 때 약간 오돌오돌한 딱딱한 응어리가 있다. 젖샘 종양은 암컷뿐만 아니라 수컷에게도 발생한다.

관찰 포인트

유방의 이상은 발견하기 쉬우므로 평소에 자주 만져 보고 관찰하는 것이 중요하다. 임신 중이거나 출산 후라면 젖샘이 부어 있어도 정상이다. 발정 후에 상상 임신이 되어 부을 가능성도 있으니 발정 시기를 관찰해 둔다.

응어리의 개수 응어리는 한 곳에만 생기는 것은 아니다. 다른 부위에도 생기지 않았는지 주의 깊게 찾아본다.

응어리의 변화 응어리를 발견한 시기, 커다란 변화, 급격히 커지지는 않는지 관찰한다.

출혈이나 발열, 통증 젖샘 종양이 있고, 이들 증상이 심할 때는 염증성 유암의 위험성이 있다.

뒷다리가 부어 있다 젖샘 종양이 생기면 혈액이나 체액의 흐름이 나빠져서 뒷다리가 붓기도 한다.

다른 증상을 동반한다 젖샘 종양이 있고 호흡 상태가 나빠지면 폐로 전이되었을 위험성이 있다.

돌봄 포인트

젖샘 종양은 가장 많이 보이는 종양이다. 유방의 응어리는 발견하기 쉬우므로 평소에 몸을 만져 보아 응어리가 없는지를 잘 살펴본다. 응어리를 발견하면 발생 장소나 개수 등을 체크하여 수의사에게 진찰받는다. 개에게 발생하는 염증성 유암은 젖샘 종양 중에서도 악성도가 높은 병이다. 발생률은 모든 젖샘 종양 가운데 1퍼센트 정도인데, 수술하더라도 그 후의 경과가 불량(예후 불량)하며 악화하는 경우가 대부분이다. 치료는 곤란하며 심한 통증을 동반하는 등 강한 증상이 나타난다. 이 단계에서는 다른 장기로 전이하는 일도 많으며 소염제나 진통제를 사용하여 부기나 통증을 줄여 주는 대증 요법뿐이다. 많은 경우, 조기에 죽음에 이른다.

227

털이 빠진다

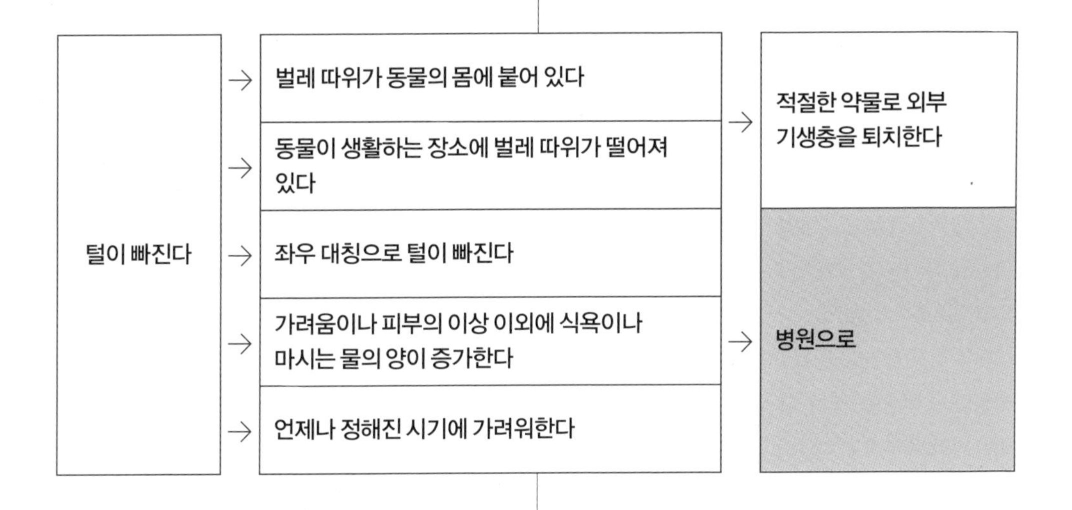

생각할 수 있는 주요 병

알레르기 질환 개, 고양이
세균 감염증(농피증, 피부밑 농양 등) 개, 고양이
피부 사상균증 개, 고양이
외부 기생충 감염증 개, 고양이
부신 겉질 기능 항진증 주로 개
갑상샘 기능 저하증 주로 개
에스트로겐 과잉증 개
뇌하수체 난쟁이 개
내분비 탈모증(알로페시아) 개
꼬리 샘염(스터드 테일) 고양이
피임 · 거세 반응성 피부 질환 개
천포창 개, 고양이
고양이 대칭성 탈모증 고양이

원인

개와 고양이의 털은 계절에 따라 빠진다. 이것을 털갈이라고 한다. 개는 봄에서 가을 사이, 고양이는 봄에 가장 많이 보인다. 최근에는 실내에서 키우는 개나 고양이는 대부분 1년 내내 털갈이한다. 이것은 동물이 사람과 같은 환경에서 지내게 됨으로써 난방이나 조명 기구 등이 사육 환경에 영향을 주어 계절적인 온도 변화나 광주기의 자극에 혼란이 생겼기 때문이다. 털갈이 시기에 털이 빠지는 것은 생리적인 현상으로 걱정할 필요가 없다. 그러나 그중에는 피부병이나 외부 기생충의 감염으로 탈모나 피부 이상을 일으키는 때도 있다. 고양이에게서는 꼬리 샘염(스터드 테일)이라는 증상이 나타나기도 한다. 고양이는 등에서 꼬리가 시작되는 부분에서 몇 센티미터 떨어진 부위에 마킹을 위한 분비샘(피지샘)이 있다. 발정기 때는 분비샘에서 분비가 활발해져서 이 부위의 털이 빠지거나 타원형으로 붓거나 피부가 딱딱해지거나 분비물이 부착된다. 이차적인 세균 감염이 일어나면 피부염을 일으키거나 곪으므로 피부를 청결히 유지해 주어야 한다. 분비샘으로부터의 분비나 피부염이 나으면 피부에 검은 색소가 생기기도 한다.

관찰 포인트

좌우 대칭으로 탈모가 보인다면 호르몬 피부염이 의심된다. 외부 기생충(벼룩, 진드기 등) 감염이나 피부병으로 털이 빠지는 경우가 있으므로 피부 상태를 잘 관찰한다. 털갈이하는 시기가 아닌데 특정한 시기에 털이 빠진다면 외부 기생충 감염이나 벼룩 알레르기 피부염 등의 가능성이 있다. 털이 빠질 때 가려움, 발진, 비듬 등이 없는지, 피부 증상 이외에 식욕이나 먹는 물 양의 변화 등 다른 증상이 보이지 않는지 관찰한다.

돌봄 포인트

피부병 예방을 위해 평소에 동물의 털을 청결하게 한다. 온몸을 잘 빗질하여 빠진 털을 제거하고 헝클어진 털을 정리한다. 털이 헝클어져 있으면 샴푸로 감을 때 털의 모근이나 피부를 씻어 낼 수 없다. 빗은 다양한 종류가 있으므로 털 상태에 맞는 빗을 골라서 사용한다. 개나 고양이를 목욕시킬 때는 38~39도 정도의 뜨거운 물을 사용하자. 체온과 거의 같은 온도이므로 동물들이 거부감을 느끼지 않는다. 더운 여름에는 약간 미지근하게 해도 된다. 샴푸 후에는 잘 헹궈 주고 마른 수건으로 완전히 말린다(온순한 동물이라면 드라이어를 사용해도 된다). 기온이 상승하는 봄에서 여름에 걸쳐 벼룩, 진드기 따위 기생충의 움직임이 활발해지는데 이들은 외부 기생충이라 불리며 동물의 피부나 털, 귀 등에 기생한다. 가려움이나 털이 빠지는 원인이 될 뿐 아니라 다양한 병을 옮긴다. 이 시기에는 벼룩이나 진드기 구충제로 감염증을 예방한다. 실내에서 기르고 있다면 기온이 낮은 시기라도 난방으로 실온이 유지되므로 벼룩이나 진드기가 발생하기도 한다. 1년 내내 주의할 필요가 있다.

열이 있다

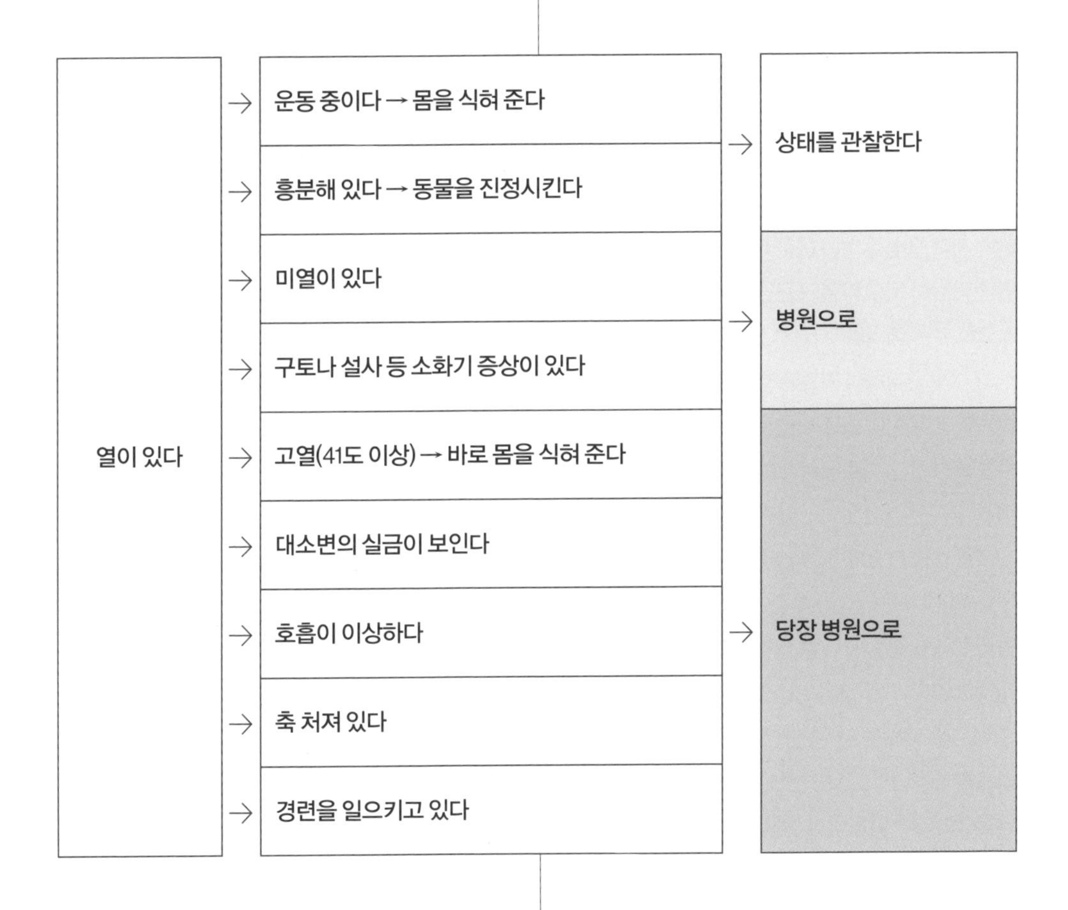

생각할 수 있는 주요 병

열사병 개, 고양이

바이러스 감염증 개, 고양이

세균병 개, 고양이

후두염 개, 고양이

기관염 개, 고양이

폐렴 개, 고양이

농흉 주로 고양이

흉막염 개, 고양이

급성 간부전 개, 고양이

췌염 개, 고양이
복막염 개
정소염 수컷 개
전립샘염 주로 개
비감염성 관절염(면역 매개 관절염) 개, 고양이
홍반 루푸스 개, 고양이
물집 유사 천포창 개, 고양이
백혈병(조혈기계 종양) 개, 고양이

원인
개나 고양이는 체온이 40도를 넘으면 열이 있다고 말할 수 있다. 열이 있을 때의 상태나 그에 따른 증상 등을 잘 관찰하여 병적인 발열인지를 판단한다. 발열에는 다양한 원인이 있으며, 발열은 병 증상의 한 가지다. 얼음주머니 등을 대주어 일시적으로 열을 내린다 해도 발열의 근원인 병을 치료하지 않으면 열은 내려가지 않는다. 동물의 상태를 주의 깊게 관찰하여 되도록 빨리 수의사의 진찰을 받는다. 기온이나 습도가 높은 곳에서 격렬한 운동을 하거나, 바깥에서 오랜 시간 직사광선을 쬐거나, 고온에서 환기가 불충분한 장소에 갇혀 있으면 갑자기 고체온과 허탈이 나타나는 경우가 있다. 이런 고온 고습한 환경에서 일어나는 다양한 몸의 장애를 통틀어서 열사병이라고 부르는데, 개나 고양이가 열사병이 되면 숨이 거칠어지거나 축 처지며, 때로는 대소변의 실금이 보이기도 한다. 열사병의 응급 치료로는 전신에 냉수를 끼얹거나 얼음주머니나 얼음베개 등을 대주어 급속히 체온을 떨어뜨리고 되도록 빨리 수의사에게 진찰받는 것이 좋다. 몸을 식혀 주면 상태가 좋아진 것처럼 보여도 체내에서는 커다란 변화가 일어나서 그 후에 상태가 급변하는 때가 있으므로 주의해야 한다.

관찰 포인트
동물의 체온은 항문에 체온계를 삽입해서 잰다. 체온계는 사람이 사용하는 수은 체온계나 전자 체온계를 동물용으로 사용하면 된다. 평열은 개는 37.5~39도, 고양이는 38~39도다. 유년기에는 체온이 다소 높고, 노령기가 되면 낮아지는 경향이 있다. 언제부터 열이 있는지, 무엇을 하다가 열이 올랐는지 등 알아차린 것을 메모해 두면 좋다. 또한 갑자기 열이 났는지, 여러 날에 걸쳐 서서히 열이 올랐는지, 하루하루 열이 오르락내리락하는 등 불규칙한지도 관찰한다.

열은 어느 정도인가 열이 있는 것 같다면 적어도 아침저녁 두 번 체온을 잰다. 하루하루 열이 올랐다가 내리는 등의 변동이 있는지, 하루의 체온에 차이가 있는지 등을 확인한다. 측정한 체온을 기록하여 표로 만들어 두면 변화를 파악하기 쉽다.

열 이외의 증상을 동반하는가 발열 이외에 평소와 다른 증상은 없는가. 예를 들어 식욕, 기운, 호흡 상태, 점막의 빛깔, 대소변의 상태, 통증 유무, 걸음걸이, 점막은 건조하지 않은지, 피부의 탄력성은 어떤지, 피부에 발진은 없는지 등을 관찰한다.

기타 흥분하고 있지 않은지, 생활 환경에 변화는 없었는지, 다른 개나 고양이와 접촉하지 않았는지, 약물 알레르기는 아닌지 등을 관찰한다.

돌봄 포인트
기온이 높은 장소나 해가 비치는 장소, 또는 통풍이 좋지 않고 습도가 높은 장소를 피한다. 직사광선이 비치지 않고 바람이 잘 통하는 장소로 동물을 옮겨서 안정시킨다. 동물은 체온이 높으면 팬팅(개구 호흡)을 해서 체온을 떨어뜨리려 한다. 옷을 입혔다면 벗겨 주고 목줄이나 몸통 줄을 벗겨서 호흡을 편하게 해준다. 열이 아주 높아지면(41도 이상) 물로 샤워를 해주거나 욕조에 물을 채워 담가 주어 급속히 열을 내려 줄 필요가 있다. 고열이 아니더라도 얼음주머니나 얼음 베개 등을 수건에 싸서 몸 주위에 대주어 식혀 준다. 얼음물을 마시게 해도 좋다. 개와 고양이는 열이 있으면 열을 발산하려고 몸이 작용하기 때문에 몸의 수분을 빼앗겨 몸의 움직임이 나빠진다. 그러므로 신선한 물을 충분히 준다. 스스로 물을 마시지 못할 때는 스포이트 등으로 입안의 점막이나 잇몸을 적셔 준다. 무리하게 물을 마시게 하여 잘못 마시지 않도록 주의한다.

탈수를 일으킨다

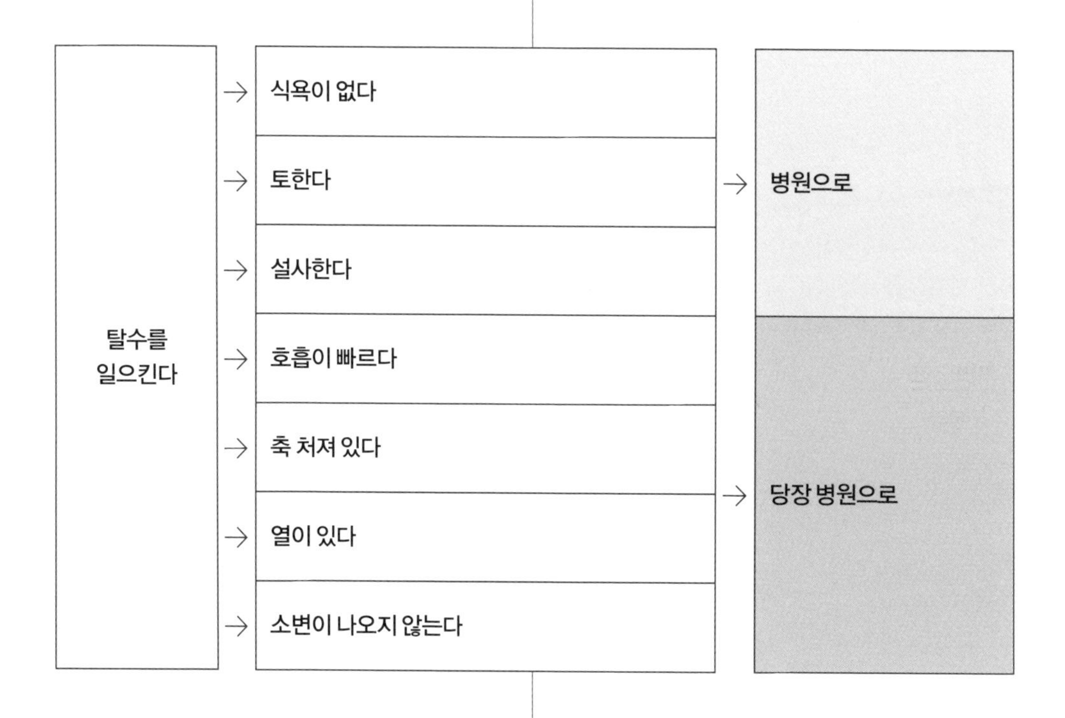

생각할 수 있는 주요 병

식욕 부진 개, 고양이

설사 개, 고양이

구토 개, 고양이

출혈 개, 고양이

열사병 개, 고양이

신부전 개, 고양이

당뇨병 개, 고양이

원인

건강한 동물은 체중의 약 60퍼센트가 수분(체액)으로 채워져 있다. 체액은 수분 이외에 전해질, 단백질, 산 또는 염기를 많이 함유하고 있으며, 신경이나 근육의 흥분성이나 근수축, 소변량이나 체액량 조절 등 다양한 생리 작용에 관여하고 있다. 체액은 세포 내 액(세포 내에 존재하는 체액)과 세포 외 액(세포 외에 존재하는 체액)으로 나뉜다. 세포 외 액은 다시, 혈관 내에 존재하는 혈장과 혈관 외의 조직 안에 존재하는 조직간 액으로 나뉜다. 탈수는 여러 가지 원인으로 일어난다. 필요한 수분량을 섭취하지 못하거나 몸에서 수분을 잃어버린 상태, 또는 신장병 등으로 수분을 재흡수하는 능력이 저하된 때도 일어난다.

관찰 포인트

등 또는 허리의 피부를 잡았다가 놓아서 피부가 돌아오는 방식을 관찰한다. 머리의 피부는 탈수를 일으키지 않아도 피부가 돌아오는 것이 나쁜 경우가 많으므로 판정이 부정확해진다. 살이 찐 동물은 탈수를 일으켰는지 알기 어려울 수가 있으며, 반대로 여윈 동물은 정상이라도 탈수를 일으킨 것처럼 보이기도 한다. 정상이라면 피부는 1.5초 이내에 돌아오며, 탈수 정도는 체중의 5퍼센트 미만이라고 판정된다. 잡았던 피부가 돌아오는 데 2초 이상 걸린다면 탈수를 의심한다.

점막의 건조 상태 구강 내 점막이 건조한지를 관찰한다.

시간적 추이 탈수가 갑자기 일어났는지 시간이 걸려서 천천히 탈수가 일어났는지, 탈수의 경과를 수의사에게 알려 주면 진단에 도움이 된다.

체중 변화 체액량이 감소하여 탈수 상태에 빠지면 체중이 감소한다. 건강할 때의 체중에서 현재 체중을 빼면 탈수량을 계산할 수 있다. 이 방법은 비교적 단시간에 일어난 탈수에만 시도할 수 있다. 왜냐하면 탈수를 일으키고 시간이 지나면 체중 감소가 탈수 때문인지, 아니면 여위어서인지 판단할 수 없기 때문이다. 체액이 복강 내나 조직 일부에 쌓이게 되면 탈수가 일어나도 체중 변화가 없을 수도 있다.

먹는 물 양의 변화 물이 부족하여 탈수를 일으키는 경우와 입의 갈증 느낌이 너무 심해서 먹는 물 양이 증가하는 경우가 있다.

소화기 증상을 동반한다 구토나 설사 등으로 수분을 잃어서 탈수가 일어나는 경우가 있다.

소변량의 변화 체액량이 감소하여 소변량이 감소하는 경우가 있다. 신장의 수분 재흡수 능력이 떨어져서 소변량이 증가하는 경우가 있다.

돌봄 포인트

동물이 물을 마실 수 있는 경우에는 신선한 물을 충분히 준다. 물을 마시고 싶어 하지 않을 때는 물에 단맛이나 닭 뼈를 우린 국물 등을 첨가하여 맛을 내면 된다. 먹이에 포함된 수분의 양을 늘림으로써 수분 부족을 해소할 수도 있다. 가장 효과적인 탈수 치료법은 수액이다. 탈수의 원인을 알아보고 적절한 수액제를 선택하여 곧바로 투여하여 급격히 일어난 체액량 결핍을 바로잡는다. 장시간에 걸쳐 일어난 결핍은 며칠에 걸쳐서 바로잡아야 한다. 이 치료는 수의사가 한다. 일반적으로 개나 고양이의 수액 치료에는 정맥 내 투여법, 피부밑 투여법, 경구 투여법이 있다. 정맥 내 투여법은 투여된 수분과 전해질 등의 흡수가 가장 빨리 이루어지므로 특히 중증 탈수나 쇼크를 일으킨 동물에 대해 대단히 효과적이다. 그러나 투여할 때는 혈관을 확보할 필요가 있으며, 투여 속도에도 한계가 있다. 투여하는 수액의 양이 많은 경우에는 시간이 걸리므로 입원 치료 또는 통원 치료가 필요하다. 피부밑 투여법은 수액제를 피부밑 조직에 투여하는 방법이다. 투여가 간단하고 다량의 수액제를 단시간에 투여할 수 있다. 그러나 조직 자극이 강하여 투여할 수 없는 수액제가 있거나 투여된 수액제의 흡수에 시간이 걸린다는 단점이 있다. 탈수를 일으킨 동물은 혈액 순환이 나빠져 있는 경우가 많아서 더욱 흡수 속도가 느려진다. 그러므로 심한 탈수로 쇠약해진 동물에게는 피부밑 투여를 하지 않는다. 경구 투여법은 입으로 수분을 보충하는 방법이며, 가장 생리적이다. 그러나 토하거나 식욕이 없다면 입으로 투여하기 힘들다.

234

가려워한다

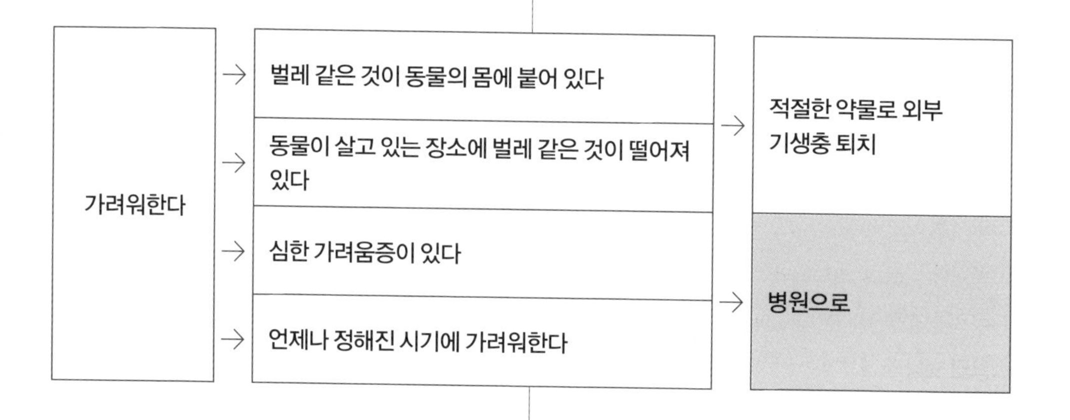

생각할 수 있는 주요 병

각화 이상증 개
부신 겉질 기능 항진증 주로 개
알레르기 질환 개, 고양이
농피증 주로 개
피부 사상균증 개, 고양이
말라세치아 감염증 주로 개
진드기 개, 고양이
모낭충증 주로 개
옴 개, 고양이
벼룩 개, 고양이
이 주로 개
일광 피부염 개, 고양이
천포창 개, 고양이
오제스키병 개, 고양이

원인

동물이 피부의 동일한 부위를 반복하여 긁거나 핥는 동작을 보일 때가 있다. 이것은 가려움(소양감)이 있을 때 보이는 상태다. 그러나 너무 심하게 긁으면 피부에 상처가 나거나 염증을 일으키기도 한다. 가려움증이 심하다면 적절한 치료가 필요하다. 가려움의 원인은 외적 요인(벼룩 등의 기생충 등)이나 내적 요인(알레르기나 자가 면역 질환 등) 등 다양한 것을 생각할 수 있다. 원인은 조사해도 알 수 없거나 원인을 알더라도 그것을 제거하는 것이 불가능한 경우도 있다. 그러므로 치료법으로서는 제거할 수 있는 원인을 제거하는 것과 현재의 가려움을 어떻게 조절할 것인지가 중요한 포인트가 된다.

관찰 포인트

몸의 일부, 등이나 허리 근처를 가려워하는 경우는 외부 기생충의 감염이 의심된다. 가려움이 대단히 심하여 피부를 긁어서 상하게 할 정도로 가려워하고 있는지, 가끔 긁는 정도인지를 관찰한다.

가려워하는 시기가 정해져 있는 경우, 외부 기생충 감염이나 아토피 피부염 등이 원인일 가능성이 있다. 함께 살고 있는 가족이나 다른 동물에게도 가려움증이 있는 경우는 외부 기생충 감염이 의심된다. 가려움증 이외에 탈모, 발진, 비듬이 있는지도 주의한다. 사료를 바꾼 다음에 가려움증이 나타났다면 음식 알레르기일 가능성이 있다.

돌봄 포인트

동물이 심하게 가려워하는 모습은 보호자도 지켜보기 힘들다. 피부병에 걸리지 않도록 평소에 피부의 청결을 유지한다. 개나 고양이는 가려움이 있으면 뒷다리의 발톱을 세워서 지나치게 긁거나 입으로 물어서 피부를 상하게 하는 경우가 있다. 피부를 너무 긁으면 염증이 악화하여 가려움이 더욱 심해진다. 피부에 상처가 생기면 이차적 세균 감염을 일으켜서 가려움이 더 심해지는 악순환에 빠진다. 그러므로 옷을 입히거나 목 보호대를 장착하거나 정신을 분산시켜서 긁는 행위를 멈추게 한다.

개와 고양이가 가려워하는 원인은 대부분 외부 기생충 감염이다. 벼룩과 진드기는 한 달에 한 번, 구충제를 사용함으로써 예방할 수 있다. 개나 고양이가 생활하고 있는 장소를 잘 청소하여 외부 기생충이 없는 환경을 유지한다. 반려동물이 쓰는 샴푸에는 벼룩 퇴치용, 보습, 살균, 각질 용해 등 다양한 종류가 있다. 수의사에게 진찰받아 가려움의 원인을 찾아내고 어떤 샴푸가 좋은지 의논한다.

음식 알레르기가 의심된다면 지금까지 준 적이 없는 재료를 쓴 먹이로 바꾸거나 저알레르기 특별 요법식(수의사의 지시에 따라 구매) 등으로 변경하면 가려움증이 나아지기도 한다.

스테인리스나 플라스틱 식기에 알레르기를 일으키는 동물도 있다. 입 주변을 특히 가려워하거나 피부가 빨갛게 되거나 털이 빠진다면 도자기제 식기로 바꿔 본다. 염증을 억제하거나 면역력을 강화하는 영양 보충제도 준비하자.

특히 오메가 3 지방산은 염증 억제 효과가 있어 알레르기에 의한 피부 염증이나 가려움증을 줄이는 데 유용하다. 영양 보충제 선택은 수의사와 의논한다.

제4장
병과 치료

순환기계 질환

순환기와 순환기계

순환기란 심장과 혈관(동맥, 모세 혈관, 정맥), 그리고 림프관 등의 총칭이며 순환기계는 몸 안의 모든 세포에 혈액을 공급하는 역할을 하고 있다. 체내의 혈액 흐름에는 체순환과 폐순환 두 가지가 있고, 거기에 더해 림프액의 흐름으로 림프 순환이 있다.
심장에서 동맥, 모세 혈관, 정맥을 거쳐서 다시 심장으로 돌아오는 순환을 체순환이라고 한다.
심장에서 내보낸 혈액은 동맥을 지나서 각 세포에 산소를 운반한다. 동맥은 조금씩 가늘어져서 모세 혈관으로 이행하고, 정맥으로 흘러간다. 그리고 정맥에서 심장으로 혈액이 돌아온다. 이 체순환은 대순환이라고도 한다.
심장에서 폐동맥, 폐 내부의 모세 혈관, 폐정맥을 지나 심장으로 돌아오는 순환을 폐순환이라고 한다. 체순환으로 산소가 소비된 혈액이 폐순환으로 흘러들며, 폐에서 산소를 충분히 품은 혈액이 되어 심장으로 돌아온다. 폐순환은 소순환이라고도 한다.
체순환과 폐순환은 혈액 순환인데, 림프 순환에는 림프액이 흐른다. 림프 순환은 모세 림프관에서 시작하여 림프 본관을 지나 최종적으로 굵은 정맥으로 흘러든다. 흉복부에서 시작하는 림프관은 흉관이 되어 굵은 정맥으로 흘러 들어간다.

순환기의 분류

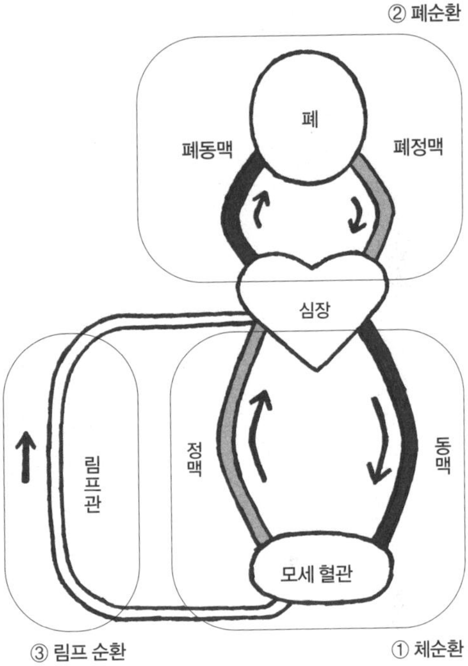

② 폐순환
폐
폐동맥
폐정맥
심장
림프관
정맥
동맥
모세 혈관
③ 림프 순환
① 체순환

심장의 구조와 기능

심장은 혈액을 온몸으로 내보내는 펌프 역할을 하는 대단히 중요한 장기로, 네 개의 방으로 이루어져서 있으며 각 방에는 커다란 혈관이 연결되어 있다.
혈액이 흐르는 순서를 보면, 먼저 온몸에서 사용된 혈액이 대정맥에서 우심방으로 돌아온다. 그리고 우심방에서 우심실로 흘러 들어간다. 우심방과 우심실 사이에는 삼첨판이라는 판이 있어서 혈액의 역류를 막고 있다. 다음으로, 혈액은 우심실에서 폐동맥을 지나 폐로 운반된다. 우심실과 폐동맥 사이에는 폐동맥판이 있어서 역시 역류를 막는다. 폐에서 산소를 가득 머금은 혈액은 폐정맥을 지나 좌심방으로 보내진다. 다시, 좌심방에서 좌심실로 흘러가고, 여기서 힘을 얻어 대동맥으로 보내져 온몸으로 흐른다. 좌심실의 압력은 전신의 혈압이 된다. 좌심방과 좌심실 사이에는 승모판이 있고, 좌심실과 대동맥 사이에는 대동맥판이 있다.

심박수는 운동하면 증가하고 휴식을 취하면 감소한다. 긴장하기만 해도 증가하는데, 심박수가 교감 신경과 부교감 신경에 지배되고 있기 때문이다. 흥분하면 교감 신경이 활발해져서 심박수를 증가시키고, 흥분이 가라앉으면 부교감 신경이 주가 되어 심박수는 감소한다. 심장 자체의 움직임은 자극 전도계로 통제되는데, 자극 전도계란 간단히 말하면 심장을 움직이기 위한 전선이며, 여기를 흐르는 전기 신호에 의해 좌우의 심방이나 심실이 협조하여 움직일 수 있다.

혈관의 구조와 기능

혈관은 혈액을 운반하기 위한 관으로, 전신에 뻗어 있으며, 동맥과 모세 혈관, 정맥으로 분류된다.

심장의 구조와 혈액의 흐름

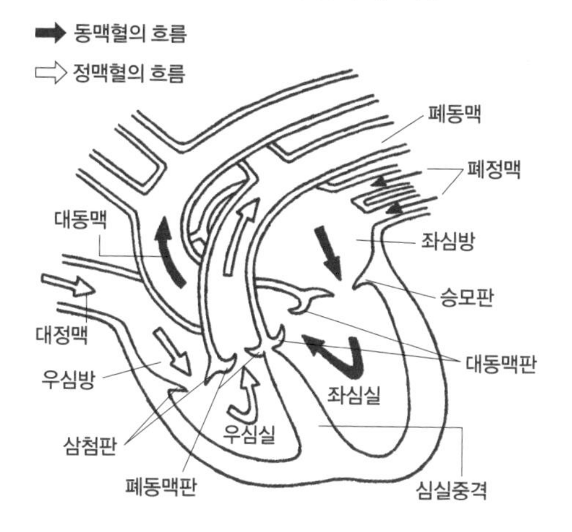

혈관 구조

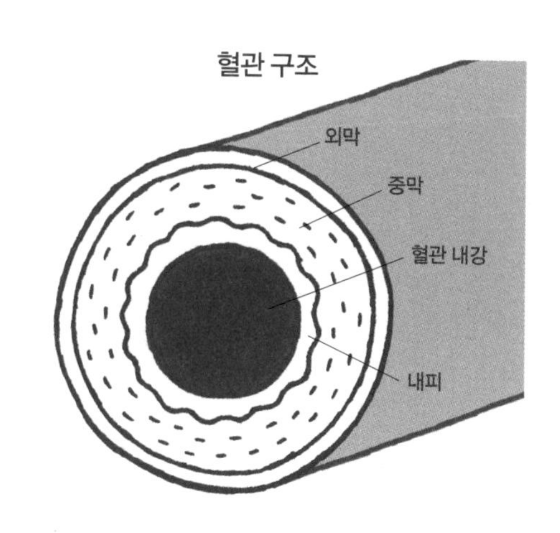

모든 세포는 혈관으로 산소와 영양을 공급받는다. 심장에서 막 나온 혈액은 산소를 듬뿍 함유하고 있다. 흔히 말하는 〈깨끗한 혈액〉으로, 동맥을 지나 전신으로 운반된다. 산소를 각 조직으로 운반한 후의 혈액, 흔히 말하는 〈더러운 혈액〉은 동맥을 지나서 심장으로 돌아온다. 그리고, 폐동맥을 지나서 폐로 가고, 다시 깨끗한 혈액이 되어 폐정맥에서 심장으로 돌아온다. 혈액의 흐름은 이것의 반복이다. 일반적으로 말하는 혈압이란, 동맥을 흐르는 혈액의 압력으로, 심장 수축 때문에 생긴다. 그리고 동맥에 존재하는 근육 조직이 수축함으로써 압력이 상승한다. 동맥 경화나 동맥류, 고혈압 등은 혈관병으로 알려져 있다.

순환기 검사

순환기 검사에는 다양한 방법이 있다. 심장 검사는 시진이나 청진 등의 신체검사로 시작하여 심전도 검사나 심음도 검사, 엑스레이 검사, 심장 초음파 검사, 심장 카테터 검사 등을 시행한다. 이들 검사를 조합하여 종합적으로 심장병을 평가한다. 심장병이란, 진단명이 아니므로 어떤 판막에 이상이 있는지, 어디에 구멍이 뚫려 있는지, 심근이 비대해져 있는지 등을 검사하고 확진하여 정확한 병명을 밝혀낸다. 이런 진단을 토대로 치료를 시작한 후에도 효과를 보려면 정기적으로 검사한다.

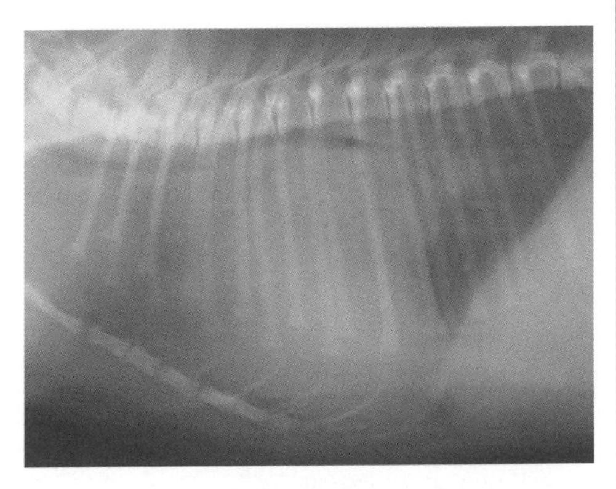

엑스레이 검사. 커진 심장, 또는 폐에 물이 고여 있는 폐부종을 진단할 수 있다.

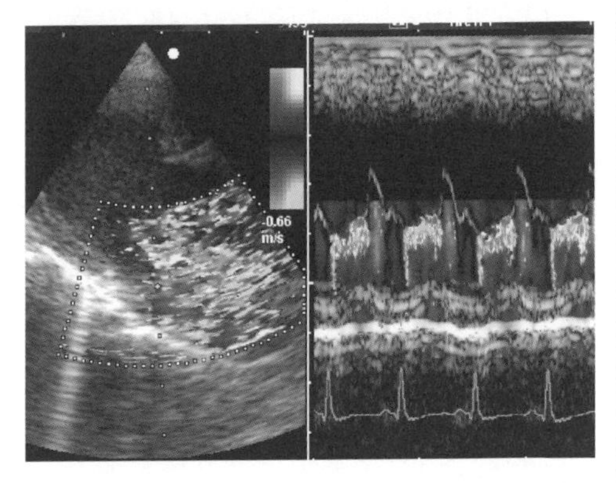

심장 초음파 검사. 컬러 도플러 검사를 함께 함으로써 승모판 기능 부족을 진단하고 있다.

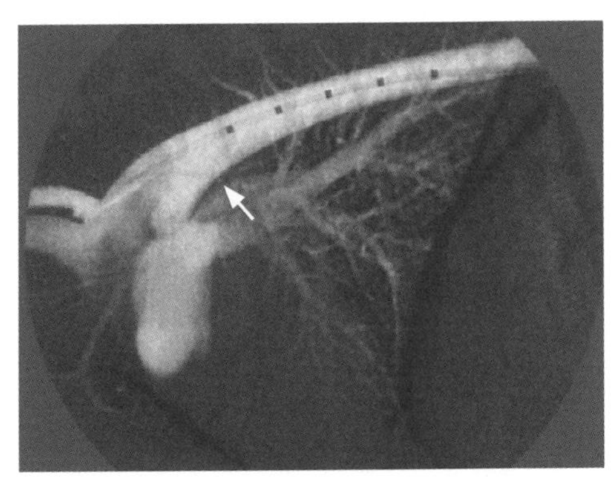

심장 카테터 검사. 넙다리 동맥으로 튜브를 넣어 심혈관 조영을 하고 있다. 선천 이상인 동맥관이 선명하게 조영되어 있다(화살표).

신체검사 심장 검사로는 청진이 중요하다. 청진으로 심음(심장이 뛰는 소리)이나 폐의 소리를 들을 수 있다. 심장병이 발생하면 심장 소리가 변화하여 심장 잡음이 들린다. 잡음이 나는 장소나 잡음의 패턴, 강도 등으로 어느 정도 진단된다. 심음의 리듬이 규칙적이지 않는 것을 부정맥이라고 한다. 넙다리 동맥을 촉진하는 것만으로도 대충 혈압을 알 수 있으며, 부정맥 여부도 알 수 있다.

심전도 검사 동물을 옆으로 눕히고 다리에 전극 클립을 부착하여 심전도를 측정하며, 심전도를 측정하는 기계는 심전계라고 한다. 심전도 검사는 많은 동물병원에서 받을 수 있고 이를 통해 심박수나 부정맥 유무 등을 알 수 있다. 부정맥이 있을 때는 어떤 부정맥인지도 알 수 있다.

혈압 측정 개나 고양이의 혈압은 앞에서 이야기했듯이 넙다리 동맥을 만져 보면 대강 알 수 있지만 동물용 혈압계로 확실하게 잴 수도 있다. 단, 동물이 대단히 흥분해 있거나 가만히 있지 못할 때는 혈압 측정을 할 수 없다. 고양이는 병원에 오는 것만으로도 고혈압이 되므로, 동물병원에서 특정한 혈압만으로 평가하기 힘들 때도 있다. 개나 고양이의 혈압 측정은 동물을 안정시키는 것부터 시작해야 한다.

심음도 검사 특수 마이크를 동물의 가슴에 대어 심장 소리를 종이에 기록한다. 이 검사로 심장 잡음의 패턴을 알 수 있다.

엑스레이 검사 심장의 크기나 폐와 기관의 상태, 흉강 내 이상 등 많은 것을 알 수 있는 아주 중요한 검사다. 심장병이 발생하면 폐에 물이 찰 수 있는데, 그것을 평가하는 데에도 최적이다.

심장 초음파 검사 심장 에코 검사라고도 불리며, 심장병 진단에 빠뜨릴 수 없는 검사다. 심장 내부의 상태를 알 수 있으므로 몰티즈나 카발리에 킹 찰스스패니얼에게 많이 발생하는 승모판 기능 부족이나 선천성 심장 기형 진단에 유용하다. 심전도 검사나 엑스레이 검사만으로는 심장병을 확진하기 어려운 경우가 많은데, 이러한 검사들과 심장 초음파 검사를 종합하면 확진할 수 있다.

심장 카테터 검사 가장 정밀도가 높은 심장 검사다.

전신 마취를 하고 머리나 넙다리의 혈관에서 심장까지 특수한 튜브(카테터)를 삽입하여 검사한다. 조영제를 심장 안에 주입하여 심장 조영도 하므로, 심장 초음파 검사로는 알 수 없었던 것까지 진단할 수 있다. 동시에 심장 각 부위의 혈압이나 혈액가스 부분 압력까지 측정할 수 있다. 특히 심장 수술을 할 때는 필수 검사라고 할 수 있다. 단, 대단히 특수한 검사이므로 심장 카테터 검사를 할 수 있는 동물병원은 한정되어 있다.

심장 질환(선천 심장병)

폐동맥 협착증

개의 선천 심장병 조사에서 국내외를 막론하고 상위 5위 안에 들어가는 발생 빈도가 높은 병이다. 전신에서 심장으로 돌아온 정맥혈은 우심방, 우심실을 거쳐 폐동맥을 지나서 폐에서 산소화되는데, 그 도중인 폐동맥의 입구인 폐동맥판 부분이 협착되어 발생한다. 여기에 협착이 일어나면 심장에서 폐로 연결되는 폐동맥에 충분한 양의 혈액이 흐르지 못하게 된다. 그 결과, 전신으로 운반되는 산소를 함유한 혈액이 부족해져서, 다양한 저산소성 증상이 일어난다. 협착이 심할수록 상태는 심각하며 이차적으로 우심실이 비대해진다.

증상 가벼운 정도에서 중간 정도의 예는 무증상이라 해도, 건강 검진이나 예방 접종 시에 심장에 잡음이 있어서 발견되는 경우가 있다. 흥분했을 때나 갑자기 운동했을 때 쓰러지거나 비틀거리거나 혀의 색깔이 허옇게 되는 증상으로 병을 발견하기도 한다. 성격이 온순한 동물이면 발견이 늦어지기도 한다.

진단 엑스레이 검사나 심전도 검사, 심장 초음파 검사를 하여 종합적으로 판단한다. 엑스레이 검사에서는 종종 심장의 오른쪽이 비대해져 있거나, 폐동맥 일부가 확장된 상태가 보인다. 심전도 검사에서도 오른쪽 심장 비대를 예측할 수 있다.

폐동맥 협착증

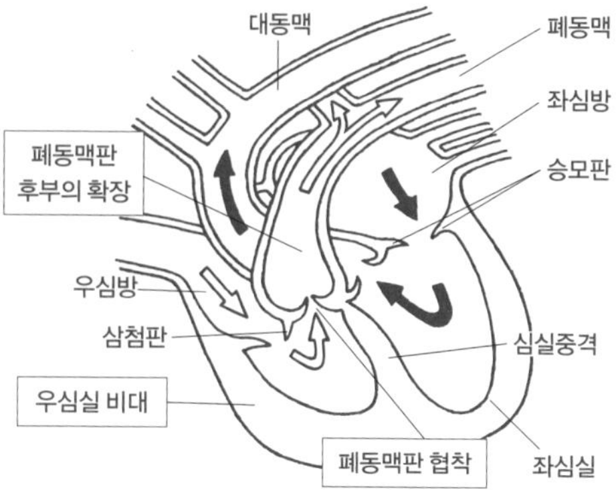

대동맥
폐동맥
좌심방
폐동맥판 후부의 확장
승모판
우심방
삼첨판
심실중격
우심실 비대
폐동맥판 협착
좌심실

심장 초음파 검사에서는 오른쪽 심장 비대나 폐동맥 협착이 진단되는 중증도 예측할 수 있다.

치료 가벼운 정도의 협착은 수술하지 않고 내과적으로 상태를 지켜보기도 하지만, 증상을 동반할 때는 대부분 수술을 포함한 치료 대상이 된다. 단, 나이를 고려하여 수술이 어렵다고 판단되는 예도 있다. 최종적인 병태를 판단하려면 심장 카테터 검사가 필요할 수도 있다. 이 검사로 우심실의 수축기압(심장이 수축하여 혈액을 동맥으로 보낼 때 혈관 내벽에 가해지는 압력) 정도나 우심실과 폐동맥의 수축기압 차이를 토대로 증세를 판단하고 합병증이 없는지도 판단한다. 치료법으로는 좁아진 폐동맥을 풍선 카테터나 수술을 통해 넓히는 방법이 있다.

팔로 네 징후

팔로 네 징후는 심장에서 폐로 흐르는 폐동맥이 좁다(폐동맥 협착), 좌우 심실 사이에 구멍이 뚫려 있다(심실중격 결손), 대동맥의 시작이 오른쪽으로 변위했다(대동맥 오른쪽 전위), 우심실의 심장 근육이 두꺼워졌다(우심실 비대) 등 네 가지 증상을 한꺼번에 보이는 병이다. 이 중에서 기본적인 병태는 폐동맥 협착과 심실중격 결손이며, 우심실 비대와 대동맥 오른쪽 전위는 이차적이다. 중증이 되면 근육의 비대 때문에 폐동맥으로 이어지는

팔로 네 징후

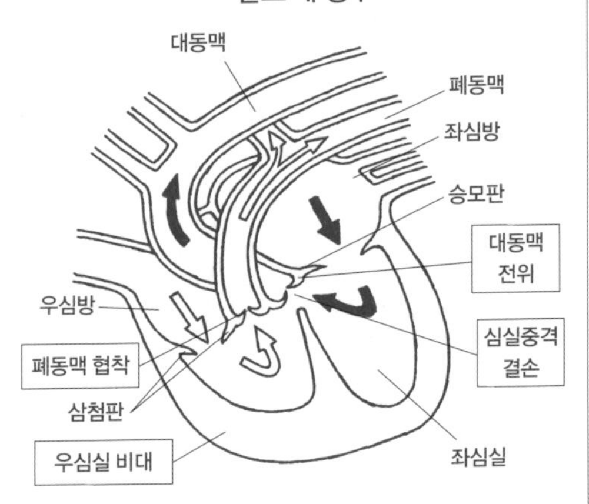

우심실 유출로가 협소해지고, 그 결과 우심실 비대가 더 중증이 되며 좌우 심실 사이의 구멍을 지나가는 혈액량이 증가하여 증상이 악화된다.

증상 주된 증상은 저산소 혈증에 의한 청색증이다. 그 밖에 발육 부진이나 운동 후 과호흡, 운동 불내성, 적혈구 증가증 등을 들 수 있다. 중증이 되면, 배뇨나 배변 등의 사소한 일로도 저산소성 발작(혀의 색깔이 보라색이 되고, 입을 벌리고 고통스러운 듯이 호흡하고, 때로는 쓰러진다)을 일으킨다. 건강 검진 등을 받을 때 심장 잡음이 들려서 비로소 병을 알게 될 때도 있다. 청색증이 보이지 않는 예도 있으며, 이것은 핑크 팔로 네 징후라고 불린다.

진단 일반적으로 청진을 하면 강한 심장 잡음을 확인할 수 있다. 그러나, 병이 진행되면 심장의 잡음을 잡아낼 수 없게 된다. 혈액 검사에서는, 병의 진행과 더불어 적혈구 증가증이 많이 보인다. 심장은 중심부 방향으로 비대해지므로 엑스레이 검사에서는 심장 자체는 커 보이지 않으며, 이탈리아반도 같은 장화 모양으로 비유할 수 있는 특징적인 형상을 보이기도 한다. 심전도 검사에서도 우심실 비대가 의심되는 결과가 종종 보인다. 심장 초음파 검사에서는 우심실 비대와 심실 벽의 구멍, 폐동맥의 부분적 협착이 발견된다. 또한 대동맥이 시작되는 부분이 심실중격 벽에 겹치듯이 오른쪽으로 나와 있는 것처럼 보인다. 심장 카테터 검사에서도 현저하게 비대한 우심실이나 우심실 유출로, 우심실 압의 현저한 상승을 확인할 수 있으며 우심실에서 좌심실로 흐르는 혈액의 단락이 증명된다.

치료 누두부 협착(폐동맥 아래의 우심실에서 혈액이 나가는 길인 동맥 원뿔이 좁아지는 증상)이 가벼운 경우, 청색증은 거의 인정되지 않으며 치료하지 않아도 장기간 생존을 기대할 수 있다. 그러나, 저산소성 발작이 일어난 예에서는 수술할 필요가 있다. 수술로는 폐동맥으로 흐르는 혈액량을 늘리기 위한 수술(폐동맥에 빗장밑 동맥을 연결하는 우회술)[1]이 있다. 근본적인 치료법으로서 인공 심폐 장치를 사용하여 심장을 정지시킨 상태에서 행하는 폐동맥 협착부의 패치 그래프트[2]에 의한 우심실 유출로의 확대 형성술과 좌우 심실 사이의 구멍을 폐쇄하는 수술이 있지만, 일부에서만 행해지고 있다.

우심실 양분증

비정상적인 근육 덩어리가 우심실 내에 생겨나서 우심실을 두 개의 영역으로 나눈다. 그 결과 우심실 내의 혈액 흐름이 저해되어 혈액 순환 이상이 일어난다.

증상 협착의 정도에 따라 병태는 다양한데, 우심실 내 협착이 폐동맥으로의 혈류를 방해하므로, 실신 발작 등 폐동맥 협착증 같은 증상이 일어난다. 삼첨판의 작용을 저해하여 삼첨판 역류를 일으키기도 하며, 그런 때는 복수가 차는 증상이

1 중요한 동맥 따위가 막혔을 때 우회로를 만들어 피가 잘 흐르게 하거나 자신의 다른 혈관을 사용하여 장애가 있는 심장 동맥 따위에 대신 연결하여 쓰도록 하는 수술.

2 patch graft. 혈관강을 확대하기 위하여 혈관 절개부를 막는 데 사용되는 이식용 조직 또는 인조 물질.

보인다. 우심실 안의 압력이 아주 높아지는 경우가 많으며, 그대로 방치하면 우심실 부전(기능 상실)에 빠질 가능성이 있다.

진단 협착으로 일어나는 심장 잡음이 들리며 흉부 엑스레이 검사에서는 우심실 음영의 확대가 보인다. 확진에는 심장 초음파 검사가 유용하며, 협착의 존재뿐만 아니라 협착의 정도나 삼첨판 역류 유무도 확인할 수 있다. 심장 카테터 검사로도 확진이나 병태 평가가 가능하다.

치료 중증이면 내과적 치료로는 개선을 기대할 수 없다. 개심 수술로 협착의 원인이 된 근육 덩어리의 적출이 필요하다. 단, 수술은 체외 순환 장치를 이용하여 심정지 상태에서 이루어지므로 실시할 수 있는 병원은 제한적이다. 수술로 혈액 순환이 개선되면 실신 발작은 보이지 않는다. 그러나 근육 덩어리가 삼첨판을 휘감고 있는 경우가 많으므로 수술 후에 삼첨판 역류가 남아 있는 예도 있다. 삼첨판 역류가 있을 때는 병태의 진행을 억제하기 위해 수술 후에도 투약을 계속하면 좋다.

대동맥 협착증

골든리트리버나 뉴펀들랜드, 독일셰퍼드, 복서, 로트바일러에게 많이 발생한다. 미국에서 많이 보고되며, 이들 견종의 유전으로 짐작된다. 원인은 주로 대동맥판하의 섬유성 협착이며, 좌심실 유출로 근처의 섬유증을 동반하는 경우가 있다고 한다.

증상 대부분 무증상이지만 협착의 정도에 따라서는 흥분 시의 허탈이나 실신이 보이기도 한다. 가벼운 정도라면 치료가 필요하지 않은 때도 있다. 그러나 중증이면 이차적으로 좌심실 비대가 일어나서 심장의 영양 혈관인 심장 동맥이 비대한 심장에 충분한 산소를 운반하지 못하게 되므로 돌연사하기도 한다. 갑자기 운동하거나 흥분했을 때, 부정맥이 발생하거나 충분한 양의 혈액이 심장에서 나오지 않음으로써 뇌가 허혈 상태가 되어

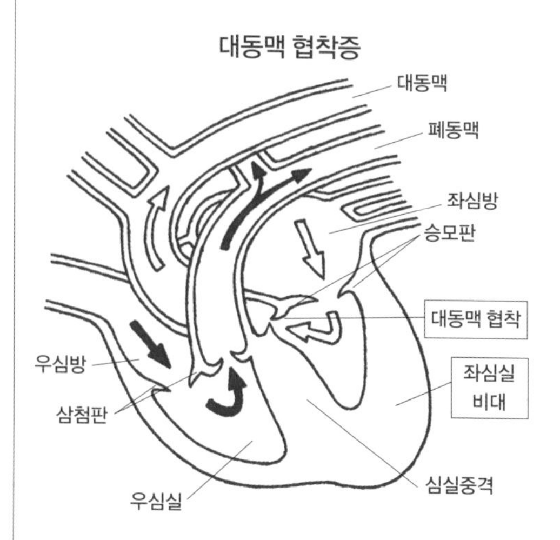

실신한다.

진단 대형견에게서는 첫 번째 혼합 백신 접종 시에는 인정되지 않았던 전형적인 수축기 심장 잡음이, 몇 달 후의 백신 접종 때나 건강 검진에서 발견되기도 한다. 심전도 검사나 엑스레이 검사에서는 좌심실 비대가 확인되고 심장 초음파 검사에서는 대부분 심한 정도까지 진단할 수 있다.

치료 가벼운 예는 사육 관리에 충분히 주의하면서 심장 비대의 진행을 막는 약을 주는 내과적 치료를 하면서 경과를 관찰한다. 심하면 돌연사할 위험이 높으며 장기 생존이 어려우므로 심장 카테터 검사 후에 풍선 카테터 치료를 해보거나 더욱 심각한 경우에는 외과적 치료를 고려한다.

심방중격 결손증

심방중격 결손증은 좌우 심방을 나누는 심방중격에 구멍이 생겨 좌우 심방이 연결되어 버리는 선천 기형이다. 올드 잉글리시 시프도그나 사모예드, 복서 등에게 많이 보이지만 다른 견종이나 고양이에게도 발생한다. 태생기에 심방중격의 형성이 불충분했던 것이 원인으로 보이며, 발생 메커니즘에 따라 몇 가지 형으로 분류된다.

증상 단독의 작은 결손 구멍이라면, 혈행에 큰 이상을 일으키지 않으며 증상이 보이지 않기도

한다. 그러나 중간에서부터 커다란 크기의 결손 구멍에서는 다른 심장 기형이 나타나지 않으면 좌심방에서 우심방으로 혈류 단락이 일어나 체순환보다 폐순환 혈류량이 증가한다. 이것에 의해 우심실의 용량 부하가 일어나고 더 나아가 단락 혈액량이 증가된 상태가 계속되면 폐의 사이질(결합 조직, 신경 조직, 혈관을 포함한 기관의 지지 조직)에 변화가 생겨 폐 고혈압증을 일으키게 된다. 이렇게 되면 우심방 압이 상승하여 좌심방 압을 넘어 버려 역단락이 생기게 된다.

진단 중간 정도의 좌우 단락이 생긴 심방중격 결손증에서는 청진으로 왼쪽 심장 기저부의 수축기성 잡음과 제2심음 분열을 들을 수 있다. 엑스레이 검사로는 우심실 확대를 확인할 수 있다. 심장 초음파 검사는 확진과 병태 파악에 중요한 검사다. 심장 카테터 검사로도 결손 구멍을 확인할 수 있으며, 우심방 압을 측정하거나 다른 심장 기형 유무 등의 정보까지 얻을 수 있다.

치료 결손 구멍이 작다면 치료하지 않아도 된다. 그러나 심각한 심방중격 결손증은 당장은 무증상이라 해도 나중에 우심실 부전이나 실신 발작을 일으킬 가능성이 있으므로 조기 치료가 바람직하다. 근본적인 치료는 개심 수술을 하여 결손 구멍을 폐쇄하는 것이다. 결손 구멍이 클 때는 패치 그래프트가 필요하다. 일반적으로 수술은 인공 심폐 장치를 이용하여 심정지 때 시행하는데, 병태가 진행되면 수술의 위험도 아주 커진다. 조기 발견하여 외과적 치료를 하면 예후는 좋다고 볼 수 있다. 노령이 될 때까지 발견이 늦어지면 우심실 부전이나 폐 고혈압증을 일으킬 가능성이 높으며, 치료 후 경과도 바람직하지 않은 경우가 많다.

심내막상 결손증(완전 방실 중격 결손증)

심내막상이란 심장이 생길 때 심장의 좌우를 나누는 중격(가로막)과 심방과 심실을 연결하는 방실판을 형성하는 부분의 명칭이다. 그 심내막상이 심장 발생 때 적절하게 성장하지 못하면 심장의 중격에 구멍이 뚫리거나 판의 역류가 일어난다.

증상 심장의 중격에 구멍이 뚫리면 혈액의 흐름에 이상이 생긴다. 혈액은 압력이 높은 쪽에서 낮은 쪽으로 흘러가는데, 보통 심장은 왼쪽이 오른쪽보다 압력이 높으므로 혈액은 중격의 구멍을 거쳐 왼쪽에서 오른쪽으로 흘러 들어간다. 그 결과, 우심실의 혈액은 폐로 들어가므로 폐의 혈액 순환량이 과다해지며 폐로부터의 혈액이 흘러드는 좌심실으로의 혈액 유입량도 증가한다. 그리고 용량 부하로 좌심실 부전 증상이 보이게 된다. 또한 방실판 형성 부전에 의한 심실에서 심방으로의 혈액 역류도 용량 부하를 가중하므로 좌심실 부전은 확실하게 진행되어 간다.

진단 이 지속적인 좌심실의 용량 부하는 결국 폐혈관이 허용할 수 있는 한도를 넘고, 폐혈관과 우심실의 압력이 좌심실 압을 넘게 된다. 이리하여 혈액은 중격의 구멍을 통해서 이번에는 우심실에서 좌심실로 흘러 들어가게 된다(아이젠멩거 증후군). 즉 우심실의 혈액은, 폐에서 산소 교환을 하지 않고 좌심실로 유입되므로 산소를 충분히 품고 있지 않은 혈액이 좌심실에서 몸 전체로 흐르게 된다. 그 결과 청색증을 일으켜 몸의 기능은 현저하게 손상된다.

치료 심내막상 결손증은 심내막상 형성 부전 정도에 따라, 완전형과 불완전형으로 분류된다. 완전형에서는 새끼일 때(특히 젖을 떼기 전) 사망하는 일이 많지만, 불완전형은 완전형보다 진행 속도가 느리므로 조기에 발견하여 외과 수술을 하면 예후가 양호하다. 어쨌든 내과적으로 유지할 가능성이 대단히 낮으므로 외과 수술에 의한 치료가 바람직하다고 말할 수 있다. 심내막상 결손증은 사람에게는 다운 증후군 같은 염색체 이상에서 많이 발병하는 것으로 알려졌지만 어린 동물에게서는 그런 관계가 불분명하다.

정상 심장

불완전형 심내막상 결손증

완전형 심내막상 결손증

심실중격 결손증

심실중격 결손증은 개와 고양이 모두 선천 심장병으로, 우심실과 좌심실 사이에 있는 벽(심실중격)에 구멍이 뚫려 있는 병이다. 잉글리시 스프링어스패니얼이나 시바견, 미니어처 닥스훈트 등에게 많이 보인다.

증상 초기라면 증상을 보이지 않지만 중증이 되면 운동할 때 바로 피곤해한다. 그리고 기침, 호흡 곤란, 구토, 쓰러짐, 기운 없음, 식욕 없음, 여윔, 잘 크지 않음 등의 증상이 보인다. 고양이는 성격 특성 때문에 증상을 발견하기 힘들어서 발견이 늦어지는 경향이 있다.

진단 청진으로 심장 잡음을 들을 수 있다. 다양한 심장 검사가 필요한데, 심장 초음파 검사로 확진을 한다. 심장 초음파 검사로는 심장 안에 뚫린 구멍을 확인할 수 있으며 컬러 도플러 검사로는 좌심실에서 우심실로 흘러가는 혈액을 확인할 수 있다. 첫 번째 백신 접종 때 동물병원에서 발견되는 일이 많은 병이다. 〈뚜- 뚜- 뚜-〉 하는 심장 잡음이 있으므로 강아지나 새끼 고양이와 함께 자는 보호자가 이상을 알아차리는 예도 있다.

치료 내과적으로는 앤지오텐신 변환 효소 저해제나 이뇨제 등으로 울혈 심부전 치료를 하는데, 상태가 안정된 후에 개심 수술을 하여 구멍을 막을 필요가 있다. 극히 드물게 심장의 구멍이 자연스럽게 막히기도 하지만 기본적으로 자연 치유는 바랄 수 없다. 결손 구멍이 큰 경우에는 내과 요법을 시행해도 서서히 병이 진행되므로 조기에 수술할 필요가 있다. 심장병이 진행되어 버리면 수술도 불가능해지므로 주의가 필요하다. 조기 수술하면 건강한 개나 고양이와 같은 수명을 누릴 수 있다.

동맥관 개존증

동맥관 개존증은 선천 심장병으로 대동맥과 폐동맥을 연결하는 동맥관이라는 태생기의 혈관이

심실중격 결손증

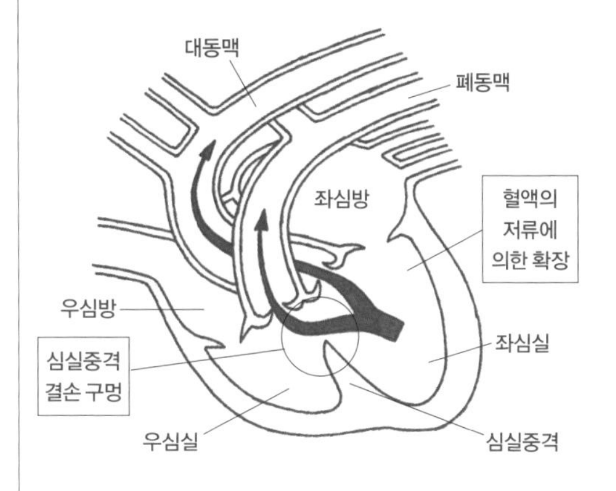

남아 있는 병태다. 셰틀랜드양몰이개, 포메라니안 등에게 보이는데, 최근에는 미니어처 닥스훈트나 코기에게도 발생하고 있다.

증상 초기라면 증상을 보이지 않지만 중증일 때는 운동하면 바로 피곤하다, 기침, 토한다, 쓰러진다, 호흡 곤란, 기운이 없다, 식욕이 없다, 여윈다, 잘 크지 않는다 등의 증상이 있다. 말기가 되면 심장 위치보다 뒤쪽(꼬리 쪽) 피부나 점막이 보라색이 되는 분리 청색증을 일으킨다. 한편, 고양이는 발생이 극히 적은 데다 성격상 증상을 알기 힘들어 발견이 늦어진다.

진단 청진으로 심장 잡음을 들을 수 있다. 동맥관 개존증의 심장 잡음은 〈슈욱- 슈욱-〉 하는 특징이 있는 기계적인 연속성 잡음이므로 청진만으로 진단할 수 있다. 단, 확진에는 심장 초음파 검사가 필수며 동맥관에서 폐동맥으로 흐르는 이상한 혈류를 확인할 수 있다. 첫 번째 백신 접종 때 동물병원에서 발견되는 일이 많은 병이다.

치료 앤지오텐신 변환 효소 저해제나 이뇨제 등으로 내과적으로는 울혈 심부전을 치료하고, 상태가 안정된 후에 수술한다. 수술은 주로 두 가지 방법이 있다. 하나는 코일 색전술인데, 넙다리에서 심장으로 튜브를 삽입하여 특수한 코일을 동맥관에 끼우는 방법이다. 다른 하나는 가슴을 크게 절개하여 동맥관을 직접 묶어서 혈류를 차단하는 방법이다. 치료하지 않으면 1년간 생존율(한 살까지 살 수 있는 확률)이 약 30퍼센트로 사망할 확률이 대단히 높은 병이다. 이 병은 급속히 진행되므로 당장 수술해야 한다. 조기에 수술하면 정상 수명을

동맥관 개존증

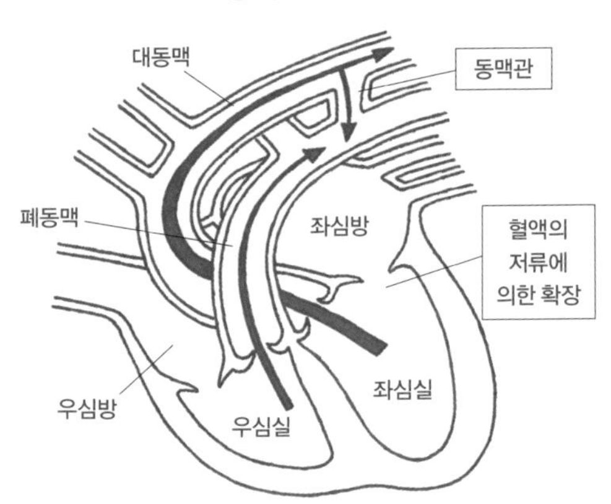

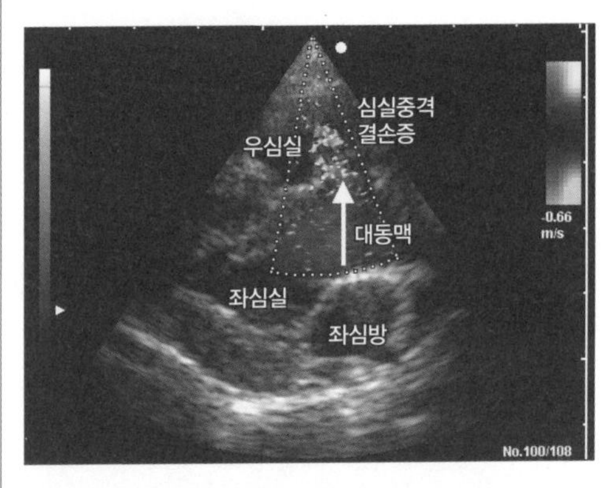

심실중격 결손증 심장 초음파 검사. 좌심실에서 우심실로 흘러드는 혈액을 확인할 수 있다(↑).

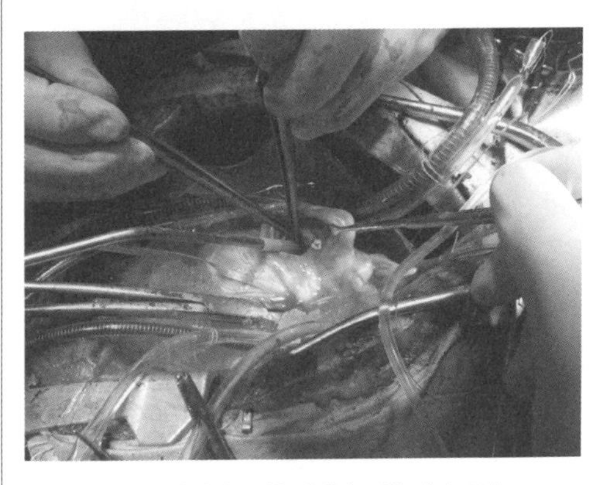

외과용 거즈를 사용하여 구멍을 폐쇄하고 있는 수술 모습.

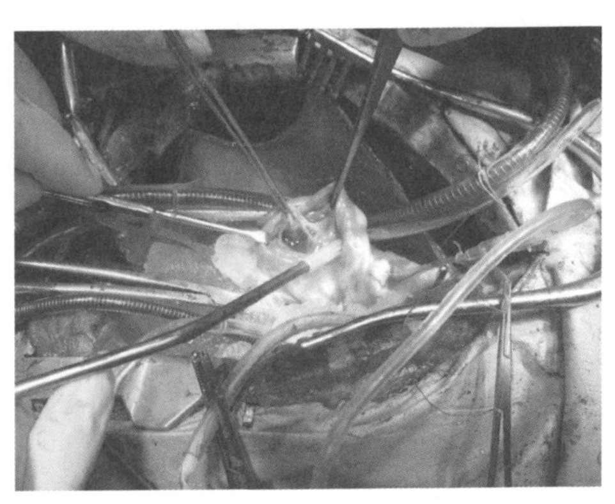

심장에 뚫려 있는 구멍을 확인할 수 있다.

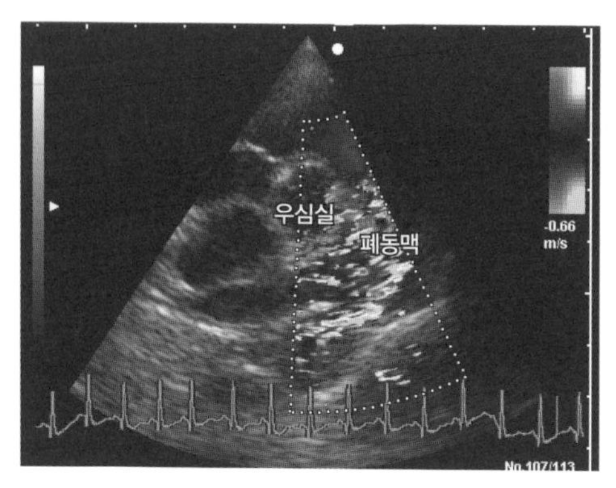

동맥관 개존증의 심장 초음파 검사. 대동맥에서 폐동맥으로 흐르는 동맥관 혈류가 보인다.

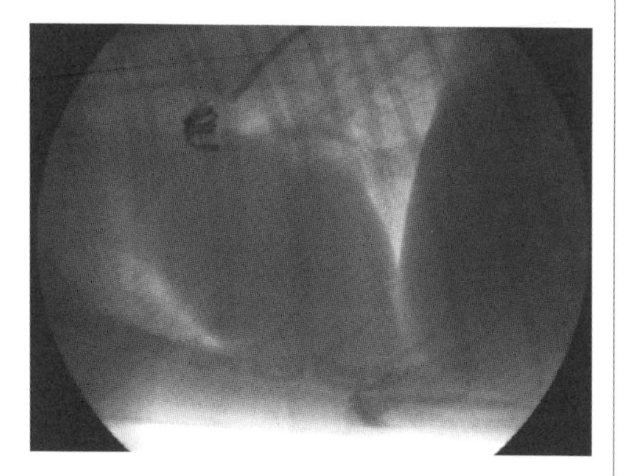

동맥관에 삽입된 코일.

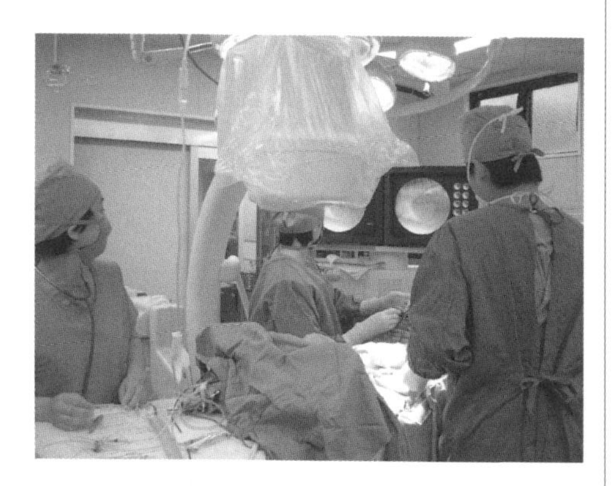

코일 색전술. 수술용 엑스레이 장치를 이용하여 수술한다.

얻을 수 있지만 말기가 되면 수술은 불가능해진다.

아이젠멩거 증후군

심실중격 결손증이나 동맥관 개존증 등의 단락성(션트) 심장병에서는 혈압이 높은 좌심계에서 혈압이 낮은 우심계로 혈액이 끊임없이 흐르고 있다. 그 혈액은 폐로 흘러가는데, 이런 과부하 상태가 계속되면 폐혈관이 손상되어 폐에 혈액이 흐르기 어렵게 된다. 그런데도 심장은 폐로 혈액을 보내야 하며, 차츰 폐혈관의 혈압이 올라간다. 이 상태를 폐 고혈압이라고 한다.
폐 고혈압이 되면 심장이 폐로 혈액을 좀처럼 보내지 못하므로 우심실 압이 상승하여 이번에는 우심계에서 좌심계로 혈액이 흐르기 시작한다.
그렇게 되면 혀나 눈, 음부 등의 가시 점막 색깔이 보라색이 된다. 단락성 심장병으로 폐 고혈압이 되어 청색증을 나타내는 병태를 아이젠멩거 증후군이라고 한다.
증상 쓰러진다, 호흡 곤란, 기침, 운동 후 기력이 없어진다, 혀 등의 점막이 거무스름해진다 등 심장병 말기 증상이 보인다.
진단 엑스레이 검사나 심장 초음파 검사로 진단하는데, 동맥관 개존증에서는 혈액의 단락이 안 보일 수도 있어 진단하기 어려워진다.
치료 울혈 심부전을 치료한다. 그러나 한번 손상된 폐혈관을 낫게 하는 약은 없다. 폐혈관을 열어 주는 약을 사용하면서 운동을 제한하고 안정을 유지함으로써 산소 소비를 억제하면 약간은 편해진다. 하지만 머지않은 장래에 반드시 사망한다. 아이젠멩거 증후군이 되기 전에 심장병 수술을 받아야 했는데 이미 늦은 것이다. 상태가 나쁘고 심한 고통에 시달리면 안락사를 고려해야 할 수도 있다.

승모판 협착증

선천성 승모판 협착증에서는 비대한 판막 첨판(두 개로 이뤄진 정맥 판막 중 하나)이나 짧고 굵은 힘줄끈, 또는 길고 가느다란 힘줄끈, 중격에 부착한 판막 첨판 등이 보이며, 승모판이 정상적으로 폐쇄되지 않아 좌심방 내로 역류가 발생한다.

승모판 협착이 동시에 인정되기도 한다. 승모판 역류만 보일 때는 승모판 기능 부족과 똑같은 병태를 나타낸다. 그레이트데인과 독일셰퍼드에게 많이 발생한다. 흉부 엑스레이 검사나 심장 초음파 검사로 좌심방 확장을 확인할 수 있으며, 이것을 토대로 진단한다. 치료 방법은 내과적으로는 승모판 기능 부족과 거의 같다. 비정상적인 승모판을 외과적으로 바로잡는 방법도 있지만 어려운 수술이다.

삼첨판 형성 이상

선천성 삼첨판 형성 이상은 개나 고양이에게는 대단히 드문 병이다. 증상은 판이 치우친 정도, 즉 남아 있는 우심실의 부피나 기능, 삼첨판 협착 유무 등에 따라 다양하다. 가벼운 경우는 무증상이기도 하지만, 중증인 경우는 복수나 흉수가 차고 운동 불내성이나 호흡 곤란을 동반한다. 올드 잉글리시 시프도그나 그레이트데인, 독일셰퍼드, 영국세터, 래브라도리트리버에게 많이 보이는 것으로 알려져 있다. 신체검사에서는 심장 잡음이 나타나며, 흉부 엑스레이 검사에서는 현저하게 확대된 심장 음영(우심실 확대)을 확인할 수 있다. 심장 초음파 검사에서는 현저한 우심방의 확장이나 비정상적으로 긴 삼첨판 앞첨판, 삼첨판 부착부의 심첨(심장 꼭대기) 변위를 확인할 수 있다.

엡슈타인병

엡슈타인병은 어린 동물에게 대단히 드물게 발생하는 심장 기형이다. 지금까지 개는 열 몇 번의 예만 보고되어 있으며 고양이의 발생은 알려지지 않았다. 엡슈타인병은 심장의 우심방과 우심실 사이에 있는 삼첨판에 일어나는 선천 기형이다. 삼첨판은 태생기에 심내막상이라는 조직에서 형성되는데, 동시에 그것에 접한 심실근에 구멍이 뚫려 심실근에서 유리된 완전한 판이 형성된다. 엡슈타인병에서는, 이 심실근에 구멍이 뚫리는 공정이 제대로 이루어지지 않아 판 일부가 심실근에 붙은 상태가 된다. 그 결과, 삼첨판이 원래 위치보다 우심실 쪽에서 시작되어 버려, 우심방 쪽의 우심실이 확장되어 연해진다. 같은 삼첨판의 선천 기형인 삼첨판 형성 이상에서는 이런 변화가 보이지 않는다. 이 기형에서는 삼첨판 형성 이상과 마찬가지로 삼첨판이 혈액의 역류를 막는 판의 기능을 다하지 못하게 된다. 그러므로 삼첨판 부분에서 역류가 일어나서 우심방과 우심실의 두드러진 확장이 보이게 된다. 그것에 이어서 심장으로 혈액이 돌아오기 어려워지므로 간의 울혈이나 복수의 저류(고인 상태), 전신 부종 등

승모판 협착증

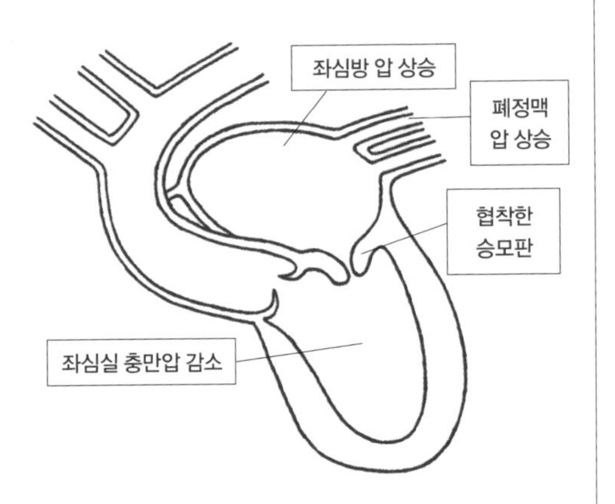

엡슈타인병

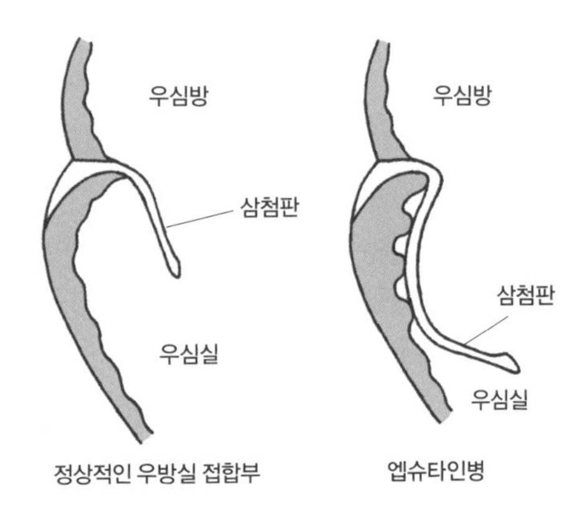

이른바 우심실 부전 증상이 나타나게 된다. 폐로 가는 혈류가 감소하므로 운동할 때 청색증이나 실신이 일어나기도 한다. 내과적 치료로서 혈관 확장제나 강심제, 이뇨제를 이용한 우심실 부전에 대한 치료가 시도되고 있지만, 중증 예에서는 예후가 양호하지 않다. 근본적 치료를 하려면 외과적 치료를 해야 하지만 성공한 예는 보고되어 있지 않다. 그러나 앞으로 심장외과가 발달하면 완치가 가능할 수도 있는 질환이다.

양대 혈관 우심실 기시증

대동맥판과 폐동맥판 대부분이 우심실에서 시작되는 질환이다. 보통 커다란 심실중격 결손을 동반하므로 우심실 압과 좌심실 압이 거의 같아진다. 좌우 심실 사이의 단락 때문에 폐로 가는 혈류가 증가하여 심부전과 폐 고혈압증을 일으키는 경우, 그리고 폐동맥 협착과 함께 나타나서 청색증을 일으키는 경우로 크게 두 가지로 나눌 수 있다. 아주 드문 심장 기형이지만 개나 고양이 모두 발생한다.

증상 폐동맥 협착증이 없으면 폐 혈류가 증가하므로 폐 고혈압증이 되고 폐부종을 일으켜 호흡이 곤란해진다. 폐동맥 협착증이 있고 폐로 가는 혈류가 저해되므로 병태의 진행은 어느 정도 완만해지지만, 우심계의 혈액이 좌심계로 흐르므로 청색증이 보인다.

진단 심장 초음파 검사로 어느 정도 진단이 가능하다. 그러나 복잡한 심장 기형이므로 정확한 병태를 파악하기 위해서는 심장 카테터 검사도 하는 것이 좋다.

치료 심실중격 결손의 위치에 따라 수술의 난이도는 달라지지만, 기본적으로는 완치가 어려운 병이다. 완치 수술로는 병태에 따라 많은 수술법이 있는데, 동물의 수술 성공은 드물다. 폐동맥 협착을 합병하고 있지 않은 예에서는 병태의 진행을 억제하기 위해 폐동맥 밴딩 수술을 하기도 한다. 대단히 드문 질환으로 지금까지 치료 성공 예가 적으므로 외과적 치료 후의 경과는 불분명하다.

삼심방심

태생기의 구조물인 관상 정맥동판(심장 속막의 주름)이 출생 후에도 남아 있어서 심방 내에 중격이 생기기 때문에 발생한다. 개에게 많이 보이는 오른쪽 삼심방심에서는 우심방이 두측강(앞쪽 끝 부위)과 미측강(아래쪽)으로 나뉜다. 두측강은 삼첨판으로 이어져 있고 후대정맥이나 관상 정맥동은 미측강으로 열려 있다. 중격에는 대부분 한 개, 또는 몇 개의 구멍이 뚫려 있다. 한편, 왼쪽 삼심방심은 고양이에게 많이 보이며, 좌심방이 중격에 의해 둘로 나뉜다. 이것은 태생기에 총 폐정맥이 좌심방으로 흡수되는 과정에서 이상이 발생함으로써 생기는 것으로 여겨진다.

증상 오른쪽 삼심방심에서는 후대정맥의 혈류 저항이 증대한 결과, 미측강과 후대정맥, 간정맥의 압력이 상승한다. 그러므로 젊어서부터 간 비대와 복수가 생긴다. 왼쪽 삼심방심에서는 좌심방과 폐정맥, 폐 모세 혈관 압이 증대한다. 그 결과 폐부종이 진행되거나 반응성 폐혈관 수축이 일어나서 이차적인 폐 고혈압이 생긴다.

진단 오른쪽 삼심방심과 왼쪽 삼심방심 모두 심장 잡음은 별로 들리지 않는다. 확진에는 심장 초음파 검사가 유용하며, 중격으로 분할된 두 개의 심방강이 확인된다. 또한, 컬러 도플러로 중격의 개구부를 흐르는 혈류를 그려 낼 수 있다. 심장 카테터법으로도 진단할 수 있으며, 오른쪽 삼심방심에서는 넙다리 정맥에서 미측강의 압을 구하고 경정맥(목정맥)에서 두측강의 압을 측정함으로써 압력 차이를 계산할 수 있다. 또한 미측강에 조영제를 주입함으로써 미측강의 확장과 중격의 개구부로부터의 혈류를 그려낼 수 있다.

치료 오른쪽 삼심방심에서는 풍선 카테터를 중격의 개구부에 넣는 풍선 확장술에 의한 치료 예가 있지만, 막에 섬유 성분이 많아서 성공을 장담할 수 없다. 외과적 수술로 중격을 절제하는 방법도 있지만, 심방 절개가 필요하므로 수술할 때는 유입 혈류 차단이나 저체온 혹은 체외 순환 등의 방법으로 혈액 순환을 차단할 필요가 있다. 오른쪽 삼심방심에서는 내과 요법은 일반적으로 효과가 없지만 외과적 치료가 성공하면 복수는 며칠 지나면 사라지는 것이 대부분이다. 왼쪽 삼심방심에서는 폐 고혈압증이 있는 점이나 고양이에게 많이 발생하는 점을 고려하면 일반적으로 예후는 좋지 않은 것으로 여겨진다.

우대동맥활 잔존증

선천적인 심혈 관계 기형이 원인이다. 대동맥은 심장에서 나와 있는 굵은 혈관인데, 태아일 때 이 혈관이 정상적으로 발달하지 않으면 생후에 비정상적인 장소에 위치하게 된다. 그 결과, 식도의 일부가 동맥관삭(태아일 때 대동맥과 폐동맥을 연결하고 있던 구조)과 기관이나 심장에 끼어서 압박당해 식도가 좁아진다. 그러므로 음식물이 식도를 통과하기 힘들어져 식도 내에 머물게 되므로 압박부보다 앞쪽의 식도가 확장되어 버린다. 개와 고양이 모두에게 일어나지만 고양이보다 개에게 많이 일어나는 것으로 보인다.

증상 대부분은 젖을 뗀 직후부터 증상이 나타나기 시작한다. 우유나 유동식 등 식도가 좁아져 있는 부분을 쉽게 통과할 수 있는 음식물로는 증상이 나타나지 않지만 마침내 그 좁은 부분을 통과할 수 없는 크기의 고형물을 먹게 되면, 먹어도 금방 토하는 증상이 나타난다. 식도의 확장 상태에 따라서는 몇 시간 뒤에 토하기도 한다. 이 병을 앓는 강아지나 새끼 고양이는 구토를 반복하므로 식욕이 왕성한데도 여위는 등 발육 불량이 되기

정상적인 혈관의 주행

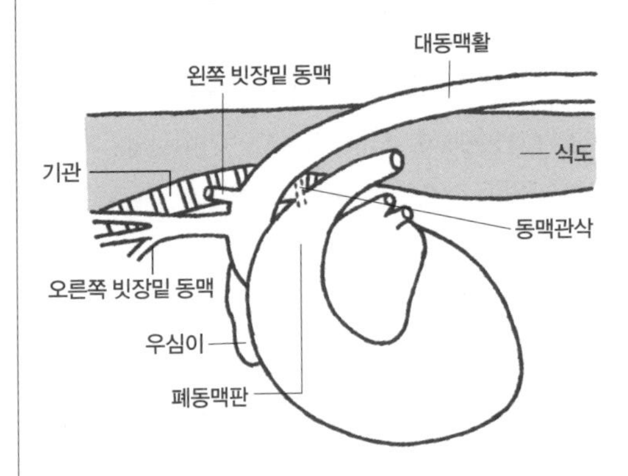

우대동맥활 잔존증

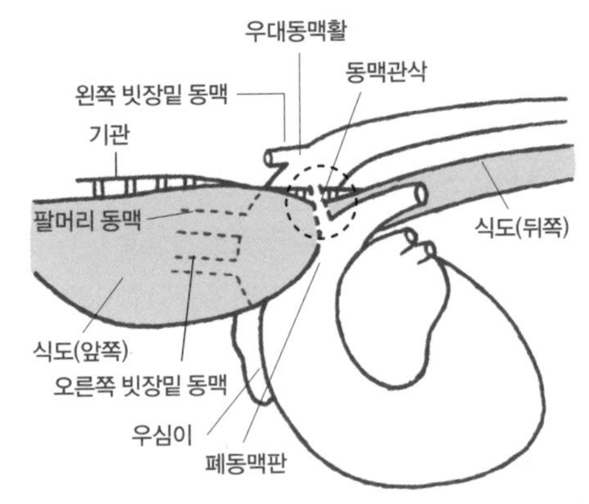

대동맥활이 오른쪽에 있음으로써 동맥관삭이 물리적으로 식도를 압박하게 된다.

쉽다. 토사물이 기관이나 폐로 들어가면 기침이나 천식 같은 증상을 나타내는 흡인 폐렴을 일으키며 중증이면 사망하기도 한다. 되도록 증상이 가벼울 때 발견하여 치료하는 것이 중요하므로 이런 증상들이 보이면 빨리 동물병원에서 진찰받게 하자.

진단 엑스레이 검사로 식도의 상태를 확인하고 기타 증상이나 연령도 고려하여 종합적으로 진단한다.

치료 식이 요법이 중요하다. 음식물이 식도 협착부를 쉽게 통과할 수 있는 형태로 만들어 주거나 위로 내려가기 쉽도록 일어선 자세로 먹게 한다. 그러나 근본적으로 치료하려면 수술로 교정해야 한다. 식도를 물리적으로 죄고 있는 동맥관삭을 잘라서 떼어 내어 협착을 해제하는

수술을 하며, 그다음에 그 부분을 카테터로 넓히거나 경우에 따라서는 확장한 식도를 부분적으로 절제하기도 한다. 수술 후의 경과는 병의 진행 상태에 따라 다양하지만 가벼운 경우라도 식이 요법을 계속하는 것이 중요하다.

대정맥 잔존증
선천 혈관병의 하나다. 왼쪽 앞 대정맥은 태생기에는 존재하지만 정상적이라면 태어날 때 퇴화한다. 그러나, 어떤 원인으로 생후에도 잔존하는 경우가 있으며, 이것을 왼쪽 앞 대정맥 잔존증이라고 한다. 이 병은 개와 고양이 모두에게 일어난다. 진단에는 심장 초음파 검사나 심장의 조영 검사가 필요하다. 이 병만 있고 다른 이상이 없다면 평소 생활에는 커다란 지장을 초래하는 경우는 거의 없다. 하지만 다른 심장 기형을 합병하고 있는 예도 있으며, 그 다른 하나의 심장 기형을 수술할 때, 보통 혈관과 주행이 다르므로 문제가 생긴다. 심장 수술 전에는, 왼쪽 앞 대정맥 잔존이 없는지 미리 살펴 두는 것이 중요하다.

판막과 심내막 질환

승모판 기능 부족
심장에는 승모판(좌방실판)과 대동맥판, 삼첨판(우방실판), 폐동맥판 등 네 개의 판이 있다. 이들 네 개의 판이 심근의 수축과 함께 문처럼 열고 닫힘으로써 좌심방에서 좌심실, 좌심실에서 온몸, 우심방에서 우심실, 우심실에서 폐로 혈액이 역류하지 않고 흐르고 있다. 그러나 판에 어떤 이상이 나타나면 혈액이 역류한다. 그러면 혈액을 온몸으로 보내는 펌프로써 심장 기능이 저하하고, 그 결과 심부전 증상이 나타난다. 좌심계의 판(승모판, 대동맥판)에 이상이 생기면 좌심실 부전을 일으키고, 우심계의 판(삼첨판, 폐동맥판)에 이상이 생기면 우심실 부전을 일으킨다.
심장 질환 가운데 75~85퍼센트가 승모판 기능 부족이다. 노령의 소형견에게 많이 발생하며 최종적으로 심부전을 일으킨다. 유전적 요인도 있으며 카발리에 킹 찰스스패니얼은 3~4세에 거의 절반이, 몰티즈는 7~8세에 70~80퍼센트가 승모판 기능 부족이 된다고 알려져 있다. 승모판 기능 부족이 일어나면 좌심실에서 좌심방으로 혈액이 역류하며, 그 때문에 증상이 나타난다.
증상 병태가 진행되면 좌심실 부전에 의한 폐부종 때문에 호흡 곤란이 일어난다. 목에 뭔가가 걸린 듯이 기침하거나 운동할 때 주저앉거나 쓰러지는 등 운동 불내성을 나타내게 된다.
진단 일반 신체검사에서는 심장 잡음의 유무나 폐 음의 이상 유무를 체크한다. 기침이 나오지 않는지도 조사한다. 엑스레이 검사에서는, 심장 확대나 폐부종 유무 등을 알 수 있다. 심장 초음파 검사로는 심장의 판 어디에 이상이 있는지 확진을 할 수 있다. 그 밖에 심장 수축력을 검사하고, 전신 상태를 파악하려면 혈액 검사를 한다.
치료 서서히 좌심실 부전을 일으키므로 그것에 대한 치료를 시작한다. 좌심방 확대가 보이면, 혈관 확장제인 에날라프릴을 투여한다. 좌심실 확대가 있다면 심장 수축력을 높이는 디곡신을 투여한다. 특히 디곡신은 혈중 농도를 측정하면서 적정한 투여량을 결정해 간다. 폐부종과 기침에는 이뇨제인 푸로세미드, 티아자이드, 스피로놀락톤, 기관지 확장제인 테오필린을 처방한다. 그 밖에 필요에 따라 혈관 확장제인 니트로글리세린이나 심장병의 진행을 억제하는 베타 차단제 등을 이용한다. 완치할 수 있는 병이 아니므로 현재 나타난 증상을 억제하여 삶의 질을 개선하는 치료를 한다. 일시적으로 증상이 개선되더라도 수의사의 처방에 따라 약을 계속 먹을 필요가 있으며, 약을 계속 먹으면 병 자체의 진행도 어느 정도 억제할 수 있다.

조기 발견과 조기 투약이 치료의 핵심이다.

대동맥 판막 기능 부족

대동맥판에 기능 부족이 일어남으로써 발생한다. 심내막염이나 비대형 심근증(고양이) 등에 의해서도 일어난다. 확장기와 수축기의 심장 잡음으로 튕겨 오르는 듯한 맥이 잡히는데, 증상은 승모판 기능 부족과 비슷하다. 병이 진행되면 좌심실 부전에 의한 폐부종을 원인으로 하는 기침이나 호흡 곤란, 그리고 목에 뭔가가 걸린 듯한 기침, 운동할 때 주저앉거나 쓰러지는 운동 불내성 등도 보인다. 일반 신체검사나 엑스레이 검사, 심장 초음파 검사, 혈액 검사 등으로 진단하며, 치료 방법이나 치료 후 경과도 승모판 기능 부족과 같다.

삼첨판 기능 부족

삼첨판에 기능 부족을 일으킴으로써 발병한다. 삼첨판 역류가 많이 진행되어 우심실 부전에 빠지면 복수가 차며 심지어 흉수가 차기도 한다.

증상 대부분 폐 질환을 앓고 있는 개나, 폐혈관 병변에서 기인하는 심각한 폐 고혈압증을 앓는 개에게 보인다. 승모판 기능 부족으로 좌심실 부전이 되는 동시에 폐 고혈압증도 심하면 삼첨판 기능 부족이 일어나서 양 심부전에 빠진다. 심장사상충증은 폐동맥에 기생하므로 심장사상충 감염에 의해서도 일어난다.

진단 일반 신체검사나 엑스레이 검사, 심장 초음파 검사, 혈액 검사 등을 통해 진단한다.

치료 우심실 부전 치료에 준한다. 심장사상충증인 경우, 증상에 따라 구충할 수 있으므로 수의사와 잘 상담하여 치료를 시작한다. 에날라프릴이나 디곡신, 푸로세미드, 테오필린, 티아자이드, 스피로놀락톤을 이용한다. 필요에 따라 니트로글리세린이나 베타 차단제 등도 이용한다. 우심실 부전 치료를 시작해도 반복적으로 복수가 차면 예후가 불량하지만 복수가 흉강을 압박하여 호흡이 힘들 때는 병원에서 복수를 빼내면 호흡이 약간 편해지거나 식욕이 돌아오기도 한다. 다른 심장병과 마찬가지로 조기 발견과 조기 치료가 핵심이다.

폐동맥판 폐쇄 기능 부족

폐동맥판에 기능 부족이 일어남으로써 발생한다. 심실 확장기에 폐동맥 판막이 제대로 닫히지 아니하는 병으로 판막의 기능 장애가 원인이다.

증상 폐동맥으로 나간 혈액 일부가 우심실로 역류하게 되어, 정맥압이 높아지고 온몸과 간이 붓는 증상이 나타난다. 가벼운 폐동맥판 폐쇄 기능 부족에 의한 폐동맥판 역류는 정상으로 여겨지는 개의 약 50퍼센트에서 보이며, 임상적으로 딱히 증상은 보이지 않고 문제가 되지 않는 경우가 많다고 알려져 있다. 그러나 심각한 폐동맥판 폐쇄 기능 부족은 역류가 심해지면 우심실 부전이 일어나므로 치료해야 한다.

진단 일반 신체검사나 엑스레이 검사, 심장 초음파 검사, 혈액 검사 등으로 진단한다.

치료 가벼운 정도라면 문제가 없다. 심각하면 우심실 부전 치료에 준해서 치료한다. 폐동맥판 폐쇄 기능 부족은 기본적으로 낫는 병이 아니다. 증상을 되도록 억제하여 삶의 질을 개선하자. 일시적으로 증상이 개선되어도 약을 계속 먹어야 하고, 병의 진행도 어느 정도 억제할 수 있다.

감염 심내막염

병원체 침입으로 심내막 표면에 일어나는 염증이다. 개와 고양이는 원인 대부분이 세균이며, 개는 연쇄상 구균이나 포도상 구균, 코리네박테륨 등이고, 고양이는 연쇄상 구균과 포도상 구균에 의한 것이 많은 편이다. 심내막의 감염은 보통 심장 판에 일어나며, 특히 대동맥판이나 승모판에 많이 발생한다. 균혈증으로 일어나는 경우도 많으며,

혈액으로의 미생물 침입은 정상 세균총(피부, 소화기, 비뇨 생식기, 호흡기)이나 감염 조직의 병소(농양, 골수염, 전립샘염 등), 치과 치료 등으로 일어난다.

증상 주된 증상은 기력 상실, 식욕 부진, 발열 등이며 좌심실 부전이 보이기도 한다. 핏덩어리가 전신의 여러 영역에 유입되어 혈전 색전증이 생길 수 있으며, 그 부위에 따라 증상이 다르다. 심장 잡음이 인정되기도 한다.

진단 임상 증상 이외에 심장 초음파 검사, 혈액 배양 검사 등의 결과를 종합적으로 판단하여 진단한다. 심장 초음파 검사로는 병원체가 침입한 판의 기능 부족을 확인할 수 있다.

치료 혈액 배양이나 항생제 감수성(병의 원인이 되는 세균이 항생제에 의하여 죽거나 억제되는 정도) 시험을 토대로 선택한 항생제를 장기적으로 투여한다. 울혈 심부전이 보일 때는 그것도 함께 치료한다.

심근 질환

심근염

개와 고양이에게서는 심근염이 심부전의 원인이 되는 경우는 드물다. 심근의 염증에는 병원체(파보바이러스나 톡소플라스마 등) 감염에 의해 이차적으로 발생하는 심근증, 외상, 허혈 장애, 중독 등으로 발병하기도 한다. 복서나 불도그에게는 원인 불명의 특발 심근염이 보인다. 심근염은 확장형 심근증의 원인이 된다.

증상 심근의 수축력이 저하하면 울혈 심부전이 생기고 운동 불내성이나 실신, 돌연사를 일으키며, 심실 기외수축(심실의 수축 운동이 정상보다 느려지는 병)이나 심실 빠른맥(심실에서 발생한 비정상적 전기 신호로 인해 1분당 100회 이상의 심장 수축이 나타나는 빠른맥) 등의 부정맥이 생기기도 한다. 특히 강아지 파보바이러스 심근염은 폐부종을 일으켜서 돌연사하기도 한다. 파보바이러스 감염으로 심근에 손상이 일어나고, 이 단계에서 심실 잔떨림을 동반하여 돌연사하는 경우가 있으며, 급성 감염기를 넘기더라도 돌연사나 난치성 심부전으로 발전하는 일이 많은 것으로 알려져 있다.

진단 심근의 생체 검사로 확진을 할 수 있지만 살아 있을 때 진단하기 어렵다. 혈액 검사를 통해 크레아틴키나아제나 아스파라긴산 아미노기 전달 효소 등의 상승이 보이지만 특이하지는 않다.

치료 근본 원인을 확인할 수 있을 때는 그것을 치료한다. 부정맥이 있거나 확장형 심근증 등의 울혈 심부전이 생겼을 때는 그것들을 치료한다.

심근증

심근증이란 심장을 구성하는 근육 조직, 즉 심근이 어떤 원인으로 장애를 입어, 심장이 기능 부전(완전하지 않은 상태)이 된 질환을 통틀어서 부르는 것으로, 개와 고양이에게 비교적 많이 보이는 후천 질환이다. 이 병은 원인이 명확하지 않은 비염증성 특발 심근증과 이차적으로 심근 질환이 생기는 이차 심근증(특수 심근 질환)의 두 가지 타입이 있는데, 통상적으로는 전자를 가리킨다. 특발 심근증은 해부학적, 기능적, 병태 생리학적 특징에 따라 세 가지로 분류된다. 첫 번째는 심실 내강의 확장과 수축 기능 장애를 특징으로 하는 확장형 심근증이며, 두 번째는 심실 벽의 구심성 비대나 심실 확장 기능 장애를 특징으로 하는 비대형 심근증, 세 번째는 심내막의 고도 비대나 심내막하 심근의 현저한 섬유화를 특징으로 하는 구속형 심근증이다. 이들을 확진하려면 심근의 병리 조직학적 검사를 해야 하는데, 요즘은 심장 초음파 검사로 몸에 상처를 내지 않고 높은 수준에서 임상적 진단을 할 수 있다.

이차 심근증은 빈혈이나 바이러스 심막염, 신경 질환, 당뇨병, 영양 부족, 아밀로이드증, 중독 등의 기초 질환에서 이차적으로 심근 질환을 일으키는 것이다. 그러나 특발성과 이차성의 구별은 명확하지 않으며 중복된 진단이 내려지기도 한다. 일반적으로 심근증은 진행성이며, 병태에 따라 운동 불내성, 호흡 곤란 등의 좌심실 부전이나, 흉수와 복수 저류, 부종 등의 우심실 부전 등 다양한 증상을 보인다. 그러나 특발 심근증은 사람과 마찬가지로 근본적인 치료법이 확립되어 있지 않으며 내과적 대증 요법이 중심이 된다. 증상이 나타나면 일반적으로 예후가 불량하다.

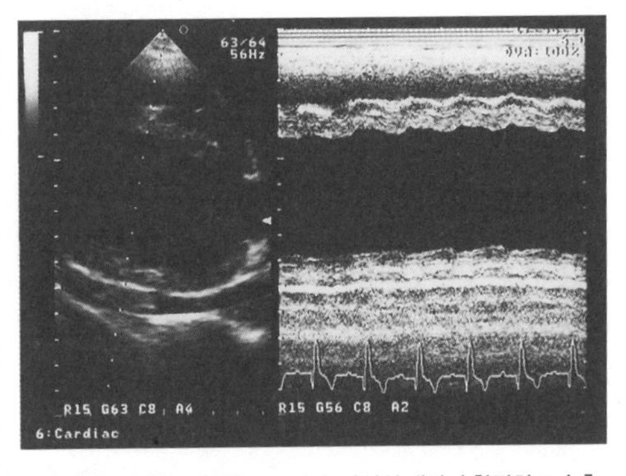

개의 심근증 심장 초음파 검사 영상. 좌심실 내강이 확장하고 수축 기능이 현저하게 저하되어 있다.

● 개의 심근증

개의 특발 심근증은 해부학적, 기능적, 병태 생리학적 특징에 따라 확장형과 비대형으로 분류된다. 개는 순환기 질환에서 심근증이 차지하는 비율이 고양이만큼 크지는 않다. 그러나 도베르만핀셔, 복서, 그레이트데인, 영국코커스패니얼 등의 대형 견종에서는 특이하게 확장형 심근증이 많이 발생한다고 알려져 있다. 그러므로 현재로서는 개의 심근증이라고 하면 일반적으로 확장형 심근증을 가리킨다. 이 병은 나이가 들어감에 따라 발생률이 증가하는데, 한 살 미만의 어린 개에게도 발생한다.

증상 경증이면 기본적으로 무증상인데, 때로 기운이 없어지기도 한다. 중증이 되면 복수 저류로 돌발적인 복부 팽만을 일으키거나 정맥 노장(정맥이 이상하게 부풀어 오르는 형태)을 나타낸다. 폐부종이나 흉수 등에 의해 돌발적인 기침, 호흡 곤란(빠른 호흡, 입 벌려 숨쉬기, 앉아숨쉬기)을 일으키기도 한다. 심지어 부정맥이 원인이 되어 기력 상실이나 허탈, 실신, 돌연사가 일어나기도 한다.

진단 일반 신체검사로는 체온 저하나 잦은맥박, 심폐 잡음, 빈호흡이 보인다. 심장 잡음은 수축기성으로 확인되는 경우가 많으며, 가시 점막은 창백해진다. 혈액 검사에서는 알라닌 아미노기 전달 효소나 알칼리성 포스파타아제, 요소 질소, 크레아틴값이 상승하고, 병태에 따라 다양한 값을 나타낸다. 흉부 엑스레이 검사에서는 심장 음영 확대가 보이며, 심장 확대로 기관이 등쪽으로 들려 올라가고 심장 음영과 흉골의 접촉이 커진다. 또한 폐동맥 지름보다 폐정맥 지름이 커진다. 그 밖에 폐부종이나 흉수 등이 보이기도 한다. 심전도 검사에서는 일반적으로 좌심실 확대를 확인할 수 있으며, 잦은맥박이나 심방 잔떨림 등의 부정맥이 보이기도 한다. 심장 초음파 검사에서는 현저한 좌우 심실강의 확장과 좌우 심방의 확장도 보인다.

치료 먹는 약으로 내과 요법을 행한다. 심근 수축력을 증대하는 양성 변력제(디곡신)나 칼슘 감수성 증강제(피모벤단 등), 혈관 확장제(에날라프릴, 베나제프릴, 라미프릴 등), 이뇨제(푸로세미드, 스피로놀락톤 등), 항부정맥제를 투여하면서 동물의 안정을 유지하고 저염식을 주기도 한다. 확장형 심근증인 개 189마리 가운데 진단을 받고 1년 생존한 개는 17.5퍼센트, 2년 생존한 개는 7.5퍼센트였다고 보고되어 있다. 복수나 폐부종 등의 울혈 심부전에서 기인한 증상을 나타낸 66마리의 치료 후 예후는 대단히 나쁘며,

생존 일수는 6.5주라고 보고되어 있다. 이 병은 증상이 없어도 치료를 계속해야 한다.

●고양이의 심근증

고양이의 특발 심근증은 순환기 질환에서 차지하는 비율이 높으며, 중요한 병 가운데 하나다. 확장형과 비대형, 구속형, 기타로 분류된다. 1987년에 아미노산의 일종인 타우린의 결핍이 고양이의 확장형 심근증의 원인 가운데 하나임이 명백해진 이래, 시판되는 캣 푸드에 타우린이 첨가되게 되어 확장형 심근증 발생은 급속히 줄어들었다. 그러므로 현재 고양이의 심근증은 일반적으로 비대형 심근증을 가리킨다. 중·고령의 수컷 고양이에게 많이 발생하는 병이지만 한 살 미만의 어린 고양이에게도 보인다. 아메리칸 쇼트헤어나 메인쿤, 페르시아고양이 등의 품종에서 많이 발생하며 가족성 발생도 보고되어 있다.

증상 가벼운 정도일 때는 무증상이거나 기운이 없다. 심하면 폐부종이나 흉수로 갑작스러운 기침이나 호흡 곤란을 일으키기도 한다. 심장박출량의 저하가 원인이 되어, 기력 상실이나 운동 불내성 등이 보이기도 한다. 또한 넙다리 동맥의 혈전 색전증이 원인으로 뒷다리의 냉감이나 뒷다리 통증, 뒷다리 비틀거림, 뒷다리 마비가 보인다. 부정맥의 정도에 따라서는 기력 상실이나 허탈, 실신, 돌연사가 보인다.

진단 일반 신체검사에서는 체온 저하나 잦은맥박, 심폐 잡음, 빈호흡을 확인할 수 있다. 심장 잡음은 수축기성으로 보이는 경우가 많으며 점막은 창백하다. 넙다리 동맥압은 감소하고 혈전 색전증일 때는 맥박이 인정되지 않게 된다. 혈액 검사에서는 알라닌 아미노기 전달 효소나 알칼리성 포스파타아제, 요소 질소, 크레아티닌값이 상승하며 병태에 따라 다양한 값을 나타낸다. 흉부 엑스레이 검사에서는 명확한 심장 확대가 보이는 경우는 적지만, 좌우 심방의 현저한 확대가 인정되는 경우가 있다. 흉수나 폐부종 등이 보이기도 한다. 심전도 검사에서는 일반적으로 좌심실 비대를 확인할 수 있으며 잦은맥박이나 방실 블록 등의 부정맥이 보이기도 한다. 심장 초음파 검사에서는 좌심실 벽이나 심실중격의 현저한 비대, 좌심실 내강의 협소화, 좌심방의 확장, 좌심실 수축률의 증대(50퍼센트 이상), 승모판의 수축기 전방 운동 등이 보인다. 원인이 되는 병이 없는 경우, 일반적으로 확장 말기 좌심실 후벽 또는 확장 말기 심실중격 두께가 6밀리미터 이상이면 비대형 심근증으로 진단한다. 요즘은 메인쿤이나 래그돌 등 특정 고양이 종은 유전자로 진단할 수 있다.

치료 증상이 인정되지 않을 때는 혈관 확장제(에날라프릴, 베나제프릴 등), 칼슘 수용체 길항제(딜티아젬), 이뇨제(푸로세미드, 스피로놀락톤 등), 항혈전제(와파린, 아스피린 등)를 경구 투여한다. 안정시키거나 저염식을 주는 것도 필요하다. 증상에 따라 내과 요법을 실시하며, 예를 들면 항응고제(헤파린, 와파린), 혈전 용해제(우로키나아제, t-PA), 항부정맥제(리도카인, 디곡신 등)를 투여한다. 혈전 적출술 등의 외과 요법은 마취의 위험성이나 색전의 재발 가능성이 높아 일반적으로 추천하지 않는다. 비대형

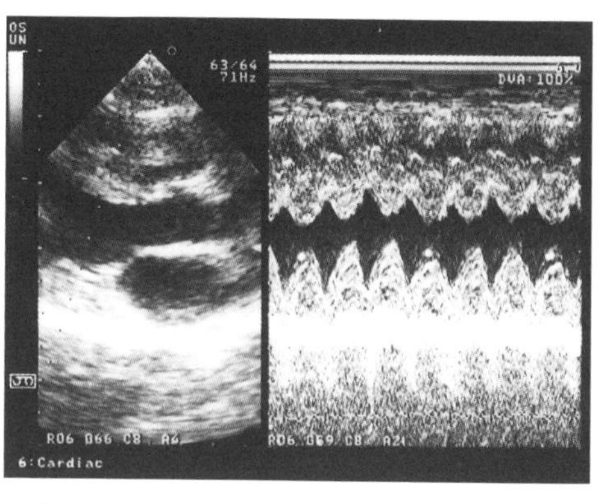

고양이의 심근증 심장 초음파 검사 영상. 좌심실 벽이나 심실중격이 현저하게 비대하여 내강이 협소하다.

심근증의 세가지 형태

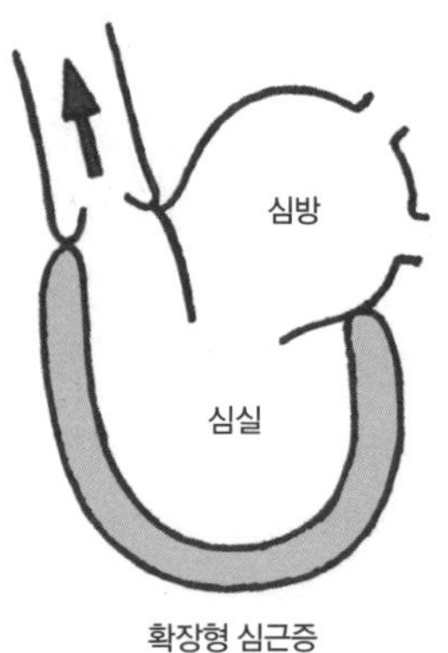

확장형 심근증

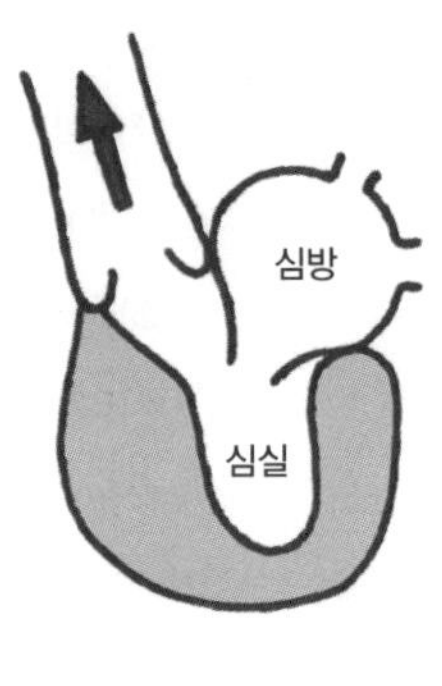

비대형 심근증

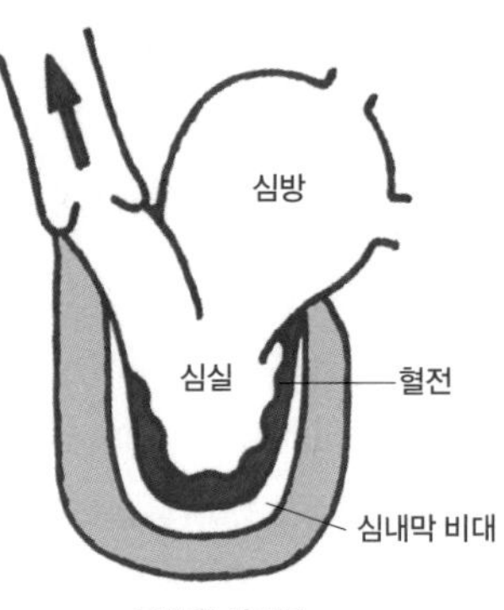

구속형 심근증

심근증을 앓는 고양이 중에서 울혈 심부전이나 뒷다리 마비 등의 증상을 나타낸 4마리의 치료 후 예후는 대단히 좋지 않아 생존 일수는 92일이나 61일로 보고되어 있다. 한편, 증상이 보이지 않은 예에서는 비교적 양호하여 1,830일 이상이라고 보고되어 있다. 그러나 이 병은 진행성 병태를 나타내므로 증상이 없더라도 지속적인 치료가 필요하다.

심근 경색증

심근에 영양을 제공하는 관상 동맥의 혈류가 국소적으로 일정 시간 이상에 걸쳐서 격감하거나 끊어져서 그 관류 영역의 심근이 괴사하는 허혈 심장 질환이다. 심원성 쇼크나 심폐 정지 등 중간 정도의 증상을 보이는데, 사람의 심근 경색에서 보이는 관상 동맥의 죽상 동맥 경화증은 개나 고양이에게는 거의 없다. 고콜레스테롤 혈증이나 고지혈증, 갑상샘 기능 저하증, 세균성 심내막염 등은 이 병의 위험 인자다. 혈액 검사나 심전도 검사, 심장 초음파 검사, 관상 동맥 조영 검사 등으로 진단한다. 치료는, 급성기에는 산소 요법이나 혈전 용해 요법, 항부정맥 요법, 항쇼크 요법 등을 실시한다. 일반적으로 예후는 좋지 않다.

심실 비대, 심실 확장

심실 비대란, 심실의 수축기압 증대(압 부하)에 의해 보상으로 발생하는 심근 구심성 비대의 총칭이며, 비대가 현저한 부위의 명칭을 따서 좌심실 비대, 우심실 비대, 양 심실 비대 등으로 부른다. 대동맥 협착증이나 폐동맥 협착증 등의 선천 심장 질환이나 갑상샘 기능 항진증, 비대형 심근증, 본태 고혈압증, 폐 고혈압증 등으로 발생하며, 심근 세포의 총수는 변하지 않지만 폭이 넓어지며, 심근 벽의 비대를 동반하여 심장 중량이 증가한다. 그러나 겉보기에는 심장의 부피가 변하지 않으므로 엑스레이 검사로는 검출하기 어려우며 심전도 검사나 심장 초음파 검사로 진단한다.

심실 확장이란, 심실의 확장 용량 증가나 확장 기압 상승(용량 부하)에 의해 보상으로 발생하는 심근의 원심성 확대의 총칭이며, 확장이 현저한 부위의 명칭을 따서 좌심실 확장, 우심실 확장, 양 심실 확장 등으로 부른다. 심실 확장은 동맥관 개존증 등의 단락성 심장 질환이나 확장형 심근증, 승모판 역류증 등의 만성 심장 질환 시에 심장이 펌프 기능(1회 박출량)을 정상적으로 유지하기 위해 구조적으로 확대되거나, 두드러지게 심근 수축력이 저하하여 심장 지름이 커진 상태다. 이차적으로 방실 판막 확대나 판막 첨판 탈출증 등이 발병하기도 한다. 엑스레이 검사를 시작으로 심전도 검사나 심장 초음파 검사 등에 의해 진단할 수 있다.

그 밖의 질환

심부전

심부전이란 심장의 기능 이상으로 몸에 필요한 혈액을 충분히 보내지 못하게 되어 일어나는 부종이나 호흡 곤란 등 일련의 병태 총칭이며, 이른바 증후군이다. 심부전은 만성 심부전과 급성 심부전으로 나뉘며, 다시 좌심실 부전과 우심실 부전, 수축 장애에 의한 심부전과 확장 장애에 의한 심부전, 혈액 저박출에 의한 심부전과 고박출에 의한 심부전으로 분류되기도 한다.

●만성 심부전

서서히 심장 질환이 진행함으로써 발병한다. 급성 심부전과 달리 몸이 심부전 상태에 조금씩 익숙해지지만, 마침내 심장에 피가 고여서(울혈 심부전) 기침하거나 운동하면 바로 피곤해하며, 병이 더욱 진행되면 기절하거나 호흡 곤란, 청색증 등의 증상이 나타나고 전신의 부종이나 흉수, 복수가 보이기도 한다. 원인으로 우심실 부전이라면 폐동맥판 협착증이나 삼첨판 형성 이상 등의 선천 심장 질환, 심장사상충증 등의 후천 심장 질환을 들 수 있다. 좌심실 부전이라면 동맥관 개존증이나 대동맥 협착증, 심실중격 결손증 등 선천 심장 질환, 승모판 기능 부족이나 심근증 등 후천 심장 질환을 들 수 있다.

증상 만성 심부전은 정도에 따라 다양한 증상이 나타난다.

진단 혈액 검사와 엑스레이 검사, 심전도 검사, 심장 초음파 검사를 하여 상태가 심한 정도를 정확하게 파악한다.

치료 원인이 되는 병이 치료 가능하다면 외과 수술을 포함한 원인 치료를 한다. 그러나 원인 치료를 할 수 없을 때는 심근의 부담을 가볍게 해서 심장박출량을 증가시켜 울혈이나 부종을 줄이기 위한 치료를 한다. 이 경우, 심장의 나쁜 부분 자체를 낫게 할 수는 없으므로 삶의 질을 개선하는 것을 목적으로 하며, 평생 투약이 필요하다. 약은 병태에 따라 강심제나 이뇨제, 혈관 확장제 등을 조합하여 사용한다. 치료를 통해 병의 진행을 늦추거나 정도를 가볍게 하는 것은 가능하지만 심부전은 서서히 진행되어 간다. 그러므로 약의 개수나 양은 서서히 늘려가는 것이 대부분이다. 대표적인 강심제로 디기탈리스가 있다. 심장 수축력을 증가시키는 약인데 식욕 부진이나 구토, 설사 등의 소화기 증상이나 부정맥 등의 중독을 일으키는 경우가 많으므로 사용에는 주의가 필요하다. 중독 증상이 보이면 곧바로 복용을 중단하고 수의사와 상담한다.
이뇨제로는 주로 푸로세미드, 스피로놀락톤 둘 중 하나, 또는 둘 다를 조합하여 사용한다. 첫 번째로 푸로세미드가 사용되는 일이 많은데, 신부전에 주의가 필요하다. 또한 저칼륨 혈증이 일어나기도 하지만 식욕이 있는 동안에는 별로 문제가 되지 않는다. 엑스레이 검사로 폐부종의 정도를, 혈액 검사로 신부전을 모니터링하면서 투여량을 정한다. 혈관 확장제로는 주로 앤지오텐신 변환 효소 저해제와 질산 이소소르비드 중 한 가지, 또는 두 가지를 조합하여 사용한다. 앤지오텐신 변환 효소 저해제는 엄밀한 의미에서는 혈관 확장제는 아니지만, 좌심실에서 전신의 모세 혈관으로의 저항을 감소시켜, 후부하(심장 후방, 즉 동맥계에 부담이 되는 것)를 줄여 준다. 신장의 혈관을 확장함으로써 물이나 나트륨의 배설을 촉진하고 전부하(심장 전방, 즉 정맥계에 부담이 되는 것)도 감소시킨다.
앤지오텐신 변환 효소 저해제는 부작용이 거의

없고 심근의 섬유화를 억제하는 작용이 있으며, 심부전의 악화를 늦추거나 수명을 연장하는 효과도 명백하므로 심부전 이른 시기부터 많이 사용한다. 질산 이소소르비드는 정맥계의 혈관 확장제로 전부하를 경감시킨다. 두 약을 병용할 때는 저혈압에 주의해야 한다. 최근에는 심부전이 진행했을 때는 피모벤단을 사용한다. 이 약은 강심 작용과 혈관 확장 작용을 함께 가진 약이다. 피모벤단은 단독으로 사용하지 않고 다른 약과 병용한다. 심부전의 원인이 된 병에 따라서는 베타 차단제나 칼슘 채널 차단제 등의 약도 병용한다. 단, 심부전 치료는 원인 치료가 아니므로 언제나 새로운 약이 개발되고 있다. 앞으로 위에서 제시한 약과는 다른 약이 사용될 가능성이 충분하다.

영양 요법으로는 저염식이 유효하다. 흉수 때문에 호흡 곤란이 보이는 동물은 흉강 천자술로 흉수를 뽑아낸다. 복수가 보이는 동물은 초기에는 이뇨제를 써서 복수의 양을 줄이지만 복수의 양이 많아지면 횡격막이 압박되어 호흡 곤란이 일어나므로 복수를 뽑아내기도 한다. 그러나 복수를 뽑아내면 저혈압에 의한 쇼크로 동물이 사망하기도 하므로 위험이 따른다. 흉수나 복수는 뽑아내도 다시 차는 일이 많으므로 정기적으로 뽑아내야 하는 경우도 있다.

●급성 심부전

심장 기능의 급격한 저하로 심장박출량이 급격하게 저하된 상태다. 몸의 기능이 충분히 작용하지 못하므로 적극적인 치료를 하지 않으면 사망하는 심각한 병이다. 앞에서 말한 만성 심부전과 같은 원인으로 일어난다.

증상 두드러진 호흡 곤란이나 객혈, 청색증이 보인다. 때에 따라서는 쇼크 상태가 된다. 특히 급성 심부전에서는 폐부종의 정도가 심각해진다.

진단 급성 심부전은 긴급 질환이므로 검사는 최소한으로 하고 치료부터 한다.

치료 초기 치료로는 산소 공급을 한다. 급성 심부전에서는 먹는 약의 투여가 곤란하므로 주사할 수 있는 이뇨제(푸로세미드)나 혀 아래에 넣어 복용하는 니트로글리세린을 투여한다. 그리고 강심제로 도파민이나 도부타민을 한 방울씩 떨어뜨리며 사용한다. 증상이 안정되면 차례대로 각종 검사를 하여 심부전의 원인이나 병의 정도를 명백하게 한다. 급성 심부전 상태에서 회복되면 만성 심부전으로 이행하므로 그 후의 치료는 만성 심부전에 준한다.

부정맥

심장은 전기적 자극에 의해 일정한 리듬으로 박동하고 있으므로, 맥박도 일정하게 유지된다. 부정맥이란 이름 그대로 맥이 일정하지 않게 되는 것인데 다양한 원인으로 발생한다. 심장 박동은 심근 내에 있는 자극 전도계(자극의 발생원과 통로)에 전기가 흐름으로써 일어난다. 자극의 발생원이나 전기의 흐름에 장애가 있으면, 장애 부위나 정도에 따라 부정맥이 발생한다. 부정맥에는, 특별한 치료가 필요 없는 것도 있고, 치료하지 않으면 목숨을 잃는 것까지 몇 가지 종류가 있다. 부정맥은 수십 종류로 분류되어 있다.

●동성서맥, 동성빈맥, 동성부정맥

심장의 움직임을 심전도(심장의 전기 흐름을 물결 모양으로 나타낸 것)로 기록하면 1회 박동마다 하나의 파형이 기록된다. 하나하나의 파형에는 이상이 인정되지 않고, 심박수(1분간 심장 박동 횟수)가 정상 범위보다 적으면 동성서맥(굴느린맥), 정상 범위보다 넓으면 동성빈맥(굴빠른맥), 불규칙한 리듬이면 동성부정맥(굴심방 부정맥)이라고 한다. 심박수는 안정 시에는 저하하고, 흥분이나 긴장, 운동 등으로는 상승하므로 언제나 일정하지는 않다.

그러나, 안정 시에도 느린맥박이나 잦은맥박을 나타낼 때는, 뭔가 병이 관계하고 있는 경우가 있다. 느린맥박이나 잦은맥박의 원인이 되는 병이 없고 동물이 건강하다면 특별한 치료는 필요 없지만, 실신 등의 증상이 있을 때는 치료를 해야 한다. 동성부정맥의 원인은 대개 호흡과 관련되어 있으며, 이것을 호흡성 동성부정맥이라고 한다. 호흡성 동성부정맥은 숨을 들이마실 때 심박수가 빨라지고, 내쉴 때 느려진다. 퍼그나 시추 등 단두종 개에게 많이 보이는데 특별히 치료할 필요는 없다.

●방실 블록

심장에는 심방과 심실이라는 방이 있다. 정상이라면 심장의 자극은 심방에서 심실로 전달되어 간다. 방실 블록은 심방에서 심실로 자극이 제대로 전달되지 않을 때 발생하며, 정도에 따라 제1도, 제2도, 제3도로 분류된다. 제1도와 경도(가벼운 정도)인 제2도는 치료할 필요는 없지만 중도(중간 정도)인 제2도와 제3도는 치료가 필요하다.

●심방 · 심실 기외수축

심방 · 심실 기외수축이란, 각각 동방 결절, 방실 결절 이외에서 자극이 발생함으로써 일어나는 부정맥이다. 조기수축이라고도 불리듯이 보통 타이밍보다 조기에 심전도 상에 파형이 형성된다. 심방 기외수축, 심실 기외수축 모두 출현 횟수가 적으면 특별히 치료할 필요는 없지만, 둘 다 다양한 원인으로 생기므로 기초 질환이 있다면 그것을 치료한다. 기외수축의 빈도가 높으면 항부정맥제를 이용하여 서둘러 치료한다.

●심방 잔떨림

정상에서는 자극 전도계 최초의 자극은 동방 결절(굴심방 결절)에서 생성되지만, 이 자극이 동방 결절이 아니라 심방 여러 곳에서 발생함으로써

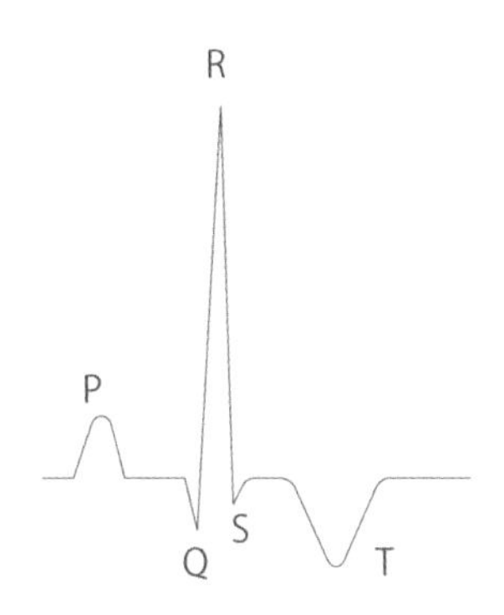

정상적인 심전도 파형. P파가 심방, QRS군이 심실의 파형을 나타낸다.

일어나는 부정맥이다. 심전도상에서는 정상적인 P파라고 불리는 파형이 소실되고, f파라고 불리는 작고 불규칙한 파형이 여럿 관찰된다. 그러므로 심실에 전달되는 자극이 증가하여 심박수가 상승하는데, 심실로 혈액이 충만한 시간이 짧아지므로 심장박출량은 감소한다. 이 심방 잔떨림은, 중간 정도의 심방 확대를 동반하는 심장 질환 시에 발병한다. 심장 질환의 치료와 함께 심박수를 낮추는 치료가 필요하다. 부정맥의 원인으로는 심장병이나 전해질 이상, 감염증, 쇼크, 호르몬 이상, 종양, 약물 등을 들 수 있다. 심장병을 앓는 동물은 심장에 부담이 생겨서 자극 전도계가 장애를 입어 부정맥이 발생한다. 심각한 심장병을 앓는 동물일수록 부정맥이 나타나기 쉬워진다.

증상 가벼운 부정맥은 증상을 보이지 않는다. 그러므로 보호자도 알아차리지 못하고 대부분은 신체검사나 수술 전 검사 등에서 발견된다. 치료가 필요할 정도로 심각한 부정맥이 있을 때는 운동 불내성이나 허탈, 실신 등의 증상이 보인다.

진단 부정맥이 의심될 때는 심전도 검사를 한다. 심전도 검사는 단시간의 기록만 하므로 부정맥이 있어도 발견되지 않기도 한다. 증상에서 부정맥이 의심된다면 홀터(24시간 동안 진행되는 심전도 검사)라는 검사를 한다. 심장병이나 전해질 이상, 감염증, 쇼크, 호르몬 이상, 종양, 약물 투여 등

부정맥

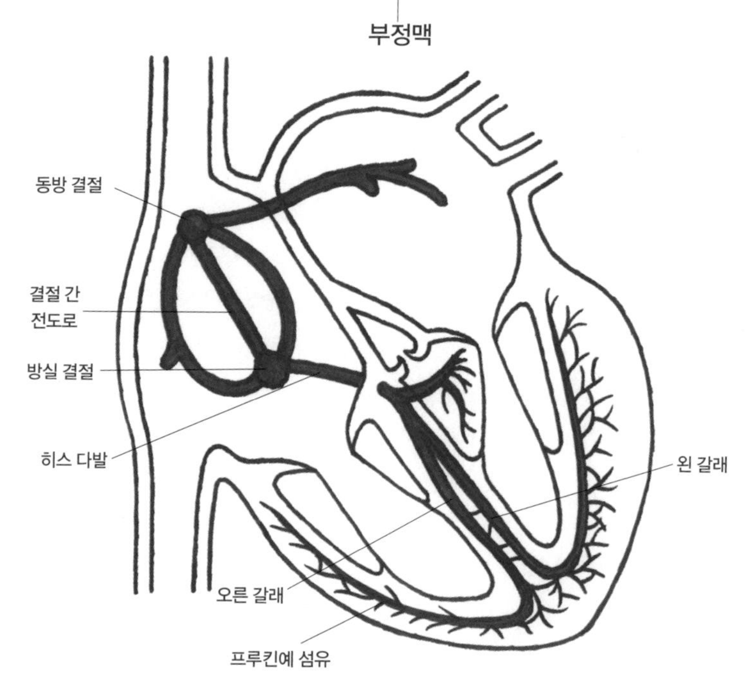

자극 전도계 최초의 자극은 동방 결절에서 규칙적으로 발생하고, 결절 간 전도로, 방실 결절, 히스 다발, 프루킨예 섬유로 전달된다. 부정맥은 자극의 리듬이 불규칙해졌을 때나 자극이 전달되는 통로 장애로 자극이 올바르게 전달되지 못했을 때, 또는 최초의 자극이 비정상적인 부위에서 생김으로써 일어난다.

부정맥을 일으키는 관련 질환의 유무도 검사한다.

치료 부정맥을 일으키는 관련 질환이 있을 때는 그 질환을 치료한다. 많은 부정맥은 기초 질환을 치료함으로써 사라진다. 단, 심각한 부정맥이면 기초 질환의 치료와 함께 항부정맥제 등을 사용한 빠른 치료가 필요하기도 한다. 심장 질환 치료제에는 부정맥을 유발하는 약도 있으므로 그런 약을 사용하고 있다면 투여량을 줄이거나 중단하는 등의 치료가 필요하다. 심장 질환 이외의 질환에 의한 일시적인 부정맥인 경우는 기초 질환이 완치되면 예후는 대체로 양호하다. 심장 질환의 경우는, 그것을 치료함으로써 부정맥이 사라져도 병태가 진행되면 다시 부정맥이 나타나는 때가 있으므로 정기적인 심전도 검사를 하는 것이 바람직하다. 그러나 자극 전도계 등에 불가역적인 손해를 입고 있을 때는 기초 질환이 완치되어도 부정맥이 남는다. 이런 예에서는 항부정맥제를 지속적으로 투여해야 한다.

심장사상충증

심장사상충이 감염하여 일어난다. 사상충이 성장하기 위해서는 흡혈하는 암컷 모기가 필요하다(수컷 모기는 흡혈하지 않는다). 암컷 모기는 심장사상충이 기생하고 있는 개나 고양이, 기타 동물의 피를 빨 때 혈액과 동시에 혈액 속의 마이크로필라리아라 불리는 제1단계 유충(제1기 유충)을 흡혈한다. 제1기 유충은 모기의 체내에서 2회 탈피하고, 최적의 조건이라면 14~16일 만에 제3기 유충이 된다. 제3기 유충은 모기가 흡혈했을 때, 찌른 상처를 통해 동물의 체내로 이동한다. 제3기 유충은 동물에게 감염 후, 체내 조직(근육 등)에서 탈피를 반복하여 2~12일 만에 제4기 유충이 되고, 50~70일이면 제5기 유충이 된다. 제5기 유충이 되면 약 2.5센티미터까지 성장한다. 그리고, 정맥에 침입하여 혈액을 타고 폐동맥까지 운반되어, 폐동맥 안에 기생한다. 감염 후 6개월이 지나면 심장사상충은 성 성숙하여 마이크로필라리아를 낳을 수 있게 된다. 이처럼 심장사상충의 생활 사이클은 암컷 모기와 동물의 체내에서 영위된다. 심장사상충은 개는 물론이고 고양이나 페럿에게도 감염하지만, 대부분 소수만 기생한다.

증상 감염 초기나 가벼운 정도의 감염 동물들은 대부분 증상이 없다. 감염이 장기 또는 중도가 됨에 따라 기침이나 호흡 곤란, 빈 호흡 등의 호흡기 증상이나 운동 불내성을 보이게 된다. 중증 감염인 동물에게서는 실신이나 복수, 때로는 객혈 등도 보인다.

진단 혈액 속 마이크로필라리아나 심장사상충 항원을 검출함으로써 심장사상충의 기생을 진단한다. 단, 마이크로필라리아 검사만으로는 심장사상충의 기생을 부정할 수 없으므로 예방하지 않은 동물에 대해서는 항원 검사도 한다. 마이크로필라리아 검사와 항원 검사는 모두 감염 직후 5~7개월에는 음성이 나올 수 있으므로 검사 시기에도 주의해야 한다. 이들 검사에서 감염이 확인되면 엑스레이 검사나 초음파 검사 등을 하여 폐나 심장의 상태를 확인한다. 엑스레이 검사와 초음파 검사로는 감염 초기나 가벼운 감염 증상에서는 거의 이상이 확인되지 않지만, 중정도부터 중도 감염 동물의 흉부 엑스레이 검사에서는 폐혈관의 확대나 곡류, 심장 확대가 보인다. 심장 초음파 검사에서는 우심실이나 우심방, 주 폐동맥의 확대가 인정되며 가끔 우심실이나 폐동맥 안에서 사상충 몸체가 확인되기도 한다. 복부의 엑스레이 검사와 초음파 검사에서 복수가 보이기도 한다.

치료 심장사상충 치료는 폐동맥 안의 성충을 없애는 것이다. 심장사상충 구충제인 멜라소민은 기존 구충약보다 부작용이 적고 살충률이 높다. 단, 심각한 심장사상충증에서는 성충을 구충하면 동물이 사망할 위험성이 높아지므로 검사 결과에 따라서는 실시할 수 없는 예도 있다. 이럴 때는 현재의 증상을 완화하는 치료를 한다. 그 밖에 필라리아 예방약을 장기 투여하는 방법도 있다. 필라리아 예방약은 살충률이 낮으므로 최소한 월 1회, 16개월 연속 투여한다. 투여할 때는 필라리아 사멸에 의한 부작용을 방지하기 위해 스테로이드 등을 동시에 사용한다.

멜라소민으로 심장사상충을 없앤 후에 일시적으로 기침이나 기력 상실, 식욕 부진, 호흡 곤란 등의 증상이 보이기도 한다(구충 후 1~2주 동안에 가장 많음). 이런 증상은 구충으로 사멸한 몸체가 폐동맥 말단에 쌓여 폐의 혈류를 방해하기 때문에 생긴다. 운동이나 흥분으로 폐에 부담이 커지므로 구충 후 적어도 한 달은 동물을 케이지 등에 넣어서 안정시킨다. 스테로이드나 아스피린은 구충 후 사멸 몸체에 의한 폐동맥 염증, 혈전 색전증을 완화하므로 이들을 투여하면 부작용을 줄이는 효과가 있다. 치료가 성공하면 예후는 비교적 양호하다.

심장사상충을 없애지 못한 동물의 예후는 다양하다. 대증 요법에 반응하여 장기 생존하는 예도 있고 병태가 급속히 진행하여 사망하는 예도 있다. 그러므로 심장사상충 감염이 발견된 시점에 조기 치료하는 것이 바람직하다. 심장사상충은 월 1회 마크롤라이드계 약물(이버멕틴, 밀베마이신)을 투여하여 쉽게 예방할 수 있다. 지역에 따라 모기의 발생 시기가 다르므로 예방 시기에는 주의가 필요하다. 모기가 발생하는 시기 한 달 후부터 월 1회 투여를 시작하거나 1년 내내 투여하기도 한다. 한번 심장사상충에 감염되면 구충해도 폐나 심장에 약간의 손상이 남으므로 심장사상충 예방을 확실하게 해야 한다. 한 달이라도 예방을 빼먹으면

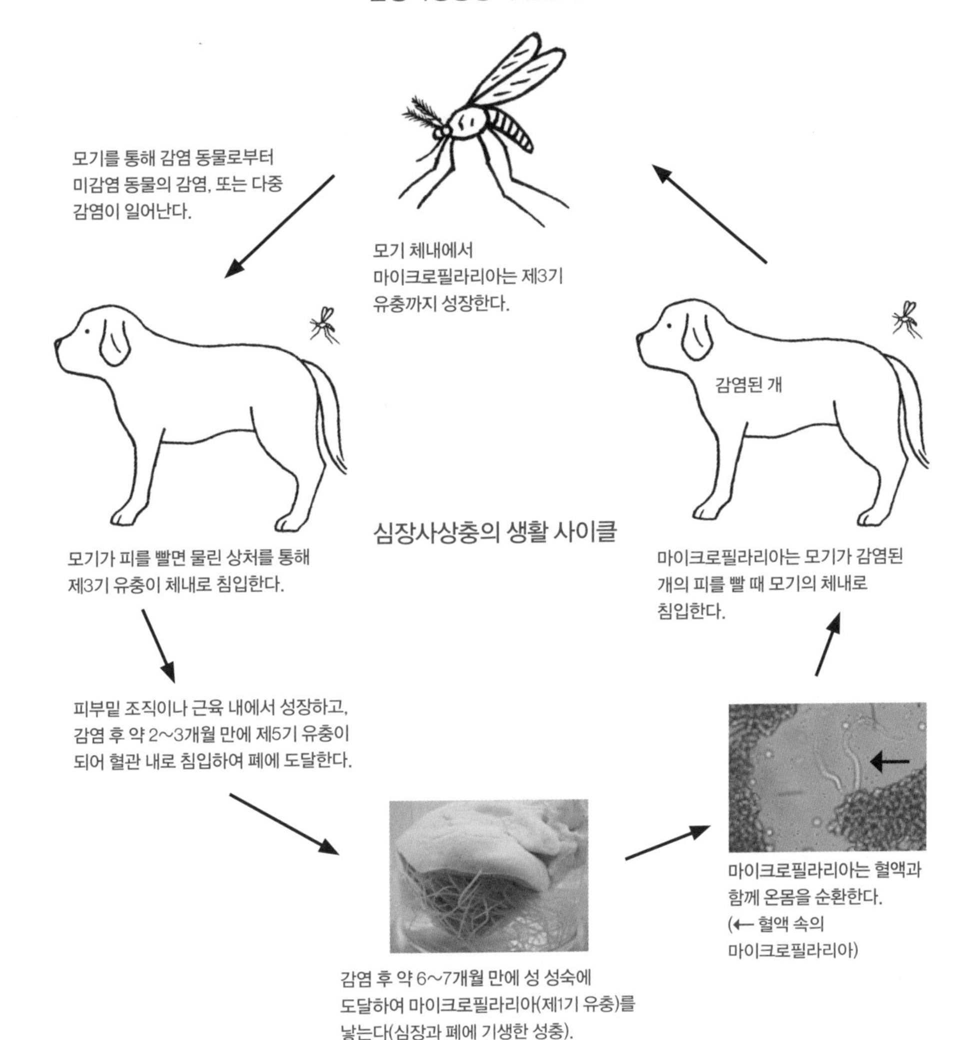

감염되는 경우도 있다. 예방약의 투여 여부가 불확실할 때는 수의사와 상담한다.

대정맥 증후군

주 폐동맥에 기생하는 심장사상충이 심장으로 들어가면 사상충 몸체가 삼첨판(우심방과 우심실 사이에 있는 판으로, 이 판이 있어 혈액이 일방통행을 한다)에서 우심방으로 일부 이동하거나 삼첨판의 힘줄끈에 얽혀서 혈액의 심각한 역류가 생긴다. 이 상태를 대정맥 증후군이라고 하며, 급격히 전신 상태가 악화되어 생명이 위협받는 위험한 상태에 빠진다.

증상 심장 내에 진입한 심장사상충의 개수나 삼첨판 역류의 정도에 좌우되는데, 많은 경우 갑작스러운 식욕 부진이나 기력 상실, 호흡 곤란, 커피 같은 혈색소뇨(몸속에서 파괴된 헤모글로빈과 메트헤모글로빈이 섞여 나와서 검붉게 된 오줌)에 의해 알아차리게 된다.

진단 소변 검사에 의한 혈색소뇨, 청진에 의한 강한 삼첨판 역류성 잡음, 그리고 심장 초음파 검사에 의해 우심방이나 우심실에 진입한 심장사상충의 몸체를 확인함으로써 진단한다. 치료는 최대한 빨리, 심장사상충을 끄집어내는 집게 등을 경정맥(목정맥, 머리에서 심장으로 이어지는 정맥)으로 삽입하여 우심방이나 우심실에서 사상충 몸체를 적출한다. 동물의 상태에 따라 대증 요법을 실시한다.

치료 치료가 늦어질수록 예후는 나빠진다. 사상충 몸체를 성공적으로 적출했다 하더라도, 대정맥 증후군에 빠진 동물의 폐나 심장은 일반적으로 상당한 손상을 입고 있으므로 한동안 내과적 요법이 필요하다.

종양

심장 종양의 발생률은 전체적으로 낮지만 심장 초음파 검사의 보급으로 진단이 더 일반적으로 되었다. 많은 경우 중·고령에서 발생하는데, 유년기 동물에게서도 때때로 보인다. 심장 종양은 악성 비율이 높고 양성인 심장 종양은 드물다. 개에게는 혈관 육종, 심장 기저부 종양 순으로 많으며, 전자는 골든리트리버나 독일셰퍼드 등에게 많이 발생하고 후자는 단두종에 많다고 알려져 있다. 고양이는 림프종이 가장 많으며 혈관 육종은 일반적이지 않다.

증상 병소의 위치와 중증도에 따라 다양하다. 초기 단계에서 증상이 나타나는 경우는 거의 없다. 특유의 증상은 없으며 심부전 증상(운동 불내증이나 호흡 곤란, 부정맥 등)이나 쇠약 등이 보인다.

진단 엑스레이 검사나 심전도 검사, 심장 초음파 검사, 조영 검사 등이 유효하지만 CT 검사나 MRI 검사 등을 하기도 한다. 종양의 종류를 확정하려면 생체 검사가 필요하다.

치료 유감스럽게도 장기 생존할 수 있는 치료법은 거의 없다. 종양의 장소나 크기 등에 따라서는 수술이 가능한 예도 있다. 일부 종양에는 항암제 치료를 시도하기도 한다. 특수한 치료로서 방사선 치료가 유효했던 예가 있다고 한다. 그러나 어떤 치료를 해도 완치는 어려우며 증상을 줄이거나 연명 치료가 주된 목적이 된다. 심장 종양을 앓는 동물 대부분은 치료 후에 재발이나 전이를 일으킬 가능성이 높으므로 완치하기가 굉장히 어렵다.

심막 질환

횡격막 탈장

개와 고양이의 선천 심막 질환 가운데 가장 일반적이다. 이 병에서는 복부의 장기가 심막(심장을 감싼 막) 안으로 들어가서 탈장을 일으킨다. 가장 많은 것은 간과 담낭 탈장이며 그다음은 소장, 비장, 위 순서다. 발생에 성 차이는 없지만 유전적 경향이 있는 품종으로 바이마라너, 페르시아고양이, 히말라야고양이 등을 들 수 있다. 원인은 선천 기형(심막강과 복강 사이의 완전 중격의 결손)이다.

무증상인 경우가 많은 것으로 알려졌지만, 체중 감소나 피로, 소화기 증상(구토, 설사), 호흡기 증상(호흡 곤란, 기침) 등이 보이기도 한다. 보통은 엑스레이 검사로 진단한다. 그 밖에 심장 초음파 검사나 조영 검사도 유용하다. 진단 시 나이는 다양하다. 완치하려면 수술이 필요하지만 증상에 따라서는 반드시 수술이 필요하지는 않은 때도 있다. 수술 후의 경과는 양호하며 합병증은 거의 없다.

심막 결손

드문 병으로 선천적이다. 결손 부위는 대부분 원형이나 달걀형이다. 심막강과 흉막강의 경계가 없어지므로 심장 탈장이나 감돈탈장(창자 따위의 일부분이 정상이 아닌 곳에 끼어 제 위치로 돌아가지 아니하는 상태)을 일으키기도 하는데 뚜렷한 증상이 별로 없어서 다른 병을 검사하다가 우연히 발견되곤 한다. 진단에는 흉부 엑스레이 검사나 조영 검사 등이 유용하다. 증상에 따라서는 수술이 필요하지만 예후는 양호하다.

심막낭

심막에 액체가 쌓여 낭이 생기는 병이다. 개에게는 드물게 보이며 고양이에게는 발생이 알려지지 않았다. 유년기에 발견되는 일이 많으므로 진행성 또는 선천병으로 생각되고 있다. 증상은 다른 심막의 병과 마찬가지로 피로나 복부 팽만, 호흡 곤란 등이 보인다. 흉부 엑스레이 검사로 이상이 인정된다. 확진을 하려면 특수한 조영 검사나 심장 초음파 검사, CT 검사, MRI 검사 등을 한다. 수술로 심막을 절제함으로써 낭을 제거할 수 있다.

심막 수종

심장은 장측 심막과 벽측 심막으로 형성되며 장측 심막과 벽측 심막 사이의 빈틈을 심막강이라고 부른다. 심막강 안에는 보통 소량(개의 경우는 1~15밀리리터)의 액체가 흐르고 있다. 심막 수종이란 심막강 안에 액체가 과도하게 고인 상태다. 이 액체는 모세 혈관이나 림프관에서 정상 범위를 넘어서 과도하게 흘러나온 것이다. 울혈 심부전이나 저알부민 혈증, 심막 횡격막 탈장 등에 의해 모세 혈관 내압이 상승하여 일어난다.

증상 심막강 내에 장시간에 걸쳐 체액이 고이면 심막이 서서히 늘어나고 두꺼워지면서 적응한다. 하지만 허용할 수 없을 정도로 과도하게 액체가 쌓이면 다양한 증상이 나타나게 된다. 구체적으로는 기력 상실, 허약, 운동 불내성, 식욕 부진, 체중 감소, 기침, 호흡 곤란, 실신 등이 보인다. 심막 수종이 급속히 일어나면 증상도 급격히 악화되어 쇼크 상태에 빠진다.

심막

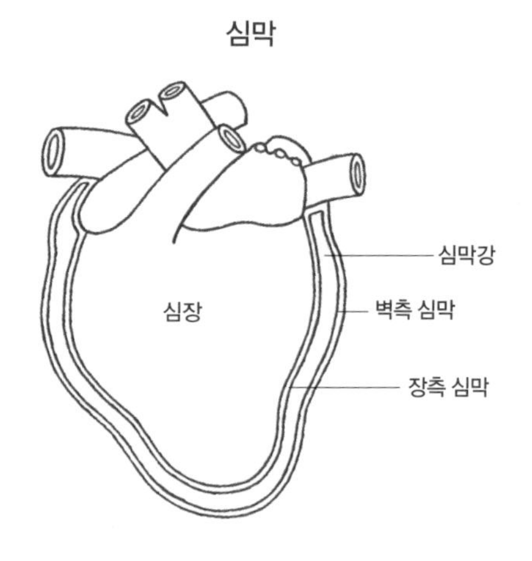

심막 수종

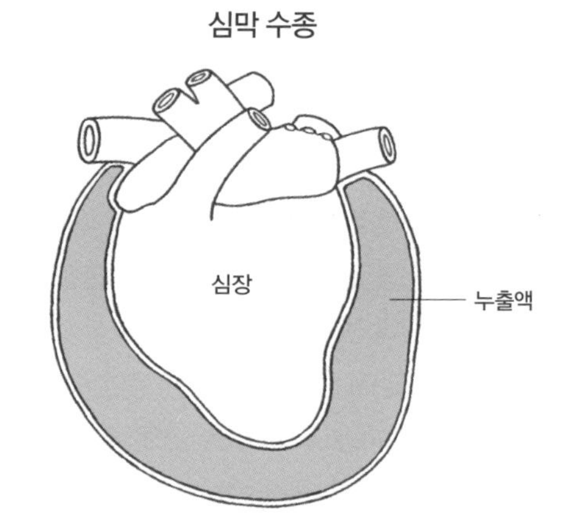

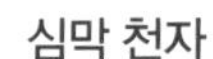

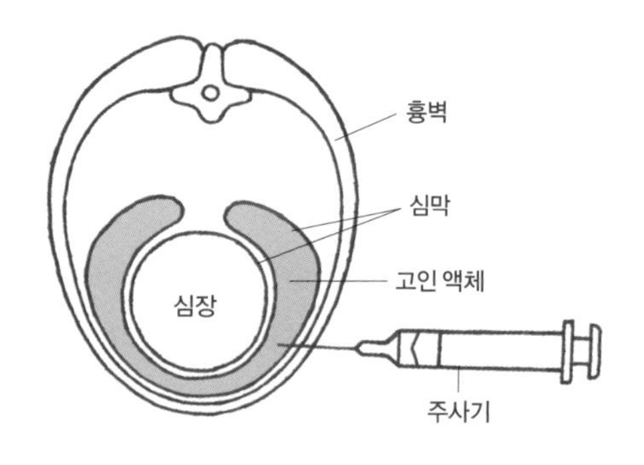

진단 청진으로 심음이 약하게 들리고, 엑스레이 검사에서는 심장 음영의 확대를 확인할 수 있다. 심장 초음파 검사에서는 심막강 내의 과도한 액체가 보인다. 그러나 심막 수종의 임상적 소견은 뒤에서 언급할 심막염이나 심막 혈종과 같으므로 이런 소견만으로 진단하기는 힘들다. 그러므로 심막 천자(속이 빈 가는 침을 몸속에 찔러 넣어 체액을 뽑아내는 일)를 하여 쌓인 액의 상태를 검사함으로써 진단한다. 심막 수종은 쌓인 액체의 비중과 단백 농도가 낮고 액체 중 세포 수가 비교적 적은 것이 특징이다.

치료 심막 천자를 하여 고인 액체를 빨아냄으로써 치료하는데, 이것은 어디까지나 일시적인 병태의 개선을 목적으로 실시하는 것이다. 심막 수종의 원인이 된 기초 질환을 치료해야 한다.

심막염(삼출성)

심막염은 염증이나 종양성 병변에 의해 원래는 그 벽을 통과할 수 없는 단백질이 액체나 혈액 성분과 함께 심막강 내로 과도하게 밖으로 스며 나온 상태다. 심막염의 원인으로는 감염성(세균성, 진균성, 고양이 전염성 복막염), 요독증, 심장 종양(심장 혈관 육종이나 심장 저부 종양, 림프 육종 등), 심막의 중피종(중피 세포로 둘러싸인 흉막, 복막, 심막 따위에 발생하는 종양) 등이 있다.

증상 심막염의 증상은 심막 수종과 같다.

진단 심막 천자를 하여 고인 액체의 성질과 상태를 검사함으로써 진단한다. 심막염에서는 액체 비중과 단백 농도가 높고 쌓인 액체 속 세포 수가 많은 것이 특징이다. 심장이나 심막 종양에 의하면 혈액 같은 고인 액체가 보인다.

치료 심막 수종과 마찬가지로 심막 천자를 하여 액을 뽑아내는데, 이것은 일시적인 병태의 개선이 목적이며 심막염의 원인에 대해 치료할 필요가 있다. 심장 종양에 의한 심막 혈종은 가능하다면 종양을 외과적으로 절제하지만, 진단 시에는 이미 종양의 증식이 진행되고 있어 끄집어낼 수 없는 상태가 많다. 대동맥옆체(심장에 가까운 대동맥에 붙어 있는 작은 기관) 종양을 제외하고 심장 종양에 의한 심막 혈종의 예후는 나쁘며, 종양성이 아닌 원인의 경우보다 평균 생존 기간은 짧은 경향이 있다.

심막 혈종

심막강 내에 혈액이 고인 상태를 심막 혈종이라고 한다. 외상에 의한 심장 열상, 승모판 기능 부족에 의한 좌심방 파열, 특발성 출혈 심막 삼출 등이 원인이다.

증상 증상은 심막 수종이나 심막염과 같으며 증상만으로 진단하기는 곤란하다.

진단 심막 천자로 채취된 액의 성질이 말초 혈액과 유사하다. 심장 초음파 검사에서 심막강 내에 혈병(피떡)이 보이기도 한다.

치료 외상에 의한 심장 손상이나 좌심방 파열이 의심될 때는 심막강 내의 액체를 뽑아내면 심막강 내의 압력이 저하하여 심장에서 더욱 출혈을 일으킬 위험성이 있다. 따라서 액을 뽑아내지 말고 되도록 빨리 출혈 부위를 외과적으로 폐쇄할 필요가 있다. 좌심방 파열은 외과적으로 정복한 다음 승모판 기능 부족을 치료해야 한다. 특발성 출혈 심막 삼출은 골든리트리버에게 많이 발생한다. 특발성 출혈 심막 삼출인 개의 절반은 심막 천자를 하여 액을 뽑아내고 스테로이드 호르몬제를 복용하면 낫지만, 나머지 절반은 재발하여 심막 천자가 여러

심막 혈종

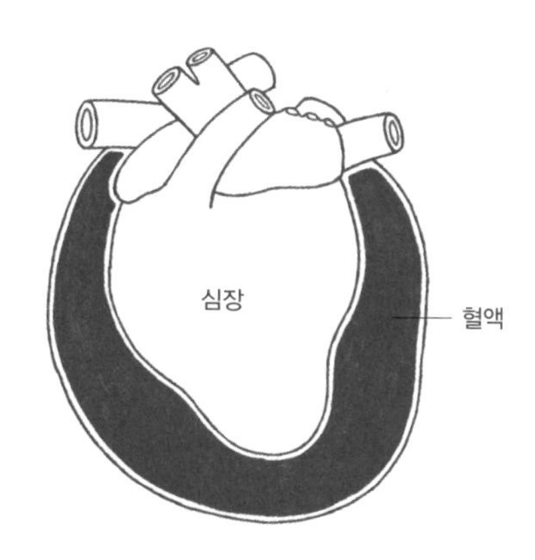

번 필요해지기도 한다. 2~3회 이상의 심막 천자를 필요로 하는 때는 심막을 외과적으로 절제하는 심막 절제술을 한다. 심막 절제술은 완치시킬 수도 있는 효과적인 치료법이다.

심장 눌림증

다양한 원인으로 심막강 내에 다량의 액체가 급속히 고이면 심막에 장력이 더해져 심막강 내 압력이 현저하게 증가하여 심장을 압박하게 된다. 그 결과 심장의 수축, 확장 기능이 중도로 저해되어 심장에서 박출되는 혈액량이 감소하고 혈압이 떨어진다. 이 상태를 심장 눌림증이라고 한다.

증상 다양한 증상이 보이지만, 심장 눌림증에서는 우심방이나 우심실이 가장 압박받기 쉬우며, 그 때문에 간의 비대나 복수의 고임 등을 일으키기도 한다. 증상이 진행되면 급격히 악화되어 쇼크 상태가 된다.

진단 임상 검사 소견으로는 혈압 저하에 의해 말초 동맥의 박동을 감지할 수 없게 되며, 호흡할 때 이상 박동이 느껴진다. 심장 초음파 검사로는 심막강 내에 쌓인 액에 의해 심장이 압박되어 있는 소견이나, 심장 내강에의 혈액 충만 부전, 심장박출량의 감소가 확인된다.

치료 심장 눌림증이 의심되는 소견이 보일 때는 먼저 응급 치료로서 심막 천자를 한다. 심막강 내에 고인 액을 약간 빨아내기만 해도 증상이 극적으로 개선된다. 이어서 심막강 내에 액체 저류의 원인에 대한 치료를 한다. 그러나 치료해도 증상이 개선되지 않는 경우나 심막 천자가 반복적으로 필요해지는 때는 액체에 의한 심장의 압박을 피하기 위해 심막을 외과적으로 절제한다. 심막을 제거하면 심막액은 흉강 내로 들어가서 심막보다 면적이 넓은 흉막에 의해 흡수된다. 이때, 심막강 내에 있던 액체가 흉수로서 일시적으로 고이지만, 그 증상은 심막강 내에 액체가 고인 경우보다 가볍다.

종양 병변과 혈관 질환

육아종 질환

개와 고양이에게서는 드문 병이다. 방선균 감염이 원인이 되기도 하는데, 무균이고 원인 불명인 경우도 있다. 심막에 크고 작은 육아종(육아 조직을 형성하는 염증성 종양)이나 석회화를 만든다. 그리고 심막강에 액체가 고여 정맥 환류를 방해하면 심장 기능이 손상되어 증상이 나타난다. 주요 증상은 호흡 곤란이나 전신 쇠약, 복부 팽만 등이다. 심막강 내에 급격히 액체가 고이면 돌연사하기도 한다. 심장 초음파 검사나 혈액 배양 검사, 심막이나 심막액에서 병원균을 검출함으로써 진단한다. 원인균에 대한 치료나 심막 절제술로 치료한다.

심막 농양

다양한 세균 감염이 원인이 되어 일어나는데, 개와 고양이에게 발생은 드물다. 심막강에 액체가 고인 예에서는 졸음이나 허약, 식욕 절폐, 복부 팽만 등이 보인다. 심장 초음파 검사나 엑스레이 검사, 혈액 배양 검사, 심막 천자로 채취한 심막액 검사를 토대로 진단한다. 치료는 내과적으로는 원인에 따른 항생제의 투여, 외과적으로는 농양을 절제하거나 심막을 부분적으로 절제한다. 심막강 내의 액체 고임에 의해 심장 기능이 손상될 때는 서둘러 심막에 바늘을 꽂아서 쌓인 액을 뽑아낼 필요가 있으며, 그것에 더해 심막 절제술도 필요하다.

수축성 심막 질환(특발성, 감염성)

주요 수축성 심막 질환으로 심외막염을 들 수 있다. 개에게는 감염성 심외막염의 발생은 적다. 그와는 대조적으로 고양이에게 심외막염은 심막액의 원인 가운데 하나가 되는데, 발생률은 낮다. 심막의 삼출액에는 화농성이나 장액 섬유소성, 장액성이 보이며 그 액체 속에는 염증성 세균이 보인다. 개와 고양이의 감염성 심외막염의 원인으로는 결핵이나 콕시디오이데스증, 방선균증, 노카르디아증 등 다양한 세균이나 진균의 감염증이 있다. 그중에서도 이차적인 콕시디오이데스증이나 방선균증, 노카르디아증은 대단히 흔하게 보인다. 무균성 염증 심막액은 개에게서는 렙토스피라증이나 개홍역, 고양이에게서는 고양이 전염성 복막염에서 일어난다.

혈전 색전증

혈전이 동맥을 폐쇄함으로써 생기는 병이다. 개와 고양이 모두에게 보이는데, 가장 많은 것은 고양이의 비대형 심근증에 의한 것이다. 이 경우, 심장에서 발생한 혈전이 뒷다리 혈관으로 통하는 혈관에 쌓여서 격렬한 통증을 동반하고 뒷다리가 움직이지 못하게 된다. 이런 증상과 넙다리 동맥 맥박의 결여, 심근증의 존재가 진단의 실마리가 되는데, 심장 초음파 검사로 심장 내에 생긴 혈전을 발견할 수도 있다. 치료는 혈전 용해제를 사용하거나 외과 수술로 혈전을 적출하지만 성공률은 대단히 낮으며, 많은 경우 사망한다. 개의 혈전 색전증은 폐에서 일어나기도 하는데, 혈전으로 폐에서의 환기가 충분히 이루어지지 못하게 되며, 그 결과 호흡 곤란을 일으킨다. 초기 상태에서는 흉부 엑스레이에서 이상은 보이지 않는다. 산소를 공급하거나 부신 겉질 호르몬제, 항응고제를 투여하여 치료한다.

동맥 경화증

동맥의 벽이 두껍고 딱딱해지는 병이다. 죽상 경화증(동맥의 벽에 지방이 침착되어 죽종이 생기고, 이로 인하여 동맥이 좁아지고 딱딱해지는 증상)과 중막 경화증, 세동맥(작은동맥) 경화증으로 분류된다. 단, 사람에게 나타나는 것과 같은 혈전 형성을 동반하여 혈관강의 협소화를 일으키는 경우는 대단히 드물다. 동맥 경화증은 아직까지 살아서 진단된 것은 없으며 사후의 병리 검사에서 판명된 것만 알려져 있다.

혈관염

혈관 벽의 염증이며, 동맥염과 정맥염이 있다. 혈관 벽의 수종이나 혈관을 구성하는 세포와 조직의 변성 · 괴사를 동반한 혈관 벽 안이나 혈관 주위의 세포 침윤이 특징이다. 혈관염은 동맥염과 정맥염으로 나뉜다. 동맥염은 동맥 내에서의 혈전 형성이나 혈관의 확장을 일으키며 드물게 혈관이 파열되기도 하는 등 다양한 증상을 나타낸다. 원인은 확정할 수 없는 경우가 많다. 대동맥에서는 비특이성 대동맥염, 그보다 가느다란 동맥에서는 폐쇄성 혈전 혈관염, 더욱 가느다란 소동맥부터 세동맥에서는 알레르기성 육아종 혈관염이나 전신 홍반 루푸스(발열에 따라 피부에 붉은빛의 얼룩점이 나타나고 근육통과 관절통 증상이 있다)에 의한 혈관염, 그리고 세동맥부터 모세 혈관에서는 바이러스 감염증에 의한 혈관염이 일어난다. 정맥염은 정맥 벽의 염증성 변화와 혈전 형성이 특징이다. 그 결과, 말초 부위에 부종이나 부기, 통증, 경결(조직이나 그 한 부분이 염증이나 출혈 때문에 결합 조직이 증식하여 단단해짐)을 일으킨다. 장애가 일어난 정맥은 그것의 주행에 일치하는 붉은 새끼줄 모양의 확장을 나타낸다. 압통도 보인다. 정맥염은 일차 정맥염과 이차 정맥염으로 분류되며, 전자에는 폐쇄성 혈전 정맥염과 특발성 혈전 정맥염이 있고 후자에는 혈전 정맥염과 국소 정맥염이 있다. 부신 겉질 호르몬 제제나 섬유소 용해 효소제를 투여한다.

림프 수종(림프 부종)

림프액은 모세 혈관 영역의 조직액에서 생겨서 모세 림프관이나 집합 림프관, 림프관 줄기를

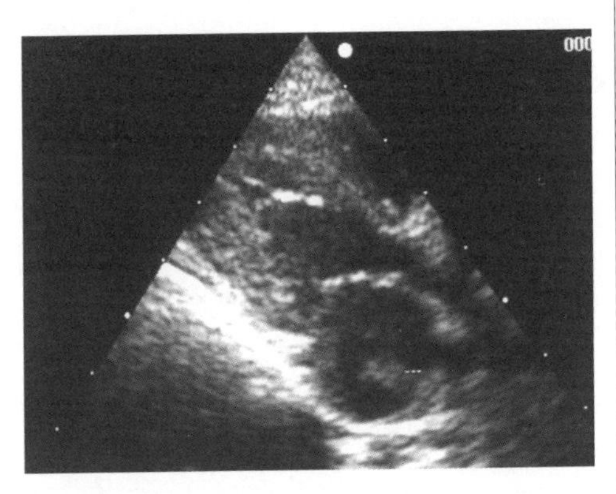

고양이의 비대형 심근증의 심장 초음파 검사. 좌심방 내부에서 혈전을 확인할 수 있는 때도 있다.

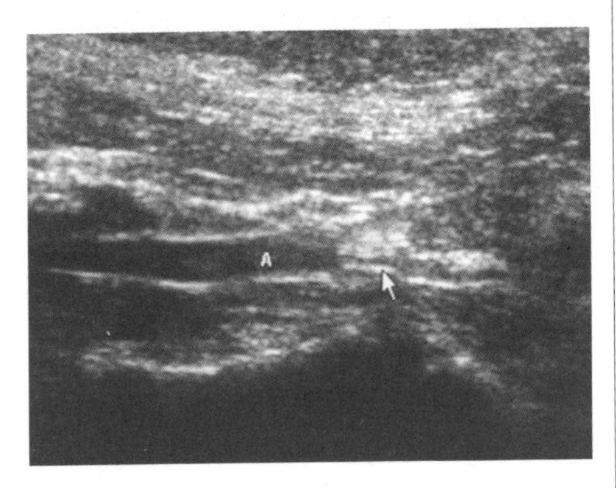

뒷다리로 가는 동맥에 혈전이 고여 있는 상태. 초음파 검사로 확인할 수 있다.

거쳐 정맥계로 들어간다. 림프관은 풍부하게 연결되어 있으므로 작은 림프관의 유출로 장애는 거의 문제가 되지 않는다. 그러나 종양이나 염증성 부기 등으로 림프관이나 림프샘이 막히면 림프액 통과 장애가 생겨서 그 림프관의 유역에 많은 양의 액체가 고이게 된다. 그리고 조직액이 과도해지고 조직 사이에 축적되어 부종을 일으킨다. 이것을 림프 수종 또는 림프 부종이라고 한다. 림프 수종이 만성이 되면 림프관 확장이나 결합 조직의 증식 또는 섬유화가 일어나서 상피병(사상충이나 그 밖에 세균의 감염으로 인하여 피부와 피부밑 조직에 림프가 정체하며 결합 조직이 증식하여 환부가 부풀어 오르고 딱딱해져 코끼리 피부처럼 되는 병)이 되기도 한다. 림프 수종은 원인에 따라 일차 림프 수종(림프관 형성 부전, 선천 림프 부종인 밀로이병)과 이차 림프 수종(외과적 침습, 염증, 종양, 심장사상충증)으로 나뉜다.

고혈압증

최고 혈압의 값이 160mmHg 이상이 된 상태를 고혈압증이라고 한다. 생리적 고혈압과 병적 고혈압으로 나뉘며, 생리적 고혈압은 어리거나 노령인 동물에게 보이거나, 기계적 또는 온열적, 전기적 자극을 받을 때나 먹이 섭취, 발정, 임신, 흥분, 격렬한 움직임 등을 동반하여 발생한다. 한편, 병적 고혈압은 급성 또는 만성 신장염(콩팥염)이나 동맥 경화증, 위축 신장, 폐렴, 급경련통, 발열, 적혈구 증다증 등일 때 보이며, 최고 혈압의 값이 상승한다. 심부전이나 신장염, 위축 신장, 급경련통, 발열 등으로는 최소 혈압의 값도 상승한다. 병적 고혈압은 본태 고혈압과 이차 고혈압으로 나뉜다. 본태 고혈압은 원인을 확실하게 알지 못하고 일어나는 고혈압이다. 유전적 요인과 환경 요인이 관련된 것으로 여겨진다. 이차 고혈압은 갑상샘 기능 항진증 상태나 신장 질환에 함께 일어나는 고혈압이다. 원인이 된 병을 치료하면 혈압도 내려간다.

조혈기계 질환

골수와 혈액

혈액이란 혈관 내를 순환하며 생명 유지에 관련된 다양한 역할을 하는 중요한 조직이다. 혈액은 먼저 태아기에 어미의 자궁 안에서 앞으로 내장의 장기가 될 난황낭에서부터 생성되기 시작하고, 이어서 간, 비장으로 옮겨 간다. 그 후 태아기 도중부터 혈액 생성 활동의 중심은 골수가 되어 흉골, 늑골, 골반, 두개골 등의 모든 편평골(납작뼈)의 골수에서 평생 활발하게 혈액을 생성한다. 혈액에는 심장에서 동맥, 모세 혈관, 정맥을 거쳐 폐와 전신의 각 조직을 돌고 있는 순환 혈액과 간, 비장 등에 분포되는 저장 혈액이 있으며, 전체 혈액량은 체중의 약 8퍼센트를 차지한다. 일반적으로 순환 혈액량의 3분의 1 이상을 급속히 잃으면 생명이 위험하다.

혈액은 혈구 성분과 액상 성분인 혈장으로 나뉜다. 혈액을 응고시켜서 응혈괴(굳은 핏덩이)를 만들면 잠시 후에 맑은 액체가 출현하는데, 이것을 혈청이라고 하며 혈장 성분에서 섬유소원(피브리노겐)을 제거한 것이다. 혈구 성분은 혈액의 약 45퍼센트, 혈장 성분은 나머지 약 55퍼센트를 차지한다. 혈구 성분은 적혈구, 백혈구, 혈소판으로 나뉘며, 각각 다음과 같은 작용을 분담하고 있다.

첫째, 산소와 이산화탄소 운반. 산소는 적혈구에 함유된 헤모글로빈이라는 단백질에 의해 운반되며, 이산화탄소는 주로 혈장에 녹아서 운반된다.

둘째, 영양소 운반. 소화관에 흡수된 아미노산, 당질, 비타민, 미네랄 등은 주로 혈액에 들어가서 그것들을 이용하거나 저장하는 조직으로 운반된다.

셋째, 노폐물 운반과 수분 등의 조절. 넷째, 출혈 방지. 혈장에는 혈액 응고에 관여하는 각종 인자가 함유되어 있으며, 그것들의 종합적인 작용으로 혈액을 응고시켜 출혈을 막는다. 다섯째, 생체 방어와 체온 조절, 그리고 호르몬 수송을 맡고 있다.

한편, 혈장은 성분의 약 91퍼센트가 수분으로, 물질을 용해하고 운반한다. 다음으로 많이 함유된 것은 단백질이며 혈장의 약 7퍼센트를 차지한다. 혈장 속에는 80종류 이상의 단백질이 존재한다. 이 단백질 가운데 가장 많이 함유된 것은 알부민이며, 간에서 생성된다. 면역에 관여하는 면역 글로불린이라는 단백질은 림프구가 생성한다. 혈장 단백질은 다음과 같은 기능을 맡고 있다.

첫째, 혈액의 교질 삼투압 유지. 교질 삼투압이란 단백질로 일어나는 삼투압을 말하며, 주로 알부민이 기여한다. 둘째, 체세포의 영양원. 셋째, 혈액의 pH를 일정하게 유지하는 완충 작용. 넷째, 면역 작용(면역 글로불린의 작용). 다섯째, 혈액 응고와 섬유소 용해 작용. 여섯째, 물질 운반이다.

그 밖에 혈장 성분에는 혈당이나 무기염류 등의

혈액 성분의 분류

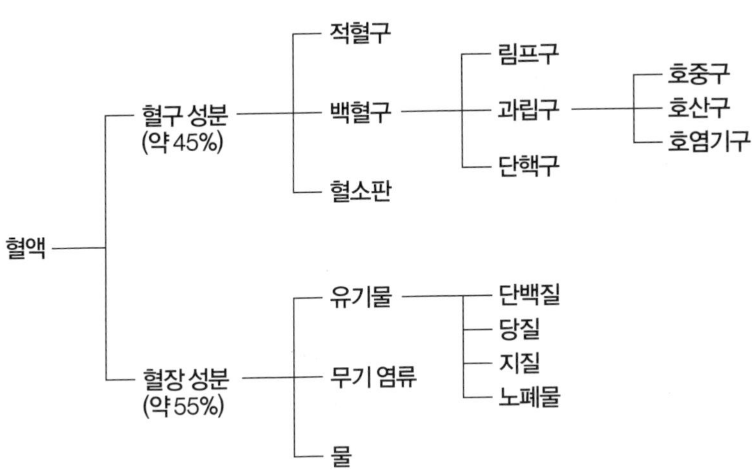

성분이 함유된다. 이상과 같이, 혈액은 전신에 걸쳐 다양한 활약을 하는 조직으로, 생명의 항상성을 유지하는 데 꼭 필요하다. 골수는 혈액의 전신적인 다양한 상황에 따라 끊임없이 혈액을 공급하는 중요한 조직이다. 그러므로 혈액 검사나 골수 검사는 전신의 상태를 알고, 때로는 병의 발견으로 이어지는 중요한 검사가 된다.

골수의 구조와 기능

뼈조직은 바깥쪽의 치밀골질(치밀뼈)과 안쪽의 해면 골질(해면뼈)로 크게 나뉘며, 뼈의 골수 공간이나 해면 골질 틈을 메우는 연 조직을 골수(뼛속)라고 한다. 젊었을 때는 모든 골수에서 활발한 조혈이 보이지만, 나이가 들어감에 따라 조혈 장소는 감소하고 흉골(복장뼈), 늑골(갈비뼈), 두개골(머리뼈) 등의 가는 뼈나 추골(척추뼈), 단골(짧은뼈), 장골(긴뼈), 골단(뼈끝) 등의 해면상 조직으로 점차 제한된다. 사지의 긴뼈는 비교적 젊은 시기에 조혈 기능을 멈추고 골수는 지방 세포로 대체된다. 이에 비해 흉골이나 늑골, 척추뼈 등은 조혈을 계속한다. 이들 뼈는 내장 가까이 있어서 언제나 따뜻한 상태를 유지하므로 외계의 기온 영향을 잘 받지 않기 때문으로 보인다. 골수의 중요한 기능은 태아의 간에서 받아들여진 모든 혈액 세포의 원천이 되는 조혈 모세포를 재생하여 평생 유지하는 것, 그리고 조혈 모세포에서 분화한 각종 혈구의 전구 세포(특정 세포가 완전한 형태를 갖추기 전 단계의 세포)에서 혈액 세포를 생성하는 것이다. 그 밖에도 골수는 림프구계 전구 세포를 가슴샘이나 비장으로 운반하는 역할도 하고 있다.

골수 검사

일반적인 혈액 검사에서 지속성, 진행성이며 심지어 원인을 알 수 없는 혈구 성분의 감소나 증가가 인정된 경우, 원인을 확인하기 위해 혈액이 생성되는 장소인 골수를 검사한다. 림프종 같은 종양에 대해, 병이 얼마나 진행되었는지를 나타내는 병기 분류를 위해 골수 검사를 하기도 한다. 골수 검사 방법은 크게 골수 천자법과 골수 생검법의 두 가지로 나뉜다. 골수 천자법은 골수 안에 천자 침을 꽂아 골수액을 흡인하여 그 액에 함유된 세포의 도말 표본을 만들어 관찰하는 것으로, 세포 개개의 세세한 구조를 관찰하는 데 유용하다. 골수 생검법은 신장이나 간의 생체 검사와 마찬가지로

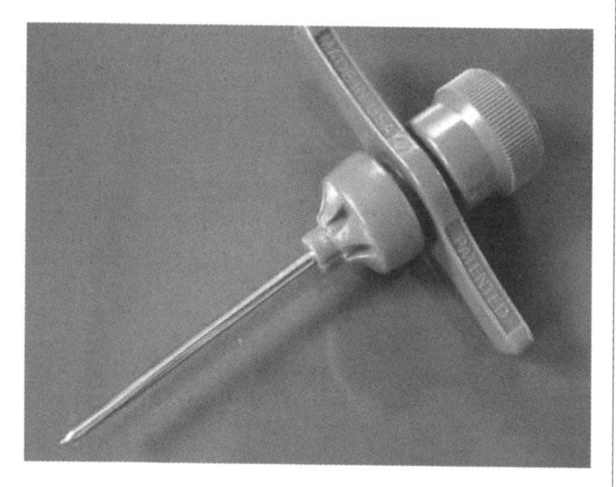

골수 검사에 많이 사용하는 굵은 바늘.

골수 조직 편을 취하여 전체 조직 구조의 이상 여부를 판정하는 데 유용하다. 보통, 두 가지를 동시에 하며 골수 천자법으로 확인되지 않으면 골수 생검법으로 확진한다. 골수 검사는 일반적으로 가벼운 마취하에 넙다리뼈, 위팔뼈, 긴뼈 등에 골수 침을 꽂음으로써 이루어진다. 골수 검사에서는 먼저, 골수 전체의 충실도를 조사하고, 다음으로 각 혈구 성분의 형성 비율, 각 혈구 성분의 성숙 분화 과정, 그리고 형태의 이상이 없는지 조사한다. 또한 비정상적인 세포 성분의 증가 여부를 조사하고, 필요하다면 특수 염색 등으로 이상 세포를 판별한다. 골수 검사는 면역 매개 질환이나 백혈병, 림프종 등을 감별하는 데 특히 효과적이다.

혈액의 생성과 분화

태아기 이후, 혈액은 주로 골수에서 생성된다. 생명의 항상성을 유지하기 위해 혈액은 끊임없이 생성되어 전신을 순환한다. 순환 혈액 중에 각 혈구 성분의 혈구 수가 일정하게 유지되려면 혈구의 생성, 방출, 파괴가 균형을 이룰 필요가 있다. 그런데, 말초 혈액 중에 보이는 각종 혈구는 각각 혈관 안에 머무는 기간이나 수명이 계통별로 다르다. 이처럼 혈구의 생성 분화 메커니즘은 단순하지 않다. 모든 혈구 세포는 전분화능 줄기세포라는 한 종류의 세포에서 분화하여 만들어진다. 이 전분화능 줄기세포에서 적혈구계, 과립구계, 거핵구계라는 혈구 성분의 각 계통(통틀어서 골수계라고 부른다)으로 분화할 수 있는 다분화능 줄기세포와 림프구계로 분화 가능한 다분화능 줄기세포로 나누어지며, 그 후 각 혈구 성분의 전구 세포가 되는 단분화능 줄기세포로 분화가 진행되어 성숙한 각각의 혈구 성분이 된다. 성숙한 각각의 혈구 성분 가운데 림프구, 단핵구, 과립구(호중구, 호산구, 호염기구로 세분된다)를 백혈구라고 하며, 그 밖에 적혈구와 혈소판이 있다.

적혈구는 몸 안에서 가장 수가 많은 혈액 세포로 핵이 없고 헤모글로빈이라는 성분을 많이 함유하고 있다. 헤모글로빈은 산소를 운반하고 산 염기 평형을 유지한다. 그 밖에 적혈구에 함유된 탄산 탈수 효소가 탄산 가스의 운반이나 pH 조절에 관여한다. 적혈구는 편평한 원반 모양이며 중앙부가 양면 모두 움푹하게 들어가 있어서 부피는 작고 표면적은 크며, 산소 분자가 드나들기 좋게 만들어져 있다. 적혈구의 줄기세포는 먼저 전적혈모구가 된다. 그 후, 분열을 거듭하여 세포 내의 헤모글로빈이 포화 상태에 이르면 핵이 농축되어 세포에서 방출되어 그물 적혈구가 되며, 마지막에는 성숙한 적혈구가 된다. 말초 혈액 속에 그물 적혈구가 늘어나는 것은 왕성한 조혈이 이루어지고 있음을 나타낸다. 적혈구의 수명은 개가 약 120일, 고양이가 약 70일이며 수명이 다하면 파괴된다. 하루에 파괴되는 적혈구 수는 매일 새로 만들어지는 적혈구 수와 거의 비슷하다.

백혈구에는 과립구, 단핵구, 림프구가 있는데, 과립구는 미생물 등의 이물이 침입하면 혈관 안에서 밖으로 나와서 식작용(식세포 작용)을 하는 호중구나, 염증이 있으면 그 자극으로 효소 등을 분비하여 염증을 억제하는 호산구가 있다. 단핵구는 병원균이나 사멸한 호중구를 식작용으로 처리하며, 림프구는 면역에 관여한다. 백혈구도 적혈구처럼

혈액의 생성과 분화

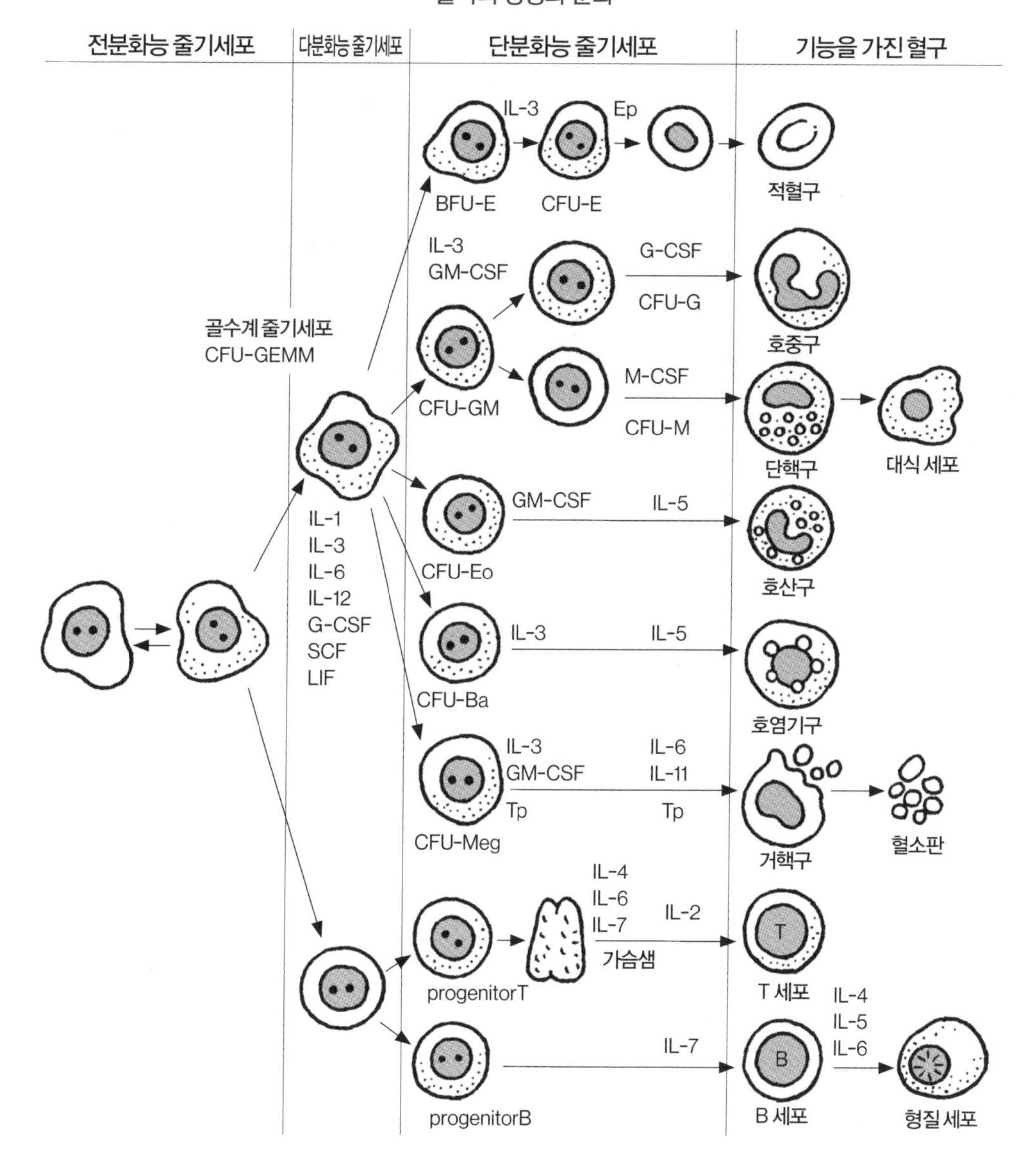

줄기세포에서 분화 성숙하여 만들어진다. 백혈구의 수명은 약 7일이다. 혈소판은 골수에서 줄기세포로부터 분화한 거대 핵 세포가 찢어져서 생긴 세포 조각이며 핵이 없다. 세포의 과립에는 혈액 응고에 관여하는 다양한 성분이 함유되어 응고 기구로 중요한 역할을 하고 있다. 혈소판의 수명은 약 7일이다.

지혈 메커니즘

외상으로 혈관 벽에 상처가 생기면 혈관이 수축한다. 동시에 상처 조직에 혈소판의 점착이 일어나고 혈소판이 활성화되어 혈소판 응집이 일어난다. 이렇게 형성된 혈소판 덩어리를 중심으로 한 혈소판 혈전의 형성을 일차 지혈이라고 한다. 그러나, 혈소판 혈전은 혈류의 변화에 대한 물리적 저항성은 약하며, 지혈을 더 안정된 것으로 하기 위해서는 피브린 덩어리(응혈괴)로 이루어진 혈전의 형성이 필요하다. 이 과정은 대단히 복잡한데, 피브린 생성에 의한 혈액의 응고를 이차 지혈이라고 한다. 그 후, 형성된 피브린은 플라스민(척추동물의 혈장 가운데 존재하는 단백질 가수 분해 효소의 하나)에 의해 분해(섬유소 용해)됨으로써 과도한 응혈을 저지하고 균형을 유지한다.

혈액 검사

혈액 검사로 동물의 전반적인 건강 상태를 파악할 수 있다. 혈액은 혈관 안을 도는 액체 조직으로, 생존에 필요한 물질을 몸의 모든 세포로 운반하고 대사에 의해 생긴 노폐물을 받아들여 배출 기관으로 운반하는 역할을 맡고 있다. 그러므로 혈액 검사로 얻어진 정보는, 어떤 특정 시점의 조혈 시스템이나 각 장기의 상태를 반영한다. 동물의 혈액을 채취할 때는 동물의 종류, 채혈량 등에 따라 채혈 부위가 다르다. 개나 고양이는 요측피정맥(앞다리의 피부 정맥 가운데 하나), 외측 복재 정맥(뒷다리 바깥쪽 피부밑 조직에 있는 얕은 정맥), 넙다리 정맥, 경정맥이 이용된다.
혈액 검사는 전신적인 건강 상태를 알기 위한 스크리닝, 진단의 보조적 방법, 또는 감염에 대한 아픈 동물의 저항 능력을 조사하고, 질환의 진행 상태를 평가하는 등 몇 가지 이유로 실시한다. 예를 들어 병든 동물, 마취 전의 평가, 노령 동물의 건강 진단이나 이전에 적혈구계, 백혈구계, 혈소판 이상이 인정된 동물의 검진을 위한 검사로 권장된다. 병든 동물 중에서는 식욕 부진, 기력 상실 등의 비특이적 병력을 가진 동물에게 실시한다. 마취 전 평가에서는 마취 전에 적혈구, 백혈구, 혈소판 이상, 그리고 간, 신장 등의 마취제 대사에 관련된 장기의 상태를 파악하기 위해 실시한다. 혈액 검사, 혈액 화학 검사는 비교적 저렴한

혈액 검사의 채혈 부위

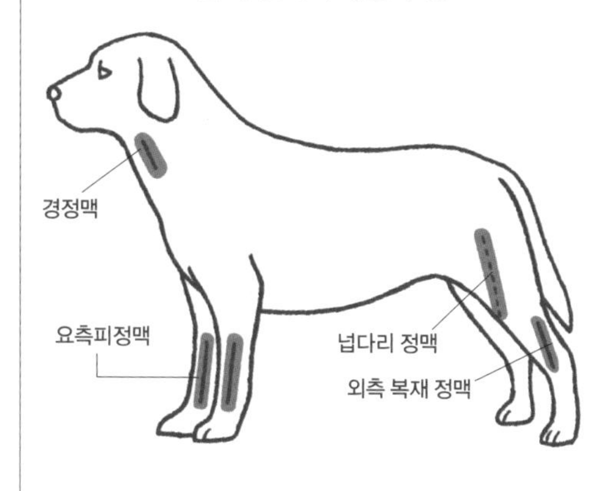

비용으로 풍부한 정보를 얻을 수 있는 탁월한 스크리닝 검사다. 나이와 관계없이 외과 수술을 받는 모든 동물에 대해 마취 전에 이들 검사를 하는 것이 권장된다. 노령 동물은 건강하든 병이 있든, 이들 검사를 정기적으로 받는 것이 좋으며 7세 이상의 개와 고양이는 연 1회 스크리닝 검사가 권장된다. 검사 결과에서 보통은 인식되지 않은 잠재적인 병의 중요한 단서를 얻을 수 있는 것 이외에도 기초 데이터를 확립하고 영양 관리나 백신 접종 때에도 유용하다.
나이가 들면 다양한 병(면역 매개 질환, 내분비 질환, 신장 질환, 간 질환, 종양 질환 등)의 발생과 관련되어 있으며, 혈액 검사에 더해 혈액 화학 검사나 소변 검사를 통해 처음으로 인식되는 경우도 있다. 이전에 적혈구계, 백혈구계, 혈소판 이상이 인정된 동물의 검진에서는 질환 상태부터 회복을 추적하여 치료제의 효과를 평가하기 위해 연속해서 혈액의 모양을 검사할 필요가 있다. 혈액 검사 항목은 주로 적혈구 수, 각종 백혈구 수(호중구, 호산구, 호염기구, 단핵구, 림프구), 혈소판 수, 헤마토크릿값(혈구 용적), 헤모글로빈 양 등이 있으며 각각 높은 값과 낮은 값을 나타내는 상황과 질환이 있다.

혈액 검사값에서 이상을 발생시키는 상황과 질환

검사 항목	높은 값을 발생시키는 상황과 질환	낮은 값을 발생시키는 상황과 질환
적혈구 수, 헤모글로빈 양	상대적 적혈구 증가증(탈수)	빈혈(재생성, 비재생성)
헤마토크릿값(혈구 용적)	절대적 적혈구 증가증(심장병, 호흡기병, 신장 종양)	
호중구 수	염증 질환, 세균 감염, 흥분, 스트레스, 스테로이드제 투여	바이러스 감염, 패혈증, 골수 억제
림프구 수	만성 염증, 바이러스 혈증, 면역 질환, 림프구 백혈병	스트레스, 스테로이드제 투여, 림프관 확장
단핵구 수	염증 질환, 스트레스 질환, 용혈 질환	
호산구 수	알레르기 질환, 기생충 감염	스트레스, 스테로이드제 투여, 쿠싱 증후군
호염기구 수	알레르기 질환, 기생충 감염	
총단백량	탈수, 만성 감염증, 면역 질환	영양 불량, 간 질환, 신장 질환, 출혈, 장염 등

동물의 혈액형과 수혈

사람 혈액형에도 ABO식, Rh식 등의 분류가 있듯이 개나 고양이도 많은 혈액형 분류가 있다. 국제적으로 인정되는 개의 혈액형 분류는 DEA(Dog Erythrocyte Antigen, 개 적혈구 항원)형으로 분류되며 13종류가 있다. 고양이는 A형 항원과 B형 항원의 조합으로 A, B, AB의 세 가지 혈액형이 있다(사람과는 달리 O형은 없다). 가장 많은 것이 A형이며, B형은 고양이 종류에 따라 때때로 보이며 AB형은 대단히 드물다. 사람과 마찬가지로 동물에게서도 수혈의 안전성과 효과라는 관점에서 가장 중요한 것은 당연히 혈액형의 일치다. 개는 첫 수혈은 문제가 없지만 두 번째 이후, 특히 중요해지는 혈액형이 DEA 1.1형이다. DEA 1.1형(+)인 개의 혈액을 DEA 1.1형(-)인 개에게 수혈하면 수혈 반응이 일어나지만, 반대는 문제없이 수혈할 수 있다. 고양이는, 특히 B형 고양이가 갖고 있는 항A형 항체는 대단히 강력하여 처음 수혈할 때도 중증 수혈 반응을 일으키므로 조합에 주의하지 않으면 생명이 위험하다. 이전에 수혈받은 적이 있는 개나 고양이는, 혹시 그것이 며칠 전이라 해도 교차 적합 시험을 해보아 수혈 반응이 없는지 확인해야 한다.

림프샘

림프샘은 면역에 관여하며, 몸을 병원체 같은 외부적으로부터 지키는 관문 같은 조직이다. 그러므로

고양이의 수혈에 적합한 혈액형 조합

수혈에 적합한 혈액형 조합		공혈 고양이의 혈액형		
		A형	B형	AB형
수혈 고양이의 혈액형	A형	○	×	×
	B형	×	○	×
	AB형	△	×	○

B형 고양이가 갖고 있는 항A형 항체는 아주 강력해서 수혈할 때 조합에 주의하지 않으면 생명의 위험이 따른다(△: 긴급 시, AB형 혈액이 없는 경우에 A형 혈액으로 대치 가능).

림프샘은 몸의 곳곳에 있으며 모양은 원형에서 타원형을 나타내고, 크기는 다양하지만 고양이나 중형견 정도라면 대부분 큰 쌀알이나 커다란 콩 정도 크기다. 림프샘에는, 부으면 몸 표면에서 만질 수 있는 체표의 림프샘과 내장 가까이에 있는 심부 림프샘이 있으며, 사람은 전신에 500개 이상 있다고 알려져 있다.
림프샘은 몸에 침입한 병원 미생물이나 흘러온 종양 세포를 림프액에서 걸러서 제거하여 생체 방어에서 중요한 역할을 하는데, 대략적인 구조를 보면 림프샘에는 림프관이 붙어 있고 림프액이 흐른다. 림프액은 혈액이 작은 혈관을 통과할 때 액체 성분이 혈관에서 탈출한 것이며, 일부는 세포의 영양을 위해 쓰이지만 쉽게 림프관으로 들어가서 림프액이 된다. 이때 이물이나 병원 미생물이 존재하면 그것들도 합쳐서 림프관으로 침입한다. 림프관에서 림프샘으로 림프액이 들어가면 청소를 담당하는 탐식 세포가 이물을 먹어 치운다.
탐식 세포는 이물의 정보를 T 림프구에 전달하고 T 림프구를 활성화하는 물질을 분비한다. 활성화한 T 림프구는 면역을 담당하는 다른 세포를 증강하거나 항체를 생성시킨다. 이들 공격력을 증강한 세포나 항체가 병원균으로부터 몸을 지켜 준다. 그리고, 림프샘에서 이물이나 병원 미생물이 제거된 림프액은 다시 림프관을 통해 정맥으로 흘러 들어간다.

림프샘 검사

림프샘은 감염증, 염증, 종양, 자가 면역 질환, 알레르기 등 많은 질환으로 부어오르므로 림프샘이 부을 때는 원인을 알아내기 위해 많은 검사가 필요하다. 〈림프샘이 부은 것을 언제 알았는가?〉, 〈커지는 속도가 빠른가?〉는 중요한 사항이 된다. 커지는 속도가 빠르고 단일한 림프샘만 붓는다면 림프샘 근처 외상이나 피부염이 없는지 살펴보자. 천천히 커지고 전신의 림프샘이 붓는다면 종양을 의심할 수 있다. 급속한지 완만한지의 시간 경과와 관계없이, 부기가 커지고 악화하는 경향이 있는 경우나 발열, 식욕 부진, 체중 감소 등 전신 상태의 불량이 있다면 중대한 문제를 생각할 수 있다. 백신 접종의 여부나 다른 동물과의 접촉도 감염에 의한 림프샘의 부기인지를 파악하는 한 가지 정보가 된다.
림프샘이 부어 있는 것을 알았다면 다른 림프샘도 부어 있는지 만져 본다. 림프샘의 부기가 국소에 한정되어 있고, 림프샘이나 그 주위에 열감, 통증, 피부 발적이나 피부가 상해서 구멍이 나 있거나 고름이 나와 있다면 급성 화농 염증이 의심된다.

림프종이라는 림프구의 암도 림프샘이 급속히 부풀거나 통증을 동반하는 경우가 있는데, 림프종에서는 전신의 림프샘이 붓는 경우가 많으므로 다른 림프샘도 만져 본다. 또한 만졌을 때 딱딱한지 주의한다. 말랑말랑하다면 급성 염증, 약간 딱딱하다면 만성 염증, 탄력이 있는 딱딱함이라면 림프종, 돌처럼 딱딱하고 주위에 달라붙어 있어서 움직이지 않을 때는 암의 전이가 의심된다. 림프샘의 임상 검사로는 다음 세 가지가 있다.

혈액 검사 림프샘이 붓는 원인이 전신적이면 빈혈이 보인다. 특히 백혈병, 암, 악성 림프종이 골수(혈액을 만드는 곳)를 침범하면(골수 침윤) 빈혈은 중증이 된다. 골수 침윤으로 백혈구 감소도 일어나는데, 괴사성 림프샘염에서도 보인다. 백혈구의 증가는 감염증, 백혈병 등에서 보이는데, 전신의 림프샘이 붓고 발열 증상이 있다면 바이러스의 항원, 항체 검사가 필요하다.

영상 진단 심층부 림프샘의 종양은 직접 보거나 만질 수 없으므로 흉부·복부 엑스레이 검사, 복부 초음파 검사, CT 스캔 등의 검사가 필요하다.

생체 검사와 세균 배양 각종 검사에서 림프샘이 붓는 원인이 뚜렷하지 않고 병상이 악화하는 경향을 나타낼 때는 생체 검사를 한다. 림프샘에 바늘을 꽂아 세포를 검사하는 세포 검사와 림프샘을 절제해야 하는 조직 검사가 있다. 생체 검사를 할 때 발열이 있고 염증이 의심된다면 어떤 세포가 관여하고 있는지 알아보기 위해 세균 배양이나 항생제 감수성 검사도 한다.

비장

비장은 혈액이 그곳을 통과할 때 혈액 중의 이물이나 노폐물을 거르는 필터 역할을 한다. 림프 조직을 포함하고 있어서 병원체로부터 몸을 지키는 면역 작용도 있다. 비장은 지방막에 의해 일부가 위장에 붙어 있으며, 전체는 거의 혀 같은 형태로 어두운 자주색을 띤다. 비장은 대량의 혈액을 저장할 수 있는 구조를 이루고 있으므로, 필요에 따라 다양한 크기로 바뀐다. 내부는 필터와 같은 그물눈 구조로 되어 있고, 혈액을 거르거나 림프샘처럼 림프구가 집단을 이루고 있어 면역 작용을 하기 쉽게 되어 있다. 비장의 주요 기능은 다음 네 가지다.

첫째, 혈액 저장. 정상인 비장에는 적혈구나 혈소판이 예비적으로 저장되어 있으며, 운동을 할 때나 출혈할 때, 산소가 부족할 때 등에 이들이 순환하는 혈액 속으로 보내진다. 둘째, 혈액 여과. 림프샘이 림프액을 여과하듯이, 비장 역시 혈액을 여과한다. 혈액 내에 침입한 세균이나 이물 등의 해로운 것은 비장의 그물눈 같은 혈관 속을 통과하는 동안에 탐식 세포에 잡아먹혀서 처리된다. 생체 내에 생긴 노폐물이나 노화한 적혈구나 손상된 적혈구, 백혈구, 혈소판은 비장에서 처리된다. 셋째, 면역. 림프샘과 마찬가지로 림프구를 생성하는 장소가 있으며, 혈액에 침입한 항원에 대한 전신적인 면역에 관여한다. 넷째, 조혈. 태아기의 비장은 적혈구나 백혈구를 생성하는 조혈 장소로서도 역할을 한다. 생후에는 반대로 혈구의 파괴를 담당하는데, 백혈병과 같은 특별한 병일 때는 휴화산이 부활하듯이 다시 조혈 활동을 시작한다.

비장 검사

비장은 배 속에서 위의 뒤쪽에 숨어 있고 비장이 부어도 자각 증상이 거의 없으므로 이상을 알아차리는 것이 늦어지는 경향이 있다. 개와 고양이를 서게 한 상태에서 복부의 전방을 좌우 양쪽에서 가볍게 죄어서 만져 본다. 비장 왼쪽은 위의 뒤쪽에 지방막으로 붙어 있는데, 오른쪽은 자유로운 상태이므로 부어오르면 복벽(배벽) 밑의 오른쪽 아래에서 느껴진다. 만졌을 때 아파하는 일은 거의 없다.

영상 진단 비장의 이상을 파악하려면 영상 진단이 중요한 역할을 한다. 엑스레이 검사로 비장의 위치, 크기를 확인하고, 복부 초음파 검사로 두께, 내부 구조, 혈액 순환 상태를 본다. CT 검사를 하면 더 상세하게 비장 상태를 알아볼 수 있고, 주변 장기와의 관계도 명백해진다.

그 밖의 검사 장기가 이상한 상태가 되어도 보통은 자각 증상이 없으며, 외견상으로도 이상을 알기 힘들기 때문에 전신 증상을 주의 깊게 관찰하는 것이 중요하다. 증상으로는 발열, 식욕 부진, 기력 상실, 체표 림프샘의 부기, 빈혈, 황달, 출혈 경향, 복부 팽만, 복수, 부종 등이 있다. 이들 증상을 뒷받침하려면 각종 혈액 검사와 생화학적 검사가 필요하다.

골수와 혈액 질환

빈혈

빈혈이란 혈액 중의 적혈구 수나 헤모글로빈 농도가 정상치 이하로 감소한 상태를 말한다. 정상인 동물에게서는 골수에서 생성되는 새로운 적혈구 수와 노화로 파괴되어 가는 적혈구 수 사이에는 평형 관계가 유지되고 있는데, 이 균형이 깨지면 빈혈이 생긴다. 빈혈의 원인은 크게 나누어 세 가지로 생각할 수 있다. 첫째, 적혈구 생성이 저하하여 적혈구의 파괴를 따라가지 못하는 경우(비재생성 빈혈). 둘째, 적혈구 생성은 정상이거나 오히려 항진되어 있지만 적혈구의 수명이 현저히 단축되어 있으므로 생성이 따라가지 못하는 경우(용혈 빈혈). 셋째, 체외로 혈액을 잃어버리는 상태(출혈 빈혈). 첫 번째 비재생성 빈혈은 다시 골수의 적혈 모세포 감소에 의한 것, 헤모글로빈 합성 장애에 의한 것, 적혈 모세포 핵의 합성 장애에 의한 것의 세 가지로 분류된다. 두 번째와 세 번째는 재생성 빈혈이라고 한다. 재생성 빈혈과 비재생성 빈혈의 감별은 임상에서 대단히 중요하며, 그물 적혈구라고 불리는 미성숙 적혈구의 수에 따라 감별된다.

적혈구의 가장 큰 역할은 산소 운반이며, 빈혈 상태에서는 각종 장기나 조직에 충분한 산소 공급이 이루어지지 못하게 되어 그 결과, 다양한 장애가 발생한다. 빈혈의 일반적인 증상은 가시 점막의 창백, 운동 불내성, 호흡 촉박, 실신, 우울, 식욕 부진 등이 있다. 고양이는 증상이 잘 나타나지 않아 빈혈이 아주 중증이 되어 기력과 식욕이 없어진 다음에야 알아차리는 일이 많다. 빈혈 진단은 혈액 검사를 통해 적혈구 수, 혈색소(헤모글로빈)량, 헤마토크릿값을 측정함으로써 이루어지며 이 가운데 어떤 값이 정상치를 밑돌면 빈혈로 판단한다. 개와 고양이는 정상치가 다르며, 나이나 성별에 따라서도 다르다.

용혈 빈혈

용혈 빈혈은 적혈구가 정상 수명보다 훨씬 빨리 혈관 안이나 비장, 간, 골수 속 등에서 파괴됨으로써 생기는 빈혈이며, 통상적으로 조혈 능력은 정상이거나 오히려 항진되어 있다. 용혈 빈혈은 적혈구가 파괴되는 장소에 따라 혈관 내 용혈과 혈관 외 용혈로 나뉜다. 혈관 내 용혈은 글자 그대로 혈관 내에서 직접, 보체나 림프구에 의해 적혈구가 파괴되는 데 비해, 혈관 외 용혈은 간이나 비장, 골수 조직 내의 식세포에 잡아먹힘으로써 적혈구가 감소한다. 혈관 내 용혈에서는 혈색소뇨, 발열, 황달을 보는 일이 많다. 용혈 빈혈의 원인에는 다음과 같은 것이 있다.

면역 매개 항체나 보체 등의 면역이 관여하여 적혈구를 파괴하는 것이며, 자가 면역 용혈 빈혈, 약제 유발성 용혈 빈혈, 동종 면역 용혈 빈혈(신생아 용혈, 부적합 수혈) 등이 있다.

개와 고양이의 적혈구 수, 혈색소량, 헤마토크릿값의 정상치

	성견(평균값)	성묘(평균값)
적혈구 수(100만 마이크로미터)	5.5~8.5 (6.8)	5.5~10.0 (7.5)
혈색소량(g/dℓ)	12.0~18.0 (14.9)	8.0~14.0 (12.0)
헤마토크릿값(%)	37.0~55.0 (45.5)	24.0~45.0 (37.0)

감염성 세균이나 바이러스, 리케차, 원충 등의 감염에 의한 것이며, 헤모바르토넬라증(미코플라스마 감염증), 바베시아증, 렙토스피라증 등이 있다.

화학 물질이나 독성 물질 양파, DL-메티오닌, 아세트아미노펜, 메틸렌 블루, 프로필렌글리콜 등에 의한 하인츠 소체 빈혈이나 메트헤모글로빈 혈증 등이 보인다.

기계적 파괴 생리적 작용으로 적혈구가 파괴되는 것으로, 크게 대혈관 장애성 용혈 빈혈과 모세 혈관 장애성 용혈 빈혈로 나뉜다. 전자는 심장사상충증의 대정맥 색전증이나 판막증 등에서 보이며, 후자는 파종 혈관 내 응고 증후군이나 용혈 요독증 증후군 등 혈관에 미세한 혈전이 형성되는 질환이나, 혈관 육종과 파종 암 전이와 같은 비정상적인 혈관괴가 형성되는 병에서 보인다.

선천적 이상 피루브산 키나아제 결핍증, 포스포프룩토키나아제 결핍증, 유전성 유구 적혈구(입과 같은 모양으로 틈새가 난 것처럼 보이는 적혈구) 증가증에 의한 빈혈이다.

기타 유극 적혈구(세포에 가시가 돋친 것처럼 보이는 적혈구)의 증가에 의한 용혈 빈혈이 있다.

● 면역 매개 용혈 빈혈

넓은 의미로는 약제 유발성 용혈 빈혈과 같은 종류의 면역 용혈 빈혈도 포함되지만 일반적으로는 자가 면역 용혈 빈혈이라 불리는 병을 가리킨다. 이 병은 어떤 원인에 의해 자기 적혈구에 대한 항체가 생성되어 혈관 안이나 비장, 간, 골수 내에서 면역학적 메커니즘으로 적혈구가 파괴되는 병이다. 고양이보다 개에게 많이 나타나며, 많이 발병하는 견종으로는 해외에서는 코커스패니얼, 영국세터, 푸들, 올드 잉글리시 시프도그 등이 보고되어 있다. 정확한 보고는 없지만 몰티즈, 시추, 푸들에게서도 많이 발병하며 암컷 개의 발생률은 수컷 개의 2~4배라고 알려져 있다. 고양이는 고양이 백혈병 바이러스 감염과 관련하여 발생하는 일이 많으며 성별이나 품종에 따른 차이는 보이지 않는다.

증상 임상적으로는 빈혈의 일반적 증상에 더해 발열, 혈뇨나 황달, 비장 비대, 간의 부기가 보이는 경우가 있다.

진단 적혈구에 자기 응집(적혈구끼리의 결합 반응)이 인정되거나 적혈구 표면에 항체가 달라붙어 있음을 증명하는 검사(직접 쿰스 시험, 적혈구 형태 변화(구상 적혈구의 출현) 등을 통해 확진이 이루어진다.

치료 면역 억제 요법을 한다. 보통 처음에 부신 겉질 호르몬제를 쓰지만, 반응이 나쁘면 다른 면역 억제제를 함께 쓴다. 치료는 몇 달 동안 계속해야 하는데, 이 기간에 면역력 저하에 의한 감염이나 부신 겉질 호르몬제의 부작용을 조심해야 한다. 재발성이나 난치성인 경우, 비장을 끄집어내기도 한다. 대부분 회복하지만 중증 혈색소 혈증이나 자기 응집이 보이는 경우나 혈소판 감소를 동반하면 예후가 나쁜 경향이 있다.

● 바베시아증

바베시아 원충, 즉 바베시아 카니스나 바베시아 깁소니가 적혈구에 감염하여 용혈 빈혈이 발병하는 질환으로 참진드기가 매개한다.

증상 급성기의 임상 징후는 발열, 황달, 빈혈, 혈소판 감소, 혈색소뇨, 비장 비대 등이다.

진단 혈액 도말 표본을 관찰하여 적혈구에 기생하는 원충을 확인함으로써 진단된다. 바베시아의 유전자를 확인하여 진단하는 방법 등도 개발되어 있다.

치료 바베시아에 감수성이 있는 항생제에 의한 약물 치료가 중심이 된다. 개는 대부분 회복 후에도 무증상 보균견이 된다. 참진드기 감염을 막음으로써 예방한다.

● 헤모바르토넬라증

예전에 헤모바르토넬라라고 불렀던 미코플라스마가 적혈구에 감염하여 일어나는 빈혈 질환이다. 고양이에게서는 고양이 전염성 빈혈이라고도 부른다. 이 병의 매개체는 진드기나 벼룩이라고 여겨졌는데, 어미 고양이에게서 새끼 고양이로 전염되는 것도 확인되었다. 개의 헤모바르토넬라증은 비장을 끄집어내거나 면역 억제를 일으키는 약제를 투여하고 있지 않은 이상, 통상적으로는 발병하지 않는다. 고양이는 고양이 백혈병 바이러스 감염과 관련이 있다고 알려져 있으며, 헤모바르토넬라증에 걸린 고양이의 약 70퍼센트에서 고양이 백혈병 바이러스 감염이 보인다.

증상 기운과 식욕의 저하, 가시 점막의 창백, 그리고 하얀 고양이에게서는 코끝과 귓바퀴의 창백이 보인다.

진단 임상 검사 소견으로는 황달, 적혈구의 자기 응집, 직접 쿰스 시험 양성 등이 보이는 경우가 있으며, 면역 매개 용혈 빈혈과 대단히 비슷하다.

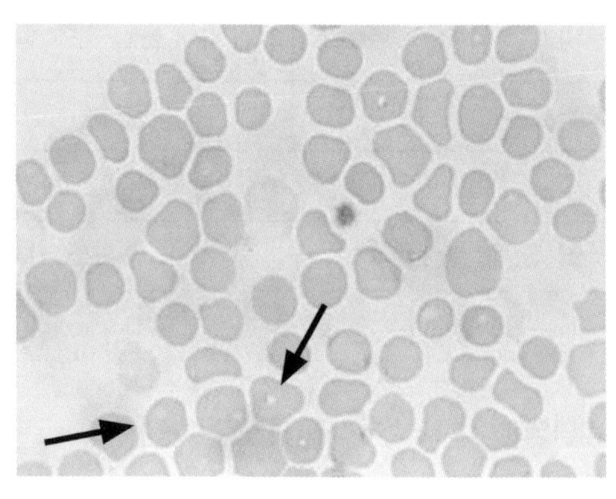

화살표로 표시된 것이 바베시아 원충이 기생한 적혈구.

혈액 도말 표본을 관찰하여 적혈구에 기생하는 병원체를 확인함으로써 확진을 한다.

치료 항생제(테트라사이클린계)를 투여하여 치료하는데, 빈혈이 심하면 부신 겉질 호르몬제를 투여하여 적혈구의 면역학적 파괴를 멈추게 하기도 한다.

● 하인츠 소체 빈혈

헤모글로빈이 산화되어 하인츠 소체라는 물질이 적혈구 안에 형성되어 생기는 빈혈이다. 하인츠 소체는 적혈구 표면에서 돌출된 상태이므로 비장 등의 좁은 혈관 안에 끼어 버리며, 그 결과 적혈구가 파괴된다. 하인츠 소체 형성에 관여하는 물질로는 양파, 마늘, 파, 아세트아미노펜, 메틸렌 블루, DL-메티오닌, 프로필렌글리콜 등이 있다. 양파 때문에 일어나는 경우가 가장 많으므로 양파 중독이라고도 한다. 고양이는 정상인 경우에도 약간의 하인츠 소체가 인정되기도 하며, 이것은 고양이의 헤모글로빈이 산화되기 쉽다는 것과 비장 기능이 약하다는 것에 관련되어 있기 때문으로 보인다.

증상 갑자기 발병하며 혈색소뇨, 발열, 때때로 황달이 보인다.

진단 혈액 도말 표본을 관찰하여 적혈구 표면에 돌출된 하인츠 소체를 확인한다. 개에게서는 적혈구 세포막의 산화로 생기는 〈편심 적혈구〉라는 특수한 형태의 적혈구가 보인다.

치료 원인 물질이 분명하다면 그 물질의 제공이나 투여를 중지한다. 약물 요법은 현재로서는 유효한 것이 없다. 부신 겉질 호르몬은 비장의 작용을 억제하고 면역학적인 적혈구 파괴도 억제할 수 있으므로 대증 요법으로 유효한 때도 있다.

●메트헤모글로빈 혈증

헤모글로빈 내의 철이 산화하여 일어나는 것으로, 원인은 하인츠 소체 빈혈과 같다. 하인츠 소체 빈혈보다 먼저, 또는 동시에 보인다. 산화 헤모글로빈은 산소와 결합하지 못하므로 조직의 저산소증이 일어난다. 심각해지면 가시 점막은 청색증처럼 되며 호흡 곤란이나 운동 실조가 보인다. 혈액은 초콜릿색이 된다. 진단은 메트헤모글로빈의 정량 분석을 통해 진단하며, 치료는 하인츠 소체 빈혈과 같다.

●모세 혈관 장애성 용혈 빈혈

어떤 종류의 기초 질환에 의한 모세 혈관 병변이 원인이 되어 적혈구 일부가 기계적으로 끊어지고 갈라져서 혈관 내 용혈을 일으키는 병이다. 적혈구 파쇄 증후군이라고도 하는데, 일반적으로 적혈구 파쇄 증후군은 대혈관 장애성과 모세 혈관 장애성 둘 다를 포함한 기계적 용혈 빈혈의 총칭으로 취급된다. 용혈의 메커니즘은 모세 혈관 내의 피브린 침착과 혈전의 형성이 일어나고, 이 틈새를 적혈구가 통과할 때 물리적으로 파괴되므로 용혈이 일어난다고 여겨진다. 많은 경우, 혈소판 파괴를 동반하므로 혈소판 감소증도 인정된다. 이런 병태가 일어나는 기초 질환으로는 파종 혈관 내 응고 증후군, 혈관 육종, 비장 혈종, 전이암, 면역 이상에 의한 혈관염(전신 홍반 루푸스, 아밀로이드증, 사구체 신염) 등을 들 수 있다. 용혈 빈혈의 존재, 즉 혈관 내 용혈을 나타내는 소견과 말초 혈관의 파쇄 적혈구의 존재, 모세 혈관 병변을 일으키는 기초 질환의 존재로 진단한다. 파쇄 적혈구의 존재가 진단의 중요한 근거가 되므로 혈액 도말 표본의 관찰이 중요하며 헬멧형, 송이밤형, 삼각형 등 기형 적혈구와 적은 수의 구상 적혈구가 확인되는 것이 특징이며, 기초 질환 치료가 기본이다.

●피루브산 키나아제 결핍증

적혈구의 에너지 대사에 필요한 피루브산 키나아제의 결핍으로 적혈구 수명이 대단히 짧아진 결과 빈혈이 생기는 유전이자 선천 질환이다. 바센지, 비글, 웨스트하일랜드 화이트테리어, 케언테리어 등에서 보고되어 있다. 생후 6개월까지 발병하며 빈혈이나 헤모지데린(철을 함유하는 당단백질) 침착에 의한 간 부전으로 대부분 네 살을 넘기지 못하고 사망한다.

●포스포프룩토키나아제 결핍증

잉글리시 스프링어스패니얼에게 보이는 유전성의 선천 질환으로, 이 효소 결핍증에는 2, 3-DPG라는 효소의 합성 장애가 일어나므로 적혈구 세포 내의 pH가 증가하여 알칼리성으로 기울고, 적혈구 세포가 파괴되기 쉬워져서 빈혈이 일어난다. 과호흡에 의한 호흡성 알칼리증 상태가 되면 혈관 내 용혈이 일어나므로 발작성 헤모글모빈 혈증이나 헤모글로빈요증이 보이는 것이 특징이다.

●유전성 유구 적혈구 증가증

연골 형성 이상을 동반하는 알래스칸맬러뮤트에게 보이는 선천 질환으로, 적혈구막의 이상과 헤모글로빈 합성에 필요한 철의 수송 장애 때문에 적혈구가 커지고, 그 결과 용혈되기 쉬워져서 빈혈을 일으킨다. 형태적으로는 적혈구 가운데의 중심 창백 부위에 힘줄이 들어가 마치 입술처럼 보이는 것이 특징이다.

비재생성 빈혈

비재생성 빈혈이란 적혈구 생산이 소비를 따라가지 못하는 상태이며, 보통은 소비의 항진은 없고 생산의 저하로 빈혈이 생긴다. 이런 타입의 빈혈 발생 메커니즘은 크게 적혈 모세포의 저형성과 적혈 모세포의 성숙 장애라는 두 가지로 나뉜다. 전자는 골수에서 적혈 모세포가 감소함으로써 적혈구 생성이 저하하는 것으로, 재생 불량성 빈혈이나 순수 적혈구 무형성증, 급성 백혈병 등의 골수로(골수 조혈 기능이 저하되는 질환)가 이것에 해당한다. 후자는 적혈 모세포의 감소는 보이지 않지만 적혈 모세포의 핵 성숙 장애나 헤모글로빈의 합성 장애로 인해 성숙 적혈구로 분화·성숙하지 못해 적혈구 생성이 저하되는 것이다. 핵의 성숙 장애에 의한 빈혈은 사람에게서는 비타민 B_{12}나 엽산 결핍에 의한 악성 빈혈이 전형적인 예인데, 개나 고양이에게는 이 병이 거의 보이지 않는다. 고양이에게는 고양이 백혈병 바이러스의 감염으로 이런 빈혈이 일어나는 경우가 있다.

헤모글로빈 합성 장애성 빈혈에는 철 결핍 빈혈이나 철 적혈 모구 빈혈, 만성 염증에 동반하는 빈혈이 있다. 빈혈은 평균 적혈구 용적MCV의 값에 따라 대구성(MCV가 정상보다 높다), 정구성(MCV가 정상 범위), 소구성(MCV가 정상보다 낮다)으로 분류되는데, 적혈 모세포 감소에 의한 것은 정구성, 핵의 성숙 장애에 의한 것은 대구성, 헤모글로빈 합성 장애에 의한 것은 소구성이 되는 경우가 많은 것으로 알려져 있으며, 진단에 이용되고 있다.

● 재생 불량성 빈혈

적혈구, 백혈구(과립구, 단핵구), 혈소판으로 분화하기 전의 세포인 다분화능 조혈 줄기세포에 장애가 일어남으로써 골수와 말초 혈액 속의 적혈구계, 과립구·단핵구계, 혈소판계, 세 계통의 미성숙 세포와 성숙 세포가 감소한 상태를 말한다. 일반적으로 특발성과 속발성으로 분류되며, 속발성인 것에는 약제(클로람페니콜, 페니토인, 벤젠, 항종양제)에 의한 것, 방사선에 의한 것, 감염(파보 바이러스, 고양이 백혈병 바이러스, 에를리히아 카니스)에 의한 것, 호르몬(에스트로겐)에 의한 것 등이 있다. 고양이는 고양이 백혈병 바이러스 감염에 의한 것이 많고, 개는 에스트로겐 중독에 의한, 즉 에스트로겐을 분비하는 정소 종양이나 의인성(수의사의 치료로 생긴 합병증)인 것이 많다. 한편, 특발성 재생 불량 빈혈의 발생에는 면역학적 메커니즘이 연관되어 있는 것으로 여겨진다.

증상 임상 소견은 빈혈에 의한 운동 불내성, 우울, 혈소판 감소에 의한 출혈 경향(반상 출혈), 백혈구 감소에 의한 발열 등이 있다. 말초 혈액에는 정구성 정색소성 비재생성 빈혈, 호중구 감소증, 혈소판 감소증(범혈구 감소증)의 소견이 보인다. 통상적으로는 골수는 현저한 저형성을 나타내며, 지방 조직이 대부분을 차지한다.

진단 사람의 특발성 재생 불량 빈혈 치료에는 안드로겐 요법이나 면역 억제 요법, 골수 이식이 있다. 골수 이식은 수의학 영역에서는 아직 연구 단계이며 임상에 응용할 수 있는 단계는 아니다.

치료 안드로겐(남성 호르몬)이나 단백 동화 스테로이드제의 투여는, 예전에는 첫 번째 선택 치료법이었지만, 현재는 면역 억제 요법이 듣지 않는 때나 가벼운 경우에 사용되고 있다. 면역 억제 요법에 안드로겐 요법을 병용하는 경우도 많은데, 치료 효과가 나타나려면 3~9개월이 걸린다고 한다. 면역 억제 요법으로 항림프구 글로불린이나 시클로스포린, 메틸프레드니솔론 대량 투여 요법 등이 있다. 또한 사이토카인 요법으로 중증이나 경증이면 과립구 콜로니 자극 인자가 투여되어 유효성이 인정되었다.

●순수 적혈구 무형성증

골수에서 적혈 모세포계 세포만이 현저하게 감소함으로써 일어나는 빈혈이다. 거핵구계나 과립구계 세포에는 변화가 보이지 않는 것이 특징이며, 선천성과 후천성으로 나뉜다. 후천성은 다시 급성형과 만성형으로 나뉘며, 각각에 특발성과 속발성이 있다. 사람에게서는 급성형은 바이러스 감염이나 약물과 관련되어 일어나는 것이 많으며, 만성형은 속발성에서는 자가 면역 질환이나 가슴샘종, 림프 증식 질환이 합병하는 일이 많다고 알려져 있다.

증상 고양이에게서는 고양이 백혈병 바이러스 감염을 동반하여 보이는 일이 많은 것으로 알려져 있다. 발생 메커니즘은 다양하지만, 적혈 모세포계 줄기세포나 전구 세포의 장애가 중심이 되는 것으로 보인다. 약물이나 바이러스에 의한 것은 직접적, 간접적(면역학적)으로 적혈 모세포계 전구 세포에 장애를 준다고 여겨지며, 만성형인 것은 체액성 및 세포성 면역 억제 인자에 의한 적혈 모세포 전구 세포의 장애를 추측할 수 있다.

진단 혈액 검사 소견에서는 정구성 정색소성 비재생성 빈혈이 보이고 혈소판 감소나 호중구 감소는 보이지 않는다. 골수 소견으로는 세포는 충분하지만, 적혈 모세포계 세포가 현저하게 감소하고 남아 있는 적혈 모세포는 보통 미성숙한 것이 많다.

치료 속발성이고 림프종이나 가슴샘종 등의 원인 질환이 있다면 그것을 치료한다. 약제 유발이라면 곧바로 그 약제의 투여를 중지한다. 원발성이든 속발성이든 자가 면역학적 메커니즘과의 연관이 밝혀져 있으며, 면역 억제 요법이 중심이다. 치료는 평생 필요한 경우가 많다.

●철 적혈 모구 빈혈(납 중독)

포르피린의 합성 이상으로 발병한다. 헤모글로빈은 헴이라는 색소와 글로빈이라는 단백질로 이루어져 있는데, 헴의 원료인 포르피린의 합성 장애에 의해 적혈 모세포에서 헴의 합성 장애가 일어난다. 그 결과, 헤모글로빈의 합성이 불충분해져 빈혈이 생기는 병이다. 이 경우, 적혈 모세포의 핵 주위에 엉성한 비(非)헴 철 과립이 고리 모양으로 배열된 환형 철 적혈 모구의 출현이 특징적으로 보인다. 성숙 적혈구 내에는 파펜하이머 소체가 보인다(철 혈구). 납 중독에서 보통 보이는 골수 형성 이상 증후군 중의 철 적혈 모구 불응성 빈혈도 이 종류의 빈혈로 분류된다.

●철 결핍 빈혈

만성 실혈(소화관, 비뇨기, 생식기로부터의 만성 출혈)이나 드물기는 하지만 사료에 철이 부족하여 적혈구의 헤모글로빈 합성이 저하하고, 그 때문에 많은 적혈 모세포가 적혈구로 성숙 분화하지 못하고 골수 내에서 파괴되어 일어나는 빈혈이다. 혈액 검사에서 크기가 작은 적혈구나 소형 표적 적혈구(혈액에 표적 세포가 존재하는 병적 상태)가 출현하는 것이 특징이다. 다수의 벼룩이 기생하거나 구충증, 소화관의 악성 종양에 의한 만성 소화관 출혈, 위궤양 등에서도 드물게 보인다. 출혈의 원인을 제거하고 철분제를 투약하여 치료한다. 빈혈 치료에서 철분제가 필요한 것은 이런 타입의 빈혈뿐이며, 다른 빈혈에서 철분제는 금한다.

●이차 빈혈

어떤 기초 질환이 있어서 생기는 빈혈로, 증후성 빈혈이라고도 한다. 기초 질환으로는 만성 염증, 만성 감염증, 악성 종양, 아교질병, 내분비 질환, 신부전, 간 부전 등을 들 수 있다. 빈혈 발병의 메커니즘은 단일하지 않으며, 철 대사 장애, 용혈, 출혈, 조혈 장애 등이 겹쳐 있다고 한다.

만성 염증을 동반하는 빈혈 만성 감염증에 동반하는 빈혈이나 악성 종양에 동반하는 빈혈, 아교질병에 동반하는 빈혈의 발병 메커니즘은 똑같다.
빈혈은 몇 주에서 몇 달에 걸쳐서 진행되는데, 고양이에게서 일어나는 빈혈은 염증이 생긴 뒤 2주 이내에 발생한다고 알려져 있다. 이런 빈혈의 메커니즘은 복잡하여 완전히 밝혀져 있지는 않지만, 저장 철(헤모지데린과 페리틴)에서 적혈구의 원천인 적혈 모세포로 철분의 이동이 잘 이루어지지 않는 것, 그리고 철의 수송을 담당하는 트랜스페린 감소가 주된 원인으로 여겨진다. 결과적으로는 철 결핍과 같은 종류의 빈혈이 일어난다. 고양이 백혈병 바이러스나 고양이 면역 결핍 바이러스에 감염된 고양이에게 가장 일반적으로 보이는 빈혈이다. 고양이 전염성 복막염을 동반하여 발생하는 빈혈도 이 종류에 들어간다. 치료는 필요 없는 경우가 많으며, 원인 질환을 치료하면 자연히 회복된다.

신장 질환을 동반하는 빈혈 만성 신부전에 합병하는 것으로, 중간 정도의 빈혈이 된다. 빈혈의 원인은 복잡하지만 가장 중요한 것은 신장에서 만들어지는 조혈 호르몬인 에리트로포이에틴의 감소로 여겨진다. 치료에는 유전자 변형 사람 에리트로포이에틴을 투여하면 효과가 있지만 장기간 투여하면 약에 대한 면역이 생겨 효과가 없어지기도 한다.

간 질환을 동반하는 빈혈 만성 간 질환에서는 종종 빈혈이 보인다. 원인으로는 혈액의 희석, 소화관 출혈, 영양 장애, 비장 기능 항진, 용혈 항진 등을 들 수 있다. 지질 대사 장애로 표적 적혈구나 유극 적혈구 등 비정상적인 형태의 적혈구가 보이는 경우가 있으며, 특히 유극 적혈구는 용혈의 원인이 된다.

내분비 질환을 동반하는 빈혈 개의 갑상샘 기능 저하증에서는, 가벼운 빈혈이 빈번히 인정된다. 이것은 산소 소비량의 저하에 동반된 에리트로포이에틴의 감소에 의한 것으로 보인다. 부신 겉질 기능 저하증에서는 가벼운 정도의 빈혈이 많은 예에서 확인되는데, 탈수도 일으키기 때문에 겉보기에는 빈혈이 명백하지 않은 예도 있다.

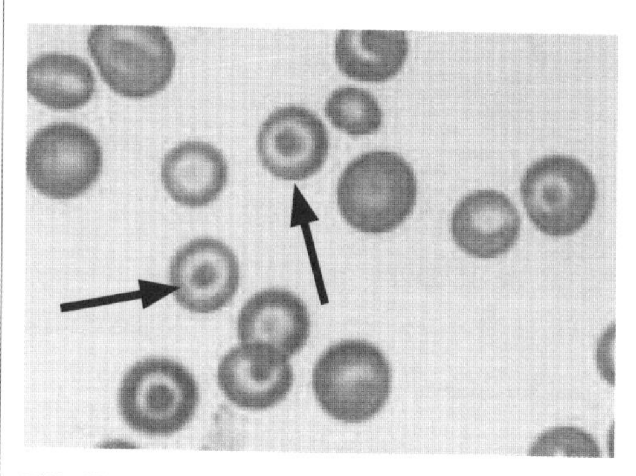
정상 적혈구는 가운데가 오목하게 패여 있고 연한 색깔인데, 표적 적혈구는 반대로 중심부가 두텁고 중간대가 연하다.

악성 종양을 동반하는 빈혈 만성 염증을 동반하는 빈혈과 더불어 출혈, 골수 침윤에 의한 골수 부전, 영양 장애, 전신 전이에 동반하는 용혈 등 다양한 원인의 빈혈이 병발할 가능성이 있다.

적혈구 증가증

순환하는 혈액 속의 적혈구 수가 어떤 원인으로 정상보다 증가한 상태를 적혈구 증가증이라고 한다. 적혈구가 너무 증가하면 혈액이 진해져서 점도가 증가하고, 따라서 혈액의 응고성이 높아진다. 그리고, 모세 혈관에서 혈액 순환 장애가 발생하여 다양한 장기의 장애를 일으키기 쉬워진다. 개나 고양이의 적혈구 증가증 증상으로 많은 것은 경련이나 기립 곤란 등의 뇌신경 병증인데, 출혈이나 점막의 홍조(잇몸이 새빨갛게 됨) 등도 있다. 사람은 핏덩이가 생기기 쉬워져서 심근 경색이나 뇌경색의 원인이 되는데, 개나 고양이는 그런 경우가 인정되지 않았다. 그러나 현대의 생활 형태를 생각하면 언젠가 그런 병의 원인이 될 수 있을지도 모른다. 적혈구 증가증에는 설사나 구토, 발열 등으로 혈액 중의 수분량(혈장량)이 감소하여 일어나는 상대적 적혈구 증가증이 있으며, 탈수증이 이것에 해당한다. 혈액 중 적혈구 양이 실제로 증가해 있는 절대적 적혈구 증가증도 있다. 절대적 적혈구 증가증은 다시 진성 적혈구 증가증과 이차 적혈구 증가증으로 나뉜다.

● 진성 적혈구 증가증

진성 적혈구 증가증이란 골수 안의 조혈 줄기세포라는 적혈구를 만드는 세포가 몸의 균형을 생각하지 않고 멋대로(자율적으로) 증식을 일으킨 결과 적혈구 생성량이 증가하여 순환 혈액 중의 적혈구 수가 증가해 버리는 병이다. 즉 진성 적혈구 증가증은 만성적인 골수의 병(만성 골수 증식 질환)이라고 말할 수 있다.

증상 적혈구 증가증 증상에서 보이는 뇌신경 증상(경련, 의식 장애 등)이 주를 이루지만, 결코 저산소증(산소 결핍)은 아니다. 혈액 검사에서는 적혈구 수, 헤모글로빈 농도, 헤마토크릿값 등 모든 적혈구계 항목의 상승이 인정된다. 사람은 백혈구 수와 혈소판 수가 증가하기도 하지만 개나 고양이는 명확하지 않다.

진단 신체검사에서는 증상 이외에 비장 비대가 있다. 혈액 검사로는 적혈구 증가증이 보이는데, 확진을 하려면 〈상대적 적혈구 증가증이 아니며 이차 적혈구 증가증도 아님〉을 증명할 필요가 있다. 그러기 위해 다양한 추가 검사가 필요하다. 상대적 적혈구 증가증으로서의 탈수가 아니라는 것을 증명하려면 혈청 총단백 농도가 정상인지 확인한다. 이어서 이차 적혈구 증가증의 원인을 찾기 위해 여러 검사를 하게 된다. 이때, 저산소증을 증명하려면 동맥혈 속의 산소 포화도를 조사하는데, 실시간으로 측정하기 어려우므로 혈액 검사에서 2, 3-DPG라는 값을 조사함으로써 대신할 수도 있다.

치료 피를 뽑아서 버리면 증상의 빠른 개선을 기대할 수 있다. 항암제를 투여하여 골수에서의 적혈구 생성을 억제한다. 이들을 조합하여 적혈구 수를 조절할 필요가 있다. 치료 중에는 혈액 검사로 적혈구 수를 감시한다. 그 기간에 피를 뽑는 치료를 여러 번 하는 경우도 적지 않다.

● 이차 적혈구 증가증

어떤 원천이 되는 병에 의해 순환 혈액 속의 적혈구 수가 절대적으로 증가하는 병을 통틀어서 이차 적혈구 증가증이라고 한다.

증상 신장에서 생성되는 에리트로포이에틴이라는 적혈구를 만들라고 명령하는 호르몬의 증가가 원인인데, 이 호르몬의 작용으로 골수에서 적혈구가 생성되므로 골수는 정상적으로 기능하고 있다. 이 점이 진성 적혈구 증가증과 커다란 차이이다.

진단 혈중 에리트로포이에틴 농도가 상승해 있음을 검사로 증명하면 되는데, 확진을 하려면 원인 질환을 파악할 필요가 있다. 동맥혈 중의 산소 포화도가 낮으면 저산소증이라고 판단한다. 저산소증인 경우, 만성적 산소 부족을 해소하기 위해 산소를 운반하는 적혈구 수를 늘리려고 에리트로포이에틴이 많이 방출된다. 순환기계(선천 심장병)나 호흡기계 질환이 이것에 해당한다. 에리트로포이에틴의 과다 생성이 원인일 경우(에리트로포이에틴을 생성하는 신장의 종양이 대표적)에는 다른 종양의 이소성 분비(호르몬을 만들 리가 없는데 멋대로 분비하는 것)도 생각할 수 있다. 신장의 오작동에 의한 생성 증가인 경우, 산소 농도를 체크하는 세뇨관 세포의 이상이 원인이며, 물콩팥증이나 낭콩팥 등 신장이 커져 버리는 병이 해당한다.

치료 저산소증이 원인인 병이라면 그 증상을 개선하고, 에리트로포이에틴 생성 종양이 원인이라면 종양을 끄집어낸다. 신장병이 원인이면 병에 따른 치료가 필요하다. 신장 종양에서는 적출에 성공하면 적혈구 증가증이 개선되는

개와 고양이의 적혈구 수, 혈색소량, 헤마토크릿값의 정상치

	성견(평균값)	성묘(평균값)
적혈구 수(100만 마이크로미터)	5.5~8.5 (6.8)	5.5~10.0 (7.5)
혈색소량(g/dℓ)	12.0~18.0 (14.9)	8.0~14.0 (12.0)
헤마토크릿값(%)	37.0~55.0 (45.5)	24.0~45.0 (37.0)

경우가 많다. 그러나 원인 질환에 따라서는 적혈구 증가증을 병발함으로써 종종 병이 악화하기도 하므로 주의가 필요하다.

백혈구 증가증

백혈구는 골수에서 만들어지고 저장되어 골수 밖으로 이행하는데, 그 백혈구 중에는 혈관 가장자리에 달라붙어서 잘 흘러다니지 않는 것(주변 풀)과 혈류 가운데를 이동하는 것(순환 풀)이 있다. 백혈구 수의 측정값은 순환 풀의 값이며, 측정되지 않은 주변 풀에는 순환 풀의 1~3배 정도의 백혈구가 존재한다. 백혈구 수의 정상치는 개는 6천~1만 8천 마이크로미터, 고양이는 5천5백~1만 9천5백 마이크로미터다. 정상 범위 안에서도 개체차가 있으며, 보통 6천 마이크로미터인 동물이 1만 2천 마이크로미터로 증가하면 이상으로 본다. 따라서 장기적인 변화를 점검하거나 건강 진단 등을 하여 개체의 정상치를 알아 두는 것도 중요하다. 또한, 증가의 정도에 따라 중등도(3만 마이크로미터 미만), 고도(3만~5만 마이크로미터), 격증(5만 마이크로미터 이상)으로 나뉘며, 병의 정도나 종류를 추측하는 단서가 된다. 백혈구 증가의 메커니즘은 골수에서의 생성량 증가와 체내에서의 분포 변화로 크게 나뉜다. 전자의 대표적인 것으로 백혈병이 있으며, 골수 안에서의 백혈병 세포의 이상 증식으로 백혈구가 증가한다. 후자의 대표적인 것으로는 스트레스가 원인이 되어 백혈구가 주변 풀에서 순환 풀로 이동함으로써 일어나는 증가가 있다. 예를 들어 이 수치는, 진찰이나 채혈 시의 흥분만으로도 변동한다. 그러나 일상에서 자주 보이는 감염에 의한 백혈구 증가증은 대부분 두 가지 모두가 원인이 되어 일어난다. 백혈구계의 세포는 호중구, 호산구, 호염기구, 단핵구, 림프구로 분류되며 각각 특징적인 기능이 있고, 그 증감과 형태 변화는 진단과 치료에 중요한 지표가 된다.

●호중구 증가증

호중구는 백혈구 중에 가장 많으며, 이물(특히 세균 등)의 병원체를 처리함으로써 생체의 방어에 중요한 역할을 하고 있다. 증가 원인은 크게 생리적인 것과 병적인 것으로 나뉜다.

●호산구 증가증

호산구도 골수에서 생성되어 기생충 감염이나 알레르기와 관련하여 증가하는 일이 많은 세포다. 그 밖에도 호산구 증가 증후군이나 종양, 피부 질환 등에서 증가가 보이는데, 명확한 메커니즘은 분명하지 않다.

●림프구 증가증

림프구는 면역에서 가장 중요한 역할을 하는 혈액 세포다. 혈관, 림프관 안을 순환하는 데 더해 림프샘, 비장, 가슴샘, 점막, 골수에도 많이 존재한다. 원인으로는 생리적(고양이의 흥분), 만성 염증, 림프구계 종양(백혈병이나 림프종 등), 고양이

호중구 증가의 원인

생리적 증가	격렬한 운동(생리적 스트레스)
	흥분, 공포(정신적 스트레스)
	식후(개)
	임신(개)
병적 증가	감염증(세균, 진균 등)
	중독(약물, 대사 질환 등)
	조직 손상(열상, 수술 등)
	급성 출혈, 급성 용혈
	종양(백혈병, 종양의 골수 전이 등)
	스테로이드제 투여
	기타

백혈병 바이러스 감염 등이 있다. 화농이나 열상, 출혈 등 원인이 명확한 예도 있지만 원인 규명이 쉽지 않다면 혈액이나 소변의 배양 검사, 혈청 검사, 골수 검사, 엑스레이 검사, 초음파 검사 등을 상세히 해야 하며 반복적인 혈액 검사가 필요한 때도 있다. 세균 감염에는 항생제, 종양에는 항암제, 자가 면역 질환에는 면역 억제 요법 등 원인에 따라 치료법이 완전히 달라지므로 정확한 진단이 중요하다.

백혈구 감소증

백혈구 감소증(개 5천 마이크로미터 미만, 고양이 5천5백 마이크로미터 미만)은 백혈구 증가증과 마찬가지로 커다란 문제며, 경우에 따라서는 백혈구 증가증보다도 심각하다. 건강한 동물은 호중구가 백혈구 중에 가장 많은 세포이므로 백혈구 감소증은 통상적으로 호중구 감소증과 같은 것으로 취급된다. 호중구 감소증은 단독으로 일어나기도 하고 모든 종류의 백혈구 감소의 일부로 일어나기도 한다. 다른 백혈구 성분의 감소는 백혈구 수 전체의 감소로는 이어지지 않지만, 각각 특이 진단과 연관되는 경우도 있으며, 그것들을 검사하는 것은 중요하다.

●호중구 감소증

호중구 수가 개는 3천 마이크로미터 미만, 고양이는 2천5백 마이크로미터 미만인 것을 호중구 감소증이라고 한다. 호중구의 역할은 세균에 대한 방어다. 호중구 감소증의 정도와 세균 감염증의 발병 사이에는 양과 상관관계가 있으며, 1천 마이크로미터 이상에서는 자연 감염의 위험성은 낮지만 500마이크로미터 이하에서는 감염 위험성이 높아진다. 그러나 호중구가 증가하는 경우와 달리, 감소의 정도에서 그것의 원인을 추정하기는 힘들다. 호중구 감소의 메커니즘은 크게 골수에서의 생성 저하, 호중구의 소비가 생성보다 너무 많음, 분포의 이상 등 세 가지로 나뉜다.

●호산구 감소증

원인은 주로 글루코코르티코이드(스테로이드)의 과다 또는 그것의 투약이다. 간단히 말하자면 스트레스나 부신 겉질 기능 항진증 등의 내인성인 것과 스테로이드제 투여 등 외인성인 것이 있다.

●림프구 감소증

호산구 감소증과 마찬가지로 글루코코르티코이드 과다가 원인이 되어 발생하는데, 개홍역 바이러스나 고양이 백혈병 바이러스, 고양이 면역 결핍 바이러스 등의 감염에 의해서도 일어난다. 특히 고양이 면역 결핍 바이러스 감염증 말기에는 림프구가 현저하게 감소하여 면역 결핍 상태(후천성 면역 결핍증)가 된다. 백신 접종 이력, 약제 투여 이력, 사육 환경, 과거 병력 등은 중요한 정보다. 원인으로는 세균 감염이나 바이러스 감염이 많으므로 바이러스 검사, 세균 배양 검사, 감염 부위 검색, 항생제에 대한 반응성 등을 먼저 검토한다. 혈액 속의 비정상적 세포가 보이거나 원인을 알 수 없는 호중구 감소가 계속되면 골수 검사를 한다. 면역 검사를 하기도 한다. 호중구 증가증과 마찬가지로 각각의 원인에 대해 치료한다. 호중구 감소가 중간 정도인 경우, 이차 감염에 대한 엄중한 주의가 필요하다. 상세한 검사를 해도 원인을 특정할 수 없는 예도 있으며, 증상이나 다른 혈구 감소 없이 호중구 감소만 있다면 치료하지 않고 주의 깊게 경과 진찰을 하기도 한다.

혈소판과 응고계 질환

정상적인 지혈 메커니즘이 무너져서 출혈 경향을 일으키는 병태를 폭넓게 지혈 이상이라고 한다. 출혈 경향이란 혈소판, 응고, 섬유소원 용해 인자, 혈관계 중 어떤 것이 선천적 또는 후천적으로 이상이 보이며, 출혈하기 쉬운 병태나 혈전을 일으키기 쉬운 병태를 말한다. 개와 고양이에게 보이는 지혈 이상은 대부분 혈소판 감소증이나 여러 종류의 원인에 의한 응고 이상증이다.

●혈소판 감소증

원인으로는 염증, 종양, 바이러스 등의 감염증, 면역 매개 등이 있다. 발병 메커니즘으로는 혈소판 파괴 항진, 과도한 혈액 응고 반응 등에 의한 혈소판의 소비 항진, 골수에서의 생성 이상, 체내에서의 분포 이상(주로 비장 풀의 증가)에 의한 것을 생각할 수 있다. 혈소판 파괴의 항진은 면역학적 메커니즘에 의해 일어나는 면역 매개 혈소판 감소증 등이 많으며 개에게 종종 인정된다. 미국에서는 코커스패니얼, 푸들 등의 견종에서 자주 보이는 질환인데, 일본에서는 몰티즈나 시추 등에게 많이 보이는 경향이 있다. 고양이에게는 대단히 드물다. 혈소판 감소증은 원발성인 것과 속발성으로 발병하는 것이 있으며, 원발성인 것은 자기 항체 생성의 메커니즘은 밝혀져 있지 않지만 예방 접종이나 감염이 원인의 하나라고 본다. 속발성인 것은 전신 자가 면역 질환(SLE, 류머티즘), 종양(특히 림프계 종양), 감염증 등에 속발한다. 과도한 혈액 응고 반응에 의한 혈소판 소비의 항진에 관해서는 파종 혈관 내 응고가 가장 중요한데, 여기에 대해서는 나중에 설명한다. 골수에서의 생성 이상은 에스트로겐 과다나 바이러스 감염증(고양이 면역 결핍 바이러스, 파보바이러스 감염증) 등 원인이 확실한 것을 제외하면, 골수에서의 생성 불량(재생 불량 빈혈, 골수 형성 이상 증후군, 종양의 골수 내 침윤에 의한 조혈 조직의 치환, 골수 괴사 및 골수 섬유증 등) 때문이다. 체내에서의 분포 이상(주로 비장 풀의 증가)에 의한 혈소판 감소증은 대단히 드물고 발병하더라도 일반적으로 가벼우며, 이것 때문에 출혈하지는 않는다.

증상 혈소판 감소증에서는 일차 지혈의 이상으로

호중구 감소 메커니즘과 주요 원인

기전	원인	
생성 저하	감염성 요인	바이러스 감염(파보바이러스, 고양이 백혈병 바이러스, 고양이 면역 결핍 바이러스) 리케차 감염(에를리히아 카니스)
	약물(에스트로겐, 항진균제, 항암제 등)	
	무효 조혈, 분화 성숙 이상(종양 상태, 재생 불량 빈혈, 골수 섬유증)	
	종양성 병변(급성 백혈병, 암의 골수 전이)	
소비 항진	중증 세균 감염(패혈증, 복막염, 폐렴 등)	
분포 이상	특이 체질(이 개체에서는 정상), 엔도톡신 혈증	
	아나필락시스	

체표의 자색반이나 점상 출혈, 소화관 등으로부터의 지속적 출혈이 보인다.

진단 혈소판 표면의 면역 글로불린 검사를 하여 진단할 수 있지만 특이성이 부족하다는 문제점이 있으므로 각종 혈액 검사를 하여, 그 밖에 혈소판 감소증을 초래하는 병을 제외해 갈 필요가 있다.

치료 일반적으로 부신 겉질 호르몬제를 중심으로 하는 면역 억제 요법이 주체가 된다. 난치성 또는 재발을 반복하는 때에는 다나졸, 아자티오프린, 빈크리스틴, 시클로스포린 등을 이용한 면역 억제 요법이 시행되고 있다. 개는 대부분 예후가 양호하지만 치료에는 시간이 오래 걸린다.

●혈소판 증가증

혈소판 증가증은 원발성(본태성 혈소판 혈증, 그 밖의 골수 증식성 질환)으로 발병하는 것과 속발성(염증 질환, 악성 질환, 철 결핍증, 용혈 빈혈)으로 발병하는 것이 있으며, 둘 다 기초 질환의 치료가 중요하다.

●혈우병

선천 출혈성 소인으로 대표적인 병이며, 제 VIII 인자 결핍증(이상증)인 혈우병 A형과 제 IX 인자 결핍증(이상증)인 혈우병 B형의 두 종류가 있다. 혈우병 A형은 반성 열성 유전을 취하며 혈종과 출혈이 주된 증상이며, 개나 고양이에게는 종류를 가리지 않고 발병이 인정된다. 혈우병 B형도 반성 열성 유전을 취하며 코 출혈, 피부밑·관절 내 출혈이 주된 증상이며, 일반적으로 소형견에게서는 경도, 대형견에게서는 중도로 알려져 있다. 고양이는 브리티시 쇼트헤어에서 발병이 인정되었다. 활성화 부분 트롬보플라스틴 시간과 프로트롬빈 시간 중[3] 어느 하나 또는 둘 다의 연장이 인정된 예에 관해서, 혈청이나 흡착 혈장을 가미한 보정 시험을 하여 인자 결핍을 판단하며, 그 후 확인을 위해 각 인자의 활성을 측정하는 것이 일반적이다. 응고 인자 결핍으로 생기는 응혈 시간의 지연은 정상 혈장을 첨가(10분의 1 정도의 양을 첨가)하면 정상화하는 것이 특징이다.

3 트롬보플라스틴 시간은 칼슘과 인지질 시약을 첨가한 후 피브린 덩이를 형성하기 위하여 혈장에서 필요한 시간. 내재 응고 체계를 평가하는 데 사용된다. 프로트롬빈 시간은 혈액에 칼슘을 집어넣는 경우에 프로트롬빈이 트롬빈으로 변하는 데 걸리는 시간. 이는 혈액 응고 외인성 경로의 이상을 알아볼 수 있는 검사로 활용된다.

혈우병 A형과 혈우병 B형을 감별하려면 정상견의 혈청을 첨가한다. 정상견의 혈청에는 제VIII 인자는 함유되어 있지 않지만 제IX 인자는 함유되어 있으므로 혈청을 첨가하여 트롬보플라스틴 시간이 정상화되지 않으면 혈우병 A형이다. 이들 유전자는 모두 성염색체(X염색체)상에 위치하므로, 수컷에게 발병하며, 암컷은 거의 발병하지 않는다. 이들 응고 인자 결핍증을 치료하려면 신선 동결 혈장의 수혈 등이 필요하다. 혈우병 A형과 같은 특정 응고 인자의 결핍에는 동결 침전 제제(크리오프레시피테이트)와 같은 농축 혈장을 투여하면 효과가 있다.

●폰빌레브란트병

혈소판의 점착을 돕고 혈액 중 제VIII 인자의 수송을 담당하는 폰빌레브란트 인자의 이상으로 발병하며, 사람이나 개(도베르만이나 독일셰퍼드 등의 견종에서 병에 걸리는 비율이 높다)에게서 유전병 인자가 높은 것으로 알려진 출혈성 질환이다. 점막 등의 표재성 출혈 경향을 특징으로 하며, 상염색체성 열성 또는 우성의 유전 양식을 취한다. 일반적으로 출혈 경향은 가벼우므로 응고 검사에서는 출혈 시간만으로 이상을 인정할 수도 있다. 개에게는 특이적인 검출법이 없으며, 확진은 어렵다. 혈우병과 마찬가지로 신선 동결 혈장의 수혈 등으로 치료한다.

●파종 혈관 내 응고

파종 혈관 내 응고는 어떤 원인(백혈병, 악성 고형 종양, 각종 감염증, 외상, 쇼크, 용혈, 임신과 분만 질환 등의 기초 질환)으로 전신의 모세 혈관 내에 광범위하게 피브린에 의한 아주 작은 혈전이 생기는 증후군이며, 혈소판이나 응고 인자의 과도한 소비, 섬유소원 용해 메커니즘의 활성화를 동반하여 심각한 출혈 경향이 확인된다(선용 우위). 심지어 전신성 혈전 형성에 의한 장기 부전에 빠지기도 한다(응고 우위). 파종 혈관 내 응고 발생에는 다양한 기초 질환이 원인인 다른 메커니즘이 있으며, 중증도에 따라 검사 소견이 다르다. 긴급 질환인 경우가 많으므로 더욱 간략화된 진단 기준, 예를 들면 기초 질환의 존재와 혈소판 수, 피브린·피브리노겐 분해 산물값으로 진단하는 것도 고안되어 있다. 기초 질환의 치료지만, 원인 제거가 불가능한 경우도 많으며, 이런 경우에는 파종 혈관 내 응고 진행을 막는 치료가 필요하다. 이것에는 항혈전 요법(일반적으로 헤파린이 사용된다)이나 보충 요법(응고 인자나 혈소판 생성에 문제가 있는 경우), 그리고 선용 우위에 대해서는 단백 분해 효소 저해제가 이용되는데 개는 응고 우위가 많은 것으로 알려져 있으며 항혈전 요법을 우선하는 경우가 많다.

●와파린 중독

와파린(쥐약 성분)으로 대표되는 쿠마린 계열 약제는 비타민 K와 대항하여 간에서 비타민 K 의존성 응고 인자(제 II, VII, IX, X 인자)의 생성을 저해한다. 잘못해서 쥐약을 먹은 동물에게 발병하는데, 보통은 각종 응고 인자의 반감기의 영향으로 섭취 후 사흘째 정도부터 증상이 나타난다. 증상은 각 부위에서 출혈이 일어나는 것이며, 출혈 부위에 따라 치명적인 경우도 있다. 특징적인 검사 소견으로는 프로트롬빈 시간의 연장과 그 후 느리게 활성화 부분 트롬보플라스틴 시간의 연장이 인정된다. 치료로는 비타민 K를 투여하거나 응고 인자의 보충 요법을 시행한다.

골수 섬유증

만성 골수 증식성 질환은 골수 조혈 줄기세포 또는 골수혈구 전구 세포의 종양 질환이다. 여기에는 만성 골수 백혈병이나 본태성 혈소판 혈증, 진성 혈구 증가증 등이 있으며 그중에서도 골수 섬유증은 전신의 골수 조직의 섬유화, 간이나 비장에서의 골수 외 조혈(척추동물에게 골수 이외의 기관에서 혈구가 생성되는 일), 미성숙 혈구가 말초 혈액에 출현하는 것을 특징으로 한다. 이 병은 조혈 줄기세포의 이상이 원인이 되며, 이차적으로 골수의 섬유화가 일어나는 것으로 알려져 있다. 드라이 탭(골수 검사에서 세포 성분이 채취되지 않음)이 많으므로, 진단에는 코어 생체 검사가 필요하다. 유효한 치료법은 없으며 무증상이라면 치료하지 않고 장기 관찰하는 경우도 있지만 증상이 나타난다면 원인 질환을 치료하거나 수혈과 면역 억제제 투여도 고려한다.

림프샘 질환

림프샘은 항원을 여과하는 곳이므로 그런 항원의 자극으로 국소적, 전신적으로 림프샘이 붓는다. 반응성 변화는 림프샘의 양성 부기를 의미한다. 이것은 자극에 반응하여 림프샘 내부에서 림프구가 늘어났기 때문이므로 자극원이 없어지면 자연스럽게 축소된다. 원인은 특정할 수 없으며 림프샘을 생체 검사해도 특징 있는 병변은 보이지 않는 경우가 많다. 원래 림프샘증은 이 반응성 변화를 포함하지만, 여기서는 악성 원인으로 림프샘이 부어 있다는 의미로 정의한다. 보통 림프샘증은 림프샘염과 달리 열감, 통증, 발적 등은 동반하지 않는다.

림프샘증

국소성 림프샘증은 악성 종양이 부속 림프샘으로 전이한 경우에 생긴다. 예를 들어 젖샘암에서 겨드랑이 밑이나 샅고랑 림프샘의 비대가 보이거나 구강 종양에서 아래턱 림프샘 비대가 발견되기도 한다. 전신의 림프샘증은 림프종이나 백혈병, 바이러스 감염 등으로 생긴다. 림프종이 된 비정상 림프구가 림프샘 내에서 증가함으로써 림프샘증을 일으킨다. 다수의 체표 림프샘이 붓는 림프종은 고양이보다 개에게 많다. 백혈병은 골수에서 암화한 혈액 세포가 늘어나는 병인데, 암세포가 림프샘 안까지 들어와서 림프샘을 붓게 하는 경우가 있다. 바이러스 감염에 의한 림프샘증은, 그 감염의 특정 단계에서 심각한 림프샘증이 될 때가 있으며, 고양이 백혈병 바이러스나 고양이 면역 결핍 바이러스 감염 등에서 많이 보인다.

림프샘염

림프샘의 부기뿐만 아니라 열감, 통증, 발적 등의 염증 증상을 동반한다. 몸의 일부분에 염증이 있으면, 그 영역의 림프샘이 림프샘염이 된다. 예를 들어 구내염이 있다면 구강을 담당하는 아래턱의 림프샘이 염증을 일으켜서 붓게 된다. 체표의 림프샘뿐만 아니라 몸의 깊숙한 곳에 있는 림프샘이 염증을 일으키는 예도 있으며, 곰팡이나 결핵 등이 보고된다. 전신의 많은 림프샘이 림프샘염을 일으키기도 한다. 바이러스, 세균, 리케차, 진균, 기생충 등의 감염증뿐만 아니라 피부병이나 면역 매개 질환 등 감염이 아닌 병도 원인이 된다. 림프샘이 붓는 원인은 다양하므로 다른 증상, 혈액 검사, 영상 진단, 림프샘의 세포 진단이나 병리 조직 검사 등으로 부기의 원인을 진단하여 치료하는 것이 중요하다.

비장 질환

혈액 질환, 염증, 문맥 순환 장애, 종양 등 원인이 무엇이든 비장이 정상의 두 배 이상으로 커지는 것을 비장 비대라고 한다. 그러나 원래 비장은 대량의 혈액을 축적하는 장기이므로 비장 비대가 있어도 반드시 병이라고는 할 수 없다. 여기서는 병으로서의 비장 비대에 대해 이야기한다. 비장은 배 속에 있으므로 부어도 자각 증상이 거의 없어서 발견이 늦어지곤 한다. 관련된 전신 증상, 촉진, 혈액 검사, 영상 진단 등으로 명백해지는 경우가 많은 장기다.

비장 비대

비장 비대에는 전체가 붓는 비장 비대와 부분적인 부기(국지성 비장 비대)가 있다. 비장 전체가 붓는 원인으로는 조혈 활성화, 면역 활성화, 비장 염증, 종양 세포의 전이나 증식, 울혈이 있다. 조혈 활성화란 비장에는 조혈 능력이 있으므로 다양한 자극(빈혈, 염증, 종양 침윤 등)으로 인해 혈액 세포를 생성하여 혈액 생성 세포가 증가함으로써 비장 비대가 일어나는 것이다. 면역 활성화란 비장에는 림프샘과 마찬가지로 림프구를 생성하는 장소가 있으므로, 만성 감염 질환이나 면역 매개 질환 등에 의해 림프구의 면역계 세포 증가나 활성화가 일어나 비장이 붓는 것이다.
비장의 염증은 복부 외상, 세균 감염, 리케차 감염, 바이러스 감염 등 다양한 원인으로 생긴다. 많은 경우 발열을 동반하며, 외상이나 세균 감염 등으로 농양이 생기면 복통까지 동반하기도 한다. 비장의 종양은 전이성이든 비장에 원래 있던 세포의 종양이든 악성인 경우가 많으며, 특히 심각한 비장 비대는 급성과 만성 백혈병 같은 혈액암에서도 보인다. 비장의 울혈에서 비교적 많이 보이는 원인으로 비장 염전이 있다. 비장은 왼쪽이 위장에 붙어 있고 오른쪽은 자유로운 길고 가느다란 장기이므로 고정되어 있지 않은 부분이 뒤틀려서 울혈이 생기고 출혈이나 괴사를 일으키는 경우가 있다. 이것을 비장 염전이라고 하는데, 개는 위 염전에 동반되는 경우도 많으며, 그 밖에 울혈의 원인으로 심장병이나 내장 자극, 쇼크, 마취약의 투여에서도 보인다. 국지성 비장 비대에는, 길고 가느다란 비장의 일부가 붓는 경우와 비장 내부에 암을 만드는 경우가 있다. 원인으로는 종양, 농양, 경색 등이 있다. 몸의 표면을 만져 보아도 알 수 없으므로 초음파 검사 같은 영상 진단이 필요하다. 비장은 끄집어내도 생명에 지장이 없는 장기이므로 조기에 진단하여 치료하는 것이 유효하다.

비장 혈종

비장 안에서 출혈과 그에 이어 비장 안에 혈액이 쌓여 일어나는 것이다. 원인으로는 교통사고, 타박에 의한 손상, 비장 염전 등이 있다. 노령견은 혈관에 탄력이 사라지고 혈관 벽이 두꺼워져 관강측(식도, 십이지장, 소장 또는 대장처럼 파이프 구조를 하는 기관의 내부 공간)이 협착하거나 혈전 형성에 의한 출혈성 경색으로 혈종이 되는 경우가 종종 있다.

종양

비장 종양은 대부분 악성이다. 증상이 뚜렷하지 않아 보호자가 이상을 알아차렸을 때쯤에는 상당히 진행된 경우가 많다. 일부에서는 무기력, 식욕 부진, 허약, 체중 감소, 구토, 설사, 복부 팽만, 복통, 빈혈이 보이기도 한다. 개의 비장에 종양이 발견된 경우, 3분의 1에서 3분의 2는 악성 종양이라는 보고가 있는데, 혈종이나 비장의 양성 병변과의 감별은 엑스레이 검사, 초음파 검사, 기타 검사로도 어려우며, 배를 열고 비장을 꺼내서 병리 조직 검사를 하지 않으면 진단할 수 없는 때도 있다. 그러나 악성 종양이 아니라면 비장을 잘라 내어 완치할 수 있으므로 제대로 진단하는 것이 중요하다. 비장 종양에는 혈관종, 림프종, 비만 세포종, 형질 세포종, 악성 조직구종 등 악성 종양이 많은데 치료 방법이나 예후가 각각 다르므로 조기에 발견하여 빨리 치료를 시작하는 것이 중요하다.

림프샘의 구조와 기능

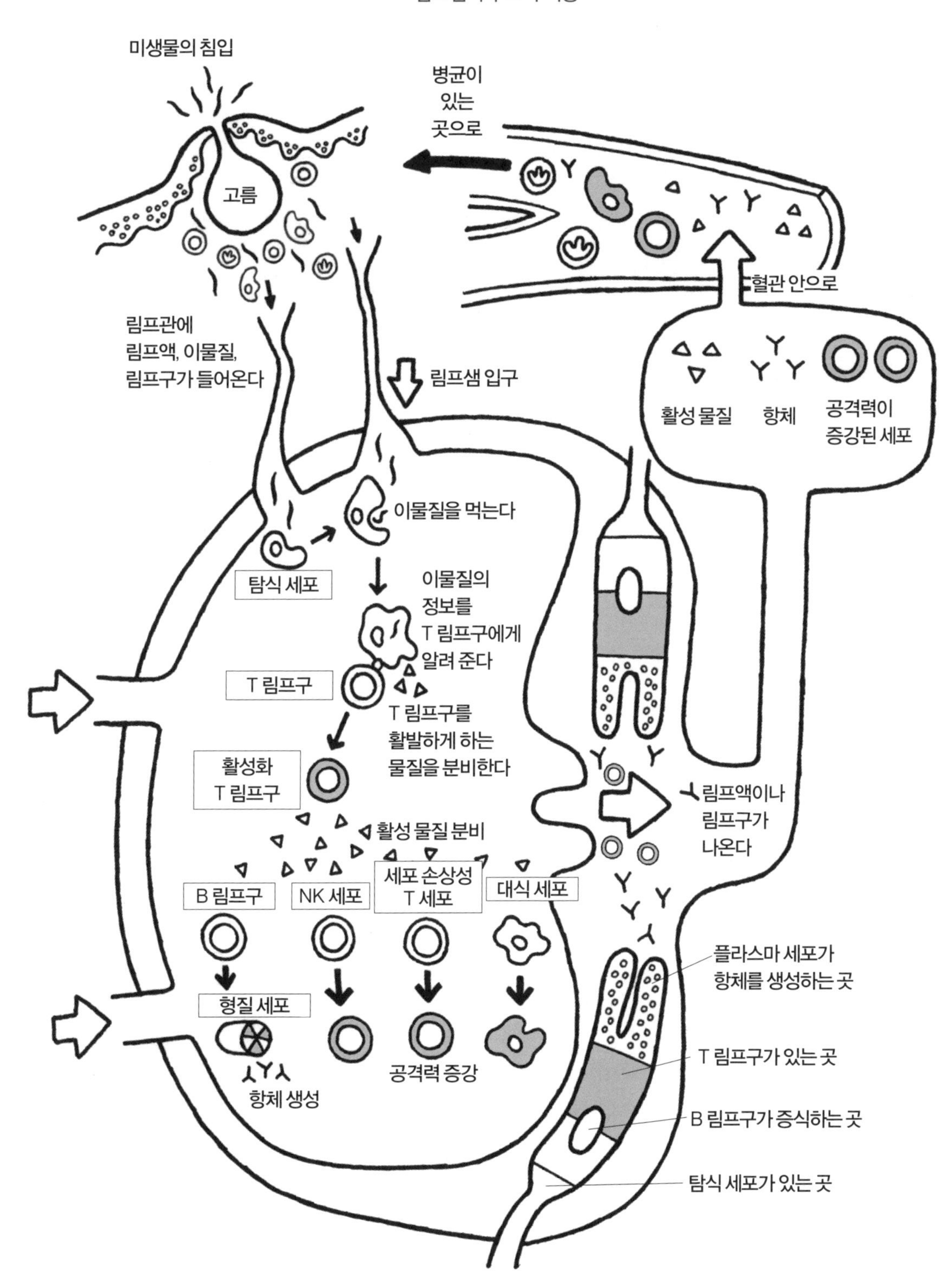
미생물의 침입
병균이
있는
곳으로
고름
혈관 안으로
림프관에
림프액, 이물질,
림프구가 들어온다
림프샘 입구
활성 물질
항체
공격력이
증강된 세포
이물질을 먹는다
탐식 세포
이물질의
정보를
T 림프구에게
알려 준다
T 림프구
T 림프구를
활발하게 하는
물질을 분비한다
활성화
T 림프구
림프액이나
림프구가
나온다
활성 물질 분비
B 림프구
NK 세포
세포 손상성
T 세포
대식 세포
플라스마 세포가
항체를 생성하는 곳
형질 세포
항체 생성
공격력 증강
T 림프구가 있는 곳
B 림프구가 증식하는 곳
탐식 세포가 있는 곳

조혈기계 종양

혈액은 적혈구, 백혈구, 혈소판이라는 세 종류의 세포 성분과 혈장이라는 혈액 성분으로 구성된다. 세포 성분은 골수의 조혈 줄기세포에서 만들어지는데 조혈 줄기세포가 골수에서 종양화한 상태를 백혈병이라고 한다. 백혈병 세포는 골수에서 왕성하게 세포 분열과 증식을 되풀이하므로 정상적인 조혈 능력을 빼앗기고 만다. 그 결과 빈혈이 일어나거나 혈소판이나 정상인 백혈구가 적어진다. 기운이 없어지거나 산책을 하면 금방 피곤해하거나 체표의 자색반, 잇몸 출혈, 발열이 보이게 되며 때때로 림프샘이 커지기도 한다.

백혈병

백혈병은 중년에서 노령의 동물에게 많이 보이는데, 한 살 정도의 어린 나이에서도 일어난다. 식사나 일상생활에서 원인이 되는 인자는 알려져 있지 않다. 전신의 방사선 조사나 어떤 항암제가 동물에게 백혈병을 일으킨다고 여겨지지만, 일상 진료에서의 엑스레이 촬영 정도로는 영향이 없다. 백혈병 세포는 골수에서 혈액 속으로 나오기도 하며, 백혈구 수가 두드러지게 증가하거나 혈액 검사에서 이들 세포가 발견되는 등의 검사 결과를 얻을 수 있는 경우도 있다. 백혈병 세포는 적혈구나 백혈구의 전구 세포(근본 세포)가 증식하거나 림프구의 전구 세포가 증식하므로, 어떤 세포가 증식하는가에 따라 골수성 백혈병과 림프구성 백혈병으로 분류된다. 동물의 경우, 먼저 혈액 검사로 병을 의심하고 골수 검사로 확진을 한다. 병의 성질에 따라 급성 백혈병과 만성 백혈병으로 분류되기도 한다. 여기서는 네 개의 병태로 분류하여 해설한다.

급성 골수 백혈병

골수에서 증식하고 있는 백혈병 세포의 유래가 림프구 이외일 때 사용되는 병명이다. 단, 이 이름은 최종 진단이 아니며 사람의 FAB 분류가 그대로 사용되고 더욱 세세하게 분류되어 있다.

증상 유래 세포에 따라 미분화 골수 모구 백혈병M0, 미성숙 골수 모구 백혈병M1, 성숙 골수 모구 백혈병M2, 전골수성 백혈병M3, 골수 단핵구 백혈병M4, 단핵구 백혈병M5, 적백혈병M6, 그리고 거핵 모구 백혈병M7으로 분류된다. 혈액 속에도 이들 세포가 출현하는 경우가 있으며, 그런 경우에는 백혈구 수가 정상의 몇십 배나 된다. 반대로 혈액 속에 백혈병 세포가 보이지 않고 백혈구 수가 감소하는 경우도 있다.

진단 골수 검사로 진단한다. 개나 고양이의 경우, 골수 검사는 동물의 상태에 따라 가벼운 진정 또는 전신 마취하에 실시한다. 이 병은 개나 고양이를 비롯하여 말이나 소에게도 보인다. 고양이에게서는 고양이 백혈병 바이러스 감염으로 이 병이 일어난다고 여겨지는데, 음성인 고양에게도 종종 보인다. 개에게서는 이런 바이러스가 증명되지 않았다.

치료 사람과 마찬가지로 여러 종류의 항암제를 조합한 화학 요법을 시행한다. 항암제에는 시토신 아라비노시드, 시클로포스파미드, 하이드록시우레아 등이 이용된다. 대부분 화학 요법과 함께 몇 번의 수혈이 필요하다. 이런 치료를 해도 현재로서는 3개월 정도의 생존 기간에 그치는 경우가 많은데, 치료하지 않으면 백혈병 세포는 모든 장기에 침윤하여 대단히 급속히 동물들을 죽음에 이르게 한다. 사람의 급성 골수 세포 백혈병은 현재로서는 5년 생존도 가능하며, 젊은 환자들은 완치되기도 한다. 대량의 화학 요법과 전신의 방사선 조사를 조합한 골수 이식의 성과다. 개나 고양이에게서도 이런 골수 이식이 시행된 지

20년 정도가 지났지만 아직 일상의 임상에서는 일반적으로 실시되고 있지 않다.

골수 형성 이상 증후군

골수 속에서 혈액을 만드는 조혈 반응이 인정됨에도 불구하고 말초 혈액에는 정상 혈액이 출현하지 않는 무효 조혈을 특징으로 하는 혈액병이다.

증상 급성 백혈병과 어떤 의미에서는 비슷하며, 혈액에 비정상적인 혈액 세포(형성 이상을 나타내는 세포)가 출현한다. 엄밀하게는 적혈 모세포, 과립구, 거핵구 가운데 두 종류 이상에 형성 이상이 보이며, 또한 골수 검사에서 세포 밀도와 모세포(적혈 모세포, 과립구 등의 전구 세포) 비율의 상승으로 진단한다.

진단 급성 골수 백혈병과의 대략적인 구별은 모세포 비율은 급성 골수 백혈병에서는 30퍼센트 이상이지만, 골수 형성 이상 증후군은 30퍼센트 미만으로 정의되어 있다(적혈 모세포 50퍼센트 이상일 때에는 모세포 비율이 비적혈 모세포계 세포 중 30퍼센트 미만). 이 병은 급성 백혈병과 마찬가지로 사람의 분류에 따르면, 말초 혈액 중의 모세포 비율과 골수 중의 모세포 비율 등에 따라 RA, RARS, RAEB, RAEBinT, 그리고 CMML의 다섯 가지로 분류된다. 골수 형성 이상 증후군은 개와 고양이 모두에게 인정된다. 특히 고양이는 고양이 백혈병 바이러스와 관련되어 있다. 사람은 고령자에게 많으며, 그중 일부는 급성 백혈병으로 이행하기도 한다. 개나 고양이에게서도 급성 백혈병의 전 단계라고 생각되지만 실제로 급성 백혈병으로 이행하는 것은 그중 일부다.

치료 항암제로 화학 요법을 실시하는데, 치료에 반응하여 증상이 없어진 예는 개와 고양이 모두 소수다. 저용량의 시토신 아라비노시드나 스테로이드를 이용한 분화 유도 요법도 반응은 전혀 좋지 않지만 치료하지 않으면 불과 며칠만에 목숨을 잃는 중대한 병이다. 동물의 상태를 양호하게 유지하기 위해 전혈 수혈이나 성분 수혈, 항생제 투여 등의 지지 요법이 필요한 예도 있다.

만성 골수 백혈병

급성 골수 백혈병과 다른 점은 혈액 또는 골수 속에 증가해 있는 세포가 잘 분화한(성숙한) 세포라는 점이다. 동물은 대부분 증상이 없고 혈액 검사에서 우연히 발견된다. 개와 고양이 모두 발생이 보고되어 있다.

증상 혈액 검사에서 백혈구 수는 중정도에서 고도로 증가해 있으며, 정상치의 수십 배에 이르기도 한다. 증가한 백혈구는 미성숙에서 성숙에 이르는 각 단계의 호중구나 단핵구일 수도 있다.

진단 골수 검사로 확정한다. 증가해 있는 단핵구 수에 따라 만성 골수 백혈병, 만성 골수 단핵구 백혈병, 그리고 만성 단핵구 백혈병으로 분류된다. 만성 단핵구 백혈병은 골수 형성 이상 증후군에도 분류된 것과 같은 병이다. 사람에게서는 유전자 이상과 염색체 이상이 발견되어 진단 기준에 이것들을 포함하지만, 동물에게서는 세포의 형태학적 분류에 의존하는 부분이 크므로 이런 중복이 인정된다.

치료 몇 종류의 항암제가 사용되고 있지만 반응은 별로 좋지 않다. 병태는 서서히 진행되는데, 급성 골수 백혈병으로 전환되는 경우나, 빈혈, 출혈, 면역 결핍 등이 동물의 사망 원인이 된다.

림프구 백혈병

●급성 림프구 백혈병

백혈병 가운데 동물에게 가장 많이 나타나는 병이다. 증상은 다른 백혈병과 같다. 혈액 검사나 골수 검사에서 미성숙 림프구가 고도로 증식한 것이 보인다. 치료로는 많은 종류의 항암제를 병용하는 다제 병용 화학 요법이 행해진다. 빈크리스틴,

L-아스파라기나아제, 시클로포스파미드, 아드리아마이신, 시토신 아라비노시드, 그리고 프레드니솔론 등을 이용하여 다양한 방법으로 투여한다. 급성 골수 백혈병과 비교하면 항암제에 반응하기 쉬운 경향이 있으며, 개에게서는 증상이나 혈액의 이상이 완전히 사라진 예가 있다. 고양이에게도 효과가 있지만 개보다는 반응이 떨어지는 경향이 있다. 고양이 백혈병 바이러스가 양성이라면 이런 경향이 두드러진다. 사람은 골수 이식을 하면 완치도 기대할 수 있지만 개나 고양이는 아직 그 단계는 아니다. 화학 요법과 함께 수혈이나 항생제 투여 등의 지지 요법도 중요한 역할을 한다.

●만성 림프구 백혈병

대개는 보호자가 병을 알아차리지 못하고 만성 골수 백혈병과 마찬가지로 혈액 검사에서 우연히 발견하는 일이 많다. 림프구는 정상치의 열 배 정도까지 증가하기도 한다. 골수 검사나 혈액 검사를 하여 성숙한 림프구가 증가해 있는 것을 통해 진단되며, 치료제로는 항암제의 일종인 멜팔란, 클로람부실, 프레드니솔론이 이용된다. 흔한 병은 아니며 임상 성과도 충분하지 않지만, 다른 백혈병과 비교하면 장기 생존을 기대할 수 있는 것으로 알려져 있다. 일반적으로 생존 기간은 1~2년 정도라고 보고되어 있다. 직접 사망 요인은 급성 백혈병으로의 전환이나 감염증, 출혈 등이다.

●림프종

림프구의 종양에는 림프 백혈병과 림프종이 있다. 림프 백혈병은 골수나 혈액 속에서 종양 세포가 늘어나지만, 림프종은 림프 조직에서 종양을 만들어 늘어난다. 가장 많이 인정되는 조혈계 종양이라고 말할 수 있다. 림프종은 종양을 만드는 장소에 따라 형(세로칸형, 다중심형, 소화기형, 신장형, 피부형, 기타)이 나뉘며 증상도 각각 다르다.

증상 세로칸형은 고양이에게 많이 보이는 유형이며 흉강 내에 종양이 생겨 흉수를 저장하므로 호흡 곤란, 청색증, 기침, 운동량 저하, 식욕 부진 등을 나타내며 식도 압박에 의한 구토도 보인다.
다중심형은 개에게 많이 보이며 체표의 림프샘이 붓는다. 림프샘의 부기는 보통은 전신성이지만 하나의 림프샘만 붓는 예도 있다. 림프샘의 통증, 전신 발열, 식욕 부진, 허약을 동반하기도 한다.
소화기형은 장관 조직 내에 종양을 만들거나, 장관막에 붙어 있는 림프샘이 붓는 타입이며 구토, 설사가 보이고 몸은 여위며, 종양이 파열하여 복막염을 일으키기도 한다. 신장형에서는 종양 세포의 증식으로 신장이 커지므로 배가 부분적으로 커지기도 하고, 신장 기능이 약해져서 요독증이 되어 식욕 부진이나 구토, 설사를 일으키기도 한다.
피부형은 개에게 드물게 보이며 피부에 작고 붉은 반점이나 크고 작은 다양한 구진(피부 표면에 돋아나는 작은 병변)을 여러 개 만든다.
이들 다섯 유형 이외에도 림프종은 어디에서든 발병하므로 다양한 증상을 동반한다. 예를 들면 비강 내에 발병하면 코의 출혈이나 재채기, 등뼈에 발병하면 다리 마비를 나타내며, 안구 내에 발병하면 실명하기도 한다. 림프종은 종양 세포가 암을 만들어서 조직을 파괴할 뿐만 아니라 악액질(종말증), 혈구 감소, 혈액의 응고 이상, 면역 결핍, 혈액 중 단백질의 이상 증가, 자가 호르몬의 분비(부종양 증후군이라 불린다) 등을 일으켜서 병에 걸린 동물의 몸을 약하게 만든다.

진단 림프종은 세포 진단이나 병리 조직 검사로 암덩어리나 림프샘 내의 비정상적인 악성 림프구 모양 세포의 존재를 증명함으로써 진단한다.

치료 림프종의 치료는 항암제를 사용하는 일이 많으므로 진단이 확실해야 한다. 림프종의 치료에는 다양한 검사가 필요하며, 어떤 형인가, 림프종이 어디까지 퍼져 있는가, 전신의 상태나 주요 내장 기능은 어떤가, 고양이에게서는 고양이 백혈병 바이러스나 고양이 후천 면역 결핍증 감염이 있는가를 검사하여 치료 방침을 결정하거나 생존 기간을 예측하는 데 중요한 정보로 삼는다. 치료의 중심은 항암제 투여인데, 이 약 자체가 강한 부작용을 동반하기도 한다. 그러나 잘 사용하면 확실하게 생존 기간을 늘려, 병에 걸린 동물이 보호자와 행복한 시간을 보낼 기회를 만들어 주는 약이 된다. 그러기 위해서는 항암제 치료를 시작하기 전에 어떤 타입의 림프종이 얼마나 진행되어 있으며 남은 수명은 어느 정도로 예측되는지, 항암제 치료로 어느 정도 기대 수명이 가능한지, 항암제를 견딜 수 있는 상태인지, 항암제 치료를 보조하는 치료도 필요한지, 항암제 치료 이외의 치료법은 있는지, 사용하는 항암제의 부작용은 무엇인지, 어느 정도의 간격으로 투여하고 치료비는 얼마나 드는지 등을 수의사에게 상담하여 보호자가 병이나 치료에 대해 제대로 이해할 필요가 있다.

형질 세포종

형질 세포는 림프구가 더욱 분화 성숙한 세포다. 이 세포는 침입한 바이러스나 세균 등을 없애는 작용을 하는 항체(면역 글로불린)를 생성하고 있다. 형질 세포가 종양화한 질환을 형질 세포종이라고 하며, 이 병이 되면 단일 항체(M 단백)가 대량으로 생성되어 혈액 속에서 이상 증식하며, 일부가 소변으로 배출된다. 이것을 벤스 존스 단백뇨라고 한다. 형질 세포종에는 다발 골수종, 마크로글로불린 혈증, 고립성 형질 세포종(골의 고립성 형질 세포종과 골수 외 형질 세포종) 등이 있으며, 특히 다발 골수종은 발생률이 높고 중증이 되기 쉽다.

● 다발 골수종

악성 형질 세포가 골수 속에서 뼈를 파괴하면서 전신으로 증식하는 병이다. 개에게서는 혈액 종양의

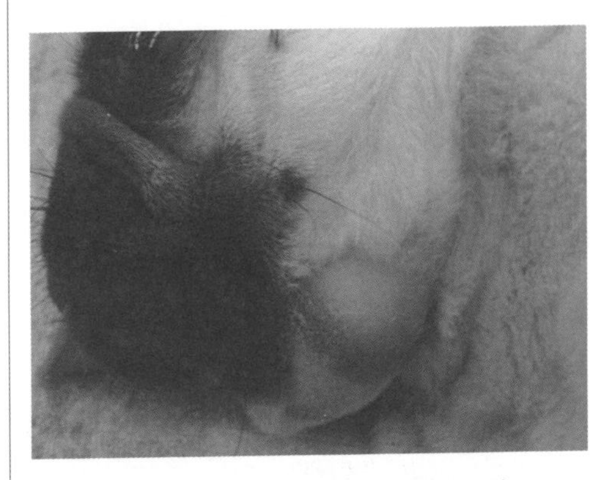
아래턱의 림프샘이 부어 있는 다중심형 림프종을 앓는 퍼그.

8퍼센트를 차지하며 고양이에게서는 그 이하다. 노령인 동물에게 보인다. 생성되는 M 단백의 종류에 따라 IgG형, IgA형, 벤스 존스형 등으로 분류된다. 골 용해에 의한 골 질환이나 고칼슘 혈증, 신부전, 정상인 항체의 감소에 의한 면역 저하(감염의 증가), 출혈 소인, 빈혈 등 다양한 증상이 보인다. 골수 속 형질 세포의 증가, M 단백 혈증, 골 용해성 병변, 벤스 존스 단백뇨의 출현을 토대로 진단한다.

● 뼈의 고립성 형질 세포종, 골수 외 형질 세포종

형질 세포가 어떤 범위에 한정하여 종양을 만드는 경우를 고립성 형질 세포종이라고 한다. 뼈에 생기는 고립성 형질 세포종과 뼈 이외의 부위에 생기는 골수 외 형질 세포종의 두 가지로 나뉜다. 개에게서는 피부와 구강의 골수 외 형질 세포종은 양성이지만, 다른 부위에 생긴 골수 외 형질 세포종이나 고립성 형질 세포종은 장기간 관찰하면 전신의 다발 골수종으로 이행한다. 발병 부위에 따라 증상은 다양하다. 병변이 국소에 한정된 경우, 외과적 절제나 방사선 요법 등을 실시하며 전신화된 경우에는 화학 요법을 실시한다.

마크로글로불린 혈증

림프구와 형질 세포 중간의 세포가 증가하는 질환으로, 대단히 드물다. 다발 골수종과 달리 주로

림프 조직에서 증식한다. 그러므로 골의 용해가 적고 고칼슘 혈증이나 신부전을 일으키는 비율도 낮다. IgM형 M 단백이 증가하는 것이 특징이다. IgM은 항체 중에서 가장 분자량이 커서 혈액 속에서 증가하면 혈액이 끈기가 있으며(과다 점성 증후군), 출혈 경향(잇몸 · 코 출혈, 피부 출혈), 신경 증상 등이 보인다. 치료는 과다 점성 증후군에 대한 대증 요법이 중심이다. 화학 요법은 효과가 있지만 생존 기간은 골수종보다 짧아진다.

조직구계 증식 질환

조직구는 단핵구/식세포계 세포다. 그것의 증식성 질환에는 반응성 단핵구 증가증, 전신 조직구증, 피부 조직구종, 단핵구 백혈병, 국소성 조직구 육종, 파종 조직구 육종, 악성 섬유성 조직구종 등이 있다.

●피부 조직구증

피부 조직구증은 양성 질환으로 유년기 개에게 많이 보인다. 조직구 질환에서 가장 많은 원인 불명의 피부 조직구종과 유사하다. 다발성 병변을 발현하며 자연스레 위축하기도 하는데, 장기간 지속(9개월 이상)하는 경우도 많다고 한다. 스테로이드 요법이 효과가 좋으며 양호한 예후를 기대할 수 있다.

●전신 조직구증

중년령(4~7세) 버니즈마운틴도그에게 자주 발생하는 질환이다. 처음에는 병변이 피부와 림프샘에만 나타나지만 좋아지거나 나빠지는 것을 되풀이하며 장기적인 경과를 거쳐 최종적으로는 전신(폐, 간, 골수, 비장 등)에 퍼지는 경우가 많다. 화학 요법에 대한 반응은 거의 없으며 생존 기간은 11개월 정도인 경우가 많다.

●국소성 조직구 육종

단발성인 조직구의 비대 또는 결절성 증식으로

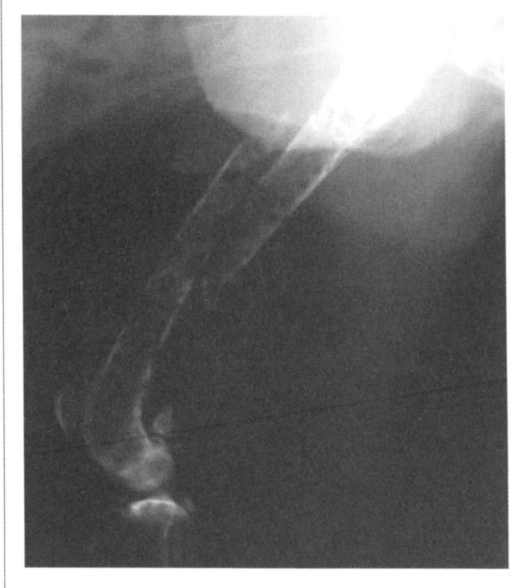

골 용해성 병변(엑스레이 사진). 뼈 전체에 골밀도 저하와 다수의 뼈에 구멍이 난(펀치 아웃 병변) 것이 인정되며 넙다리뼈의 골간(뼈몸통) 중앙부에 병적 골절이 인정된다.

관절 주위에서 많이 발생한다. 주로 플랫코티드 리트리버, 골든리트리버, 래브라도리트리버나 고양이에게 보인다. 예후는 나쁘다고 알려졌으나 수술이나 항암제로 성과가 향상되고 있다.

●파종 조직구 육종

파종 조직구 육종은 종양성 조직구의 전신 증식이다. 개에게는 드물게, 고양이에게는 아주 드물게 나타난다. 버니즈마운틴도그, 골든리트리버, 도베르만핀셔 등 대형견에게 가족성이 보이는 경우가 많다고 알려져 있다. 종양성 침윤은 비장, 간, 림프샘에 많이 발생하지만 골수, 폐, 피부, 중추 신경 등에도 나타난다. 증상은 급성 진행성으로 식욕 부진, 체중 감소, 빈혈을 나타내며 침윤 부위에 따라 신경 증상이나 호흡 곤란 등도 보인다. 치료에 대한 반응은 거의 없으며 예후는 대단히 좋지 않다.

299

호흡기계 질환

호흡기와 호흡

동물의 몸은 세포의 집합체다. 이들 세포에는 각각 특징이 있으며, 어떤 세포는 심장을 만들고 어떤 세포는 뇌, 신경, 근육, 뼈를 만들어서 몸을 형성하고 있으며 세포가 활동함으로써 생명이 유지되고 있다. 세포가 활동하고 기능하기 위해서는 에너지가 필요하다. 그 에너지는 세포 안에서 산소를 사용하여 일어나는 물질대사를 통해 만들어지고, 그 산물로서 이산화탄소가 만들어진다. 에너지를 얻기 위해 종이나 나무를 태우는 것과 마찬가지로 산소를 소비하여 이산화탄소를 생산하고 있다.
호흡기란, 생명을 유지하기 위해 체외로부터 산소를 체내로 들이고, 체내에서 생산된 이산화탄소와 교환하여 체외로 배출시키기 위한 환기 통로와 가스 교환기 같은 것이라고 말할 수 있다. 이 기관에는 체외로부터 효율적으로 산소를 흡입하고 이산화탄소를 배출시키는 풀무 역할을 하는 기관이 딸려 있다. 그리고 환기 통로에 있는 많은 구조가 공기의 흐름을 제한하거나 조절함으로써 발성을 가능하게 하고, 후각을 작동시키고, 수분과 열의 교환을 쉽게 하고 있다.
해부학적으로는 공기 흡입구인 비공(콧구멍)에서 비강, 후두, 기관까지의 환기 통로를 상부 기도, 가스 교환기를 폐, 풀무 역할을 하는 기관을 흉곽(가슴)과 횡격막(가로막)이라고 부른다.
체외에서 공기(산소)를 폐에 집어넣고 체내에서 생산된 이산화탄소를 배출시키는 운동이 호흡이다. 그러나 폐 자체는 스스로 움직일 수 없다. 그러므로 폐가 수용된 흉곽과 횡격막을 넓힘으로써 흉강 내의 압력을 낮추고, 그 결과 수동적으로 공기를 흡입할 수 있게 되어 있다.
호흡은 자신의 의사에 의해 일시적으로 멈출 수는 있지만, 장시간에 걸쳐서 정지할 수는 없다. 이것은, 혈중 산소 농도가 저하하고, 반대로 이산화탄소 농도가 상승함으로써 일어나는 현상이다. 호흡은 잠을 잘 때는 감소하고 운동을 할 때는 많이 증가한다. 이런 호흡의 조절은 혈중 산소 농도나 이산화탄소 농도, pH 등에 대응하여 뇌에 있는 호흡 중추와 호흡 조절 중추로 이루어지고 있다.
폐에는 가스 교환 이외에도 또 하나의 중요한 작용이 있다. 건강한 사람이나 동물의 체액(혈액)의 pH는 언제나 7.4를 중심으로 하여 전후 0.05라는 좁은 범위에서 유지되고 있다. 이 체액의 pH 조절을 담당하는 것이 신장과 폐다. 신장은 천천히 변화에 대응하지만 폐는 신속하게 대응하는 것이 특징이다. 예를 들어 pH가 저하하여 혈액이 산성으로 기울면 호흡을 빨리하여 이산화탄소 배출을 촉진하여 알칼리성으로 돌아가도록 작용한다. 이처럼 호흡기는 생명을 유지하는 데 가장 중요한 가스 교환과 몸의 산·염기(알칼리) 균형의 조절을 담당하는 커다란 시스템이자 발성이나 후각, 그리고 체온 조절에도 관여하는 중요한 기관이다.

상부 기도의 구조와 기능

공기(산소)와 이산화탄소를 교환하는 장소인 폐에 공기를 보내는 통로를 기도라고 한다. 상부 기도는 비공에서 비강, 인두, 후두, 기관으로 이루어진다. 공기는 코의 끝부분인 비공에서 흡입된다. 비공의 입구는 좁지만 비강 안으로 들어가면 비교적 넓어진다. 비강은 나선형의 갑개(코안 바깥쪽 벽의 두루마리 형태의 얇은 골판) 구조이며 혈관이 풍부한 점막과 선상(선처럼 가늘고 긴 줄을 이룬 모양) 조직, 융모 상피로 덮여 있다. 비강은 기관지나 폐를 지키기 위해 흡입하는 공기를 가온하거나 가습하여 여과한다. 비공 내의 털이나 나선형의 비갑개(코의 선반을 이루는 나선 모양의 뼈들), 분비되는 점액, 비강 구조 등은 흡입한 공기가 폐로 직접 보내지지 않도록 난류를 일으키거나 공기 중의 커다란 입자를 흡착하는 역할을 하고 있다.
인두는 호흡기계와 소화기계가 교차하는 부위로, 기도는 배 쪽으로 이행하여 기관이 되고, 구강에서 이행한 식도는 기관의 등쪽에 있다. 후두는 기관의 입구에 있으며 들숨과 날숨을 조절하고 공기압을 변화시킴으로써 발성을 가능케 한다. 뭔가를 마실 때나 후두가 자극받았을 때 후두개(후두에 있는 뚜껑 모양 구조)가 닫히는 것은 기관 안으로 이물이 침입하는 것을 막기 위해서다. 기침이나 재채기는 기도 안으로 침입한 유해 가스나 입자를 빠르게 배출하기 위한 중요한 방어 기구다. 기관은 고리 모양의 연골로 이루어진 길고 가느다란 관이며, 안쪽은 융모 상피로 덮여 있다. 동물이 광범위하게 목을 움직일 수 있도록 유연성이 풍부하며 짜부라지지 않는다.
부비강은 비강에 인접하여 존재하며 기능은 명확하지 않지만 임상적으로는 중요한 부분이다.

기관지·폐의 구조와 기능

호흡기인 폐와 순환기인 심장을 품고 있는 용기를 흉강(가슴안)이라고 한다. 흉강 주위는 흉추와 흉골, 늑골, 늑연골로 둘러싸여 흉곽을 형성하며, 안쪽은 흉막으로 덮여서 외계와 차단되어 있다. 개의 폐는 기관에서 분기된 기관지에 의해 좌우 합쳐서 일곱 개로 구분되어 있다. 그것들을 폐엽이라고 부르며 좌우의 폐에는 전엽, 중엽, 후엽의 각 폐엽이 있고 우폐에는 다시 부엽이 있다. 폐를 커다란 나무에 비유하면 줄기가 기관이며, 거기에서 갈라진 가지가 기관지다. 그리고 기관에서 스물 몇 번 가지를 친 끝부분이 가스 교환의 장소인 폐포(허파 꽈리)가 된다. 폐포는 지름 0.3밀리미터 정도인 한 겹의 상피 세포로 만들어진 작은 주머니 모양의 구조다. 폐포 주위는 모세 혈관으로 둘러싸여 있으며 공기와 혈액 사이에서 산소와 이산화탄소를 교환하고 있다. 공기 중의 먼지나 세균 대부분은 기관지가 갈라지는 동안 기관지 벽에 달라붙는다. 기관지의 벽을 덮은 점막은 달라붙은 먼지나 세균을 점액으로 감싸서 융모 상피의 운동으로 1분당 몇 센티미터 속도로 입 쪽에 운반한다. 기관지는 폐포에 공기를 보내는 환기 통로 작용뿐만 아니라 폐포를 외계의 오염으로부터 지키는 방어 기구로서도 중요한 역할을 한다.

호흡기 검사

●흉부 엑스레이 검사

엑스레이 검사란 흉부에 엑스레이를 쬐어서 엑스레이가 흉부 안팎의 구조물을 투과할 때 생기는 투과성의 차이를 필름에 그림자로 영상화하는 것이다. 개나 고양이의 흉부 질환을 진단하는 방법 가운데 가장 일반적으로 사용된다. 그 이유로는 폐라는 장기가 공기를 많이 함유하여 비교적 콘트라스트를 얻기 쉽고 이상이 발견되기 쉽다. 그러므로 증상이 보이지 않는 작은 이상도 발견하기 쉽고 진단적 가치가 높다. 환자에게 고통이나 아픔을 주지 않고 간단히 촬영할 수 있으며 정기적으로 검사함으로써 병의 진행을 객관적으로, 그리고 적확하게 파악할 수 있다. 흉부 엑스레이 검사 진단의 정확도는 촬영 조건에 따라 다르다. 촬영 조건으로는 폐에 공기가 충분히 들어가서 팽창해 있을 것, 호흡 시에 좌우, 상하 두 방향에서 촬영할 것, 촬영에 흔들림이 생기지 않도록 단시간(1/20~1/30초)에 고출력(200~300mA, 80~110kV)으로 촬영하는 것이 바람직하다. 엑스레이 검사로 진단하는 주요 흉부 질환은 기관이나 기관지 등 기도의 병과 폐렴, 종양 등이다.

● 초음파 검사

초음파 검사는 사람의 가청 역치(20~2만 헤르츠)를 넘는 높은 주파수의 음파 반사를 이용하여 구조물의 크기나 위치, 성질 등을 검사하는 방법이다. 이 검사법은 동물에게 아무런 위험성이 없고 안전하지만, 폐는 공기를 많이 함유하므로 음파가 반사되지 않는다. 그러므로 초음파 검사는 호흡기에 적합하지 않다. 그러나 흉강 내에 액체의 저류(고인 상태)나 종양이 보일 때에 실시한다. 털을 깎고 젤을 충분히 바른 다음 병변 부위를 아래쪽으로 하여 옆으로 눕히고 프로브(탐촉자)라고 부르는 검사기를 대어 검사한다. 액체가 고인 부분은 반사가 일어나지 않아 화면에 까맣게 찍히며, 종양 같은 고형물은 반대로 하얗게 찍힌다.

● CT 검사와 MRI 검사

CT 검사는 CT 엑스레이와 컴퓨터를 이용하여 조작되는 영상 진단법이다. 일반적인 엑스레이 검사에서는 이차원적인 평면 영상밖에 촬영되지 않지만 CT 검사에서는 단층상을 촬영할 수 있다. 단순 엑스레이 검사로는 잘 보이지 않는 장기 사이의 위치 관계나 부속 림프샘 등도 CT를 연속 촬영함으로써 잘 볼 수 있다. 최근에는 더 선명하고 입체적인 영상 처리가 가능한 나선형(헬리컬) CT가 등장했다. MRI 검사는 강한 정자기장(시간이 지나도 변하지 않는 자기장)과 전자기장(전기장과 자기장)을 사용하여 생체 내의 수소 원자핵이 발하는 MR 신호를 검출하고, 그것을 토대로 영상을 작성하는 영상 진단법이다. CT와 마찬가지로 단층 촬영이 가능하며 콘트라스트가 뚜렷하여 선명한 영상을 얻을 수 있다. CT 검사와 MRI 검사는, 촬영 시에 동물이 정지한 상태를 유지해야 하므로, 전신 마취가 필요하다. 또한 촬영 시설은 엑스레이나 강한 전자파가 실외로 나가지 않도록 법률로 정해진 두께의 콘크리트 벽으로 둘러싸여 있어야 한다.

● 내시경(비경, 기관지경) 검사

비강 내의 병이나 이상을 눈으로 확인하기 위해 파이버스코프, 구강경, 비인두경, 치과용 거울 등의 내시경 기구를 이용하여 검사한다. 검사 대상은 비강 내 막힘이나 출혈을 동반하는 병이며 특히 만성 비염, 종양, 이물질 등이다. 일반적으로는 내시경 검사 단독이 아니라 엑스레이 검사 등과 조합하여 진단한다. 비강 점막은 상처를 입기 쉽고 출혈하기도 쉬우므로 안전하게 검사하려면 동물의 전신 마취가 필요하다. 구강경, 비인두경, 치과용 거울 등은 비공이 좁고 비갑개가 나선형이므로 비강 쪽으로 진입시키기는 힘들다. 그러므로 인두부 쪽으로 삽입해야 하며, 이런 방법으로는 비강의 3분의 1 정도밖에 검사할 수 없다. 그러나 바깥지름이 2.2~2.5밀리미터 정도인 유연성 파이버스코프는 비강 내의 상당한 범위를 검사할 수 있다. 검사에서 이상을 발견하여 그 부분에서

유연성 파이버스코프 사용법

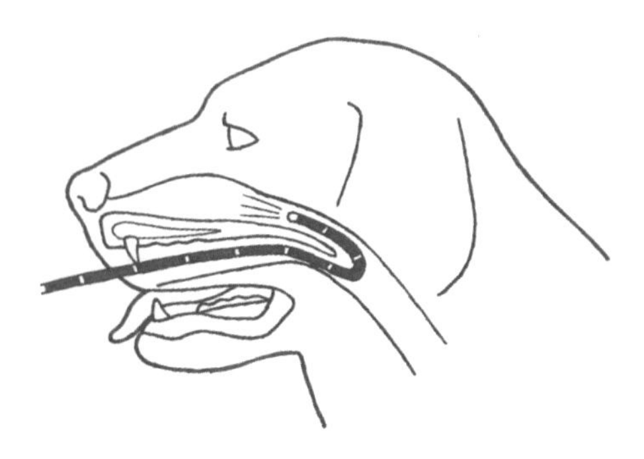

표본을 채취하면 정확한 진단에 유용할 수 있다. 기관지경 검사는 만성 기침이나 객혈, 이물의 흡입, 종양 등의 의심이 있을 때 한다. 비강 검사와 마찬가지로 전신 마취를 한 상태에서 실시한다. 검사 방법은 기관 튜브를 삽관한 다음, 튜브를 통해 파이버 기관지경을 진입시킨다. 엑스레이 검사로 미리 병변 부위를 특정하고, 그 부위를 향해 기관, 기관지로 진입시킨다. 기관지경 검사의 장점은 병변을 직접 관찰할 수 있다는 점, 병변부에서 직접 세포를 채취할 수 있다는 점, 정확한 진단이 가능하다는 점이다. 결점은 전신 마취가 필요하다는 점, 검사 중에 기관지 점막에 상처를 입히기 쉽다는 점, 그리고 검사 후에 기관지염, 폐렴을 일으킬 위험성이 있다는 점이다.

●호흡기계의 세포 진단 검사

비강·기관지 세정법 흉부 질환을 정확하게 진단하기 위해서는 폐 또는 기관지에서 분비물을 채취하여 검사할 필요가 있다. 비강·기관지 세정법이란 세정액을 기관지 안으로 주입한 다음, 그것을 회수함으로써 그 세정액에 함유된 분비물을 채취하는 방법이다. 채취한 분비물에서 그 안에 함유된 세포 종류, 세균 종류, 염증 종류와 정도 등의 정보를 얻을 수 있다. 이들 정보를 토대로 진단이나 치료를 한다.

비강·기관지 찰과법 비강이나 기관지의 분비액을 무균 면봉 등으로 채취하여 분비액 속의 세포나 세균, 염증의 종류나 정도를 검사하는 방법이다. 이때 아픈 동물에게 전신 마비를 할 필요는 없으며 비공에 국소 마취제를 떨어뜨리는 것만으로 검사할 수 있다. 기관지로부터의 샘플 채취는 직접 기관지에 기구를 삽입하지 않고 후두에서 가래를 채취하는 방식으로 한다. 아픈 동물이 얌전하게 있다면 입을 벌리고 혀를 내밀면 후두개가 열리므로 면봉으로 점막에 붙은 분비물을 채취한다. 이 방법은 간단하지만 채취된 세포나 세균에는 병소와 관계없는 것들도 섞여 있으므로 검사의 정밀도는 높지 않다.

경피적 폐 천자 흡인법 체외에서 흉강 내의 폐에 침을 꽂아서 흡인하여 샘플을 채취하는 검사법이다. 종양이 의심되는 결절 병변이나 종양의 전이, 폐의 실질 병변 등을 정확히 진단하기 위해서, 세균 배양용 샘플을 채취하기 위해서 한다. 검사 중에 아픈 동물이 움직이면 아주 위험하므로 진정제나 마취제를 투여한 상태에서 실시한다. 종양이 의심되는 결절 병변을 검사하기 위해서는 엑스레이 검사나 CT 검사 등으로 먼저 병변 부위를 확인한 다음, 침을 꽂을 부위의 털을 깎고 피부를 소독한다. 그리고 피부와 늑간에 부분 마취를 한다. 이 검사로 기흉이 발생할 수 있으므로 검사 후에는 호흡 상태 등을 주의 깊게 관찰할 필요가 있다. 검사 직후와 24시간 후에 엑스레이 검사를 해야 한다. 가벼운 기흉은 걱정할 것 없지만, 공기가 계속 새어 흉강 내압이 상승하는 긴장성 기흉이 된다면 흉강에 천자 등을 하여 공기를 빼내야 한다.

개흉하 폐 생검법 이 검사는 검사를 목적으로 흉부를 여는 수술을 하는 것이 아니라, 수술할 때 폐의 병변부를 소량 절제하는 것이다. 직접 눈으로 보고 병변부에서 샘플을 얻을 수 있으므로 정확한 검사가 가능하다. 폐에서 샘플을 절제한 다음에는 적절히 봉합 치료한다. 수술 후에는 기흉의 병발에

동맥혈의 가스 교환 지표와 산 염기 평형 지표

		정상값(평상시)	단위
가스 교환 지표	PaO_2(산소 분압)	80~100*	mmHg(Torr)
	SaO_2(산소 포화도)	95 이상	%
가스 교환 지표 / 산 염기 평형 지표	$PaCO_2$(탄산 가스 분압)	35~45(40)	mmHg(Torr)
산 염기 평형 지표	pH(pH)	7.35~7.45(7.4)	-
	[HCO3-](탄산수소 이온)	22~26(24)	mEq/L
	Base Excess(베이스 엑세스)	-2~+2(0)	mEq/L

* PaO_2는 나이에 따라 다르다.

주의할 필요가 있으므로 호흡 상태, 점막 색깔 등의 증상을 관찰하고 수술 후에 엑스레이 검사를 한다.

혈액가스 분석

동맥혈 속의 산소량과 이산화탄소(탄산 가스)량을 측정함으로써 폐라는 가스 교환기의 기능을 진단할 수 있다. 측정 결과에서 가스 교환의 장애 부위도 알 수 있다. 통상적으로 혈액가스를 측정할 때는 산소와 이산화탄소뿐만 아니라 pH나 탄산수소 이온 등, 혈액의 산과 염기(알칼리) 균형(산 염기 평형)도 동시에 측정하므로 산 염기 평형 상태를 아는 데에도 중요하다. 개나 고양이의 동맥혈은 주로 넙다리 동맥에서 채취한다. 혈액은 살아 있는 세포를 함유하고 있으므로 산소를 소비하고 탄산 가스를 생산한다. 따라서 정확한 데이터를 얻기 위해서는 신속하게 측정할 필요가 있다.

폐 기능 검사

폐 기능 검사는 환기 검사와 가스 교환 검사의 두 가지로 나뉜다. 환기 검사에는 폐의 용량, 최대 호기 유속(숨의 최대 속도), 환기 분포, 폐의 컴플라이언스(폐나 허파의 늘어나는 정도를 나타낼 때 사용) 등의 측정이 포함된다. 동물은 전신 마취를 하고 검사한다.

상부 기도 질환

비강과 부비강 질환

비강과 부비강은 체외의 기체를 체내로 들이마실 때 첫 번째 필터 역할을 한다. 체외의 기체 중 미립자나 병원체가 기도를 지나 체내에 침입하는 것을 막기 위한 최초의 방어 장기라고 말할 수 있으며, 비강의 각 조직은 체내에 들어온 기체의 가습과 가온도 하고 있다. 비강과 부비강은 중요한 외부 환경 정보의 감지기(후각)로서도 기능하고 있으므로 생활하는 데 중요한 감각기이기도 하다. 개나 고양이가 걸리기 쉬운 비강과 부비강 질환에는 병원 미생물(바이러스, 세균, 진균 등)에 의한 감염 질환이나 알레르기 질환이 있다. 빈도는 절대 높지 않지만 비강 내에 종양이 발생하기도 한다.

●비염

비염은 비강 안에 발생한 염증이며, 원인은 다양하다. 비강이나 부비강에 바이러스나 세균,

비강의 정중면 단면

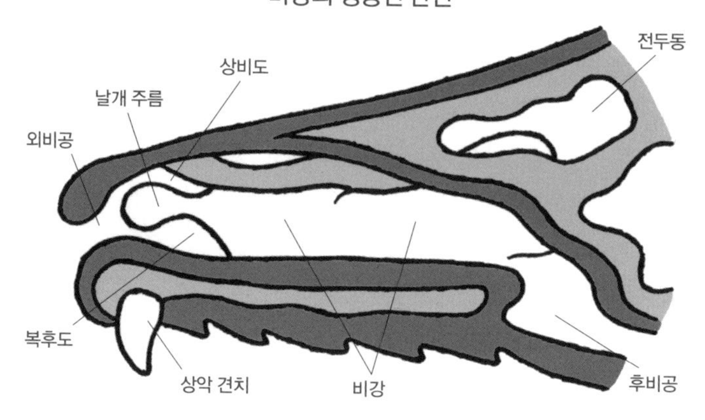

비강의 횡단면

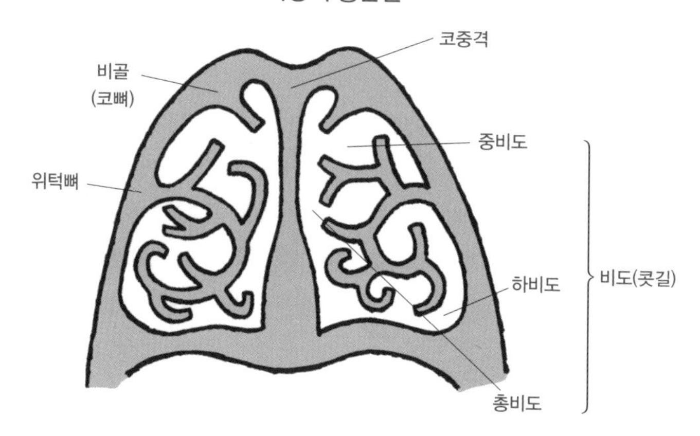

진균, 또는 이물이 침입했을 때 발생하는데, 그 밖에 구개열이나 치근 질환 등의 구강 내 질환을 생각할 수 있다. 알레르기 비염도 있다.

증상 주요 증상은 재채기와 콧물이다. 재채기와 콧물은 비강이나 부비강에 침입한 미생물에 대한 방어 시스템이다. 그러나 콧물이 많으면 비강이 막혀서 입으로 호흡하게 되기도 한다. 비염은 비루관(코눈물관)을 막기 쉬우며, 그 결과 눈곱이 끼게 된다. 물처럼 맑은 콧물이 나올 때는 알레르기 비염이나 바이러스 감염의 초기 증상일 가능성이 높다고 할 수 있다. 황색이나 녹색의 고름 같은 콧물이 나올 때는 세균성 화농 비염, 개홍역 바이러스나 고양이의 헤르페스, 칼리시바이러스 감염, 종양, 아스페르길루스병이나 크립토콕쿠스 등의 진균 비염, 이물이나 치아 질환으로 일어나는 비염을 생각할 수 있다.

진단 동물의 생활 환경, 백신 접종 이력, 나이, 발병 경과 시간, 기초 질환의 유무, 콧물이나 재채기의 성질, 구강 내 검사, 때로는 엑스레이 검사, CT 검사를 통해 진단한다. 이에 더해 콧물의 세포 검사나 코점막의 조직 검사, 세균 배양, 진균 배양, 내시경 검사를 하기도 한다.

치료 종양 때문에 생긴 비염이 아니라면 광범위 스펙트럼을 가진 항생제를 투여하며, 소염제를 함께 투여하면 효과적이다. 비염의 원인이 되는 병이 있다면 먼저 그것을 치료할 필요가 있다. 알레르기 비염은 스테로이드제를 투여하면 증상 대부분이 낫지만, 재발하지 않으려면 원인 물질(알레르겐)을 제거해야 한다. 그러나 알레르겐을 특정하기는 대단히 곤란하며, 상세한 생활 환경 조사를 할 필요가 있다. 바이러스 비염을 예방하려면 정기적으로 예방 접종을 한다. 예방 접종을 할 수 없는 바이러스나 세균에 대해서는 평소 스트레스를 피하고 코의 점막을 자극하는 물질에 노출되는 환경에 두지 않는 것이 중요하다. 증상이 나타난다면 조기 치료가 가장 중요하다.

●부비강염

비강 주변의 뼈로 둘러싸인 공동부를 부비강(코곁굴)이라고 한다. 개는 전두동(이마굴), 상악동(위턱굴), 나비굴로 나뉘어 있으며 고양이는 상악동이 없고 전두동과 나비굴로 나뉘어 있다. 부비강염은 만성 질환이며, 비염이 장기간에 걸친 경우에 일어난다. 비강을 관통하는 외상이나 종양에 의해 일어나기도 하고 급성 바이러스 상부 기도 감염증의 회복기에도 발생한다.

증상 비염과 같으며 재채기나 콧물(특히 고름)이 주 증상이지만, 비염보다 치료해도 잘 낫지 않는 것이 특징이다.

진단 진단에는 엑스레이 검사나 CT 검사가 필요하다. 치료 효과도 임상 증상보다는 이들 검사 결과로 판단해야 한다.

치료 부비강염은 비염과 마찬가지로 항생제나 소염제를 투여하여 치료하지만 외과적인 치료가 필요한 경우도 종종 있다. 이것은 피부 쪽에서 부비강으로 뼈를 제거하여 구멍을 뚫고 배액관을 끼우고 이 배액관을 통해 부비강을 여러 번 씻어 내는 방법이다. 부비강염은 주변 조직(비강, 외이, 구강)의 만성 염증이 원인이 되어 생기므로 이들 주변 조직의 염증을 초기 단계에서 치료하는 것이 가장 중요하다.

●비공 협착증

비도(콧길)는 외비공에서 시작하여 비강의 전방을 차지하는 공간을 만들고 그다음 후비공에 의해 인두로 연결되어 있다. 좌우 비공이 좁아지는 양측성 협착증이나 숨을 들이마셨을 때의 폐색증은 단두종 기도 폐색 증후군이나 점막 폴립, 피부에 비대를 일으키는 피부병, 종양 등에 의해 발생한다. 단두종에게 보이는 비공 협착증은 대개 비익(코끝의 좌우 양쪽 끝부분)의 선천적 구조 이상이 원인이며, 외비공의 모양에 이상이나 변형이 있으면 중증이 된다. 목구멍 안쪽의 상악 점막이 늘어지는 연구개 노장이나 후두 위치가 변화해도 발병한다.

증상 어떤 감염에 의해 점막의 비대나 부종이 일어나면 비공 협착증이 되어, 호흡 곤란이나 개구 호흡이 되는 경우가 있다. 그 밖의 종양으로도 비공 협착증이 생긴다.

진단 외비공이나 코점막을 상세히 관찰하고 필요에 따라 엑스레이 검사, 내시경 검사, 생체 검사에 의한 세포 진단이나 조직 검사를 하여 진단한다.

치료 단두종 기도 폐색 증후군인 개의 비공 폐색 치료는 외과적 치료가 중심이 된다. 예를 들면 외비익의 바깥쪽(외전)을 절제하면 비공 폐색 증상이 완화되기도 한다. 점막 폴립이나 종양, 연구개 노장, 후두의 변형이 원인인 경우도 대부분은 절제하여 치료한다.

후두 질환

후두는 기도의 입구 부분이며 후두개 연골, 피열 연골, 갑상 연골 등 여러 개의 연골과 성대 등으로 구성된다. 후두는 호흡에 맞춰서 개폐함으로써 공기의 출입을 원활하게 하고 식사할 때는 기도에 음식물이 들어가는 것을 막는다. 이 부분에 어떤 문제가 생기면 호흡 곤란이나 음식물의 흡입 등이 일어나기 쉬워져서 중대한 병이 되어 버리는 경우가

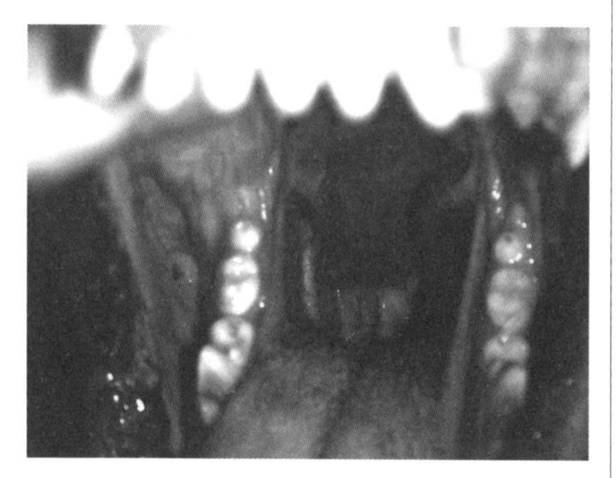

연구개 노장의 증례. 연구개가 길게 늘어나서 후두개를 덮고 있다. 편도의 부종도 보인다.

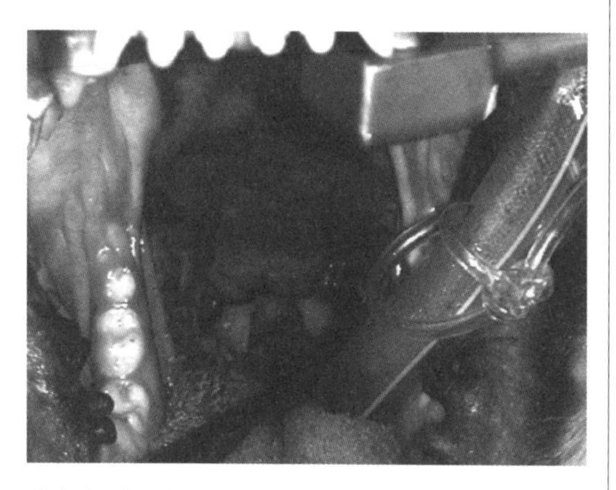

위의 연구개 노장 절제술. 너무 늘어난 연구개를 절제했다. 그 안쪽에 기도가 보인다.

있다. 뒤에서 이야기할 단두종 기도 폐색 증후군과 같이 만성적인 경과를 보이는 병에서는, 병이라는 것을 모르는 채로 지내는 동안에 증상이 악화하거나 다른 병이 생기는 경우가 있으므로 주의가 필요하다.

●연구개 노장

이 병에 걸리기 쉬운 견종으로는 퍼그, 불도그, 시추 등의 단두종을 들 수 있으며 카발리에 킹 찰스스패니얼, 요크셔테리어, 치와와 등에게도 종종 보인다. 고양이에게는 거의 발생하지 않는다. 연구개는 위턱의 가장 안쪽에 있는 부드러운 부분으로, 비강의 앞쪽 면과 구강 등쪽 면의 맨 끝 부위에 해당한다. 연구개 노장은 이 연구개가 길게 늘어나서 숨을 쉴 때 후두개에 덮여서 기도를 막아 버리는 병이다.

증상 밤에 코를 고는 것이 가장 특징적이다. 그 밖에 코를 울리는 듯한 호흡, 입 벌려 숨쉬기, 음식물을 삼키기 힘들어지는 삼킴 곤란 등이 보이며, 흥분하면 증상이 악화하는 경향이 있다. 중증이 되면 호흡 곤란이나 청색증를 일으킨다.

진단 증상과 일반 신체검사 결과로 진단할 수 있지만 기관 허탈이나 비공 협착, 후두 허탈 등 상부 기도 질환과의 감별이 필요하다. 또한 이들 병과 병발하는 예도 많이 보인다. 후두부를 직접 보는 것이 가장 좋은 확진 방법이지만, 그러기 위해서는 진정시키거나 마취할 필요가 있다.

치료 급성 호흡 곤란을 일으키면 먼저 신속한 산소 공급이나 냉각, 스테로이드제 투여 등의 치료를 한다. 그러나 완치하려면 연구개 절제 수술이 필요하다. 이 수술에는 레이저 메스나 초음파 메스를 사용하는 것이 이상적이다. 수술 후의 경과는 대개 양호하다. 코골이는 병은 아니라고 문제시하지 않는 경우가 많은데, 의외로 중증일 수 있으므로 주의가 필요하다.

●단두종 기도 폐색 증후군

이 병은 비공 협착증이나 연구개 노장, 후두 허탈, 기관 저형성 등 몇 가지 병이 합쳐져서 일어나며, 상부 기도가 막힌다. 잉글리시 불도그, 퍼그, 보스턴테리어, 시추 등의 단두종에서 많이 보이며 드물게 히말라야고양이에게도 발생한다. 단두종 특유의 몸 구조가 근본 원인이지만 고온 다습, 비만, 흥분 등이 위험 인자가 되어 증상이 급격히 악화하기도 한다. 코골이나 힘들어 보이는 입 벌려 숨쉬기가 시작되며 기온이 올라가면 하아 하아, 하고 헐떡이는 호흡(팬팅)이 보인다. 그 후, 증상이 악화하면 거품 모양의 침을 토하게 되며, 음식을 잘 삼키지 못하게 되거나 운동을 견디지 못하게

단두종 기도 폐색 증후군인 퍼그. 비공 협착증으로 비공이 현저하게 좁아져서 비강 내부를 거의 관찰할 수 없다.

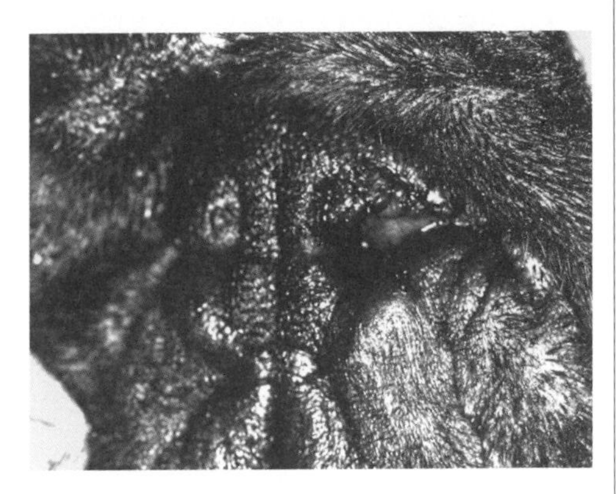

퍼그의 비공 형성술. 왼쪽 비공이 절제되어 확장되어 있으며, 연구개의 확장도 동시에 시술되었다.

된다. 원인이 되는 부위를 외과적으로 교정하는 치료가 가장 적절한 치료다. 시간이 지날수록 병태가 복잡해지므로 빨리 치료해야 한다. 단, 이런 상부 기도 폐색이 보이는 동물을 마취하는 것은 대단히 위험하므로 치료에는 충분한 지식과 기술이 필요하다.

●후두 마비

숨을 마실 때, 후두에 있는 피열 연골이라는 연골과 성대는 원래 반전하는데, 이것이 반전하지 않게 되어 버리는 상태다. 유전성 후두 마비는 4~6개월령 부비에 데 플랑드르나 시베리아허스키, 불테리어에게 발생하며, 후천성 후두 마비는 중·고령의 중형견과 대형견에게 발생한다. 상부 기도 폐색과 호흡 곤란이 일어나며, 안정되어 있을 때는 무증상이지만 짖는 소리가 변하거나 흥분하면 쌕쌕거리는 소리를 내게 된다. 기침이나 구토하기도 한다. 이들 증상은 차츰 악화하는 경향이 있다. 무증상이라면 안정을 유지하는 등 대증 요법으로 충분하지만 심한 호흡 곤란이 있을 때는 성대 주름이나 후두 부분을 절제하는 등의 외과적 치료를 한다. 내과적으로는 급성 호흡 곤란을 완화하는 조치를 한다.

●후두 허탈

상부 기도가 만성적으로 막히면 후두 내압이 상승하여 후두 연골의 강도가 떨어져서 피열 연골의 소각 돌기가 안쪽으로 어긋나게 된다. 이것을 후두 허탈이라고 한다. 대부분 단두종 기도 폐색 증후군에 이어서 발생하는데, 외상을 입어 후두 연골이 골절된 경우에도 드물게 일어난다. 증상은 다른 상부 기도 질환과 비슷하다. 다른 상부 기도 질환을 앓는 경우가 있으므로 완전히 진정되거나 마취한 다음 진단한다. 호흡 곤란을 나타내는 동물에 대해서는 산소 공급이나 진정, 코르티코스테로이드 투여 등의 내과적 치료를 하지만, 외과적 치료를 통해 막힌 상태를 개선하지 않으면 증상은 계속된다. 중간 정도로 진행된수록 예후는 나빠진다. 복합적인 치료를 해도 증상이 개선되지 않을 때는 영구적 기관 절개 수술이 필요하다.

●후두 부종

고온 다습한 환경이나 흥분 등으로 얕고 빠른 호흡이 계속되면 후두가 과도하게 운동하여 좁아진 기도에 공기가 격렬하게 유입되므로 후두부의 점막에 국소적인 자극이 발생한다. 후두 부종이란, 이런 결과로 후두부의 점막에 염증이 발생하고 부종이 생긴 상태로, 심하면 호흡 곤란을 일으킨다.

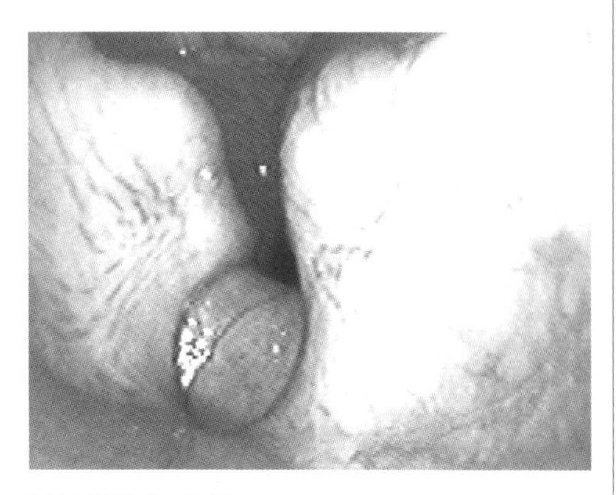
후두 부종인 퍼그의 상태.

단두종이나 비만인 개에게 많이 보이는데,
인두와 후두의 수술 후, 또는 알레르기나 살충제
중독 등으로 일어나기도 한다. 증상은 단두종
기도 폐색 증후군과 같다. 이차적으로 발병하는
경우가 있으므로 유사한 병과 감별이 필요하다.
일시적이라면 적절히 치료하기만 해도 증상이 금방
개선되지만 원인에 따라서는 반복되기도 한다.
진정제나 코르티코스테로이드를 투여하고 산소
공입을 하고, 체온 상승이 보이면 적극적으로 몸을
식혀 준다.

● **후두염**

후두부의 점막에 염증이 발생한 상태로, 인두염이나
비염, 기관염 등 주위의 염증과 동반하여 보인다.
홍역 같은 바이러스 감염이나 세균 감염, 화학
물질에 의한 자극, 이물질 등에 의한 기계적
자극이 원인이 되어 일어난다. 기침이나 목소리가
갈라지고, 발열이 더해 숨을 들이마실 때 호흡
곤란이 보인다. 항생제나 기침약을 투여하여
치료하지만, 원인에 따라 치료 효과는 달라지므로
정확한 원인을 파악할 필요가 있다.

기관 질환

기관은 후두에서 시작하여 기관지로
갈라지기까지의 원통 모양의 관이며, 공기를
폐로 보내기 위한 중요한 기관이다. 단면은 거의
원형이며 알파벳 C 모양을 한 약간 폭이 넓은
연골이 세로 방향으로 늘어서고, 등 면은 근육과
결합 조직으로 이루어진 막(막성 벽)으로 되어 있다.
기관의 안쪽 면은 미세한 융모를 가진 점막 상피로
덮여 있으며 항상 점액을 분비하고 있다. 기관은
호흡이라는 중요한 역할을 맡고 있으므로 기관의 병
대부분은 정도의 차이는 있지만 생명 유지에 커다란
영향을 끼친다.

● **기관 저형성**

유전적 소인이나 발육 과정에서 어떤 문제로 기관이
원래의 크기에 이르지 못하는 병이다. 많은 경우
단두종 기도 폐색 증후군과 함께 발생하며, 기관은
전체적으로 가늘고 유연성이 없는 상태가 된다.
엑스레이 검사로 진단할 수 있는데 측면 상으로
보면 기관은 후두부의 절반 이하의 굵기가 되며,
숨을 들이마실 때와 내쉴 때의 기관 굵기의 변화가
없다.
증상은 단두종 기도 폐색 증후군과 마찬가지로 입을
벌리고 하는 호흡이나 헉헉거리는 소리를 내는
호흡, 기온이 상승했을 때는 빠르고 얕은 하아 하아,
하는 헐떡이는 호흡을 나타낸다. 거품 모양의 침을
토하거나 운동을 견디지 못하게 된다. 단두종 기도
폐색 증후군이 발생하면 되도록 다른 상부 폐색성

기관의 구조

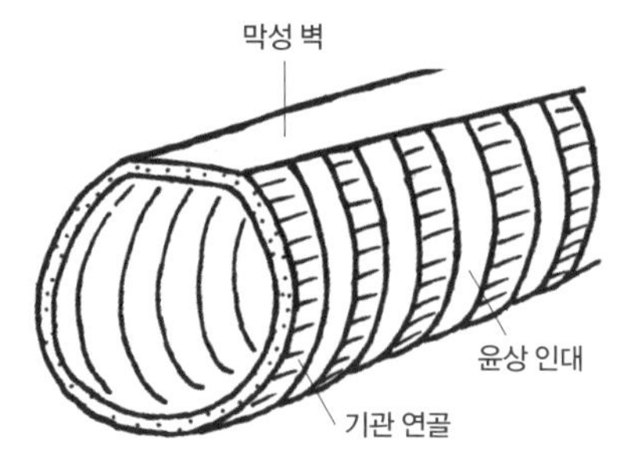

정상적인 기관의 외관. 기관 연골과 윤상 인대, 등쪽 면의 막성
벽에 의해 기관은 원통형 구조를 유지한다.

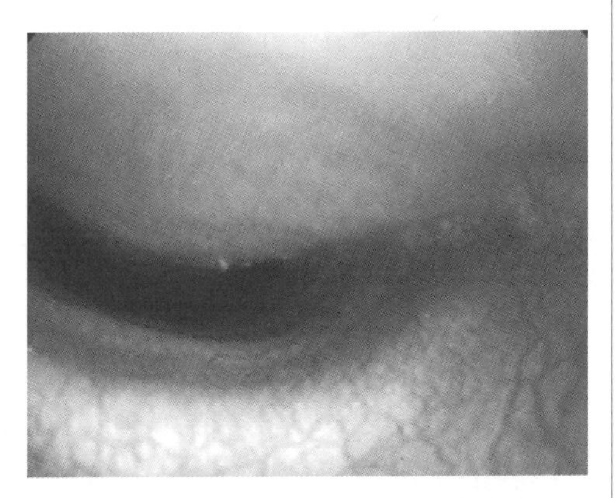

기관 허탈의 기관 내시경 사진(9세 푸들). 원래는 원형인 기관이 막성 벽의 신장과 기관 연골의 허탈로 인해 초승달 모양으로 찌그러져 있다.

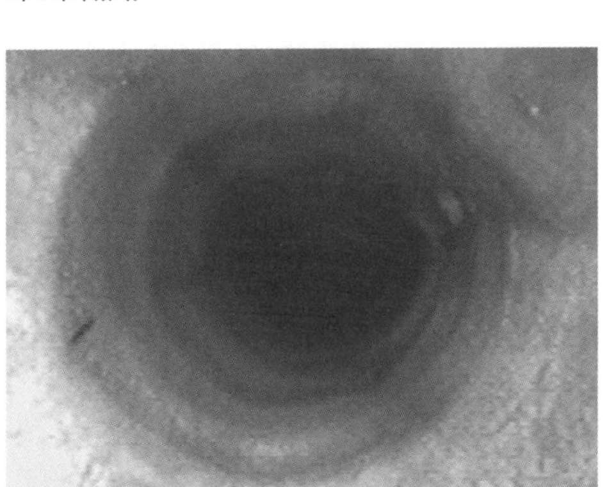

9세 푸들의 기관 허탈 수술 후 기관 내시경 사진.

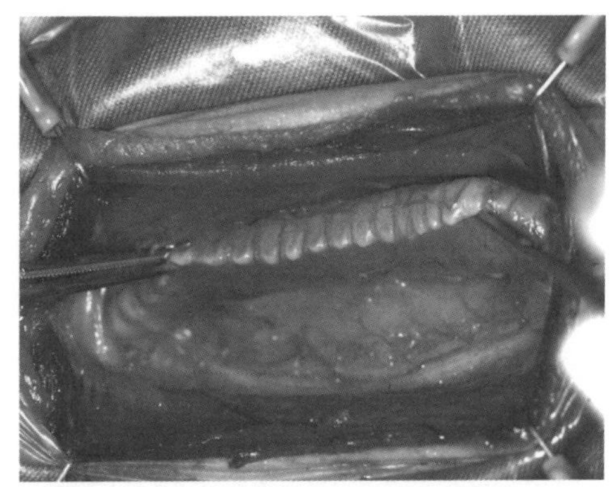

15세 치와와의 수술 중 사진. 기관 연골은 힘없이 평평해지고, 막성 벽이 늘어나서 기관은 편평하게 찌그러져 있다.

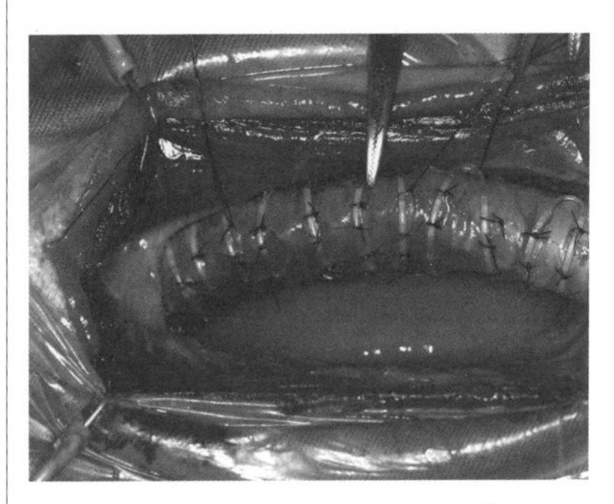

같은 치와와의 수술 완료 시. 기관의 바깥 둘레에 보강재를 넣고 기관과 봉합함으로써 허탈한 기관을 원래의 원통형으로 유지한다.

병변을 외과적으로 교정하는 것이 바람직하다.

● 기관 허탈

기관 허탈이란 기관이 본래의 강도를 잃고 짜부라지는 병이다. 기관 연골이 약해지거나, 뒤쪽의 막성 벽이 늘어나서 안쪽으로 파고드는 두 가지 요인에 의해 일어나는데, 원인은 아직 밝혀지지 않았다. 중증 예에서는 기관이 완전히 짜부라져 숨을 들이마시지도 내쉬지도 못하게 된다. 일반적으로 토이종(초소형종) 중 · 고령견에게 많다고 하는데, 유년견에게도 빈번히 보이며 특히 포메라니안이나 치와와, 요크셔테리어, 토이 푸들, 또한 대형견인 래브라도리트리버나 골든리트리버에게서는 유전적인 요인도 지적되고 있다. 고양이에게는 거의 발생하지 않는다.

증상 기침, 쌕쌕거림, 기침 후의 구역질 등이 있는데, 특히 꺽꺽거리는 〈거위 소리〉 기침은 가장 전형적인 증상의 하나다. 이들 증상은 고온 다습한 환경이나 흥분, 스트레스 등으로 악화하기 쉬우며, 많은 경우 차츰 악화하기도 한다.

진단 증상과 엑스레이 검사 결과로 진단한다. 기본적으로는, 숨을 들이마실 때와 내쉴 때 각각 측면 상을 촬영하고, 그 차이에 의해 평가한다. 그러나, 경증이라 해도 명백한 허탈이 나타나기도 하고, 중증이라 해도 촬영 타이밍이나 체위에 따라서는 정상으로 보이기도 한다. 확진에는 기관 내시경을 사용하여 기관 안쪽을 관찰하는 것이 이상적이지만, 중증 예에서는 마취하는 것이 대단히 위험하므로 함부로 마취해서는 안 된다.
치료 이 병을 근본적으로 치료하기 위해서는, 외과적인 치료가 꼭 필요하다. 외과적 치료법으로는, 기관을 넓히기 위한 각종 보형물이 고안되어 있는데, 장기적인 치유로 이어지는 비율은 일정하지 않다. 그러나 요즘은 특수한 아크릴을 가공한 보형물을 이용함으로써 수술 시간의 단축과 장기적인 치료가 실현되고 있다. 수술을 미루면 그 후의 수술 성공률이 떨어질 수 있다.

● 기관 협착

기관 협착은 넓은 의미에서는 선천성(유전성, 노령형) 기관 허탈을 포함하기도 하지만, 원래는 상처를 입은 후의 상흔이 위축되었을 때나 종양에 의해 압박되었을 때에 기관이 부분적으로 좁아지는 것을 말한다. 기침이나 쌕쌕거리는 소리가 있으며, 심하면 호흡 곤란이나 청색증을 일으킨다. 엑스레이 검사로 진단하는데 기관 허탈과의 감별이 중요하므로 정확하게 진단하려면 CT나 MRI 검사가 필요하다. 좁아진 기관을 외과적으로 넓히는 것이 치료의 최고 목표인데, 협착의 원인에 따라서는 근본 치료가 불가능하다.

● 기관염

기관의 일부 또는 전체의 염증으로, 기관지염과는 구별된다. 바이러스나 세균 감염, 또는 화학 물질(살충제나 약품 등 자극물)의 흡입, 기계적 자극(이물질의 혼입이나 기계적 압박 등)이 원인이 된다. 원인이나 염증의 정도에 따라 증상은 다양하지만 많은 경우 발열이나, 기침, 구토 등이 보인다. 이 기침에는 건성(컹컹하는 마른기침)과 습성(쌕쌕하는 젖은기침)이 있으며, 청진하면 쌕쌕거리는 호흡음이 들리기도 한다. 바이러스나 세균에 감염되면 젖은기침을 하는 경우가 많으며, 화학 물질의 흡입이나 기계적 자극이 원인이면 마른기침을 하는 일이 많아진다. 이물질 혼입 등에 의한 예를 제외하고, 대부분은 내과적 치료를 한다. 원인에 따라 달라지지만 기침약이나 항생제 투여, 흡입 요법, 코르티코스테로이드 투여를 이용한다. 호흡 곤란 증상을 나타내는 동물에게는 산소 공급을 하고 안정을 유지한다. 만성 염증을 동반하지 않는다면 대개 예후는 양호하다.

● 종양

개에게는 골연골종, 별 아교 세포종, 평활근종 등의 양성 종양과 편평 상피암, 림프종, 골육종 등의 악성 종양이 발생한다. 고양이에게는 림프종과 편평 상피암이 보인다. 그러나 개나 고양이의 후두나 기관에 종양이 발생하는 일은 양성이든 악성이든 대단히 드물다.

기관지 확장증

기관지가 점점 확장되는 병으로, 원주상(둥근기둥 모양) 확장증과 낭상(주머니 모양) 확장증의 두 가지로 나뉜다. 원주상 확장증은 기관지나 폐의 만성 염증으로 일어나는 경우가 많으며, 낭상 확장증은 선천성, 또는 강아지나 새끼 고양이는 감염증으로 일어나는 경우가 많다. 주된 증상으로는 기관지의 확장부에 만성 감염이 있으므로 다량의 고름 같은 담(가래)과 기침이 보인다. 감염을 반복하는 동안에 호흡이 마음대로 되지 않은 상태가 되기도 한다. 급성 기관지염이나 기관지 폐렴을 반복함으로써 이 병에 걸린다.
증상 처음에는 기침이 연속적으로 나온다. 일반적으로 기침은 깊고 낮은 상태이며, 젖은 느낌이다. 기침은 밤에 가장 심하고, 담이 나오는 기침은 동물이 활동을 시작하는 이른 아침에 많으며, 악취가 나는 고름 같은 액체가 다량으로 배출된다.

진단 만성 기침을 나타내는 병으로는 심장병이나 폐나 세로칸 막(흉부를 좌우로 나누는 막)의 종양, 폐충 감염 등이 있으며, 이들을 구별하기 위한 검사가 필요하다. 단순 엑스레이 사진에서는 폐가 얼룩 같은 반점 모양으로 보이며, 최종적으로는 기관지 조영술(엑스레이에 비치는 약을 넣어 상을 알기 쉽게 하는 방법)이 만성 기관지염과 기관지 확장증 진단에 유용하다.

치료 병에 걸린 폐엽의 절제가 유효하지만, 진단 시에는 너무 확대되어 있으므로 통상적으로는 이것을 할 수 없다. 기침을 가라앉히는 약은 점액이나 삼출물이 고이는 원인이 되므로 사용할 수 없다. 담을 감소시키기 위해서는 흡입을 위한 분무 치료를 사용하며, 감염 대책으로는 항생제를 투여한다. 호흡 부전에 빠졌을 때는 심부전 대책(심장의 상태를 좋게 하는 약의 투여 등)이나 산소 요법이 필요하다. 일반적인 건강 상태를 유지하고 치아나 편도, 부비강의 감염을 예방하는 것이 증상의 악화를 막는다.

기관지염

기관지 염증은 상부 기도의 병이 확대하여 발생하거나 기관지 자체의 염증으로 발생한다. 기관지염은 폐렴 때문에 생기는 경우는 드물지만, 기관지 폐렴은 기관지염이 퍼진 결과로 일어난다. 냉기, 자극성 가스, 먼지 등의 물리화학적 자극이 원인이 되어 바이러스 감염에 의한 상부 기도염에 이어서 발병한다.

증상 급성 기관지염은 급속히 발병하여 대개 48시간 안에 증상이 나타난다. 39.4도 이상의 발열은 드물며, 호흡 곤란이 있어도 중증은 아니다. 기침은 병의 초기에는 강하고 건성이며 통증이 있고 경련성이다. 삼출액이 화농성이 되면 기침은 소리가 낮아지며 더 습성이고 빈번해지지만 통증은 줄어든다. 이 기간에 점액이나 삼출액은 기침을 통해 배출된다. 급성 기관지염이 반복되면 만성 기관지염이 되며, 더 나아가 기관지 확장증을 일으키기도 한다.

진단 증상을 바탕으로 진단한다. 엑스레이 검사를 하면 기관지는 굵어진 것처럼 보이며, 흉부의 다른 조직에 대해 비정상적으로 강한 콘트라스트를 나타낸다.

치료 동물을 따뜻하게 해주는 동시에 안정을 유지시키고 충분히 자게 한다. 영양 보급, 흡기의 가습, 해열, 진통 치료, 또는 링거액으로 수분 보충, 항생제 투여 등을 한다. 먼지가 적고 기온 변화가 적은 장소에서 키우고, 바이러스에 의한 병의 예방을 위해 백신을 접종함으로써 예방할 수 있다.

천식(고양이)

천식이란 소기관지와 세기관지의 내강이 좁아져서 일어나는 호흡 곤란의 반복성 발작이며, 발작 중의 쌕쌕거리는 호흡이 특징이다. 샴고양이에게 많이 보이며, 과거에 폐렴이나 기관지염 등의 호흡기 질환에 걸린 적이 있는 동물에게 많이 발생한다.

증상 천식 발작은 갑자기 시작되며 쌕쌕거리는 호흡, 기침, 청색증이 가장 두드러진 증상이다. 대개 체온은 정상이다. 발작은 장기간에 걸쳐 진행되며 규칙적인 주기로 재발하는 경향이 있다.

진단 병력과 증상만으로 충분히 진단할 수 있다. 엑스레이 사진에 이상이 보이지 않는 것은 진단할 때 한 가지 기준이 된다. 진성 천식에서는 호산구(백혈구의 일종) 증가가 인정되며, 발작 시에 채취된 담에는 호산구가 함유되어 있다. 천식과의 감별이 필요한 병으로는 폐렴이나 기관지염, 흉막염, 횡격막 탈장, 흉부 림프 육종, 육아종 질환 등이 있다.

치료 기관지 확장제, 스테로이드제 첨가, 산소 공급, 분무 요법 등으로 치료한다. 고양이를 알레르겐(알레르기를 일으키는 물질)에 노출되지 않도록 하는 것 이외에 적절한 예방은 없다.
발작의 개시가 계절적이거나 규칙이라면 미리 항히스타민제와 스테로이드제를 경구 투여하여 발작을 예방하거나 줄일 수 있다.

기관지와 폐 질환

폐렴

폐렴은 이름 그대로 폐의 염증으로, 급성과 만성의 두 가지가 있으며 둘 다 호흡 장애를 일으킨다. 세균 감염이나 기생충 감염, 알레르기 등 다양한 원인에 의해 발생한다. 호흡이 얕고 빨라지며 낮은 기침이 보인다. 발열이 있으며 식욕이 떨어진다. 청진을 해보면 초기에는 마른 수포음(거품 소리)이 들리며 그 후 젖은 수포음이 들린다. 원인에 따라서는 급성 호흡 곤란이나 고열 등이 보이기도 한다. 강아지나 새끼 고양이는 급격히 악화되기도 하므로 특히 주의가 필요하다. 보통 임상 검사로 진단하며 세균 감염이 있으면 호중구가 증가하고 기생충 감염이나 알레르기에서는 호산구가 증가한다. 엑스레이 검사는 기관지염, 흉막염, 폐렴의 감별에 유용하다. 항균 요법에 중점을 두며, 그 밖에는 급성 기관지염 치료와 같다. 감염증에 대해서는 정기적으로 백신을 접종하고 병이 난 동물은 격리하고 접촉을 피한다. 동물의 거주 공간을 소독, 청소하고 영양 균형이 잡힌 먹이를 주는 것이 중요하다. 기생충 감염을 예방하려면 분변을 바로 처리하고 중간 숙주를 없애기 위해 노력한다. 심장사상충증은 한 달에 한 번 예방약을 투여하는 것이 유효하다.

● 바이러스 폐렴

바이러스가 원인이 되어 일어나는 폐렴을 말한다.
개홍역 전염성이 강하며 중증이 되는 개 바이러스 질환이다. 발병 초기에는 눈과 코에서 분비물이 보이며, 소화기와 호흡기 증상이 특징이다. 후기가 되면 신경 증상이 나타나며 40도 전후의 고열이 나고, 세균 등의 이차 감염으로 폐렴을 일으킨다. 치료는 대증 요법뿐이다. 백신 접종으로 예방할 수 있다.
개 헤르페스바이러스 감염증 갓 태어난 새끼였을 때 발병하면 중증 전신 증상이 나타나지만 나이가 들어서 발병하면 증상이 가벼우며 호흡기에만 증상이 나타난다. 생식기와도 관련이 있는 것으로 보이며 유산이나 사산의 원인이 된다. 현재 백신은 없다.
개 아데노바이러스 감염증 코점막과 편도 상피에 괴사를 동반한 염증을 일으키는데, 기관과 기관지에는 이상이 생기지 않는다. 대증 요법을 중심으로 치료한다. 백신 접종으로 예방할 수 있다.
고양이 칼리시바이러스 감염증 고양이 칼리시바이러스에 감염되어 일어난다. 입, 코, 눈을 통해 감염되며 19일의 잠복기 후에 피가 섞인 콧물, 눈곱, 재채기, 식욕 부진 등의 초기 증상이 나타나고, 그 후에 혀와 경구개(입안의 상부)에 궤양이 생긴다. 회복까지는 1~4주가 걸리는데, 사망률도 높아서 30퍼센트 정도 이른다. 대증 요법으로 치료하며 적절한 간호가 가장 중요하다. 백신 접종으로 예방할 수 있다.
고양이 전염성 복막염 코로나바이러스에 속하는 고양이 전염성 복막염 바이러스에 의해 일어나며 흉수나 복수가 차면 치료가 어려운 병이다.
바이러스는 감염한 고양이의 분변이나 소변과 함께 배출되어 다른 고양이의 입이나 코를 통해서 감염한다. 전형적인 증상은 기력 상실, 식욕 부진, 체중 감소, 장기간에 걸친 39도 이상의 발열, 복수나 흉수의 저류 등이다. 유효한 치료법은 없다.
고양이 레트로바이러스 감염증 고양이 백혈병 바이러스 감염증이라고도 하며, 바이러스는 감염된 고양이의 침에 많이 함유되어 있다. 이 병에서는 가슴에 커다란 종양이 생기기도 하는데, 그렇게 되면 기관이나 폐가 압박되어 호흡 곤란이나 청색증, 삼킴 곤란, 기침 등을 일으킨다. 많은 고양이에게 빈혈이나 면역 저하가 나타나며 확실한 치료법은 없지만 백신 접종으로 예방할 수 있다. 감염이 확인된 고양이를 격리해서 다른 고양이에게 전염되는 것을 막는다.

●세균 폐렴

세균으로 일어나는 폐렴으로, 두세 종류의 세균이 동시에 감염해 있는 경우가 많다고 알려져 있다. 결핵 폐렴은 개와 고양이에게 보이며 만성적인 증상을 나타내며 진행된다. 개는 폐에, 고양이는 소화관이나 입 주위의 피부에 병소가 보인다. 개는 감염된 사람과 접촉함으로써, 고양이는 결핵균을 함유한 우유나 고기를 먹음으로써 감염되기도 한다. 발열, 기침, 호흡수의 증가, 여윔 등의 증상이 보인다. 엑스레이 검사로 진단할 수 있다. 치료는 공중 위생상 다른 개나 고양이, 사람 등에게 전염할 우려가 있으므로 하지 않는다. 예방 또한 사람의 경우와 마찬가지로 실시되고 있지 않다. 다른 세균에 의한 폐렴으로는 개나 고양이의 파스튜렐라증, 고양이의 클라미디아 폐렴, 이차적으로 일어난 세균성 폐렴 등이 있다. 치료는 어떤 항생제가 유효한지 조사하기 위해 감수성 테스트를 한 다음에 적절한 것을 투여한다.

●진균 폐렴

진균류(곰팡이 등)는 비둘기집이나 닭장, 박쥐의 보금자리 등에 존재한다. 호흡할 때나 피부에 난 상처를 통해 침입하며 콧속이나 기관지, 폐, 흉막에 감염하여 다른 장기로 퍼진다. 개에게는 히스토플라스마증이나 콕시디오이데스증이 많으며 고양이에게는 아스페르길루스증이나 크립토콕쿠스증이 잘 알려져 있다.

아스페르길루스증 대개 호흡할 때 아스페르길루스라는 진균을 들이마심으로써 감염된다. 개는 코로 감염되는 경우가 가장 많으며 고양이는 고양이 파보바이러스 감염증(범백혈구 감소증)과 같이 생기는 경우가 많이 보인다. 엑스레이 검사를 하고, 거기에 더해 진균 배양으로 균을 분리하여 진단한다, 항진균성 약물을 사용하지만 치료는 힘들다.

크립토콕쿠스증 개보다 고양이에게 많은 병이다. 재채기, 코골이, 만성적인 콧물의 유출이 보인다. 코에 감염되어 생긴 육아 조직(피부 표면으로 솟아오른 살) 때문에 얼굴의 뼈가 붓기도 한다. 육아 조직이 생기면 신경 증상(머리가 기울어지거나 안구가 좌우로 흔들림)이 보인다. 두부 엑스레이 사진으로 코에 육아 조직이 생겼는지 진단한다. 환부를 채취하여 현미경으로 들여다보면 지름 5~20마이크로미터의 원 모양을 한 특이 균체로 확진할 수 있다. 증상을 개선하고 그 후 항진균성 약물을 최소 두 달 동안 계속 투여한다.

●뉴모시스티스증(카리니 폐렴)

〈뉴모시스티스 카리니〉라는 미생물은 사람이나 동물의 폐에 살며 증식하지만, 보통은 그것 때문에 몸의 기능에 이상이 나타나지는 않는다. 그러나 면역력이 떨어지면 증세가 나타난다. 체중이 계속 줄거나 운동을 싫어하거나 기침, 호흡 곤란, 청색증 등의 증상이 보인다. 진단은 엑스레이 검사를 하고, 몸의 바깥쪽에서 폐까지 가느다란 침을 꽂아서 폐 조직을 채취한 다음, 그것을 현미경으로 검사하여 원인 미생물을 찾아낸다. 설파제와 트리메토프림이라는 약이 유효하지만 이 병의 배경에는 면역 기능의 저하가 있으므로 낫기 힘들다고 말할 수 있다.

● 기생충 폐렴

원충의 일종인 톡소플라스마에 감염되면 다양한 증상 가운데 하나로 폐렴이 나타난다. 급성이면 40도 이상의 발열이나 호흡 곤란이 일어나며, 청진을 하면 거친 호흡음이 흉부 전체에서 들린다. 또한 눈의 증상이나 때로 황달도 보인다. 만성이면 몇 년에 걸쳐 몇 번이나 고열이 나거나 유산이나 빈혈, 심장병, 그 밖에 급성인 경우와 같은 증상이 보인다. 톡소플라스마증 이외에 폐흡충류나 폐충류의 기생에 의해서도 폐렴이 일어난다.

● 흡인 폐렴

음식물이나 이물이 잘못해서 기도에 들어감으로써 일어나는 급성 폐렴이다. 거대 식도증(원인 불명의 신경·근육 기능 부전에 의해 발병), 쇠약, 만성 구토, 마비 등을 원인으로 들 수 있다. 젖은기침이나 통증을 동반하는 발작성 기침, 호흡수의 증가, 쌕쌕거리는 호흡음, 호흡 곤란 등이 보이며, 증상이 진행되면 청색증이 생긴다. 폐부종(폐에 물이 차서 가스 교환이 방해받는 상태)은 급격히 진행되며 심박수 저하나 고혈압증이 나타난다. 엑스레이 검사나 혈중 이산화탄소 농도와 산소 농도의 측정, 기관지 세정으로 얻은 액의 내용물을 검사하여 진단한다. 기관지를 세정하고 항생제를 투여하거나, 기관지 경련이나 염증을 억제하기 위해 스테로이드제를 투여한다.

● 유지질 폐렴

폐에 지방과 비슷한 유지질이 침착하는 증세로 고양이에게 잘 일어난다. 설사약으로 이용되는 광물성 기름(황산 나트륨, 황산 마그네슘 등)을 흡입하여 일어난다. 식물성 기름(해바라기유 등)이나 동물성 기름(간유, 우유) 등도 반복적으로 흡입하면 원인이 된다. 가벼운 기침이 보이며 중증이 되면 폐의 대부분이 섬유화하여 딱딱해지며 항생제나 스테로이드제가 듣지 않는 만성 폐렴을 일으키고 호흡 곤란을 나타낸다. 엑스레이 검사를 하면 넓은 범위에 걸쳐 경계가 불분명한 결절(콩알만 한 크기의 부기)이 보인다. 최종적으로는 폐 조직을 채취하여 검사함으로써 진단한다. 광물성 기름에 의한 병변을 개선하는 치료법은 아직 발견되지 않았다. 유류의 냄새를 반복적으로 맡지 않도록 한다.

● 요독 폐렴

요독증에 걸렸을 때 일어나기 쉬운 폐렴으로, 가벼운 폐부종을 동반한다. 사람의 성인 호흡 곤란 증후군과 비슷하며 개나 고양이에게는 거의 발생하지 않는다. 폐는 엑스레이 사진에서는 불투명 유리처럼 보인다. 치료하려면 산소 공급, 기도 확보, 인공호흡을 한다. 항생제나 스테로이드제의 투여도 유효하다.

● 호산구 폐렴

원인 불명의 폐렴으로, 고양이보다 개에게 많이 보인다. 폐에 호산구가 다수 모임으로써 일어난다. 기생충, 세균, 바이러스, 화학 물질, 약물 흡입 등을 생각할 수 있지만 명확한 원인은 알 수 없다. 기침 이외에 외관의 이상은 보이지 않는다. 경과가 길어지거나 중증인 예에서는 식욕 부진, 호흡 곤란, 침울 증상을 나타낸다. 폐 공기증(폐포에 공기가 너무 많이 들어가서 폐가 지속적으로 확장된 상태)을 일으키기도 한다. 엑스레이 검사를 하고 기관 흡인액이나 기관 세정액 속에서 다수의 호산구를 확인함으로써 진단한다. 치료는 스테로이드제를 사용한다.

폐 혈전 색전증

혈관 안의 세균이나 이물, 공기, 지방, 기생충, 또는 몸속 어딘가에서 생긴 혈전 조각이 들어가서 폐의 동맥이 막힌 결과 일어나는 병이다. 개에게 가장 많이 알려진 원인으로는 심장사상충을 동반한 폐 혈전 색전증을 들 수 있다. 대단히 심한 호흡 곤란이나 호흡 촉박이 갑자기 일어난다. 흉부 엑스레이 사진은 거의 정상으로 고도의 호흡 곤란이 있는데도 엑스레이 사진에서 이상이 적게 보인다면, 혈전 색전증일 가능성이 있다. 진단에는 폐혈관 조영법이 유용하다. 치료로는 혈전 생성을 막고 수액으로 혈액 순환을 개선시키고 산소 공급을 한다.

폐 고혈압증

혈관 내 혈압이 만성적으로 상승하는 병으로, 중증 선천 심장병이나 심장사상충증 등 진행성 혈관 질환이 있을 때 보인다. 이어서 동맥 경화증, 심장 비대, 뇌출혈 등을 일으키기도 한다. 선천 심장병, 노령이나 비만, 단두종의 연구개 노장, 담배 연기 흡입 등을 원인으로 들 수 있다. 호흡이 빈번해지고 복식 호흡이나 기침을 하며 운동을 싫어하게 된다. 병의 진행에 따라서는 청색증이 보인다. 청진할 때 이상 음과 엑스레이 검사나 초음파 검사로 심장의 우심방과 폐동맥의 확대가 보이는 것으로 진단한다. 심질환 등의 기초 질환이 있으면 먼저 원발 질환의 치료, 산소 공급, 기관지 확장제나 항생제, 스테로이드제, 강심제를 투여하거나 아스피린 요법 등을 실시한다. 되도록 비만이 되지 않도록 체중을 조절하고 나트륨을 제한한 먹이를 준다.

폐부종

폐에 다량의 액체가 고여서 가스의 교환이 방해받는 상태를 말한다. 대부분 다른 병과 함께 생긴 것이며, 폐부종이 단독으로 보이는 예는 없다. 심장성(심장에 원인이 있는 것)과 비심장성으로 나뉘는데 개나 고양이는 대부분 심장성이다. 심장성은 폐정맥 내의 혈압이 상승함으로써 폐의 혈류량이 증가하여 기도나 폐의 사이질에 수분이 새어 나가 고임으로써 발생한다. 비심장성은 폐에 염증이 일어남으로써 폐의 모세 혈관 투과성이 높아져서 혈관 내로부터 기도나 폐의 사이질로 수분이 새어 나가 고임으로써 발생한다. 다량의 링거를 급속히 투여하면 폐부종이 일어나기도 한다. 증상으로는 호흡 곤란, 입을 벌린 채로 호흡하거나 쌕쌕거리는 호흡 소리, 불안해하는 모습 등이 보인다.
폐부종 초기에는 물 같은 거품 모양의 콧물이 나오며, 말기에는 피가 섞인 거품 모양의 콧물이 나온다. 청색증이 보이며 안구는 앞으로 돌출되고, 경정맥이 두꺼워져 부푼다. 안정 시에도 호흡 곤란이 나타나며 밤에는 기침, 쌕쌕거리는 호흡음이 들린다. 옆으로 눕는 자세를 싫어하며 가슴을 넓히기 위해 앞다리를 밖으로 내뻗거나(안짱다리가 된다), 앉은 채로 있는 일이 많아진다. 폐의 청진에서는 폐포의 특징적인 비빔 소리(머리카락 묶음을 손으로 비틀 때와 같은 소리)가 들리며 더 진행되면 쌕쌕거리는 호흡음이 들리게 된다.
혈액 검사나 엑스레이 검사로 진단할 수 있다.
단, 급성이면 서둘러야 하므로 치료를 먼저 한다.
폐포에 물이 차면 엑스레이 사진에는 점이나 얼룩 모양의 그림자가 보인다. 폐포와 폐포 사이의 사이질에 물이 차면 폐는 까맣게 찍히는데 물이 존재하므로 하얀 불투명 유리처럼 찍힌다. 폐에 찬 물을 빼내기 위해 이뇨제를 투여하거나 산소를 공급하게 한다. 심장 기능을 강화하는 약이나 기관지를 확장하는 약을 투여한다. 안정을 유지하고 운동을 제한한다. 식사는 염분을 억제하고 나트륨을 제한한다.

폐 섬유증

좌우 폐의 사이질에 결합 조직이 증가함으로써 폐가 딱딱해져서 폐가 충분히 기능하지 못하게 된 상태를 말한다. 호흡 곤란이나 청색증이 보이며, 병이 진행되면 호흡 기능 상실을 일으킨다. 원인은 명확하지 않지만 면역계와 관계가 있다고 알려져 있다. 엑스레이 검사로 진단하며 치료는 보통 스테로이드제를 사용하고, 폐렴을 동반할 때는 항생제를 사용한다.

폐 타박상

흉부 타박으로 폐가 출혈하거나 기흉(늑골과 폐 사이에 공기가 들어가 폐를 압박하여 호흡 곤란을 일으킨다)이 되면서 발생한다. 폐가 충분히 부풀지 못해 환기가 불충분해지며 호흡 곤란에 빠진다. 호흡 곤란, 호흡수 증가, 객혈(폐에서 출혈한 혈액을 입으로 토해내는 것), 기침 등이 보인다. 엑스레이 검사로 진단한다. 치료법으로는 우선 케이지에 넣어서 안정을 유지한다. 기관지 확장제를 투여하면 효과가 있으며 산소 공급도 유효하다.

폐엽 염전

폐는 크게 일곱 부분으로 나뉘어 있는데 그중 하나를 폐엽이라고 한다. 이 병은, 그 폐엽이 뒤틀림으로써 일어난다. 가슴이 깊은 개(아프칸하운드 등)에게 많으며 고양이에게는 대단히 드물다. 원인은 가슴을 여는 수술을 할 때나 횡격막 탈장(횡격막이 교통사고 등에 의해 망가져서 위나 장관, 간 등 복부의 장기가 흉부로 들어오는 병)에서 보이기도 한다. 폐엽에 존재하는 혈관의 흐름이 저해됨으로써 폐에 혈액이 고여 염증이나 폐 조직의 괴사가 일어난다. 급성 호흡 곤란, 식욕부진, 구토, 청색증, 피가 섞인 가벼운 기침, 호흡수 증가 등이 나타난다. 엑스레이 검사로 폐엽의 염전 부위를 확인하여 진단한다. 흉부에 고인 액체가 보이면 속이 빈 가는 침을 몸속에 찔러 넣어 액체를 뽑아낸다. 또한 쇼크를 예방한다. 증상이 안정된 다음, 뒤틀린 폐엽을 절제하는 수술을 한다.

종양

폐의 종양은 처음부터 폐에 생기는 폐 원발성, 그리고 다른 장기에 생긴 종양의 세포가 혈액을 타고 폐로 전이하여 생기는 전이성으로 나뉜다. 대부분 전이성이다. 전이성의 원인으로는 젖샘 종양이나 골육종(뼈의 악성 종양), 악성 흑색종(멜라닌 색소 세포의 이상에 의한 종양) 등이 있다. 폐에 종양이 생기면 쉽게 피곤해하고 체력 소모가 심해지고 식욕 부진, 털이 푸석푸석해지는 등의 증상이 보인다. 가벼운 호흡 곤란도 일으킨다. 엑스레이 검사에서 결절 같은 그림자가 인정된다. 기도의 분비물이나 세정액에서 종양 세포를 발견함으로써 진단할 수 있다. 특별한 요법은 없으며 대증 요법을 한다. 그러므로 예후는 좋지 않다.

흉강과 흉막 질환

내용 이상

흉강(가슴안)에는 심장이나 폐와 같이 생체에 대단히 중요한 장기가 있으며 이들 장기는 8개의 흉골(복장뼈)과 13개의 흉추(등뼈), 13개의 늑골(갈비뼈), 그리고 많은 근육으로 둘러싸여 보호되고 있다. 또한 흉강과 복강(배안)은 횡격막(가로막)이라 불리는 커다란 근육으로 구분되어 있다. 흉강 내에는 심장과 대동맥, 폐동맥 등의 대혈관이 있으며, 호흡으로 혈액에 산소를 공급하는 폐가 좌우 양쪽에 있다. 음식물을 위로 운반하는 관인 식도가 있으며, 림프액이나 지방 성분 등이 흐르는 흉관(가슴 림프관)도 있다. 그들 중요한 장기는 얇은 흉막(가슴막)으로 덮여 있으며, 흉벽을 덮은 흉막을 벽측 흉막, 장기를 덮은 흉막을 장측 흉막이라고 한다. 벽측 흉막과 장측 흉막은 흉막강(가슴막안, 두 겹 가슴막 속의 밀폐된 공간)을 형성하며, 세로칸이라 불리는 구조에 의해 좌우로 나뉘어 있다. 흉막에는 모세 혈관이나 림프관이 있으며, 소량의 분비액(장액이나 전해질)을 분비하여 흉강 안을 촉촉하게 하여 마찰이나 건조, 감염으로부터 장기를 보호하고 있다.

●기흉

흉강 안은 원래 음압으로 유지되고 있는데, 여기에 공기(기체)가 들어가서 폐가 위축한 상태를 기흉이라고 한다. 기흉은 원인에 따라 외상성 기흉, 자연 기흉, 의인성 기흉이 있다. 동물은 대부분 외상성 기흉이며, 교통사고로 인한 흉벽과 폐의 손상이나 물린 상처에 의한 흉벽 침투성 외상이 원인이 된다. 자연 기흉은 동물에게는 드물지만, 파열하기 쉬운 낭이 있으면, 흥분하거나 가볍게 기침만 해도 일어난다. 폐렴이나 폐 섬유증, 폐암 등에서도 폐의 일부가 파열하여 일어난다. 의인성 기흉은 흉강 천자술(주삿바늘로 체액을 뽑아내는 일), 흉강의 외과 수술(심장 수술, 폐엽 절제술, 횡격막 탈장 복원 수술 등)로 일어나기도 한다. 병태로 보면, 흉벽이나 폐, 기관의 손상 부위를 통해 공기가 흉강 내로 새어 나가 바깥과 교통이 없는 상태를 폐쇄성 기흉이라고 한다. 그에 비해 바깥과 교통하는 기흉을 개방성 기흉이라고 한다. 또한 흉강 내로 새어 나오는 공기가 많고, 외부와의 교통로에 한 방향 밸브 같은 기능이 생겨 흉강 내압이 양압이 된 기흉을 긴장성 기흉이라고 한다. 이 타입의 기흉이 가장 심각하고 위험하다.

증상 일반적으로 동물은 호흡 곤란을 일으키고 흉곽을 확장하며 얕고 빠른 호흡이 보인다. 폐의 허탈이 중간 정도라면 동물은 입을 벌려 호흡하며 혀나 구강 점막은 청색증을 나타내고 호흡 곤란 증상이 보인다. 단, 이런 증상은 원인이나 정도에 따라 무증상에서 호흡 곤란으로 쇼크 상태를 일으키는 것까지 다양하다.

진단 흉부 엑스레이 검사를 하여, 흉강 내에 비정상적인 공기 상태가 보이거나 폐의 위축이 보이면 기흉으로 진단할 수 있다.

치료 치료할 때는 우선 엑스레이 검사로 기흉이 좌우 흉강의 한쪽에만 일어났는지, 양쪽에 일어났는지를 알아야 한다. 또한, 이상 소견의 유무나 폐의 위축이 심한지 판단한다. 치료 방법은 원인과 증상, 특히 호흡기 증상에 맞춰서 선택한다. 호흡기 증상이 보이지 않는 가벼운 폐쇄성 기흉은 며칠 동안 안정시키기만 해도 좋아지기도 한다. 그러나 호흡 곤란이 일어나 흉벽이나 폐의 손상이 강한 개방성 기흉이나 긴장성 기흉 등에서는 외과적으로 흉강 내에 튜브를 삽입하여 공기를 빼내야 한다. 때로 전신 마취하에 개흉 수술을 하여 손상된 폐의 절제나 늑골 골절을 동반하는 흉벽의 손상을 복원할 필요도 있다.

●흉수증

흉강 내에는 정상적인 동물이라도 2~3밀리리터의 극소량 장액(점액이 들어 있지 않은 맑은 액체)이 고여 있는데, 이것이 다량으로 흉강 안에 고인 상태를 흉수증(가슴막 삼출액증)이라고 한다. 정상인 장액은 벽측 흉막의 모세 혈관이나 림프관에서 생성되어 장측 흉막에서 흡수된다. 흉강 안의 장액량은 모세 혈관압, 흉강 내압, 혈청 교질 삼투압, 림프관 등에 의해 조정되고 있다. 이들 조정 기능이 저해되어 이상이 생기면 흉강 내에 액체가 다량 고여서 흉수가 된다. 흉수를 일으키는 병으로는 심장 질환, 간 질환, 신장 질환, 영양실조, 유미흉(암죽가슴증) 이외의 폐렴이나 흉막염 등의 감염증, 암 등의 악성 종양이 있다.

증상 흉수를 일으키는 원인이나 흉수의 양에 따라 증상은 다양하지만 일반적으로는 기침, 호흡 곤란, 청색증 등의 호흡기 증상이 보인다.

개의 흉강 횡단면

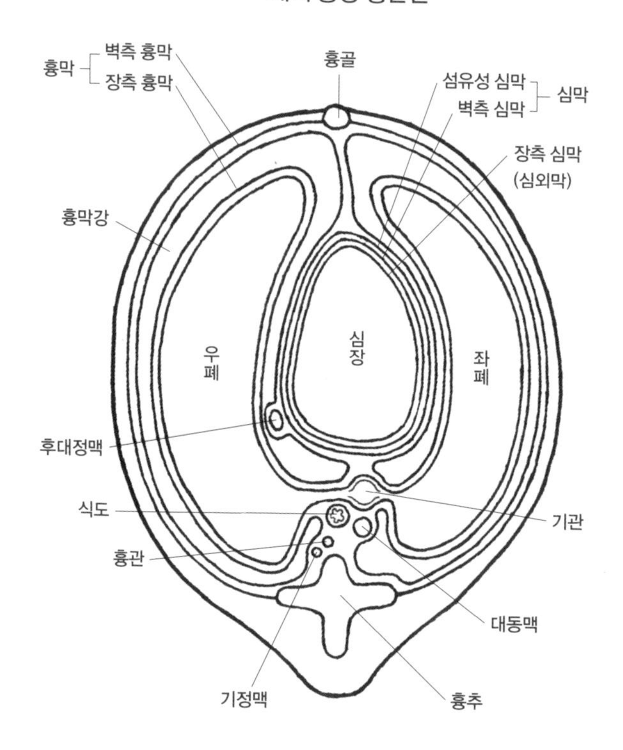

개의 흉강 등쪽 면

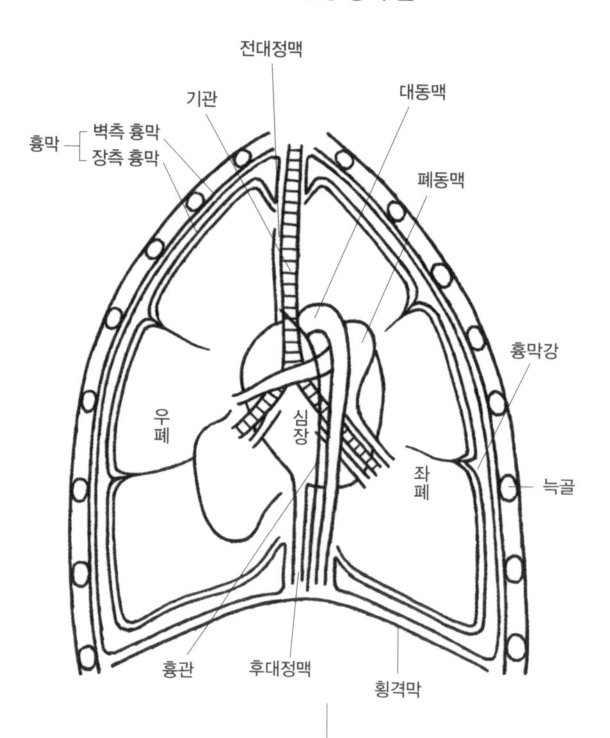

기흉을 일으킨 상태

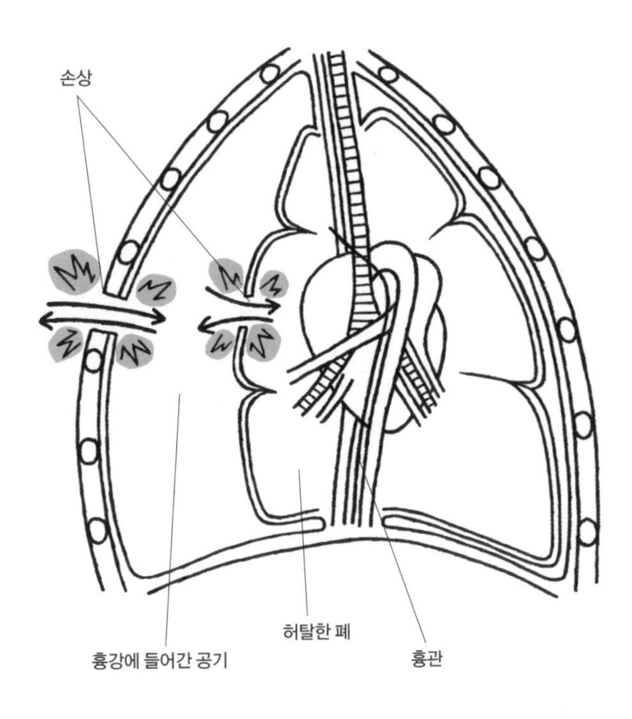

진단 호흡기 증상과 흉부 엑스레이 검사나 초음파 검사 결과로 진단한다. 호흡 곤란의 개선과 흉수의 원인 확인을 위해 흉강 천자술로 채취한 흉수의 성질을 조사한다. 흉수는 누출액(단백 농도 2.5g/dℓ 이하, 비중 1.017 이하, 세포 수 1천 마이크로미터 이하)과 삼출액(단백 농도 3.0g/dℓ 이상, 비중 1.025 이상, 세포 수 5천 마이크로미터 이상)으로 나뉘어 있다. 그 중간은 변성 누출액이라고 한다. 흉수가 누출액이라면 심장 질환, 간 질환, 신장 질환 등을 생각할 수 있으며 삼출액이라면 염증을 동반하는 감염증이나 암 등을 생각할 수 있다.

치료 원인에 대한 치료가 중심이 되는데, 중간 정도의 호흡 곤란이 있으면 기흉과 마찬가지로 흉강 내에 튜브를 삽입하여 배출하는 것을 우선한다. 고인 액체가 누출액이라면 유지 요법으로 이뇨제 등을 투여하기만 해도 충분히 효과가 있지만, 일반적으로 흉수는 병의 말기 증상으로 여겨지며 완치가 힘든 편이다.

●**유미흉**

다양한 품종의 개나 고양이에게 보이지만, 개는 아프간하운드나 시바견에게 잘 발생하며 고양이는 샴고양이나 페르시아고양이에게 잘 발생한다고 알려져 있다. 유미액은 소장에서 림프관으로 흡수된 지방 성분이나 전해질, 비타민 등을 함유한 액체로, 흉강 안의 흉관을 통과해 커다란 정맥에 합류한다. 유미흉은 그 유미액이 흉관에서 흉강 안으로 새어 나와 고여 있는 상태를 말한다.

증상 유미흉의 원인은 외상성, 비외상성, 특발성으로 분류된다. 외상성에는 흉벽 손상으로 흉관 파열이나 수술에 의한 흉관 손상 등이 있다. 비외상성은 다른 질환에서 이차적으로 유미흉이 일어나는 것으로, 토대가 되는 질환에는 흉강 내 종양이나 심장병(특히 심장사상충증이나 심근증), 폐엽 염전 등이 있다. 특발성 유미흉이란 누출의 원인이 불명확하며 흉관의 조영 검사를 해도 누출 부위를 특정하기 힘든 유미흉을 말한다. 동물에게는

우심실 부전에 의한 흉수증

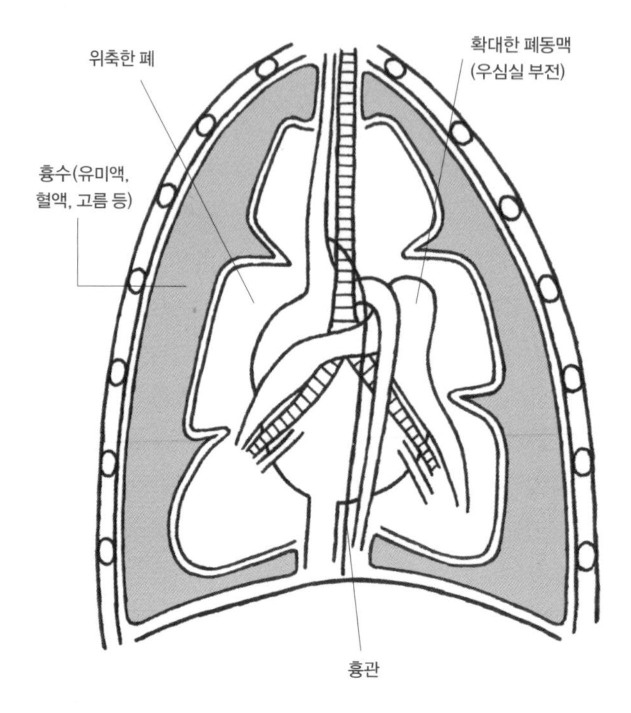

특발성 유미흉이 많이 발생한다.

진단 엑스레이 검사나 초음파 검사를 하여 흉강 안에 고인 액체를 확인하고 흉강 천자술을 통해 유미액을 얻음으로써 진단한다. 유미액은 우유처럼 흰색을 띤다. 채취한 유미액은 생화학 검사나 세포 검사를 한다.

치료 처음에는 지방을 줄인 저지방식으로 먹게 하여 흉관을 지나가는 유미액을 감소시키는 식이 요법이나, 흉수와 마찬가지로 흉강 내로 튜브를 삽입하여 배출하는 내과적 치료를 하기도 한다. 외상성 유미흉은 내과적 치료법만으로 좋아지는 예도 있다. 그러나 비외상성이나 특발성 유미흉은 내과적 치료법만으로는 개선이 곤란하며, 흉관 동여매기(가슴을 열어서 흉관을 묶는 방법)나 흉막 유착술(벽측 흉막과 장측 흉막을 유착시키는 방법)이나 흉막 복막 정맥 션트법(튜브를 체내에 묻어서 흉강 내의 유미액을 복강 내나 혈관 내로 보내는 방법) 등의 외과적 치료를 병용할 필요가 있다. 외과적 치료 가운데 가장 권장되는 것은 흉관 동여매기며 성공률은 60퍼센트 전후라고 한다. 최근에는 흉관 동여매기에 유미조(가슴 림프관에서 아래쪽 끝의 팽대된 부분) 절개나 심막 절제와 병용함으로써 치료 성과를 높이려 하고 있다. 그러나 유미흉의 확실한 치료법은 없으며, 여러 가지 방법을 조합한 치료가 행해지고 있다. 유미흉은 치료에 오랜 기간이 걸리지만 완치는 불가능하며 영양 불량으로 쇠약해져 사망하기도 한다.

●혈흉

흉강 내에 혈액이 고인 상태로, 외상이나 종양, 혈액 응고 이상 등으로 일어난다. 외상에 의한 것은 종종 기흉과 같이 생기며, 흉벽의 늑간 동 · 정맥이나 내흉 정맥에서의 출혈이나 폐의 손상에 동반하는 출혈이 원인이다. 횡격막 탈장이나 간과 비장 등 복부 내장의 손상으로도 혈흉을 일으킨다. 때로는 새끼일 때의 급속한 가슴샘 퇴행에 동반하는 혈관 파열에 의해서도 생긴다. 혈액 응고 이상에 의한 혈흉으로는 와파린 중독 등이 있다.

증상 혈흉의 증상은 기흉과 마찬가지로 손상된 부위나 정도로 따라 다르다. 흉벽의 손상이 가볍고 흉강 내 출혈이 소량이라면 별다른 증상은 나타나지 않지만, 조직 손상이 중간 정도며 다량의 출혈이 있으면 구강 점막은 창백해지고 빈혈이나 혈압 저하, 호흡 곤란 등을 일으켜 쇼크 상태가 된다. 와파린 중독에서는 피부밑 출혈이나 코피, 피 같은 설사 등이 보인다. 이 중독도 섭취한 독성 물질의 양에 따라서는 중증 증세를 나타내며 죽음에 이르기도 한다.

진단 신체검사로 외상의 유무를 파악한 다음, 초음파 검사나 엑스레이 검사로 흉강 내의 액체 고임을 확인한다. 영상 검사로 흉강 내의 액체가 혈액인지 판단하기는 불가능하지만 외상의 유무로 판단할 수 있다. 다량의 액체가 고여 있다면 진단과 치료를 겸해 흉강 천자술로 채취액의 상태를 검사한다. 채취한 혈액과 말초 혈관에서 채혈한 혈액을 비교(혈구 용적이나 혈장 총 단백 농도 등)하여 같다면 혈흉으로 진단한다.

치료 긴급한 때는 산소 공급이나 수액을 투여하면서 검사하고, 다량의 출혈이 보이면 개흉 수술로 손상 부위를 확인하여 지혈할 필요가 있다. 빈혈이 심하면 수혈이 필요하다.

●농흉

흉강 내에 고름 같은 액체가 고인 상태를 말하며, 한쪽에만 고인 경우와 양쪽에 고인 경우가 있다. 흉막염이나 폐렴, 외상이나 물린 상처에 의한 흉벽 손상, 이물 등의 식도 천공에 의한 세균 감염으로 일어난다. 흉강 내 종양, 감염증으로도 일어난다. 일반적으로는 개보다 고양이에게 많이 보이며, 이유는 개와 고양이의 생활 방식 차이 때문으로 보인다. 고양이는 자유롭게 밖으로 나가는 일이 많으므로 발정이나 영역 싸움에 의한 고양이끼리의 싸움으로 상처를 입기 쉽고 교미나 접촉 등 고양이 전염성 비기관염 같은 바이러스에 감염되기 쉽고, 폐렴이나 흉막염 등을 일으키는 일이 많기 때문이다. 종종 고양이 백혈병 바이러스나 고양이 면역 결핍 바이러스가 원인이 되어 저항력이 약해져서 이차 감염을 일으켜 농흉이 발병하기도 한다. 농흉의 원인균으로는 파스튜렐라균, 대장균, 포도상 구균, 연쇄상 구균 등의 혐기성 균이나 노카르디아, 녹농균 등의 호기성 균이 알려져 있다.

증상 초기에는 발열(39도 이상)이나 식욕 저하를 보이며 기운이 없어진다. 진행되면 흉강 내의 농액이 증가하여 흉수와 같은 증상이 보이며, 호흡이 힘들거나 입을 벌려 호흡하며 호흡 곤란을 일으킨다. 말기가 되면 패혈증을 일으키고 호흡 곤란이 심해지고 체온이나 혈압이 떨어져서 사망한다.

진단 혈액 검사에서 백혈구 수의 증가가 보이며 특히 호중구의 〈핵 좌방 이동〉이라 불리는 현상(미성숙 호중구의 증가)이 보인다. 동시에 혈액 검사에서 고양이 백혈병 바이러스나 고양이 면역 결핍 바이러스 감염의 유무도 조사할 필요가 있다. 엑스레이 검사나 초음파 검사에서 흉강 안에 액체 고임이 보이면, 그때까지의 증상과 백혈구 수의 증가 등에서 농흉을 의심한다. 그러나 확진을 하기 위해서는 흉강 천자술로 저류액을 채취하여 농액임을 확인한다. 그리고 채취된 농액은 현미경으로 그 안에 함유된 세포를 자세히 검사하여 호중구나 식세포, 세균의 존재를 조사한다. 그 후, 적절한 항생제를 선택하기 위해 농액 중의 세균을 동정(동식물의 분류학상 소속을 결정함)하고 감수성 시험을 한다.

치료 호흡 곤란 등 증상의 정도에 따라서도 다르지만, 병원에 왔을 때는 이미 흉강 안에 농액이

다량으로 고인 경우가 대부분이다. 심한 호흡 곤란을 나타낼 때는 엑스레이 검사 등을 위해 옆으로 눕히기만 해도 사망하기도 한다. 그러므로 검사나 치료를 하기 전에 산소실에 넣어서 충분히 산소를 공급하고 호흡 상태에 주의하면서 검사나 치료를 진행해야 한다. 필요에 따라 흡입 마취하고 흉강 내에 튜브를 삽입하여 완전히 배출한다. 폐의 유착이나 만성 흉막염을 일으키지 않도록 고름을 꺼낸 후에는 생리 식염수로 흉강 내를 씻어 내며, 회수액이 깨끗하게 투명해질 때까지 며칠 동안 실시한다. 동물은 탈수로 인해 쇠약해져 있는 경우가 많으므로 수액이나 비타민과 칼로리 보급 등 지지 요법을 한다. 또한 장기간 항생제를 투여해야 한다. 흉강은 대부분 완치될 수 있지만 너무 늦은 상태여서 심각한 호흡 곤란을 보이는 경우나 고양이 백혈병 바이러스나 고양이 면역 결핍 바이러스에 감염되어 림프종 등의 악성 종양이 있으면 치료가 장기화하거나 치료가 곤란하여 사망하기도 한다.

흉막염

흉강 내에 있는 벽측 흉막과 장측 흉막이 어떤 원인으로 염증을 일으키는 병이다. 원인은 다양하며, 기흉이나 농흉, 혈흉 등의 원인과 유사하고 흉벽의 외상이나 물려서 난 상처, 이물에 의한 식도 천공, 폐렴을 일으킬 만한 감염증, 심지어 암 흉막염(원발성 암 또는 전이성 암이 흉막으로 침윤) 등에 의해 일어난다.

증상 발열, 식욕 저하, 기침 등이 보이며 기운이 없어진다. 중증이 되면 흉강 내에 삼출액(성분 검사에서 단백 농도 3.0g/dℓ 이상, 비중 1.025 이상, 세포 수 5천 마이크로미터 이상을 말한다)이 고여 농흉과 마찬가지로 호흡 곤란이나 청색증을 일으킨다.

진단 혈액 검사에서 백혈구 수 증가, 특히 호중구의 증가 등이 보이고 초음파 검사나 엑스레이 검사에서는 흉강 내의 액체 저류를 확인할 수 있다. 그러나 저류액이 적으면 흉막 비대로 보이는 엽간열(폐엽을 나누는, 베인 자국)을 확인할 필요가 있다. 저류액이 많은 경우에는 검사와 치료를 겸하여 흉강 천자술로 고여 있는 액체를 채취한다.

치료 원인 치료가 중심이 되는데, 흉강 내의 삼출액이 다량이어서 호흡 곤란을 나타내면 흉강 천자술로 배출한다. 폐렴 등의 감염증에 의한 것에 대해서는 항생제의 투여가 중심이 된다. 암 흉막염에서는 암이 대부분 전이하므로 수액이나 영양 보급 등의 지지 요법을 하거나, 필요에 따라 방사선 치료를 하거나 항암제를 투여한다. 다량으로 삼출액이 흉강 내에 고이는 것을 막고 삶의 질을 개선하기 위해 카테터 장착이나 흉막 유착 수술 등이 필요한 때도 있다.

기타 질환

흉강은 주변이 흉골, 늑골, 늑연골, 횡격막으로 둘러싸여 외부와 복강과는 차단되어 있다. 이런 해부학적 구조는 호흡하는 데 중요한 역할을 한다. 간단히 말하면, 흉곽과 횡격막을 확장함으로써 폐에 공기를 흡입시켜 호흡할 수 있게 된 것이다. 따라서 흉곽을 형성하는 이들 부분에 장애가 생기면 호흡 장애를 발생시키게 된다. 여기서는 흉곽을 둘러싼 병으로, 호흡 장애를 일으키는 것에 대해서 해설한다.

● 횡격막 탈장

횡격막은 흉강과 복강 사이에 있는 근육이며, 흉강을 향해서 돔 모양으로 튀어나와 있다. 횡격막은 호흡하는 데 중요한 역할을 한다. 흉강에 횡격막의 돌출 부위가 배 쪽으로 당겨지면 흡기(들숨)가 일어나고, 이완하면 호기(날숨)가 일어난다. 그러므로 이 막이 찢어져서 이완된 채로 있으면 공기를 흡인하는 것이 곤란해진다. 횡격막 탈장이란, 선천적 또는 후천적 원인으로 횡격막 일부가 파괴되거나 찢어져서 음압이 된 흉강 내로 간이나 위, 장관 등의 복강 장기가 침입하는 것을 말한다. 선천 횡격막 탈장에는 횡격막에 단순한 결손 구멍이 보이는 경우, 그리고 심낭(심장막)과 횡격막의 결손 구멍이 개통하여 심낭 내로 복강 장기가 진입하는 심막 횡격막 탈장이 있다.

증상 증상의 정도는 흉강 내로 진입한 장기의 양과 상관관계가 있으며, 진입한 장기의 양이 많을수록 폐는 압박되어 호흡 장애가 악화한다.

진단 심막 횡격막 탈장에서는 심장의 확장 장애로 순환기 장애가 보인다. 호흡이 빨라지거나 청색증, 입 벌려 호흡하기 등의 증상이 나타난다. 고양이는 호흡 곤란을 비교적 잘 견디지만, 개는 고통으로 날뛰는 경우가 많다고 알려져 있다.

치료 수술하여 파열 부위를 정상 상태로 정복하는 것이 가장 일반적인 치료법이다. 장기 손상이 없다면 예후는 비교적 양호하다.

● 오목가슴

오목가슴이란, 흉곽을 형성하는 흉골과 늑골, 늑연골이 함몰하여 변형된 상태를 말하며, 중증이 되면 호흡 장애를 일으킨다. 오목가슴에는 선천성과 후천성이 있으며, 다시 좌우 대칭성, 비대칭성 등으로 분류된다. 사람에게는 한쪽만 함몰이 보이는 비대칭성 오목가슴이 많이 보이고 개와 고양이는 좌우 대칭성이 많이 보인다. 특히 개는 흉곽 전체가 평평해지는 타입이 많으며, 고양이는 흉골의 검상 연골이 깊이 함몰되어 부근의 늑연골을 끌어들이는 타입이 많다.

증상 가벼운 정도의 오목가슴은 무증상이다. 증상이 인정되는 것은 대부분 중간 정도로 변형된 오목가슴이며, 호흡이 빨라지거나 운동을 견디지 못하게 되는 이외에 청색증 등이 보인다. 또한 흉곽의 확장 장애가 있으므로 세균 등에 감염되기 쉽다.

진단 주로 엑스레이 검사로 진단한다. 최근에는 CT 검사로 더욱 정확한 진단이 가능해졌다.

치료 무증상이라면 치료할 필요가 없다. 어렸을 때는 변형이 있더라도 성장하면서 교정되기도 한다. 호흡 장애를 동반하는 중증 오목가슴은 외과적 방법으로 변형을 정상 상태로 정복할 필요가 있다. 주로 두 가지 방법이 있는데, 하나는 변형된 흉골과 늑골, 늑연골을 장기간 견인하여 정복하는 방법이며, 다른 하나는 변형 부위를 절제하여 정복하는 방법이다.

● 동요 가슴

흉곽을 구성하는 늑골이 연속하여 다수 골절되면 정상 호흡할 때의 흉곽 움직임과 반대인 움직임이 생긴다. 즉 늑골이 숨을 들이마실 때 흉강 쪽으로 움직이고 반대로 숨을 내쉴 때 바깥쪽으로 움직이는 상태를 동요 가슴이라고 한다. 교통사고 등으로 다수의 늑골 골절이 일어남으로써 생기며 폐 등의 손상을 동반하는 경우가 많고 심각한 호흡 곤란 등이 보인다. 정상인 흉곽의 운동이 가능하도록, 골절된 여러 개의 늑골을 바깥쪽에서 고정하거나 수술하여 골절된 늑골을 와이어나 골수 내 핀으로 고정하는 방법이 있다.

종양

흉강이나 흉막에 발생하는 원발성 종양에는 림프 육종이나 비만 세포종, 중피종 등이 있다. 어떤 종양이든 삼출액을 동반하며, 흉강 내에 흉수로서 고인다. 그 흉수의 고인 양에 따라 정도의 차이는 있지만, 증상으로는 복식 호흡이나 호흡수의 증가, 청색증을 동반하는 호흡 곤란이 보인다. 이들 종양을 진단하는 경우에는 삼출액 내에서 종양 세포를 확인한다. 종양의 종류나 크기, 악성인지 양성인지 등의 성질을 고려하여 외과적으로 적출할지 약물 요법을 시행할 것인지 결정한다.

세로칸 질환

세로칸 공기증

세로칸은 흉강을 세로로 경계 짓는 구조로, 심장이나 대동맥, 가슴샘, 기관, 식도, 미주 신경 등을 둘러싸고 있다. 세로칸은 심장의 머리 쪽인 전부, 심장 부분인 중부, 꼬리 쪽인 후부의 셋으로 나뉘어 있다. 어린 동물의 세로칸 앞부분은 가슴샘이 차지하고 있다. 세로칸 공기증(종격 기종)은 어떤 원인으로 공기가 세로칸 내에 발생한 상태를 말한다. 비정상적인 공기는 게가 거품을 토하는 것 같은 기포로서 인정된다. 교통사고나 물린 상처로 기관에 파열이 생기고 그 부위에서 새어 나온 공기가 세로칸 내에 생기거나 폐에 심한 염증을 일으키는 약물(제초제 등)을 흡입하거나 폐렴 등으로 폐포나 세기관지가 파손되면 발생한다.

증상 기포 모양의 공기로 세로칸 내의 정맥이 압박되어 환류 장애가 일어나 심박출량이 감소한다. 그 결과 혈압이 떨어지고, 심장의 박출량 저하를 보충하기 위해 심박수가 증가한다. 호흡 곤란이나 청색증 등의 증상도 보인다.

진단 엑스레이 검사로 진단한다. 정상인 엑스레이 검사에서는 보이지 않는 전대정맥, 팔머리 동맥, 왼쪽 빗장밑 동맥, 대동맥활이나 식도가 찍히며, 마치 조영한 듯한 사진이 촬영된다.

치료 기관의 파열 부위를 폐쇄하여 공기가 새지 않도록 한다. 이미 공기의 누출이 멎어서 증상이 가볍다면 경과를 관찰해도 되지만, 공기의 누출이 계속된다면 서둘러 외과 수술을 하지 않으면 생명을 잃기도 한다.

세로칸염

세로칸 내에 세포가 감염되어 염증이 일어난 상태를 말한다. 이물에 의해 식도의 천공이나 파열로 식도 내용물이 세로칸 내로 새어 나와 세균 감염을 일으키는 예가 가장 많이 보인다. 식도 염증이나 마비 증상과 세로칸염에 의한 증상이 함께 발생한다. 침 흘림, 삼킴 곤란, 구토 이외에 고열, 기침, 호흡 곤란 등이 보인다. 엑스레이 검사로 진단하며 흉부 식도를 따라서 음영의 증가가 보이거나 식도 내에 이물이 쌓일 때는 식도의 확장이나 가스 상태, 세로칸 안에 음영 증가가 보인다. 식도의 염증 정도에 따라 치료 방법이 다르고, 경증이거나 식도 내의 이물이 이미 제거되었다면 항생제로 내과적 치료를 하지만 식도 천공이 있다면 외과적으로 식도를 절제할 필요가 있다.

종양

세로칸에 발생하는 주요 종양은 고양이의 앞 세로칸 악성 림프종과 가슴샘 종양이다. 엑스레이 검사로 앞 세로칸 부분을 촬영하거나 고인 흉수 안의 세포를 검사하여 종양의 종류와 악성도를 판정한다. 고양이의 악성 림프종은 주로 화학 요법으로 내과 치료를 한다. 가슴샘 종양은 외과적으로 끄집어내거나 화학 요법으로 치료한다.
소화기는 음식을 소화하여 영양소를 흡수하기 위한 일련의 작용을 하는 기관으로, 입에서 항문에 이르는 소화관과 그 부속 기관으로 이루어진다. 부속 기관에는 치아나 혀, 침샘, 간, 담낭, 췌장, 항문 주위샘이 있다.

325

소화기계 질환

소화기의 구조

소화기는 음식을 소화하여 영양소를 흡수하기 위한 일련의 작용을 하는 기관으로, 입에서 항문에 이르는 소화관과 그 부속 기관으로 이루어진다. 부속 기관에는 치아나 혀, 침샘, 간, 담낭, 췌장, 항문 주위샘이 있다.

구강과 인두의 구조와 기능

구강(입안)이란 구순(입술)과 구개(입천장), 구강 점막, 치아, 치은(잇몸) 등으로 둘러싸인 공간이며, 간단히 말하자면 입안을 가리킨다. 구강 내에는 부속 기관으로 치아와 혀가 있다. 인두는 구강에서 이어지는 더 안쪽 부분이며, 목구멍을 말한다. 구강과 인두의 표면은 점막으로 덮여 있으며 침으로 언제나 촉촉한 상태를 유지하고 있다. 침을 분비하는 기관으로는 귀밑샘이나 턱밑샘, 혀밑샘 등이 있으며, 이것들을 통틀어서 침샘이라고 부른다. 혀와 인두의 이행 부위나 후두개의 기초 부분에는, 입이나 코로부터의 세균 감염을 막기 위해 편도라고 불리는 림프 조직이 있다. 구강과 인두는 음식물을 씹어서 부수고(저작), 삼키고(연하), 혀에 의해 맛을 보는(미각) 등 소화의 가장 초기 단계 작업을 한다. 음식을 입에 넣고 씹으면 침이 음식물과 섞이는데, 이것은 삼키기를 돕고 음식물을 위에서 소화하기 쉽게 하는 작용을 하고 있다. 개는 입을 벌리고 호흡하여 침을 증발시킴으로써 열을 발산시켜 체온을 조절한다.

식도와 위 · 장의 구조와 기능

식도(밥줄)는 음식물을 구강에서 위로 보내기 위한 긴 관이며, 부위에 따라 경부 식도, 흉부 식도, 복부 식도로 나뉜다. 식도의 역할은 오로지 음식물의 운송이며, 위나 장과는 달리 음식물을 소화하거나 흡수하는 기능은 없다. 위는 식도와 소장 사이의 소화관이 부풀어서 주머니 모양이 된 부분으로, 복강 안의 앞쪽에 있다. 위의 입구에 해당하는 식도와의 접합부를 들문(분문)이라고 하며, 출구인 소장과의 접합부를 날문(유문)이라고 한다. 위벽은 다른 소화관의 벽보다 두껍고 안쪽부터 점막, 근층, 장막의 3층 구조로 되어 있다. 위 안에서는 식도에서 보내진 음식물을 위액에 의해 소화하여 십이지장으로 보낸다. 위 자체가 소화되지 않도록 위 점막의 표면은 점액으로 덮여 있다. 장은 위에서 이어지는 기다란 관이며 소장과 대장으로 크게 구별된다. 소장은 다시 위에 가까운 쪽부터 십이지장, 공장, 회장으로 나뉘며 대장은 소장에서 가까운 쪽부터 맹장, 결장, 직장으로 나뉜다.
장에서는 위에서 어느 정도 소화된 음식물을 더욱 분해하고 영양소와 수분을 흡수한다. 영양소는 소장에서 흡수한다. 대장은 전해질이나 수분을 흡수하고 똥을 만들어서 저장한다.

간과 담낭·담관의 구조와 기능

간은 횡격막의 바로 꼬리 쪽에 있는 체내 최대의 장기로 암적색을 띤다. 개와 고양이의 간은 외측 좌엽, 내측 좌엽, 방형엽, 외측 우엽, 내측 우엽, 미상엽 등 6개의 엽으로 분류된다. 그리고 방형엽과 내측 우엽 사이에는 담낭이 붙어 있다. 간은 소화샘으로서 담즙을 분비하는 이외에, 영양소나 호르몬의 대사, 해독과 배설, 면역, 각종 단백질의 합성 등, 생체의 항상성을 유지하기 위한 대단히 다양한 기능을 맡고 있다. 간과 담낭은 총간관이라고 불리는 관으로 이어져 있으며, 다시 담낭에서 십이지장으로 총담관이라고 불리는 관이 이어져 있다. 이런 관을 통해서 간에서 만들어진 담즙이 소장으로 분비된다. 각 간엽에는 보통 각각에 고유의 동맥과 정맥이 1대 1로 분포하고 있는데, 간에는 이들 혈관에 더해서 문맥이라는 특수한 혈관이 존재한다. 문맥은 소화관이나 비장을 거친 정맥혈을 모아서 간으로 보내는 혈관이다. 문맥혈 속에는 소화관에서 흡수된 영양소뿐만 아니라 다양한 독소도 포함되어 있다. 이들 독소는 간에서 처리되어 해독된다.

췌장의 구조와 기능

췌장(이자)은 위와 십이지장에 인접하는 부메랑 모양을 한 샘 조직이다. 췌장에는 두 가지 기능이 있다. 하나는 외분비샘으로서 췌액(이자액)을 생성하는 것이며, 다른 하나는 내분비샘으로서 인슐린을 분비하는 것이다. 췌액은 단백질, 지방, 탄수화물을 분해하는 강력한 효소를 함유한 소화액이며 췌장관(이자관)을 통해 십이지장으로 분비된다. 또한 혈당치를 조절하는 데 중요한 호르몬인 인슐린은 췌장 안에 흩어져 있는 내분비샘

간과 담낭·담관의 구조

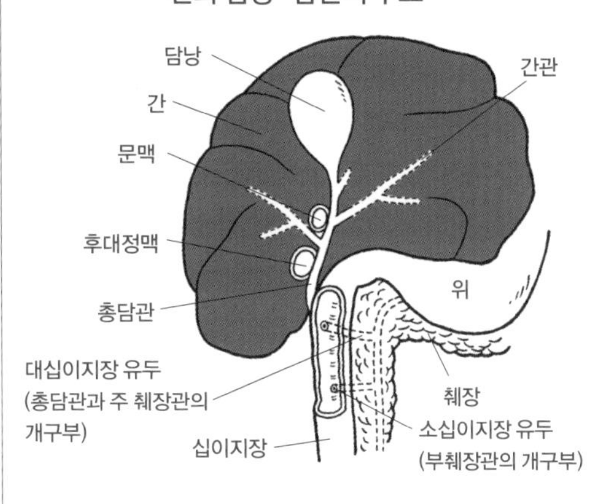

복강 안의 간, 위, 십이지장, 비장, 췌장

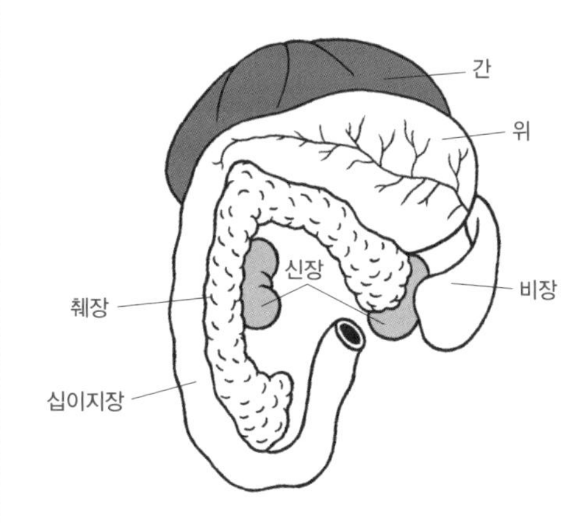

조직인 랑게르한스섬(이자섬)이라고 불리는 부위에서 만들어져 혈액 속으로 직접 분비된다.

소화와 흡수의 구조

영양소를 음식물에서 얻어서 체내에서 이용하려면 그것을 흡수하기 쉬운 형태로 분해해야 한다. 이 과정을 소화라고 한다. 소화나 흡수의 구조는 동물의 종류에 따라 상당히 다르지만, 개와 고양이의 소화 구조는 기본적으로 사람과 아주 비슷하다. 소화의 첫 과정은 구강 안에서의 저작(음식을 입에 넣고 씹음)이다. 저작으로 음식물은 기계적으로 잘게 부서지고, 다시 타액과 섞여서 화학적인 소화도 시작된다. 단, 타액에

함유된 아밀라아제라는 소화 효소의 작용은 약하며, 본격적인 소화는 위에서 위액으로 이루어진다. 위로 운반된 음식물은, 위액 중의 염산과 펩신에 의해 분해된다. 그러나, 이 단계에서의 소화도 완전하지는 않다. 위의 내용물은 조금씩 소장으로 보내지고, 간에서 분비되는 담즙, 췌장에서 분비되는 췌액, 그리고 소장 점막에서 분비되는 장액이 더해져서 비로소 완전한 소화가 이루어진다. 이들 과정을 통해서, 음식물 속의 탄수화물은 단당류, 단백질은 아미노산, 그리고 지방은 지방산과 글리세린이라는 더욱 작은 성분으로 분해되어, 흡수할 수 있는 형태로 변화한다. 장내 상재균도 소화를 돕는다. 영양소의 일부는 위에서도 흡수되는데, 대부분은 소장에서 흡수된다. 소장의 점막 표면은 미세한 돌기인 융모로 덮여 있으며, 영양소는 이 융모를 통해서 혈액 중으로 흡수되어 간다. 그리고, 소화·흡수되지 않은 물질은 대장으로 이동하고, 대장에서 다시 수분이 흡수되고, 최종적으로는 항문을 통해 똥으로 배설된다.

소화기 검사

한마디로 소화기라고 해도 입에서 항문까지의 소화관, 그리고 간이나 췌장 등까지 범위가 넓기 때문에 검사도 다양하다. 검사법으로는 신체검사, 분변 검사, 혈액 검사, 소변 검사, 또한 영상 검사로서 엑스레이 검사나 초음파 검사, 내시경 검사, CT 검사 등이 있다. 병에 따라서는 소화관 조영 검사, 생체 검사에 의한 조직 검사나 혈관 조영 검사 같은 특수한 검사가 필요하기도 하다.

●신체검사

신체검사는 맨 먼저 하는 가장 기본적인 검사이며 시진, 청진, 촉진 등이 포함된다. 시진으로는 황달이나 구강 내의 이상 유무 등을 확인할 수 있다. 촉진으로는 경부 식도나 복강 내의 이물질 또는 종양을 발견하거나 간의 크기를 확인할 수 있는 경우가 있다. 이때 복부의 통증 여부도 중요한 점검 사항이다. 청진은 장의 비정상적인 움직임이나 가스의 저류를 추측하는 데 유용하다.

●분변 검사

분변 검사는 소화기 질환 검사에서 필수적이다. 변의 색깔이나 성상에서 병의 진단으로 이어지는 경우도 적지 않다. 소화관 내 기생충의 유무를 조사하는 것도 분변 검사의 중요한 역할이다. 분변 중 소화 효소의 화학적 검사나 바이러스 검사, 세균 검사도 할 수 있다.

●혈액 검사와 소변 검사

혈액 검사와 소변 검사는 병의 원인을 조사하는 것뿐만 아니라 전신 상태를 파악하는 중요한 역할도 한다. 특히 구토나 설사, 또는 식사하지 못함으로써 탈수 상태를 보이는 동물은 혈액 검사와 소변 검사를 하여 몸 안에서 일어나고 있는 다양한 이상을 파악할 필요가 있다.

●엑스레이 검사

엑스레이 검사는 동물병원에 가장 많이 보급된 영상 진단 검사의 하나다. 엑스레이 검사를 하면 각 장기의 위치나 크기, 형태를 알 수 있다. 소화관 내 이물은 엑스레이 사진에 토대하여 확진도 할 수 있다. 요오드나 바륨 등을 마시고 하는 엑스레이 조영 검사로는 소화관 내강의 형태나 통과 장애를 조사할 수 있다. 연속적으로 관찰할 수 있는 엑스레이 투시 장치를 이용함으로써 소화관의 움직임도 관찰할 수 있다.

●초음파 검사

초음파 검사는 체표에서 장기의 내부를 관찰할 때 위력을 발휘한다. 소화기 중에서도 위, 장, 간, 담낭 및 췌장의 관찰에 꼭 필요한 검사다.

●내시경 검사
내시경 검사는 주로 소화관 내의 상태를 관찰하거나 소화관 생체 검사가 필요한 경우에 한다. 식도 내 이물질이나 위 내 이물질의 진단이나 적출에도 이용된다. 단, 개나 고양이의 내시경 검사에는 보통 전신 마취가 필요하며 관찰할 수 있는 부위도 식도, 위, 십이지장 일부, 결장, 직장으로 제한된다. 소형견이나 고양이에게는 가느다란 내시경을 사용하고 있다.

●생체 검사(바이옵시 검사)
일부 소화기계 질환은 장기 일부를 채취하여 병리 검사를 하지 않으면 진단할 수 없는 경우가 있다. 이 검사를 생체 검사 또는 바이옵시 검사라고 한다. 위나 장 등 소화관의 생체 검사는 내시경을 이용하거나 배를 열어서 위나 장의 일부를 잘라 낸다. 간 생체 검사는 초음파 영상을 보면서 피부 위에서 생체 검사 바늘을 꽂는 방법, 배를 열어서 간의 일부를 잘라내는 방법, 그리고 복강경을 이용하는 방법이 있다.

●기타 검사
소화기 검사에는, 그 밖에도 CT 검사나 혈관 조영 검사 등이 있다. 개나 고양이의 CT 검사는 보통 전신 마취가 필요하며, 소화기 종양 등의 진단에 위력을 발휘한다. 혈관 조영 검사는 주로 간의 혈관 이상이 의심되는 경우에 필요하다.

구강과 인두 질환

치아 질환

치아는 사냥감을 잡고 고기를 찢고 씹는 일 이외에 공격으로부터 몸을 지키거나 털을 단장하거나 서로 핥거나 피부를 깨물 때도 사용된다. 일반적으로 전치(앞니)와 전구치(앞어금니)는 물건을 포착하는 역할을 하며 견치(송곳니)는 포착 이외에 구멍을 뚫거나 찢는 등의 역할을 한다. 후구치(뒤어금니)는 물건을 잘라 끊거나 갈아 부수는 역할을 한다.
치아 표면은 몸에서 가장 딱딱한 조직이다. 치아 속에는 신경이나 혈관이 치근으로부터 파고 들어가 있으므로(이 부분을 〈치수〉라고 한다), 치아 표면이 뽑히거나 부러지면 치아 속의 신경에 자극이 전달되어 통증을 느낀다. 정상적인 교합은 상악(위턱)의 전치가 하악(아래턱)의 치아를 약간 덮고, 하악의 견치는 상악 제3전치와 상악 견치(윗송곳니) 사이에 맞물린다. 상악과 하악의 전구치는 엇갈려서 맞물린다. 상악 제4전구치와 하악 제1후구치는 가위 모양으로 맞물려 물건을 잘라 끊는 역할을 한다. 타고난 치아에 장애가 있거나 사고 등으로 장애가 일어나면 적절한 교합을 할 수 없게 되며 그 결과 치아가 입천장이나 입술에 외상을 일으키기도 한다.

●부정 교합
부정 교합이란 비정상적인 맞물림(골격의 불균형, 총생, 교차 교합, 상악 견치의 문측 전위, 하악 견치의 설측 전위, 라이 바이트)을 말한다. 이것은 턱의 길이나 폭의 불균형(골격성 부정 교합)이나, 치아의 위치 이상(치아성 부정 교합), 또는 그 두 가지 모두에 의해 일어난다. 상악이 길거나 하악이 짧아서 생기는 오버바이트와 반대로 상악이 짧거나 하악이 길어서 생기는 언더바이트는 비교적 많이 보이는 부정 교합이다. 오버바이트는 하악의 견치가 상악의 구개에 닿아 외상을 일으키는 일이 많다. 여러 개의 치아가 정상 위치가 아니라 입술 쪽이나 뺨 쪽(바깥쪽), 혀 쪽(안쪽)으로 서로 엇갈려서 나는 상태로 이가 회전해 있는 경우도 있다. 원래 상악의 치아는 하악의 치아를 덮는

교차 교합

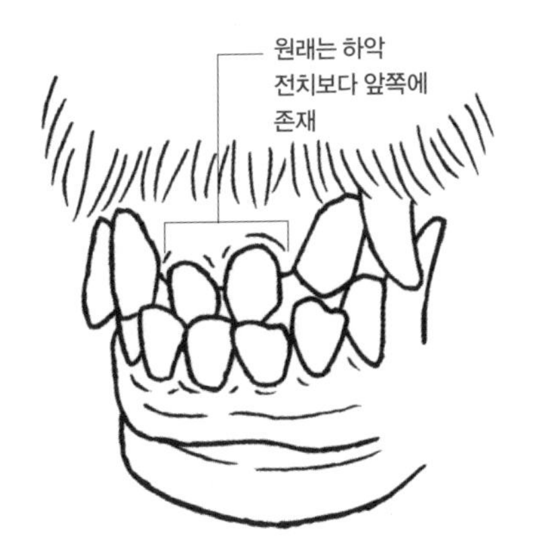

결손치와 과잉치

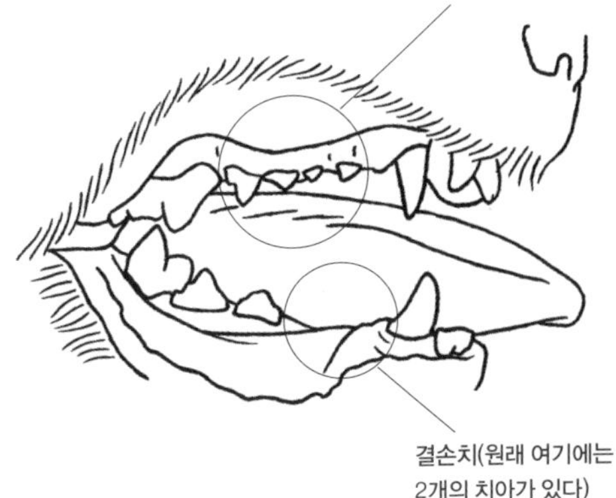

듯한 형태를 이루고 있는데, 하악의 치아 일부가 상악의 치아보다 바깥쪽에 있는 경우가 있으며, 이것은 교차 교합이라고 한다. 상악 견치의 문측 전위는 이 치아가 앞쪽으로 튀어나온 상태를 말하며, 셰틀랜드양몰이개 등에게 많이 보인다. 이 상태는, 심미적인 이유로 어릴 때 교정하기도 한다. 하악 견치의 설측 전위란 골격 이상으로 하악이 좁아진 경우나, 성견이나 성묘가 되어도 유견치가 남아서 영구 견치가 안쪽에 있는 상태를 말하며 구개에 치아가 닿는다. 유치는 일반적으로 생후 약 반년이면 빠지는데, 빠지지 않으면 동물병원에서 뽑아 줄 필요가 있다. 라이 바이트wry bite는 뒤틀린 교합이라는 의미며, 턱의 한쪽이 다른 쪽보다 짧거나 중심선이 어긋나 있다. 그러므로 때때로 입을 벌린 채로 있게 된다. 부정 교합인 동물은 잇몸의 고랑이 불결해지기 쉬우므로 치아의 위생 관리를 철저히 하는 것이 중요하다.

●발육 장애

치아의 발육 장애(결손치, 과잉치, 쌍생치·융합치, 에나멜질 형성 부전)는 치아를 형성하는 과정에서 치아판[4]의 개수나 크기, 모양이 이상해짐으로써 일어난다. 결여치(또는 결치)는 한 개에서 여러 개의 이가 부족한 것을 말하며, 원인으로는 유전이나 외상, 감염 등을 생각할 수 있다. 결여치 중에는 매복치 또는 미맹출치 등 겉보기에는 알 수 없지만 잇몸이나 턱뼈 안에 치아가 존재하는 경우도 있다. 이것은 엑스레이 검사로 구별할 수 있다. 반대로 치아 개수가 정상보다 많은 경우를 과잉치라고 한다. 이것도 원인은 유전이나 외상, 감염 등을 생각할 수 있다. 원인은 알 수 없지만 치아의 형성 과정에서 두 개의 치배(치아 씨앗)가 하나가 되어 한 개의 커다란 치아가 되는 융합치, 또는 완전히 분리되지 않아 하나의 치아가 두 개처럼 보이는 쌍생치가 드물게 존재한다. 에나멜질 형성 부전은 영구치 표면의 에나멜질이 형성될 때(주로 생후 1~4개월령), 심한 영양 장애나 홍역 등의 감염증, 어떤 종류의 화학 약품 복용 등이 일어남으로써 발생한다. 에나멜질이 없으므로 치아 표면이 결손되어 다갈색이 되며, 그와 더불어 지각 과민을 일으키며 치태와 치석이 끼기 쉽다. 치료는 치아 표면을 스케일링한 후에 기구로 매끈하게 하거나 치아 표면에 크라운을 입히기도 한다.

4 배아에서 장차 치아가 형성될 부위의 입안 상피가 증식해서 이룬 납작한 띠. 이것에서 치아가 발생한다.

●치아의 맹출 장애

매복치 맹출[5] 시기가 지났어도 일부 또는 전부가 맹출하지 않고 구강 점막 아래나 턱뼈 안에 묻혀 있는 치아를 매복치라고 하며, 소형 견종에게 많이 보인다. 매복치와 결손치는 겉으로 보아서는 판별할 수 없으므로 엑스레이 검사로 구별한다. 매복치는, 다른 치아에 방해받아 정상 위치에 맹출하지 못한 경우, 발생 이상, 맹출 위치의 이상이 있는 경우에 생긴다. 전체가 턱뼈 안에 묻혀 있는 것을 완전 매복치라고 하며, 치근만 턱뼈 안에 묻혀 있는 것을 불완전 매복치라고 한다. 매복치를 그대로 두면 옆에 있는 치근을 압박하여 치근의 흡수, 치아의 흔들림이나 탈락, 또는 치원성낭이나 종양을 일으키기도 한다. 완전 매복치 주위의 감염이나 치원성낭이 인정될 때는 이를 뽑는다. 불완전 매복치는 주위의 잇몸을 절제하면 맹출이 촉진되기도 한다.

유치 잔존 동물의 치아는 평생 치아가 돋고 바뀌는 횟수에 따라 세 가지로 분류된다. 첫째, 쥐나 나무늘보처럼 평생 이가 바뀌지 않는 일생치성. 둘째, 개나 고양이, 사람처럼 유치에서 영구치로 딱 한 번 바뀌어 나는 이생치성. 셋째, 어류나 양서류, 파충류처럼 여러 번에서 수십 번 바뀌어 나는 다성치성. 일반적으로 개나 고양이는 생후 3주째부터 유치가 맹출하여 생후 6~7개월에 영구치로 바뀐다. 그러나 치아를 가는 시기가 지나도 유치가 남아 있으면, 이것을 유치 잔존이라고 한다. 이생치성의 경우, 정상이라면 영구치 치근의 일부가 형성되는 시기에 유치 치근의 흡수가 시작되어 유치는 탈락한다. 그러나 유치 치근이 흡수되지 않거나 일부가 흡수되어도 유치와 영구치가 동시에 존재하는 시기가 계속되면 유치 잔존이 된다. 개는 유견치와 유전치가 남는 경우가 많지만 고양이는 유치 잔존이 거의 보이지

유치 잔존

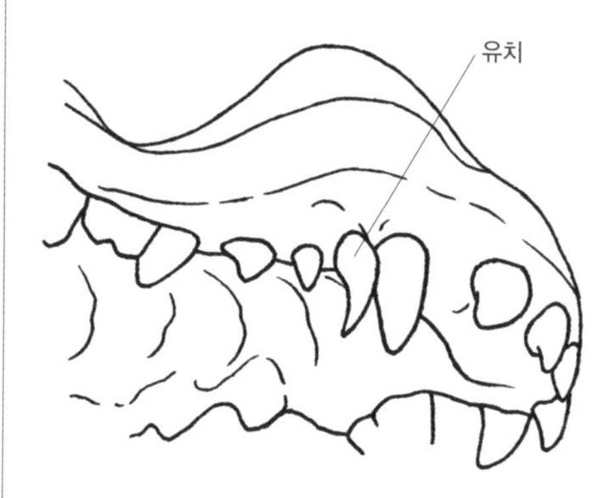

않는다. 유치와 영구치가 동시에 보인 뒤로 2주 이상이 지난 경우나 유치가 남아 있어 영구치의 맹출이 방해받으면 부정 교합이 일어난다. 특히 하악의 영구 견치가 하악 유견치보다 혀 쪽(안쪽)에 위치하므로 영구치가 구개에 닿기도 한다. 영구치와 유치가 빽빽하게 존재함으로써 그 틈새에 치태와 치석이 잘 끼게 되며 잇몸병으로 진행되기 쉽다. 따라서 영구치와 동시에 유치 잔존이 보인다면 영구치를 손상하지 않기 위해서라도 서둘러 유치를 뽑아야 한다.

●손상

치아는 외상에 의해 다양한 손상을 입는다. 대표적인 치아 손상으로는 교모증이나 탈구, 파절이 있다. 교모증은 상악과 하악의 치아가 씹기와 부수기의 마찰로 치아 표면의 에나멜질이나 상아질이 닳는 것이다. 돌이나 장난감, 케이지 등 딱딱한 것을 깨물어서 치아 면에 손상이 생길 때도 교모라고 한다. 한편, 지나친 칫솔질 등의 외적인 작용으로 치아 면이 닳은 경우는 마모라고 한다. 조금씩 닳는다면 상아질이 새로 생겨 치수가 보호되지만 급격히 닳으면 치수가 노출되어 버리므로 치료나 발치가 필요하다.
탈구는 외상으로 치아를 지지하는 치조(이가

5 뼈 안에서 이가 발육과 성장을 하던 도중에, 일정 시기가 되어 잇몸을 열고 나타나는 현상.

박혀 있는 위턱 아래턱의 구멍이 뚫린 뼈)로부터 치아가 부분적, 또는 완전히 전위한 경우를 치아의 탈구라고 한다. 탈구는 치조 안으로 들어가 버리는 경우와 치조 밖으로 나와 버리는 경우로 나눌 수 있다. 탈구가 생기면 치근의 끝으로부터 치아에 혈액이 공급되지 않게 될 때가 있다. 치아가 완전히 탈구한 경우라도 재이식이 가능할 수 있으므로 곧바로 생리 식염수나 우유에 담가 두면 좋다.

치아가 부러지는 것은 파절이라고 한다. 외상으로 가장 많이 일어나는 치아 손상으로 개의 상악 제4전구치에 많이 일어난다. 파절은 치관이나 치근, 또는 양쪽 모두에 일어난다. 치수를 포함하는 경우와 그렇지 않은 경우가 있는데, 치수가 노출되면 세균이 치수에 들어감으로써 치수염이 된다. 파절을 치료할 때는 상태에 따라 발치를 선택한다.

● 치원성낭

치아 질환 또는 치아의 맹출 과정에 관련하여 구강에 형성되는 주머니 모양의 구조물을 치원성낭이라고 하며, 잇몸이 부풀어 오른 것처럼 보인다. 치원성낭의 주머니 벽(낭 벽)은 상피 세포에 덮여 있으며, 내부(낭강)에는 치아를 형성하는 조직에서 유래하는 액체가 포함되어 있기도 하고, 때로는 혈액으로부터의 누출액, 염증을 동반하는 액체가 포함되어 있기도 하다. 매복치가 들어 있는 경우도 있다. 낭이 커짐으로써 옆에 있는 치아가 압박을 받아 흔들리거나 치근이 흡수되게 된다. 낭 벽 상피와 낭강 내의 치아를 완전히 제거함으로써 치료한다.

● 감염 질환(치태, 치석, 우식증)

치태는 세균 유래의 다당류나 세포의 잔해, 혈액 성분(백혈구), 지질, 타액 유래의 단백질, 세균, 음식물 찌꺼기, 동물의 털 등이 치아 면에 달라붙은 것이다. 치태가 생길 때는 먼저, 치아 면에 타액 유래의 당단백질이 달라붙어 피막이 만들어진다. 그리고 그 위에 세균이 달라붙어 치태가 형성되어 간다. 치태는 맨눈으로는 치아 면에 달라붙은 황색이나 다갈색 부착물로 인정된다. 그 후, 차츰 치태 속의 세균이 많아지면 이 세균이 잇몸에 접촉하여 치은염을 일으킨다. 치태가 타액 속의 칼슘이나 인을 감싸서 딱딱하게 석회화한 것을 치석이라고 한다. 치석은 칫솔질로는 제거할 수 없다. 치석 표면은 요철 모양을 이루고 있으므로 다시 그 위에 치태가 낀다. 이 상태를 방치하면 치은염이 더욱 진행되어 치아와 잇몸 사이의 고랑(포켓)이 더욱 깊어지며, 그 안의 치태나 치석이 축적되어 치주 조직(시멘트질, 치근막, 치조골, 잇몸)의 염증을 일으켜서 치주 조직이 파괴되어 간다. 이것을 치주염이라고 한다.

치은염과 치주염을 통틀어 치주병이라고 하며, 개와 고양이의 구강 내의 병으로 가장 많은 것이 치주병이다. 치은염이나 치주염을 치료하려면 전신 마취하여 치태와 치석을 제거하고 필요하다면 항생제를 투여한다. 그러나 중요한 것은 치아 면에 치태나 치석이 끼지 않도록 하는 것이다. 그러기 위해서는 매일매일 하는 칫솔질이 기본이다. 덴털 제품을 사용하거나 치태나 치석이 잘 끼지 않는 먹이를 제공하는 것도 좋다. 단, 개나 고양이의 구강 안은 치아 면을 청정하게 해도 24시간 이내에 치태가 낀다. 그 치태는 3~5일 만에 치석이 되므로 이상적으로는 매일 칫솔질할 것을 권한다.

우식증은 말하자면 충치다. 우식증은 개에게는 거의 보이지 않으며, 고양이에게서는 발생이 알려지지 않았다. 우식증은 치태 속의 세균이 치태에 함유된 탄수화물을 발효시켜서 유기산을 생성함으로써 발생한다. 사람에게 우식증을 일으키는 세균은 알려져 있지만 개는 명백하게 밝혀져 있지 않다. 세균으로 만들어진 유기산은 치태 밑의 치아

치태 · 치석

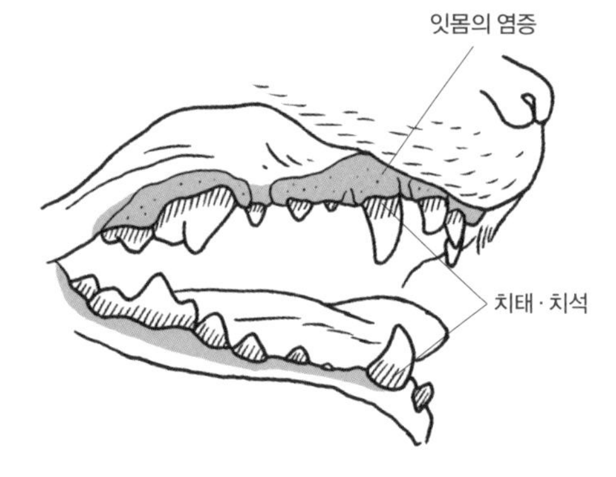

표면에서 치아 무기질의 탈회와 유기질의 파괴를 일으킨다. 개에게 우식증이 적은 이유로는 개의 구강 안이 알칼리성이라는 점과 당질을 함유한 식사를 별로 하지 않는다는 점, 사람과 달리 상악 치아와 하악 치아의 마찰 면에 고랑이 거의 존재하지 않으므로 음식물 찌꺼기가 그 부위에 잘 끼지 않는다는 점, 타액 속에 아밀라아제가 없기에 식사 중 전분이 구강 내에서 저분자의 당질로 변환되기 힘들다는 점, 음식물을 물어뜯어서 바로 삼켜 버리는 점 등을 들 수 있다. 우식증의 정도를 고려하여 치아를 치료하거나 이를 뽑는다.

●종양

치아를 만드는 세포(치원성 세포)에서 발생하는 종양을 치원성 종양이라고 한다. 치원성 세포에는 에나멜 아세포나 에나멜 상피 세포, 상아 아세포, 시멘트 아세포 등이 있으며, 치원성 종양으로 개에게 많이 보이는 것은 에나멜 상피종이다. 에나멜 상피종에는 악성과 양성이 있다. 일반적으로 치원성 종양은 턱뼈에도 보이는 경우가 있으므로 종양을 턱뼈의 일부와 함께 적출 제거할 필요가 있다. 그러나 이 종양은 몸 안으로 전이되는 일은 드물다.

치주 조직 질환

치주 조직이란 치아를 둘러싼 조직이며 잇몸, 치조골, 치근막, 시멘트질로 구성되어 있다. 치주 조직 질환은 치주병이라고도 불리며, 두 살 이상의 개나 고양이의 80퍼센트 이상에서 발생한다. 구강 내 질환에서 가장 발생 빈도가 높은 병이라고 할 수 있다. 치주병은 치은염과 치주염으로 나뉜다. 치은염은 치주병의 극히 초기에 보이는 잇몸의 염증이며 치료하면 회복할 수 있다. 그러나 치은염이 진행되면 병변은 잇몸에 그치지 않고 더 깊숙한 부분의 치주 조직으로 퍼져서 치조골의 흡수가 일어나며, 치주염이라 불리는 상태가 된다. 치주염이 되면 치료를 통해 증상의 진행은 막을 수 있지만 흡수된 치조골을 원래의 정상 상태로 되돌릴 수는 없다. 이렇게 생긴 치주염은 변연성 치주염이라고 불린다. 한편, 치수염을 일으키고 근첨부(이뿌리의 끝부분)에 병소가 나타나는 치주염은 근첨성 치주염이라고 하여 변연성 치주염과 구별한다.

●치은염, 치주염

치은염은 치주병 초기에 발생하는 상태로, 잇몸에 염증이 생기고 발적이나 부기가 보인다. 증상이

치아와 치아 주변의
기본 구조

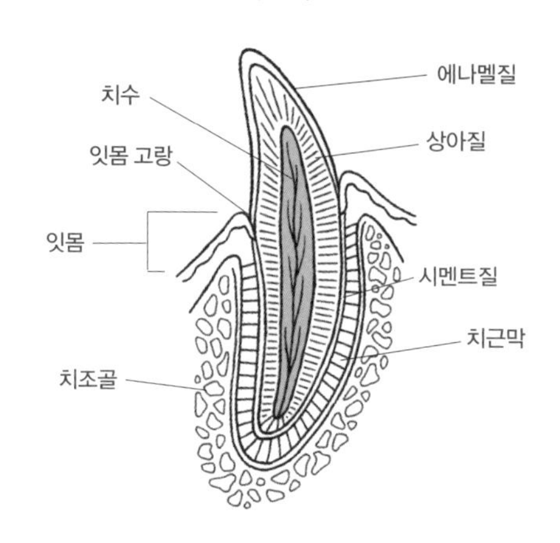

치주병(치은염, 치주염)의 진행 과정

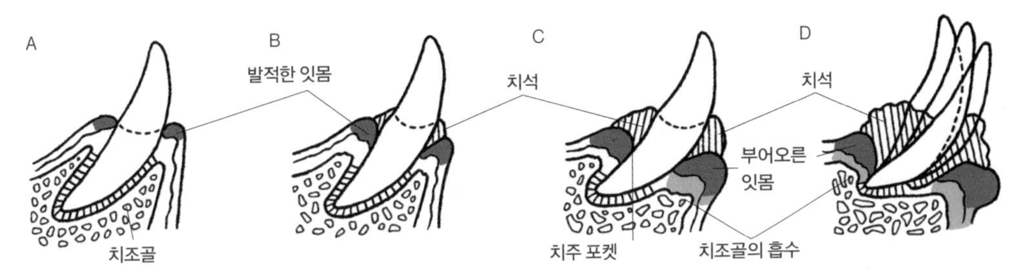

치은염. 발적이나 부종이 보이며 피가 나기 쉬운 상태다.

가벼운 치주염. 잇몸 부착 부위가 파괴되어 얕은 포켓을 형성. 치조골의 흡수가 시작된다.

중간 정도의 치주염. 치석이 많이 붙어 있고, 잇몸의 퇴축이 보이며 이가 흔들리기 시작한다.

심각한 치주염. 치조골의 흡수가 두드러지며 잇몸의 퇴축도 진행. 이가 심하게 흔들리며, 빠지기도 한다.

진행되면, 잇몸에서 출혈을 일으키기 쉽게 된다. 이 단계에서 치료를 시작하여 원인을 제거하면 원래 상태로 회복하지만, 치주염으로 진행되면 원래 상태로 되돌리는 것은 불가능해진다. 치주병의 원인은, 치태 속에 숨은 세균의 독소라고 여겨진다. 세균 자체나 세균의 독소에 대해서 개나 고양이의 체내에서는 국소적, 전신적인 방어 반응이 일어난다. 그리고 이들이 복잡하게 연관되어 치주 조직에 염증이 생긴다. 치석은 치태가 화석화한 것이다. 치석의 표면은 까칠까칠하여 치태가 끼기 쉬우므로 일단 치석이 끼면 치태나 치석의 침착은 악순환을 반복하면서 두께나 넓이가 증가하여 치주병이 악화한다. 치은염을 방치하면 잇몸 고랑의 세균이 증식하여 잇몸과 이의 결합이 느슨해져서, 염증이 더욱 깊숙한 치주 조직으로 퍼져간다.
치조골도 흡수되기 시작하여 치주 포켓이라는 깊은 고랑이 형성된다. 치주 포켓이 깊어지면 포켓 안에 치태나 치석이 들러붙게 되어 염증이 더욱 깊숙한 곳까지 진행되는 악순환을 반복한다. 치조골이 심하게 침범되면 치아를 보호할 수 없게 되어 치아는 흔들리고 결국은 빠지게 된다.
치주병의 진행 정도를 자세히 파악하여 등급을 나누기 위해 다양한 검사를 한다. 구체적으로는, 치주 포켓의 깊이 측정, 잇몸의 염증 정도를 나타내는 치은 지수, 치석의 부착 정도를 나타내는 치석 지수, 치아의 흔들림 정도를 나타내는 동요도, 치아 뿌리의 치조골의 흡수 정도를 나타내는 치근 분기부 병변 등에 대해 검사한다. 잇몸의 부기가 보이거나, 치주 프로브를 사용하여 치은 열구의 깊이를 측정할 때 출혈하거나 치은 열구(이와 잇몸 사이의 고랑)의 깊이가 고양이는 1밀리미터 이상, 개는 3밀리미터 이상이면 치은염 또는 초기 치주염이 의심된다. 치근의 노출이나 치아의 흔들림이 있으면 더욱 진행된 치주염이다. 치조골의 평가에는 치과용 필름 등을 이용한 엑스레이 검사를 할 필요가 있다.
어떤 시기의 치주병을 치료하는가에 따라 치료법은 크게 달라진다. 가벼운 잇몸병은 구강 안을 청결하게 유지하고, 칫솔질 등으로 치태를 제거하고 필요에 따라 약물을 투여한다. 진행된 치은염이나 치주염이라면. 전신 마취하에 달라붙은 치태나 치석을 제거하고, 치주 포켓이 깊은 경우에는 치석을 제거한 다음, 치주 포켓 안을 청결하게 한다. 이 방법으로는 더러워진 치근 면을 긁어내고 매끄럽고 광택이 나게 하는 치근 활택술(루트 플레닝)과 염증을 일으킨 연조직 벽을 긁어내는 치주 벽 긁어냄술이 있다. 더욱 진행된 치주염으로 치아의 흔들림이 심한 경우나 치료 후에 동물을 충분히 관리할 수 없는 경우에는 이를 뽑는다.
치주병의 원인은 치태 속에 있는 세균이므로 치태가 끼지 않도록 하는 것이 치주병의 최대 예방법이다. 치태 제거 효과가 있는 드라이 푸드나 간식, 장난감(치아에 상처를 입히지 않는 것)을 주는 것도 효과가 있지만 가장 효과가 높은 예방법은 매일 칫솔질을 해주는 것이다.

●근첨 주위 농양

근첨 주위 농양이란 치근의 끝부분(근첨부) 주위에 농양이 생기는 것을 말한다. 치주염이 심해져서 일어나거나 치아가 깨져서 치수가 노출되었을 때 치수염에서 파급되어 생긴다. 엑스레이 검사에서 근첨부 주위 골 투과성을 토대로 진단하지만 엑스레이 소견만으로는 몇몇 병태와 감별하기 곤란하므로 다른 증상과 합쳐서 판단할 필요가 있다. 원인이 되는 치아의 괴사한 치수를 제거하고, 약제를 충전(메우는 것)하는 근관 치료를 하거나, 그런 치료가 어려운 경우에는 이를 뽑는다. 치석 제거나 칫솔질 등 예방 치과 치료를 하는 동시에 딱딱한 장난감을 주지 않거나 딱딱한 것을 깨무는 나쁜 습관을 교정하여 치아와 치주 조직의 건강을 유지한다.

●치루(치성 누공)

치아의 병이 원인이 되어 병소에서 구강 점막이나 피부에 샛길(고름이 나오는 구멍, 비정상적 통로)을 형성하는 것이며, 샛길이 구강 안에 생긴 것을 내치루, 구강 밖의 피부에 생긴 것을 외치루라고 한다. 보통, 근첨성 치주염(근첨 농양)이나 깊은 포켓이 생겨난 변연성 치주염에서 급성 화농 염증으로 턱뼈 안으로 퍼지고, 다시 골막을 넘어 전진하여 피부밑이나 점막 아래에 농양을 형성한다. 농양은 결국 터져서 고름이 나온다. 이때 병소에서 개구부까지의 통로를 샛길이라고 한다.

증상 개에게는 상악 구치(어금니)의 근첨 농양 때문에 눈 밑 피부에 샛길이 생기는 안와하루가 비교적 많이 보인다. 원인이 되는 치아는 제4전구치가 가장 많고, 다음으로 제1후구치, 제3전구치가 많다.

진단 파절의 유무나 치주병의 정도를 검사하고 엑스레이 검사도 한다. 엑스레이 검사에서 선명한 영상을 얻기 위해 치과용 필름을 사용하여 구내법으로 촬영한다.

치료 원인이 되는 치아를 치료하고, 샛길을 세정하고 불량한 육아 조직 등을 제거한다. 원인이 된 병소가 치유되면 증상은 개선되지만 방치하면 만성 염증이 되며, 샛길은 그대로 남아 계속 고름이 나온다. 원인 치아를 보존하는 치료가 가능하다면 치료하지만, 그것이 곤란한 경우 또는 보존 치료가 적용되지 않는다면 발치한다. 원인인 이를 뽑으면 대부분 며칠 안에 증상이 개선되며 1~2주 안에 치유된다. 내과 요법으로는 일시적인 개선이 보이더라도 완치되는 경우는 드물다. 예방 치과 치료를 함과 동시에, 치아의 깨짐이나 교모증의 원인이 되는 음식물이나 환경을 제거한다.

●치은 증식증(치은 과다 형성)

치은(잇몸) 전체가 과도하게 증식한 것이다. 콜리나 셰틀랜드양몰이개, 복서, 리트리버 종에게 많이 보이며, 원인의 하나로 유전적인 요인이 관계된 것으로 보인다. 항경련제(페니토인)나 면역 억제제(사이클로스포린), 칼슘 길항제 등의 투여가 원인이 되기도 한다.

증상 치은이 전체적으로 증식하며, 초기에는 딱딱하게 부풀어 오르는 듯이 보이지만 진행된 것에서는 결절 모양의 작은 융기가 결합한 것처럼 보인다. 증상이 심해지면 증식한 치은이 치관을 덮은 것처럼 보이며 가성(실제와 비슷한 성질) 포켓을 형성한다. 이것을 방치하면 치주염이 악화된다.

진단 주로 임상 소견을 토대로 진단한다.

부분적으로 보이는 치은염이나 치은이 부풀어 오른 치은종 등과 구별한다. 증식이 두드러져서 결절성이 된 것은 엑스레이 검사나 조직 검사를 통해 다른 질환과 감별한다.

치료 치태나 치석을 제거하고 구강 내의 위생 상태를 잘 유지한다. 가성 포켓이 깊은 경우에는 증식한 부분의 치은을 치은 절제술로 제거하는데, 재발 우려가 크다. 약물 투여가 원인이면 투약을 중지함으로써 개선한다. 예방 치과 치료를 하고, 구강 내 위생 상태를 더욱 좋게 유지하는 것이 중요하다. 발병하기 쉬운 견종은 약물을 투여할 때 주의 깊게 관찰할 필요가 있다.

●종양

구강 내 종양에는 치아에서 유래하는 것과 혀나 입술, 치은, 구강 점막, 치조골 등 치아 이외에서 발생하는 것이 있다. 치은종은 치은에만 발생하는 양성 종양으로 치은이나 치근막, 치조골막 등에서 생기며 섬유종성, 골형성성, 극세포성 에나멜 상피종의 세 종류가 있다. 극세포성 에나멜 상피종은 전이하지는 않지만 국소에서 뼈조직으로 침윤하므로, 양성으로 분류된다. 성질은 악성이다. 그 밖에 염증이 원인으로 발생하는 섬유성 치은종은 맨눈으로 구별하기는 힘들다. 발생 부위나 증상에 따라 어느 정도 진단할 수는 있지만 확정하려면 조직 검사를 한다. 종양의 넓이를 확인하기 위해서는 엑스레이 검사도 필요하다. 외과적 절제로 치료한다. 완전히 제거할 수 있으면 재발하지 않지만 극세포성 에나멜 상피종은 절제가 불완전하면 계속 재발한다. 그러므로 충분히 여유를 두고 제거하며, 주변의 치아나 치조골을 남기고 싶다면 방사선 치료를 하기도 한다. 예방하려면 예방 치과 치료를 하고, 치은에 자극이 가지 않도록

개의 치루

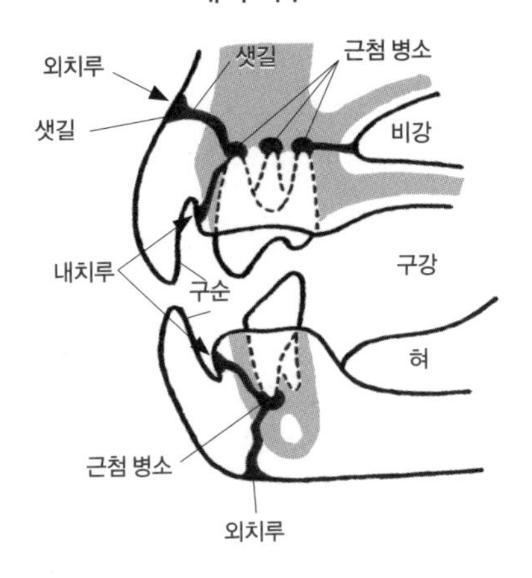

하며 구강 안을 위생적으로 유지한다.

구강 연조직 질환

구강에는 경조직과 연조직이 있다. 경조직은 치아와 턱의 뼈이며, 연조직은 구강 점막이나 입술, 치은, 구개, 혀 등이다. 구강의 입구에는 입술이 있으며, 그 바깥쪽은 피부로 덮이고, 구강 안에 접하는 면은 점막을 이루고 있다. 치은도 점막인데, 각화(각질화) 상피라는 튼튼한 보호층으로 덮여 있고, 그 아래의 턱의 뼈와 섬유로 단단히 결합하여 있으므로 손상을 입어도 빨리 낫는다. 구개는 구강과 비강을 구획 짓고 있으며, 구강 속 상악 전방의 딱딱한 부분을 경구개, 그 후방의 부드러운 부분을 연구개라고 한다. 경구개에는 구개 주름이 있다. 구강 연조직에는 입술이 찢어지는 구순열과 구개가 찢어지는 구개열, 연구개가 혀 쪽으로 늘어나는 연구개 노장, 구강 점막의 염증(구내염) 등이 발생한다.

●구순열

구순열(입술갈림증)은 태아일 때 구순을 만드는 조직이 적절히 붙지 못한 경우에 일어난다.

구순열의 원인으로는 유전적인 이상 이외에 자궁 내에서의 외상이나 스트레스, 바이러스 감염,

임신 중인 모체에 스테로이드제 투여 등이 있다. 구순열은 대개 한쪽에만 나타나며 구개열을 동반하기도 한다. 구순을 외과적으로 재건하여 치료하며 구개열을 동반하는 때는 구개열도 외과적으로 치료한다.

●구개열

구개열(입천장갈림)에는 선천적 구개열과 후천적 구개열이 있다. 선천적 구개열은 대부분 구개의 한가운데(중심선상)에 보이며, 그 부분이 결손되어 구강과 이어진 상태가 되어 있다. 보통 연구개의 한가운데에 이상이 발생해 있다. 선천적 구개열은 유전이나 영양, 스테로이드제 투여, 태아기의 자궁 내 외상, 바이러스 질환, 독성 물질 등이 원인이다. 증상은 젖을 잘 먹지 못하게 되고 콧물이나 기침, 재채기, 호흡 곤란, 성장 불량 등이 나타난다. 한편, 후천적 구개열은 치주병이나 발치에 동반하는 위턱뼈 결손 이외에 물린 상처나 교통사고, 높은 곳에서 낙하 사고, 감전 쇼크 등에 의해서도 일어난다. 구개열을 방치하면 흡인 폐렴으로 진행하기도 하므로, 외과적으로 치료해야 한다.

●연구개 노장

연구개에는 점막이 가볍게 늘어져 있는데 그것이 과다하게 늘어져서 성대의 절반 이상을 막고 있는 상태를 연구개 노장이라고 한다. 연구개 노장은 단두종(불도그, 보스턴테리어, 퍼그, 페키니즈 등)에 특히 많이 보이는 병이다. 증상으로는 코골이, 입 벌려 숨쉬기, 운동을 하기 싫어한다, 혀의 색이 보라색이 된다, 안절부절못한다, 호흡이 빨라진다 등이 있다. 비강이 좁고, 성대 반전, 인후의 염증, 기관이 좁아지는 등의 증상도 많이 보인다. 치료는 지나치게 늘어진 부분의 연구개를 외과적으로 절제한다.

새끼 고양이의 선천적 구개열. 연구개에서 경구개에 걸쳐 광범위하게 결손되어 우유를 마셔도 코로 배출한다.

●구강과 비강의 샛길

구강과 비강 사이가 이어져서 형성된 샛길로, 대부분 치주병이 진행됨으로써 발생하는데 외상이나 종양에서 비롯되어 발생하기도 한다. 소형견에게서 많이 발생한다. 치주병이 진행되면 치주 포켓이 형성된다. 특히 상악의 제3절치나 견치의 안쪽에 깊은 포켓이 형성되면 비강과 이 부분의 구강을 가로막고 있는 뼈가 얇아지므로 그 뼈가 흡수되어 구멍이 뚫리기 쉽게 된다. 그리고, 구강과 비강이 이어져 버리게 된다. 이 샛길은 상악의 견치를 잃은 다음에 많이 발생하는데, 견치가 존재하더라도 치주병이 심하면 형성되기도 한다. 증상으로는 콧물이나 재채기 등이 있다. 치료는 샛길 주위의 치은이나 점막을 사용하여 이 샛길을 폐쇄하는 수술을 한다.

●구내염

구강 점막의 염증 질환으로 고양이에게 많고 치은염을 동반하는 일이 많으며 완치가 어렵다. 개에게도 드물게 접촉성 구내염이라는, 치아 면에 존재하는 치태나 치석에 닿는 구강 점막에 염증이 생기는 경우다. 구강염의 원인으로 고양이의 경우, 면역 기능의 저하에 의한 구강 내 세균의 증식, 고양이 면역 결핍 바이러스나 고양이 백혈병 바이러스, 또는 고양이 칼리시바이러스의 감염을 들 수 있는데, 이들 미생물의 감염이 없어도 구내염이 발생하기도 한다. 당뇨병이나 신부전 등에서도 구내염을 병발하기도 한다. 개나 고양이도 딱딱한 것을 깨물거나 교통사고나 낙하사고 등으로 구강 안에 상처를 입었을 때, 또는 화상이나 감전, 약품 등에 의해서도 구내염이 되는 경우가 있다.
치료는 구강 안을 소독하거나 치태와 치석의 제거, 항생제나 스테로이드제 투여, 탄산 가스 레이저에 의한 치료, 어금니 발치 등을 한다. 고양이의 호산구성 육아종 증후군이라는, 윗입술을 비롯하여 아랫입술이나 혀, 입천장, 코, 복부의 피부에 궤양을 일으키는 병도 있다. 원인은 알 수 없지만 음식 알레르기나 벼룩 알레르기, 아토피 등과 관계가 있는 것으로 짐작된다. 이 병은 자연스럽게 낫기도 하며 스테로이드제나 항생제 등을 투여한다.

●종양

구강 점막이나 입술, 입천장에 발생하는 종양에는 개는 악성 흑색종이나 섬유 육종, 편평 상피암(편도형과 비편도형)이 있으며, 고양이는 편평 상피암이 많이 인정된다. 그중에서 악성 흑색종이나 편평 상피암은 림프샘이나 폐, 기타 부위로 전이하기 쉬운 경향이 있다. 치료는 턱뼈를 포함한 광대 수술 이외에 방사선 치료나 항암제 투여 등이 있는데 어떤 치료법을 쓰더라도 구강 내에 발생한 악성 종양의 치유율은 낮다고 말할 수 있다. 개와 고양이에게는 구강 점막이나 입술의 양성 종양도 보인다.

침샘 질환

침샘은 구강샘이라고도 하며, 입안의 점막 안에 있는 분비샘을 말한다. 개와 고양이에게는 주요 침샘으로 귀밑샘, 아래턱샘, 혀밑샘, 광대뼈샘 등이 있다. 귀밑샘관은 상악 제4 전구치의 뒤쪽으로 열리고, 광대뼈샘관은 상악 제1후구치의 후방으로 열린다. 아래턱샘관과 혀밑샘관은 혀의 아래쪽 설하 소구(볼록한 부분) 가까이로 열린다. 침샘의 병으로는 침샘염이나 침 샛길, 침샘낭(침샘 점액류, 침샘 낭종), 침샘 종양 등이 있다.

●침샘낭(점액낭)

침샘 점액류, 침샘 낭종 등으로 불리기도 하는 침샘낭은 타액을 분비하는 관이 손상을 입은 결과, 조직 안으로 타액이 새어 나와 고임으로써 일어난다. 낭벽은 염증성 육아 조직으로 되어 있고 상피로 덮여 있지 않은 것이 많으므로 진짜 낭이 아니며, 그런 이유로 점액류 등으로 부르기도 한다. 침샘낭(점액류)은 발생하는 부위에 따라 하악에서 경부에 걸쳐서 점액이 고이는 경부 점액 낭, 인두부에 인접한 조직 안에 타액이 저류하는 인두부 점액류, 구강 안에서 혀밑샘과 아래턱샘의 도관 개구부와 가까운 혀 밑 조직 안에 타액이 고이는 혀 밑 점액류(하마종), 안구 앞쪽에 타액이 고이는 광대뼈 점액류 등으로 나뉜다. 증상이나 촉진, 천자 결과 등에 토대하여 진단한다. 천자를 통하여 얻은 체액 속 액체는 보통 투명하거나 갈색의 끈끈한 액체다. 침샘 조영을 하기도 하는데 도관 막힘이 보이면 끄집어내기 곤란하다. 침돌(침샘 따위에 생기는 돌)이나 이물질이 박힌 것 등과 감별하는 데 엑스레이 검사나 초음파 검사가 유용하다. 치료는 구강 내에 낭이 보이는 경우는 낭 일부를 절제하고 주변을 구강 점막과 봉합하는 조대술[6]이라는 수술을 한다. 경부 점액낭은 낭만 끄집어내면 재발하므로 기본적으로는 아래턱샘과 혀밑샘을 동시에 끄집어낸다.

6 낭 또는 낭과 같이 둘러싸인 공간의 앞 벽을 잘라 밖으로 노출하고, 남은 벽의 절개면을 다른 상처 부위나 가까운 피부에 봉합하여 앞이 열린 주머니 공간을 만드는 수술.

침샘의 위치

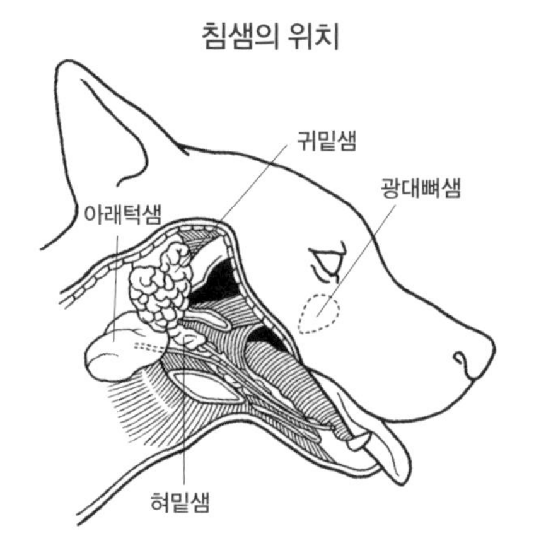

●**침 샛길**

침샘의 외상이나 염증, 침돌 등에 의해 원래 부위와 다른 장소로 타액이 누출되는 샛길이 형성된 것이다. 침샘 주위를 수술하여 침샘이 손상된 경우에도 발생한다. 샘부터 샛길이 형성되어 있는 것을 선루, 도관부터 형성되어 있는 것을 관루라고 한다. 샛길이 구강 안에 생긴 것을 내침 샛길, 구강 밖의 피부에 생긴 것을 외침 샛길이라고 한다. 진단은 증상이나 촉진 등을 토대로 하며, 침샘 조영을 하기도 한다. 이물질 침투로 인한 병소와의 감별도 필요하다. 외침 샛길을 고치기 위해서는 침샘 제거 수술을 한다.

●**침샘염**

침샘염은 귀밑샘이나 아래턱샘, 혀밑샘, 광대뼈샘 등의 급성 또는 만성의 염증이다. 세균 감염이나 바이러스 감염, 외상이 원인으로 여겨지는데, 많이 발생하지는 않는다. 증상은 발생 장소에 따라 다르며, 일반적으로 부기나 압통, 개구 시의 통증, 타액관에서 점액성의 분비물 등이 보인다. 타액관 막힘이나 손상이 일어나면 침샘류나 샛길을 형성하기도 한다. 증상이나 촉진, 천자에 의한 검사, 타액 검사 등으로 진단한다. 초음파 검사나 생체 검사 재료에 의한 조직학적 검사로 진단하기도 한다. 원인에 대해 치료하며 장기화할 때는 감수성 테스트에 토대하여 항생제를 투여하거나 종양이나 농양, 점액류와 감별해야 한다. 단순한 침샘염이라면 수술하지 않지만 샛길이나 점액류가 형성되었다면 수술이 필요할 수도 있다.

●**종양**

침샘에 발생하는 종양의 대부분은 샘종이나 샘암 등의 상피성 종양이며, 드물게 악성 림프종과 같은 비상피성 종양도 보인다. 개나 고양이는 침샘에 종양이 발생하는 일은 드물며, 그중에서 단순 샘암이 가장 많이 알려져 있다. 구강 주변의 비대나 구취, 삼킴곤란 등의 증상이 보이기도 한다. 진단은 엑스레이 검사나 초음파 검사, 혈액 검사, CT 검사, MRI 검사, 생체 검사에 의한 조직 검사 등을 한다. 이미 림프샘으로 전이되거나 원격 전이가 일어난 예도 있으므로, 림프샘이나 흉부 검사도 필요하다. 치료는 종양을 외과적으로 끄집어내며, 화학 요법이나 방사선 요법을 쓰기도 한다.

인두 질환

인두부 병으로는 인두염이나 편도염, 종양, 외상 등이 있다. 특히 개나 고양이는 생선 가시나 나뭇조각 등의 이물질이 걸려서 외상이 생기는 경우가 있다. 고양이는 바이러스 감염(칼리시바이러스 감염증)으로 궤양이 생기거나 림프구성 형질 세포성 치은염이 구강 후부 점막에서 인두부로 퍼지기도 한다.

●**편도염**

편도는 인두 부분에 있는 림프 조직으로, 입과 코에서 침입하는 세균을 방어하는 기능이 있다. 편도염은 주로 포도상 구균이나 연쇄상 구균 등의 세균이나, 아데노바이러스나 파라인플루엔자 바이러스 등의 바이러스로 일어난다. 만성 비염이나 호흡기 감염증에 이어서 발생하는 때도

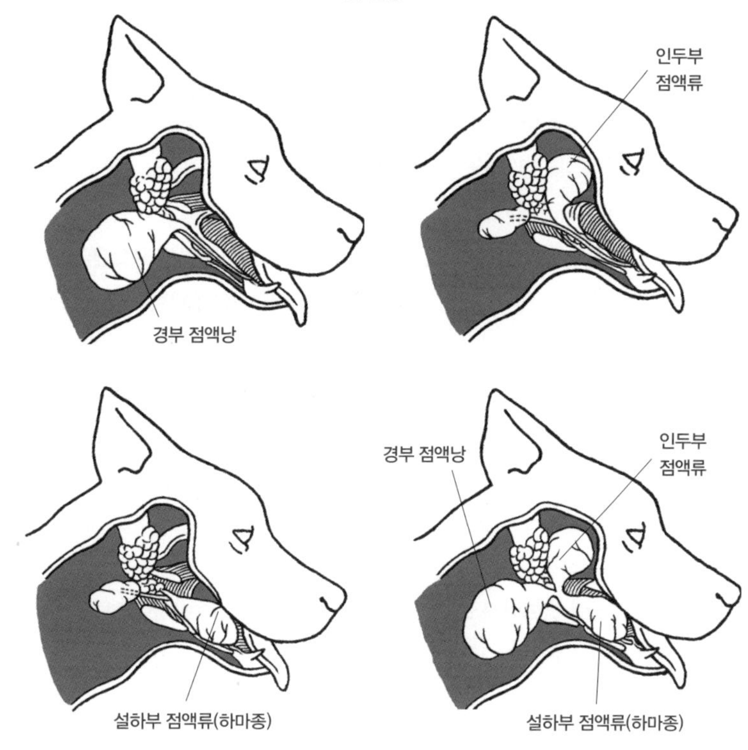

많다. 편도의 발적이나 부기, 발열, 인두부의 압통, 삼킴곤란, 기력 상실, 식욕 부진 등의 증상을 토대로 진단한다. 인두부에도 염증이 있으면 점막 면의 검사나 병변부의 조직 검사를 하기도 한다. 치료는 항생제나 소염 진통제 투여 등 내과 요법으로 치료한다. 단, 편도샘이 부풀어 커져 기도를 막으면 편도샘을 외과적으로 끄집어낸다.

●종양

양성 종양으로는 섬유종이나 지방종 등이, 악성 종양으로는 편평 상피암이나 섬유 육종, 림프 육종 등이 발생한다. 삼킴곤란이나 호흡 곤란이 일어났을 때 발견되는 일이 많으며, 대개 치료는 곤란하다. 진단은 생체 검사에 의한 조직 진단으로 확정하는데, 종양의 범위나 전이 유무를 확인하기 위해 엑스레이 검사뿐만 아니라 CT 검사나 MRI 검사를 하기도 한다. 치료는 외과적으로 끄집어낼 수 있는 때는 가능하지만 잘라 낼 수 없다면 화학 요법이나 방사선 치료를 한다.

식도와 위·장 질환

식도 질환

●식도염

식도벽에 염증이 생긴 상태를 말하며 식도 안쪽을 덮고 있는 점막의 가벼운 염증에서 점막하(근층)에 이르는 심한 염증까지 정도는 다양하다. 자극이 있는 물질(산, 알칼리, 부식제, 뜨거운 것 등)의 섭취나 이물의 접촉, 식도의 병(거대 식도, 식도 막힘, 식도 협착, 식도 게실,[7] 식도 종양 등), 의인성(인두 절개, 위 카테터 설치 등에 의한 직접적인 손상과 수술 시의 위액 역류), 구토에 의한

7 식도의 벽 일부가 밖으로 불거져 나와 주머니 모양의 빈 공간을 이룬 곳.

산성도가 높은 위액의 역류, 감염, 혈액 순환 장애 등이 원인이 된다.

증상 식도염에서는 음식물을 삼킬 때 통증을 동반하므로 식후 바로 토해내거나 음식물을 아픈 듯이 먹거나 침을 흘린다. 만성 식도염에서는 식욕 부진, 우울, 탈수가 보이며 장기화하면 체중이 감소한다. 흡인 폐렴이 같이 생기면 기침이나 호흡 곤란이 나타난다.

진단 자극성 물질을 섭취한 것이 명백하거나 특징적인 증상이 보이면 식도염을 의심한다. 신체검사에서는 원인 물질의 섭취에 의한 입안 염증이 확인되기도 한다. 바륨이나 요오드제에 의한 식도 조영 엑스레이 검사로는 식도 내 조영제 잔류로 식도가 좁아져 있거나, 식도 표면이 울퉁불퉁해져 있거나, 식도벽이 두꺼워져 있거나, 식도가 확대되거나 등의 상태를 확인할 수 있다. 내시경 검사를 할 수 있다면 식도 점막을 직접 관찰함으로써 식도염의 원인이나 상태를 확인할 수 있기도 하다. 증상이 진행되어 있다면 점막에는 궤양 형성에 동반하는 충혈과 부종이 보인다.

치료 원인 물질의 제거 또는 원인이 되는 병의 치료에 더해 염증을 억제하는 치료를 한다. 구토가 없다면 유동식을 조금씩 여러 번 준다. 합병증을 예방하기 위해 항생제를 전신에 투여한다. 중간 정도의 식도염이라면 위 안에 튜브를 넣어서 그 튜브를 통해 음식물이나 물을 줌으로써 식도를 쉬게 해줄 필요도 있다.

● 식도 내 이물(식도 경색)

식도 중간에 음식물이나 이물이 지속해서 쌓인 상태를 말한다. 식도가 완전히 막혀서 음식물을 전혀 위로 보낼 수 없게 된 상태는 식도 경색이라고 부른다. 개는 음식물을 통째로 삼키거나 음식물 이외의 것이라도 바로 입에 넣는 습성이 있으므로 고양이보다 식도 내 이물이 많이 발생한다, 식도는 원래 가슴 입구, 심장 근처, 위로 연결되는 부분 등 세 군데에서 좁아진다. 그러므로 이런 장소에 이물이 쌓이는 일이 많다. 식도 내 이물로 가장 많은 것은 뼈나 고깃덩어리 등의 음식물이며, 그 밖에 낚싯바늘이나 장난감도 보인다.

증상 이물이 식도를 완전히 막고 있다면 증상이 급성이고 침을 흘리며 구토한다. 그러나 불완전한 막힘이라면 증상은 뚜렷하지 않고 고형물을 먹으면 구토하는 등 가벼운 예도 있어서 발견이 늦어지는 경향이 있다. 식도 내 이물로 식도 천공이 발생하면 흉막염이나 세로칸염, 농흉 등이 일어나기도 한다. 식도 내 이물은 식도염을 병발하는 경우가 많으며 치료 후에도 식도 협착이나 게실 등의 후유증이 남기도 한다.

진단 증상에 더해 이물을 섭취한 것이 명백하다면, 식도 내 이물이라고 가진단을 내리기도 한다. 신체검사할 때 경부에 있는 이물질은 촉진으로 알아낼 수도 있다. 금속이나 뼈 등의 엑스레이 불투과성 이물이라면 단순 엑스레이 검사로 확인하는 것도 가능하다. 그러나, 엑스레이 사진에 찍히지 않는 엑스레이 투과성 이물이면 조영 엑스레이 검사가 필요하다. 내시경 검사는 식도 내 이물의 진단을 확정함과 동시에 이물을 제거하거나 식도 점막의 장애도 확인할 수 있다.

치료 신속하게 식도 내 이물을 제거할 필요가 있다. 식도에 이물이 오래 머물면 머물수록 점막의 손상이나 이차 합병증의 위험이 높아진다. 커다란 합병증이 없고 내시경을 이용할 수 있다면 내시경으로 제거를 시도한다. 내시경으로 이물을 꺼낼 수 없거나 내시경을 이용할 수 없다면 이물이 위로 밀어 내려가도록 시도한다. 소화되지 않은 이물질을 위로 밀어 내려보냈을 때는 위를 절개하여 꺼낸다. 식도 내 이물이 커서 막힘 부위에서 움직이지 않거나 식도 천공의 위험이 있다면 외과 수술이 필요하다. 식도염을 합병하고 있다면 이물 제거 후에도 치료가 필요하다.
특히 강아지나 새끼 고양이는 물건을 삼키는 습성이 있으므로 생활 환경에서 입에 들어갈 만한 물건을 두지 않도록 한다. 음식물을 통째로 삼키는 습성이 있는 개는 식도 내 이물이 될 만한 크기의 음식물(육포, 고기, 뼈)을 통째로 주지 않도록 주의한다. 개와 고양이 모두 커다란 생선 뼈는 구강 내 이물이나 식도 내 이물이 되기 쉬우므로 주지 않도록 하는 것이 중요하다.

● 식도 천공

식도에 구멍이 뚫린 상태를 말하며, 발생 부위에 따라 경부 식도 천공과 흉부 식도 천공으로 나뉜다. 흉부 식도 천공은 가슴 속에 병변이 존재하므로 경부 식도 천공보다 심각하며 더 많은 합병증을 동반한다. 가장 일반적인 원인은 식도 내 이물이다. 바늘이나 끝이 날카로운 금속, 생선 뼈 등은 식도에 쉽게 구멍을 내기도 한다. 딱딱하고 커다란 이물이 식도 내에서 막혀서 정체했을 때는 이물로 압박되는 부분에 혈액 순환 장애가 일어나며, 그것이 길어지면 식도벽이 괴사하여 구멍이 뚫리기 쉽게 된다.
증상 원인이나 천공 부위, 합병증의 유무에 따라 증상이 다르다. 일반적으로는 식도염이나 식도 내 이물과 마찬가지로 식욕 부진이나 우울, 음식물을 아픈 것이 삼키는 등의 증상이 보인다. 흉부 식도 천공의 경우에는 세로칸염이나 흉막염, 기흉이나 농흉을 병발하며 기침이나 호흡 곤란 증세가 나타난다.
진단 식도 내 이물이나 식도염이 의심되는 증상이 있으면 식도 천공의 위험성을 언제나 생각할 필요가 있다. 경부 식도 천공에서는 경부의 부기나 배농이 인정되며 혈액 검사에서 백혈구 수의 증가가 보이기도 한다. 흉부 식도 천공에서는 엑스레이 검사로 세로칸 공기증, 기흉, 세로칸이나 흉강 내의 삼출액이 인정되기도 한다. 식도 천공의 확진에는 요오드제에 의한 조영 엑스레이 검사나 내시경 검사가 필요하다.
치료 천공이 작을 때는 항생제 투여와 수액 요법을 시행하고 5~7일간 단식하게 한다. 필요하다면 위에 튜브를 설치하여 입을 통해 음식을 섭취하지 않도록 하여 식도를 쉬게 한다. 기흉이나 농흉이 일어나면 곧바로 흉강 내에 카테터를 설치하여 흉강 내의 공기나 체액(고름)을 빼낸다. 식도 천공 부위의 자연 폐쇄가 힘들다고 판단될 때나 심각한 합병증을 동반할 때는 개흉 수술에 의한 외과적 치료가 필요하다.

● 식도 협착증

식도 협착증이란 식도의 내강이 좁아져서 음식물이 통과하기 힘들어지는 병이다. 식도 협착에는 식도 내부에 문제가 있는 경우와 외부로부터의 압박에 의한 경우가 있다. 궤양이 같이 생기는 식도염에서는 염증 다음으로 식도 조직의 섬유화가 일어나 식도 내강이 협착한다. 식도 내 이물을 제거한 후나 식도 수술 후에 이차적으로 식도 협착이 일어나기도 한다. 한편, 외부로부터의 압박에 의한 식도 협착의 원인으로는 경부 종양(갑상샘 종양)이나 농양, 흉부 종양(림프종, 심기저부 종양, 전이 종양으로 림프샘의 비대, 원발성 전이 폐종양), 이상 혈관륜에 의한 압박(우대동맥활 잔존증) 등이 있다.
증상 음식물을 삼키기 힘들어지므로 먹은 직후에 토한다. 가벼운 식도 협착이라면 음식물의 딱딱한 정도나 크기에 따라서는 삼킬 수 있는 경우가 있지만, 심하면 고형물은 삼키지 못하고 액체밖에 마시지 못한다. 더욱 만성화하면 협착 부위보다 앞쪽으로 식도의 확장이 일어나고 음식물이 확장부에 정체하여 먹이를 먹은 후에는 토하게 된다. 먹이를 삼키기 힘들어지면 체중이 감소하고 여윈다. 식도염을 병발하여 식욕 부진이나 침흘림증이 일어나기도 한다. 흡인 폐렴을 같이하면 기침이나 호흡 곤란이 나타난다.

진단 외부에서 식도가 압박되고 있으면 엑스레이 검사로 병변을 확인할 수 있기도 하다. 조영 엑스레이 검사로 협착 부위보다 머리 쪽 식도의 확장이나 협착 부위를 명백하게 알 수 있다. 내시경 검사로는 식도 점막을 관찰할 수 있으므로 원인이 되는 병의 진단에 효과적이다.

치료 염증이 있을 때는 항생제와 항염증제를 투여한다. 원인이 되는 병이 명백하면 그것을 치료한다. 식도 협착증에 대한 치료에는 부지라고 불리는 튜브 또는 풍선 카테터라는 튜브로 물리적으로 식도 협착 부위를 넓히는 방법이 있다. 협착 부위가 좁아서 튜브를 삽입할 수 없을 때나 튜브로 확장을 시도해도 개선이 보이지 않을 때는 수술이 필요하다. 만성적인 식도염이 원인이 되어 일어난 식도 협착증은 식도 확장술 이후에도 재발하기도 하므로 주의가 필요하다. 식도 협착 부위보다 앞쪽에 심각한 식도 확장을 일으키고 있을 때는 식도 협착을 치료해도 완치에 이르지 못하는 예도 있다.

●식도 확장증(거대 식도증)

식도 확장증이란 식도의 확장과 움직임의 저하를 특징으로 하는 증후군으로 선천성과 후천성이 있다. 선천성 식도 확장증은 특발성이며, 식도의 생체 역학적 특성의 이상으로 생각되는데, 자세한 것은 명확하지 않다. 후천성 식도 확장증은 원인 불명(특발성)인 경우와 다른 병에 속발하여 일어나는 경우가 있다. 속발성 식도 확장증을 일으키기도 하는 병으로는 신경과 근육의 병(중증 근육 무력증, 전신 홍반 루푸스, 다발 근염, 다발 근증, 글리코겐 저장 질환 II 형, 피근염, 다발 근신경염, 면역 매개 다발 신경염, 신경절 근염, 자율 신경 이상증, 척주 근 위축, 양측성 미주 신경 손상, 연화성 백질 뇌증, 뇌간의 외상이나 종양, 보툴리누스 중독, 홍역 감염증), 식도의 폐색성 질환(식도 종양, 우대동맥활 잔존증, 식도 외부로부터의 압박, 식도 내 협착, 육아종, 이물), 중독(납, 탈륨, 항콜린에스테라아제, 아크릴아미드), 그 밖의 병(세로칸염, 식도 기관루, 악액질, 유문 협착, 이소성 위 점막, 애디슨병, 갑상샘 기능 저하증, 뇌하수체 왜소증, 가슴샘종) 등이 있다.

증상 먹이를 먹은 지 몇 분에서 몇 시간 만에 토해 낸다. 빈도는 다양하다. 흡인 폐렴을 병발하고 있을 때는 호흡 곤란이나 발열을 동반하기도 한다. 음식물을 삼키기 곤란한 경우에는 체중이 감소하여 여위어 간다. 식도염의 병발로 식욕 부진이나 침을 흘리는 증세가 보이기도 한다.

진단 흉부 엑스레이 검사에서 막힘을 동반하지 않은 식도의 확대가 보이면 식도 확장증으로 진단한다. 단순 엑스레이 촬영으로 명확하게 나오지 않으면 조영 엑스레이 검사를 한다. 원인에 대해서도 조사할 필요가 있다. 그러나 원인을 파악하려면 정밀 검사가 필요한 경우가 많으며, 자세한 검사를 해도 원인을 알아낼 수 없는 예도 있다.

치료 원인 질환이 있다면 그것을 치료한다. 면역 매개 질환에 속한다면 부신 겉질 호르몬 등의 면역 억제제가 효과가 있는 경우가 있다. 대증 요법으로 높은 곳에 둔 유동식을 선 자세로 먹게 한다. 식후에도 한참 동안 동물을 서 있는 자세를 유지하게 하여 음식물이 중력으로 식도를 이동하게 한다. 대부분 식도염을 병발하고 있으므로 항생제나 점막 보호제 및 항구토제(구토를 멎게 하는 약)나 제산제(위산 억제제)를 투여한다. 심한 식도 확장증은 난치성인 경우가 많으며, 흡인 폐렴의 합병으로 사망률이 높아진다.

● 식도 게실

식도 게실이란 식도벽 일부에 생겨난 주머니 모양의 구조를 말한다. 선천성인 것, 연동 운동의 이상 등으로 상피와 결합 조직만이 근층 사이를 탈출해서 생긴 것, 외상에 의한 유착으로 식도벽의 모든 층이 끌어당겨져서 생기는 것의 세 종류로 분류된다. 식도 게실을 일으키는 원인으로는 식도염이나 식도 협착, 이물, 혈관륜 이상, 신경근 이상, 열공[8] 탈장 등이 알려져 있다.

증상 가벼우면 무증상이지만, 중증이 되면 본디 자리로 돌아가지 못하거나 만성 식도염 등이 일어난다. 게실이 파열되면 세로칸염이나 식도루, 기관루를 병발한다. 증상은 병태의 정도에 따라 다양하지만 식후의 헐떡임이나 구역질, 식욕 부진, 발열, 여윔, 복부 통증, 호흡 곤란 등이 보인다.

진단 흉부 엑스레이 검사가 효과적이며, 식도 안에 공기 또는 음식물 덩어리가 쌓여 부풀어 있는 상을 관찰할 수 있다. 조영 검사를 하면 더욱 정확한 진단이 가능하다. 식도 내시경 검사는 엑스레이 검사로 얻은 소견을 확인하는 것뿐 아니라 식도의 염증이나 협착 유무를 확인하는 데에도 유용하지만 식도벽이 대단히 얇은 경우도 많으므로 천공을 일으키지 않도록 충분히 주의하면서 검사해야 한다. 혈액 검사에서는 일반적으로 커다란 변화는 인정되지 않지만, 게실이 파열되어 농흉이 된 경우나 흡인 폐렴을 일으키고 있을 때는 호중구 증가가 보인다. 구역질을 일으키는 병으로는 식도 게실 이외에도 열공 탈장이나 위 식도 중적, 식도 협착, 종양, 혈관륜 이상, 식도 내 이물, 식도 확장증 등이 있으므로 이들 질환과 판별하거나 관련성을 검토할 필요가 있다.

치료 게실이 생긴 원인을 안다면 그것을 제거한다. 가벼운 게실이고 무증상이라면 특별한 치료는 필요 없고, 선 자세로 부드러운 식사를 먹게 하는 방법으로 대응한다. 그러나 커다란 게실은 외과적 절제가 필요하다. 수술의 예후는 감염만 제대로 조절할 수 있다면 일반적으로 좋다고 알려져 있다.

● 위 식도 중적

위 식도 중적은 위의 분문 부위가 식도에 박히는 것이며, 비장이나 십이지장, 췌장, 큰그물막[9]이 함께 박히기도 한다. 어린 독일셰퍼드 같은 대형견, 특히 수컷에게 많이 발생한다. 뚜렷한 원인은 알 수 없다. 위 식도 괄약근에 이상이 생겨서 구토가 계기가 되어 일어난다고도 한다.

증상 갑자기 발병하며, 급격하게 악화하여 바로 치료하지 않으면 1~3일 만에 죽는 경우가 많은 병이다. 병증으로는 구역질이나 구토, 토혈, 식욕 부진, 복통 등이 보이는데, 흡인 폐렴과 대단히 비슷하여 감별하기 곤란하다.

진단 아픈 동물은 쇼크 상태가 되며, 복부를 촉진하면 고통을 호소한다. 흉부 엑스레이 사진에는 확장된 식도 안에 관강 모양의 연부 조직이 보인다. 기관은 앞쪽으로 눌려서 흡인성 폐렴과 같은 소견도 인정된다. 위 안의 가스는 정상적인 위치에 보이지 않거나 작아져 있다. 엑스레이 조영 검사를 통해 중적의 상태를 관찰하기는 좀 더 쉬워졌다. 식도 내시경으로는 식도 안에 주름이 있는 위 점막이 보인다. 내시경을 위 안에 넣는 것은 곤란하다. 열공 탈장과 혼동하는 일이 많아 감별이 필요하다.

치료 치료에 성공한 예가 적으며 사후 부검에서 발견되는 일이 많은 병이다. 빨리 외과적 치료를 할 필요가 있지만, 아픈 동물의 상태를 안정시키고 쇼크에 대한 치료도 게을리하면 안 된다. 위 복벽(배안 앞쪽의 벽)이 적절하게 고정되어 식도염을 잘 제어할 수 있으면 재발하는 일은 없다.

8 상피의 층 혹은 세포 사이에 있는, 내용물이 없는 작은 틈새나 움푹 들어간 부분.

9 위의 아랫부분에서 아래쪽 배안으로 처져 있어 창자 전체를 싸고 있는 넓은 막.

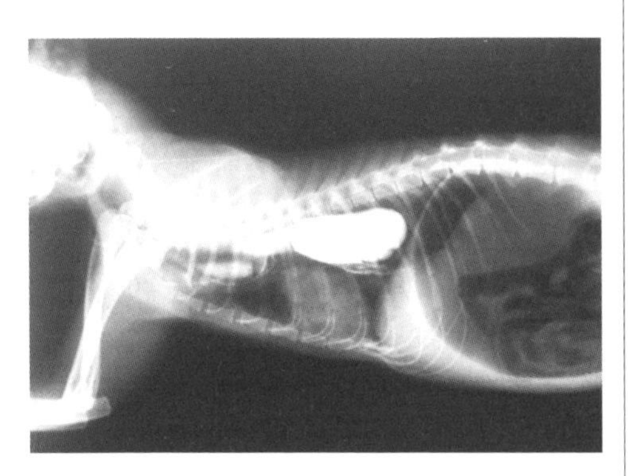

위 식도 중적증인 새끼 고양이의 식도 조영 소견. 식도가 확장되어 있는 부분에 위의 일부가 박혀 있다.

●식도루(식도와 연결된 샛길)

식도와 기관이나 기관지, 폐 실질, 피부 등 다른 기관이 이어져 버리는 것을 말한다. 선천성과 후천성이 있으며, 선천성 식도루는 개와 고양이 모두에게 보인다. 개의 후천성 식도루는 대부분 식도 내 이물로 일어나며, 우폐 후엽의 기관지로 이어지는 일이 많다. 고양이에게는 기관이나 좌후엽과의 샛길 형성이 있다.

증상 어린 소형견(평균 3세)에게 많이 발생한다. 증상으로는 물을 마신 후에 기침하는 것이 가장 일반적이며 구역질이나 식욕 부진, 체중 감소 등이 보인다.

진단 흉부 엑스레이 검사로 검진할 수 있다. 확진을 하는 데에는 특히 식도 조영이 유용하다.

치료 외과적 치료가 필요하다. 개흉하여 샛길을 절제하는데, 경우에 따라서는 폐엽을 절제하기도 한다. 치료가 어려운 병이지만 성공한 예도 많이 알려져 있다. 예후는 폐의 감염을 어떻게 제어하느냐에 달려 있다.

●열공 탈장

식도와 위의 접합부가 흉강 쪽으로 돌출하는 병으로 위의 바닥 부분이 식도 열공을 통해 세로칸 안으로 들어가 버리기도 한다. 선천성과 후천성이 있으며, 선천성 열공 탈장은, 선천적으로 열공 부위에 있는 횡격 식도의 주름이 헐거워서 식도와 위의 접합부가 열공부를 이동하여 흉강 안으로 들어가 버리므로 일어난다. 그리고, 이 병에는 몇 가지 타입이 있다.

증상 먹은 것이 역류하거나 구토나 침흘림, 호흡 곤란, 토혈, 식욕 부진, 여윔 등의 증상을 보인다. 단, 무증상인 예도 많이 보인다.

진단 혈액 검사에서는 별로 특징적인 변화가 보이지 않는다. 엑스레이 검사에서는 흉부의 등쪽으로 종류 모양의 병변이 보인다. 단, 활탈(미끄러워 벗겨짐) 탈장일 때는 여러 장을 촬영하지 않으면 발견할 수 없는 예도 있다. 거대 식도증이나 흡인 폐렴이 보이기도 한다. 엑스레이 조영 검사를 하면 위 식도 접합부나 위 점막의 주름이 열공 부위보다 앞쪽에서 확인된다. 엑스레이 투시하에는 조영제의 식도 내 체류나 위로부터의 역류를 관찰할 수 있다. 투시 중에 동물의 복부를 압박하면 진단이 쉬워진다. 식도 내시경에서는 식도염, 위로부터의 역류, 협착을 발견할 수 있다. 이들 엑스레이 소견은 횡격막 탈장과 비슷하므로 충분한 감별이 중요하다.

치료 위로부터의 역류와 식도염을 내과적으로 관리하거나 외과적 치료를 한다. 내과적 치료를 해도 나아지지 않는다면 수술을 고려하는 것이 바람직하다. 기본이 되는 수술은 위 복벽 고정이다. 수술 후에는 역류 식도염과 흡인 폐렴의 치료를 계속할 필요가 있으며, 소량의 부드러운 식사를 여러 번으로 나누어서 준다. 가벼운 식도염이거나 흡인 폐렴을 잘 제어할 수 있다면 외과적 치료의 예후는 좋을 것으로 본다. 고양이는 수술 후의 식욕 부진이 종종 문제가 되기도 한다.

●윤상 인두근 연하 장애

윤상 인두근 연하 장애는 인두근의 연하 장애(삼킴 곤란)의 하나로, 유년의 개에게 드물게 보이는 선천성 형성 부전에 의한 병이다. 이 병에서는 괄약근이 적절하게 이완하지 못하므로 음식물이 인두의 꼬리 쪽에서 식도로 이동하기 어려워진다. 이 병에 걸린 개는 젖을 먹지 않게 될 때부터 연하 장애를 보인다. 신체검사에서는 뚜렷한 이상이 없으며, 인두에도 염증이나 막힘은 보이지 않는다. 바륨 조영 검사를 하면 인두에 조영제가 남으며 바륨이 폐로 흡입되기도 한다. 연하 장애를 직접 해소하려면 윤상 인두근을 절제해야 한다. 윤상 인두근을 완전히 절제할 수 있다면 수술 후에 바로 고형식도 먹을 수 있지만 절제가 불충분하면 재발할 수도 있다.

●자율 신경 이상증

음식이 식도 안으로 들어가서 식도 점막에 닿으면 그 자극이 미주 신경을 통해 뇌에 전달되며, 뇌에서 식도를 움직이는 명령이 식도 평활근으로 전해진다. 이 경로의 어딘가에 이상이 있으면 음식물이 식도 안으로 들어가도 식도가 적절한 운동을 하지 못한다. 식도의 운동이 감퇴 또는 소실되면 음식물이 식도 안에 그대로 머물러 있게 된다.

증상 식후에 음식이나 물을 토하거나 침을 흘릴 뿐만 아니라 음식이 위 안으로 충분히 들어가지 않으므로 체중 감소나 성장 부전 등을 일으킨다.

진단 흉부 엑스레이 검사에 의해 확장된 식도가 인정된다. 식도 조영 검사를 하면 더욱 확실한 진단이 가능하다. 내시경 검사로도 확장된 식도를 관찰할 수 있으며 다른 원인과 감별도 할 수 있다. 감별 진단으로 중증 근육 무력증의 가능성을 부정할 필요가 있다. 자율 신경 검사로서 필로카르핀 점안제를 이용하여 기능 부전을 검사하는 방법도 있다.

치료 음식물이 기관으로 들어가지 않도록 선 자세로 식사를 먹게 한다. 식도염이나 흡인 폐렴의 예방과 치료도 중요하다. 나이가 들어가면서 치유되는 예도 있지만 일반적으로 예후는 별로 좋지 않다.

●종양

식도 종양은 드물지만 그중에서 비교적 발생 빈도가 높은 것으로 골육종, 섬유 육종, 편평 상피암이 있다. 또한 갑상샘, 가슴샘, 폐의 종양이 이차적으로 식도를 침범하는 때도 있다. 종양이 식도를 막으면서, 구토나 침흘림, 삼킴곤란, 식욕 부진, 악취가 있는 호흡, 여윔 등의 증상을 나타내게 된다. 엑스레이 검사로는 식도의 변화나 식도 내 공기, 종양의 음영 등이 인정되기도 하지만 정상인 경우도 있다. 조영 검사에서는 관강 내 종양이나 관강 외 종양에 의한 압박을 확인할 수 있다. 식도 내시경을 이용하면 종양을 직접 관찰할 수 있으며 확진을 위한 조직 생체 검사도 가능하다. 되도록 조기에 식도를 부분 절제하는 것이 바람직하다. 진행되고 있다면 수술은 어려우며 화학 요법이나 방사선 요법에 대한 반응도 좋지 않다.

위장 질환

●급성 위염

위 점막에서 일어나는 급성 염증이다. 부패한 음식물이나 이물, 유해 식물, 화학 물질, 약물(아스피린이나 페닐부타존 등의 비스테로이드성 해열 진통제나 글루코코르티코이드 등) 등의 섭취, 바이러스 질환(개 파보바이러스 감염증, 개홍역 바이러스 간염, 고양이 범백혈구 감소증), 세균 질환(렙토스피라증, 스피로헤타증), 기생충증(위충증), 기타(요독증, 급성 췌장염, 패혈증, 스트레스 등) 등 원인은 다양하다.

증상 원인이나 중증도, 합병증 유무에 따라 증상은 다르지만 급성 구토가 가장 특징적이다. 합병증을 동반하지 않는 가벼운 급성 위염에서는 구토 이외의 증상은 별로 보이지 않는다. 그러나 합병증을 동반하는 경우나 넓은 범위에 걸쳐서 위에 급성 염증이 보일 때는 식욕 저하, 우울, 복부 통증과 합병증을 동반하는 증상이 일어난다.

진단 급성 구토가 있다면 급성 위염이라고 가진단한다. 보통 1~3일간의 대증 요법을 시행하면서 상태를 보는데, 치료해도 반응이 나쁘고 구토가 계속되거나 식욕 저하나 침울, 복부 통증이 보일 때는 더 자세한 검사가 필요하다.

치료 원인이 확인된 경우는 그것을 치료하고 증상에 따른 대증 요법을 시행한다. 탈수 현상이 없을 때는 식사를 제한하고, 구토가 보이지 않게 되면 물을 조금씩 주고, 그 후 소화가 잘되는 먹이를 조금씩 준다. 구토에 대해서는 보통 항구토제나 제산제를 투여하고, 탈수 현상이 있거나 음수를 제한할 필요가 있을 때는 수액을 맞힌다. 평소 적당한 양의 음식을 적절히 주고, 백신을 접종하여 바이러스 감염증을 예방한다.

●만성 위염

위 점막에 자극이 반복되거나 지속됨으로써 만성적으로 위가 염증을 일으키고 있는 상태를 말한다. 위 점막이 음식물 항원이나 화학 물질, 약물, 병원체 등에 반복적으로 노출되거나 알레르기적 요인(호산구 위염 등)이 원인이 되는데, 급성 위염의 속 발병[10]으로 일어나기도 한다.

증상 간헐적인 구토가 보인다. 구토는 식사와는 관계없이 일어나며, 점막이 헐거나 궤양이 일어나면 피를 토하거나 거무스름한 변이 보이기도 한다. 식욕 부진이나 체중 감소, 복통, 우울, 창자 가스 소리 등을 일으킨다.

진단 증상에서 만성 위염을 의심한다. 신체검사, 혈액학적 검사, 혈액 화학 검사를 하고, 구토의 원인으로 소화관 이외의 병이 있는지를 확인한다. 엑스레이 검사로 이물의 유무 등을 검사한다. 만성 위염이라고 확진하고 싶은 경우나 대증적인 치료로 개선되지 않을 때는 내시경이나 개복술에 의한 위 점막의 생체 검사가 필요하다.

치료 위염의 원인이 명확한 경우에는 그 요인을 제거한다. 그러나 원인을 특정할 수 없는 경우도 많으며, 보통은 식이성 인자나 항원을 제거하기 위해 식이 요법으로서 자극이 적은 탄수화물을 많이 함유한 먹이를 조금씩 여러 번 준다. 제산제나 항구토제, 점막 보호제를 투여하거나 항균제나 면역 억제제를 투여할 필요가 있는 예도 있다.

●개의 출혈성 위장염

출혈성 위장염이란 출혈을 동반하는 위장의 염증이며, 심각한 출혈성 설사(혈변)와 구토, 현저한 혈액 농축을 일으킨다. 특히 소형견에게 많이 보이며 중증 예에서는 적극적으로 치료하지 않으면 죽음에 이르기도 한다. 엔도톡신 쇼크, 아나필락시스 쇼크 등 면역 관련 요인이 의심되지만 상세한 것은 명확하지 않다.

증상 급성 구토와 우울, 식욕 부진을 나타내며 케첩 같은 출혈성 설사를 일으킨다.

진단 혈변과 탈수 증상이 보이면 출혈성 위장염을 의심한다. 파보바이러스 감염증이나 전염성 간염 등의 바이러스 질환과 증상이 비슷하지만 출혈성 위장염은 발열이 없으며 혈액 검사에서 헤마토크릿값의 상승이 보이는 한편, 백혈구 감소는 보이지 않는 등의 특징이 있다. 진단의 확실성을 더욱 높이기 위해서는 분변을 검사 재료로 하여 파보바이러스 항원 검사를 하면 좋다.

치료 탈수 증상이 심하면 수액 치료를 한다. 쇼크가 보이면 입원하여 집중 치료를 해야 한다. 이런 증상의 치료에는 부신 겉질 호르몬이 단기적으로 이용되기도 한다. 증상이 중하고 구토와 물 같은 설사나 출혈성 설사가 심하다면 식사와 물을 제한한다. 구토가 보이지 않게 되면 물을 조금씩 주고, 그 후 소화가 잘되는 음식을 조금씩 준다. 또한

10 어떤 병이나 상처 또는 사고의 결과로서 뒤따르는 병.

출혈성 위장염에서는 분변 중에 클로스트리듐속의 세균이 검출되는 일이 많으므로 항생제를 투여한다. 수액 요법으로 증상이 개선되지 않으면 다른 질환을 의심하여 추가 검사할 필요가 있다.

●위 내 이물

위 내 이물이란 입으로 섭취한 소화할 수 없는 것이 위장 안에 정체하는 병이다. 위 내 이물은 개에게는 바늘이나 동전, 돌, 대꼬챙이, 장난감, 공 등이 많이 인정된다. 이물을 함부로 입에 넣는 버릇이 있는 개는 위 내 이물이 종종 발생한다. 고양이는 공 따위의 커다란 이물을 먹는 일은 거의 없지만 재봉 바늘이나 낚싯바늘 등을 삼키는 경우가 있으며 그루밍하는 습성 때문에 삼킨 털이 뭉쳐서 덩어리 상태가 되는 헤어 볼이 종종 인정된다.

증상 오랫동안 무증상으로 지내는 예도 있지만, 이물로 인해 위의 출구가 막힌 때는 갑자기 구토한다. 이물의 자극으로 급성 또는 만성 위염을 일으켜서 구토하기도 한다. 이물의 종류에 따라서는 중독을 일으키기도 한다. 예를 들면 아연을 함유한 볼트나 너트를 섭취하면 아연 유발성 용혈 빈혈을, 납을 섭취하면 납 중독을 일으키기도 한다.

진단 이물을 섭취한 것이 명백하다면 쉽게 진단할 수 있다. 엑스레이 불투과성 이물(금속이나 돌 등)은 엑스레이 검사로 확인할 수 있다. 그러나 엑스레이 투과성 이물(대꼬챙이, 공, 헤어 볼 등)은 엑스레이 사진에 찍히지 않으므로 조영 엑스레이 검사나 내시경 검사가 필요한 예도 있다.

치료 삼킨 이물이 작아서 장관(창자)을 통과할 수 있는 가능성이 높다고 판단되고, 독성이 없으며 무증상이면 분변으로 배설되는 것을 기다리기도 한다. 그러나 증상을 보이거나 날카로운 것, 또는 배설하기 곤란한 것, 중독의 위험이 있는 것을 삼키면 바로 꺼낼 필요가 있다. 내시경을 이용할 수 있는 경우에는, 먼저 내시경을 통해 적출을 시도한다. 내시경으로 꺼낼 수 없다면 위 절개 수술을 하여 끄집어낸다. 개는 경계심 없이 물건을 입에 넣는 습성이 있으므로, 개의 생활 환경에는 이물이 될 만한 것을 두지 않는다. 고양이의 헤어 볼을 예방하기 위해서는 꼼꼼하게 빗질을 해주는 것이 가장 효과적이다.

●위의 유출 장애

위의 운동 장애나 위 내강의 이상, 위의 외부로부터의 압박 등에 의해 위 내용물을 장으로 유출할 수 없는 상태를 말한다. 위의 운동 장애는 스트레스나 만성 위염, 심인성, 교감 신경 자극, 저칼륨 혈증으로 일어나는 경우가 있다. 위 내강의 이상이 원인이면 이물이나 날문부분(위의 넓은 몸통과 십이지장 사이에 있는 부분)의 만성 비대 위증, 날문 윤상근의 비대에서 기인하는 날문 협착, 위의 종양(특히 샘암), 날문부분의 궤양 등을 생각할 수 있다. 유출 장애의 원인이 되는 외부로부터의 압박으로는 간이나 췌장의 종양, 농양 또는 염증, 국소 림프샘의 현저한 비대, 위장의 변이를 동반하는 횡격막 탈장 등이 있다. 위 확장 위 염전 증후군은 위의 유출 장애와 유입 장애를 일으킨다.

증상 위의 유출 장애의 일반적인 증상은 만성 또는 갑작스러운 구토인데, 증상 정도는 유출 장애의 원인이나 중증도에 따라 다르다. 만성 예에서는 체중 감소도 확인된다.

진단 위의 유출 장애는 다양한 병의 합병증으로 발생하므로 임상적인 증상만으로 다른 위장병과 감별하기는 힘들다. 진단하려면 초음파 검사와 내시경 검사 또는 조영 엑스레이 검사를 한다. 원인에 따라서는 초음파 가이드나 내시경에 의한 생체 검사가 필요한 예도 있다.

치료 구토에 대한 치료로는 수액이나 항구토제를 투여함과 더불어 원인이 되는 병을 치료한다. 만성적인 염증 등으로 위의 유출로인 유문이 막혀 있는 경우에는 유문근 절개 수술이나 유문 형성 수술이 필요한 때도 있다. 유문의 병변이 중도이면 위 십이지장 연결술로 위장으로부터 음식의 유출 경로를 변경하기도 한다.

● 위 파열, 위 천공

위 파열은 위 확장 위 염전 증후군 등의 경우에 위벽 조직의 괴사와 위 내 가스 저류로 위벽이 파열되는 병이다. 한편 위 천공은 외상이나 위궤양, 위의 종양, 위 내 이물, 의인성(수술이나 내시경의 생체 검사, 스테로이드제의 고용량 투여 등), 기생충증 등이 원인이 되어 위벽에 구멍이 뚫린 상태다. 이들 병에서는 위의 내용물이 복강 안으로 새어 나오기 때문에 심각한 복막염을 일으킨다. 위 파열이나 위 천공에서는 급성 복통이나 심한 우울, 발열, 토혈, 쇼크가 보인다. 대량의 수액 등 쇼크에 대한 치료를 한 다음, 개복 수술로 치료한다. 빨리 수술하지 않으면 사망률이 대단히 높아진다.

● 위궤양

위궤양이란 맨눈으로 알 수 있는 크기의 점막 결손이며 개나 고양이는 사람보다 많이 발생하지 않는다. 스트레스나 약물(아스피린, 인도메타신, 글루코코르티코이드 등), 전신적인 대사성의 병(신부전, 간 부전 등), 바이러스병(개홍역, 파보바이러스 감염증 등), 종양(양성 폴립, 평활근종, 샘암, 평활근 육종, 섬유 육종, 림프종, 비만 세포종 등), 그 밖의 원인으로 발생한다.

증상 구토가 가장 많이 보이며 그 밖에 식욕 부진이나 체중 감소도 인정된다. 궤양 부위로부터의 출혈이 심하면 토혈이나 흑색변 등도 보인다.

진단 확진에는 조영 엑스레이 검사나 내시경 검사가 필요하다.

치료 대개는 위염 치료와 마찬가지로 제산제나 점막 보호제를 투여한다. 식욕이 전혀 없고 탈수 증상이 인정되면 수액을 투여한다. 빈혈이 심하면 수혈이 필요한 때도 있다. 5~7일 동안 내과적 치료를 해도 충분한 치료 효과가 나타나지 않으면 외과 수술로 병변부를 절제할 필요가 있는 예도 있다. 평소 스트레스를 받지 않도록 하며 이물의 섭취나 위궤양을 유발하는 약물의 투여를 피한다.

● 위 확장 위 염전 증후군

위 확장 위 염전 증후군은 위가 확장과 뒤틀림을 일으키는 병이다. 주로 개에게 보이며 특히 대형견에게 많이 발생하는 경향이 있다. 자세한 것은 명확하지 않지만 위장에서의 음식물 통과 시간의 연장이나 만성적인 위의 울체(공기 따위가 막히거나 가득 참), 과도한 공기 흡입, 과식, 식후의 운동, 드라이 푸드나 곡물 위주의 식사 등이 원인으로 여겨진다.

증상 고창(창자 안에 가스가 차서 배가 불룩해지는 상태)을 동반하는 급성 복부 팽만, 구역질, 헛구역질, 메스꺼움, 침흘림, 호흡 곤란이 인정된다. 위가 심하게 뒤틀리면 위는 유출 장애를 일으켜 내부에 액체나 기체가 가득 차서 확장한다. 뒤틀림이나 확장이 진행되어 위에 영양을 공급하는 혈액의 흐름이 나빠지면 위벽이 괴사한다. 위 확장 위 염전 증후군은 급성으로 일어나는 경우와 만성 경과를 보이는 경우가 있다. 급성인 예는 확장한 위가 문맥이나 후대정맥을 압박하여 심장으로 돌아오는 정맥혈류를 현저하게 감소시킴으로써 순환 혈액 감소성 쇼크를 합병한다. 그러므로 치료가 늦어지면 죽음에 이르는 무서운 병이다. 거기에 더해 비장이 위장과 더불어 뒤틀림을 일으켜서 장애를 입기도 한다. 상태가 길어지면, 복부 장기의 울혈로 소화관에서 흡수된 독소가 축적되어 엔도톡신 쇼크를 일으킨다. 그 후, 산증(혈액의 산과 염기의 평형이 깨어져 산성이 된 상태)이나 파종 혈관 내 응고 증후군으로 진행되기도 한다.

진단 증상에서 위 확장 위 염전 증후군을 의심한다. 신체검사에서는 고창을 동반하는 복부 팽만이 인정되며 중도인 경우는 넙다리 동맥압의 저하나 모세 혈관 재충만 시간의 연장, 구강 점막의 창백 등 쇼크를 나타내는 증상이 보인다. 혈액학적 검사나 혈액 화학 검사, 특히 혈액가스와 전해질의 측정에 의한 염산기 평형 및 전해질 이상의 확인은, 그 후에 내과적 치료를 하는 데 중요하다. 이 병에서는 심실 부정맥을 병발하는 경우가 많으므로 심전도 검사로 부정맥도 확인한다. 엑스레이 검사에서는 현저하게 확장된 위가 확인되며, 형상에서 염전의 방향이나 정도를 판단할 수 있는 경우도 있다.

치료 급성이면 서둘러 위의 확장을 개선하는 감압 치료와 쇼크 치료를 한다. 위의 감압 치료로는 얌전한 개라면 입을 통해 위 안에 튜브를 삽입하여 가스를 배출한다. 그러나 얌전히 있지 못하거나 뒤틀림이 생기면 튜브를 위 안으로 삽입할 수 없는 경우가 있다. 그럴 때는 피부를 통해 주삿바늘을 위 안에 꽂아서 가스를 배출한다. 쇼크 치료도 중요하며, 그러기 위해서는 정맥 내에 대량의 수액을 투여함과 동시에 부신 겉질 호르몬제나 항생제를 투여한다. 부정맥이 나타날 때는 항부정맥제를 투여한다. 쇼크 상태가 진정되면 곧바로 개복 수술에 의한 외과적 치료를 한다. 수술에서는 위와 비장을 원래 자리로 되돌려놓는 동시에 재발을 막기 위해 위와 복벽을 고정하는 것이 일반적이다. 위의 일부가 괴사하면 그 부분을 절제한다. 손상 정도에 따라서는 비장도 끄집어낸다.

위 확장 위 염전 증후군은 사망률이 높은 병이며, 적절한 치료를 해도 모든 개의 생명을 구할 수 있다고는 말할 수 없다. 그러므로 이 병에 걸리기 쉬운 대형견은 평소 예방에 주의를 기울일 필요가 있다. 예방법으로는 발효하여 가스가 발생하기 쉬운 곡물 등을 주지 않도록 하고 과식에도 주의한다.

위 확장 위 염전 증후군

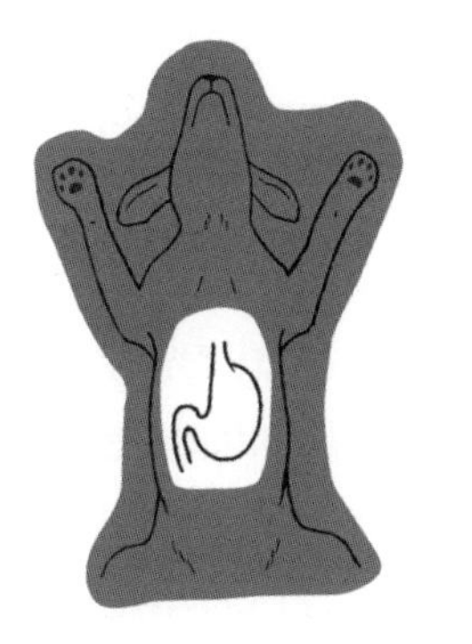
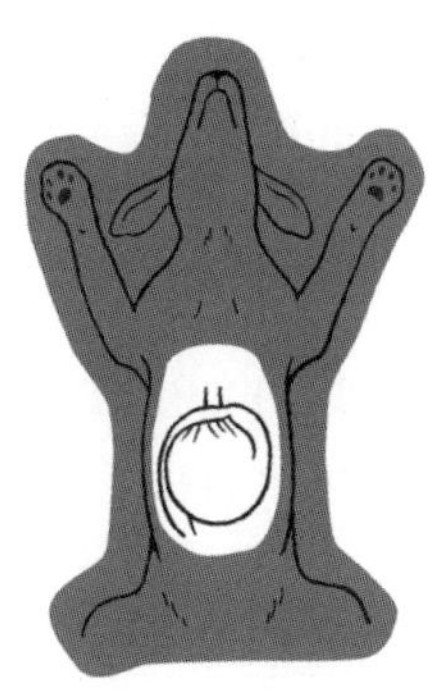

왼쪽은 정상인 위, 오른쪽은 시계 방향으로 180도 위 뒤틀림을 일으킨 상태.

식후에 곧바로 많은 양의 물을 마시거나 운동을 시키지 않는 것도 중요하다.

●종양

위에 발생하는 종양으로 개에게는 양성의 폴립이나 샘암, 평활근종, 고양이에게는 림프종이 많이 보이며, 그 밖에도 평활근 육종이나 섬유 육종, 전이 종양 등이 보인다. 위에 종양이 발생하면 종류와 관계없이 위의 운동성 저하나 위의 유출로 막힘, 궤양, 출혈 등이 일어나며 그에 동반하는 증상이 보인다. 특히 만성 구토가 가장 많이 인정되며 식욕 부진이나 쇠약, 체중 감소 등을 나타내기도 한다. 진단에는 초음파 검사, 조영 엑스레이 검사, 엑스레이 CT 검사, 내시경 검사가 필요하다. 완치 치료로서는 림프종 이외에는 외과적 절제가 필요하지만, 악성 종양이면 양호한 경과는 크게 기대할 수 없다. 림프종의 경우에는 화학 요법이 일시적으로 증상을 완화하기도 한다. 개나 고양이는 사람보다 위장의 종양 발생은 드물지만, 진단 시에는 이미 병태가 진행해 있어서 근본적인 치료가 어려운 경우가 적지 않다.

장 질환

●장염

장염이란 설사를 주된 특징으로 하는 장 점막의 염증이다. 원인으로는 식사나 약물, 감염증 등이 있으며 감염증의 원인도 바이러스(파보바이러스, 코로나바이러스, 로타바이러스, 고양이 전염성 복막염 바이러스, 고양이 면역 결핍 바이러스 등)나 세균(살모넬라증, 캄필로박터균, 예르시니아증 등), 진균(히스토플라스마증 등), 기생충(지아디아증, 트리코모나스증, 콕시듐증, 편충, 회충, 구충, 분선충, 조충 등), 그 밖에 다양한 것이 알려져 있다.

증상 물 같은 설사나 피가 섞인 설사가 일반적인 특징이며 구토나 탈수가 보이기도 한다.

진단 급성 장염은 증상과 분변 검사로 진단하지만, 원인을 찾아내기가 반드시 쉽지는 않다. 만성 예나 대증 요법에 반응하지 않으면 내시경 검사로 장 생체 검사를 한다.

치료 원인이 확인되면 그것을 치료한다. 대증 요법으로서 급성 예에서는 식사를 제한하고 장을 쉬게 하려고 12~24시간 단식한다. 만성 예에서는 식이 요법을 시행하고 지사제를 투여한다. 먹이는 저지방식을 조금씩 여러 번에 걸쳐서 준다. 심한 설사나 구토, 탈수가 보이면 수액이 필요한 경우도 있다. 파보바이러스 감염증과 코로나바이러스 감염증에는 백신 접종이 유효하다. 기생충은 정기적으로 분변 검사를 하여 감염을 조기에 발견하고 증상이 나타나기 전에 없애는 것이 중요하다. 부적절한 음식물의 섭취를 피하는 것도 중요하다.

●만성 특발성 장 질환

만성 특발성 장 질환이란 다양한 만성 질환을 통틀어 부르는 병명이다. 림프구나 형질 세포, 호산구, 호중구, 대식 세포, 조직구 등 많은 염증성 세균이 장점막 고유 층에 침윤하는 것이 특징이다. 만성 특발성 장 질환에는 소장 내 세균 과다 증식이나 염증성 장 질환, 림프구 형질 세포성 장염, 호산구 장염, 육아종 장염, 장 림프관 확장증, 조직구성 궤양 대장염 등의 병이 포함된다. 특발성이란 원인을 알 수 없다는 것이다. 림프구 형질 세포성 장염과 같이 유전성이나 식이성, 세균성, 면역성, 점막 투과성 등의 요인으로 일어난다고 여겨지거나, 호산구 장염과 같이 알레르기나 기생충 감염이 원인으로 여겨지는 것도 있는데 자세한 것은 명확하지 않다.

증상 소장 내 세균 과다 증식은 장내 세균총의 이상 증식으로 흡수 불량이나 설사를 일으킨다. 염증성 장 질환은 점막 고유층이나 점막하 조직에 염증성 세균의 침윤이 특징인 장염이다. 림프구 형질 세균성 장염이나 호산구 장염은 점막 고유층이나 점막하 조직으로 림프구나 형질 세포가 침윤하는 것이 특징이다. 호산구 장염의 병변은 특히 위, 소장, 결장에서 보이며 그 부위에 의해 만성 구토나 소장성 설사, 대장성 설사를 일으킨다. 육아종 장염은 장벽의 육아종 염증이 특징이며, 덩어리 모양의 비대를 일으켜서 장관의 협착을 일으킨다. 육아종 장염의 증상은 점액이나 혈액을 동반한 대장성 설사다. 장 림프관 확장증은 장관 림프관의 극도의 확장과 기능 장애가 특징이다. 이 병에서는 선천성 림프관 형성 부전이나 육아종 형성에 의한 림프관 막힘, 심장 질환, 폐색성 흉관 장애 등이 요인이 되어 장 림프액이 장관 내로 방출되고, 그 결과 림프구나 혈장 단백, 지질의 상실을 일으킨다. 그러므로 혈액 검사에서 림프구 감소증이나 저단백질 혈증, 저콜레스테롤 혈증이 보인다. 조직구성 궤양 대장염은 젊은 복서에게 보이며 조직구에 의한 침윤이 특징이다. 이 병은 설사와 진행성 결장 궤양이 특징이다. 병의 진행과 동반하여 장에서 혈액과 단백질이 만성적으로 상실되며 체중 감소와 쇠약을 일으킨다.

진단 간헐적, 만성적인 설사 증상이나 체중 감소 등의 증상을 토대로 진단한다. 혈액 검사에서는 저알부민과 저글로불린을 동반한 저단백혈증이 보인다. 초음파 검사에 의한 장관 벽의 비대나 부정(고르지 아니한 상태)이 인정되기도 한다. 확실하게 진단하려면 간 부전이나 콩팥 증후군과 감별해야 하며 장 생체 검사가 필요하다. 장 생체 검사는 내시경으로 가능한 때도 있지만, 점막의 표층밖에 검사할 수 없으므로 개복 수술로 생체 검사를 하기도 한다.

치료 만성 특발성 장 질환은 난치성인 경우가 많으며 정확한 병태의 파악과 장기간에 걸친 치료가 필요하다. 치료법은 원인이나 병태에 따라 다르지만 식이 요법과 먹는 약 투여가 중심이 된다. 예를 들면 림프구 형질 세포성 장염은 식이 요법을 실시하고 항생제를 투여한다. 호산구 장염에서는 저알레르기식을 주고 스테로이드제를 투여함과 동시에 대증 요법으로서 저지방 식사를 조금씩 여러 번으로 나누어서 준다. 장 림프관 확장증에서는 저지방식과 중간 사슬 트라이글리세라이드를 준다. 효과가 인정되지 않으면 스테로이드제를 투여한다. 어떤 병이든 심한 설사나 구토, 탈수 증상이 있을 때는 수액을 시행한다.

●단백 누출성 장증

장관에서 다량의 단백을 잃음으로써 저단백혈증이 되는 전신성 질환이다. 림프구 형질 세포성 장염이나 호산구 장염, 육아종 장염, 장 림프관 확장증 등의 만성 특발성 장 질환이나 장 림프종을 동반하여 발병한다.

증상 가장 자주 보이는 증상은 만성적인 설사지만, 설사를 일으키지 않는 경우도 있다. 그 밖의 증상으로는 기력 상실이나 체중 감소, 구토, 탈수 등이 보인다. 저단백혈증이 중도일 때는 부종, 흉수에 의한 호흡 곤란, 복수에 의한 복부 팽만 등을 일으키기도 한다.

진단 신체검사, 분변 검사, 혈액 화학 검사를 한다. 이 병은 검사해 보면 저알부민과 저글로불린을 동반한 저단백혈증이 보이는 것이 특징이며, 빈혈이나 저콜레스테롤 혈증이 보이기도 한다. 간 기능 검사로 간 질환에 의한 알부민 합성 장애와 감별하고, 소변 검사로 콩팥 증후군과 감별한다. 원인을 규명하려면 내시경을 이용하여 장 점막을 관찰하고 장 생체 검사도 해야 한다. 위장도 침범당할 수 있으므로 내시경 검사할 때 위벽도 동시에 관찰한다. 단, 내시경을 사용할 수 있는 범위는 한정되어 있으므로 때에 따라서는 개복 수술로 생체 검사를 하는 경우도 있다. 그 밖에 엑스레이 검사나 초음파 검사로 심장병, 장관 통과 장애의 유무를 확인한다.

치료 특발성 장 질환을 동반하여 발병한 경우라면 그것을 치료한다. 장 림프종이 원인일 때는 항암제를 투여하면 효과가 있는 경우도 있다. 복수 증상이 인정되면 이뇨제를 투여한다.

●흡수 불량 증후군

소장 점막의 대사 부전으로 흡수 장애가 발생하고, 그 결과 영양 장애를 일으키는 병을 통틀어서 일컫는 말이다. 만성 염증성 장 질환(림프구 형질 세포성 장염, 호산구 장염, 육아종 장염)이나 장 림프관 확장증, 림프종, 특발성 융모 위축, 소장 내 세포 과다 증식, 기생충증, 히스토플라스마증 등을 동반하여 발생하거나 장의 절제술 후에 보인다.

증상 초기에는 활동이나 식욕에 이상이 보이지 않지만 차츰 체중이 감소하고 설사를 일으킨다. 변은 묽은 변이나 물 같은 변이며, 지방 함유량이 많아진다.

진단 분변 검사를 통해 소화되지 않은 지방이나 단백질, 전분을 확인한다. 혈액학적 검사와 혈액 화학 검사로는 저알부민과 저글로불린을 동반하는 저단백혈증 이외에 빈혈이나 저콜레스테롤 혈증이 인정되기도 한다. 내시경 검사로 장 점막을 관찰하고, 장의 생체 검사를 하여 확진한다. 단, 내시경을 사용할 수 있는 범위는 한정되어 있으므로 개복 수술로 생체 검사를 하기도 한다.

치료 원인이 되는 병이 다양하므로 그 원인을 확인하여 치료한다. 대증 요법으로 저지방 음식을 조금씩 여러 번으로 나누어서 준다. 심한 설사나 구토, 탈수 증상이 있으면 수액을 투여한다.

● 식이성 과민증

음식물 중의 성분을 섭취함으로써 자기 몸에 해로운 반응을 발생시키는 병이다. 식이성 과민증에는 음식 알레르기나 글루텐 민감성 장 질환, 식이 불내성 등이 포함된다. 음식 알레르기는 특정한 음식 항원에 대한 면역 매개 반응으로 일어난다. 음식 알레르기가 의심되면 식이 요법으로서 알레르겐 프리 또는 엄선한 단백원(지금까지 준 적이 없는 것)으로 구성된 식사를 최소 6주 동안 준다. 글루텐 민감성 장 질환은 영국세터에게 보이는 병이다. 밀이나 글루텐을 함유한 음식을 섭취하면 체중 감소나 가벼운 설사를 일으킨다. 이런 증상은 원인이 되는 음식이나 성분을 제거하면 금방 개선된다. 단, 대부분의 시판 사료에는 밀이나 글루텐이 함유되어 있으므로 이것들을 함유하지 않은 가정식이나 특별식을 줄 필요가 있다. 식이 불내성은 음식 중의 티아민이나 젖당, 렉틴 등에 대한 반응으로 발생한다. 이들 물질을 함유하지 않은 특별식을 주면 증상은 개선된다.

● 자극 반응성 장 증후군

다양한 심인적, 정서적 요인을 원인으로 하여 설사나 변비, 장의 경련을 번갈아 일으키는 병이다. 단, 체중 감소가 보이는 경우는 대단히 드물다. 사육 상황을 참고하여, 식이성, 기생충성, 감염성, 염증성 장 질환 등 다른 병과의 감별을 하여 진단하는데, 확실한 병변을 동반하지 않는 병이므로 확진이 곤란한 경우가 많다고 알려져 있다. 항콜린제나 오피오이드로 장관 운동을 조절하거나 진정제로 정신의 안정을 꾀하고 고섬유식을 주어서 치료한다. 예방하려면 동물이 스트레스를 받지 않도록 키우는 것이 중요하다.

● 창자막힘증

소화관의 내용물이 물리적으로 장을 통과하지 못한 상태를 말하며, 장의 혈관이 손상되지 않은 단순성 창자막힘증과 혈관 손상 등을 동반하는 교액성(혈액이나 그 밖의 체액의 흐름을 차단하기 위해 기관, 도관 또는 그 밖의 신체 부위를 누르거나 조이거나 한 상태) 장 막힘증이 있다. 교액성 창자막힘증의 경우, 장관에 부종과 충혈, 장벽의 저산소 혈증과 경색, 세포의 이상 증식 및 독소의 축적이 일어나며 빨리 치료하지 않으면 패혈증성 쇼크로 급사한다. 창자막힘증의 원인에는 이물이나 대량의 장관 내 기생충, 종양, 유착, 장겹침증, 감돈탈장 등이 있다. 개나 고양이에게는 이물에 의한 창자막힘증이 가장 많으며, 특히 개에게는 돌이나 장난감(구슬 등), 옥수수 심 따위가 많이 보이고 고양이에게는 끈 모양의 이물이 많이 보인다.

증상 완전히 장이 막혀 있는지 아닌지, 또한 막힘이 일어난 부위에 따라 증상이 나타나는 방식이나 정도에 차이가 있다. 창자막힘증의 일반적인 증상은 구토나 우울, 식욕 부진, 복부의 통증 등인데, 교액성 창자막힘증인 경우는 더욱 심한 복통이나 쇼크 증상 등 더욱 심각한 증상을 나타낸다.

진단 신체검사로 장 내 이물이나 장겹침증, 또는 장관 내의 가스나 액체의 저류로 인한 장관 확장을 확인할 수 있기도 하다. 엑스레이 검사를 하여 엑스레이 불투과성(금속제 등) 이물이나 가스, 또는 액체의 저류 유무를 검사한다. 초음파 검사에서는 장관의 확장과 연동 운동의 항진 또는 소실이 인정되며, 특히 이물의 발견에 유용하다. 조영 엑스레이 검사를 하면 조영제의 통과 시간의 연장, 막힘의 존재나 막힌 부분의 윤곽을 확인할 수 있다. 끈 모양의 이물일 때는 장관의 집결이나 주름 형성이 일어난다. 그 밖에 혈액학적 검사와 혈액 화학 검사는 전신 상태를 파악하는 데 중요하다.
치료 탈수에 대한 치료로 수액을 투여한다. 쇼크 상태에 빠져 있으면 항쇼크 요법도 필요하다. 상태가 안정되면 곧바로 외과 수술로 원인을 제거한다.

● 장겹침증(창자겹침증)
장겹침증이란 장관의 일부가 그것에 이어져 있는 장관 안으로 들어가 버린 상태이며, 창자막힘증의 원인이 된다. 장겹침증은 고양이보다 개에게 많이 발생하며 특히 한 살 미만의 어린 개에게 많이 보인다. 파보바이러스나 그 밖의 바이러스 감염증 이외에 장관 기생충증, 장관 내 이물(특히 끈 모양 이물), 장의 종양 등이 원인이 되어 일어난다.
증상 구토나 우울, 식욕 부진, 이상 자세, 복부 팽만, 복통, 쇼크 증상 등이 보인다.
진단 이들 증상이 보이고 복부를 촉진하여 소시지 같은 덩어리로 만져질 때는 장겹침증을 의심한다. 엑스레이 검사에서는 창자막힘증의 소견으로 가스 또는 액체의 저류 상이 보인다. 조영 엑스레이 검사에서는 조영제의 통과 시간 연장이나 막힘 등이 관찰된다. 초음파 검사를 하면 서로 겹친 비정상적인 장관을 확인할 수 있으므로 신속하고 정확하게 진단할 수 있다. 혈액 화학 검사도 전신 상태를 파악하는 데 중요하다.
치료 탈수에 대한 치료로 수액을 투여한다. 쇼크 상태에 빠지면 항쇼크 요법도 필요하다. 그리고 상태가 좋아진 시점에 외과적 수술을 한다.

장겹침증

왼쪽이 항문 쪽, 오른쪽이 위장 쪽. 회장이 대장 쪽으로 빨려들 듯이 겹쳐 있다.

장겹침증의 정복에서는 서로 겹친 장관을 원래대로 되돌리는데, 장관의 손상이 심각한 경우에는 그 부분을 절제하기도 한다. 강아지나 새끼 고양이에게 백신을 접종하고 기생충을 퇴치함으로써 장겹침증을 일으키는 병을 예방하거나 치료한다.

● 장염전(창자꼬임증)
장관이 장간막의 장축을 축으로 하여 회전함으로써 일어나는 일종의 교액성 창자막힘증이다. 장의 완전 막힘과 허혈성 괴사를 일으키며, 장관에서 흡수된 독소가 축적됨으로써 엔도톡신 쇼크가 발생한다. 그 후, 산증이나 파종 혈관 내 응고 증후군도 일으키며, 최종적으로는 패혈증성 복막염을 일으켜 사망한다. 이 병은 주로 대형견(특히 독일셰퍼드)에게 많이 발생하는 것으로 알려져 있다.
증상 심한 복통이나 구토, 출혈성 설사, 우울 등의 증상이 보인다. 중증 예에서는 넙다리 동맥압의 저하나 모세 혈관 재충만 시간의 연장, 구개 점막의 창백 등, 쇼크 상태의 증상을 나타낸다.
진단 신체검사와 혈액 화학 검사를 한다. 단, 쇼크 상태에 빠지면 검사보다 치료를 우선한다. 검사 소견에서는 산 염기 평형의 이상이나 전해질 이상이 보인다. 심전도 검사에서 심실 부정맥이 관찰되기도 한다. 엑스레이 검사에서는 가스가 축적하여 부풀어 오른 장관이 광범위하게 인정된다. 최종적인 확진에는 시험적 개복이 필요한 예도 있다.
치료 신속히 진단하여 쇼크를 치료한 다음 상태를 안정시킨다. 그 후, 긴급히 개복 수술하여 염전된 부분을 외과적으로 수복하고 괴사한 복강 내를 절제한다. 수술을 끝내기 전에 복강 내를 여러 번 세정하고 수술 후에는 패혈증성 복막염에 대해 적극적인 치료를 한다.

● 거대 결장증

결장이 비정상적으로 확장된 상태가 되어 있는 병이며, 개보다 고양이에게 많이 발생한다. 결장에 만성적으로 분변이 정체하면 수분이 흡수되어 분변이 딱딱하게 응결한다. 이리하여 결장이 장기간에 걸쳐서 늘어난 상태가 되면 결장 운동에 돌이킬 수 없는 변화가 일어나 결장 무력증이라고 부르는 상태가 된다. 고양이는 변이 정체하는 원인을 알 수 없는 경우가 많은데, 변의 통과를 방해하는 기계적 또는 기능적 장애에 의해 이차적으로 일어나기도 한다. 이차적인 것으로는 유년기의 영양 장애에 의한 골반의 형태 이상이나 골반 골절, 척수 질환, 마미 증후군[11] 등에 이어서 일어난다.

증상 변비나 배변 진행이 늦어짐, 빈번한 배변 행동, 탈수, 쇠약, 구토, 식욕 부진, 체중 감소, 털이 거칠고 뻣뻣해지는 등의 증상이 인정된다.

진단 복부 촉진이나 손가락으로 직장 검사를 하여 결장이 두드러지게 확장되고, 그 안에 딱딱한 분변이 만져지는지 확인한다. 엑스레이 검사에서는 확장된 결장을 쉽게 볼 수 있다.

치료 원인이 되는 병이 명백하면 그것을 치료한다. 대증 요법으로 변비의 정도가 가볍다면 설사제나 대변 연화제를 투여한다. 이런 치료에 반응하지 않을 때나 변비가 심할 때는 관장한다. 단, 식욕 부진이나 쇠약, 구토, 탈수 등의 전신 증상이 보일 때는 먼저 수액으로 탈수를 개선한다. 내과적 치료를 해도 변을 배설하기 힘들다면 개복 수술이

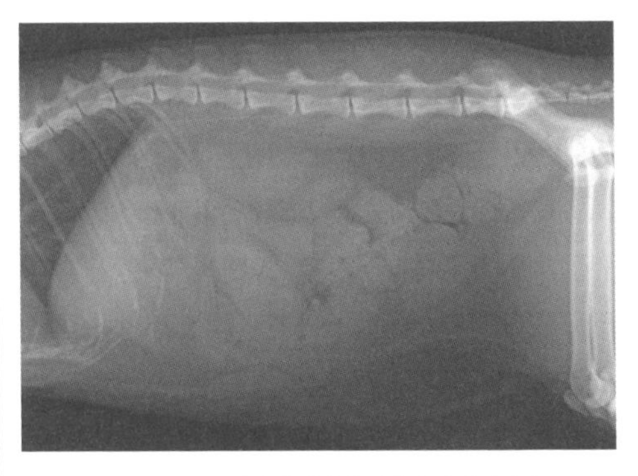

고양이의 거대 결장증. 결장과 직장에 대량의 똥 덩어리가 정체되어 대장이 크게 확장되어 있다.

필요하다. 이 병을 일으키기 쉬운 병인을 갖고 있는 것으로 알려진 동물이나 과거에 이 병에 걸린 적이 있는 동물에 대해서는 평소 변비에 주의를 기울이고, 필요에 따라 변을 부드럽게 하기 위한 식이 요법을 하거나 대변 연화제를 투여한다.

● 직장 게실

만성 변비로 직장 점막의 일부가 변 찌꺼기의 압박을 받아 주머니 모양으로 돌출한 것이다. 개에게 발생하며, 특히 만성적인 회음 탈장인 개에게 종종 보인다. 중성화 수술을 하지 않은 수컷 개에게 직장 게실이나 회음 탈장이 많이 발생하는 경향이 있다. 배변 곤란이나 변비 등의 증상이 보인다. 신체검사와 직장 검사를 하여 진단하는데 회음 탈장이면 상태를 확인하기 위해 엑스레이 검사와 초음파 검사를 한다. 게실 안의 변 찌꺼기를 정기적으로 제거하거나 외과 수술을 하여 치료한다.

● 직장 탈출증

직장의 점막이 항문에서 돌출하는 부분 탈출과 직장이 항문을 빠져나와 안쪽을 표면으로 하여 두 겹으로 돌출하는 완전 탈출이 있다. 직장 탈출증은 대장염을 동반하여 발생하는 경우가 대부분이다. 결장이나 직장, 항문 종양, 직장 내 이물, 회음 탈장,

11 척수 신경 뿌리의 압박 때문에 회음, 방광 및 천골 부위에 나타나는 둔한 통증.

방광염, 전립샘염, 요도의 장애나 난산에 이어서 발생하기도 한다.

증상 항문에서 직장 탈출이 인정된다. 직장 점막만 탈출했다면 탈출한 점막은 빨갛게 부어올라 도넛 모양으로 보인다. 이에 비해 직장 전 층의 완전 탈출은 부종을 일으킨 원통 모양의 덩어리로 관찰된다. 탈출한 조직은 살아 있는 경우도 있고, 괴사한 때도 있다.

진단 신체검사하여 탈출한 직장을 확인한다. 원인이 되는 병을 진단하기 위해 항문이나 직장, 결장, 비뇨 생식기를 조사할 필요가 있으며 소변 검사, 분변 검사, 직장 검사, 엑스레이 검사를 한다.

치료 부분 탈출이든 완전 탈출이든 탈출이 생긴 지 얼마 안 됐다면 윤활제를 사용하여 손으로 원래대로 되돌리고 항문에 쌈지 봉합(둥근 절개 부분을 그 주위를 꿰매고 그것을 죄어 봉합하는 방법)을 한다. 그러나 탈출이 생긴 지 오랜 시간이 지나서 직장 조직이 괴사하고 있을 때는 직장 점막 또는 직장 벽의 전 층을 절제하는 수술을 한다. 원인 질환도 치료해야 한다. 탈출이 재발한다면 결장 고정 수술을 한다.

●항문 주위염, 항문 주위 고름집

항문 주위염은 항문낭의 병이나 항문, 또는 직장의 장애를 동반하여 일어나는 항문 주위의 염증이다. 항문 주위 고름집(농양)은 심하게 궤양화한 샛길과 항문 주위 조직의 화농을 특징으로 하는 병이며 독일셰퍼드에게 많이 보인다. 항문 주위염은 다른 항문 주위의 병일 때, 항문부를 핥거나 깨물어서 생긴다. 한편, 항문 주위 고름집은 항문 주위의 오염과 축축한 환경이 원인이 되어 항문 주위의 샘 조직에 감염과 농양이 발생하는 것으로 보이지만 자세한 것은 명확하지 않다.

증상 항문에 불쾌감이 있으므로 항문 주위를 핥거나 깨문다. 배변 곤란이나 변비가 보이기도 한다. 항문 주위 고름집에서는 혈변이나 변실금도 보이며 항문 주위에 악취가 있는 고름성 물질이 분비된다.

진단 신체검사로 항문 주위를 조사함으로써 진단을 확정한다.

치료 항문 주위염은 많은 경우, 외용약이나 내복약의 투여로 낫지만, 원인이 되는 병의 치료도 필요하다. 항문 주위 고름집은 외과적 치료로 괴사 조직을 절제한다. 그러나 수술 후에 변실금이나 항문 협착을 일으키거나 재발하기도 한다. 내과적 치료법으로 면역 억제 요법을 쓰기도 하지만 완치는 어려우며 평생에 걸쳐 치료한다. 평소 항문 주위를 언제나 청결하게 한다.

●종양

개나 고양이의 장에 발생하는 종양에는 양성과 악성이 있다. 양성인 장의 종양으로는 샘종 모양의 폴립, 샘종, 평활근종이 있으며, 악성인 장의 종양으로는 샘암, 림프종, 유샘암, 평활근 육종, 섬유 육종, 비만 세포종, 혈관 육종, 미분화한 육종이 있다.

증상 종양의 종류나 병태에 따라 다양한 증상이 나타나는데, 일반적으로 식욕 부진이나 체중 감소, 구토, 설사, 흑색변, 빈혈, 발열, 황달, 복수, 혈변, 배변 곤란 등이 보인다.

진단 신체검사에서 복강 내의 종류가 만져지거나 엑스레이 검사로 종류를 확인할 수 있지만, 커다란 종양을 형성하는 것만 있지는 않으므로 종종 명확하지 않다. 조영 엑스레이 검사나 초음파 검사, 내시경 검사 등도 유용한 검사법이다. 단, 대개의 경우 확진을 하려면 시험 개복이 필요하다.

치료 종양이 제한된 부분에만 발생했다면 그것을 외과적으로 절제한다. 그러나 전부 도려낼 수 없을 때는 연명적 치료로 화학 요법을 쓴다.

간과 담낭·담관 질환

간 질환

●급성 간 부전

어떤 원인으로 갑자기 간의 기능을 유지할 수 없게 된 상태를 말한다. 간은 독성 물질의 대사와 배출 작용을 하는 중심적인 장기이므로 대단히 커다란 예비 능력과 뛰어난 재생 능력을 갖추고 있다. 예비 능력의 정도는 나이나 건강 상태에 따라 다르지만 대개 정상적인 간 조직이 20퍼센트 이상 유지되고 있으면 기능을 유지할 수 있다고 알려져 있다. 그러므로 간 부전(간 기능 상실)은 간 조직의 80퍼센트 이상이 장애를 입은 셈이 되며, 간 질환으로는 대단히 심각하다. 급성 간 부전은 간이 급성 및 대단히 광범위하게 손상을 입어 정상인 간 조직이 20퍼센트 이하가 된 경우에 일어난다. 직접적인 원인으로는 감염증(렙토스피라증, 톡소플라스마증, 히스토플라스마증, 고양이 전염성 복막염, 개 전염성 간염), 독성 물질(비소, 사염화 탄소, 염화 비페닐, 탄화수소, 나프탈렌, 클로로포름, 디엘드린, 디메틸니트로사민, 인, 셀렌, 타닌산 등의 화학 물질, 구리, 철, 납, 수은 등의 중금속, 아플라톡신, 녹조 독소, 광대버섯 독소, 소철 독, 피롤리딘 알칼로이드, 박하유 등의 생물학적 독소), 약물(아세트아미노펜 등의 진통제, 메벤다졸 등의 구충제, 할로탄이나 메톡시플루레인 등의 흡입 마취제, 프리미돈, 페니토인, 페노바르비탈 등의 항경련제, 스테로이드 등), 심각한 빈혈, 저산소 혈증, 열사병, 복부 외상, 급성 췌장염, 파종 혈관 내 응고 증후군, 패혈증이나 쇼크 등의 전신성 질환, 그 밖에 다수가 알려져 있다.

증상 급성 간 부전의 증상은 원인이나 정도에 따라 다르지만 공통된 증상으로 식욕 폐절(전혀 아무것도 먹지 않는 상태)이나 기력 상실, 우울, 구토, 설사, 흑색변 등이 보인다. 또한 발열이나 황달, 간성 혼수 등의 신경 증상을 보이기도 한다.

진단 혈액 검사, 엑스레이 검사, 초음파 검사를 한다. 경과나 검사 소견에서 급성 간 부전을 진단할 수 있지만 원인을 특정하기가 반드시 쉽지만은 않다.

치료 치료는 수액 요법이나 해독제 투여를 중심으로 한 응급적 치료와 증상에 토대한 대증 요법을 시행하고 원인이 될 만한 독성 물질이나 약물을 복용하지 않도록 한다.

●만성 간장병(만성 감염, 간경변증, 간 섬유증)

만성 간장병은 만성적인 간세포 장애나 간의 만성 염증을 일으키고 있는 간장병의 총칭이다. 이 병에는 만성 간염이나 만성 담관 간염, 간 섬유증, 간경변증 등이 포함된다. 만성적인 간세포 장애나 염증이 일어나면 간은 섬유화하고 최종적으로 간경변으로 진행한다. 간경변증이란 간에 광범위한 섬유증이 발생한 상태를 가리키는 명칭이다. 간의 섬유화를 일으키는 병으로는 간경변증 이외에도 비간경변성 간 섬유증이라 불리는 것이 있다. 이것은 국한성이나 확산성 간 섬유화를 일으키는 것으로 선천성과 후천성이 있으며 개에게 드물게 보인다. 만성 간염, 간경변, 비간경변성 간 섬유증은 병상이 진행되면 간이 제 기능을 하지 못하게 되어 간 부전에 빠진다.

만성 간염의 원인에는 독성 물질이나 약물의 만성적 또는 반복적인 복용이나 감염증, 담즙울체(고양이의 담관 간염), 면역 장애 등이 있다. 개의 만성 간염은 종종 특발성 만성 간염이라고 불리는데 그것은 원인을 알 수 없다는 뜻이다. 베들링턴테리어는 유전적 요인으로 간에 구리가 축적하여 간 장애를 일으키는 구리 관련성 간염이 알려져 있다. 웨스트하일랜드 화이트테리어에게 보이는 만성 간염도 구리와의 관련이 의심되고 있다. 그 밖에 도베르만핀셔(특히 중년령의 암컷)나 코커스패니얼은 만성 간염을 일으키기 쉬운데,

이것은 유전성으로 보인다. 간경변증은 만성적 또는 반복적인 간세포 장애나 만성 간염으로 일어난다. 비간경변성 간 섬유증의 원인은 알 수 없는 경우가 많으며, 그런 경우 특발성 간 섬유증이라고 불린다.

증상 만성 간장병 증상은 초기에는 명확하지 않고 비특이적(특징적이지 않음)이며 식욕 부진이나 체중 감소, 우울 등을 나타낸다. 그러나 병상이 진행되면 간 부전 징후가 나타나서 황달이나 복수, 응고 이상, 간 혼수 등이 보이게 된다.

진단 혈액 검사, 엑스레이 검사, 초음파 검사, 간 생체 검사를 한다. 혈액 검사에서는 지속적인 혈중 간 효소의 상승이 보인다. 간 부전으로 진행하고 있을 때는 간 기능 검사에도 이상이 인정되게 된다. 만성 간염이나 간경변증의 확진 또는 원인의 구명에는 간 생체 검사에 의한 미생물학적 검사, 조직학적 검사, 간 조직 속의 구리 함유량 측정이 필요한 경우도 있다.

치료 독성 물질이나 약물이 원인이면 그것들을 더 이상 복용하지 않도록 한다. 특발성 만성 간염에서는 면역 억제제를 투여하면 유효한 경우도 있다. 또한 담즙의 울체를 일으키고 있는 만성 간염에 대해서는 이담제를 사용한다. 구리 관련성 간염은 D 페니실라민이나 염산 트리엔틴과 같은 구리 킬레이트제를 평생 투여해야 한다. 그 밖에 섬유화에 대해서는 부신 겉질 호르몬제나 콜히친 등 항섬유화제를 투여하여 진행을 늦출 수 있는 경우도 있다. 원인을 제거할 수 없을 때나 진행성인 만성 간 질환은 평생에 걸친 치료가 필요하다. 간경변이나 간 섬유증을 동반하여 간 부전이 보일 때는 예후가 불량하다. 그러므로 치료는 지지 요법이 중심이 되며 부족하기 쉬운 비타민, 미네랄의 보급, 간장약의 투여, 소화관 내 독소의 생성과 흡수를 억제하기 위한 약물 투여, 식이 요법 등을 실시한다.

●코르티코스테로이드 유발성 간장병

코르티코스테로이드의 과도한 작용으로 유발되는 간장병이며, 개에게 보이는 경우가 있다. 고양이는 코르티코스테로이드에 저항성이 있어서 보통은 이 병이 생기지 않는다. 코르티코스테로이드제를 투여한 개나 부신 겉질 기능 항진증(쿠싱 증후군)인 개에게 종종 발생한다. 코르티코스테로이드 유발성 간장병은 코르티코스테로이드제의 투여량이 많으면 많을수록, 그리고 투약 기간이 길면 길수록 나타나기 쉽다. 코르티코스테로이드제의 투여는 간의 글리코겐 축적과 간 비대를 일으킨다. 그러나 대부분은 회복할 수 있는 양성이다.

증상 다음 다뇨나 다식, 간 비대, 복부 팽만 등 부신 겉질 기능 항진증 증상이 보인다.

진단 혈액 검사로 알칼리성 포스파타아제와 감마 글루타밀 전이 효소 활성의 상승이 인정되며, 촉진이나 엑스레이 검사로 간 비대를 확인할 수 있다. 글루코코르티코이드제를 투여하고 있다면 그것으로 쉽게 진단할 수 있다. 글루코코르티코이드제를 투여하고 있지 않은 개에게 이 병이 인정되면 자연히 발생한 부신 겉질 기능 항진증이 의심된다.

치료 코르티코스테로이드 유발성 간장병은, 글루코코르티코이드제의 투여 중지, 또는 자연히 발병한 부신 겉질 기능 항진증을 치료함으로써 개선된다. 그러나 알레르기 질환이나 면역 매개 질환을 치료하기 위해 글루코코르티코이드제를 투여하고 있다면 투약을 완전히 중지할 수 없는 경우도 있다. 그럴 때는 정기적인 혈액 검사로 부작용이 최소화되도록 투약량을 조절하거나 다른 약물과 병용하는 등의 대처가 필요하다.

●지방간

지방간은 간 내에 트리글리세리드(중성 지방)가 과도하게 축적되는 병이다. 이 병은 간

리피도시스라고도 불리며, 고양이에게 일어나기 쉽고 현저한 간내 담즙울체와 간 부전을 일으키고, 급성 예에서는 사망률이 대단히 높아진다. 간에 지방 침착과 간으로부터의 지방 동원의 불균형으로 발병한다. 이런 상태는 식욕 부진이나 식욕 폐절로 급성 또는 만성 영양 부족 상태가 된 고양이에게 일어나기 쉬우며, 특히 비만한 고양이에게 많이 인정된다. 그 밖에도 몇 가지 원인이 생각되고 있지만 자세한 것은 명확하지 않다.

증상 우울, 기력 상실, 체중 감소, 황달, 간헐열(주기적으로 갑자기 오르내리는 열), 구토, 설사, 간의 부기, 출혈 경향이 보인다. 병상이 진행하면 간 부전이나 간 혼수를 일으키기도 한다.

진단 혈액 검사와 엑스레이 검사, 초음파 검사를 한다. 고양이의 지방간에서는, 혈액 검사로 빌리루빈과 알칼리성 포스파타아제 상승이 특징적으로 보이며, 아스파라긴산 아미노기 전달 효소)나 알라닌 아미노기 전달 효소의 활성, 혈청 총 담즙산, 공복시 혈중 암모니아 농도도 상승해 있다. 엑스레이 검사로는 간의 비대가 보이며, 초음파 검사에서는 간 전체가 확산성으로 고(高) 에코가 된다. 확진에는 간 생체 검사가 필요하지만 간 세침 흡인 검사라는 간단한 검사로 확진할 수도 있다.

치료 적극적으로 영양을 보급한다. 식욕이 회복되기까지는 위 튜브나 인두 튜브, 코 튜브 카테터 등을 설치하여 강제로 영양소와 수분을 보급한다. 감염 예방을 위해 항생제 투여도 필요하며 스트레스 없는 환경을 정비하는 것도 중요하다.

●문맥 체순환 단락증(문맥 션트)

정상인 동물은 소화관 내에서 생성된 암모니아 등의 독소는, 장관에서 흡수되면 문맥이라고 불리는 혈관을 거쳐서 간으로 운반되어 무독화된다. 그러나 이 문맥과 전신성의 정맥 사이에 우회 혈관이 있으면, 간에서 해독되어야 하는 유해 물질이 간에서 처리되지 않은 채로 전신(체순환)을 순환하게 되며, 그 결과 다양한 이상을 일으킨다. 이런 비정상적인 우회 혈관이 존재하는 상태를 문맥 체순환 단락증(문맥 션트)라고 한다. 문맥 체순환 단락증의 원인에는 선천성과 후천성이 있다. 개나 고양이의 문맥 체순환 단락증은 대부분 선천성 문맥 기형이며, 특히 개에게 많이 보인다. 꼬마슈나우저나 요크셔테리어는 이 병에 잘 걸리는 견종이다. 선천성 문맥 체순환 단락증에는 몇 가지 단락 양식이 있는데, 우회 혈관의 위치에 따라 간 내성과 간외성으로 크게 나뉘며 전자는 대형견에게, 후자는 소형견에게 많이 보인다. 한편, 후천성 문맥 체순환 단락증은 지속적인 문맥 고혈압증이 보이는 병일 때, 문맥과 전신 정맥 사이에 옆쪽 혈액 순환로가 형성된 것이다. 문맥 고혈압증이 보이는 병에는 심각한 만성 간염이나 간경변증, 간 섬유증, 선천성 간 동정맥루 등이 있다.

증상 문맥 체순환 단락증인 개나 고양이는 암모니아 등의 소화관 내 독소로 종종 간 혼수를 일으킨다. 간 혼수 증상은 침흘림, 비틀거림, 일시적인 시력 상실, 경련 등의 중추 신경 증상이 특징적이며 식후 1~2시간 지났을 무렵에 악화하는 경향을 보인다. 그 밖의 증상으로는 만성적 또는 간헐적인 구토나 설사 등의 소화기 증상, 그리고 요로 결석의 합병 예에서는 빈뇨나 혈뇨 등의 방광염 증상이 인정된다. 선천성이면 발육 부전이 일어나며 후천성이면 여윔이나 식욕 부진, 복수 등의 간 부전 증상이 보인다. 그대로 두면 간 기능 장애로 사망한다.

진단 혈액 검사와 엑스레이 검사, 초음파 검사, CT 검사로 진단한다. 혈액 검사에서는 저알부민 혈증, 요소 질소치의 저하, 고암모니아 혈증, 혈청 총 담즙산 농도의 상승이 보인다. 엑스레이 검사에서는 작은간증, 초음파 검사에서는 션트 혈관을 확인할 수 있는 경우도 있다. 조영 CT 검사는 전신 마취가

문맥 체순환 단락증

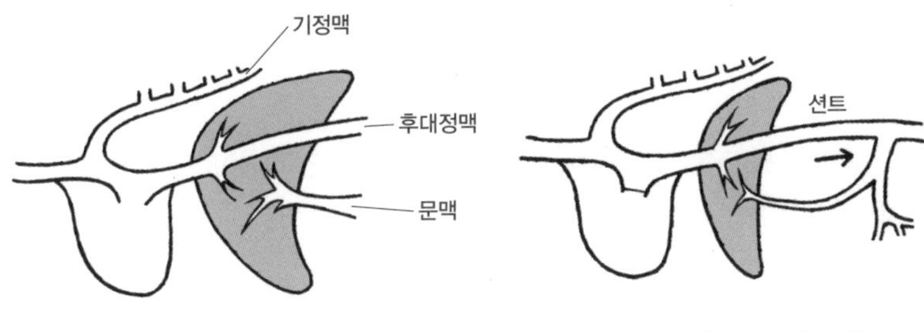

정상일 때　　　문맥-후대정맥 단락일 때

필요하기는 하지만 션트 혈관을 확인하는 유용한 검사다. 특히 고성능 멀티 슬라이스 CT를 이용한 삼차원 영상 진단은 작은간증의 정도나 션트 혈관의 위치, 그리고 상태를 확인하는 데 대단히 유용하다. 해외에서는 방사성 동위 원소를 소량 투여하여 섬광 조영술 검사로 확진을 하는데, 일본에서는 이 검사를 하고 있지 않다. 문맥 조영 검사는 예전에는 이 병의 최종 진단법이었는데, 외과적 치료를 동반하므로 진단 목적만으로 검사하는 경우는 적으며 통상적으로 외과적 치료를 할 때 보조적 검사로 한다.

치료 치료는 내과적 치료와 외과적 치료로 크게 나뉜다. 내과적 치료는 증상의 완화와 어느 정도의 연명을 목적으로 하며, 외과적 치료가 곤란한 경우나 외과적 치료 전후에 한다. 내과적 치료는 소화관 내 독소의 생성과 흡수를 억제하기 위한 약물의 투여나, 저단백의 식이 요법 등에 의한 간 혼수의 개선 또는 예방이 중심이 된다. 외과적 치료는 선천성 문맥 체순환 단락증인 경우에만 가능하며, 완치나 장기 연명을 기대할 수 있는 유일한 방법이다. 외과적 치료는 선천적인 션트 혈관을 폐쇄함으로써 간 기능을 개선하는 것이 목적인데, 한 번에 션트 혈관을 폐쇄하는 것이 불가능한 경우도 있다. 외과 수술 성공률은 단락 상태에 따라 다르다. 특히 간 내성인 경우는 간 외성보다 외과적 치료가 어려우며 수술할 수 있는 시설은 한정되어 있다.

●종양

간의 종양에는 원발성과 전이성이 있다. 개나 고양이의 원발성 간 종양은 비교적 노령의 동물에게 드물게 발생한다. 개에게서는 간세포암, 고양이에게서는 담관암이 많이 보이는데, 그 밖에도 간 카르시노이드이나 혈관 육종, 평활근 육종, 섬유 육종 등의 종양이 인정되기도 한다. 한편, 전이 종양은 림프종이나 비만 세포종, 췌장암 등의 악성 종양을 동반하여 종종 발생한다. 원발성 간 종양의 원인은 잘 모른다. 전이 종양은 다른 장기에서 생긴 악성 종양이 맥관을 타고 전이하거나 위암이나 췌장암 등의 인접 장기의 악성 종양이 침윤함으로써 발생한다.

증상 원발성 간 종양은 초기에는 증상이 잘 나타나지 않으며 간 기능 장애의 징후가 인정되는 경우도 드물다. 종양이 진행되면 식욕 부진이나 기력 상실, 체중 감소, 구토, 복부 팽만, 복강 내출혈 등이 보이게 되지만 모두 똑같지는 않다. 전이성 간 종양의 증상은 원래의 종양에 따라 다르다.

진단 신체검사, 혈액 검사, 엑스레이 검사, 초음파 검사를 한다. 최근에는 CT 검사를 할 수 있는 시설도 늘었으며, 간 종양 진단에 이용되고 있다. 초음파 검사는 원발성 종양의 발견에 가장 유용한 검사법이다. 사람의 경우에 일반적으로 행해지는 혈액 검사에 의한 종양 표지자[12] 검사는, 개에게도 유용성이 제시되었지만 아직은 한정된 전문적 시설에서만 시행할 수 있다. 확진에는 경피적(피부 위에서), 또는 시험적 개복에 의한 간 생체 검사가 필요하다. 비만 세포종이나 림프종은 간편하고 안전한 침 흡인 검사로도 진단할 수 있는 예도 있다.
치료 원발성 간 종양인 경우, 하나 또는 두 개의 제한된 간엽에 종양이 발생했다면 외과적으로 절제할 수 있기도 하다. 그러나 간의 모든 엽에 종양이 보이는 예나 전이성 간 종양인 경우는 외과적 절제는 곤란하며 예후는 불량하다. 화학 요법은 림프종이나 비만 세포종 등 일부 종양에는 약간의 유용성이 인정되고 있지만 많은 경우 장기 연명은 기대할 수 없다.

담낭·담관 질환

●담낭염

담낭염은 어떤 원인으로 담낭에 급성 또는 만성 염증이 생긴 상태다. 주로 세균 감염 때문에 발생한다. 세균은 장관에서 총담관을 거쳐서 역행하거나 혈류를 타고 전이함으로써 담낭 안으로 들어간다. 담낭 안의 담낭 슬러지나 담석증으로 만성 담낭염을 병발하기도 한다.
증상 담낭염은 초기에는 증상을 발견하기 힘들며 만성적인 경과를 거쳐서 담낭 파열의 원인이 되기도 한다. 중간 정도의 담낭염에서는 식욕 저하나 기력 상실, 구토, 발열, 복통, 황달, 복수, 체중 감소가 보인다.
진단 혈액 검사와 초음파 검사로 진단한다. 혈액 검사에서는 담낭염에 특이적인 소견은 없지만, 알칼리성 포스파타아제와 감마 글루타밀 전이 효소 활성, 콜레스테롤, 혈청 총 담즙산, 때로 혈청 총 빌리루빈 농도의 증가가 보이기도 한다. 초음파 검사에서는 담낭 벽의 비대가 인정되는 일이 많으며 종종 담석증이나 담낭 슬러지의 병발이 보인다.
치료 가벼운 담낭염은 통상, 이담제나 항생제를 투여하여 치료한다. 그러나, 내과적 치료에 반응하지 않는 경우나 담석증을 동반하고 있는 경우, 또는 담낭 파열이나 그런 위험성이 있는 경우에는 외과적인 담낭 절제 수술을 한다.

●담석증, 담낭 슬러지, 담낭 점액 낭종

담석은 담즙이 울체함으로써 그 성분이 변화하여 결석 모양이 된 것이며, 담낭이나 총담관 안에 형성된다. 단, 개와 고양이에게 담석증 발생은 드물다. 담낭 슬러지는 담즙이 농축하여 흑색화하고, 진흙 같은 끈적한 상태로 고인 것이다. 담낭 점액 낭종은 중년령 이상의 개에게 가끔 인정되며 담낭 안에 점액 물질(뮤신)이 쌓여 담낭 확장을 일으키는 질환이다. 담낭 점액 낭종인 개는 병태가 진행되면 절반 이상의 비율로 담낭 파열을 일으킨다. 담석증이나 담낭 슬러지는 대부분 담낭염, 간외 담관 통과 장애, 만성 간 질환에 병발하여 인정된다. 꼬마슈나우저나 셰틀랜드양몰이개 등의 고지질 혈증이 일어나기 쉬운 견종이나 갑상샘 기능 저하증이나 부신 겉질 기능 항진증인 개에게 담낭 슬러지나 담낭 점액 낭종이 일어나기 쉬운 경향이 있다.
증상 담석증이나 담낭 슬러지, 초기 담낭 점액 낭종은 단독으로는 명확한 증상을 나타내지 않는 경우가 많으며, 초음파 검사로 우연히 발견되는 경우가 대부분이다. 담낭염이나 총담관 폐색증을 일으키고 있다면 황달이나 구토, 식욕 부진 등이 보인다. 담낭 점액 낭종의 원인은 명확하게 밝혀져 있지 않지만 담낭관 막힘이 원인이 되기도 한다.
진단 초음파 검사나 엑스레이 검사 등으로 진단한다. 혈액 검사에서는 담석증이나 담낭 슬러지, 담낭 점액 낭종에 특이적인 소견은 없지만,

12 종양 세포에 의하여 특이하게 생성되어서 암의 진단이나 병세의 경과 관찰에 지표가 되는 물질.

알칼리성 포스파타아제나 감마 글루타밀 전이 효소 활성, 혈청 총 담즙산, 때로 혈청 총 빌리루빈 농도의 증가가 보이기도 한다.

치료 담석증은 개나 고양이의 경우, 내과적 치료로는 효과를 얻기 힘들기 때문에 종종 외과적으로 적출한다. 담석증은 담낭염을 병발하는 경우가 많으므로 보통은 담낭을 동시에 절제한다. 한편 담낭 슬러지에서는 담낭염이나 내분비성 질환이 보이면 그것을 치료한다. 이담제나 항생제를 투여하면 개선되기도 한다. 단, 대부분의 담석증이나 담낭 슬러지는 증상을 나타내지 않으므로 외과적 제거가 언제나 필요하다고는 할 수 없다. 담낭 점액 낭종은 외과적인 담낭 절제술이 기본이다.

● 담낭 파열, 간외 담관 파열

어떤 원인으로 드물게 담낭이나 간외 담관이 파열하는 경우가 있다. 담낭 파열이나 간외 담관 파열이 일어나면 담즙이 복강 안으로 누출되어 심한 복막염이 발생한다. 담즙이 세균 감염을 일으키면 패혈증을 병발하기도 한다. 담낭 파열과 간외 담관 파열의 주된 원인으로는 교통사고나 낙하 등에 의한 외적 압력, 총에 맞은 총상이나 칼 따위에 의한 예리한 창상, 간 생체 검사나 개복 시의 촉진 등에 의한 의인성, 결석이나 염증, 담낭 점액 낭종, 종양 형성 등에 동반하는 속발성을 들 수 있다.

증상 담즙 누출을 원인으로 하는 복막염 때문에 발열이나 식욕 부진, 구토, 설사, 황달, 복부 통증, 쇼크 등이 급성으로 일어난다. 외상에 이어서 일어나는 간외 담관 파열은 담낭 파열보다 증상이 천천히 나타나며 황달, 복수, 무담즙변(희끄무레한 변) 등이 보인다.

진단 검사 소견으로서 고빌리루빈 혈증, 알칼리성 포스파타아제나 알라닌 아미노기 전달 효소의 활성, 혈청 총 담즙산 농도의 상승이 보인다. 또한 황갈색이나 녹색을 띤 복수가 저류한다. 담낭 파열의 경우, 초음파 검사에서 담낭 음영이 소실되어 있는 경우가 있는데, 완전한 파열을 일으키고 있지 않을 때는 확정할 수 없는 경우도 있다. 그러므로 최종적으로는 시험적 개복술이 필요한 경우도 있다.

치료 긴급 개복술이 필요하다. 담낭 파열이라면 담낭을 절제하고 간외 담관 파열이라면 파열부를 봉합한다. 복막염도 치료해야 한다.

● 간외 담관 폐색증(총담관 폐색증)

총담관 등의 간외 담관에 막힘이 일어나고, 그것에 의해 장관으로의 담즙 분비가 방해받은 상태이다. 간외 담관 폐색증은 간의 바깥에 있는 담관 내부에 담석이나 액체가 막혀 일어나는 경우와, 췌장염이나 장염, 담관 종양, 췌장 종양, 십이지장 종양 등에 의해 간외 담관이 협착함으로써 일어나는 경우가 있다.

증상 간외 담관이 막히면 담즙울체가 일어나며, 그것에 의해 황달이 발생한다. 그 밖의 증상으로 식욕 부진, 구토, 체중 감소, 복부 통증, 설사, 무담즙변 등이 보인다. 설사나 지방변은 연한 색깔을 띠는 것이 특징이며, 이것은 담즙산의 분비가 불충분하므로 일어난다. 이것과 동반하여 지방이나 비타민 K 등의 지용성 비타민의 흡수 부전이 일어나고 혈액 응고 부전도 일어나기 쉬워진다.

진단 검사 소견으로는 현저한 담즙울체의 결과 알칼리성 포스파타아제나 감마 글루타밀 전이 효소 활성, 콜레스테롤 농도, 혈청 총담즙산, 빌리루빈 농도의 증가가 보인다. 일반적으로 간외 담즙울체의 경우, 총빌리루빈 농도와 알칼리성 포스파타아제 활성이 높은 값을 나타내는 경향이 있다. 또한 소변 검사로 빌리루빈뇨와 우로빌리노겐[13]의 결여를 확인할 수 있다. 초음파 검사나 CT 검사는 이 병의

13 쓸개즙 속의 빌리루빈 색소가 장내 세균에 의하여 환원되어 생성되는 물질.

진단에 유용하며, 간내 담관이나 담관, 담낭, 총담관 등의 담관계가 진행성으로 확장해 있는 상태를 확인할 수 있다.

치료 폐색 원인을 제거하려면 대개는 외과 치료가 필요하다. 급성 췌장염에 이어서 담관 폐색이 일어나면 먼저 췌장염을 내과적으로 치료하는 것이 중요하다. 췌장염이 개선되어도 담관 폐색이 치유되지 않는다면 외과 수술을 할 필요가 있다.

췌장 질환

췌장 병증

췌장의 병은 췌액을 만드는 샘세포와 그 췌액을 소장으로 운반하는 췌장관에 병변이 발생하는 췌외 분비의 질환과 췌장 호르몬의 이상에 관계하는 췌내 분비의 질환으로 나뉜다. 단, 임상적으로 췌장의 병이라고 하면, 일반적으로 소화기계 질환으로 취급되는 급성·만성 췌장염이나 췌장암 등 외분비의 병을 의미한다. 당뇨병이나 인슐린종 등은 대사·내분비 질환이나 단순히 대사 질환으로 따로 취급되는 경우가 많으므로 여기서는 생략한다. 췌장염이나 외분비 췌장 부전 등의 췌장 질환은 진단이 어려운 병이다. 그 이유는 췌장이 복강의 심부로 위치하는 비교적 작은 장기라서 신체검사나 엑스레이 조영 검사를 하는 것이 쉽지 않고 생체 검사도 위험하기 때문이다. 췌장이 갖는 다양한 생리 기능 때문에 췌장 질환은 복잡한 증상을 나타내며, 특히 신장이나 간, 장관 등 다른 장기의 병과 혼동하기 쉬운 병태를 보이는 경우도 많다. 췌장 질환에 관한 정보가 빈약한 것도 진단을 곤란하게 한다. 그러나 요즘은 초음파 검사나 CT 검사, MRI 검사가 발전하여 개의 췌장 장애를 판정하는 트립신 유사 면역 반응 물질을 검출하는 진단 키트가 개발됨으로써 췌장 질환의 진단이 정확해지게 되었다.

●급성 췌장염

췌장의 소화 효소(트립신, 리파아제, 코리파아제, 엘라스타아제, 포스폴리페이스 A)가 어떤 원인으로 활성화됨으로써 췌장 자체가 자기 소화되어 일어나는 것이 급성 췌장염이다. 비교적 경증인 췌장 부종에서 중증이며 증세가 심각한 출혈성 췌장염이나 췌장 괴사라고 불리는 것까지, 모든 급성 췌장 질환이 포함된다. 동물의 자연 발병 예에서는 일반적으로 원인은 명확하지 않지만 편식, 고지질 혈증, 비만, 고칼슘 혈증, 부갑상샘 기능 항진증, 복부의 외상이나 수술, 약물(스테로이드 호르몬, 이뇨제, 시메티딘의 투여, 부신 겉질 기능 항진증, 바이러스나 기생충 감염, 혈관계의 이상(혈액 순환 장애), 췌장의 외상, 담도 질환, 면역 매개 질환 등 많은 요인이 생각되고 있다. 중년령의 비만인 암컷 개에게 많이 발생하는 경향이 있다. 고양이의 췌장염은 개의 췌장염과 다르며, 원인으로 톡소플라스마, 고양이 전염성 복막염, 헤르페스바이러스, 칼리시바이러스, 유기인제, 마취, 간흡충이 생각되며 고양이의 췌장관 개구부가 개와 해부적으로 다르다는 것이 요인으로 보인다.

증상 우울 상태나 식욕 부진을 나타내면서 구토(구토물은 소화가 되지 않은 음식물이며 중증이 되면 점액이나 액체, 담즙을 함유하게 되며 구역질이나 침흘림이 두드러지는 경우가 있는가 하면, 입의 갈증을 달래기 위해 물을 마시고 그때마다 구토를 반복하기도 한다)와 설사(대부분 구토와 동시에, 또는 구토가 가장 심할 때 보이며 출혈성인 경우도 있다)를 반복한다. 환부에 격통을 동반하므로 쇼크를 일으키기도 한다.

진단 혈액 화학 검사에 의해 백혈구의 증가와 간이나 췌장의 효소 활성의 상승이 보인다. 트립신 유사 면역 반응 물질을 측정하고, 거기에 더해 엑스레이나 초음파, CT, MRI 등의 검사를 하여 진단한다.

치료 단식하고 철저한 수액 요법으로 단기간 췌장염 활동을 억제한다. 통증이나 쇼크 증상을 억제하기 위해 중추성의 항구토제(클로르프로마진, 프로클로르페라진), 진통제로 하이드로모르폰, 부토르파놀, 필요에 따라 세포탁심, 트리메토프림, 엔로플락신 등의 항생제를 주사 투여한다. 지금까지 급성 췌장염은 철저한 단식을 함으로써 췌장염의 안정을 유지하는 것을 기본으로 여겨왔지만 최근에는 중증일수록 조기에 먹이를 주거나, 중간 정도의 췌장염인 개와 고양이는 구토 유도제나 구토제를 이용하여 구토하게 하고 위 튜브를 통해 소량 경향의 저지방식을 주는 것이 추천된다. 예방하려면 편식이나 비만을 피하는 것이 중요하다.

●만성 췌장염

급성 췌장염이 오래되거나 반복적으로 일어남으로써 만성화한 상태를 말한다. 만성 재발성 췌장염은 급성 췌장염과 같은 증상을 나타내는 경우가 많으며 때로는 발열, 황달, 삼출성의 복수나 흉수의 저류가 인정된다. 단, 노령인 고양이는 만성 췌장염이 되기 쉽지만 무증상으로 지내는 경우가 많다고 알려져 있다. 그러므로 살아 있을 때 진단되는 일은 드물며 종종 부검 때 우연히 발견된다. 진단이나 치료는 급성 췌장염의 경우와 같다.

외분비 췌장 부전

췌장의 외분비 기능을 하는 조직이 현저하게 상실되어, 그 결과 활성화된 소화 효소가 원래 작용하는 부위가 아닌 곳에서 작용한 결과 조직 장애를 일으켜서 충분한 양의 췌장 효소가 분비되지 않게 되어 소화 불량에 빠진 상태를 말한다. 체중이나 몸 상태를 유지할 만한 양의 영양소를 흡수하지 못하고 설사나 체중 감소, 기타 소장 질환 증상이 나타난다. 최근에 이 병의 주요 원인은 유전성 또는 성견형 샘포 세포(외분비샘에서 분비 부위인 샘포를 이루는 분비 세포) 위축이며, 고양이는 이와 반대라는 것이 밝혀졌다.

증상 많이 먹지만 체중이 감소하며 악취가 강한 대량의 지방성 설사를 일으키는 것이 특징이다.

진단 상세한 병력의 청취와 면밀한 신체검사(대장성인지 소장성인지 구별되기도 한다)에 더해, 분변 검사(소화되지 않은 지방의 확인)나 소변 검사, 혈액 화학 검사(특히 혈청 아밀라아제, 리파아제 활성)를 한다. 그러나, 이들 일반 검사의 결과는 정상 범위에 있는 경우가 많으며, 확실하게 진단할 수 없는 경우가 많으므로 소화 효소의 저하를 확인할 필요가 있다. 결장 내시경 검사나 엑스레이 검사도 유용하다.

치료 소화관 내의 췌장 효소 활성을 보충하거나 영양상의 불균형을 바로잡기 위해 췌장 효소 분말(바이오카제 V)을 하루 두 번, 균형 잡힌 사료에 섞어서 투여한다. 치료는 대개 평생 계속해야 하는 경우가 많다. 충분한 양의 췌장 효소제를 보충해도 설사가 낫지 않는다면 비타민, 효소제(메트로니다졸, 테트라사이클린, 타이로신)를 6주 동안 준다.

종양

개나 고양이의 췌장 종양은 사람보다 드물다고 할 수 있다. 그러나 췌장 종양은 악성이 많으며 개는 대부분 선방 세포나 이자관 상피에서 발생하는 암이다. 노령견에게는 종종 간이나 인접 림프샘, 큰그물막, 장간막, 그리고 폐로 전이가 일어난다. 고양이에게는 샘종, 암, 카로티노이드, 랑게르한스 세포 종양이 보이고 일부 양성 종양(샘종)은 일반적으로 무증상이며 부검 시에 우연히 발견되는 경우가 많다.

증상 우울, 식욕 부진, 발열, 구토, 황달, 복부 불쾌감을 나타내고 촉진하면 복부에 종류가 확인된다. 외분비 췌장 부전을 일으켰을 때는 지방변이나 설사를 배설하며, 간으로 전이되면 황달, 폐로 전이되면 호흡 곤란이나 기침을 나타낸다.

진단 일련의 상부 소화관의 단순 촬영과 기복[14] 조영으로 췌장의 위치에서 종류를 확인한다. 또한, 생체 검사나 저긴장성 십이지장 조영, 초음파, CT, MRI 검사도 유용하다. 혈액 검사에서는 아밀라아제 활성과 리파아제 활성의 중정도의 상승이 인정된다. 복수가 고이면 복강 천자를 하여 채취한 복수의 아밀라아제 활성과 리파아제 활성을 측정하고 세포 검사를 한다.

치료 특별한 치료법은 없다. 고양이는 무증상이 장기간 지속되므로 생전에는 발견하기 곤란하며 개는 초진 시에 증상이 나타났다면 높은 전이율을 동반한 암의 말기이므로 외과 수술을 해도 예후가 불량하다. 현재로서는 보존 요법만 시행할 수 있다. 개와 고양이에게 화학 요법이 시도된 예는 없다. 특별한 예방법은 없다. 중년령 이상의 개나 고양이는 건강할 때 종합 검진을 받음으로써 조기에 발견된다.

복강 · 복막 질환

복수

복강 안에는 건강한 상태라도 소량의 장액(장막에서 분비되는 황색의 액체)이 존재하는데, 이것이 두드러지게 증가한 상태를 복수라고 한다. 복수의 원인으로는 울혈(심장 질환에 의한 울혈, 간 섬유증이나 간경변, 문맥 경화 등에 의한 문맥성 울혈), 림프 순환 장애(복막에 침윤한 종양에 의한 림프관의 압박과 막힘, 림프액의 유출 장애), 저알부민 혈증(간 부전, 단백 누출성 장염, 콩팥 증후군 등)을 들 수 있다. 복수의 원인이 된 병의 증상에 더해 복부 팽만이 보인다. 복수가 심해지면 호흡 촉박이나 호흡 곤란, 운동 불내성, 식욕 부진, 복부통, 부종 등의 증상을 나타내게 된다. 원인이 된 병을 진단할 필요가 있으므로 혈액 검사, 엑스레이 검사, 초음파 검사, 복수 검사를 한다. 원인에 대해 치료하면서 복수의 개선을 위해 이뇨제를 투여한다. 복수에 의해 흉부가 압박되어 호흡 곤란이 일어났을 때는 그것을 개선하기 위해 복수를 흡인 제거하기도 한다.

14 배꼽을 통해 이산화탄소를 주입하여 배를 부풀림.

복막염

복막염이란 어떤 원인으로 복강이나 복강 내 장기를 둘러싸고 있는 복막에 염증이 일어난 상태를 말한다. 원발성과 이차성으로 나눌 수 있다. 원발성은 복강 장기의 손상으로 일어나거나 감염증일 때 미생물이 복강 내로 들어가지 않았는데 발생하는 것이다. 이런 경우의 감염증으로는 고양이 전염성 복막염이 있다. 이차 복막염은 세균이나 소변, 담즙, 혈액, 소화 효소, 위 내용물 등, 병원체나 자극물이 복강 내에 침입함으로써 일어난다. 구체적으로는 복강 내의 손상(복강 내의 관통성 창상, 이물이나 위궤양에 의한 천공)이나 외과 수술 후의 세균 감염을 동반하여 발생하거나, 복강 내의 장기 또는 종양의 파열이나 괴사, 급성 췌장염 등에서도 발생한다. 통증을 나타내는 경우가 많으며 진행하면 쇼크 상태에서 허탈 상태로 떨어진다. 혈액 검사나 엑스레이 검사, 초음파 검사를 하며 진단적 복강 천자로 채취한 복수를 검사하여 원인을 확정한다. 감염으로 발생한 경우는 원인 요법으로서 감염원을 제거하고 원인 미생물도 살멸한다. 대증 요법으로서 수액, 항생제 투여, 쇼크 치료를 한다. 심각한 복막염은 개복 수술로 원인을 제거하거나 복강 드레이니지(환부의 진물이나 고름을 빼는 치료 방법) 치료가 필요한 예도 있다.

황색 지방증

다가 불포화 지방산이 많은 음식(어육)을 섭취하면 그것들은 동물의 체내에서 과산화물이 만들어지는 재료가 된다. 이때 항산화제로 작용하는 비타민 E가 결핍되면, 다량의 과산화물이 단백질과 반응하여 세로이드 색소라고 불리는 황갈색 물질이 형성된다. 이 색소는 생체에 있어서 이물이 되며 전신에 염증을 일으킨다. 식욕 감퇴, 전신 통증, 피부밑 지방(복부, 샅고랑)의 경화, 호중구의 증가가 보인다. 지방 조직을 생체 검사하여 세로이드 색소를 확인함으로써 확진을 한다. 원인이 되는 식사를 주는 것을 중지하고 비타민 E 제제를 투여(하루 한 번 30~100밀리그램 경구 투여)한다.

탈장

탈장(내장 탈출증)이란 체내의 열공이나 간극을 통해 장기의 일부 또는 전부가 원래 위치에서 다른 장소로 탈출한 상태를 말한다. 복강이나 복막에 관련된 탈장으로는 횡격막 탈장, 식도 열공 탈장, 배꼽 탈장, 회음 탈장, 복막 탈장 등이 있다. 횡격막 탈장이란 횡격막에 이상이 발생하여 그 때문에 복강 내 장기가 흉강 내로 탈출한 상태를 말한다. 식도 열공 탈장은 횡격막으로 열려 있는 식도 열공이라는 구멍을 통해 위장 일부가 흉강 내로 탈출한 상태다. 배꼽 탈장, 샅고랑 탈장, 회음 탈장은 각각 배꼽 부위, 샅고랑 부위, 회음부의 피부밑에 복강 내 장기가 탈출한 상태를 말한다. 탈장이 일어나기 위해서는 장기가 탈출하기 위한 열공이나 간극(탈장 구멍)이 형성될 필요가 있다. 탈장 구멍은 선천성 또는 후천성으로 발생하며, 정상 상태로 존재하는 열공이나 간극이 넓어지는 경우와 열공이 새로 생기는 경우가 있다. 횡격막 탈장이나 복막 탈장은 외상에 의해 횡격막이나 복벽에 열상이 생김으로써 많이 일어난다. 식도 열공 탈장은 선천성 또는 후천성으로 횡격막의 식도 열공이 늘어져서 일어난다. 배꼽 탈장은 선천성 이상으로 배꼽 부분의 복막이 폐쇄되지 않았을 때 일어난다. 샅고랑 탈장이나 회음 탈장은 선천적인 원인으로 발생하는 때도 있지만, 대부분은 강한 복압이 지속적 또는 끊어졌다 이어졌다 하면서 원래 존재하는 생리적인 열공이나 간극이 넓어져서 일어난다. 탈장 구멍에서 탈출한 복강 내 장기는 쉽게 되돌릴 수 있는 경우와 그럴 수 없는 경우가 있다.

탈장의 종류나 정도, 합병증의 유무에 따라 증상은 다양하다. 횡격막 탈장에서는 흉강 내로 복강 내 장기가 탈출하므로 호흡 곤란 등을 일으킨다. 복벽 탈장이나 배꼽 탈장, 샅고랑 탈장, 회음 탈장에서는 탈장부의 혹이 인정된다. 이들 탈장에서는 탈장 구멍 부분에서 소화관이 압박되거나 뒤틀리면 장폐색을 일으키며 더 나아가 감돈탈장(창자 따위의 일부분이 정상이 아닌 곳에 끼어 제 위치로 돌아가지 않은 상태)이라 불리는 순환 장애를 일으키면 쇼크 상태에 빠지기도 한다. 샅고랑 탈장이나 회음 탈장에서는 방광이 탈출하기도 하며 그런 경우에는 배뇨 장애가 생기기도 한다. 증상과 엑스레이 검사 또는 초음파 검사 결과 등에 토대하여 진단한다. 식도 열공 탈장 진단에는 식도와 위의 조영 엑스레이 검사가 필요한 때도 있다. 외과 수술로 탈출한 장기를 원래 위치로 되돌리고 탈장 구멍을 막는다.

366

비뇨기계 질환

비뇨기의 구조

비뇨기계는 소변을 생성하는 기관인 신장, 소변을 신장에서 방광으로 운반하는 요관, 소변을 일시적으로 저장하는 방광, 방광에서 몸의 외부까지 소변을 운반하는 요도 등 네 가지로 구성된다. 요관과 방광, 요도를 합쳐서 요로라고 하고, 이 중에서 특히 요관을 상부 요로, 방광과 요도를 하부 요로라고 한다. 상부 요로와 하부 요로는 병의 종류도 다르다. 예를 들어 하부 요로에는 〈고양이의 하부 요로 질환〉이라고 불리는 고양이 특유의 병이 있다. 비뇨기계는 생식기계와 밀접한 관계가 있으며, 하부 요로는 형태적이나 기능적으로 암수의 차이가 보인다. 특히 수컷의 요도는 정액의 통로이기도 하며, 교미 기관인 음경 속을 지나간다. 수컷의 요도는 방광을 나오면 바로 전립샘을 관통하므로 원래 전립샘은 생식기계의 일부이지만 이번 장에서도 다루기로 한다.

신장과 요로의 구조와 기능

비뇨기계는 체내의 대사에 의해 생성된 노폐물을 체외로 버리는 배출 기관이다. 대표적인 노폐물은 요소인데, 단백질이 간에서 분해되어 요소가 되며 신장에서 소변으로 배출된다. 신장은 노폐물뿐만 아니라 여분의 수분이나 염분도 소변으로 배출하여 체액의 구성을 언제나 일정하게 유지하고 있다. 이것은 체액의 항상성 유지와 생명 유지의 필수 기능이다. 신장은 척추 양쪽으로 1개씩, 모두 2개가 있으며 사람이나 개는 표면이 매끈매끈한 잠두콩 모양이다. 고양이의 신장은 표면에 정맥이 뻗어 있으므로 약간 올록볼록하며, 개의 신장보다 짧은지름의 비율이 높고, 움푹 들어간 주먹밥 모양이다. 신장은 복강에 있는 것처럼 보이지만, 사실은 복강 외의 후복막강(복막과 뒤 배벽 사이의 공간)이라고 불리는 곳에 있다. 개의 오른쪽 신장은 제13늑골 부근에 있으며, 왼쪽 신장은 그것보다 약간 뒤쪽에 있다. 고양이의 신장 위치도 개와 거의 비슷한데, 개보다 완만하게 체벽에 붙어 있으므로 특히 왼쪽 신장은 만지면 움직인다.
신장을 세로로 길게 잘라 보면 잘린 면은 3층 구조로 되어 있음을 알 수 있다. 주변의 적갈색 부분은 겉질이라고 불리며, 안에 작고 둥근 신소체(콩팥소체)가 들어 있다. 겉질 안쪽에는 겉질보다 약간 밝은 색을 띤, 힘줄이 있는 속질이 있으며 세뇨관이 들어 있다. 가장 안쪽은 흰색을 띤, 생성된 소변을 모으는 깔때기 모양의 신우(콩팥 깔때기)다. 신우에 모인 소변은 신문을 나와서 요관으로 들어간다. 신문에는 대동맥에서 직접 분기한 신동맥이 들어와서 신장에 혈액을 공급하고 있다. 신장에서 모아진 혈액은 신문을 나와 신정맥으로 들어가서

고양이의 비뇨기계

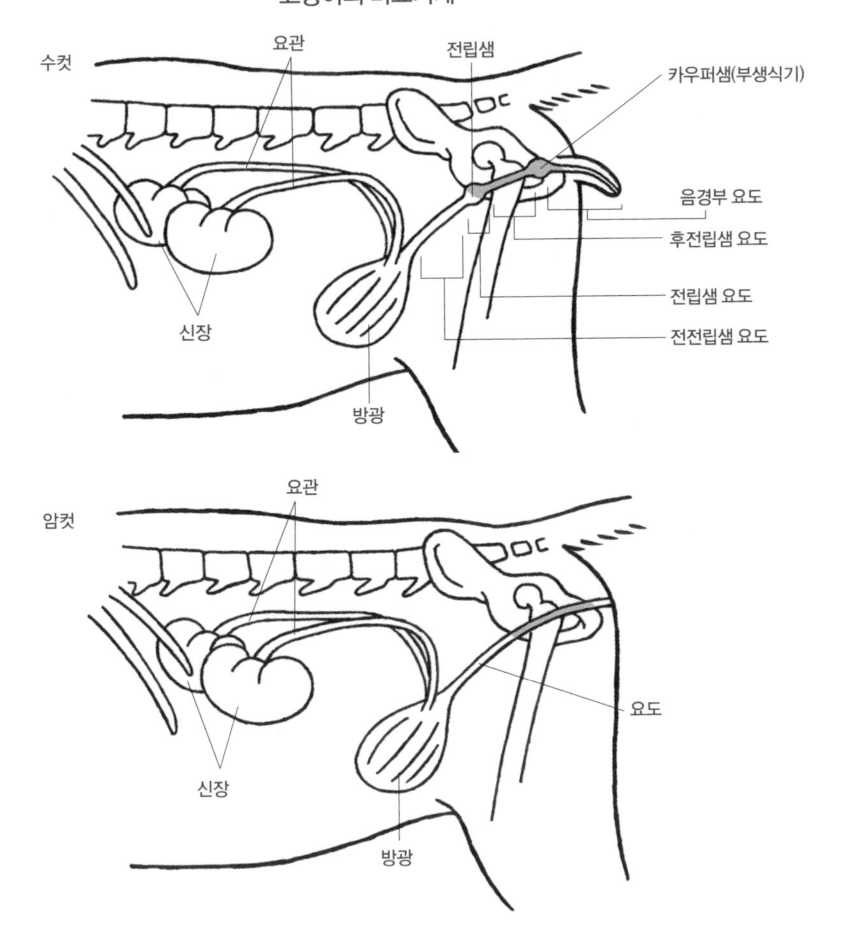

대정맥으로 환류한다.

현미경으로 보면 신장에는 네프론이라는 구조가 많이 있다. 하나의 네프론은 신소체 하나와 세뇨관 한 줄로 이루어져 있다. 네프론은 신장 하나당 개는 약 40만 개, 고양이는 약 20만 개나 존재한다고 한다. 이 네프론이 신장의 기능 단위이며 그 하나하나가 소변을 생성하고 있다. 그러나 모든 네프론이 한꺼번에 활동하고 있지는 않으며, 보통 약 3분의 1이 활동하고 나머지는 쉬고 있다. 신부전으로 네프론이 파괴되면 쉬고 있던 네프론이 작용하기 시작한다.

신소체는 특수한 모세 혈관으로 이루어진 실뭉치 같은 사구체와 이것을 품을 수 있는 주머니 모양의 보먼주머니로 이루어져 있다. 사구체의 모세 혈관 벽을 통해서 혈액 속의 수분이나 염분, 당 등이 보먼주머니로 여과된다. 이것이 원뇨이며 소변의 토대가 된다. 단, 정상이라면 알부민처럼 분자량이 큰 단백질은 여과되지 않는다. 이 원뇨는 중형견은 하루에 약 100리터 만들어진다고 하는데 세뇨관에서 재흡수되어 약 1리터로 농축된다. 세뇨관에서는 생체에 필요한 나트륨 등의 전해질이나 당과 아미노산 등이 수분과 함께 재흡수되며 칼륨이나 유기산을 분비한다. 또한 세뇨관은 보먼주머니의 끝에서 시작되는데, 그 후 근위 세뇨관, 헨레 고리, 원위 세뇨관으로 이름을 바꿔 가면서 뻗으며 그곳을 흘러가는 원뇨를 소변으로 바뀌 간다. 그리고 다수의 세뇨관이 합류하여 집합관이 되어 신우로 흘러 들어간다.
요관은 신장과 방광을 잇는 관이며, 방광의 등쪽에 좌우가 각각 이어져 있으며 조금씩 소변을 방광으로 운반한다. 두꺼운 방광벽을 비스듬하게 관통하여 열리므로 방광벽이 마치 막처럼 작용하여 방광으로부터의 소변의 역류를 방지하고 있다. 방광은 소변을 저장하는 주머니다. 골반강 안에 있는데 소변이 차면 복부 방향으로 부풀며, 골반강에서 복강으로 나온다. 방광벽의 근육층은 그물 모양을 이루고 있는데, 요도의 시작 부분에서는 고리 모양으로 발달하며, 방광 괄약근이라고 불린다. 배뇨는 방광벽 근육의 수축과 그것에 이어 일어나는 방광 괄약근의 이완으로 이루어진다.
요도는 방광에서 체외로 소변을 운반하는 관이다. 요도의 시작 부분은 내요도구, 끝부분은 외요도구라고 불리며, 길이는 암수가 크게 다르다. 수컷의 요도는 현저히 길며, 골반과 음경부로 이루어진다. 방광을 나와 바로 전립샘 안을 달리며, 음경부에 이르면 요도 입구를 거쳐서 음경 안을 달린다. 수컷 고양이는 회음부에 음경이 있는데, 수컷 개는 회음부에서 부등호(<) 모양으로 구부러지며, 복벽을 따라 배꼽 뒤쪽까지 이른다. 수컷 개의 음경 안에는 음경골이라는 뼈가 있는 것이 특징이다. 한편, 암컷의 요도는 두껍고 짧으며, 골반강에 있는 질전정(소음순 사이의 공간)으로 외요도구가 개구한다. 이런 구조상의 차이 때문에 수컷은 요도 결석을 일으키기 쉽고 암컷은 방광염을 일으키기 쉽다.

비뇨기 검사

비뇨기계에 이상이 있으면 다른 기관의 질환일 때와 마찬가지로 식욕 부진이나 설사, 구토, 체중의 감소 또는 증가, 복부의 통증이나 잔뇨감, 갈증 등의 일반적인 증상이 보인다. 비뇨기 질환을 강하게 의심케 하는 증상도 있다. 다음 다뇨나 소변 감소증, 무뇨 등 소변량의 변화, 배뇨 자세는 취하지만 소변이 거의 나오지 않음, 빈뇨나 요실금 등의 배뇨 이상, 또는 혈뇨(적혈구가 들어 있다)나 헤모글로빈요(적색이지만 적혈구는 없다) 같은 적색뇨 등이다. 이런 증상은 검사가 필요하다.

● 소변 검사

소변에 시험지를 담가서 그 안의 성분을 검출할 수 있는 간이 검사가 있다. 이를 통해 소변의 pH나 단백질, 당, 빌리루빈, 우로빌리노겐, 케톤체, 혈액 등이 소변에 함유되어 있는지와 함유된 있는 양을

신소체의 구조

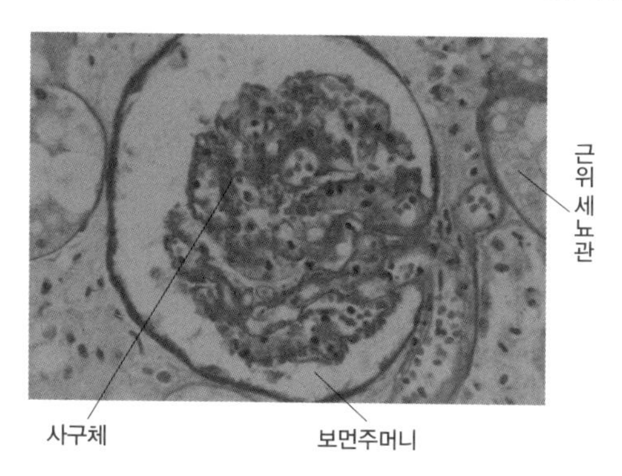

현미경 사진

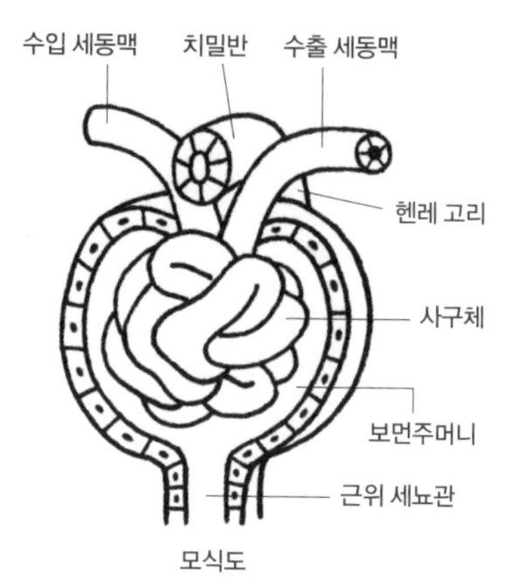

모식도

369

방광과 요관

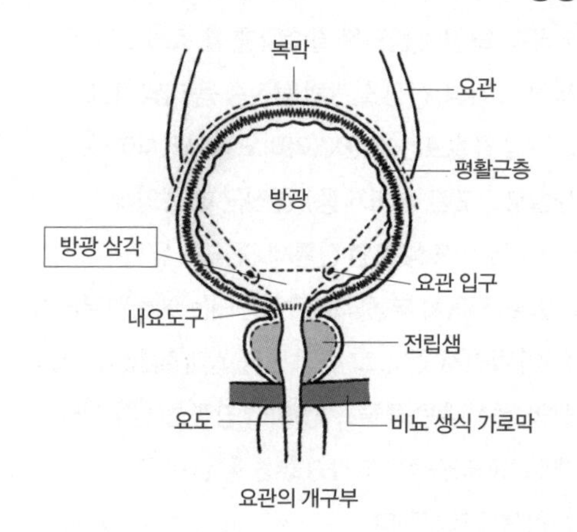

요관의 개구부

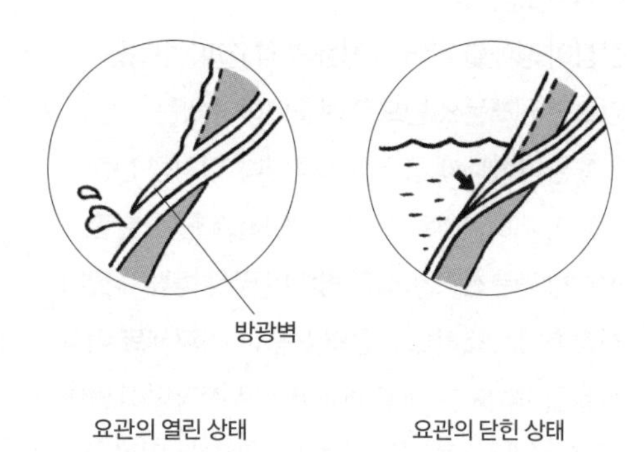

요관의 열린 상태 요관의 닫힌 상태

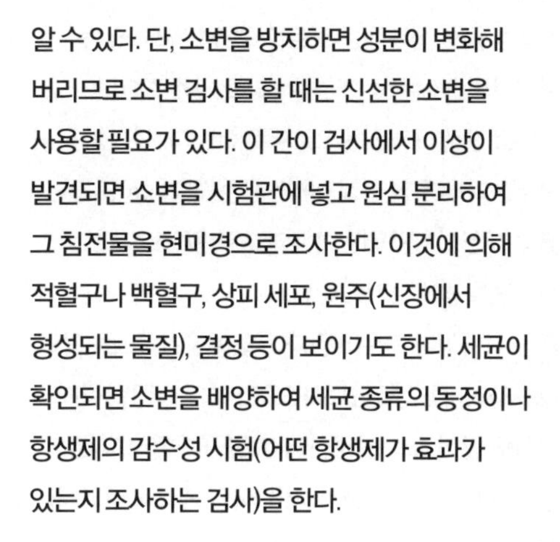

알 수 있다. 단, 소변을 방치하면 성분이 변화해 버리므로 소변 검사를 할 때는 신선한 소변을 사용할 필요가 있다. 이 간이 검사에서 이상이 발견되면 소변을 시험관에 넣고 원심 분리하여 그 침전물을 현미경으로 조사한다. 이것에 의해 적혈구나 백혈구, 상피 세포, 원주(신장에서 형성되는 물질), 결정 등이 보이기도 한다. 세균이 확인되면 소변을 배양하여 세균 종류의 동정이나 항생제의 감수성 시험(어떤 항생제가 효과가 있는지 조사하는 검사)을 한다.

●혈액 검사

신장 질환이 의심될 때는 혈액 검사도 한다. 신장 기능이 저하하면 혈중 요소 질소나 크레아티닌이 상승한다. 전해질(나트륨, 칼륨, 염소, 탄산수소염, 칼슘, 인)이나 혈청 단백질에도 이상이 일어난다.

●엑스레이 검사

복부 촉진으로 신장이나 방광의 모양이나 크기에 이상이 있는 경우나 무뇨, 소변 감소증의 경우, 소변 침전물의 결정이나 원주 등 이상이 확인되면 엑스레이 검사가 필요하다. 신장은 급성 신부전이나 물콩팥증, 신종양 등일 때 커지며, 말기 신부전이나 신장 저형성에서는 작아진다. 스트루바이트 등의 엑스레이 불투과성 결석은 하얗게 찍힌다.

●요로 조영 검사

신장이나 요관 질환이나 엑스레이 투과성 결석(질산 칼슘, 요산염 등)의 존재가 의심되는 경우는, 요로 조영 검사한다. 신장(특히 신우)이나 요관을 찍으려면, 유기 요오드제를 정맥 내에 주사하는 배설성 요로 조영(정맥성 요로 조영)을 한다. 요오드제를 카테터로 방광 안에 넣어 그 내부를 하얗게 찍어서 방광벽의 상태를 검사하는 양성 조영과 공기 등을 넣어서 방광 안을 까맣게 찍는 음성 조영, 이 두 가지를 병용하는 이중 조영이라는 방법이 있다.

●초음파 검사

엑스레이 검사로는 장기의 외형은 알 수 있지만 내부 구조나 혈관의 주행은 알 수 없다. 그것들을 확인하는 데는 초음파 검사가 유용하다. 이 검사에서는 수분이 많은 곳은 까맣게, 조직이 치밀한 곳은 하얗게 찍힌다. 신낭종이나 신종양 등의 진단에는 필수인 검사법이라고 할 수 있다. 단, 초음파 검사의 탐촉자와 피부 사이에 공기가 있으면 영상을 얻을 수 없으므로 털을 밀고 전용 젤을 발라야 한다.

신부전

신부전과 신장병

신장이 장애를 입어 그 작용의 약 75퍼센트를 잃으면 원래는 소변으로 배출되어야 하는 노폐물이 체내에 급격히 축적된다. 이처럼 신장 기능이 저하한 상태를 신부전이라고 한다. 한편, 신장병이란 신장 실질의 병이며 많은 종류가 있다. 신장병이 있더라도 신장의 작용이 75퍼센트 이상 상실될 때까지는 신부전이 아니며, 신장병이 없어도 다양한 원인으로 신장 기능의 75퍼센트 이상을 상실하면 신부전이 된다.

급성 신부전

급성 신부전이란 몇 시간에서 며칠이라는 단기간에 급격히 신장 기능이 저하하여 체액의 항상성(체내 수분을 언제나 정상 상태로 유지하는 것)을 유지할 수 없게 된 상태를 말한다. 급성 신부전은 원인이 어디에 있는지에 따라 신전성, 신성, 신후성의 세 가지로 나뉜다.

신전성 급성 신부전은 신장으로 흘러드는 혈액량이 감소함으로써 신장의 여과 기능(몸에 불필요한 것을 배출하는 작용)이 저하한 상태로 탈수나 출혈, 쇼크, 심장병 등에 의해 생긴다.

신성 급성 신부전은 신장 자체의 장애로 생기며, 특히 신장의 허혈이나 신독성 물질을 원인으로 하는 것을 좁은 의미에서 신성 급성 신부전이라고 부른다. 허혈의 원인은 탈수나 출혈, 쇼크, 고체온, 저체온, 화상, 신장 혈관의 혈전증 등 다양하다. 신독성 물질로는 항균제(아미노글리코사이드, 세팔로스포린, 설파제 등), 항진균제, 항암제, 비스테로이드성 소염 진통제, 중금속, 유기 화합물(자동차 부동액으로 사용되는 에틸렌글리콜 등)이 알려져 있다. 그 밖에 면역 매개 질환(사구체 신염, 전신 홍반 루푸스 등)이나 감염증(신우신염, 렙토스피라증 등), 고칼슘 혈증 등 많은 것이 원인으로 제시된다.

신후성 급성 신부전은 요로(요관, 방광, 요도) 중 어딘가의 장애(폐색 또는 누출)로 인해 소변이 체외로 배출되지 않음으로써 일어난다. 신전성 급성 신부전과 신후성 급성 신부전은 원인이 없어지면 금방 개선되지만 원인이 오래 지속됨으로써 신성 신부전을 병발하기도 한다.

증상 식욕이나 기운이 갑자기 없어지거나 소변량이 감소하거나 소변이 전혀 나오지 않게 되기도 한다. 구토도 많이 보이는 증상이다. 원인에 따라 다른 증상이 보이며, 신전성에서는 이런 증상이 나타나기 전에 설사나 구토가 계속되기도 한다. 신후성에서는 배뇨가 보이지 않게 되거나 소량이 된다. 특히 요도 폐쇄면 자세를 취해도 소변의 배출이 보이지 않는다.

진단 신부전에서는 고질소 혈증(혈액 속에

소변 속 결정의 형상

인산 암모늄 마그네슘	수산 칼슘 이수화물	인산 칼슘	시스틴	요산 암모늄
무색, 프리즘 모양, 서양 관 뚜껑 모양	무색, 팔면체, 봉투 모양	무색, 무정형, 긴 바늘형, 국화형	무색, 육각판형	황갈색, 가시가 붙은 작은 공 모양, 산사나무 열매 모양
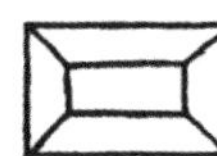			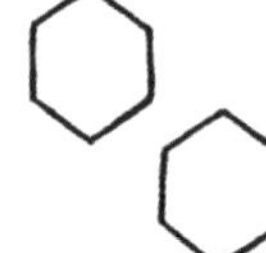	

요소와 기타 질소성 물질이 과잉되는 상태)이 보이는데 신전성, 신성, 신후성 중에 어떤 것인지를 조사하고 만성 신부전과 감별도 필요하다. 신전성 신부전에서는 보통 소변이 농축되어 있으므로 소변의 비중이 크며, 신성 신부전에서는 일반적으로 소변의 비중은 작다. 소변 침전물을 검사함으로써 신장의 장애도 알 수 있다 신후성 신부전에서는 엑스레이 검사나 초음파 검사로 장애가 있는 부위를 특정할 수 있다.

치료 급성 신부전에서는 정도의 차이는 있지만, 탈수 상태인 경우가 많으므로 먼저 정맥 내 수액 요법(점적)을 시행한다. 특히 신전성 신부전에서는 점적법으로 탈수가 개선되면 신장 기능도 개선되어 소변의 생성량이 늘어나며, 신장의 검사값은 정상으로 돌아온다. 한편, 신후성 신부전에서는 서둘러 소변을 체외로 배설시켜야만 하며, 수술이 필요한 경우도 있다. 신성 신부전에서는 원인이 특정된 경우, 그것에 대한 치료를 한다. 예를 들어 신독성이 있는 약제 투여에 의한 신부전이라면 약제 투여의 중지를, 신독성 물질의 섭취 후 얼마 안 되었다면 구토 유도 치료나 위세척, 활성탄 등 흡착제 투여, 수액에 의한 독성 물질 희석 등의 치료를 한다. 감염증에서는 적절한 항생제 투여도 필요하다.

그 밖의 치료로 점적(한 방울씩 떨어뜨리기)을 해도 소변의 생성이 적거나 소변이 생성되지 않는다면 이뇨제(푸로세미드, 만니톨)나 신장의 혈류를 증가시키는 약물(도파민)을 투여한다. 고칼륨 혈증(혈중 칼륨 수치가 정상보다 높아진 상태)이 중도가 되면 심정지를 일으킬 위험성이 있으므로 고칼륨 혈증이 보이거나 심전도에 이상이 있는 경우에는 시급한 치료가 필요하다.

신부전은 대사산증(몸이 산성으로 기운 상태)를 일으키기도 하며, 알칼리화 요법(탄산수소 나트륨 투여)을 시행한다. 식욕 부진이나 구토 등의 소화기

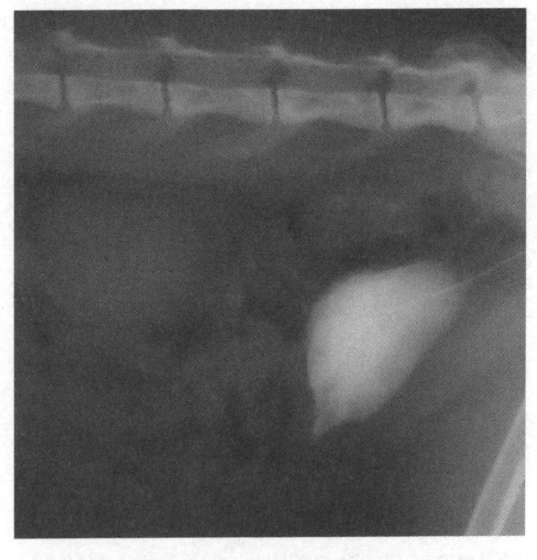

고양이의 양성 조영상. 뾰족한 부분은 요막관 게실.

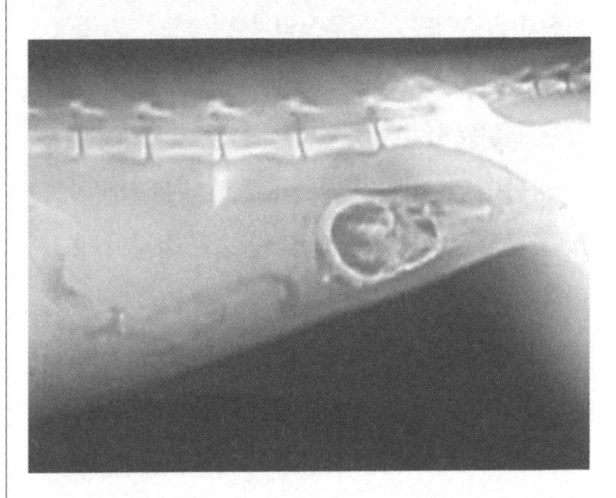

공기와 조영제에 의한 이중 조영법. 개의 방광 안에 약 2센티미터 종양이 보인다.

증상이 보일 때는 히스타민 H_2 억제제(라니티딘, 시메티딘 등)나 메토클로프라미드, 오메프라졸 등도 투여한다. 이런 치료를 해도 소변이 생성되지 않거나 검사 수치나 증상에 개선이 보이지 않으면 복막 투석이나 혈액 투석을 하기도 한다. 급성 신부전은 원인과 정도에 따라 예후가 다르며 만성 신부전이 되는 경우도 많으므로 주의가 필요하다.

만성 신부전

신장의 기능이 서서히 저하하는 상태를 만성 신부전이라고 하며, 노령 동물일수록 발생 빈도가 높다. 기능이 저하한 신장은 치료해도 원래로

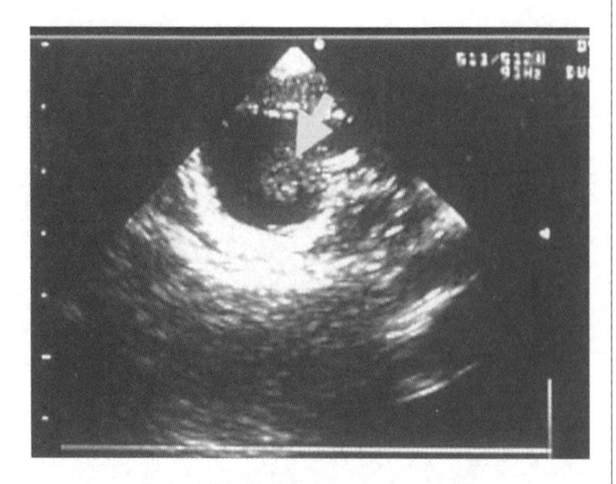

개의 초음파 검사 사진. 화살표가 가리키는 것이 종양이다.

돌아가지 않으며 차츰 악화한다. 만성 신부전의 원인으로는 세뇨관 사이질 신염이나 사구체 신염, 신장 아밀로이드증, 신우신염, 선천성 또는 가족성 신질환, 다발 낭콩팥, 신장 종양(림프종 등), 고칼슘 혈증, 저칼륨 혈증(혈중 칼륨이 정상보다 적어진 상태) 등이 있는데, 원인이 명확하지 않은 경우가 많다. 급성 신부전이 만성 신부전으로 이행하기도 한다.

증상 만성 신부전에서는 소변을 농축하는 능력이 저하하므로 다뇨가 되는 한편, 소변으로 체외로 나가는 수분을 보급하기 위한 물을 많이 마시게 된다. 신장의 기능이 더욱 저하하면 신장에서 배출되어야 하는 노폐물이 체내에 축적되므로 고질소 혈증을 일으켜서 요독증으로 진행한다. 신장에는 적혈구를 만드는 데 필요한 호르몬(적혈구 생성소)의 생성이나 비타민 D의 활성화, 혈액 속의 전해질(나트륨, 칼륨, 인 등) 조절, 혈압 조절 등의 기능도 있는데, 이들 기능도 장애를 입으므로 빈혈이나 부갑상샘 기능 항진증, 전해질 이상, 고혈압 등을 일으키기도 한다. 그 밖의 증상으로는 식욕 부진이나 기력 상실, 체중 감소, 피부의 유연성 저하, 털의 윤기 소실, 구토, 설사, 변비, 고혈압에 의한 안저 출혈이나 망막 박리 등에 의한 시력 장애, 저칼륨 혈증으로 보이는 경부 근력의 저하에 의한 절을 하는 듯한 자세(저칼륨 혈증성 다발 근증) 등이 있으며, 말기가 되면 경련이나 혼수가 보인다.

진단 혈액 검사나 소변 검사 등을 통해 진단한다. 혈액 검사에서는 고질소 혈증이나 고인산 혈증, 저칼륨 혈증(말기에는 고칼륨 혈증), 비재생성 빈혈 등이 보인다. 만성 신부전에서는 소변을 농축하는 능력이 저하하므로 일반적으로 소변의 비중은 작아진다. 단백뇨를 배설하거나 소변 침전물에 원주가 보이기도 한다. 엑스레이 검사나 초음파 검사 등도 진단에 유용한 경우가 있으며 혈압 측정이나 소변의 배양 검사를 하기도 한다. 신장 일부를 생체 검사하여 현미경 검사를 함으로써 신장의 병변을 알 수도 있다. 그러나, 원인이 무엇이든 진행된 만성 신부전의 병변은 같은 변화를 나타내는 경우가 많으므로 원인을 특정하기 어려운 경우도 있다. 신장 생체 검사는 몸집이 작은 동물의 경우에는 위험을 동반하기도 하므로 필수는 아니다. 만성 신부전은 탈수에 의해 급성 신부전을 병발하기도 하므로 진단 시에는 감별도 필요하다.

치료 만성 신부전은 앞에서 말했듯이 증상이 차츰 악화하므로 되도록 증상을 완화하고 신장의 부담을 줄여주는 것이 치료의 목적이다. 고인산 혈증이 계속됨으로써 생기는 연부 조직의 미네랄 침착이나 고혈압 등의 합병증은 신부전의 진행을 조장하므로 주의가 필요하다. 만성 신부전이지만 식욕이 있고 커다란 이상이 보이지 않을 때는 식이 요법을 한다. 신부전에서는 신장에 부담이 되지 않도록, 일반적으로 저단백식과 나트륨이나 인을 제한해야 한다. 양질의 단백질(예를 들면 붉은 고기나 달걀 등)을 선택해야 하는데, 요즘은 이런 영양을 고려한 신장병 전용 특별 요법식이 많이 개발되어 있으므로 그것들로 식이 관리를 하기 바란다. 식욕이 없고 탈수가 보이거나 요독증 상태라면 정맥 내 수액을 실시하여 탈수를 바로 보정하고 다시 식욕이 생기기를 기다린다.

신부전에서는 위산 분비를 촉진하는 가스트린이라는 호르몬의 혈중 농도가 높아지므로 위염을 일으키며, 식욕 부진이나 구토가 보이기도 한다. 이런 경우에는 메토클로프라미드나 위산 분비를 억제하는 히스타민 H_2 억제제(라니티딘, 시메티딘 등)을 투여한다. 저칼륨 혈증은 변비의 원인이 되거나 근 장애를 일으킬 뿐 아니라, 신장의 장애를 조장하므로 칼륨제(글루콘산 칼륨 등)를 투여할 필요가 있다. 고인산 혈증 치료에는 인산 흡착제(알루미늄 제제)를 투약한다. 신장에 부담을 주는 물질을 식사로 흡수하지 않도록, 장내에서 흡착하여 배설시키는 활성탄도 이용된다. 빈혈에 대해서는 적혈구 생성소와 철분제를 투여하는데 현재 동물용 적혈구 생성소 제제는 없으며 계속 투여하면 효과가 없어지므로 사용에는 주의가 필요하다. 고혈압에 대해서는 혈압 강하제(앤지오텐신 변환 효소 저해제나 암로디핀)가 이용된다. 특히 앤지오텐신 변환 효소 저해제에는 사구체 여과율이나 단백뇨의 개선, 신장 조직의 보호 작용 등이 있다.
만성 신부전에서는 식욕 부진이나 설사 등으로 탈수를 일으키면 신장 기능이 더욱 저하하므로 수액이나 강제 급식 등으로 탈수를 막을 필요가 있다. 상태가 비교적 안정된 경우는 피부밑 보액(피부밑에 비교적 다량의 수액제를 단시간에 주사하는 것)을 할 수도 있다. 병에 걸렸을 때는 스트레스를 되도록 피하는 것도 중요하며 특히 신경질적인 동물이나 노령 동물은 집에서 치료하는 것이 나은 경우도 있다. 피부밑 보액은 익숙해지면 집에서 보호자가 놓아 줄 수도 있다. 그 밖의 치료로는 투석 요법이나 신장 이식 등이 있지만 한정된 시설에서만 시행되며 현재로서는 일반적인 치료법은 아니다.

요독증
신장은 체내에서 만들어진 요소나 질소 등 많은 대사 노폐물을 배출하는데, 신장의 기능이 저하하면 충분히 배출할 수 없게 되어 그것들이 체내에 축적된 상태, 즉 고질소 혈증을 일으킨다. 이것은 혈액 검사에서 혈중 요소 질소나 크레아티닌 등의 검사값의 상승으로 알 수 있다. 고질소 혈증이 계속되면 요독소라고 불리는 물질이 체내에 축적되어 다양한 장애를 일으킨다. 이 상태를 요독증이라고 한다. 동물이 요독증이 되면 식욕 부진이나 구토, 설사, 변비, 소변 냄새가 나는 숨, 기력 상실, 체중 감소, 털의 윤기가 없어짐, 빈혈, 부정맥, 경련, 혼수 등 많은 증상이 나타난다.

신장병

사구체 질환(사구체 신염)
신장의 사구체에 이상이 보이는 병이며, 개나 고양이의 주요 사구체 질환으로는 사구체 신염과 아밀로이드증이 있다. 사구체 신염은 신장의 사구체가 염증을 일으키는 병이다. 단독으로 일어나는 경우와 다른 병을 동반하여 일어나는 경우가 있으며, 경과로는 급성 신부전 형태를 띠는 경우와 만성 신부전 형태를 띠는 경우가 있다.
사구체 신염은 개, 고양이 모두에게 생기며 개에게 더 많이 보인다. 개는 대부분 일곱 살 이상에서 발병하는데, 유전성이면 더 어린 나이에 발병한다. 고양이의 사구체 신염은 개보다 젊은 나이에서 발생하는 경향이 있다. 한편, 개는 암수 모두에게 생기지만 고양이는 수컷에게 많이 생기는 것으로 알려져 있다. 사구체 신염은 항원과 항체가 결합한 면역 복합체가 관여하여 사구체에 상해를 입히는 것으로 보인다. 사구체는 그곳을 흐르는 혈액에서 원뇨를 여과하는 부분이며, 사구체가 상해를 입으면 원뇨의 생성량(사구체 여과량)이 줄어들거나 원뇨의 단백질 누출이 증가한다.
사구체 신염 발병 대부분은 면역이 관계하고 있다고 생각되는데, 직접적인 원인은 명확하지 않다. 현재까지 알려진 것으로는, 개에게서는 심장사상충증, 라임병, 자궁 축농증, 에를리히아증, 개 아데노바이러스 2형 감염증, 림프구성 백혈병, 림프종, 전신 홍반 루푸스, 면역 매개 용혈 빈혈, 췌장염, 부신 겉질 기능 항진증 등이 있다. 고양이에게서는 고양이 전염성 복막염이나 고양이 백혈병 바이러스 감염증, 림프종, 골수 증식성 질환, 전신 홍반 루푸스 등이 알려져 있다.
유전성이 의심되는 사구체 신염을 일으키는 견종으로는 도베르만핀셔, 버니즈마운틴도그, 비글, 소프트 코티드 휘튼테리어, 사모예드, 스탠더드 푸들, 골든리트리버, 로트바일러, 그레이하운드, 영국코커스패니얼, 불테리어, 브르타뉴스패니얼, 차우차우 등이 있다.
증상 급성형은 급성 신부전 증상, 만성형은 만성 신부전 증상을 나타낸다. 단, 다른 병과 동반하여 일어나는 경우는 원래 병에 의해 다양한 증상이 나타난다. 단백뇨가 공통된 증상이지만, 뒤에서 말할 콩팥 증후군(단백뇨, 저알부민 혈증, 고콜레스테롤 혈증, 부종, 복수 등)을 나타내는 것은 개에게서는 비율이 비교적 낮고 반대로 고양이에게는 높다. 고혈압이 되는 경우도 많으며 그것과 동반하여 눈의 이상(망막 박리 등)이나 신경 증상이 보이기도 한다. 단백뇨가 중도이면 혈관 내에서 혈액이 엉겨 붙는 것을 방지하는 물질(안티트롬빈 III 등)이 소변으로 배출되어 버리며, 그 결과 혈전증을 일으키기도 한다.
진단 중간 정도의 양의 요 단백증이 보일 때는 아밀로이드증이 강하게 의심된다. 단, 하부 요로 질환(세균 감염이나 출혈)이라도 요 단백증은 보이므로, 그 밖의 증상에서 하부 요로 질환이 아니라는 것을 확인한다. 신장 생체 검사(신장에 바늘을 꽂아서 일부를 채취하여 검사하는 것)에 의해 확진한다.
치료 원래 병이 있을 때는 그것을 치료한다. 원래 병이 발견되지 않거나 그것을 치료해도 개선이 보이지 않으면 신부전 치료가 중심이 된다.
고혈압이나 혈전증을 일으키고 있다면 그것도 치료해야 한다. 사람의 사구체 신염 대부분은 면역 억제 요법이 유효하지만, 개나 고양이에게는 효과가 확인되지 않았다. 항혈소판제는 사구체의 염증과 혈전 형성을 억제함으로써 치료 효과를 나타낼 가능성이 있다. 개의 사구체 신염에는 앤지오텐신 변환 효소 저해제와 트롬복산 합성 효소 저해제가 유효하다는 것이 확인되었다.

세뇨관 질환
세뇨관은 사구체에서 여과된 원뇨를 재흡수하거나 물질을 첨가하여 최종적으로 배설되는 소변을 생성하는 부분이다. 여기에 이상이 생기면 다양한 증상이 나타난다.

●신장성 당뇨
당(글루코스)은 사구체에서 여과된 다음, 대부분이 근위 세뇨관에서 재흡수되므로 보통은 소변으로는 나오지 않는다. 그런데 당뇨병처럼 혈액 속 당이 많아져서 그 결과 사구체에서 대량의 당이 여과되면 근위 세뇨관에서 전부를 재흡수할 수 없게 되어 소변으로 당이 나온다. 혈액 중 당의 양은 많지 않더라도 근위 세뇨관에 이상이 있어서 당의 재흡수가 잘 이루어지지 않으면 당이 소변으로 나오기도 한다. 이처럼 근위 세뇨관 이상 때문에 당이 소변으로 나오는 것을 신장성 당뇨라고 한다. 급성 신부전이나 만성 신부전을 동반하여 발병하는 경우와, 당뇨 이외에 신장 기능에 이상이 보이지 않는 원발성 신장성 당뇨가 있다. 원발성 신장성 당뇨는 드문 병이다.

증상 소변에 당이 나오면 소변량이 증가하며, 그만큼 목이 말라서 물을 많이 마시는, 이른바 다음 다뇨 증상을 나타낸다. 요로 감염도 일으키기 쉬워진다.

진단 혈당치가 정상이며 당이 양성이라면 진단할 수 있다. 단, 당뿐만 아니라 그 이외의 물질의 세뇨관 재흡수에도 이상이 보이면 판코니 증후군이라고 부른다.

치료 이 병에 특화된 치료법은 없지만 신부전이 있다면 신부전을 치료한다. 아픈 동물을 계속 지켜보며 요로 감염을 일으켰다면 그것도 치료해야 한다.

●판코니 증후군

당뿐만 아니라 다른 물질의 세뇨관 재흡수도 이상을 나타내는 것으로, 당 이외에 인산염, 아미노산, 탄산수소염, 나트륨, 칼륨, 요산염 등의 재흡수에 이상이 보인다. 몇 년 동안 안정된 상태를 유지하는 경우도 있고 서서히 만성 신부전으로 이행하는 경우도 있다. 급성 신부전 형태를 띠기도 한다. 사람에게서는 선천성 이외의 중금속이나 약물 복용, 악성 종양, 영양 결핍, 자가 면역 질환, 그 밖의 신장 질환 등 다양한 원인을 들 수 있다. 개에게서는 바센지나 노르웨이언 엘크하운드 등에게 보이는 가족성과 겐타마이신이라는 항생제 투여에 의한 것 등이 보고되어 있다.

증상 아픈 동물에 따라 다양하지만 신장성 당뇨 증상에 더해 세뇨관성 산증(혈액이 지나치게 산성화한 상태)에 의한 식욕 부진이나 신장성 요붕증에 의한 탈수, 저칼륨 혈증에 의한 근력 저하 등이 보인다. 신부전으로 진행하면 그 증상도 나타난다.

진단 신장성 당뇨의 진단, 즉 세뇨관에서의 당의 재흡수 장애에 더해 각종 전해질이나 아미노산의 재흡수 장애를 증명함으로써 진단한다.

사구체와 세뇨관과 신우

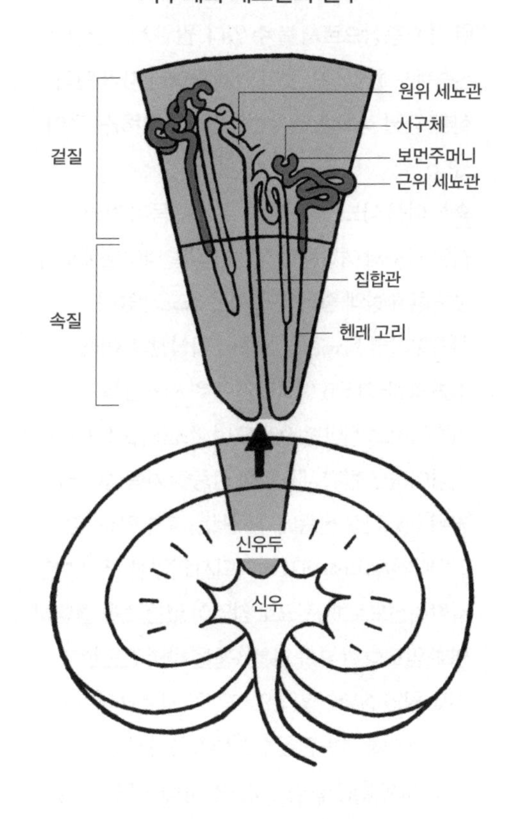

치료 원인 질환이 있다면 그것을 치료한다. 그 밖에는 탄산수소 나트륨을 투여하여 산증을 치료하거나 요로 감염증에 대한 적절한 항생제를 투여한다. 신부전으로 진행했다면 그것도 치료해야 한다.

●세뇨관성 산증

세뇨관성 산증에는 근위 세뇨관에서 탄산수소 이온의 재흡수가 제대로 이루어지지 않아 일어나는 근위 세뇨관성 산증과 원위 세뇨관에서의 산의 배출이 제대로 이루어지지 않아 일어나는 원위 세뇨관성 산증이 있다. 개와 고양이 모두 신부전에 동반하는 산증은 많이 보이지만 세뇨관성 산증은 어디까지나 사구체 여과량에는 이상이 보이지 않는 것을 가리키므로, 비교적 드문 병이라고 할 수 있다. 근위 세뇨관성 산증에는 원발성인 것과 약제 투여 등에 의한 것이 있으며, 대부분은 판코니 증후군의 한 가지 증상으로서 볼 수 있다. 원위 세뇨관성 산증에도 원발성인 것과 약제 투여나 자가 면역 질환, 콩팥 석회증, 신우신염 등에 동반하는 것이 있다.

증상 다음 다뇨, 식욕 부진, 무기력 등이 보인다.

진단 사구체 여과량이 정상인 값을 나타냄에도 불구하고 혈액 중의 염소 이온 농도가 높은 산증이라면 세뇨관성 산증이 의심된다. 이때, 소변의 pH가 5.5 이하라면 근위 세뇨관성 산증이라고 진단할 수 있으며, 소변의 pH가 6.0 이상이라면 원위 세뇨관성 산증일 가능성이 커진다. 원위 세뇨관성 산증에 대해서는, 소변의 pH값 이외에 알칼리화제가 투여되지 않았을 것, 소변을 알칼리성으로 하는 요로 감염이 없는 것을 증명하고 염화 암모늄의 부하 시험[15] 등을 하여 진단한다.

치료 원인 질환이 있다면 그것을 치료한다. 또한 산성에 대해서는 탄산수소 나트륨을 투여한다. 단, 저칼륨 혈증을 동반하는 산증에는 탄산수소 나트륨보다 구연산 칼륨을 투여하는 것이 바람직하다고 알려져 있다.

●신장 요붕증

소변의 농축은 뇌의 뇌하수체 후엽(뒷부분)이라는 곳에서 나오는 항이뇨 호르몬(바소프레신)에 의해 조절되고 있다. 그러므로 이 호르몬이 제대로 나오지 않게 되면 소변의 농축이 잘되지 않게 된다. 이것을 중추 요붕증이라고 한다. 이에 대해 바소프레신은 뇌하수체 후엽에서 정상적으로 나오는데 신장에 장애가 있어서 소변의 농축이 잘되지 않는 것을 신장 요붕증이라고 한다. 선천성인 것과 다른 병을 동반하여 일어나는 것이 있다. 개와 고양이에게는 선천 신장 요붕증은 드물며, 판코니 증후군이나 세뇨관 사이질성 신염, 속질성 신장 아밀로이드증, 신우신염, 갑상샘 기능 항진증(고양이), 부신 겉질 기능 항진증, 자궁 축농증, 간 부전, 저칼륨 혈증, 고칼슘 혈증, 글루코코르티코이드나 푸로세미드 등의 약물 투여와 동반하여 보인다.

증상 중간 정도의 다음 다뇨가 보인다. 수분을 충분히 섭취하지 못하면 탈수 증상을 일으킨다.

진단 마시는 물을 제한해도 소변 비중이 상승하지 않고, 바소프레신을 투여해도 반응이 없으면 이 병이라고 진단한다.

치료 원인 질환이 있다면 그것을 치료한다. 선천성인 것에는 티아자이드계 이뇨제를 투여하거나 신부전용 저단백, 저나트륨식을 준다.

세뇨관 사이질 질환(세뇨관 사이질 신염)

신장의 병변이 세뇨관이나 세뇨관 주위의 사이질에서 주로 보이는 것을 세뇨관 사이질 질환이라고 부른다. 단, 최초에 일어난 병변이 사구체이든, 세뇨관이나 간질이든, 병이 진행하면 양쪽에 이상이 보이게 되므로 병의 애초의 원인이 어느 쪽에 있었는지를 판단하기는 힘든 경우가 많다. 신장의 사구체 염증보다 세뇨관과 사이질의 염증이 훨씬 심한 것을 세뇨관 사이질 신염이라고 부른다. 경과로 급성 신부전 형태를 띠는 경우와 만성 신부전 형태를 띠는 경우가 있다. 개에게서는 렙토스피라 감염증에 의한 급성 또는 아급성 형이 유명하다. 그 밖에도 신우신염이나 약물, 유전성, 물콩팥증, 고칼슘 혈증 등 다양한 원인을 들 수 있다. 단, 원인을 알 수 없는 경우도 많다.

증상 급성형은 급성 신부전 증상, 만성형은 만성 신부전 증상을 나타낸다. 단, 다른 병과 동반하여 일어나면 그 병에 따른 다양한 증상을 나타낸다.

15 장기에 일정한 약제를 투여하거나 운동을 하게 하여 부담을 줌으로써 그것을 견뎌 내는 정도를 검사하는 방법. 주로 콩팥, 간, 심장의 기능 검사 따위에 쓴다.

사구체 신염보다 단백뇨는 경도인 경우가 많으며 판코니 증후군 증상을 나타내기도 한다.
진단 다른 병을 동반하여 일어난 경우에는 원래의 병을 진단함으로써 이 병을 의심할 수 있다. 신장 생체 검사로 확진한다.
치료 원래 병이 있는 경우는 그것을 치료한다. 원래 병을 발견할 수 없거나 그것을 치료해도 개선이 보이지 않을 때는 신부전 치료가 중심이 된다.

낭성 신장 질환

●다발 낭콩팥

신장에 3개 이상의 낭이 있는 것을 다발 낭콩팥이라고 한다. 낭에는 액체가 고여 있으며 보통은 좌우 양쪽 신장에서 보이고, 간에도 같은 낭이 존재하는 경우가 많다. 유전성 병으로 보인다. 개나 고양이 모두에게 생기지만, 특히 페르시아고양이 등 장모종 고양이에게 많다.
증상 낭이 커져서 복부가 커지거나, 낭이 신장을 압박함으로써 정상적인 신장 조직이 작아지거나 신부전을 일으킨다. 손으로 배를 만져 보면 커진 신장을 만질 수 있는 예도 있는데, 그때 보통은 아파하지 않는다.
진단 확진은 초음파 검사로 하는데, 신장 주위 가성 낭이나 물콩팥증, 신장 종양, 고양이 전염성 복막염 등과의 감별이 필요하다.
치료 낭이 크고 통증이 있는 경우, 경피적 천자(복부의 피부에서 바늘을 신장에 꽂는 것)를 하여 낭 내액을 흡인하면 감압으로 증상을 일시적으로 낮출 수 있다. 그러나 천자법에 따른 흡인은 낭이 많으면 실용성이 떨어진다. 신우신염을 합병하여 발열이나 신장에 통증이 있을 때는 항생제를 투여하고 신부전 징후가 있다면 그것을 치료한다. 감염이 없으면, 예후는 신부전의 정도에 따라 다르다. 진단 시에 신부전이 보이지 않더라도 정기 검진이 필요하다.

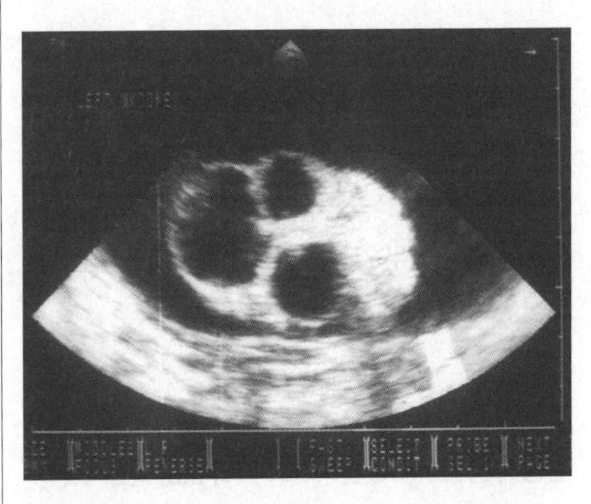

고양이의 신장 초음파 영상. 신장 안에 커다란 낭이 인정된다.

●신장 주위 가성낭

신장 표면을 덮은 피막과 신장 사이에 액체가 고인 상태를 말한다. 주로 노령의 고양이에게 보이며, 좌우 양쪽에 일어나거나 한쪽에만 일어나는 예도 있다. 고인 액체의 내용은 삼출액이나 혈액, 소변 등인데, 뚜렷한 원인은 알 수 없다. 보통 무증상이지만 복부가 커짐으로써 이상을 알게 된다. 통증은 없다. 신부전을 동반하기도 한다. 진단은 초음파 검사나 엑스레이 검사(신장 조영법)로 하며, 다발 낭콩팥이나 물콩팥증, 신장 종양, 고양이 전염성 복막염 등과의 감별이 필요하다. 치료하지 않고 그대로 두어도 되는 경우도 있지만 정기적인 액체의 흡인, 콩팥 피막 절제술 등을 하는 이외에 위의 큰그물막을 통해 액체를 흡수시키는 큰그물막 피복술 등의 치료도 시도되고 있다. 또한 신부전이 되지는 않았는지 확인하는 정기적인 검사가 필요하다.

선천 이상 질환

●신장 무형성

좌우 양쪽이나 어느 한쪽 신장이 전혀 형성되지 않은 것으로, 드문 병이다. 신장의 무형성이 좌우 어느 한쪽이고 한쪽 신장 정상이면 전혀 증상이 보이지 않는다. 개복 수술이나 사후 해부에서 우연히 발견되는 경우가 많다. 엑스레이 검사, 특히 배설 요로 조영법에서 신장이 인정되지 않은 경우에도 이 병이 의심되지만 확정적이지는 않다. 존재하는 한쪽 신장의 기능이 정상이라면 치료할 필요는 없다. 좌우 양쪽 신장이 무형성이면 생후 며칠 안에 사망한다.

●신장 형성 이상

신장이 정상적으로 발육하고 있지 않은 것은 신장 형성 이상이라고 한다. 일반적으로 작으며 신장 형태를 하고 있지 않다. 현미경으로 관찰해도 구조상의 이상이 보인다. 원인은 알려져 있지 않지만 태아기나 강아지 시기의 바이러스 감염 때문으로 보인다. 시추나 꼬마슈나우저, 차우차우, 라사 압소 등에게서는 가족성 신장병으로도 알려져 있다. 대부분은 다섯 살까지 진단되는데, 형성 이상이 중도인 것은 유년기부터 다음 다뇨나 발육 불량 등 만성 신부전 증상을 나타낸다. 신장의 형태 이상은 엑스레이 검사(특히 신장 조영법)나 초음파 검사 등으로 알 수 있으며 신장 생체 검사로 확진을 한다. 치료는 만성 신부전 치료에 준한다.

기타 질환

●신장 아밀로이드증

아밀로이드증은 사람에게는 아밀로이드의 종류나 침착 부위에 따라 다양한 것이 있지만 개나 고양이에게 보이는 아밀로이드증은 대부분 어떤 염증을 동반하여 아밀로이드 A 단백질이 침착하는 것이며, 반응성 아밀로이드증이라고 불린다. 개는 신장에서 아밀로이드 침착이 많이 보이고 고양이는 다양한 부위에서 보인다. 단, 아밀로이드 침착으로 나타나는 증상은, 대부분 신장으로의 침착을 원인으로 하므로 여기서는 신장 아밀로이드증으로 설명한다. 이 병은 개에게 비교적 많이 보이며 고양이는 아비시니아고양이 이외에는 드물다. 대부분 다섯 살 이상에서 발병하지만 유전성이 의심되는 차이니즈 샤페이와 아비시니아고양이에게서는 더 어린 나이에서 보이기도 한다. 경과는 대부분 예에서 만성 신부전 형태를 띤다. 선천적인 요인이나 만성 감염증, 면역 매개 질환, 종양 질환 등의 염증 질환이 원인이 된다고 생각되지만, 명확한 원인 질환은 알 수 없다.

증상 만성 신부전 증상이 보이지만, 개는 고질소 혈증이 경도인 경우가 많다. 신장 이외의 부위에 아밀로이드가 침착해도 증상은 거의 나타나지 않기도 하지만, 간 장애나 췌장 장애가 보이기도 한다. 원인 질환의 증상이 강하게 나타나기도 한다. 단백뇨는 개에게서는 사구체 신염보다 심한 경우가 많은데, 고양이와 차이니즈 샤페이에게서는 사구체보다 신장의 속질에 아밀로이드 침착이 보이며, 단백뇨가 경도인 경우가 있다. 일반적으로 고양이는 신장이 작고 딱딱해지는데, 개는 커지기도 한다. 사구체 신염과 마찬가지로 콩팥 증후군이나 고혈압, 혈전증을 동반하기도 한다.

진단 차이니즈 샤페이 이외의 개에게서는 사구체 신염과 마찬가지로 단백뇨로 이 병을 의심하며 신장 생체 검사로 확진한다. 그러나 차이니즈 샤페이나 고양이는 생전의 확진이 어려운 예도 있다.

치료 사구체 신염의 치료에 준한다. 신장 아밀로이드증에 대해 다이메틸 설폭사이드나 콜히친의 유효성이 시사되고 있지만, 아직 확실하지는 않다.

●신우신염

급성 경과를 거치는 급성 신우신염과 만성 경과를 거치는 만성 신우신염이 있다. 급성 신우신염에서는 신우와 신유두가 침범당한다. 만성 신우신염에서는 염증이 반복해서 일어나며 신우, 신유두, 신속질, 신겉질이 침범당해 세뇨관 사이질 신염으로 파급되어 간다. 소변은 신우, 요관, 방광, 요도의 순서로 흘러가는데, 이 경로의 어딘가에서 흐름이 방해받으면 역류가 일어나고 그 결과 요도나 방광 등의 감염이 신우에 미치는 것으로 생각된다.
주된 원인은 세균 감염이지만 바이러스나 진균이 관계하는 경우도 있다.

증상 급성 신우신염에서는 발열이나 식욕 부진, 구토, 신장의 압통 등이 보이는 경우가 많은데, 만성 신우신염에서는 다음 다뇨 이외에는 무증상인 경우가 많으며 만성 신부전으로 이행한다.

진단 소변의 세균 배양이 양성이면 이 병을 의심하는데, 하부 요로 감염증과 감별이 필요하다. 소변의 세균 배양이 양성이고 혈중 백혈구 수의 증가가 보이면 이 병의 의심은 강해지는데, 세균성 전립샘염도 같은 소견이 인정된다. 소변 침전물에 백혈구 원주나 세균 원주가 있으면 신우신염이라는 것이 확실하다. 단, 원주는 보이지 않는 경우가 많으므로 주의가 필요하다. 엑스레이 조영 검사나 초음파 검사에서는 신우나 근위 요관의 확장이 인정되는 경우가 많다.

치료 소변의 흐름을 방해하는 원인이나 세균 감염의 온상이 되지 않도록 하고 감수성 시험 결과나 소변으로의 이행성에 토대하여 적절한 양의 항생제를 충분한 기간 동안 투여한다.

●물콩팥증

소변의 유출 장애로 신우가 확장한 상태며 유출 장애의 부위에 따라 다양한 증상이나 경과를 나타낸다. 요로 결석이나 신충, 혈액 덩어리, 외상, 종양, 신경 장애, 탈장, 선천적 기형, 외과 수술 등 만성적인 소변의 유출 장애를 일으키는 다양한 것이 원인이다.

증상 한쪽 요관의 막힘이라면 많은 경우는 무증상이다가 신우의 확장으로 신장이 현저하게 커져야 비로소 발견된다. 요로의 완전 폐색(양측 요관, 방광 삼각, 요도 폐쇄)에서는 신우가 충분히 확장하기 전에 요독증 증상이 보인다. 세균 감염을 동반한다면 신우신염 증상도 일으킨다.

진단 엑스레이 조영 검사나 초음파 검사로 확장된 신우를 검출한다. 단, 신장 장애가 중간 정도라면 정맥 안에 넣은 조영제가 충분히 여과되지 않아 엑스레이 검사로 검출할 수 없는 예도 있다.

치료 소변의 유출 장애를 제거함으로써 치료한다. 개에게는 한쪽 요관이 완전히 막힌 후에도 폐색을 1주일 이내에 해제하면 사구체 여과량은 100퍼센트 회복하며, 4주 후에 해제해도 30퍼센트 회복했다는 보고도 있다. 단, 많은 경우 소변의 유출 장애를 완전히 제거하기는 힘들다. 신우가 현저히 확장하고 신실질이 거의 인정되지 않게 된 예에서는 다른 장기에 대한 압박이나 세균 감염의 온상을 제거할 목적으로 수신화된 신장을 끄집어내기도 한다. 하지만 다른 한쪽 신장의 기능이 유지되고 있는 것을 확인한 다음에 끄집어낼 필요가 있다. 신부전이 발병했다면 신부전을 치료한다.

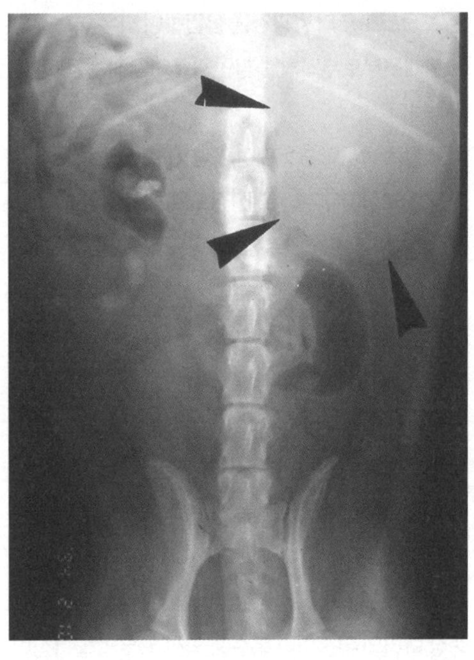

물콩팥증에 걸린 개의 흉부 엑스레이 소견(화살표 부분이 비대해진 신장).

●특발성 신장 출혈

혈뇨가 보이고 그것이 신장으로부터의 출혈이라고 단정할 수 있더라도 출혈의 원인을 확실하게 특정할 수 없을 때 붙이는 진단명이다. 개에게는 종종 보이지만 고양이에게는 발생이 비교적 드물다. 원인이 명확하지 않으므로 특발성이라는 이름이 붙어 있다. 개는 많은 경우 원인을 특정할 수 없지만 사람은 처음에 이 병이라고 진단되어도 그 후에 IgA 신증, 신장이나 요관의 종양, 좌신정맥의 압박에 의한 호두까기 증후군 등에 의한 출혈이라는 것을 알 수 있게 된다.

증상 지속적 또는 반복적인 혈뇨가 계속되며 중증이면 빈혈 증상도 보인다.

진단 혈뇨를 일으키는 다른 질환(생식기 질환이나 요로 감염증, 요로 결석, 종양 등)이 없는지를 조사하여 발견되지 않을 때는 방광 절개술을 하고, 좌우의 요관 개구부에 카테터를 삽입하여 좌우 어느 쪽 신장에서 출혈하는지를 조사한다. 체중 5킬로그램 이상의 개에게서는 개복 수술을 하지 않고, 요도로부터 방광경을 삽입하여 좌우 어느 쪽 요관 개구부로부터의 출혈인지를 조사하는 것도 가능하다.

치료 한쪽에서의 출혈이라면 출혈하고 있는 쪽 신장을 끄집어내거나 그 신장으로 신동맥의 분지(작은 지류)를 연결함으로써 혈뇨를 멎게 할 수 있다.

●콩팥 증후군

단백뇨와 저알부민 혈증, 고콜레스테롤 혈증, 부종이나 복수가 보이는 것을 통틀어서 부르는 증후군으로, 질환명으로는 사구체 신염 또는 신장 아밀로이드증을 들 수 있다. 사구체 신염이나 신장 아밀로이드증이 주된 원인이다.

증상 다리의 부종이나 복수에 의한 복부의 늘어짐이 보이고 사구체 신염이나 신장 아밀로이드증 증상을 나타낸다. 폐혈전증에 의한 호흡 곤란이나 장골 동맥, 넙다리 동맥의 혈전증에 의한 하반신 마비가 일어나기도 한다.

진단 단백뇨와 저알부민 혈증, 고콜레스테롤 혈증, 부종이나 복수 등 네 가지 징후를 확인하여 진단한다.

치료 사구체 신염 또는 신장 아밀로이드증을 치료한다. 식사는 신부전 전용의 저단백, 저나트륨식을 주면 좋을 것으로 보이지만, 단백질 섭취를 너무 제한하지 않도록 주의한다. 부종이 심하거나 흉수가 보일 때는 이뇨제인 푸로세미드를 투여하는데 탈수가 생기지 않도록 함부로 투여하는 일은 피해야 한다. 고혈압이나 혈전증이 보인다면 그것도 치료해야 한다.

요관의 병

요관 무형성

선천적으로 요관이 형성되지 않은 상태거나 방광으로 이어지지 못하고 도중에 성장이 멈춘 상태를 말한다. 신장에서 만들어진 소변이 요관으로 흘러가지 못하므로 신장은 물집 같은 상태가 되며, 물콩팥증이 된다. 요관 무형성은 대부분 물콩팥증을 진단할 때 발견된다.

중복 요관

정상이라면 좌우 신장에서 각각 한 줄의 요관이 방광으로 이어져 있는데, 선천적으로 두 줄의 요관이 이어져 버린 상태를 말한다. 드문 병이며 증상이 나타나지 않는다. 비뇨기의 감염이나 물콩팥증에서 이 병을 발견하는 경우가 있다. 특별한 치료는 하지 않고 감염을 억제하며 신장의 기능 저하를 막는다.

이소성 요관

신장에서 만들어진 소변은 요관을 흘러서 방광에 고이며, 배뇨 동작을 취하면 방광이 수축하여 요도를 통해 체외로 배출된다. 이소성 요관은 요관이 방광이 아니라 요도나 질로 이어져 있는 병이다. 방광에 소변을 모을 수 없으므로 신장에서 만들어진 소변이 요도로 바로 흘러가 버린다. 그러므로 배뇨 감각이 없는 채로 소변을 누게 된다. 이 병은 세균 감염이나 신장 기능 장애를 병발하는 경우가 있다. 암컷 개에게 많으며 고양이에게는 드물다. 이소성 요관의 발생에는 견종 소인이 있으며 시베리아허스키나 뉴펀들랜드, 불도그, 웨스트하일랜드 화이트테리어, 폭스테리어, 토이 푸들에게 많이 보인다. 선천병으로 유전되지는 않지만 견종 소인이 보인다.

증상 강아지 때부터 요실금을 일으킨다. 언제나 소변을 흘리고 있으므로 질염이나 질 주위가 짓물러서 피부염을 일으키기도 한다.

진단 소변 검사로 요로 감염과 염증을 조사한다. 배설 요로 조영법에 따른 엑스레이 검사를 하여 신장에서 나온 소변의 주행을 관찰하고, 요관이 제대로 방광으로 들어가 있는지를 조사한다. 동시에 신장이나 요관의 이상도 관찰한다.

치료 외과 수술로 방광에 요관을 새롭게 이식한다. 감염증이 있다면 항생제를 투여한다. 물콩팥증을 앓고 있을 때는 신장을 끄집어내기도 한다. 요도로 이어져 있던 요관을 방광으로 이식함으로써 요실금은 일으키지 않게 된다. 그러나 요도가 잘 조여지지 않을 때는 수술을 해도 요실금이 낫지 않기도 한다. 그런 경우에는 먹는 약을 시도하기도 한다. 요실금이 계속되어 질 주변의 피부염이 보일 때는 되도록 털을 짧게 깎아서 청결을 유지하도록 한다.

이소성 요관

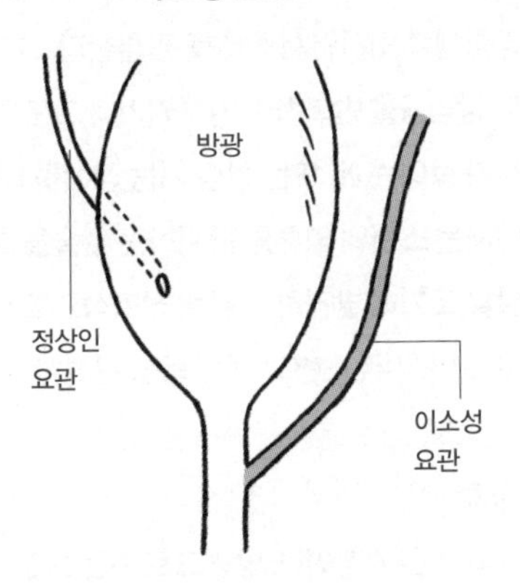

거대 요관증

요관의 거의 전체 길이가 확장되어 버린 상태다. 원인에 따라 요관 방광 역류나 수뇨관증, 물콩팥증, 신장 기능 장애, 감염증을 병발한다.

요관 방광 역류

신장에서 요관을 거쳐 일단 방광에 고인 소변은 역류하지 않게 되어 있다. 이 병은 요관으로부터 방광의 이행 부위에 있는 역류 방지 기구에 이상이 생겨서 방광 안의 소변이 요관으로 역류해 버리는 상태다. 선천적인 요관과 방광의 이행 부위의 이상이나 중복 요관 이외에 방광염이나 방광 결석, 요도 폐쇄 등에서도 보이는 경우가 있다. 요관류(요관 말단 부위가 방광 내부로 팽창된 상태)의 절제나 요관과 방광을 잇는 수술 후의 합병증으로 나타나기도 한다.

증상 신우신염이나 물콩팥증이 되기 쉬우며 혈뇨나 발열, 단백뇨 등 이외에 신부전에 의한 식욕 부진이나 구역질 등이 보이기도 한다.

진단 소변 검사로 혈뇨나 단백뇨, 요로 감염 유무를 조사하고 혈액 검사로 신부전을 조사한다. 요로 조영에 의한 엑스레이 검사를 하여 요관의 지속적 확장, 요관 하단의 협착 때문으로 여겨지는 물콩팥증 등을 일으키고 있는지, 그리고 초음파 검사로 신장이나 방광에 이상이 있는지 확인한다.

치료 내과 치료로서는 신장 기능 장애가 없는 예는 감염증에 주의하면서 상태를 관찰한다. 그러나 요로 감염증을 반복하여 일으키거나 고도의 역류가 보이는 예, 또는 신장 기능 장애를 나타내는 예에서는 소변의 역류를 방지하는 수술을 한다. 재발을 조기에 발견하기 위해 정기적으로 혈뇨나 탁한 소변 유무, 소변의 냄새 등을 관찰한다.

요관류

요관의 선천 기형이다. 방광으로 가는 요관 이행 부위가 주머니 모양으로 확장하여 방광 안에서 공 모양으로 부푼다. 많은 경우 요관의 방광 개구부가 좁아져 있으므로 요관압이 올라가서 물콩팥증 등을 일으킨다. 요로 조영술에 의한 엑스레이 검사로 진단한다. 신장 기능의 저하나 감염, 배뇨 장애가 없다면 상태를 관찰한다.

수뇨관증

요관의 수압이 계속 높아서 요관이 확장해 버린 상태를 말한다. 선천성인 경우는 요관류나 방광 요관 역류증, 이소성 요관 등, 후천성인 경우는 요관 결석이나 종양, 만성 비뇨기 감염 등이 원인이 된다. 이들 병으로 소변이 요관에 정체하고, 그 결과 요관 흐름의 상류 쪽, 즉 신장 쪽 요관이 확장되어 일어난다. 방광이나 요도의 이상이 원인으로 소변의 정체가 일어나면 양쪽 요관이 확장하여 장애가 신장까지 파급되기도 한다. 수뇨관증만으로는 증상이 보이지 않으며 세균에 감염되면 혈뇨나 발열 등을 나타낸다. 요관 방광 역류와 같은 방법으로 진단하고, 소변이 정체하는 원인을 찾아낸다. 특히 감염증이나 신장 기능 부전이 보이면 서둘러 치료한다.

방광의 병

요막관 개존증

방광의 선천 이상이다. 요막관이란 태생기에 방광에서 태반으로 소변을 통과시키고 있는 관이며, 이 관이 출생 후에도 닫히지 않은 것을 말한다. 개와 고양이에게 드물게 보인다. 선천적인 형태 이상으로 수유기부터 쭉 배꼽에서 소변 배출이 계속된다. 감염되어 염증을 일으키기도 한다. 소변 검사로 감염이나 염증 유무를 관찰하고, 배설 요로 조영법[16] 또는 요도 방광 조영법에 따른 엑스레이 검사를 하여 요막관 개존(열리거나 통해 있는 상태)인지를 조사한다. 외과 수술로 요막관을 막는다. 감염을 일으켰다면 항생제를 투여한다. 외과적 치료를 하면 배꼽에서 소변이 새는 일은 없어진다. 수술 후에 방광염이 계속 재발하기도 하는데, 이 경우는 요막관 게실이 존재하고 있을 가능성을 생각할 수 있다. 수술로 경과가 양호한 경우에도 방광염 등에 주의가 필요하다.

요막관 게실

개나 고양이에게 많이 보이는 방광의 선천 이상이다. 요막관은 태생기에 방광에서 태반으로 소변을 통과시키는 관이다. 이 관은 출생 후에 꽉 막히고, 방광의 안쪽은 깨끗한 점막으로 매끈하게 형성된다. 그러나 깨끗하게 형성되지 않으면 방광 끝부분에서 일부가 튀어나온 듯한 부분이 생긴다. 이것이 요막관 게실이다. 후천적인 예도 있는데, 그 경우는 방광의 내압이 증가하는 하부 요로 질환(요로 감염증이나 요석증, 요도 폐쇄 등)의 합병증으로서 일어난다. 증상은 특별히 보이지 않지만 지속해서 요로 감염증을 일으키는 경우가 있다. 지속성 또는 재발성 요로 감염증이 보인다면 요막관 게실을 의심할 수 있다. 방광 조영법에

16 배뇨하면서 방사선 촬영을 하여 요로를 관찰하는 검사법.

따른 엑스레이 검사를 하면 눈으로 보이는 크기의 게실은 진단할 수 있다. 그러나 게실이 현미경으로 확인해야 할 정도로 미세한 경우도 있다. 눈으로 보이는 크기의 게실은 외과적으로 제거할 필요한 때도 있기도 하지만 일반적으로는 요로 감염증이나 요석증, 요도 폐쇄를 치료하면 자연히 낫는다. 요로 감염증이 지속성 또는 재발성이라면 재검사가 필요하다. 보통은 하부 요로 질환을 치료하면 요막관 게실은 특별한 문제가 되지 않는다.

요막관 낭종

드문 질환이다. 요막관은 출생 후에 퇴행하는데 배꼽과 방광 쪽의 관이 막혔는데도 불구하고 그사이에 낭이 생긴 상태를 말한다. 거의 증상이 없지만 감염을 일으키면 발열이나 통증을 나타낸다.

방광 외반증

드물게 발생하는 선천병이다. 태생기에 방광이 제대로 주머니 모양으로 만들어지지 못하고 피부로 열려 버린 상태다. 배뇨 장애, 감염증, 신장 기능 장애가 일어난다. 피부가 늘 소변으로 더러워져 있으므로 피부염도 일어난다.

중복 방광

선천적이며 드물게 보이는 기형이다. 개에게는 발견되었지만 고양이에게는 아직 발생이 알려지지 않았다. 방광이 좌우 2개로 독립하여 존재한다. 대부분 무증상이지만 비뇨기 감염이나 배뇨 장애가 보이기도 한다. 증상이 없으면 상태를 관찰하고 증상이 있다면 그것에 대응하여 치료한다.

방광 결장 샛길, 직장 샛길, 질 샛길

방광 외반증과 거의 원인이 같으며, 드물게 보이는 병이다. 태생기에 방광이나 복막, 생식기, 직장이 정상적으로 발육하지 못했기 때문에 방광이 결장이나 직장, 질과 이어져 있는 상태다. 그러므로 소변이 방광에서 요도를 거쳐 배출되지 못하고 직장이나 결장, 질로 흘러가게 되어 배뇨 장애나 소변의 누출, 감염, 신장 기능 장애를 일으킨다.

요도의 병

요도 무형성, 요도 저형성

요도 무형성은 요도가 전혀 형성되지 않은 상태며 드물게 나타나는 선천 기형이다. 요도 저형성은 요도는 형성되지만 불완전하고 짧으며 요도 괄약근의 기능 상실이 보이는 선천 기형이다. 요도 무형성과 저형성은 다른 비뇨 생식기 기형과 함께 보인다. 두 가지 모두 유년기부터 심한 요실금을 일으키는 것이 특징이며 동물이 옆으로 누워 있을 때나 자고 있을 때 가장 많이 보인다. 종종 이차 요로 감염을 일으킨다. 증상과 역행성 질 조영 결과를 토대로 진단한다.

요도상열, 요도하열

수컷은 음경 아래쪽이나 회음부, 암컷은 질 안으로 요도가 열려 있는 선천성 이상이다. 수컷의 경우는 음경과 음낭의 발육 부전이 보이기도 한다. 증상은 요도 개구부 위치에 따라 다양하지만 배뇨 시의 통증이나 요로 감염증을 일으키는 일이 있다. 외과적 치료를 할 것인지 아닌지도 요도 개구부의 부위에 따라 정해지지만 수컷 개는 전(前)음낭 요도 샛길 조성술이 유효하다.

요도 직장 샛길

요도 직장 샛길은 요도와 대장을 잇는 비정상적인 관이며 선천 기형, 또는 외상이나 수술에 의한 후천성 장애다. 개는 암컷보다 수컷에게 발현 빈도가 높으며 잉글리시 불도그에게 많이 발생한다. 고양이는 대부분 선천성이지만 품종이나 성별에 따른 소인은 보고되어 있지 않다. 선천성은 유년기부터, 후천성은 장애가 생긴 시기부터 이상한 배뇨 패턴이 보인다. 항문으로, 또는 음경이나 외음부로 동시에 배뇨하는 것이 특징이다. 설사, 항문 주위 피부염, 이차 세균성 방광염도 보인다. 증상에 더해 역행 요도 조영술[17]과 역행 직장 조영술을 통해 요도 직장 샛길을 확인하여 진단한다. 반흔 조직 절제술과 이차 요로 감염의 근절에 따라 병의 상태를 조절한다.

이소성 요도

이소성 요도는 요도의 개구부가 비정상적인 위치에 있는 것이며, 드물게 보이는 선천 기형이다. 다른 비뇨기 기형과 함께 보이기도 한다. 요도가 개구한 위치나 다른 비뇨기 기형에 따라 증상이 달라진다. 이소성 요도가 질 안으로 열려 있다면 요실금이 보이고, 직장으로 열려 있다면 요실금은 보이지 않고 소변이 항문으로 배출된다. 치료할 때는 이상의 정도나 증상을 고려하여 수술을 검토한다.

요도 탈출

요도 점막이 음경의 끝을 넘어서 돌출한 상태를 요도 탈출 또는 요도 탈출증이라고 한다. 많이 보이는 질환은 아니지만 노령의 잉글리시 불도그에게 많이 발생한다. 음경 끝의 붉은 돌출물, 또는 간헐적인 음경부의 출혈로 알아차리는 경우가 많으며 요도의 탈출이 간헐적이어서 발기할 때만 보이기도 한다. 탈출한 요도를 핥음으로써 상처를 입히는 예도 있다. 자연히 낫지는 않으며 탈출한 요도를 면봉 등으로 밀어 넣고 요도 개구부를 봉합하거나 탈출한 요도를 절제하는 수술을 하여 치료한다.

요도 협착

선천성으로 여겨지는 요도 협착이 유년기 동물에게 보이는 경우가 있다. 증상은 협착으로 요도 폐쇄가 불완전한지 완전한지에 따라 다르다. 폐쇄가 지속되면 협착 부위에 가까운 부분의 요도의 압력이 커지고, 그 결과 방광 확장이나 요실금, 요관 확장증, 물콩팥증을 일으킨다. 선천적 협착은 외상성이나 염증성, 의인성 등 후천성 병변과 구별해야 한다. 골반 내 요도 협착은 요도의 절제술과 연결술이 필요하며, 골반 외 요도 협착은 요도 샛길 설치술을 한다.

요도 폐쇄

요도 폐쇄는 소변의 통로인 요도가 막히는 것이며 보통 수컷에게 일어난다. 개는 요도 결석으로 음경골에 가까운 쪽에서 요도가 막히는 경우가 많으며 고양이는 하부 요로 증후군에 연관하여 발생하는 경우가 많다.

증상 요도 폐쇄를 일으킨 개는 컹컹거리며 울며 차분함을 잃고 배뇨하려고 애를 쓴다. 고양이는 화장실에 몇 번씩 들어가서 열심히 힘을 주는 모습을 보인다. 부분적 폐쇄에서는 방울방울 소변을 흘리지만 완전 폐색이 되면 전혀 배뇨하지 못하고 방광이 소변 때문에 팽창하며 만지면 아파한다. 완전 폐색에서는 소변이 나오지 않으므로 식욕 부진, 구토, 혼수 등 요독증 증상을 나타낸다. 방광이 너무 팽창하면 방광 파열을 일으키기도 한다. 방광이 파열하면 일시적으로 통증이 사라지지만 차츰 기운이 없어지고 소변 때문에 배가 팽창하며 우울한 상태가 된다. 요도의 완전 폐색과 함께 생명에 관계되는 긴급 상태다.

진단 증상과 방광 촉진 이외에 혈액 검사로 고질소 혈증이나 고칼륨 혈증을 보이면 엑스레이 검사 결과로 진단한다. 방광이 파열될 때는 복수를

17 요도에서 방광 내로 조영제를 주입하여 방사선 촬영을 함으로써 요도를 관찰하는 검사법.

검사하면 비교적 쉽게 진단할 수 있다. 단, 긴급 상태에서는 검사는 최소한으로 하고 치료를 우선한다.

치료 긴급 치료로는 요도에 카테터를 삽입하여 폐색을 없애면서 수액을 실시한다. 카테터에 의한 폐색 해제는 폐색물을 방광 안으로 밀어 넣거나 씻어 내는 것이다. 팽창한 방광을 천자 주사기로 소변을 뽑아낸 다음에 폐색을 해제하는 것이 나은 경우도 있다. 개는 결석을 방광 내로 밀어 넣을 때는 방광 절개로 결석을 제거하고, 결석이 요도에서 움직이지 않을 때는 요도를 절개하여 결석을 제거한다. 고양이는 회음 요도 샛길 조성술이 효과적이다.

하부 요로 감염증

소변의 통로인 요로의 세균 감염은 고양이보다 개에게 일어나기 쉬운 경향이 있다. 고양이에게는 하부 요로 염증은 많이 보이지만 세균 감염은 드물다. 개의 요로 감염은 대부분 하부 요로의 세균 감염이다. 하부 요로에의 감염은 요도가 굵고 짧다는 해부학적 이유로 암컷에게 발생하기 쉬운 경향이 있다. 이것은 세균이 체외에서 요도로 들어와서 방광에 이른다는 것을 나타낸다. 그리고 세균이 몸의 더욱 깊숙한 곳까지 침입하면 요관이나 신장에도 감염이 일어난다.

건강한 동물이라도 요도의 중간 부근까지 세균의 침입이 보이는데. 보통은 요로 감염을 일으키지 않는다. 소변 자체에 항균 작용이 있는 것에 더해, 일상적으로 배뇨하여 방광을 비움으로써 기계적 세정 효과가 있으며, 요도나 방광의 구조에 병원체 침입을 막는 기능이 갖춰져 있기 때문이다. 그러나 방광을 비우는 횟수나 배출하는 소변량이 줄거나 배뇨 후에도 방광에 소변이 남아 있으면 그 동물은 요로 감염에 걸리기 쉽다. 지속적인 정신적 스트레스도 원인으로 꼽을 수 있다. 수컷 개의 요로 감염이 암컷 개보다 적다는 것을 생각하면 수컷 개에게 발생하는 요로 감염에는 어떤 이상이 잠재하고 있을 가능성도 생각해야 할 실제로 종종 전립샘 감염을 함께 일으킨다.

증상 하부 요로의 염증(방광염, 요도염)에서는 배뇨 시의 통증이 있으며 음부를 핥고 여러 번 화장실에 가는 등 행동 이상을 나타낸다. 소변은 불투명해지며 종종 혈뇨를 일으킨다.

진단 소변 검사에서는 백혈구나 적혈구, 세균을 현미경으로 볼 수 있다. 정상일 때보다 알칼리성으로 치우쳐 있기도 하다. 가능하다면 소변을 배양하여 감염을 일으킨 병원체를 확인하고, 적절한 항생제를 선택한다. 하부 요로 감염에서는 발열이나 식욕 부진, 기력 상실 등의 전신 증상은 좀처럼 일으키지 않으므로 이런 전신 증상이 보일 때는 다른 병일 가능성도 생각해야 한다.

치료 치료는 최소 2주일 동안 항생제를 계속 투여하고 그것이 끝난 후에는 가능하다면 다시 소변 배양을 하여 필요에 따라 항생제를 계속 투여한다. 동물의 방어 기구에 이상이 보이지 않을 때 일어나는 단순성 요로 감염은 보통 적절한 항생제 치료를 시작하면 바로 증상이 사라진다. 그러나 해부학적 이상이 있다, 정상 배뇨를 하지 못한다, 결석이나 종양으로 점막이 손상되었다, 당뇨병이나 자극 물질로 소변의 성분이 변화했다 등 방어 기구가 무너진 복잡성 요로 감염은 항생제 치료를 해도 증상이 계속되거나 효과가 있더라도 항생제 투여를 중지하면 바로 재발하기도 한다. 재발성 요로 감염을 일으킨 경우는 초음파 검사나 조영 엑스레이 검사, 그리고 혈청 화학 검사 등을 하여 발병 원인을 조사할 필요가 있다.

요로 결석

신장, 요관, 방광, 요도의 어떤 부위에서도 무기질의 돌 같은 덩어리가 형성되는 경우가 있으며 각각 신장 결석, 요관 결석, 방광 결석, 요도 결석이라고 불린다. 신장 결석과 요관 결석은 비교적 드물며, 결석 대부분은 방광에서 형성되어 요도를 지나서 내려간다. 요로계의 결석 성분에는 여러 가지가 있지만 스트루바이트 결석과 수산 칼슘 결석이 대부분을 차지한다. 결석은 나이와 관계없이 발생한다. 결석이 형성되는 원인은 다양하지만 비교적 드문 타입의 결석은 대부분 유전성 대사 장애가 원인이다. 개는 견종에 따라 생기기 쉬운 요로 결석 종류가 다르다.

증상 방광 결석에도 별로 증상이 보이지 않는 예도 있지만 대부분 하부 요로계 통증 때문에 배뇨 자세를 취하게 된다. 낫기 어려운 요로 감염을 병발하며, 빈뇨나 혈뇨의 원인이 된다.

진단 커다란 결석은 복부 촉진으로 알 수도 있다. 보통은 단순 엑스레이 검사나 엑스레이 조영 검사, 초음파 검사로 확인한다. 결석의 종류는 소변 침전물을 검사함으로써 얼추 판단할 수 있다.

치료 결석의 종류에 따라 치료는 다르지만 원칙적으로는 결석을 녹인다. 커다란 결석은 외과 치료로 꺼내기도 한다. 그 후에는 재발 방지를 위해 식이 요법을 하거나 항생제를 투여한다.

●**스트루바이트 결석**

인산 암모늄 마그네슘 결석이며, 일반적으로 스트루바이트 결석이라고 부른다. 개와 고양이 모두 가장 일반적인 방광이나 요도의 결석이며 발생률은 개가 50퍼센트, 고양이가 65~75퍼센트라고 한다. 개는 하부 요로계에 감염한 포도상 구균이나 프로테우스류의 세균이 만들어 내는 물질로 소변이 알칼리성이 되며, 그 결과 결석이 형성되는 경우가 많다. 단, 요로 감염이 없는 개도 스트루바이트 결석이 생기는 경우가 있으며, 고양이는 보통 무균성 스트루바이트 결석이 보인다. 무균성 스트루바이트 결석은 첫째로 음식에 무기물과 단백질이 많이 함유된 경우, 소변으로 다량의 마그네슘이나 암모늄, 인산염이 존재할 때, 둘째로 음식이나 약, 신장병 등이 원인으로 소변이 알칼리성이 될 때, 셋째로 수분 섭취가 적어 소변의 농축이 강해질 때 등의 상황이 겹쳐서 발생한다. 세균 감염이 원인이면 반드시 지속해서 항생제를 투여해야 한다. 동물병원의 특별 요법식은 소변을 산성으로 하는 이외에, 칼슘과 인, 마그네슘의 양을 제한하며, 염분이 많이 함유되어 있다. 이것으로 소변 속의 칼슘, 인, 마그네슘 농도가 저하하는 한편, 소금으로 인해 먹는 물 양이 증가하여 연한 소변이 많아지며, 그 결과 결석은 용해하는 방향으로 향한다. 이 특별 요법식은 단기간 사용을 목적으로 주어지는 것이며, 얼마 뒤에 작은 스트루바이트 결석은 용해한다. 그러나 커다란 결석은 외과적으로 끄집어낼 수밖에 없다. 결석을 내과적, 외과적으로 제거한 후에도 재발을 막기 위해 결석의 토대가 되는 성분의 함유량을 줄인 유지 요법식을 계속한다. 정기적인 소변 검사도 필요하다. 요로계 감염이 반복되는 동물은 스트루바이트 결석이 생기기 쉬우므로 예방적인 항생제 요법이 필요해지는 경우가 있다.

●**수산 칼슘 결석**

수산 칼슘 결석은 스트루바이트 결석 다음으로 일반적인 방광 또는 요도의 결석이다. 요인은 확실하게 알려지지 않았지만, 유전이나 성별, 먹이, 스트루바이트 결석과의 관련이 생각되고 있다. 수컷에게 많이 발생하므로 성호르몬과의 관련도 검토된다. 칼슘을 많이 함유한 음식을 먹으면 고칼슘 혈증이 되어 소변의 칼슘 농도가 증가하므로 수산 칼슘 결석이 형성될 위험성이 높아진다. 수산 칼슘은 산성하에서 결정화가 진행되므로 스트루바이트 결석을 경험한 동물이 재발 예방용 유지식을 먹어서 소변이 산성으로 기울면 수산 칼슘

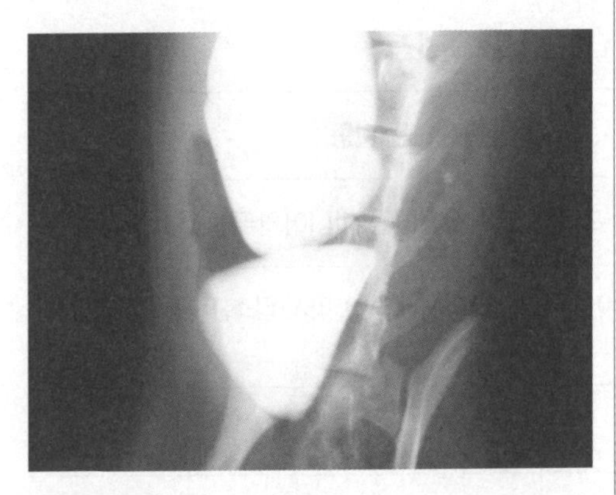

방광 결석인 개의 복부 엑스레이 소견.

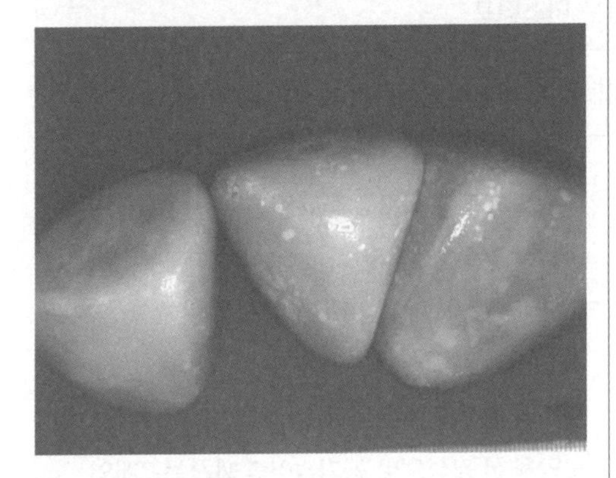

복부에서 추출한 방광 결석.

결석이 형성되기도 한다.
수산 칼슘 결석을 치료할 때 식이 요법이나 약물 요법으로 결석을 용해하는 것은 효과적이지 않다. 그러므로 결석이 존재하는 장소, 막힘이나 감염 유무, 신장이 기능 장애를 일으키고 있는지를 고려하여 결석을 끄집어낼 것인지, 아니면 그것을 커지지 않게 하는 치료를 할 것인지를 검토한다. 결석이 커지지 않게 하려고, 또는 재발을 예방하기 위해서는 단백질과 나트륨 섭취량을 제한하고 소변을 중성으로 유지하는 요법식이 권장된다. 비타민 B_6를 보충하거나 이뇨제로 소변을 희석하기도 한다. 동물이 증상을 나타내지 않더라도 3~6개월마다 방광이나 요도 엑스레이 검사나 초음파 검사를 하여 결석의 재발에 대해 자세히 살피도록 한다. 개는 재발하더라도 결석이 작을 때 조기 진단한다면 수술하지 않고 방광 세정만으로 효과적으로 제거할 수 있다.

●요산염 결석

달마티안과 일부 불도그는 간에서의 요산 대사가 다른 견종과 다르며, 이에 따라 다량의 요산이 소변으로 배출된다. 그러므로 이들 개에게는 요산염의 결석을 만들기 쉬운 소인이 있다. 이에 비해 다른 개나, 비교적 드물긴 하지만 고양이는 간에서 요산 대사를 하지 못하는 상태거나 신장에서 소변으로 요산 배출이 많아질 때 요산염 결석을 만드는 것으로 보인다. 장에서 간으로 가는 혈관(문맥)이 선천적으로 발달하지 못하여 다른 정맥으로 이어져 버리는 문맥 체순환 단락증이 있는 동물이나 간의 능력을 거의 상실한 상태인 간경변인 동물은 신장에서 요산 암모늄 배출량이 증가하여 요산 암모늄 결석이 형성된다. 요산염 결석은 엑스레이를 통과하기 쉬우므로 통상의 엑스레이

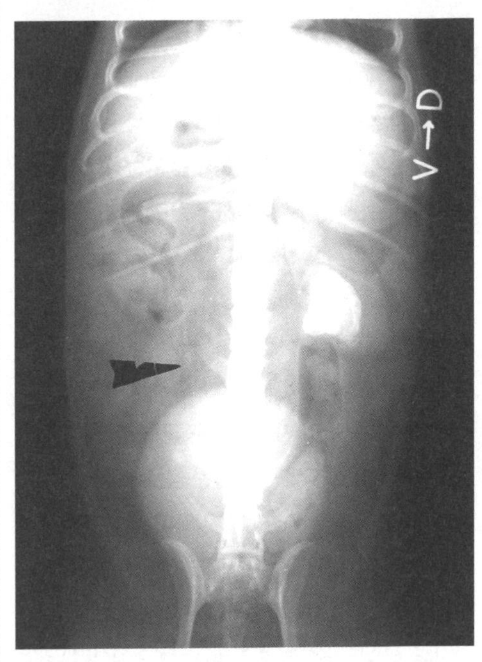

왼쪽 신장의 신우에 커다란 결석이 확인된다(화살표는 반대쪽 요관).

요로 결석의 종류와 많이 발생하는 견종

요로 결석의 종류	많이 발생하는 견종
스트루바이트 결석	꼬마슈나우저, 비숑 프리제, 코커스패니얼, 미니어처 푸들
수산 칼슘 결석	꼬마슈나우저, 미니어처 푸들, 요크셔테리어, 라사 압소, 비숑 프리제, 시추
요산염 결석	달마티안, 불도그
시스틴 결석	닥스훈트, 불도그, 바셋하운드, 요크셔테리어, 아이리시테리어, 로트바일러, 차우차우, 마스티프
실리카 결석	독일셰퍼드, 골든리트리버, 래브라도리트리버

검사에서는 발견되지 않는 경우가 있으므로 진단에는 엑스레이 조영 검사나 초음파 검사가 필요하다. 요산염은 산성 조건에서 결정화하므로 치료는 소변을 산성으로 하지 않을 것과 결석의 원인이 되는 성분을 줄이는 것을 목적으로 하여 저단백 요법식을 준다. 혈액이나 소변 중의 요산 농도를 낮추는 효과가 있는 알로푸리놀을 투여한다. 요산염 결석을 녹이거나 끄집어낸 후에도 정기적인 소변 검사나 초음파 검사로 재발 여부를 관찰한다. 문맥 체순환 단락증이 있는 동물은 가능하다면 수술해서 혈관 이상을 수정하면 간 기능이 회복되고 결석도 형성되지 않게 된다.

●시스틴 결석

시스틴 결석은 대단히 드문 결석으로, 시스틴을 소변으로 배출해 버리는 비정상적인 신장을 가진 동물에게 발생한다. 그런 동물은 평생에 걸쳐 시스틴뇨를 배출할 가능성이 있으며, 결석을 용해하거나 끄집어낸 후에도 지속적으로 치료를 한다. 시스틴은 물에 잘 녹지 않는 아미노산의 하나로, 시스틴 결석은 소변의 pH를 중성보다 약간 알칼리성으로 하면 녹는다. 그러므로 치료할 때는 단백질이 적은 식사를 주고 탄산수소 나트륨 또는 구연산 칼륨을 첨가한다.

●실리카 결석

실리카 결석도 별로 볼 수 없는 결석이다. 특징적인 모양을 한 결석으로, 공기놀이할 때 쓰는 6개의 돌기를 가진 공깃돌 비슷하게 생긴 데에서 잭스톤형 결석이라고도 불린다. 원인은 명확하지 않지만 실리카 성분은 흙에 함유된 규산이므로 흙을 먹거나 규산을 많이 함유한 식물을 먹음으로써 실리카뇨가 되고 결석을 만드는 것으로 생각된다. 내과적인 용해는 어려우므로 적출술 한다.

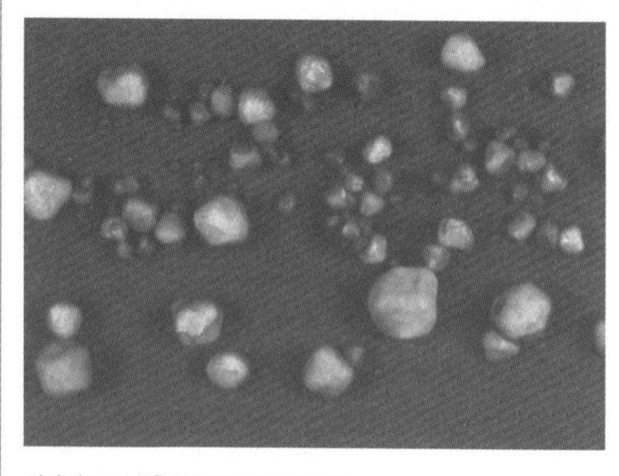

외과적으로 적출한 개의 시스틴 결석.

고양이 특발성 하부 요로 질환

고양이 하부 요로 질환에는 몇 가지 원인이 있는데, 원인이 달라도 증상은 비슷하다. 그래서 이것들을 통틀어서 고양이 비뇨기 증후군 또는 방광염이라고도 한다. 이들 중에서 원인을 명확하게 확정할 수 없는 고양이 특유의 질환군을 특발성 하부 요로 질환이라고 한다. 단일한 원인은 알려지지 않았지만 고양이가 원래 수분 섭취량이 적어 진한 소변을 생성하는 동물이라는 것이 유발 인자일 것으로 여겨진다. 그 밖에 위험 인자로는 사육 환경의 스트레스, 먹이 내용이나 계절 변동에 따른 먹는 물 양의 저하, 비만 등을 생각할 수 있다. 어떤 종류의 바이러스 감염이나 비감염성의 사이질 방광염이 원인이 된다고도 한다.

증상 정도는 다양하지만 혈뇨나 배뇨 곤란, 빈뇨, 배뇨통, 요도 폐쇄를 나타낸다. 특히 수컷 고양이는 요도가 길고 가늘어서 요도 경색을 일으킬 가능성이 높다. 폐색이 있으면 긴급 질환이므로 치료가 늦어지면 신후성 신부전에 빠져 사망할 위험성이 있다. 혈뇨는 글자 그대로 혈액이 섞인 적색뇨를 배출하는 것이다. 증상이 가벼우면 소변이 전체적으로 붉은 기를 띤 정도거나 혈뇨가 간헐적으로만 보이거나 음경이나 음부에 피 같은 것이 약간 묻어 있는 정도다. 평소에 고양이의 소변 색깔을 주의 깊게 관찰하면 조기 발견이 가능하다. 고양이 화장실의 모래가 흰색이면 혈뇨를 발견하기 쉽다. 배뇨 곤란은 고양이가 화장실에서 평소보다 오랜 시간 배뇨 자세를 취함으로써 발견된다. 그 후에 모래를 보면 소변이 소량밖에 배출되어 있지 않거나 전혀 배출되지 않은 것을 알 수 있다. 이것은 방광 안에 소변이 고여 있지 않으면 염증 자극에 동반하는 잔뇨감에 의한 것이고, 방광 안에 소변이 가득 차 있는 경우에는 요도가 폐쇄되어 있을 가능성이 높으며, 위험한 상태다. 빈뇨는 고양이가 빈번히 화장실을 드나들거나 배뇨 자세를 취하는 것이다. 화장실 이외의 장소에 소변을 몇 방울씩 흘리는 상태도 있다. 배뇨통이 있는 경우 고양이는 배뇨 자세를 취하면서 소리를 내서 울거나 음부를 열심히 핥거나 때로는 깨물어서 스스로 상처를 내기도 한다. 이들 증상에 이어서 기력 상실이나 식욕 부진, 구토 등이 보일 때는 요도 폐쇄에 의한 신부전을 일으켰을 가능성이 대단히 높으므로 당장 동물병원을 찾아서 진찰받아야 한다. 단 하루도 상태를 관찰하고 있을 여유가 없다.

진단 진단할 때는 가장 먼저 요도 폐쇄의 유무를 확인한다. 특히 수컷 고양이거나 예전에 요도 폐쇄를 앓았다면 그것을 확인하는 것이 중요하다. 이 병에서 막힌 요도 물질 대부분은 점액 기질 또는 점액 기질과 요석 결정의 혼합물이다.

치료 치료법은 요도 폐쇄 여부에 따라 크게 다르다. 요도 폐쇄가 있다면 서둘러 해제한다. 동시에 혈액 검사나 초음파 검사, 단순 엑스레이 검사, 조영 엑스레이 검사, 소변 검사, 심전도 검사 등을 하여 병태를 파악하고 검사 결과에 토대하여 이후의 가장 좋은 치료법을 생각한다. 폐쇄의 해제 치료를 위한 도뇨(요도 도관을 방광에 삽입하여 소변을 뽑아내는 일)에는 통증을 동반하는 경우가 많으므로 동물이 날뛰어서 요도가 손상되기도 한다. 그러므로 대개 진정제를 놓거나 마취한 상태에서 도뇨한다. 그 후 적어도 며칠 동안은 소변 카테터를 거치하여 수액 요법을 한다. 폐색이 가역적이지 않은 경우에는 요도 조루술[18]을 적용한다. 자세한 것은 〈요도 폐쇄〉 항목을 참조한다. 폐색이 해제되고 전신 상태가 안정된 다음의 치료법은 아래에서 설명하는 폐색이 없는 경우와 같다.

요도 폐쇄가 없으면 전신 검사에 더해 병세에 따라 소변 검사, 초음파 검사, 엑스레이 검사 등을 한다. 그 결과 외상이나 결석, 요로 감염 등 발생 빈도가 높은

18 회음의 요도 막을 자르고 고정하여 요도로 연결되는 샛길 구멍을 영구적으로 만드는 수술.

질환을 나타내는 소견이 보이지 않는 경우, 특발성 하부 요로 질환으로 잠정 진단하고 내과 요법, 식이 요법, 사육 환경 스트레스의 제거 등을 시작한다. 단, 현실적으로 요석증이나 요로 감염과 명확히 감별하기 어려우며 이차적으로 요석증이나 요로 감염을 일으키기도 하므로 치료는 공통적이다. 내과 치료로는 항생제나 지혈제, 항염증제, 요도 산성화제 등을 이용한다. 식이 요법으로는 요석이나 결정뇨 발생을 억제하기 위한 요법식을 준다. 소변을 희석하기 위해 수분 섭취를 늘리는 일도 필요하며, 수분 함유량이 많은 통조림 타입의 특별 요법식을 같이 주는 것이 바람직하다. 사육 환경을 바꿔서 스트레스 요인을 배제하는 것도 중요하다. 치료에 따라 증상이 보이지 않게 되어도 그 후에 사료나 사육 환경에서의 스트레스에 충분히 주의하고 재발 방지에 노력한다. 치료를 해도 증상이 개선되지 않거나 계속 재발한다면 다른 원인, 예를 들면 몸의 구조상 이상이나 종양, 대사 질환 등이 없는지 자세히 검사할 필요가 있다.

배뇨 질환

배뇨 이상

배뇨란 신장에서 만들어진 소변을 일정 기간 방광에 저장한 후 체외로 배출하는 것을 말한다. 생명 활동을 원활하게 유지하기 위해서는 소변이 시도 때도 없이 흘러내리면 곤란하다. 그런 이유로 고등 생물이 획득한 정교한 구조라고 말할 수 있다. 주요 배뇨 기관은 방광과 그것에 이어진 요도다. 소변을 저장할 때는 방광이 이완하고 요도는 수축하여 저항을 부여하여 방광에 소변을 저장한다. 반대로 배뇨 시에는 방광이 수축하고 요도는 이완함으로써 소변을 체외로 배출한다. 이런 일련의 작용은 신경이나 방광과 요도에 존재하는 근조직 등이 미묘하게 조화하여 제어됨으로써 비로소 성립된다. 따라서 이들의 조화가 무너지는 장애는 모두 배뇨 이상으로 이어진다. 배뇨 이상은 크게 배뇨 곤란과 요실금으로 나뉜다.

배뇨 곤란

배뇨 곤란을 일으키는 원인으로는 방광이나 요도, 전립샘 이상이나 신경 장애를 들 수 있다. 방광 이상으로는 방광염(감염성, 약제 기인성)이나 방광 결석, 외상성 손상, 방광 종양, 의인성 방광 손상, 만성 불완전 요로 폐색에 동반하는 배뇨근 이완 등이 있다. 요관류나 자궁의 이상, 회음 탈장 등 방광 주위의 해부학적 이상으로 배뇨가 곤란해지기도 한다. 요도의 이상은 감염성 요도염이나 요도 결석, 외상성 또는 의인성 요도 손상, 요도 종양, 골반강 내 종양의 요도에의 침윤, 선천성 또는 후천성 요도 협착, 요도 직장 샛길, 가성 반음양증(거짓 남녀 중간몸증)[19] 등에 의해 생긴다.
배뇨 곤란은 전립샘 이상으로도 일어난다. 전립샘은 수컷 특유의 장기다. 방광의 꼬리 쪽에 있으며, 그 내부를 요도가 관통하고 있다. 그러므로 많은 경우 전립샘 이상은 배뇨 곤란을 일으킨다. 주요한 것으로는 전립샘염이나 전립샘 농양, 전립샘 비대, 전립샘암, 전립샘 주위낭이다. 발생 빈도는 낮다고 할 수 있지만 신경 장애에 의해서도 배뇨 곤란이 일어난다. 대표적인 것으로는 자율 신경 실조증에 의한 방광 배뇨근의 이완이 있다. 이 경우 방광이 수축하지 못하므로 배뇨가 곤란해진다. 척수 병변에 의한 상위 운동 신경 장애 등으로 요도 괄약근의 긴장이 지속되면 배뇨 시에 요도가 확장되지 못해 배뇨 곤란을 일으킨다.
증상 동물은 배뇨 자세를 취하지만 소변이 전혀 배출되지 않거나 빈번히 배뇨를 하지만 소량씩밖에 배출되지 않는다. 통증을 동반하므로 울음소리를

19 염색체의 형태가 자웅 이체인 동물이 유전 또는 환경 요인에 의해 자웅 동체가 되는 증상.

내거나 음경이나 외음부에 혈액 같은 분비물이 보인다. 때로 복부의 불쾌감이나 통증을 나타낸다. 자세나 동작이 비슷하므로 보호자는 배변 곤란과 혼동하는 경우가 많다. 단, 원인에 따라서는 이들 증상을 동반하지 않는 때도 있다.

진단 배뇨 곤란을 치료하기 위해서는 원인이 되는 기초 질환을 치료해야 한다. 신체검사, 혈액 검사, 소변 검사에 더해 엑스레이 촬영(단순, 요로 조영)이나 초음파에 의한 영상 진단, 신경학적 검사 등을 하여 진단을 확정한다. 이미 신후성 신부전을 일으켜서 전신 상태가 악화한 경우나 신부전으로 이행이 예상되면 자세한 검사를 하기 전에 먼저 도뇨 등의 배뇨 치료나 수액 요법의 등의 치료를 시작하여 상태를 안정시킬 필요가 있다.

치료 치료법은 원인이 되는 각 질환의 치료 항목을 참조한다.

요실금

요실금이란 적은 양의 소변을 배설하는 증상으로, 배뇨를 의식적으로 제어할 수 없는 상태를 말한다. 배뇨 자세를 동반하지 않고 소변이 배설되어 버린다. 포피나 외음부 주위의 털이 언제나 소변으로 젖어 있는 일이 많으며 중증이면 피부염을 병발한다.

●하위 운동 신경 장애에 의한 요실금

척수의 엉치 분절이나 골반 신경의 장애로 일어난다. 대부분은 추간판 탈출증, 마미 증후군, 외상에 의한 엉치 엉덩 관절 탈구나 꼬리뼈 골절, 척수 종양 등에서 보인다. 소변이 방울방울 떨어지는 상태가 된다. 방광은 확장되어 있지만 방광 부분을 압박하면 쉽게 배뇨할 수 있다. 이 장애는 많은 예에서 골반 부위 외상의 병력이 있다. 부교감 신경 자극제인 염화 베타네콜(방광의 신경성 근이완증을 치료)의 복용이 효과를 보이는 예도 있지만 확실한 치료법은 없으며, 약 8시간 간격으로 손으로 압박 배뇨를 시킬 수밖에 없다. 요로 감염을 병발하는 경우가 많으며 그 경우는 항생제를 투여한다.

●상위 운동 신경 장애에 의한 요실금

엉치 분절보다 위쪽의 척수 질환이나 대뇌, 소뇌 질환을 동반하여 일어난다. 척수 질환으로는 추간판 탈출증, 외상, 종양이 많다. 방광은 소변이 가득 차서 긴장해 있지만 손에 의한 압박 배뇨는 곤란하다. 종종 뒷다리의 불완전 마비나 전신 마비를 동반한다. 무균적 카테터 도뇨에 의한 배뇨를 반복할 필요가 있는데, 장기적인 관리는 곤란하다. 요로 감염을 병발하는 경우가 많으며 그런 경우에는 항생제를 투여한다.

●반사 요실금(배뇨근-괄약근 실조증)

수컷 대형견에게 많이 발생한다. 척수나 자율 신경절의 장애로 일어나지만 원인이 명확하지 않은 예도 많다. 배뇨는 거의 정상으로 시작되지만 소변 줄기가 금세 가늘어진다. 소변은 분출하듯이 나오거나 갑자기 멎는다. 동물은 배뇨를 위해 배에 힘을 주는 동작을 보인다. 방광은 소변으로 가득 차서 확장해 있지만 압박해도 배뇨는 곤란하다. 치료는 카테터를 삽입하여 도뇨한다. 알파 교감 신경 차단제인 페녹시벤자민이나 프라조신, 테라조신, 골격근 이완 작용이 있는 디아제팜이나 단트롤렌, 바클로펜이 유효한 때도 있다.

●범람 요실금

기계적 또는 기능적인 요로의 막힘이 지속되면 적은 양의 소변을 보내기 위해 방광이 과도하게 확장되고, 그 결과 배뇨근은 세포 간 접합이 늘어나 수축 부전에 빠진다. 이 상태가 되면 요도 저항을 웃돌 정도로 방광 내압이 상승했을 때 비로소 소변이 분출하듯이 배출된다. 기계적 막힘의 원인으로는 결석, 종양, 요도 협착, 전립샘 질환 등이 있다. 기능적 막힘의 원인으로는 신경계 장애에 동반하는 교감 신경의 과도한 자극에 의한 요도의 긴장 항진이 있다. 증상으로는 지속적인 요실금이 보이며, 요도 폐쇄 병력이 있었다면 이 병을 의심한다. 복부를 촉진하면 크게 확장한 부드러운 방광을 만질 수 있으며, 평소에 대량의 잔뇨가 인정된다. 신경학적 검사로는 보통 회음 반사 이상은 보이지 않는다. 원인이 되는 폐색 병변을 치료하는 동시에 1~2주 동안은 방광 내 카테터를 거치하여 방광을 되도록 수축시킨 상태를 유지하며 배뇨근의 세포 간 접합이 회복되기를 기다린다. 원인에 따라서는 부교감 신경 자극제인 염화 베타네콜이나 알파 교감 신경 차단제인 프라조신, 테라조신을 조합하여 사용한다.

● 하부 요로 폐색에 의한 요실금(기이성 요실금)

요도 결석이나 요도염, 종양 등에 의한 하부 요로의 일시적인 불완전 폐색이 원인이 되어 일어나는 소변의 실금이다. 기본적으로는 앞에서 언급한 익류성 요실금과 같은 병이며, 실금이 일시적인지 항구적인지에 따라 구별된다. 하부 요로 폐색에 의한 요실금은 일시적이다. 배뇨 곤란과 함께 소변의 임적도 보인다. 촉진하면 딱딱하게 긴장하고 부풀어 오른 방광을 만질 수 있지만 압박 배뇨는 곤란하다. 원인이 된 불완전 폐색 질환이 치료되면 대개는 증상이 사라진다.

● 호르몬 반응성 요실금

성호르몬의 실조로 일어난다고 여겨진다. 중성화 수술을 한 노령견(평균 8세령)에게 많이 보이는데 유년견(8~9개월령)이나 고양이에게도 보인다. 의식적으로 배뇨할 수 있지만 가끔 요실금을 일으킨다. 이 요실금은 통상적으로 동물이 쉬고 있을 때나 수면 시에 보인다. 그 밖에 특별한 이상은 보이지 않는다. 치료로는 피임한 암컷에게는 에스트로겐제제인 디에틸스틸베스트롤, 거세한 수컷에게는 테스토스테론 등 호르몬 보충 요법이 유효하지만 부작용에는 충분한 주의가 필요하다.

● 스트레스 요실금(요도 기능 부전)

요도 평활근의 기능 부전 또는 요도 변위 때문에 생기는 것으로 생각된다. 의식적으로 배뇨할 수 있지만 스트레스 상황에 놓였을 때나 안정 시에 요실금을 일으킨다. 일상적인 검사에서는 이상이 인정되지 않는다. 치료로는 요도의 긴장감을 높이는 작용이 있는 알파 교감 신경 자극제인 페닐프로판올아민, 에페드린이나 삼환계 항우울제인 염산 이미프라민이 유효한 것으로 알려져 있다. 스트레스 요실금과 호르몬 반응성 요실금 사이에 명확한 구별은 없으며, 최근에는 같은 병태로 생각하는 경향이 있다. 따라서 내과적 치료는 양자의 가능성을 고려하면서 약물을 시험적으로 투여해야 한다. 내과적 치료로 충분한 효과가 인정되지 않을 때는 요도 형성술이나 방광 요도 고정술, 자궁체 수술 등 요도의 긴장감을 높이는 외과적 치료를 함께하면 유효한 때도 있다. 요도벽이나 요도 주위에 테플론이나 콜라겐 주입을 시도하기도 한다.

● 절박 요실금(배뇨근 반사 항진)

무의식적으로 배뇨근이 수축하고, 그 결과 소량씩 여러 번의 배뇨가 일어나는 상태를 말한다. 방광의 염증이나 방광 점막의 자극으로 일어나며, 고양이의 특발성 하부 요로 질환에서 보이는 빈뇨가 전형적인 절박 요실금이다. 또한 어떤 종류의 척수 신경로 장애나 소뇌 장애에서도 일어난다고 알려져 있다. 이 병에 걸린 고양이는 소변 스프레이 행동을 나타낸다. 많은 경우 방광은 작고 방광벽이 비대해 있다. 소변 검사에서는 방광염 소견이 보인다. 이들 소견을 나타내지 않는 특발성 배뇨근 반사 항진이라는 병도 있는데, 그것을 진단하려면 방광 내압 측정 등 특수한 검사가 필요하다. 방광염이나 고양이 특별성 하부 요로 질환으로 발병하면 그것을 치료한다. 항콜린성 진경제(브롬화 프로판텔린)이나 평활근 이완 작용이 있는 염산 플라복세이트나 염산 옥시부티닌이 유효한 예도 있다.

●선천 이상 요실금

유년 동물의 요실금은 선천적 이상일 가능성이 있다. 가장 많은 것은 이소성 요관과 질 협착인데, 그 밖에도 요막관 잔존이나 요도 직장 샛길, 요도강 샛길, 암컷의 가성 반음양증에서도 요실금이 보인다. 진단과 치료에 대해서는 각각 원인 질환 항목을 참조한다.

비뇨기계 외상과 손상

비뇨기계 외상은 종종 발생하며 대부분 긴급 치료가 필요하다. 복부나 골반부, 뒷다리 부근에 강한 외력이 가해진 경우는 비뇨기계가 손상을 입었을 가능성을 반드시 고려해야 한다. 특히 심한 피부 외상이나 골절이 없을 때일수록 가해진 외력이 내부 장기에 전해진 경우가 많다고 말할 수 있다. 상처를 입은 직후에는 비뇨기계 손상이 뚜렷한 증상을 나타내지 않고 나중에 나타나는 일이 많으므로 상처를 입은 후 적어도 2~3일 동안은 주의 깊은 경과 관찰이 필요하다. 가장 많은 것은 교통사고나 낙하 사고에 동반되는 둔성 외상(증세가 외부로 뚜렷하게 나타나지 않는 외상)이다. 동물들끼리의 싸움 등에 동반하는 천공 외상도 있다.

증상 다양한 정도의 피부 외상이나 골절을 동반하며, 손상 부위를 중심으로 통증을 나타낸다. 신피막이나 신우, 신장에 가까운 부분의 요관에 파열이 있으면 후복막으로 소변이 누출되지만 복부통이나 발열 등을 보일 뿐, 뚜렷한 증상이 없는 경우가 많다. 신실질이 파열되어 심한 출혈이 일어나면 잇몸 창백 등 빈혈 증상을 보인다. 한편, 신장에서 먼 부분의 요관 파열이나 방광 파열, 요도의 위쪽에 파열이 있으면 소변은 복강 내로 누출되며, 그 양이 많으면 복부 확대나 복부 압통 등 복막염 같은 증상을 나타낸다. 동시에 복벽도 손상을 입고 있으면 소변이 피부밑으로 누출되기도 한다. 신장에서 먼 부분의 요도에 파열이 있으면 골반강으로 소변이 누출되어 항문 주위나 하복부의 부종과 피부밑 출혈, 직장 온도의 저하 등이 보인다. 한쪽 신장이나 요관에만 손상이 일어났거나 방광에만 작은 파열이 일어났을 때는 배뇨는 정상인 경우도 있지만 맨눈으로 보아도 알 수 있을 정도의 혈뇨를 배출한다. 이에 대해 양쪽 신장이나 요관의 단열, 방광의 커다란 파열, 요도 파열의 경우는 배뇨가 보이지 않는다. 증상의 정도는 손상의 크기나 소변의 누출량, 시간 경과에 비례한다. 중증이면 증상은 몇 시간 단위로 차츰 악화하며 적절한 치료를 하지 않으면 2~3일 만에 요독증을 일으키고 신부전으로 사망한다.

진단 눈으로 외상의 정도를 판단한 후, 촉진으로 복부의 통증이나 복강 내 누출, 신장이나 방광의 상태를 조사한다. 병세에 따라서도 다르지만, 통상적으로 혈액 검사에서는 고질소 혈증과 고칼륨 혈증이 보이고 소변 검사에서는 혈뇨가 보인다. 단순 엑스레이 검사로는 손상의 중상도를 어느 정도 예측할 수 있다. 필요에 따라 신장이나 방광의 초음파 검사를 한다. 복강 내 누출이 의심될 때는 복강 천자나 복강 세정을 하고 회수액에 대해서 출혈이나 소변의 누출 유무를 조사한다. 다음으로 배설 요로 조영술과 역행 요로 조영술을 하여 파열 부위나 정도를 확인한다. 단, 실혈이나 쇼크,

흉부 외상이 있다면 그것의 진단과 응급 치료가 우선이다. 그 후 상태를 보면서 비뇨기계 진단과 치료로 옮겨가며, 피부 외상이나 골절 치료보다 먼저 해야 한다.

치료 비뇨기계 외상에 대한 치료는 일반적으로 요도에 카테터를 삽입하여 도뇨하고, 겸해서 정맥 내 수액을 시작한다. 카테터가 외요도구에서 삽입은 되지만 방광 안으로 들어가지 않는다면 요도 파열이 강하게 의심된다. 그 후의 치료는 외상 부위나 정도, 발생한 장애에 따라 적절하게 실시한다.

생식기 질환

생식기의 구조

생식기는 종이 존속하기 위해, 즉 자손을 남기기 위해 필요한 기관이다. 수컷과 암컷의 생식기 구조에는 차이가 있으며 종에 따라 형태는 다르다. 수컷에게서는 정소, 전립샘, 음경 등을, 암컷에게서는 난소, 난관, 자궁, 질 등을 합쳐서 생식기라고 한다. 생식기는 뇌하수체에서 분비되는 호르몬의 영향을 받아서 성호르몬을 분비한다. 개는 생후 6~7개월령 정도면 성 성숙을 한다. 성 성숙을 하면 암컷 개는 발정하고, 수컷 개는 발정한 암컷이 있다면 교배할 수 있다. 그러나, 정상적인 교배나 출산을 위해서는 더욱 성장을 필요로 하므로, 첫 발정 때는 보통 교배하지 않는다. 암컷 개는 연 1~2회의 주기로 발정을 반복하고, 발정하면 질에서 출혈이 있으며, 출혈은 5~9일 정도 계속된다. 발정 기간 중에는 외음부의 충혈과 부기가 보인다. 발정 출혈이 시작된 뒤로 12~14일이 교배로 적합한 기간이다. 임신 기간은 약 63일이다.
암컷 고양이에게는 배란일이 없으며, 교미할 때의 자극으로 24~50시간 만에 배란한다. 교미할 때는 수컷이 뒤쪽에서 암컷 위로 올라타서 목덜미를 물거나 가볍게 깨무는 행동을 취한다. 교미 시간은 몇 초~몇십 초로 짧으며, 하루에 몇 번이고 교미한다. 교미를 반복하면 임신율이 높아지는 것이 고양이의 특징이다. 임신 기간은 63~65일이며, 많으면 한 번의 출산에서 4~5마리의 새끼를 낳는다. 암컷 고양이는 반복하여 발정하므로 출산 후 새끼 고양이가 젖을 뗀 다음 2주 정도 지나면 다시 발정한다.
보호자는 개가 새끼를 낳기를 원치 않는다면 수컷 개는 나이가 들어가면서 생기기 쉬운 전립샘 질환이나 고환의 병을 막기 위해서라도 고환을 적출하는 수술, 즉 거세 수술을 해준다. 암컷도 마찬가지로 새끼를 남기는 것을 원치 않는다면, 젖샘 종양이나 자궁의 병을 막는 의미에서 난소나 자궁을 적출하는 수술, 즉 불임 수술을 한다. 중성화 수술은 생후 6~10개월령 미만일 때 하는 것이 좋다. 이것은 특히 암컷은 젖샘 종양에 걸릴 확률을 낮추며 자궁 축농증 등 생명이 달린 병을 막는다는 의미도 있다. 중성화 수술을 하지 않은 성견의 경우에는, 이들 생식기의 병에 걸릴 우려가 있으므로 발정이 금방 끝난다, 질에서 이상 출혈이 있다, 출혈이 거무스름하다, 악취가 난다, 노란색이나 녹색의 고름 같은 것이 나온다, 최근 들어 물만 마시고 식욕이 없다 등의 이상한 증상이 보이면 반드시 동물병원에서 진찰받도록 하자.

수컷의 생식기

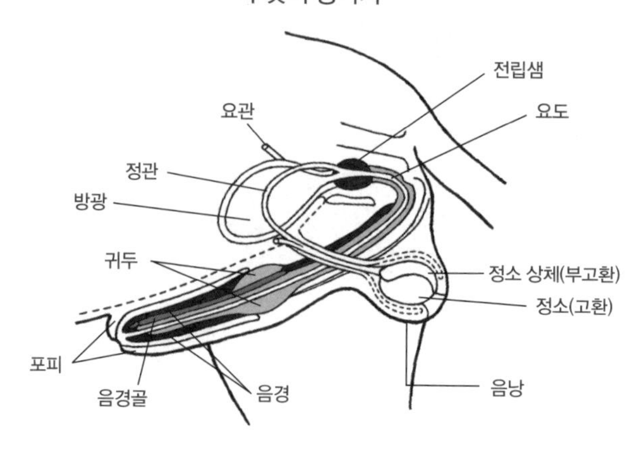

암컷의 생식기

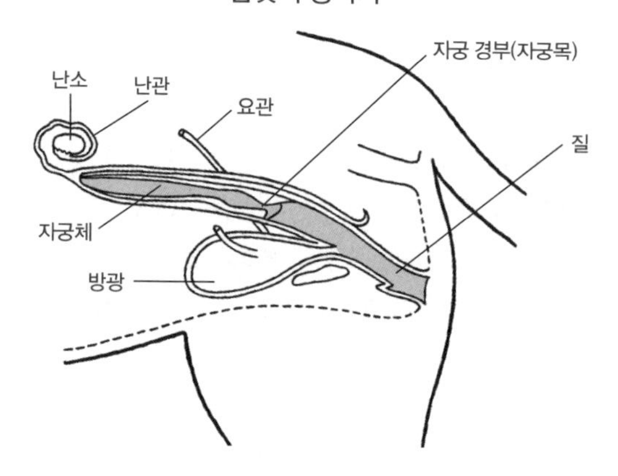

수컷의 생식기 구조와 기능

수컷 개의 생식기는 정소(고환), 정소 상체(부고환), 정관(수정관), 사정관, 음경, 전립샘, 정낭을 말한다. 정소는 정자를 만드는 곳이며 음낭 안에 있는 한 쌍의 생식샘이다. 정자 형성과 남성 호르몬(테스토스테론) 생성의 기본적인 작용을 하고 있다. 정자가 운반되는 통로를 정로라고 하며 정소 상체, 정관, 사정관, 정낭으로 이루어진다. 전립샘은 귤의 알맹이 같은 구조로 정액의 액체 부분을 만들며, 정액의 성분을 조정하여 정자의 생존 환경을 정비한다. 사정관은 사정할 때 정액이 통과하는 관으로, 전립샘 안에 있으며 전립샘 안에 있는 정구라고 불리는 부분으로 열려 요도로 흘러 들어가고, 사정하면 정자가 통과한다. 그리고 요관과 음경이 있으며 음경의 중심에는 가늘고 긴 뼈가 있다. 교배 시에는 음경의 동맥에서 해면체로 다량의 혈액이 유입하여 팽창함으로써 해면체의 용적이 증대하여 발기한 상태가 된다. 해면체는 스펀지 같은 조직으로 이루어져 있고 귀두나 음경에 있으며 전체를 덮고 있다.

암컷의 생식기 구조와 기능

암컷 개의 생식기는 난소, 난관, 자궁, 질 등이며 거기에 젖샘이 넓은 의미에서 생식기에 포함된다. 난자를 생산하는 곳을 난소라고 하고, 난자를 운반하는 관이 난관이다. 교미하는 곳이 질, 태아가 자라는 곳이 자궁이며, 여기에 태반이 형성된다. 자궁은 도중에 둘로 갈라진 Y자형으로 통 같은 모양을 한 기관이다. 이 통 속에서 수정란이 착상하고 태아가 자란다. 자궁의 좌우 끝부분에는 난소가 있다. 암컷 고양이의 생식기는 암컷 개의 생식기와 형태가 같다.

생식기 검사

수컷 개는 좌우의 정소 크기가 같다. 병을 조기에 발견하기 위해서도 평소에 정소를 만져 보거나 해서 크기를 알아 둘 필요가 있다. 만졌을 때 어느 한쪽이 평소보다 커졌거나 아파하는 것 같다면 뭔가 이상이 있는 것이다. 소변 색깔의 변화도 중요하다. 붉은색을 띠거나, 탁하거나, 평소와 색깔이 다르거나, 소변을 볼 때의 상태나 자세, 그리고 소변의 횟수 등에 이상이 있을 때는 주의가 필요하다. 암컷 개는 발정기가 아닌데 질이 커 보이고 질에서 점액이나 고름 같은 분비물이 나오는 상태에 주의한다. 하복부가 커지거나 했다면 질병일 가능성이 있다. 동물병원에서는 이들 증상이 있으면 필요에 따라 엑스레이 검사, 요로 조영술, 초음파 검사 등을 한다.

젖샘

젖샘은 부생식 기관이며 유즙(젖)을 분비하는 포유류 특유의 분비 기관이다. 젖샘은 수유를 통해 신생아의 포유에 중요한 역할을 하고 있다. 젖샘이 모여서 유방이 되며, 유즙은 유방의 끝에 있는 유두에서 분비된다. 젖샘은 발정이 시작되기 전에는 발달하지 않지만 난소 기능이 성숙하면 그것과 동반하여 젖샘도 발달한다. 개의 젖샘 발달은 첫 발정 후에 유방과 유두가 명백하게 커진 것을 통해 확인된다. 이것은 젖샘의 발달이 여성 호르몬으로 조절되기 때문이다. 신생아에게 수유가 원활하게 이루어지기 위해서는 젖샘 발달, 유즙 생산, 젖 내림(유즙이 젖샘관이나 젖샘조내로 흘러 내려오는 현상)이라는 세 가지 기능이 정상적으로 작용할 필요가 있다. 이들 모든 작용은 성호르몬을 비롯하여 갑상샘, 부신, 췌장, 뇌하수체 등에서 분비되는 각종 호르몬이나 성장 인자 등과 복잡한 상호 작용을 하고 있다. 정상적인 유즙 포유는 어미가 된 동물에게 모성의 발달과 유즙의 생산을 촉진해 유즙의 분비를 원활하게 한다. 또한 신생아에게 완전한 영양 성분과 면역 기구를 갖춰 주는 것뿐 아니라 골격을 성장시키고 소화와 흡수 능력을 발달시킨다.

젖샘의 구조와 기능

개는 4~6쌍, 고양이는 4쌍의 유두를 갖고 있다. 젖샘 조직은 유두의 피부밑에, 겨드랑이 아래에서 하복부에 걸쳐 피부밑 지방에 감싸이고 피부로 덮인 상태로, 좌우 한 쌍의 널빤지 모양으로 존재한다. 젖샘은 기름샘이나 땀샘과 유사한 피부샘의 일종으로, 복잡하게 얽힌 그물눈 같은 상태를 이루고 있으며 유즙을 합성, 분비하는 젖샘과 이것들을 밖으로 배출하는 유두로 이어지는 경로인 도관계로 이루어져 있다. 젖샘의 발달 상태나 구조는 동물의 연령, 임신이나 수유 중인지 등 생식 주기에 따라 다르다.

젖샘 검사

젖샘 검사에는 시진, 촉진, 유즙 안의 세포 검사, 주삿바늘을 사용한 젖샘 조직의 세침 흡인 생체 검사[20]에 의한 세포 진단이나 젖샘 조직의 병리 조직학적 검사 등이 있다. 이 가운데 유즙 검사는 분비되어서는 안 되는 유즙이나 이상한 색깔과 냄새가 있는 유즙이 채취된 때에 실시한다. 젖샘의 병리 조직학적 검사는 젖샘에 이상한 멍울이 발견되었을 경우, 종양인지 아닌지, 종양이라면 악성인지 양성인지 감별하기 위해 실시한다. 젖샘

20 작은 바늘을 이용하여 조직이나 세포의 부유물을 흡인하여 세포를 검사하는 일.

젖샘의 구조

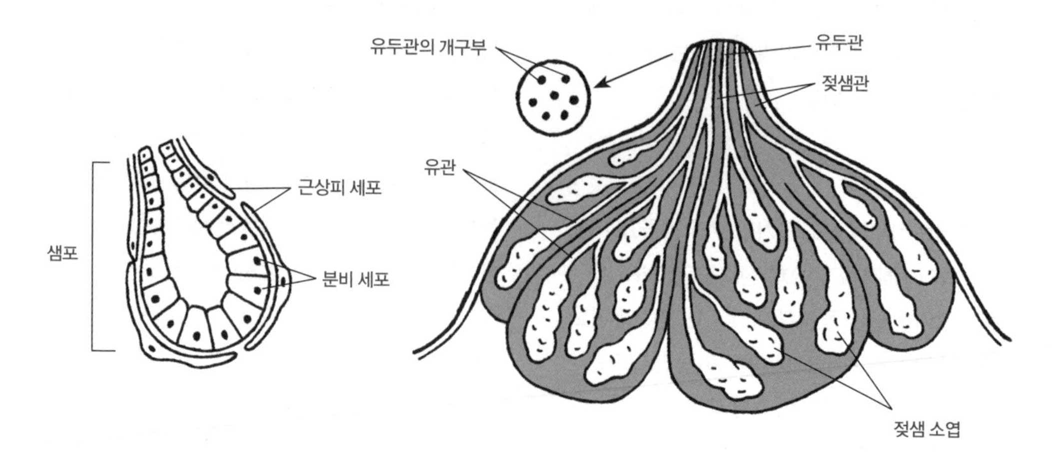

조직의 병리 조직학적 검사를 하는 경우에는 병변을 덩어리로 채취할 필요가 있으므로 동물은 마취 또는 진정시킨 후 외과 수술을 받게 된다.

수컷의 생식기 질환

음낭과 정소 질환

음낭이나 정소의 병에는 선천적, 유전적인 것이 많으며 보통은 각각의 증상에 맞추어 치료한다. 염증을 동반하는 병은 결과적으로 정소 기능을 손상해 불임증의 원인이 되기도 한다. 그러므로 생식 능력을 보존하기 위해서는 조기 진단이나 치료가 필요하다.

●수컷 가성 반음양

수컷의 염색체와 생식샘을 갖고 있는데 겉으로 보기에는 암컷의 특징을 갖고 있는 개체를 말한다. 즉, 수컷으로서 음경이나 음낭의 기형(음낭이 없다, 정소 저형성, 잠복 고환, 음경 포피의 발육 이상 등)과 암컷의 외부 생식기를 함께 갖게 된다. 이 병에서는 배뇨 이상이나 정소 종양, 자궁 질환을 일으킬 위험이 커진다. 신체검사, 발정기의 행동이나 번식 능력으로 진단할 수 없는 경우에는 개복 수술로 생식샘을 확인한다. 장래에 예측되는 병을 예방하기 위해서, 그리고 정상적으로 배뇨할 수 있도록 하기 위해서 동물이 쾌적하게 살 수 있게 하는 것을 목적으로 한 외과 치료를 한다.

●잠복 고환

처음에 복강 안에 있던 고환은 생후 2주일이면 샅고랑 부위를 통과하여 2개월이면 음낭으로 이동한다. 그리고 음낭의 발육과 함께 정상 위치에 자리 잡는다. 그러나, 한쪽 또는 양쪽의 고환이 음낭 안의 정상 위치에 자리 잡지 못한 경우가 있으며, 이것을 잠복 고환이라고 한다. 음낭의 발육은 개와 고양이의 종류나 개체에 따라 차이가 있으며 일반적으로는 4개월 이상 걸린다. 그러므로 잠복 고환은 생후 6개월 이후에 진단한다. 진단을 확정하려면 음낭을 만져 보아 고환이 정상 위치에 있는지 조사한다. 잠복 고환은 고환이 복강 안이나 샅고랑부, 음경 부근의 피부밑에 있으며, 정상 고환보다 작아진다. 체온에 노출되어 있으므로 좌우 모두 잠복 고환이 되었을 때는 생식 능력을 갖지 못한다. 한쪽만 잠복 고환일 때는 생식 능력을 갖지만 유전 가능성이 있는 병이므로 교배는 권하지 않는다. 잠복 고환인 개, 고양이는 나이가 들어감에 따라 종양이나 염전을 일으킬 위험이 높고 약제를 투여해도 치료 효과를 거의 기대할 수 없으므로 중성화 수술이 추천된다.

●정소 무형성

감염이나 외상 등으로 정소 상체나 수출관의 도관부가 폐색하여 정자가 음경부까지 도달하지 못하는 것을 말한다. 보통은 한쪽에만 일어나지만 양쪽에 발생하면 불임이 된다. 막힌 장소 근처에 정액이 고임으로써 종양이 생기기도 한다. 병리 조직학적 검사로 진단한다. 감염에 의해 발병한 경우에는 항생제를 투여하거나 병의 증세를 막기 위해 중성화 수술을 한다.

●음낭 탈장

샅고랑 탈장을 가진 수컷 중에서 장관이 탈장 구멍을 통해 음낭 안으로 들어간 상태를 음낭 탈장이라고 한다. 내용 조직은 탈장 구멍을 향해 밀어서 되돌리는 경우도 있다. 장에서 누출된 수분이 음낭 안에 고이기도 한다. 이 병은 대부분 선천성이며 통증은 없고 생식 능력을 잃지도 않는다. 원인이 외상인 경우나 염증을 동반하는 경우에는 통증이 있다. 최종적으로는 정소가 위축하여 불임증이 되기도 한다. 비만이나 외상은 복강 내압을 높이므로 병을 악화시키는 원인이 된다. 초음파 검사로 진단하고 외과적으로 음낭 탈장의 원인이 된 비어져 나온 조직을 원래대로 되돌리고 탈장 구멍을 막아서 치료한다.

●정소 저형성

유전적 또는 선천적 질환으로, 정소 세포의 발육 부전에 의해 정자 수가 감소하거나 결여된다. 정소의 크기도 보통보다 작아진 상태다. 이 병이 양쪽 정소에 나타나면 불임증의 원인이 된다. 성 성숙 후에 정소의 조직 검사하여 확진한다.

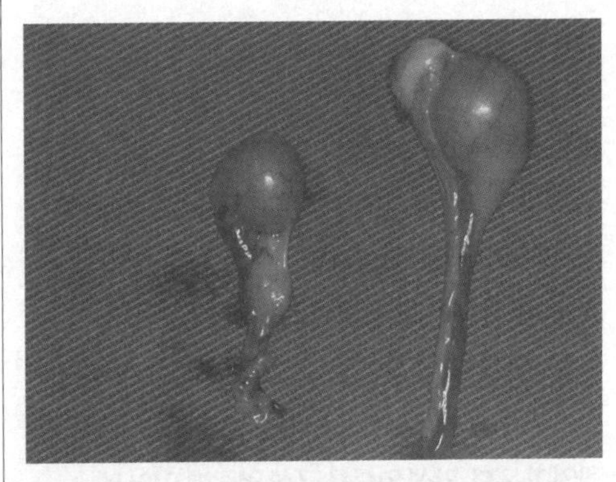

왼쪽이 잠복 고환. 오른쪽의 정상 고환보다 발달이 나쁘고 작다.

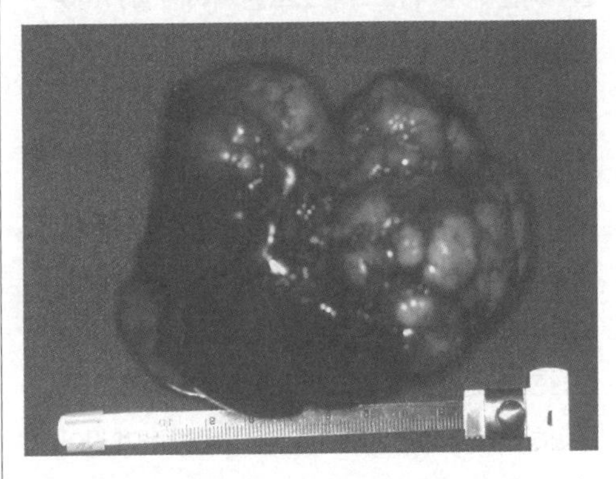

정소 종양인 세르톨리 세포종의 외과적 적출 표본. 표면은 부풀어 올라 있으며 단단하다.

●음낭 피부염

음낭의 피부는 얇고 외부로부터의 자극에 약하므로 음낭 안의 염증 이외에 벌레에게 물리거나 소독약에 의한 자극에 의해서도 음낭 피부염이 생기기도 한다. 전신 피부염이 원인이 되기도 한다. 발병에 의한 통증 때문에 걸음걸이가 어색해지거나 음낭을 핥는다. 전신 피부염에서 음낭 피부염이 일어났을 때는 그것을 먼저 치료한다. 보통은 소염제를 투여하여 가려움증과 염증을 치료하고, 세포 감염이 인정되면 항생제를 투여한다. 소독약이나 외용약으로 국소 치료를 함께하기도 한다. 음낭을 핥음으로써 증상을 악화시키는 경우가 많으므로 예방책으로 목 보호대를 장착하기도 한다. 피부염이 계속되면 음낭은 딱딱하고 두꺼워진다. 정소에 이상이 보일 때는 음낭 제거를 포함한 중성화 수술을 고려해야 한다.

● 정소염, 정소 상체염

정소염(고환염)과 정소 상체염(부고환염)은 대개 동시에 일어난다. 급성과 만성이 있는데, 원인은 같으며 직접적인 외상이나 전립샘, 방광 등의 비뇨 생식기 감염 등을 들 수 있다. 세균성 패혈증, 브루셀라병이나 홍역 등의 전신 감염증도 이 병의 원인이 된다. 만성 염증은 급성 염증에 이어서 일어나는 경우가 많으며, 모르는 사이에 발병하여 만성화되기도 한다. 급성인 경우는 음낭의 부기나 발열, 통증을 동반하며 곪기도 한다. 혈뇨가 보이기도 한다. 만성화되면 증상은 눈에 띄지 않게 되며, 정소는 기능을 잃고 작고 딱딱해진다. 증상으로도 진단하지만 소변이나 정액 검사, 초음파 검사나 병리 조직학적 검사, 전신 감염증의 유무로 진단한다. 검사를 바탕으로 적절한 항생제를 투여하는데 급성인 경우는 염증과 동반하여 일어난 발열을 억제하기 위해 음낭을 냉각하거나 소염제를 투여한다. 내과적인 치료로 개선이 보이지 않거나 정소의 기능을 잃었다고 판단될 때는 음낭 절제를 포함한 중성화 수술을 한다. 내과 치료로 증상이 개선되어도 재발이나 만성화의 위험성이 높을 때는, 교배할 필요성이 없는 한 중성화 수술을 하는 일이 많다.

전립샘 질환

전립샘 질환은 수컷 개에게만 있다. 전립샘은 요도를 중심으로 하여 방광 경부(방광에서 요도로 소변을 내보내는 부위)를 둘러싸고 있다. 방광이 위축함으로써 배뇨가 이루어지는데, 그때 소변은 전립샘 안을 관통하는 요도를 통과하여 음경 쪽으로 운반되어 배출된다. 전립샘은 정액의 액체 부분을 만들며, 사정할 때 작용한다. 전립샘 질환의 종류는 많지 않다. 전립샘의 구조는 귤에 비유할 수 있으며, 귤의 껍질에 해당하는 피막과 알맹이에 해당하는 실질로 이루어져 있다. 젊었을 때 거세함으로써 성 성숙 후에 일어날 가능성이 있는 전립샘 질병을 막을 수 있다.

● 전립샘 비대

전립샘 비대는 거세하지 않은 노령의 수컷 개에게 보이는 양성의 전립샘 과다 형성이다. 남성 호르몬 과다 분비를 원인의 하나로 들 수 있다. 개 대부분에게서 증상이 나타나지 않는다. 그러나 배변 횟수가 늘고 배변할 때 배에 힘을 주거나 정체 등의 배변 곤란이 있고, 변비가 되거나 납작한 리본 같은 가는 변이 나오기도 한다. 점액 같은 변이나 붉은색 소변(혈뇨)이 나오거나 배뇨하기 힘들어 보이기도 한다. 엑스레이 검사나 초음파 검사를 하여 알 수 있는 경우가 많으며, 항문으로 손가락을 넣어서 검사하거나 아랫배를 만져서 발견하기도 한다. 커진 전립샘은 좌우 대칭이며 염증(전립샘염)을 동반하지 않는다면 통증은 없다. 정상이라도 나이가 들면 전립샘이 커지는 일은 있지만, 그 정도는 다양하다. 자세한 진단을 하기 위해서는 초음파 검사를 한다. 전립샘 종양 등이 의심될 때는 MRI 검사를 한다. 거세하면 전립샘 비대는 왜소해지기 시작하여 점점 치유된다.

● 전립샘낭

전립샘낭은 전립샘이 상당히 커짐으로써 발견된다. 후복부나 골반강 부위를 차지할 정도의 크기가 되며, 복부가 커져 보이기도 한다. 배뇨 곤란이나 빈뇨, 정체 등이 보이며, 때에 따라서는 음경 끝부분에 분비물이 있다. 직장을 검사하면 요도 주위에서 비대한 덩어리가 좌우 비대칭 상태며, 만지면 덩어리에 움직임이 보인다. 엑스레이 검사를 하면 상당한 크기의 전립샘이 나타난다. 초음파 검사에서는 비대해진 전립샘 안에 고에코 반응을 나타내는 탁한 액체가 보인다. 외과 수술을 하는 수밖에 없다. 거세 수술과 전립샘 적출 수술, 낭 절제 등을 한다.

●전립샘염

전립샘이 염증을 일으키는 병이다. 거세하지 않은 성견에서부터 노령견에게 발생한다. 급성과 만성으로 분류되는데, 다른 요로 감염증으로 일어나기도 한다. 소변 침전물 등의 소변 검사와 소변 배양을 통해 병의 원인이 되는 균을 분류하고 명칭을 정한다. 병의 원인이 되는 균의 약제에 대한 효과 여부도 검사한다. 급성 전립샘염에서는 발열이 있으며, 배뇨 이상이나 배변 시에 통증이 있기도 한다. 만성 전립샘염에 걸리면 소변의 횟수가 잦아진다. 통증이 없는 전립샘염일 때는 전립샘 마사지로 전립샘 액을 채취하고, 소변처럼 세균 배양을 함으로써 전립샘염이 세균성인지 비세균성인지를 진단한다. 세균성이면 전립샘염이 재발을 반복하며, 치료가 잘되지 않으면 만성 전립샘염이 된다. 재발을 반복하는 방광염 등의 비뇨기계 감염이 원인이 되어 전립샘염에서 전립샘 농양으로 이행할 가능성도 있다. 중성화 수술을 하고 적절한 항생제나 항균제를 장기간에 걸쳐 투여함으로써 치료한다. 비세균성 전립샘염에 대해서는 원인이 알려지지 않았다.

●전립샘 농양

전립샘 농양이란 귤 모양을 한 전립샘의 방 부분(실질)에만 고름이 차 있는 상태를 말한다. 전립샘 농양의 원인은 아직 명확히 알지 못하지만, 급성이나 만성 전립샘염이나 전립샘 비대에 요로 감염증이 더해진 결과라고 생각된다. 전립샘 농양이 되면 요로 감염이 계속 반복되며, 리본 모양의 변, 변이 늦어지거나 배뇨 곤란 증상이 나타나며, 열이 나기도 한다. 직장 검사를 하면 전립샘은 좌우 대칭이 아니며, 비대해진 전립샘을 만지면 그 부분이 움직이는 것을 알 수 있다. 전립샘낭과 농양의 차이를 구별하기는 대단히 어려우며 감별할 수 없는 경우도 있다. 전립샘 농양은 소변 검사를 하면 혈뇨, 농뇨(백혈구뇨), 세균뇨가 발견된다. 엑스레이 검사에서는 거대한 전립샘의 음영이 보인다. 초음파 검사에서 전립샘 부분에 액체가 고여 있다면 전립샘 종양과 구별해야 한다. 중성화 수술을 하고 항생제나 항균제를 투여하여 치료한다. 외과적 치료를 하기도 한다.

음경과 포피 질환

●음경 발육 부전

개나 고양이에게 보이는 선천적인 음경 질환이다. 이 병이 있는 동물은 성염색체에 이상이 인정된다. 개의 음경 길이는 정상이라면 6.5~24센티미터다. 코커스패니얼, 콜리, 도베르만핀셔, 그레이트데인 등의 견종에 많이 보인다.

●음경 소대 잔존

음경 귀두와 포피 점막은 생후 몇 달 안에 분리되는데, 이 분리가 일어나지 않고 음경과 포피 사이에 결합 조직이 남아 있는 것을 음경 소대 잔존이라고 한다. 개의 음경 소대 잔존은 음경 앞쪽의 중앙 부분에서 일어난다. 교미를 제대로 하지 못한다, 성욕이 없다, 반복적으로 음경을 핥는다, 소변으로 뒷다리가 젖는다 등의 증상이 보인다. 외과적인 제거가 기본으로 개의 음경 소대는 혈관이 없는 얇은 막이므로 부분 마취를 하거나 진정제를 투여하고 치료한다.

●포피 협착

선천병으로 음경이 포피 안으로 말려 들어간 상태인 포경이다. 포피구가 비정상적으로 작은 것이 원인이며, 그 결과 음경이 돌출하지 않는다. 포경은 개나 고양이에게는 드물다. 요도가 막히거나 포피 안에 소변이 고이기도 한다. 교미를 못 하는 예도 있다. 치료로는 외과적으로 포피구를 확대한다.

●음경골 기형

수컷 개의 선천 질환이다. 요도 폐쇄를 동반하는 경우가 많다. 기형의 정도에 따라 치료 대상인지 아닌지를 결정한다. 대단히 드문 질환이며 증례 보고도 많지 않다. 외부 성기의 외관에 이상이 보이거나 요실금, 요로 감염증, 요도 폐쇄 등의 배뇨 증상이 나타나는 경우가 있다. 증상이 심하면 외과 수술로 음경골을 절단할 필요가 있다.

●귀두 포피염

개에게 일반적인 병이며 젊고 거세하지 않은 수컷에게 많이 발병한다. 고양이에게 발생하는 일은 드물다. 노란색의 장액 같은 고름이 대량으로 배설되거나 홍반성 궤양이 보이거나 물집 같은 낭이 보이는 등의 증상이 있다. 생리 식염수, 자극이 없는 소독액으로 씻거나 항생제 연고를 주입한다. 중성화 수술이 효과적인 예도 있다.

종양

수컷 개의 생식기에 발생하는 종양에는 비만 세포종과 편평 상피암이 많다. 잠복 고환인 개는 나이가 들면서 정상인 개보다 열 몇 배의 비율로 정소 종양(특히 세르톨리 세포종)이 발생한다. 얼마 전까지만 해도 개에게 가장 빈번히 보이는 종양은 이식 가능한 성기 육종이었다. 고양이의 외부 생식기에는 암종과 육종이 보인다. 음경이나 포피에 급속히 성장하는 덩어리가 출현하며 종종 어떤 액체가 배출된다. 대개는 병변을 외과적으로 절제한다. 그러나 이식 가능한 성기 육종인 경우는 외과 수술보다 화학 요법이 낫다.

암컷의 생식기 질환

난소 질환

난소는 여성 생식기계의 중심을 이루며 난자의 생성과 성숙, 배란하는 생식 기관이자 각종 스테로이드 호르몬을 분비하는 내분비 기관이다. 난소에 발생하는 병은 난소낭과 종양으로 분류된다. 보호자가 개나 고양이의 번식을 원치 않는다면 첫 발정이 일어나기 전에 난소와 자궁을 모두 적출하는 수술을 해줌으로써 난소 질환을 회피할 수 있다.

●난소낭

난소에 액체, 또는 반고형 물질이 함유되어 커진 상태로 노령의 개와 고양이에게 많이 보이지만 증상을 동반하는 일은 별로 없다. 소포성낭, 황체 낭종, 상피성 관상낭, 난소망(난소 그물) 낭 등으로 분류된다. 초음파 검사나 복부 엑스레이 검사가 유효하며, 부신이나 신장의 종양, 난소 종양 등과의 감별 진단이 필요하다. 치료하지 않아도 자연히 사라지기도 하지만 기본적으로 난소와 자궁 적출을 고려해야 한다.

●부난소

부난소는 난소 상체라고도 불리며, 수컷의 정소 상체에 해당한다. 난소와 난관 사이에 있는 난관간막에 쐐기 모양으로 존재한다. 부난소는, 사춘기까지는 계속 발육하지만 성 성숙기에는 퇴화하여 수축된다. 드물게 부난소 낭종이 발생하기도 한다.

●자성 가성 반음양(거짓 남녀 중간몸증)

반음양에는 웅성(수컷) 반음양, 자성(암컷) 반음양, 진성 반음양이 있다. 원래 반음양이란 생식샘과 성기(주로 외부 생식기)가 정상적으로 분화하지 못한 개체를 말한다. 진성 반음양은 난소 조직과 정소 조직을 모두 갖고 있는 외부 생식기의 이상을 가리킨다. 이 타입은 드물다. 자성 가성 반음양은 생식샘이 난소에 있고 내부 생식기도 자성형으로 분화되어 있지만 태아기부터 호르몬의 분비 상태가 수컷의 징후를 나타내는 환경, 즉 남성 호르몬인 안드로겐 과다 상태가 되어 외부 생식기가 남성화하는 것이다.

자궁 질환

개와 고양이의 자궁은 Y자 모양을 하고 있으며, 자궁각이라고 불리는 두 개의 관 모양 구조가 하나가 되어 자궁체라 불리는 관 모양 구조를 형성하고 있다. 그리고 최종적으로 자궁체 꼬리 쪽의 자궁 경관에서 질로 연결되어 있다. 자궁벽은 점막층(자궁 내막), 근층, 장막의 3층 구조며 점막층에는 점막 상피나 자궁샘, 고유층이 있다. 자궁 점막은 난소에서 방출되는 호르몬(에스트로겐, 프로게스테론)의 영향을 받는다. 특히 프로게스테론은 난자를 착상하기 쉽게 하려고 자궁의 증식이나 분비의 촉진, 근층의 수축 억제 등의 변화를 불러오는 작용이 있다.

● 자궁 내막 과다 형성, 자궁 점액증

프로게스테론이라는 호르몬의 생리 작용으로 자궁 내막이 과도하게 증식한 상태를 자궁 내막 과다 형성이라고 한다. 불임이나 자궁 내 점액 증가의 원인이 된다. 특히 자궁 내 점액이 명백하게 증가하여 자궁 내에 고인(저류) 상태를 자궁 점액증이라고 한다. 이런 상태는 나이가 들어감에 따라 반복되는 발정으로 발생할 위험성이 증가한다. 자궁 내막 과다 형성은 자궁벽의 생체 검사에 의한 조직 진단이 필요하다. 자궁 점액증은 엑스레이 검사나 초음파 검사로 복강 내 병변이나 자궁 내 액체 저류 병변을 발견함으로써 진단된다. 이들 병은 무증상인 경우가 많으며, 경과 관찰만 하는 경우도 있을 수 있지만, 출산하게 하고 싶은 경우에는 프로스타글란딘(전립샘에서 분비되는 호르몬과 같은 불포화 지방산의 약제)에 의한 내과적 치료도 고려된다. 예방법으로 난소 자궁을 적출하기도 한다.

● 자궁 축농증

자궁 내막 과다 형성, 자궁 점액증 상태일 때 대장균 등의 세균 감염이 일어나면 자궁 축농증이나 자궁 내막염이 된다. 자궁 충녹증은 개방성과 폐색성으로 나눌 수 있다. 개방성 자궁 축농증은 피나 고름 같은 분비물이 외음부에서 보이며 기력 상실, 발열, 식욕 부진, 다음 다뇨, 외음부 비대 등의 증상이 나타난다(분비물 이외에는 무증상인 경우도 있다). 폐색성 자궁 축농증은 외음부에 분비물은 보이지 않지만 개방성 자궁 축농증과 같은 증상 이외에 복부 팽만, 구토, 설사, 쇼크 상태 등이 보이며 개방성보다 명백하게 무거운 증상을 나타낸다. 이런 증상에 더해 8~10주간 전에 발정이 인정되었다, 호르몬제를 투여받은 적이 있다 등의 이력과 혈중 백혈구 수의 증가, 엑스레이 검사나 초음파 검사로 복강 안에 병변이 있거나 자궁 내 액체 저류 병변이 있는 것을 확인하여 진단한다. 일반적으로 난소 자궁 적출이 선택된다. 특히 폐색성 자궁 농축증이면 하루빨리 수술하는 것이 바람직하다. 그러나 다른 병 때문에 수술하기 곤란한 경우에는 프로스타글란딘에 의한 내과적 치료도 선택지에 추가된다.

● 자궁 내막염

개방성 자궁 축농증과 비슷하지만 분만 후에 자궁 내에서 대장균 등의 감염이 일어났을 때도 발생한다. 피 같은, 또는 장액이나 고름 같은 분비물이 외음부에 보이며 기력 상실, 발열, 식욕 부진 등의 증상이 나타난다. 자궁 축농증을 진단할 때와 같다. 출산 후라면 항생제 투여, 수액 등의 내과적 치료를 하지만 일반적으로는 난소와 자궁을 적출한다.

●자궁 염전

자궁이 자궁각을 따라 뒤틀린 상태로 출산을 앞둔 임신 후기에 발생하기 쉬우며, 특히 출산을 경험한 동물에게 발생이 많다고 한다. 개와 고양이에게서는 양수 부족이나 급격한 운동이 원인이 된다. 난소 종양이나 자궁 축농증 등일 때도 발생할 가능성이 있다. 급격한 기력 상실, 식욕 부진, 복부 팽만, 우울, 피나 피 같은 색을 띤 장액성 분비물이 외음부에서 보인다. 의심스러운 증상이 있으면 시험적으로 개복 수술을 하여 맨눈으로 확인한다. 특히 임신 후기에 피나 피 같은 색을 띤 장액성 분비물이 외음부에 인정될 때는 자궁 뒤틀림일 가능성이 강하므로 서둘러 개복 수술을 한다. 개복 수술을 하는 동시에 치료도 한다. 발생으로부터 시간적 경과가 길수록 뒤틀림으로 자궁이 괴사하며 태아도 사망했을 가능성이 커지므로 난소와 자궁을 적출하는 것이 일반적이다.

●자궁 파열

난산이나 임신 중 외상, 무리한 난산 후 조리로 일어난다. 복부 통증, 외음부에서 출혈, 모체의 급격한 쇠약 등을 들 수 있다. 출혈이 심하면 출혈성 쇼크를 일으킨다. 이러한 증상이 보일 때는 시험적으로 개복 수술을 하여 진단한다. 진단을 위한 개복 수술을 할 때 치료도 동시에 한다. 자궁을 보존할 수 있는지는 파열 정도에 따라 달라지지만 난소와 자궁을 적출하는 것이 일반적이다.

●자궁 탈출

분만 후에 자궁 일부나 전부가 반전하여 자궁 경관에서 질 안, 또는 외음부에서 외부로 탈출한

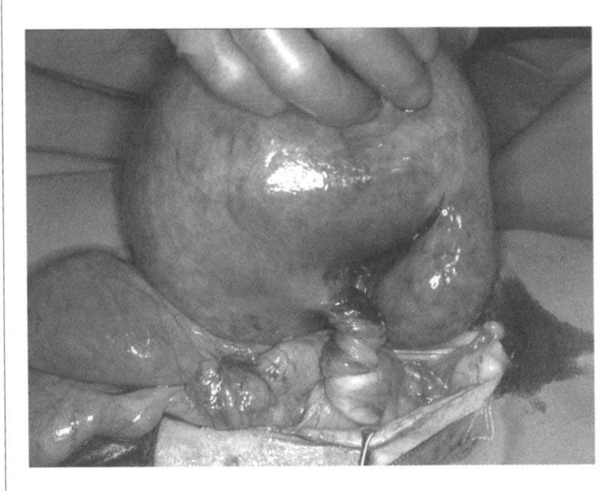

자궁 염전 상태.

상태다. 선홍색에서 어두운 자주색을 띤 조직이 체외로 탈출한다. 시간이 지나면 혈액 순환에 장애가 일어나므로 울혈이나 부종(부기)을 일으키고, 마침내 그 조직이 괴사한다. 또한 통증이 보인다. 자궁이 질 안으로 탈출했을 때는 촉진이나 질확대경으로 검사한다. 탈출한 자궁을 따뜻한 생리 식염수로 씻고 마사지하며, 젤 제제를 윤활제로 하여 손으로 되돌린다. 자궁이 괴사한 경우나 혈관이 터져서 출혈을 동반하는 경우, 조직을 정복하기 어렵다면 수술로 난소와 자궁을 적출한다.

●태반 정체

분만 후, 개는 2~3시간이면 태막과 태반이 자궁 안에서 배출되는데, 이것이 배출되지 못하고 남아 있는 상태를 가리킨다. 태반을 배출할 때 일어나는 후진통이 미약할 때, 자궁 내막에 염증이 있어서 태반이 떨어져 나오기 힘들게 되었을 때, 자궁 경관이 조기에 수축하여 닫혔을 때 일어난다. 태어난 새끼의 수와 같은 수의 태반이 배출되었는지를 확인하고 만약 태반 수가 부족하고, 분만 후 12시간이 지나 암녹색 분비물이 외음부에서 인정되면 태반 정체라고 진단한다. 정체한 태반을 방치하면 급성 자궁 내막염이 되므로 자궁 경관이 열려 있을 때는 집게 기구를 삽입하여 적출을 시도하거나 복부 촉진으로 압박하여 제거를

시도한다. 옥시토신을 투여하여 자궁 수축을 도와 태반의 배출을 촉진하기도 한다.

●태반 부위 퇴축 부전

분만 후의 자궁 쪽 태반이 퇴화하여 자궁 내막의 교정이 늦어진 상태를 가리킨다. 개의 자궁은 분만 후 정상으로 돌아오는 데 최소한 3주, 길면 6주를 필요로 한다. 고양이는 약 열흘 뒤에는 다음 발정이 시작되므로 자궁은 신속하게 되돌아간다. 개가 6주 이상 장액이나 피 같은 분비액을 배출하고 있다면 이 병을 의심한다. 진단은 질 분비물의 세포 검사와 과거 분만 정보로 판단한다. 감염이 없다면 보통은 자연스럽게 나으므로 먼저 경과를 관찰한다. 드물게 대량으로 출혈을 일으켰을 때나 감염이 있을 때는 난소와 자궁을 적출한다.

질과 회음부 질환

질과 외음부가 형성될 때의 선천적인 문제, 호르몬의 영향을 받아서 일어나는 후천적인 문제, 또는 분만 후의 병이라는 세 가지로 분류된다. 선천적인 문제로는 질 협착, 질 입구 주름 잔존, 회음부 저형성, 회음부 협착증, 음핵 비대를 들 수 있으며, 후천적인 문제로는 질의 과다 형성, 질염, 외음부 비대를 들 수 있다. 분만 후의 병으로는 질 탈출증이 있다.

●질 협착

질의 선천 이상이다. 교배나 분만 곤란, 만성 질염, 몸의 위치에 따라 일어나는 소변 실금 등의 원인이 되기도 한다. 손가락에 의한 촉진, 질확대경에 의한 시진, 질 조영 검사로 진단한다. 병의 정도, 병이 난 부위, 또는 앞으로 출산을 시킬 것인지 아닌지에 따라 다르다. 출산할 예정이 없다면 난소와 자궁을 적출하거나 질을 절제한다. 무증상인 동물은 치료가 필요하지 않은 예도 있다.

●질 입구 주름 잔존

질 입구 주름은 발생 단계에서 형성되어 보통은 출생 전에 소실된다. 그러나 질 입구 주름 형성이나 소실이 정상이 아니면 질 입구 주름 잔존 조직이 되기도 한다. 많은 경우 무증상이지만 교배 곤란을 일으키거나 만성 질염 등을 병발하기도 한다. 손가락에 의한 촉진, 질확대경에 의한 시진으로 진단한다. 질 내시경 검사, 질 조영 검사, 초음파 검사를 하기도 한다. 번식 장애가 보이는 때에는 잔존 막을 절제한다.

●질 과다 형성

젊은 암컷 개에게 많은 병이다. 발정 전기에서 발정기 기간, 특히 첫 발정에서 세 번째 발정 사이의 발정기와 발정기 사이에 발견되는 일이 많다. 에스트로겐이라는 호르몬에 질 점막이 비정상적으로 반응하여 부종이나 과다 형성이 나타난다. 이 반응이 대단히 심해지면 질 조직이 외음부에서 돌출하기도 한다. 질의 일부가 과다 형성을 일으키고 있으면 부드러운 분홍색의 넓은 혀 같은 모양의 덩어리가 음부로부터 돌출한다. 드물게 질의 전체 주위가 융기하여 커다란 도넛 모양의 덩어리가 음부로부터 돌출하기도 한다. 이 상태가 장시간 계속되면 조직은 건조해져서 거북이 등처럼 갈라지거나 짓무르기도 한다.
이들 증상이 나타날 때는 먼저 청결하게 하고 건조를 예방하기 위해 윤활제나 감염을 예방하기 위한 항생제 연고를 음부에서 돌출한 조직에 발라 준다. 스스로 핥거나 깨물지 못하도록 목 보호대 등을 이용한다. 돌출한 조직은 발정 휴지기에는 위축, 소실되지만 발정기가 될 때마다 재발할 우려가 있다. 암컷 개에게 새끼를 낳게 하지 않을 때는 난소와 자궁을 적출한다. 출산하게 하고 싶을 때는 보존 요법을 시행한다. 과다 형성이 있으면 정상적인 교배는 곤란하므로 이 병에 걸린 개에게는

인공 수정이 필요한 예도 있다

●**질염**

질염은 질의 염증이다. 암컷 개는 피임 여부에 상관없이 번식의 어떤 국면에서도 질염을 발병할 소지가 있다. 암컷 고양이에게 발생하는 일은 드물다. 세균 감염, 바이러스 감염, 생식 기관 미성숙, 질의 이물, 외상, 또는 질과 질어귀의 선천 이상 등이 원인이 되지만 비뇨기나 생식기의 병에서 파급되기도 한다. 질염에 걸리면 외음부에서 점액성, 화농성 분비물이 배출된다. 질확대경 검사는 해부학적 이상이나 이물 등을 발견하는 데 효과가 있다. 선천성 질 장애는 손가락에 의한 촉진이 유용하다. 성 성숙 전의 암컷 개는 질샘이 너무 왕성하게 활동하기도 한다. 그러므로 질샘에서의 분비물이 세균에 감염되게 된다. 보통은 첫 번째 발정 주기를 맞이하기 전, 또는 발정 주기 후에 자연히 치유된다. 만성적인 것은 선천 이상을 의심하는 검사가 필요하다. 특별한 문제가 없다면 항생제로 내과적 치료를 한다.
성 성숙 후의 암컷 개는 드물게 세균성 질염이 먼저 일어나고, 이것이 원인이 되어 다양한 병이 생기기도 하는데, 일반적으로 질염은 생식기의 선천 이상이나 후천 이상 또는 요로계 이상에 의한 이차적인 것이다. 원래의 병에 대한 적절한 치료와 항생제에 의한 전신성, 국소성 치료를 한다. 바이러스 질염의 원인으로는 개 헤르페스바이러스가 알려져 있다. 교미를 통해 전파되는 일이 많으며, 이 병에 걸리면 불임이 되거나 유산, 사산한다. 질이나 전정(질 입구부터 자궁 경부) 부위에 작은 결절성 점막 병변이 생긴다. 일반적으로 치료하며 감염이 의심되는 암컷 개는 번식시키지 않도록 하여 감염의 확대를 예방한다.

●**질 탈출증**

질벽 전체가 아래쪽 끝으로부터 질 입구 밖으로 빠져나오는 병이다. 이 병은 분만 시의 과도한 진통과 관계가 있다. 드물게 상상 임신과 관련해서도 일어난다. 교배하는 수컷과 암컷을 강제적으로 떼어 놓을 때, 변비로 일어나는 복부의 긴장, 어울리지 않게 큰 수컷과 교배했을 때 등에 질 탈출증을 일으킬 가능성이 있다. 질 탈출증은 자연히 퇴행하지는 않으므로 환부를 씻고 윤활제를 발라서 원래대로 되돌린다. 그때는 전신 마취가 필요하다. 요도를 열기 위해 요도 카테터를 장착하고, 상태가 안정되면 개복 수술을 하여 복강에 꿰매 붙이기도 한다. 단, 질에서 탈출한 조직이 괴사하면 절제해야 한다.

●**회음부 저형성**

회음 주위의 피부 조직에 작은 회음이 묻힌 상태를 회음부 저형성이라고 한다. 이것은 첫 번째 발정 이전에 중성화 수술을 받은 암컷 개에게 보인다. 회음 주위는 소변으로 오염되기 쉬워서 피부염을 일으키기 쉬운 부분이다. 이차적으로 질염이나 요로 감염의 원인도 된다. 이들 감염 질환에 대해서는 항생제를 투여하는데, 원인이 되는 병을 치료하지 않으면 재발할 우려가 있다. 중성화 수술을 하지 않은 경우는 첫 번째 발정이 시작되면 이 병태가 없어지기도 한다. 치료로서는 회음 주위에 주름이 져 있는 피부를 절제하고 회음을 형성하는 수술을 한다.

●**회음부 협착증**

선천적으로 회음부가 협착한(비정상적으로 끼어 있는) 병이다. 협착의 정도는 가벼운 것에서 심각한 것까지 다양하다. 교배 시에는 심한 통증이 있으므로 교배가 곤란하다. 인공 수정으로 임신한 때도 난산의 원인이 된다. 중증 예에서는 협착된 부분보다 앞쪽에 소변이 고이므로 질염이 되기도 한다. 협착 정도에 따라 회음 절개나 형성 수술을 하여 소변의 저류나 난산을 막는다.

●음핵 비대

음핵은 정상인 상태에서는 질어귀 안에 있다. 이 음핵이 비대하여 음순 열에서 돌출해 버리는 것이 음핵 비대다. 음핵 조직은 남성 호르몬인 안드로겐에 의한 자극으로 비대하며 뼈의 발생을 동반하기도 한다. 이 병은 보통, 암수가 명확하지 않은 중성 동물에게 보인다. 자성 가성 반음양에서는 배 속이나 샅고랑관 안에 정소가 있다. 이 정소가 안드로겐을 분비하여 음핵을 비대하게 만든다. 노령견의 음핵 비대는 부신의 과다 형성이나 종양이 있는 경우에, 거기에서 다량의 안드로겐이 분비되어 발생한다. 동화 스테로이드제의 사용에 관련된 예도 있다. 이 병에 걸린 동물은 비대한 음핵의 자극이나 질 내용물 배출의 곤란으로 질염을 일으킨다. 이차적으로 일어나는 염증 질환에 대해 대증적인 치료를 한다. 비대에 대해서는 안드로겐의 과대 분비를 일으키고 있는 기관을 알 수 있다면 그것을 치료한다. 동화 스테로이드제를 사용했다면 그것을 중지한다. 뼈의 발생이 보일 때에는 원인 질환이 제거되어도 음핵이 정상적인 크기로 돌아오지 않기도 하므로 음핵을 절제한다.

●외음부 비대

외음부가 충혈이나 부종 때문에 비대한 병이다. 주로 난소의 난포막에서 분비되는 에스트로겐의 자극으로 일어난다. 에스트로겐은 외음부를 포함해 난관이나 자궁벽 등의 부생식기를 자극하여 발달시키고 발정 출혈을 일으키는 작용이 있다. 그러므로 발정기에 있는 암컷 개의 외음부 비대는 정상적인 현상이며 발정 휴지기가 되면 개선된다. 외음부 비대가 2주 이상 지속되는 경우는 에스트로겐이 계속 분비되는 것이 원인인 분비성 난소 종양 등으로 발정이 계속되고 있을 가능성이 있다. 노령의 피임하지 않은 암컷 개에게서 외음부 비대가 반복적으로 재발할 때는 만성적으로 외음부가 크고 두툼하다. 외음부 비대는 난소 호르몬이 불균형하여 일어나므로 난소와 자궁을 적출하는 수술을 한다.

종양

●난소 종양

개나 고양이에게는 별로 발생하지 않는다. 개에게 가장 많이 보이는 것은 과립막 세포종이며, 이것은 고양이에게도 일반적인 난소 종양이다. 이 병은 개는 양성이 되는 경우가 많고 고양이는 악성이 되는 경우가 많다. 보통 한쪽을 만져 보면 발견할 수 있을 정도로 커다란 종양이다. 증상으로는 복부의 확장이나 에스트로겐의 과다 분비를 나타낸다. 엑스레이 검사와 초음파 검사로 진단하며 종양 병리 검사로 확진한다. 난소와 자궁을 적출함으로써 치료한다. 전이가 없다면 대부분은 치유된다. 그 밖에 난소의 종양으로는 샘종, 샘암, 난포막 세포종, 기형종 등이 보인다.

●자궁 종양

개나 고양이에게는 드물다. 자궁 종양은 대부분 평활근종이며 양성이다. 암컷 개에게 가장 많은 악성 종양은 평활근 육종이며 암컷 고양이에게 가장 많은 악성 종양은 자궁 내막 샘암이다. 엑스레이 검사와 초음파 검사로 진단하는데, 보통은 난소 자궁 적출 수술 때 우연히 발견된다. 난소와 자궁을 적출함으로써 치료한다. 그 밖에 자궁 종양으로는 샘종, 지방종, 섬유 육종 등이 보인다.

● **질과 회음 종양**
개에게는 별로 많이 발생하지 않는다. 개에게 가장 일반적인 양성 종양은 평활근종이다. 음순에서 조직 덩어리가 돌출하는 경우가 많으며, 종양을 절제하여 치료하는데, 평활근종은 호르몬 의존성이므로, 재발을 피하고자 난소와 자궁을 적출하기도 한다. 개에게 일반적인 악성 종양은 평활근 육종이다. 그 밖에는 성기 육종, 편평 상피암, 혈관 육종, 샘암 등이 보인다. 종양을 절제함으로써 치료하며 방사선 요법이나 화학 요법을 이용하기도 한다.

젖샘 질환

젖샘 비대와 유방 과다 형성
젖샘의 발달과 동반하여 발정 후에 많이 보인다. 젖샘 비대와 유방 과다 형성의 발생은 난소 호르몬의 분비량이나 치료에 의한 난소 호르몬의 과다 투여와 관계가 있다. 촉진해 보면 판자 모양의 젖샘 조직과 여러 개의 유두 중에서 아래쪽 젖샘 부분일수록 젖샘의 비대와 과다 형성이 보인다. 보통은 무증상이며 한두 달 안에 자연히 퇴행한다. 유두구에서 유즙이나 투명한 분비액을 배출하기도 하는데, 그럴 때는 짜내는 등 물리적으로 자극하는 일은 피해야 한다. 젖샘염으로 파급하면 적절한 치료를 할 필요가 있다. 몇 달이 지나도 만져지는 응어리가 남아 있다면 종양 병변과의 감별을 위해 동물병원에서 상담받는다.

젖샘염
젖샘염이란 젖샘 조직에 염증이 보이는 것을 가리킨다. 대부분은 유두구를 통해 젖샘으로 세균이 들어와서 생긴다. 젖샘염 증상은 젖샘염 국소의 열감, 부기나 유즙의 배출인데, 중간 정도 증상이면 발열, 통증, 식욕 부진이나 곪은 젖샘으로부터 염증이 파급하여 피부와 조직의 괴사 등이 일어난다. 젖샘염은 산후 며칠부터 몇 주 동안, 또는 발정 후에 가장 많이 보인다. 세포 검사로 채취한 유즙에서 백혈구, 적혈구, 세균 등을 발견할 수 있으며 세균 배양 검사에서 포도상 구균, 연쇄상 구균, 대장균 등이 종종 검출된다. 젖샘염 치료는 적절한 항생제를 투여하고 국소 염증이 심하면 냉각, 소독, 화농 치료를 한다. 동물이 출산한 뒤여서 강아지나 새끼 고양이에게 수유 중이라면 상태에 따라 수유를 계속할 것인지 또는 완전 인공 포유로 바꿀 것인지를 고려해야 한다.

종양
젖샘 종양은 개나 고양이에게는 비교적 많이 보이는 종양이다. 개나 고양이에게 젖샘 종양이 많이 발생하는 나이는 10세 이상이라고 한다. 젖샘 종양은 호르몬 의존성 종양이며 종양의 발생에는 난소 호르몬의 분비가 관계하고 있다. 젖샘 종양의 양성과 악성 비율은 개는 반반이며, 고양이는 85퍼센트가 악성이라고 알려져 있다. 젖샘 종양이 발생했다면 보호자가 환부를 만져서 확인할 수 있으므로 조기 발견이 가능하다. 젖샘 종양의 치료에서는 먼저 수술에 의한 절제가 선택된다. 젖샘 종양의 발생을 예방하기 위해서는 유년기에 중성화 수술하는 것을 추천하고 있다.

409

신경계 질환

신경계의 구조

신경계는 동물의 몸 구석구석까지 뻗어서 모든 기관과 장기를 지배하며 전체가 회로로 연결되어 있다. 중추 신경계는 글자 그대로 몸의 중추며, 예를 들어 몸의 말초(맨 끄트머리)로부터 받은 정보를 모아서 그것들을 통합하고 다시 통합한 지령을 근육 등으로 전달하는 등 대단히 중요한 작용을 하고 있다. 하등 동물은 뇌와 척수의 작용에 큰 차이가 없지만 동물이 진화하여 고등 동물이 됨에 따라 뇌와 척수에 커다란 차가 생겨난다. 뇌는 몸 전체를 관장하는 중추로서 기능하며, 척수는 뇌의 지령을 말초까지 전달하거나 말초의 자극을 뇌로 전달하는 통로로서의 기능이 주된 업무다. 단, 척수 고유의 기능으로는 척수 반사가 있다. 뇌와 척수는 대단히 부드러운 조직으로 만들어져 있으므로 약간이라도 손상을 입는 일이 없게끔 몸에서 가장 단단한 조직인 뼈(두개골과 추골)로 든든하게 보호되고 있다.

말초 신경이란 중추 신경과 체내에 있는 모든 기관, 즉 근육, 감각기, 내장 장기, 분비샘 등을 잇는 신경 경로를 가리킨다. 말초 신경은 기능에 따라 자율 신경계와 체성 신경계로 분류된다. 자율 신경은 동물이 살아가는 데 꼭 필요한 활동, 즉

21 의지에 따른 근육의 움직임.

신경계의 분류

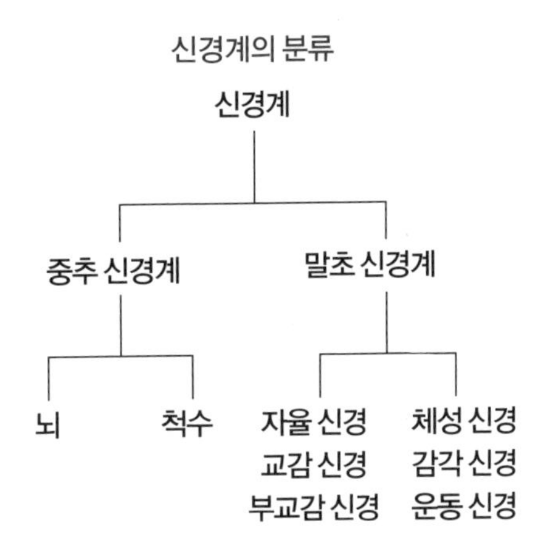

호흡이나 순환, 소화, 흡수, 배설, 생식, 내분비 등의 기능을 무의식적으로 조절하고 있는 것이며 식물 신경이라고 불리기도 한다. 이에 비해 체성 신경은 의식적으로 활동하는 수의 운동[21]에 관여하는 신경이다. 체성 신경은 전신에 존재하는 감각기의 수용체로부터의 자극(통증, 가려움, 온각, 냉각, 촉각, 압각 등)을 뇌에 전달하는 경로이기도 하다.

뇌의 구조와 기능

뇌는 몸 전체의 기능을 유지하고 통합하는 중요한 역할을 담당하는 중추 신경이다. 뇌는 대단히 부드러운 조직으로 이루어져 있으므로 단단한 두개골로 덮여서 외부 충격으로부터 든든하게 보호되고 있다. 뇌 속에는 뇌척수액이 가득 차

있으며, 이것도 쿠션처럼 작용하여 뇌 조직을 보호하고 있다. 개나 고양이의 뇌는 사람의 뇌와 비교하면 약 4분의 1 크기지만 기본적으로는 구성에 차이가 없다. 뇌는 종뇌(끝뇌), 간뇌(사이뇌), 뇌간(뇌줄기), 소뇌(작은골)의 4개로 크게 나뉜다. 태아일 때의 뇌의 발달을 보면, 뇌는 처음에는 단순한 신경 덩어리이지만 성장함에 따라 잘록해지거나 구부러지면서 형태를 변화시키고 기능을 갖춰 나가게 된다.

종뇌는 전두부에서 후두부에 걸친 넓은 범위에 있으며 대뇌 겉질, 대뇌변연계(가장자리 계통), 대뇌 기저핵(대뇌 바닥핵)으로 나뉜다. 대뇌 겉질은 운동이나 감각(온각, 냉각, 촉각, 압각, 통각), 시각, 청각 등의 기능을 통합하고 있다. 대뇌변연계는 기억과 사고를 관장하며, 먹이를 받는 기쁨이나 싸움할 때의 분노, 보호자와 헤어지는 슬픔 등 희로애락의 감정에 관여하고 있다고 여겨진다. 대뇌 기저핵은 대뇌 겉질과 간뇌 사이에 위치하며 대뇌 겉질로부터 입력받아 간뇌로 출력을 보낸다. 즉 대뇌에서 만들어진 운동의 의도에 따라 그 운동이 원활하게 행해지도록 보조적으로 조절하는 역할을 맡고 있다.

간뇌는 시상과 시상 하부로 나뉜다. 대뇌로부터 정보를 받아 섭식, 음수, 체온, 수면 등을 조절하고 기본적인 생명 활동이 원활하게 이루어지도록 한다. 후각 이외의 모든 정보는 시상에서 중계되어 대뇌 겉질의 각각의 정보 영역으로 보내진다. 대뇌변연계나 뇌간에도 연결이 있어 정보가 교환되고 있다. 뇌간은 중뇌(중간뇌)와 뇌교(다리뇌), 연수(숨뇌)의 총칭이며 후두부 뒤쪽에 위치하고, 다시 그 뒤에 척수가 이어져 있다. 뇌간은 심장의 박동이나 호흡 등, 생명에 관련된 기능을 조절하는 중요한 조직이다. 소뇌의 주된 역할은

수의 운동에 협조하거나 자세를 유지하는 것이다. 소뇌는 대뇌 겉질에서 발생한 운동 명령을 뇌간으로 받아들여 몸의 각 부분 골격근을 흥분시켜서 운동을 조절한다. 이처럼 뇌를 중심으로 역할이 분담된 신경 조직에 의해 동물의 몸에는 정보 네트워크가 뻗어 있어서 생명 활동이 유지되고 있다.

척수의 구조와 기능

척수는 뇌로 이어지는 중추 신경이며 추골(척추뼈)로 감싸여 있다. 척수는 해부학적으로 개에게서는 36분절로 나뉘어 있다. 그것의 내역은 경수 8분절, 흉수 13분절, 요수 7분절, 천수 3분절, 미수 5분절이며, 각각의 분절에서 다수의 신경 다발이 파생해 있다.[22] 그들 신경 다발은 차츰 모여 최종적으로는 한 줄의 척수 신경이 되어 같은 척추뼈의 추간공(척추 사이 구멍)으로부터 나온다. 단, 원래의 구조를 한 척수는 거의 제6요추에서 끝나며 그보다 뒤쪽은 척수 신경만으로 형성되어 있다. 이 척수 신경은 다발이 되면 〈말 꼬리〉처럼 보이기 때문에 마미(馬尾) 또는 마미 신경이라고 불린다. 척수는 주위를 3층의 막(안쪽부터 연막, 거미막, 경막)으로 감싸여 있다. 경막과 거미막 사이에는 뇌척수액이 있어서 외부 충격으로부터

22 신경 다발의 위치가 어디냐에 따라, 목 부위를 경수, 가슴 부위를 흉수, 허리 부위를 요수, 그 아래를 천수라고 하며 가장 끝부분을 꼬리라는 의미로 미수라고 한다.

척수 신경과 척추뼈의 관계

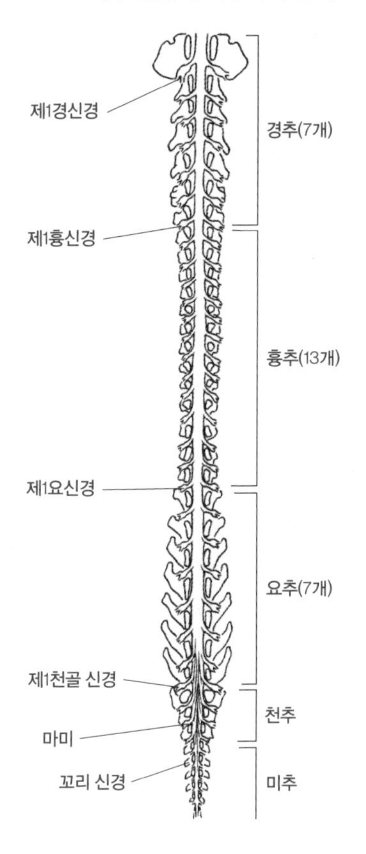

척수를 보호한다. 척수의 작용에는 다음 세 가지가 있다. 첫째, 몸 전체에 존재하고 있는 감각 수용체에서 받아들인 다양한 감각 자극을 뇌로 전달하며, 그때 감각 자극은 척수 신경의 배근(등살)을 통해서 척수로 들어가서 뇌에 이른다. 둘째, 뇌가 내리는 명령을 척수 신경의 복근을 경유하여 근육에 전달한다. 셋째, 감각 자극을 뇌로 전달하지 않고 그대로 근육에 전달하여 어떤 특정한 운동을 일으킨다. 이것은 척수가 갖고 있는 유일한 고유의 작용으로, 척수 반사라고 한다. 척수 반사의 예로는 손가락 끝이 뜨거운 것에 닿았을 때 〈뜨겁다〉고 느끼기 전에 손가락을 떼는 것 등이 있다.

말초 신경의 구조와 기능

말초 신경이란 중추 신경인 뇌와 척수에서 파생한 신경이다. 말초 신경은 뉴런이라 불리는 신경 세포의 돌기로 구성되는데, 그 작용이나 구조에 따라 몇 가지 카테고리로 분류할 수 있다. 먼저 뇌신경과 척수 신경으로 분류된다. 뇌신경은 뇌간에서 파생하는 말초 신경이며 12쌍이 있다. 이들 12쌍의 뇌신경에는 각각 고유한 이름이 붙어 있다. 뇌신경은 제10뇌신경인 미주 신경 이외에는 안면에서 두부에 분포하며 그 영역의 운동이나 감각을 관장한다. 한편, 척수 신경은 척수에서 파생하는 신경을 가리킨다. 말초 신경은 자율 신경과 체성 신경으로 분류되며 자율 신경은 호흡이나 순환, 소화, 흡수, 배설, 내분비, 생식 등의 기능을 무의식적으로 조절한다. 자율 신경은 교감 신경계와 부교감 신경계로 크게 나뉘고 자율 신경의 지배를 받는 각 장기는 교감 신경과 부교감 신경이라는 이중의 신경에 지배되고 있다. 이들 작용은 서로 버티어 대항 작용하는 특징이 있다. 교감 신경계는 동공 확대나 심박수 증대, 혈압 상승, 혈당치 상승 등 동물이 긴급 사태에 빠졌을 때 그것을 방어하는 〈비상시의 신경〉에 비유할 수 있는 작용을 하는 데 비해, 부교감 신경계는 동공 수축이나 심박수 감소, 소화 흡수 촉진, 배변과

경추(목뼈)와 경수의 횡단면

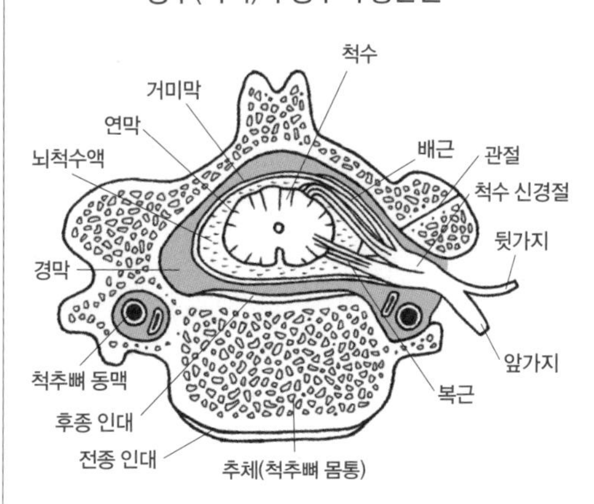

배뇨의 촉진 등 〈휴식 시의 기능〉을 갖고 있다. 체성 신경은 동물의 수의적인 활동에 관계하는 신경이며, 수의 운동을 할 때 뇌의 명령을 근육에 전달하거나 말초에 있는 감각기 수용체에서 받아들인 자극을 뇌로 전달하는 작용을 한다.

신경계 검사

신경계 검사에는 다양한 방법이 있으며 동물의 증상을 보면서 필요한 검사를 한다. 진찰실에서 하는 신경 검사로는 보행 검사나 자세 반응 및 척수 반사 검사, 뇌신경 검사 등이 있다. 혈액 검사로 전염병 등에 대한 항체나 항원 유무를 조사하기도 한다. 그 밖에 마취가 필요한 검사로 척수 조영 검사나 MRI 검사, CT 검사, 뇌척수 검사, 뇌파 검사, 근전도 검사 등이 있는데, 이들 검사는 일반적인 동물병원에서는 할 수 없으므로 수의사에게 상담하기를 바란다.

●보행 검사

동물을 걷게 하여 어디에 이상이 있는지를 검사한다. 파행이나 마비의 정도, 어떤 부위에 어느 정도의 장애가 있는지를 조사한다. 일반적으로 뒷다리에만 이상이 있다면 병변이 제2흉추보다 뒤쪽에 있고, 앞다리와 뒷다리 모두 이상이 있다면 병변이 제2흉추보다 앞쪽에 있다.

●자세 반응

보행 상태를 관찰한 다음에 하는 검사다. 검사하고 싶은 다리를 제외한 모든 다리를 잡은 상태에서 그 다리가 올바른 위치에 있는지(도약 반사)를 검사한다. 또한 발끝을 뒤집어서 발등 쪽을 땅에 대어 바로 원래대로 돌아오는지(고유 감각 반사)를 검사한다. 이 검사는 동물이 발끝의 위치를 인식하고 있는지를 알아보는 것이며, 이때 반응이 늦거나 반응이 없다면 신경계 이상이라고 진단할 수 있다. 단, 이 검사로 병변 부위를 특정하기는 힘들다.

12쌍의 뇌신경(머릿골 신경) 명칭

후각 신경: 제1뇌신경	안면 신경: 제7뇌신경
시각 신경: 제2뇌신경	내이 신경: 제8뇌신경
동안신경: 제3뇌신경	혀 인두 신경: 제9뇌신경
도르래 신경: 제4뇌신경	미주 신경: 제10뇌신경
삼차 신경: 제5뇌신경	부신경: 제11뇌신경
외전 신경: 제6뇌신경	혀밑 신경: 제12뇌신경

●척수 반사

척수 반사 검사는 척수와 말초 신경을 조사하기 위해서 한다. 동물을 흥분시키지 않도록 옆으로 눕힌 다음, 앞다리나 뒷다리의 힘줄을 타진 봉으로 가볍게 두드려서 다리가 움직이는지를 검사한다. 추간판 헤르니아 등에서는 빠뜨릴 수 없는 검사며 척수의 이상 부위를 추측할 수 있다.

●뇌신경 검사

뇌신경 이상이 의심될 때 하는 검사다. 후각 신경, 시각 신경, 동안신경, 도르래 신경, 삼차 신경, 외전 신경, 안면 신경, 내이 신경, 혀 인두 신경, 미주 신경, 부신경, 혀밑 신경 검사가 있다.

●척수 조영 검사

전신 마취한 후에 검사한다. 허리 또는 머리에 바늘을 꽂아서 척수를 덮고 있는 경막 안으로 조영제를 주입한다. 조영제 주입 후에 엑스레이 검사를 함으로써 추간판 헤르니아나 척수 종양으로 압박받은 척수가 추출된다. 장애를 입은 부위를 명확하게 할 수 있는 유용한 검사다.

●MRI 검사

뇌척수 질환의 영상 진단 가운데 가장 유용한

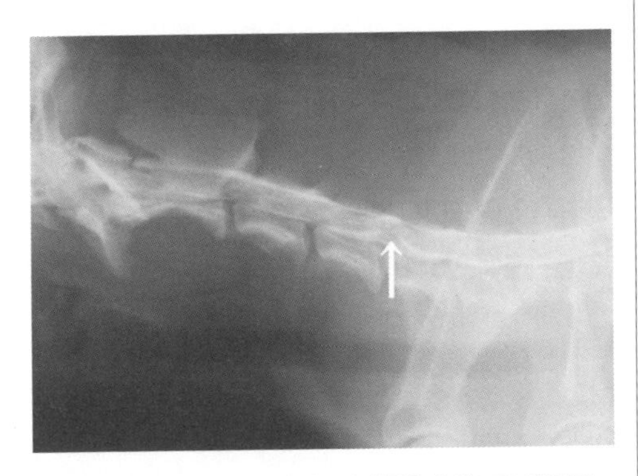

척수 조영 검사로 목에 추간판 헤르니아(척추관 안으로 비뚤어져 나온 상태)가 보인다.

검사이며 뇌종양이나 수막염, 괴사성 뇌염, 추간판 헤르니아 등을 진단할 수 있다.

●CT 검사

MRI 검사와 마찬가지로 대단히 유용한 검사다. CT 검사에서는 뼈를 관찰할 수 있으므로 두개골 골절 등의 진단에 특히 유효하다. 조영제를 사용하여 추간판 헤르니아나 뇌의 종양을 깨끗하게 추출할 수도 있다. MRI 검사를 하려면 몇십 분의 시간이 필요하지만, 최신 CT 검사 장치는 몇십 초에서 몇 분 만에 검사를 마칠 수 있다. 그러므로 상태가 나빠서 거의 움직이지 못하는 동물은 마취하지 않고도 검사할 수 있다.

●뇌척수액 검사

전신 마취를 하고 검사한다. 긴 바늘을 허리 또는 머리에 꽂아서 뇌척수액을 뽑는다. 뇌척수액 속의 세포 수 증가나 염증 반응, 단백질의 증가 등을 검사함으로써 뇌종양이나 수막 뇌염 등을 진단한다.

뇌 질환

국한성 뇌 질환

국한성 뇌 질환이란 외상이나 뇌혈관(뇌핏줄)의 장애와 염증 등으로 부분적인 뇌신경 장애가 생기는 것이며 뇌 전체가 침범당하는 뇌 질환과 구별된다. 뇌의 일부가 어떤 원인으로 압박되면서 발병하므로 증상은 대단히 비대칭적이다.

●뇌 외상

교통사고나 낙하 사고, 싸움 등 외부로부터의 충격으로 일어난다. 증상으로는 머리를 갸우뚱하거나 보행 곤란, 기립 불능, 의식 저하, 경련, 의식 상실, 허탈, 두개골 변형, 출혈 등이 보인다. 증상을 바탕으로 진단하며 특히 엑스레이 검사나 CT 검사로 두개골 골절 유무를 확인하는 것이 중요하다. 출혈 유무나 뇌의 손상 정도를 파악하기

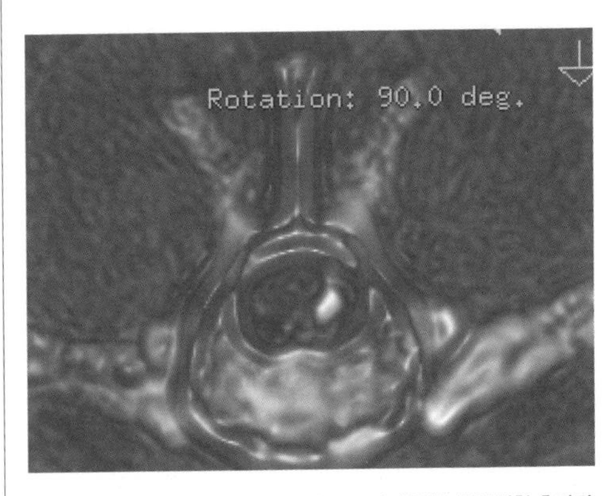

최신 CT 장치에 의한 3D-CT 영상으로 허리 부분에 발생한 추간판 헤르니아의 횡단 상이다. 오른쪽 아래의 하얀 부분이 척수를 왼쪽으로 압박하고 있음을 알 수 있다. CT 스캔에 걸리는 시간은 몇십 초이며, 몇 분 만에 이런 진단이 나온다.

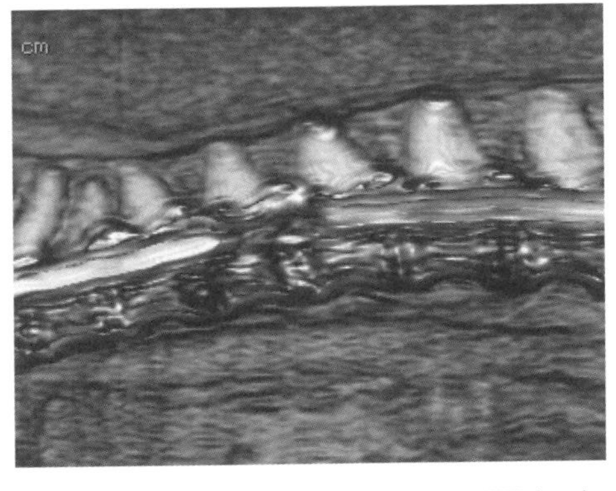

위 사진의 각도를 바꾼 영상. 왼쪽이 개의 머리 쪽, 오른쪽이 꼬리 쪽. 옆에서 본 영상을 보고, 어디에 추간판 헤르니아가 있는지를 진단한다.

위해 MRI 검사나 CT 검사가 필요한 때도 있다. 교통사고로 전신을 다치는 일이 많으므로 흉부나 다른 부위에서 출혈이나 골절 진단도 필요하다. 혈액 검사도 한다. 내원했을 때는 쇼크 상태일 때가 많으므로 점적 치료 등의 구명 치료를 먼저 한다. 뇌의 손상을 최소한으로 하고자 단시간 작용 형태의 스테로이드제 등을 사용하여 치료한다. 뇌압이나 각종 검사 결과에 따라서는 뇌압을 내리는 약을 투여하거나 수술하기도 한다. 경증이라면 회복할 수 있지만 심하면 사망 가능성이 커진다. 외상을 입고 한참 뒤에 뇌전증 발작이 나타나기도 한다.

● 혈관 장애 질환(뇌출혈, 뇌경색)

외상이나 혈액 응고 이상, 심장병, 뇌종양, 심장사상충증 등 다양한 원인으로 발생한다. 단, 발생률은 사람보다 대단히 낮다. 뇌의 장애 부위에 따라 다르지만 급격한 증상을 나타낸다. 보행 장애, 기립 장애, 마비, 의식 장애, 경련 등이 보인다. CT 검사나 MRI 검사를 하여 진단한다. 초기 출혈에는 CT 검사를 하는 것이 유용하지만 뇌경색 등에서는 MRI 검사가 더 유용하다. 원인이 된 병이 있다면 그것을 치료해야 한다. 뇌출혈이 있다면 내과적으로 지혈제를 투여하는데, 출혈로 뇌가 압박받는 상황이 된다면 수술이 필요하기도 하다. 뇌의 부기를 억제하는 약을 투약하거나 뇌압이 상승할 때는 그것을 내리는 약을 투여한다. 가벼운 정도라면 장애 없이 완치되는 경우가 많지만 기초 질환이 있거나 교통사고를 당하면 사망하기도 한다.

● 특발 질환

특발이란 원인을 알 수 없다는 뜻이다. 원인을 알 수 없는 신경계 병으로는 특발 뇌전증, 특발 전정 장애, 특발 삼차 신경 병증, 특발 안면 신경 마비가 있으며 혈액 검사나 영상 진단 검사를 등 다양한 검사를 해도 원인을 특정할 수 없을 때 이렇게 진단한다.

특발 뇌전증 원인 불명의 뇌전증 발작을 반복하는 병이다. 발병 나이는 1~5세로 비교적 어린 시기부터 인정되는 경우가 많은 것으로 알려져 있다. 고양이보다 개에게 많이 보인다. 모든 견종에 인정되지만 리트리버 종이나 셰틀랜드양몰이개에게 많이 발생한다. 치료는 증상에 따라 다양한 항경련제를 사용하는데, 치료해도 발작이 완전히 사라지는 일은 드물며 발작 횟수를 줄이는 것이 목표이므로, 평생 투약이 필요하다. 한 번의 발작이 30분 이상이면 죽음에 이를 위험이 있다. 항경련제 중에는 간에 부담을 주는 것도 있으며 정기적인 검사가 필요하다.

특발 전정 장애 갑자기 머리를 갸우뚱하는 사경(기운목)이라는 증상을 일으키는 병이다. 눈이 빙글빙글 도는 안구 진탕(의지와 관계없이 안구가 제멋대로 겉도는 상태)이라는 증상이나 운동 실조(조화 운동 못함증)가 보이기도 한다. 특히 노령견에게 많이 발생하는 경향이 있다. 원인 치료법은 없지만 대증 요법으로 며칠에서 몇 주 만에 회복하는 경우가 많다. 단, 후유증으로 사경이 남기도 한다.

특발 삼차 신경 병증 입을 벌리기 위한 저작근이 갑자기 마비를 일으켜서 입이 움직이지 않게 되는 병이다. 그러므로 침을 흘리고 물건을 입에 물지 못하게 되는 등의 증상이 보인다. 치료로서는 스테로이드제의 투여가 유효하다고 알려져 있다. 보통 한두 달이면 회복하는데, 그동안 보호자가 강제로 식사하게 해야 한다.

특발 안경 신경 마비 얼굴 근육의 급성 마비로 귀나 입이 처지거나 침을 흘리거나 눈을 감지 못하게 된다. 개와 고양이 모두에게 발생하며, 개 중에서는 코커스패니얼에게 많이 발생한다. 치료 방법은 없지만 대부분 한두 달이면 회복한다. 단, 그 이상 지나면 낫지 않기도 한다. 증상이 확인되는 동안 눈을 감지 못하므로 건성 각막염을 일으키기도 한다. 이 경우는 그것에 대한 치료가 필요하다.

● 염증 질환(뇌농양)
뇌농양은 뇌의 일부에 고름 덩어리(농양)가 생기는 병이다. 외상에 의한 것이 대부분이지만, 드문 예로 입안에 들어간 나무젓가락이나 대꼬챙이가 입을 통해 뇌 속을 관통하여 농양을 만들기도 한다. 증상은 농양이 형성된 부위에 따라 다양한 신경 증상이 보인다. 고체온이나 백혈구 수의 증가 등을 나타내기도 하는데, 신경 증상만 보이는 경우도 많으며 진단에는 CT 검사나 MRI 검사 등의 영상 진단이 필요하다. 가벼운 농양이라면 항생제 투여나 뇌압을 낮추는 치료로 증상이 개선되기도 하지만, 때에 따라서는 개두술(머리뼈 절개술)이 필요하다. 치료가 성공하면 예후는 양호하다. 그러나, 농양이 형성된 부위에 따라서는 수술이 곤란한 경우도 있으며 수술해도 후유증이 남기도 한다.

파종 뇌 질환
파종 뇌 질환이란 영양성이나 대사성, 중독성 등 다양한 질병에 의해 신경계에 중요한 물질의 대사를 하지 못하게 된 결과 여러 가지 병태가 일어나며, 특히 신경계의 장애를 초래하는 것을 말한다.

영양 질환(티아민 결핍증)
티아민(비타민 B_1)의 결핍으로 발병하며, 신경 증상을 주된 증상으로 하는 질환이다. 티아민은 통상 조리하지 않은 곡류, 간, 심장, 신장, 붉은 돼지고기에 많이 함유되어 있다. 티아민 결핍의 원인으로는 가열 제조된 사료용 고기나 소시지 등 티아민이 파괴되어 버린 사료의 제공 이외에 갑상샘 기능 항진증이나 임신, 젖 먹이기, 발열, 과도한 운동, 당분의 과도한 공급 등에 의한 이차적인 결핍이 있으며, 티아민의 흡수와 활성화 장애, 티아민 분해 효소의 섭취(어육이나 조개류의 생식), 만성 설사, 간 질환이 알려져 있다. 고양이는 개보다 약 다섯 배의 티아민이 필요하며, 그러므로 티아민 결핍증이 생기는 일이 대단히 많다. 티아민 결핍을 예방하기 위해 포도당을 주사할 때는 티아민을 첨가하는 것이 추천된다.
증상으로는 식욕 부진에 이어서 하반신 경련 마비가 보인다. 이 마비로 인해 뒷다리가 경직되므로 황새걸음처럼 뒤뚱거리면서 걷게 되는데 앞다리나 경부, 두부의 작용은 정상이다. 뒷다리의 마비가 진행되면 기립 불능이 되어 누운 채로 지내게 된다. 더욱 진행되면 강직성 경련을 일으키고 혼수에 빠져 사망하기도 한다. 활 모양 강직[23]이나 지각 과민, 구토, 동공 확대 등의 증상도 보인다. 치료하려면 비타민 B_1을 투여한다. 과다한 티아민은 소변으로 배출되므로 대량으로 투여해도 중독 증상은 나타나지 않는다. 그러나 정맥 내 주사를 놓으면 때때로 아나필락시스 같은 쇼크 증상이 나타나기도 하므로 주의가 필요하다.

대사 질환
● 저혈당증
저혈당이란 혈당치가 60mg/dℓ(데시리터당 밀리그램) 이하로 저하한 상태를 말하는데 반드시 혈당치가 60mg/dℓ 이하로 떨어지지 않더라도 혈당치가 낮고 저혈당 시의 뇌신경 증상이 있으면 저혈당증이라고 한다. 저혈당증을 일으키는 주된 병인 인슐린 과다증은 췌장의 랑게르한스섬 베타 세포의 종양으로 일어나는 질환이다. 이 질환에 걸린 동물은 달리거나 짖거나 종종 분뇨를 배설하는 등 불안 행동을 보이며, 중증이 되면 경련, 정신 착란, 마비, 혼수에 빠진다. 치료는 포도당의 대량 투여(0.5~1.0g/kg을 10~20퍼센트로 함)를 보통 때보다 빠른 속도로 점적 정맥 내 주사한다. 중증

23 온몸에 걸친 근육의 긴장 발작. 팔다리를 뻣뻣하게 뻗고 등을 활처럼 젖히는 상태가 된다.

예에는 50퍼센트 포도당액을 사용한다.
사냥개의 기능적 저혈당은 신경질적인 사냥개에게 보이며 사냥을 시작한 지 1~2시간 뒤에 보행 곤란, 뇌전증과 같은 발작을 일으키는 질환이다. 안정시키면 보통 몇 분 안에 회복한다. 치료는 사냥 1시간 전부터 고단백 식사를 2~3회로 나누어서 주고, 사냥 중에는 당분이 든 간식을 준다. 그리고 부신 겉질 호르몬제를 경구 투여한다. 어미 개의 저혈당은 분만 전후의 스트레스 이외에 태아의 수가 많은 경우나 분만 후에 태어난 새끼에게 대량의 수유를 한 경우에 발생하며, 신경 증상을 나타내는 질환이다. 호흡 촉박이나 체온 상승, 케톤요 배출, 진통 미약, 전신 경련 등을 주된 증상으로 한다. 분만 전후의 시기에는 어미 개가 필요로 하는 영양소의 양을 충분히 채워 주기 위해 탄수화물을 주체로 하는 적절한 식사를 여러 번 준다.
글리코겐 저장 질환은 폰기르케병이라고도 불린다. 간에 저장된 글리코겐을 분해하는 효소가 선천적으로 없으므로 간, 신장, 심장, 근육, 세망내피계,[24] 중추 신경계 안에 글리코겐이 이상 저장된다. 반대로 혈당은 저하하고 많은 경우 경련이나 신경 증상의 출현으로 기립 곤란이 된다. 치료하려면 포도당액을 정맥 내 주사하거나 포도당액과 같은 양의 링거액을 혼합하여 피부밑 주사한다.
일과성 유년기 저혈당증은 3개월령까지의 개에게 보이며, 보통은 한랭 감작(생물체에 어떤 항원을 넣어 그 항원에 대해 민감한 상태로 만드는 것)이나 굶주림에 의한 저혈당, 또는 소화기 장애가 계기가 되어 발병한다. 조금씩 원기가 쇠퇴하고 보행 곤란, 전신 경련, 혼수 등의 증상을 보인다. 치료할 때는 포도당액과 같은 양의 링거액을 혼합하여 점적 주사하거나 부신 겉질 호르몬제를 피부밑 주사한다. 음식을 섭취할 수 있게 되면 탄수화물을 중심으로 한 식사를 여러 번으로 나눠서 주면서 하루에 적어도 2~3그램의 포도당 분말을 주어 저혈당 발생을 예방한다.

● 저칼슘 혈증

저칼슘 혈증이란 순환 혈액 속의 칼슘 양이 비정상적으로 적은 것을 말한다. 이 상태가 된 동물은 신경 증상을 동반하는 다양한 병태를 보인다. 저칼슘 혈증을 일으키는 주요 병으로는 다음과 같은 것이 있다. 자간(주로 분만할 때 전신의 경련 발작과 의식 불명을 일으키는 질환)은 운동 신경이 비정상적으로 흥분함으로써 근육이 강직성 경련을 일으키는 병으로, 분만 후 대략 7~20일 무렵의 암컷 개에게 보인다. 소형견에게 발생하는 경우가 많은 것으로 알려졌지만, 드물게 중형견에게도 확인된다. 임신 중에 태아의 골격 형성을 위해 어미 개의 칼슘이 동원되는 것, 그리고 태어난 새끼의 발육에 따른 젖 양의 증가로 인해 어미 개의 세포 외 액 중의 칼슘이 현저하게 저하함으로써 발병한다. 저영양식이나 영양 균형이 잡히지 않은 식사도 소인이 된다. 증상으로는 거칠고 격렬한 호흡이나 간헐적 경련, 이상 흥분, 청색증, 신경과민, 발열 등이 보인다. 치료하려면 글루콘산 칼슘액을 정맥 내 주사하고, 진정제와 부신 겉질 호르몬제를 경구 투여하거나 피부밑 주사한다. 발병하면 바로 새끼를 어미 개로부터 떼어서 인공 포유로 전환한다.
부갑상샘 기능 저하증은 갑상샘 수술에 동반되는 부갑상샘 손상이나 적출, 방사성 동위 원소의 조사, 경부 외상, 감염증, 악성 종양의 전이나 침윤 등으로 부갑상샘가 탈락하거나 파괴되어 부갑상샘 호르몬의 분비가 저하 또는 모자란 경우, 또는 이

24 큰 포식 세포와 간, 비장, 골수, 림프샘 따위의 굴모세 혈관에서 포식 세포로 분화할 수 있는 특수하게 분화된 내피 세포를 통틀어 이르는 말.

호르몬은 정상적으로 분비되고 있더라도 그것이 작용하는 기관의 반응이 저하한 때에 일어난다. 증상으로는 현저한 저칼슘 혈증에 의한 전신 근육의 경련, 불안정한 걸음걸이, 구토가 보인다. 치료하려면 칼슘제를 정맥 내 주사하고, 초기에는 비타민 D를 경구 투여한다. 혈중 칼슘 농도가 정상 수준까지 회복되면 이것들의 투여량을 줄이고 유지량을 결정한다.

중독 질환

● 저산소증

저산소증에는 다음과 같은 것이 있다. 혈액의 산소 운반량 감소(일산화탄소 중독이나 아초산 중독 등 빈혈성 산소 결핍, 또는 다양한 원인에 의한 빈혈), 혈액량 감소(울혈 심부전 또는 쇼크에 의한 울혈 무산소증), 폐포 환기 부전 또는 확산성 장애(폐렴, 폐부종, 만성 울혈, 기흉, 호흡근 마비에 의한 무산소성 무산소증), 공급된 산소를 조직이 이용하지 못하는 경우(시안 화합물 중독 등의 조직 중독성 무산소증). 저산소증이 일어나면 보통 순환 혈액 중에 많은 적혈구가 출현하거나 심박출량과 심박수가 증대하여 그것을 보완하려고 작용한다. 그러나 뇌에 저산소가 생기면 호흡 기능이 감퇴하고 더 나아가 신경의 작용도 억제된다. 중증 예에서는 중추 신경에 장애가 발생하여 의식 불명이나 경련, 혈압 하강, 느린맥박을 일으켜서 사망한다. 치료는 호흡 곤란을 낮추기 위해 산소를 공급하고 기능을 지켜보면서 부정맥을 치료하거나 산 염기 균형과 전해질을 교정한다.

● 메트로니다졸 중독

어떤 종의 원충 감염증(아메바증, 트리코모나스증, 지아디아증, 발란티듐병)이나 혐기성 세균에 의한 감염증(복부 농양, 복막염, 축농, 생식기 감염증, 치근막염, 중이염, 골염, 관절염, 뇌막염, 괴사성 조직의 감염증 등)에 사용되는 약물이다. 메트로니다졸은 대장의 외과 수술 후의 감염 방어에 이용되기도 한다. 이 약이 부작용을 발현하는 경우는 그리 많지는 않지만, 대량으로 투여하면 개에게는 신경 독성이 나타나서 떨림이나 근육 경련, 운동 실조 등의 증상이 보인다. 가역적인 골수의 기능 저하도 알려져 있다. 발암성이나 돌연변이 유발성은 명확하지는 않지만 임신 중, 특히 임신 전기인 동물에게 사용해서는 안 된다.

● 패혈증에서 기인하는 뇌증

패혈증에서는 발열이나 식욕 부진, 호흡수와 맥박수의 증가가 보인다. 중증이 되면 혈액 중 탄산 가스의 완충 능력이 현저하게 저하하므로 아시도시스(혈액의 산과 염기의 평형이 깨어져 산성이 된 상태)에 빠지며 소변 감소증, 쇠약, 저체온, 혼수를 일으킨다. 그리고 마지막에는 세균의 독소로 인해 신경 증상이 나타나며, 말기에는 혈압 저하, 혈관 허탈, 쇼크 증상으로 사망한다.

● 유기 인산 중독, 카르밤산 중독

유기인계 약물과 카르밤산계 약물은 모두 신경 접합부에서 콜린에스테라아제(아실콜린의 가수 분해를 빠르게 할 수 있도록 도와주는 효소 그룹)를 저해한다는 점에서 유사하다. 이것들은 동물의 외부 기생충 퇴치제 또는 가정용 해충 퇴치제, 밭작물의 살충용 농약으로 널리 이용되고 있다. 증상은 약물의 복용 후 2~3분, 늦어도 몇 시간 만에 나타나며 심한 침흘림증, 소화관 연동 운동, 복부 경련, 구토, 설사, 발한, 호흡 곤란, 청색증, 동공 수축, 경련 등이 보인다. 사망하는 것은 대부분 기관지 수축에 의한 저산소증 때문이다. 특정 약물에 접촉했다는 사실과 아트로핀을 투여했을 때의 반응에 따라 진단한다. 확진을 하기 위해서는 혈액이나 조직 중의 콜린에스테라아제라는 효소의 활성 억제도를 측정한다. 이 효소의 활성이 현저하게 저하했다면 이들 살충제의 영향을 받았다는 것을 나타낸다. 치료는 황산 아트로핀 주사가 가장 효과가 있다. 콜린에스테라아제 재활성화 작용을 가진 알록시를 황산 아트로핀과 함께 투여하면 효과가 더 좋다고 알려져 있다.

● 염화 탄화수소 중독

염화 탄화수소 중독을 일으키는 살충제에는 앨드린, 벤젠헥사클로라이드, 클로르데인, 디엘드린, 엔드린, 헵타클로르, 메톡시클로르, 톡사펜 등이 있다. 신경근 증상을 나타내며 처음에는 과민하거나 불안한 상태가 두드러지고 그 후 근육의 섬유 다발성 수축이 보인다. 이 징후는 안면에서 시작되며 그 후 꼬리 쪽으로 파급되어 모든 근육으로 퍼지며 증상이 악화하면 사망한다. 진단에는 적절한 검체를 채취(필요에 따라 생체 검사)한 화학적인 분석을 할 필요가 있다. 간이나 신장, 체지방, 위 내용물 등을 검사한다. 전혈(혈액 성분 전체를 채취), 혈청, 소변도 분석한다. 치료법으로 정해진 해독제는 없다. 스프레이로 뿌려진 약물을 맞았거나 약물을 뒤집어썼다면 피부에 빗질하지 말고 많은 양의 냉수와 세정제를 사용하여 씻어 내기 바란다. 약물을 경구 복용했다면 위세척과 염류 설사제를 투여한다. 활성탄을 투여하면 독성 물질이 소화관에 흡수되는 것을 막을 수 있다. 흥분 증상이 있으면 바르비투르산, 포수클로랄, 디아제팜을 투여한다.

발육 장애

선천성 뇌 장애 때문에 발육이 불량해지는 경우가 있다. 예를 들어 물뇌증이나 소뇌 저형성 등의 기형은 발육 장애를 일으킨다. 많은 경우 강아지일 때부터, 몸집이 작고 여위고 입이 짧아서 잘 먹지 않는 등의 증상을 나타낸다. 견종에 따라 이 병에 걸리기 쉬운 것이 있으며, 바이러스 감염으로 발생하기도 한다. 발육 장애는 다른 질환으로도 생기지만, 지능이 발달하지 않고 경련하며 이상한 움직임을 보이는 등 정상적인 강아지나 새끼 고양이와는 다른 모습이 있다면 선천성 뇌 장애일 가능성이 있다. 물뇌증은 유전으로 발생한다.
개는 치와와나 요크셔테리어 등의 토이 견종이나 퍼그 등의 단두종에게 많이 보이며, 고양이에게도 발생한다. 증상으로는 치매나 보행 이상, 선회 운동, 성격이 흉포해지거나 한다. 물뇌증에서는 두개골이 완전히 닫히지 않은 경우가 많으며, 그런 경우에는 두부 초음파 검사로 진단할 수 있다. 되도록 CT 검사나 MRI 검사까지 하는 것이 바람직하다. 치료하려면 뇌압 강하제를 사용한다. 주로 내과적으로 치료하지만, 뇌 속에 고여 있는 과도한 뇌척수액을 튜브로 배로 흘려보내는 뇌실-복강 션트라는 수술도 한다. 치료에 반응한다면 몇 년은 더 연장할 수 있지만 약에 반응하지 않는 경우는 단기간에 사망한다. 소뇌 저형성은 태아기의 감염증으로 발생하는 것이 알려져 있다. 고양이라면 고양이 범백혈구 감소증(고양이 파보바이러스 감염증), 개라면 헤르페스 감염증 등으로 발생한다. 단, 감염증과 관계없이 발생하기도 한다. 증상으로는 떨림이나 보행 이상 등이 있다. 진단에는 MRI 검사가 가장 유용하다. 이 검사로 작은 소뇌를 확인할 수 있다. 유효한 치료법은 없으며 대증 요법을 시행하는데, 식사를 할 수 있다면 그만큼의 수명은 기대할 수 있다.

염증 질환

● 리스테리아증

그람 양성 세균인 리스테리아에 의한 병으로, 사람을 포함하여 다양한 동물에게 감염하여 공중 생적으로도 문제가 된다. 점막 상피로부터 침입한 세균이 삼차 신경을 거쳐 연수에 이르러 뇌염을 일으킨다. 증상으로는 평형 감각 실조, 선회 운동, 깨물근이나 혀의 마비 등이 보인다.

●개홍역

홍역 바이러스에 의한 병이며 감염된 개와 접촉하면 옮는다. 이 바이러스에 감염된 개는 호흡 증상이나 소화기 장애 이외에 경련이나 마비, 떨림, 뒷다리 마비 등의 신경 증상을 나타낸다.

●광견병

광견병 바이러스로 일어나는 병으로, 발병하면 심한 신경 증상을 나타내며 100퍼센트 사망한다. 물린 상처를 통해 침입한 바이러스가 말초에서 신경으로 이행하고, 다시 중추 신경에 도달하여 뇌염이나 척수염을 일으킨다. 광견병에 걸린 개나 고양이는 흉포해지며 닥치는 대로 물어뜯기도 한다. 광견병은 사람도 걸린다. 사람에 대한 바이러스 감염은 광견병에 걸린 개 등에게 물리면 일어난다. 한국은 광견병 예방을 위해 보건 당국에서 2종 가축 전염병으로 분류하여 관리하고 있으며 2004년 이후로 광견병이 발견된 사례가 없다.

●오제스키병

헤르페스바이러스에 의한 병이며, 주로 돼지에게 발생하지만 돼지는 증상이 나타나지 않는다. 그런데 개나 고양이, 그 밖의 동물이 발병하면 신경 증상(긁고 싶은 기분을 일으키는 피부 질환)을 특징으로 하며, 짧은 기간 안에 사망한다. 침입한 바이러스는 지각 신경을 따라 척수나 뇌에 도달하여 수막 척수염을 일으킨다.

●고양이 전염병 복막염

고양이 코로나바이러스에 의한 병으로, 증상에는 삼출형과 비삼출형이 있다. 삼출형은 복수와 흉수의 저류가 보이며, 비삼출형은 안구염이나 뇌염, 척수막염이 보인다.

●톡소포자충증

톡소플라스마 원충에 의한 병이다. 성묘는 이 원충에 감염되어도 대부분은 무증상이지만 나이가 어린 고양이나 개는 전신 증상을 일으키며 발열이나 호흡 곤란, 설사, 신경 장애, 운동 장애 등이 인정된다. 뇌염이나 림프샘염, 간염, 뇌척수염도 발생한다.

●네오스포라증

네오스포라 원충을 원인으로 하는 병이며, 개는 뇌척수염을 일으킨다.

●크립토코쿠스증

크립토코쿠스를 원인으로 하는 호흡기계 및 신경계 병이다. 개의 경우는 중추 신경계 이상으로 머리가 기울어지거나 운동 실조, 경련이 인정된다. 눈에 맥락막염이나 시각 신경염이 보인다. 고양이는 상부 호흡기 증상이나 신경 증상을 나타내며 우울, 운동 실조, 뒷다리 마비 등이 인정된다. 사람에게 감염되지 않도록 주의가 필요하다.

●수막염

헤모필루스나 스트렙토코쿠스 같은 세균의 전신 감염이 수막으로 파급되어 일어나는 염증이다. 경막에 염증이 생긴 경우를 경막염, 연막에 염증이 생긴 경우를 연막염이라고 한다.

척수 질환

추간판 헤르니아

추간판은 경추(목뼈)에서 미추(꼬리뼈)로 이어지는 척추뼈의 추체(척추뼈 몸통)와 추체

사이에 존재하며, 그것들을 서로 연결하고 있다. 추간판의 중심에는 젤이나 윤활유로 비유할 수 있는 수핵이 있으며, 그 주위를 섬유 조직으로 이루어진 섬유륜이라는 구조가 동심원 모양으로 둘러싸고 있다. 수핵은 충격 흡수제로 작용하여 외력이 가해지면 섬유륜과 협조하여 압력을 지탱한다. 추간판 헤르니아(척추 원반 탈출증)란 추간판의 수핵이 섬유륜 안으로 누출하는 현상을 말한다. 추간판 헤르니아에는 섬유륜만 눌려서 척주관 안으로 돌출한 것과 수핵 자체가 척주관 안으로 나오는 것이 있는데, 둘 다 척수 신경을 압박함으로써 발병한다. 견종을 연골 이영양증성 견종과 비연골 영양성 견종이라는 두 가지로 분류하면, 연골 이영양증성 견종에 추간판 헤르니아가 잘 발생한다고 할 수 있다. 이 그룹에는 닥스훈트나 페키니즈, 푸들 등이 포함된다. 이런 견종은 추간판의 수핵이 원래 연골 모양이라 어린 나이일 때부터 변성이 일어나기 쉬우며 외력에도 약하다는 특징이 있다. 그러므로 이런 견종을 키울 때는 격렬한 운동, 예를 들면 계단 오르내리기나 전력 질주 등은 되도록 피한다.

증상 몸의 일부, 특히 배근(등살)을 따라 격렬한 통증이 있고, 움직이지 않고 가만히 있고 싶어 하며, 뒷다리가 휘청거리면서 금방 주저앉는 등의 증상이 보인다. 중증이 되면 양쪽 뒷다리가 완전히 마비되어 앞다리만으로 달리게 된다.

진단 진단하려면 먼저 신체검사하여 증상을 확인한다. 증상이나 촉진, 신경학적 검사로 이 병을 추측할 수 있으며, 탈장을 일으킨 부위도 알 수 있다. 다음으로 병변의 존재를 추측한 부위에 맞춰 엑스레이 검사를 한다. 개는 흉추에서 요추로 이행하는 부위에 가장 많이 발생하며 그다음으로 요추부와 경추부에서 거의 비슷한 수준으로 많이 발생한다. 추간판 헤르니아를 일으킨 부위를 특정하는 데에는 척수 조영 검사도 유용하다. 전신 마취한 상태에서 요추부로부터 바늘을 척수 거미막하 공간(거미막과 연질막 사이에 뇌척수액이 들어 있는 공간)에 넣어서 조영제를 주입하는 검사법이며, 척수가 압박되어 있으면 탈장 부위라고 진단할 수 있다. 필요하다면 CT 검사나 MRI 검사도 한다.

치료 내과적 치료와 외과적 치료가 있다. 내과적 치료법은 비교적 가벼운 추간판 헤르니아, 즉 사지의 마비를 동반하지 않고, 배근을 따라 통증이 심해서 가만히 있는 증례에 실시한다. 첫 번째 선택은 안정을 유지하는 것. 이어서 스테로이드제 투여나 레이저 치료 등도 한다. 내과적 치료법으로 개선되지 않거나 이미 뒷다리 마비가 나타난 심각한 경우에는 외과적 치료를 한다. 외과 수술을 할 때는 그것을 결정하기 전에 수술 적응이 어떨지를 판단해야 한다. 수술법으로는 경부의 추간판 헤르니아에서는 복측 천공술, 복측 슬롯법, 편측 추궁(척추뼈 고리) 절제술, 배측 추궁 절제술 등의 방법이 이용된다. 흉요추부 탈장에서는 편측 추궁 절제술, 배측 추궁 절제술 등으로 돌출한 추간판 물질을 제거하거나 척수의 감압을 하고, 척수의 부종을 예방하거나 더 나아가서 척추가 원래대로 회복함으로써 신경계 기능이 회복되기를 기다린다. 수술 후에는 조기에 재활을 시작하여 근육의 위축을 예방함과 더불어 신경계의 소통을 꾀한다. 재활 효과가 없어서 뒷다리 신경이 소통되지 않아 배뇨, 배변 장애가 남는다면 휠체어를 사용하게 된다.

외상 질환

척수는 뇌와 나란히 몸의 중추 역할을 하는 중요한 역할을 하고 있으므로 외부로부터의 장애에 대해 강고하게 보호되고 있다. 그 방어를 뚫고 장애가 미쳤을 때도 척수는 두 개의 방어 기구가 있다. 먼저 체내에서 가장 단단한 조직인 뼈조직인 척추로 보호되고 있다. 다음으로 거미막하 공간에 존재하는 뇌척수액이 척수 주위를 둘러싸고 있으며, 척수는 이른바 액체 안에 떠 있는 상태를 이루고 있으므로, 여기서도 외계로부터의 충격을 흡수하여 충격이 척수 실질까지 도달하기 힘들게 한다. 이 두 가지 방어를 깨부수고 척수에 손상을 주는 외상 질환은 중상인 경우가 많다.

● 환축 관절의 아탈구

주로 젊은 소형견에게 보이는 경추 이상이며, 경부의 척수가 압박된 결과 다양한 신경 증상이 일어난다. 제1경추(환추)와 제2경추(축추)는 척추의 뼈 중에서도 특별한 형태를 띠고 있으며 특별한 관절을 만들어서 다양한 작용이 가능하게 되어 있다. 즉, 후환축 인대나 축추(척추뼈 가운데 둘째 목뼈)의 치돌기(치아처럼 돌출한 부분) 같은 구조가 있으며 이것으로 빙글빙글 돌릴 수 있다. 이 치돌기에 결손이나 기형, 골절 등의 이상이 생기거나 후인대가 찢어지면 관절이 불안정해지고 심지어 비정상적인 굴곡 상태가 된다. 그리고 치돌기 등으로 척수 앞쪽 면이 압박되어 다양한 신경 증상(경부의 격심한 통증, 사지 떨림이나 마비, 기립 불능 등)이 발생한다. 진단하려면 신체검사 및 신경학적 검사에 의해 가진단을 하고 엑스레이 검사를 하여 확정한다. 치료는 내과적인 보존 치료로 케이지에서 안정시키고 스테로이드제를 투여하거나 경부를 코르셋으로 보정한다. 외과적으로 관절을 고정하는 다양한 수술법도 고안되어 있다. 보존 요법으로 양호한 결과가 나오지 않는 때는 수술을 고려한다.

● 척추의 골절과 탈구

교통사고나 높은 곳에서 낙하 등으로 척추의 골절이나 탈구가 발생한다. 이 골절 또는 탈구는 대부분 흉요 이행부에서 요추부에 발생하며, 경추에서 흉추까지에서 발생은 비교적 적다. 경증인 경우도 있지만 중증인 경우가 많으며 환부에 격렬한 통증이나 사지(특히 뒷다리)의 기립 불능, 배뇨와 배변 장애 등이 보이기도 한다. 이들 증상은 척수의 골절 또는 탈구만으로 일어나는 경우는 적으며, 대부분 골절이나 탈구와 동반하여 발생하는 척수 장애에서 기인한다. 그러므로 척추의 변위에 따라 증상은 다양하다. 즉 골절이나 탈구의 정도가 클수록 척추 안에 들어 있는 척수의 장애도 심하며 예후도 나빠진다고 할 수 있다. 먼저 신체검사와 신경학적 검사를 하여 동물의 일반 증상을 관찰한다. 상처를 입으면 흥분 상태인 때가 많으므로 약간 시간을 두어 안정된 다음에 검사를 한다. 검진으로 통증이 심한 부위를 찾고 척추의 휘어짐이나 뒤틀림을 찾아낸다. 다음으로 엑스레이 검사를 하여 골절이나 탈구를 일으킨 부위를 특정한다. 그 밖에 혈액 검사로 동물의 일반 상태나 내장 기관 이상의 유무를 조사한다. 가장 가벼운 경우(척추뼈의 일부 골절에만 그치고 척주관의 변위를 일으키고 있지 않은 것)는 보존 치료를 하고 케이지에서 안정시킴으로써 뼈의 유합을 촉진한다. 이 단계인 것은 일반적으로 예후는 양호하다. 한편, 척추가 골절 또는 탈구를 일으켜서 척주관이 변위된 경우나 척추가 완전히 탈구를 일으켜서 척주관이 끊어지면 내과적인 치료 이외에도 외과적으로 탈구 정복술이나 척수 감압 수술, 고정 수술법을 행한다. 그러나 이런 예에서는 척수에 장애가 발생했으므로 수술한다 해도 신경계 기능이 반드시 회복된다고는 말할 수 없다.

● 마미 증후군

척수 실질은 제6요추부 근처에서 끝나고 거기보다 꼬리 쪽은 척수 신경으로 구성되어 있다. 마미 증후군은 마미 즉, 척수 신경이 외상에 의해 압박을 받으면 발병하는 신경 증상의 총칭이다. 외상 이외에 추간판 헤르니아나 종양 등으로 발생하기도 한다. 일반적으로 개에게서는 제7요추부부터 천추에 포함되는 척수 신경의 장애를 마미 증후군이라고 부를 수 있다. 소변이나 분변의 실금, 꼬리의 움직임이 나쁘고 축 늘어진 채로 있는 등의 증상이 보이는데, 뒷다리의 운동 등 신경 기능에는 거의 영향이 없는 것이 특징이다. 엑스레이 검사로 진단하는데, 엑스레이 검사를 하면 제7요추와 제1천추 사이의 척추 병변에서 기인하는 것이 가장 많이 보인다. 치료는 가벼운 정도는 보존 요법(케이지에서 안정하기)이나 스테로이드제를 투여하지만 척주관이 심하게 어긋나고 증상도 중증이면 외과적으로 감압 수술이나 척추 고정술을 실시하기도 한다.

영양 질환

영양의 편중이 직접적으로 척수 장애를 발병시키는 케이스는 대단히 적다고 여겨지지만, 영양 불량이 간접적인 원인이 되어 척수 질환을 일으키기도 한다. 이 경우, 유년기부터의 편식이 뼈조직인 척추의 발육에 커다란 영향을 미쳐서, 척수가 포함되어 있는 척주관의 뒤틀림이나 협소를 촉진하여 척수에 장애를 일으키는 도식이 성립한다. 이 병은 편식하는 경향이 있는 고양이에게 많이 보인다.

● 고양이 비타민 A 과다증

비타민은 지용성과 수용성으로 나눌 수 있다. 지용성 비타민 A, D, E, K는 간에 저장된다. 수용성 비타민 B군과 C는 필요한 양만큼만 몸에 저장되고 나머지는 소변으로 배출된다. 그러므로 수용성 비타민을 어느 정도 많이 섭취해도 위험성은 없지만 지용성 비타민은 체내에 과다하게 저장되면 다양한 폐해를 초래한다. 비타민 A는 과다하게 섭취되면 체내에 저장되어 골격의 석회화와 기형을 일으킨다. 간을 많이 함유한 캣 푸드나 비타민 A제를 섭취한 고양이에게 많이 발생한다. 기운이 없다, 식욕이 감퇴한다, 사지를 아파하고 관절이 붓는다, 보행에 이상이 나타난다, 근육이 쇠퇴한다 등의 증상이 보인다. 진단하려면 엑스레이 검사로 폐나 뼈에 석회의 침착과 관절의 증식 상태를 확인한다. 치료는 사료의 개선이 최우선이다. 간을 많이 함유한 캣 푸드를 주고 있다면 균형 잡힌 양질의 사료로 바꿔 준다. 뼈나 관절의 통증이 심하다면 진통제를 투여한다.

● 영양성 이차 부갑상샘 기능 항진증

발육기 동물에게 저칼슘, 인 과다인 식사를 장기간에 걸쳐서 주면 갑상샘 가까이에 있는 부갑상샘의 기능이 항진하여 부족한 칼슘을 뼈조직에서 보충하려 하게 된다. 그 현상이 계속되면 뼈조직은 탈회가 진행되어 뼈가 성기게 되어 쉽게 골절을 일으키거나 한다. 이 병은 특히 고양이에게 많이 보인다. 뼈의 탈회가 척추뼈까지 미치면 척주관의 뒤틀림이나 만곡이 일어나고, 그것의 내부에 포함된 척수에도 영향이 미치면 사지의 파행이나 기립 불능, 안아 주면 심하게 아파하는 등의 증상이 나타난다. 엑스레이 검사를 하여 진단하며, 이 병 특유의 엑스레이 소견이 있으므로 간단히 진단할 수 있다. 치료는 영양의 개선이 필수다. 균형 잡힌 시판용 사료를 준다. 일광욕도 추천한다.

유전 질환, 선천 기형

척수 질환에도 유전병이나 선천 기형이 많이 포함되어 있다. 여기서는 척수뿐만 아니라 척추의 유전 질환과 선천 기형의 증례도 다룬다.

● 경부 척추증

도베르만핀셔나 그레이트데인 등 대형견의 성장기에 많이 확인되는 병이다. 초기에는 뒷다리가 휘청거리고 나이가 들어감에 따라 그 증세가 진행된다. 이어서 앞다리도 마비가 보인다. 이 병은 경추의 후반, 특히 제5부터 제7경추의 척주관 안에서 척수의 앞쪽 부분이 압박됨으로써 일어난다. 뒷다리부터 신경 증상이 나타나는 것은 척수가 압박받는 부분에 뒷다리로 가는 신경이 존재하고 있기 때문이다. 증상과 엑스레이 검사 소견을 바탕으로 진단한다. 경부가 굴곡된 상태에서 엑스레이 촬영을 하면 경추 후반 부분의 뒤틀림이나 척주관의 협소화가 인정된다. 치료는 보존 요법으로 안정을 유지하면서 스테로이드제 등을 투여하여 상태를 살핀다. 증상이 진행되면 척추 고정술을 하기도 한다.

● 반척추증

척추의 선천 기형이며 태아기의 척주(척추뼈가 서로 연결되어 기둥처럼 이어진 전체) 형성 이상으로 발생한다. 구체적으로는 어떤 원인에 의해 척추뼈 중 하나가 절반이 골화하지(석회가 가라앉아서 뼈조직이 만들어지지) 않은 채로 태어나며, 골화하지 않은 척추뼈는 쐐기 모양을 하게 된다. 동물이 어릴 때는 증상다운 증상이 확인되지 않지만, 성장하면서 기형을 가진 척추뼈가 앞뒤의 척추로부터의 압력을 견디지 못하고 등쪽 방향으로 밀려 올라간다. 이런 상태가 되면 그 내부의 척수도 압박되므로 뒷다리의 휘청거림이나 불완전 마비, 기립 불능 등의 신경 증상이 나타난다. 엑스레이 검사로 확진할 수 있다. 반척추증은 흉추에 발생하는 경우가 가장 많으며, 그 부분이 극단적으로 만곡(척추가 굽어 뒤로 튀어나온 증상)된 영상이 확인되면 진단할 수 있다. 근본적인 치료법이 없으므로 보존 요법이 주체가 되며 외과적으로 척수 감압 수술이나 척추 고정술 등도 고려된다.

● 이분 척추증

척추뼈 고리가 닫히지 않아 생기는 골 기능 부족을 특징으로 하는 발생학적 기형. 갈라진 척추를 통해서 척수나 수막 따위가 돌출된 경우와 돌출되지 않은 경우가 있다. 이 기형은 태아기에 척추의 형성 이상으로 발생하고, 생후에는 극돌기의 유합 부전 때문에 두 개의 극돌기가 보인다. 발생은 비교적 드물며, 발생 예에서도 증상이 인정되지 않은 경우가 많다.

● 이행 척추증

비교적 많이 발생하는 기형이다. 이 기형에서는 척추의 이행부(예를 들면 흉추에서 요추로 이행하는 부분, 요추에서 천추로 이행하는 부분)에 요추화(첫째 엉치뼈 분절이 엉치뼈로 합쳐지지 않고 분리되어 요추가 여섯 개로 된 상태)나 천추화(제5요추가 천추의 형상을 나타내는 것)라는 현상이 일어나고, 그 결과 제13늑골이 결여되거나, 또는 허리 갈비뼈라고 하여, 요추에 늑골이 붙어 있기도 하다. 단, 이들은 모두 무증상이며 다른 목적으로 찍은 엑스레이 검사에서 우연히 발견되는 경우가 대부분이다.

● 척수 공동증, 수척수증

척수의 중심 부분에 공간이 생기는 병으로, 선천뿐만 아니라 후천적으로 형성되기도 한다. 선천적인 것은 모든 견종에서 보이는데, 바이마라너에게 많이 발생한다고 알려져 있다. 후천적인 것은 척수의 외상이나 추간판 헤르니아, 종양, 바이러스 척수염 등에 이어서 일어난다. 증상은 신경 증상(언제나 자고 있다, 활발하지 않다, 사지, 특히 뒷다리가 휘청거린다, 얕은 높이도 뛰어넘지 못한다, 넘어진다 등)이 나타난 후, 악화하여 간다. 일반적인 엑스레이 검사만으로는 진단하기 어려우므로 CT 검사나 MRI 검사도 한다.

근본적인 치료법은 없고 대증 요법을 쓰는 데에 그친다.

변성 질환, 변형 척추증

변성 질환은 몸의 모든 부분에서 발생하는데, 신경계에서도 일어난다. 변성 질환은 세포 내 또는 세포 외에 이상 대사 물질의 침착이 보인다. 변형 척추증은 강직성 척추증이나 척추 외골증, 변형 척추염 등 많은 별명이 있다. 이 병은 추간판의 수핵과 섬유륜의 변성을 동반하여 뼈가 이상 증식하는 것이며, 추체의 앞쪽 면에 골극이 형성된다. 이 골극이 차츰 자라나서 인접한 척추뼈과 유합하게 된다. 거의 모든 견종의 노령견에게서 보이는데, 특히 독일셰퍼드 등의 대형견에게 많이 발생하는 경향이 있다. 대개는 무증상이지만 때로 요추부를 구부릴 때 통증이 나타나거나 뒷다리의 파행이 보이기도 한다. 엑스레이 검사로 진단한다. 변형 척추증은 모든 척추뼈의 앞쪽 면에 나타나는데, 특히 흉요추 이행부로부터 요추부에 많이 보인다. 무증상이라면 치료가 필요 없지만 통증을 나타낸다면 소염제나 진통제 등을 투여한다.

염증 질환, 감염 질환

신경계에도 많은 염증 질환이나 감염 질환이 일어난다. 여기서는 척추와 척수에 발생하는 염증과 감염 질환 중에서 대표적인 것을 알아본다.

● 추간판 척추염

추간판을 끼고 인접한 두 개의 추체에 동시에 발생하는 세균 감염증을 말한다. 보통 추간판의 염증과 추체의 골수염이 확인된다. 요추부에서 가장 많이 발생한다. 원인으로는 외상이나 체내의 감염 질환(혈액 순환을 통해 파급), 의인성을 생각할 수 있다. 신체검사를 하면 환부의 감염이나 격렬한 통증이 있고, 움직이고 싶어 하지 않는 등 운동 장애도 보인다. 엑스레이 검사에서는 추간판을 중심으로 한 척추 추체의 염증 상이 확인되며 치료는 골수염 치료에 준한다. 항생제를 투여하고 난치성인 경우는 외과적인 드레인[25]을 설치하기도 한다.

● 진균 척수염

척수에 염증을 일으키는 진균병에는 크립토콕쿠스증이 있다. 크립토콕쿠스증은 흙이나 비둘기 분변에 존재하는 크립토콕쿠스라는 진균에 감염되어 발병한다. 고양이는 싸움의 상처에서 얼굴이나 목에 감염되는 경우가 있으며, 콧날이나 피부 아래에 부기나 응어리가 생기거나 콧물이 보이기도 한다. 개는 전신에 감염이 퍼지기 쉬우며 시력 장애를 포함하는 중추 신경계의 이상이 보이고 우울, 성격 변화, 발작, 선회 운동, 불완전 마비, 실명 등의 증상이 나타난다. 치료는 암포테리신 B를 정맥 내 주사하거나 거기에 더해 플루시토신 내복을 병용한다. 최근에는 진균 감염증 치료제인 케토코나졸이나 이트라코나졸, 플루코나졸 등을 경구 투여하기도 한다. 병이 중추 신경계까지 진행되었다면 완치가 곤란한 경우가 많다.

종양

척추 종양은 편의상, 다음 세 가지로 분류된다. 첫째, 경막 내 수내 종양(척수 실질 내의 종양으로, 중추 신경을 구성하는 세포 유래인 경우가 많고, 대부분 별 아교 세포종), 둘째, 경막 내 수외 종양(척수 실질과 척수를 둘러싼 경막 사이에 생기는 종양이며 대부분 신경 섬유종 수막종), 셋째, 경막 외 종양(척수 실질보다 바깥쪽에 생긴 종양, 대부분 원발성 골종양이나 림프종, 젖샘 종양, 혈관 육종 등

25 농양이나 액체를 제거하는 일. 또는 그것을 위하여 사용하는 도구. 일반적으로 관 형태로 상처 부위에 삽입한다.

악성 종양의 척주관 안으로의 전이). 이들 종양의 증상은 발생 부위나 크기, 침입 정도 등에 따라 다르다. 진단은 보통 엑스레이 검사로 판명하기도 하지만, 척수 조영법에 따른 엑스레이 검사나 CT 검사, MRI 검사를 해야 하는 경우도 많다. 치료는 외과적으로 종양을 적출하며 항암제도 사용한다.

말초 신경 질환

염증 질환, 중증 근육 무력증

신경에서 골격근으로 자극을 전달할 때 신경의 말단에서 신경 전달 물질인 아세틸콜린을 방출하여 그것을 근육 쪽에서 받아들인다. 이때 아세틸콜린을 받아들이는 부분(아세틸콜린 수용체)의 수가 적으면 근력의 저하가 생긴다. 이것이 중증 근육 무력증이라고 불리는 병이다. 원인에는 선천성과 후천성이 있다. 선천성은 드문 유전 질환이며 생후 3~8주령 동물에게 보인다. 잭 러셀테리어나 잉글리시 스프링어스패니얼 등에게 많이 보이는 것으로 알려져 있다. 후천성은 아세틸콜린 수용체에 대한 항체(항수용체 항체)가 생겨 버려, 이 항체의 작용으로 수용체가 감소하는 면역 매개 병이다. 1~3세와 9~13세 동물에게 많이 발생한다. 후천성은 모든 견종에서 보이지만 골든리트리버나 독일셰퍼드, 아키타견 등에 많이 보이는 경향이 있다. 고양이 중에서는 아비시니아고양이나 소말리에게 보이지만 고양이에게는 대단히 드문 병이다.
근력 저하가 주된 증상으로, 운동하면 악화하고 휴식하면 개선되는 특징이 있다. 침흘림증이나 구토(거대 식도증에 의함), 삼킴곤란, 동공 확대, 안검 하수, 울음소리의 변화, 허탈 등이 보인다. 거대 식도증을 일으켜도 골격근의 탈력이 보이지 않는 예도 있으며 특발성 거대 식도증 등과 감별이 필요하다. 음식물이나 구토물과 같은 이물질이 기관지로 흡인되어 생기는 흡인 폐렴이 생기기도 한다. 몇 분 이내에 근력을 회복하는지 알 수 있는 텐실론 시험으로 진단한다. 텐실론 시험이란 염화 에드로포니움을 투여함으로써, 단시간이기는 하지만 급속히 증상이 개선된다. 그 밖의 진단법으로는 혈액 속의 항수용체 항체의 검출이나 근전도 검사 등을 한다. 비슷한 증상이 보이는 다발 근육염 등 근육이 장애를 입은 병과는 다르며 혈액 화학 검사에서 근효소(아스파라긴산 아미노기 전달 효소), 크레아틴키나아제, 유산 탈수소 효소, 알돌라아제 등)의 증가는 보이지 않는다. 한편, 후천성 중증 근육 무력증은 가슴샘종이나 간암, 항문낭 종양, 골육종, 피부형 림프종, 원발성 폐종양 등을 동반하여 발생하기도 하며, 이들과의 감별도 필요하다.
항아세틸콜린에스테라아제 약인 브롬화 피리도스티그민 등을 투여한다, 면역 억제제(프레드니솔론, 아자티오프린 등)를 투여하기도 한다. 가슴샘종 같은 종양은 적출 수술을 한다. 거대 식도증을 일으킨 경우는 흡인 폐렴의 원인이 되므로 식기를 높은 곳에 두고 뒷다리만으로 선 자세에서의 식사가 권장된다. 개선이 보이지 않는 것부터 회복하는 것까지 다양하다. 흡인 폐렴을 일으키면 치명적인 경우가 많으므로 주의가 필요하다.

특발 질환, 특발 신경염

특발 삼차 신경염은 뇌신경의 하나인 삼차 신경이 원인을 알 수 없는 급성 염증을 일으키는 병이며, 턱이 마비되어 늘어지거나 입을 다물 수 없게 된다. 중년령 이후의 성견에게 보이며 고양이에게는 드물다. 음식을 입에 물기가 곤란해지므로 식사할 때 음식물을 흐트러뜨린다. 침을 흘리기도 한다. 단, 음식을 삼키는 것은 가능하며 지각을 상실하지도 않는다. 특유의 증상에 더해 비슷한 증상이 보이는 병, 예를 들면 턱관절 이상, 저작근 근염, 종양 등과의 감별로 진단한다. 치료는 주로 대증 요법이며 손으로 먹이를 주거나 주사기로 물을 마시게 한다. 코르티코스테로이드제를 투여하기도 한다. 대부분 2~4주면 회복된다.

특발 안면 신경염(안면 신경 마비)은 뇌신경의 하나인 안면 신경이 장애를 입음으로써 이 신경이 지배하는 근육의 마비나 근력 저하가 생긴다. 개와 고양이 모두에게 보이지만, 개에게서는 코커스패니얼이나 웰시 코기, 복서, 영국세터 등에게 많다고 한다. 대개 원인은 명확하지 않지만(특발성), 갑상샘 기능 저하증이나 안면 신경의 외상, 중이염이나 내이염, 종양 등으로 안면 신경의 분기가 장애를 입음으로써 일어난다. 신경 장애는 좌우 어느 한쪽에 일어나는 경우가 많으며 눈을 감지 못하거나 입술이나 귀가 움직이지 않는 등의 증상이 보인다. 눈물이 줄어들어 건성 각막염을 일으키기도 한다. 특징적인 증상이 인정되고 원인을 알 수 없는 경우에 특발 안면 신경염이라고 진단하며 그 밖에 중이나 내이의 이상이 의심되면 귀길을 꼼꼼하게 검사하고 엑스레이 검사 등도 한다. 갑상샘 기능 저하증이 의심될 때는 갑상샘 호르몬의 농도를 측정한다. 치료는 원인에 따라 다르지만 특발성이면 유효한 치료법이 없다. 발병 후 2~6주 정도면 회복하기도 한다. 중이염이나 내이염을 원인으로 하는 예에서는 내과적 치료로 효과를 얻지 못하면 수술한다. 건성 각막염이 합병되면 그것도 치료한다.

외상 질환, 신경 손상

말초 신경이 어떤 외상으로 장애를 입은 때에는 손상 정도에 따라 회복하는 방법이 달라진다. 가장 가벼운 손상을 생리적 신경 차단이라고 부른다. 이것은 신경의 기능과 전달이 일시적으로 끊어진 것이며 신경은 양호하게 재생된다. 다음 단계는 축삭(신경 돌기) 단열이며, 신경 손상부에서 먼 곳의 신경 돌기가 잘린 것을 말한다. 축삭 단열도 예후는 비교적 양호하며 조건만 좋으면 신경 재생이 충분히 가능하다. 신경 단열은 가장 중증이며 신경이 완전히 끊어진 상태다. 이 단계가 되면 외과 수술로 신경을 연결하지 않는 한, 재생은 불가능하다.

발작 질환과 수면 질환

뇌전증

뇌전증이란 발작적으로 반복되는 전신 경련이나 의식 장애를 주요 증상으로 하는 뇌 질환이다. 뇌전증은 다음과 같은 두 가지로 분류된다. 진성 뇌전증은 뇌에 기질적 이상이 인정되지 않는 원인 불명의 뇌전증이며, 증후성 뇌전증은 뇌에 기질적 이상이 인정되는 뇌전증이다. 뇌전증의 발병에는 유전적 소인이 크게 관계되어 있다고 여겨진다. 모든 견종에 인정되며, 대를 이은 발생도 있다. 증후성 뇌전증은 뇌염이나 외상성 뇌 장애, 뇌종양, 물뇌증 등의 뇌 질환의 경과 중에 발생한다. 뇌전증은 뇌전증 발작을 유발하는 초점에서 방전이 일어남으로써 시작된다. 마침내 이 방전이 뇌에서 광범위하게 퍼져서 전신 발작을 유발한다. 뇌전증의 발작은 전신 발작(대발작)과 소발작(가벼운 발작으로 의식을 잃지 않는 것) 등의 형으로 분류된다. 어떤 발작이든 안절부절못한다, 한곳을 바라본다, 입을 우물거린다, 감정이 불안정해진다 등의 전조 증상이 많이 보인다. 발작은 몇 분 동안 지속되며 그 후 곧바로 회복된다. 증상이나 일반적인 검사로 진단하는 일이 많지만 증후성 뇌전증은 뇌 질환의 수반증으로 발생하기도 하므로 CT 검사나 MRI 검사 등도 필요하다. 항경련제를 매일 투여함으로써 발생을 막을 수 있다.

기면증

기면증(발작성 수면, 졸음증)이란 유전 또는 후천적 수면 조절 메커니즘의 장애로 일어나는 병이다. 도베르만핀셔나 래브라도리트리버, 닥스훈트, 푸들에게서는 유전 질환이라고 여겨진다. 유전성인 것은 6개월령까지 발병하며 후천성인 것은 뇌염이나 외상, 종양 등에 의해 뇌간의 수면 중추에 장애가 발생할 때 일어나며, 노령이 되면서 발병하는 경우가 많다고 한다. 주요 증상은 낮 동안의 지나친 경면(의식을 거의 잃은 수면에 가까운 상태), 허탈 발작 등이다. 치료는 낮 동안의 지나친 경면에 대해서는 염산 메틸페니데이트를 경구 투여하고 허탈 발작에 대해서는 삼환계 항우울제인 이미프라민 등을 경구 투여한다.

허탈 발작

허탈 발작(감정성 근육 긴장 소실)이란 운동이나 흥분 등의 감정적 자극으로 근육 긴장(근육의 수축 상태가 오래 지속되는 일)을 가역적으로 갑자기 잃어버리는 것을 말한다. 기면증인 개에게 가장 많이 보이는 증상이다. 허탈 발작은 식사나 놀이 등의 즐거운 상황에서 흥분으로 유발하며 불쾌한 자극으로는 유발하지 않는다. 뒷다리나 목의 탈력에서 이완 마비까지 다양한 증상을 나타낸다. 치료는 삼환계 항우울제인 이미프라민 등을 경구 투여한다.

428

감각기계 질환

시각기의 구조와 기능

시각기는 안구(눈알)와 안검(눈꺼풀) 등의 안구 부속기, 그리고 시각 신경과 그것이 접속하는 뇌의 시각 중추로 구성되어 있다. 안구로 들어온 빛은 망막(그물막)의 시각 세포에서 전기 신호로 변환된 다음 시각 신경을 거쳐 대뇌에 이르며, 거기에서 비로소 시각이 생긴다.
안구의 가장 외층에는 외막이 있으며, 이것은 각막(맑은막)과 공막(흰자위막)이라는 두 개의 막으로 이루어져 있다. 공막 안쪽에는 홍채(눈조리개)와 섬모체, 맥락막(얽힘막)이 존재한다. 빛은 각막에서 전안방(안구 앞방), 수정체, 유리체 순으로 통과하여 망막에 초점을 맺는다.
안구의 부속 기관으로 안검, 결막, 순막(깜박막), 누기(눈물 기관), 안근(안구 근육) 등이 있다.
안구는 안와(눈구멍) 안에 위치하며, 그것의 앞쪽에는 안검이 있다. 안검이나 눈물은 각막을 정상적으로 유지하는 데 중요한 역할을 하고 있다. 안검의 테두리에는 하얀 점이 배열되어 있는데, 이것은 마이봄샘(눈꺼풀판샘)의 개구부다. 마이봄샘에서는 지질이 분비된다. 순막은 제3안검이라고도 불리며, 안구의 코 쪽 방향에 있는 막 모양의 조직이다. 안구에 통증이 있을 때 위쪽으로 돌출하여 안구를 보호한다. 순막에는 순막샘이 있으며, 안구의 뒤쪽 외측에 있는 눈물샘과 함께 눈물을 분비한다. 결막의 술잔 세포[26]로부터는 뮤신(점액소)이라는 점액 상태의 당단백질이 분비된다. 눈물이 눈물막으로서 각막과 결막 표면을 안정적으로 덮으려면 앞에서 말한 지질, 눈물, 뮤신의 세 가지 성분이 필요하다. 각막과 결막의 보호에는 눈의 깜박임도 중요하다. 눈물은 코 쪽 방향의 안검 결막으로 열리는 비루관(코눈물관)을 통해 비강(콧구멍)으로 배출된다.
각막은 투명하고 혈관이 없으며 상피, 실질, 데스메막, 내피의 4층으로 이루어져 있다. 개의 각막 두께는 약 1밀리미터다. 각막 상피는 여러 층의 상피 세포층으로 되어 있으며 최하층의 기저 세포가 증식하여 세포를 표층으로 보내고 있다. 기저 세포는 각막, 공막 이행부의 각막 윤부(각막과 공막의 경계)에 있는 줄기세포(무한히 분열할 수 있는 세포)에서 분열한 세포다. 한편, 각막 실질은 각막 대부분을 구성하며 콜라겐 층과 그 사이를 메우는 프로테오글리칸, 그리고 그것들을 생산하는 각막 실질 세포로 구성되어 있다. 콜라겐 층이 규칙적으로 배열되어 있음으로써 각막은 투명성을 얻을 수 있다. 실질은 흡수성이 있으므로 상피와

26 점막의 상피 배열 속에 있는 점액 분비 세포.

내피가 수분의 침입을 막아 각막 혼탁을 방지하고 있다. 각막 내피는 한 층의 내피세포층으로 되어 있으며, 이 세포는 실질의 수분을 전안방 쪽으로 뿜어내는 펌프 역할을 하고 있다. 내피세포는 세포 분열을 하지 않으므로 나이가 들어감에 따라 세포의 밀도가 감소한다. 데스메막은 내피세포에서 형성된 탄력성이 풍부한 얇고 투명한 막이며, 각막 궤양이 진행되면 돌출하여 데스메막류[27]를 일으킨다.
안방수는 섬모체 돌기의 상피에서 만들어진다. 그리고, 동공을 지나 전안방에 이르며, 다시 각막과 홍채가 접하는 우각을 지난 다음, 혈액 순환으로 들어간다. 사람의 우각에는 쉴렘관[28]이 있는데, 개에게는 없다. 우각에서 안방수가 잘 배출되지 않으면 안압이 상승하여 녹내장을 일으킨다. 홍채와 섬모체, 맥락막은 연결된 일련의 조직이며, 여기에는 다량의 색소와 혈관이 포함되어 있다. 홍채와 섬모체를 전포도막, 맥락막을 후포도막이라고 한다. 홍채에는 동공 확대근(산대근)과 동공 괄약근(조임근)이라는 두 개의 근육이 있으며 동공 지름을 조절함으로써 망막에 도달하는 빛의 양을 조절하고 있다. 개의 동공 괄약근은 동공 가장자리를 두르고 있는 원 모양인데, 고양이의 동공 괄약근은 동공의 뒤쪽과 앞쪽에서 교차하고 있으므로 이것이 수축하면 동공은 세로로 길쭉해진다. 홍채 색깔은 색소 세포의 수와 홍채 표면의 구조로 정해진다.
섬모체는 홍채와 맥락막 사이에 있으며 수정체를 지탱하고 안방수를 생산하며, 안방수의 배출 작용을 한다. 수정체는 투명하고 동공의 후방에 있으며, 렌즈 역할을 한다. 수정체낭은 수정체를 담은 주머니로, 그 적도부[29]는 모양 소체에 의해 섬모체와 접속하고 있다. 수정체낭의 동공 쪽을 전낭, 후방 쪽을 후낭이라고 부른다. 수정체 전낭의 안쪽에는 수정체 상피 세포가 나란히 놓여 수정체 섬유를 만든다. 수정체 섬유는 수정체 실질을 형성하며, 바깥쪽에서는 젊고 핵이 있는 세포가 수정체 겉질을 형성하고, 중심부에서는 세포핵을 잃은 오래된 세포가 수정체핵을 형성하고 있다. 오래된 세포가 중심 쪽으로 향함으로써 수정체핵은 나이가 들어감에 따라 차츰 밀도가 증가하여 딱딱해진다. 수정체의 겉질이나 핵이 탁해지면 백내장이 되고, 수정체 안의 단백질이 전안방으로 누출되면 수정체 기인성 포도막염이 일어난다.
유리체는 투명한 젤 같은 조직으로, 수정체에서 망막까지의 사이에 위치하며 눈 부피의 약 4분의 3을 차지한다. 유리체가 액화되거나 흉터가 생겨서 망막 박리가 일어나기도 한다.
망막은 맥락막 안쪽에 위치하며, 10층을 이루고 있다. 간상 세포나 추상 세포 등의 시각 세포가 빛에 반응하여 망막의 신경 섬유에 자극을 전달한다. 신경 섬유는 망막 표층을 달려서 시각 신경 유두에 모이고, 시각 신경이 되어 뇌로 연결된다. 개는 시각 신경에 부속된 미엘린(지방층들이 규칙적으로 반복되는 구조를 가지는 지질 단백)이 시각 신경 유두 주변까지 분포해 있으므로 시각 신경 유두의 모양이 하얗고 가지런하지 않다. 한편 고양이의 시각 신경 유두는 미엘린으로 덮여 있지 않으므로 원형으로 보인다. 개의 시각 신경 유두에는 생리적인 우묵한 상태가 보이는데, 고양이에게는 가벼운 정도다. 사람의 눈에서 황반으로 불리는 부분은 개나 고양이에게서는 망막 중심와(중심 오목)라고 불린다. 시각 신경초는 시각 신경을 둘러싼 경막, 거미막, 거미막밑 공간을 말한다.
맥락막은 망막과 공막 사이에 있는 색소와

27 각막의 표층에 궤양이 생겨 데스메막이 각막 표층으로 돌출되거나 흘러나온 상태.
28 눈의 공막과 각막 경계부에 있는 원형의 관.
29 특정 세포나 기관에서 세로 중심의 수직 평면에 해당하는 부위.

안검의 횡단면

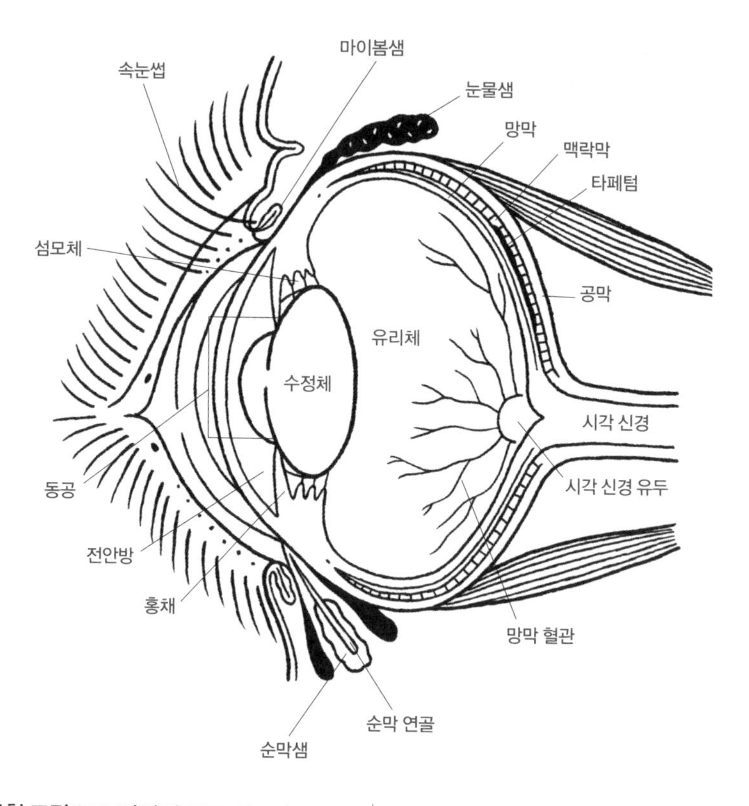

혈관이 풍부한 조직으로, 망막의 시각 세포에 영양소를 보급하고 있다. 맥락막 안의 망막 쪽에는 타페텀(피막)이 있다. 타페텀은 노란색이나 녹색의 반사판으로 작용하며, 시각 세포가 외계로부터 직접 받은 빛과 타페텀에서 반사된 빛을 이중으로 감지함으로써 희미한 빛을 증폭하는 작용을 한다. 밤중에 개나 고양이의 눈이 빛나는 것처럼 보이는 경우가 있는 것은 이것의 작용 때문이다. 타페텀의 색깔에는 녹색이나 청색, 황색 등이 있으며 품종이나 나이에 따라 다르다. 안저(눈바닥)는 타페텀이 있는 타페텀 영역과 그 주위의 넌타페텀 영역으로 나뉜다. 타페텀 영역의 망막 색소 상피에는 색소가 없지만 넌타페텀 영역의 망막 색소 상피에는 색소가 있다. 색소가 연한 동물의 눈이나 푸른 홍채를 가진 눈은 타페텀이나 망막 색소 상피의 색소가 모자란 경우가 있다.

공막은 각막에서 연속하는 안구의 외막이며, 아교 섬유와 탄성 섬유에 의한 섬유층을 형성하여 안구의 형상을 유지하고 있다. 시각 신경이 통과하는 부위는 공막 사상판(많은 구멍이 있는 체와 같은 구조)이라 불리며, 고양이의 시각 신경 유두에서 관찰할 수 있다.

안구 주위에는 외안근으로서 7개의 횡문근이 있으며, 안구의 작용을 제어하고 있다.

안구에 주로 혈액을 공급하는 것은 위턱 동맥에서 분기하는 외안 동맥이다. 개의 망막 동맥은 시각 신경 유두로부터 복수로 진입하며 중심 동맥은 없다. 망막 혈관은 망막 중심을 피하듯이 주행하고 있지만 그 부위는 일정하지 않다. 개의 망막 정맥은 시각 신경 유두에서 연결되어 있다. 고양이는 세 쌍의 주요한 혈관이 있으며, 망막 동맥과 망막 정맥도 시각 신경 유두 주위에서부터 뻗어 있다.

망막 혈관은 망막의 안쪽 약 2분의 1의 혈액 공급을 담당한다.
개나 고양이의 시각 신경은 시각 교차에서 약 70퍼센트 정도가 교차하여 반대쪽으로 이행한다. 그 후 시삭,[30] 외측 슬상체,[31] 시각 부챗살을 지나서 대뇌의 후두엽 겉질에 도달하여 뇌에 인식된다. 일부 신경 섬유는 중뇌에 도달하여, 동공의 광반응 중추에 관여한다. 그러므로 물뇌증을 앓아 눈이 멀어도 동공 광반응을 보이는 것이다. 진행성 망막 위축 과정에서 시각을 잃을 정도로 망막 기능이 감퇴해도 홍채와 반사가 남아 있는 시기가 있으며, 홍채와 반사, 시각은 일치하지 않기도 한다. 개는 정상 시력이거나 약간 근시며, 난시가 약간 있고 수정체의 굴절 조절 능력도 약해서 초점을 맞출 수 있는 근점은 약 30센티미터라고 알려져 있다. 예를 들면 개를 향해 간식을 던지면 도중까지 눈으로 좇지만, 눈앞에 오면 놓치고 냄새를 맡아서 찾아내는 모습을 많이 볼 수 있는 데에서도 그것을 알 수 있다. 개의 시야는 양쪽 눈으로는 전방 약 240도(고양이는 180도)며, 말이나 소는 360도의 시야를 갖고 있다고 알려져 있다. 색각은 영장류가 3색 시스템인데 개나 고양이는 2색 시스템이라고 여겨지고 있다. 말은 황, 녹, 청을 식별할 수 있고, 양은 적, 황, 청을 식별할 수 있으며, 주행성 조류는 양호한 색각을 갖고 있다고 한다.

시각기 검사

시각기 검사는 먼저 동물의 시기능(사물을 보는 기능)을 조사하는 것으로 시작한다. 시기능이 약해져 있거나 완전히 상실되어 있어도 개나 고양이는 집 안에서 물건의 위치 등을 기억하고 있으므로 주변이 보이는 것처럼 행동하기도 한다.

● 시기능 검사

위협 반사 개나 고양이의 눈앞에서 놀라게 하듯이 사람 손을 움직이고, 그때 동물이 반사적으로 눈을 깜박이는지를 판정하는 검사다. 단, 이 검사법은 개나 고양이가 긴장하고 있거나 하면 정확하게 검사할 수 없다는 단점이 있다.
탈지면 공 낙하 시험 탈지면으로 만든 공을 눈앞에서 떨어뜨리고, 그것을 동물이 눈으로 좇는지를 판정하는 검사다. 이 검사법은 탈지면 공에 대한 동물의 흥미 정도에 따라 결과가 고르지 않게 나온다는 단점이 있다.
눈부심 반사 눈에 강한 빛을 쪼여서 반사적으로 눈을 깜박이는지를 판정하는 검사다.
미로 시험 여러 가지 장애물을 놓아둔 미로를 걷게 하여 장애물에 부딪히지 않고 걸을 수 있는지를 조사하는 검사다.
시각성 위치(도약) 반응 신경계 검사의 하나로 동물을 안은 채 선반 끝에 발을 가까이하여 동물이 발을 선반 위에 내려놓을 수 있는지를 판단하는 검사다.

● 라이트 펜 검사

라이트 펜을 이용하여 주로 전안부(눈 주위, 안검, 각막, 결막, 전안방, 홍채, 수정체)의 이상 유무를 조사한다. 이 검사는 눈병에 대한 전반적인 스크리닝으로 시행한다.
대광 반사 광자극에 대한 동공 반응을 본다. 한쪽 눈에 광자극(빛)을 가하고 그 눈의 동공의 움직임(직접 반응)과 반대쪽 눈의 동공(간접 반응)의 움직임을 조사한다.
투과 조명법 눈의 정면에서 빛을 비추어 안저에서 반사되는 빛을 이용하여 각막이나 전안방, 수정체, 유리체의 혼탁을 조사한다.

30 시각을 전달하는 신경 섬유 다발이 시각 교차 이후부터 가쪽 무릎체까지 달리는 다발.
31 시상의 뒤 아랫면에 두 개의 솟은 부분이 있는데, 그중 가쪽의 것. 시각을 중계하는 신경핵이 있다.

● 세극등 현미경(슬릿 램프) 검사

세극등에 의한 가느다란 다발의 빛(세극광, 슬릿광)을 이용하여 각막과 결막이나 전안방, 홍채, 수정체, 유리체를 입체적으로 관찰하는 검사다. 현미경이라는 이름 그대로 확대하여 상세하게 관찰이 가능하다. 빛다발의 크기나 빛을 비추는 각도를 조절함으로써 투과 조명법에 더해 광범 조명법이나 직접 조명법, 간접 조명법, 역반사 조명법, 경면 반사법 등 다양한 방법을 시도할 수 있다. 또한 렌즈를 조합하여 우각이나 망막, 유리체 뒤쪽 등도 관찰할 수 있다.

● 각막과 결막의 찰과 표본 검사

각막이나 결막을 면봉 등으로 문질러서 채취하여 그것을 재료로 하여 도말 표본(펴 바른 표본)[32]을 만들고 세포의 종류나 상태, 감염성 병원체의 종류 등을 조사하는 검사다. 이것으로 각막과 결막을 간이 진단할 수 있다. 문질러서 채취한 것을 배양하여 감염성 병원체의 유무나 종류, 유효한 항생제 등을 조사한다.

● 비루관 배설 검사

눈물샘에서 분비된 눈물이 눈의 안쪽 눈구석으로 흐르는 통로를 누도(눈물길)라고 한다. 이 누도가 막혀 있지 않은지를 조사하는 검사다. 플루오레세인 염색액을 점안하고 그 후 염색액이 코로 흘러나오는지 관찰한다.

● 눈물 분비 기능 검사

눈물 분비를 시험하는 검사로 하안검 안쪽에 측정지를 끼운 후에 저류 눈물량과 기초 분비 눈물량, 반사성 분비 눈물량을 1분 동안 측정하는 방법을 사용한다. 페놀 레드라는 색소로 착색한 면사를 하안검에 대고 15초 동안 저류 눈물량을 특정하는 면사법을 사용하기도 한다.

32 피나 고름, 대변 따위를 유리판에 발라 만든 현미경 표본.

● 각막과 결막 염색법

염색액을 이용하여 각막이나 결막 이상을 검출하는 검사다. 플루오레세인 염색은 각막 상피의 결손부나 상피 세포의 장벽 기능 장애를 검출하며, 로즈 벵골 색소 검사는 각막 표면을 덮은 눈물층의 무신이 모자란 부분을 검출한다.

● 우각경 검사

우각경을 이용하여 우각의 상태를 조사하는 검사며, 녹내장의 병형을 분류하거나 치료 방법을 선택하기 위해 시행한다. 우각경에는 직접형과 간접형이 있으며, 각막에 대고 확대경이나 세극등 현미경을 이용하여 관찰한다. 우각의 넓이나 각도, 섬유 주대(전안방 우각에서 전안방과 쉴렘관의 경계를 이루는 부분)의 상태, 주변 홍채 전 유착의 유무, 색소 침착이나 혈관 신생 등의 상태를 조사한다.

● 직상 검안경 검사

직상 검안경(약 15배로 확대된 정립상 또는 비도립상을 만드는 검안경)을 이용하여 안저를 검사한다. 확대 배율이 크므로 상세한 관찰이 가능하지만 관찰할 수 있는 범위가 좁은 것이 단점이다.

● 도상 검안경 검사

볼록 렌즈와 광원을 준비한다. 직상 검안경보다 확대 배율이 작으므로 넓은 범위를 관찰할 수 있지만 상하좌우가 반대되는 도상으로 관찰되므로 검사하려면 숙련이 필요하다. 광원과 양안의 렌즈가 일체가 된 쌍안 도상 검안경을 사용하면 광원을 따로 설치할 필요가 없으며, 쌍안이므로 더 입체적인 관찰이 가능하다.

●안저 검사

암실에서 검안경으로 눈바닥의 상태를 검사하는 일. 안저 카메라(동공을 통하여 눈바닥의 상태를 촬영하는 의학용 카메라)를 준비하여 망막의 혈관이나 색소, 시각 신경 등의 상태를 사진으로 기록한다. 과거의 사진과 비교함으로써 병변의 변화를 더 객관적으로 판단할 수 있다. 안저 카메라에는 휴대식과 고정식이 있다.

●안압 검사

촉진법은 상안검 위에서 손가락으로 대략 안구의 압력을 조사한다. 안압계를 이용하여 안압을 조사하는 안압계 검사는 안압을 구체적인 숫자로 나타낼 수 있다. 휴대식 디지털 안압계가 널리 이용된다.

●망막 전도 검사

망막 전도란 망막에 빛을 쬐었을 때 망막에서 발생하는 전기적인 변화를 기록한 것이다. 망막의 병이 있을 때 직접 망막을 관찰할 수 없을 때, 망막의 기능을 검사하기 위해서 시행한다.

●각종 영상 진단

CT 검사, MRI 검사, 엑스레이 검사, 초음파 검사 등 위와 같은 검사에서 충분한 정보를 얻을 수 없을 때 하는 특수 검사로, 안구 뒤쪽에서 시각 신경이나 뇌 등의 이상을 검사한다.

점안약

사람의 정상적인 눈물 양은 약 8마이크로리터며, 결막낭 안에 최대 약 30마이크로리터를 보관할 수 있다. 개나 고양이도 사람과 같다. 점안 용기의 한 방울은 약 50마이크로리터이며, 한 방울의 점안으로 충분히 결막낭을 채운다. 두 방울을 점안하면 오히려 눈 주위 오염의 원인도 되므로 차라리 하지 않는 것이 낫다. 서로 다른 액을 점안할 때는 5분 정도 간격을 두도록 한다. 눈연고는 약물과 안구의 접촉 시간이 길어지므로 약물이 유효하게 이용된다는 이점을 갖고 있다. 한 번에 여러 가지 연고를 바르는 것도 가능하다. 일반적으로는 6밀리미터 정도의 길이를 안구 위에 놓고 1~2회 안검을 닫으면 안구에 스며든다.
점안약에는 몇 가지 종류가 있다. 인공 눈물은 각막을 건조로부터 보호하기 위해, 항생제는 세균 감염의 치료나 예방을 위해, 항바이러스제는 주로 각결막의 헤르페스바이러스 감염증 치료를 위해, 콜라게나아제 저해제는 각막 궤양의 치료를 위해, 스테로이드제는 안구 내와 결막 등의 염증을 억제하기 위해 사용된다. 비스테로이드성 항염증제는 스테로이드와 거의 같은 목적으로 사용된다. 효과는 스테로이드보다 약간 떨어지지만 부작용이 적은 경향이 있다. 면역 억제제인 사이클로스포린도 사용되며, 안과용 연고는 개의 건성 각결막염 치료에 사용되고 있다. 동공 확대제는 눈을 검사할 때나 안구 내염의 치료에 사용된다. 녹내장 치료 약에는 교감 신경 자극제, 프로스타글란딘 관련 약, 탄산 탈수 효소 저해제, 부교감 신경 자극제 등 다양한 종류가 있다. 백내장 진행 방지제는 백내장 진행을 방지하는 목적으로 사용된다. 각각의 상태에 따라 점안제나 점안 횟수가 다르므로 동물병원의 지시에 따른다.

청각기의 구조와 기능

감각기 중에서 소리를 듣는 기관을 청각기라고 부른다. 소리는 청각기인 귀에서 들어온 후에 신호화하여 뇌로 보내진다. 청각기는 평형 청각기라고 불리기도 하는데, 이것은 평형 감각기와 청각기를 하나로 묶어서 부르는 것이다. 평형 감각기란 몸의 균형을 유지하는 기관을 말한다.

개의 귀 구조

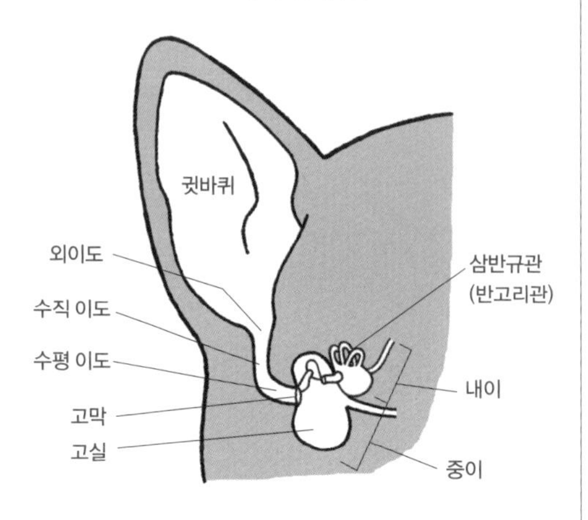

청각기는 외이, 중이, 내이의 세 부분으로 구성되어 있다. 외이와 중이는 청각에만 관계하고 있지만, 내이는 청각기인 동시에 평형 감각기이기도 하다. 청각과 평형 감각은 전혀 다른 감각인데, 내이에서는 이 두 가지가 해부학적으로도 밀접한 관계에 있으며, 나누어서 생각할 수 없다.
귀에는 소리를 듣는 것과 평형 감각을 유지한다는 두 가지 중요한 기능이 있다. 동물의 귀는 감정을 표현하는 역할도 맡고 있다. 귀의 구조는 기본적으로 사람이든 다른 동물이든 같으며, 외이(귓바퀴, 외이도), 중이, 내이로 구성되어 있다. 그러나 귀의 모양은 사람과는 상당히 다르다. 일반적으로 동물은 귓바퀴의 소리를 모아 듣는 기능을 높이기 위해 귓바퀴가 크게 발달해 있다. 토끼나 코끼리는 체온을 발산시키는 기능도 하고 있다. 일반적으로 사람이 들을 수 있는 음역(가청역)은 20~2만 헤르츠인데, 개는 65~4만 5천 헤르츠, 고양이는 심지어 60~6만 5천 헤르츠까지 들을 수 있다고 한다. 개의 훈련에 이용되는 개 피리는 약 3만 헤르츠의 소리를 낸다.
귓바퀴(이개)는 피부와 연골로 이루어져 있다. 개와 고양이의 귓바퀴 바깥쪽 면(볼록한 면)은 전면이 털로 덮여 있지만 안쪽 면(오목한 면) 일부는 피부가 드러나 있다. 귓바퀴 모양은 귓바퀴 연골의 형상에 따라 정해진다. 고양이의 귓바퀴 모양은 개만큼 다양하지는 않지만 드문 예로서 귓바퀴가 처진 스코틀랜드폴드나 귓바퀴가 뒤집혀서 말린 아메리칸 컬 같은 품종도 있다.
개와 고양이의 귓바퀴 뒤쪽에는 피부가 이중이 되어 주름처럼 된 부분이 있는데, 이것을 〈귀가 잘려져 있다〉고 착각하는 보호자도 있다. 왜 이런 구조가 되었는지는 알 수 없다. 귀의 형태를 결정하고 있는 귓바퀴 연골은 깔때기 모양으로 차츰 좁아져서 관상 구조가 되며, 윤상 연골과 함께 외이도를 형성하고 있다.
외이도(귓구멍 어귀로부터 고막에 이르는 관)는 대부분 연골로 되어 있지만 심부는 뼈로 이루어져 있다. 개와 고양이의 외이도는 수직부와 수평부로 구성되며 사람처럼 똑바로 고막으로 향해 있지 않다. 외이도는 피부로 덮여 있으며 여기에는 피지샘이나 외이도에 있는 아포크린샘, 모낭(내피 안에서 털뿌리를 싸고 털의 영양을 맡아보는 주머니)이 있다. 피지샘과 아포크린샘은 일반 피부와 같은 구조를 하고 있으며, 정상적인 귀지는 이것들의 분비물이다. 고양이의 외이도에는 털이 나지 않지만 개는 털이 난 품종도 있다. 외이는 고막을 경계로 중이와 구분된다. 중이는 고막, 고실, 이소골(귓속뼈)로 구성되어 있다. 고실은 이관으로

이경(귀보개)에는 광원이 장착되어 있어 끝부분을 이도 안으로 삽입하여 내부를 관찰한다.

비강의 안쪽 부분(비인두)과 이어져 있다. 고막과 이소골에 의해 내이에 소리가 전해진다. 중이는 소리를 증강하는 역할을 한다. 내이에는 청각과 평형 감각의 두 가지 기능이 있으며 달팽이관과 반고리관이 있다. 내이는 두개골을 구성하는 뼈의 하나인 측두골(관자뼈) 안에 들어 있다.

청각기 검사

개나 고양이의 난청을 확인하려면 이름을 부르거나 뒤에서 소리를 내서 반응이 있는지를 관찰한다. 사람의 의학에서는 생후 이른 단계에서 청각 검사를 할 수 있는 시스템이 있지만, 동물은 앞에서 말한 방법으로 청각을 검사할 수밖에 없으므로 선천성 청각 장애가 있더라도 발견이 상당히 늦어지게 된다. 한쪽에만 청각 장애가 있을 때는 더욱 발견하기 힘들다. 난청에는 선천성과 후천성이 있다. 선천성 난청은 털 색깔과 관련성이 있다고 여겨진다. 하얀 털에 푸른 눈을 가진 고양이에게는 난청이 많으며, 하얗고 긴 털을 가진 고양이에게는 완전한 난청이 종종 보인다. 개는 달마티안 품종에 난청 발생률이 높다고 알려져 있다.

● 귓바퀴 검사

양쪽 귓바퀴가 대칭인지 관찰한다. 귓바퀴가 서 있는 품종인데도 그것이 처져 있다면 원인을 생각한다. 귀혈종으로 귀가 무거워져서 처진 예도 있는가 하면, 외이염에 의한 가려움증이나 통증으로 귀를 늘어뜨리고 있는 경우도 있다. 평형 감각기(내이)에 병이 있으면 전정 장애로 머리가 기울어져서(사경) 귓바퀴가 처진 것처럼 보이기도 한다. 귓바퀴 검사로는 탈모나 살비듬이 있는지 관찰한다. 이때 귓바퀴 가장자리를 손가락으로 긁어 본다. 가려움증이 심한 동물은 소양(가려운 데를 긁음) 반사라고 하는, 뒷다리로 귀를 긁는 습관이 있다. 동물병원에서는 소파 시험이라고 하여, 피부를 가볍게 긁어내서 표본을 채취하여 검사하기도 한다. 귓바퀴 오목한 표면의 피부 관찰도 중요하다. 만성 염증이 있으면 색소 침착이 있거나 코끼리 피부처럼 되어 있는 예도 있다. 귓바퀴에 응어리(종)가 없는지도 조사한다.

● 외이도와 기타 검사

외이도가 뚜렷하게 보이는지를 확인한다. 개나 고양이는 생후 3주 정도까지는 귓구멍이 막혀 있는데 성장한 후라도 장기간에 걸친 외이염으로 귓구멍이 막혀 있기도 하다. 검사할 때는 외이도에서 분비물이 있는지를 관찰한다. 분비물이 있다면 이상한 냄새를 동반하는 때도 많다. 분비물은 마른 고형인 것도 있고 축축한 것이나 액체 같은 것도 있다. 분비물의 색깔도 다양하다. 분비물을 닦아 줄 때는 가려움의 정도도 함께 관찰한다. 검은색의 고형 분비물이 있고 심하게 가려워하는 경우는 귀 옴진드기의 기생이 의심된다. 말라세치아(피부와 털에 기생하는 곰팡이의 일종) 외이염에서는 다갈색의 약간 축축한 분비물이 자주 보이며, 세균성 외이염에서는 액체 같은 고름을 분비하고 있는 경우가 자주 있다. 외이도에 액체 같은 분비물이 있는 경우에는, 귀 밑동을 누르면 철퍽철퍽하는 소리가 난다. 이때 통증을 호소하기도 한다. 동물병원에서는 분비물을 그대로 현미경으로 검사하거나 특수한 염색액으로 염색하여 현미경으로 검사한다. 외이도 안쪽이나 중이, 내이의 검사는 집에서는 할 수 없다. 동물병원에서는 이경이라고 불리는 기구를 사용하여 외이도 안쪽이나 고막 상태를 조사할 수 있다. 내이의 이상 여부는 엑스레이 촬영으로 검사하기도 한다.

시각기 질환

안검 질환

안검은 상하로 나뉜 판자 모양의 구조로 이물의 침입을 막고 각막을 보호하며 안구 내로 들어가는 빛의 양을 조정한다. 안검의 깜박임은 눈물을 각막 표면에 퍼지게 하여 건조를 막는 동시에 눈물을 누점(눈물점)에서 배출하는 역할을 갖고 있다. 안검은 바깥쪽부터 피부, 안륜근(눈둘레근), 검판(눈알을 위아래로 덮는 살갗), 안검 결막으로 구성되어 있다. 단, 임상적으로는 외층(피부, 안륜근)과 내층(검판, 안검 결막)으로 나뉜다. 검판은 몸의 골격에 해당하는 부위인데, 개는 검판이 발달하지 않아 안검 내반증이 많이 발생한다. 속눈썹은 상안검에만 있으며 두 줄 또는 그 이상의 털이 나 있다. 안검 둘레를 따라서 마이봄샘의 개구부가 있어서 눈물의 기름 성분을 분비하고 눈물의 증발을 막고 있다.

●안검 유착

안검 유착은 상하 안검의 끝이 서로 붙어 버린 상태다. 개와 고양이는 생후 2주 정도는 안검이 선천적으로 유착해 있으며, 그 이후에 자연스럽게 눈을 뜬다. 만약 자연스럽게 눈을 뜨지 않으면 외과적으로 눈을 뜨게 한다. 눈을 뜨기 전에 결막염이나 고양이의 헤르페스바이러스 감염증에 걸리면 눈을 뜨지 않았는데도 안검이 붓거나 내안각(안쪽 눈구석) 부위에 소량의 고름이 부착하기도 한다. 이런 상태가 보이면 서둘러 상하 안검을 살짝 잡아당겨 주거나 그것이 잘되지 않으면 외과적으로 눈을 뜨게 한다. 눈을 뜬 다음, 결막염을 치료하기 위해 항생제 눈연고를 투여한다.

●안검 결손증

안검 일부가 선천적으로 결손된 것이다. 개에게는 거의 보이지 않지만 고양이에게는 많이 발생한다. 상안검의 바깥쪽 부분이 결손된 경우가 많으며, 그러므로 안검이 완전히 닫히지 못하게 되어 노출성 각막염을 일으키거나, 또는 안검 주위의 털이 각막과 접촉하므로 각막이 상처를 입어 각막 궤양을 일으키기도 한다. 동물이 수술할 수 있는 나이에 이를 때까지는 내과적으로 눈연고 등을 바르는 보존 요법을 쓴다. 그리고 수술할 수 있으면 하안검 일부를 절개하여 안검 결손부에 이식하는 수술을 한다.

●안검 내반

안검 내반(눈꺼풀 속말림)이란 안검 가장자리의 일부 또는 전체가 안쪽으로 뒤집혀 있는 상태를 말한다. 안검 가장자리가 안쪽으로 말려들어 안검의 털이 각막에 닿으므로 각막 질환을 일으키는 일이 많다. 개의 안검 내반은 선천성과 후천성으로 구별할 수 있다. 선천성 안검 내반은 안검열[33]이 생긴 다음에 발병한다. 이 병은 유전성으로 견종과 관계가 있어서 불도그나 세인트버나드, 차우차우, 래브라도리트리버, 아메리칸 코커스패니얼, 아키타견, 샤페이 등에게 많이 보인다. 안검 내반은 하안검에 많이 일어나지만 때로는 상하 안검에 나타나기도 한다. 한편, 후천성 안검 내반에는 외상의 수복에 동반하는 반흔(흉터) 형성에 의한 반흔성 안검 내반, 전안부(각막 표면) 병의 통증에 동반하는 경련성 안검 내반, 나이가 들어가면서 나타나는 안륜근 긴장 저하에 의한 이완성 안검 내반 등이 있다. 안검 내반의 증상은 안검 내반의 정도나 지속 기간, 각막 상태(각막염의 유무) 등에 따라 다양하다. 일반적으로 눈이나 순막의 돌출, 안검 경련(눈을 깜박일 수 없다), 표층성 각막염,

33 눈을 떴을 때 윗눈꺼풀과 아랫눈꺼풀 사이에 생기는 타원형의 틈새.

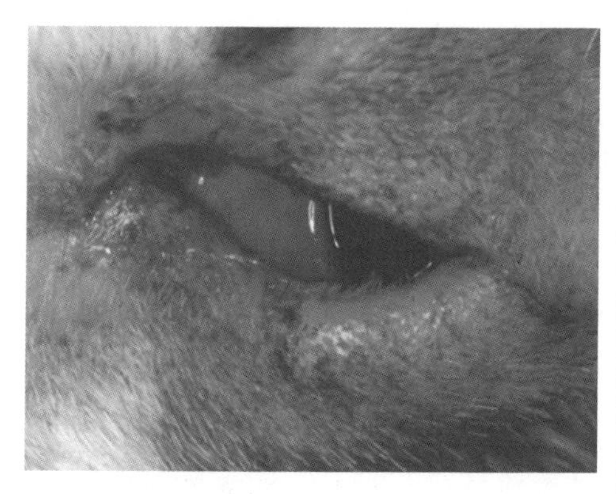

안검 내반을 앓고 있는 모습.

각막 궤양, 포도막염(안구 내의 염증)이 보인다. 병의 원인이나 내반이 일어난 안검 부위에 따라 치료법이 다르다. 수술하여 안검 내반이 일어난 여분의 안검 피부나 안륜근을 부분적으로 절제하고 봉합한다. 선천성 안검 내반의 경우, 동물이 너무 어려서 곧바로 수술할 수 없을 때는 수술할 수 있는 나이가 될 때까지 눈에 눈연고를 발라주면서 각막을 보호하기도 한다.

●안검 외반

안검 가장자리가 바깥쪽으로 구부러진 상태(눈꺼풀 겉말림)를 말한다. 개의 안검 외반은 선천성과 후천성으로 구별할 수 있다. 선천성 외반은 유전성으로 세인트버나드나 불도그, 복서, 래브라도리트리버 등의 품종에서 많이 보인다. 후천성 안검 외반에는 외상의 수복에 동반한 반흔 형성에 의한 반흔성 안검 외반, 안면 신경 마비와 안륜근의 수축에서 비롯되는 경련성 안검 외반, 안륜근의 긴장 저하에서 비롯되는 이완성 안검 외반 등이 있다. 안검 외반은 안검이 밖으로 뒤집히므로 노출성 결막염이나 때로 각막염이 일어나며 안검 내반과 외반이 동시에 일어나기도 한다. 치료는 원인이나 외반이 일어난 부위에 따라 다르지만, 기본적으로는 외과적으로 여분의 안검을 절제한다.

●안검염

안검염은 안검에 염증이 발생한 상태로, 전신 피부 질환에 연관하여 발현하기도 한다. 안검염의 원인으로는 세균성이나 피부 진균, 기생충, 알레르기(백신 접종, 약물, 곤충에게 물린 상처, 음식, 햇빛), 면역 매개, 종양, 외상(교통사고, 물린 상처에 의한 안면 손상) 등 많은 것을 생각할 수 있다. 증상도 다양하여 안검 경련이나 안검 부종, 충혈, 가려움증, 탈모 등을 나타낸다. 진단을 확정하기 위해 많은 검사(신체검사, 혈액 검사, 배양, 세포 진단, 피부 생체 검사 등)가 필요한 경우도 있다. 진단에 토대하여 각각의 원인에 대응하여 치료한다.

●다래끼, 선립종

외다래끼는 자이스샘, 몰샘의 급성 화농 염증, 내다래끼는 마이봄샘의 급성 화농 염증이며 주로 포도상 구균 감염으로 일어난다. 두 가지 모두 발적, 부기, 통증을 나타낸다. 항생제를 점안하거나 전신 투여하여 치료한다. 선립종은 마이봄샘 안에 서서히 형성되는 공 모양의 덩어리로 만성 육아종 염증이다. 보통은 통증이 없는 지름 2~5밀리미터인 유백색의 딱딱한 국소성 부기로 인정된다. 치료는 전신 마취하에 결막 면을 절개하여 내부를 충분히 긁어내고, 수술 후에는 항생제를 며칠 동안 점안한다.

●속눈썹(첩모) 이상

속눈썹의 이상에는 속눈썹증이나 첩모 중생증, 이소성 첩모 등이 있다. 속눈썹증은 속눈썹이 나는 위치는 정상이지만 방향이 각막을 향하고 있는 것이며, 각막에 자극을 일으킨다. 수의학 영역에서는 안구에 닿아 있는 눈 주위의 모든 속눈썹이 이 범위에 들어간다. 치와와나 토이 폭스테리어, 페키니즈, 포메라니안, 퍼그 등에서

이소성 첩모

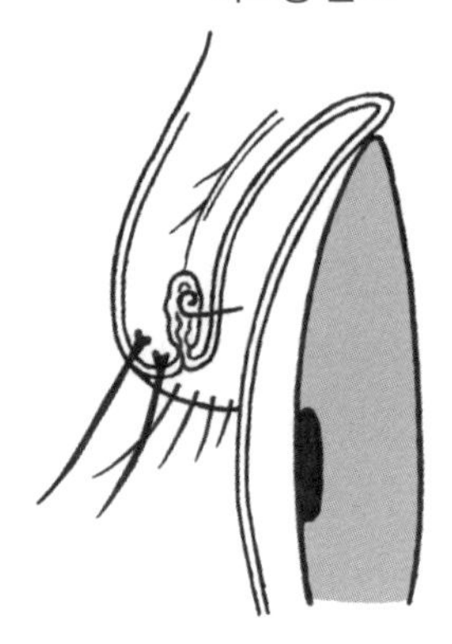

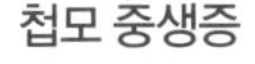

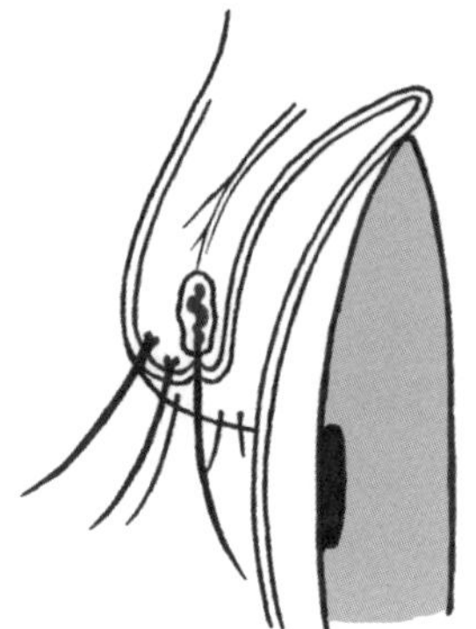

속눈썹증

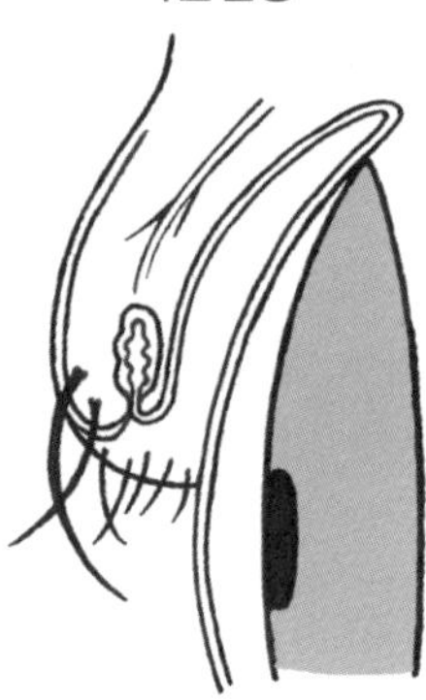

많이 보인다. 한편 첩모 중생증은 속눈썹이 비정상적인 위치에 나는 것이며, 안검 가장자리에서 한 올, 또는 여러 올의 속눈썹이 난다. 이소성 첩모는 마이봄샘에 존재하는 모근의 방향 이상으로 속눈썹이 안검 결막을 관통하여 각막 쪽을 향해 나는 것이다. 한 올인 경우가 많지만 같은 부위에서 여러 올이 나는 경우나 여러 곳에서 나는 경우도 드물게 있다. 속눈썹에 이상이 있으면 결과적으로 각막이 자극되어 누안(눈물이 늘 나오는 눈)이 되거나 각막이 상처를 입거나 더 나아가서는 각막 궤양을 일으키기도 한다. 치료할 때는 비정상적인 속눈썹을 외과적으로 제거하거나 모근을 전기로 태운다.

●토끼 눈

어떤 원인으로 안검이 완전히 닫히지 않아 각막 일부가 노출되는 병이다. 각막 표면 일부가 언제나 노출된 상태가 되어 건조해지고 궤양으로 발전할 가능성도 있다. 원인으로는 안면 신경 마비나 외상에 의한 안검 손상, 녹내장에 의한 안구 확대, 안구 돌출 등을 생각할 수 있다. 치료는 원인에 따라 다르지만 안구가 건조하지 않도록 인공 눈물을 점안하거나 눈연고를 발라 준다. 때에 따라서는 안검의 폭을 짧게 하는 수술을 하기도 한다.

●눈물흘림

눈물흘림은 눈물이 누점에서 배출되지 못하고 내안각에서 넘치는 상태를 말한다. 주위의 털은 넘쳐흐른 눈물과 반응하여 적황색으로 변색한다. 특히 털이 하얀 개(푸들이나 포메라니안, 몰티즈, 시추 등)에게 많이 보인다. 원인으로는 눈물 분비의 증가(결막염, 각막염, 속눈썹 이상, 안검 내반 등)나 눈물의 배출 장애(누점의 폐색이나 폐쇄, 누점의 선천적 결손, 안륜근의 기능 저하, 안검 이상 등), 인접하는 병소(누낭염, 치아 질환, 안구 유착 등)를 생각할 수 있다. 눈물 분비의 증가나 인접 병소에 의한 것은 원인 질환을 치료하고, 배출 장애라면 통로를 씻어 낸다.

결막과 순막 질환

결막염은 안검 결막이나 안구 결막의 염증이며, 흔한 안질환 가운데 하나다. 결막은 외계에 노출되어 있으므로 다른 점막보다 자극받기 쉬워 염증을 잘 일으키는 경향이 있다. 일반적으로 원발성 결막염의 원인으로는 세균이나 바이러스에 의한 감염이 있다. 그 밖에 기생충, 점안제, 독성 물질, 화학 물질 알레르기 등에 의한 결막염도 보인다. 속발성 결막염의 원인으로는 눈물의 결핍(건조한 눈)이나 안검 질환, 속눈썹 질환, 각막염, 녹내장, 안와나 눈 주위의 이상 등이 있다. 결막염 증상으로는 눈 분비물(성분은 다양하다)이나 충혈, 유루(눈물을 흘림), 불쾌감 등이 보인다. 원발성이든 속발성이든, 원인을 치료하는 것이 중요하다.

● 제3안검샘 돌출증(체리 아이)

아랫눈꺼풀 안쪽의 안구를 보호하는 막에 있는 제3안검샘이 돌출한 상태다. 돌출한 부분은 쌀알이나 팥알 크기로 부어오르고 빨간색이 되므로 일반적으로 체리 아이라고 부른다. 제3안검샘을 고정하고 있는 섬유성 결합 조직이 선천적으로 결손되어 있어서 일어난다. 이것은 유전성으로도 여겨지며, 비글이나 아메리칸 코커스패니얼, 세인트버나드, 보스턴테리어, 페키니즈, 바셋하운드 등의 강아지에게 많이 보인다. 안와나 제3안검의 외상에 이어서 발생하기도 한다. 대부분 양쪽 눈에서 발생하지만 한쪽 눈에만 생기기도 한다. 제3안검샘이 돌출하면 그 자극으로 눈물흘림이나 결막염이 보이기도 한다. 치료의 기본은 돌출한 제3안검샘을 원래 위치로 되돌리고 봉합하는 것이다. 왜냐하면 제3안검샘은 눈물의 약 30~35퍼센트를 생산하고 있으며 안일하게 절제하면 나중에 안구 건조증이 될 가능성이 높기 때문이다. 제3안검샘을 봉합하는 데에는 여러 가지 방법이 있지만, 돌출 정도, 경과 시간, 제3안검의 연골 상태 등을 따라 종합적으로 판단하여 정한다.

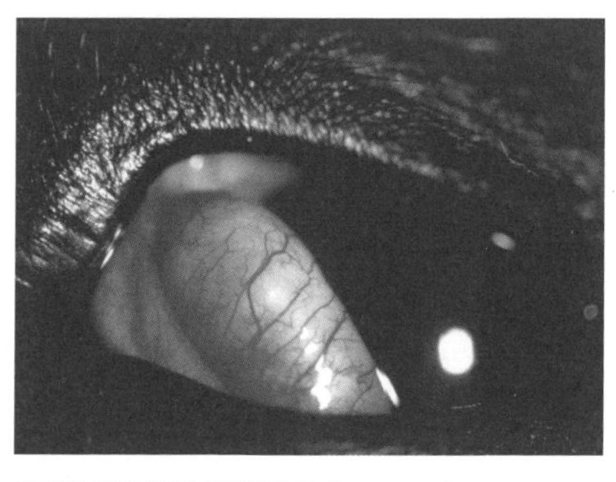

제3안검샘이 돌출한 상태(체리 아이).

● 동양 안충증

안구 표면의 눈물이 고이는 부위에 기생하는 기생충이며 파리(초파리과의 날파리)에 의해 매개된다. 크기는 10~15밀리미터에 가늘고 길며 유백색을 띤다. 따뜻한 일본 서쪽 지역에서 많이 발생하며 개나 고양이, 토끼, 원숭이, 너구리 등에 기생하는데, 사람에게 기생하기도 한다. 이 기생충은 안구보다 상당히 큰 이물이며 심지어 살아 있으므로 결막염을 일으킨다. 그렇게 되면 충혈되고 눈곱이나 눈물이 많아지고 눈이 침침하여 끔벅이거나 가려워한다. 기생충이 기생하고 있는 눈을 잘 관찰해 보면 기생충이 움직이고 있는 것을 볼 수 있다. 치료는 국소 마취나 전신 마취하에 순막을 뒤집어서 충체를 제거한다. 동물병원에서 항기생충제인 이버멕틴을 전신 투여하여 퇴치할 수도 있다.

각막과 공막 질환

각막에는 외부에서의 빛을 투과시키는 기능이 있다. 그러므로 각막은 투명하고 광학적으로 깨끗한 구면일 필요가 있다. 각막이 투명성을 잃으면 시각 장애나 시각 상실을 일으킨다. 각막은 외부 환경과 직접 접하고 있으며, 그 표면을 촉촉하게 하는 눈물과 함께 외부 환경의 위험으로부터 눈을 지키는 역할도 있다. 공막은 각막에 연속하는 섬유성 막이며, 눈의 외벽을 구성하고 있다.

● 유피종

유피종은 각막이나 공막 등 원래 털이 나지 않는 곳에서 보이는 선천 이상이며, 피부 같은 모낭, 피지샘을 포함하는 조직이 발생하는 것이다. 보통 반구 모양으로, 황백색의 덩어리로 확인된다. 유피종이 발생하는 장소는 각막이나 결막 이외에

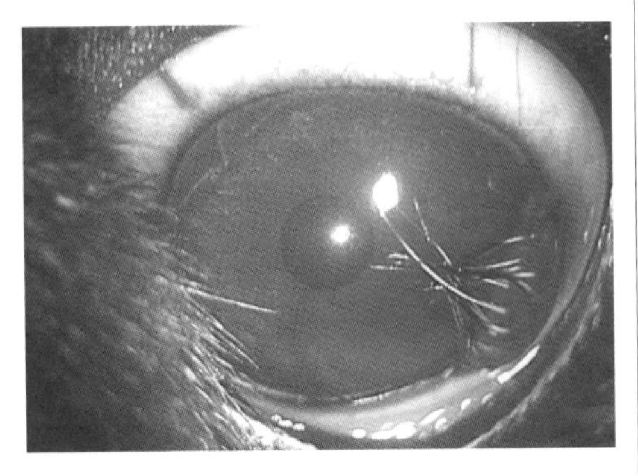

유피종의 한 예(퍼그, 암컷, 4개월령). 각막 윤부(각막 주변부)에 종양이 보이며 털이 나 있다.

공막, 제3안검이며, 그 몇몇 곳에 걸쳐 있기도 하고, 눈의 바깥쪽(귀 쪽)에 많이 나타난다. 닥스훈트나 달마티안, 도베르만핀셔, 독일셰퍼드, 세인트버나드 등의 품종에 많이 보인다. 고양이는 버마고양이에게 많이 발생한다. 유피종 대부분은 표면에서 털이 나며, 그 털 때문에 각막이나 결막이 상처를 입음으로써 유루나 각막염이 일어난다. 눈의 이상을 알아차리는 것은 증상이 나타난 다음일 때가 많으며 태어날 때부터 존재하지만 생후 몇 주에서 몇 달까지 알아차리지 못하는 경우가 많다. 치료는 유피종을 외과적으로 절제한다.

●작은각막증

각막이 정상보다 작은 병이다. 선천병으로 대부분 원인을 알 수 없다. 오스트레일리안셰퍼드, 콜리, 미니어처 푸들, 토이 푸들, 꼬마슈나우저, 올드 잉글리시 시프도그, 세인트버나드 등에게 보인다. 이 병은 한쪽 눈에만 나타나는 경우와 양쪽 눈에 나타나는 경우가 있으며 대부분은 작은안구증을 동반한다. 유감스럽게도 치료법은 없다.

●각막 혼탁

각막은 원래 무색투명한 조직이지만, 여러 가지 원인으로 인해 탁해진다. 각막이 혼탁해지면 시각 장애나 시각 상실을 일으키기도 한다. 개나 고양이는 태어나서 눈을 뜰 때는 보통 각막이 혼탁하지만 이것은 생후 4주쯤이면 사라진다. 한편 정상이 아닌 선천성 혼탁에는 동공막 존속이나 신생아 안염에 의한 것 등이 있다. 후천적인 각막 혼탁으로는 각막 위축증(각막 디스트로피)이나 색소성 각막염, 각막 부종, 지질 각막 병증, 각막 농양, 각막의 신생물(윤부 또는 안구 흑색종, 편평 상피암), 각막 외상의 흉터 등이 있다. 치료는 원인이나 혼탁한 장소에 따라 다양하다.

●각막 위축증

양쪽 눈의 각막에 보이는 유전병이며 각막의 하얀 반점이 특징적이다. 비글, 시베리아허스키, 셰틀랜드양몰이개, 카발리에 킹 찰스스패니얼, 에어데일테리어 등에게 많이 보이지만 발병 시기는 견종에 따라 다양하다. 일반적으로 타원형이나

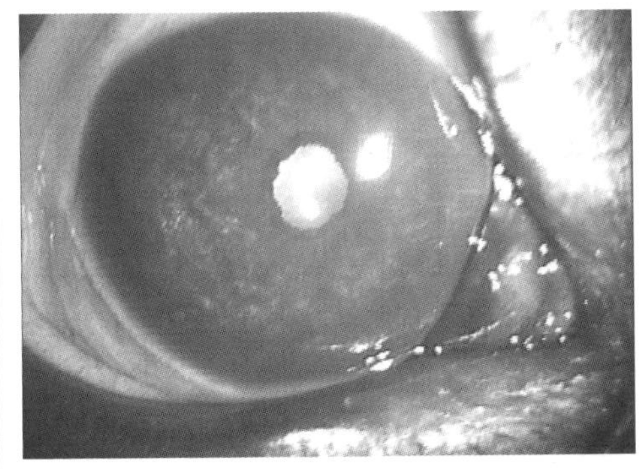

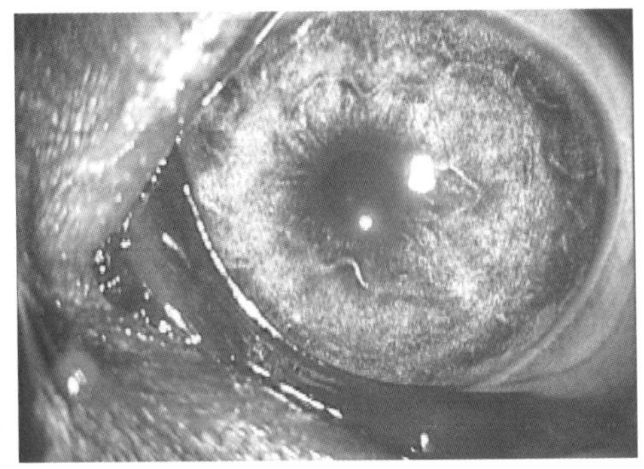

세인트버나드에게 나타난 작은각막증. 위쪽이 정상인 눈, 아래쪽이 작은각막증이 발병한 눈이다. 선천 백내장과 작은안구증도 함께 앓고 있다.

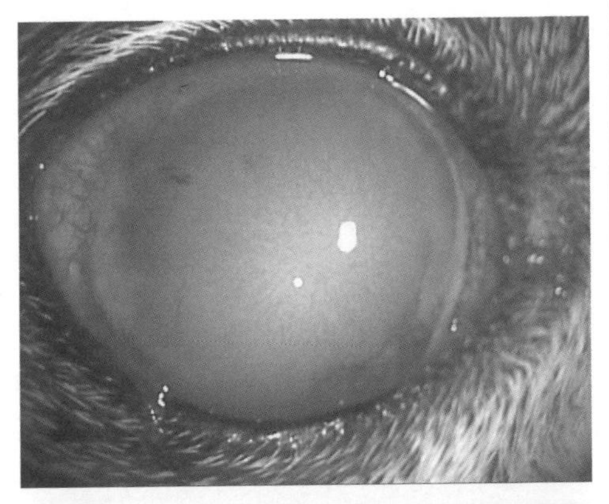

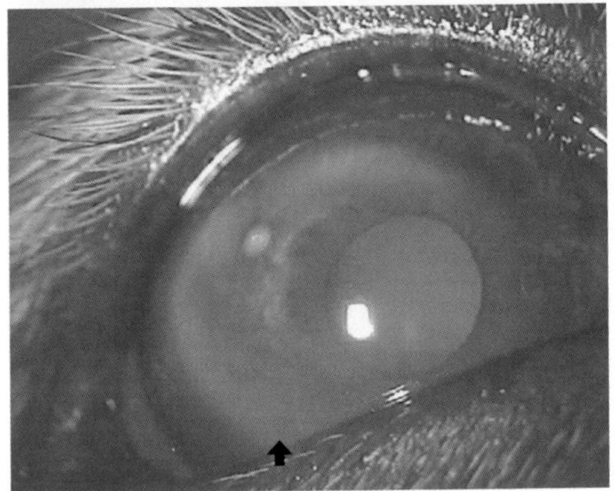

위는 각막 내피 변성에 의한 각막 혼탁의 예(치와와, 거세 수컷, 10세). 각막 내피 기능이 손상되어 각막 전체에 혼탁이 보인다. 아래는 시베리아허스키(거세 수컷, 7세)에게 보인 각막 위축증. 각막 위에 백색의 도넛형 혼탁(화살표)이 보인다.

원형의 하얀 혼탁이 각막 중앙부에 나타난다. 병소가 하얗게 보이는 것은 각막에 콜레스테롤이나 인지질, 중성 지방이 침착했기 때문이다. 이 병에 걸린 개는 불쾌감을 나타내는 일이 적으며 시력을 상실하는 일도 드물다. 진단하기 위해서는 콜레스테롤이나 고밀도 리포 단백질, 저밀도 리포 단백질, 트라이글리세라이드의 측정을 포함한 혈액 화학 검사나 부신 기능 검사, 갑상샘 기능 검사 등을 하여 전신 질환을 제외하는 일이 필요하다. 치료 방법은 확립되어 있지 않다.

●건성 각결막염

눈물이 감소하여 각막이나 결막 표면에 염증이 생기는 병이다. 잉글리시 불도그나 웨스트하일랜드 화이트테리어, 퍼그 등에게 많이 보이며 고양이에게는 거의 발생하지 않는다. 원인으로는 개홍역 바이러스의 감염이나 외상, 방사선 요법, 약물 감작[34] 이외에도 원인이 명확하지 않은 자가 면역성, 또는 특발성이라 불리는 것이 있다. 진단할 때는 눈물의 양을 조사한다. 눈물의 양 검사에는 쉬르머 검사[35]라는 방법을 이용한다. 이 병에 걸린 동물은 처음에는 결막의 충혈이나 부종을 일으키고 통증을 나타내지만, 병이 진행되어 가면서 통증을 느끼지 못하게 된다. 결막에는 색소가 침착하고, 각막에도 혈관이 침입하여 색소의 침착이 생긴다. 더 나아가 안검에 고름 같은 눈곱이 낀다. 치료로는 눈물 보충 요법으로서 방부제 무첨가 인공 눈물을 점안하고 기름 성분을 보충하기 위해 눈연고를 사용한다. 세균 감염이 있을 때는 항생제의 점안을 병용하기도 한다. 눈물 분비를 촉진하는 약물을 투여하거나 면역 억제제의 점안이나 연고도 사용되고 있다. 회복의 정도는 병의 원인에 따라 다양하며, 자연스럽게 낫기도 하지만 만성화하여 낫기 힘들어지는 예도 많다.

●색소 각막염

어떤 원인으로 각막에 염증이 생겨 혈관 신생과 색소 침착이 발생한 것이다. 퍼그나 시추, 페키니즈 등의 단두종에서는 각막 표면의 지나친 노출이나 눈물 감소, 안검 내반 등이 원인으로 짐작된다. 다른 견종에서는 눈물 감소 이외에 원인이 뚜렷하지 않은 사례도 있다. 보호자는 동물이 시력을 잃을 때까지 증상을 알아차리지 못하는 경우가 많다. 치료하려면 원인 제거가 필요하다. 주로 안검 내반의 교정과

34 생물체에 어떤 항원을 넣어 그 항원에 대하여 민감한 상태로 만드는 일.
35 여과지 조각을 사용하며, 눈물샘의 기초적이고 반사적인 기능을 측정한다.

각막 노출의 저감을 목적으로 하는 안검 성형 수술 등의 외과 치료를 하거나 항염증제를 점안한다. 원인이 제거되면 경과는 양호하지만 제거되지 않으면 완치되지 않는다.

●만성 표층 각막염

각막 판누스라고도 불리며, 혈관이 각막에 침입하여 염증을 동반하는 육아 조직의 증생[36]을 일으키는 병이다. 순막에도 증상이 생기는 경우가 많으며, 진행되면 시각 장애가 발생한다. 보통은 두 눈에 동시에 나타나지만 병의 조기 단계에서는 한쪽 눈이 다른 쪽 눈보다 빨리 진행되기도 한다. 원인에는 자가 면역이나 자외선이 연관되어 있다고 여겨진다. 많은 경우 부신 겉질 호르몬제나 그 밖에 면역 억제제를 투여하여 증상을 억제할 수 있다. 단, 완치되지는 않으므로 장기간에 걸친 치료가 필요하다. 1~6세의 독일셰퍼드에게 많다고 알려져 있으며, 다른 견종에도 나타나는 병이다.

●고양이 호산구 각막염

호산구 각막염의 원인은 확실하지는 않지만 일정한 만성 알레르기 자극에 대해 고양이가 과도한 반응을 하는 것이 알려져 있다. 그러므로 호산구 각막염은 알레르기와 관련이 있으며 호산구 피부염 등과도 관련이 있는 것으로 생각되고 있다. 각막 주변부(보통은 귀 쪽)에 융기한 혈관 신생 병소가 생겨나서 서서히 중심을 향해 진행한다. 진행하면 각막 전체를 덮기도 한다. 치즈 같은 부착물, 각막 부종, 표층성 혈관 신생, 결막염, 점액성 눈곱도 보인다. 진단은 증상과 각막 표층 검사로 한다. 눈곱이나 각막 표층 검사에서는 호산구나 호산성 과립이 다수 인정된다. 치료는 대부분 스테로이드의 국소 투여가 효과적이다. 난치성이나 반복적으로 재발하는 때는 메게스트롤 아세테이트를 투여한다.

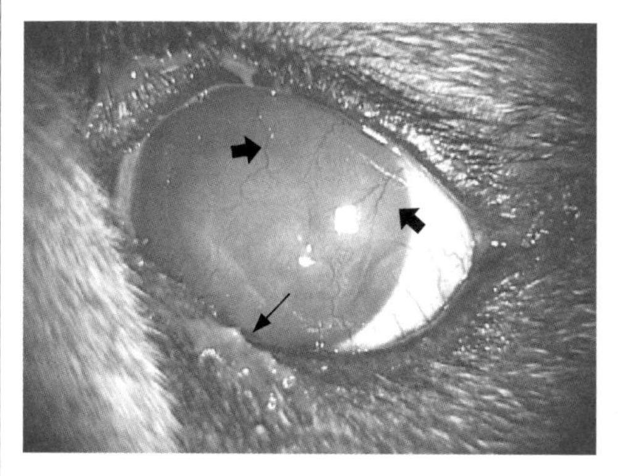

부적절한 순막 절제로 건성 각결막염에 이른 예(불도그, 암컷, 8세). 각막 전체가 탁하고 혈관 신생(➡), 고름 눈곱(—►)이 보인다.

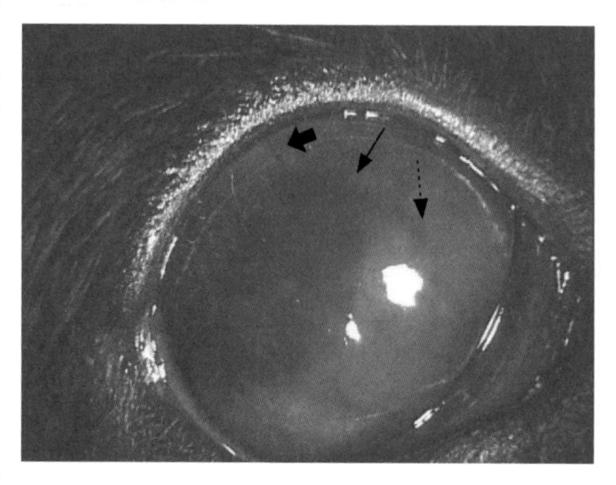

미니어처 닥스훈트(거세 수컷, 1세)에게 보인 색소 각막염. 각막 위에 혈관 신생(➡), 진한 색소 침착(—►), 연한 색소 침착(···►)이 보인다.

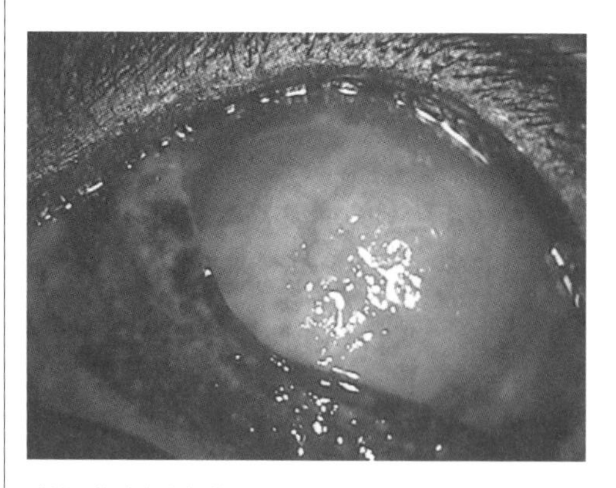

만성 표층 각막염의 예(독일셰퍼드, 8세).

●고양이 헤르페스 각결막염

고양이 전염성 비기관염을 일으키는 바이러스는

36 생체 조직 내의 구성 세포가 세포 분열을 하여 그 수가 증가되는 현상.

헤르페스바이러스의 일종이며, 상부 기도 이외에 눈에도 감염을 일으킨다. 이 바이러스는 잠복하는 능력이 있어서 일단 증상이 사라져도 재발하기도 한다. 80퍼센트의 고양이는 자연 감염에 이어 보균묘가 되며, 이 바이러스에 대한 예방 접종을 한 고양이는 증상을 나타내지 않고 만성 보균묘가 된다. 스트레스나 수술, 젖분비, 스테로이드 요법 등으로 재발하며, 고양이 백혈병 바이러스나 고양이 면역 결핍 바이러스에 동시에 감염되면 예후가 좋지 않다. 이 바이러스는 감염 후 곧바로 기도와 결막의 상피에서 증식하며, 상피의 장애는 이틀째부터 명백해지고 감염 후 7~10일이면 증상이 나타난다.

증상 급성 감염 예는 갓 태어난 새끼나 유년의 고양이에게 보인다. 재채기나 콧물, 눈곱 등의 상부 기도 증상이 두드러지며 양쪽 눈에 결막염이 생기고 점액성이나 점액 농성의 눈곱을 분비하고 결막 부종이 일어나며 검구유착(결막끼리의 유착이나 결막과 각막의 유착)을 남기는 경우가 많다.

한편, 중년령 이상의 고양이에게 발병하는 것은 잠재적인 바이러스의 재활성화 때문이다. 어렸을 때 감염되었다가 회복한 고양이에게 재발했다고 여겨진다. 성묘는 결막염만 생기거나 각막염까지 일으키는 예도 있다. 결막의 증상은 일반적으로 가벼운 충혈이나 눈곱이다. 경과는 오래가며 종종 재발한다. 각막에도 증상이 미치는 경우는 수지상(나뭇가지 모양) 각막 궤양, 가벼운 각막 부종이나 각막 표층 혈관 신생이 보인다. 각막의 염증이 각막 실질에 이르면 실질에 흉터가 남는다.

진단 경과와 임상 검사 결과를 바탕으로 진단한다. 바이러스를 분리할 수 있으면 고양이 헤르페스 안질환이라고 확진한다.

치료 상부 기도 감염이 있는 유년 고양이의 경우는 광범위 항생제를 전신과 국소에 투여한다. 갓 태어난 새끼라면 수분 보급과 보온, 가습기의 사용 등이 필요하다. 각막에 병변이 있는 고양이에게는 국소적으로 항바이러스제를 투여한다. 재발한 성묘라면 각막 실질에 병변이 미치기 전에 조기에 국소적으로 항바이러스제를 투여하는 것이 최선의 치료법이다. 헤르페스 각막염의 치료를 보조하기 위해 인터페론 국소 요법이나 시메티딘 또는 라이신의 내복 등이 검토되고 있다. 그 밖에 만성 헤르페스 각막 실질염의 경우, 면역 반응을 억제하기 위해 코르티코스테로이드를 이용하기도 한다. 단, 상피나 결막의 장애가 활발한 단계에서 스테로이드제를 사용하면 상피의 재생을 늦추고 바이러스를 억제하는 데 시간이 걸리는 결과가 되며, 심지어 감염이 각막 실질에 미치게 된다. 스테로이드제는 신중하게 사용하고 항바이러스제와 병용할 필요도 있다.

● 각막 약물 오염(알칼리, 산)

각막 외상 중에서 알칼리나 산을 함유한 액체 비말에 의한 것을 각막 약물 오염이라고 한다. 원인이 되는 산에는 질산, 황산 등이 있으며 동물에게는 드물다. 원인이 되는 알칼리에는 생석회, 암모니아 등이 있다. 산에 오염되면 조직의 단백질이 침전하여 표면에 응고 괴사의 가피(부스럼 딱지)가 형성된다. 이 건성인 가피가 약물이 심부로 이행하는 것을 방해하므로 산은 알칼리보다 조직의 심부에 도달하기 힘들다. 한편, 알칼리는 쉽게 심부에 영향을 미친다.

증상 급성기에는 결막의 충혈이나 부종, 허혈, 괴사, 각막 상피의 가피, 홍채염이 일어난다.

진단 수복기에는 혈관의 신생을 동반하는 각막 상피의 재생이 보인다. 이차적 장애기에는 검구유착, 포도막염, 병발 백내장, 속발성 녹내장이 보인다.

치료 상처를 입었을 때의 응급 치료는 약물이 산성이든 알칼리성이든 중화제로 세정하기 전에 먼저 서둘러 물로 씻어 내는 것이다. 그리고 당장 동물병원에서 진료받고 20~30분에 걸쳐서 2~3리터의 생리 식염수로 결막 원개(결막의 경계 부위)까지 충분히 씻어 낸다. 약물 요법으로는 항생제에 더해, 홍채염이나 섬모체염이 있다면 아트로핀 점안제, 각막 궤양이 있다면 아세틸 시스테인 용액이나 히알루론산 점안액을 투여한다. 전안방 축농이나 홍채염에 대해서는 각막 궤양 치료 후에 스테로이드를 점안한다. 검구유착 예방책으로 치료용 콘택트렌즈를 삽입하기도 한다.

●블루 아이

개 전염 간염에 전염되어 창백한 색을 띤 각막 혼탁이 일어나기도 하는데, 이것을 블루 아이라고 부른다. 급성기는 바이러스에 의한 가벼운 홍채 섬모체염만 일으키지만, 회복기에는 각막 혼탁을 동반한 심한 홍채 섬모체염을 일으킨다(이것은 안구의 알레르기 반응이다). 창백한 각막 혼탁과 홍채 섬모체염이 주요 증상이긴 하지만, 각막 혼탁을 일으키는 병이나 홍채 섬모체염을 병발하는 병은 다수 있으므로 이 두 가지 증상만으로는 블루 아이로 진단할 수 없다. 각막 혼탁은 회복기에 병발하는 증상이므로 이 증상을 나타내기 전에 개 전염 간염에 걸렸는지가 진단의 실마리가 된다. 코르티코스테로이드의 국소 및 전신 투여가 효과적이며 항생제는 예방적으로 사용하는 정도다. 홍채 섬모체염에 대해서는 동공 확대제 또는 조절 마비제로서 아트로핀을 점안한다. 심한 눈부심을 피하려면 밝은 곳에서 키우지 않도록 한다.

●급성 각막 수종

각막 수종은 물집 각막염이라고도 불리며 유전적인 소인으로 각막 내피에 이상을 초래하여 물집성 각막 혼탁을 일으키는 병이다. 개는 보스턴테리어나 치와와, 고양이는 맹크스고양이나 블루 그레이색의 페르시아고양이에게 많다. 보통은 통증이나 결막 자극이 없으며 2~3년에 걸쳐서 천천히 진행된다. 단, 급성 각막 수종은 발생이 드물어도 시시각각으로 물집이 융합하여 각막 궤양이 되며, 데스메막류에 이르는 응급 안과 질환이다. 증상으로는 물집성의 각막 혼탁과 물집 파열에 의한 각막 궤양이 보인다. 치료는 각막 궤양에 대해서 아세틸 시스테인 용액을 점안한다. 데스메막류에 대해서는 결막 플랩 피복 수술이나 각막 궤양 축소 수술을 한다.

●난치성 각막 미란

각막의 손상 가운데 가장 손상이 얕아서 각막 상피만을 상실하는 병을 각막 미란(각막의 최상부에 있는 상피가 짓물러지는 것)이라고 한다. 특히 치료해도 낫지 않는 것, 또는 일시적으로 낫더라도 바로 재발하는 것을 난치성 각막 미란이라고 부른다. 확실한 것은 알 수 없지만, 각막 상피와 실질을 잇는 기저막의 변성 또는 결여가 원인이 아닐지 추측되며, 구체적으로는 외상이나 첩모 중생증, 각막 건조증 등을 생각할 수 있다.

증상 눈부심이나 눈물, 안검 경련을 나타내는데 각막 궤양에서 일어날 만한 각막 부종이나 각막으로의 혈관 침입은 보이지 않는다. 각막 상피의 재생이 일어나는데 상피와 각막 실질의 접착은 인정되지 않는다.

진단 플루오레세인 염색 시험을 하여 상피에 결손이 있는지 확인한다. 특히 색소가 상피 아래로 스며드는 것이 확인되면 난치성 각막 미란일 가능성이 높다고 할 수 있다.

치료 콜라게나아제 저해제로서 아세틸 시스테인 용액을 점안한다. 세균 감염이 원인이 되는 일은 드물지만 상피가 결손되어 세균에 감염되기 쉬워지므로 항생제도 점안한다. 동물이 눈을 비비지 않도록 목 보호대를 씌우고 치료용 콘택트렌즈를 끼우기도 한다. 그래도 낫지 않으면 표층성 각막 천자 수술을 한다. 이 수술은 각막 미란의 경계 영역의 유리 상피를 절제하고 궤양의 표층도 닦아 내는 것이다.

● **각막 궤양**

조직 결손을 동반하는 각막의 병 가운데 각막 상피뿐만 아니라 실질까지 손상된 것을 각막 궤양이라고 한다. 세균(특히 슈도모나스균)에 감염되었을 때, 세균이 가진 단백질 분해 효소에 의해 각막의 실질이 공격받거나 각막 상피 세균이나 섬유 아세포, 다형 핵 백혈구 또는 어떤 종류의 세균이 만들어 내는 콜라게나아제라는 효소에 의해 각막 실질이 녹아 버리면 심각한 각막 궤양이 발생한다. 진균 감염이나 눈물 부족에 의해서도 각막 궤양이 일어난다.

증상 눈부심, 안검 경련, 눈물, 각막 부종, 눈곱, 혈관의 각막 침입.

진단 플루오레세인 염색 시험을 하여 상피에 결손이 있는 것을 확인한다. 단, 플루오레세인에 염색되지 않았다 해도 궤양이 데스메막까지 진행하여 각막 실질이 모두 결손되어 있을 가능성을 고려한다. 각막 궤양 부분에서 세균 검사용 검체를 채취, 세균을 배양하고 동정(분류학상 소속이나 명칭을 정하는 일)한다.

치료 세균 검사 결과를 토대로 항생제의 점안과 내복을 시행하고, 콜라게나아제 저해제로서 아세틸 시스테인 용액을 점안한다. 그 밖의 콜라게나아제 저해제로서 에틸렌다이아민 사아세트산이나 자가 혈청을 사용하기도 한다. 동물이 눈을 비비지 않도록 목 보호대를 장착하고, 2~3일마다 플루오레세인 염색 시험을 하여 각막 상피 형성의 정도를 조사한다. 그래도 궤양의 진행이 멈추지 않을 때는 결막 플랩이나 순막 플랩으로 궤양을 덮어씌운다. 덮어씌우기 전에 궤양의 경계를 끌어 모아 두면 하얀 반점을 최소화할 수 있다.

● **각막 열상**

대표적인 천공성 눈의 외상이며 외과적 교정이 필요하다. 유리창에 부딪히거나 싸움으로 발톱이나 이에 의한 외상을 입었을 때, 식물의 가시에 찔렸을 때 등에 많이 보인다.

증상 외상 정도에 따라 다르지만 갑작스러운 눈부심, 안검 경련, 유루, 각막 부종, 눈곱, 안방수 유출, 홍채 탈출 등이 보인다.

진단 플루오레세인 염색 시험을 하여 상피 결손이 있는지를 확인한다. 세극등 현미경에 의해 삼차원적인 관찰을 하여 이물이 있는지를 조사한다.

치료 각막 파열은 외과적으로 봉합한다. 홍채가 탈출한 경우에는 원래대로 되돌리거나 절제한다. 이물이 있으면 빼내고 전안방을 재형성한다. 가시가 박혀 있을 때는 가시를 먼저 빼내 버리면 안방수가 유출되어 저안압이 되어 꿰매기 힘들어지므로 봉합한 다음에 가시를 빼내는 것이 좋다. 싸움에 의한 외상은 세균 감염이 일어나기 쉬우므로 항생제를 전신에 투여한다. 각막 부종을 일으키고 있는 열상은 유착하기 어려우므로 결막 플랩을 씌워서 보강한다.

● **데스메막류**

각막은 표면부터 차례로 상피, 실질, 데스메막, 내피의 4층 구조를 하고 있다. 데스메막류는 각막 궤양이 진행되어 데스메막에 도달했을 때, 그 데스메막이 융기하여 투명하고 작은 물집을 형성한 상태다. 내버려 두면 데스메막이 찢어져서 각막 천공을 일으킬 우려가 있다. 치료는 대부분 각막 봉합이나 결막판 피복술, 순막판 피복술, 안검 봉합 등의 외과적 치료가 필요하다.

● **홍채 탈출**

궤양이나 외상으로 각막이 찢어지면 홍채가 그 구멍으로 탈출하여 구멍을 막는다. 이런 상태를 홍채 탈출이라고 한다. 동공은 변형되고 시력에도 영향이 생기니 곧바로 동물병원에서 진료받을 필요가 있다.

●고양이 각막 흑색 괴사증

각막 흑색 괴사증은 각막의 실질에 괴사가 일어나는 고양이 특유의 병이며 페르시아고양이나 히말라야고양이, 샴고양이에게 자주 일어난다. 원인은 알 수 없지만 헤르페스바이러스가 관계하는 경우가 상당히 많다. 초기에는 각막 중앙부가 딱딱하게 황갈색을 띠지만 곧 암갈색으로 변하여 각막 표면에 둥둥 떠 있는 것처럼 된다. 그리고, 그 괴사 조직을 둘러싸듯이 각막 부종과 혈관 신생(괴사 조직에 대한 이물 반응)이 일어난다. 헤르페스바이러스 감염으로 발병했다고 여겨지는 고양이 대부분에게서 안검 경련과 갈색의 눈물이 보인다. 치료법은 몇 가지가 있는데, 하나는 항생제를 점안하여 자극에 의한 통증을 제거하여 각막을 보호하면서 괴사 조직이 떨어지기를 기다리는 방법이다. 헤르페스바이러스가 관계하는 것에는 항바이러스제를 점안한다. 외과적으로 병변 부분을 절제하기도 한다.

●공막 결손증

공막 결손증은 선천 이상으로 공막 어디에든 생기지만 시각 신경 유두나 그 주변에 많이 발생하는 경향이 있다. 공막 결손을 일으키는 병으로는 콜리 안구 기형이라고 불리는 것이 있다. 이것은 콜리나 셰틀랜드양몰이개, 보더 콜리에게 발생하는 상염색체 열성 유전 질환으로 시각 신경 유두나 그 주변에 발생한다. 오스트레일리안셰퍼드에게 보이는 다발성 눈 이상 콜로보마[37]라는 병도 있다. 이 병도 상염색체 열성 유전 질환이며 공막의 적도부 부근에서 발행하는 경향이 있다.

●공막염

공막에는 혈관이 적으므로 염증은 잘 생기지 않는다. 단, 공막의 앞쪽 부분, 특히 안구 결막과 공막 사이에 있는 상공막에는 혈관이 풍부하게 분포하고 있어서 염증이 생기기 쉬운 경향이 있다. 공막 염증(공막염과 상공막염)의 원인은 대부분 내인성이다. 상공막염의 증상으로는 결막의 아래 부위에서만 팽창이 나타나고, 푸른 기를 띤 충혈이 보인다. 아드레날린을 점안하면 결막의 충혈은 사라지지만 상공막의 충혈은 사라지지 않는다. 이물감과 통증이 있으며, 눈물의 양이 많아지고 눈이 침침해진다. 공막염은 공막 심층의 염증이며 상공막염보다는 드물게 발생한다. 상공막염보다 중증이 되는 경우가 많으며, 홍채염이나 홍채 섬모체염, 각막염이 병발한다. 치료로는 스테로이드의 점안과 주사나 아자티오프린(면역 억제제)을 내복한다. 한 달 안에 나으면 좋지만, 난치성이나 재발을 반복할 때는 주의가 필요하다. 일반적으로 상공막염은 예후가 좋지만 공막염은 좋지 않다.

전안방 질환

●동공막 존속

태생기에 동공은 얇은 동공막으로 덮여 있는데 이 동공막은 태아 특유의 구조다. 많은 동물이 출생 전에 흡수되지만 개는 눈을 뜰 때까지도 흡수가 완전하지 않아 거미줄 같은 섬유 모양의 구조물이 남아 있다. 이것은 보통 생후 한 달이면 없어지는데, 계속 남아 있는 것을 동공막 존속이라고 한다. 원인으로는 유전을 생각할 수 있다. 특히 바센지 종은 유전으로 강하게 의심된다. 다른 견종, 예를 들면 차우차우나 마스티프, 닥스훈트, 웰시 코기,

37 선천적, 병리적 또는 인공적 원인에 기인한 신체 구조의 결손 상태.

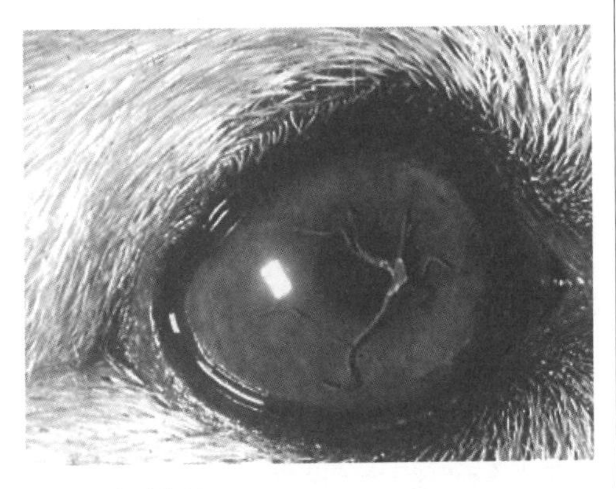

동공막 존속 상태의 눈.

웰시 코기 카디건 등도 유전 또는 가족성 소인을 갖고 있는 것으로 짐작된다. 증상은 잔존물의 부착 부위나 잔존한 수, 잔존물의 잔존 기간에 따라 다양하며, 장애가 보이지 않는 경우도 있고 각막 내피에 이상이 일어나서 부종을 일으키는 경우도 있다. 물집 각막염이나 백내장을 일으키기도 하며, 경우에 따라서는 실명한다.

●홍채 위축, 홍채 모반, 홍채낭

홍채 위축은 노령 동물에게 발생하며 원인은 다양하다. 털이나 피부의 색깔이 연한 동물은 홍채의 형성 부전(저형성)이 일어나 홍채가 얇아지는 경우가 있다. 이런 동물은 나이가 들어감에 따라 홍채 위축이 진행되는 일이 많다고 한다. 역반사 조명법으로 검사를 하면 홍채가 거즈처럼 성긴 섬유 모양의 외관이 된 것을 확인할 수 있다. 원발성 홍채 위축은 치와와와 슈나우저에게 가장 많이 발생한다. 어릴 때는 정상이지만 자라면서 증상이 나타나게 된다. 이 병은 홍채에 다발성 구멍이 형성되는데, 이것은 다동공증(한 눈에 둘 이상의 동공이 존재하는 상태)과 비슷하지만 동공의 축소와 동반하여 구멍이 커지는 점에서 다동공과 구별된다. 홍채 위축은 모든 품종에서 나이가 들어가면서 나타나는 변화로서 동공 가장자리가 위축한다. 동공 가장자리가 불규칙하게 위축되고 병이 진행되면 괄약근 섬유와 실질이 침범당해 동공이 커진다. 이렇게 되면 괄약근은 완전히 파괴되어 동공이 커진 채로 있게 된다. 치료법은 없다.

홍채 모반은 국소적으로 발생하는 양성의 색소 과다증이다. 홍채 표면의 상태에는 변화가 보이지 않는다.

홍채낭은 양성의 증식 질환이며 섬모체와 홍채의 색소 상피가 증식함으로써 일어난다. 까만색 낭이 동공 가장자리에 붙어 있는 것이 관찰되며, 눈에 강한 광선을 투과시키면 낭 안이 투명하게 보인다. 진단에는 종양이나 육아종과의 감별이 필요하다. 동공 폐색이 일어나지 않는 한 치료할 필요는 없다.

●홍채 섬모체염(전포도막염)

포도막은 안구 벽의 중막(혈관막)이며 홍채, 섬모체, 맥락막으로 구성된다. 포도막에는 혈관 등이 풍부하게 분포하고 있으므로 염증이 일어나기 쉽다. 외상에 의한 외인성, 공막이나 각막의 염증 등에 의해 파급되는 속발성, 특수한 질환에 의한 것, 과민(면역 개재) 반응성 등이 있는데 대부분은 원인이 확실하지 않은 특발성이다. 개는 과민성에 의한 것이 가장 많으며, 다음으로 외인성, 내인성 순으로 많다. 고양이는 고양이 전염성 복막염, 고양이 백혈병, 고양이 면역 결핍 증후군, 톡소포자충증, 과민증에 의한 것이 있다.

<u>**증상**</u> 눈물이 많아져서 시야가 흐려지거나 통증이 있고, 안검 경련이나 시력 장애를 동반하기도 한다.

<u>**진단**</u> 여러 가지 검사를 하여 각막 주위 충혈(모양 충혈)이나 각막 혼탁, 각막 혈관 신생, 홍채 충혈, 동공 수축, 홍채 후 유착, 전안방 내 삼출, 각막 후면 침착물 등을 확인함으로써 진단에 참고한다. 쉽게 진단할 수 있는 포도막염도 있지만, 종종 상세하게 검사하지 않으면 단순히 포도막염 이상의 진단을 내릴 수 없는 예도 있다.

치료 원인이 명백한 것에 대해서는 원인 요법을 시행한다. 원인이 명백하지 않은 것에 대해서는 외상이나 궤양이 없다면 스테로이드제나 비스테로이드 소염제를 투여하고, 동공 확대제(아트로핀 등)나 면역 억제제, 항생제 등을 사용하여 치료한다. 그러나 각막에 외상이나 궤양이 있으면 스테로이드제는 사용하지 않거나 사용하더라도 주의 깊게 사용해야 한다. 중증 홍채 섬모체염은 초기에 적절한 치료를 하지 않으면 유착을 일으키고, 낫지 않게 되거나 녹내장을 일으키기도 한다.

●동공 수축, 동공 확대(한쪽 눈 또는 양쪽 눈)
동공의 형태는 동물에 따라 다르다. 개나 영장류의 동공은 원형이지만 고양이의 동공은 세로 방향으로 길쭉하며 말이나 소의 동공은 가로로 긴 형태다. 개의 동공은 사람보다 약간 크며 광자극에 대해 좌우 동공은 똑같이 반응하는데, 이때 커지는 것을 동공 확대(산동),[38] 작아지는 것을 동공 수축(축동)이라고 한다. 카메라에 비유하면 동공은 조리개 역할을 하고 있으며 어두운 밤에는 산동이고 밝은 낮에는 축동이다. 동공은 보통 좌우가 거의 같은 크기지만 때로 좌우의 동공 지름이 다른 경우가 있으며 이것을 동공 부동증이라고 한다. 동공의 크기와 운동은 동공 괄약근(부교감 신경 지배)과 동공 확대근(교감 신경 지배)의 상호 관계로 조절되고 있다. 괄약근의 작용은 확대근의 작용보다도 강력하며, 양쪽 근육은 완전한 대항근[39]은 아니다. 동공 괄약근의 수축만으로 동공은 축소한다. 커진 동공이 광자극에 의해 축소되지 않는다면 그 전에 동공 확대제를 사용하고 있지 않은 이상, 병적 상태라고 말할 수 있다.
양쪽 눈에 동공 확대를 일으키는 병으로는 진행성 망막 위축이나 시각 신경염, 동안신경(눈놀림 신경) 마비, 뇌염 등이 있다. 한쪽 눈에만 동공 확대가 일어나는 원인으로는 안구 타박에 의한 외상이나 녹내장, 부교감 신경 차단제의 점안 등이 있다. 다른 병으로 경부 교감 신경 자극이 일어난 경우에도 동공 확대가 보인다. 한편, 양쪽 눈에 동공 수축을 일으키는 원인으로는 뇌종양에 의한 두개골 내압의 상승, 전신 마취, 농약 중독 등이 있다. 한쪽 눈에만 동공 수축을 일으키는 원인으로는 전포도막염, 동안신경 자극, 경부 교감 신경 마비(호너 증후군), 부교감 신경 자극제의 점안이 있다. 눈에 광자극을 가했을 때 그 눈에 동공 수축이 일어나는 것을 직접 대광 반응이라고 하고, 반대쪽 눈에도 동공 수축이 일어나는 것을 간접 대광 반응이라고 한다. 동공 크기는 정상이지만 확대도 축소도 하지 않는 때는 홍채 후 유착이나 홍채 위축이 의심된다.

수정체 질환
눈은 자주 카메라에 비유되는데, 수정체는 카메라로 치면 렌즈에 해당하는 기관이다. 수정체는 사물을 볼 때 망막에 초점을 맺어 뚜렷하게 만든 상(像)을 얻는 역할을 하고 있다. 눈에는 얼굴을 향한 방향으로 곧바로 초점이 맞는 오토포커스 기능이 갖춰져 있다. 이것은 수정체를 고정하고 있는 모양소대와 섬모체근의 작용으로 수정체의 두께가 순식간에 변화함으로써 조절된다. 그러나 개나 고양이의 수정체는 럭비공 같은 모양의 두껍고 큰 렌즈다. 그러므로 조절 기능이 나쁘며, 비유하자면 고정 초점 렌즈라고 말할 수 있다. 예전에 개는 근시라고 알려져 있었으나 수정체의 굴절 도수를 정확히 측정해 보니 +2~+6디옵터의 원시라는 것이 밝혀졌다. 그러나 이것은 어디까지나 계측값이며, 개는 이 값의 범위 안에서 망막에 초점이 맞을지도

38 교감 신경의 지배를 받는 동공 확대근의 작용에 의하여 동공이 지름 4밀리미터 이상으로 커지는 일.
39 서로 반대되는 작용을 동시에 하는 한 쌍의 근육.

망막에 투영되는 시각 정보

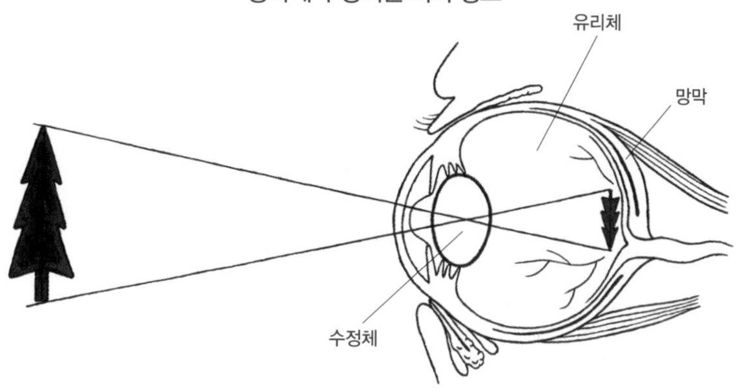

모른다. 이처럼 수정체는 초점이 맞은 영상을 얻기 위한 기관이므로 선천적으로 수정체가 없는 경우나 형태의 이상, 정위치에서 벗어난 경우, 그리고 투명성을 잃은 경우에는 잘 보이지 않거나 아예 보이지 않는 등의 시각 장애가 나타난다.

● 작은수정체증

선천 이상이며, 수정체가 보통 크기보다 작은 상태를 말한다. 발생은 드물다. 작은수정체증은 단독으로 일어나는 경우와 유리체 혈관 잔존(눈이 만들어지는 과정에서 사용된 혈관이 흡수되지 않고 남은 것)이나 망막 형성 이상(망막의 발육 부전을 보완하는 신경 조직의 이상 발육) 등의 다른 안질환과 함께 발병하는 경우가 있다. 작은수정체증인 눈은 태어났을 때 이미 백내장이 일어나 있기도 하다. 수정체가 작아도 투명하여 유리체 혈관 잔존물이 수정체 후방에 붙어 있지 않으면 시각은 보존될 수 있다. 수정체의 크기는 동공 확대제를 점안하여 눈동자를 확대했을 때, 수정체 적도부가 보이는지, 또는 적도부가 어느 정도나 보이는지로 판단한다.

● 무수정체증(수정체 결손증)

개와 고양이에게 보이는 드문 병으로, 태생기에 수정체가 만들어지지 않고 태어나서도 수정체가 없는 것을 말한다. 무수정체인 눈은 유리체나 망막 등의 선천 이상을 동반하는 일이 많으며, 보통은 시각이 없다. 슬릿광(폭이 좁은 광선)을 눈에 비춰서 투광체(각막, 수정체, 유리체)라고 불리는 투명한 기관의 단면에 수정체가 있는지로 진단한다.

● 수정체핵 경화증

수정체는 중심에 위치하는 약간 딱딱한 핵과 핵을 둘러싼 부드러운 겉질, 그리고 이것들을 덮은 피막으로 구성되어 있다. 개는 다섯 살이 넘을 무렵부터 수정체 중심부에 둥글고 창백한 윤곽이 보이게 된다. 이 현상은 수정체의 노화에 따른 것으로 핵 경화라고 불린다. 수정체 상피 세포는 평생에 걸쳐 핵 섬유를 만들어 내는데 이 핵 섬유는 핵의 주위에 압축되어 밀도를 높이게 된다. 나이가 들어감에 따라 핵 안의 수분과 가용성 단백질이 감소하고 그 대신에 불용성 단백질이 증가한다. 이리하여 수정체의 핵이 경화되어 간다. 핵 경화로 시력을 잃지는 않지만 핵 경화에 더해서 핵에 혼탁(백내장)이 일어나면 시각 장애가 일어난다. 핵 경화와 백내장을 나누어 진단하기 위해 슬릿광에 의한 검사를 한다. 핵의 주위가 연하게 혼탁하고 중심부가 투명하면 핵 경화로 진단한다. 핵 경화는 시력을 잃지는 않으므로 치료할 필요가 없다.

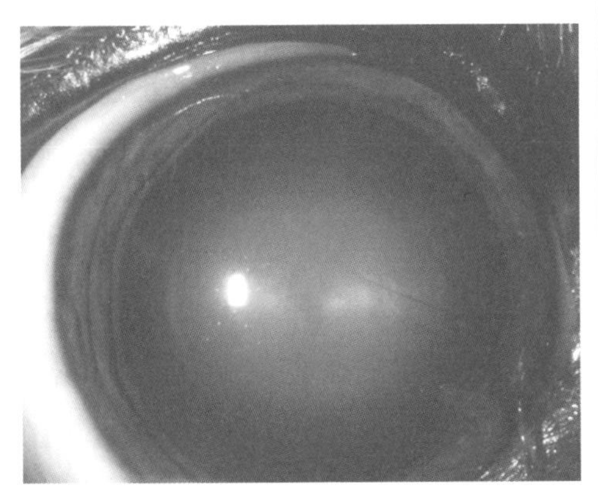

핵 경화증인 몰티즈(7세)의 오른쪽 눈. 가운데 둥글게 보이는 부위가 핵 경화증이다.

●백내장

수정체가 혼탁한 것을 백내장이라고 부른다. 그러나 핵 경화증은 제외된다. 백내장은 개에게 많으며 고양이에게는 드문 질환이다. 개의 백내장은 대부분 노화에 의한 것으로 일곱 살을 넘어갈 무렵부터 수정체에 혼탁이 생기기 시작한다. 노령성 백내장은 견종을 가리지 않으며 나이가 들어감에 따라 어떤 개에게도 일어난다. 그러나 진행의 정도는 다양하며 혼탁은 있어도 평생 시력을 잃지 않는 개도 많다. 개에게서는 2세까지 일어나는 백내장을 유년성 백내장, 2~6세 사이에 일어나는 것을 성견성 백내장이라고 하며, 어린데도 일어나는 백내장은 유전적 소인 때문이라고 본다. 시베리아허스키, 꼬마슈나우저, 코커스패니얼, 푸들, 비글 등 80여 견종에 소인이 있는 것으로 알려져 있다. 그 밖에는 전신 질환과 관련하여 일어나는 것(예를 들면 당뇨병 백내장), 눈병에 병발하는 것, 약물이나 상처로 일어나는 백내장 등이 있다.

증상 개가 백내장이 되면 눈이 하얗게 보이거나 언제나 눈동자가 확장되어 있거나, 육안적인 변화 이외에 어두운 곳에서 움직이지 않는다, 높이가 있는 곳에서 망설인다, 물건에 부딪힌다, 벽에 몸을 의지하여 걷는다 등 시각 장애를 나타내는 증상이 나타난다. 보호자가 백내장을 알아차리는 것은 눈이 하얗게 되었을 때가 아니라 행동 이상이 나타났을 때가 많다. 이것은 개가 눈이 잘 보이지 않게 되어도 보호자에게 호소할 수 없으며 시각에 장애를 입어도 후각이나 청각, 몸에 전해지는 감각 등으로 익숙한 생활 환경에서는 행동이 그리 제한되지 않기 때문이다. 그러나 백내장이 진행하여 시력을 잃으면 하루 종일 잠을 자게 되고 갑자기 손을 내밀면 놀라서 물기도 한다.

진단 먼저, 눈이 보이는지를 밝은 방과 어두운 방에서 각각 조사한다. 다음으로, 눈을 바깥쪽부터 살펴보아 흰자위나 눈 속에 이상이 없는지를 조사한다. 그다음에는 동공 확대제라 불리는 눈약으로 눈동자를 확대하고 슬릿광이라고 불리는 세로로 긴 빛을 사용하여 수정체의 단면상을 조사하거나 망막으로부터의 반사광을 이용하여 수정체의 어느 부위에 어떤 혼탁이 있는지를 조사한다. 초음파 검사를 하기도 한다.

사람의 백내장 수술은 단시간에 안전하게, 심지어 예측된 시력을 회복할 수 있는 수술이 되었다. 개도 똑같은 수술이 가능할 것으로 생각할 수 있으나 개의 백내장 수술은 그렇게 간단하지 않다. 가장 큰 이유는 수정체 자체에 있다. 개의 수정체는 사람의 두 배 가까이 되며, 도려내거나 없애는 데 상당한 시간이 걸린다. 그 때문에 눈에 가해지는 침습[40]이 크고 수술 후에는 반드시 염증이 생기기 때문이다. 섬세한 수술이므로 수술 후에는 몇 주 동안의 안정과 청결을 유지하는 것도 중요하다. 그러나 이것은 쉽지 않다. 개의 백내장 수술은 개의 눈 특유의 해부학적 구조와 개이기 때문에 생기는 문제로 위험을 동반하는 수술임을 이해해야 한다.

치료 개의 백내장 치료에는 눈약이나 먹는 약에 의한 내과적 방법과 수술에 의한 외과적 방법이 있다. 백내장이 있어도 시력이 유지되고 있을

40 질병이나 발작의 시작. 비병원성 또는 병원성의 세균이 체내에 들어가 조직 내로 들어가는 것.

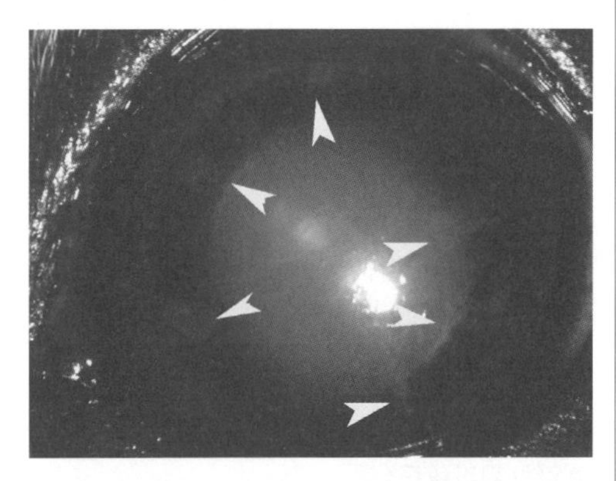

미니어처 닥스훈트(12세)의 왼쪽 눈. 수정체 가장자리의 혼탁(화살표)이 백내장이다.

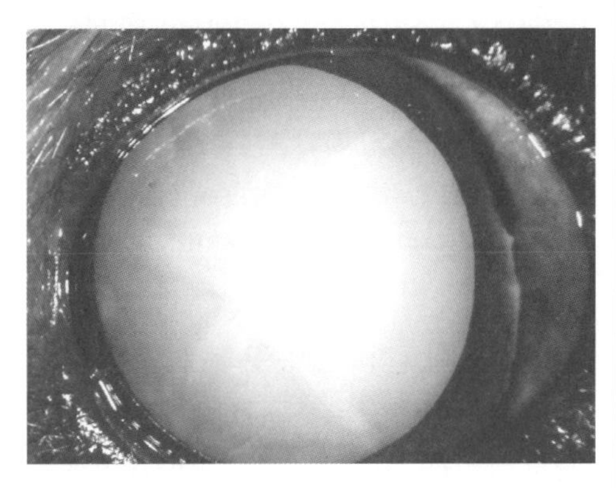

올드 잉글리시 시프도그(3세)의 오른쪽 눈. 성숙 백내장으로 수정체 전체가 혼탁하다.

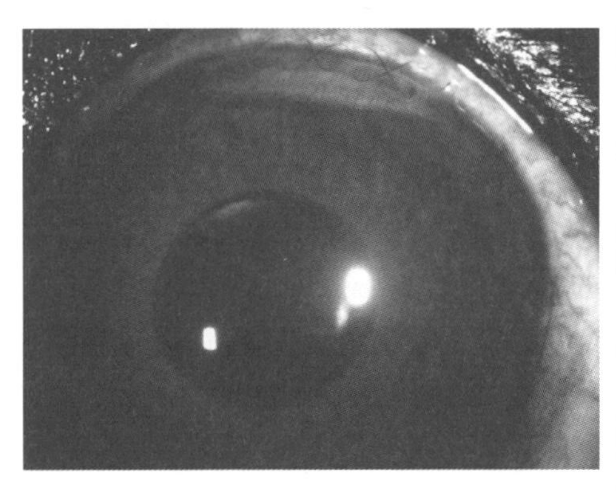

백내장 수술 및 인공 렌즈 삽입술을 하고 3주째의 눈. 혼탁이 제거되고 인공 렌즈가 삽입되어 있다.

때는 내과적 치료가 선택된다. 그러나 눈약이나 먹는 약의 효과는 크게 기대할 수 없다. 백내장에 의한 시각 장애가 있거나 실명했을 때는 수술이 필요하다. 백내장 수술에는 눈을 크게 잘라 내서(180도) 수정체 내용물을 완전히 들어내는 방법과 약 3밀리미터의 작은 절개 부위를 통해 초음파로 수정체 내용물을 부수어서 빨아내는 방법의 두 가지가 있다. 그러나 두 가지 모두 렌즈가 없어지면 개는 심한 원시(+14 디옵터 전후)가 되며 수술해도 그대로는 가까운 곳의 사물이 보이지 않는다, 높이를 확인할 수 없다, 산책하다가 전봇대에 부딪힌다 등 심한 원시에 의한 시각 장애가 남는다. 그러므로 수정체 내용물을 제거한 다음, 수정체가 있던 위치에 강아지용 인공 수정체(인공 렌즈)를 삽입한다. 그럼으로써 개는 원래의 굴절 도수를 되찾고 가까운 곳도 보여서 자유롭게 행동할 수 있게 된다.

●수정체 탈구

수정체의 위치가 어긋나거나 전안방 내(각막과 홍채 사이)나 유리체강으로 변위한 상태를 수정체 탈구라고 부른다. 수정체 탈구는 눈에 입은 둔탁한 외상, 녹내장에 의한 안구 증대, 백내장에 의한 수정체 팽창화, 안구 내 종양, 유전적 소인 등이 원인이 되어 일어난다. 개는 테리어 종, 푸들, 보더 콜리에게 자연 발생한다. 티베탄테리어, 미니어처 불테리어에게는 유전적 소인이 인정된다. 고양이에게서는 샴고양이와 노령묘에게 자연 발생하는 것으로 알려져 있다.

증상 수정체가 전안방 안쪽으로 탈구하면 흰자위의 충혈과 심한 통증을 나타내며 포도막염이나 녹내장을 일으키기 쉽다.

진단 수정체가 탈구해도 녹내장이나 포도막염이 일어나지 않으면 무증상이므로 탈구를 알아차리지 못하는 경우가 대부분이다. 수정체 탈구는 눈 안에 스포트라이트를 비춰 보면 잘 알 수 있다. 수정체 탈구의 대부분은 유리체강으로의 탈구(후방 탈구)다. 이 경우는 스포트라이트를 비춰 봄으로써 수정체가 이동한 반대 방향의 적도부(수정체

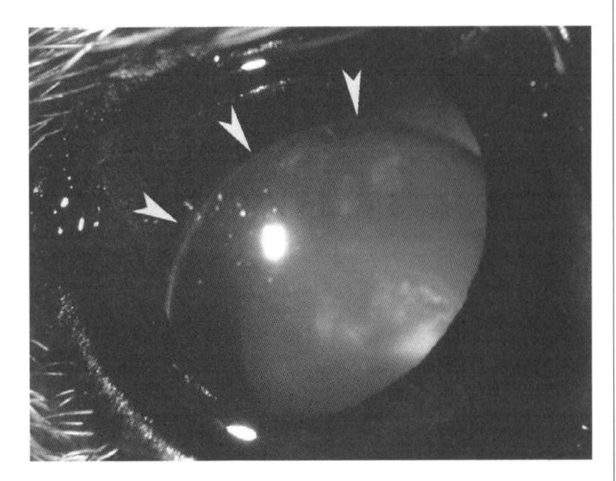

시바견(10세)의 오른쪽 눈. 수정체 후방 부분 탈구인 전안방 부위. 스포트라이트를 비춰 보면 수정체가 유리체강으로 탈구하여 위쪽의 수정체 적도부(화살표)가 관찰된다.

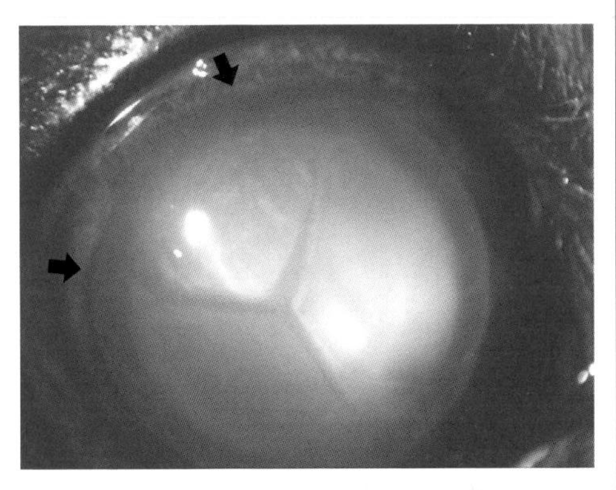

요크셔테리어(9세)의 오른쪽 눈. 수정체 전안방 탈구인 전안 부위. 수정체는 홍채 위쪽(전방)에 있으며, 동공은 수정체 아래(후방)에 보인다. 심한 결막 충혈도 보인다.

가장자리)가 보이게 된다. 수정체가 전안방 앞쪽으로 탈구하면(전안방 탈구) 수정체가 홍채 위에 있으므로 적도부 둘레 전체를 눈으로 확인할 수 있게 되지만, 홍채나 동공은 잘 보이지 않게 된다.

치료 수정체가 유리체강으로 탈구해도 안구의 염증(포도막염)이나 녹내장이 일어나지 않았다면 치료는 필요 없다. 그러나 전안방 탈구일 때는 수정체 적출 수술을 한다.

유리체 질환

유리체는 안구 내강의 약 75퍼센트를 차지하는 겔 같은 조직으로, 안구 벽을 안방수(각막과 수정체 사이를 채운 물)와 더불어 안쪽으로부터 안구를 지키고 형상을 유지하는 동시에 수정체나 망막의 대사에 관계하고 있다. 유리체는 혈관이 분포하지 않으므로 투명하며, 안구 내 빛의 통로가 된다. 유리체에서 볼 수 있는 병은 대부분 발생 단계에서 사용된 혈관의 잔존과 나이가 들어감에 따라 동반되는 퇴행성 질환(노화에 따른 조직의 쇠퇴, 퇴화, 변질에 의한 병)이다.

● 일차 유리체 증식증

태생기의 수정체 형성에 사용된 유리체 동맥이 쇠퇴하지 않고 수정체 후낭(후면)에 붙어서 잔존하고, 그것이 증식한 것이 일차 유리체 증식증이다. 모든 견종에 발생하지만 도베르만은 유전 질환으로 알려져 있다. 한쪽 눈에만 발생하는 경우와 양쪽 눈에 발생하는 경우가 있으며, 시각 장애를 동반하는 것과 시각에 영향을 미치지 않는 것이 있다. 일차 유리체 증식증은 작은안구증이나 동공막 존속, 수정체 결손증을 동반하기도 한다. 이 질환을 나타내는 유년견은 수정체 후낭 부착부에서 백내장이 발생하는 일이 많으며, 노령견에서는 견인성 망막 박리가 발생할 위험성이 높아진다. 동공을 확대한 후 스포트라이트를 비춰서 관찰함으로써 진단한다. 슬릿광을 이용하여 수정체와 유리체의 단면상을 관찰하면 병변부가 명확해진다. 시각 장애가 있는 경우에는 백내장 수술을 한 다음, 수정체 후면의 혼탁 부위 절제나 전안방 유리체 절제, 그리고 인공 렌즈 삽입이라는 복잡한 수술이 필요하다.

● 별 모양 유리체증

노령 동물에게 자연 발생하는 퇴행성 질환이며, 특히 개에게 많이 보이지만 고양이에게도 발생한다. 유리체 안에 칼슘과 지질을 함유한 무수한 소체가 석출(유리체 안의 겔 같은 수용성 물질에서 작은 입자가 형성된다)하여 점 같은 혼탁으로 밤하늘에

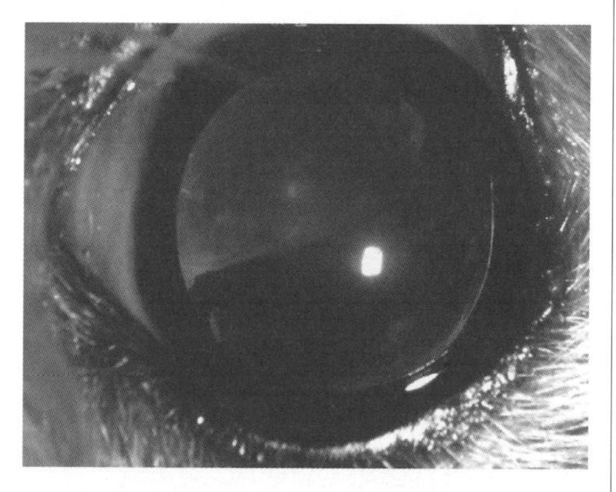

몰티즈(6개월령)의 왼쪽 눈. 일차 유리체 증식증인 전안방 부위. 스포트라이트로 비춰 보면 안구 내의 위쪽 절반 부분에 막 같은 혼탁이 보인다.

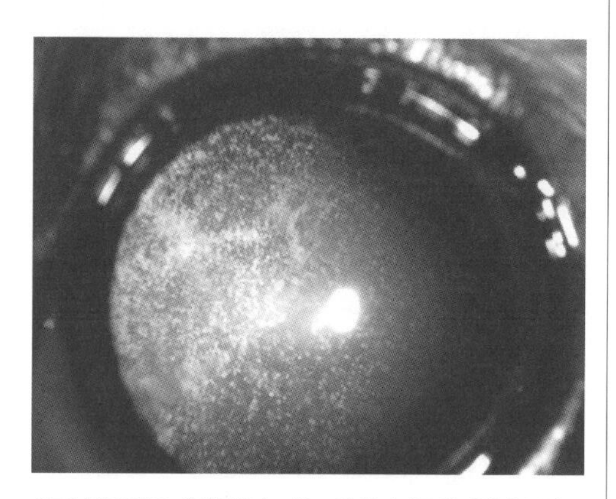

요크셔테리어(10세)의 왼쪽 눈. 별 모양 유리체증인 전안방 부위. 눈 속에 반짝반짝 빛나는 점 같은 혼탁이 여럿 보인다.

반짝이는 별처럼 관찰된다. 동공을 확대하여 스포트라이트를 비추면 수많은 점 같은 혼탁이 뚜렷하게 보인다. 이 혼탁 때문에 시력을 잃지는 않는다.

망막, 맥락막, 시각 신경 질환

망막과 맥락막, 시각 신경은 모두 안구 후부에 위치하는 조직이다. 망막은 안구 후면의 안쪽에 있는 얇은 막이며 전부는 섬모체 뒤에서, 후부는 시각 신경 유두에 걸쳐서 안구 내부를 덮고 있으며 유리체에 의해 느슨하게 맥락막으로 눌려 있다. 여기에는 시각 세포(간체와 추체)라고 불리는 빛을 느끼는 세포가 있으므로 종종 카메라의 필름에 비유된다. 맥락막은 혈관이 풍부한 조직이며, 이름 자체가 혈관이 얽힌 막이라는 의미다. 홍채와 섬모체, 맥락막을 합쳐서 포도막이라고 한다. 맥락막은 안구 주위에 있는 공막과 안쪽의 망막 사이에 끼어 있으며, 안구 조직의 대사(영양 공급 등)나 기능의 유지에 크게 관계하고 있다. 혈관이 많아 대단히 섬세한 조직이므로 염증을 일으키기도 쉽다. 시각 신경은 안구 후부에서 시작하여 시각 교차라고 불리는 좌우의 시각 신경이 교차한 부분을 거쳐서 뇌로 이어진다. 안구가 받은 자극을 뇌로 전달하는 중요한 경로다. 안저 검사에서는 시각 신경의 끄트머리가 시각 신경 유두로서 관찰된다. 이들 모든 조직은 시각에 직접 관계가 있으며, 이들 조직의 질환은 중증 시각 장애로 이어질 가능성이 있다.

●콜리 안구 기형

콜리나 셰틀랜드양몰이개 등에게 보이는 유전성 안질환이다. 그 밖에 오스트레일리안셰퍼드 등에게도 보인다. 가장 높은 비율로 발병하는 것은 콜리이며, 병에 걸리는 비율은 40~75퍼센트로 대단히 높은 편이다. 증상은 안구의 맨 바깥쪽 형태를 만드는 공막의 일부가 바깥쪽으로 확장하여 맥락막이나 망막 등도 함께 우묵하게 파이는 공막 확장증, 맥락막 저형성, 안저 혈관의 곡류나 크기 이상, 시각 신경 유두 형성 부전, 안구 내 출혈, 망막 박리 등 다양하다. 대부분 예후가 불량하며 병이 진행되면 실명하기도 한다.

●망막 형성 부전

개에게서는 많은 경우 선천적인 망막 형태 이상인데, 감염이나 중독, 다른 안질환에 병발하여 발생하기도 한다. 고양이는 범백혈구 감소증 바이러스에 감염된 후에 보이기도 한다. 검안경에 의한 안저 검사로 망막의 일부 또는 전역에 걸쳐서 원형의 회색이나 녹색 병변이 인정된다. 가벼운 정도면 시각에 영향이 없는 경우가 많다. 단, 안저 출혈이나 망막 박리를 일으키면 시각 장애로 이어지기도 한다. 아메리칸 코커스패니얼이나 배들링턴테리어, 잉글리시 스프링어스패니얼, 래브라도리트리버, 로트바일러, 요크셔테리어 등에게 많이 발생한다. 치료법은 없으며 망막 형성 부전을 가진 동물은 번식하지 않는다.

●망막 박리

망막은 대단히 얇은 막이며 유리체로 느슨하게 맥락막 쪽으로 눌려 있다. 이 망막이 어떤 원인으로 떨어져 나간 상태를 망막 박리라고 한다. 작은 박리에서 전체 박리로 진행하는 일이 많은데, 시력 장애도 같이 진행되며 마지막에는 실명한다. 주요 원인으로는 다음 세 가지가 있다. 첫째, 선천성 망막 박리로 망막 형성 부전이나 다른 선천 질환에 의한 것이며, 태어날 때부터 박리가 일어나 있는 것이다. 둘째, 삼출성 망막 박리로 망막과 망막하의 조직 사이에 액체가 고여서 망막이 벗겨진 것이다. 저류한 액체로는 포도막염(홍채, 섬모체, 맥락막의 염증) 등의 염증이나 종양으로부터의 삼출물(스며 나온 것)이 있다. 셋째, 견인성 망막 박리로 외상 등에 의해 유리체 안에 출혈이 일어날 때의 혈액 응고 덩어리나 유리체 동맥 잔존(선천 질환) 등이 원인이 되어 망막을 끌어당겨서 일어난다. 망막 박리는 주로 이 세 가지 원인으로 일어나는데, 노령인 고양이에게는 여기에 더해 고혈압증에 의한 안저 출혈이나 삼출이 원인이 되어 박리가 발생하기도 한다. 또한 망막에 생긴 구멍을 통해 망막하 공간으로 액체가 유입되면서 망막이 분리되는 열공 망막 박리는 퍼그, 시추, 토이 푸들 등에게서 보이며 갑작스러운 시력 장애의 원인이 된다.

증상 초기 증상은 명료하지 않다. 박리가 진행되면 시각 장애를 일으키는데, 한쪽 눈에만 발병하면 특별히 두드러진 증상이 보이지 않는다. 그러므로 보호자가 이상을 알아차렸을 때는 이미 장애가 진행하고 있는 일이 많다. 염증이 있으면 충혈이나 눈부심, 눈곱 등의 증상도 인정된다.

진단 대부분 안저 검사에서 발견하지만 안저 검사로 발견하기 힘든 예도 있으며, 그런 때는 초음파 검사로 진단하기도 한다.

치료 삼출성인 경우는 원인 질환(염증 등)을 치료하면 낫기도 한다. 그러나 시각 장애가 보이는 경우는 광범위한 박리나 전체 박리가 일어나고 있는 일이 많으며 치료가 어렵다고 한다. 이뇨제나 스테로이드제 등을 투여한다. 요즘은 레이저 치료 등도 하고 있다.

●진행성 망막 위축

양쪽 눈에 일어나며, 야맹증으로 증상이 시작되는 유전성 안질환이다. 개에게 많이 발생하지만 고양이에게도 드물게 보인다. 발병 시기나 병상의 진행은 견종에 따라 차이가 있지만, 생후 몇 달 만에 발생하면 일찍 실명한다. 안저 검사에서는 안저 타페텀의 반사성 항진이 보이며, 병상의 진행에 따라 망막 혈관이 좁아진 상태도 확인할 수 있다. 실내에서 키우는 동물이라면 행동에 불편을 초래하는 일은 거의 없지만 번식은 시키지 말아야 한다.

●고양이의 중심성 망막 변성

고양이에게 보이는 후천성 망막 변성이다. 타우린 결핍이 원인이 되어 발병한다. 고양이는, 타우린을 체내에서 합성할 수 없으므로 타우린을 함유하지 않은 사료를 주면 발병하는 것으로 알려져 있다. 현재 시판되고 있는 고양이 사료는 충분한 타우린을 함유하고 있으므로 타우린 결핍을 일으키는 일은 없다. 망막 중심와 주위라고 불리는 시각 신경

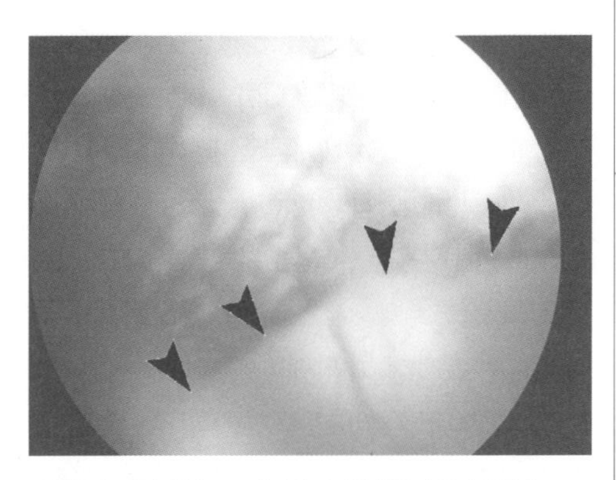

시추(6세) 암컷. 화살표로 나타낸 희미한 흰색이 벗겨진 망막. 상부의 망막이 떨어져 나와 시각 신경 유두(혈관이 보이는 하얀 부분)에서 반전하여 늘어져 있는 것을 알 수 있다. 결국 실명했다.

유두의 코 쪽 방향 망막에 특징적인 타원형의 망막 반사가 항진하는 병변이 나타나서 차츰 망막 전체로 진행되어 간다. 이런 병변이 상당히 진행될 때까지 외견상의 증상은 보이지 않는다. 검안경에 의한 안저 검사로 발견할 수 있으며 변성이 진행되면 최종적으로는 혈관이 없어져 시각을 잃는다.

●맥락막염(후포도막염)

안구 후방의 맥락막을 중심으로 염증이 일어나는 병이다. 종종 망막에도 염증이 파급되므로 안저 검사에 의해 망막 맥락막염으로 진단된다. 가벼운 맥락막염은 거의 무증상이라 우연히 발견되는 일도 적지 않지만, 심하면 망막 박리나 안저 출혈을 일으켜 시력을 잃기도 한다. 원인으로 개는 면역 매개이 많으며, 고양이는 고양이 전염성 복막염 바이러스나 고양이 백혈병 바이러스, 고양이 면역 결핍 바이러스, 톡소플라스마, 크립토콕쿠스 등의 감염을 들 수 있다. 급성 염증이 보일 때는 스테로이드제를 중심으로 전신 소염 치료를 한다. 단, 세균이나 진균의 감염이 의심될 때는 스테로이드제가 병태를 악화시키기도 하므로 사용하지 않고 항생제나 항진균제를 각각 투여한다.

●포그트 · 고야나기 증후군(포도막 피부 증후군)

특정 견종(아키타견 등)에 많이 보이는 염증 질환으로, 멜라닌 세포가 많이 분포하는 맥락막이나 홍채, 섬모체를 자신의 면역계가 공격함으로써 발병한다. 급성기에는 눈부심이나 눈의 통증, 각막 혼탁, 모양 충혈 등의 홍채 섬모체염 증상, 그리고 시력 장애나 망막 박리 등의 맥락막염 증상이 보인다. 급성기에는 스테로이드제에 의한 소염 치료를 강력하게 하고, 안정된 후에는 약의 부작용과 재발에 주의하면서 면역 억제제를 이용한 지속적인 치료를 한다. 급성기나 재발 시의 염증을 잘 제어하지 못하면 수정체에 홍채가 유착하거나 염증 산물로 우각 폐색이 일어나며, 그로 인해 속발성 녹내장이 발병하여 실명하기도 한다. 안구 이외에도 안검이나 콧등 등의 멜라닌 세포가 상해를 입어서 까맣던 부분이 차츰 피부색으로 퇴색되어 간다.

●안저 출혈

안구에 대한 둔한 외상으로 발생하는 이외에 망막 박리나 후안방 부위의 염증, 심각한 콜리 안구 기형, 안구 내 종양일 때에도 일어난다. 와파린 중독이나 혈소판 감소증, 파종 혈관 내 응고 등의 지혈 장애, 고혈압증, 림프종, 당뇨병 등의 전신 질환과 관련되어 일어나기도 한다. 그러므로 치료할 때는 지혈제 투여 등의 대증 요법 이외에도 생명의 위험을 미칠 가능성이 있는 원인 질환을 발견하여 그것을 치료하는 것이 중요하다. 안저 출혈은 대부분 가역적이며, 원인 질환의 치료가 잘되면 출혈이 흡수되면서 시력이 회복된다. 그러나 망막과 맥락막 사이에 일어난 출혈은 망막 박리를 일으키며, 종종 영구적으로 시각을 상실한다.

●고혈압 망막 병증

만성 신부전이나 갑상샘 기능 항진증, 부신 겉질

기능 항진증 등을 원인으로 하는 전신 고혈압증과 동반하여 일어난다. 경증에서는 거의 무증상이며, 상해를 입은 망막 동맥에서 가벼운 출혈과 그 주변의 망막 부종이 안저 검사로 확인된다. 한편, 중증에서는 망막 박리, 안저 출혈, 또는 전안방 출혈이 일어나며 시각 장애가 보인다. 치료하려면 혈압 강하제를 사용하며 정상 혈압으로 회복하면 증상은 개선된다. 경증에서는 시각은 온존되지만, 중증에서는 시각이 회복되지 않거나, 일단 회복되어도 망막 변성이 병발하여 다시 시력을 잃기도 한다. 혈압을 정상으로 유지하기 위해서는 고혈압의 원인이 되는 질환을 찾아내서 치료하는 것도 중요하다. 8세 이상의 노령묘에게 많이 발생하므로 노령묘는 정기적으로 안저 검사나 혈압 측정을 하여 조기에 발견하고 조기에 치료를 시작하는 것이 중요하다.

● 시각 신경염

뇌에서 안구에 이르는 신경(시각 신경이나 시각 신경 유두)에 일어나는 염증으로, 개와 고양이 모두에게 보인다. 원인으로 감염이나 외상을 생각할 수 있는데, 대부분 명백한 원인을 찾을 수 없어서 특발성이라 불린다. 증상으로는 갑자기 동공이 확대되며 빛의 자극에 반응하지 않게 되며, 시각 장애를 일으킨다, 불안 때문에 기운이나 식욕을 잃기도 한다. 안저 검사로 진단한다. 분홍색으로 비대해진 시각 신경 유두가 보이며, 보통은 그 주변에 출혈도 인정된다. 그러나 시각 신경 유두에 변화가 일어나지 않는 시각 신경염도 있다(눈 뒤 시각 신경염). 치료하려면 고용량 부신 겉질 호르몬제를 전신에 투여한다. 단, 시각 신경의 염증은 낫더라도 시각이 회복될 가능성은 높지 않다.

● 시각 신경 유두 부종

시각 신경 유두 부종이란 시각 신경의 비염증성 부기다. 개에게 드물게 발생하며 고양이에게는 거의 보이지 않는다. 사람은 뇌의 압력이 상승하면 이 질환이 생기는데, 개에게는 그런 일은 드물며 대부분 두부(머리뼈 내) 종양이나 고혈압증일 때 일어난다. 시각 신경염과 달리 빛에 대한 동공 반응은 정상이며 시각에도 장애는 없다. 그러나 이 상태가 오래 지속되면 시각 신경이 위축되어 시각 장애가 일어나기도 한다. 원인이 되는 다른 병이 있다면 그것을 치료한다. 시각 신경 유두 부종 자체에 대한 효과적인 치료법은 없다.

● 시각 신경 위축

시각 신경 위축은 시각 신경이나 망막의 염증, 망막의 변성(진행성 망막 위축 등), 녹내장, 외상 등이 원인이 되어 시각 신경이 위축한 상태를 말하며, 개나 고양이에게도 일어난다. 증상은 빛의 자극에 반응하지 않는 동공 확대와 실명이다. 염증이 원인이면 초기에 눈부심이나 눈곱 등이 보이기도 한다. 안저 검사를 하여 시각 신경 유두가 편평하고 작으며 회색을 띠고 있는 것을 확인한다. 시각 신경 유두는 때로 긁힌 것처럼 보이기도 하며, 주변이 깔쭉깔쭉한 것처럼 보이거나 거무스름하게 보이기도 한다. 시각 신경은 한번 위축되면 원래대로 회복시키는 것이 불가능하므로 어떤 치료를 해도 시력을 회복시킬 수 없다.

안와 질환

안와란 안구와 그 주위의 조직(근육, 눈물샘, 시각 신경 등)을 포함하는 영역이며, 반구 형태의 받침 접시 같은 모양을 하고 있다. 사람이나 소, 말, 돼지 등에서 그 받침 접시는 전체 주위가 뼈로 둘러싸여 있는 구조지만, 개나 고양이는 그것의 일부가 단단하지 않은 연부 조직이다. 치아나 비강, 부비강, 광대뼈샘 등의 기관은 안와에 밀접하여 존재하고 있으므로 이들 기관의 병에서 파급되어 안와의 병이

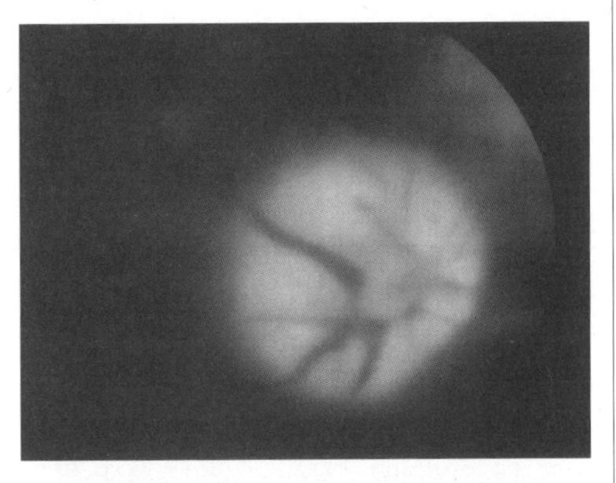

시추에게 보인 원인 불명의 시각 신경염. 시각 신경 유두는 비대하여 부풀어 올랐고 그 주변에 출혈과 망막 박리도 보인다.

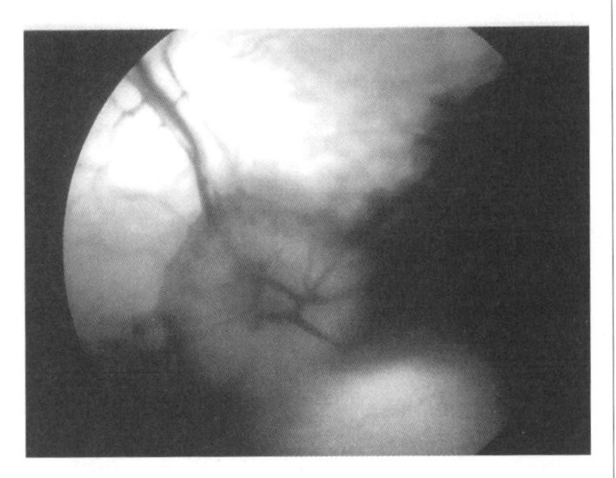

뇌종양이 있는 비글에게 보인 시각 신경 유두 부종. 시각 신경은 약간 부어서 부풀어 있지만 출혈이나 망막 박리는 보이지 않는다.

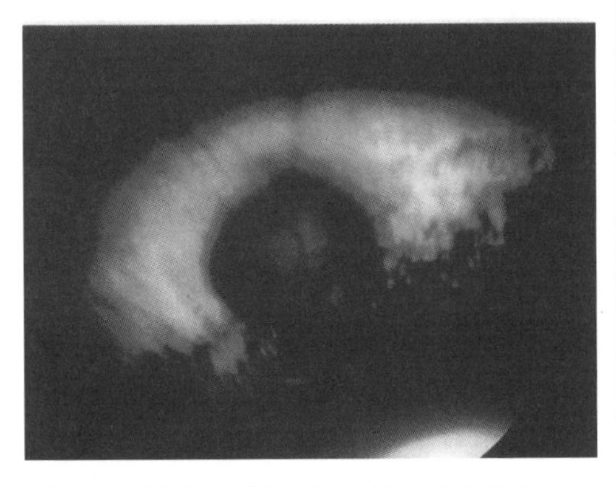

외상을 입은 시추에게 나타난 시각 신경 위축. 시각 신경 유두는 축소되어 어두운 색으로 보인다.

일어나는 일이 많다고 한다. 안와의 병에서 가장 많이 보이는 증상은 안검의 부기나 안구의 돌출 또는 함몰인데, 안와에 이상이 보일 때는 눈의 병뿐만 아니라 주변 기관의 병도 의심할 필요가 있다.

●안와낭

안와 내나 그 주변 조직이 낭(물풍선 같은 것) 모양으로 부풀거나 안와에 액체가 저류함으로써 눈 주위가 부은 상태를 말한다. 개와 고양이 모두에게서 드물게 보인다. 안와낭을 일으키는 병으로는 눈물샘이나 광대뼈샘의 낭종(주머니혹)을 생각할 수 있다. 그 밖에 안구 적출 후의 틈새에 액체가 저류하거나 눈물샘이나 순막의 샘 조직이 외상을 입거나, 안구 주변의 뼈조직이 부러졌을 때도 보인다. 증상은 눈 주위의 부기인데, 통상적으로 눈의 통증이나 눈곱 등은 보이지 않는다. 엑스레이 검사나 초음파 검사로 진단하며, 안와에 고여 있는 액체를 확인한다. 액체가 고여 있는 부위에서 바늘로 액체를 흡인하여 검사하기도 한다. 치료는 낭종이라면 그것을 적출하고, 그 밖에 원인이 되는 병이나 외상에 대해 치료한다.

●안와 농양

안와 농양은 눈 뒤 농양이라고도 불리며, 안와에 고름이 찬 상태를 말한다. 개와 고양이에게도 비교적 많이 보이는 병이다. 안와 주변의 피부 외상(싸움에서 물린 상처)이나 치아 뿌리 부분의 감염, 또는 광대뼈샘의 감염이 퍼져서 일어난다. 동물이 먹은 이물이 입안의 점막을 찌르고, 거기에서 감염이 일어나서 안와까지 퍼지기도 한다. 그러나 실제로는 원인을 알 수 없는 경우가 많다.

증상 눈 주위에 통증을 동반한 부기가 생기며 안구가 돌출한다. 입을 벌리려고 하면 아파하는 증상도 많이 보인다. 결막이나 순막은 충혈된다. 순막이 돌출하거나 안구가 돌출함으로써 눈꺼풀이 완전히 닫히지 않게 되며 그 때문에 각막이 건조해져 각막염을 일으키는 예도 있다. 동물은 열이 나며 기운이나 식욕이 없어진다.

진단 앞에서 언급한 증상으로 진단할 수 있지만 다른 병과 감별하려면 엑스레이 검사나 초음파

골든리트리버에게 보인 치아 뿌리 부분의 감염이 원인인 안와 농양(왼쪽 눈). 문제가 된 이를 뽑고 항생제 내복약을 투여하자 금방 나았다.

검사, 또는 CT 검사나 MRI 검사가 필요한 예도 있다.

치료 안와에 고인 고름을 배출할 필요가 있다. 치아 뿌리에 생긴 감염이 원인이면 그 치아를 뽑을 필요가 있다. 전신 마취하여 입안의 점막을 절개하거나 이를 뽑고, 그 절개 또는 발치 부위에서 고름이 차 있는 장소까지 관을 만들어서 고름을 입안으로 배출시킨다. 그런 다음에는 항생제를 내복하게 한다. 대부분 1회 치료로 조기에 치유된다.

●안와 출혈, 안와 공기증

안와 출혈과 안와 공기증은 각각 안와 부분에 출혈이나 기체의 저류가 일어난 상태다. 주로 안와 주위의 외상이 원인이 되는 일이 많지만, 안구 적출술 후의 합병증으로 발병하기도 한다. 안와 출혈에서는 출혈 부위로 여러 조직을 생각할 수 있다. 그러나 안와 공기증은 외상의 경우에는 부비강이라 불리는 장소에서, 또는 안구를 적출한 후라면 비루강이라 불리는 장소에서 기체가 안와로 흘러 들어가는 일이 많다고 알려져 있다. 증상은 눈 주위의 부기다. 부어 있는 곳의 피부를 눌렀을 때 사각사각하는 스치는 듯한 소리가 들리거나 그 감촉이 손끝에 전해지면 진단할 수 있다. 엑스레이 검사나 초음파 검사가 유효한 예도 있다. 대부분 항생제를 내복하게 한다.

●작은안구증, 무안구증

작은안구증과 무안구증은 모두 선천 기형이며, 작은안구증이란 태어날 때부터 정상보다 작은 안구를 갖고 있는 것을 말한다. 무안구증이란 태어날 때부터 안구가 존재하지 않는 것이다. 개는 비글이나 아키타견, 꼬마슈나우저, 차우차우, 카발리에 킹 찰스스패니얼 등에게, 고양이는 페르시아고양이 등에게 많이 보인다. 특징적인 외관으로 쉽게 진단할 수 있는데 순막은 돌출 기미가 보이며, 작은안구증에서는 안검을 강제적으로 열지 않아도 결막(흰자위)이 많이 보이고, 무안구증에서는 안검을 열어도 각막(검은자위)이 보이지 않고 결막만 보인다. 작은안구증인 눈 중에는 시각은 정상인 것이 많지만, 그 밖의 눈 이상(작은수정체증, 백내장, 망막 형성 이상 등)을 동반하는 예도 많으며, 그때는 시각을 잃기도 한다. 이들 질환은 치료법이 없다.

기타 질환

●녹내장

녹내장이란 안압(안구 내부의 압력)이 상승하여 시각 신경과 망막에 장애가 발생하고, 그 결과 일시적으로 또는 영구적으로 시각 장애가 일어나는 병이다. 녹내장은 개에게는 많이 발생하지만 고양이는 개보다 발생이 많지는 않다. 시바견이나 시추, 아메리칸 코커스패니얼 등의 품종에서 많이 보인다. 안구 내부의 전안방은 안방수라고 불리는 투명한 액체로 채워져 있다. 안방수는 주로 섬모체 돌기라고 불리는 조직에서 만들어지고, 거기서 전안방으로 흘러가서 저장되며, 우각이라고 불리는 부위에서 배출된다. 정상인 눈은 안방수가 만들어지는 양과 안구 내부에서 유출하는 양의 균형이 유지되며, 그 결과 안압이 언제나 일정

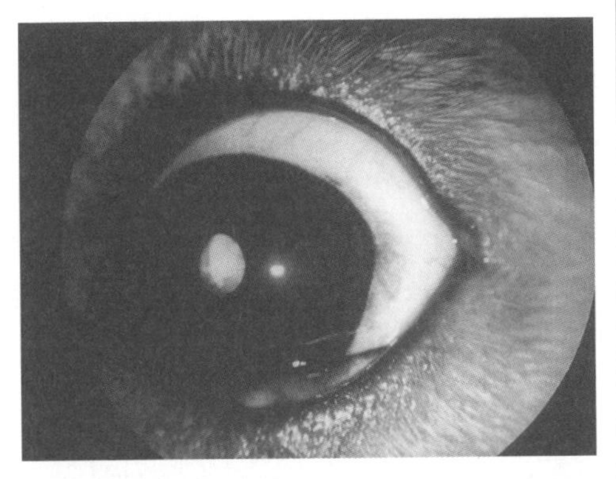

골든리트리버에게 보인 작은안구증. 각막의 크기도 작고 정상인 개보다 흰자위가 많이 보인다. 이 개는 백내장도 앓고 있었다.

3개월령 페르시아고양이에게 보인 무안구증(왼쪽 눈). 보호자는 아직 눈을 뜨지 못했다고 착각하고 있었다.

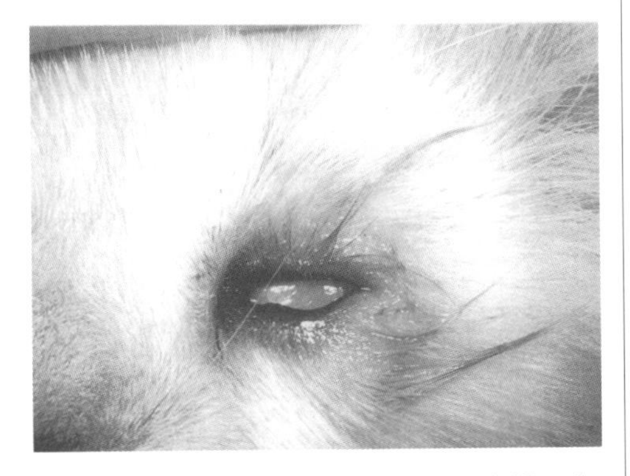

무안구증인 페르시아고양이의 왼쪽 눈을 확대한 것. 안검을 크게 열어도 결막만 보이며 안구의 조직은 보이지 않는다.

범위(개는 15~25수은주밀리미터, 고양이는 17~27수은주밀리미터)로 유지되고 있다.
녹내장에서는 어떤 원인 때문에 안방수의 유출이 감소하여 안구 내에 과도한 안방수가 저류하기 때문에 안압이 상승한다.
녹내장은 원인에 따라 원발성과 속발성으로 나뉘며, 우각의 상태에 따라 개방 우각과 폐색 우각으로 나뉜다. 또한 병기(질병의 경과 시기)에 따라 급성과 만성으로 분류된다. 원발 녹내장이란 그것 이외의 안질환을 동반하지 않은 녹내장을 말한다. 개에게서는 유전이나 품종이 관계하고 있는 경우가 많지만 고양이는 유전성이 증명된 예가 없다. 그에 비해 속발 녹내장이란 그 밖의 안질환을 동반하여 이차적으로 안압이 상승하는 것이며, 고양이의 녹내장은 대부분 이것에 해당한다. 원발 녹내장의 원인은 주로 유전적인 우각 이상이며, 비글(개방 우각)이나 아메리칸 코커스패니얼(폐색 우각) 등이 자주 발생하는 품종이다. 속발 녹내장의 원인으로는 포도막염이나 종양, 수정체의 변위, 안구 내 출혈, 유리체 탈출 등을 들 수 있다.
증상 녹내장은 병기에 따라 급성과 만성으로 나눌 수 있는데 고양이에게서는 개에게 보이는 급성 녹내장은 드물다. 급성 녹내장에서는 갑작스러운 시각 장애(증상이 한쪽 눈에만 있을 때는 알아차리기 힘들 수도 있다)나 각막 혼탁, 상공막(흰자위)의 심한 충혈, 동공 확대, 눈부심 등의 증상이 보인다. 눈의 통증 때문에 머리를 만지는 것을 싫어하고 기운이나 식욕도 저하한다. 안압이 상승한 채로 시간이 지나면 만성 녹내장이 되어 안구가 비대하고 각막 혼탁은 가벼워지지만 데스메막의 줄무늬라고 불리는 선이 각막에 보이게 된다. 증상이 더욱 진행되면 수정체 탈구나 안구 내 출혈, 각막 장애 등을 일으키고, 최종적으로는 안구가 위축하여 안구로[41]라고 불리는 상태에 빠진다.
고양이의 녹내장에서는 약간의 눈부심이나 눈물흘림 등이 보이지만 통증을 나타내는 일은

41 눈알이 쭈그러지고 작아져서 그 기능이 약하여진 상태.

거의 없다. 결막의 부종이 보이는 일도 있지만 상공막의 충혈은 개만큼 뚜렷하지 않다. 가장 조기에 나타나는 이상은 좌우 동공의 크기나 형태가 달라지는 것이며, 포도막염이나 종양이 원인인 경우에는 녹내장이 된 눈의 동공은 찌그러져 보이는 것이 보통이다. 고양이의 안구는 확장하기 쉬우므로 녹내장인 고양이에게서는 안구의 비대가 종종 보인다.

진단 안압 측정은 국소 점안 마취를 하고 안압계를 사용하여 측정한다. 개는 30수은주밀리미터 이상, 고양이는 40수은주밀리미터 이상의 안압이 확인된 경우에 녹내장으로 본다. 안저 검사를 하면 급성기에는 망막 혈관이 좁아지거나 시각 신경 유두가 약간 작아지는데 각막이 혼탁하여 상세히 관찰할 수 없는 경우도 있다. 만성기에는 시각 신경 유두가 위축하여 함몰하고 망막의 혈관은 거의 보이지 않게 된다. 고양이의 녹내장에서는 개보다 안저 소견의 변화가 대단히 적어서 만성 녹내장인 눈이라도 시각 신경 유두와 망막 혈관에 약간의 변화만 보이는 경우가 적지 않다. 우각 검사는 우각경이라는 특수한 렌즈를 사용하여 우각 상태를 관찰한다. 이 결과에서 녹내장을 개방 우각과 폐색 우각으로 분류한다. 기타 검사로 녹내장의 원인을 조사하거나 현재의 상태를 파악하기 위해 슬릿 램프라는 기계를 이용한 검사나 안구 초음파 검사, 망막 전도 검사를 하기도 한다.

치료 녹내장 치료는 대단히 어려우며 시각을 잃은 눈을 회복시키고 그것을 유지하거나 안압을 장기간 양호하게 제어하기는 쉽지 않다. 보호자가 눈의 이상을 알아차리고 병원을 찾아올 때는 녹내장이 만성화되어 회복 불가능할 정도로 시각 신경이 손상된 경우가 많다. 고양이의 녹내장은 대부분 다른 안질환에 속발하여 일어나는데, 그 병도 치료하기 대단히 어렵다. 치료에는 내과적인 방법과 외과적인 방법이 있다. 어떤 치료법을

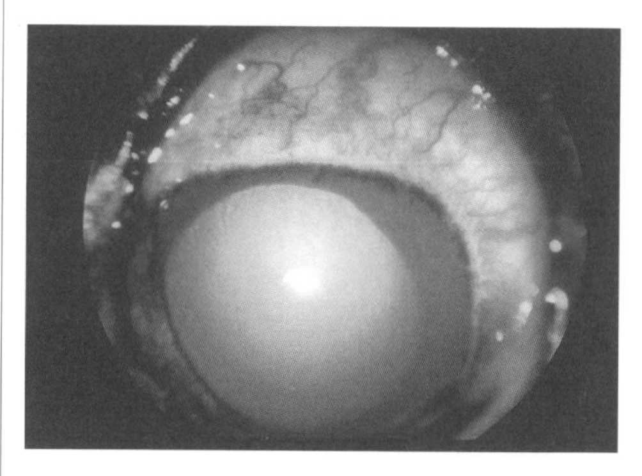

아메리칸 코커스패니얼에게 보인 급성 녹내장. 공막(흰자위)의 충혈, 각막(검은자위)의 혼탁, 동공의 확대가 보인다.

선택할 것인지는 녹내장의 타입이나 진행 정도에 따라 다르다. 내과적 치료로는 점안제(안방수의 생성을 줄이는 것이나 유출을 늘리는 것)에 의한 치료 이외에, 급성기에는 주사나 내복에 의한 전신 투약을 하기도 한다. 외과적 치료로는 여과 수술(안방수의 유출을 늘린다), 레이저 수술(안방수의 생성을 줄인다), 의안 삽입, 안구 내 약물 투입 등이 있는데, 안구를 적출해야 하는 경우도 있다.

●호너 증후군

눈과 그 주위의 신경에 관계하는 교감 신경으로의 장애 때문에 발생하는 병이다. 보통 한쪽 눈에만 발생한다. 교감 신경으로의 장애는 뇌의 시상 하부에서 척추까지의 장애(중추성 장애 또는 제1차 뉴런 이상), 척수에서 두경부 신경절까지의 장애(절전성[신경절 이전] 장애 또는 제2차 뉴런 이상), 두경부 신경절에서 눈과 그 주위까지의 장애(절후성[신경절 이후] 장애 또는 제3차 뉴런 이상)의 세 가지로 크게 분류된다. 중추성 장애는 뇌나 척수의 외상이나 종양으로 일어나지만 발생은 드물다. 절전성 장애는 제1흉추~제3흉추 장애나 세로칸 종양, 척수 종양 등으로, 그리고 절후성 장애는 만성 외이염이나 외이도의 세정으로 발생한다. 단, 개나 고양이의 호너 증후군은 원인을

알 수 없는 경우가 많아서 특발 질환이라고 부른다.
증상 아래로 처지는 듯한 안검과 동공 수축이 보이며, 순막이 돌출하고 가벼운 안구 함몰이 일어난다.
진단 많은 경우 축동과 순막 돌출이라는 특징적인 증상으로 진단할 수 있다. 고양이에게서는 안검 하수와 안구 함몰이 현저하지 않다. 이 병은 동공 수축이 보이지만 암순응 아래에서 동공의 대광 반사는 정상이다.
치료 원인이 판명되면 원인에 대해 치료함으로써 증상이 개선된다. 원인 불명이면 종종 4개월 이상 지나면서 자연 치유된다. 외상이 원인이 되어 발병한 것은 치료에 오랜 기간이 필요하다.

종양

눈의 종양은 안와나 안검, 결막, 제3안검, 안구 벽, 안구 내에서 발생한다. 개나 고양이의 안와 종양은 90퍼센트 이상이 악성이다. 안와에 종양이 발생하면 안구가 돌출하는 이외에 안구가 후방으로 이동하기 힘들어지거나 안검이 크게 열려서 제3안검이 돌출하고 결막 부종 등도 보인다. 안와에는 골육종, 섬유 육종, 안와 수막종, 샘암, 악성 흑색종, 비만 세포종의 발생이 알려져 있다. 안검 종양은 개에게 많이 발병하며 대부분 거기에 존재하는 기름샘의 샘종이다. 결막과 제3안검의 종양은 드물다. 또한 안구 벽에서는 윤부 흑색종이 보인다. 안구 내 종양으로는 흑색종이 가장 많으며, 그다음으로 개에게는 섬모체 상피종이나 샘암이 보인다. 고양이에게 안구 내 종양에서 두 번째로 많이 발생하는 것은 전이성의 악성육종이다.

청각기 질환

귓바퀴 질환

● 가렵지 않은 탈모

패턴 탈모와 주기성 탈모로 나뉜다. 패턴 탈모는 좌우 대칭으로 털이 빠지다가 결국 완전히 탈모가 되는 병이다. 닥스훈트나 보스턴테리어, 치와와, 미니어처 핀셔, 그레이하운드 등의 단모종에 많이 보인다. 이 병에는 두 가지 타입이 있다.
하나는 귓바퀴 탈모라 불리는 것이며, 주로 수컷 닥스훈트에게 보인다. 두 귓바퀴에서 탈모를 일으키며 다른 곳은 탈모가 되지 않는다. 보통 6~9개월령부터 귓바퀴의 털이 듬성듬성해지기 시작하여 완전한 탈모에 이른다. 탈모 부분의 피부는 색소 침착으로 까맣게 된다. 다른 하나는 귀에서 다른 장소로 탈모가 퍼지는 타입이다.
6개월령 정도부터 증상이 발현하며 귓바퀴, 귀의 뒤쪽, 머리 아래쪽, 흉부, 복부, 넙다리 뒤쪽으로 증상이 퍼져 간다. 병이 진행됨에 따라 피부의 색이 까맣게 되거나 비듬이 많아진다. 이것은 수컷에게 많이 발생하는 경향이 있다. 증상을 토대로 다른 탈모 원인(모낭충증, 피부 사상균증, 내분비성 탈모 등)을 제외함으로써 진단한다.
병리 조직학적으로는 털의 협소화 이외에 이상은 인정되지 않는다. 특별히 유효한 치료법은 없지만 갑상샘 호르몬제 등이 탈모에 유효하다는 의견도 있다. 유전성으로 생각할 수 있으므로 번식은 시키지 않는 것이 좋다.
주기성 탈모는 미니어처 푸들에게 발생하며, 갑자기 한쪽 또는 양쪽 귀에 탈모가 일어난다. 몇 달에 걸쳐서 서서히 완전 탈모에 이르는데, 그 후 몇 달에 걸쳐서 자연히 발모한다. 치료법은 알려지지 않았다. 샴고양이도 갑작스러운 귓바퀴 탈모가 있는 것으로 알려져 있다. 양쪽 귀에 좌우 대칭으로 발병하며 주기성인 것도 있다. 그 밖에도 가려움증을 별로 동반하지 않는 귓바퀴의 피부병이 몇 가지 있다. 단, 병변은 귀에만 나타나지는 않는다. 예를 들면 갑상샘 호르몬이나 난소 호르몬의 이상, 진균(곰팡이)이나 모낭충(진드기의 일종)에 의한 피부병 등에서는 귓바퀴에도 가려움증이 심하지 않은 탈모가 보이기도 한다.

● 귓바퀴 가장자리의 피부병

귓바퀴 가장자리에 비듬이나 딱지(부스럼), 지방성 분비물이 보이는 경우가 있다. 생각할 수 있는 병으로는 옴이나 귓바퀴 가장자리 지루, 일광 피부염, 혈관 장애(한랭 응집 반응) 등이 있다.

옴 개의 경우 천공 옴진드기(천공 개선충), 고양이의 경우는 주로 고양이 소천공 옴진드기 감염으로 일어나는 병이다. 천공 옴진드기는 동물의 온몸에 기생하는데 고양이 소천공 옴진드기는 특히 귓바퀴나 두부, 또는 안면에 많이 기생하며 중증이 되면 온몸으로 퍼진다. 귓바퀴 가장자리에 비듬이 두드러지고 그 부분을 자극하여 가려움증 반사가 있을 때는 감염 가능성이 있다. 가려움증 반사란, 귓바퀴 가장자리를 손가락으로 자극했을 때 뒷다리로 거기를 긁는 행위를 하는 것이다. 이 가려움증 반사가 없는 경우에는 옴이 아닐 수 있으며 아토피 등에서도 이 반사가 보이기도 한다.

귓바퀴 가장자리 지루 닥스훈트에게 많이 보이는 국소성 지루로 원인은 알 수 없다. 기름지고 끈적한 비늘 같은 물질이 귓바퀴 바깥쪽이나 안쪽 가장자리에 달라붙어 있다. 가려움의 정도는 다양하다. 진단은 증상을 토대로 다른 병, 특히 옴과 감별한다. 피부 생체 검사도 진단에 유용하다. 치료는 항지루성 샴푸 등으로 비늘 같은 물질을 제거한다. 그리고 국소적 또는 전신적으로 항생제나 글루코코르티코이드를 투여하기도 한다.

일광 피부염 개보다 고양이에게 많이 보이는 병이며, 특히 하얀색의 나이 많은 고양이에게 많이 발생하는 경향이 있다. 자외선이 강한 여름에 많이 발생한다. 주로 귀의 가장자리나 끄트머리에 증상이 나타나며 초기에는 홍반이나 탈모가 보이지만 마침내 궤양이나 부스럼 딱지가 형성된다. 귓바퀴의 형태가 뒤집어지기도 한다. 가려움이나 통증은 다양하다. 전암(암은 아니지만 암이 될 우려가 있음) 상태에서 편평 상피암으로 진행하는 경우도 있다. 치료법으로는 자외선을 차단하고, 수술로 귓바퀴 끄트머리를 절제하기도 한다.

한랭 응집 반응 개나 말에게 발생하는 용혈 빈혈을 일으키는 병으로, 저온에서 혈액의 심한 응집 반응이 일어난다. 작은 혈관의 혈류가 정지하고 귓바퀴나 꼬리 끝에 홍반이나 딱지가 생기며 최종적으로는 괴사하기도 한다. 이 병은 면역 매개이며, 치료하려면 글루코코르티코이드 등의 면역 억제제를 사용한다.

동상 고양이나 쫑긋 선 귀를 가진 개는 귓바퀴 끝에 동상이 발생하기도 한다. 특히 쇠약한 동물이 저온 환경에 오랫동안 방치되면 동상을 일으키기 쉽다. 귓바퀴의 탈모나 반흔 조직이 있을 때는 동상이 반복되고 있을 가능성도 있다.

아연 반응성 피부염 유전적으로 아연의 흡수 불량을 나타내는 개는 음식 속의 아연 함유량이 충분하더라도 피부병을 일으키는 경우가 있다. 증상은 대개 성장기에 나타나며 코나 눈 주위, 외음부, 항문 주위, 귓바퀴 안쪽 면에 비듬이나 부스럼, 탈모 등이 보인다. 이 병은 알래스칸맬러뮤트나 시베리아허스키, 사모예드 등에게 많이 발생한다. 도베르만핀셔나 그레이트데인 등의 강아지가 급속히 성장할 때 일과성 아연 결핍을 일으켜서 같은 증상을 나타내기도 한다. 피부 생체 검사를 하여 진단을 확정한다. 일과성 아연 결핍이라면 아연제를 투여하여 완치도 가능하지만 유전적인 아연 흡수 불량이 있는 경우에는 평생 아연제를 투여할 필요가 있다. 이런 개는 번식시키면 안 된다.

● 귓바퀴 끝의 병

귓바퀴 끝에 염증이나 궤양, 괴사를 일으키는 병이 있다. 고양이의 일광 피부염이나 한랭 응집 반응, 동상도 포함되지만, 그것 말고도 혈관염이나 증식성 혈전 괴사, 균열 등이 있다.

혈관염 면역 복합체 침착물에 의한 면역 매개 병으로 생각된다. 귓바퀴 끝이나 귓바퀴 안쪽 면에 다양한 병변이 나타난다. 귀 이외에도 입술이나 꼬리, 발톱 등에 증상이 보이기도 한다. 홍반이나 부스럼이 생기고, 더 나아가서 궤양에 이른다. 원인을 알 수 없는 경우가 많지만 혈관염을 일으키는 병으로는 전신 홍반 루푸스(전신 홍반 낭창)나 결절 다발 동맥염, 약진(약을 쓴 뒤에 몸에 피부 발진이 돋는 일) 등을 생각할 수 있다.

증식성 혈전 괴사 혈관의 내피가 비대해짐으로써 혈액의 흐름이 나빠져 혈전이 생기고, 그 결과 조직이 괴사를 일으키는 병이다. 귓바퀴의 끝에서 귓바퀴 안쪽 면으로 병변이 퍼진다. 진단에는 생체 검사가 필요하며, 그것에 의해 채취한 조직을 검사하여 혈관염이라고 감별한다. 치와와, 래브라도리트리버, 닥스훈트 등에게 발병한다. 내과적 치료는 효과가 없으며 외과적으로 환부를 제거할 필요가 있다.

귀의 균열 외이염 등의 가려움 때문에 귀를 긁어서 상처를 입는 경우가 있다. 고양이는 싸움으로 귀를 다치는 일이 많으며, 이런 상처와 치유를 반복하는 사이에 귓바퀴가 찢어진 듯한 상태가 되기도 한다.

재발성 다발 연골염 고양이의 귓바퀴 끝의 가장자리에 다발 연골염이 일어나기도 한다. 이것은 면역 매개성 병으로 생각되며, 귀의 끝부분이 컬한 것처럼 구부러지고 두꺼워진다. 일광 피부염이나 편평 상피암과 감별 진단이 필요하다. 스코틀랜드폴드처럼 정상이어도 귓바퀴가 구부러진 종류도 있으므로 주의할 필요가 있다. 치료에는 면역 억제 작용이 있는 약물을 사용하지만 큰 효과는 없다.

● 귓바퀴 전체의 홍반

아토피와 음식 알레르기 아토피와 음식 알레르기가 있는 동물의 50~80퍼센트는 귀에 염증을 일으킨다. 귀에만 증상이 나타나는 것도 있다. 병변은 좌우 양쪽에 보이며, 귀가 가려워서 머리를 흔든다. 만성화되면 귀의 피부가 두꺼워지며, 최종적으로는 이도가 막혀 버리기도 한다. 염증은 처음에는 귓바퀴 안쪽의 아랫부분이나 그 부근에 나타나는 일이 많으며, 그 후 차츰 끝을 향해서 퍼진다. 이차적으로 말라세치아 세균 감염이 일어난다. 귓바퀴가 쫑긋 선 개의 경우, 귓바퀴 끝의 3분의 2가 심하게 침범되기도 한다. 중증이 되면 귓바퀴 바깥쪽 면을 긁어서 피부가 상처를 입어서 옴 같은 증상을 나타낸다. 벼룩에게 물려서 과민증을 일으킨 때에도 비슷한 증상이 보이기도 한다.

유년기 봉와직염 4주령~6개월령 정도까지의 유년기 개에게 보이는 피부병이다. 병이 잘 발생하는 견종으로 골든리트리버나 닥스훈트, 래브라도리트리버, 라사 압소 등이 알려져 있다. 귓바퀴 안쪽 면의 홍반이나 부기, 농포, 화농성 외이염 등부터 증상이 시작된다. 그 밖에도 하악 림프샘의 부기, 콧등이나 눈 주위 등의 부종, 농포, 염증 등이 특징이다. 글루코코르티코이드나 항생제 등을 투여하여 치료한다.

● 귓바퀴의 고름과 물집

고름이나 물집은 보통 털이 없는 귓바퀴 안쪽 면에 생긴다. 원인으로는 천포창(피부에 큰 물집이 생기는 병)이나 물집성 유사 천포창을 생각할 수 있다. 세균 감염이나 접촉 과민증에 의해서도 같은 증상이 일어난다. 삼출액의 세포 검사를 하면 진단에 유용한 때도 있다.

● 귓바퀴의 구진과 결절

귓바퀴에 구진(피부 표면에 돋아나는 작은 병변)이나 결절을 형성하는 병에는 농피증이나 호산구 육아종, 모기 알레르기(고양이), 종양 등을 생각할 수 있다. 귀의 종양은 개보다 고양이에게 많이 발생하며, 악성의 정도 역시 고양이가 강한 경향이 있다. 개에게 많이 발생하는 귓바퀴 종양은 조직구종이나 유두종이며 고양이에게는 편평 상피암이 많이 확인된다.

● 이개 혈종

귓바퀴(이개)는 피부와 연골로 이루어져 있는데, 귓바퀴 안의 혈관이 파괴되어 피부와 연골 사이에 피 같은 액체가 고여서 부풀어 오른 상태를 이개 혈종이라고 한다. 개에게 많이 발생하지만 고양이에게도 보인다. 혈관 파괴는 머리를 세게 흔들거나 귀를 긁음으로써 일어나는 것으로 여겨진다. 이개 혈종을 일으킨 동물은 아토피나 음식 알레르기 등으로 귀의 기초 질환을 갖고 있거나 귀 옴진드기가 기생하고 있는 경우가 많다고 한다. 이개 혈종은 자가 면역 질환으로 발생한다고도 하는데, 명확한 증거는 없다. 보통 귓바퀴의 안쪽이 팽창하여 붓는다. 그대로 두면 저류액은 결국 흡수되어 치유되지만 귓바퀴 연골의 변형이나 위축이 남아 콜리플라워 모양의 외관이 되기도 한다. 치료로는 저류액을 바늘로 흡인하면 일시적으로 부기는 사라지지만 다시 고인다. 그러므로 지속적인 배액을 목적으로 하여 배액관을 설치하기도 한다. 절개하여 배액하고 빈 구멍이 없도록 봉합하는 방법도 있으며, 커다란 위축을 동반하지 않고 치유할 수 있다. 이개 혈종을 일으키는 원인인 귀의 가려움을 없앨 필요가 있다.

외이도 질환

외이도는 이도 중에서 고막까지의 부분을 말하며, 개나 고양이는 수직 이도와 수평 이도의 두 부분으로 나뉘어 있다. 외이도 자체가 청각에 하는 역할은 크다고는 말할 수 없지만, 외이도의 질환이 고막이나 중이에 파급되면 동물의 청각이 손상되기도 한다. 외이도 질환으로 가장 많은 것은 외이염이다. 귀에서 악취가 나고 귀를 가려워하여 머리를 흔드는 등의 증상이 보이는데, 때에 따라서는 중이염이나 내이염으로 진행하며 신경 증상까지 일으키기도 한다. 외이염 이외의 외이도 병으로는 귀 옴 등 기생충 질환이나 귀지샘암 등의 종양이 있다.

● 이개선증

귀 내부에 옴진드기가 기생하여 일어나는 병이다. 개에게서는 만성적인 귀의 가려움이 생기며, 이도 안은 말랑말랑한 흑갈색 귀지로 채워진다. 2~3개월령 강아지에게 많이 발생하며 성견은 대부분 무증상으로 지낸다. 고양이는 감염 정도에 따라 가려움이 심해져 머리에 상처를 내기도 한다.

● 알레르기 외이염

아토피 피부염이나 알레르기 접촉 피부염 등 각종 과민증에 병발하는 외이염이며, 어떤 알레르겐이 원인이 된다. 전신 피부 질환을 동반하여 발생하는 이외에 어떤 종류의 점이제를 장기간에 걸쳐 사용하면 그 약제에 함유된 성분 때문에 일어나기도 한다.

증상 아토피 등의 과민증에서는 이도의 홍반과 부종, 과다 형성(홍반 과다 형성 외이염)이 보이는 이외에, 귓바퀴 안쪽에도 병변이 생긴다. 사지의 끝부분이나 발가락 사이에도 귀와 똑같은 병변이 나타나는 일도 많으며 이차적인 표재성 농피증이나 말라세치아 감염증을 일으키기도 한다.

진단 귀지를 채취하여 상태를 조사한다. 알레르겐 제거식을 줌으로써 음식 알레르기인지, 또는 원인 음식은 무엇인지를 조사한다.
치료 말라세치아 세균의 이차 감염을 예방하기 위해, 이도 내를 충분히 세정하고 항생제나 항진균제를 투여한다. 염증을 억제하는 데에는 글루코코르티코이드의 국소 투여도 유효하다. 이런 내과적 치료가 효과가 없으면 외이도 절제 등 외과적 치료도 검토한다. 면역 억제제나 항히스타민제 등을 투여하고 기초 질환도 치료한다. 귀의 질환이라기보다 전신의 피부 질환으로 생각하는 것이 낫다. 글루코코르티코이드를 국소 투여하면 이도의 염증이 극적으로 개선되기도 하지만, 많은 경우 기초 질환을 다루기 어려우므로 재발과 치유를 반복한다.

●**젖은 이도**

외이도에는 피지샘과 아포크린샘이 있다. 피지샘에서는 주로 중성 지방이 분비되며 탈락 상피와 함께 귀지의 주성분이 된다. 정상인 귀지는 지질 함유량이 많으며 상피의 정상적인 각화를 촉진하고 이도 안의 습도를 낮게 유지하는 작용을 한다. 이에 비해 아포크린샘의 분비물은 비교적 수성이며, 외이염이 되기 쉬운 견종에서는 아포크린샘이 증가해 있다. 이 증가한 아포크린샘이 활발하게 분비하면 귀지의 지질 비율이 감소하며 더 나아가 이도의 습도가 높아져서 감염이나 외이염을 일으키기 쉬운 고습도 상태가 된다. 귀가 늘어진 품종은 이도 안의 통기성이 좋지 않아 습도가 높아지기 쉽다고 한다. 이도 내의 수분이 증가하여 상피가 습윤 상태가 되면 말라세치아나 그람 음성균에 감염되거나 그것들이 증식하기 쉽게 된다.
증상 가려움이나 통증이 보인다. 염증이 만성화하면 상피의 비대나 구진 등을 일으키기도 한다.

42 표피의 각질층이 조각이 되어 떨어지는 현상.

진단 샴푸 등 외이도의 환경에 영향을 주는 일이 없었는지 조사한다. 귀지를 채취하여 상태를 검사한다.
치료 외이염에 걸리면 이도 내의 pH가 상승하며, 그 결과 녹농균의 감염이 일어나기 쉬워진다. 2퍼센트 아세트산 용액을 이도 내에 떨어뜨려 이도 내의 pH를 산성으로 유지하도록 한다. 이도의 세정은 중요한 치료법이지만 세정 후에 수분이 남으면 감염이 일어나기 쉬운 상태가 된다. 이도에 상처가 없는 경우는 세정의 마지막에 이소프로필알코올 등을 사용하여 이도의 건조를 촉진한다. 항생제의 작용을 증강하기 위해 pH를 일부러 알칼리성으로 유지하는 방법도 있다. 이도 내의 환경을 청결하게 유지함으로써 감염을 예방하고 외이염의 발생과 만성화를 막는다.

●**귀지 외이염(지루 외이염)**

이도 내 상피의 과도한 각화나 귀지샘의 분비 이상으로 대량의 귀지가 축적하여 일어나는 외이염이다. 내분비 질환이나 성호르몬 이상(세르톨리 세포종 등)은 귀지 외이염을 일으키는 원인이 되는 것으로 알려져 있다.
증상 대량의 귀지가 이도 안에 쌓이고, 귓바퀴 안쪽 털에는 기름진 귀지가 생긴다. 단, 단순히 귀지만 쌓이는 경우가 많으며 통증이나 가려움 등의 증상은 거의 보이지 않는다. 고양이는 페르시아고양이에게 많이 발생하며 유지 외이염이 생기는 동시에 체간 전체에 비늘 벗음[42]이나 기름과 악취가 발생한다.
진단 귀지를 채취하여 검사한다. 이 병에서 보이는 농후한 유성의 귀지에서 미생물이나 염증 세포는 거의 인정되지 않는다. 이경을 사용하여 이도를 검사하면 발병 초기에는 습윤 상태가 관찰된다. 이 습윤의 정도는 아토피인 개보다도 두드러진다. 이런 기타 질병과의 감별 진단을 하고 최종적으로는 병리 조직학적 검사를 하여 진단을 확정한다.

치료 외이도나 그 주위를 되도록 청결하게 유지하고, 세균이나 말라세치아의 이차 감염을 막고 과도한 살비듬 제거에는 국소의 샴푸 요법이 유효하다. 일반적으로는 2퍼센트 아세트산 같은 산성 용액을 사용하여 이도 내의 pH를 산성으로 유지하고, 세정제로 이도를 세정한 후 외이도를 충분히 건조시킨다. 세균 검사 결과를 토대로 필요에 따라 글루코코르티코이드와 항생제 등의 배합제를 투여한다. 이런 내과적 치료로 병변의 진행을 억제할 수 없는 때는 외이도의 절제도 검토한다. 이도에 대해 적절하게 치료해도 많은 경우는 알레르기나 선천적 소인 등의 원래 질환이 남는다. 이 병이 페르시아고양이에게 생기면 온몸에 증상이 퍼져서 치료한 보람이 없는 예도 많다.

●특발성 염증(코커스패니얼의 과각화성 외이염)

특발성이란 원인을 특정할 수 없다는 뜻이다. 코커스패니얼에게 보이는 과각화성 외이염은 원발성의 각화 이상증 가운데 하나다. 상피의 턴오버[43]나 피지샘의 기능, 털의 생성에 다양한 유전적 이상을 반영하고 있다고 생각된다.

증상 각화의 이상을 동반하여 가볍거나 중간 정도의 구진이나 살비듬, 딱지, 탈모가 발생한다. 살비듬은 유지성이거나 건조성인데, 유지성 귀지가 귓바퀴 안쪽 털에 부착하는 경우가 많다. 만성화되는 일이 많으며, 그람 음성균 등의 이차 감염도 일으키기 쉬워진다.

진단 아토피 피부염이나 각종 내분비 질환 등과 감별하고, 최종적으로는 병리학적 검사로 진단을 확정한다. 중이염이 병발하는 때도 많으므로 치료를 시작하기 전에 중이염 유무를 알아볼 필요가 있다.

치료 유전성 소인이 크며, 원인을 특정하거나 제거하기가 불가능하므로 외이염의 만성화를 억제하는 것밖에 치료법이 없다. 구체적으로는 국소적인 샴푸의 사용 등을 통해 외이도와 그 주위를 청결하게 한다. 2퍼센트 아세트산 용액을 떨어뜨려 이도 안을 산성으로 유지하거나 알코올을 사용하여 이도 안의 건조를 꾀한다. 트리스 EDTA의 유효성도 제시되어 있다. 말라세치아, 녹농균의 이차 감염을 예방하거나 레티노이드나 비타민 A 등을 투여하여 과도한 각질의 생성을 억제한다. 그러나 내과적 요법만으로는 충분한 치료 효과를 올릴 수 없으며, 외과적인 치료가 필요한 예도 있다. 외과적으로 이염을 근치하기 위해서는 전이도 절제 등의 수술을 한다.

●녹농균에 의한 외이염

그람 음성균인 녹농균에 감염되어 일어나는 외이염이다. 녹농균에 감염되는 원인으로는 외이도의 염증 이외에 외이도 안의 습도나 pH의 상승이 있다. 특히 아포크린샘에서 분비가 항진되어 외이도 안이 습윤하면 감염될 위험성이 높아진다.

증상 한쪽 귀에 급성 화농성 염증이 보인다. 가려움보다 통증이 특징이며 짓무름이나 궤양도 발생한다. 육안 검사나 이경을 이용하여 검사하면 외이도의 비대보다 궤양이 보이는 일이 많다고 한다.

진단 심한 통증을 동반하는 일이 많으며, 검사할 때는 동물에게 진정이나 전신 마취가 필요한 예도 있다. 귀지를 채취하여 세균을 검사하고, 그람 음성균의 감염을 확인한다. 중이염이 병발하고 있을 때는, 장기간에 걸쳐서 전신 항생제를 투여할 필요가 있는데, 녹농균은 많은 항생제에 내성을 나타내는 일이 많으므로 투약할 때는 반드시 항생제에 대한 감수성 시험을 해보아야 한다. 외이염이 재발하는 때는 내분비 질환 등 기초 질환의 존재를 의심하며, 더욱 정밀한 검사를 한다.

43 진피층에서 만들어진 새로운 세포가 각질층까지 올라와 죽은 세포가 되어 떨어져 나가는 과정.

치료 외이도를 세정하고 건조시킨다. 항균제에 대한 감수성 시험 결과가 나올 때까지는 2퍼센트 아세트산 용액을 외이도에 떨어뜨려 외이도 안의 pH를 낮게 유지한다. 그리고, 그 결과에 토대하여 예를 들면 엔로플록사신 등의 뉴퀴놀론계 항균제를 전신 투여하고, 그것의 주사제를 희석하여 국소에도 발라 준다. 다제 내성[44] 녹농균이 분리된 때는 1퍼센트 설파다이아진 크림의 100분 1가량 희석액을 외이도에 떨어뜨리거나 항균제인 트리스 EDTA를 국소에 동시에 사용하여 항생제의 효과를 증강하기도 한다. 고막이 찢어져서 중이까지 염증이 파급한 경우나 내과적 치료로 개선되지 않고 만성화되어 있으면 외과적 치료의 필요성이 생긴다.

●난치성 말라세치아 감염

개와 고양이의 외이도 내에는 말라세치아라는 효모(곰팡이)가 기생한다. 말라세치아는 정상인 개나 고양이의 외이도 안에도 존재하며 평소에는 병원성(병원체가 숙주에 감염하여 병을 일으키는 원인이 되는 성질)을 나타내지 않지만 동물의 몸이 약해지거나 하면 병원성을 발휘하기도 한다. 이것을 기회감염이라고 부른다. 외이염 등으로 외이도 안의 습도가 높아지면 말라세치아가 증식하기 쉬워진다.

증상 아토피나 특발성 각화 이상증 등일 때 이차적으로 발생하기 쉬우며 홍반 피부염 증상을 나타낸다. 노르스름한 회색의 유성 살비듬을 동반하는 구진이 보인다. 심한 가려움이 있으며 스테로이드제를 투여해도 좋아지지 않기도 한다.

진단 귀지를 채취하여 육안이나 현미경으로 검사한다. 병변부에 셀로판테이프를 붙이고, 그것을 떼어 낸 것을 현미경으로 관찰하거나 피부를 긁어낸 부분을 현미경으로 관찰함으로써 말라세치아를 검출할 수 있는 예도 있다. 말라세치아가 증식하기 쉬운 외이도 환경을 만들고 있는 질환이 있다면

44 여러 가지 약물에 대하여 내성을 보이는 성질.

그것을 밝히는 일도 필요하다.

치료 미코나졸, 케토코나졸, 클로헥시딘 등으로 치료한다. 단, 말라세치아는 건강한 동물에게도 존재하는 상재균이므로 완전히 제거할 수는 없다. 일단 치료해도 외이도 안의 환경이 말라세치아의 증식에 적합해지면 다시 증식하여 말라세치아성 외이염이 재발하거나 만성화된다.

중이 질환

중이는 고막, 고실, 이관, 이소골로 이루어져 있다. 바깥쪽은 고막을 사이에 두고 외이도와 접하며, 안쪽은 이관에 의해 인두로 이어지는 한편, 내이에도 접해 있다. 중이에는 세 개의 이소골(귓속뼈)이 연결되어 고막의 진동을 전달하고 있다. 고양이의 고실은 특수한 구조를 하고 있으며 고실 중심부는 불완전한 골성의 중격(가로막)으로 가로막혀 있다. 중이의 질환에는 중이염이나 콜레스테롤종 등이 있으며 사경이나 안구 진탕 등의 증상을 보인다. 중이 질환은 대부분 외이염이 파급되어 일어난다. 그러므로 외이염만 발견하고 중이염은 놓치는 경우가 많다. 최근에는 CT 등의 영상 진단 기술이 발달하여 중이 질환을 좀 더 정확하게 진단할 수 있게 되었다.

●중이염

중이염은 대부분 외이염을 병발한다. 중이염인 동물의 병변부에서 분리되는 미생물은 외이염에서 분리되는 미생물과 거의 같다. 단, 정상인 중이의 거의 절반에 호기성 세균이 존재한다는 조사 결과도 있으며, 이들은 상재균일 것으로 짐작된다. 한쪽 귀에만 중이염이 일어나면 그것의 원인으로 이물에 의한 고막의 관통이나 염증성 폴립(점막에서 증식하여 혹처럼 돌출한 것), 섬유종이나 편평 상피암 등의 종양이 의심된다.

증상 중이염의 일반적인 증상은 외이염이나 내이염 증상과 거의 같다. 현저한 통증을 나타내기도 한다. 보통은 신경 증상은 보이지 않지만 사경이나 운동 실조, 안구 진탕, 호너 증후군, 안면 신경 마비를 일으키는 일도 있다.

진단 이경을 사용한 검사나 엑스레이 검사로 진단하지만 언제나 확실하게 중이염을 진단할 수 있는 것은 아니다. 양성 조영제에 의한 이도 조영이 중이염 진단에 유용한 경우도 있다. CT 검사나 MRI 검사도 유용할 때가 있다.

치료 세팔로스포린 등의 항생제를 4주 동안 투여한다. 소염제로서 프레드니솔론을 투여한다. 이런 치료로 개선이 보이지 않고 외이염도 병발하면 전이도 절제나 측방 고실포 절개를 생각한다. 외이염을 일으키지 않으면 안쪽 고실포를 절개한다. 조기에 병을 진단하고 치료한 때는 양호하게 회복하는 경우도 많지만 일부는 사경이나 운동 실조 등의 전정 기관 장애가 남기도 있다. 충분히 치료하지 못하면 감염이 내이 신경인 안면 신경을 통해 뇌까지 도달하여 뇌에 농양이나 수막염을 일으키기도 한다. 이런 경우에는 사망률이 높아진다.

●고양이 중이의 염증성 폴립

고양이의 중이 질환으로는 중이염이나 염증성 폴립이 많으며 종양은 드물다. 염증성 폴립은 비장 비대 양성 종양이며, 중이 이외에 비인두의 점막 상피나 이관에도 발생한다. 어린 고양이에게 많이 보이며 한쪽 귀에 나타난다.

증상 폴립이 중이에만 발생하면 안구 진탕이나 호너 증후군, 사경, 선회 등 중이염에 동반하는 신경 증상을 일으킨다. 그러나 폴립이 생긴 위치에 따라서는 중이염 증상을 나타내지 않고 호흡기 질환 증상을 나타내기도 한다.

진단 증상과 고실포의 엑스레이 검사 결과를 통해 진단한다. 가능하다면 CT 검사도 한다. 고막이 찢어져 있을 때나 외이도에도 파급되어 있을 때는 이경으로 관찰할 수 있다.

치료 외과적인 치료가 필요하며 치료 방법으로는 고실포 안쪽 절개가 있다. 단, 고실포를 절개하면 수술 후에 신경 장애를 발생시킬 가능성이 있다. 폴립을 완전히 절제하지 못하면 재발하는 일이 많다.

내이 질환

내이는 귀의 최심부이며, 관자뼈 바위 부분에 있다. 소리의 수용을 담당하는 달팽이관과 평형 감각을 담당하는 반고리관, 그리고 전정 기관을 포함한다. 내이의 질환으로는 내이염이 가장 일반적이다. 그러나, 발생률에 대해서는 자세히 알려지지 않았다. 그 이유로 내이염은 급성의 말초 전정 기관 질환을 나타내는데, 그 증상이 명료하지 않은 경우가 많으며, 동시에 만성 외이염을 일으키고 있어서 내이염이 두드러지지 않아 종종 놓치기 때문이다. 내이 질환 대부분은 외이와 중이의 질환이 파급하여 일어난다. 지금까지 내이염 진단은 어려웠지만, 요즘은 MRI 등의 영상 진단 장치가 보급되어 이들 장치를 사용함으로써 다른 질환과의 감별이 가능해지고 있다.

●내이염

내이염과 중이염, 외이염 사이에는 관련이 있다. 내이염의 원인으로 가장 많은 것은 중이염의 파급이며, 중이염 자체도 보통은 외이염이 파급하여 일어난 것이다.

증상 내이염의 증상으로 많이 보이는 것은 병이 난 귀 쪽의 사경이나 안구 진탕, 다리의 비대칭성 운동 실조다. 급성기에는 동물이 방향 감각을 잃고 병이 난 쪽으로 돌면서 쓰러진다. 협조 운동과 평형 감각을 잃어버려 서거나 걷지 못하게 되기도 한다.

그 밖에 구토나 식욕 부진도 많이 보인다. 단, 이들 내이염 증상은 특발성 전정 질환이나 종양 등 다른 말초 전정 기관 질환에 의한 것들과 감별하기가 대단히 힘들다.

진단 내이염을 진단하는 데에는 동물병원에서 하는 신체검사에 더해서 보호자가 집에서 동물의 행동을 관찰했을 때의 상태가 아주 유용하다. 원인이 말초성인지 중추성인지 감별하기 위해서는 신경계 전체에 대한 자세한 검사가 필요하다. CT 검사나 MRI 검사도 유용한 진단법이다.

치료 내이염 치료는 원인을 치료하는 것을 목적으로 한다. 중이염이나 외이염이 보일 때는 그것을 치료할 필요가 있다. 영상 진단을 해도 뚜렷한 병변이 인정되지 않을 때는 감염을 의심한다. 이런 예에는 6~8주 동안의 장기간에 걸친 전신 항생제 요법을 시행한다. 조기에 병을 진단하고 치료할 수 있다면 양호하게 회복되는 예가 많다. 단, 내이염은 중이염보다 치료에 대한 반응이 좋지 않아 신경 증상이 남을 가능성이 높은 것으로 알려져 있다.

기타 질환

●청각기 독성

개나 고양이에게 아미노글리코사이드계 항생제를 고용량으로 투여하거나 장기간에 걸쳐서 사용하면 드물게 청각기 독성을 나타내는 일이 있다. 이것은 특히 신장 기능이 손상된 동물에게 일어나는 일이 많은 경향이 있다. 증상으로는 한쪽 또는 양쪽 말초 전정 기관에 독성 증상과 청각 기능 장애가 보인다. 전정 기관 독성에서는 평형 감각 장애나 안구 운동 장애 등을 일으킨다. 원인이 되는 약물의 투약을 중지하면 전정 기관 장애는 사라지지만 청각 소실은 남는다. 청각기 독성은 아미노글리코사이드에 의해 전정 기관이나 달팽이관의 감각 세포가 서서히 파괴되기 때문에 일어나는 것이다. 한번 감각 세포를 잃으면 세포는 재생되지 않는다. 그러므로 돌이킬 수 없는 청각 소실이 된다.

●특발성 안면 마비

한쪽 또는 양쪽의 안면 신경(제VII뇌신경)이 마비됨으로써 발생한다. 한쪽 또는 양쪽 눈 깜박임의 소실이나 입 처짐, 귀 처짐 등의 안면 마비가 나타난다. 입술의 긴장이 소실되므로 침흘림증이 심해지거나 마비된 쪽의 입안에 음식물이 남거나, 음식물이 입에서 떨어지기도 한다. 눈물샘의 신경이 침범되면 병변 쪽의 눈과 외비강이 건조해진다. 안면의 근육, 귀, 눈, 입술의 움직임을 주의 깊게 조사하여 안면 신경 마비가 일어나 있는지를 확인한다. 그 밖의 뇌신경에도 장애가 있지 않은지를 조사한다. 혈액 검사를 하고, 갑상샘 기능 저하증이나 부신 겉질 기능 저하증, 납 중독이 있는지 검사한다. 종양이나 중이의 감염이 의심될 때는 엑스레이 검사나 CT 검사, MRI 검사를 한다. 근전도 검사로는 마비의 면적을 확인할 수 있다. 원인을 규명할 수 있다면 그 원인에 대해 치료한다. 단, 안면 신경에 변성이 일어났다면 그것의 개선은 바랄 수 없다. 눈꺼풀이 감기지 않음으로써 일어나는 눈의 건조 같은 이차 장애를 예방 또는 치료한다.

●특발성 전정 기관 장애

개는 계절과는 관계없이 발생이 보이지만, 고양이는 여름과 초가을에 많이 발생하는 경향이 있다. 개는 중년령에서 노령이 되면서 발병하는 경우가 많으며, 그 경우는 노년성 전정 증후군이라 불린다. 고양이는 나이와 관계없이 발병한다. 원인은 알 수 없다. 평형 이상이나 방향감 장애, 운동 실조, 목의 비틀림, 안구 진탕이 보인다. 구역질이나 구토를 하거나 식욕 부진이 되기도 한다. 이 병은 급성 내이염과 같은 증상을 나타내므로 진단할 때는 감염이 원인이 아닌지를 확인할 필요가 있다.

그러기 위해서는 이경 검사, 엑스레이 검사, CT 검사, MRI 검사로 감염증이나 그 밖에 이상이 없는지를 검사한다. 또한 신경을 검사하여 다른 뇌신경 등에 이상이 없는 것을 확인한다. 이 질환에 유효한 치료법은 없지만 대개는 며칠 만에 증상이 안정되며 몇 주에 걸쳐서 서서히 회복한다. 그러나 가벼운 두부 사경 등의 후유증이 남기도 한다. 감염되었을 가능성을 완전히 배제할 수 없으면 항생제를 투여한다. 그 밖에 전도 등에 의한 자기 손상을 방지하거나 적절한 영양 상태를 유지하기 위한 지지 요법을 하는 것도 중요하다.

●난청

난청은 청각 경로에 병변이 생김으로써 청각이 저하한 상태다. 선천성 난청은 내이의 뼈의 결함이나 나선 기관 등 귀 일부의 변성이나 형성 부전 또는 무형성이 인정된다. 어떤 종류의 항생제나 바이러스는 내이 신경에 독성을 나타낸다고 알려져 있다. 모체가 이런 항생제를 투여받거나 바이러스에 감염되면 새끼도 난청이 생길 가능성이 있다고 하는데 명확한 것은 알지 못한다. 달마티안, 올드 잉글리시 시프도그, 영국세터, 오스트레일리안캐틀독, 오스트레일리안셰퍼드, 코커스패니얼, 보더 콜리, 콜리, 보스턴테리어, 아메리칸폭스하운드, 슈롭셔테리어, 불테리어에게는 유전적 난청이 있다고 생각된다. 후천성 난청은 다양한 원인으로 일어난다. 노령이나 갑상샘 기능 저하증, 내이 신경의 종양, 중이염, 내이염, 청각기 독성, 두부 손상 등을 원인으로 들 수 있는데, 원인을 알 수 없는 경우도 있다.

증상 선천성 난청은 태어날 때 또는 생후 몇 주 사이에 청각 장애가 명백해지고, 평생 그것이 지속된다. 난청은 보통 양쪽 귀에 일어나는데, 때로는 좌우 어느 한쪽 귀만 장애를 입기도 한다. 일과성 말초 전정 장애를 보이는 어린 개나 고양이에게 난청이 인정되기도 한다.

진단 소리에 대한 반응을 주의 깊게 관찰하고, 이경 검사를 하여 외이도나 고막에 이상이나 염증이 있는지 조사한다. 엑스레이 검사나 CT 검사, MRI 검사를 하여 외이와 중이, 내이의 감염이나 그 밖의 이상이 있는지를 검사한다. CT 검사나 MRI 검사에서는 뇌의 이상도 조사할 수 있다. 갑상샘 기능 저하증인 동물도 청각 소실을 일으키는 일이 있으므로 호르몬 검사도 한다. 그 밖에 동물이 원래 난청인지 아닌지를 판정하기는 곤란하므로 청력 검사의 한 가지 방법으로, 속귀를 전기적으로 반복하여 자극하는 청성 뇌간 반응 검사를 하기도 한다.

치료 선천성 난청이라면 치료법은 없다. 후천성 난청은 원인에 따라 완치 여부나 치료에 필요한 기간이 달라진다.

종양

귀의 종양이란 귀에 생긴 비정상적인 구조물이며 폴립이나 염증성 육아 조직처럼 종양이 아닌 것이 발생하기도 한다. 귓바퀴의 종양은 열대와 아열대 지역의 개나 고양이에게 많이 보이는데, 장시간에 걸쳐서 햇빛을 받음으로써 편평 상피암 등의 종양이 유발되기 쉽기 때문으로 보인다. 종양의 발생에 품종이나 성별에 의한 소인은 인정되지 않지만, 예외적으로 코커스패니얼은 양성 및 악성 종양이 발생하는 비율이 높다고 한다. 이 견종은 외이염이 발생하기 쉬우며 장기간에 걸친 외이염은 종양을 유발할 가능성이 있기 때문일 것으로 짐작된다.

증상 귀의 종양은 귓바퀴나 외이, 중이, 내이의 비정상적인 덩어리로 인정된다. 귓바퀴나 외이도에 발생한 종양은 악취를 동반하는 만성 외이염 증상을 나타낸다. 귀지나 삼출액이 보이며 가려움과 통증이 있고, 때로는 출혈이나 신경 증상을 일으킨다.

귓바퀴에 발생하는 종양은 개는 대부분 양성이지만 고양이는 악성인 것이 많다고 한다. 외이도에 발생하는 종양은 융기해 있는데, 이것이 외이도를 막는 경우가 있다. 그중에는 귀지샘암처럼 주위의 조직에 침윤하는 경향을 나타내는 악성 종양도 있다.

진단 외이도를 검사할 때는 이경을 사용하여 관찰한다. 고막 안쪽에 있는 고실포에 종양이 발생하기도 하므로 필요에 따라 엑스레이 검사나 CT 검사, MRI 검사를 한다. 종양을 최종적으로 진단하려면 그 덩어리에 바늘을 꽂아서 내부의 세포를 흡인하거나 절제한 표본을 조사하는 일이 필요하다. 이렇게 함으로써 종양의 종류를 알 수 있으며, 더 나아가 치료 방법의 선택이나 예후의 추측이 가능해진다.

치료 귓바퀴의 종양은 외과적으로 적출하는 것이 가장 좋은 치료법이다. 외이에 발생한 종양에 대해서는 외이도의 측벽을 절제하거나 외이도를 적출하고, 그와 동시에 종양을 적출하거나 또는 종양만을 적출하는 수술을 한다. 한편, 중이에 종양이 있는 경우나 염증이 일어난 경우는 고실포를 절개하는 수술 등을 한다. 그 밖에 수술하지 않고 방사선 치료를 단독으로 하거나 수술 후의 보조적인 치료로서 방사선 치료를 하기도 한다. 개의 경우 예후는 비교적 양호하며 수술을 한 개의 대다수가 2년 이상 생존한다고 알려져 있다. 그러나 고양이의 경우 편평 상피암이나 원래의 발생 장소가 명확하지 않으면 예후가 양호하다고는 말할 수 없다.

내분비계 질환

내분비계와 호르몬

호르몬에 의한 몸의 조절 시스템을 통틀어서 내분비계라고 부른다. 동물은 몸을 적정한 상태로 유지하기 위해 많은 종류의 물질을 몸속에서 합성하며 그것으로 몸의 기능을 조절하고 있다. 그런 물질 가운데 몸 안의 특정한 장소에서 합성되어 혈액의 흐름을 타고 목적지까지 이동해 거기에서 작용하는 물질을 호르몬이라고 한다. 기온이나 생활 환경이 변했을 때 몸을 적응하는 데에도 호르몬은 중요한 역할을 맡고 있다. 내분비계는 신경계와 더불어 생명체를 유지하는 데 필수 역할을 하며, 호르몬의 종류나 역할은 같은 포유류인 사람과 개, 고양이 사이에 커다란 차이가 없는 것으로 보고 있다. 많은 호르몬은 목적을 달성하면 그 이상의 분비를 멈추는 구조도 갖추고 있다. 이 구조는 네거티브 피드백이라고 불리며, 생체를 가장 좋은 상태로 유지하기 위해 없어서는 안 되는 구조다.

호르몬은 체내에서 물질의 합성을 촉진 또는 억제하거나, 물질을 저장 장소에서 내보내거나 저장 장소로 되돌리는 등 여러 장소에서 다양한 역할을 한다. 다른 호르몬의 분비를 촉진하거나 억제하는 작용을 하는 호르몬도 존재한다. 내분비계 병은 어떤 원인으로 특정 호르몬이 과다하게 분비되거나 반대로 부족해질 때 일어난다. 내분비계 병은 식욕이 떨어지지 않거나 평소보다 식욕이 증가한다는 특징이 있다. 그러므로 보호자는 〈잘 먹으니 괜찮다〉라고 판단하여 치료를 늦게 시작하는 경향이 많다. 반대로 내분비계 병에서 식욕이 없어지면 말기인 경우가 많다는 것을 기억해 두자.

뇌하수체의 구조와 기능

뇌하수체는 뇌의 아래쪽 가운데에 매달리듯이 자리 잡고 있다. 개는 1센티미터 정도 크기로 무게도 1그램이 채 안 되는 작은 콩알 정도지만 여러 종류의 중요한 호르몬을 분비하고 생명을 유지하는 데 대단히 중요한 역할을 맡고 있다. 뇌하수체는 구조상 전엽과 후엽, 그리고 중간부의 세 부분으로 나뉘어 있다. 전엽에서 나온 호르몬은 대부분 다른 장소에서 다른 호르몬을 분비하는 역할을 갖고 있다. 즉 뇌하수체는 내분비계의 사령탑이라고도 말할 수 있는 존재다. 전엽으로부터의 호르몬 분비는 뇌하수체 바로 위에 있는 시상 하부라 불리는 장소에서 분비되는 호르몬으로 조절되고 있다.

● 뇌하수체 전엽에서 분비되는 호르몬

성장 호르몬 소마토트로핀이라고도 불린다.

주요 내분비샘과 호르몬

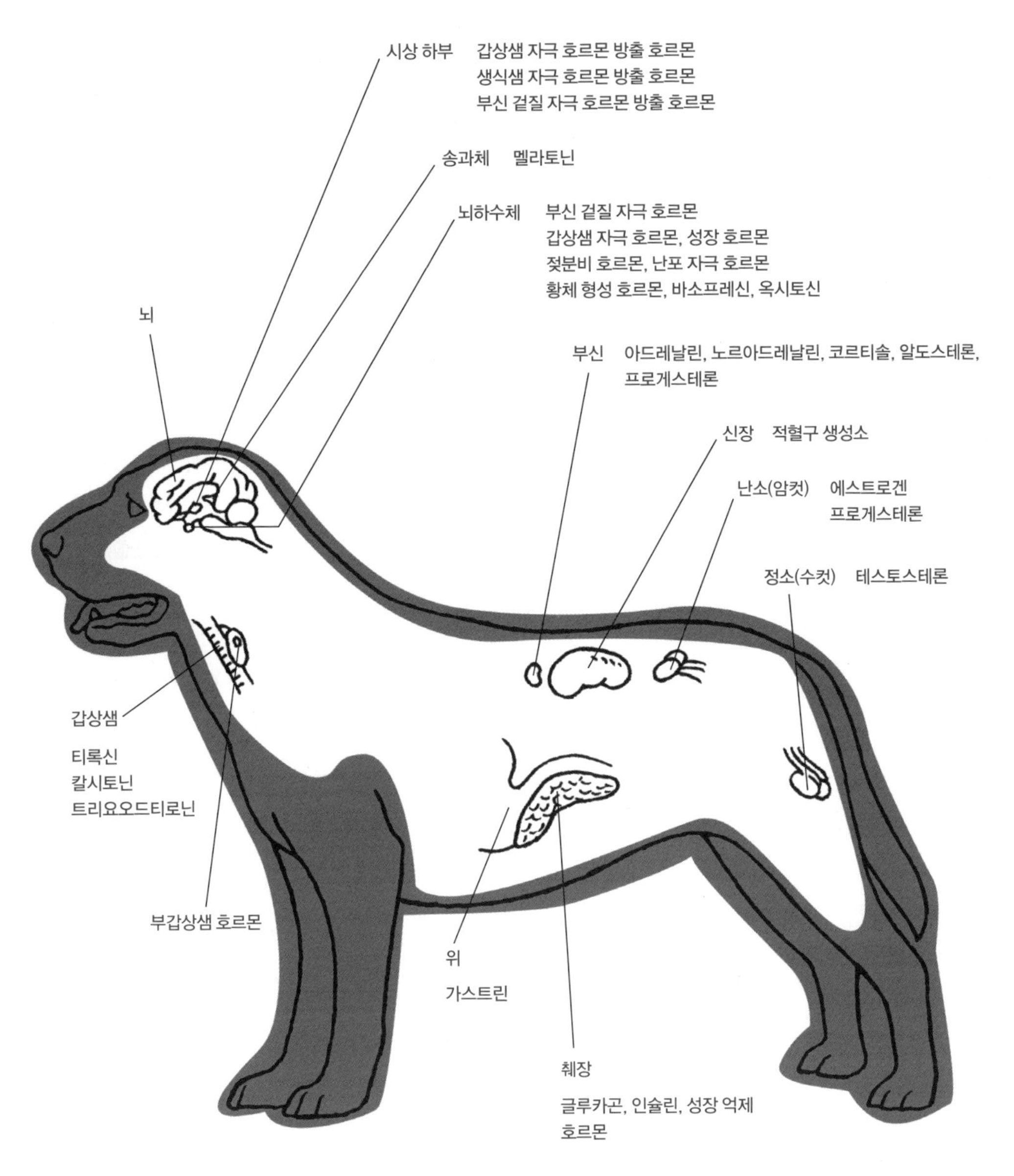

성장기에 많이 분비되며, 단백질 합성이나 뼈의 성장을 촉진함으로써 몸의 성장을 촉진한다. 성장 호르몬은 야간에 많이 분비된다고 알려져 있다. 이 호르몬이 과다 분비되면 거인증이나 말단 비대증이 되고, 부족하면 발육 불량의 뇌하수체 난쟁이 증상이 나타난다.

난포 자극 호르몬 암컷에게서는 난포의 형성과 난포 호르몬(에스트로겐)의 합성을 촉진한다. 수컷에서는 정자 형성을 촉진한다.

황체 형성 호르몬 암컷에게서는 배란을 유발하고 황체 형성을 촉진하며 황체 호르몬(프로게스테론)의 분비를 촉진한다. 수컷에게서는 남성 호르몬(테스토스테론) 분비를 촉진한다.

뇌하수체의 구조

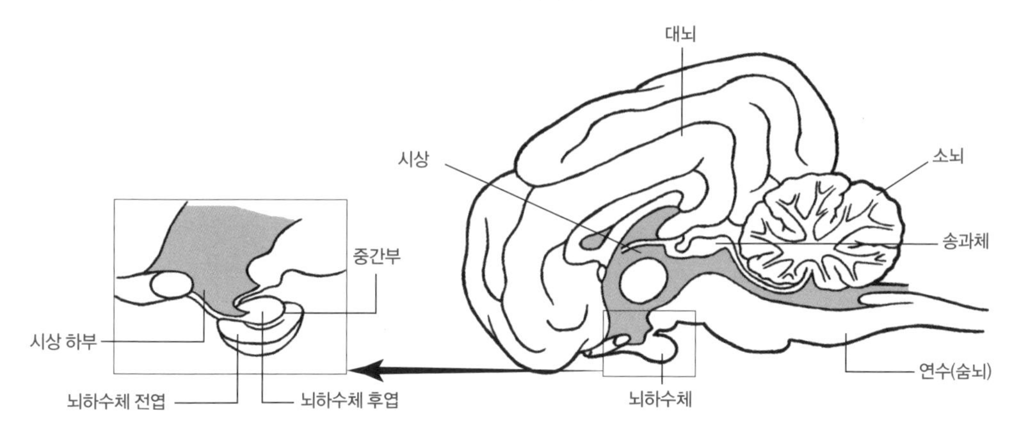

젖분비 호르몬 프로락틴이라고도 불린다. 젖분비와 임신 중 유방 발육을 촉진한다.

부신 겉질 자극 호르몬 코르티코트로핀이라고도 불린다. 부신 겉질에서 나오는 코르티솔이라는 호르몬의 분비를 촉진한다.

갑상샘 자극 호르몬 사이로트로핀이라고도 불린다. 갑상샘 호르몬(티록신)의 분비를 촉진한다.

● 뇌하수체 후엽에서 분비되는 호르몬

뇌하수체 후엽에서는 바소프레신과 옥시토신이라는 두 종류의 호르몬이 분비된다. 이 두 호르몬은 화학 구조도 아주 비슷하며, 둘 다 뇌하수체 바로 위에 있는 시상 하부라는 곳에서 만들어져 신경 속을 통과해 뇌하수체 후엽까지 운반되고 저장되어 필요에 따라 혈액 속으로 분비된다.

바소프레신 항이뇨 호르몬으로도 불린다. 신장에서의 수분 재흡수에 작용하여 체내의 수분을 적절한 양으로 유지하는 작용을 하고, 혈관을 수축하여 혈압을 상승시킨다. 이 호르몬이 부족하면 다량의 수분이나 미네랄이 소변으로 나가 버리는 요붕증이라는 병을 일으킨다.

옥시토신 암컷의 자궁을 수축하는 작용을 하며, 특히 분만 후 자궁 수축에 중요한 역할을 한다. 뇌하수체 전엽에서 나오는 프로락틴과 함께 젖분비를 촉진하는 작용도 한다. 옥시토신은 수컷의 몸에도 존재한다는 것이 알려져 있다. 옥시토신은 호르몬의 역할 이외에 신경 정보를 전달할 때의 중개 물질(신경 전달 물질)로서도 작용하고 있다. 신경 전달 물질로서의 옥시토신의 역할에 대해서는 아직 잘 알려지지 않은 부분이 많지만, 성 행동의 조절이나 수정이나 안정감 등의 감정에 관여할 가능성도 있는 것으로 여겨진다.

갑상샘의 구조와 기능

갑상샘은 방패 연골(사람의 목젖에 해당) 바로 밑에 있는 내분비 기관이며, 티록신과 칼시토닌이라는 호르몬을 분비한다. 사람의 갑상샘은 나비 같은 모양인데, 개나 고양이의 갑상샘은 길고 가느다란 모양에 좌우로 나뉘어 기관에 달라붙듯이 존재하고 있다. 개의 갑상샘은 길이가 약 5센티미터, 폭이 약 1.5센티미터, 고양이는 길이가 약 2센티미터, 폭이 약 0.3센티미터로, 개보다 길고 좁은 모양이다. 갑상샘 표면에는 좌우 각각 두 개씩의 부갑상샘이라는 내분비샘이 존재하며, 파라토르몬이라는 부갑상샘 호르몬을 분비한다. 정상인 개나 고양이의 갑상샘은 겉에서 만질 수 없지만 갑상샘에 종양이 생기거나 갑상샘 기능 항진증 등으로 갑상샘이 부어오르면 만질 수 있게 된다.

● 갑상샘에서 분비되는 호르몬

티록신 테트라요오드티로닌이라고도 불린다. 화학 구조상 요오드를 네 개나 갖고 있어서 T4라고 불린다. 티록신은 활발하게 활동할 수 있는 몸을 준비해 두기 위해 다양한 장소에서 일하는 대단히 중요한 호르몬이다. 단백질 합성을 촉진하여 근육을 발달하고 지방이나 글리코겐 분해를 촉진하여 에너지원을 확보한다. 적혈구 생성도 촉진한다. 갑상샘으로부터의 티록신 분비는 뇌하수체 전엽에서 나오는 갑상샘 자극 호르몬으로 조절된다. 티록신이 과다하게 분비되는 병이 갑상샘 기능 항진증, 필요한 만큼의 티록신이 분비되지 않는 병이 갑상샘 기능 저하증이다. 갑상샘 기능 항진증은 고양이에게 많으며, 갑상샘 기능 저하증은 개에게 많다.

칼시토닌 부갑상샘 호르몬인 파라토르몬과 대항하여 혈중 칼슘 농도가 상승할 때 분비되어 체내의 칼슘 농도를 낮추는 작용을 하고 있다.

부갑상샘의 구조와 기능

부갑상샘은 갑상샘 바로 가까이에 좌우 각각 두 쌍씩 존재한다. 크기는 개가 길이 약 2밀리미터에서 5밀리미터, 폭은 1밀리미터 이하로 대단히 작은 내분비 기관이지만 파라토르몬이라는 호르몬을 분비한다. 이 호르몬은 혈중 칼슘 농도가 저하할 때 분비되어 체내의 칼슘 농도를 조절한다. 칼슘은 근육이 수축할 때나 신경이 정보를 전달할 때도 없어서는 안 되는 이온이다. 부갑상샘 호르몬은 평소에는 극히 적은 양밖에 분비되지 않지만, 혈중 칼슘 농도가 감소하면 작은 변화에도 반응하여 분비되어 칼슘 농도를 언제나 일정한 범위로 유지하도록 작용한다. 부갑상샘 호르몬이 과다하게

갑상샘과 부갑상샘의 위치

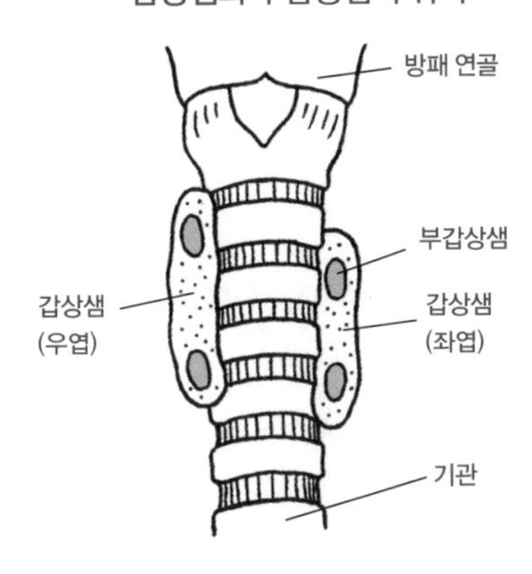

분비되는 상태를 부갑상샘 기능 항진증이라고 하며, 고칼슘 혈증이 된다. 부갑상샘 호르몬을 분비하지 못하여 저칼슘 혈증이 되는 병이 부갑상샘 기능 저하증이다.

부신의 구조와 기능

부신은 좌우의 신장 바로 안쪽의 복대동맥(배 안에 있는 대동맥)과 후대정맥 근처에 좌우 한 개씩 존재한다. 부신은 구조적으로 두 개의 층으로 나뉘어 있고 중심부는 부신 속질이라고 불리며, 노르아드레날린과 아드레날린이라는 호르몬을 분비한다. 속질을 둘러싼 바깥쪽 부분은 부신 겉질이라고 불리며, 여기서는 30종류 이상의 호르몬이 만들어지고 있는데, 그중에서도 코르티솔과 알도스테론이라는 두 종류의 호르몬이 특히 중요한 역할을 맡고 있다. 부신 겉질에서 만들어지는 호르몬은 화학 구조상 공통된 부분을 갖고 있으며 그 구조의 이름을 따서 〈스테로이드 호르몬〉이라고 불린다. 겉질에서 만들어지는 호르몬이라는 의미에서 〈코르티코이드〉라고 부르기도 한다. 부신 겉질에서는 성호르몬도 일부 만들어진다. 성호르몬 역시 스테로이드 호르몬이다. 부신에 관련된 내분비계 병에는 부신이 종양화함으로써 일어나는 종양성의 부신 겉질 기능 항진증, 크롬 친화성 세포종 등 뇌하수체에서 부신

겉질 자극 호르몬이 과다 분비됨으로써 일어나는 뇌하수체성 부신 겉질 기능 항진증, 부신의 세포가 파괴되거나 분비가 장애를 입어서 일어나는 부신 겉질 기능 저하증 등이 있다.

●**부신 속질에서 분비되는 호르몬**

노르아드레날린과 아드레날린이 있다.
노르아드레날린은 부신 이외에 교감 신경의 신경 세포에서도 만들어지고 있으며, 신경 정보를 전달할 때 매개하는 물질, 즉 〈신경 전달 물질〉이기도 하다. 아드레날린은 대부분이 부신 속질에서 노르아드레날린으로부터 합성된다. 이 두 개의 호르몬은 화학 구조나 작용도 아주 비슷하여 둘 다 몸을 순식간에 활동시키는 데 작용한다. 예를 들면 혈관을 위축시켜서 혈압이 상승하고, 심박수를 높여서 근육에 산소 공급을 늘린다. 글리코겐이나 지방의 분해를 촉진하여 에너지원을 공급하기도 한다. 혈관에는 노르아드레날린이 강력하게 작용하며 심장에는 아드레날린이 강력하게 작용한다. 부신 속질에서 나오는 이 두 개의 호르몬 비율은 보통은 개와 고양이 모두 아드레날린이 60퍼센트 이상을 차지하고 있지만 상황에 따라 둘의 비율이 변화한다.

●**부신 겉질에서 분비되는 호르몬**

코르티솔 부신 겉질 호르몬 가운데 가장 대표적인 호르몬이며, 갑상샘에서 분비되는 티록신과 마찬가지로 몸을 활발한 상태로 유지하기 위해 여러 장소에서 다양한 작용을 한다. 대표적인 작용으로는 당의 생성을 촉진하는 한편으로 인슐린(췌장에서 분비되는 호르몬의 하나)의 작용을 억제하여 혈당을 상승시킨다. 이처럼 코르티솔은 당 조절에 관여하는 겉질 호르몬이라는 의미에서 당질 코르티코이드(글루코코르티코이드)라고도 불린다. 코르티솔은 생체 내 다양한 염증

부신의 위치

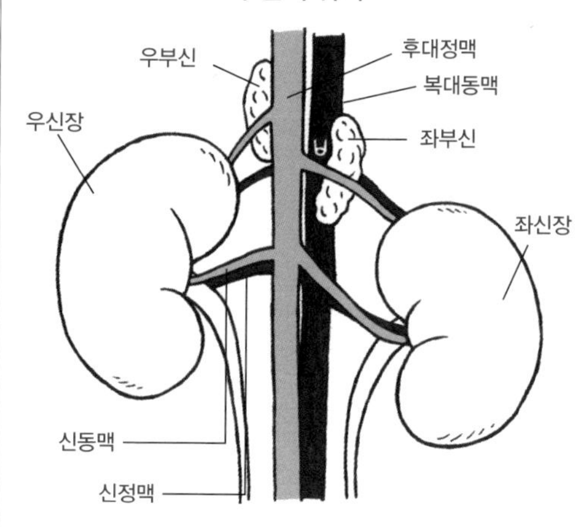

물질의 생성을 억제하는 작용이 있다.
코르티솔에 화학 구조를 비슷하게 하여 합성한 〈스테로이드제〉는 주로 이 작용을 기대하며 사용된다. 코르티솔(스테로이드제도 마찬가지)은 염증을 강력하게 억제하는 한편으로 면역 반응에 관계하는 세포의 작용을 억제하는 측면을 갖고 있으므로 코르티솔 과다인 상태에서는 세균의 감염이나 증식이 일어나기 쉬워진다. 코르티솔 분비는 뇌하수체 전엽으로부터의 부신 겉질 자극 호르몬으로 조절된다. 코르티솔이 과다하게 분비되면 부신 겉질 기능 항진증이 되고, 필요한 만큼의 코르티솔을 분비하지 못하게 되면 부신 겉질 기능 저하증이 된다.
알도스테론 부신 겉질에서 분비되는 또 하나의 중요한 호르몬이 알도스테론이다. 이 호르몬의 역할은 나트륨 이온이나 칼륨 이온의 배출을 조절함으로써 체내의 수분량을 조절하고 혈압을 일정하게 유지하는 것이다. 신장의 원위 세뇨관이라는 부분에는 사구체에서 여과된 나트륨을 재흡수하는 한편 칼륨을 배출하는 구조가 존재하는데, 알도스테론은 이것을 촉진한다. 알도스테론 분비는 신장에서 만들어지는 레닌이라는 효소로 조절된다. 코르티솔과 마찬가지로 이 호르몬이 정상적으로 분비되지

않으면 부신 겉질 기능 저하증이 된다.

췌장의 구조와 기능

췌장은 복부의 전방에 있으며 위장에서부터 십이지장에 달라붙듯이 존재한다. 췌장의 대부분은 십이지장에 아밀라아제나 리파아제 등의 소화 효소를 분비하는 외분비부가 차지하고 있는데, 그중에 호르몬을 분비하는 내분비부가 여기저기 산재해 있다. 내분비부는 그 모습을 섬에 비유하여 췌장섬, 또는 발견한 사람의 이름을 따서 랑게르한스섬이라고 불린다. 랑게르한스섬은 다시 글루카곤을 분비하는 알파 세포, 인슐린을 분비하는 베타 세포, 성장 억제 호르몬을 분비하는 델타 세포의 세 가지 종류로 구성되어 있다. 음식물이 위에서 십이지장으로 이동하면 곧바로 췌장에서 다양한 소화 효소가 십이지장으로 분비되어 단백질, 지방, 탄수화물의 분해를 시작한다. 그와 동시에 인슐린이 췌장에서 혈액 속으로 분비되어 포도당을 합성하여 글리코겐이나 지질로서 저장한다.

한편 이렇게 몸에 저장된 에너지를 사용할 필요가 생기면 글루카곤이 분비된다. 글루카곤의 작용은 인슐린과 정반대로 글리코겐이나 지방 분해를 촉진하여 에너지를 빼낸다. 글루카곤은 혈중 포도당 농도(혈당치)가 내려가면 곧바로 분비되고, 포도당 농도가 상승하면 분비가 멈춘다. 그 밖에 인슐린의 작용을 억제하는 호르몬으로는 뇌하수체에서 분비되는 성장 호르몬이나 부신 겉질 호르몬인 코르티솔이 있다. 혈당치는 인슐린과 글루카곤의 균형에 의해 변동 폭이 최소한으로 유지되는데, 췌장이 인슐린을 합성하지 못하게 되거나 인슐린의 작용이 방해받으면 포도당을 제거하지 못하게 되어 혈중 포도당 농도가 점점 상승하며 결국 소변에까지 포도당이 섞이게 된다. 이것이 당뇨병이다.

췌장의 위치

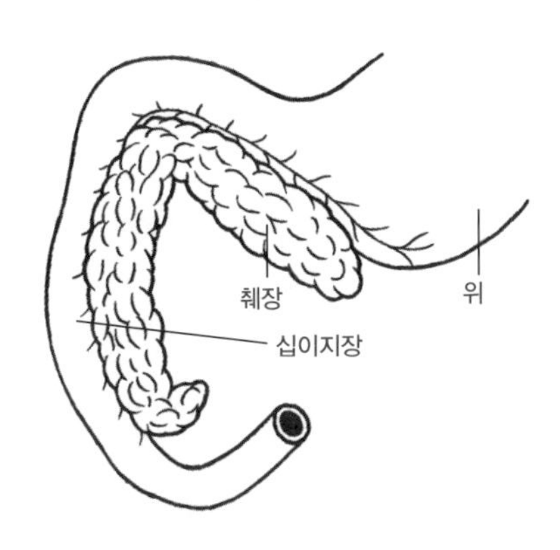

내분비계 검사

수의료 분야에서 내분비계 검사는 사람보다 크게 뒤처진다. 사람의 검사 센터에서 사람과 같은 방법으로 측정할 수 있는 것도 있지만, 아직 안정적이지 않다. 내분비계 병을 진단하고 치료하기 위한 검사로는 다음과 같은 것이 있다.

●혈중 호르몬 농도 측정

당뇨병일 때의 인슐린, 갑상샘 기능 저하증일 때의 갑상샘 호르몬(티록신이나 유리 티록신)이나 갑상샘 자극 호르몬, 부신 겉질 기능 항진증과 저하증일 때의 코르티솔이나 부신 겉질 자극 호르몬, 그 밖에 성장 호르몬, 부갑상샘 호르몬(파라토르몬), 가스트린(위에서 나오는 호르몬), 테스토스테론(남성호르몬), 소포 호르몬(난포 호르몬의 일종), 프로게스테론(황체 호르몬) 등이 측정 가능하다. 이들 검사는 혈액을 검사 센터로 보내서 특정하므로 결과를 알기까지 며칠 정도 걸린다.

●혈액 검사

빈혈이나 백혈구의 분류, 간 기능, 혈당치, 콜레스테롤치 등은 당뇨병이나 부신 겉질 기능 항진증, 갑상샘 기능 저하증 등의 내분비계 병을 진단하거나 치료하는 데 유용한 지표가 된다.

나트륨이나 칼륨 등의 전해질 농도는 부신 겉질 기능 저하증 치료에 불가결한 지표가 된다.

●자극 검사

호르몬 가운데는 다른 호르몬의 명령을 받아서 분비되는 것이 많다. 이 성질을 이용하여 자극 물질을 투여하고 그 전후의 호르몬 농도를 측정하여 분비 능력을 평가하는 검사가 종종 이루어진다. 부신 겉질 자극 호르몬 자극 시험은 뇌하수체에서 분비되는 부신 겉질 자극 호르몬을 체외에서 투여한 전후의 코르티솔 농도를 측정한다. 이것은 부신 겉질의 코르티솔 분비 능력을 평가하는 검사로, 부신 겉질 기능 항진증과 기능 저하증 진단에 유용하다.

●억제 검사

내분비계는 호르몬이 목적한 농도에 이르면 그 이상의 분비를 멈추는 구조(네거티브 피드백 시스템)로 되어 있는데, 이 성질을 이용한 검사가 억제 검사다. 덱사메타손 억제 검사는 부신 겉질 기능 항진증 진단이나 그것이 뇌하수체 샘종에 의한 것인지 부신 종양에 의한 것인지 판별하기 위해 시행한다. 덱사메타손이라는 합성 스테로이드를 정맥 내에 주사하면 코르티솔 농도가 높아졌을 때와 같은 반응이 일어나며, 정상인 동물은 혈중 코르티솔 농도가 저하한다. 코르티솔 농도 저하의 유무나 그 패턴으로 판단한다.

●엑스레이 검사, 초음파 검사, CT 검사, MRI 검사

내분비계 병은 종양과 관련된 경우가 아주 많으므로 호르몬 측정이나 혈액 검사와 함께 영상 진단이 아주 유용하다. 개의 대표적인 내분비 질환인 부신 겉질 기능 항진증(쿠싱 증후군)에서는 부신이 붓거나 종양화되어 있는데, 이런 변화는 엑스레이 검사나 초음파 검사(에코 검사)를 하여 발견할 수 있는 경우가 있다. 동물의 진단 기술 가운데 요즘 들어 가장 진보한 분야의 하나로 CT 검사와 MRI 검사가 있는데, 내분비계 병의 검사에서도 지금까지 진단할 수 없었던 뇌하수체 종양을 발견할 수 있게 되거나 인슐린종(인슐린을 과다하게 분비하여 저혈당을 일으키는 종양)과 갈색 세포종(아드레날린이나 노르아드레날린을 과다하게 분비하여 고혈압이나 당뇨병을 일으키는 종양) 등 장소를 특정할 수 있게 된 것은 대단히 효과적이다. 내분비 질환의 진단에서 CT나 MRI 검사의 중요성은 앞으로 더욱 높아지겠지만 동물에게 이런 검사를 하려면 전신 마취가 필요하다.

뇌하수체 질환

거인증, 말단 비대증(성장 호르몬 과다증)

거인증과 말단 비대증은 성장 호르몬이 보통보다 많이 분비되면 일어나는 병이다. 어린 동물의 어깨나 다리의 뼈에는 골단선(뼈끝선) 또는 성장판이라고 불리는 부분이 있으며, 이 부분에서 뼈가 증식함으로써 몸이 커지게 되며, 몸이 성숙한 후에는 골단선이 없어져서 뼈가 그 이상 길어지지 않는다. 골단선이 존재하는 시기에 성장 호르몬 과다증이 되면 사지의 뼈도 길어지고 몸 전체가 커지는 거인증이 된다. 몸이 성숙하여 골단선이 없어진 후에 성장 호르몬 과다증이 되면 얼굴이나 사지의 말단부만 성장하여 말단 비대증이 된다. 성장 호르몬 과다증에는 몇 가지 원인이 있는데, 하나는 뇌하수체에 성장 호르몬을 만들어 내는 종양(뇌하수체 샘종)이 생겨서 성장 호르몬 과다증이 되는 경우가 있다. 이 예는 고양이에게 드물게 보고되고 있다. 또한 이소성 생산 분비라고 부르는, 복부 등 뇌하수체 이외의 장소에 성장 호르몬을 분비하는 샘종이 생겨서 이 병이 되기도 한다. 프로게스테론이라는 성호르몬은 성장 호르몬 분비를 촉진하므로 발정을 억제하려고 개나 고양이에게 이 호르몬을 사용하기도 한다. 개에게 다량의 프로게스테론을 투여하면 부작용으로 말단 비대증이 될 위험성이 있다.

증상 전형적인 말단 비대증에서는 사지의 끝이 길고 균형이 잡히지 않은 체형이 된다. 이마가 넓고 아래턱이 부어 있는 것처럼 보이기도 한다. 성장 호르몬 과다증에서는 이차성 당뇨병을 발병하는 경우가 많으며, 그 경우에는 다음 다뇨나 당뇨, 고혈당 등이 보인다. 당뇨병이라고 진단받아 치료를 시작했지만 인슐린의 효과가 좀처럼 나타나지 않는 경우 등에는 이 병일 가능성도 생각할 필요가 있다.

진단 말단 비대증에는 독특한 외견(사지의 끝이나 이마, 아래턱 등)에서 이 병을 의심할 수 있는 예도 있지만, 얼핏 보아서는 알 수 없는 경우도 많다. 사지나 두부 엑스레이 검사에서 칼슘 침착 등의 변화가 보이기도 한다. 동물 전문 검사 센터에 따라서는 혈중 성장 호르몬을 측정할 수 있으며, 호르몬 농도가 대단히 높은 경우에는 이 병을 의심할 수 있다. 이 병에 걸린 동물의 성장 호르몬 농도가 언제나 높지는 않으며, 한 번 측정해서 수치가 낮다고 해서 이 병을 부정할 수는 없다. 혈중 프로게스테론 농도를 측정하여 대단히 높다면 이 병이 의심되지만, 이것도 결정적이지는 않다. 말단 비대증이 뇌하수체나 그 밖의 부위에 일어난 성장 호르몬 샘종에 의한 것이면 MRI 검사로 종양을 실제로 확인할 수 있다.

치료 프로게스테론제를 투여하고 있을 때는 그것을 중지하면 대부분 증상은 회복된다. 종양이 원인일 때는 외과적 치료로서 샘종이 존재하는 뇌하수체를 절제하는 방법도 있지만, 그 경우 뇌하수체에서 분비되는 다른 중요한 호르몬도 만들어지지 않게 되므로 스테로이드제나 갑상샘 호르몬제 등을 평생 복용해야 한다.

왜소증(저소마토트로핀증)

필요한 양의 성장 호르몬이 분비되지 않아서 일어나는 병을 왜소증 또는 저(低)소마토트로핀증이라고 부른다. 왜소증은 선천성과 후천성으로 구별된다. 선천성 왜소증이 왜 일어나는지는 몇 가지 설이 있는데, 확실한 것은 아직 알 수 없다. 유전적인 소인도 관계하고 있다고 여겨진다. 후천성 왜소증은 뇌하수체에 생긴 종양이 성장 호르몬을 만드는 세포를 압박하거나 파괴함으로써 정상적인 호르몬을 분비할 수 없게 되어 일어난다. 이 경우에는 성장 호르몬뿐만 아니라 다른 호르몬의 분비도 방해받으므로 갑상샘 기능 저하증이나 부신 겉질 기능 저하증을 병발하기도 한다.

증상 선천성 왜소증은 어릴 때부터 증상이 나타난다. 생후 1~2개월까지는 보통으로 발육하는 일이 많다고 하는데, 그 이후에는 형제 강아지나 새끼 고양이보다 명백하게 몸의 발달이 나쁘고 털도 솜털 그대로이며 시간이 지나도 제대로 된 털이 나지 않는다. 솜털은 빠지기 쉬우며 탈모 부분이 넓어진다. 탈모는 몸의 좌우 대칭인 장소에 일어나는 것처럼 보이며, 마침내 머리와 사지의 끝, 꼬리 끝을 남기고 완전히 털이 없어진다. 생후 1~2개월의 발육 불량이 확실해지는 무렵부터 활발함도 차츰 없어지고 가만히 있는 일이 많아진다. 이 병인 개는 성숙해도 몸집이 눈에 띄게 작고 털은 거의 빠져서 피부가 거무스름하며, 피부염이나 상처의 화농이 끊이지 않는다. 많은 경우 번식 능력이 없다고 한다. 정상적인 번식 능력을 가진 예도 있다고 하나, 이 병은 유전적 소인도 있으므로 번식은 피하는 것이 좋다.

진단 선천성 왜소증은 정상인 개나 고양이보다 몸집이 명백하게 작으며, 털도 솜털이거나 특징적인 탈모가 있으므로 동물병원을 찾아가면 이 병을 의심할 것이다. 후천성 왜소증의 경우는 몸의 발달에 불균형한 점이 보이지 않고, 털이나 피부의 증상만 있는 예가 많으므로 이 경우는 같은 피부 증상을 나타내는 이외 병과의 구별이 대단히 어려워진다. 왜소증은 성장 호르몬이 부족한 병이므로, 혈중 성장 호르몬 농도를 측정하여 호르몬 농도가 낮으면 이 병을 예상할 수는 있지만, 실제로는 이 병이라 해도 성장 호르몬 농도가 정상인 경우도 있으므로 결정적이지는 않다. 혈액 검사를 해도 다른 병과 합병이 없다면 딱히 이상한 항목은 발견되지 않는다. 갑상샘 기능 저하증이나 부신 겉질 기능 저하증을 병발하고 있는 때는 콜레스테롤이나 알칼리(성) 포스파타아제가 높은 값이거나 빈혈이 보이는 등 합병증 특유의 변화가 보이기도 한다. 확실하게 진단하기 위해 클로니딘 자극 검사나 자일라진 자극 검사를 하기도 한다.
치료 선천성 왜소증은 성장 호르몬을 투여함으로써 증상의 개선을 기대할 수 있다. 개의 성장 호르몬제는 없지만 사람의 성장 호르몬제를 사용하면 효과를 바랄 수 있다. 갑상샘 호르몬이나 부신 겉질 호르몬이 부족한 경우에는 이들 호르몬도 보충할 필요가 있다. 이들 부족한 호르몬을 보충함으로써 증상의 개선을 기대할 수 있지만, 복수의 호르몬을 과부족 없이 몇 년에 걸쳐서 보충하기는 상당히 어려운 작업이다. 평생 성장 호르몬 농도나 부신 겉질 기능, 그리고 갑상샘 기능을 정기적으로 체크할 필요도 있다.

요붕증

건강한 개의 하루 소변량은 체중 1킬로그램당 60밀리리터 이하며, 이것이 1킬로그램당 100밀리리터 이상이 되면 어딘가에 어떤 이상이 있다고 생각하면 틀림없다. 정상인 신장은 사구체에서 일단 여과한 수분의 99퍼센트 이상을 재흡수하여 몸으로 되돌린다. 그 결과, 소변은 방광에 저장될 때는 사구체에서 여과될 때보다 훨씬 농축된 상태가 된다. 이 재흡수의 메커니즘이 작동하지 않으면 소변이 농축되지 않은 채로 대량으로 만들어지게 되며, 이 상태를 요붕증이라고 부른다. 요붕증은 크게 나누어 신장에 문제가 있는 신장 요붕증과 뇌하수체에 문제가 있는 중추 요붕증으로 나눌 수 있다. 중추 요붕증은 뇌하수체에서 바소프레신의 분비가 부족했을 때 일어난다. 사람에게는 이 두 가지 이외에도 정신적인 원인의 다음증으로 일어나는 요붕증이 있다. 동물도 심한 가려움을 동반하는 피부염이 있는 경우 등 가려움이나 고통을 달래기 위해 다음증이 되기도 한다, 요붕증은 그리 흔한 병은 아니지만 개와 고양이 모두 보고되어 있으며, 성별이나 품종과 관계없이 발병한다고 생각된다.
증상 소변량이 비정상적으로 증가한다. 특히 실내에서 기르지만 실외 배변하는 개는 밤중에 몇 번이나 배뇨를 위해 밖으로 내보내 주어야 할 정도다. 대단히 대량의 수분이 소변으로 체내에서 배출되므로 그것을 보충하기 위해 대량의 물을 마시게 된다. 물그릇이 비었을 때는 자신의 소변이나 바깥의 비와 눈 등 수분을 함유한 것이라면 무엇이든 입에 넣으려 한다. 발병 초기라면 기력이나 식욕은 정상이며, 다음 다뇨 이외에는 변화가 보이지 않는 경우도 많지만 만성화되면 차츰 여위기도 한다. 대량의 물을 마실 수 있을 때는 정상과 다르지 않다고 해도 물이 부족하면 단시간 내에 탈수 증상이 나타나며 의식 혼탁이나 경련을 일으키기도 한다.
진단 요붕증 이외에도 다음 다뇨를 나타내는 병은 많이 있으므로 진단할 때는 다른 병일 가능성을 제외해 가는 것이 가장 중요하다. 다음 다뇨가 보이는 병에는 만성 신부전이나 신장염, 부신 겉질 기능 항진증, 당뇨병, 갑상샘 기능 항진증 등이 있다. 중성화 수술을 하지 않은 암컷에게는 자궁 축농증이라도 다음 다뇨가 일어난다. 드물게 성장 호르몬 과다증에 의한 당뇨병을 동반하여 다음 다뇨가 보이기도 한다. 다음 다뇨는 뇌전증 약이나 이뇨제, 스테로이드 호르몬제 등을 투여받고 있는 동물에게도 일어난다. 요붕증은 문진이나 신체검사, 엑스레이 검사 등을 통해 유사한 증상을 나타내는 이들 병이나 약물 투여 등의 가능성을 제외할 수 있을 때 비로소 의심할 수 있다.

요붕증을 진단하는 검사로 물 제한 시험이 있다. 정상인 동물은 물을 주지 않으면 소변을 농축하여 소변량을 줄이지만 요붕증인 동물은 수분의 재흡수를 하지 못하므로 물을 마시지 못해도 언제나처럼 대량으로 소변을 만든다. 이때 소변량과 함께 소변의 비중이나 삼투압을 측정하면 요붕증 진단이 더 확실해진다. 이 상태에서 바소프레신이라는 호르몬을 체외에서 주사하면 중추 요붕증인 동물은 정상인 동물처럼 소변을 농축할 수 있게 되지만, 신장 요붕증인 동물은 신장이 바소프레신에 대한 감수성을 잃어버렸으므로 외부에서 주사한 바소프레신에도 반응하지 않는다. 이 반응의 차이로 요붕증이 중추성인지 신장성인지를 판정한다.

치료 요붕증은 바소프레신이나 그것과 같은 작용을 한 약물을 투여하면 치료할 수 있다. 정기적으로 주사하거나 매일 코안에 약물을 직접 한 방울씩 떨어뜨리는 점비제가 사용된다. 치료가 순조롭다면 오래 사는 것도 충분히 기대할 수 있지만 종양 세포로 바소프레신 생성 세포가 압박되거나 파괴되면 예후가 나빠지는 경우가 있다.

종양

뇌하수체에는 종양이 종종 발생하는데 뇌하수체에 많이 생기는 종양은 샘종이다. 뇌하수체 샘종 자체는 기본적으로 양성 종양이라고 하며 전이 가능성은 작지만, 다음 두 가지 점에서 대단히 큰 문제가 된다. 첫째로, 특히 개는 뇌하수체에 생긴 샘종이 부신 겉질 자극 호르몬을 분비하는 경우가 많다는 점이다. 이 경우, 이 자극 호르몬에 반응하여 부신에서 과도한 부신 겉질 호르몬이 분비되어 당뇨병을 비롯한 중대한 병을 일으킨다. 둘째로, 샘종 때문에 뇌하수체 본래의 세포가 압박되어 호르몬을 분비하지 못하는 예가 있다는 점이다. 예를 들면 뇌하수체 샘종으로 바소프레신 생성 세포가 압박되어 호르몬을 생성하지 못하면 요붕증이 일어난다. 뇌하수체나 그 주변에 악성 종양이 생기기도 한다. 이때 뇌하수체의 호르몬 생성 세포가 파괴되어 기능 상실을 일으키고, 주변의 신경이 침범당하면 그 신경이 담당하는 기능이 장애를 입어 신경 마비나 경련, 치매 등의 증상이 나타난다. 뇌는 두개골이라는 뼈로 감싸여 있으므로 뇌 속에 종양이 생겨도 엑스레이 검사로 발견하는 것은 간단치 않았다. 요즘은 MRI 검사가 도입되어 지금까지 불가능했던 영상에 의한 진단이 점점 가능해지고 있다.

갑상샘 질환

갑상샘 기능 항진증

갑상샘에서 티록신이 과다하게 분비됨으로써 일어난다. 이 병은 개에게는 거의 보이지 않지만 고양이에게는 갑상샘이 종양화하므로 드물게 발생한다. 특히 열 살이 넘은 고양이에게 발생하는 일이 많으며, 품종이나 성별은 관계없다. 개에게서는 고양이와 마찬가지로 갑상샘이 종양화하여 티록신을 과다 생성하여 발병할 때와 갑상샘 기능 저하증을 치료하기 위해 투여되는 갑상샘 호르몬제의 양이 너무 많은 것에 따른 중독성의 경우가 있다. 티록신은 몸을 활발한 상태로 해주는 호르몬이므로, 이것이 과다하면 언제나 비정상적으로 활발한 상태가 되므로 심장을 비롯한 몸의 여기저기가 과열 상태가 된다.

증상 정상인 갑상샘은 개든 고양이든 겉에서 만질 수 없지만 종양화한 갑상샘은 커지면 목의 위쪽을 겉에서 만져도 알 수 있을 정도가 된다. 식욕이 비정상적으로 심해지는 일이 많으며, 마시는 물의 양이 명백하게 증가하고, 소변량도 많아진다. 동물은 차분해지지 못하게 되거나 공격적으로 되는 등 성격이 변하거나 안절부절못하여 과도하게 그루밍을 하므로 털이 빠져 버리기도 한다. 털의 윤기가 없어지거나 털이 잘 빠지게 되며, 식욕이 있는데도 여위어 간다. 세면대나 욕실의 타일 위나 마룻바닥을 좋아하는 등 더위를 타게 되기도 한다. 갑상샘 기능 항진증인 동물을 보고 보호자들은 〈눈이 반짝반짝 빛난다〉라는 인상을 받는다고 한다.
진단 동물의 두부에 종양이 생겼을 때는 이 병의 가능성도 생각할 필요가 있다. 거기에 더해 위에서 언급한 증상이 있는 경우에 갑상샘 기능 항진증이 의심된다. 확정적인 진단을 위해서는 갑상샘 호르몬을 측정하여 비정상적으로 상승해 있는 것을 증명할 필요가 있다. 고양이의 갑상샘 기능 항진증은 개의 부신 겉질 기능 항진증과 증상이 비슷하다. 때에 따라서는 부신 겉질 자극 호르몬 자극 시험을 하여 부신 겉질 기능 항진증의 가능성을 제외할 필요가 있다.
치료 증상의 진행 정도나 종양의 크기, 종양이 한쪽에 있는지 양쪽에 있는지, 동물의 전신 상태 등을 종합적으로 판단하여 치료법을 결정한다. 근본적인 치료법으로는 종양을 수술로 제거하는 방법이 있지만 양쪽의 갑상샘을 제거하면 갑상샘 호르몬을 만들 수 없게 되므로, 갑상샘 기능 저하증 치료를 평생 계속해야 한다. 양쪽 갑상샘을 제거한 경우, 바로 가까이에 있는 부갑상샘만을 남기고 제거하는 것은 대단히 곤란하므로, 수술 후에 부갑상샘 기능 저하증이 될 가능성도 있다. 제거한 갑상샘이 좌우 어느 한쪽만인 경우에는 갑상샘 기능 저하증이나 부갑상샘 기능 저하증이 될 염려는 없다. 개의 갑상샘 기능 항진증에서 갑상샘의 종양이 원인인 경우는 종양이 커져서 기관이나 식도를 압박하는 일이 많으므로 통상적으로 외과적 절제가 선택된다.
방사성 동위 원소인 요오드를 투여하여 종양 세포를 둘러싼 다음, 종양 세포를 파괴하는 방사선 요법은 상당한 효과를 기대할 수 있으며 부작용도 적다고 알려졌지만, 핵의학 설비가 없으면 시행할 수 없으므로 시행할 수 있는 병원은 한정되어 있다.
보통은 항갑상샘제라고 불리는 경구 투여 가능한 갑상샘 호르몬 합성 저해제가 사용된다. 값이 싸고 치료 효과도 높다고 알려졌지만, 양이 너무 많으면 갑상샘 기능 저하증을 일으킨다. 부작용으로는 식욕 부진이나 구토, 설사, 백혈구 감소 등이 드물게 보인다.

갑상샘 기능 저하증

갑상샘에서 필요한 양의 티록신을 분비할 수 없게 됨으로써 일어난다. 이 병은 대부분 갑상샘이 변성하는 자가 면역 질환으로 생각되며, 유전적인 요소도 있는 것으로 여겨진다. 드물게 뇌하수체로부터의 갑상샘 자극 호르몬이 부족하여 발병하는 예(중추성 갑상샘 기능 저하증)도 있다. 갑상샘 기능 저하증은 고양이에게는 대단히 드물지만 개에게는 종종 발생한다. 잡종을 포함하여 어떤 견종에서든 발생하며, 특히 골든리트리버, 시베리아허스키, 셰틀랜드양몰이개, 시바견 등의 품종에 많다. 중형견에서 대형견에게 많이 발병하며 소형견에게는 비교적 드물다. 성별의 차는 없지만, 중성화 수술을 한 개에게 발병하는 일이 많다고 생각된다. 부신 겉질 기능 항진증 등 그 밖의 병의 영향으로 발병하기도 한다(속발성 갑상샘 기능 저하증). 이 경우는 원래의 병이 나으면 갑상샘 기능도 정상화된다.
증상 갑상샘 호르몬은 몸의 다양한 곳에서 작용하며 몸을 활발하게 하는 호르몬이므로 이 호르몬이 부족하면 그야말로 다양한 곳에서 여러 증상이 나타난다. 가장 많이 보이는 증상은 심한 운동을 하고 싶어 하지 않는 것이다. 산책도 터벅터벅 걷는 정도가 되거나, 조금만 걸으면 만족하고 돌아가고 싶어 한다. 심하게 추위를 타며, 겨울에는 난방 기구 앞을 떠나지 않거나, 언제나 떨고 있거나, 여름에도 해가 비치는 창가를 좋아한다. 언제나 입을 다문 상태로 있으며 팬팅 호흡(숨을 헐떡이는 호흡)조차 거의 하지 않는다. 발정 주기가 불규칙해지거나 발정하지 않게 되기도 한다. 털의 이상도 많이 보이며, 깎은 후에 털이 자라지 않거나 털갈이가 도중에 멈춰 버리거나 전혀 털갈이를 하지 않게 되기도 한다. 넙다리 뒤쪽이나 양쪽 옆구리의 털이 빠지기도 한다. 복부의 피부는 거무스름하고 두꺼운 느낌이 되며, 여러 종류의 피부염을 일으키기 쉬워진다. 걸음걸이가 부자연스러워져서 다리를 뻗대는 듯이 어색하게 걷기도 한다. 보통 식욕은 왕성하므로 보호자는 이런 변화가 일어나도 나이 탓이라고 생각하는 일이 많다. 다른 병을 치료해도 커다란 진전이 보이지 않는 배경에는 이 병이 존재하는 경우도 있다.

진단 이 병은 다양한 증상을 나타내므로 진단이 어려운 때가 있다. 이 병을 의심할 때는 갑상샘 호르몬을 측정한다. 단, 갑상샘 호르몬 수치는 다양한 요소에 영향을 받아, 건강한 개라도 낮게 나오기도 하므로 증상과 혈중 갑상샘 호르몬 농도를 종합적으로 판단할 필요가 있다. 갑상샘 호르몬은 몸 안에서는 여러 종류의 형태로 존재하고 있는데, 통상은 그중 티록신이나 그것에 더해서 유리 티록신이라 불리는 호르몬을 측정한다. 이 두 종류의 갑상샘 호르몬에 더해서 뇌하수체에서 분비되는 갑상샘 자극 호르몬도 현재는 측정할 수 있게 되었다. 이 병에 걸린 동물의 갑상샘 자극 호르몬은 대부분 상승해 있고, 혈액 검사에서는 가벼운 빈혈 경향이 보이는 일도 많다. 콜레스테롤치의 상승도 많이 볼 수 있는 변화다. 증상과 혈액 검사 소견, 그리고 각종 호르몬 측정치를 종합적으로 판단함으로써 현재는 상당히 정확한 진단을 내릴 수 있게 되었다.

치료 합성 갑상샘 호르몬제를 투여하여 저하한 갑상샘 기능을 보충한다. 갑상샘 호르몬제는 경구 투여할 수 있으므로 집에서 치료할 수 있다. 이 약을 투여함으로써 증상은 대부분 개선된다. 갑상샘 기능 저하증은 대부분 갑상샘의 변성을 일으키는데, 갑상샘 기능이 회복되는 경우는 적으며, 기본적으로 호르몬제는 평생 복용해야 한다. 단, 다른 병에 동반한 속발성 갑상샘 기능 저하증인 경우는 증상이 개선된 후, 약의 투여를 중지해도 다시 악화하는 일은 없다. 갑상샘 호르몬제는 투여량이 너무 적으면 개선 효과를 얻을 수 없고, 너무 많으면 갑상샘 기능 항진증을 일으켜서 중독 상태가 되어 위험한 상태가 되므로 치료를 계속할 때는 혈중 갑상샘 호르몬 농도를 정기적으로 체크할 필요가 있다. 증상이나 혈액 검사 결과 등을 참고하면서 호르몬 농도에 맞춰 그 시점에서의 최적의 투여량을 결정한다.

종양

갑상샘에 생기는 종양은 고양이에게는 거의 갑상샘 샘종이라는 갑상샘 호르몬을 생성하는 종양으로, 〈갑상샘 기능 항진증〉에서 설명했으므로 여기서는 개의 갑상샘 종양을 중심으로 말한다.
개의 갑상샘에 생기는 종양은 악성일 확률이 99퍼센트 이상으로 대단히 높은 것이 특징이며, 샘암이라는 종류의 악성 종양인 경우가 많다. 암의 병소 전이도 흔히 보이며, 폐로 많이 전이된다.
개의 갑상샘 종양이 갑상샘 호르몬을 분비하여 갑상샘 기능 항진증을 일으키거나, 정상인 갑상샘 조직을 종양이 압박하여 갑상샘 기능 저하증을 일으키는 예도 있지만, 대부분은 항진증도 저하증도 일어나지 않는다. 견종으로는 비글, 셰틀랜드양몰이개, 몰티즈에게 많이 보이며, 최근에는 골든리트리버에게서도 늘어나고 있다.
증상 초기에는 증상이 없는 경우가 많지만, 종양이 커지면 다른 기관을 압박하여 일어나는 증상이 두드러지게 된다. 종양이 기관을 압박하면 호흡이 가빠지거나 콜록거리며 기침한다. 식도가 압박되면 식후에 바로 구토하거나 토할 것 같은 자세를 보인다. 종양이 상당히 커지면 겉에서 만져도 목의 응어리를 알 수 있게 된다. 갑상샘 기능 항진증이나 저하증을 병발하고 있으면 그것에 동반하는 증상이 보인다. 폐로의 전이 병소가 커지면 기침이나 호흡 곤란 등의 증상이 보인다.
진단 초기에는 구토나 가쁜 호흡의 원인을 알아보는 과정에서 발견되는 일이 많으며, 엑스레이 검사나 초음파 검사로 경부의 종양이 기관이나 식도를 압박하고 있는 것을 알게 되기도 한다. CT 검사나 MRI 검사도 유효하다. 종양이 커지면 촉진으로 알 수 있게 된다.
치료 외과 수술을 선택한다. 초기라면 종양을 완전히 제거하면 장기간에 걸친 생존도 충분히 기대할 수 있다. 종양이 커져서 주위의 조직과 유착해 있거나 이미 폐에서 전이 병소를 확인할 수 있게 된 경우에는 수술해도 생존 기간은 크게 늘리는 것은 별로 기대할 수 없지만, 그런데도 종종 일부러 외과적 절제가 선택된다. 그 이유는 종양을 그대로 두면 압박으로 증상이 심해져서 동물이 커다란 고통을 느끼기 때문이다. 되도록 외과적으로 절제하여 압박을 줄여 줘야 한다. 갑상샘의 샘암은 악성의 정도가 높지만 성장이 느리므로 전이가 확인된 후에 절제한 경우라도 1년 이상 생존하는 예도 많다. 외과적 절제를 할 때는 양쪽의 갑상샘을 제거해 버리면 갑상샘 호르몬을 분비할 수 없게 된다. 양쪽 갑상샘과 함께 부갑상샘도 절제하여 평생 갑상샘 기능 저하증과 부갑상샘 기능 저하증 치료가 필요하므로, 종양이 양쪽에 있어도 한쪽은 남기고 한쪽만 제거하는 방법이 선택되기도 한다. 개의 갑상샘 종양은 조기 발견과 조기 절제가 대단히 중요하다.

부갑상샘 질환

부갑상샘 기능 항진증

부갑상샘 기능 항진증은 원발성, 신장성, 영양성의 세 가지 타입으로 분류되며, 어떤 경우든 부갑상샘 과다 형성의 결과, 부갑상샘 호르몬인 파라토르몬의 과다 분비를 일으킨다.
증상 원발성 부갑상샘 기능 항진증은 부갑상샘의 원발성 과다 형성인 경우가 많으며, 기능 항진은 대상적인 반응이 아니다. 부갑상샘는 혈중 칼슘 농도로 유일하게 피드백을 받는데, 원발성 부갑상샘 기능 항진증에서는 칼슘 농도가 상승해도 파라토르몬의 과다 분비가 억제되지 않는다. 신장성 부갑상샘 기능 항진증은 신장 기능이 저하하여 체내의 칼슘이 과다하게 배출된 결과 생기는 대상성 반응이다. 영양성 부갑상샘 기능 항진증 역시 영양의 불균형으로 생긴 무기질의 불균형을 수복하려 하는 대상성 반응이다.
진단 증상, 혈액 검사, 엑스레이 검사, 심전도 검사로 진단한다. 어떤 부갑상샘 기능 항진증이든 공통된 소견은 혈액 검사에서의 고칼슘 혈증이다. 고칼슘 혈증의 증상으로 식욕 저하, 메스꺼움, 힘이 빠지는 느낌(탈력), 다음 다뇨, 췌장염, 피부에 칼슘 침착 등이 보인다. 혈액 검사에서는 고칼슘 혈증(11.5~12.0mg/dℓ 이상)이 보이며 신장성에서는 더 나아가 요소, 크레아틴, 무기 인의 상승이 보인다. 엑스레이 검사에서는 뼈의 투과성이 심해지는데, 신장성에서는 오래된 골절과 새 골절의 소견이 보이기도 한다. 영양성이라면 뼈의 변형과 통증, 전신의 골 투과성 항진, 식사의 칼슘, 인, 비타민 D의 불균형이 인정된다. 심전도 상에서는 QT의 단축, T 파의 증가 등의 소견이 보인다. 그러나 고칼슘 혈증은 비타민 D 과다증, 악성 종양의 뼈 전이에 의한 뼈 파괴, 악성 림프종 등에서도 보이므로 감별 진단할 필요가 있다. 확진을 위해 혈중 파라토르몬을 측정할 필요가 있으며, 신장 기능이 저하한 상태에서도 측정할 수 있는 PTH-intact(혈중 부갑상샘 호르몬) 검사가 채용된다. 그러나 현재 동물의 PTH-intact를 정확히 측정하기는 힘들며, 사람의 검사를 이용하여 참고치를 구한다.

치료 원발성 기능 항진증은 과다 형성을 일으킨 부갑상샘의 외과적 절제가 주된 치료법이다. 총 네 개의 부갑상샘 가운데 세 개를 완전히 적출하고 한 개를 충분한 혈액 순환을 유지하며 잔존시킨다. 파라토르몬의 반감기는 약 20분이므로 혈중에서 급속히 감소한다. 그러므로 혈중 칼슘 농도도 급속히 저하하며 수술 후 12~24시간 이내에 저칼슘 혈증을 병발할 우려가 있으므로 칼슘 농도를 착실하게 지켜본다. 저칼슘 혈증을 일으키면 글루콘산 칼슘의 정맥 주사, 칼시트리올의 경구 투여, 또는 피부밑 투여를 할 필요가 있다. 신장성 기능 항진증에서는 신부전에 의한 칼슘의 과다 배출을 제어할 수 없을 때는 칼슘제 투여, 인 억제, 칼시트리올 투여 등으로 혈중 칼슘 농도가 저하되지 않게 할 필요가 있다. 영양성 기능 항진증은 식사에서 칼슘, 인, 비타민 D의 균형을 정상으로 유지함으로써 개선을 기대할 수 있다.

부갑상샘 기능 저하증

부갑상샘 기능 저하증은 부갑상샘에서 파라토르몬의 분비가 감소하여 칼슘의 항상성을 유지하지 못해 발병한다. 선천성(저형성), 특발성(변성, 림프성 부갑상샘염), 의인성(외과적 절제), 종양의 전이, 부갑상샘 이외의 원인으로 발병한 고칼슘 혈증에 의한 위축 등이다.

증상 저칼슘 혈증(8.5mg/dℓ 미만)에 의한 증상을 나타낸다. 아픈 동물은 차분해지지 않고 신경질적이며 흥분하기 쉬우며, 구역질, 구토, 식욕 저하 등의 소화기 질환이 보인다. 자극이나 흥분으로 테타니(근육의 강직성 경련)를 일으키는 예도 있으며, 안구에는 백내장이 인정되기도 한다. 심전도에서는 QT 간격의 연장 및 심한 빠른맥 등이 보인다. 저칼슘 혈증이 개선되지 않으면 심한 증상이 나타나며 예후는 불량해진다.

진단 특징적인 증상과 혈액 검사에 의해 진단한다. 혈액 검사에서는 저칼슘 혈증과 고인혈증이 특징이 된다. 그러나 저단백혈증(단백 상실성 장질환, 콩팥, 심각한 간질환), 만성 신부전, 급성 췌장염 등에 의한 저칼슘 혈증과 감별 진단할 필요가 있다. 참고치로 사람의 PTH-intact 검사를 진단에 사용하기도 한다.

치료 중간 정도의 저칼슘 혈증이면 혈중 칼슘 농도를 급속히 안정시킬 필요가 있으며, 글루콘산 칼슘을 포도당액 등으로 희석하여 천천히 정맥 내에 투여한다. 최대 투여량은 약 10밀리리터 정도이며, 심전도로 모니터링하면서 주의 깊게 투여할 필요가 있다. 칼슘 농도를 유지할 목적으로 칼슘제와 알파칼시돌 또는 칼시트리올을 투여할 필요가 있다. 칼슘제에는 탄산, 젖산, 글루콘산 등이 있는데, 치료 개시로부터 며칠 동안 하루 1그램 정도가 필요하다, 그러나 활성형 비타민 D의 효과가 충분히 나타나면 투여를 중지한다. 활성형 비타민 D는 과다 투여를 막기 위해 혈중 칼슘 농도가 안정될 때까지 정기적으로 측정하고, 기준치를 넘지 않도록 주의한다. 칼슘제를 단독 투여하면 장관에서 잘 흡수되지 않으므로 반드시 비타민 D_3를 병용할 필요가 있다.

종양

부갑상샘에서 종양은 주로 부갑상샘 샘종이며, 원발성 부갑상샘 기능 항진증과 같은 증상이 인정된다. 눈으로 볼 때 샘종은 거무스름하다. 진단 및 치료법은 원발성 부갑상샘 기능 항진증과 같다.

부신 질환

부신 겉질 기능 항진증

쿠싱 증후군이라고도 불린다. 개의 내분비 질환으로 많이 보이며, 고양이에게는 드물다. 중년령 이상에서 성별과 관계없이 발병한다. 치료하지 않고 지내면 서서히 진행되어 때에 따라서는 손쓸 수 없게 되어 생명을 잃게 된다. 부신 겉질에서 코르티솔이 과다 분비됨으로써 발병한다. 자연히 발병하는 경우와 다른 병의 치료로 발병하는 의인성인 경우로 나뉜다. 자연 발병하는 경우는 다시 뇌하수체 의존성과 부신성으로 나뉜다.

뇌하수체 의존성 부신 겉질 기능 항진증 개의 부신 겉질 기능 항진증에서 가장 많이 인정된다. 뇌하수체에서 부신 겉질 자극 호르몬이 과다하게 분비되어 그 결과 코르티솔이 과다하게 분비된다. 뇌하수체의 종양이 원인이 되어 발병하는 경우가 가장 많다.

부신성 부신 겉질 기능 항진증 부신 종양 등 부신 자체에 원인이 있다. 암컷 개에게 많이 발병하는 경향이 있다.

의인성 부신 겉질 기능 항진증 치료를 위해 스테로이드제를 오랫동안 대량으로 복용한 결과 발병한다. 비정상적으로 물을 마시거나 소변량이 대단히 늘거나 실금한다. 식욕이 비정상적으로 왕성해진다. 복부 팽만이라고 하는, 복부만 두드러지게 눈에 띄는 외관이 되는 예가 많다. 또한 계단을 오르지 못한다, 점프하지 않는다, 운동을 싫어한다, 숨을 헐떡인다 등 근력 저하도 보인다. 피부나 털에서는 몸 전체에 좌우 대칭으로 가려움이 없는 탈모가 일어난다. 털을 깎은 후, 다시 털이 나지 않기도 한다. 털의 색깔은 정상보다 밝아지는 일이 많으며, 피부는 얇고 탄력성이 없어지며 작은 상처도 좀처럼 낫지 않는다. 고양이도 개와 마찬가지인데, 피부의 취약화가 특징적인 증상으로 피부가 극도로 약해지고 얇아져서 일상적인 털 손질로도 피부가 찢어지는 예도 있다.

의심스러운 증상이 있으면 코르티솔이 과다하게 분비되는지를 혈액 검사(호르몬 검사 포함)한다. 영상 검사(엑스레이 검사, 초음파 검사, CT, MRI 검사 등)를 하여 종합적으로 진단한다. 의인성인 경우는 스테로이드제 투여를 서서히 중지한다. 자연 발병이면 내과적 치료와 수술에 의한 외과적 치료가 있으며, 현재는 내과적 치료가 일반적이다. 내과적 치료는 약을 평생 계속 먹어야 하는데, 약의 효과는 개체차가 있으며 약에 따라서는 너무 잘 들어서 부신 겉질 기능 저하증이 되기도 하므로 적절한 약의 양을 알 수 있을 때까지 정기적인 검사가 필요하다. 다른 내분비 질환을 앓고 있다면 그것도 함께 치료한다.

부신 겉질 기능 저하증

이 병은 모든 품종의 개에게 발생하지만 고양이에게 관찰되는 경우는 드물다. 수컷보다 암컷에게 발병하기 쉽다. 부신 겉질에서 분비되는 호르몬의 분비 저하, 또는 결핍으로 일어난다. 부신 겉질 자체가 파괴 또는 위축된 것, 그리고 뇌하수체나 약 등이 원인인 것으로 나뉜다.

증상 호르몬 부족으로 식욕 저하, 기력 상실, 구토, 설사, 다음 다뇨, 저혈당 증상 등이 관찰된다. 급성 부신 겉질 기능 저하증에서는 쇼크 증상을 일으키며, 긴급한 경우가 많으므로 신속하게 치료해야 한다.

진단 이 병은 문진이나 증상, 부신 겉질 자극 호르몬 자극 시험이나 혈중 부신 겉질 호르몬의 낮은 값, 혈중 부신 겉질 자극 호르몬 농도의 높은 값을 확인하여 진단한다. 혈액 검사에서는 빈혈, 백혈구 증가, 혈당치 저하가 관찰되기도 하며, 급성인 경우는 저나트륨 혈증, 고칼륨 혈증의 전해질 이상이나 심전도 이상 등이 관찰되는 예도 있다.
치료 급성이면 저혈압, 순환 혈류량 감소, 고칼륨 혈증, 저혈당, 대사산증의 개선을 목표로 신속한 치료를 한다. 저혈압, 순환 혈류량 감소에는 정맥 내 점적, 고칼륨 혈증에는 인슐린이나 칼슘제, 글루코스 등의 투여, 대사산증에는 탄산수소염을 투여한다. 부족한 호르몬의 보충도 필요하다. 만성인 경우나 급성에서 회복할 때는 부족한 호르몬을 전해질이나 혈당치, 소변량, 순환 동태 등을 모니터링하면서 증감 투여한다. 투약 등으로 컨디션을 유지할 수는 있지만 장기적인 투약과 정기적인 검사가 필요하다.

종양(크롬 친화성 세포종)

크롬 친화성 세포종(갈색 세포종)은 부신 속질의 내분비 세포에서 유래하는 카테콜아민 분비성 종양이다. 일반적으로 노령의 개에게서 관찰되지만 발생 자체가 드물며, 고양이에게서는 거의 보이지 않는다. 이 병은 대부분 해부 때 발견되는 일이 많다고 한다. 원인은 불명인 점이 많지만, 유전적인 요인도 일부에서는 생각되고 있다.
증상 크롬 친화성 세포종의 특징적인 임상 징후는 없으며, 식욕 부진이나 구토, 과도한 개구 호흡(팬팅), 카테콜아민 과다에 의한 전신성 고혈압이나 부정맥 및 잦은맥박 등이 관찰되기도 한다. 동공 확대나 안저 출혈, 시력 장애 등의 증상이 보이기도 한다.
진단 신체검사나 증상 등으로 진단하기는 대단히 어려우며 혈액 검사에서도 일반적으로 정상으로 나온다. 복부 촉진으로 알게 되기도 하지만, 자세한 검사에는 초음파 검사나 CT 검사가 필요하다. 사람에게서는 요 단백증이나 요당이 보이거나 고지질 혈증이나 혈당치 증가 등이 관찰된다.
치료 첫 번째 선택으로는 외과적 치료(부신 적출술)를 생각할 수 있다. 사람에게 사용되는 약은 동물에게는 별로 유효하지 않다고 한다. 크롬 친화성 세포종의 약 절반은 악성이며, 전이되면 예후는 힘들어진다.

췌장 질환

당뇨병

당뇨병은 췌장에 있는 랑게르한스섬에서 분비하는 인슐린의 작용 부족에 의한 병이며 당질, 지질, 단백질 대사에 영향을 미친다. 인슐린은 혈당치를 떨어뜨리는 유일한 호르몬이다. 개와 고양이 모두 중년령 이후의 발병이 많지만 유년기에 관찰되기도 한다. 증상이 진행되면 각종 합병증을 발병하기도 한다. 개에게서는 토이 푸들이나 닥스훈트 등이 다른 견종보다 병에 걸리기 쉽다고 하는데, 기본적으로 어떤 견종이든 발생할 가능성이 있다. 암컷이 수컷보다 당뇨병이 될 확률이 높다고 한다. 부신 겉질 기능 항진증이나 성장 호르몬 과다 등에서 합병증으로 관찰되기도 한다. 유전적 소질의 관여나 자가 면역 반응, 바이러스 감염으로 랑게르한스섬의 베타 세포가 파괴되는 것이 원인으로 생각된다. 비만이나 스트레스, 과식, 나이 듦 등의 환경 요인도 유발 원인으로 생각되며, 췌장염이나 췌장암, 부신 겉질 기능 항진증 등의 병이나 증후군 또는 약물로 병발하는 때도 있다.
증상 병의 초기에 나타나는 일은 비교적 적으며, 병세가 상당히 진행된 다음부터 관찰되는 일이 많다고 생각된다. 일반적으로 다음 다뇨가 보이며, 식욕이 있는데도 체중이 감소하거나 하는 예도 있다. 혈액 중의 케톤체가 증가하여 산혈증을 일으키는 당뇨병성 케토산증이라는 상태가 되는 경우도 있으며, 이 경우는 신속한 치료가 필요하다. 당뇨병 합병증으로서 백내장이나 망막증, 자율 신경 장애나 혼수 등의 당뇨병성 신경 증상, 당뇨병성 신증, 간 질환, 세균 감염증 등이 있다.

진단 문진, 증상과 혈액 검사에 의한 공복 시의 고혈당, 소변 검사에 의한 요당을 확인하는데, 고혈압은 스트레스성과의 구분, 요당은 신장 질환에 의한 것과 구분이 필요하므로, 고혈당과 요당을 동시에 확인한다. 케톤요로 당뇨병성 케토산증을 확인한다. 합병증을 확인하기 위해서는 안저 검사에 의한 망막증의 유무나 신경학적 검사나 심전도 등을 필요로 하는 경우도 있다. 혈액 검사에서는 혈당치의 상승 확인 이외에 간이나 신장, 췌장 등의 상태를 확인할 수 있다. 소변 검사에서는 요당 이외에 단백뇨, 세균 감염 등이 관찰되는 경우가 있다. 특수 검사로 인슐린 농도 측정이나 당 부하 시험이 있다.

치료 당뇨병의 치료 목적은 혈당치 조절과 합병증 예방이다. 치료법은 인슐린이나 경구 당뇨병 약 등의 약물 요법, 식이 요법, 운동 요법의 세 가지로 크게 구분된다. 당뇨병성 케토산증이나 혼수상태 등에 빠져 있을 때는 긴급 치료한다. 일상적으로는 인슐린 요법과 식이 요법에 의해 혈당치를 조절하는 경우가 대부분이다. 인슐린 요법 때는 인슐린의 타입이나 양, 투여 횟수, 혈당치를 모니터링하는 것이 바람직하다. 집에서 관리할 때는 인슐린의 피부밑 주사 방법과 규칙적인 식이 관리, 먹는 물 양이나 소변량, 체중 체크가 언제나 중요해진다. 가능하다면 정기적으로 소변 시험지로 요당과 요케톤체를 확인한다. 재택 요법에서는 저혈당에 주의가 필요하며, 허탈이나 발작 등 저혈당 증상이 관찰되면 설탕물 등을 마시게 하고 동물병원에 연락할 필요가 있다. 사람에게는 경구 당뇨병 약을 사용하지만 개의 경우는 별로 효과를 기대할 수 없다. 고양이에게도 인슐린이 필요한 예가 대부분이다.

식이 요법은 동물 대부분에게 필요하다. 식후의 혈당치 변동을 적게 하기 위해서라도, 개개의 식사 상황에 따라 수의사와 상담한 다음 식사 횟수, 식사 내용, 식사량 등을 결정하면 좋을 것이다. 균형이 잡히고 하루 필요 에너지만큼의 식사를 섭취하는 것이 중요하다. 섬유질은 장관에서 글루코스 흡수를 억제하고 식후의 혈당치 변동의 완화, 체중 감소에 효과적이다. 그러나 여윈 동물은 주의가 필요하다. 비만은 체내의 인슐린 수용성을 저하하므로 체중 관리는 아주 중요하다.

운동 요법은 지방의 이용 촉진, 혈당치 저하, 인슐린 효과의 증진, 스트레스 해소 등의 효과를 기대할 수 있다. 그러나 망막증을 병발하고 있는 동물이 심한 운동을 하면 안저 출혈을 일으킬 가능성이 있으므로 주의가 필요하다. 정기적인 검사는 대단히 중요하며 당뇨병은 평생에 걸친 치료가 필요한 경우가 많으므로 수의사와 보호자 사이에 충분한 설명과 소통이 중요하다.

랑게르한스섬 종양(인슐린종)

인슐린종이란 췌장의 종양 때문에 혈당치를 떨어뜨리는 인슐린이 과다 분비되어 주로 저혈당 증상을 나타내는 병이다. 중년령에서 노령의 개에게 품종을 가리지 않고 발생하지만, 대형견에게 비교적 많이 발생하는 경향이 있다. 고양이에게는 별로 발생하지 않는다. 혈당치 강하 부작용이 있는 인슐린을 분비하는 랑게르한스섬의 베타 세포가 종양화한다. 이 종양은 대부분 악성이다.

증상 저혈당으로 운동 실조나 발작, 허탈 등 신경 증상이 일반적으로 보이며 다식이나 무기력, 체중 증가 등이 보이는 예도 있다.

진단 저혈당과 인슐린 분비 과다를 확인할 필요가 있다. 저혈당만 있으면 간세포 암이나 평활근 육종,

부신 겉질 기능 부전, 간 부전, 굶주림 등과 감별할 필요성이 있다. 혈액 검사에서는 통상 저혈당이 관찰되는데, 때로 정상인 혈당치를 나타내기도 하므로, 췌장 종양이 의심되면 장기적으로 혈당치를 측정하거나 잠시 절식시킨 후에 측정한다. 인슐린종을 진단하려면 저혈당 시의 인슐린 농도를 측정하는 경우가 있다. 초음파 검사로 췌장 영역의 종류나 주위 조직의 전이 상이 관찰되기도 하는데, 관찰되지 않더라도 제외할 수는 없다.

치료 외과적으로 종양을 적출하는 치료와 내과적 치료가 있다. 실제로는 긴급한 경우나 신경 증상을 동반하여 내원하는 경우가 많으므로 신속한 치료가 필요하다. 대증 요법으로는 저혈당이 확인된 시점에서 저혈당 개선을 위해 글루코스를 증상이 개선될 때까지 천천히 정맥 내 투여한다. 치료하기 힘든 발작은 진정제나 마취제를 사용하여 발작을 억제하기도 한다. 만성 저혈당에 대해서는 식이 요법이나 스테로이드 호르몬 등의 약물 요법을 시행한다.

490

운동기계 질환

운동기의 구조

동물은 식물과 달리 자신의 의지로 몸을 움직여서 이동할 수 있다. 이런 운동에 필요한 기관이 운동기로, 개나 고양이에게서는 〈다리〉라고 불리는 부분이다. 운동기의 범위는 앞다리에서는 견갑골(어깨뼈)에서 발끝까지, 뒷다리에서는 골반부터 발끝까지며, 여기에 딸린 근육도 운동기에 포함된다. 운동기는 뼈, 근육, 관절로 이루어져 있고, 운동하는 능력을 만들어 내는 동시에 몸을 지탱하고 중요한 기관을 보호하는 기능도 함께 갖고 있다. 운동기에 이상이 생기는 원인으로는 선천성, 유전성, 감염성, 염증성, 외상성, 종양 등이 있다. 증상의 정도는 병변의 중증도에 따라 다르지만 운동기 병에서는 일반적으로 보행 기능 이상이 가장 많이 나타난다. 운동기는 혈액, 신경, 영양, 내분비와도 밀접하게 관계되어 있으며 이들 질환에 의해서도 운동 기능 장애가 보인다.

뼈의 구조와 기능

뼈는 위치나 기능에 따라 형태가 크게 다르지만 구조는 큰 차이가 없다. 동물의 사지를 구성하는 뼈는 대부분 길고 가느다란 원기둥 모양의 장골(긴뼈)이다. 성장기 동물의 장골은 중간부의 골간(뼈몸통)과 성장을 계속하는 상하의 골단(뼈끝) 연골로 이루어져 있다. 성숙기에 이르면 골단 연골은 성장을 정지하고, 뼈로 치환되어 골간과 합쳐진다. 장골 대부분의 골단은 관절을 구성할 수 있게끔 굵어져 있으며, 커다란 관절면을 제공하여 탈구를 방지하고 있다. 하나의 뼛속에는 치밀골질과 해면 골질이라는 두 개의 구조가 있다. 치밀골질은 겉질골이라고도 불리며 운동을 위해 힘을 직접 받는 부분에 발달해 있다. 장골의 치밀골질은 골단보다 골간에서 두꺼워지고, 뼈가 가늘어지는 부분이나 근육이나 인대의 장력이 늘어나는 부분에서 더 두꺼워진다. 해면 골질은 장골의 양쪽 끝부분에 많이 존재한다. 장골의 골간부 중앙 부근에는 해면 골질은 없고, 이 부분은 골수로 채워져 있으며, 골수강(골수 공간)이라 불린다. 골수에서는 조혈이

뼈의 구조

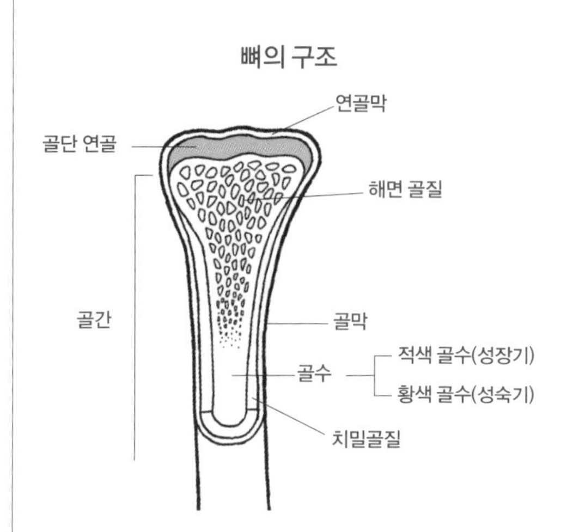

이루어지는데, 성장기 동물은 조혈 기능이 왕성하여 골수가 붉으므로 적색 골수라고 불린다. 그러나 나이가 들어감에 따라 적색 골수는 조혈 기능을 잃고 지방으로 바뀌어 황색이 되어 황색 골수라 불리게 된다. 뼈 주위는 골막으로 감싸여 있고 관절을 포함한 연골은 연골막으로 감싸여 있지만 이들은 조직학적으로는 같으며 경계도 뚜렷하지 않다. 근육은 뼈에 직접 붙어 있는 것이 아니라 골막에 붙어 있다. 뼈의 표면에는 융기부와 고랑이 있으며 융기부에는 대부분 근육이나 힘줄이 붙어 있고 고랑에는 신경이나 힘줄이 뻗어 있다.

뼈에는 몇 가지 다른 기능이 있다. 첫째는 몸을 지탱하고 운동을 견디는 지지체로서의 기능이다. 외상 등으로 지지체인 뼈가 손상되면 동물은 몸을 지탱할 수 없게 되며, 기립이나 보행이 곤란해진다. 두개골이나 늑골은 중요한 기관을 보호하는 역할도 하고 있다. 두 번째 기능은 칼슘이나 인을 저장하고 필요에 따라 그것을 방출하는 것이다. 뼈의 주성분인 칼슘이나 인의 과부족, 뼈를 형성할 때 필요한 영양소나 호르몬 과부족 등으로 뼈의 질에 변화가 생기면 운동 기능에 장애가 생기기도 한다. 세 번째 기능은 혈액 세포를 생산하는 것이다. 적색 골수에서는 적혈구나 백혈구 등을 생산하고 있으며, 그 능력은 위팔뼈나 넙다리뼈의 가까이에서 가장 높아진다. 이 기능이 장애를 입어도 직접적으로 운동 기능 장애를 일으키는 일은 없지만, 혈액 세포의 감소에 의해 전신 기능 장애에 빠지는 일이 있다.

골격근의 구조와 기능

골격근은 충분한 혈액의 공급을 받은 후 신경 자극으로 운동을 위한 힘을 만든다. 하나의 근육은 근육 다발, 근섬유, 근원섬유, 초원섬유 순으로 구조가 작아지며, 초원섬유는 미오신과 액틴이라는

근육의 구조

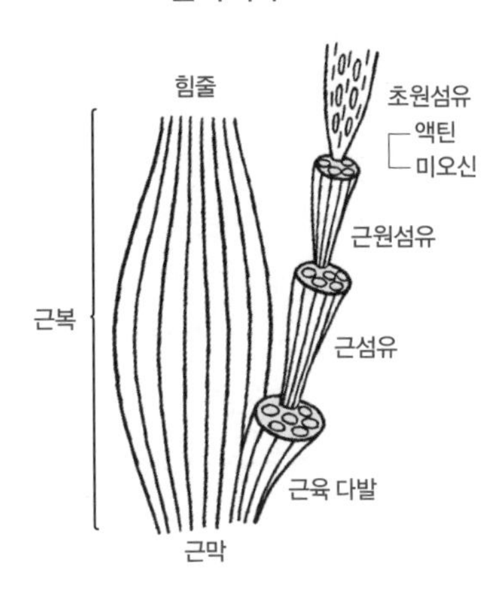

단백질로 이루어져 있다. 근육의 양 끝은 새끼줄 모양의 힘줄, 또는 얇은 판 모양의 근막이라 불리는 모양을 하며, 관절을 끼고 마주하는 둘 또는 그 이상의 뼈와 연결되어 있다. 일반적으로 고정된 근육의 부착부를 기시부,[45] 반대쪽의 가동적인 부착부를 정지부라고 부르며, 다시 이들을 두(頭), 중앙의 근질부를 근복(힘살, 근육의 굵고 두꺼운 중앙 부분)이라고 부른다. 하나의 근육은 세 개의 두(삼두근)나 두 개의 근복(이복근)을 가지며, 여러 개의 정지부를 갖기도 한다.

근육이 최대의 수축력을 발휘하면 그 길이는 최대한 늘렸을 때의 절반까지 수축할 수 있다. 관절을 늘리는 근육을 신근(폄근), 구부리는 근육을 굴근(굽힘근)이라고 부르며, 두 가지가 협조하여 시차를 두고 수축함으로써 굴신 운동이 가능해진다. 근육의 수축은 신경 섬유의 말단에서 방출되는 아세틸콜린이 근섬유를 자극함으로써 일어난다. 아세틸콜린은 콜린에스테라아제라는 효소로 금방 분해, 소실되어 버리므로 이 자극은 한 번밖에 전달되지 않는다. 그러나 어떤 종류의 살충제 중독에서는 콜린에스테라아제의 작용이 저하하므로 아세틸콜린이 근섬유를 여러 번 자극하게 된다. 그 결과, 근섬유는 동물의 의지와

45 근육의 두 접합부 가운데 더 고정된 상태로 연결되어 이동성이 떨어지는 부위.

관계없이 몇 번씩 질름질름 수축하여 운동 기능 장애를 일으킨다. 반대로 아세틸콜린의 자극을 저해하는 살충제도 있으며, 이것은 근육 이완으로 운동 기능의 장애를 일으킨다. 골격근의 병은 대부분 타박 등 외상에 의한 것이며, 대개는 일과성 염증으로 낫는다. 반면에 유전성으로 근육의 이완이나 긴장을 일으키는 병이나 자가 면역 근염 등 치료가 곤란한 근육 질환도 있다. 진단하려면 근조직 검사나 그 밖의 특수한 검사가 필요한 예도 있다.

관절의 구조와 기능

관절은 두 개 또는 그 이상의 뼈가 결합할 때에 형성된다. 결합 상태에 따라 섬유성 연결, 연골성 연결, 활막성 연결로 구별되는데, 운동기 관절은 대부분 활막성 연결이다. 활막성 연결은 모두 관절강(관절안), 관절포(윤활 주머니), 활막(윤활막), 활액(윤활액), 관절 연골로 형성되어 있으며 일부는 그 밖에 관절 내 인대, 관절반월을 가진 관절도 있다. 관절포는 탄력성이 있는 섬유 조직으로 되어 있으며, 인접한 뼈를 연결하고 그것의 움직임을 안정화한다. 관절포의 일부는 비대하여 측부 인대를 형성하는 것도 있다. 관절포의 안쪽 표면에는 활막이 안쪽에 쳐져 있으며 활액을 생산하고 있다. 활액은 연결하고 있는 뼈의 접촉면을 원활하게 하는 작용을 한다. 인대는 노끈이나 띠 모양의 교원 조직이며, 인접한 뼈를 연결하고 관절이 생리적인 가동 범위를 넘어서 움직이지 못하게 한다.
관절 연골은 탄력 있는 유리 연골로 되어 있으며, 관절 표면을 덮고 있다. 유리 연골은 중력을 지탱하는 관절이며, 두껍기 때문에 지면으로부터의 압력을 흡수한다. 관절반월은 초승달 모양의 섬유성 연골이며, 개나 고양이는 무릎이나 턱 관절 안에 이것이 존재하여 관절 연골끼리 서로 부딪쳐서 연골이 손상되는 것을 막는다. 관절병으로 가장

관절의 구조

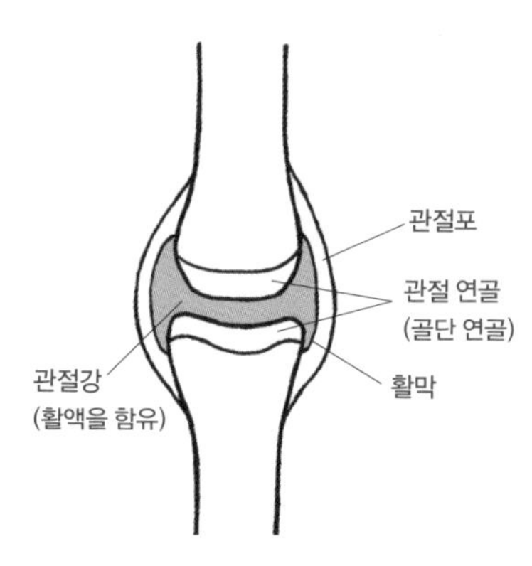

많은 것은 한도 이상의 압력이 가해짐으로써 일어나는 외상 질환이며 인대 단열, 관절 연골이나 반월판의 손상, 탈구 등이 있다. 유전적인 원인으로 대형 견종의 성장기에 발생하는 관절의 형성 부전이나 노령 동물에게 보이는 퇴행 관절증 등도 있다.

운동기 검사

운동기 질환의 증상 가운데 많은 것은 기립이나 보행 때 보인다. 증상에 따라 몇 가지 검사가 있는데, 증상의 정도가 가볍고 만성적인 경과를 거치고 있는 동물은 차례대로 검사가 필요하다.

●시진

시진은 운동기 질환 검사로서 초보적인 동시에 가장 중요하기도 하다. 시진의 목적은 이상이 있는 다리를 찾아내고, 이상의 정도를 아는 것이다. 먼저 동물이 기립하기까지의 상태를 관찰하고, 다음으로 기립 자세, 마지막으로 보행 상태를 관찰한다. 전혀 기립하지 못하면 먼저 의식을 확인한다. 의식이 없을 때는 뇌 검사를 하는 동시에 구명 치료가 필요한 예도 있다. 의식이 있어도 사지를 움직이지 못할 때나 사지가 움직여도 의지가 없을 때는 경수(목 부분의 척수)의 이상이나 근육 무력증 같은 근육 질환을 의심한다. 영양성, 대사성, 중독성

질환으로도 기립 불능 상태에 되는 일도 있으므로 보호자에게 확인할 필요가 있다. 의식은 정상이지만 기립하려고 해도 기립할 수 없을 때는 여러 다리에 골절이나 탈구 등 정도가 심한 이상일 수 있다.
이상을 나타내는 다리의 근육이 이완되고 마비가 있다면 신경 질환이나 혈전증이 의심된다. 기립할 수 있어도 기립하기까지 시간이 걸릴 때는 신경이나 근육의 병을 생각할 수 있다.
기립 자세는 동물의 전후좌우부터 살피고, 사지가 정상적인 자세로 착지하는지를 관찰한다. 발가락의 등쪽(사람으로 치면 손등이나 발등 부분)으로 착지하고 있다면 신경 질환을, 발뒤꿈치 관절까지 지면에 붙이고 있다면 아킬레스건 단열, 근육 질환, 영양 질환을 의심한다. 다음으로 좌우의 하중 비율을 확인한다. 하중 비율이 작은 다리가 있다면 거기에 이상이 있을 가능성이 높다.
그리고 견갑골이나 골반의 높이, 팔꿈치나 무릎이 구부러지는 방향 등을 확인함으로써 문제가 있는 다리를 발견하기 위해 노력한다.
기립 자세까지의 시진이 끝나면 동물의 보행 상태를 전후좌우에서 관찰한다. 통증을 느끼는 다리에는 가능한 체중이 실리지 않도록 걸으므로 앞다리에 이상이 있으면 아픈 다리를 착지할 때 머리를 들고, 반대쪽 다리가 착지할 때 머리를 숙인다. 이런 머리의 움직임은 비탈길을 이용하게 걷게 하면 훨씬 뚜렷하게 나타난다. 앞다리가 아프면 내리막길에서, 뒷다리가 아프면 오르막길에서 두드러진다.
비탈길을 횡단하는 보행에서는 아픈 다리가 비탈의 위쪽에 놓인 상태에서 두드러진다. 여러 다리에 이상이 있고 통증의 정도가 다를 때는 가장 중증인 다리에만 절뚝거림이 보이기도 하므로 주의한다.

● **촉진**

촉진은 동물의 몸을 만져서 하는 검사로, 먼저 기립 상태에서 영양 상태, 좌우 대칭, 외상이나 이물의 유무를 확인한다. 다음으로 동물을 옆으로 눕힌 상태에서 다리의 안쪽부터 차례대로 몸통을 향해서 검사한다. 주의할 점은 부기나 열감, 통증, 불안정성, 삐걱거리는 소리, 가동 범위, 근육 위축 등이다. 어느 정도 보행이 가능한 상태라면 관절을 움직여서 가동 범위의 이상이나 통증의 유무를 조사하는데, 동물이 불쾌감을 나타낸다면 강제적인 촉진은 할 수 없다. 필요한 촉진은 마취하에 하면 좋다.

● **신경학적 검사**

운동기의 기능 장애는 신경 질환과 깊숙이 관계되어 있다. 예를 들어 교통사고로 척수 신경 손상과 넙다리뼈 골절이 있을 때 골절을 치료해도 척수 신경의 회복을 기대할 수 없다면 정상적인 보행을 기대할 수 없다. 이처럼 신경 손상이 의심되는 운동기 질환에서는 저절로 치료 순위가 정해지므로 신경학적 검사가 중요해진다. 신경학적 검사에는 많은 방법이 있으며 그것을 해석하는 데에도 경험이 필요한데, 여기서는 운동기 질환의 치료에 필요한 검사를 소개한다.
의식 수준, 뇌신경계 검사 뇌신경은 12쌍이 있으며 각각에 검사 방법이 있지만, 동물은 모든 뇌신경을 검사하기는 힘들다. 그러므로 먼저 눈에 주목하여 안검 반사, 동공의 대광 반응, 동공의 크기와 대칭성, 안구 움직임을 관찰한다. 이들이 정상이고, 동물의 이름을 부르거나 눈앞에 손을 갖다 대고, 물이나 먹이를 코끝으로 가져가는 등의 일반 반응을 보이면 의식 수준은 정상이라고 판단할 수 있다.
자세 반응의 평가, 지각 고유 수용 감각 감각 기능과 운동 기능 검사에서 동물이 자기 몸이 지금 어떤 상태인지 인식하고 있으며, 만약 비정상적인 자세라면 바로 정상적인 자세로 되돌릴 수 있는지 조사하는 것을 목적으로 한다. 예를 들면 어느 한쪽 발등을 아래로 하여 바닥 위에 놓는다. 이상이 없다면 곧바로 원래와 같은 정상 기립 상태로 돌아올 것이다. 발등을 바닥에 둔 채로 있을 때나 원래 자세로 돌아오는 데 시간이 걸릴 때는 척수 이상이 의심된다.
척수 반사, 항문 반사 척수 반사를 검사하는 방법은 몇 가지가 있는데, 근육이 긴장하거나 움직이면 정확한 결과가 나오지 않는다. 그러나 항문 반사는 기립 상태에서도 다소의 움직임이 있어도 검사할 수 있다. 항문 주변을 자극하면 정상이라면 항문 괄약근(조임근)이 수축하고 꼬리를 내리는 동작이 보인다. 그러나 반사의 저하나 소실이 보일 때는 요수(척수의 허리 부분) 근처의 이상이 의심된다.
표재 통각, 심부 통각 표재(피부 표면) 통각은 동물의 피부를 펜 끝이나 바늘로 자극하여 그때의 통증 유무로 조사한다. 사지를 포함하여 꼬리 쪽부터 확인해 간다. 통각을 잃은 부위나 범위에 따라 신경의 장애 부위를 추정할 수 있다. 심부 통각은 다리 끝의 발가락이나 발가락 틈을 강하게 꼬집어서 통증의 유무로 조사한다. 단, 굴근 반사나 교차 신근 반사를 검사할 때도 같은 자극을 주므로 이들 반사와 구별할 필요가 있다. 심부 통각 검사에서는 약간 강하게 자극하여 동물이 통증을 느끼는지를 확인한다. 정상이라면 다리를 끌어 모을 뿐만 아니라 자극한 부위로 얼굴을 돌려 통증의 원인을 배제하려고 하거나 소리를 지른다. 아무리 강하게 자극을 주어도 통증을 느끼지 못한다면 예후는 상당히 나쁘다고 말할 수 있다.

●엑스레이 검사

운동기의 병, 그중에서도 뼈나 관절의 이상을 검사하기 위해서는 엑스레이 검사는 없어서는 안 된다. 엑스레이 사진은 입체적인 피사체를 평면으로 표현하고 있으므로 적어도 정면과 측면이라는 두 방향에서 촬영한 두 장의 사진이 필요하다. 시진이나 촉진으로 이상이 있는 다리나 장소가 추정되어 있으므로 그 부분을 중심으로 촬영한다. 이때, 목적한 부위에 따라서는 동물의 촬영 체위를 일정하게 해두면 정상인 동물과의 비교도 가능하다. 좌우의 다리를 동시에 촬영하면 아픈 다리를 알기 쉽다. 관절을 검사할 때는 정면 상과 측면 상에 더해서 관절을 굴곡 또는 신전(늘여서 펼침)한 사진도 필요하다. 엑스레이 검사는 카메라로 사진을 찍는 것과 마찬가지로 피사체가 움직이고 있으면 〈초점이 어긋난〉 사진이 찍힌다. 그러므로 적절한 체위를 일정 시간 유지할 수 없는 동물은 마취하에 촬영하기도 한다.
뼈는 엑스레이 사진 상에는 윤곽이 뚜렷하게 하얗게 나타난다. 뼈 질환을 평가하는 포인트는 뼈의 윤곽과 형태, 그리고 투과도의 차이(흰색의 정도)이다. 예를 들어 뼈 윤곽의 연속성이 끊어져 있을 때는 골절이, 윤곽 일부만 부풀어 있을 때는 뼈에 종양이 있을 가능성이 있다. 투과도가 다를 때는 뼈의 질에 이상이 있다고 생각할 수 있다. 한편, 관절 질환을 검사하는 포인트는 관절을 구성하는 뼈의 위치나 방향, 관절강 내의 골편(뼛조각)의 유무나 투과도의 차이, 관절면의 연속 등이다. 위치나 방향에 이상이 있을 때는 탈구나 인대의 단열 가능성이 있고, 관절강이나 관절면에 이상이 있을 때는 관절염이나 골연골증의 가능성이 있다. 관절 가까이에 뼈 돌기(비정상적으로 생겨나 돌출된 뼈)라 불리는 뼈의 생성이 보인다면 퇴행 관절증이 의심된다.
이처럼 엑스레이 검사에서는 뼈나 관절에 대한 많은 정보를 얻을 수 있다. 이들 정보를 유효하게 활용하기 위해서는 정상 엑스레이 상을 파악하고 있어야 하는 것은 물론, 동물의 크기나 체위에 따라 촬영 조건을 일정하게 하는 것이 중요하다. 엑스레이 필름, 엑스레이 증감지, 그리드, 현상액, 정착액에도 신경을 쓸 필요가 있다. 근육 질환은 엑스레이 검사로는 검사하기 힘들지만 좌우의 다리에서 피부 라인에 차이가 있다면 근육의 위축이나 부기가 의심된다.

●CT 검사, MRI 검사, 핵의학 검사

운동기 진단에서는 뼈, 관절, 힘줄, 근육 등이 검사 대상이 된다. 지금까지 이들 부위는 주로 엑스레이 검사로 영상 진단을 했다. 그러나 운동기는 구조가 복잡하기도 해서 엑스레이 검사만으로는 이상이 뼈에 숨어서 제대로 진단할 수 없다는 난점이 있다. 그러므로 엑스레이 촬영 시의 체위 등을 연구하여 대응해 왔다. 그러나 요즘은 영상 진단 기술이 발달하여 CT 검사나 MRI 검사에 의해 삼차원적 해석을 하는 것이 가능해졌다. 그 결과, 기존에는 뼈에 숨어서 진단하기 힘들었던 관절도 관절경을 이용하지 않고 검사할 수 있게 되었고, 복합 골절의 골편 위치를 파악함으로써 수술 전에 방법을 간단히 시뮬레이션할 수 있게 되었다.

CT 검사는 뼈의 검사에 대해서는 MRI 검사보다 뛰어난 것으로 평가받는다. 요즘 들어 수의료에도 보급되기 시작했으며 CT에 의한 운동기 검사는 더 이상 특수한 검사라고 말할 수 없게 되었다. CT 검사의 진보는 눈이 부실 정도이며, 1998년에 멀티 슬라이스 CT가 등장한 뒤로 촬영의 급격한 고속화와 공간 분해 능력의 향상이 일어나게 되었다.

멀티 슬라이스 CT란 검출기를 여러 개 장착하여 여러 개의 영상을 동시에 얻을 수 있는 CT를 말하며, 찍는 속도가 빨라질 뿐만 아니라 그 속도를 살린 고해상도 촬영으로 용도가 비약적으로 확대되었다. 이제는 촬영한 정보에서 동물 골격의 삼차원 영상을 간단히 작성할 수 있게 되었다. 이 삼차원 영상은 엑스레이의 이차원적인 정보보다 대단히 많은 정보를 제공하여 진단과 치료에 크게 공헌하고 있다. 아직은 이용할 수 있는 시설이 적긴 하지만, 연부 조직에 있어서 콘트라스트 분해 능력이 뛰어난 MRI 검사도 관절이나 신경계의 검사에 이용할 수 있다. CT 검사보다 촬영 시간이 길다는 단점이 있지만 엑스레이 피폭 우려가 없으며 관절을 형성하는 조직의 위치나 형태에 더해 엑스레이 검사로는 불가능한 관절액의 저류나 관절 연조직의 변성, 근육 이상이나 심지어 신경계 이상(종양, 변성, 출혈 등)도 알 수 있다.

핵의학 검사는 동위 원소 진단이나 신티그래프법이라고도 불리며 극미량의 방사성 물질을 함유한 약을 이용하여 병을 진단하는 방법이다. 동물에게 사용하는 데는 아직 한계가 있지만 주로 장기나 조직의 작용을 조사할 수 있다. 병이 진행되기 전에 이상을 검출할 수 있는 탁월한 검사 방법인 뼈 신티그래프법은 종양, 뼈의 외상, 골절, 원인 불명의 뼈 통증을 조사하는 검사로, CT 검사나 MRI 검사로는 발견할 수 없는 초기 병변을 발견할 수도 있다.

뼈 질환

선천 질환

뼈의 선천 질환과 유전 질환은 사지의 결손이나 절뚝거림으로 나타난다. 개체 발생 중에 생긴 이상은 동물이 기형으로 태어날 가능성을 높인다. 태아기의 바이러스 감염, 임신 모체의 독성 물질 섭취나 부주의한 약물 치료 등이 원인이며, 뼈에 성장 불량이 일어나고 사지의 결손이나 반결손이 보이는 경우가 있다. 이런 동물은 충분히 젖을 빨지 못해 사망하는 일이 많으므로 우리 눈에 거의 띄지 않는다. 한편, 유전 질환은 동물의 종류나 혈통에 따라 발생률이 다르다. 주로 발육기의 뼈의 질에 영향을 미치며 심각한 절뚝거림으로 발전하기도 한다. 일반적으로 성장 기간에는 병상의 진행이 보이지만 성숙기에 이르면 병상은 안정되어 간다.

●반지증, 단지증, 무지증

사지의 장골이 결손 또는 미발달인 채로 태어나는 기형이며, 사지가 극단적으로 짧거나 전혀 존재하지 않는다. 정도에 따라 반지증에서 무지증까지 병명이 붙어 있다. 이들 기형은 태아기의 바이러스 감염, 어미의 독성 물질 섭취, 부주의한 약물 치료로 태아의 뼈 형성에 장애를 입으면 발생한다. 유효한 치료법은 없다. 기형이 다른 조직까지 미치면 생존 자체가 곤란하지만 사지에만 한정될 때는 수유나 급식이 제대로 이루어지면 성장할 수 있다.

●합지증, 결지증, 다지증

동물이 원래 갖고 있는 발가락의 수에 차이가 보이는 기형으로, 수가 적은 것을 합지증 또는 결지증, 많은 것을 다지증이라고 부른다. 대부분 유전으로 발생한다. 결지증이나 다지증은 치료할 필요는 없다. 그러나 완전 유합으로 외관상 하나의 발가락에 두 개 이상의 발가락 구조를 가진 합지증은 피로에서 오는 절뚝거림이 보이기도 한다. 이때는 운동을 제한함으로써 문제를 해결한다.

●골 형성 부전증

전신의 뼈의 형성이 두드러지게 저하되는 유전 질환이지만, 발생은 드물다. 이 병에 걸린 동물은 선천적으로 활발하지 않다. 그러므로 근육 발달이 좋지 않고 체격보다 사지가 극단적으로 가늘다는 느낌이 든다. 사소한 외부 압력에도 골절당하기 쉽다. 엑스레이 검사로 진단하며, 체격보다 전신의 뼈 형성이 저하된 것이 특징이다. 특히 사지의 장골은 가늘고 치밀골질이 얇다. 과거에 생긴 골절이 발견되기도 한다. 관절이 이완된 것도 한 가지 특징이다. 치료법은 없다.

●골연골 형성 이상증

주로 골단에 연골괴(덩어리)가 발생하여 뼈를 변형시킨다. 원인은 대부분 유전이다. 사지의 뼈가 균등하게 변형하므로 두드러진 절뚝거림은 보이지 않지만 관절에 부담이 생겨 쉽게 피로해진다. 뼈의 성장이 나쁘므로 사지의 길이가 체격보다 짧은 경향이 있다. 동물을 정면에서 보면 좌우의 팔꿈치와 발가락 끝의 폭이 넓고 발목 관절의 폭이 좁은 등 앞다리가 X자 다리로 보인다. 관절의 외관과 엑스레이 검사로 진단하며, 발생 방식에 따라 두 가지 종류로 분류할 수 있다. 하나는 다발성 연골외 골증이며, 골단 연골에 인접한 뼈의 바깥면에 연골괴가 다발한다. 다른 하나는 다발성 연골 뼈되기(연골 내 골화)이며, 비정상적인 연골괴가 골단 안에 발생한다. 둘 다 주위의 겉질골을 압박하여 골두(관절을 이루는 뼈의 머리 부분)를 변형시키므로 관절부가 비정상적으로 크게 느껴진다. 근본적인 치료법은 없지만 증상의 경감을 목적으로, 골화하여 부풀어 오른 부위를 외과적으로 절제하기도 한다. 유사 질환으로 연골 형성 부전이 있다. 이것은 장골의 골단 연골이 저형성되므로 짧고 굵은 뼈가 된다. 닥스훈트나 페키니즈, 시추 등은 사지의 연골 형성 부전이 견종 특유의 체형을 만들고 있다.

●골연골증

발육 중인 대형견에게 보이는 뼈의 발달 장애다. 어깨, 팔꿈치, 무릎, 발뒤꿈치 관절 연골 골단의 비정상적인 연골 뼈되기가 특징이다. 과도한 영양과 급속한 발육의 결과, 연골부까지 혈관 분포가 미치지 못해 작은 외상이나 압력에도 연골에 금이 가거나 골극이 생긴다. 대형견의 발육기에 많이 보이므로 유전적 요소가 관련되어 있을 가능성이 생각되고 있다. 염증으로 생긴 액체가 관절 안에 고이므로 관절의 가동 범위가 감소하고 절뚝거림이 보인다. 엑스레이 검사로 진단하며, 관절 표면의 평탄화나 골극, 연골하에 고르지 않은 투과성, 관절 내 유리체(관절 안으로 탈락된 뼈가 떠돌아다니는 물질), 뼈의 절단 등이 보인다. 관절경을 이용하여 진단하기도 한다. 유리체나 골극이 있을 때는 외과적으로 제거한다. 병변부의 연골하를 제거하고 섬유 연골의 형성을 자극하는 방법을 쓰기도 한다. 절뚝거림이나 변형성 관절 질환이 있을 때는 소염 진통제나 연골 형성을 촉진하는 보조 식품을 이용하여 증상을 경감시킨다.

●아래턱뼈증

발육 중인 개에게 보이는 증식성 뼈 이상이며 주로 테리어 종의 아래턱뼈나 고실에 발생한다. 유전적 요소가 원인으로 의심되고 있다. 중증일 때는 입을 열 때의 불쾌감, 섭취하는 음식량의 감소에 따른 체중 감소, 통증을 동반하는 아래턱뼈 비대가 보인다. 엑스레이 검사로 진단하며 아래턱뼈와 고실에 양측성 골증식증이 보인다. 정상인 뼈의 주기적 흡수가 보이는 한편, 골내막과 골막 표면에 미성숙한 뼈의 증식이 보이는 것이 특징이다. 치료는 대증적으로 한다. 소염 진통제를 이용하거나 부드러운 먹이를 준다. 성숙기에 이르면 뼈의 증식은 낫게 되므로 예후는 비교적 양호하다.

●다발성 연골 외 골증

늑골, 장골, 척추의 연골에 발생하는 양성의 증식성 질환이며 유년의 동물에게 보인다. 골단 연골의 겉질 표면에서 발생하는 골성의 융기가 특징이며, 무증상인 것부터 절뚝거림이나 통증이 보이는 것까지가 있다. 〈골연골 형성 이상증〉을 참조하기를 바란다.

●골염

장골의 골간이나 골단선에 발생하는 뼈의 염증성 반응이며 발육 중인 대형견이나 초대형견에게 보인다. 정확한 원인은 불명이지만 유전적 요소가 크며 스트레스, 감염, 대사 이상, 자가 면역 질환과의 관련도 의심되고 있다. 급성 또는 주기적으로 발생하는 절뚝거림, 발열, 식욕 부진, 장골의 통증이 보인다. 엑스레이 검사를 하여 진단하며 골내막과 골막의 불규칙한 연속선과 골수 내에 다발성 골밀도 증가가 보인다. 치료는 통증이나 불쾌감의 완화를 목적으로 하여 대증적으로 소염 진통제를 이용한다.

특발성 질환

〈특발성〉이라는 명칭이 붙어 있는 병이 많은데, 원인 불명의 병이 저절로 생겼다는 뜻이다. 뼈의 병에도 원인 불명인 것이 몇 가지 있는데 여기서는 그중에서 대표적인 내연골증, 골간단 골증, 비대성 골증, 골낭종에 대해서 설명한다.

●내연골증

내연골증은 원인을 알 수 없는 뼈의 질환으로, 골염이나 유년기 골수염이라고 불리기도 한다. 대개 두 살 이하의 어린 수컷 대형견에게 일어난다. 처음에 증상이 나타날 때는 갑자기 다리 하나를 아파하는 것 같은 일이 많다. 그러나 시간이 지나면 다시 다른 쪽 다리를 아파하게 되므로 통증이 네 다리를 이동하는 것 같은 증상이 보인다. 진단에는 촉진과 엑스레이 검사가 유용하다. 단, 초기 단계에 엑스레이 사진을 찍으면 종종 정상인 사진이 된다. 그런 경우에는 10일쯤 후에 다시 엑스레이 검사를 할 필요가 있다. 이 병의 진단에는 앞다리는 이단성 뼈연골염(관절 연골이 뼈로부터 일부 또는 전부 분리되는 질환)이나 구상 돌기 분리증, 주돌기(팔꿈치 돌기) 유합 부전, 뒷다리는 고관절(엉덩 관절) 형성 부전 등의 골연골증이라 불리는 것과의 감별이 필요하다.
통증이 가벼운 경우는 운동 제한만으로 제어할 수 있기도 하지만 통증이 심할 때는 진통제를 투여할 필요가 있다. 진통제는 비교적 부작용이 적다고 여겨지는 비스테로이드계 항염증제를 사용한다. 수술할 필요는 없다. 치료해도 재발하는 일이 많다. 그러나 대부분 두 살이 되면 증상이 나타나지 않게 되며, 성숙한 동물이 증상을 나타내는 일은 대단히 드물다.

●골간단 골증

대형 견종의 강아지에게 많이 일어나며 비대성 골 이영양증이나 골간단 형성 부전, 골간단 골 장애 등으로 불리기도 한다. 정확한 원인은 알 수 없지만 비타민 C 결핍이나 칼슘 과다 섭취, 미생물의 감염 등이 생각된다. 사지의 뼈 등 긴뼈의 끝(골간단)으로 가는 혈액 공급이 방해받아 뼈의 성장이 늦어진다. 대형 견종은 생후 2~5개월 무렵에 발병하는 일이 많다. 다리의 통증 때문에 걸음걸이가 이상하게 보이는데, 증상은 가벼운 것부터 네 다리 모두 이상이 보이는 중도까지 다양하다. 식욕 부진이나 발열이 보이기도 한다. 증상과 엑스레이 검사로 진단하며, 통증이 심하면 운동을 제한하고 진통제를 투여한다. 항생제나 비타민 C 등도 투여하는데, 명백한 유효성은 확인되어 있지 않다. 많은 동물은 열흘 정도 지나면 낫지만 여러 번 재발하며 심한 쇠약을 일으키거나 영구적인 뼈의 변형을 일으키기도 한다.

●비대 골증

어떤 흉부 질환으로 폐 기능의 변화나 혈액 순환 장애가 일어나 결과적으로 장골(골막)이 자극되어 뼈에 변화가 생긴 것이며, 폐성 비대 관절염이나 폐성 비대 골증 등으로도 불린다. 원인으로 생각되는 병에는 다양한 폐질환(폐렴, 폐종양, 육아종, 결핵)이나 식도의 종양이나 육아종, 울혈 심부전(심장사상충증) 등이 있다. 발끝이 붓고 무기력해지며 움직이거나 걷는 것을 싫어하게 된다. 엑스레이 검사를 하여 사지 끝의 뼈에 이 병이 의심되는 변화가 있으면 다시 가슴 엑스레이 검사나 혈액 검사를 하여 전신을 자세히 조사할 필요가 있다. 원인이 되는 병을 치료하고, 대부분 병이 나으면 비대 골증도 개선된다.

●골낭종

골낭종은 알 수 없는 원인으로 뼈에 주머니 모양의 구멍이 뚫리고 거기에 다양한 내용물이 고이는 병이다. 대단히 드문 병이지만 개에게 발생이 알려져 있으며, 특히 대형 견종의 강아지에게 보인다. 골낭종은 그것이 생긴 장소나 내용물에 따라 단골낭과 다골낭, 동맥류 뼈낭, 연골하 골낭으로 분류된다. 단, 동맥류 뼈낭과 연골하 골낭은 거의 발생하지 않는다. 단골낭과 다골낭의 내용물은 장액, 또는 장액이 혈액과 섞인 것이다. 낭이 어느 정도 커질 때까지는 증상이 나타나지 않는다. 병이 진행되면 환부가 붓고 다양한 통증을 나타내며 때로는 낭 부분에 골절이 일어나기도 한다. 엑스레이 검사가 필요하며, 수술로 낭 부분을 잘라 내고 통상적으로 해면골을 이식한다. 또한 치유될 때까지 성겨진 뼈를 고정해 둘 필요가 있다. 예후는 병의 상태에 따라 다양하다.

대사성, 영양성, 내분비 질환

뼈의 대사성, 영양성, 내분비 질환은 뼈의 형성이 활발하게 이루어지는 성장기 동물에게 보인다. 동물이 발육하려면 양질의 균형 잡힌 식사가 필요하며, 특히 뼈의 형성에는 칼슘, 인, 비타민 D가 꼭 필요하다. 이들은 식사를 통해 얻거나 비타민 D는 일광욕으로 자외선을 쬠으로써 체내에서 만들어진다. 비타민 D는 간이나 신장에서 활성화되어 비타민 D_3가 되어야 비로소 칼슘 흡수를 촉진하는 작용을 하게 된다. 부갑상샘 호르몬은 신장이나 장과 뼈에 작용하여 칼슘과 인의 균형을 최적의 상태로 유지하고 있다. 이런 시스템에 하나라도 장애가 일어나면 다른 시스템에 악영향을 주며, 결과적으로 뼈가 완성되지 못한다. 영양소 부족으로 생기는 뼈의 질환은 영양 부족을 바로잡으면 증상이 신속하게 개선될 것으로 예측할 수 있지만 영양 과다 때문에 생기는 뼈의 형성 이상은 치료하기 아주 힘들다.

● 영양성 이차 부갑상샘 기능 항진증

먹이의 칼슘양이 적으면 혈중 칼슘과 인의 균형을 잡기 위해 부갑상샘의 기능이 이차적으로 항진하여, 일단 형성된 뼈에서 칼슘이 방출되기 시작된다. 그 결과 뼈는 원래의 단단함을 잃고 변형되거나 골절을 당하기가 대단히 쉬워진다. 2~3개월령 고양이에게 많이 보이는데 먹이에 칼슘양이 부족한 것이 원인이다. 혈중 칼슘양이 감소하면 상대적으로 인의 비율이 높아지므로 이 상태를 시정하기 위해 부갑상샘의 기능이 항진한다. 부갑상샘 호르몬은 장에서는 칼슘의 흡수를 촉진하고, 신장에서는 소변을 생성할 때 칼슘의 재흡수와 인의 배출을 촉진하며, 뼈에서는 칼슘의 방출을 촉진한다. 일단 형성된 뼈에서 칼슘만 빠진 상태가 되므로 뼈는 종이 뼈라고 불린다. 종이로 만든 상자가 사소한 힘만 가해져도 구겨져 버리는 것처럼, 뼈도 구부러진다. 이것은 사지의 뼈에 한정되지 않고 등뼈에도 같은 변화가 나타나며, 신경적인 이상을 일으키기도 한다.

증상 뼈의 단단함이 감소하면 뼈는 근육이 수축하는 힘을 견디지 못해 운동할 때 통증을 느끼게 된다. 2~3개월령 고양이는 원래는 대단히 활동적이어야 하는데, 엎드린 자세로 있는 일이 많아지거나 움직이고 싶어 하지 않게 된다. 약간 높은 곳에서 뛰어내렸을 때나 일상생활의 운동 중에도 불완전 골절을 일으키기도 한다. 이 병에 걸린 고양이는 외부로부터의 압력에 대단히 민감해지고 통증 때문에 보호자가 몸을 쓰다듬거나 안아 주는 것을 싫어하게 된다. 때로는 보호자가 가까이 가기만 해도 위협하기도 한다. 절뚝거림이나 몸의 뒷부분에 운동 실조 등이 보인다.

진단 증상, 나이, 사료를 확인하고 엑스레이 검사를 한다. 장골은 치밀골질이 성겨지고 등뼈의 추체는 투과도가 항진하여 변형한다. 장골에서는 과거에 생긴 불완전 골절이 뼈의 주름, 또는 부등호(<) 모양으로 구부러진 상태로 관찰되기도 한다. 이것은 넙다리뼈에 많이 보인다. 복부의 배복(몸의 등쪽 면에서 배 쪽) 상에서 원래는 뚜렷하게 인식할 수 있는 요추가 이 질환에서는 투명해져서 요추를 통과해 장관의 존재를 확인할 수 있는 예도 있다.

치료 사료의 개선과 운동 제한이 가장 유효한 치료법이다. 1주일 정도면 고양이는 활발함을 되찾지만 뼈가 정상 상태로 회복하려면 한 달 정도 걸리므로 그동안은 운동을 계속 제한할 필요가 있다. 병적인 골절이나 뼈의 변형이 없다면 예후는 양호하다. 칼슘제나 비타민 D_3제를 이용하기도 하지만, 그 경우에는 심장이나 신장, 소화기 등의 연부 조직이 석회화할 위험성이 있으므로 신중하게 투여한다. 중증일 때나 병의 기간이 길었다면 몸의 뒷부분 체중을 지탱하지 못하고 골반이 변형되기도 한다. 좌우의 고관절 간격이 좁아져 있으므로 골반강이 차츰 협착되어 간다. 그 결과 배변 곤란이나 거대 결장증, 난산 등을 병발할 가능성이 커진다.

● 구루병, 골연화증

먹이에서 칼슘, 인, 비타민 D의 부족이나 불균형, 또는 대사 장애로 뼈가 약해져 버리는 것이며 발육 중인 동물에게 발생하여 뼈의 석회화가 일어나지 않는 것을 구루병, 일단 뼈의 형성이 완료된 성체의 뼈에 탈회가 일어나서 뼈가 약해지는 것을 골연화증이라고 부른다. 두 병의 원인과 병태는 같은 것으로 여겨진다. 먹이에 칼슘 부족, 칼슘과 인의 불균형, 비타민 D 부족이 원인이며, 칼슘이 부족해지기 쉬워지는 만성 소화기 장애나 기생충증, 그리고 일광욕 부족도 요인이 된다.
구루병은 1~3개월령 동물이 걸리기 쉬우며 관절의 부기와 통증이 보인다. 특히 손목 관절의 변형을 동반하면 그것을 보정하기 위해 손가락 관절도 변형되어 이중 관절이라 불리는 상태가 된다. 동물은 운동을 싫어하여 움직이고 싶어 하지 않게 되며 기립 자세도 O다리(밖굽이무릎)나 X다리(안굽이무릎)가 두드러진다. 늑골과 늑연골의 접합부가 비대하여 이른바 구루병 염주(염주 모양으로 돌출된 병소가 줄지어 있는 부분)를 만들기도 한다. 골연화증은 골절이 되기가 대단히 쉬워지며 절뚝거림이 보인다. 절뚝거림은 특정한 한쪽 다리뿐만 아니라 차츰 다른 다리로 옮겨 다니는 것이 특징이다. 척추의 변형이나 비정상적인 만곡이 보이기도 한다. 치아를 지탱하는 치조골에 영향이 미치면 간단히 치아가 빠져 버리거나 충치가 되기 쉬워진다.
먹이에 칼슘, 인, 비타민 D 함유량을 조사한다. 엑스레이 검사에서는 전신 골투과성의 항진, 치조골판의 소실, 골막하의 치밀골질의 흡수 상(像), 장골의 만곡 변형, 골단부의 부정(고르지 않음)이나 형성 부전 등이 보인다. 혈액 검사에서는 칼슘 농도의 저하, 알칼리성 포스파타아제 활성의 상승이 보인다. 운동 제한과 식사 개선을 최우선으로 한다. 소화기 장애나 기생충증이 있다면 적절히 대응한다. 병적 골절이나 골 변형이 없는 구루병이라면 1주일 정도면 동물은 활발함을 되찾고 한 달 후에는 평소처럼 생활할 수 있다. 노령 동물의 골연화증은 칼슘이나 비타민 D의 흡수 장애가 원인이므로 칼슘제나 비타민 D_3제를 투여하기도 한다. 단, 이들 약물은 과다 투여하면 새로운 뼈 질환을 낳으므로 충분히 경과를 관찰하면서 신중하게 사용한다.

●신장성 골 형성 장애

만성 신부전에 병발한 부갑상샘 호르몬치의 상승이 특징이다. 신장 질환이 진행하면 고인 혈증, 저칼슘 혈증을 일으켜서 부갑상샘 호르몬의 분비가 촉진된다. 그 결과, 뼈에서 칼슘의 방출이 왕성해져서 뼈는 섬유 조직으로 치환되어 버린다. 이 병태는 개의 아래턱뼈에 많이 나타난다. 신장 기능 부전으로 인의 배출 장애가 생겨 고인 혈증이 된다. 이것이 계기가 되어 혈중 칼슘 농도가 저하하고, 신장에서 칼시트리올 합성도 저하한다. 칼시트리올은 신장과 장에서 작용하여 혈중 칼슘 농도를 일정하게 유지하는 것이다. 칼슘과 칼시트리올 농도의 저하는 부갑상샘 호르몬의 분비를 촉진한다. 신장 질환이 진행하면 이 반응은 증강하여 부갑상샘 호르몬 농도가 계속 상승한다. 부갑상샘 호르몬은 장과 신장에서 칼슘 흡수를 촉진하는 동시에 뼈에서 칼슘 방출을 활발하게 하므로 뼈의 탈회(무기질을 뽑아냄)와 섬유화가 일어난다. 토대가 되는 질환으로 신장 질환이 있으므로 구토나 탈수, 다음 다뇨, 식욕 부진, 기력 저하 등의 신부전 증상이 보인다. 뼈의 변화는 전신에 미치는데, 특히 두부의 뼈에 병변이 많이 나타난다. 아래턱뼈의 탈회가 진행하여 섬유 조직으로 치환되면 아래턱뼈는 고무처럼 되며(고무턱 증후군), 치아의 안정성을 잃고 저작 운동도 손상된다. 침흘림증이나 혀의 돌출도 보인다. 사지의 장골에 미치는 영향은 비교적 적은 것으로 보인다.
신부전을 나타내는 검사 결과와 혈중의 부갑상샘 호르몬 농도의 상승으로 진단한다. 두부 엑스레이 검사에서 치조골 판의 상실을 동반한 아래턱뼈의 투과성 항진이 보이기도 한다. 기초 질환인 신부전을 치료한다. 고인 혈증의 대응으로 저인 특별식이나 인 흡착제를 투여한다. 칼시트리올을 투여해도 효과가 있지만 고인 혈증이나 고칼슘 혈증에 대해서는 금기이므로 고인 혈증 대책을 충분히 시행한 다음에 사용한다.

● 비타민 A 과잉증

비타민 A를 과다하게 공급받는 고양이에게 나타나기 쉬우며, 광범위한 외골증(뼈 돌출증)을 낳고 통증이나 절뚝거림이 보인다. 비타민 A의 장기간에 걸친 과다 섭취가 원인이며 간을 지속해서 섭취한 고양이에게 많이 보인다. 경부의 통증이나 경직, 앞다리의 절뚝거림이 보이며 동물은 움직이기 싫어하고 사람이 만지는 것도 싫어하게 된다. 편타 손상[46] 때에 목 깁스를 한 것 같은 움직임이 보인다. 그루밍을 하지 않게 되며, 보행 시에 목을 늘어뜨리고 머리를 움직이지 않고 꼬리를 질질 끌면서 천천히 걷게 된다. 앞다리의 통증이 심해지면 양쪽 앞다리를 들어서 캥거루처럼 앉는 일이 많아진다. 증상을 확인하고 먹이를 조사한다. 엑스레이 검사에서는 경추와 흉추에 골 증식에 의한 척추 굳음증이 보이고, 인대나 힘줄의 부착부에 뼈의 비대 증식이 보인다. 먹이에서 비타민 A 공급원을 제거한다. 이것으로 뼈의 증식이 진행되는 것은 막을 수 있지만 이미 형성된 병변은 없앨 수 없다. 통증이 심하면 소염 진통제를 투여한다.

● 비타민 D_3 과잉증

비타민 D 또는 비타민 D 유사 물질의 과다 섭취나 비타민 D_3제 과다 투여로 일어난다. 뼈 이외의 연부 조직에 석회 침착이 일어나고 다양한 증상이 나타난다. 대형 종의 강아지에게 볼 수 있는 급성 사망은 발육 촉진을 목적으로 칼슘제와 비타민 D_3제를 과다하게 투여한 것을 원인으로 생각할 수 있다. 현재는 펫 푸드의 영양 성분을 엄격하게 관리하고 있고, 발육 촉진을 위한 비타민 D_3제 투여도 거의 이루어지고 있지 않으므로 이 질환의 발생은 드물게 되었다. 가짓과에 속하는 관상용 식물에는 비타민 D 유사 물질이 함유되어 있으므로 이것을 장기간 섭취하면 비타민 D_3 과잉증을 일으킬 가능성이 있다.

증상 급격한 경과를 보이는 것에서는 구토, 설사, 탈수를 일으키며 며칠 만에 사망하기도 한다. 아급성(급성과 만성의 중간 성질) 경과를 보이는 것에서는 석회화가 일어난 조직에 따라 나타나는 증상이 다르다. 발생하는 확률이 높은 순으로 신부전, 소화기 증상, 폐렴 유사 증상, 심부전이다. 만성 예에서는 식욕 부진, 구토, 변비, 근력 저하, 발육 불량이 보인다.

진단 칼슘제와 비타민 D제에 의한 치료 이력과 식사 내용을 조사한다. 엑스레이 검사에서는 신장이나 소화기, 폐, 심장에 석회 침착이 보이기도 한다. 위는 크게 확장되어 양성 조영을 한 것처럼 주름이 보인다. 폐는 전 영역에 걸쳐서 투과성이 저하하고 폐렴 같은 소견이 나타난다. 심장은 둥근 모양이 사라지고 각진 형태를 하는 예가 많아진다. 이런 소견은 중증이 될수록 명료해진다. 혈액 검사에서는 고칼슘 혈증이 특징이다. 중증 이상에서는 신장 기능의 저하를 나타내는 결과가 나온다. 비타민 D 농도는 높은 경향이 있지만, 정상치를 나타내기도 한다.

치료 영양 과잉인 경우에는 유효한 치료법이 없다. 당장 칼슘과 비타민 D의 투여를 중지한다. 비타민 D_3 과잉증에 동반하는 고칼슘 혈증의 일시적 치료로는 수액이나 이뇨제, 탄산수소 나트륨, 글루코코르티코이드의 투여가 있다.

감염 질환

감염 질환의 원인으로는 바이러스나 세균, 리케차, 진균, 기생충 등이 있다. 운동기의 감염증에는 골수염이나 관절염이 있으며, 모두

46 갑작스러운 움직임이나, 머리가 척주와 상대적으로 뒤로 또는 앞으로 가속될 때 발병하는 손상.

난치성이다. 대표적인 감염 질환인 방선균병은 액티노마이세스라고 불리는 그룹의 그람 양성 간균이 일으키는 병이다. 보통은 구강이나 비강 점막에 존재하는 세균인데, 병원성을 나타낼 때는 화농 병변을 형성한다. 운동기에서는 화농성 관절염을 일으키기도 하며, 동물은 절뚝거림을 나타낸다. 치료는 외과적으로 배농, 괴사 병변 부위를 절제하는 동시에 장기간에 걸쳐서 항생제를 투여한다.

골절

골절이란 뼈조직의 연속성이 끊어지는 것이다. 골절은 몸의 다양한 부분의 뼈에 일어나는데, 대부분은 사지에 보인다. 교통사고나 높은 곳에서 추락, 물린 상처 등이 주된 원인이며, 뼈에 대해 바깥쪽에서 비정상적인 힘이 가해짐으로써 발행한다. 뼈의 종양 등으로 뼈조직이 손상되어 뼈가 약해졌을 때 일어나는 병적 골절이나, 드물기는 하지만 작은 힘이 같은 곳에 연속적으로 가해지면 일어나는 피로 골절도 있다.

증상 일반적으로는 골절된 뼈 주위의 조직이 붓고 열이 나며 통증을 동반한다. 그 밖의 다른 증상은 골절이 일어난 부위나 정도에 따라 다양하다. 예를 들어 다리뼈 골절이라면 대부분은 골절된 다리를 땅에 대지 못하고 다리를 들고 걷는다. 등뼈 골절은 척추 손상을 동반하는 경우가 있으며, 다리 마비 등 신경적인 이상을 나타내기도 한다.

진단 시진이나 촉진으로 통증이나 뼈의 변위를 확인할 수도 있지만 최종적으로는 엑스레이 검사로 진단한다. 검사로 골절 형태를 분류할 수 있으며, 치료법을 정하는 요인도 된다. 교통사고 등이 원인인 골절은 다른 조직의 손상을 동반하는 일이 있으므로 흉부와 복부의 엑스레이 검사, 일반적인 혈액 검사도 함께하기를 바란다.

치료 골절의 치료 원칙은 골절된 뼈를 정상적인 위치로 되돌리고, 뼈가 재생, 유합할 때 어긋나지 않도록 안정화하는 것이다. 구체적인 치료법은 골절의 형태나 발생 부위, 동물의 나이 등에 따라 다양하다. 수술에 의한 치료법으로는 금속제 플레이트나 스크루, 핀 등을 이용하여 골절을 고정하는 방법이나, 외부에서 골절을 고정하는 외골 고정법(외고정) 등이 있다. 골절이 경도라면 깁스로 고정만 하는 보존 치료를 하기도 한다. 수술 후 전신 상태에 문제가 없다면 집에서 항생제를 경구 투여하면서 경과를 관찰할 수 있다. 통원하면서 수술 부위의 감염 유무를 확인하거나 깁스를 다시 감기도 한다. 정기적으로 엑스레이 검사를 하여 수술 부위의 상태를 조사한다. 엑스레이 검사로 골절이 치유되었다는 소견을 얻을 때까지는 그물망 깁스를 한 채로 산책하는 등 운동 제한을 할 필요가 있다. 수술 내용에 따라서는 플레이트나 스크루 등 고정 기구를 제거하기 위해 재수술하는 때도 있다. 치유에 걸리는 시간은 골절의 정도나 동물의 나이, 건강 상태 등에 따라 다양하다. 예후는 대부분 양호하지만 골절의 정도가 심할 때는 기능적으로 완전히 회복하지 못하기도 한다. 수술 후 재골절이나 고정 기구가 어긋나서 재수술이 필요해질 수도 있으므로 주의 깊게 경과를 관찰할 필요가 있다.

골수염

뼈와 뼈 주위 조직에 대한 세균의 감염이나 드물게는 진균 감염으로 일어난다. 주로 다음 두 가지 원인을 생각할 수 있다. 첫 번째는 개방 골절(골절된 뼈가 피부를 뚫고 나와 외부와 접촉한 골절)이나 물린 상처, 찔린 상처 등으로 뼈조직에 직접적인 감염이 일어난 것이다. 두 번째는 몸의 일부에서 일어난 감염에서 병원체가 혈액을 타고 뼈조직으로 이동하여 감염을 일으킨 것이다. 경과에 따라 급성 골수염과 만성 골수염으로 나뉜다.

증상 기력이나 식욕이 없어지고 발열을 동반하는 등의 전신 증상을 나타내거나, 감염된 뼈가 포함된 다리를 아파하며 다리를 들고 걷기도 한다. 감염이 만성화하면 감염 부위에서 피부를 통해 액체를 배출하는 구멍(샛길)이 형성되어 뼈의 변형이 진행된다.

진단 엑스레이 검사를 하여 감염으로 변성된 뼈조직을 확인한다. 감염 부위의 조직을 채취하여 거기서 원인이 되는 병원체를 분리, 배양한다. 혈액 검사에서 급성이면 백혈구 증가나 형태 변화가 보이기도 하지만, 만성이면 이상이 인정되지 않는 예가 많다.

치료 보통 항생제를 장기간에 걸쳐 경구 투여를 한다. 만성 경과한 예에서는 수술로 감염 부위를 제거하기도 한다. 급성 골수염은 보통 항생제를 4~8주 동안 경구 투여하여 회복된다. 그러나 만성일 때는 항생제만 투여하면 재발하기도 하므로 외과적 치료가 필요하다. 치료 효과를 확인하기 위해 정기적으로 환부 엑스레이 검사를 한다.

종양

뼈에 원발성으로 일어나는 악성 종양에는 골육종, 연골 육종, 섬유 육종, 혈관 육종 등이 있다. 그중에서 개와 고양이 모두에게 가장 많이 발생하는 것은 골육종이며, 뼈의 종양 가운데 개에게서는 80퍼센트, 고양이에게서는 70퍼센트를 차지하는 것으로 알려져 있다. 발생 원인은 잘 알 수 없지만 골육종은 발생 부위가 사지의 골단(뼈끝)에 많으며, 대형 견종에게 발생하기 쉽고, 외상 후의 부위에 발생이 보인다는 등의 점에서, 뼈에 대한 만성 자극이 발생과 관계하고 있을 것으로 생각된다.

증상 어떤 종양이든, 종양이 발생한 쪽 다리가 붓고 통증을 동반하며 다리를 들고 걷는 등의 증상을 나타낸다. 증상이 진행되면 환부가 골절되기도 한다(병적 골절). 종양의 원격 전이가 일어나면 전이한 부위에 따라 특징적인 증상이 나타난다. 예를 들어 폐에 전이가 일어났을 때는 호흡이 괴로워 보이는 등의 증상이 보인다.

진단 환부의 엑스레이 검사를 하여 뼈의 파괴나 융해, 증식 등을 확인한다. 단, 엑스레이 검사에서는 종양의 종류를 확정할 수는 없으며, 확진하려면 조직을 직접 채취하여 검사할 필요가 있다. 흉부 엑스레이 검사도 동시에 하여 종양이 폐로 전이되었는지를 조사한다.

치료 개의 골육종 치료는 통증을 제거하여 생활의 질을 개선하는 것을 주목적으로 한다. 일반적으로 종양이 사지에 발생하면 아픈 다리를 잘라 낸 다음 항암제를 투여한다. 종양을 절제한 후에 자기 뼈를 이식하는 방법이나 방사선 요법 등 사지를 보존하는 요법도 있다. 고양이의 골육종은 전이율이 낮으므로 보통은 다리를 잘라내는 치료만 하고 항암제 치료가 필요하지 않은 때도 많다. 개의 골육종은 진단된 시점에서 90퍼센트 이상이 폐로 전이된 것으로 알려져 있다. 그러므로 수술 유무에 상관없이 완치 가능성은 대단히 낮다고 말할 수 있다. 다리를 잘라 내는 치료만 한 경우의 남은 수명은 평균 4개월이다. 다리를 자르고 항암제로 치료한 경우의 기대 수명은 평균 약 1년이며, 2년 생존 비율은 약 30퍼센트에 지나지 않는다. 치료 시작 후에는 정기적으로 흉부 엑스레이 검사를 하여 전이 상황을 관찰한다. 고양이는 다리를 자르는 치료만으로 남은 수명이 평균 4년 이상이라고 알려져 있다.

관절과 힘줄 질환

비염증성 질환

비염증성 관절 질환에는 전방 십자 인대 단열과 같이 외상으로 관절을 구성하는 인대나 힘줄, 근육이 손상되거나 골연골증, 고관절(엉덩 관절) 형성 부전 등과 같이 발육 과정에서 장애가 생기거나, 선천성 탈구나 경부 척추증 등과 같이 유전적 요소가 크게 관여하거나, 골 감소증처럼 대사나 식사, 내분비와 관계하는 병이 있다. 이상과 같이 관절을 침범하는 비염증성 질환에는 많은 종류가 있다.

●퇴행 관절증

관절 연골의 변성이며, 활막 가장자리의 뼈 형성과 관절 주위 연부 조직의 섬유화를 동반한다. 원발성은 나이가 들어가면서 생기는 원인 불명의 병이며, 속발성은 다른 원발성 질환(고관절 형성 부전, 전방 십자 인대 단열 등)으로 관절의 불안정이나 관절 연골의 비정상적인 부하에 반응하여 발생한다. 급성이든 만성이든, 절뚝거림이나 착지 불능 등 걸음걸이 이상이나 앉았다 일어섰을 때 경직을 나타내며 뛰어오르거나 계단을 올라가는 것을 싫어한다. 질환이 발생한 관절의 부기나 가동 범위의 감소, 관절 운동에 동반하는 관절 비빔 소리(관절의 마른 활막이 서로 비벼질 때 생기는 마찰음), 관절의 불안정증이 많이 보인다. 엑스레이 촬영을 토대로 진단하며, 치료는 운동 제한이나 체중 제한, 비스테로이드 항염증제를 투여한다. 필요하다면 외과적 치료를 한다.

●골연골증

대형견이나 초대형견의 성장기에 보이는 관절 연골의 질환이며, 관절 내 연골 부분의 골화가 정상적으로 진행하지 못하여 일어난다. 원인으로는 유전 이외에 급속한 성장, 과도한 영양, 외상, 허혈, 호르몬 등을 생각할 수 있다. 연골의 골화 부전에 의해 연골이 비대하고, 더 나아가 연골의 영양 불량으로 연골 세포가 괴사한다. 뼈와 연골이 분리되어 관절 내 유리체를 형성한다.

증상 암컷보다 수컷에게 많이 발생하며 보통 성장기(5~10개월령)부터 증상을 나타낸다. 병변은 어깨 관절이나 팔꿈치 관절, 무릎 관절, 뒷다리 무릎 관절 등에 많이 보인다. 좌우 양쪽에 발생하는 일이 많은데 증상은 한쪽 다리에만 절뚝거림이 보인다. 절뚝거림은 서서히 시작되며 휴식 시에는 개선되지만 운동 후에는 악화한다.

진단 촉진이나 관절 운동으로 통증 확인, 엑스레이 촬영을 토대로 진단한다. 엑스레이 촬영으로는 관절 내 유리체를 확인할 수 있는 경우도 있다. 그러나 실제로는 엑스레이 검사로 명백한 병변을 확인할 수 있으면 상당히 진행된 상태일 때가 많으며, 진단했을 때는 치료법이 한정되거나 치료할 수 없는 예도 있다. 그래서 요즘은 CT 스캔이나 관절경을 이용하여 더 조기에 정확한 진단을 하기도 한다.

치료 임상 증상과 병의 진행 상황 등에 따라 운동 제한이나 비스테로이드 소염 진통제 투여 등의 보존적, 내과적 치료를 하거나, 관절을 절개하여 직접 관절 내 유리체나 떨어져 나간 뼛조각을 제거하는 수술이나 관절경 수술 등을 한다. 외과적 치료는 조기 진단과 조기 치료된 예에서 유효한 경우가 많으며, 많이 진행되어 버린 때는 치료가 곤란한 예도 있다. 그러므로 되도록 조기에 정확한 진단을 하고, 그것을 토대로 치료법을 선택할 필요가 있다. 병의 진행 상태, 동물의 체중이나 활동성, 운동량 등에 따라 예후는 다양하며 내과적 치료에 잘 반응하여 양호한 예후를 얻을 수 있는 예도 있지만 거의 반응하지 않는 예도 있다. 외과 수술한 때도 양호한 예후를 얻을 수 있는 경우도 있지만 거의 효과가 보이지 않는 경우도 있다. 어떤 경우든 병이 진행하여 중증화하면 치료가 곤란해지므로 예후가 양호하려면 조기 진단과 치료가 중요하다.

●전방 십자 인대 단열

전방 십자 인대는 넙다리뼈에 대해 경골(정강이뼈)이 앞으로 튀어나오지 않도록 제한하면서 동시에 무릎의 지나친 늘어짐을 막는 기능도 갖고 있다. 무릎을 굽혔다 폈을 때 전방과 후방의 십자 인대가 서로 틀어져서 넙다리뼈에 대한 경골 안쪽으로의 회전 정도도 제한하고 있다. 전방 십자 인대 단열의 기초 요인으로는 노령화에 따른 인대의 구조 변화에 따른 취약화나 비만으로 하중 증가, 또한 소형 견종 등에게 많은 슬개골 탈구에 의해 무릎 관절이 불안정한 상태가 된 것 등을 들 수 있다. 이런 기초 요인이 있으면 관절이 지나치게 안쪽으로 회전하거나 지나치게 늘어지면 전방 십자 인대가 단열이 되는 경우가 있다.

증상 전방 십자 인대의 손상에는 급성 단열, 만성 단열, 부분 단열의 세 가지가 있다. 급성 단열의 경우는 전혀 체중을 싣지 못하거나 약간의 체중만 실을 수 있는 정도의 절뚝거림이 갑자기 생긴다. 단, 체중이 가벼운 동물은 며칠이면 통증이 감퇴하고 보행 기능을 되찾을 수 있다. 그러나 만성화하면 변성 관절 질환이나 반월판 손상의 발생에 따른 절뚝거림이 반복되게 되며, 특히 운동 후의 절뚝거림이 두드러진다. 반대쪽 십자 인대가 손상되기도 한다. 전방 십자 인대의 부분 단열에서는 아픈 동물은 운동에 따른 가벼운 절뚝거림을 나타내는데 휴식을 취하면 사라진다. 그러나 인대 단열을 방치하여 무릎의 변성 변화가 악화하면 만성 절뚝거림을 일으킨다.

진단 전방 십자 인대 단열을 진단할 때는 전방 견인(앞 끌림) 징후를 유발하는 것이 가장 중요하다. 이 검사는 개를 옆으로 눕혀 놓고 시술자의 힘으로 경골을 넙다리뼈에 대해 머리 쪽으로 이동하듯이 시도하는 것이다. 단, 불안이나 불쾌감 때문에 개의 근육이 긴장을 나타내는 일이 많으며, 그런 경우에는 적절한 관찰을 하기 위해 전신 마취나 진정이 필요하다. 급성 단열이면 전방 견인 징후가 명백하다. 무릎 관절 검사에서 통증을 나타내기도 하는데 보통은 통증이 없다. 만성 단열이면 넙다리의 근육 위축이 보이기도 하며, 더 나아가 반월판 손상이 있으면 무릎을 구부릴 때 비빔 소리가 난다. 관절낭의 섬유화로 전방 견인 징후가 보이지 않는 예도 있다. 부분 단열은 인대 일부가 손상되지 않았으므로 전방 견인 징후를 확인하기는 힘들다. 그러나 병력이나 절뚝거림 상태 등으로 미루어 부분 단열 징후라고 판단한다. 엑스레이 검사는 감별 진단에 유용하다. 만성 인대의 단열 시에는 관절낭의 비대나 골극 형성 등을 확인할 수 있다.

치료 체중이 가벼운 소형견은 안정을 취하고 항염증제로 보존적 관리를 하면 증상이 낫는 경우가 많으며, 체중이 가벼우므로 속발성 변성 관절 질환도 잘 일으키지 않는다. 그러므로 소형견은 보존 요법을 시도해도 증상이 개선되지 않고 통증이 계속될 때는 외과 수술을 선택하는 일이 많다. 체중이 무거운 대형견이나 경찰견과 구조견은 안정과 항염증제에 의한 보존적 관리만으로는 증상을 제어하기 힘든 경우가 많으며, 속발성의 변성 관절 질환에서 관절염을 병발한 가능성이 높으므로 진단이 내려진 시점에서 되도록 빨리 외과 수술을 선택하는 것이 권장된다. 외과 치료에는 다양한 방법이 있으며 수술 방식도 100종류 이상이라고 한다. 수술 방법은 수의사 각자가 가장 신뢰하는 방법을 선택하며, 대형견이 많고 전방 십자 인대 단열의 치료 수가 많은 미국에서는 TPLO(전방 십자 인대 파열 교정술)라는 수술법을 선호한다고 한다. 소형견에게서는 보존 치료 및 외과 치료 모두 예후는 양호하다. 비만한 개나 대형견으로 활동적인 개라면 보존 요법만으로는 장기적인 예후는 나빠진다. 반대쪽 인대가 손상되는 예도 많으며 체중 관리와 운동 관리에 충분한 배려가 필요하다.

● 후방 십자 인대 단열

후방 십자 인대는 무릎 관절을 굽힐 때 경골이 뒤쪽으로 빠지는 것을 막는 역할을 한다. 전방 십자 인대와 함께 굽힐 때의 회전과 굽혔다 폈을 때의 내반과 외반에 대해 안정성을 부여한다. 작은 동물에게서는 후방 십자 인대가 자연스럽게 단열이 되는 일은 드물다. 가장 많은 원인은 자동차 사고와 무릎 관절을 구부린 상태에서의 낙하 사고이며, 경골 근처의 전후 방향 타박으로 발생한다.

증상 후방 십자 인대가 단열이 된 동물은 아픈 다리에 체중을 싣지 못한다. 절뚝거림은 서서히 개선되지만 치료하지 않고 그대로 두면 가볍지만 지속적인 절뚝거림을 보인다.

진단 후방 견인 징후를 통해 무릎 관절의 전후 방향의 불안정을 관찰하여 진단한다. 그러나 전방 십자 인대 단열과 감별하기는 힘들다. 불안정해 보일 때는 복수의 인대 손상 일부로서 후방 십자 인대 단열이 있다. 엑스레이 검사에서는 경골이 넙다리뼈에 대해 후방으로 변위한 것을 확인할 수 있다.

치료 소형견이나 고양이의 고립성 후방 십자 인대 단열은 8주 동안의 운동 제한으로 비교적 양호한 예후를 얻을 수 있다. 그러나 대형견이나 활동적인 동물은 외과적 재건 수술이 필요하다. 수술로는 봉합실에 의한 안정화나 내측 측부 인대의 방향 전환, 무릎 아래의 힘줄 고정술 등의 낭외 재건 수술이 있다. 수술 또는 보존 치료 후 대부분의 동물은 정상적인 기능을 회복하며 예후는 양호하다.

● 반월판 손상

반월판에는 부하의 전달과 에너지 흡수, 회전성, 내반과 외반에 대한 안정적 보조, 관절 내의 윤활, 관절면의 적합이라는 작용이 있다. 개는 반월판 손상이 단독으로 발생하는 일은 적으며, 보통 전방 십자 인대 단열에 병발한다. 다리를 비틀면서 낙하하면 단독으로 외측 반월판 중앙부에 손상이 일어난다. 그러나 반월판 손상 대부분은 전방 십자 인대 단열로 무릎 관절이 굽혀졌을 때 내측 넙다리뼈가 후방으로 변위하고, 그 때문에 내측 반월판의 후부가 정강뼈와 넙다리뼈 사이에 끼여서 관절을 굽혔다 폈을 때 좌상을 입음으로써 발병한다. 가장 많은 장애의 종류는 〈양동이 손잡이형〉 손상이다.

증상 전방 십자 인대 단열로 일어나는 일이 많으므로 대개는 아픈 다리의 절뚝거림이 보인다. 걷거나 무릎 관절을 검사할 때 반월판의 단열 부분이 움직이는 소리(뚝뚝하는 소리)가 들리기도 한다.

진단 반월판 손상이 있는 모든 아픈 동물에게 뚝뚝하는 소리가 들리거나 이상을 느낄 수 있는 것은 아니다. 반월판 손상은 엑스레이 검사로는 진단할 수 없다. 그러므로 확진을 하려면 관절경이나 수술로 반월판을 주의 깊게 조사할 필요가 있다. 신체검사에서 전방 십자 인대의 단열 여부를 확인하는 것도 중요하다.

치료 반월판 손상을 그대로 두면 단열 반월판으로 변성 관절 질환이 악화한다. 반월판 손상이 보일 때는 외과 수술에 의한 반월판 절제가 권장된다.

● 측부 인대 손상

측부 인대는 무릎 관절의 내측과 외측에 있으며 무릎의 운동을 안정화하는 역할을 한다. 측부 인대의 손상은 무릎에 부담되는 운동을 하거나 무릎에 커다란 손상을 줄 만한 외상을 입었을 때 발생한다. 측부 인대 손상은 단독으로 일어나는 일은 드물며 보통 다른 무릎 조직의 손상을 동반한다.

증상 걸을 때 손상된 다리를 지면에 대지 않는다, 무릎 관절이 붓는다, 무릎을 만지면 아파한다 등의 증상이 있다. 운동으로 일어난 것은 외상을 동반하지 않으므로 외견상 문제는 없으며, 대부분 갑자기 다리를 지면에 대지 못하는 것을 보고 알게 된다.

진단 촉진하여 무릎 관절의 움직임 정도를 확인한다. 인대 손상이 있으면 무릎에 대해 가로 방향의 힘을 가하면 평소보다 관절의 옆쪽으로 크게 구부러진다. 엑스레이 검사는 힘을 가한 상태에서 촬영한다. 전방 십자 인대 단열이나 후방 십자 인대 단열 등 다른 무릎 조직의 손상과의 감별이 필요하다.

치료 무릎 이외의 조직에 손상이 없고 인대의 손상이 단독이거나 경증일 때는 무릎 외측을 깁스로 고정한다. 2주 동안 깁스 고정 후 6주 동안 운동을 제한한다. 손상이 중도이면 단열 인대를 재건하는 수술을 한다. 수술 후 8주 동안은 그물망 깁스를 한 채로 산책하는 등 운동을 제한할 필요가 있다. 측부 인대만 손상되면 경과는 대단히 양호하다. 무릎 이외의 조직에 손상을 동반할 때도 예후는 비교적 양호하다.

●고관절 형성 부전

고관절(엉덩 관절)의 발육이 제대로 되지 않아 성장함에 따라 고관절의 변형이나 염증이 진행하여 고관절이 헐거워지거나 탈구와 부분 탈구가 일어나는 병이다. 고관절 형성 부전의 원인에는 유전적 요소와 환경적 요소가 큰 것으로 알려져 있다. 정도는 다양하지만 운동량이 많은 대형견은 이 병을 갖고 있을 가능성이 절대 낮지 않다. 독일셰퍼드나 골든리트리버, 래브라도리트리버, 로트바일러, 뉴펀들랜드, 그레이트 페레니즈, 버니즈마운틴도그, 세인트버나드 등의 대형견에게 특히 많이 보인다. 환경적인 요소로는 어릴 때 과도한 영양을 제공하는 것을 들 수 있다.

증상 관절 형성 부전의 정도와 발생하는 나이에 따라 다양하다. 보통은 생후 4~12개월 무렵에 증상이 확인되지만 두세 살이 될 때까지 알지 못하는 예도 있다. 허리를 흔들 듯이 걷는다, 달릴 때 토끼가 뛰듯이 뒷다리가 동시에 지면을 찬다, 비탈길 도중에 주저앉는다, 계단 오르내리는 것을 싫어한다, 운동을 싫어한다, 뒷다리를 아파한다, 일어서기 힘들어한다 등이 주요 증상이다.

진단 고관절의 촉진을 포함한 신체검사나 엑스레이 검사로 진단할 수 있다. 엑스레이 검사에서는 넙다리뼈의 형상이나 고관절의 헐거움 정도, 골반 쪽 관절면의 형상, 변형의 정도 등을 관찰한다.

치료 증상의 정도나 동물의 나이, 엑스레이 검사 결과, 비용, 보호자가 어느 정도까지를 원하는지 등을 종합적으로 검토할 필요가 있다. 어린 동물과 성숙한 동물 모두 보존적 내과 치료와 외과 치료를 할 수 있다. 보존적 내과 치료에서는 운동 제한이나 진통제에 의한 통증 관리와 체중 관리로 관절 보존을 지향한다. 평생에 걸쳐 양호하게 보존이 가능한 것에서 정기적으로 증상을 반복하는 것, 외과적인 치료가 필요해지는 것까지 다양하다. 내과 치료가 효과적이지 않거나 병이 심할 때, 병이 조기라도 장기적으로 다리 기능을 보존할 가능성을 높이고 싶을 때 등은 외과 치료를 한다. 외과 치료에는 다양한 수술 방법이 있는데, 동물의 나이나 고관절 형성 부전의 정도와 타입에 따라 어느 정도 제약이 있다. 대표적인 수술 방법으로 삼중 골반 절단술, 전자 간 골절술, 고관절 전 치환술, 넙다리뼈 머리(고관절의 넙다리뼈 쪽) 절제 등 네 가지가 있다. 삼중 골반 절단술은 골반을 세 군데에서 잘라 내고 관골구(고관절의 골반 쪽)를 회전시켜 고관절을 안정화하는 수술이다. 원칙적으로는 고관절의 변형이 확인되지 않은 생후 4~12개월 동물이 대상이 된다. 전자 간 골절술은 넙다리뼈를 잘라 내고 넙다리뼈 머리의 각도를 바꿈으로써 고관절을 안정화하는 수술이다. 고관절 전 치환술은 고관절 자체를 인공 관절로 하는 수술이며, 충분히 성숙한 동물이나 심하게 변성된 고관절을 가진 동물에게 시술된다. 이들 수술은 동물의 상태나 보호자의 희망, 설비, 기술 등 다양한 요인을 토대로 선택한다. 충분한 지식과 경험이 필요하며, 적절한 치료 방법을 선택하는 것이 중요하다.
예후는 고관절 형성 부전의 정도나 선택한 치료법, 치료의 달성률 등에 따라 다양하다. 병의 정도에 따라서도 다르지만 일반적으로는 증상이 가벼운 유년기에 외과적 수술을 함으로써 장기적으로 양호한 결과를 얻기 쉬워진다. 삼중 골반 절단술이나 전자 간 골절술 후에 엑스레이 검사에서 고관절의 변성이 진행하고 있는 것이 확인되는 예도 있지만, 수술하지 않은 경우보다는 가볍다. 고관절 전 치환술에서는 더 좋은 개선이 인정되지만 장기간에 걸친 수술 후 관찰이 필요하다. 골두 절제술의 예후는 다양하지만 대개 수술 전에 비하면 생활의 질은 향상된다고 한다.

●넙다리뼈 머리의 허혈성 괴사

넙다리뼈 머리의 허혈성 괴사는 레그 페르테스, 레그 칼베페르테스, 유년기 변형성 골연골염, 골연골증, 편평고(납작 엉덩 관절) 등으로도 불리며 한 살 이하의 유년견에게 보이는 병이다. 푸들 같은 소형견이나 웨스트하일랜드 화이트테리어에게 많이 발병한다. 고양이에게도 발생하는 것으로 알려져 있다. 원인은 불명이지만, 넙다리뼈의 두부에 분포하는 혈관이 손상되어 혈액 공급이 부족 또는 정지함으로써 국소성 허혈증이 되어 골두가 괴사를 일으킨다.

증상 발병한 다리와 엉덩이 근육에 어느 정도의 위축이 보인다. 증상은 보통 한쪽에 나타나지만 좌우 양쪽에 발병하기도 한다. 통증과 절뚝거림도 나타낸다.

진단 엑스레이 검사에서는 근육의 위축으로 넙다리뼈 머리와 경부의 변형 및 위축이 보인다. 골두는 원형의 윤곽이 없어지고 납작해져 있다. 고관절강은 넓고 관골구는 얕아지며, 이것들도 납작해진다.

치료 보통은 괴사한 골두를 절제한다. 이것으로 거짓 관절증[47]이 형성되어 정상적으로 걸을 수 있게 된다. 대형견에게서는 고관절 전 치환술을 하기도 한다. 운동을 제한하고 진통제를 투여하면 효과가 보이는 일도 많지만, 진행성이므로 최종적으로는 외과적인 치료가 필요하다.

●팔꿈치 형성 부전

팔꿈치 형성 부전에는 주관절(팔꿈치 관절) 질환인 내측 구상 돌기의 분리, 주돌기(팔꿈치 돌기) 유합 부전, 요척골 골단 조기 폐쇄 등이 있다. 특히 대형견에게 발생 빈도가 높으며 성장기에 발병한다. 원인은 급속한 성장이나 유전적 소인, 미성숙한 뼈의 외상 등을 생각할 수 있다. 골연골증의 일부로 취급되고 있다.

내측 구상 돌기의 분리 발육기의 대형견에게 보인다. 척골의 내측 구상 돌기가 척골과 부분적 또는 완전히 분리된 상태며, 종종 좌우 양쪽에 발생한다. 증상은 생후 5~6개월 무렵에 한쪽이나 좌우 양쪽의 앞다리에 절뚝거림이 일어난다. 이 절뚝거림은 간헐적이며, 특히 보행 초기에 보이고, 잠시 운동하면 정상이 되거나 심한 운동 후에 재발하거나 한다. 진단은 엑스레이 촬영으로 하지만 확실하지 않은 예도 있으므로 나이나 증상도 고려한다. 내측 구상 돌기를 절제하여 치료한다.

주돌기(팔꿈치 돌기) 유합 부전 주돌기는 생후 4~5개월까지 골화하여 척골과 유합하는데, 이 병에서는 유합이 일어나지 않고, 연골의 변성 괴사와 균열이 일어나 주돌기의 골화 부분이

47 뼈가 부러졌다가 치유되는 과정에서, 부러진 뼈가 완전히 아물지 못하여 그 부분이 마치 관절처럼 움직이는 상태.

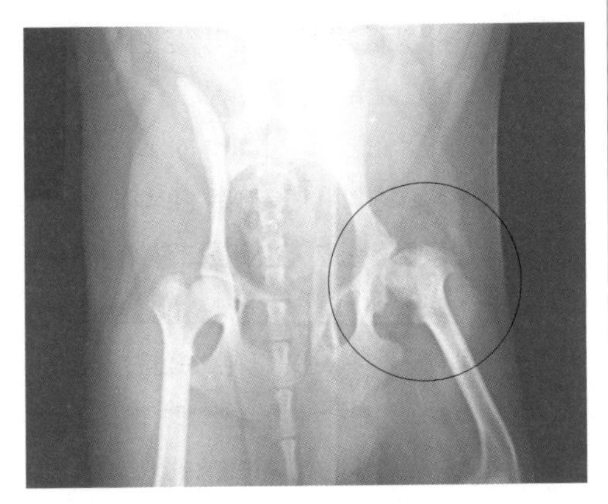

넙다리뼈 머리의 허혈성 괴사가 보이는 엑스레이 사진. 원 부분의 넙다리뼈 머리가 녹아 없어져 부분 탈구가 되어 있다.

주두(팔꿈치 관절 뒷부분의 튀어나온 곳)에서 분리된 상태가 된다. 더욱 진행하면 퇴행 관절증으로 이행한다. 독일셰퍼드나 골든리트리버, 래브라도리트리버 등의 대형견에게 많이 보인다. 증상은 생후 5~9개월 무렵에 앞다리의 간헐적, 지속적인 절뚝거림으로 한쪽이나 좌우 양쪽에 나타난다. 서서히 진행하는 일이 많은데, 두세 살까지 알아차리지 못하기도 한다. 증상이나 나이, 견종, 주관절의 부기, 통증, 비빔 소리, 아픈 다리의 엑스레이 소견 등을 토대로 진단한다. 치료는 내과적 치료법으로서 케이지에서의 안정이나 진통제 투여, 외과적 치료법으로는 주돌기의 절제 또는 고정이나 척골(자뼈)의 골절술 등을 행한다. 주돌기의 절제가 선택되는 예가 많으며 이 수술의 예후는 일반적으로 양호하다.

요척골 골단 조기 폐쇄 개에게는 영양적 또는 구조적인 특성에 의해 성장기에 요골(노뼈)과 척골(자뼈)의 골단 연골에 손상이 일어나기 쉬우며, 앞다리의 중도 변형에 의한 절뚝거림이 보이는 일이 있다. 일반적으로 요골과 척골은 동시에 성장하는데, 한쪽 뼈의 골단 연골이 손상됨으로써 뼈의 성장에 이상이 생기면 다른 쪽 뼈는 정상적인 방향으로의 성장이 방해받아 구부러져 성장해 린다. 이렇게 됨으로써 아픈 다리인 앞다리가 변형하여 관절의 부분 탈구를 일으킨다. 요척골 골단의 조기 폐쇄에는 척골 원위골단 연골의 폐쇄, 요골 원위 골단 연골의 부분 폐쇄, 요골 근위 골단 연골과 요골 원위 골단 연골의 완전 폐쇄라는 세 종류가 있다. 치료는 외과적으로 교정하는데, 타입에 따라 수술 방법이 다르다. 되도록 조기에 진단하고 적절한 수술을 하는 것이 중요하다.

● 경부 척추증

불안정한 경추나 인대의 기형 또는 만성 추간판 질환이 원인이 되어, 경막 외 척수 압박으로 뒷다리나 사지에 절뚝거림이나 마비가 일어나는 병이다. 도베르만이나 그레이트데인에게 많이

넙다리뼈 머리의 허혈성 괴사

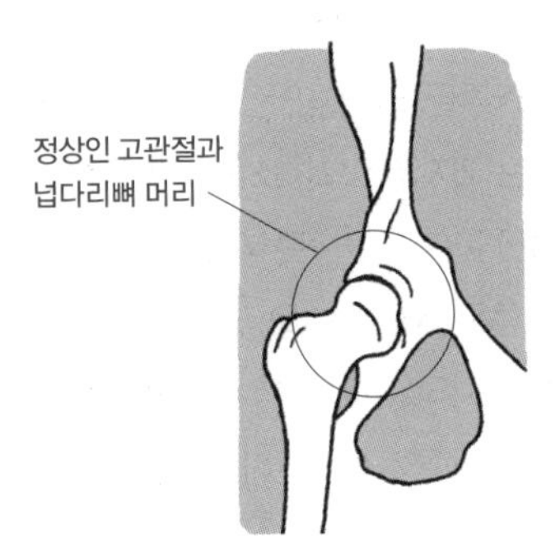

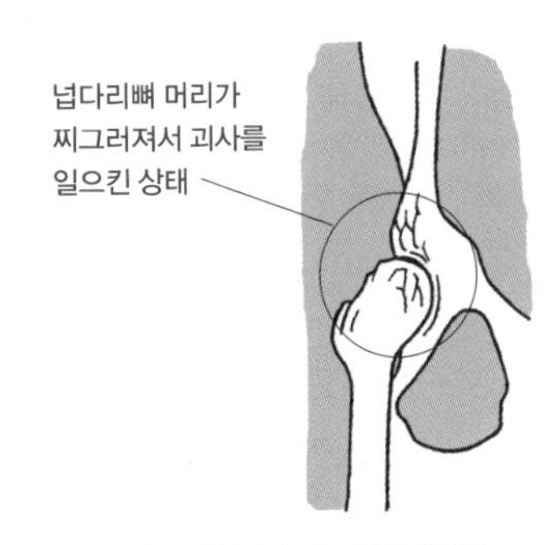

고관절 형성 부전과 아주 비슷하지만, 특히 넙다리뼈 머리에 병변이 나타난다. 장기간에 걸치면 고관절 형성 부전과 마찬가지로 관골구도 점점 넓어진다.

보이지만 다른 견종에도 발생한다. 증상은 통증, 마비, 보행 가능한 사지 불완전 마비에서 보행 불능인 사지 불완전 마비까지 정도는 다양하다. 강아지일 때 갑자기 마비가 발생하기도 하는데 많은 예에서는 몇 주에서 몇 달에 걸쳐 천천히 진행하는 사지 불완전 마비가 보인다. 수술로 압박 부위를 해제하고 불안정화한 경추를 고정한다. 보행 불능이 아니라면 예후는 비교적 좋다고 하는데, 보행할 수 없다면 예후가 나쁘다.

● **탈구와 부분 탈구**

털관절의 탈구와 부분 탈구 드물게 일어나지만 외상이나 사고 등으로 발생하고, 단독으로 발생하는 경우와 아래턱이나 위턱의 골절을 동반하여 발생하기도 한다. 측두 아래턱뼈 형성 부전은 턱관절 탈구의 비외상성 원인이 되며 아메리칸 코커스패니얼이나 바셋하운드, 영국세터, 세인트버나드에게 보인다. 치료는 탈구를 정복하고 재탈구를 막기 위해 몇 주 동안은 고정해 둔다.

환추 축추 불안정증 경부 척수에 압박이 가해짐으로써 발생한다. 증상은 경부 통증을 나타내는 가벼운 것부터 사지 운동 기능 부전을 일으키는 것까지 다양하다. 특히 소형견이나 초소형견에게 많이 보이며 치상(척수의 양쪽 면) 돌기의 결손이나 기형, 골화 부전이 있거나 인대 지지가 불충분할 때 높은 확률로 발생한다. 증상과 경부 엑스레이 검사를 통해 환추(첫 번째 척추뼈)와 축추(둘째 목뼈) 사이의 위치가 넓은 것을 보고 진단한다. 인공 인대로 환추 축추를 고정하여 치료한다.

어깨 관절의 탈구와 부분 탈구 대부분 심한 외상이나 타박으로 일어난다. 선천성인 것도 있는데, 이것은 토이 푸들이나 페키니즈, 토이 사이즈의 테리어 종 등 초소형견에게 일어나기 쉬우며 발육 불량인 관절에 많이 발생한다. 대부분 내방 탈구이며 드물게 외방 탈구를 일으키기도 하지만, 전방 탈구와 후방 탈구는 현재까지는 알려지지 않았다. 맨손으로 정복한 후에 한동안 고정해 두면 대부분 회복하지만 탈구가 계속 반복된다면 외과적으로 정복한다.

팔꿈치 관절의 탈구 심한 외상으로 갑자기 발생하는 일이 많으며, 그 이외의 원인으로는 거의 일어나지 않는다. 통증이 심하여 아픈 다리를 들어 올린 채로 있으며, 땅에 대지 못한다. 팔꿈치 관절의 부기로 내측과 외측 어느 쪽이 탈구되었는지 외견으로도 알 수 있다. 엑스레이 검사로 진단하며 골절 등의 합병증이 없는지 확인한다. 치료는 맨손으로 정복을 시도한다. 이른 시기에 치료하면 정상으로 돌아오는

내측 구상 돌기의 분리

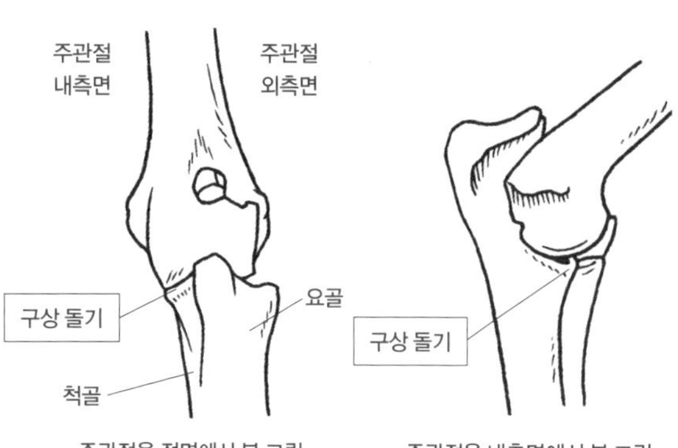

주관절을 정면에서 본 그림

주관절을 내측면에서 본 그림

주돌기 유합 부전의 상태

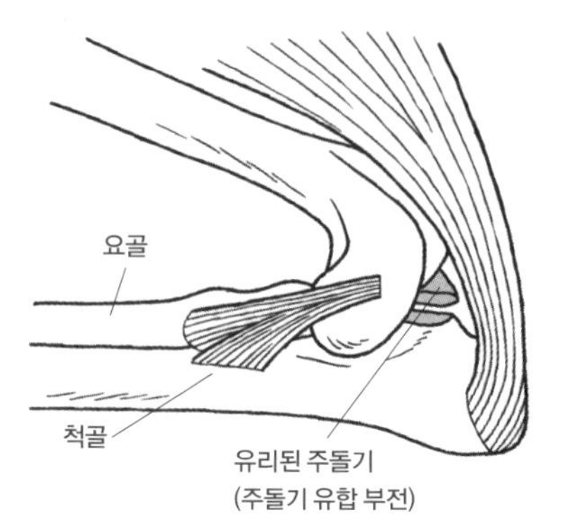

일도 많지만 시간이 지났을 때는 정복 불능인 경우도 있으며, 그 경우에는 수술이 필요하다.

손목 관절의 탈구와 부분 탈구 높은 곳으로부터의 추락이나 뛰어오를 때의 지나친 신장에 의해 발생한다. 증상은 착지할 수 있는 정도의 절뚝거림인데 충분한 하중을 싣지 못해 관절에 부기와 통증이 보이고, 발볼록살로 착지하여 걷는다. 관절 고정술로 치료하며 부목이나 깁스를 제거한 직후에는 정상 보행을 하지만 1~2주 정도 후에는 다시 악화한다.

엉치 엉덩 관절 탈구 엉치 엉덩 관절은 골반의 일부인 장골(엉덩뼈)과 천추(엉치 척추뼈)가 접합하여 뒷다리를 지탱하고 있는 중요한 관절이다. 엉치 엉덩 관절 탈구는 교통사고나 높은 곳에서 떨어지는 등 심한 외력으로 일어난다. 이 경우 장골은 위치가 바뀌거나 골반의 다른 부분이 골절되고 내부 장기가 손상되기도 한다. 마미 신경이 손상되면 장기간에 걸쳐서 보행에 장애를 일으킨다. 탈구의 정도가 가벼울 때는 보존 치료로 좋은 결과를 얻을 수 있지만 크게 어긋났다면 외과적인 정복이 필요하다.

엉덩 관절 탈구 교통사고나 높은 곳에서 떨어지는 등 커다란 외력을 받았을 때 발생한다. 골반 골절이나 마미 신경의 손상, 골반 내 장기 손상 등을 병발하기도 하므로 탈구뿐만 아니라 다른 주변 장기에 대한 검사도 필요하다. 맨손으로 정복하는 것도 가능하지만 원형 인대나 관절포가 파괴되어 있으므로 재탈구하는 일이 많다. 외과적 정복에는 몇 가지 수술 방법이 있다. 주된 방법은 핀에 의한 관절 안정술이나 관절 고정술, 핀을 이용한 인공 인대 구축술, 넙다리뼈 머리 절제술 등이다. 어떤 방법을 선택하는지는 각각의 상태 등에 따라 다르다.

무릎 관절 탈구 무릎 관절의 이상으로는 무릎 관절 안에 존재하는 인대(전방 및 후방 십자 인대, 내측 및 외측부 인대)와 반월, 무릎 관절의 전방에 존재하는 슬개골의 내방 탈구와 외방 탈구가 있다. 각각 외과 수술로 치료한다.

발목 관절 탈구 교통사고로 일어나거나 심하게 운동하는 사냥개 등에게 발생하는데, 일반적으로는 많지 않다. 내측과 외측의 인대 단열이나 주변의 작은 골절을 동반하기도 하며 하중을 견디지 못해 절뚝거림을 보인다. 외과 수술로 정복한다.

염증 질환

감염 관절염과 비감염 관절염, 그리고 변형 관절염으로 나뉜다. 관절에 염증이 생긴 상태를 관절염이라고 하는데 외상이나 타박상, 자상이 원인으로 관절강 내에 세균 감염이 일어나서 염증이 생긴 상태를 감염 관절염이라고 한다. 관절은 부기와 통증이 나타나며 아픈 다리는 들어 올린 채로 땅에 대지 못한다. 엑스레이 검사에 더해 관절액을 채취하여 배양이나 현미경으로 관찰하여 진단하고, 치료하려면 항생제나 소염제를 투여하지만 효과가 보이지 않거나 부기가 계속되면 절개하여 배농하기도 한다.

비감염 관절염(면역 매개 관절염)은 개에게는 드문 병이지만 전혀 발생하지 않는 것은 아니다. 원래는 정상인 조직을 면역계가 다른 종류로 인식하여 공격하는 자가 면역 질환이다. 사람의 류머티즘과 마찬가지로 현재 단계에서는 완치는 불가능하지만 스테로이드제에 의한 면역 억제와 비스테로이드 소염 진통제로 통증 완화를 지향한다. 발병한 동물은 두통이나 관절의 부기, 발열로 움직이고 싶어 하지 않게 되며 걷기를 싫어하거나 기력 상실, 식욕 저하를 나타낸다.

변형 관절염은 나이가 들어가면서 발생하는 진행성 관절 질환이며, 통증과 활동성 저하가 특징이다. 팔꿈치 관절이나 엉덩 관절(고관절), 무릎, 손목, 발목 등 모든 관절에 일어나지만 특히 등뼈에 많이 발생하며 이 경우는 퇴행 관절증이라고도 불린다. 뛰어오르거나 달리는 등의 경쾌한 움직임을 할 수 없게 되며 기운이 없고 터벅터벅 걷게 된다. 갑자기 안아 올리면 등뼈의 통증을 호소하기도 한다. 발병 나이나 증상 이외에 엑스레이 검사와 혈액 검사 결과를 토대로 진단하며, 완전한 치료법은 없다. 비스테로이드 소염 진통제나 관절 성분을 함유한 보조제를 사용하고 통증을 완화하는 치료법이 중심이 된다. 운동 제한이나 체중 감량 등으로 관절에 부담이 생기지 않게 하는 것도 중요하다.

골격근 질환

유전 질환

●근육 위축증

골격근이 진행성으로 변성하여 근력이 저하하는 유전병이며, 대부분 X염색체에 원인 유전자가 있다(X염색체성 근육 위축증). X염색체에 이상이 있으므로 대부분 병이 나타나는 것은 수컷에 한정되며, 암컷은 유전자의 캐리어가 된다. 고양이에게도 보이지만 개에게 많으며 골든리트리버나 아이리시테리어, 사모예드, 로트바일러, 꼬마슈나우저, 웰시 코기 등에게 발생한다. 증상으로는 운동하지만 금방 지친다, 팔꿈치의 외전(밖으로 내뻗는 동작), 토끼가 뛰는 듯한 걸음걸이나 호들갑스러운 걸음걸이 등이다. 몸통이나 사지, 측두근도 위축되며, 생후 6개월까지 근력의 저하가 보인다. 혀의 근육이 비대해진 것처럼 보이기도 한다. 중증 예에서는 삼킴곤란이나 흡인 폐렴, 심부전 등도 일어난다. 병에 걸리기 쉬운 견종의 유년기 개에게 전형적인 증상이 보일 때, 이 병을 의심한다. 혈액 검사로는 근효소치(크레아틴키나아제, 아스파라긴산 아미노기 전달 효소, 유산 탈수소 효소 등)의 상승이 보인다. 생체 검사나 근전도 검사 등도 한다. 현재 치료법은 없으며 예후는 좋지 않다. 흡인 폐렴이나 심부전에 주의가 필요하다.

●피부 근육염

피부염과 근염을 나타내는 병이며, 개에게 드물게 발생한다. 원인은 유전성(상염색체 우성 유전)이며 어린 콜리와 셰틀랜드양몰이개에게 가족성의 발생 예가 있다. 얼굴이나 귓바퀴, 꼬리 등에 피부염을 일으키며 홍반, 궤양, 부스럼 등이 보이고 가벼운 가려움증도 동반한다. 중증 예에서는 근육 장애가 나타나며, 전신의 근육 위축이나 턱의 탈력, 어색한 걸음걸이 등이 보인다. 삼킴곤란이나 거대 식도증이 생기기도 한다. 진단은 증상이나 피부 상태, 생체 검사, 신경학적 검사나 근전도 검사 소견을 토대로 한다. 대부분은 생후 3개월 무렵에 발병하며 시간이 지남에 따라 개선되지만 치료로서 면역 억제를 일으키는 양의 코르티코스테로이드제나 비타민 E, 펜톡시필린을 투여하기도 한다. 중증 예의 예후에는 주의가 필요하다.

●래브라도리트리버의 근 병증

근 병증은 진행성으로 전신의 근육이 변성하는 유전 질환(상염색체 우성 유전)이며, 래브라도리트리버에게 발생하고 암수 모두에게 보인다. 생후 6주에서 6개월에 발병하며 근력의 저하나 머리를 숙여서 절하는 것 같은 자세, 토끼가 깡충거리는 것 같은 어색한 걸음걸이 등의 증상을 보인다. 주로 사지의 근육이나 깨물근 등에 위축이 보이지만 통증은 없다. 운동이나 흥분, 추위 등으로 증상이 악화한다. 신경학적 검사나 근전도 검사, 생체 검사 등을 하여 진단한다. 치료법은 없지만 추위에 주의할 필요가 있다. 대개 6~12개월령이 되면 증상이 안정된다.

●차우차우의 근육 긴장증

근육의 수축(근긴장)이 오랫동안 지속되며 이완되기까지의 시간이 걸리는 병을 근육 긴장증이라고 한다. 선천성과 후천성의 두 가지가 있는데 차우차우의 근육 긴장증은 유전성(상염색체 열성 유전)이며 선천성인 것으로 보인다. 전신 근육의 경직이나 삼킴곤란, 구역질, 사지나 경부, 혀의 근육 비대 등이 보인다. 몸을 옆으로 눕히면 경직되며 한동안 일어서지 못한다. 근 병증과 마찬가지로 추위나 흥분, 운동으로 증상이 악화한다. 견종이나 증상에 더해 신경학적 검사, 근전도 검사, 생체 검사 등을 하여 진단한다. 치료법은 없지만 추위에 주의할 필요가 있다. 증상을 완화하기 위해 프로카인아마이드나 퀴니딘 등을 투여하기도 하지만 예후는 좋지 않다.

자가 면역 질환

●저작근 근염(호산구 근염)

턱을 움직이는 저작근(측두근과 깨물근)을 침범하는 병이며, 자가 면역병으로 생각된다. 많은 견종에서 보이지만 특히 독일셰퍼드, 도베르만핀셔, 리트리버 종 등의 대형견에게 많이 보인다. 고양이는 발생이 알려지지 않았다. 급성이면 저작근이 붓고 통증을 나타낸다. 안구 돌출이나 발열이 보이기도 한다. 통증 때문에 입을 벌리는 것을 싫어하거나 겨우겨우 밥을 먹으며, 침을 흘리기도 한다. 만성이면 저작근이 위축되어 머리의 근육이 움푹 팬 것처럼 된다. 눈의 뒤쪽 근육이 위축하면 눈이 안와로 쑥 들어간다. 입을 벌리는 것이 제한되어 식사가 곤란해지기도 한다. 특징적인 증상이 보이면 이 병을 의심하고, 거기에 혈액 검사(크레아틴키나아제, 아스파라긴산 아미노기 전달 효소 등 혈청 근효소의 상승)나 생체 검사, 엑스레이 검사, 근전도 검사 등을 하여 확정한다. 치료하려면 면역을 억제하는 용량의 코르티코스테로이드제를 투여한다. 그래도 개선되지 않거나 재발했을 때는 아자티오프린이라는 약을 투여하기도 한다. 식사가 곤란하면 유동식을 주지만, 위루 영양법(위에 생긴 샛길을 통해 외부로부터 관을 넣어서 위에 영양을 공급하는 방법)을 쓴다. 병의 초기에 치료하면 회복을 바랄 수 있지만 만성화한 경우나 근육이 섬유화하면 예후가 좋지 않다.

●외안근 근염

주로 외안근이 침범되는 병으로 자가 면역병으로 여겨지며, 특히 골든리트리버에게 소인이 있다. 증상으로는 좌우의 안구 돌출이나 시력 장애가 보인다. 진단은 증상이나 눈의 초음파 검사, 생체 검사 등에 의한다. 코르티코스테로이드제의 투여에 잘 반응하며 예후는 양호하다.

●다발 근육염

전신의 골격근이 염증을 일으켜서 근력의 저하나 근육의 위축을 낳는 병이며, 원인을 알 수 없는 것을 특발성 다발 근육염이라고 하는데 대부분은 자가 면역병이라고 생각된다. 다발 근육염에는 전신 자가 면역병(전신 홍반 루푸스 등)을 동반하여 보이는 것이나 감염증(톡소포자충증이나 네오스포라증 등)에 의한 것, 약물에 의한 것, 종양 수반 증후군에 의한 것 등이 있다. 개에게 많이 발생하며 특히 독일셰퍼드 같은 대형견에게 많이 보이는데, 고양이에게는 드물다. 절뚝거림이나 어색한 걸음걸이, 근력 저하, 근육의 부기나 위축이 보인다. 근육통을 나타내기도 한다. 병이 진행되면 걷지 못하게 되며, 식도나 인두의 근육도 침범당해 거대 식도증에 의한 구역질이나 삼킴곤란, 침흘림도 일으킨다. 진단은 특징적인 증상이나 혈액 검사(크레아틴키나아제, 아스파라긴산 아미노기 전달 효소 등 혈청 근효소의 상승),

생체 검사, 근전도 검사 등에 의한다. 감염증처럼 원인이 명백할 때는 그것에 대해 치료한다. 특발성 다발 근육염에서는 면역을 억제하는 용량의 코르티코스테로이드제를 투여한다. 거대 식도증이 보일 때는 잘못 삼키는 것을 예방하기 위해 식기를 높은 곳에 두고 뒷다리만으로 선 상태로 먹게 한다. 특발성 다발 근육염의 예후는 일반적으로 양호하지만 호흡에 필요한 근육(횡격막 등)이 침범당하거나 흡인 폐렴을 일으키면 예후가 좋지 않다.

대사 질환

악성 고열과 전해질 이상으로 나뉜다. 악성 고열은 대단히 드문 병인데, 흡입 마취제(할로탄)나 근이완제(숙시닐콜린) 등을 사용함으로써 발병하며, 체온이 급격히 상승하여 골격근의 경직 등의 증상을 나타낸다. 운동으로 발병하기도 한다. 세포 내 칼슘의 대사 이상이 원인으로 생각되고 있으며, 유전적 소인이 있는 동물에게 보이는 것 같다. 전해질 이상으로 근육이 장애를 입는 병으로는 저칼륨 혈증성 다발 근육염이 있다. 이 병은 만성 신부전인 고양이에게 많이 발생하는데, 식욕이 없는 고양이나 칼륨이 부족한 식사가 주어진 고양이에게 발생하거나 갑상샘 기능 항진증을 동반하여 보이기도 한다. 어색한 걸음걸이로 걷거나 경부 근력이 저하하므로 머리를 복부 쪽으로 구부려서 절하는 것 같은 자세를 취한다. 기초 질환의 존재, 혈청 칼륨 농도의 두드러진 저하, 혈청 근효소(크레아틴키나아제, 아스파라긴산 아미노기 전달 효소 등)의 상승 등으로 진단하는데, 근전도 검사나 생체 검사를 하기도 한다. 칼륨제(글루콘산 칼륨이나 염화 칼륨 등)를 투여하고 기초 질환을 치료한다.

내분비 질환

갑상샘 기능 저하증, 부신 겉질 기능 항진증, 부신 겉질 기능 저하증 등이 해당한다. 호르몬 이상에 의한 근 장애는 비교적 많이 보이는데 갑상샘 기능 저하증인 개는 허약함이나 운동을 싫어하고, 다리를 질질 끌거나 근 신경 장애 증상을 나타낸다. 단, 이들 증상은 처음에는 서서히 나타나므로 이상이라고 보지 않는 때가 많으며, 피부 증상이나 추위를 타거나 발정 멈춤 등의 다른 증상이 발생해야 비로소 알아차리는 일이 많다고 한다. 갑상샘 호르몬을 측정하여 진단하고 갑상샘 호르몬을 보충하여 치료한다. 부신 겉질 기능 항진증의 근 장애 증상은 쇠약과 근육 위축증이 일반적이다. 그리고 뒷다리로 뻣뻣하게 버티며 서고 경직된 걸음걸이를 하게 된다. 이것은 병적인 부신 겉질 기능 항진증 이외에, 치료로 행해지는 부신 겉질 호르몬의 고농도 투여로도 생긴다. 부신 겉질 기능 항진증을 치료하거나 부신 겉질 호르몬 투여를 중지하면 근 장애 증상은 낮출 수 있지만, 뒷다리에 심한 근육 위축증이 있는 경우는 개선되지 않기도 한다. 부신 겉질 기능 저하증이나 당뇨병, 급성 신부전에서는 고칼륨 혈증을 일으키며 그것에 의해 쇠약, 허탈, 마비 등의 근 장애를 나타내기도 한다. 더욱이 10초 정도의 완전 마비 후에 바로 정상 행동으로 돌아오는 발작을 일으키기도 한다. 토대가 되는 질환에 대해 치료하고 고칼륨 혈증을 시정함으로써 치료한다.

중독 질환과 약물 유발 질환

진드기 마비, 보툴리누스 중독, 유기인제 농약 중독, 신경근 접합부에 작용하는 약물 중독 등이다. 어떤 종류의 참진드기에 감염된 개에게 이완성 운동 마비가 보이는 일이 있는데 이것은 참진드기가 피를 빨아들일 때 신경독이 되는 물질을 개의 체내에 주입하여, 그 독소가 신경 섬유에서 근섬유로 정보를 보내는 물질(아세틸콜린)의 방출을 방해함으로써 일어난다. 뒷다리의 허약에서 완전한 마비로 진행되며 치료하지 않으면 죽음에 이르기도 한다. 참진드기의 제거와 지지 요법으로 회복한다. 보툴리누스 중독은 식중독의 일종으로, 보툴리누스균이라는 세균이 생산한 독소에 오염된 음식을 먹음으로써 발생한다. 이 독소는 진드기 마비와 마찬가지로 아세틸콜린의 방출을 저해하여 마비를 일으킨다. 진드기 마비와 보툴리누스 중독에서 보이는 마비는 의식 장애가 없고, 진행성이라는 것이 특징이다. 치료에는 항혈청 주사와 보조 요법이 필요하다.

유기인계 살충제로 많은 동물이 중독을 일으키는데, 아세틸콜린을 분해하는 콜린에스테라아제라는 효소가 저해되어 아세틸콜린이 지속적으로 작용하는 상태가 되므로 증상이 나타난다. 급성 증상은 동공 수축이나 침흘림, 떨림 등이며, 아급성 증상으로 고양이에게 근력 저하가 발생하고, 개와 고양이에게 전신 근력 저하가 발생한다. 그 밖에 다양한 병의 치료에 사용되는 약물 중에도 아미노글리코사이드계 항생제는 신경근 접합부의 전달을 저해, 악화하며 이완성 사지 불완전 마비를 유발하기도 한다. 이 경우는 투약을 중지하면 회복한다.

허혈 질환

동맥에 혈전이나 기생충이 고임(색전)으로써 근육의 허혈 장애나 횡문근 세포 붕괴, 더 나아가 말초 신경 장애가 생기는 경우가 있다. 고양이는 좌심방에서 형성된 혈전이 동맥(바깥 엉덩 동맥 분기부)에 고이는 일이 많으며, 심근증일 때 비교적 많이 발생한다. 개는 심장사상충증일 때, 보통 폐동맥에 기생하는 기생충이 대동맥 쪽으로 이동하여 넙다리 동맥 등에 기이성 색전을 일으키는 이외에, 부신 겉질 기능 항진증이나 신장의 사구체 질환, 용혈 질환, 악성 종양과 관련하여 일어나는 일이 많다고 한다.

세균성 심내막염은 개와 고양이 모두에게 혈전 색전증을 일으키는 원인이 된다. 뒷다리로 가는 혈류가 나빠짐으로써 발볼록살의 색깔이 허옇게 되며 넙다리 동맥의 맥이 약하거나 거의 잡히지 않게 된다. 뒷다리 발톱을 아주 짧게 깎아도 피가 나지 않는다. 근육에 혈액이 흐르지 않음으로써 강한 통증이 일어나며 몇 시간 만에 근육이 긴장하여 뒷다리가 버티는 것처럼 뻣뻣해지며 급속하게 괴사에 이른다. 뒷다리에서의 신경 장애의 결과로 하위 운동성 뉴런 신경 장애라고 불리는 마비, 즉 다리가 이완하여 반사가 보이지 않는 상태에 빠진다.

신체검사나 혈액 검사, 엑스레이 검사, 초음파 검사, 혈관 조영 검사를 통해 진단한다. 원인에 따라 치료법은 다양하지만, 원칙적으로 혈전을 제거하거나 분해해서 혈류를 재개하고 기초 질환을 관리하며 장애를 입은 조직에 대한 지지 요법을 한다. 단, 이 병은 치사율이 높으며 색전을 제거했다 해도 재환류 증후군이라는 위험한 상태에 빠질 수 있다.

감염 질환

감염성 근질환으로는 원충 감염으로 일어나는 톡소플라스마병과 네오스포라증이 있다. 이들 병은 부자연스러운 보행이나 뒷다리 불완전 마비, 뒷다리의 양측성 경직 또는 위축을 진행성으로 일으킨다. 증상이나 혈청 검사, 항체값의 측정, 뇌척수액 검사 등으로 진단한다. 트리메토프림과 설파다이아진이나 염산 클린다마이신을 투여하여 치료하지만 강한 신경 증상을 나타낸다면 예후는 불량하다. 헤파토준 감염증은 감염된 갈색 개진드기의 섭취로 일어난다. 증상으로는 항생제에 반응하지 않는 발열이나 체중 감소, 우울, 근육의 감각 과민, 불완전한 하반신 마비, 완전 마비, 고름성 눈곱과 콧물을 나타내며, 발열과 통증이 있는 기간과 자연히 증상이 완화되는 기간이 반복된다. 생체 검사로 진단되며 트리메토프림과 설파다이아진이나 클린다마이신을 투여하면 일시적으로 증상이 완화되기도 하지만 장기적으로는 예후가 불량하다. 예방을 위해 참진드기를 퇴치해야 한다.

종양

기관지암이나 편도암, 골수 백혈병 등의 악성 종양을 앓는 개에게 가벼운 재발성 근염이 보인다. 이것은 종양의 존재에 대한 자가 면역 반응이며, 근염 자체보다 기초에 있는 악성 종양을 경계해야 한다. 횡문근종이나 횡문근 육종 등 골격근이 원발성인 종양은 드물며, 지방종이나 섬유종 등 사지의 지지 조직에서의 원발성 종양도 드물다. 그러나 골육종 등 뼈의 악성 종양에서는 이차적으로 골격근이 침범당한다. 치료는 각각의 종양에 따라 다르다.

517

피부 질환

피부의 구조

개나 고양이의 피부는 사람의 피부와 달리 전신이 털로 덮여 있다. 사람은 운동하면 전신에서 땀을 흘리지만 개나 고양이는 흘리지 않는다. 자세히 살펴보면 사람과는 상당히 다른 부분이 있는 것 같지만 피부의 구조나 역할은 사람의 피부와 별로 큰 차이는 없다. 피부는 외부와 몸의 경계에 있으며 단순히 몸을 감싸는 주머니만이 아니라 다양한 역할을 한다. 피부는 외부의 온도 변화나 건조로부터 몸을 지키고 자외선이나 세균, 해로운 물질이 체내에 침입하는 것을 저지한다.
피부에는 감각 기관이 있어서 온도, 통증, 사물과의 접촉 등을 느낄 수 있다. 피부와 피부밑 지방은 외부 충격으로부터 몸을 지키는 역할도 있다. 피부의 면적은 체중 10킬로그램인 개라면 약 0.5제곱미터, 무게는 약 1.2킬로그램이며, 몸에서 피부의 존재는 크다고 할 수 있다. 이처럼 커다란 비율을 차지하는 피부에는 컨디션의 변화가 잘 반영된다. 예를 들어 체내의 탈수가 심해지면 피부도 수분을 잃어 피부 탄력이 없어지고 영양 상태의 악화나 저항력의 저하로 털의 윤기가 없어져 피부가 거칠어지기도 한다. 물론, 외부 자극이 원인이 되어 피부에 이상이 보이는 일도 자주 있지만, 피부에 나타나는 변화나 이상은 단순히 피부만의 문제가 아니라 몸의 상태와 밀접하게 연결되어 있다고 말할 수 있다.

피부와 피부 부속기의 구조와 기능

피부는 몸의 표면에서 심층부를 향해 표피, 진피, 피부밑 지방의 세 가지 조직으로 이루어져 있다. 개나 고양이의 피부는 아래에 있는 근육과 느슨하게 결합해 있으므로 잡아당기면 사람보다 잘 늘어난다. 피부 자체는 사람의 피부보다 두꺼운 느낌이 들지만 맨 바깥쪽 표피는 사람보다 얇다. 표피의 표면에는 각질층이 있다. 이 각질층의 세포는 표피 맨 아래인 기저층의 세포가 끊임없이 분열하고 표면을 향해 이동함으로써 표피 표면의 세포를 보급하고 있다. 표피 표면의 각화 세포는 마침내 때가 되어 떨어져 나간다. 표피 세포는 22일 정도의 주기로 바뀐다. 생물의 몸은 70퍼센트 이상의 비율로 수분이 함유되어 있으며 표피는 체내의 수분 증발을 막는 중요한 역할을 한다.
표피 아래에 있는 진피는 콜라겐이라는 아교 섬유를 많이 함유하고 결합 조직이 풍부한 탄력이 있는 부분이며, 진피에 있는 혈관이 피부에 영양과 산소를 제공하고 노폐물을 운반한다. 진피에는 촉각, 통각, 열감, 찬감각 등의 지각 신경이 분포한다. 진피 아래에 있는 피부밑 조직은 주로 지방 조직으로 이루어져 있으며, 쿠션이나 단열재 역할을 한다. 개나 고양이의 전신을 덮은 털은 외부로부터의 다양한 물리적 자극으로부터 피부의 표면을 지키는 역할을 하고 있다. 등 부분의 털에는 기모근(털세움근, 털뿌리에 붙어 있는 근육)이 발달해 있다. 위협 행동을 할 때 털을 곧추세우거나 추우면 털을 부풀릴 수 있는 것은 이 기모근이라는 근육의 작용에 의한 것이다. 개나 고양이의 피부에는 땀을 내는 에크린샘이 발바닥의 발볼록살이라고 불리는 부분에만 있다. 그러므로 개나 고양이는 사람처럼 땀을 흘려서 체온을 조절할 수 없다.

피부 검사

털이나 피부의 이상은 직접 외부에서 볼 수 있지만 이상의 원인은 눈으로는 볼 수 없는 작은 진드기나 세균, 진균 등의 미생물이거나 몸 안의 병이다. 피부병을 진찰할 때는 피부의 비정상적인 부분을 잘 관찰하는 것도 물론 중요하지만, 수의사는 전문적인 지식과 풍부한 경험을 토대로 진찰하는 동물의 전체에 대해, 예를 들면 동물이 키워지는 환경이나 사료, 함께 살고 있는 동물의 모습 등 다양한 면을 생각하면서 진찰해야 한다. 피부 검사할 때 확인해야 할 사항은 동물의 품종(특정 피부병에 걸리기 쉬운 품종이 있다)과 나이, 병력, 계절이나 환경, 증상 등이다.

증상이 나타나기 시작하는 나이가 진단이나 치료 효과의 예측과 관계하며, 지금까지의 건강 상태나 수술 이력, 투약 이력도 대단히 참고된다. 계절이나 환경 면에서도 벼룩이나 모기가 발생하는 계절에 매년 같은 피부병을 반복적으로 앓지는 않는지, 햇빛이 잘 드는 실외에서 키워지는지, 청결한 실내에서 생활하는지, 어느 정도의 간격으로 목욕하고 있는지, 동물에게 뭔가 정신적인 스트레스가 있지는 않은지 등을 확인한다. 그 외에도 이번 증상은 언제부터인지, 서서히 악화하는지, 가려움은 있는지, 스스로 심하게 핥거나 긁지는 않는지, 보호자가 어떤 약을 바르고 있는지, 병원에 오는 날에 샴푸를 했는지 등등 수의사가 알아야 할 것이 많다.

피부의 구조

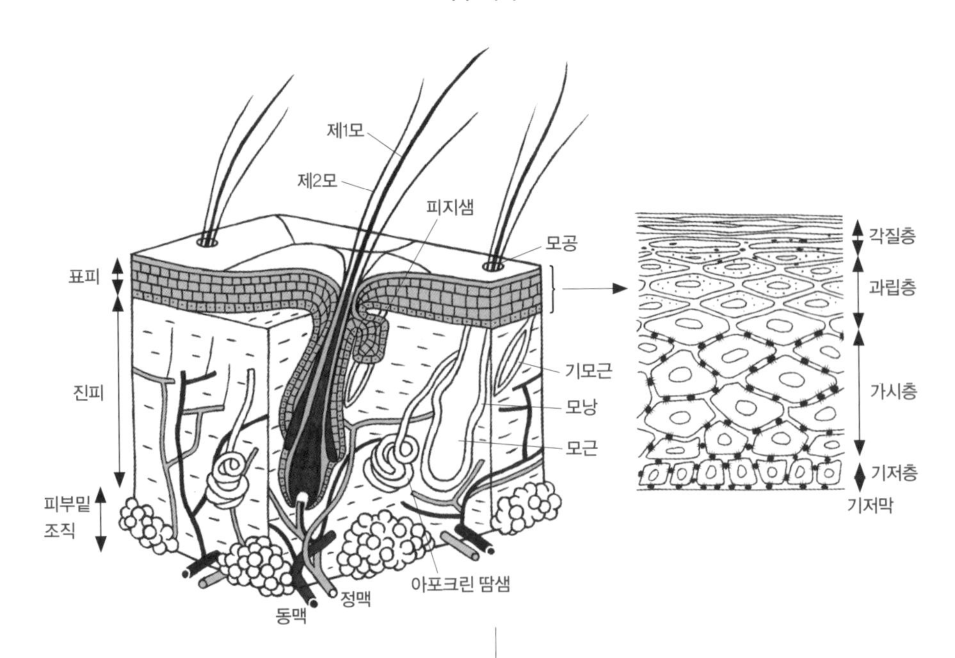

●피부 검사법

보호자에게 자세한 이야기를 들으면서 동물을 만져 보고 자세히 관찰하고 필요한 검사를 차례대로 한다. 피부과에서 하는 주요 검사에는 다음과 같은 것이 있다.

확대경 검사 확대경으로 피부나 털의 표면을 자세히 관찰한다. 벼룩의 똥이나 작은 진드기 등의 검출에 유효하다. 빗으로 채취하면 더 효과적이다.

털 검사 10~20가닥 정도의 털을 뽑아서 슬라이드글라스 위에 한 방울 떨어뜨린 유동 파라핀 안에 놓고 위에서 커버 글라스를 씌워서 현미경으로 본다. 모근의 상태나 털의 표면, 털끝의 상태 등을 관찰한다.

우드등 검사 암실 안에서 특정한 파장을 내는 자외선램프를 병변 부분에 쬐어서 형광을 발하는지를 관찰한다. 개 소포자균이라는 병원 진균의 약 50퍼센트가 형광을 발한다.

스카치 테스트 셀로판테이프 등을 탈모 부분이나 털을 깎은 부분의 피부에 붙여서 표면의 비듬 등을 채취하여 슬라이드글라스에 붙여서 현미경으로 관찰한다.

찰과 표본 검사 피부에 바셀린 등을 바른 다음, 피부를 잡아당겨서 털구멍 속에 있는 것을 짜내듯이 하여 피부를 약간 강하게 긁어낸다. 옴진드기나 모낭충 검출에 유효하다.

피부 스탬프 검사 슬라이드글라스를 직접 피부에 강하게 눌러서 피부 표면의 비듬이나 분비물을 채취, 염색하여 현미경으로 관찰한다.

KOH-DMSO 시험 털이나 긁어낸 표피에 수산화 칼륨과 디메틸 설폭사이드 혼합 용액을 소량 더하여 진균의 포자나 균사(팡이실)의 유무를 검사한다.

배양 검사 병변 부분에서 채취한 재료 속의 세균이나 진균을 배양 검사하여 세균이 분리되면 필요에 따라 유효한 항생제 종류를 조사하기 위해 감수성 시험을 한다.

세침 흡입 생체 검사 피부나 피부밑 조직에 덩어리가 있는 경우, 덩어리에 주삿바늘을 꽂아 흡인하여 세포나 내용물을 모은 다음, 일반적으로 그것을 염색하여 현미경으로 관찰한다.

병리 조직 검사 절제하거나 펀치로 채취한 피부나 조직을 보존액에 넣어, 전문 검사 기관으로 보내 조사한다.

아토피, 알레르기 검사 피내 검사, 펀치 테스트, 혈청 중의 알레르겐 특이적 IgE 검사, 림프구 반응 검사 등이 있다.

선천 질환

선천 비늘증

표피의 세포가 만들어지고 핵이 제거되어 각질 세포가 되어 떨어져 나가는 각화 과정에 이상이 생겨 전신의 피부가 물고기 비늘처럼 되는, 드물게 보이는 선천병이다. 개에게는 상염색체 열성 유전으로 생각되고 있다. 웨스트하일랜드 화이트테리어를 비롯해 그 밖의 많은 견종에서 보고되고 있다. 고양이는 보고된 수가 대단히 적으며, 원인은 알려지지 않았다.

증상 개는 몸의 대부분이 회색을 띤 각질 조각으로 덮이고 그것들이 쉽게 떨어져 나가며 지루 특유의 냄새를 동반한다. 홍반이나 탈모를 동반하기도 하며 발볼록살의 각질층이 두드러지게 비대하며 아파하기도 한다. 고양이에 관해서는 잘 알려지지 않았지만, 태어날 때부터 각화 부전이 보인다고 한다.

진단 위의 증상과 생후 얼마 되지 않아 증상이 나타나는 것에서 진단할 수 있지만 확정하려면 피부 생체 검사를 하여 병리 조직학적으로 조사할 필요가 있다.

치료 증상의 일시적인 개선 방법으로 온수욕과 린스를 자주 해주는 것과 비타민 A 유도체의 내복을 들 수 있다. 단, 이황화 셀렌, 타르, 과산화 벤조일을 함유한 샴푸를 사용하면 상태를 악화시키기도 하므로 주의한다. 증상을 완화할 수는 있지만 완치는 바랄 수 없다. 각질 비듬이 끊임없이 떨어지므로 집 안에서 키우는 데에는 여러 가지 문제가 따른다. 피부의 세정과 보습을 쉽게 하려면 털은 짧게 해주는 것이 좋다. 유전병이므로 번식시키면 안 된다.

백색증

피부나 털, 눈의 색깔은 멜라노사이트(멜라닌 세포)에서 생성되는 검은색 색소(멜라닌)의 양으로 정해진다. 백색증은 이 멜라닌의 합성 과정에 장애가 있어서 피부나 털 색깔이 연해지는 상염색체 열성 유전병이다. 멜라노사이트는 정상으로 존재하지만, 멜라닌 합성에 필요한 효소인 티로시나아제가 감소하거나 결핍된 결과, 멜라닌이 감소하거나 결핍된다.

증상 전신의 피부와 털이 흰색을 띤다(실제로는 피부의 혈관이 비쳐 보이므로 연분홍색을 띤다). 눈의 홍채(눈동자) 색은 연하며, 개는 청색이 되는 일이 많다. 눈부심 증상도 보인다.

진단 털이나 피부, 눈의 색깔과 안저 검사(안저에 빛을 대는 검사)로 진단한다. 안저 검사를 해보면 혈관까지 투과되어 눈이 빨갛게 보인다.

치료 유효한 치료법은 없다. 자외선에 대한 저항력이 약하므로 자외선을 절대로 쬐지 않도록 실내에서 키운다. 유전병이므로 번식은 시키지 않는다.

체디악 · 히가시 증후군

전신 세포의 리소좀(세포 내 소화 작용 기관)의 형태나 기능의 이상을 나타내는 유전병이며, 페르시아고양이에게 보고되고 있다. 사람이나 소 등에게도 발생한다고 알려지지만, 개는 보고된 예가 없다. 상염색체 열성 유전에 의한 것으로, 털색이 블루 스모크이고 노란색 눈을 가진 페르시아고양이에게만 발병한다.

증상 호중구의 기능 이상으로 감염 방어 기능이 저하하므로 세균에 감염되기 쉬워진다. 혈소판의 기능 이상으로 출혈이 멎지 않게 되거나, 멜라닌 세포의 기능 이상에 의해 피부나 털의 담색화, 눈부심 등의 증상이 보인다.

진단 지혈 기능 상실이나 감염 방어 기능의 저하 때 이 병을 의심하는데, 고양이의 종류와 털색이 진단의 중요한 사항이 된다. 혈액을 채취하여 혈액 도말 표본을 만들고, 백혈구 내에 호중구 등의 대과립(비정상적인 리소좀)이 있는지 조사한다.

치료 다른 유전병과 마찬가지로 유효한 치료법은 없다. 지혈 기능 상실이 두드러지면 건강한 동물로부터 수혈받아 지혈을 촉진한다. 완치는 바랄 수 없다. 다른 동물과의 싸움을 피하고자 실내에서 단독으로 키운다. 유전병이므로 번식시켜서는 안 된다.

피부 무력증

피부의 주성분인 콜라겐의 생성 이상으로 피부가 찢어지기 쉽고 비정상적으로 늘어나는 선천 병이다. 개나 고양이에게서는 대개 상염색체 열성 유전병이며, 열성 유전성의 피부 무력증도 보고되어 있다. 피부의 주성분인 콜라겐의 전구체에서 콜라겐으로 변환을 수행하는 효소가 제대로 작용하지 않아서 콜라겐이 충분히 생성되지 못한 것이 원인이다.

증상 어떤 부위의 피부를 잡아당겨도 비정상적으로 늘어나는 것이 특징이다. 피부가 대단히 물렁물렁해지며 소소한 상처에도 찢어진다. 이때 출혈은 거의 없으며 바로 치유되어 상처의 흔적이 남는다. 외상 부위의 피부밑에는 혈종(피 주머니)이 보이기도 한다. 피부 이외의 증상으로는 관절의

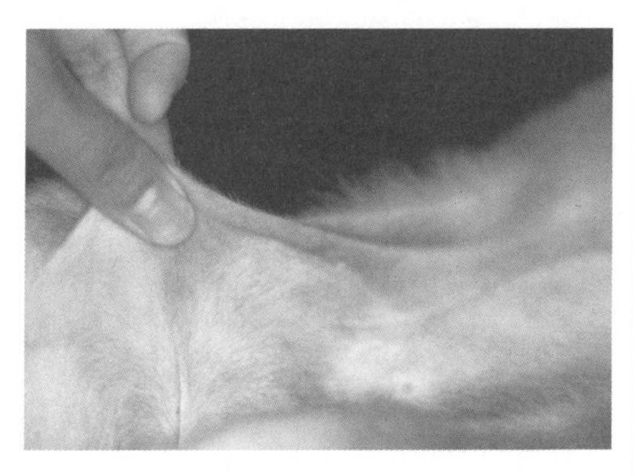

피부 무력증인 샴고양이(얇아지고, 비정상적으로 늘어나는 복부의 피부).

과다 사용, 눈의 이상, 강아지의 배꼽 탈장이나 샅고랑 탈장 등이 보고되어 있다.

진단 피부가 늘어나는 정도를 토대로 진단하며, 피부 생체 검사를 하기도 한다. 피부가 늘어지는 이상 증상도 서서히 진행하므로 유년기에는 보호자가 알아차리지 못하기도 한다.

치료 특별한 치료법은 없지만 개에게는 비타민 C를 투여하면 유효하다는 보고가 있다. 완치는 바랄 수 없다. 상처를 입지 않도록 주의하는 것이 중요하며, 싸움이나 교통사고를 피하는 것은 물론, 피부에 상처를 입힐 가능성이 있는 예리한 물건에 접촉하지 않도록 주의한다. 할퀴어서 자신에게 상처를 입힐 위험이 있으므로 뒷다리의 발톱을 잘라 두면 좋다. 찢어진 상처는 되도록 빨리 봉합한다. 유전병이므로 번식은 시키지 않도록 한다.

각화 이상증

원발성 특발 지루

지성 피부와 비듬의 증가가 특징이다. 코커스패니얼, 잉글리시 스프링어스패니얼, 바셋하운드, 차이니즈 샤페이 등은 지성 지루가 많이 발견되는 종이다. 도베르만핀셔, 영국세터, 꼬마슈나우저, 닥스훈트에게서는 건성 지루가 보인다. 증상이 진행하면 피부의 냄새가 심해지며 이차 감염으로 가려움을 동반한다. 피부 표면에 있는 표피에는 아래의 기저 세포가 계속 분열하여 피부의 표면을 향해 이동하며, 마침내 피부 표면의 각질층을 형성하고 있다. 이 병에 걸리면 기저 세포의 분열이 정상일 때보다 왕성해지고 기저 세포에서 피부 표면으로 향하는 세포의 이동 속도도 빨라진다. 피부의 촉촉함을 유지하는 데 중요한 피지샘이라는 땀샘에도 변화가 생겨 탈모나 지루(지성 피부), 비듬이 생긴다.

증상 생후 1년까지의 어린 시기부터 증상이 나타나기 시작하는 예가 많으며 목의 앞쪽이나 몸체의 등쪽 및 양옆, 복부, 바깥귀의 탈모나 지루, 비듬이 일어나고 피부의 냄새가 심해진다. 증상이 진행되면 가려움을 호소하며 세균이나 말라세치아(효모균)의 이차적인 감염으로 증상이 악화한다.

진단 아토피 피부염이나 음식 과민증, 내분비 질환 등 유사한 피부 증상을 나타내는 병을 구별할 수 있다면 견종과 증상을 통해 이 병을 강하게 의심할 수 있다.

치료 샴푸로 피부 상태를 조절하는 것이 중요하다. 지루에 의한 피부의 왁스나 각화가 진행되어 늘어난 비듬을 각질 용해 샴푸로 제거하고 피부의 상태를 정돈한다. 증상이 심하면 며칠씩 샴푸를 해주어야 한다. 이차 감염이 있다면 항생제 등으로 치료한다. 특히 말라세치아라는 효모의 감염에 주의한다. 활성형 비타민 A인 합성 레티노이드의 투여도 유효하다. 철저한 치료를 계속함으로써 피부의 끈적임이나 냄새, 비듬, 가려움은 제어할 수 있지만 완치되는 병은 아니다. 끈기 있게, 평생에 걸친 관리가 필요하다.

아연 반응성 피부증

개에게 보이는 피부병이다. 미량 원소인 아연이 부족한 식사를 줄 때 발생하는데, 시베리아허스키나

맬러뮤트, 불테리어는 아연이 적절히 함유된 먹이를 주어도 발병하기도 한다. 아연 결핍은 먹이 내용물의 아연 함유량이 부족하거나 미네랄(칼슘, 인, 마그네슘) 함유율이 높고 대두 등의 곡류에 함유된 피틴산염이 많은 사료를 먹는 강아지에게 발생할 위험성이 있다. 갑작스러운 성장기에 있는 대형견은 주의가 필요하며 래브라도리트리버는 많이 발병하는 견종 중 하나다. 시베리아허스키와 맬러뮤트 중에는 장에서 아연 흡수 능력이 낮은 경우가 있다. 불테리어에게서는 상염색체 열성 유전의 대사 질환으로 말단(발의 맨 끝부분) 피부병이 보고되어 있다.

증상 발바닥의 발볼록살이나 관절 부분 등 피부가 외부와 강하게 접촉하거나 스치는 부위나 발끝, 꼬리, 피부와 점막의 경계 부분, 바깥귀, 발톱 주위의 피부 염증, 각질 증가, 비듬, 가피(부스럼)가 보인다.

진단 견종이나 병력, 특징적인 피부의 소견과 발생 부위, 식사 내용을 통해 진단할 수 있으며 피부 생체 검사에 의한 병리 조직 검사도 유용하다.

치료 적절한 먹이로 바꿔줘야 한다. 또한 황산 아연(10mg/kg/일)이나 아연 메티오닌(2mg/kg/일)을 경구 투여한다. 보통은 6주 정도면 완치된다. 시베리아허스키 등은 재발을 피하고자 1~6개월마다 유지 투여가 필요한 예도 있다.

비타민 A 반응성 피부증

일반적인 펫 푸드에는 필요량 이상의 비타민 A가 함유되어 있으므로 펫 푸드를 주식으로 하는 개와 고양이에게는 비타민 A 결핍이 잘 일어나지 않는다. 비타민 A 반응성 피부증은 코커스패니얼, 래브라도리트리버, 꼬마슈나우저에게 보인다. 정확한 원인은 알 수 없지만, 비타민 A에는 피부의 각질화를 억제하고 털의 성장을 활성화하는 작용이 있다는 것이 알려져 있으므로 이것의 결핍이 원인의 하나라고 생각할 수 있다.

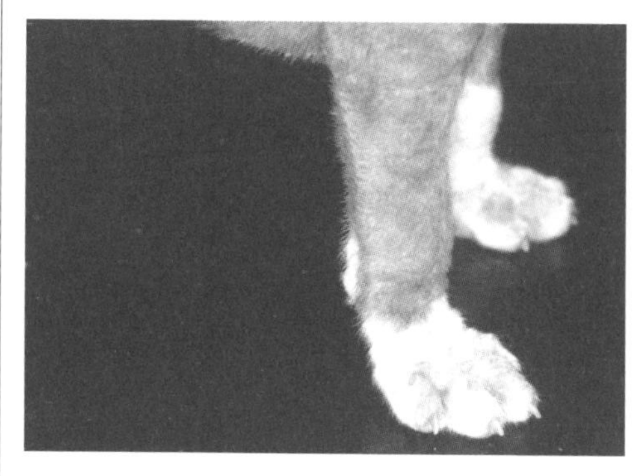

아연 반응성 피부증(생후 2개월인 복서). 양쪽 앞다리의 발끝에 탈모, 각질, 비듬이 보인다.

증상 2~5세 성견에게 보이며 흉부, 복부, 몸체 측면 등의 피부에 비듬이 증가한다. 진행되면 피부 표면이 기름지고 끈적끈적해지고 악취가 난다. 외이염이나 털의 발육 불량도 보인다.

진단 견종이나 나이, 증상 등에 더해 피부의 병리 조직 검사 결과에 토대하여 진단한다.

치료 비타민 A를 경구 투여한다. 3~4주 만에 증상이 개선되기 시작하여 8~10주 정도면 낫는다.

건선-태선 모양 피부증

잉글리시 스프링어스패니얼에게 보이는 드문 피부병이다. 유전적 요인으로 생각된다. 4개월령~3세령의 어린 잉글리시 스프링어스패니얼에게 발병한다. 보통은 피부에 염증이나 발적이 좌우 대칭으로 나타나며 두텁게 부푼 구진(피부 표면에 돋아나는 작은 병변)이 귓바퀴 안쪽이나 외이도, 복부, 넓적다리 안쪽에 보인다. 증상이 진행되면 병변부의 비대나 각화가 안면이나 전신에 퍼지기도 한다. 만성이 되면 심한 지루가 된다. 피부의 병리 조직 검사와 증상, 견종에 의해 진단한다. 효과적인 치료법은 없지만, 항생제를 투여하면 증상이 개선된다. 증상이 가볍고 건강에 영향이 없다면 특별히 치료하지 않기도 한다. 샴푸 요법이나 항생제 투여 등 증상에 따른 조치가 필요하다.

슈나우저 여드름 증후군

꼬마슈나우저의 등에 보이는 피부염이다. 피부 표면 각질층의 각화 이상이나 모낭의 이상이 생기는 유전성 피부병이다. 목에서 허리까지의 등을 따라서 구진이 생기고 털이 성겨진다. 이차적으로 세균 감염이 일어나면 작은 부스럼이 생기고 가렵다. 피부 증상과 견종으로 이 병을 의심한다. 병리 조직 검사가 진단에 유용하며, 갑상샘 기능 저하증이 동시에 일어나지 않았는지 주의할 필요가 있다. 지루용 샴푸를 이용하여 증상이 좋지 않을 때는 주 1~2회, 증상이 좋아지면 2~3주에 1회 정도 샴푸를 계속해 주면 좋다. 모낭에 이차적으로 세균 감염이 있을 때는 항생제를 내복하면 효과적이다. 일반 치료와 관리로 효과가 없으면 시험 삼아 활성형 비타민 A를 투여한다. 완치되는 피부병은 아니므로 가벼운 증상을 유지할 수 있도록 평생에 걸쳐 관리를 계속할 필요가 있다.

피지샘염

피지샘은 진피에 존재하는 지방을 분비하는 샘으로 여기에 염증이 생긴 것이다. 스탠더드 푸들, 아키타견, 비즐라, 사모예드에게 많이 보인다. 발생에는 유전적인 요인이 있는 것으로 생각된다. 피지샘에 대한 자가 면역 반응이나 피지샘 이상에 의해 진피로 새어 나온 피지에 대한 이물 반응 등이 원인으로 보인다. 털이 성겨지며 모근에 기름진 비듬이 보인다. 진행됨에 따라 비듬이나 모근 부분의 염증에 의한 부스럼 딱지가 두드러진다. 더 진행되면 피부가 두꺼워지고 건조해진다. 증상과 견종으로 이 병을 의심한다. 조직 진단이 유용하다. 각질 용해 작용이 있는 샴푸로 여러 번 목욕하고 린스나 보습제를 사용하여 피부의 건조를 막음으로써 피부 상태를 정상에 가깝게 유지할 수 있도록 노력한다. 이차 감염으로 증상이 악화하면 항생제를 투여한다. 활성형 비타민 A나 면역 억제제를 투여하면 유효한 때도 있다. 완치되는 병은 아니다. 평생에 걸쳐 관리할 필요가 있다.

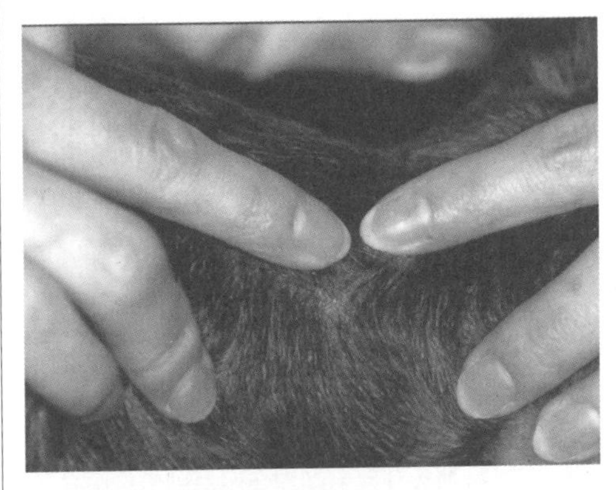

슈나우저 여드름 증후군(목 뒤쪽). 털을 헤쳐서 갈라 보면 여드름이나 부스럼이 보인다.

피지샘염은 넓은 범위의 탈모와 피부의 비대, 색소 침착을 보인다.

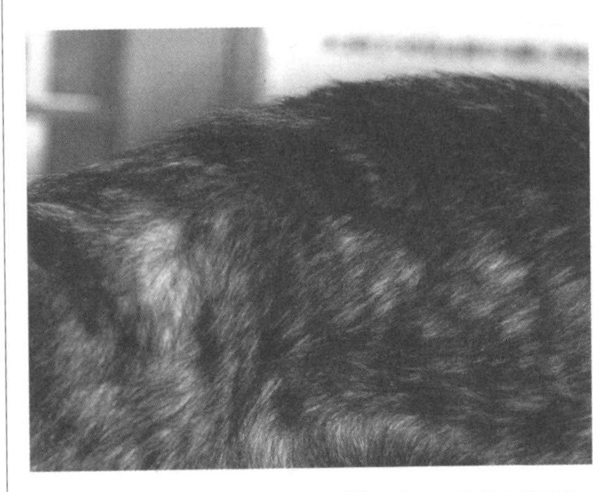

피지샘염을 앓는 아키타견의 털. 풍성함이 없고 탈모하여 비듬이 많아지고 부스럼이 보인다.

코와 발바닥의 각화 항진증

코나 발바닥의 발볼록살이 두껍게 부풀어 올라 그 부분에 균열이 생기는 피부병이다. 원인이 뚜렷하지 않은 특발성인 것은 노령견에게 보인다. 이차적인 것으로는 선천성 각질의 이상이나 아연 결핍증, 낙엽 천포창,[48] 홍역 바이러스 감염 등이 보인다. 코의 평평한 부분이나 발바닥의 발볼록살의 테두리 부분이 두텁게 부풀고 균열이 생긴다. 개의 환경, 특히 바닥의 재료가 뾰족한 자갈이거나 축축하고 불결하지 않은지 홍역이나 아연 결핍증, 낙엽 천포창 등의 병에 걸려 있지 않은지를 고려한다. 이상이 보이는 부분의 피부를 작게 채취하여 병리 조직 검사를 하면 진단에 유용하다. 청결한 환경, 특히 바닥의 재료에 주의를 기울인다. 각질 용해성 샴푸로 세정하고 환부에 보습제를 발라 준다. 이차적인 세균 감염이 있으면 항생제를 투여한다. 특발성이면 장기간에 걸쳐 병변 부분을 관리할 필요가 있다.

개의 여드름

단모 견종의 입 주변이나 아래턱의 피부에 농포(고름 물집)가 형성되는 병이다. 원인은 분명치 않지만 모낭이 막히거나 파괴되어 염증이 생김으로써 발병한다. 나이가 젊은 단모 견종에서 입술이나 아래턱의 아래쪽 피부에 증상이 보이는 경우가 많으며, 좁쌀처럼 우둘투둘한 염증을 일으킨 구진이나 눌러 짜면 불그스름한 분비액이 나오는 농포가 생긴다. 특히 젊은 개에게서는 개 모낭충증과의 감별이 중요하다. 살균 효과가 있는 약용 샴푸로 씻어 주어 청결하게 한다. 항생제 투여가 필요한 예도 있으며, 염증이 심하면 일시적으로 부신 겉질 호르몬제를 사용하기도 한다. 성견이 되면 발병하지 않게 되기도 하지만 오랫동안 반복하는 예가 많은 피부병이다.

내분비 질환

부신 겉질 기능 항진증

뇌하수체에서 부신 겉질 자극 호르몬이라는 호르몬이 과다하게 분비됨으로써 부신 겉질이 비대하거나 종양화함으로써 혈액 중에 코르티솔이라는 호르몬이 과다하게 분비되면 발병한다. 부신 겉질 호르몬제의 장기간 투여로 의인성 부신 겉질 기능 항진증도 있다. 피부 변화로는 코르티솔에 의해 모낭과 피지샘이 위축되어 탈모가 일어난다. 진피의 콜라겐과 탄성 섬유가 위축하고 복부의 피부가 얇아져서 처지게 된다. 코르티솔이 과다하게 분비됨으로써 항염증 작용이나 면역 억제 작용이 일어나고, 이차성 농피증이나 전신 감염증이 보이기도 한다.

증상 개에게서는 모든 견종에 보이는 질환이지만 고양이에게는 드물다. 체간부의 털이 좌우 대칭으로 빠지는 일이 많으며 털이 성겨지기 시작한 뒤로 6~12개월에 걸쳐서 진행한다. 병변부에는 가려움과 찰과상, 색소 침착이 보이고, 복부 팽만과 피부가 얇아지는 증상도 있다. 더 나아가 농피증이나 피부의 석회화가 함께 발생하기도 한다.

진단 혈액학적 검사와 혈액 화학 검사를 한다. 혈액학적 검사에서는 백혈구의 증가, 적혈구의 증가, 혈소판의 증가가 보이기도 한다. 혈액 화학 검사에서는 콜레스테롤의 증가, 개는 알칼리성 포스파타아제의 증가(고양이는 증가하지 않음)가 보인다. 소변 검사에서는 당뇨나 비뇨기 감염증이 보이기도 한다. 피부의 조직 검사에서는 표피와 피지샘의 위축, 석회 침착이 보이는 경우가 있다. 부신 겉질 기능 항진증 검사, 저농도 덱사메타손 억제 검사를 하여 진단한다.

치료 부신 겉질 종양에서는 한쪽 부신을 절제하는 것도 유효하다. 요즘은 합성 스테로이드인

48 일반적으로 물집이 나타나지 않지만, 한 번 나타나면 전신에 낙엽과 같은 벗음 피부염이 생기는 만성 천포창의 한 유형.

트리로스테인의 유효성이 증명되고 있다.
미토탄으로 치료하면 먹는 물 양과 소변량은 조기에 개선되지만 피부와 털의 변화에는 3~6개월이 걸린다. 피부병이 개선되기 전에 악화하기도 한다.

갑상샘 기능 항진증

갑상샘의 위축이나 갑상샘의 괴사로 갑상샘에서의 호르몬 생성 이상이 있을 때, 뇌하수체에서의 갑상샘 자극 호르몬 생성 이상이 있을 때, 그리고 시상 하부에서의 갑상샘 자극 호르몬 방출 호르몬의 생성 이상이 있을 때가 원인이 되는데, 많은 경우 갑상샘의 괴사가 원인으로 여겨진다.

증상 개에게 많이 보인다. 좌우 양쪽의 체간부에 탈모가 보이며 털은 건조하고 윤기가 없어진다. 뒷다리의 넙다리나 목줄을 맨 아랫부분 등 압박받는 부분에 탈모가 생기기도 한다. 대형견은 체간부보다 사지에 탈모가 일어나는 일이 많다. 꼬리는 래트 테일이라고 불리듯이 쥐의 꼬리처럼 되고, 피부는 색소 침착, 비대, 부기, 비듬이 생기기도 한다. 대부분 농피증을 병발한다.

진단 병력, 임상 증상, 혈액 중의 갑상샘 호르몬인 티록신, 트리요오드티로닌, 유리 티로닌을 측정한다. 그러나 이 측정값은 하루 동안에도 변동이 있으며, 다른 질환에서도 저하하는 경우가 있으므로 정확하다고는 말할 수 없다.

치료 갑상샘 호르몬을 보충하여 정상치에 가까워지도록 한다. 레보티록신은 모든 갑상샘 호르몬 기능 저하를 치료하는 데 사용된다. 리오티로닌은 소장에서 잘 흡수되므로 장관에서 흡수가 좋지 않은 갑상샘 기능 저하증인 개에게 사용할 수 있다. 단, 레보티록신보다 작용이 강해 중독을 일으키기도 하므로 주의가 필요하다. 적절하게 호르몬제를 계속 투여하면 좋은 결과를 얻을 수 있지만 평생 투여해야 한다.

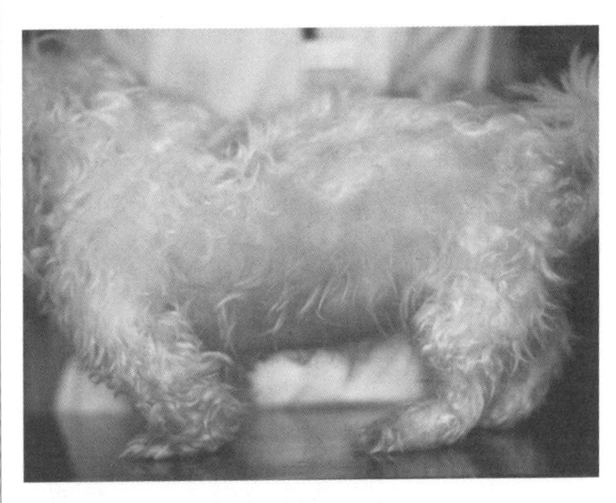

복부 팽만이 있고 체간부의 털이 성겨진 몰티즈.

뇌하수체 난쟁이

독일셰퍼드에게 많이 발생하는 질환이다.
뇌하수체에 다양한 크기의 낭이 존재함으로써 여러 가지 호르몬을 분비하는 뇌하수체 전엽이 압박된 결과 기능 부전이 일어나며, 그중에서도 성장 호르몬이 모자라면서 일어나는 질환이라고 알려져 있다.

증상 생후 2~3개월 지났을 무렵에 성장 불량을 일으키며 털이 두드러지게 짧아지고 좌우 대칭성 탈모가 보이게 된다. 그 후 탈모가 진행되면 피부에 색소 침착이 일어난다. 갑상샘 기능 저하증, 부신 겉질 기능 저하증을 병발하기도 한다.

진단 증상, 피부의 조직 검사, 발육 지연에 의한 골단선이 열려 있는지를 확인하는 엑스레이 검사로 진단한다. 갑상샘 기능 저하증, 부신 겉질 기능 저하증 검사도 함께한다.

치료 일반적으로 장기 예후는 불량하다. 인체용 유전자 조작 성장 호르몬이 치료에 이용되지만 부작용으로 과민증이나 당뇨병을 발병하는 경우가 있다. 호르몬제를 투약하면 탈모는 개선되는 예가 있으며 솜털 같은 털이 난다. 개는 뼈의 성장이 끝난 다음부터 호르몬제 치료를 시작하는 때가 많으므로 치료해도 몸은 별로 성장하지 않는다.

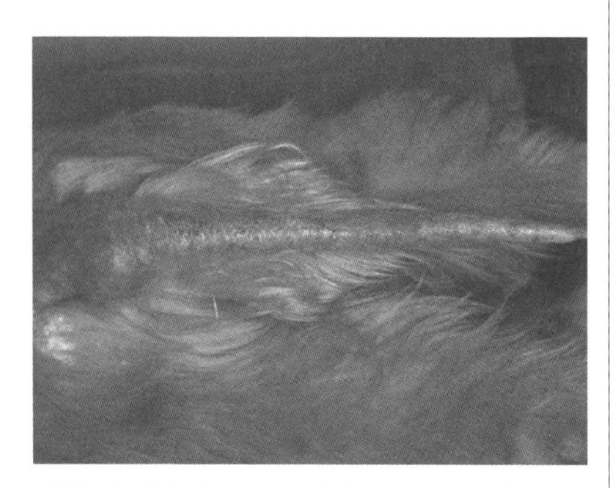

갑상샘 기능 항진증을 앓고 있는 개. 털이 빠지고 색소 침착이 일어나 쥐의 꼬리처럼 보인다.

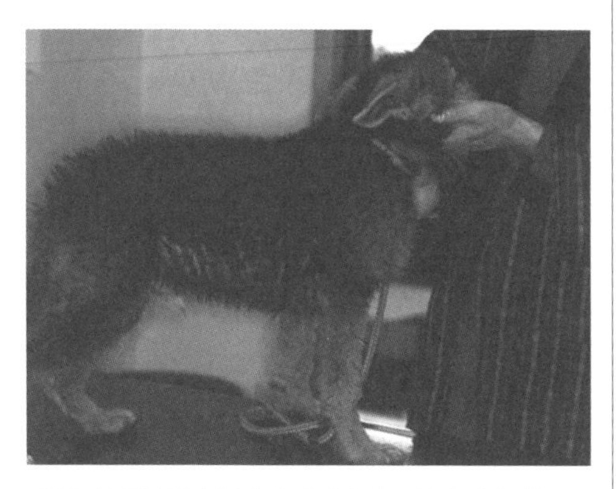

뇌하수체 난쟁이 증상을 앓는 독일셰퍼드(6개월령). 발육이 늦고 털이 듬성듬성하다.

개의 가족성 피부염

콜리, 셰틀랜드양몰이개, 코기, 차우차우, 독일셰퍼드 등의 견종에 인정되는 유전 질환이다. 6개월령 이전에 발생하며 안면, 사지, 꼬리 끝에 좌우 대칭의 탈모나 홍반, 가벼운 부스럼이 보이는 질환이다. 때로 물집이나 농포, 궤양이 보이기도 한다. 피부 증상을 나타낸 후, 근육 위축을 일으킨다. 진단은 병력, 신체검사, 피부 생체 검사를 한다. 비타민 E를 투여하고, 염증이 있는 경우에는 프레드니솔론을 투여한다. 장기간 투약하면 근육 위축증이 악화할 가능성이 있다. 완전한 치료는 어렵다고 말할 수 있다. 유전 질환이므로 번식시키지 않는다.

에스트로겐 과잉증

수컷에게서는 에스트로겐을 생산하는 세르톨리 세포의 종양화와 특발성 수컷의 여성화 증후군이 원인이라고 알려져 있다. 암컷에게서는 난소 낭종, 난소 종양이 원인이 된다. 회음부, 외음부, 복벽 앞쪽 면에서 머리 쪽으로 확대되듯이 좌우 대칭으로 탈모가 보인다. 피부에서는 다양한 색소 침착이 일어나며 털은 풍성하지 않고 잘 빠지고, 깎으면 다시 자라지 않게 된다. 병력과 신체검사 결과에 더해, 암컷이라면 발정 주기를 토대로 진단한다. 암컷은 중성화 수술을 한다. 피부 상태에 따라서는 국소적으로 항지루제를 사용하는 것도 유효하다. 수컷은 중성화 수술을 하거나 메틸테스토스테론을 투여한다, 암컷은 난소 자궁 적출로 3개월 이내에 증상이 개선되지만 그중에는 6개월이 걸리는 것도 있다. 수컷도 중성화 수술을 한 다음에 치료한다.

피임 · 거세 반응성 피부 질환

경부(목), 복부, 회음부에 좌우 대칭의 탈모가 보인다. 원인은 특정되어 있지 않다. 암컷 개는 1년에 몇 번 발정이 있거나, 발정이 지속되거나, 피임하지 않았는데 발정이 보이지 않을 때 에스트로겐 과잉증을 의심한다. 피부 소파 검사, 피부 생체 검사를 하여 다른 질환과 감별한다. 혈중의 소포 호르몬(17 베타 에스트라디올)이라는 호르몬 상승이 보이면 피임 · 거세 반응성 피부 질환을 생각할 수 있다. 가능하다면 중성화 수술을 한다. 그러나 이 질환에 대해서는 아직 알지 못하는 것이 많으며 수술해도 피부병이 개선되지 않기도 한다.

탈모증 X(알로페시아 X)

부신성 프로게스테론 과다증, 안드로겐 과다증이 원인으로 생각된다. 일반적으로 포메라니안, 차우차우, 케이스혼트 등 북방 견종에게 발병한다. 암수 모두 보이지만 수컷에게 많이 발생한다.

중성화 수술 전후에 증상이 나타나는 일이 많으며 사지와 두부를 제외한 부위에 좌우 대칭의 탈모가 보인다. 환부는 완전히 탈모하지만 양털 같은 털이 남기도 한다. 피부에는 비듬이나 색소 침착이 인정되기도 한다. 성장 호르몬 반응성 피부증, 성호르몬 관련성 피부 질환이라고 부르기도 한다. 일반 혈액 검사, 생화학 검사로 진단하며 갑상샘과 부신의 기능을 검사하여 갑상샘 기능 저하증, 부신 겉질 기능 항진증과 감별한다. 피부 생체 검사로는 다른 내분비 질환과 감별하기 힘들다. 거세하지 않았다면 중성화 수술을 한다. 거세 후에 발병하면 성장 호르몬이나 메틸테스토스테론을 투여한다. 요즘은 멜라토닌이나 트리로스테인이라는 약이 효과적이라고 알려져 있다. 치료하면 털이 자라지만 그 후 털갈이 주기에 따라 다시 털이 빠지기도 한다.

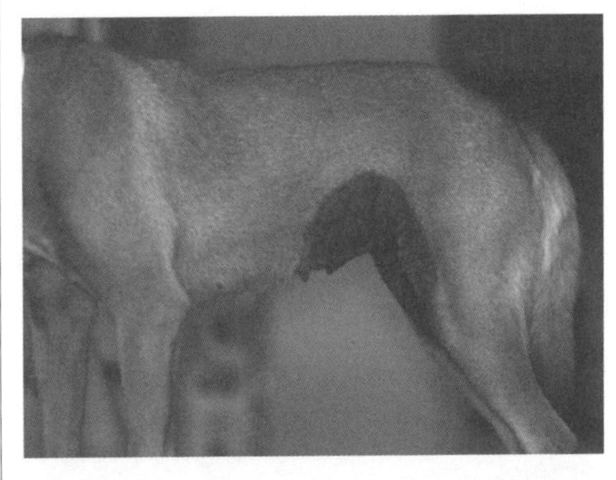

탈모증으로 복부의 탈모와 색소 침착이 보이는 피임하지 않은 개.

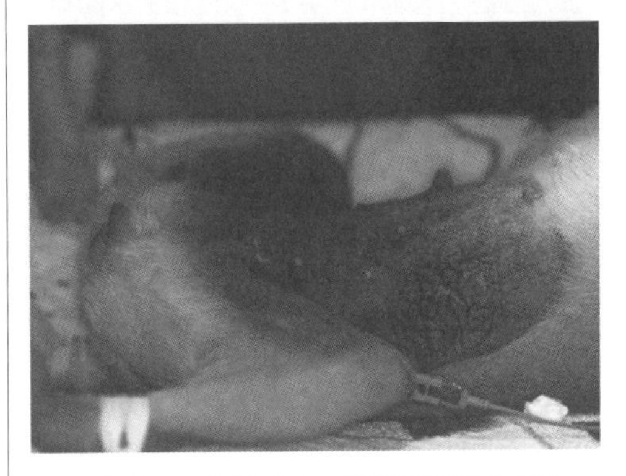

호르몬의 영향으로 유두가 커지고 피부의 비대가 보이는 피부 질환.

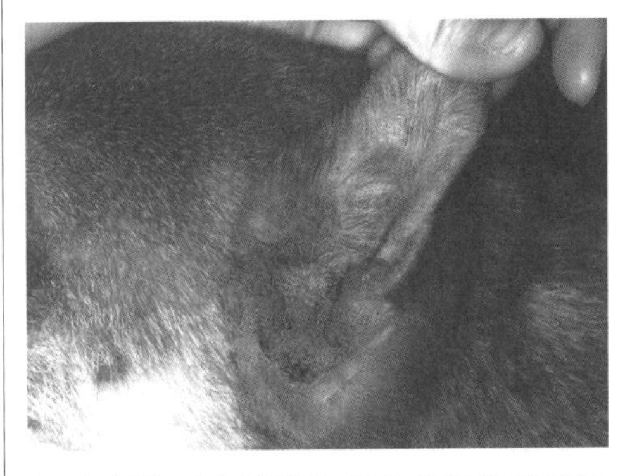

아토피 피부병(시바견). 만성화로 눈 주위와 외이에 피부의 비대와 색소 침착이 보인다.

알레르기 질환

아토피 피부병

아토피 진단을 받는 개가 점점 늘어나고 있다. 배나 얼굴, 발, 겨드랑이 아래에 피부병이 보이고 가려움을 동반하는 일이 많으며, 약 절반의 개는 외이염을 병발한다. 호흡할 때 흡입한 물질이 알레르기를 일으킨다고 생각되어 왔지만, 요즘은 피부에서 원인 물질(항원)이 침입하여 그 항원이 IgE라고 불리는 항체와 결합함으로써 그 후 다양한 염증 반응이 일어나는 것으로 본다. 그러나 정확한 메커니즘은 아직 알려지지 않았다.

증상 1~3세에 발병하는 예가 많으며 한 살 미만의 개에게서 발병은 적은 것으로 여겨진다. 시바견이나 골든리트리버에게 많이 보이는 경향이 있다. 피부의 병변은 주로 복부, 안면(특히 눈 주위), 다리나 발가락 또는 발가락 사이, 겨드랑이 아래, 외이(만성 외이염)에 나타난다. 대부분 가려워하며 초기에는 피부의 발적이나 탈모 정도지만, 만성화됨에 따라 피부의 비대나 색소 침착(거무스름해짐), 지루(기름지고 끈끈하며 냄새가 심해짐), 홍반이 진행된다. 포도상 구균이나 말라세치아라는 세균의 감염으로 증상이 악화하는 예도 많이 보인다.

진단 발병 나이와 증상으로 거의 진단할 수 있지만,

귀 옴(이개선증)이나 아카루스(개 모낭충증), 벼룩 알레르기, 음식 알레르기 등과 구별이 필요하다. 단, 음식 알레르기와 아토피가 동시에 발생하기도 하며, 증상만으로 그것들을 구별하기 힘든 사례도 많다. 알레르기를 일으키는 원인 물질을 피내에 주사하여 피부의 반응을 관찰하는 〈피내 반응〉이나, 항원에 반응하는 혈액 중의 IgE를 검사하는 방법이 있다. 이들은 진단의 보조로 이용하거나 치료에 유용한 때도 있다.

치료 샴푸는 가정에서 할 수 있는 가장 좋은 치료다. 샴푸에는 피부의 더러움이나 여분의 지방 성분을 제거하고 피부에 부착한 항원 물질을 제거하는 효과가 있다. 샴푸 제품은 보습 효과가 있는 것을 고르고, 샴푸 후에 린스나 보습제를 사용해도 효과적이다. 세균이나 말라세치아 감염에 대해서는 항생제나 효모에 유효한 약제를 투여한다. 특히 항생제는 서서히 감량하면서 장기간 투여하면 개선된 증상을 유지하는 데 유효하다. 부신 겉질 호르몬제가 증상의 개선에 유효하다. 부신 겉질 호르몬제는 막연히 계속 투여하지 말고, 반드시 수의사의 지시를 지켜서 잘 투여한다.
가려움증을 다스리기 위해 항히스타민제도 사용된다. 요즘은 개 인터페론 감마나 면역 억제제인 시클로스포린도 사용된다. 또한, 꼼꼼하게 실내를 청소하여 벼룩 사체 등이 포함된 집 먼지를 제거한다. 불포화 지방산의 함유 비율이 고려된 알레르기 체질 동물용 펫 푸드를 주는 것도 계속하면 유효한 때가 있다. 그 밖에도 민감 소실 요법이라는 치료법이 있다. 피내 시험이나 혈청 IgE 항체의 측정 결과를 토대로 특정 항원 물질을 정기적으로 주사하는 방법이다. 증상이 사라지는 예에서 개선되는 예까지 포함하면 70퍼센트 가까운 예에서 효과가 있는 것으로 알려져 있다. 장기적으로 관리가 필요하며, 악화했을 때만 서둘러 치료하면 치료 효과가 낮아지거나 오히려 병이 진행되어 버리기도 한다.

벼룩 알레르기 피부염

벼룩에 대한 알레르기로 개와 고양이 모두에게 보인다. 벼룩의 타액 속에 있는 어떤 종류의 단백질에 대한 과민증이라고 알려져 있다.

증상 개는 배근(등살)을 따라 허리나 꼬리 부분에 증상이 가장 많이 나타난다. 피부가 염증을 일으켜 빨갛게 되거나 탈모가 보인다. 오돌토돌하게 구진이 생기고 가려우므로 핥거나 긁어서 피부 상태가 악화하고 급성 습진을 일으키기도 한다. 고양이도 배근을 따라 목이나 허리 부위에 나타나는 일이 많으며, 좁쌀 피부염이라고 불리는 좁쌀 같은 오돌토돌한 구진이나 홍반이 보인다. 허리나 복부는 핥음으로써 탈모가 진행된다.

진단 피부병 발생 부위나 피부 병변의 소견, 벼룩이 발생하는 계절인지 아닌지를 통해 이 병을 의심한다. 과거에도 벼룩이 있는 계절에 같은 증상을 일으켰다면 벼룩 알레르기를 의심할 수 있는 포인트가 된다. 벼룩의 기생 숫자가 적어도 발병하므로 까만 벼룩 똥이 털에 붙어 있지 않은지 꼼꼼하게 관찰한다. 개는 벼룩의 항원에 대한 피내 반응 검사를 이용할 수 있다.

치료 증상은 부신 겉질 호르몬의 투여로 개선된다. 이차 감염이 있으면 항생제를 투여해야 한다. 원인이 되는 벼룩의 퇴치도 중요하다. 현재, 다양한 벼룩 퇴치제를 이용할 수 있다. 개나 고양이의 체중, 건강 상태, 사육 환경을 고려하여 퇴치제를 선택하는 것이 좋다. 수의사에게 상담하여 선택하기를 바란다. 치료하면 증상은 개선되지만 벼룩이 기생하는 한, 재발한다. 이 병을 매년 반복하는 예도 있으므로 벼룩이 번식하는 계절이 오기 전부터 대책을 세워야 한다.

접촉 피부염

자극성이 있는 해로운 것과 접촉하여 일어나는 것은 일차 접촉 피부염이라고 한다. 알레르기를 일으키는 것과 접촉하여 피부에 염증이나 물집이 생기거나 짓무르는 것이 알레르기 접촉 피부염이며, 발생은 드문 것으로 알려져 있다. 물질 자체가 직접 피부에 자극을 일으킬 때, 접촉한 물질에 대해서 알레르기 반응이 일어나서 피부염을 일으킬 때가 있다. 접촉 알레르기(접촉 과민증)의 원인 물질은 특정할 수 없는 경우가 많은데, 카펫이나 플라스틱, 연고 등에 함유되는 항생제 등이 알려져 있다.

증상 접촉한 부분의 피부에 홍반이나 구진, 물집이 보이고 가려움을 동반한다. 알레르기 접촉 피부염에서는 원인 물질과의 접촉이 계속되면 피부염이 차츰 주위로 퍼져가며, 특히 복부로 퍼지기 쉽다고 한다.

진단 원인이 되는 물질과의 접촉을 피한 후에 증상이 개선되는지 관찰한다. 카펫이나 가구를 치우거나 산책할 때 풀에 닿지 않도록 주의한다. 전신을 자극 없는 샴푸로 씻은 후, 2주에 걸쳐서 원인이라고 생각되는 것과의 접촉을 피하고, 그 후 짧은 시간씩 의심되는 것에 접촉하게 하여 증상이 나타나는지 관찰하는 〈제외 시험〉이라는 방법이 있는데, 이 방법은 시간과 수고를 들여야 하므로 시행하기는 상당히 어렵다. 피부 접촉 검사와 병리 조직 검사를 조합하는 검사 방법도 있지만, 정확하게는 병력, 증상, 제외 시험과 조합하여 평가할 필요가 있다.

치료 원인 물질을 알아낸다면 접촉을 피함으로써 증상이 개선된다. 그러나 원인 물질이 판명되지 않는 경우도 많으며, 그런 경우에는 스테로이드제의 외용이나 내복에 의한 치료가 필요하다. 펜톡시필린이라는 약제의 투여가 개에게 효과가 있는 것으로 알려져 있다. 원인 물질과의 접촉을 피할 수 없다면 장기간의 치료가 필요하다.

음식 과민증(음식 알레르기)

여기서는 음식 안의 어떤 성분에 대한 반응이 원인으로 일어나는 음식 알레르기 중에서 피부에 보이는 이상에 관해 설명한다. 음식이나 그 속에 함유된 첨가물에 대한 알레르기 반응으로 피부에 장애가 나타나는 것으로, 일반적으로는 우유, 쇠고기, 밀, 대두, 생선, 옥수수 등이 원인 물질(알레르겐)이 되기 쉽다고 알려지지만 그 밖에도 다양한 알레르겐에 의한 가능성이 있다. 알레르기 피부염 가운데 음식 알레르기가 차지하는 비율은 적다고 알려져 있다.

증상 모든 나이에서 보이지만, 개는 한 살 미만의 유년에서 증상이 나타나는 일이 많다고 하며, 고양이는 나이에 특별한 경향이 보이지 않는다. 전형적인 병변의 발현 부위는 눈 주위와 입 주위다. 가려움이 심해 긁거나 문질러서 붉은 염증을 일으킨다. 이차적으로 세균이 감염하여 피부의 비대나 탈모, 색소 침착으로 피부가 거무스름하게 보이게 된다. 음식 알레르기로 인해 개는 만성 외이염이나 재발성 농피증이 일어나고, 고양이는 좁쌀 피부염이나 호산구 육아종이 일어난다.

진단 어린 시기(1세 미만)의 발병(개의 경우)과 증상에 계절성이 없는 점, 피부 병변 부위 등에서 이 병을 의심한다. 단, 아토피 피부염과 구별이 어려운 예나 아토피 피부염이 동시에 보이는 예도 있으므로 진단은 반드시 쉽지만은 않다. 단백질로서 지금까지 먹었던 적이 없는 것을 선택하여 주는 제거식 시험이 유효하다. 최소한 6주 동안은 제거식을 주어서 증상이 개선되면 음식 알레르기라고 말할 수 있다. 그 후, 한 종류씩의 음식을 각각 1주일간 시험하여 알레르겐이 되는 음식을 찾아낸다.

치료 제거식으로 증상의 개선이 보이는지를 관찰한다. 제거식을 주는 것이 곤란하다면 알레르기 질환용 펫 푸드를 시험해 본다. 필요하다면 샴푸나 항생제의 투여 등 대증적인 치료도 시행한다. 이 병에 나타나는 가려움증은 스테로이드에 반응하지 않는 예도 있다. 알레르기 체질이므로 음식에는 장기간에 걸친 주의가 필요하다. 알레르기 반응을 나타내는 음식의 종류가 서서히 늘어가는 것도 생각할 수 있다. 벼룩의 기생을 피하고 사육 환경을 청결히 유지함으로써 피부에 염증이 잘 생기지 않도록 한다.

자가 면역 질환

천포창

사람이나 동물은 몸속에 바이러스나 세균 등의 해로운 물질이 들어오면 면역으로 그것들을 공격하여 배제하려 한다. 그러나 면역이 어떤 이상을 일으켜서 자기 몸을 잘못하여 공격해 버리는 일이 있다. 이것을 자가 면역 질환이라고 하며, 몸의 모든 장소에 발생하고 피부에도 자가 면역 질환이 일어난다. 자가 면역 질환인 천포창(물집증)은 코나 귀, 발볼록살에 이상이 생긴다. 표피의 세포 간 접착(데스모솜)에 장애가 생겨, 그 결과 세포가 뿔뿔이 떨어져 나가서(극융해) 피부나 점막에 이상이 생긴다. 표피의 어떤 부위에 이상이 생기는지에 따라 낙엽 천포창, 보통 천포창, 홍반 천포창 등으로 분류된다. 이 가운데 낙엽 천포창의 발생이 가장 많다.

증상 낙엽 천포창에서는 안면이나 코 평면(나비 모양 병변), 귀나 발볼록살 등에 부스럼, 짓무름, 궤양이나 탈모가 생긴다.

진단 병력과 피부 증상에서 이 질환을 의심한다. 피부 찰과 표본 검사와 털 검사로 진드기 등의 외부 기생충과 피부 사상균증을 제외한다. 세포 검사를 통해 농피증 유무를 파악한다. 확진에는 병변부 피부의 병리 조직 검사가 필요하다.

치료 천포창의 관리에는 수많은 약제 및 치료법이 존재한다. 가장 빈번하게 행해지는 치료법은 부신 겉질 스테로이드제의 전신 투여다. 증상이 개선되지 않을 때는 스테로이드제의 증량을 검토한다. 그러나 스테로이드제에 반응이 보이지 않거나 중대한 부작용(특히 개)이 나타나기도 한다. 그런 때는 스테로이드제의 감량 또는 면역 억제제의 사용을 생각한다. 면역 억제제는 아자티오프린(고양이에게서는 강한 골수 독성이 보이는 경우가 많다)이나 시클로스포린 등이 사용된다. 그리고 스테로이드제에 의한 전신 요법의 보조 치료로 비타민 E, 테트라사이클린과 니코틴산 아마이드의 투여, 스테로이드제나 타크로리무스 연고에 의한 국소 요법(외용약의 도포)이 행해지기도 한다. 국소 요법을 행할 때는 보호자에게 흡수되는 것을 피하고자 장갑을 끼고 사용한다. 이 질환의 악화 요인으로 자외선이나 벼룩 기생의 관여가 생각되므로 직사광선을 피하고 벼룩을 방제할 필요가 있다. 치료로 증상의 개선이 보이는 예와 증상이 파괴적으로 진행하는 예가 있다. 약제가 듣지 않거나 중대한 부작용이 생긴 경우는 천포창 관리가 곤란하다.

물집 유사 천포창

표피와 진피를 접착하는 세포가 공격받아 표피와 진피가 떨어져 버리는 피부 장애가 생긴다. 콜리, 셰틀랜드양몰이개에게 발생이 인정된다. 고양이에게도 보이지만 개와 고양이 모두 드문 병이다. 입안의 병변, 샅고랑 부위(가랑이)의 피부에 부스럼이나 궤양이 생긴다. 병변은 급속히 진행하여 퍼져 가는 예가 있으며 때로 발열, 탈수, 패혈증이나 쇼크 등 전신적인 증상을 일으키기도 한다. 견종이나 병변 부위의 특정과 신체검사, 그리고 조직 검사를 통해 진단하지만 확실하게 진단할 수는 없다. 천포창 치료와 같지만 급격히 악화하거나 치료 효과를 얻기 힘든 예도 있다.

원반 모양 홍반 루푸스

대부분 안면의 코 부분에 병변이 보인다. 피부 이외에는 건강한 편이다. 개에게서는 콜리, 셰틀랜드양몰이개 등의 견종에 많이 보인다. 고양이에게 발생은 대단히 희귀하다. 여름이나 햇빛이 강한 계절에 많이 발병하는 것으로 보아 자외선과 관계가 있을 것으로 생각할 수 있다, 증상은 코 평면(코 위쪽 부분의 털이 없는 부분)에 궤양, 홍반, 색소 빠짐, 부스럼 등이 보인다. 병력과 피부의 증상으로 이 질환을 의심한다. 피부 찰과 표본 검사와 털 검사로 진드기 등 외부 기생충과 피부 사상균증을 제외한다. 세포 검사로 농피증 유무를 파악하며, 확진하려면 병변부 피부의 병리 조직 검사가 필요하다. 치료는 천포창이나 다른 자가 면역 피부 질환과 마찬가지로 부신 겉질 스테로이드제나 면역 억제제의 사용, 그리고 직사광선을 피하는 것이 중심이다. 비교적 경증인 경우가 많지만 장기간 치료가 필요한 예도 있다. 홍반 루푸스는 다른 타입으로 전신 홍반 낭창이 있다. 이 질병은 여러 부위가 잇따라 이상을 일으키며, 장애성이 강한 다발성 전신 자가 면역 질환으로, 피부 병변 이외에 신장 장애(사구체 신염)나 빈혈(면역 매개 용혈 빈혈), 관절염(비미란성 다발 관절염), 신경학적 이상(다발 신경염 등) 등이 인정된다. 증상이 복잡해지면 치료는 더 곤란해지고 예후는 종종 불량해진다.

포그트 · 고야나기 증후군(포도막 피부 증후군)

피부와 눈에 장애가 생긴다. 면역 이상으로 멜라닌 세포(표피의 기저층이라고 불리는 부위에 존재하는 세포)에 다양한 장애가 일어남으로써 발생한다고 생각된다. 눈, 피부, 털에 이상이 보이며 눈의 이상은 피부의 이상보다 먼저 보이는 일이 많은 것 같다. 포도막염, 녹내장, 백내장 등을 일으키며, 중증이거나 치료 효과가 보이지 않을 때는 실명할

개의 낙엽상 천포창. 코 주위나 콧날과 눈 주위에 탈모와 발진이 보인다.

고양이의 낙엽 천포창. 발볼록살과 발톱 주변에 부스럼이 보인다.

가능성이 있다. 피부나 털의 이상으로서 눈 주위, 코, 입술, 외음부, 발볼록살 등에서 색소의 소실이나 부스럼의 형성, 홍반, 궤양이 보인다. 이 병은 특히 아키타견과 시베리아허스키에게 많이 발생한다. 견종이나 병변 부위(눈이나 피부)를 참고하여 안과 검사, 신체검사, 조직 검사로 진단한다. 치료로는 부신 겉질 호르몬제의 외용과 전신 투여가 필요하다. 면역 억제제를 적극적으로 사용해야 하는 예도 있다. 대개는 평생 치료가 필요하다.

개의 가족성 피부 근육염

피부와 근육에 장애가 생긴다. 콜리와 셰틀랜드양몰이개에게서 가족성으로 발병하는 것으로 미루어 유전으로 생각할 수 있다. 비교적 어린 나이에 발병이 많은 것 같지만 성견도

보고되어 있다. 피부와 근육에 이상이 생기며, 피부에서는 코, 눈 주위, 귀, 사지의 선단 부분, 꼬리에 탈모와 홍반, 부스럼 등이 일어나며, 그것들의 정도는 다양하여 자연스럽게 낫기도 한다. 근육의 병변은 깨물근 등의 입을 움직이는 근육이 위축된다. 그러므로 중증일 때는 먹거나 마시지 못해 영양 불량이나 성장이 늦어지기도 한다. 견종과 병변 부위를 고려하여 신체검사, 조직 검사, 근전도 검사 등을 하여 진단한다. 이 병은 좋아졌다가 나빠지기를 반복하는 일이 많으며 치료는 일반적으로 곤란하지만, 자연히 낫기도 한다. 치료는 부신 겉질 호르몬제나 비타민 E의 투여를 중심으로 하는데, 치료하려면 오랜 기간이 걸리므로 부작용에 주의해야 하고 영양도 신경 써야 한다.

감염 질환

바이러스 감염증(개홍역 바이러스)

모빌리바이러스라는 그룹에 속하는 개홍역 바이러스로 공기 중의 바이러스 흡입이나 감염된 강아지와의 접촉으로 전염되며, 치사율이 매우 높고 전염 범위도 넓다. 백신을 접종하지 않은 강아지에게 발병률이 높아진다. 농포성 피부염, 우울, 식욕 부진, 발열, 양쪽 눈에서 장액 또는 점액 같은 물질의 배출, 결막염, 기침, 호흡 곤란, 설사, 신경 증상(뇌전증) 등이 보이며 피부의 병변으로 코와 발뒤꿈치에 과다 각화(각화가 심해져 피부의 각질층이 두꺼워짐)가 생기기도 한다.

세균 감염증

세균 감염에 의한 피부병으로 가장 많이 보이는 것은 농피증(고름 피부증)이다. 이 병은 피부의 화농성 세균 감염증(포도상 구균이 주된 원인균)을 말한다. 증상은 피부 발진과 더불어 가려움이 있는 것이 특징이다. 농피증은 세균의 감염 깊이에 따라 표재성 농피증, 심재성 농피증으로 나뉜다.
표재성 농피증은 단모종에게 많이 발생하는 경향이 있다. 모낭염이 특징이며 활동적인 발진기에는 모낭을 중심으로 구진과 농포가 보인다. 피부 발진과 가려움이 특징적이며, 개에게는 많이 보이지만 고양이에게는 드물다. 농포는 쉽게 찢어져서 부스럼 딱지가 생긴다. 반복적으로 재발하는 경우가 많으며 알레르기와 관계된 것으로 알려져 있다.
심재성 농피증은 단모종에 많이 보인다. 감염된 모낭이 붕괴함으로써 모낭을 중심으로 한 진피와 피부밑 지방으로 파급되는 피부염이며, 피부 발진은 적색 또는 자홍색 병변을 나타낸다. 적색이나 자색의 부푼 결절의 형성과 혈액이나 고름을 품은 액체를 배출하는 것이 특징이며, 샛길이 형성되거나 조직의 괴사가 일어나기도 하며 반복적으로 재발한다. 오래된 병변에서는 다발성으로 가피(부스럼 딱지)가 부착하고, 이 가피를 제거하면 그 아래에 피부가 나타난다. 이런 병변은 보통 가려움보다는 통증을 나타낸다. 광범위한 부기, 부종, 홍반, 궤양화, 조직 괴사, 다수의 샛길 형성, 발열, 활동성 저하가 보이며 중증이 되면 치료가 어려워 동물은 쇠약해지며, 특히 그람 음성균의 이차 감염이 병발하면 패혈증에 의해 사망하기도 한다. 세포 진단, 배양과 감수성 시험, 피부 생체 검사를 하는 것이 바람직하지만 특별한 진단 방법은 필요하지 않다. 병력이나 현재의 증상, 삼출액의 도말 표본, 항생제에 대한 반응을 통해 진단한다.
표재성과 심재성 농피증 모두 반복적으로 재발하는 경우가 많은데, 아토피 피부염, 음식 알레르기, 벼룩, 옴진드기 알레르기, 갑상샘 기능 저하증, 쿠싱 증후군, 성호르몬 부족, 스스로 낸 상처 등이 원인이기도 하다. 이들 농피증을 일으키게 되는 병변에 대한 치료와 더불어 린코마이신,

클린다마이신, 세팔렉신, 아목시실린-클라불란산, 독시사이클린, 미노사이클린, 클로람페니콜 등의 항생제를 장기간에 걸쳐서 계속 투여해야 한다. 동시에 클로르헥시딘, 과산화 벤조일이 들어 있는 약용 샴푸 등의 외용 요법이 추천된다. 환부를 청결하게 함과 더불어 사육 환경이 고온 다습하지 않도록 하고, 그루밍 부족이나 영양 불량이 생기지 않도록 주의하고, 스테로이드제를 과다 투여하지 않는다.

●고양이 나병

고양이에게는 대단히 드문 병이며 미국 서쪽 해안, 네덜란드, 오스트레일리아, 뉴질랜드, 영국 등의 해안 도시에 한정되어 보고되었다. 원래는 쥐에게 나병을 일으키는 세균인 미코박테리아가 이 병의 원인이라고 생각된다. 이 세균은 물린 상처나 감염된 쥐와의 접촉으로 고양이에게 감염된다. 상피와 피부밑에 한 개에서 두 개 이상의 궤양화한 결절이 보인다. 이 결절은 안면이나 체간, 앞다리에 많이 발생하며, 그 근처의 림프샘이 붓기도 한다. 통증은 없는 것으로 보이며 전신 징후는 없다. 세포 진단(흡인, 조직의 스탬프 표본)에서 호중구나 대식 세포가 보인다. 일반 염색법으로는 염색되지 않는 항산균 염색 양성의 간상(막대 모양) 구조가 보인다. 피부의 병리 조직학 검사에서는 항산균을 동반하는 확산성 육아종 피부염과 피부밑 지방 조직염이 보인다. 미코박테륨은 배양하기 대단히 곤란하므로 결과적으로는 대부분 음성이 된다. 모든 결절을 외과적으로 완전히 절제하는데, 완전 절제를 할 수 없을 때는 장기간(몇 개월)에 걸친 내과적 치료가 유효한 예도 있다.

●비정형 미코박테리아증

미코박테리아는 세균의 일종이며, 보통은 소나 돼지, 그 밖의 동물의 장에서 보이며 일반적인 환경에서는 비병원성으로 여겨진다. 비정형 미코박테리아는 사람을 포함하여 많은 동물에게 기회감염[49]을 일으키는 것으로 알려져 있다. 고양이는 미코박테리아의 피부 감염의 발병에 대해 감수성이 높은 것으로 생각되며, 보통은 증상을 나타내기 전에 외상을 입기도 한다. 고양이는 피부 병변이 복부나 샅고랑 부위의 지방 조직에 걸쳐서 가장 많이 인정된다. 병변은 만성 또는 재발성이며, 샛길이나 궤양을 동반하고 궤양성 보라색 반점이나 결절을 형성하는 것이 특징이다. 고양이 대부분은 이런 피부 증상이 전신에 나타나지는 않으며, 파종으로 퍼지는 경우는 드물다. 항균 요법에 반응하지 않는 외상이나 치료되지 않은 병변이 존재할 때는 충분한 신체검사와 혈액 화학 검사, 소변 검사를 하고, 파종 병으로 의심될 때는 엑스레이 검사, 초음파 검사를 적확하게 한다. 적절한 검사 재료를 채취하여 감수성 검사를 포함한 배양 검사를 하는 것도 중요하다. 항생제는 배양 검사나 감수성 검사 결과를 토대로 선택한다. 젠타마이신이나 아미카신, 카나마이신 등이 이용되고 있다. 단, 비정형 미코박테리아증은 치료에 오랜 기간이 걸리며 성공하지 못하는 예도 많고 치료를 중단하면 재발하는 일도 많다고 한다.

진균 감염증

피부 사상균증 피부에 많이 감염하는 진균이다. 개와 고양이에게 감염증을 일으키는 것으로 20종 이상이 알려져 있는데, 개는 석고상 소포자균에 의한 감염이 가장 많으며, 고양이는 98퍼센트가 개 소포자균에 의한 것이라고 알려져 있다. 증상은 다양하며 가려움을 동반하기도 한다. 탈모를 일으키고 병변 대부분에서 비늘 벗음이 보인다.

스포로트릭스증 진균의 일종을 원인으로 하는

49 건강한 상태에서는 질병을 유발하지 못하던 병원체가 동물의 면역 기능 저하에 따라 감염을 일으키는 일.

병이다. 개에게는 피부형과 피부 림프형의 두 가지 타입이 있다. 피부형은 다수의 결절이 생기고 주로 체간이나 두부에 분포한다. 한편, 피부 림프형은 한 다리의 원위단(몸통에서 더 멀리 떨어진 부분)에 결절을 형성하고 감염이 림프관을 타고 올라가 다시 이차 결절을 형성한다. 국소 림프샘의 비대를 동반하는 일이 많다. 증상이나 균의 배양, 세포 진단, 형광 항체 검사 등을 하여 진단한다. 발병하기 전에 상처를 입었다면 그것도 참고가 된다. 치료할 때는 트리아졸계 이트라코나졸 등의 약물 사용을 검토한다. 고양이에게도 이트라코나졸을 투여하는데 고양이는 이런 약물에 심한 부작용을 일으키는 일이 많으므로 일반적으로 치유가 어렵다고 말할 수 있다. 이 병의 치료에는 스테로이드제나 그 밖의 면역 억제제를 사용해서는 안 된다. 예방하려면 결절 병변을 동반하는 동물과의 접촉을 피하고 특히 나무껍질이나 물이끼를 포함한 부패 유기물이 풍부한 토양에 들어가지 못하게 하는 것이 중요하다.

말라세치아 감염증 말라세치아는 효모의 일종이다. 말라세치아 피부염은 여름이나 습도가 높은 시기에 많이 발생하며 겨울까지 지속된다. 개는 귀, 주둥이, 발톱 사이, 하복부, 항문 주위에 증상을 나타내는 일이 많고 환부의 발적과 가려움이 특징이며, 그중에는 미친 듯한 발작에 가까운 가려움을 나타낼 때도 있다. 한편 고양이는 주로 검은색 왁스 같은 외이염이나 여드름, 비듬, 홍색 피부가 나타난다.

외부 기생충 감염증

여드름진드기(모낭충증) 진드기가 개나 고양이의 모낭, 피지샘, 아포크린샘에 다수 기생함으로써 발병한다. 이 진드기는 수유 때 어미에게서 새끼에게 전파되는 예가 가장 많다. 만성적으로, 또는 제한된 부위에만 장기간에 걸쳐서 탈모가 보이면 이 병을 의심한다. 많이 보이는 부위는 두부, 경부, 앞다리이며, 난치성에서는 면역 기능의 저하나 중간 정도의 대사 질환이 관계한다고 생각된다. 한 살 미만의 순수 혈통 종의 개에게 많이 발생하며, 제한된 부위에만 보일 때의 증상은 경도이며, 90퍼센트가 자연 치유되지만, 나머지 10퍼센트는 급성이 되거나 차츰 전신으로 확대된다. 고양이에게서는 피부염의 원인으로는 대단히 드물다.

개선(옴) 옴진드기증이라고도 하며 계절을 가리지 않고 가려움을 나타내는 피부염이다. 원인이 되는 진드기는 피부의 각질층 내에서 영양을 섭취하고 있다. 그러므로 심한 가려움이 생기는 것이 특징이다.

발톱진드기증 발톱진드기는 0.4밀리미터 정도 크기의 진드기다. 발톱진드기는 동물끼리의 접촉으로 감염되며 대부분은 감염된 동물과의 직접 접촉에 의해 전파되지만 환경으로부터의 감염도 있다. 증상으로는 급성으로 발현하는 가려움과 비늘 벗음이 특징적이다.

그 밖의 피부 질환

일광 피부염

햇빛을 지나치게 쬠으로써 일어나는 피부염으로, 털이 하얀 동물이나 털이 성긴 부분에 일어난다. 장시간에 걸쳐서 햇빛을 쬠으로써 발병하며 유전 소인도 있는 것으로 생각된다. 피부에 색소가 적은 부위, 또는 안면이나 복부의 털이 성긴 부위에 일어난다. 개는 코의 상부에 일어나기 쉬우며 콜리, 셰틀랜드양몰이개, 오스트레일리안셰퍼드에게서 가장 많이 보인다. 고양이는 귀에 일어나기 쉬우며 특히 털이 하얀 고양이에게 발생하기 쉬운 경향이 있다.

증상 처음에는 피부가 빨갛게 되는 정도지만 그 후 탈모나 비듬, 가려움증이 생기고 더 진행하면 색소 침착이나 궤양이 생기기도 한다. 개와 고양이 모두 중증이 되면 편평 상피암이 발병할 가능성이 있다.
진단 피부의 밝은 색 부분에만 증상이 나타난다면 일광 피부염이 강하게 의심된다. 개와 고양이 모두 피부 찰과 표본 검사, 세균이나 진균 배양, 피부 생체 검사 등으로 감별 진단을 한다.
치료 직사광선을 피하는 것이 효과적이므로 실내나 그늘에서 키우도록 하고 옷이나 선크림으로 국소적으로 피부를 보호하는 것도 효과가 있다. 필요에 따라 항염증제나 항생제를 사용한다. 귀에 병변이 있는 고양이는 귀 끄트머리 부분을 절제하는 방법도 있다. 재발하기 쉬우므로 햇빛에 닿지 않도록 노력한다. 완치가 곤란한 예가 있으므로 계속 치료하여 증상의 악화를 방지한다. 광선 과민증은 어떤 종류의 식물에 함유된 물질을 먹음으로써 햇빛에 대한 과도한 반응이 피부의 연한 색 부분에 발생하여 피부염을 일으키는 것으로, 일광 피부염과는 구별된다. 이것은 개와 고양이보다는 가축에게 특히 많이 보인다.

고양이 대칭성 탈모증

고양이 대칭성 탈모증은 좌우 대칭으로 털이 성기게 된 상태를 말한다. 원인으로는 알레르기 질환(벼룩, 음식), 귀나 항문낭의 감염, 신경과민, 내장 질환(비뇨기 질환 등), 정신적 요인 등이 있다. 특히 정신적 요인으로 일어나는 것을 심인성 탈모증이라고 한다. 쿠싱 증후군이나 당뇨병, 갑상샘 기능 항진증 등의 내분비 질환에서 털의 발육 부전에 따른 탈모가 드물게 보이기도 한다.
증상 원인에 따라 탈모가 일어나는 부위는 다르지만, 벼룩 알레르기 피부염에서는 허리, 뒷다리, 복부에, 식이성 알레르기에서는 특히 안면에 증상이 인정된다. 심인성 탈모증은 허리, 넓다리, 가랑이 안쪽에 많이 보이며 지속해서 피부를 핥음으로써 탈모, 염증, 궤양을 일으키기도 한다. 내분비성 탈모증은 중년의 고양이에게 많이 보이며 회음부, 복부, 흉부, 앞다리 등에서 일어난다. 보통 염증은 보이지 않고 서서히 진행되며 털이 쉽게 빠지는 것이 특징이다.
진단 고양이 대칭성 탈모의 원인을 감별하기 위해 병변 부위와 염증을 확인하고 털의 현미경 검사, 피부 소파 검사, 배양 검사를, 그리고 내분비에 문제가 있는 것 같다면 혈액 검사를 한다. 심인성 탈모증에서는 보호자로부터 사육 환경이나 스트레스의 존재 여부를 확인한다.
치료 피부에 염증이 있으면 항생제나 항염증제를 사용하여 치료한다. 심인성 탈모증이라고 진단했을 때는 스트레스를 주는 원인을 조사하여 동물의 환경을 개선하면 증상이 호전되기도 한다. 동물의 불안감을 줄여 주기 위해 신경 안정제나 항우울제를 쓰기도 한다. 내분비성 탈모증에서는 호르몬제를 사용하여 치료하는 방법도 있지만 부작용이 나타날 가능성이 있으므로 충분히 주의해야 한다. 원인을 제거하고 적절하게 치료하면 증상은 개선되지만 완치에는 몇 달씩 걸리기도 한다. 심인성 탈모증은 치료 효과를 얻기 힘든 예도 있으며 습관이 굳어 버렸다면 완치는 곤란하다.

고양이 호산구 육아종 증후군

고양이의 호산구 육아종 증후군에는 주로 호산구성 상태, 무통성 궤양, 선상(실 모양) 육아종, 모기 물림에 대한 과민증이 있다. 정확한 원인은 알 수 없지만 음식 알레르기나 아토피, 벼룩 알레르기, 모기 물림에 대한 과민증, 기생충 감염, 유전적 요소 등이 생각된다. 호산구성 상태는 가려움을 동반하며 복부나 가랑이 안쪽, 허벅지 뒤쪽 등 핥기 쉬운 부위에 보이며 털이 빠지고 부풀어서 경계가 뚜렷한 미란(짓무름)이나 궤양이 보인다. 무통성 궤양은 윗입술이나 경구개(입천장 앞쪽의 단단한 부분)에 생기며, 부풀어서 경계가 뚜렷한 궤양을 형성한다. 선상 육아종은 한 살 전후의 어린 고양이에게 많은 경향이 있으며 허벅지 뒤쪽에 털이 빠져서 불그스름한 선 같은 모양의 병변이 생긴다. 모기 물림에 대한 과민증은 콧등이나 귀 바깥쪽에 모기에게 물린 부위에 짓무름이나 구진이 보인다. 병력이나 병변 부위, 증상으로 거의 진단할 수 있지만 확진에는 병리 조직 검사가 필요한 때도 있다. 벼룩 알레르기가 관계될 때는 철저하게 벼룩을 퇴치한다. 프레드니솔론이나 지속형 부신 겉질 호르몬제를 주사하면 효과적이다. 일반적으로 고양이의 환경이나 생활 습관이 바뀌지 않는다면 재발할 것으로 예측할 수 있다.

고양이 좁쌀 피부염

특정 피부 질환을 가리키는 것이 아니라 피부의 증상에 대한 명칭이다. 다양한 원인으로 생기며 비교적 흔하게 볼 수 있다. 가장 많은 원인은 벼룩 알레르기인 것으로 보고 있다. 그 밖에 아토피나 음식 알레르기, 벼룩 감염증이나 세균성 피부염 등에서도 보인다. 머리에서 꼬리까지, 주로 등쪽에 보이며 특히 목, 등 허리나 꼬리가 시작되는 부위에 좁쌀 정도 크기로 표면에 작은 딱지가 붙은 구진이 생긴다. 좁쌀 피부염은 대개 임상적 소견을 토대로 진단한다. 피부병이 없는지 잘 검토하여 원인이 발견되면 그것을 배제한다. 부신 겉질 호르몬제를 투여하면 효과가 있다. 원인을 배제하지 못하면 재발한다.

개의 국한성 석회 침착증

이 병은 드물며, 원인을 알 수 없다. 발볼록살 등 피부에 압박 자극이 가해지는 부위나 다치거나 물린 상처 흔적 등에 석회 침착이 생기는 예가 있다. 두 살 이하의 대형견에게 많이 보이는 것으로 알려져 있다. 털 아래의 피부가 돔처럼 약간 부풀어 오르며 때로 궤양이 되어 내부에서 회백색 내용물이 나온다. 병리 조직 검사로 진단하며, 수술로 절제하면 해결된다. 비대성 골이영양증이나 특발성 다발 관절염 등이 병에 동반되어 보일 때는 원래 병이 치유되면 피부 상태도 개선된다고 알려져 있다. 수술로 절제한 후에 재발은 보이지 않는다.

모낭 낭종

시추에게 많이 보이는 경향이 있다. 원래라면 각질화하여 떨어져 나갈 피부 표면의 물질이 피부의 진피라고 불리는 약간 깊은 부위에 박혀서 서서히 쌓여서 생긴다. 원인은 외상으로 표피 일부가 박히거나 선천적 이상 때문으로 보인다. 목에서 엉덩이에 걸친 피부 표면에 지름 몇 밀리미터에서 몇 센티미터의 응어리가 보이며 차츰 여러 군데에 생기는 개도 드물지 않다. 내용물이 가득 차서 피부 표면이 찢어지면 치즈 같은 것이 나온다. 피부 증상에 더해, 병변부에 바늘을 찔러서 내용물을 흡인하여 진단하고 외과적으로 절제한다. 절제한 후에 다른 곳에 새로 생겨나는 예가 많은 것으로 알려져 있다.

종양

피부 종양은 대개 〈응어리〉로 발견되지만 모든 응어리가 종양은 아니다. 이른바 〈종기〉 같은 염증이나 감염에 의한 것도 있으며, 종양이라 해도 양성과 악성이 있다. 일반적으로는 단기간에 급속히 커지는 경우나 피부 아래 조직까지 퍼져 있어서 정상인 부분과의 경계가 뚜렷하지 않은 경우 등은 악성 종양이 의심되지만, 작고 단독이라 해도 악성인 예가 있으므로 외견만으로 판단하는 것은 위험하다. 개보다 고양이의 피부 종양은 악성인 예가 많으므로 주의가 필요하다. 치료는 외과적인 절제가 기본이지만 요즘은 레이저 치료도 많이 한다. 여기서는 개나 고양이에게 많이 보이는 피부 종양에 대해서 간단히 설명한다.

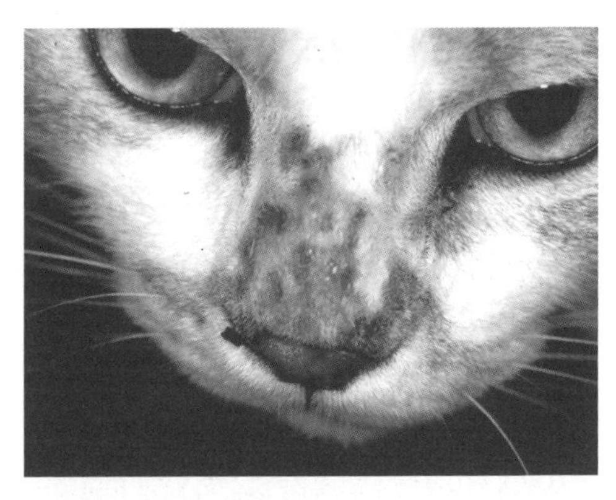
모기에 물린 콧등에 짓무름이 보인다.

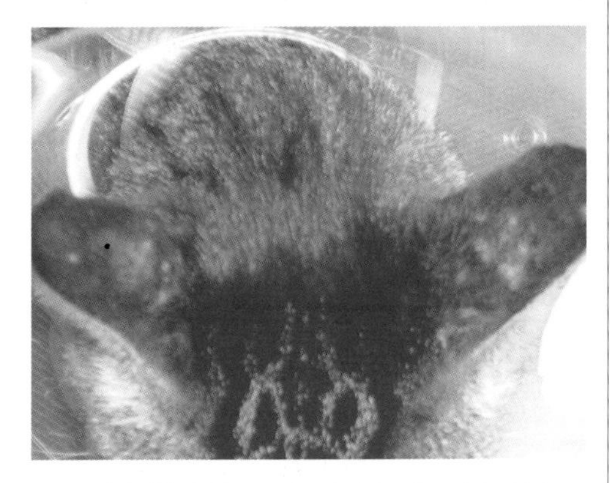
모기 물림에 대한 과민증으로 양쪽 귀 바깥쪽에 구진이 보인다.

●**피지샘종**

노령견에게 생기는 <사마귀>로 많이 보이는 것에는 피지샘의 과다 형성(종양이 아니다)과 피지샘종이 있는데, 모두 양성이며 외견으로는 판단할 수 없다. 백색이나 황백색이며 딱딱하고 털이 없고 모양은 작은 종기 같은 것이나 심이 있고 부풀어 오른 것 등 다양하다. 보통은 천천히 성장하므로 서둘러 치료할 필요는 없지만, 급속히 커질 때나(드물게 피지샘암인 경우가 있다) 상처를 입어서 출혈이나 화농이 보일 때는 조기 절제가 필요하다. 그 밖에 유사한 종양으로 머리 부분에 생기기 쉬운 유두종이나 기저 세포종 등이 있다.

●**지방종**

지방 세포의 양성 종양으로, 여덟 살 이상 개에게 많이 보인다. 수컷보다 암컷에게 많이 생기며 흉부나 복부의 피부밑이나 사지의 상부에 잘 발생한다. 만지면 말랑말랑한 느낌이며 대개 하나만 생겨서 천천히 자란다. 드물게 악성 종양인 지방 육종이 보이기도 한다. 급속히 커지거나 보행에 지장이 생기는 경우에는 절제가 필요하다.

●**항문 주위샘종**

여덟 살 이상의 거세하지 않은 수컷 개에게 많이 보이는 종양이다. 개의 항문 주변에 생기는 종양의 80퍼센트가 이것이며 그 밖에는 항문 주위샘암, 비만 세포종, 평활근종 등이 있다. 고양이에게는 별로 보이지 않는다. 하나만 생기기도 하고 여러 개 생기기도 하며, 통상은 딱딱하고 부풀어 있다. 개가 핥거나 긁음으로써 상처가 나기 쉬우며 출혈이 있거나 궤양이 발생하기도 한다. 호르몬이 관계된 경우가 많으므로 외과적으로 절제와 함께 중성화 수술을 한다.

●**편평 상피암**

개의 피부 종양의 3~20퍼센트, 고양이는 17~25퍼센트를 차지한다. 사지(특히 발가락)와 안면(귀나 코, 입술)에 많이 보이며 통상적으로 불규칙하게 부풀어 오른 궤양이 생긴다. 하얀 고양이의 귀 끝이 짓물러 있을 때 이 종양의 가능성을 의심한다. 피부 아래의 조직까지 퍼져 있는 경우가 많으며 완전한 치료는 어렵다고 말할 수 있다. 광범위한 절제나 방사선 요법, 화학 요법을 병용한다.

●**피부 조직구종**

유년의 개(대부분 세 살까지)에게 발생한다. 딱딱하고 돔 모양으로 부풀어 오른 종양이다. 불그스름하고 표면은 털이 빠진다. 복서, 닥스훈트, 불도그, 슈나우저 등에게 많이 보인다. 몇 달 만에 자연히 사라지는 경우가 많지만 긁거나 핥아서 악화한 경우에는 절제가 필요하다.

●비만 세포종

개의 피부 종양의 7~20퍼센트, 고양이는 모든 종양 가운데 15퍼센트의 발생률을 나타낸다. 평균 발생 나이는 아홉 살이지만 대단히 어린 나이에 발생하기도 한다. 개는 보스턴테리어, 복서, 불도그 등에게 많이 발생하며 몸통에서는 후반신, 그리고 사지에 많이 보인다. 고양이는 샴고양이에게 많이 발생하며 머리에서 경부에 많이 보인다. 대부분은 한 개의 종양이지만 많이 생기기도 한다. 크기나 모양은 다양하므로 외견으로는 판단할 수 없다. 비만 세포는 염증 반응을 일으키는 히스타민 등을 함유한 과립을 많이 갖고 있으므로 갑자기 붓거나 출혈하기도 한다. 세포 진단이나 다양한 검사로 종양의 악성도나 증상의 진행 정도를 분류하여 각각에 맞추어 광범위한 외과적 절제, 스테로이드 요법, 화학 요법, 방사선 요법 등을 단독으로, 또는 병용하여 시행한다.

●흑색종

이름 그대로 거무스름한 종기처럼 보이지만 갈색이나 회색을 띠기도 한다. 발생률은 개에게서는 피부 종양의 2~3퍼센트, 고양이에게서는 2퍼센트 이하다. 개는 안면과 피부에, 고양이는 안면과 사지에 많이 보인다. 구강이나 발톱 부분에 발생하는 경우는 대부분 악성이지만 다른 부분에서는 양성인 예도 많다. 광범위한 외과적 절제나 화학 요법, 방사선 요법을 시행한다.

●섬유 육종

개의 피부 종양의 6퍼센트, 고양이의 피부 종양의 12~25퍼센트를 차지하고 있다. 열 살 이상 개와 고양이의 몸통이나 사지에 발생하기 쉬우며, 고양이는 바이러스나 백신 접종과의 관련성도 생각되고 있다. 모양은 불규칙하고 딱딱한 것이 많으며 주위 조직에 밀착하여 경계는 뚜렷하지 않다. 광범위한 외과적 절제나 화학 요법, 방사선 요법을 병용한다.

●림프종

피부의 림프종에는 피부에서 원발하는 것과 다른 림프종에서 이차적으로 발생한 것이 있다. 보통의 피부 종양처럼 작은 종양으로 보이는 경우나 궤양 모양의 피부염으로 보이는 경우 등 다양한 모양이 있으며, 외견만으로는 판단할 수 없지만 세포 검사로 진단할 수 있다. 림프종은 통상적으로는 전신성 병이므로 외과 절제나 방사선 요법과 더불어 다양한 종류의 화학 요법을 시행한다.

539

종양

종양의 양성과 악성

몸의 장기나 조직을 구성하는 세포가 원래 갖추고 있는 일정한 규칙에 따르지 않는 무질서, 무목적, 그리고 과다하게 증식하여 비정상적 세포 집단을 형성한 것을 종양이라고 한다. 장기나 조직을 구성하는 세포는 정상이면 정해진 범위 내에서 재생하거나 증식한다. 그러나 종양화하면 개체로부터 어떤 제약도 받지 않고 멋대로 계속 증가한다. 종양은 발생한 장기나 조직에 다양한 기능 장애를 초래할 뿐 아니라 때로는 떨어진 곳에 있는 다른 장기나 조직에도 침입(전이)한다. 중증일 때는 하나의 개체를 죽음에 이르게 하기도 한다. 종양은 생물학적, 임상적 견지에서 양성 종양과 악성 종양으로 분류된다. 종양의 영향이 국소에 제한되어 있고, 개체의 생명을 위협할 가능성이 없는 것을 양성 종양, 종양으로 전신적인 영향이 대단히 크고 생명에 대한 위험성이 큰 것을 악성 종양이라고 한다. 그러나 생물학적 성질은 양성이라 해도 발생 부위에 따라서는 심각한 기능 장애를 초래하고 임상적으로는 악성이 두드러지는 종양도 있다(뇌종양 등). 일반적으로 악성 종양은 발육 속도(성장)가 빠르고 다른 장기로 전이나 수술 후의 재발도 많이 보인다. 반면에 양성 종양은 일반적으로 발육 속도가 느리고 전이나 재발은 원칙적으로 보이지 않는다.

종양의 분류

종양은 그것이 발생한 모조직의 형태에 따라 두 가지로 분류한다. 하나는 몸의 표면(체표면)이나 소화관, 호흡기도 등의 관강[50] 표면을 덮고 있는 상피 조직의 세포에 나타나는 상피성 종양이다. 다른 하나는 상피 조직을 밑에서 지지하는 결합 조직이나 지방 조직, 근조직, 골·연골 조직, 혈관·림프관, 조혈 조직, 신경 조직 등 상피 조직 이외의 세포에 나타나는 비상피성 종양이다. 더 나아가, 각각이 양성 종양과 악성 종양으로 분류되므로 최종적으로는 상피성 양성 종양, 상피성 악성 종양, 비상피성 양성 종양, 비상피성 악성 종양의 네 가지로 크게 나뉜다. 상피성 악성 종양은 〈암종〉, 비상피성 악성 종양은 〈육종〉이라고 불린다. 각 분류에 속하는 대표적인 종양은 다음과 같다. 상피성 양성 종양은 유두종, 샘종, 낭종 등이고 상피성 악성 종양(암종)은 편평 상피암, 샘암, 이행 상피암 등이다. 비상피성 양성 종양으로는 섬유종, 혈관종, 평활근종 등이 있고, 비상피성 악성 종양은 섬유 육종, 혈관 육종, 평활근 육종 등이다.

50 식도, 십이지장, 소장 또는 대장처럼 파이프 구조를 하고 있는 기관의 내부 공간.

종양의 원인과 진단

종양의 원인은 자극이라는 형태로 개체의 바깥쪽에서 작용하는 인자(외인)와 개체가 스스로 보유하고 있는 요인(내인)의 두 가지로 크게 나뉜다. 이 외인과 내인이 복잡하게 얽혀서 종양이 발생한다. 외인으로는 화학적 발암 인자(다양한 화학 물질, 대기 오염 물질, 배기가스, 식품, 식품 첨가물 등), 물리학적 발암 인자(방사선, 자외선, 만성적인 기계적 자극, 열상 등), 생물학적 발암 인자(종양 바이러스)를 들 수 있다. 내인으로는 유전적 소인(염색체 이상), 성 소인, 나이 소인, 품종 소인 등을 들 수 있으며, 외인과 공동 작용하여 종양을 일으킨다.

●증상에 따른 진단

많은 경우 종양이 작을 때는 명확한 증상을 나타내지 않는다. 그러나 종양이 커짐에 따라 다양한 국소 증상이나 전신 증상이 나타나게 된다. 국소 증상에는 종양으로 물리적 압박(뇌종양에 동반하는 신경 증상 등), 관강의 협착이나 폐색(대장암이나 소장암에서의 장폐색, 방광 종양에서의 물콩팥증 등), 조직 파괴(골종양이나 골수 종양에서의 병적 골절 등) 등이 있다. 한편, 전신 증상으로는 빈혈이나 체중 감소, 악액질(극도로 쇠약해짐) 등을 들 수 있다. 악액질이란 악성 종양 말기에 보이는 중증의 피폐나 여윈 상태를 말하며, 종양 세포가 생성하는 물질로 지방 조직이나 근육 조직에 대사 이상이 일어나므로 생기는 것으로 생각된다. 호르몬을 생성하고 분비하는 종양은 그 호르몬 기능에 따른 증상이 종종 관찰된다. 예를 들면 항문낭 아포크린샘 암종이나 림프종에서 생성되는 부갑상샘 호르몬 관련 단백질에 의한 고칼슘 혈증, 신세포 암종에서 생성되는 적혈구 생성소에 의한 적혈구 증가증, 부신 겉질 샘종이나 샘암에서의 코르티솔 과다에 의한 쿠싱 증후군 등이 있다.

●영상 진단 및 내시경 검사

종양이 발생한 위치나 성질을 알기 위해서는 영상 진단과 내시경 검사가 꼭 필요하다. 영상 진단에는 단순 엑스레이 검사나 초음파 검사처럼 간편하게 시행할 방법 이외에, 각종 엑스레이 조영 검사나 CT 검사, MRI 검사 등과 같이 특수한 장치나 설비와 기술이 필요한 것도 있다. CT 검사나 MRI 검사는 지금까지 단순 엑스레이 검사만으로는 진단할 수 없었던 복강 내 장기나 뇌의 종양 진단에서 놀라운 위력을 발휘하고 있다. 내시경 검사로 소화관이나 기도의 내강, 복강 내나 흉강 내를 파이버스코프로 관찰함으로써 종양성 병변의 유무를 검색할 수 있다. 이 방법의 커다란 장점 가운데 하나는 실제 육안 상(像)을 보면서 병변 부위에서 병리 검사용 검체를 채취할 수 있다는 것이다.

●병리학적 진단

종양 진단 기술이 아무리 발전했다 해도 종양의 최종적인 진단은 세포 검사나 조직 진단 등의 병리학적 수법에 따른다. 세포 진단은 박리 세포 검사와 세침 흡인 세포 검사로 크게 나뉜다. 박리 세포 검사는 체표에서 긁어낸 것이나 분비물, 체강 내의 저류액, 소변 등을 검체로 하며, 어디까지나 종양성 병변의 선별 검사에 주안점을 둔다. 세침 흡인 세포 검사는 주삿바늘을 종양 조직 내에 찌르고 음압을 가해 흡인하여 채취한 미량의 조직을 검체로 이용한다. 이 방법에서는 종양구 세포가 검색 대상이므로 종종 조직 진단과 동등한 진단적 가치를 갖는다. 그러나 조직 구조를 충분히 읽을 수 없다는 점이 유일한 단점이다. 조직 진단에서는 내시경 검사나 외과적 절제로 채취된 검체에서 병리 조직 표본이 만들어진다. 세포 소견과 조직 구조, 둘을 동시에 관찰할 수 있으므로 세포 검사보다 많은 정보를 토대로 종합적인 판단을 할 수 있다.

● 생화학적 진단

종양 세포에 의하여 특이하게 생성되어서 암의 진단이나 병세의 경과 관찰에 지표가 되는 물질을 종양 표지자라고 한다. 의학 영역에서는 암 태아성 단백, 알파 태아 단백, CA19-9을 비롯한 많은 호르몬, 효소, 당쇄 항원, 암유전자 산물이 종양 표지자로서 발견되어 종양 진단 중에서도 주로 수술 후 경과를 관찰하거나 재발을 예측하는 데 이용되고 있다. 그러나 수의학 영역에서는 이 분야의 연구가 아직 걸음마 단계이며, 앞으로 연구의 진전이 기대된다.

종양 치료

양성 종양 대부분은 외과적 절제(수술 요법)로 양호한 예후, 즉 영구적으로 치유될 수 있다. 한편, 악성 종양의 치료법으로서는 수술 요법이나 방사선 요법, 화학 요법, 면역 요법 등이 있으며, 요즘은 이들 치료법을 복합적으로 조합한 다중 치료로 치료 성적이 향상되고 있다. 이들 치료법 중에서 가장 확실하고 양호한 치료 성적을 기대할 수 있는 것이 수술 요법이다. 그러나, 수술 요법의 적용 범위는 어디까지나 암이 발생한 국소에 한정되어 있으므로 폐를 포함한 다른 장기나 조직으로 전이가 보이는 예에서는 근치를 목표로 하는 치료법은 될 수 없다. 방사선 요법은 일부 암에 대해서는 근치적 효과를 기대할 수 있다. 그러나 조사할 수 있는 장기나 조직이 어느 정도 한정되어 있으므로 대부분은 수술 요법과의 병용 요법 또는 그 보조 요법으로써 수술 전, 수술 중, 수술 후에 이용된다. 주로 전신 요법으로 이용되는 화학 요법은 악성 림프종이나 백혈병을 제외하고는 단독으로 근치적인 효과를 얻는 것은 기대할 수 없다. 면역 요법과 더불어 현시점에서는 보조 요법 또는 병용 요법으로 이용된다.

● 수술 요법

암 치료의 원칙은 암이 있는 곳을 되도록 빨리 발견하고 그 주위의 건강한 조직도 포함하여 광범위하게 절제하는 것이다. 암세포를 조금이라도 남기면 그들 세포로부터 반드시 암이 재발하게 되기 때문이다. 암 발생 부위 근처의 림프샘에는 전이 병소가 형성되는 예가 많으므로 이들 림프샘도 동시에 절제할 필요가 있다. 이런 수술 요법은 원격 전이가 보이지 않고, 발생 장소가 제한된 암에 대한 치료법으로 가장 적합하며, 일반적으로는 근치적 치료를 목적으로 시행된다. 그러나 근치를 바랄 수 없을 때라고 해도 일시적인 통증의 경감이나 출혈 원인 제거, 폐색이나 천공에 의한 위급 상태의 회피 등 생활의 질 향상을 지향하거나 화학 요법을 시행하기 위한 종양 세포의 경감을 목적으로 원발소를 절제하기도 한다.

● 방사선 요법

방사선 요법은 두부와 경부, 피부, 피부밑 조직, 외부 생식기 등에 발생한 제한성 암에 대해서 효력을 발휘한다. 그러나 일반적으로는 수술 요법의 수술 전, 수술 중, 수술 후에 병용 요법이나 보조 요법으로 이용된다. 통증이 심한 예나 수술할 수 없는 때에 삶의 질 개선을 위해 사용되기도 한다. 현재 선형 가속기(리니어 액셀러레이터)나 베타트론(높은 전압을 쓰지 않고도 쓴 것과 같은 정도로 전자를 가속하는 가속기)에서 얻을 수 있는 고에너지 엑스레이나 전자선, 코발트 60 원격 치료 장치에 의한 고에너지 감마선 등 선원(시험체에 방사선을 조사하는 장치 또는 방사성 물질)으로 외부 조사법이 시행되고 있다.

● 화학 요법

화학 요법은 악성 림프샘이나 백혈병 같은 림프와 조혈기계 조직의 종양에 대해 대단히 효과적이며,

그것들의 치유를 기대할 수 있는 예도 있다. 그러나 이들 의외의 종양에 대해서는 극적인 효과는 바랄 수 없으며, 많은 경우 화학 요법만으로 기대 수명을 바랄 수 없다. 따라서 화학 요법은 대부분 종양의 축소를 목적으로 수술 전후의 보조 요법이나 영상 의학과의 병용 요법 형태로 이용된다. 현재로서는 암세포에만 작용하는 항암제가 없으므로 항암제를 투여하면 정상 세포에도 장애가 생기고, 약간이지만 부작용도 일어난다. 그래서 약물에 의한 부작용 경감이나 항종양 효과의 증강, 약물에 대한 내성 발현 방지를 위해 몇 종류의 약물을 병용(다제 병용 요법)하는 것이 일반적이다. 항암제로는 알킬화제나 대사 대항제, 알칼로이드계 약물, 항생제, 토포이소머라아제 저해제, 백금 제제 등이 있다.

●면역 요법

세균 균체나 식물 배당체, 인터페론, 림포카인 등의 생물학적 면역 활성제를 투여함으로써 면역력을 높여 암을 배제하려는 시도가 면역 요법이다. 이 방법에서는 암에 대한 그 동물의 생물학적 반응이 증강되어 암세포가 퇴치된다. 현재 면역 요법은 다른 치료법과의 병용 요법이나 보조 요법의 형태로 이용된다.

●그 밖의 치료법

암세포가 고온에 약하다는 것을 이용하여 국소적으로 또는 전신적으로 열을 작용시켜서 암세포에 장애를 주려고 하는 것이 온열 요법이다. 이 방법은 암세포에 대한 방사선 요법이나 화학 요법의 독성 효과를 높이므로 보조 요법으로 이용된다. 그 밖에 호르몬 감수성인 암에 대해 외과적 절제나 약물을 투여하여 호르몬의 작용을 중단시킴으로써 치료 효과를 끌어내는 내분비 요법도 있다.

종양의 병기와 예후

암의 예후는 크기나 발육 속도, 주변 조직으로 침윤 정도, 다른 장기나 조직으로 전이(원격 전이) 유무 등에 따라 크게 달라진다. 이런 암의 진행 정도를 병기라고 하며, 병기와 예후는 상당히 높은 상관관계를 보인다. 일반적으로 널리 이용되는 암의 병기 분류는 암의 크기와 주변 조직에의 침윤 정도(T), 림프샘으로의 전이 유무와 정도(N), 원격 전이 유무(M)의 세 가지 인자를 지표로 한 TNM 분류이다. 이들 TNM의 조합에 따라 병기는 4단계로 나눌 수 있다. 이 분류법은 임상 소견에 토대한 분류며, 치료 방침의 결정이나 예후 판정에 이바지하고 있다. 암의 예후에 관련된 또 하나의 인자는 장기(내장 기관) 인자다. 젖샘이나 갑상샘의 암은 체표 가까이에 발생하므로 비교적 조기에 발견되고 진단이나 수술이 쉬우며 생명을 즉각 위협하는 종류는 많지 않다. 한편, 폐암이나 간암처럼 체내에 발생하는 암은 발견된 단계에 이미 상당히 진행되어 있어 수술의 적응을 넘어선 것이 적지 않다. 수술해도 커다란 상처가 발생하고 생명의 위험도 커진다.

개와 고양이에게 많이 발생하는 종양

개에게 높은 비율로 발생하는 종양에는 젖샘 종양(혼합 종양, 샘종, 샘암), 정소 종양(세르톨리 세포종, 정상 피종, 간세포종), 피부나 피부밑의 종양(항문 주위 샘종, 피지샘종, 모낭 모세포종, 지방종, 피부 조직구종, 비만 세포종, 흑색종), 림프계나 조혈기계 종양(림프종, 백혈병) 등이 있다. 약간 높은 발생률을 보이는 종양으로는 간암, 소장암, 비강 내 종양(샘암, 편평 상피암, 미분화 암), 구강 내 종양(편평 상피암, 흑색종, 섬유 육종), 골육종, 난소 종양(과립막 세포종, 낭샘종, 낭샘암종), 췌암, 폐암, 갑상샘암, 심장 종양(혈관 육종, 심저부 종양) 등을 들 수 있다. 한편, 고양이에게 높은 비율로 인정되는 종양은 림프계와 조혈계 종양이며, 약간 높은 발생률을 보이는 것으로 피부나 피부밑의 종양(편평 상피암, 섬유 육종), 젖샘암, 구강 내 종양, 골육종 등이 알려져 있다.

●양성 상피성 종양

유두종 피부나 구강, 인두 및 후두, 소화관, 비강, 방광 등의 표면을 덮은 상피에서 유래한다. 사마귀 모양 또는 유두 모양, 나뭇가지 모양 또는 콜리플라워 모양으로 증식하는 양성 종양으로, 크기는 다양하다. 어린 개는 유두종 바이러스에 감염되어 구강 점막이나 생식기 점막에 유두종이 자주 생기기도 한다.

샘종 각종 외분비샘이나 내분비샘, 간, 신장 등의 선 조직에 발생하는 샘 상피(샘을 구성하는 분비 세포로 이루어진 상피) 유래의 종양이다. 정상인 샘 조직을 닮은 조직 구조(관 모양, 선방 모양 또는 소포 모양)를 하고 있다. 맨눈으로 보면 보통은 결절 모양을 하고 있지만 관강 장기의 점막 면에 발생하는 것은 폴립이나 유두 모양인 경우도 있다. 분비물이 다량으로 고여 있고 샘관이 주머니 모양으로 확장한 것이 낭(샘)종이다. 암컷 개의 젖샘이나 수컷 개의 항문 주위샘에 많이 발생한다.

상피종 피부 부속기(모낭, 피지샘)의 상피에 유래하는 종양이며, 모낭 상피종, 피지샘 상피종 등이 포함된다. 이들은 모두 개나 고양이의 피부에 발생한다.

●악성 상피성 종양(암종)

편평 상피암 조직학적으로 중층 편평 상피와 비슷한 구조를 나타내는 악성 종양이며, 대부분은 피부나 구강 점막 등 중층 편평 상피로 덮여 있는 부위에서 발생한다. 그러나 기관지나 비강과 부비강의 원주 상피[51]나 방광의 이행 상피[52]가 편평 상피화하여 거기에서 발생하기도 한다. 이 암은 처음에는 구진 같은 작은 융기 병소로 생기지만, 병소의 확대와 더불어 표면이 찢어져 부정형의 궤양이 형성된다. 일반적으로 피부의 편평 상피암은 발육 속도가 느리며, 주변 림프샘으로의 전이는 상당히 진행된 단계가 아니면 확인되지 않지만, 점막에 발생한 것은 증식 속도가 빠르며 비교적 이른 단계부터 주변 림프샘으로 전이된다. 편평 상피암은 특히 털이 하얗고 눈이 파란 고양이의 귓바퀴나 안검, 코끝에 많이 발생한다. 이행 상피암은 방광이나 요관, 신우 등에 발생하며, 이행 상피암과 대단히 비슷한 조직 형태를 하고 있다. 이행 상피는 편평 상피와 원주 상피의 중간적인 구조를 가진 조직인데, 이행 상피암은 현재는 편평 상피암의 특수형으로 자리하고 있다. 이 종양은 개의 방광에 많이 발생한다.

샘암 조직학적으로 샘관과 비슷한 구조를 형성하는 악성 종양이다. 소화관이나 기관 점막의 샘 상피, 더 나아가 젖샘, 침샘, 췌장, 전립샘 등의 샘방이나 샘관 상피 등 샘이 있는 곳이라면 어디에든 발생할 가능성이 있다. 샘암의 종양 세포는 인접하는 림프관이나 혈관 내로 쉽게 침입하여 주변 림프샘과 다른 장기 조직으로 전이를 일으킨다. 그러므로 일반적으로는 편평 상피암보다 악성도가 높아진다. 개와 고양이에게 발생하기 쉬운 부위는 오로지 젖샘이다. 호흡기, 소화기, 생식기에서는 많이 발생하지 않는다.

●양성 비상피성 종양

섬유종 섬유 세포나 섬유 아세포, 그리고 그것들이 생성한 아교 섬유로 구성되는 양성 종양이다. 외형은 돌기나 결절, 심이 있는 모양 등 다양하지만

51 표면에 배열되는 상피 세포의 길이가 크고 폭은 비교적 좁은 상피 조직.
52 방광, 요관, 콩팥 깔때기 따위의 내면을 이루고 있는 상피 조직.

대부분은 주위 조직과 경계가 뚜렷하다. 종양 조직 안에 포함된 아교 섬유의 양에 따라 딱딱한 정도가 달라진다. 개의 피부나 피부밑 조직, 질 등에 많이 발생한다.

지방종 성숙한 지방 세포로 구성되는 양성 종양이며, 대부분 노령 동물의 피부밑 조직에 발생한다. 가동성이며 유연한 돔 모양의 융기를 형성한다. 자른 단면은 회백색이나 황백색이며, 정상인 지방 조직과 거의 구별되지 않지만 얇은 섬유성 피막을 갖고 있는 점이 다르다. 피부밑 조직 이외에 장간막이나 큰그물막, 장관 점막하 조직, 후복막 등에도 발생한다. 한편, 지방종 가운데는 피막이 없고 인접한 근조직 안으로 활발하게 침윤하여 최종적으로 종양화하는 지방 조직이 근조직의 대부분을 차지하는 것도 있다. 이런 종류의 지방종은 침윤성 지방종이라고 불리며, 양성 종양임에도 불구하고 외과적 절제 후에 종종 재발한다.

연골종 성숙한 연골 세포로 구성되는 양성 종양이며, 발생 빈도는 높지 않다. 눈으로 봤을 때 결절 모양 또는 덩어리 모양을 이루고 연골 특유의 탄력성이 있는 딱딱함을 나타낸다. 자른 면은 정상적인 유리 연골 비슷한 청백색이나 유백색이며, 때로 점액처럼 보이기도 한다. 일반적으로 기존의 연골 조직, 즉 관절 연골이나 늑연골, 기관과 기관지의 연골, 폐의 연골에서 발생하지만 연골이 없는 장기나 조직에 생기는 경우도 드물게 있다.

골종 성숙한 뼈조직의 성상을 나타내는 양성 종양이며 발생 빈도는 높지 않다. 대부분은 턱뼈나 두개골, 안면골, 사지골 등의 뼈 계통에 발생하지만, 대단히 드물게 뼈와는 관계없는 장소에 생기기도 한다.

혈관종 성숙한 혈관을 주성분으로 하는 양성 종양으로, 혈관강의 너비나 혈관벽의 구조에 따라 모세 혈관종이나 해면상 혈관종, 만상 혈관종 등으로 구별된다. 해면상 혈관종은 특히 개의 피부나 피부밑 조직에 많이 보이는데, 그것의 발생에는 장기간 직사광선에 과도하게 노출되는 것이 연관되어 있다. 혈관종에는 종양이라기보다는 선천성 조직 기형으로 분류되어야 할 것들이 적지 않다.

림프관종 확장한 림프관을 주성분으로 하는 양성 종양이며, 발생 빈도는 대단히 낮다. 피부나 피부밑 조직, 근육 사이, 장간막, 점막 등에 생기며, 관강의 확장 정도에 따라 단순성이나 해면상, 낭상 등으로 구별된다. 혈관종과 마찬가지로 대부분은 선천성 조직 기형으로 분류되어야 마땅한 것들이다.

평활근종 성숙 평활근으로 구성되는 양성 종양으로, 일반적으로 결절 모양이고 딱딱하며 섬유성 피막을 갖고 있다. 대부분은 중년령에서 노령의 개나 고양이의 위나 장관, 자궁, 질, 회음부에 발생한다. 피부나 피부밑 조직의 기모근이나 혈관벽의 평활근을 발생 모조직으로 하는 것도 있다.

횡문근종 성숙 횡문근으로 구성되는 양성 종양이지만, 새끼나 어린 동물, 태아에게도 발생이 보이는 것으로 보아 진짜 종양이라기보다 조직 기형의 성격이 강한 것으로 여겨진다. 대단히 드문 종양이며, 개의 심근이나 혀, 후두, 고양이의 귓바퀴에서 발생하는 것이 알려져 있다.

●악성 비상피성 종양(육종)

섬유 육종 섬유 아세포에서 유래하는 악성 종양이며, 방추형의 종양 세포 사이에 아교 섬유를 갖고 있다. 개나 고양이의 피부나 피부밑 조직에 발생하는 일이 많은데, 잇몸이나 비강, 부비강 등에 형성되기도 한다. 고양이의 피부나 피부밑 조직에 발생하는 섬유 육종은 백신의 피부밑 접종(백신 관련 육종)이나 고양이 백혈병 바이러스나 고양이 육종 바이러스 감염에서 비롯될 가능성이 있다. 이 종양은 외과적으로 절제해도 높은 비율로 재발하지만, 전이는 비교적 적은 것으로 알려져 있다.

지방 육종 지방 세포에서 유래하는 악성 종양이며, 노령견의 사지나 흉부의 피부밑 조직 등에 발생한다. 단, 발생 빈도는 그리 높지 않다. 눈으로 봤을 때 결절 같은 형태를 하고 있는데 종종 심부의 근막이나 근조직 안까지 종양이 파급되어 폐나 간으로 전이되기도 한다.

연골 육종 연골 기질의 형성이 보이는 연골 세포에서 유래하는 악성 종양이며, 골 원발 종양 중에서는 두 번째로 발생률이 높다고(원발성 골종양의 5~10퍼센트) 하며, 개에게서는 중년령 이상의 대형 견종에게 많이 보인다. 고양이에게는 비교적 드물게 발생한다. 편평골에 생기는 일이 많으며 그 밖에 비강이나 늑골, 장골, 골반에 발생하거나 뼈와는 관계없는 부위에 형성되기도 한다. 악성도가 높은 것은 빈번하게 전이된다.

골육종 유골(미성숙한 뼈)이나 뼈의 형성이 보이는 악성 종양이며, 골 원발 종양 가운데 가장 발생률이 높다고(원발성 골종양의 85퍼센트 이상) 한다. 대형견의 장관골, 특히 요골(아래팔에서 엄지손가락 쪽에 있는 긴뼈) 원위부나 상완골 근위부, 넙다리뼈 원위부, 경골 근위부 등에 많이 발생한다. 전이성이 대단히 높으며 진단 시에 대부분 이미 폐로 전이되어 있다. 단, 고양이에게서의 발생은 개만큼 많지 않으며 악성도 역시 개의 경우보다 낮다고 한다.

혈관 육종 혈관 내피세포에서 유래하는 악성 종양이며 혈관과 대단히 비슷한 틈새의 형성을 동반한다. 중년령부터 노령인 개의 우심방이나 비장, 간, 피부와 피부밑 조직, 뼈에 발생한다. 개에게서는 특히 독일셰퍼드나 복서, 골든리트리버 등에게 많이 보인다. 고양이는 개보다 훨씬 적게 발생한다고 한다. 악성도는 대단히 높으며 전신의 여러 장기에 전이 병소를 형성한다.

림프관 육종 림프관 내피세포에서 유래하는 악성 종양이며, 림프관과 대단히 비슷한 틈새의 형성을 동반한다. 유년의 개나 고양이에게 드물게 보인다. 보통은 피부밑 조직에 발생하지만 간이나 심막, 비인두에 생기기도 한다. 피부밑 종류는 유연하고 낭 모양이 되며, 피부밑에 광범위한 부종이 형성되고, 피부에 형성된 샛길에서 림프액이 누출되기도 한다. 주변 조직에 침윤하거나 전이를 일으키는 일도 비교적 많다고 한다.

평활근 육종 평활근 세포에서 유래하는 악성 종양이며, 발생 빈도는 그리 높지 않지만 때로 중년령에서 노령의 개와 고양이의 소화관(식도, 위, 장관)에서 인정된다. 비장이나 피부밑 조직, 자궁, 질, 외음부 등에 생기기도 한다. 종류는 딱딱하며 자른 면은 흰색이고, 섬유 조직으로 구획된 분엽 같은 구조가 보인다. 종종 발생 부위에서 그 주변으로 침윤하지만 전이는 비교적 적다고 한다.

횡문근 육종 횡문근 세포에서 유래하는 악성 종양으로, 유년견의 방광에 발생하는 예가 많이 알려져 있다. 세인트버나드 등의 대형 견종 암컷에게 다발하는 경향이 보이지만, 발생 빈도는 모든 방광 종양의 1퍼센트 미만이다. 고양이에게는 대단히 드물게 발생한다. 주위에의 침윤성이 높아서 폐나 간, 비장, 신장 등에 전이도 보인다.

활막 육종 미분화 간엽 세포(간충직을 이루고 있는 아직 분화하지 않은 세포)에서 유래하는 악성 종양으로, 관절 근처에서 발생하여 관절이나 뼈를 파괴하면서 증식한다. 일반적으로 발생은 드물지만 중년령의 대형견에게 비교적 많이 발생하는 경향이 있다. 많이 발생하는 부위는 무릎 관절이며, 그다음은 팔꿈치 관절이다. 외과적으로 절제해도 재발하는 일이 많으며 원격 전이도 빈번히 보인다.

●혼합 종양

종양의 실질이 두 종류 이상의 다른 조직 성분으로

이루어진 것을 말한다. 대부분은 다양한 방향으로 분화하는 능력을 갖춘 만능 세포에서 유래한다. 종양을 구성하는 조직 성분에 따라 비상피성 혼합 종양, 상피성 비상피 혼합 종양, 삼배엽성 혼합 종양의 세 가지로 분류된다.

비상피성 혼합 종양(간엽종) 두 종류 이상의 비상피성(간엽계) 조직이 혼재하는 종양이며, 구성 요소에는 지방 성분이나 뼈 성분, 근육 성분, 혈관 성분 등이 포함된다.

상피성 비상피 혼합 종양 상피성 조직과 비상피성 조직의 두 가지가 종양의 실질을 구성하고 있는 것으로, 대표적인 예로 개의 젖샘 혼합 종양이나 자궁의 샘 근종, 신아세포종, 암육종 등을 들 수 있다.

삼배엽성 혼합 종양(기형종) 내배엽과 중배엽, 외배엽에서 유래하는 조직(피부, 근육 조직, 지방 조직, 뼈조직, 연골 조직, 소화관이나 호흡기의 상피, 내분비샘, 외분비샘, 신경 조직)이 하나의 종양 안에 동시에 나타나는 것으로, 난소나 정소, 후복막 등에 많이 발생한다.

●조혈기계 종양과 신경 조직 종양

골수계의 조혈 세포가 종양성으로 증식한 것(골수계 종양)과 림프샘이나 림프 장치, 비장, 가슴샘에 발생한 종양(림프계 종양)으로 크게 나뉜다. 대표적인 것으로 골수계 종양은 골수성 백혈병, 단핵구 백혈병, 악성 세망증[53]이 있으며, 림프계 종양은 림프종, 림프성 백혈병, 형질 세포종, 가슴샘종, 호지킨병[54]이 있다.

신경 조직의 종양은 그것이 유래하는 세포에 따라 다음과 같이 분류된다. 대표적인 것은 신경 세포 종양(수아종), 신경 상피 종양(상의종), 교세포 종양(별 아교 세포종, 희돌기 교세포종, 교아종), 말초 신경 종양(신경초종, 신경 섬유종, 악성 말초 신경초종), 수막 종양(수막종), 송과체 및 뇌하수체 종양(송과체종, 뇌하수체 샘종) 등이다.

피부와 피부밑 조직 종양

표피 종양

편평 상피암과 기저 세포종으로 나뉜다. 편평 상피암은 초기에는 표피의 햇볕에 탄 부분에 피부염이 일어나고, 털이 빠지며, 피부의 하얀 부분에 병소가 발생한다. 외견의 형태는 딱딱하게 부풀어 오른 궤양을 동반하는 것이나 부스럼을 형성하는 것, 붉은 궤양을 형성하는 것까지 다양하다. 개는 두부와 복부, 회음부에 많이 발생한다. 고양이는 귓바퀴, 눈꺼풀, 콧등에 잘 발생하며 푸른 눈에 하얀 털을 가진 고양이에게 많이 보이는 것으로 알려져 있다. 병변이 진행되면 병변부에 궤양이 생기며 고양이는 양쪽 귓바퀴에 병소가 생기기도 한다. 육안적인 소견과 환부의 조직 채취에 의한 병리 진단을 토대로 진단한다. 편평 상피암은 주위로 퍼지기 쉬우므로 치료할 때는 정상 조직도 포함하여 넓게 수술로 절제해야 한다. 부속 림프샘을 채취하기도 한다. 절제한 조직에 대해서는 병리학적 검사를 하여 진단을 확정한다. 그 밖에 방사선에 의한 치료도 어느 정도 효과가 확인되어 있다. 개는 종양 적출 후에 시스플라틴 화학 요법을 하면 유효하다고 알려져 있다. 콧등이나 눈꺼풀 등 광범위한 절제가 불가능한 부위에 종양이 발생하면 재발하기 쉬우며 림프관을 거쳐 부속 림프샘이나 폐로 전이한다.

기저 세포종은 개에게서는 딱딱하게 융기한 결절로 일곱 살 전후부터 발생이 보인다. 발생 부위는 두부가 압도적으로 많으며 다음으로 경부, 사지, 가슴, 등 복부, 꼬리, 회음부 순이다. 크기는 대개

53 그물 내피세포계에서 기원한 세포들이 비정상적으로 증식하는 증상. 백혈병이 대표적이다.
54 대개 목 부위의 림프샘이 붓는 데서 시작하여 주기적인 발열이나 비장 비대 따위가 나타나는 악성 림프종.

1~5센티미터 정도며 피부밑 조직 상부에 밑 조직과 부착되지 않은 움직일 수 있는 덩어리를 형성한다. 한편 고양이의 기저 세포종의 외견은 개와는 상당히 달라 대부분은 딱딱한데, 부드러운 낭상의 기저 세포종도 일부 있다. 개와 고양이의 기저 세포종은 외과적 절제로 치료한다. 재발이나 전이는 없는 것으로 알려지지만 고양이는 기저 세포종에서 기저 세포암으로 이행이 일부 보이기도 한다.

멜라노사이트 종양

멜라노사이트는 멜라닌 색소를 형성하는 세포로, 멜라노사이트에 발생하는 종양이 멜라노마다. 개에게는 양성과 악성 멜라노마가 발생한다. 양성 멜라노마는 털이 존재하는 피부에서 생기지만 악성 멜라노마는 피부 점막 접합부(예를 들면 입술, 안검부 등)나 입안, 발톱 밑에 발생한다, 악성 멜라노마는 급격히 증식하는 일이 많으며 국소의 침윤이나 다른 장기로 전이도 많이 보인다. 고양이에게는 멜라노마 발생은 드물며 양성과 악성을 나누는 특별한 기준은 없다. 임상 소견과 적출한 조직의 병리 조직 검사로 진단한다. 치료는 다른 종양과 마찬가지로 정상 조직도 포함하여 크게 절제한다. 특히 고양이의 멜라노마는 광범위하게 외과적으로 절제함으로써 치료할 수 있다. 단, 입안에 생긴 것은 완전히 절제하는 것이 불가능하며, 발의 맨 끝부분인 지단 부위에 발생하면 어쩔 수 없이 다리를 잘라 내기도 한다. 절제 후에 방사선 요법을 시행하기도 하는데 악성이면 진행이 빠르므로 예후는 불량하다.

피부 부속기 종양

바셋하운드에게는 다발성의 진피 내 모낭 상피종을 생기게 하는 소인이 있으며 유전적 또는 가족성으로 보인다. 이 종양은 등과 목, 꼬리에 많이 보이는 경향이 있으며 수컷보다 암컷에게 훨씬 발생 빈도가 높은 것으로 알려져 있다. 모낭 상피종은 광범위한 절제로 치료한다.

모기질종은 모낭 기질종, 말레르브 석회화 상피종이라고도 불리며 젊은 성견의 등과 목, 꼬리에 많이 보인다. 종류는 진피 피부밑 조직에 생기며 만져 보면 대단히 딱딱하다. 눈으로 진단하기는 어려우므로 병리 조직 검사로 진단한다. 이 종양은 정상 조직과의 경계가 뚜렷하고 외과적 절제가 가능하며 재발은 드물다.

피내 각화 상피종은 편평 상피 유두종, 각화 극세포종이라고도 불린다. 이 종양은 진피와 피부밑 조직 속에 발생하며 대부분 팽창성 발육을 보인다. 등과 꼬리에 잘 생기며, 많은 경우 다발성 종양으로 발생하는 것이 특징이다. 종양이 발생한 피부에는 작은 구멍이 생기며 구멍 안에는 회갈색의 각화성 응집물이 가득 차 있어서 내용물을 짜낼 수 있다. 단발형 종양은 외과적 절제가 가능하지만 다발성인 경우에는 전부 절제하는 것이 불가능하며 적출해도 새로운 종양이 다시 자란다.

피지샘종은 피부에 발생하며 외부 팽창과 침윤성을 보인다. 그리고 성장 결과, 외상에 의한 궤양을 만들기도 한다. 이 경우 털이 빠지고 색소 침착이 일어난다. 증식부 주변의 표피는 털이 존재하는 정상부의 피부와 섞여 있다. 개는 머리에 많이 생기며 보통 두 개 또는 그 이상 발생한다. 한편, 고양이는 머리나 등에 원발하는 진피 안의 덩어리 같은 종양으로 인정된다. 이들은 모두 외과적으로 절제함으로써 치료하며 재발하는 일은 거의 없다.

마이봄샘이란 피지샘이 변화한 것으로, 안검의 내표면에 존재하고, 이 샘의 생성물은 눈꺼풀의 가장자리 부분에 분비된다. 마이봄샘 종양은 외부로 팽창해가는 성질과 내부로 침입해 가는 성질을 가지며, 외부로 증식하면 종양 부분이 돌출하고 궤양화하여 각결막염을 일으키기도 한다. 내부로 침입한 병변은 안검 조직 안으로 퍼지며, 표피 표면을 돌출시켜 덩어리 같은 종류로 인정된다. 멜라닌의 침착이 보이며, 외견만으로는 멜라노마와 구별할 수 없다. 고양이에게는 마이봄샘종이 거의 발생하지 않는다. 외과적으로 적출하여 치료하는데, 커다란 것은 피부 손상을 동반하므로 피부판을 만들어서 이것을 덮는다.

● 항문 주위샘종

개에게만 보이며, 중년령 이상의 거세하지 않은 개에게 많이 발생한다, 이 종양은 항문 주위부에서 결절 모양으로 발육한다. 조직이 얇아지는데 더해 외상 등을 입으면 궤양이 되며 때로는 심한 출혈을 일으킨다. 항문 이외에는 꼬리의 등쪽 부분이나 뒷다리의 후면부, 복부, 포피 주위 피부, 허리, 머리에 발생하기도 한다. 외과적 절제를 통해 치료하는데, 진행되어 항문 전체 주위에 종양이 퍼지면 항문 주위 조직을 모두 절제해야 한다. 절제 후에는 종류가 발생하기도 하는데 발생한 종류는 재발이 아니라 인접 부분에서 생긴 새로운 종양이다. 항문 주위샘종은 성호르몬의 영향을 받는 것으로 여겨지므로 중성화 수술도 해준다.

● 아포크린샘종(암)

아포크린샘종은 진피나 피부밑 조직에 발생하는 종양이다. 정상 표피로 덮여 있어 부드럽고 경계부는 뚜렷하며 크기는 지름 0.4~0.5밀리미터 정도다. 고양이는 이 종양이 대개 머리에서 발생한다. 외과적으로 절제하면 치료할 수 있다. 대부분은 단발성이지만 드물게 다발성도 있으며, 그런 때도 절제한다. 한편, 아포크린샘암의 경우는 상황이 다르며, 발생 초기에 광범위한 절제를 하면 치료할 수 있지만 대부분은 부속 림프샘으로 전이되어 있다. 현 단계에서는 외과적 적출 후의 치료법은 확립되어 있지 않지만 여러 종류의 화학 요법을 조합하면 효과가 보이는 것으로 생각된다.

● 항문낭 아포크린샘암

항문샘암, 직장 주위샘암, 아포크린샘 유래 항문 주위종 등으로도 불린다. 이 종양은 대부분 개에게 보이며 고양이에게는 거의 발생하지 않는 것으로 알려져 있다. 항문낭의 벽에는 다수의 아포크린샘이 존재하며 긴 관을 거쳐 항문낭과 연결되어 있는데, 이 항문낭의 아포크린샘에서 종양이 발생한다. 발생 부위는 항문의 복측 외측부이며 크기는 다양하다. 종양은 딱딱하고 피부는 부풀어 오르며 털의 소실이나 홍반이 보인다. 전신적인 증상으로서 부갑상샘 과다 형성에 의한 다음 다뇨, 기력 상실 등의 증상이 보이기도 한다. 종양이 직장으로 퍼지면 배변이 곤란해진다. 이 종양은 악성으로 전이되기 쉬우며 폐와 비장으로 잘 전이된다. 치료는 환부를 외과적으로 절제하고, 더 이상의 전이를 막기 위해 침범당한 림프샘도 절제한다.

비상피성 종양

● 피부 섬유종

다량의 콜라겐을 생산하는 섬유 아세포와 섬유 세포의 종양이다. 섬유종은 개에게만 생기며 고양이에게는 섬유 세포종이 생긴다. 섬유종은 사지나 하복부의 피부에 생긴다. 이 종양은 진피 내에 형성되어 피부밑 조직으로 퍼져 간다. 지름은 1~5센티미터, 양성이며 외과적 절제로 치료한다. 재발은 거의 없다. 피부 섬유 육종은 섬유 아세포의 악성 종양이며, 고양이에게 많이 발생하고 개에게는 별로 보이지 않는다. 육종의 외견은 다양하다. 성장 속도는 일정하지 않으며, 단기간에 성장하는 것부터 천천히 성장하는 것까지 다양하다. 급속히 발육하는 저분화형 종양은 재발이나 전이를 일으키는 일이 많다고 알려져 있다.

● 악성 섬유성 조직구종

버니즈마운틴도그, 로트바일러, 골든리트리버에게

발병하기 쉽다고 알려져 있다. 흉부와 복부, 뒷다리의 피부에 결절이 보이거나, 피부에는 병변이 없고 비장이나 간, 림프샘, 폐, 척수, 뼈 등이 침범당하거나 한다. 이 종양이 발생하면 차츰 여위고 쇠약해진다. 임상 소견과 생체 검사로 진단하지만 유효한 치료법은 없다.

●혈관 주위 세포종

사지의 관절 위에 가장 많이 발생한다. 그 밖에 흉골 부근이나 앞쪽에 발생하기 쉬우며, 이 경우는 유샘암과 혼동하기도 한다. 이 종양은 전이는 적지만 절제 부위에 높은 빈도로 재발한다. 특히 크게 절제하기 어려운 곳에 발생하면 재발하기 쉽다. 사지에 발생하고 여러 번 재발한다면 다리를 잘라야 하는 예도 있다. 종양을 절제한 후에는 방사선 요법으로 치료한다.

●혈관(육)종

많이 발생하는 종양이며, 혈관 내피로의 분화를 나타내는 세포로 구성되는 악성 종양이다. 원발 종양이 가장 일어나기 쉬운 곳은 비장과 간, 우심이[55]이며, 피부나 피부밑 조직에 병소가 있는 경우에는 폐로 전이된 경우가 많다고 한다. 항암제에 의한 각종 화학 요법으로 치료하지만 예후는 불량하다.

●비만 세포종

개나 고양이에게 많이 생기는 종양이며, 특히 개에게 많이 발생하고 생후 6개월령 무렵까지 인정된다. 나이가 들어감에 따라 발생 빈도가 높아지는 경향이 있다. 개의 상반신보다 하반신(뒷다리, 복부, 회음, 음낭 등)에 많이 발생하는데, 구강 내나 소화관, 호흡기, 생식기 등의 내부 장기에서도 인정된다. 비만 세포종은 크게 미분화형, 분화형, 그 중간형의 세 가지로 분류되며, 그중에서도 특히 미분화형은 악성이다. 임상적으로는 모두 악성이라고 생각하여 치료한다. 장기간에 걸쳐 잠복하며 어느 날 갑자기 급속한 발육을 시작하기도 하고, 경과는 일정하지 않다. 부속 림프샘에 전이가 일어나므로 진단을 확정하기 위해 외과적 절제를 전제로 림프샘 생체 검사를 한다. 외과적 절제나 부신 겉질 스테로이드 요법, 화학 요법, 방사선 요법 등이 주된 치료법이 되지만 타입에 따라 현재로서는 근치가 어려운 것도 있다. 고양이는 다양한 증상을 나타나지만, 단발성 비만 세포를 외과적으로 절제하면 장기간에 걸쳐서 생존한다. 다발성인 경우도 종양의 수가 적다면 적출이 가능하다. 부신 겉질 호르몬제에 의한 치료는 개만큼 효과적이지는 않다.

●피부 조직구종

피부와 피부밑 조직의 종양 가운데 가장 많이 발생한다. 털이 없고 단발성이며, 작고 둥글게 부풀어 오른 결절을 진피 내에 형성하며 밝은 적색을 띤다. 지름은 1~2센티미터다. 성장이 빠르며 보호자가 발견하기 쉬운 종양이다. 때로 노령견에게도 인정되지만 대부분은 네 살 이하의 개에게 발생한다. 많이 발생하는 부위는 귓바퀴다. 조직구종은 양성 종양이지만, 비만 세포종과 감별이 필요하다.

●피부 림프종

개와 고양이 모두에게 발생이 보이며 피부에의 종양성 림프구의 침윤을 특징으로 하는 악성 종양이다. 대부분 진행성이며 차츰 피부에 발생한다. 발생 장소는 정해져 있지 않고 전신의 어디든 발생하며 단발성에서 다발성으로 이행하고, 부속 림프샘이나 내장으로 전이된다. 많은 경우

55 심장에서, 우심방의 일부를 이루는 귓바퀴 모양의 돌출부.

치료가 어려우며 다양한 화학 요법이 행해지지만 효과는 명확하지 않다.

●피부 플라스마 세포종

피부 내에서 플라스마 세포로 분화를 나타내는 세포로 구성되는 종양이다. 주로 개에게 발생하는데, 드물게 고양이에게도 발생한다. 대부분은 단발성이며, 진피 내에 소결절로 존재한다. 탈모와 융기를 나타내며 색은 암적색이다. 개의 플라스마 세포종은 양성 종양이며 크게 절제하면 치유된다. 대단히 드물지만, 재발하기도 한다.

순환기계 종양

심장 종양

심장 종양은 발생률이 낮아서 개는 0.2퍼센트, 고양이는 0.03퍼센트라고 알려져 있다. 심장의 종양에는 원발성과 전이성이 있으며, 악성과 양성이 있는데, 대부분 원발성 악성 종양이다. 심장에 생기는 종양의 종류는 다양하며 가장 많은 종양이 혈관 육종, 두 번째로 많은 종양이 대동맥 소체 종양이라고 한다. 그 밖에 목동맥토리 종양(케모덱토마),[56] 이소성 갑상샘 종양, 림프종 등이 있다. 심장 종양은 통상 우심방 등 심장 기저부라고 하는 심장의 위쪽에서 발생하는 일이 많다. 원인은 명확하지 않지만, 독일셰퍼드나 골든리트리버에게 많이 보이며, 중년령에서 노령의 개에게 많이 발생하는 경향이 있다.

증상 심장 주위에 종양이 생기므로 심장이 압박되어(심장 눌림증) 심부전을 일으킨다. 기침이나 호흡 곤란, 쓰러짐, 움직이고 싶어 하지 않음, 기운 없음, 식욕이 없음, 여윔 등의 증상이 보인다.

진단 흉부 엑스레이 검사를 하여 가슴에 물이 차 있는지(흉수), 심장이 커져 있지 않은지를 조사한다. 엑스레이 검사상, 심장이 둥근 형태를 하고 있다면 심장을 감싸고 있는 막 안에 물이 고여서 심장을 압박하고 있는 상태(심장 눌림증)를 의심한다. 이것은 심장 초음파 검사로 확실하게 진단할 수 있다.

치료 커다란 심장 종양을 완전히 절제하는 것은 대단히 곤란하지만 흉수가 있다면 물을 제거할 필요가 있다. 특히 심장 눌림증을 일으키고 있으면 급사할 가능성이 있으므로 빠른 치료가 필요하다. 심장 눌림증이 반복되면 심장을 감싸는 막을 절제함으로써 증상을 크게 완화할 수 있다. 종양이 심장을 압박하여 심부전을 일으키기 쉬워지므로 심장병 치료도 해야 한다. 이 목적을 위해서는 앤지오텐신 전환 효소 억제제나 이뇨제, 혈관 확장제 등을 사용한다. 항암제를 사용하기도 한다. 기대 수명은 몇 개월이다. 그러나 심장을 감싸고 있는 막을 제거하는 수술을 하여 심부전에 대한 내과 치료를 할 수 있다면 증상은 완화된다. 또한 일부 심장 종양은 심막을 절제함으로써 생존 기간을 늘리는 것이 알려져 있다.

심막 종양

심막은 심장을 감싸고 있는 막이며, 심막에는 심막 중피종이 발생한다. 심막 중피종은 개와 고양이 모두에게 발생하지만 대단히 드문 종양이며, 개의 발생률은 0.05~0.1퍼센트, 고양이의 발생률은 0.02퍼센트라고 알려져 있다. 개는 석면이나 살충제 흡입에 의한 발병이 알려져 있다. 중피종은 노령견에게 발생한다.

증상 개와 고양이 모두 중피종은 흉강이나 심막,

56 동정맥 지름길인 목동맥토리에서 기원하는 피부 양성 종양. 주로 손발의 끝부분에 나타나며 피부가 붉은색을 띠고 통증이 있다.

복강 등에 발생하는데 심막에 발생하면 기침, 호흡 곤란, 쓰러짐, 움직이고 싶어 하지 않음, 기운 없음, 식욕 없음, 여윔 등의 증상을 나타낸다.

진단 흉부 엑스레이 검사를 하여 흉부에 물이 차 있는지(흉수), 심장이 커져 있는지, 복부에 물이 차 있는지(복수) 등을 조사한다. 엑스레이 검사상에 심장이 둥근 형태라면 심장 종양과 마찬가지로 심장을 감싸고 있는 막 안에 물이 차서 심장을 압박하고 있는 상태(심장 눌림증)를 의심할 수 있으므로, 심에코 검사를 하여 진단을 확정한다. 이 종양은 덩어리를 이루는 경우가 적다고 알려져 있으므로, 저류액 중의 세포를 검사하거나, 수술로 종양을 직접 취하여 검사할 필요도 있다.

치료 종양을 완전히 절제하는 것은 대단히 곤란하지만, 흉수나 심장 눌림증이 있다면 물을 빼낼 필요가 있다. 특히 심장 눌림증을 일으키고 있는 경우에는 급사할 가능성이 있으므로 신속한 치료가 필요하다. 심장에 발생한 중피종을 심막째로 절제함으로써 증상이 크게 완화되며 연명 효과를 기대할 수 있다고 한다. 항암제를 사용하기도 하지만 일반적으로 효과는 낮은 것으로 알려져 있다. 평균 기대 수명은 몇 달에서 1~2년이라고 한다.

혈관과 림프관 종양

혈관 육종은 비장이나 피부에 발생하는 종양이다. 림프관 육종은 림프관에 가장 많이 발생하는데, 피부에도 발생이 보인다. 이들 두 가지 종양은 개와 고양이 모두에게 일어난다. 잘 발생하는 견종으로 독일셰퍼드나 영국포인터 등이 알려져 있으며, 8~13세에 발생이 많다. 고양이는 단모종에 많이 발생한다. 개와 고양이에게 이 종양을 일으키는 원인은 명확하지 않지만, 사람의 경우는 염화 비닐이나 이산화 토륨, 비소에 노출되는 것이 한 가지 원인으로 생각되고 있다.

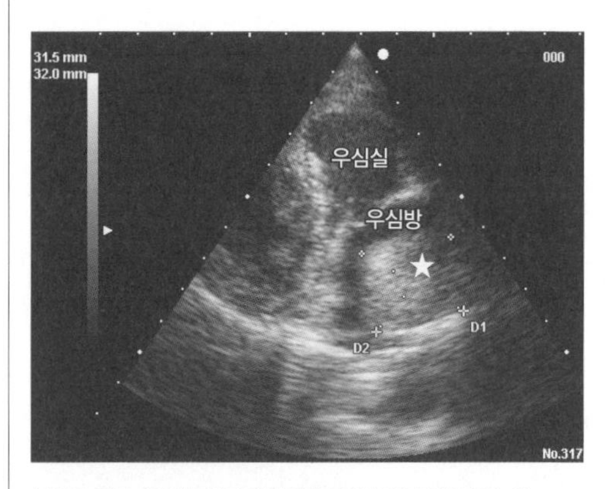

심에코 검사. 우심방 내까지 침윤한 종양(★)이 확인된다. 이 종양은 대동맥 소체 종양이었다.

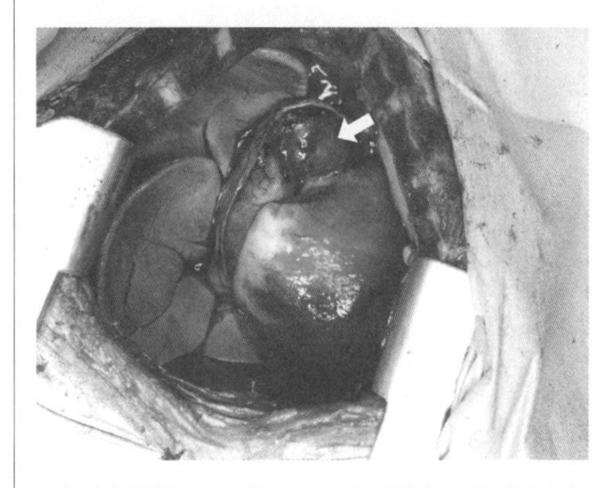

수술 시의 종양(혈관 육종)(화살표) 모습. 대동맥과 폐동맥이 나와 있는 심장의 위쪽 부분에서 발생한다.

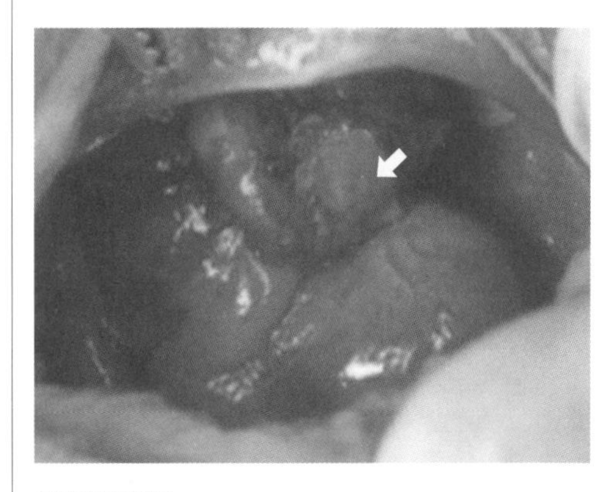

고양이의 중피종.

증상 혈관 육종은 비장에서 많이 발생하며 이때는 비장이 붓는다. 비장의 부기가 심해지면 배가 전체적으로 팽창한다. 그 밖에 구토나 설사, 체중 감소, 식욕 부진 등이 보인다. 비장에서 출혈이

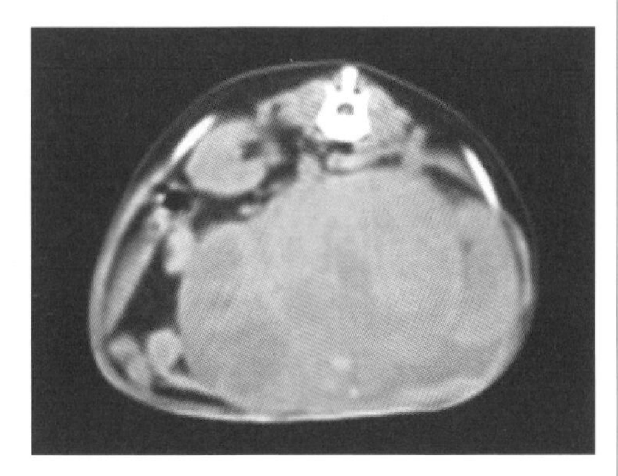

CT 검사. 복부 가득 퍼진 혈관 육종.

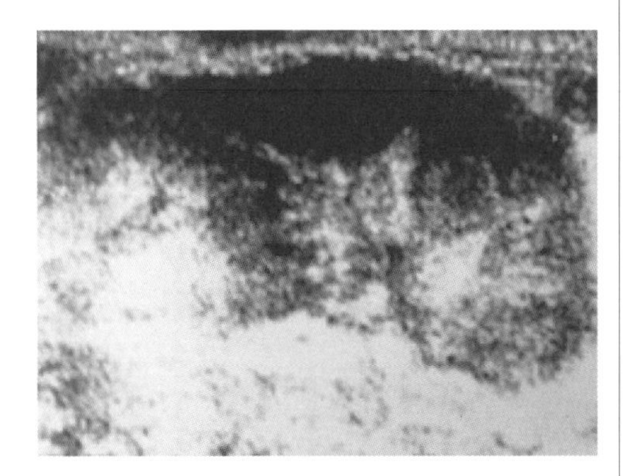

복부 초음파 검사. 신장에 발생한 혈관 육종.

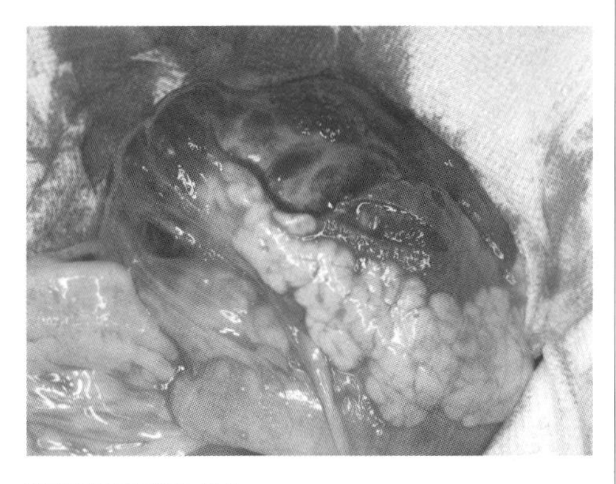

혈관 육종의 적출술 사진.

일어나 허탈 상태가 되어 그대로 사망하기도 한다. 개의 피부에 보이는 혈관 육종은 복부에 많이 발생하며, 그 경우에는 피부가 두꺼워지거나 궤양이 형성되기도 한다. 고양이의 피부에 보이는 혈관 육종은 귀나 코 등 두부에 많이 발생한다. 림프관 육종은 배나 다리의 피부 등에 보인다.

진단 혈액 검사를 하여 백혈구 수의 증가, 빈혈, 혈소판 수의 감수, 적혈구 변형(파쇄 적혈구)을 확인한다. 비장이 커져 있으면 엑스레이 검사로 그것을 알 수 있으며, 복부 초음파 검사에서 혈액을 풍부하게 함유한 비장이 관찰되기도 한다.

치료 수술로 종양을 적출한다. 그러나 혈관 육종은 전이를 일으키는 일이 많으므로 수술로 완치되는 일은 거의 없다. 그러므로 항암제 투여를 병행한다. 림프관 육종도 치료 방법은 혈관 육종과 같다. 혈관 육종은 수술하거나 항암제 치료를 해도 생존율은 별로 높지 않다고 한다.

호흡기계 종양

상부 기도 종양

코의 표면에 종양이 생기는 일이 있는데, 외관을 보아 발견하기가 쉽다. 전이가 없는 이상, 보통 무증상이지만, 종양으로 비공이 막히면 호흡 곤란을 일으켜서 복식 호흡을 하게 된다. 이 부위의 종양으로는 편평 상피암이 가장 많이 발생한다. 치료법에는 외과 수술과 방사선 요법, 그리고 화학 요법이 있는데, 첫 번째로 선택할 치료법은 외과 수술이다. 작은 종양은 수술이 성공하면 예후가 양호한 예도 있지만 큰 종양은 재발이나 전이를 일으키는 일이 많으며 예후가 불량하다. 종양이 크면 적출하는 범위가 넓어지고, 수술 후에 얼굴 모양이 변하는 것을 피할 수 없다.

비강과 부비강의 종양으로는 양성 폴립, 샘암, 편평 상피암, 섬유 육종, 림프종, 골육종, 연골 육종이 있다. 이들 모두는 개와 고양이 양쪽에게 발생하는데 장두종에게 비교적 많이 발생하는 경향이 있다. 증상으로는 고름이나 피 같은 콧물, 코골이, 재채기, 안면의 변화, 호흡 곤란이 보인다. 비강 또는 부비강의 종양이 의심되면 두부 엑스레이 검사를 한다. 종양이라면 뼈의 용해 소견 등의 이상이 보이기도 한다. 그리고 병변 조직을 채취하여 세포 진단을 한다. CT 검사나 MRI 검사로 단층 촬영도 대단히 유효하다. 치료는 종양의 종류에 따라 외과 수술이나 방사선 요법, 화학 요법 등을 조합하여서 하는데 양성 폴립 이외에는 예후가 불량하다.

인두와 후두에 발생하는 종양으로는 샘종, 샘암, 골육종, 혈관 육종, 비만 세포종, 림프종을 들 수 있다. 모두 개와 고양이 양쪽에게 발생하지만 이 부위에 발생하는 일은 대단히 드물다. 증상으로는 변성, 쌕쌕거리는 호흡, 호흡 곤란, 삼킴곤란을 일으킨다. 인두나 후두의 종양이 의심되면 이 부분의 엑스레이 검사를 한다. 엑스레이 검사에서 의심이 강해진다면 이어서 내시경 검사를 한다. 그리고 내시경으로 병변 조직을 채취하여 조직 검사를 함으로써 종양의 종류를 확정한다. 치료는 종양의 종류에 따라 외과 수술이나 방사선 요법, 화학 요법을 조합하여 하지만 대부분 예후는 불량하다.

기관에 발생하는 종양으로는 샘암, 편평 상피암, 림프종, 기관 골연골종, 골육종을 들 수 있다. 모두 개와 고양이 양쪽에게 발생하지만, 이 부위에 종양이 생기는 일은 대단히 드물다. 증상으로는 기침, 쌕쌕거림, 객혈, 메스꺼움, 호흡 곤란을 일으킨다. 증상 등을 통해 기관 종양이 의심되는 경우는 엑스레이 검사를 한다. 엑스레이 검사에서는 기관의 협소 등이 보이는 예가 있는데, 이상 소견이 인정되지 않는 예도 있다. 기관지경을 이용하여 검사하는데 기관지경으로 병변부 조직을 채취하거나 기관과 기관지를 씻어 세정액을 채취하고, 세포 검사를 함으로써 종양의 종류를 확정한다. 종양의 종류에 따라 외과 수술과 화학 요법을 조합하여 치료한다. 종양의 범위가 부분적이고 수술로 적출이 가능한 예도 있지만, 예후가 좋지 않은 편이다. 상부 기도의 종양으로 두드러진 호흡 곤란이 보인다면 기관 절개도 필요하다.

폐종양

폐종양은 원발 종양과 전이 종양으로 크게 나뉜다. 원발 종양으로는 샘암이나 혈관 육종, 섬유 육종 등이 있는데. 모두 발생은 드물다. 전이 종양에는 다양한 종류가 있는데, 폐의 종양은 대부분 다른 장기로부터의 전이에 의한 것이다. 증상으로는 기침, 청색증, 객혈, 호흡 곤란이 보인다. 폐의 종양이 의심되면 엑스레이 검사를 한다. 엑스레이 검사로 폐의 일부에 종양을 의심하는 상이 보일 때는 폐가 원발일 가능성이 의심되며, 반면 폐 전체에 종양이 의심되는 상이 보일 때는 전이가 의심된다. 흉수가 인정되는 예도 있다. 폐의 종양이 대단히

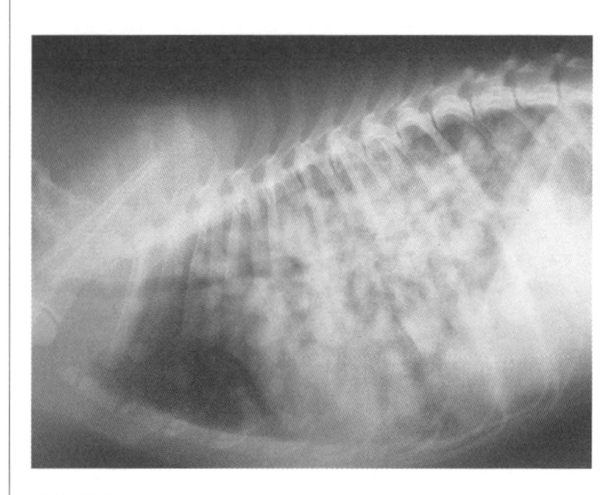

전이 폐암.

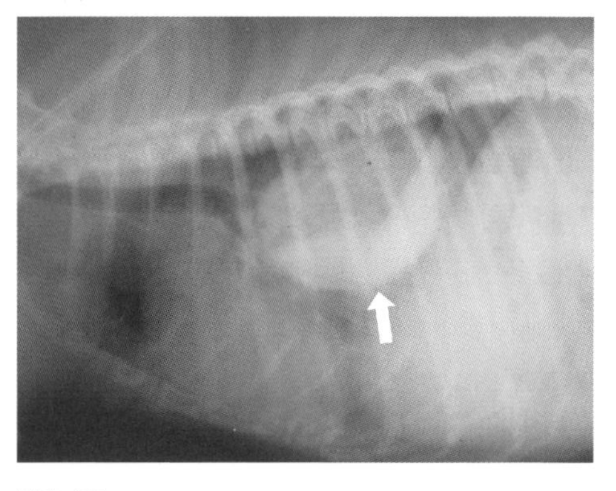

원발 폐암.

작을 때는 엑스레이 검사로 알아낼 수 없는 경우가 많으므로 강한 의심이 든다면 CT 검사나 MRI 검사 등으로 단층 촬영을 해보면 유용하다. 치료는 원발 종양이라면 외과 수술을 한다. 수술 후에 화학 요법 등을 시행하기도 한다. 종양의 전이가 일어나지 않는다면 예후는 비교적 양호하다, 그러나 전이되면 화학 요법 등을 시도하기도 하지만 예후는 불량하다.

흉막 종양

흉막 종양으로는 원발성으로는 중피종이 있고, 전이성으로는 폐종양이나 멜라노마, 혈관 육종 등이 있다. 증상으로는 호흡 곤란이 보인다. 엑스레이 검사를 하면 흉수의 저류를 확인할 수 있다. 이 흉수를 채취하여 검사함으로써 흉막 종양을 진단하는 것이 가능하지만 종양의 종류에 따라서는 특정하기 곤란한 것도 많다. 치료는 종양의 범위가 일부에 제한되어 있다면 외과 수술을 하지만, 흉막 전체에 미쳐 있다면 화학 요법을 한다. 화학 요법은 약물을 전신적으로 투여하거나 흉강 내에 투여한다. 국소 종양이고 수술이 성공한 경우는 예후가 양호한 것도 있지만, 대부분은 예후가 불량하다. 그런 경우에는 흉수를 정기적으로 빼내서 증상을 완화하는 것이 주된 치료가 된다.

세로칸 종양

세로칸 종양은 대부분 림프종이나 가슴샘종으로 종격 종양이라고도 한다. 그 밖에 갑상샘종이나 지방종, 전이 종양도 인정되지만 발생 빈도는 드물다. 림프종, 가슴샘종 모두 개와 고양이에게 발생하는데, 개는 가슴샘종이 비교적 많고 고양이는 림프종이 많이 보인다. 증상으로는 호흡 곤란이 보인다. 흉부 엑스레이 검사로 세로칸 부위에 종양을 확인할 수 있으며, 흉수가 보이기도 한다. 이 흉수를 채취하여 검사함으로써 확진이 가능하다. 가슴샘종은 외과 수술이 주된 치료법이 되지만, 방사선 요법이나 화학 요법을 조합하기도 한다. 림프종은 주로 화학 요법을 하며, 거기에 방사선 요법을 조합하기도 한다. 예후는 가슴샘종은 수술이 성공하면 양호하지만, 수술 후에 중증 근육 무력증을 발병하기도 한다. 림프종의 예후는 화학 요법의 성공 여부에 달려 있다.

소화기계 종양

구강, 치아, 인두부 종양

구강 내의 원발 종양은 열 살 이상인 개와 고양이에게 높은 비율로 발생한다. 치은종[57]과 바이러스 유두종을 제외하고 비교적 악성인 것이 많다. 개에게 높은 빈도로 인정되는 구강 내 종양에는 멜라노마와 편평 상피암, 섬유 육종의 세 가지가 있다. 고양이에게는 편평 상피암과 섬유 육종이 많이 보인다. 증상으로는 과도한 타액 분비, 입냄새, 출혈, 치아의 탈락이 보인다. 종양이 커지면 섭식 불량이나 통증, 삼킴곤란 등도 일으킨다. 구강 내 종양은 눈으로 진단할 때 아주 비슷한 소견을 보이는 일이 많다. 적절한 치료 방침을 결정하기 위해 생체 검사가 불가결하며, 절제 전에 상세한 엑스레이 검사, CT 검사, MRI 검사로 병변의 넓이를 확인해 둘 필요가 있다. 치료법으로는 외과적 절제 이외에 방사선 요법, 한랭 요법, 화학 요법, 면역 요법 등이 있다. 양성 종양이나 전이 침윤이 없는 발생 초기의 병소는 완치할 수 있기도 하다. 그러나 근치적 절제가 불가능하고 재발이 잘되는 편이다.

침샘 종양

개와 고양이의 침샘에 종양이 발생하는 경우는 드물다. 단, 발생하면 대부분은 악성인 샘암이며

57 아래턱의 뼈막에서 기원한 섬유 육종.

천천히 진행된다. 종양이 커지면 통증이나 삼킴 곤란이 나타나는데, 종양의 성장 속도가 상당히 느리므로 조기 발견은 곤란하다. 침샘의 하나인 광대뼈샘 종양은 안구 후부로 침윤하여 안구가 돌출되기도 한다. 외과 절제 후, 절제한 조직의 병리 검사를 하여 확진한다. 종양이 발생한 부위에 따라서는 혈관이나 신경이 인접해 있어서 완전히 절제하기 어려운 예도 있으며, 재발과 전이를 일으킬 가능성이 높아 외과 수술의 보조 요법으로 방사선 요법이 유효한 경우가 많다.

식도 종양

개와 고양이의 식도에 종양이 발생하는 일은 드물다. 식도의 원발 종양으로는 개는 편평 상피암이나 섬유 육종, 평활근 육종, 골육종이, 고양이는 편평 상피암이 알려져 있다. 종양으로 식도가 서서히 막히고, 그것과 동반하여 거대 식도증을 발병하므로 진행성 구역질이나 삼킴곤란, 체중 감소가 일어난다. 엑스레이 검사, 내시경 검사, 그리고 생체 검사를 하여 진단한다. 치료는 외과적 절제가 가능한 예도 있지만 임상 징후가 뚜렷한 시기에는 이미 종양이 커져 있거나 다른 조직으로 전이 또는 침윤이 진행된 예가 많으며, 대부분 예후가 불량하다.

위 종양

개나 고양이는 사람보다 위의 종양 발생은 적다고 말할 수 있다. 개에게는 샘암이 가장 많으며, 그 밖에 악성 종양으로는 평활근 종이나 섬유 육종, 림프종, 양성 종양으로는 폴립이나 평활근종, 섬유종 등이 보인다. 이들 종양은 암컷보다 수컷에게 많은 것 같다. 고양이에게는 림프종이 가장 많이 발생한다. 증상으로는 구토가 인정된다. 점막에 궤양이나 출혈이 있으면, 피를 토하거나 토사물에 피 같은 것이 섞여 있는 경우가 있다. 특히 악성 종양이면 식욕 부진이나 체중 감소 등이 보이는데, 이들 증상은 위 종양의 특징적인 것이 아니므로 이런 증상에서 조기 발견하기는 곤란하다. 엑스레이 검사나 내시경 검사, 초음파 등으로 생체 검사가 필요하며, 시험적 개복이 필요한 예도 있다. 위를 부분 절제 등을 하여 치료하기도 한다. 종양의 종류에 따라서는 화학 요법의 병용도 고려한다. 그러나 진단 시점에서 이미 종양이 광범위하게 퍼져서 다른 장기로 전이된 예도 많으며, 그때는 예후가 불량하다.

소장과 대장 종양

장관의 종양에는 폴립이나 샘종, 샘암, 비만 세포종, 림프종, 평활근종, 평활근 육종, 섬유 육종 등이 있다. 개와 고양이 모두 림프종의 발생이 가장 많으며, 다음으로 샘암의 발생이 많다. 장샘암은 개는 십이지장이나 결장, 직장에 많이 발생하고, 고양이는 공장이나 회장에 많이 발생한다. 증상은 구토나 설사, 혈변 등이며 특이한 증상이 없다. 병세가 더욱 진행되면 활력 저하나 체중 감소, 복수 등이 보인다. 진단할 때는 엑스레이 검사나 초음파 검사 이외에, 내시경 검사나 장관 생체 검사, 시험적 개복을 하여 채취한 조직의 병리학적 검사를 시행한다. 그러나 많은 경우는 진단된 시점에서 이미 종양이 상당히 광범위하게 침윤 또는 전이를 일으키고 있다. 그러므로 외과 수술에 의한 장관 절제에 화학 요법 등도 조합한다. 직장 등 발생 부위에 따라 방사선 요법이나 동결 수술[58]도 시행하는데, 예후가 불량해지는 일이 많다.

간, 담낭, 담도 종양

개와 고양이의 간에 발생하는 종양에는 간세포 샘종이나 간세포암, 담관암, 혈관 육종 등이 있다.

58 병이 든 생체를 냉동하여 조직을 파괴하는 수술.

고양이는 담관암이 가장 많이 보인다. 양성인 원발 종양은 상당히 진행될 때까지 거의 무증상이지만 식욕 부진, 체중 감소, 복부 팽만, 복수, 황달이 보이기도 한다. 한편, 악성인 원발 종양은 간의 파열로 기능 이상, 혹은 출혈이 나타나거나 저혈당증을 일으킨다. 초음파 등으로 확진하려면 개복이나 복강경 검사, 간 생체 검사가 필요하다. 수술로 병소를 절제하여 치료한다. 전이암이나 완전 절제가 곤란한 것에 대해서는 화학 요법도 병용하지만 예후는 불량하다.

외분비 췌장 종양

개와 고양이에게 췌장 외분비계에 종양이 발생하는 경우는 대단히 드물지만, 발생하면 대부분 악성도가 강한 샘암이다. 초기에는 특별한 증상은 인정되지 않지만, 종양은 급속히 증식하여 십이지장이나 췌장, 복막으로 퍼지며, 단기간에 폐 등으로 전이를 일으킨다. 증상으로는 식욕 부진이나 체중 감소, 황달, 복수, 구토, 복통, 설사 등이 보이며 체중 감소가 두드러지고 급사하기도 한다. 진단하려면 복부 엑스레이 검사, 초음파 검사, CT 검사를 한다. 복수가 찬 경우에는 세포 검사로 진단할 수도 있지만 최종적으로는 시험 개복하여 확정한다. 증상이 나타날 무렵에는 이미 다른 장기로 전이된 경우가 많으며 절제는 불가능하거나 곤란하다. 그러므로 외과 수술 이외에 화학 요법 등도 시행하지만 많은 경우 예후는 불량하다.

복막 종양

복막에 발생하는 원발 종양에는 중피종이나 지방 육종, 평활근 육종 등이 있다. 대표적인 것으로서 중피종이 있는데, 개와 고양이에게는 발생이 드물다. 림프종 같은 전이 종양도 볼 수 있다. 증상으로는 식욕 부진, 복수 저류에 의한 복부 팽만 등이 보인다. 진단에는 초음파 검사나 복수의 세포 검사를 한다. 단, 복수에서 종양 세포를 검출하는 것은 곤란한 예가 많으며, 시험적 개복 등으로 병소를 특정하고, 그것의 조직의 병리학적 검사를 함으로써 진단을 확정한다. 치료하려면 병소를 절제한다. 그러나 조기 발견이 곤란하며 악성인 경우가 많고 전이암의 가능성도 높으므로 많은 경우에 예후는 불량하다.

내분비계 종양

뇌하수체 종양

뇌하수체에 발생하는 종양은 대부분 샘종이라는 종류의 양성 종양이다. 다른 장소로 전이할 위험성은 적지만 다음과 같은 점에서 문제가 된다. 개는 뇌하수체에 발생하는 샘종이 부신 겉질 자극 호르몬을 과다하게 분비하는 예가 많으며, 이것은 부신 겉질 기능 항진증의 원인이 된다. 성장 호르몬을 생성하는 샘종이 생기면 거인증이나 말단 비대증을 일으킨다. 그리고, 정상인 호르몬 분비 세포가 뇌하수체 샘종에 눌려서 호르몬을 분비하지 못하면 중추성 갑상샘 기능 저하증이나 저(低)소마토트로핀증 등이 일어난다. 뇌하수체에는 샘종 이외의 종양도 발생하는데 종양이 생긴 장소에 따라서는 호르몬 분비 세포가 압박받거나 파괴되며, 그 결과 저소마토트로핀증이나 요붕증을 발병하기도 한다.

갑상샘 종양

고양이는 갑상샘에 샘종이 발생하는 일이 많다고 한다. 이 종양은 갑상샘 호르몬을 과다하게 분비하여 갑상샘 기능 항진증의 원인이 된다. 한편, 개의 갑상샘에 생기는 종양은 대부분 갑상샘암이라는 악성 종양이다.

부갑상샘 종양

부갑상샘의 샘종이나 샘암은 개에게 드물게 발생한다. 부갑상샘가 종양화하기도 하고, 다른 장소에 부갑상샘 샘종이 생기기도 한다. 이들 종양에서 부갑상샘 호르몬이 과다 분비되면 부갑상샘 기능 항진증의 원인이 된다.

부신 종양

부신에는 겉질이라 불리는 외측 부분과 속질이라 불리는 내측 부분이 있다. 부신 겉질에 생기는 종양은 샘종인 경우도 있고 암종인 경우도 있다. 둘 다 많은 경우 코르티솔을 생성하여 부신 겉질 기능 항진증의 원인이 된다. 정상인 동물의 부신 속질은 아드레날린과 노르아드레날린을 분비하고 있다. 아드레날린이나 노르아드레날린을 분비하는 세포는 크롬 친화성 세포라고 불린다. 이 부위에서 생기는 종양은 크롬 친화성 세포종이라고 하며 노르아드레날린이나 아드레날린을 과도하게 분비한다.

췌장 종양

췌장에서 호르몬을 생성하고 있는 부분을 랑게르한스섬이라고 하며, 랑게르한스섬에는 글루카곤을 분비하는 알파 세포와 인슐린을 분비하는 베타 세포, 소마토트로핀을 분비하는 감마 세포가 있다. 이들이 종양화한 것을 각각 글루카곤종, 인슐린종, 성장 억제 호르몬 종양이라고 부른다.

비뇨기계 종양

신장 종양

개의 신장에 종양이 발생하는 일은 드물지만, 발생하면 신세포암이나 신아세포종 등 악성 종양이 인정된다. 신세포암은 노령견에게 보이는 일이 많으며 신아세포종은 유년견에게 보인다. 고양이에게는 그 밖에도 신장에 림프종이 발생하기도 한다.
신장 종양은 특징적인 증상이 없으며 식욕 부진이나 기운 없음, 체중 감소, 복부 팽만 등이 보이는 정도다. 뼈로 전이되면 절뚝거림이 생기기도 한다. 복부를 촉진하면 크고 비정상적인 모양의 신장이 만져지기도 한다. 혈뇨가 생기면 빈혈을 일으키지만, 한편으로 적혈구 생성을 촉진하는 적혈구 생성소 분비가 증가하면 적혈구 증가증(적혈구의 이상 증가)을 일으킨다. 한편 신아세포종은 선천성 종양으로, 종종 대단히 커진다. 신장 종양은 복부 엑스레이 검사나 초음파 검사 등으로 검출할 수 있다. 그러나 확진하려면 생체 검사나 수술로 적출한 신장의 조직에 대한 병리학적 검사를 해야 한다. 림프종은 바늘 생체 검사로 진단할 수 있다. 치료는 뼈 등으로의 전이 의심이 없는 경우에는 신장과 그 주위의 조직, 그리고 요관을 적출한다. 림프종은 보통 화학 요법을 시행한다.

방광 종양

방광에 가장 많이 보이는 종양은 악성의 이행 상피암이다. 이 종양은 방광 이외에 신장이나 요관, 요도, 전립샘, 방광, 질에도 발생한다. 이행 상피암은 노령견에게 많이 보이며, 암컷 개에게 많이 발생하는 경향이 있다. 특히 셰틀랜드양몰이개에게는 소인이 있다고 한다. 고양이는 방광 종양이 거의 발생하지 않는다. 증상은 혈뇨나 빈뇨, 통증을 동반하는 배뇨 곤란 등 방광염 증상과 비슷하다. 이행 상피암은 방광 안에서 좌우 요관이 열리는 방광 삼각이라는 부위에 발생하는 일이 많으므로, 종양이 커져서 요관의 개구부가 막히게 되면 소변을 배출할 수 없게 되며, 그 결과 신부전을 일으킨다. 이 종양은 요도나 요관에 침윤하여 부속 림프샘이나 폐와 뼈로 전이되기도 한다. 진단은 영상 검사(초음파 검사, 엑스레이 요로 조영 검사)나 소변 검사(소변에서 종양 세포의 검출) 등으로 한다. 치료는 조기에 발견하면 수술로 종양을 절제한다. 진행되어 방광 전체를 적출할 필요가 있으면 요관을 소화관으로 이식하는 요로 변경술을 하기도 하는데, 감염을 일으키거나 소변을 소화관에서 재흡수함으로써 전해질 이상이나 산 염기 평형 이상, 이식부의 협착 등의 합병증을 일으킬 우려가 있다. 증상이 진행하여 수술할 수 없는 것에 대해서는 증상의 완화를 목적으로 한 내과 치료(화학 요법이나 비스테로이드성 소염제인 피록시캄 투여 등)를 한다. 그 밖의 방광 종양으로는 양성인 것으로는 유두종이나 평활근종 등 악성인 것으로는 편평 상피암이나 샘암, 평활근 육종 등이 있다.

생식기계 종양

정소 종양

개의 정소(고환)에 발생하는 종양에는 세 종류가 있으며, 사이질 세포종의 발생이 가장 많고, 다음으로 정상 피종, 세르톨리 세포종 순이다. 고양이에게 정소 종양의 발생은 대단히 드물지만, 발생한 경우에는 대부분 악성이라고 알려져 있다. 세르톨리 세포종은 정소 곡정세관[59]에 있는 세르톨리 세포(지지 세포의 일종)에서 생기며, 그 50퍼센트는 음낭으로 하강하지 않은 잠복 고환에서 발생한다. 세 종류의 정소 종양 가운데 가장 전이율이 높고(간, 신장, 비장, 폐 등으로 전이), 에스트로겐(여성 호르몬의 일종)을 분비하므로 암컷화되거나 탈모, 재생 불량성 빈혈이나 백혈구 감소 등을 일으키는 일이 많은 종양이다. 이에 대해 정상 피종은 대부분 음낭으로 하강한 정소에서 발생하며, 전이율은 5~10퍼센트라고 알려져 있다. 때로 에스트로겐 생성이 증가하지만, 그것에 동반하는 증상은 드물다고 한다. 사이질 세포종은 정소의 고환 사이질 세포에서 생긴다. 대부분은 하강 정소에서 발생하여 정소 내부에 머물기 때문에 전이를 일으키지 않는 것으로 알려져 있다. 단, 테스토스테론(남성 호르몬)을 생성하므로 회음 탈장이나 항문 주위샘종의 발생률이 상승한다. 치료는 세 종류의 종양 모두 중성화 수술이 첫 번째며, 음낭에 고착되어 있으면 음낭도 제거해야 한다. 세르톨리 세포종은 외과 수술을 할 때는 출혈 경향이 증강하는 등 많은 부작용이 생기므로 주의가 필요하다. 전이가 확인된 것에서는 외과적 절제에 더해 화학 요법이나 방사선 요법을 시행한다. 정소 종양은 미리 중성화 수술을 함으로써 완전히 예방할 수 있다. 적어도 잠복 고환은 되도록 빠른 시기에 적출해야 한다.

59 고환 소엽 속에 꽉 차 있는, 꼬불꼬불한 가느다란 관.

전립샘 종양

개의 전립샘 종양 발생은 드물다. 단, 발생한 경우는 대부분 악성이며, 전립샘암이나 미분화 암종이거나 방광암에서 전이에 의한 것이다. 고양이의 전립샘 종양은 대단히 드물며, 자세한 것은 알려지지 않았다. 개의 조기 거세는 종양 발육을 억제하는 효과는 없다고 알려져 있다. 진단은 직장 검사에서 비정상적이고 비대한 전립샘이 만져진다면 다음으로 소변 침전물 검사나 엑스레이 검사, 초음파 검사, 조직 검사를 한다. 전립샘암은 진단 시에는 70~80퍼센트가 이미 다른 조직(림프샘이나 요추, 폐 등)으로 전이를 일으키고 있다. 그때는 유효한 치료법은 없으며 적출 수술을 시도하지만 예후는 나쁜 것으로 알려져 있다.

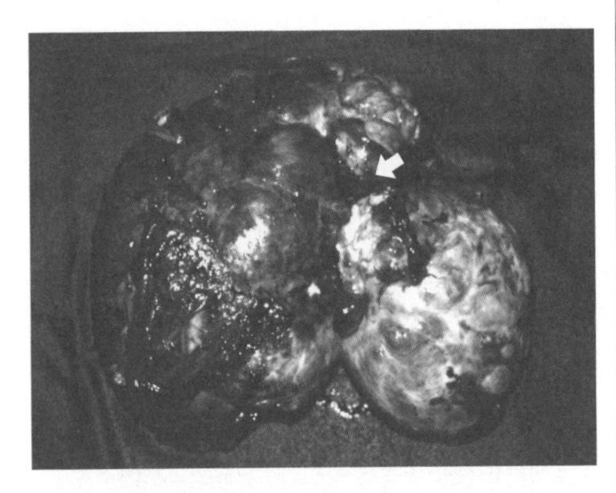

래브라도리트리버의 복강 안에 생긴 기형종.

난소 종양

개와 고양이에게 난소 종양이 발생하는 빈도는 높지 않지만, 상피 세포 종양이나 성기 사이질 세포 종양, 배아세포종이 인정되는 경우가 있다. 개에게서는 상피 세포 종양과 성기 사이질 세포 종양이 대부분을 차지한다, 한편 고양이에게서는 성기 사이질 지방 종양이 압도적으로 많으며, 그중에서도 과립막 세포종이 가장 많이 인정된다. 상피 세포 종양은 종류가 커질 때까지 무증상인 경우가 많으며, 이 종양 중에서도 특히 유두상 샘암은 다른 장기로의 전이와 복수의 저류가 특징적이다. 성기 사이질 세포 종양은 에스트로겐이나 프로게스테론을 생성하는 난소의 호르몬 분비 세포에서 발생한다. 그러므로 호르몬 과다 증상(외음부 비대, 지속성 발정, 탈모 등)이 많이 보인다. 이 종양 중에서 가장 발생 빈도가 높은 것은 과립막 세포종인데, 이것은 대단히 커지는 일이 있으며, 큰 것은 상복부의 대부분을 차지하기까지 한다. 이런 경우에는 허리 림프샘이나 간, 폐 등에 전이된다. 난포막 세포종은 일반적으로 양성이며, 커지면서 많은 장기를 압박하는 예가 있지만 전이되지는 않는 것으로 알려져 있다. 배아세포종은 난소의 시원 생식 세포(생식소에 들어가기 이전의 원시 세포)에서 발생한다고 생각된다. 미분화 배아세포종은 좌우 어느 한쪽에 발생하며, 복부 림프샘에 잘 전이된다. 배아세포종의 일종인 기형 암종(기형종)은 호르몬 부족 증상을 일으키는 일이 많으며, 복부를 점거할 정도로 커지기도 한다.

자궁 종양

자궁 종양은 중년령에서 노령인 동물에게 보인다. 개는 대부분이 평활근종(양성)이며, 약 10퍼센트가 평활근 육종(악성)이다. 드물게 샘종이나 샘암, 섬유종, 섬유 육종, 지방종 등이 발생하기도 한다. 고양이는 자궁샘암이 압도적으로 많으며, 종종 다른 장기나 림프샘으로 전이를 일으킨다. 개와 고양이 모두 초기에는 증상을 나타내지 않지만, 종양이 커지면 발정 주기의 이상이나 다음 다뇨, 질 분비물 이상, 자궁 축농증 등이 보이게 되며, 이것으로 종양의 존재를 알아차린다. 자궁 축농증 적출 수술을 하다가 우연히 발견되거나, 개에게서는 음부에서 폴립 모양의 평활근종이 돌출함으로써 발견될 때가 있다.
복부 촉진과 엑스레이 검사, 초음파 검사로 종양을 확인함으로써 진단한다. 그러나 초음파 검사 등으로 자궁의 종양을 조기에 확인할 수 있는 경우는 드물다. 치료하려면 난소와 자궁을 적출한다. 악성 종양이면 전이 병소도 절제해야 한다. 완전히 절제할 수 있다면 경과는 양호하다.

암컷 생식기의 종양

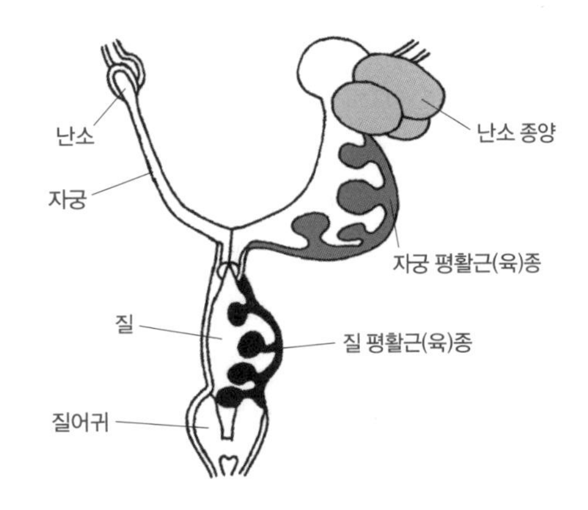

특히 평활근종은 호르몬 의존성 종양으로 여겨지며, 난소와 자궁을 전부 적출하는 수술로 질의 종류도 사라질 수 있다. 단, 고양이의 자궁샘암은 적출 수술 시점에서는 이미 전이를 일으키고 있을 가능성이 높으며, 경과는 주의가 필요하다. 자궁 종양을 예방하려면 유년기에 중성화 수술을 한다.

질과 음문 종양

개의 외음부와 질의 종양은, 암컷 생식기의 종양 가운데 젖샘 종양 다음으로 많으며, 중성화 수술을 하지 않은 중년령 이후의 개에게 인정된다. 고양이는 발생 예가 적어서 자세한 것은 알 수 없다. 개의 질과 외음부 종양의 약 80퍼센트는 양성이며, 평활근에서 발생하며 평활근종, 섬유 평활근종, 섬유종, 폴립이라고 불린다. 이들은 거의 같은 종양을 가리키지만, 구성하는 세포의 성분량이 다르다. 질강 내와 질 외에 발생하는 평활근종은 목이 있는 폴립 모양이며, 난소와 자궁 적출 수술을 한 동물에게는 발생하지 않는다. 이들 종양은 호르몬 의존성이며, 난소에 호르몬 분비 이상이 있으면 발생한다고 알려져 있다.
악성 종양에서는 평활근 육종이 가장 많이 확인된다. 이 종양은 많은 장기로 전이되는 것으로 알려져 있다. 그 밖의 악성 종양으로는 전염성 생식기 종양이나 샘암, 편평 상피암, 혈관 육종이 있는데, 모두 발생은 드물다. 전염성 생식기 종양은 교미 행동으로 다른 개(수컷에서 암컷 또는 암컷에서 수컷)에게 자연스럽게 이식된다. 그러므로 이전에는 지역에 따라서는 심각한 문제가 되었지만, 현재는 거의 보이지 않게 되었다.
질과 외음부 종양을 치료할 때는 난소와 자궁도 적출한다. 질 내 또는 질 외의 평활근종은 적출이 쉬우며, 광범위한 완전 절제는 필요하지 않다고 한다. 그러나, 평활근 육종이나 편평 상피암이면 국소의 재발율과 전이율이 높으므로 적출 수술을 하더라도 그 후의 경과는 불량하다.

젖샘 종양

젖샘 종양은 암컷 개에게 가장 많이 인정되는 종양이다. 그러나 요즘 유년견에게 중성화 수술을 하는 습관이 정착되고 있어서 발생률이 서서히 저하하는 경향이 있다. 개에게서 젖샘 종양의 약 50퍼센트는 양성이며, 4퍼센트는 육종(악성), 4퍼센트는 염증성 유방암, 42퍼센트는 샘암으로 알려져 있다. 양성의 젖샘 종양에는 젖샘종과 섬유 샘종(양성 혼합 종양)이 있으며, 악성에는 젖샘암과 암육종(악성 혼합 종양), 염증성 유암이 있다.
염증성 유방암은 대단히 악성도가 높은 유방암인데, 심한 피부의 염증을 동반하므로 얼핏 보기에는 피부염이나 젖샘염과 혼동하는 일이 있다. 진단을 확정하려면 염증 부분의 일부를 생체 검사하여 그 조직을 병리 검사한다.
개의 젖샘 종양은 명백하게 성호르몬 의존성 질환이며, 최초의 발정 전에 중성화 수술을 한 개는 발생률이 0.05퍼센트인데 비해 첫 발정 후에 중성화 수술한 경우는 8퍼센트, 두 번째 발정 이후에 중성화 수술을 한 경우는 26퍼센트다. 젖샘 종양은 개와 고양이 모두 암컷에 한정되지 않고 수컷에게도 발생하는 경우가 있다. 발생 빈도는 극히 드물며, 경과는 암컷의 경우와 같다. 치료할 때는, 종양의 크기가 3센티미터 이하로 경계가 뚜렷하며 림프샘 전이가 의심되지 않다면 비교적 양호한 결과를 얻을 수 있다. 고양이의 젖샘 종양 80퍼센트 이상은 유샘암이며, 발견 시에는 이미 폐로 전이된 일이 많다.
적출한 종양의 조직 검사로 진단한다. 악성 종양인 경우는 다른 장기(특히 폐)에 전이되어 있는 일이 많으며, 엑스레이 검사도 필요하다. 치료할 때 첫 번째 선택은 적출 수술이다. 단, 유방을 부분 절제할 것인지 전부 절제할 것인지, 또는 젖샘의 적출과 동시에 난소와 자궁도 적출할 것인지, 다양한 선택지가 있다. 양성 종양이면 종양의 완전 절제로 경과는 양호해지지만, 악성 종양이면 이미 전이를 일으키고 있거나 재발할 우려가 크며 최종적으로 방사선 요법이 필요해지기도 한다. 악성 종양의 적출 후에 화학 요법을 시행하면 일부 약물(독소루비신, 미톡산트론, 시스플라틴 등)로 부분 완화가 가능하다고 알려져 있다. 염증성 유방암은 현시점에서는 치료 불가능한 젖샘 종양으로 여겨지며, 적출 수술을 해도 완치되지 않고 아직 치료법은 확립되어 있지 않다. 고양이의 젖샘암은 경과가 불량한 경우가 대부분이며 적출 수술을 해도 몇 달 뒤에 재발하거나 적출 시에는 인정되지 않았던 폐로의 전이가 나중에 명백해지는 경우가 종종 있다.

신경계 종양

중추 신경 종양

별 아교 세포종, 희소 돌기 아교 세포종 이 두 개의 종양은 모두 교세포(신경 조직에서 신경 아교를 이루는 세포로 별 아교 세포, 희소 돌기 아교 세포, 미세 아교 세포가 있다)에서 유래한다. 별 아교 세포는 원래 중추 신경 안에서 지지 기능을 하거나 중추 세포(뉴런)에 영양을 공급하고 있다. 별 아교 세포종은 별 아교 세포 유래 종양이라고도 불리며, 뇌 내의 종양으로 가장 많이 인정된다. 희소 돌기 아교 세포는 신경 세포의 신경 섬유에 존재하는 미엘린이라는 구조물을 형성하는 역할을 한다. 발생 빈도는 높지 않지만 이 세포를 기원으로 하는 종양이 보이기도 한다.

뇌실막 세포종은 뇌실 상피 세포가 종양화한 것으로, 뇌실과 척추 중심관 주위에 많이 발생한다. 이 종양은 비교적 커지므로 주변 세포에 두드러진 장애를 일으킨다.

뇌와 척수의 수막에서 발생하는 수막종은 경계가 뚜렷하며, 비교적 양성인 것이 많다. 뇌 내에서는 개에게서는 대뇌 반구에, 고양이에게서는 소뇌천막과 셋째 뇌실 맥락 조직에 많이 발생한다. 한편, 척수에서는 경막 내 수외에서 발생하여 차츰 척수를 압박하게 된다.

신경 세포종은 성숙 신경 세포가 주된 구성 성분을 이루는 종양 모양 병변이다. 중추 신경의 모든 부위에 발생하지만, 특히 대뇌의 측두엽에 많이 발생한다.

말초 신경계 종양

말초 신경의 섬유를 둘러싸고 있는 슈반초에 발생하는 신경초종은 양성과 악성이 있다. 슈반 세포종, 신경 섬유종이라고도 불린다. 이 종양은 척수 내에 발생하면 사람에게서는 척수 신경의 후근(척수 신경 뒤뿌리) 신경, 즉 지각 신경에 발생하기 쉬우며, 그 때문에 격렬한 통증을 일으킨다. 척수 내에 발생해도 그 후에는 척수 신경의 후근 신경을 따라 커지며, 결국은 척수 외로 퍼져 가는 경향이 있다. 특징적인 증상(성격이 변할 정도의 심한 통증, 뒷다리 마비, 기립 불능 등)과 엑스레이 검사로 확인되는 척주관의 확대(추간공의 확대, 추체 등쪽 면의 함몰, 추궁의 희박화 등)를 토대로 진단한다. 외과적으로 절제함으로써 치료한다. 척추를 등쪽에서 자르고 척수를 노출하여 종양 부분을 적출한다.

신경 섬유 육종이란 악성인 신경초종을 말한다. 진단법과 치료법은 신경초종과 같다. 단, 종양을 절제할 때 완전히 적출하기는 힘들다. 양성인지 악성인지는 수술할 때 적출한 조직의 병리 검사로 확정한다. 악성 예는 수술 후에 반드시 재발하므로 예후는 불량해진다.

조혈기계, 운동기계, 감각기의 종양

조혈기계 종양

골수계 종양과 림프계 종양으로 크게 나눌 수 있다. 골수계 종양에는 급성 골수 백혈병과 만성 골수 증식 질환이 있으며, 전자는 증식한 백혈병 세포의 종류에서 급성 골수 아구성 백혈병, 급성 골수 단핵구 백혈병, 급성 단핵구 백혈병, 급성 적백혈병, 급성 거핵구성 백혈병 등으로 분류되어 있다. 후자에는 만성 골수 백혈병이나 진성 적혈구 증가증(진성 적혈구 증가증), 본태성 혈소판 혈증 등이 있다. 한편, 주된 림프계 종양에는 급성 림프 아구성 백혈병, 만성 림프성 백혈병, 다발성 골수종, 원발성 마크로글로불린 혈증 등이 있다. 비장에 발생하는 원발 종양에는 림프종이나 혈관 육종, 비만 세포종 등이 있으며 림프샘에 발생하는 원발 종양으로는 림프종을 들 수 있다.

운동기계 종양

뼈와 연골에 발생하는 악성 종양으로는 골육종이 가장 잘 알려져 있다. 골육종 이외에는 연골 육종이나 골종, 연골종이 알려져 있다. 그 밖에 골연골종이나 내연골종, 골낭종 등도 발생하지만 발생 자체는 드물다. 관절과 그 부속기의 종양으로는 활액막 육종의 발생이 극히 드물게 보인다. 골격근 종양인 횡문근 육종이나 횡문근종의 발생이 드물게 보인다.

감각기 종양

● 안검 종양

안검 종양으로는 마이봄샘을 기원으로 하는 종양의 발생이 가장 많으며, 여기에는 마이봄샘종과 마이봄샘암이 있다. 마이봄샘종은 양성 종양으로, 안검 가장자리에서 생긴 〈종기〉로 확인되며 완전히 절제하면 재발 우려는 적은 것으로 알려져 있다. 그 밖에 개에게는 바이러스 유두종도 종종 발생한다. 이것은 사마귀로 젊은 개에게 보이며, 대부분은 자연히 사라진다. 조직구종은 보통 세 살 이하의

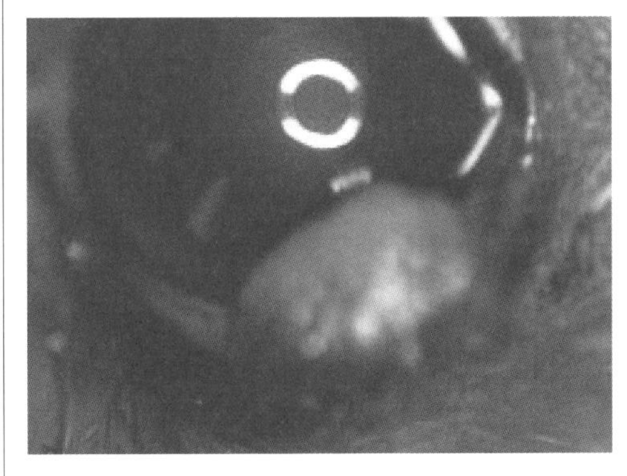

하안검에 생긴 마이봄샘종.

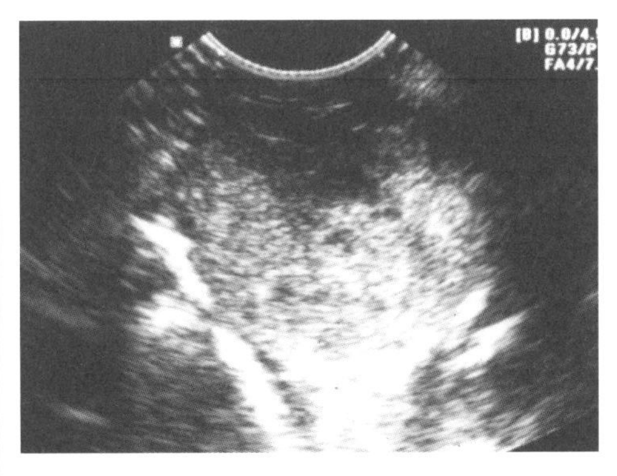

안구 내 멜라노마의 초음파 검사 소견. 안저에서 발생한 멜라노마로 안구 내에 종양이 가득 차 있다.

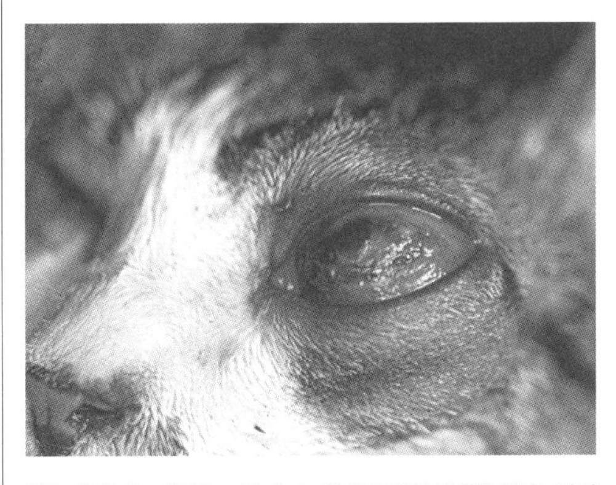

안구 내 멜라노마(잡종 고양이, 13세). 안저에서 발생한 멜라노마에 침범당한 고양이. 녹내장이 되어 안구가 확대되고 튀어나왔다.

개에게 발생한다. 발적으로 바뀐 부기가 안검 가장자리를 따라 보이며, 3~6주 만에 개선되기도 한다. 안검 멜라노마는 검은색 종양으로 대부분 양성이지만 8퍼센트는 악성 종양으로 진단된다. 고양이의 안검 종양은 편평 상피암이 가장 많으며, 종종 궤양 모양의 병변으로 인정된다.

●안구 종양

안구 내에 생기는 멜라노마는 검은색 종양으로, 전포도막(홍채, 섬모체)을 기원으로 하는 일이 많으며 일부는 맥락막에도 생긴다. 전이 확률은 개는 2퍼센트 이하이지만 고양이는 60퍼센트의 예에서 전이가 일어난다고 알려져 있다. 홍채 멜라노마는 홍채의 일부가 흑색화하여 약간 부풀어 오르는 종양이며, 홍채에 색소가 침착하는 무해한 홍채 색소 모반과 비슷하여 둘을 감별하기는 힘들다. 홍채 낭종은 눈동자 가장자리나 전안방 안에 검은 공(검은 풍선 같은 상태)으로 인정되는데, 안이 비어 있는 점이 종양과 다르다. 멜라노마는 각막 윤부나 공막에도 발생하며, 2~4세의 젊은 개에게서는 단기간에 커지는 경향이 있는데, 8~11세의 노령견에서는 별로 커지지 않는다. 멜라노마는 색소가 진한 개가 발병하기 쉽다고 알려져 있다.
망막 모세포종은 젊은 개에게 발생하며 안저에 생긴 흰색의 덩어리가 동공 안에 보이므로 〈백색 동공〉이 된다. 사람은 두 눈에 생기면 유전성, 한쪽 눈에 생기면 비유전성으로 여겨지는데 개는 대부분 한쪽 눈에만 생긴다. 림프종은 포도막염이나 녹내장을 합병하는 일이 있다. 비교적 드문 증상인 육아성 염증을 나타내기도 하는데, 많은 경우는 특징이 별로 없으며 전신 증상 등으로 진단한다. 단, 확진을 위해서는 전안방 천자로 세포 검사가 필요한 경우도 있다. 전이 종양은 다른 부위에서 전이한 종양이며, 개에게서는 악성 유샘종에서의 전이가 보이는 경우가 있다.

●안와 종양

안와에 종양이 발생하면 어떤 종류의 종양이든 차츰 안구가 앞쪽으로 돌출하며, 더 나아가 순막도 돌출한다. 보통 통증은 없다. 안와의 림프종은 전신 질환의 일부 증상으로 고양이에게 발생한다. 시각 신경에 종양이 생기면 시각 신경이 침윤되거나, 안구가 돌출한 경우에는 시각을 잃는다. 시각 신경에 발생하는 종양에는 수막종이나 시각 신경초종, 신경 섬유종 등이 있다. 진단하기 힘든 경우가 많으며, CT 검사나 MRI 검사가 필요한 때도 있다. 화농성 질환인 안구 뒤 농양이나 만성 녹내장과의 감별도 필요하다.

564

감염증

감염증과 감염 경로

감염이란 병원체가 생체 내에 침입하여 거기에 정착해서 증식하는 것이며, 그 결과로 일어나는 병이 감염증이다. 감염증에는 파상풍처럼 전염되지 않는 비전염성인 것과 인플루엔자나 일본 뇌염처럼 전염성인 것이 있다. 감염이 일어나도 생체에 증상이 나타나지 않는 경우(비발병)와 증상이 나타나는 경우(발병)가 있으며, 비발병의 대표적인 것은 장내나 구강 점막에 존재하는 정상균총이다. 발병하는 감염증 중에서도 감염 후 곧바로 증상이 나타나는 것을 현성 감염이라고 하고, 곧바로 증상이 나타나지 않거나 거의 증상이 나타나지 않는 것을 불현성 감염(무증상 감염)이라고 한다. 증상이 나타나지 않는 비현성 감염에도 감염 형태가 다른 것이 있다. 하나는 만성 감염이며, 주로 결핵이나 원충 감염에서 보이듯이 병원체가 체내에 존재하지만 생체에 커다란 장애를 일으키지 않는 상태가 계속되는 감염이다. 다른 하나는 잠복 감염이며, 헤르페스바이러스 감염처럼 일단 감염한 후에 그 바이러스가 신경 세포 안에 숨어서 바이러스가 검출되지 않거나 무증상이 되는 감염이다.

병원체

감염이 성립하려면 병원체와 감염 경로, 감수성 동물(숙주)이라는 세 가지 요소가 필요하다. 병원체에는 작은 것부터 순서대로 프라이온, 바이러스, 세균(리케차, 클라미디아, 미코플라스마를 포함한다), 진균, 원충, 연충(다세포 기생충)이 있다. 프라이온은 단백질의 하나이며, 구조가 이상해진 것을 이상 프라이온 단백이라고 한다. 그 이상 프라이온 단백이 생체 내에서 정상적인 프라이온 단백질을 이상하게 바꾸고, 신경 세포를 파괴해 간다. 양과 산양류의 중추 신경 질환인 스크래피, 소의 전달성 해면 뇌 병증이 대표적인 프라이온 병이다. 바이러스는 유전자인 핵산(DNA 또는 RNA)과 그것을 감싸는 단백질로 구성되며, 숙주의 세포에 침입한 다음, 탈핵(핵산과 단백질이 나뉜다)을 일으켜서 핵산과 단백질이 각각 합성된다. 그 후, 핵산과 단백질이 합체하여 새로운 바이러스가 되며, 세포 밖으로 나와서 다른 세포를 감염시킨다. 바이러스 감염증에는 많은 종류가 있다. 리케차와 클라미디아는 숙주의 세포 안에서만 이분열 증식을 한다. 리케차는 벼룩이나 진드기 등의 절지동물을 통해서 전염하는데 클라미디아는 직접 감염한다. 이것 이외의 일반 세균과 진균은 인공 배지[60] 안에서 이분열로 증식할 수 있다. 원충에는

60 식물이나 세균, 배양 세포 따위를 기르는 데 필요한 영양소가 들어 있는 액체나 고체.

발육 환경에 따라 다양한 타입이 있으며, 그것의 감염증으로는 톡소포자충증이나 피로플라스마병, 아나플라스마증 등이 알려져 있다.
직접 감염인 접촉 감염은 교미, 핥기, 물기 등으로 병원체가 동물에게서 동물로 직접 전파되는 것이다. 브루셀라병이나 피부 사상균증은 직접 감염으로 일어난다. 비말 감염은 재채기나 기침 등으로 병원체를 포함하는 작은 물방울이 방출되어 그것을 직접 흡입하여 감염되는 것이다. 인플루엔자나 미코플라스마 폐렴 등에서 보인다. 비말핵 감염은 침방울이 증발하여 비말핵이 된 것을 흡입하여 감염되는 것으로 결핵 등에서 보인다.
간접 감염인 경구 감염은 병원체에 오염된 음식이나 물 등을 섭취함으로써 일어나는 감염이다. 대장균증이나 살모넬라증 등은 경구 감염으로 일어난다. 경피 감염(피부 경유 감염)은 피부의 상처 입구로 병원체가 침입하여 감염이 일어나는 것이다. 파상풍이나 탄저, 광견병, 렙토스피라증, 포도상 구균 등은 이 감염으로 일어난다. 매개 생물(벡터)을 통한 감염은 모기나 벼룩, 등에, 진드기 등에 매개되어 성립하는 감염이다. 일본 뇌염이나 심장사상충증, 피로플라스마병 등이 이것에 해당한다.
수직 감염은 태반을 거쳐서 태아에게 감염되는 것이다. 살모넬라증이나 미코플라스마증, 브루셀라병 등에서 보인다. 모유를 통해 신생아에게 병원체가 감염되기도 한다. 이 예로는 개회충증 등이 알려져 있다.

감염증에 대한 대응

●숙주의 대응과 반응

면역 병원체가 체내에 침입하면 생체는 그 병원체에 대응하여 저항하려 한다. 이것이 면역이다.
면역에는 항체가 주체를 이루는 액성(체액성) 면역과, 감작[61] 림프구가 주체가 되는 세포성 면역이 있다. 액성 면역에서는 침입한 병원체를 대식 세포 등의 식세포가 처리하고, T 세포라는 림프구의 일종을 자극한다. 그 T 세포에서 사이토카인이라는 생리 활성 물질을 통한 지령이 B 세포라는 림프구의 일종으로 가고, 활성화된 B 세포가 그 병원체에 대한 항체(면역 글로불린)를 생성한다. 면역 글로불린에는 면역 글로불린 G, 면역 글로불린 M, 면역 글로불린 A, 면역 글로불린 E, 면역 글로불린 D가 알려져 있으며, 이들은 침입한 병원체에 각각의 방법으로 대응하고 있다.
한편, 세포성 면역은 액성 면역과 마찬가지로, 먼저 식세포가 병원체(또는 이물)를 처리하고, T 세포를 자극한다. 자극을 받은 T 세포는 림포카인(사이토카인의 일종)이라는 생리 활성 물질을 만들어 내어, 다시 많은 대식 세포나 T 세포를 활성화해 간다. 그리고, 활성화된 세포가 병원체나 이물을 처리한다. 이 세포성 면역은 주로 특정 종류의 바이러스 감염, 조직이나 장기의 이식 등에 작용하는 기구다. 면역력을 높이기 위해서는 균형 잡힌 영양을 섭취하고 스트레스를 없애는 것이 필요하다.
백신 병을 예방하기 위해서 병원체를 불활성화(또는 사멸)한 백신, 혹은 독성을 극단적으로 약화한 백신(약독 백신)을 이용하여 미리 면역력을 키워 두기도 한다. 이것을 백신 요법이라고 한다. 백신에는 생백신이나 불활성화 백신(사멸 백신) 이외에, 유효 성분만을 모은 컴포넌트 백신이나 유전자 조작을 응용한 재조합 백신이 있으며, 대상으로 삼는 병원체에 따라 적절하게 사용한다. 파상풍균이나 보툴리누스균 등의 독소를 불활성화시킨 톡소이드를 이용한 백신도 있다.
인터페론 어떤 종류의 세포가 바이러스에 감염되면

61 생물체에 어떤 항원을 넣어 그 항원에 대하여 민감한 상태로 만드는 일.

바이러스의 증식을 억제하는 물질을 생성한다. 이것을 인터페론이라고 부른다. 일단 생성된 이 다른 세포에 흡착하면 세포 내에서 변화가 일어나서 유전자가 자극되고, 활성을 가진 항바이러스 작용이 있는 단백질이 생성된다.

대증 요법 발열이나 기침, 통증, 가려움 등의 국소적인 증상을 경감 또는 제거하기 위해서는 각각의 증상에 대한 치료, 즉 대증 요법을 시행한다.

알레르기(과민증) 알레르기 반응은 면역에 의한 일종의 생체 반응인데, 감염 방어와 반대되는 현상이다. 즉시형 알레르기는 음식 유래의 단백질이나 꽃가루, 진균, 기생충, 진드기 등이 항원이 된다. 항원 항체 반응이 세포 표면에 일어나서 세포를 파괴하고, 주위의 정상세포를 자극하여 점액 분비 항진이나 재채기 등을 일으킨다. 알레르기를 일으키는 항원으로는 꽃가루(돼지풀 등), 먼지, 깃털, 진드기, 진균 등이 잘 알려져 있다. 증상으로는 두드러기나 피부의 발적, 부기, 기관지 천식, 비염, 콧물, 결막염, 눈물흘림 등이 보인다.

지연형 알레르기는 이전에 감작을 받은 것과 같은 항원을 접촉한 동물에게 몇 시간에서 며칠 후에 발생하는 알레르기이다. 이 경우, 항체는 관여하지 않고 T 세포가 이 현상의 주체가 된다. 이미 감작을 받은 T 세포는 같은 항원의 자극을 받으면, 림포카인이라는 생리활성 물질을 방출하며, 대식 세포를 활성화하여 림프구 등을 국소에 집적시킨다. 활성화된 대식 세포는 프로스타글란딘이나 활성 효소 등을 산출하여 혈장의 삼출과 세포 장애를 일으키며, 섬유 아세포나 모세 혈관을 증식시켜 국소 발적과 경결(단단하게 굳음)을 일으킨다.

●병원체에 대한 반응

격리 감염이 성립하는 요인의 하나는 전파 경로가 존재하는 것이다. 따라서 감염을 막기 위해서는 전파 경로를 차단하면 된다. 그러기 위해서는 감염 동물을 격리하거나 정상 동물을 감염 동물로부터 격리시킨다.

화학 요법 항생제는 주로 세균과 진균의 감염에 유효하며, 일부를 제외하고 바이러스 감염에는 효과가 없다. 항생제 종류에 따라 그것이 듣는 병원체와 듣지 않는 병원체가 있다. 혈청 요법은 항체를 함유한 혈청을 주사한다. 항원(백신)을 주사하여 항체가 생성되기를 기다리는 것보다 효과가 빠르며 병원체나 독소를 즉시 처리할 수 있다. 단, 다른 동물의 혈청을 주사하므로, 한 번 주사하면 그 동물 혈청에 대한 항체가 생겨 버린다. 말하자면, 혈청 요법은 반복적으로 시행할 수 없다. 어디까지나 긴급 시에 시행하는 것이다. 파상풍균 독소, 보툴리누스균 독소, 뱀독에 대해서 사용할 수 있다.

●환경에 대한 대응

하수나 고인 물을 적절하게 처리하는 등 위생 환경을 깨끗이 하여 매개 곤충을 없애고 감염 경로를 차단한다.

바이러스 감염증

개홍역

개홍역 바이러스로 일어나는 대표적인 개의 병이다. 특히 한 살 미만의 강아지(생후 3~6개월령 개)가 걸리기 쉬우며 고열이 나고 높은 치사율을 나타낸다. 감염 초기는 고열이나 설사, 폐렴 등 소화기와 호흡기 증상을 나타내며, 신경 증상까지 일으키기도 한다. 소화기와 호흡기 증상에서 끝나면 다행이지만, 신경 증상을 일으키면 회복해도 후유증이 남기도 한다. 때로는 성견에게도 발병한다. 개 이외에 여우나 코요테, 늑대, 너구리, 족제비, 페럿, 바다표범 등 많은 동물에게 발생한다.

원인은 파라믹소바이러스과 모빌리바이러스속의 개홍역 바이러스다. 감염 경로는 감염된 개의 타액이나 비말, 또는 배출한 소변을 직접 흡입하거나 그것들에 접촉하는 것 등을 생각할 수 있다. 바이러스에 오염된 음식을 먹음으로써 바이러스가 입으로 침입하여 감염이 일어나기도 한다. 개홍역 바이러스는 숙주의 체외로 나가면 별로 오래 살지 못하므로 개가 밀집한 곳에서 감염이 일어나기 쉽다.
증상 바이러스에 감염된 뒤로 증상이 나타나기까지(잠복기)는 1~4주가 걸린다. 단, 감염 후 1주일 전후에 발열을 나타내더라도 그것은 거의 알아차리지 못한다. 그 후, 재발열이 일어나고, 재채기나 눈곱, 식욕 부진, 백혈구 감소 등이 나타난다. 면역력이 있는 개는 회복하지만 면역력이 약한 개는 호흡기 증상을 나타내거나 피 같은 설사를 한다. 결막염이나 각막염을 일으켜서 고름 같은 눈곱이 끼기도 한다. 병이 더욱 진행되면 바이러스가 뇌로 침입해 바이러스 뇌염을 일으켜서 경련 발작이나 떨림, 뒷다리 마비를 일으킨다. 이 상태가 되면 개는 흥분하여 빙빙 돌거나 날뛴다. 몸의 일부가 짧은 간격으로 경련을 일으키는 틱 증상 등도 나타낸다. 뇌 내부가 지속해서 감염되면 탈수성 척수염이 발생한다. 홍역 특유의 증상인 발볼록살의 각질화(하드 패드)도 보인다.
진단 다양한 소견을 종합적으로 판단하여 진단하는데 확진을 하려면 바이러스를 증명할 필요가 있다. 단, 바이러스의 배양은 어려우므로 바이러스 분리를 하지 않고 바이러스의 존재를 확인하는 형광 항체법이나 중화시험이라는 검사를 한다. 바이러스에 감염된 세포에서 봉입체[62]를 확인하는 것으로도 바이러스 감염을 의심할 수 있다. 요즘은 바이러스의 유전자를 검출하는 검사도 하게 되었다.
치료 바이러스가 원인이므로 항생제는 유효하지 않다. 그러나 세균의 이차 감염에 의한 악화를 억제하기 위해 항생제를 사용할 수 있다. 그 밖에 사육 관리를 양호하게 할 필요가 있다. 예방은 백신으로 한다. 백신 접종은 이행 항체(어미 개의 초유에 함유된 면역 항체)가 강아지에게서 사라지는 생후 두 달 정도에 접종하는 것이 좋다고 알려져 있다. 현재는 생백신(독성이 없거나 독성이 대단히 약한 생바이러스로 되어 있다)이 사용된다. 백신은 개홍역 바이러스 이외에 개 아데노바이러스나 개 파보바이러스, 렙토스피라(세균) 등을 혼합한 것이 사용되고 있다.

광견병

광견병 바이러스로 일어나는 병이며 신경 증상을 나타낸다. 개를 비롯해 고양이, 여우, 스컹크, 라쿤, 늑대, 족제비, 들쥐 등 모든 포유류에게 감염되며 사람도 감염된다. 한국에서는 개에 대한 예방 접종 의무화와 수입 동물의 철저한 검역으로 2004년 이후로는 광견병이 발생하지 않았다. 그러나 요즘은 검역 대상 이외의 야생 동물을 데리고 들어오는 일도 있어서 이 병에 대한 주의가 필요해졌다. 해외여행을 할 때는 개나 그 밖의 동물에게 물리지 않도록 해야 한다. 원인 바이러스는 랍도바이러스과의 리사바이러스속에 속하는 광견병 바이러스다. 광견병 바이러스는 물린 상처 등으로 감염되고, 감염한 바이러스는 말초 신경에 침입하여 그 신경을 통해 중추 신경으로 향하며, 최종적으로는 척수나 뇌에 도달하여 신경 증상을 일으킨다. 그 후 타액으로 바이러스가 배출되며, 물린 상처를 통해 다른 동물에게 전파된다.
증상 잠복기는 1주일에서 1년이며 평균적으로는 한 달이라고 알려져 있다. 초기에는 거동 이상이나 식욕 부진만 보이지만 차츰 물어뜯으려 하는 등

62 세포의 세포질이나 핵 속에 있는 바이러스나 단백질의 결정과 같은 입자.

흉포화한다(미쳐서 날뜀). 그러나 이것을 지나면 마비 상태가 되며, 결국은 쇠약해져서 사망한다. 드문 예이긴 하지만 우울형도 있으며, 감염 후 곧바로 마비 상태가 되어 며칠 만에 사망한다.

진단 바이러스가 증식하는 소뇌나 대뇌 겉질의 신경 세포 세포질에 지름 0.5~20마이크로미터인 공 모양의 봉입체(네그리 소체)가 보이며 이것이 이 병의 특징이다. 뇌 조직 도말 표본에서 직접 형광 항체법으로 바이러스 항원을 검출하는 것도 유효한 진단법이다.

치료 치료법은 없으며 감염되면 안락사시킨다. 한국에서도 광견병 예방 주사는 3개월령 이상 된 동물에게 접종하며, 소와 말은 3밀리리터, 개와 양은 2밀리리터, 소형견은 1밀리리터를 피부밑 또는 넙다리 근육 내에 매년 반복하여 예방 접종한다. 고양이는 근육 또는 피부밑에 1밀리리터씩 예방 접종한 후 매년 보강 접종한다.

개 파보바이러스 감염증

개 파보바이러스 감염으로 심한 구토와 설사를 일으키는 병이다. 이유기 이후의 개에게 보이며, 혈변을 배설하는 소화기 증상(장염형)과 백혈구 감소를 특징으로 한다. 생후 2~9주째인 강아지가 발병하여 심부전을 일으키는 심근형도 있다. 이 병과 개홍역, 개 전염 간염은 개의 건강 유지를 위해 반드시 예방해야 하는 바이러스병이며 〈코어바이러스병〉이라고 불린다. 원인 바이러스는 파보바이러스과 파보바이러스속에 속하는 개 파보바이러스다. 현재 퍼져 있는 개 파보바이러스는 고양이 파보바이러스에서 파생했다고 생각되고 있으며, 그 이전에 존재했던 개 파보바이러스(CPV-1)와 구별하여 CPV-2라고 이름 붙여졌다.

증상 이 바이러스에 감염되면 개는 격렬한 구토를 일으키며 하루 안에(6~24시간) 설사가 보이게 된다. 설사는 처음에는 황회백색이지만 그 후 피가 섞인 점액이 된다. 구토와 설사 때문에 탈수 상태가 되어 쇠약해지고 쇼크를 일으키기도 한다. 백혈구 수의 감소도 인정된다. 개 파보바이러스는 막(엔벌로프)이 없는 바이러스며, 동물의 체외로 나와도 온도 등에 저항성을 나타내며 좀처럼 활성을 잃지 않는다. 이 바이러스를 함유한 분변이나 구토물에 다른 개가 접촉함으로써 전파된다. 파보바이러스는 체내의 세포 내 분열이 왕성한 세포에서 잘 증식하므로 장관 세포나 골수 세포에 증식한다. 파보바이러스 감염증으로 설사나 백혈구 감소가 일어나는 것은 그 때문이다.

진단 백혈구 감소가 진단의 지표가 된다. 바이러스 항원을 검출하기 위한 키트가 개발되어 있다. 그 밖에 적혈구 응집 저지 반응으로 항혈청을 이용한 항체의 검출도 할 수 있다.

치료 바이러스에 대한 치료법은 없지만 세포의 이차 감염을 억제하기 위해 항생제를 투여한다. 백신을 접종하여 예방한다. 파보바이러스는 일반적인 소독제에 대해 저항성을 나타내므로 차아염소산을 이용해 소독한다.

개 코로나바이러스 감염증

개 코로나바이러스에 감염되어 설사나 구토를 일으키는 바이러스 장염이다. 코로나바이러스과 코로나바이러스속에 속하는 개 코로나바이러스를 원인으로 한다. 이 바이러스는 고양이 전염성 복막염 바이러스와 유사한 항원성을 나타낸다. 증상으로는 갑자기 설사와 구토를 일으킨다. 그 때문에 탈수 상태가 되므로 주의가 필요하다. 개 파보바이러스와 혼합 감염을 일으키는 일이 많으며, 그렇게 되면 증상이 심해진다. 개 파보바이러스 감염증과 달리 백혈구 수의 감소는 보이지 않는다. 예방에는 백신 접종이 유효하다. 사육 환경이나 위생 관리를 향상하는 것도 중요하다.

개 전염 간염

개 아데노바이러스(1형)로 발생하는 갯과 동물의 병이며, 간염이 특징이다. 젖을 뗀 직후부터 한 살 미만의 어린 개에게 높은 발병률과 사망률이 인정되며, 개홍역과 개 파보바이러스 2형 감염과 더불어 〈코어바이러스병〉이라고 불린다. 원인 바이러스는 아데노바이러스과 마스트 아데노바이러스속에 속하는 아데노바이러스 1형이다. 외부 환경에 대한 저항성이 강하고, 실온에서 몇 달간 감염성을 유지한다.

증상 바이러스는 코나 입을 통해 개에게 감염된다. 그리고 편도에서 림프 조직으로 이동하며, 그 후 혈액에 들어가서 온몸으로 퍼진다. 그럼으로써 감염 후 몇 시간 안에 구토나 복통, 설사, 고열을 나타내며, 편도의 부기나 구강 점막의 충혈, 점상 출혈도 보인다. 급성 간염을 일으키면 간 쪽을 손으로 누를 때 아파하며, 만지는 것을 싫어한다. 중증 예는 허탈 상태가 되어 12~24시간 만에 사망하기도 한다(심급성형). 그러나 증상을 별로 나타내지 않는 경우(불현성형)나 가벼운 발열과 콧물만 있는 경우(약증형) 등 형태는 다양하다. 다른 병원균과의 혼합 감염이 있으면 사망률이 높아진다. 회복기에는 종종 눈에 일시적인 각막 혼탁이 보이기도 한다.

진단 중화시험, HI 반응에 의한 페어 혈청(감염 전과 감염 후의 혈청)을 비교함으로써 진단할 수 있다. 간의 기능을 나타내는 파라미터가 되는 여러 종의 효소 활성이 상승해 있는 것도 진단에 참고가 된다.

치료 효과가 있는 약은 없다. 간 기능을 회복시키는 대증 요법과 식이 요법을 한다. 예방으로 백신(개홍역이나 개 파보바이러스 2형과의 혼합)을 이용한다.

개 전염성 기관 · 기관지염(켄넬 코프)

호흡기 감염증이며 이른바 개의 〈감기〉다. 홍역의 기침과는 다르며 심한 기침이 특징이다. 원인이 되는 주된 병원체는 개 아데노바이러스 2형(아데노바이러스과 마스트 아데노바이러스속)과 개 파라인플루엔자 바이러스(파라믹소바이러스과 루블라바이러스속), 그리고 그람 음성 호기성균인 보데텔라 브론키셉티카 등이다. 이들 각종 병원체가 단독으로 감염된 것보다 혼합 감염을 일으키면 증상이 심해진다. 병원체는 감염견과의 접촉이나 병원체를 함유한 비말 등을 통한 경구 감염으로 퍼진다. 펫숍이나 번식장 등 고밀도로 사육되는 개들 사이에 퍼지기 쉬운 병이므로 속칭 켄넬 코프[63]라고도 불리게 되었다.

증상 증상은 호흡기계에 한정되며 짧고 마른기침을 특징으로 한다. 식욕은 정상에 가까우며 기운도 있지만 미열이 나는 경우가 있다. 일반적으로 초기 증상은 며칠 만에 가라앉는다. 그러나 세균의 이차 감염이 일어나면 고열이 나거나 고름 같은 콧물을 분비하고 폐렴을 일으켜 사망하기도 한다. 특히 어린 개나 노령견에서는 중증화되는 경향이 있다.

진단 펫숍 등의 출입 유무, 또는 감염견과의 접촉 여부를 물어봄으로써 감염 가능성을 조사한다. 기침과 식욕 감퇴, 콧물의 유무를 알아보고 흉부 엑스레이 검사로 진단한다. 페어 혈청에 의한 중화시험과 HI 반응도 가능하다.

치료 바이러스가 원인이면 유효한 항생제는 없다. 세균이 원인이면 항생제가 효과가 있다. 예방은 백신 접종이 유효하다. 사육 환경이나 위생 관리를 향상하는 것도 중요하다.

개 헤르페스바이러스 감염증

헤르페스바이러스와 바리셀라바이러스속에 속하는 개 헤르페스바이러스 1형이 원인이다. 자궁 내강을 태아가 통과할 때 감염이 일어난다.

63 켄넬 kennel은 영어로 〈개집, 사육장〉이라는 뜻임.

생후 7~10일이면 증상이 나타나서 강아지는 모유를 먹지 못하게 되며 복통을 일으킨다. 구토나 호흡 곤란 등도 일으키며 사망률이 높은 것이 특징이다. 성견에게 감염되면 대단히 가벼운 비염을 일으키거나 겉으로 증상이 나타나지 않는 불현성 감염 상태에서 바이러스를 보유하여 어린 개에 대한 감염원이 된다. 이 병은 켄넬 코프의 원인 가운데 하나이기도 하다. 사망한 신생견의 폐나 간, 신장, 비장의 표면이나 활동 면에는 대단히 작은 점상의 반상 출혈이나 회백색의 괴사 반점이 확인된다. 진단할 때는 병변 부위나 코점막, 성기 점막 등에서 바이러스를 분리 배양한 후, 바이러스 중화시험, 형광 항체법으로 그것을 분류학상 소속이나 명칭을 바르게 정한다. 아픈 개나 그 배설물과 접촉함으로써 감염이 일어나므로 예방하려면 아픈 개와 접촉하지 않는 것이 바람직하다. 백신은 아직 개발되어 있지 않다.

개 바이러스 유두종증

파보바이러스 파필로마바이러스속에 속하는 개 구강 유두종 바이러스가 원인이 된다. 증상으로는 주로 입술이나 입안 점막, 혀, 구개 등에 유두종이 생긴다. 유두종이 광범위하게 생기면 먹이를 먹거나 씹는 것이 곤란해지기도 하며, 구강에서 냄새가 나기도 한다. 단, 대개는 자연히 낫는다. 특유의 증상이 있으므로 그 증상에 토대하여 진단할 수 있지만, 구강 종양과 감별하려면 봉입체나 바이러스 입자를 확인하기 위해 병리학적 진단이 필요하다. 많은 경우 자연히 낫지만, 유두종의 절제도 효과적인 치료법이다. 백신은 개발되어 있지 않다. 개 구강 유두종 바이러스는 개들끼리 깨무는 등의 행위로 직접 전파되므로 아픈 개와는 접촉을 피하도록 한다.

개 로타바이러스 감염증

레오바이러스과 로타바이러스속의 로타바이러스가 원인 바이러스다. 로타바이러스는 pH 3.0이라는 강한 산성에서도 안정적이며, 에테르에도 내성이 있고 저온에서도 장기간 불활성화되지 않는다. 그러므로 분변으로 배출된 후에도 오랫동안 감염력을 갖고 있다.

증상 생후 1~7일령의 강아지가 급성 설사를 발병하는 예가 많으며 성견은 대부분 무증상이다. 증상은 갑작스러운 설사로 시작하며 이어서 흰색 또는 황백색의 수용성 설사 또는 연변(수분이 많은 변)이 된다. 보통은 며칠 지나면 회복되지만 세균의 이차 감염 또는 파보바이러스나 코로나바이러스와의 합병으로 중증이 되어 쇠약사하기도 한다.

진단 개의 설사 원인은 다양하며, 다른 병과의 감별 진단이 필요하다. 생후 1~2주 이내에 설사하고 흰색 또는 황백색 변인 경우는 개 로타바이러스 감염증이 의심되지만, 세균성 위장염과 구별하기 곤란하다. 확진을 하려면 로타바이러스 간이 검사 키트 등을 이용한 바이러스학적 검사가 필요하다.

치료 개 로타바이러스 백신은 아직 개발되어 있지 않다. 항로타바이러스제도 개발되어 있지 않으므로 대증 요법으로 수분과 영양을 충분히 공급한다. 세균의 이차 감염이 인정된다면 항생제를 투여한다. 개 로타바이러스에 감염된 동물은 분변으로 대량의 바이러스를 배출하므로 분변을 직접 만지지 않도록 주의하는 것이 중요하다.

고양이 백혈병 바이러스 감염증

고양이 백혈병 바이러스는 고양이 면역 결핍 바이러스와 더불어 레트로바이러스과에 속하는 바이러스다. 이 바이러스에 감염되면 그 20~30퍼센트의 고양이에게 백혈병이나 림프종 등 혈액의 종양이 발생하므로 백혈병 바이러스라는 이름이 붙여졌다. 실제로는 혈액 종양보다 그 밖의 다른 다양한 고양이 질병의 원인이 되는 일이 더 많다. 어미 고양이가 감염되면 태반이나 모유를 통해 새끼 고양이에게 감염되기도 한다. 그러나 새끼 고양이는 대부분 유산 또는 사산되며, 무사히 태어나더라도 일찍 죽는 일이 많다. 바이러스는 감염된 고양이의 타액을 통해 전염되는 일이 많으며, 서로 핥거나 같은 식기에서 식사함으로써 경구 감염이 일어난다. 이런 경우에는 지속해서 밀접한 접촉이 없으면 감염은 성립하지 않는다. 한편, 물린 상처에서 바이러스가 침입하면 상당히 높은 비율로 전염되는 것으로 여겨진다. 그러나 전염되어도 발병하지 않고 바이러스가 체내에서 사라지는 예도 있다. 이 현상은 나이와 관계가 있으며, 새끼 고양이는 지속 감염이 되는 일이 많다고 한다. 지속 감염이 되면 평생 바이러스를 갖고 있게 된다.

증상 바이러스에 처음 감염되면 감염 후 2~6일째에 전신의 림프샘에 부종과 발열이 일어난다. 혈액 검사에서는 백혈구(호중구) 감소나 혈소판 감소, 빈혈 등이 보인다. 일반적으로, 이 시기의 증상이 가볍거나 무증상이면 일과성 감염으로 끝나며, 증상이 중증일 때는 지속 감염이 되기 쉽다고 알려져 있다. 지속 감염으로 일어난 질환에는 바이러스가 직접 관여하여 발병하는 것, 그리고 바이러스 감염이 일으키는 면역 결핍이나 면역 이상과 관련하여 이차적으로 발병하는 것이 있다. 직접 작용으로는 조혈기 종양(림프종, 급성 림프성 및 골수 백혈병, 골수 형성 이상 증후군), 재생 불량성 빈혈, 순수 적혈구 무형성증, 유산, 뇌신경 질환, 고양이 범백혈구 감소증 등이 있다. 이차적으로 발병하는 것 가운데 면역 이상에 관련된 것은 면역 매개 용혈 빈혈 등의 면역 매개 질환이나 사구체 신염 등이다. 면역 결핍과 관련한 질환으로는 고양이 헤모바르토넬라증이나 고양이 전염성 복막염, 톡소포자충증, 크립토콕쿠스증, 구내염, 기도 감염증 등을 들 수 있다. 고양이 전염성 복막염의 40퍼센트, 고양이 헤모바르토넬라증의 50~70퍼센트, 크립토콕쿠스증의 25퍼센트, 유산과 불임의 60~70퍼센트가 고양이 백혈병 바이러스에 감염된 것으로 알려져 있다.

진단 감염 여부는 혈액 검사로 간단히 알 수 있다. 유기된 고양이를 키우기 시작했거나 고양이가 밖에서 싸움했을 때, 고양이 백혈병 바이러스 백신을 접종할 때는 이 바이러스 검사를 받는다. 싸움을 한 경우에는 바로 검사해도 감염 확인은 가능하지 않다. 최대 3주가 지나야 확인할 수 있다. 첫 번째 검사에서 양성이었다 해도 음성으로 바뀔 수 있으므로 3, 4개월 뒤에 다시 한번 검사해서 양성이라면 그 고양이는 평생 양성이 된다.

치료 급성 감염기이면 인터페론을 투여하여 지속 감염이 될 확률을 낮출 가능성은 있다. 그러나, 노령인 고양이는 감염되어도 자연히 바이러스를 배제해 버리는 예가 있으므로 이 치료법이 어디까지 유효한지는 정확히 알 수 없다. 지속 감염인 고양이에 대해서는 바이러스를 몸에서 없애는 근본적인 치료법은 없다. 대증 요법이나 면역력을 높이는 요법을 시행한다. 고양이 백혈병 바이러스의 예방은 바이러스에 감염되지 않도록 하고, 이미 감염된 고양이가 발병하지 않도록 한다.

100퍼센트 완전한 감염 예방은 감염된 고양이에게 접촉하지 않도록 하는 것이다. 바깥에는 전혀 내보내지 않고 키운다면 감염 가능성은 대단히 낮아진다고 생각할 수 있다. 그러나, 어떤 이유로 밖으로 나가거나 바깥에서 고양이가 들어와서 고양이 백혈병 바이러스에 감염된 고양이에게 물리는 예도 생각할 수 있다. 부작용으로 섬유 육종의 발생이 우려되지만, 그것의 발생률은 1만분의 1 내지 2만분의 1이라고 알려져 있다. 다른 백신 접종도 섬유 육종의 위험은 있으므로 고양이 백혈병 바이러스 백신만 특별히 위험한 것은 아니다.
발병을 예방하려면 고양이의 사육 환경이나 영양 관리에 주의하고, 스트레스 상태가 되지 않도록 하는 것이 중요하다. 고양이가 외출했다 돌아온 시점에서 발병한 예가 많이 보인다. 수컷 고양이는 밖에서 받는 스트레스가 더 크며, 겨울에는 한랭 스트레스가 더해지면 더욱 스트레스가 커진다.
중성화 수술을 받은 고양이의 고양이 백혈병 바이러스 발병률은 수술받지 않은 고양이보다 현저하게 낮다는 것이 명백하게 밝혀져 있다.
이것은 수술받은 고양이의 고양이 백혈병 바이러스 감염률이 낮은 것인지, 감염률은 다르지 않은데 발병률이 낮은 것인지, 둘 다에 의한 것인지는 명확하지 않지만 어쨌든 중성화 수술이 고양이 백혈병 바이러스 감염증의 예방에 유효하다고 생각된다.

고양이 면역 결핍 바이러스 감염증

사람이나 원숭이의 면역 결핍 바이러스와 같은 종류의 바이러스로 고양이에 대해 면역 결핍을 일으키는 감염증이며, 흔히 〈고양이 에이즈〉로 불린다. 고양이 백혈병 바이러스와 마찬가지로 감염된 고양이의 타액을 통해 전염되는데 서로 핥거나 같은 그릇에서 식사해도 전염되지는 않는다. 싸움하여 물렸을 때 상처에서 바이러스가 체내로 침입하여 감염되며, 사람이나 다른 동물에게는 전염되지 않지만 호랑이나 사자, 표범 등 고양잇과 동물에게는 전염된다.
증상 바이러스에 감염되면 4~6일의 잠복기 후, 발열이나 백혈구 감소가 지속해서 보이기도 한다. 많은 고양이는 외견상 기력에 이상이 없어 보이지만 전신의 림프샘이 부어오르며, 이것이 몇 달에서 1년 가까이 계속된다. 이 기간을 급성기라고 부른다. 그리고, 급성기 후에는 전혀 증상이 보이지 않는 무증상 감염기가 몇 달에서 몇 년 동안 계속된다. 그 후, 만성적인 증상이 보이게 되며 체중이 감소한다. 이 시기, 면역력 저하로 여러 가지 병이 생긴다. 가장 많이 보이는 것이 구내염이며, 잇몸의 부기나 출혈, 구취, 침흘림증 등이 보이고 통증 때문에 식사하지 못하게 되는 일도 종종 있다. 만성 설사나 발열, 비염, 결막염 등을 일으키기도 한다. 이 시기의 다양한 증상을 에이즈 관련 증후군이라고 부른다. 에이즈 시기에 다다르면 병의 증상이 더욱 악화한다. 기회감염이나 악성 종양이 발생하며 극도로 여위고 급속하게 쇠약해져서 죽음에 이른다. 단, 감염된 모든 고양이가 이런 경과를 거치는 것은 아니며 감염되어도 증상이 나타나지 않은 채로 오래 사는 고양이도 있다.
진단 감염 여부는 혈액 검사로 간단히 알 수 있다. 항체를 측정하는 방법으로 검사하므로, 감염 초기나 말기인 에이즈 시기에는 음성이 되는 것도 생각할 수 있다. 보통은 감염 후 2주 이상 지나면 항체를 측정할 수 있게 된다. 유기된 고양이를 키우기 시작했을 때나 고양이가 밖에서 싸움했을 때는 검사받는 것이 좋다.
치료 바이러스를 몸에서 없애 버리는 치료법은 현재로서는 없다. 그러나 에이즈 시기 이외라면 대증 요법으로 증상을 개선하거나 연명하는 것은 충분히 가능하다. 예를 들어 구내염을 일으켜서 먹지 못하게 된 고양이를 잘 치료하면 식사할 수 있게 되어 체중도 늘고 빈혈을 개선할 수 있는 예도 종종 있다. 반대로 이것을 방치하면 여위어 가며 빈혈이 진행되고 면역력은 더욱 저하한다. 그리고, 그 결과 다른 질환이 발병하여 죽기도 한다. 감염되어도 발병하지 않으면 되도록 스트레스를 피하고 실내에서 키우면 오래 사는 것도 가능하다. 스트레스는 면역력을 저하하는 원인이 된다. 밖으로 나가는 일은 고양이에게 커다란 스트레스며 싸움하거나 병에 걸리는 계기도 증가한다.

중성화 수술을 하고 외출을 시키지 않는 것이 이 바이러스에 감염된 고양이를 오래 살게 하는 가장 좋은 방법이다. 무엇보다 어떤 병이 발병하면 조기에 발견하여 적절하게 치료받는 것이 중요하다. 최근에 이 바이러스에 대한 백신이 개발되었으나 예방 효과는 100퍼센트가 아니므로 이미 감염되었을 가능성이 있는 고양이와 접촉하지 않는 것이 가장 좋은 예방법이다. 건강한 고양이에게 이 바이러스의 항체 보유율은 십수 퍼센트라고 알려져 있다. 싸움하면 감염될 확률이 높아지는 것으로 여겨진다.

고양이 전염성 복막염

고양이 전염성 복막염 바이러스 감염으로 일어난다. 화농성 육아종 염증(대식 세포와 호중구가 주체가 되어 부기를 동반하는 염증)을 일으키며, 면역 복합체(바이러스 항원과 항체가 결합한 것)가 혈관에 결합하여 발생하는 혈관염을 특징으로 한다. 병변은 복강 내뿐만 아니라 전신의 장기에서 보인다. 만성적으로 차츰 증상이 진행되며 예후가 나쁜 병이다. 원인 바이러스는 코로나바이러스과 코로나바이러스속 1군에 속하는 고양이 전염성 복막염 바이러스이다. 고양이 장 코로나바이러스와 항원적으로 많이 비슷하지만, 고양이 장 코로나바이러스는 장염을 일으키는 점이 다르다.

증상 고양이 전염성 복막염 바이러스는 분변이나 구강 분비물로 배출되어 다른 고양이에게 경구적 또는 비강을 통해 감염된다. 감염 초기에는 발열과 식욕 부진, 구토가 보인다. 그 후, 설사나 체중 감소가 일어나고, 최종적으로 복막염이 나타난다. 복막염의 병태에는 삼출형과 비삼출형이 있다. 삼출형에서는 복수와 흉수의 저류가 특징이며, 복수로 복부 팽만이 보이거나 복부 압박에 의한 호흡 곤란을 일으킨다. 고열(40도)이 이어지고 식욕 부진에 의한 체중 감소도 일어난다. 한편 비삼출형은 발열과 체중 감소를 나타내며, 쇠약해진다. 중추 신경계를 침범하기도 하며, 그 경우에는 발작이나 사지 마비가 나타난다. 삼출형과 비삼출형 모두 예후는 나쁘며 대부분 사망한다.

진단 혈액 검사에서는 삼출형과 비삼출형 모두 백혈구(호중구) 증가가 보인다. 혈청 단백 농도의 상승(8.0g/dℓ)도 인정되며, 이것으로 확진할 수는 없지만 진단에 도움이 된다.

치료 치료법은 없다. 항체가 이 바이러스와 결합하여 그 복합체가 병태를 더욱 악화시키는 예가 있어 한국에서도 허가된 치료제가 없는 불치병으로, 백신 효과에 대해서도 나라마다 논란이 있다.

고양이 전염성 호흡기 증후군

바이러스나 세균의 단독 감염, 또는 그것들의 혼합 감염으로 일어난다. 고양이의 호흡기계 질병 중에서 가장 빈번히 인정되며, 특히 집단 사육될 때 많이 발생한다. 원인이 되는 병원체로는 고양이 헤르페스바이러스 1형(헤르페스바이러스과 바리셀라바이러스속), 고양이 칼리시바이러스(칼리시바이러스과 베시바이러스속) 이외에, 세균인 보데텔라 브론키셉티카나 클라미도필라 펠리스 등이 알려져 있다. 감염된 고양이가 배출한 병원체를 함유한 분비물을 먹음으로써 경구적으로 감염된다. 기력 상실, 발열, 호흡 증상을 주된 증상으로 한다. 회복 후, 고양이는 각 바이러스나 세균의 보균자(캐리어)가 된다. 그런 고양이는 다른 고양이의 감염원이 되는 경우가 많으므로 주의가 필요하다. 이 병은 페어 혈청을 이용한 중화시험으로 진단할 수 있다. 보데텔라나 클라미도필라에 대해서는 항생제가 유효하다. 고양이 칼리시바이러스에 대해서는 인터페론 요법도 이용되고 있다.

고양이 전염성 비기관염

고양이 헤르페스바이러스 1형이 원인 바이러스다. 모자 면역이 약해지는 6~12주령의 새끼 고양이에게 많이 발생한다. 발열이나 재채기, 기력 상실, 식욕 부진, 침흘림, 콧물, 호흡 곤란 등을 동반하는 비기관염이나 각결막염 등을 주된 증상으로 하는 급성 전염병이다. 주로 콧물과 재채기를 나타내는 호흡기 질환이 많이 발생하면 이 병을 의심한다. 인두에서 바이러스를 분리하거나 결막 도말의 형광 항체법으로 바이러스 특이 항원을 검출함으로써 진단한다. 클라미도필라나 보데텔라의 혼합 감염에는 옥시테트라사이클린이라는 항생제가 유효하다. 예방에는 생백신 또는 불활성화 백신이 유효하다. 회복 후에는 체내에 바이러스가 잠복 감염하여 보균묘가 된다. 보균묘가 된 고양이가 감염원이 되므로 이런 의심이 있는 고양이와 접촉하지 않도록 한다.

고양이 범백혈구 감소증

고양이 파보바이러스가 원인 바이러스다. 백혈구 감소나 발열(40~42도), 기력 상실, 식욕 부진, 구토, 설사 등이 주된 증상이며 세균의 이차 감염이나 극도의 탈수로 사망하기도 한다. 모든 나이의 고양이가 고양이 파보바이러스에 감염되지만, 어린 고양이일수록 전형적인 증상을 보이며 사망률은 90퍼센트에 이른다. 회복한 동물은 바이러스 보유 동물이 되며, 몇 달 동안, 분변이나 소변으로 바이러스를 배출한다. 임신 말기의 태아기에서 생후 2주령 무렵까지는 감염되면 소뇌 형성 부전을 일으키며, 운동 실조를 일으키기도 한다. 발열, 기력 상실, 식욕 부진, 구토, 설사 증상이 보이며, 특히 호중구를 주로 하는 백혈구 수의 감소가 인정되면 이 병을 의심한다. 바이러스학적 진단으로는 급성기의 설사나 소변, 소장에서 바이러스를 분리 배양하고, 세포 내의 봉입체나 바이러스 항원의 검출을 시도한다. 혈청학적 진단으로는 페어 혈청을 이용한 중화시험 또는 HI 시험을 시행한다. 치료는 대증 요법으로 젖산 링거액을 투여하고, 세균의 이차 감염을 예방하기 위해 광범위 항생제를 투여한다. 예방법은 백신 접종이 유효하다. 분변으로 배설된 바이러스에 직접 또는 간접적으로 접촉함으로써 경구 감염되므로 감염원이 될 수 있는 고양이 등과 접촉하지 않도록 주의한다.

고양이 로타바이러스 감염증

레오바이러스과의 로타바이러스가 원인이다. 이 병은 생후 1주령 이내에 발생하며 갑자기 황백색의 수용성 설사를 일으킨다. 통상적으로 발열, 식욕 부진, 탈수 증상은 인정되지 않지만 설사는 1~2일 동안 지속된다. 드물게 사망하기도 한다. 생후 1~2주 사이에 설사가 인정된다면 이 병이나 파보바이러스 감염증이 의심된다. 급성기의 설사 중에는 대량의 바이러스가 배출되어 있으므로 전자 현미경에 의한 진단이나 유전자 진단도 가능하다. 항바이러스 요법은 없으므로 격리 보온이나 수액 등의 대증 요법을 시행한다. 세균과의 혼합 감염이 인정된다면 항생제를 투여한다. 예방법으로는 설사에는 다량의 바이러스가 존재하므로 마룻바닥이나 집 안 물건을 차아염소산 나트륨(락스) 등으로 소독하는 일이 필요하다. 백신은 개발되어 있지 않다.

세균병

렙토스피라증

렙토스피라속에 속하는 여러 종의 세균을 원인으로 하여 발병한다. 이 병은 모든 나이에서 보이지만 특히 3~4세 수컷 개에게 많이 발생한다. 잠복 기간은 5일~2주다. 임상 소견에 따라 불현성형,

출혈형, 황달형으로 구별된다. 불현성형은 명백한 증세가 없는 채로 지나며 자유 치유하는 형이다. 회복한 개는 어느 정도의 기간에 걸쳐 소변으로 병원균을 배출하여 다른 동물의 감염원이 된다. 출혈형은 1~2일 동안 발열한 후에 열이 떨어지고 대부분은 몹시 빠르게(심급성) 증세가 빠르게 진행된다. 식욕 부진이나 결막 충혈, 구강 점막의 점상 출혈, 궤양, 구토, 설사 등의 증상이 인정된다. 심급성 또는 급성 증상이 나타나면 허탈 상태가 되어 사망하는데, 만성 경과를 거친 경우에도 높은 사망률을 나타낸다. 황달형은 출혈형과 비슷하지만, 처음부터 황달과 출혈 증상이 확인되며, 혈색소뇨증도 보이는 것이 특징이다. 증상은 갑자기 발생하여 급성 또는 만성의 경과를 거치며, 높은 사망률을 나타낸다. 신장이 비대해지거나 점상 출혈, 전신 황달, 구강 점막의 점상 출혈, 궤양 등 전형적인 증상을 확인한다. 혈액 또는 소변에서 원인균의 분리 배양이나 혈청 중의 항체를 응집 반응법으로 검출함으로써 진단한다. 치료법으로 항생제를 투여한다. 예방 접종으로는 불활성화 백신을 사용한다.

개 브루셀라병

브루셀라속에 속하는 세균인 브루셀라 카니스를 원인으로 한다. 경구 감염이나 교미 감염으로 감염이 일어난다. 사람에게도 감염된다. 일반 증상은 별로 확인되지 않지만, 수컷에게서는 정소나 정소 상체 등의 부기가 보인 후 위축이 일어나고, 암컷에게서는 임신 40~50일 전후에 사산이나 유산이 일어난다. 진단은 원인균을 분리하거나 또는 응집 반응에 의해 혈청 반응 시험을 한다. 테트라사이클린을 장기 투여하면 치료에 유효하지만 투여를 중지한 후에 균혈증[64]이 되는 경우가 많은 것으로 알려져 있다. 백신은 없다.

라임병

보렐리아속 여러 종의 세균을 원인으로 한다. 이들 세균은 참진드기류에 의해 매개되며 그것에게 피를 빨릴 때 감염된다. 사람에게 감염되기도 한다. 잠복 기간은 3일에서부터 몇 년이며, 발열이 보이고 신경, 관절, 순환기 등에 증상이 나타난다. 진단은 신경염이나 심근염, 결막염, 포도막염, 간염, 폐렴 등의 증상을 토대로 한다. 확진을 위해서는 균 분리나 유전자 진단으로 병원체를 동정한다. 혈청 진단도 가능하다. 치료하려면 테트라사이클린 등의 항생제를 투여한다. 예방하려는 백신을 접종하고 참진드기를 퇴치한다.

파상풍

클로스트리듐속에 속하는 파상풍균이 생산하는 외독소[65]가 원인이 되어 발병한다. 파상풍균은 자연계에 널리 분포하며 토양병의 원인이 되고 사람이나 동물의 장내에서도 분리된다. 창상이나 수술 상처를 통해 감염이 일어나는데, 신생아는 탯줄 감염되기도 한다. 잠복 기간은 4일~2주 정도다. 순막 돌출이나 깨물근 경련, 음식을 입에 넣고 씹는 것이 힘듦, 사지 경련 등 전신의 골격근에 강직성 경련이 일어나며 빛이나 소리, 진동, 접촉 등의 자극에 대한 강한 반응성이 특징적이다. 특유의 증상이 있으므로 증상을 보면 진단할 수 있다. 미생물학적으로는 병소에서 균을 분리한다. 치료는 독소를 중화하기 위해 파상풍 항혈청 주사나 항생제를 투여하며, 강직 이완제나 진정제도 투여한다. 예방하려면 파상풍 백신을 접종한다.

64 몸속에 들어온 병원균이 혈액의 흐름을 타고 몸의 다른 부위로 옮아가는 일.
65 세균이 균체 밖으로 분비하는 독소.

야생 토끼병

야생 토끼병은 야생 토끼병균이라는 세균에 감염됨으로써 일어난다. 개와 고양이 이외에 양이나 돼지, 소, 말, 토끼, 설치류, 조류 등 여러 종의 동물에게 발생하며 발열, 호흡수와 심박수 증가, 식욕 부진, 경직 보행 등이 보인다. 일반적으로는 만성 경과를 거치지만, 병원체의 타입에 따라서는 높은 사망률을 나타내기도 한다. 야생 토끼병은 보균 동물과 직접 접촉하면 옮기는데 진드기나 쇠파리, 모기 등으로 전파되는 경우도 많다. 원인균을 분리하여 진단한다. 병변부의 스탬프 표본에 대해 형광 항체 염색을 하여 원인균을 검출할 수도 있다. 혈청학적 검사로는 응집 반응이나 ELISA법(효소 면역 분석법)이 응용되고 있다. 항생제로 치료하며, 예방하려면 감염 동물과 접촉하지 않는 것이 중요하다.

파스튜렐라증

파스튜렐라 멀토시다를 비롯한 여러 종의 파스튜렐라균을 원인으로 하며 고름성 콧물(비염)이나 고름성 눈곱(결막염), 피부밑 종양, 사경(중이염, 내이염) 등을 일으키는 병이다. 발병하기 쉬운 동물은 토끼나 쥐(생쥐, 쥐) 등이며, 개와 고양이는 대부분 구강에 불현성 상태로 보유하고 있다가 구강이나 체표에 상처를 입었을 때나 체력이나 면역력이 저하했을 때 기회적(체내에 잠복해 있던 균이 병을 일으키는 것)으로 발병한다고 생각된다. 중증인 경우는 폐렴이나 자궁 농종(고름 종기), 수막 뇌척수염, 패혈증 등을 일으키기도 한다. 진단하려면 원인균을 분리한다. 치료하려면 항생제를 투여하는 것이 유효하다.

보데텔라증

보데텔라 브론키셉티카 세균에 의해 일어나는 호흡기병이다. 개에게서는 전염성 기관·기관지염의 원인 가운데 하나가 된다. 이 세균이 단독으로 감염되었을 때는 불현성인 경우가 많지만 다른 바이러스나 파스튜렐라균과 혼합 감염되면 중증이 되며, 폐렴을 일으키기도 한다. 고양이는 별로 증상이 나타나지 않는 것으로 알려져 있다. 응집 반응으로 진단하며, 설파제나 테트라사이클린계 항생제 또는 카나마이신 등으로 치료하면 효과가 있다.

소화관 세균 감염증

캄필로박터나 살모넬라, 예르시니아 등의 장내 세균을 원인으로 한다. 단, 개나 고양이는 살모넬라균이나 캄필로박터균에 감염되어도 반드시 발병하지는 않는다. 한편, 어떤 종류의 예르시니아에 감염되면 회장에서 결장에 걸친 부위가 침범당해 혈액성이나 점액성 설사를 일으키기도 한다. 이들 세균은 개나 고양이의 배설물에서 사람에게 감염되기도 한다.

티저병

클로스트리듐 필리폼이라는 그람 양성 혐기성 세균이 원인으로 여겨진다. 숙주는 개나 고양이 이외에 생쥐, 쥐, 햄스터, 토끼, 소, 말 등 다양하다. 분변으로 배설된 세균을 경구적으로 섭취함으로써 감염되며, 감염한 세균은 숙주의 장관(창자) 상피에서 증식한다고 생각된다. 체중 감소나 털을 곤두세움, 설사 등의 증상이 보인다. 진단에는 ELISA법과 형광 항체법이 응용되고 있다. 치료하려면 항생제를 투여한다.

방선균증

개와 고양이의 만성 전신 질환이며 액티노마이세스속의 각종 방선균이 많은 조직, 특히 피부나 폐, 흉강, 척주에 화농성 육아종 또는 화농성 병변을 만든다. 감염은 일반적으로 세균이 조직에 직접적으로 침입함으로써 일어난다. 특히 식물 줄기(강아지풀, 포아풀)가 피부밑을 찔렀을 때나 그것을 흡인했을 때 찔린 상처를 통해 감염되는 일이 많은 것으로 알려져 있다. 발열이나 부기, 통증, 중요 부위에 배액관이 형성되는 것이 특징이다. 척추뼈로 감염이 퍼지면 수막염이나 수막 척수염을 일으키기도 한다. 화농성 병변에서 채취한 검사 재료나 생체 검사 재료, 균주 포켓이나 골수염 부위의 뼛조각에서 액티노마이세스속 세균을 분리하여 그것을 동정함으로써 진단한다. 치료는 수술과 화학 요법의 병용이 추천된다. 약물은 고용량 페니실린 G를 투여한다. 재발을 막기 위해 임상적으로 약간 나아진 후에도 4주에 걸쳐 계속 투약한다. 페니실린 알레르기가 있는 동물에게는 테트라사이클린, 클로람페니콜, 에리트로마이신, 린코마이신을 사용해도 된다.

노카르디아증

어떤 종류의 노카르디아속 세균에 의해 일어나는 급성 또는 만성 화농성 육아종 감염이다. 주요 병변이 형성되는 부위에 따라 몇 가지 형으로 나뉜다. 전신형에서는 발열이나 식욕 부진, 여윔, 기침, 호흡 곤란, 눈과 코의 증상, 신경 증상 등이 보인다. 농흉형에서는 광범위한 흉막 삼출액(농흉)을 동반하는 발열과 그것에 이은 호흡 곤란이 특징이다. 피부형은 농양이나 궤양, 배액관의 형성이 특징이다. 고름성 삼출액에서 원인균을 분리하고, 그것을 동정함으로써 진단한다. 치료는 수술과 화학 요법의 병용이 추천된다. 약물은 처음에는 다량의 페니실린을 투여하고, 그 후 장기간에 걸쳐서 투약할 때는 설폰아마이드계 약물이 사용된다. 설파제로는 설파다이아진이나 설파다이메톡신이 사용된다. 재발을 막기 위해 임상적으로 약간 나아진 후에도 설파제를 4주 이상 계속 투여한다. 흙 속의 자유 생활성 세균에 의한 감염이므로 예방하기는 아주 힘들다.

결핵

개와 고양이의 결핵은 소 결핵균이나 사람 결핵균의 감염으로 일어난다. 새 결핵균의 감염은 개와 고양이에게서는 드문 것으로 알려져 있다. 병이 충분히 진행할 때까지 증상은 나타나지 않지만, 발병하면 호흡 곤란이나 가래를 동반하는 기침을 주 증상으로 하는 호흡기형이나, 결핵성 복막염을 일으키는 장관형 등 여러 증상을 나타낸다. 충분히 확립된 진단 방법은 없다. 흉부 및 복부 엑스레이 검사나 BCG 백신의 접종에 대한 반응 등을 토대로 진단을 시도한다. 공중위생의 관점에서, 결핵에 걸린 동물은 치료를 권하지 않는다.

고양이 나병

고양이 나병의 원인은 이전에는 쥐의 나병균이라고 생각했지만, 요즘은 사람의 나병균일 가능성이 제시되고 있다. 감염된 고양이의 일반 건강 상태는 양호한 것이 보통이지만, 피부 병소가 머리와 사지에 발생하며 부드럽고 고기 같은 감촉의 황갈색 타원형 결절이 급속히 형성된다. 궤양 병소나 생체 검사로 채취한 결절의 염색 표본 검사하여 진단한다. 치료에는 외과적 절제가 추천된다. 참고로, 항나병약은 고양이에게서는 독성을 나타낸다고 알려져 있다.

비정형 항산균증

미코박테륨속의 비정형 항산균은 보통은 개와 고양이에게 해가 없지만 창상이나 주사를 통해 체내에 침입했을 때나 숙주가 면역 저하 상태일 때 등에는 병원성을 발휘하여 만성 화농성 육아종 염증을 일으키기도 한다. 감염 부위에는 피부밑 결절이 나타나고, 급속히 확대하여 종류를 형성한다. 이어서 배액 샛길 형성과 육아종 반응이 일어난다. 국소 림프샘의 병변 정도는 다양하다. 그 후, 병변은 만성화하며 몇 달에서 몇 년이라는 장기 경과를 거친다. 일반적으로 병변부를 외과적으로 절제해도 병소는 치유되지 않고 만성 경과를 거친다. 병소에서 나오는 삼출액을 배양하여 원인균을 분리함으로써 진단한다. 치료법은 가장 유효한 것으로 여겨지는 항균제는 아미카신이나 카나마이신, 겐타마이신, 테트라사이클린 등인데 효과가 없는 경우도 종종 있다. 이것은 이 세균이 액포(세포 안에 있는 큰 거품 구조) 안에 존재하기 때문이라고 짐작된다. 치료법 가운데 하나는 병변부를 외과적으로 반복 절제하는 것이다.

고양이 할퀸병

고양이 할퀸병은 고양이가 걸리는 병이 아니라 바르토넬라 헨셀라에라는 그람 음성균에 감염된 고양이에게 물리거나 했을 때 사람이 걸리는 병이다. 건강한 사람은 상처를 입은 곳에 구진이나 물집이 생기고 그 근처의 림프샘이 붓기도 한다. 드물게 뇌염, 골수성 병변, 심내막염을 일으키기도 한다. 단, 이 세균을 보유한 고양이는 무증상이다. 고양이 할퀸병 치료에는 항균제가 효과적이며, 에리트로마이신이나 리팜피신 등이 사용된다. 고양이로부터 외상을 입었다면 곧바로 소독한다.

리케차 감염증과 클라미디아 감염증

개 에를리히아병

개의 에를리히아병은 리케차의 일종인 에를리히아 카니스에 감염되어 일어나는 병이다. 병원체는 갈색 개진드기라는 진드기를 통해 개에게서 개로 전파된다. 감염된 개는 비교적 무증상이기도 하고 급성 증상을 일으키기도 한다. 급성형에서는 감염 진드기가 붙은 지 10~20일 후에 발열이나 장액성 콧물, 유루, 식욕 부진, 기력 상실, 체중 감소, 빈혈 등이 나타나며, 이런 증상은 몇 주 동안 계속되는데, 그 정도와 지속 기간은 대단히 다양하다. 고열이나 혈소판 감소증, 백혈구 감소증, 빈혈, 출혈을 특징으로 하는 치명적인 증후군을 일으키기도 한다. 간접 형광 항체법과 라텍스 응집 검사로 진단한다. 치료하려면 옥시테트라사이클린을 투여한다.

Q 열

리케차에 속하는 콕시엘라 부르네티에 감염되면 일어난다. 개와 고양이를 비롯해 사람, 그 밖의 각종 포유류와 조류 등 대단히 광범위한 숙주를 갖고 있다. 병원체는 진드기로 매개되는데, 다른 리케차와는 달리 공기 감염도 일으킨다고 한다. 개와 고양이는 가벼운 발열이나 번식 장애(유산, 자궁 내막염, 불임증 등) 이외에 거의 증상을 보이지 않는다. 단, 감염된 동물은 무증상이라도 해도 리케차 혈증을 일으키며 장기간에 걸쳐서 병원체를 계속 배출한다. Q 열에 대한 항체를 검출하는 방법과 항원(Q 열 본체)을 검출하는 방법이 있다. 항체 검출법으로는 Q 열 항원을 이용한 간접 형광 항체법 등이 있으며, 항원 검출법으로는 유전자 검출법을 이용한다. 테트라사이클린계나 뉴퀴놀론계 항생제가 가장 유효하며, 다음으로 린코마이신이나 에리트로마이신 등도 유효하다. 그러나 리케차는 회복 후에도 장기간, 세망내피계 세포에 생존하며 숙주로부터 완전히 없애는 것은 쉽지 않다. 따라서 3~4주 동안 계속 투약하는 것이 바람직하며, 증상이 개선되어도 3주 이상 계속 투약하지 않으면 재발하기도 한다.

고양이 클라미디아 감염증

고양이 클라미디아 감염증은 이전에는 북아메리카에 한정되어 있다고 여겨졌지만 현재는 유럽이나 오스트레일리아, 일본에서도 발생이 보이며 여러 종류의 포유류나 조류에 감염이 일어나는 것이 알려져 있다. 급성기에는 한쪽 눈에 결막염이 생기며 발적이나 부기, 안검 경련, 다량의 장액 또는 점액 농의 분비물이 보인다. 그 후, 증상은 양쪽 눈으로 번진다. 소량의 콧물이나 재채기, 기침도 나타난다. 결막염은 길면 6주 정도나 계속된다. 대부분은 자연히 회복하지만 재발하기도 한다. 바이러스 감염과 클라미디아 감염을 감별하기 위해서는 항균 요법을 실시하고, 이것으로 치료 효과가 있으면 클라미디아 감염이라고 판단하는 데 도움이 된다. 결막의 찰과 표본에 봉입체가 존재하지 않는지를 검사한다. 그 밖에 결막을 면봉으로 문질러서 채취한 재료에 대해서 세포 배양하여 클라미디아를 분리하는 방법도 있다. 백신을 접종하지 않은 고양이는 혈청 속에서 항체를 확인하면 진단에 유용하다. 사람용 클라미디아 감염증 진단 키트를 고양이에게도 사용할 수 있다고 알려져 있다. 항생제인 테트라사이클린이 어느 정도 유효하다. 에리트로마이신이나 타이로신도 유효하며, 유년의 고양이나 임신 중인 고양이의 경우는 테트라사이클린 대신에 이들 항생제를 사용할 것이 권장된다. 치료는 4주 동안, 또는 증상이 조금 나아지더라도 적어도 2주 동안은 계속해야 한다.

고양이 헤모바르토넬라증

고양이에게 용혈 빈혈을 일으키는 미생물인 헤모바르토넬라 펠리스의 감염에 의한 것이다. 이 병은 원발 질환으로 발생하는 경우와 고양이 백혈병이나 고양이 면역 결핍 증후군, 고양이 전염성 복막염 등과 같이 면역 억제를 일으키는 질환에 이어서 발생한다. 원발성 헤모바르토넬라증은 전형적인 재생성 용혈 빈혈 증상을 나타내며, 속발성 헤모바르토넬라증은 종종 심한 비재생성 빈혈을 일으킨다. 치료하지 않으면 주기적인 경과를 거쳐서 약 4일 간격으로 증상의 악화와 완화를 반복한다. 혈액의 도말 표본에서 병원체의 원충을 검출한다. 원발성과 속발성 둘 다 면역 매개 요소가 있으며, 쿰스 테스트[66]에서 양성이 될 가능성이 있다. 항생제를 투여하여 병원체를 없앤다. 광범위 항생제는 병원체를 억제하는 데 유효하며, 적어도 10일 동안은 투여한다. 그리고 대체 요법으로 수혈이 유용하다. 단, 주입된 혈액은 4일 만에 병원체가 기생하게 되므로 수혈은 반복해야 할 필요가 있다. 이 병은 자연히, 또는 치료로 증상은 사라지지만 그 후에도 보균자가 되는 일이 많으며, 재발도 드물지 않다.

진균 감염증

피부 사상균증

피부 사상균증(곰팡이증)은 소포자균이나 백선균 등을 원인으로 하는 피부나 털, 발톱에 있어서 표재성 진균 감염증이다. 이들 진균은 동물의 피부 구성 성분인 케라틴을 발육에 이용할 수 있는 것들이다. 개는 약 70퍼센트가 개 소포자균, 20퍼센트가 석고상 소포자균, 10퍼센트가 모창 백선균으로 발생한다. 고양이에게서는 98퍼센트가 개 소포자균이 원인이다. 자연 감염은 토양에서 또는 접촉으로 일어나는데, 균이 붙은 빗이나 이발기가 매개물이 되기도 한다. 개 소포자균은 건조 상태에서 적어도 13개월 생존한다.

증상 피부 사상균증의 육안 소견은 다양하다. 전형적인 병변은 지름 1~4센티미터의 원형으로 급속히 퍼지는 탈모이며, 괴사한 상피 조직 조각의

66 혈구 응집 반응에 있어 항체만으로는 응집이 일어나지 않거나 약할 때 정상 항체를 면역해 얻은 항면역 글로불린 항체를 가해서 응집을 일으킨 다음에 관찰하는 항체 검출 방법.

비듬과 가피(딱지) 형성이 일어나기도 한다. 진균 감염에 이어서 이차적으로 세균 감염도 일어나며, 독창이라는 둥지 모양의 염증성 결절 형성이 보이기도 한다. 성견은 체표 전체에 피부 사상균증이 퍼지는 예가 드물지만, 부신 겉질 기능 항진증 등 면역 억제 상태이면 전신성이 되기도 한다. 고양이에게서는 새끼 고양이에게 발병하기 쉬우며 귓바퀴나 안면, 사지에 둥지 모양의 탈모, 비늘 벗음, 가피 형성이 보인다. 뚜렷한 증상을 나타내지 않는 고양이도 다른 고양이나 사람에게 감염원이 된다.

진단 자외선 조사로 형광을 발하는 진균 대사물을 보는 우드등 검사나 감염된 털과 피부에서 사상균의 관찰, 진균 배양 등을 하여 진단한다.

치료 피부 사상균증은 1~3개월 정도면 자연스럽게 나아지는 것이 보통이지만 빨리 낫기 위해, 그리고 다른 동물이나 사람에게 감염되는 것을 예방하기 위해 치료한다. 털 깎기, 샴푸 요법, 국소에 약물 외용 요법을 시행하며 만성 예나 중증 예, 또는 장모종 동물이면 항진균제를 경구 투여한다. 증상이 가라앉으려면 한 달 정도가 걸리며 그 후로도 2~4주 동안은 계속 투약할 필요가 있다.

말라세치아증

말라세치아증은 지방을 영양분으로 이용할 수 있는 효모양 진균인 말라세치아 파치데르마티스로 일어나는 피부염 및 외이도염이다. 개에게서는 일반적인 병이지만 고양이에게는 잘 발생하지 않는다. 말라세치아는 정상인 상태라도 개의 외이도나 피부에 보이는 미생물이다. 그러나 아토피나 음식 알레르기, 벼룩 알레르기, 접촉성 피부염 등을 원인으로 하는 염증이 일어나거나 피지의 생성이 늘면 말라세치아가 과다 증식을 일으킬 수 있는 환경이 마련된다. 부신 겉질 기능 항진증이나 갑상샘 기능 저하증, 당뇨병, 아연 반응성 피부증 등의 내분비 질환이나 대사 질환도 지루를 조장하여 말라세치아의 과다 증식을 유발한다. 말라세치아가 귓바퀴에서 과다 증식하면 귀지의 과도한 분비나 이도의 습윤이 일어나서 외이염이나 내이염을 발병한다.

증상 말라세치아에 의한 외이염에서는 머리를 흔든다, 귀 주위를 긁는다, 귀에서 과도한 분비물이 배출된다, 귀를 만지면 아파한다 등 전형적인 외이도염 증상이 보인다. 말라세치아 피부염은 일반적으로 눈이나 입 주위, 발가락 사이, 발톱 주위, 겨드랑이, 사타구니, 회음부에 많이 발생하며 심한 가려움을 나타내면서 피부는 발적하고 거칠어지거나 끈끈해진다.

진단 증상과 세포 검사 결과로 진단한다. 말라세치아는 건강한 피부나 외이도에도 존재하므로 세포 검사로 병변부에 존재하는 효모양 진균의 수를 측정할 필요가 있다.

치료 말라세치아성 외이염이나 피부염은 국소 또는 전신 항진균제나 샴푸 요법으로 치료한다.

크립토콕쿠스증

크립토콕쿠스증은 크립토콕쿠스 네오포르만스라는 효모양 진균 감염으로 호흡기 증상, 피부밑 결절, 림프샘증, 구강 내 염증, 발열, 중추 신경 증상을 일으키는 병이다. 면역 결핍 상태인 동물에게 많이 발병하는 것으로 알려져 있으며, 수컷 고양이에게 많이 발생한다. 병원체를 흡입함으로써 감염되며, 재채기나 콧물, 더 나아가 코의 변형과 콧등의 궤양 형성도 일반적이다. 눈에 병변이 생기거나 뇌가 침범당해 행동의 변화나 경련, 운동 실조 등 중추 신경 증상을 일으키는 예도 있다. 콧물이나 병변부 조직에서 병원체를 검출하여 배양함으로써 진단한다. 라텍스 응집 검사[67]로 혈액 중의 항원을 검출할 수 있으며,

67 가용성 항원을 라텍스 입자에 흡착시키는 응집 검사. 흡착된 항원에 대한 특이 항체가 존재하면 덩어리를 이룬다.

이 항원의 양은 치료로 저하하므로 치료 효과를 판정하는 데 이용된다. 치료하려면 플루코나졸이나 이트라코나졸, 플루시토신 등의 경구 항진균제를 단독으로, 또는 조합하여 사용한다.

아스페르길루스증

아스페르길루스속에 속하는 여러 종의 진균이 원인이다. 이들 진균은 또한 발암성이 있는 아플라톡신을 만들어 내는 균으로도 알려져 있다. 많은 동물에게 감염되며, 개는 호흡기에서 전신으로 감염되는데, 비강이나 부비강으로 많이 감염된다. 고양이에게서는 호흡기 감염 이외에 장관에서 감염이 보이기도 한다. 이 균은 토양에 존재하므로 어디서든 감염될 가능성이 있다. 치료하려면 플루코나졸과 이트라코나졸 등의 항진균제를 사용한다.

칸디다증

칸디다 알비칸스를 대표로 하는 칸디다속 진균에 의한 병이다. 이 진균은 축축한 토양이나 더러운 물속에 많이 살고 있다. 동물의 외이도나 비강, 구강, 소화기, 항문, 피부에도 존재하고 있는데, 보통은 병을 일으키지 않는다. 그러나 면역력이 떨어진 경우나 항균제의 투여가 계속됨으로써 다른 세균 등이 사멸하고 이 진균만 살아남으면(이것을 균교대증이라고 한다) 칸디다가 이상 증식하여 염증을 일으킨다. 그리고 방광이나 폐, 신장, 간으로 감염이 퍼지기도 한다. 고양이에게서는 소화기의 육아종 병변이나 피부염, 결막염 등의 발생이 알려져 있다. 진균의 균사를 검출함으로써 진단한다. 치료하려면 각종 항진균제를 사용한다. 예방하려면 사육 환경을 위생적으로 유지하고 세균 감염증을 치료할 때는 항균제의 장기 투여를 피하는 것도 필요하다.

582

기생충증

기생충이란

기생 생활을 영위하는 동물을 기생충이라고 한다. 그렇다면 기생 또는 기생 생활이란 무엇일까. 생물이 생활할 때 다른 생물과 전혀 관계가 없는 상태에서 존재할 수는 없지만, 언제나 어떤 일정한 관계를 유지하지 않더라도 일단은 독립하여 생활하는 경우와 다른 생물의 체표에 달라붙거나 체내에 들어가서 생활하는 경우가 있다. 전자처럼 독립해서 생활하는 것을 자유 생활이라고 하며, 우리 사람이나 개와 고양이, 그 밖에 일상적으로 접하는 생물은 대부분 자유 생활을 하고 있다. 반면에 후자와 같이 다른 생물과 더불어 사는 것을 넓은 의미에서 기생이라고 한다. 이때, 머무는 곳을 빌려주는 생물은 숙주라고 하며, 빌리고 있는 생물은 기생체라고 한다. 그런데, 기생이라는 현상을 좀 더 자세히 조사해 보면 숙주와 기생체 사이의 이해관계가 다양하다는 것을 알 수 있다. 즉 기생체와 숙주 양쪽이 모두 이익을 얻고 있는 경우, 기생체는 이익을 얻지만 숙주에게는 이익도 불이익도 없는 경우, 그리고 기생체는 이익을 얻지만 숙주는 불이익이나 해를 입는 경우가 있다. 이들을 각각 상리 공생, 편리 공생, 좁은 의미에서 기생이라고 한다. 좁은 의미의 기생을 하는 생물은 다양한데, 식물이 있는가 하면, 동물도 있고 세균이나 바이러스도 있다. 그중에서도 기생 생활을 하는 동물이 바로 기생충이다.

기생충 분류

기생충이란, 그 동물의 생활 방식에 기초한 이름이라고 할 수 있다. 육상 생활을 하는 동물, 수중 생활을 하는 동물 등과 마찬가지로 기생 생활을 하는 동물이 기생충이다. 그런데, 생물의 분류에서는 생활 방식보다도 계통 분류라고 하여, 가까운 것을 모아서 분류하는 일이 일반적으로 이루어지고 있다. 동물의 계통 분류상 기생충은 다양한 그룹으로 나뉘는데, 계통 분류에 따라 기생충을 분류할 때 각 그룹의 특징을 간단히 설명한다.

● 원충류

사람이나 개와 고양이는 다수의 세포가 모여서 한 명의 사람, 한 마리의 개 또는 고양이의 몸이 만들어져 있다. 그러나 세포 한 개가 하나의 생물로 존재하는 동물도 있다. 이것을 원생동물이라고 한다. 대표적인 원생동물로 짚신벌레 등을 들 수 있다. 기생충학에서는 원생동물에 속하는 기생충을 원충이라고 부른다. 원충은 세포 하나가 한 마리이므로 번식할 때는 세포 분열로 증식한다. 어느 정도 조건이 갖춰지면 비교적 간단히 증식하여 원충류는 숙주의 체내에서 늘어날 수 있다. 이것은 뒤에서 언급할 흡충이나 조충, 선충과 크게 다른 점이며, 원충 감염증을 방치하면 체내에서 기생충이 증식하여 병이 진행되는 예가 종종 있다.

●흡충류

흡충류는 편형동물이라는 그룹에 속한다.
주혈흡충류를 제외하고는 자웅 동체(암수한몸)며, 한 마리 흡충의 체내에 암컷의 생식 기관과 수컷의 생식 기관이 모두 존재한다. 흡충류는 몸이 편평한 것이 많고, 개나 고양이에게 기생하는 종류는 두 개의 흡반을 갖고 있으며 이것으로 숙주의 소장 등에 흡착해 있다.

●조충류

조충류는 흔히 조충이라고 불리는 기생충으로, 흡충류와 마찬가지로 편형동물에 속한다. 조충류의 몸은 자웅 동체고 가늘고 길며, 여러 개의 마디가 한 줄로 이어진 구조다. 이 마디를 편절이라고 하며, 각 편절에 암수의 생식 기관이 존재한다.
개나 고양이에 기생하는 조충은 크게 두 개의 그룹으로 나눌 수 있다. 하나는 의엽류라고 불리는 것으로, 열두조충류가 여기에 속한다. 의엽류의 조충은 두부에 한 쌍의 고랑이 있으며, 이것을 사용하여 숙주의 소장에 흡착한다. 각각의 편절에는 산란공(알이 나오는 구멍)이 있어서 각각의 편절에서 산란한다. 다른 하나의 그룹은 원엽류라고 불리며, 개조충 등 열두조충류 이외의 종이 이것에 속한다. 원엽류인 조충은 두부에 네 개의 흡반이 있으며 이것으로 숙주의 소장에 흡착한다. 각각의 편절에는 산란공이 없어서 알을 낳을 수 없다.
편절은 뒤쪽에 있는 것일수록 성숙하며, 성숙한 편절이 될수록 내부가 충란으로 가득 차게 된다.
그리고 말단의 편절부터 하나씩 찢어져 나가서 숙주의 분변으로 나간다. 찢어진 편절은 외부에서 붕괴하고 그 안에서 충란이 나타난다. 숙주의 장관 내에서 붕괴하여 충란이 분변으로 출현하는 종류도 있다.

●선충류

선충류는 자웅 이체(암수딴몸)며 자충과 웅충이 존재한다. 이 암수 성충이 교미하여 충란이나 유충을 낳고 그것이 숙주의 분변 등에 출현한다.
선충류의 몸은 실 모양이다.

●진드기류

진드기류는 거미류에 가까운 동물이다. 진드기류의 몸은 머리와 복부의 둘로 나뉜다. 다리는 어린 진드기는 좌우에 세 쌍씩 합계 여섯 개이지만 성진드기는 좌우에 네 개씩 합계 여덟 개가 된다.
기생충이 되는 진드기류는 대부분 동물의 체표나 피부의 표층에서 생활하는데, 폐진드기류처럼 내부 기생을 하는 종류도 일부 있다.

●곤충류

곤충류의 몸은 두부, 흉부, 복부의 셋으로 나뉘며 다리는 유충과 성충 모두 좌우에 세 개씩 합계 여섯 개이다. 곤충류에는 날개가 달린 것이 많지만 기생충으로 잘 알려진 새털니나 이 종류, 벼룩류는 날개가 없는 것이 특징이다. 기생 생활을 하는 곤충류도 진드기류와 마찬가지로 대부분 외부 기생충이지만, 내부 기생을 영위하는 종도 일부 있다. 단, 개나 고양이에게서는 내부 기생하는 곤충류를 확인한 경우는 없다.
기생충의 숙주 특이성과 기생 부위 특이성
기생충은 다른 생물의 체내에 침입하거나 체표에 부착하여 생활한다. 그러나 이 숙주가 되는 생물은 아무것이나 되는 것은 아니다. 기생충의 종류에 따라 숙주로 삼는 생물의 종류는 정해져 있으며, 이것을 기생충의 숙주 특이성이라고 한다. 예를 들면 개회충은 개를 숙주로 삼고, 고양이회충은 고양이를 숙주로 삼는다. 그러나 개회충이 개 이외의 갯과 동물에게도 기생하는 경우도 있고, 고양이회충이 고양이 이외의 고양잇과 동물이나 페럿 등에 기생하는 때도 있다. 그리고 사자회충(선충류의 하나)은 갯과와 고양잇과 동물, 심지어 페럿 등에 널리 기생한다. 이처럼 어떤 종류의 기생충의 숙주는 반드시 한 종류에 한정되지는 않으며, 어느 정도의 범위가 있는 것이 보통이다. 그리고 기생충의 종류에 따라 숙주의 범위가 좁아지거나 넓어진다. 바꿔 말하면 숙주 특이성이 엄밀한 것과 느슨한 것이 있다. 기생충은 그 숙주의 체내에서 기생하는 부위가 정해져 있다. 예를 들면 개회충이나 고양이회충의 성충은 소장에 기생하며, 심장사상충의 성충은 우심실이나 폐동맥에 기생한다. 이것을 기생충의 기생 부위 특이성이라고 한다. 단, 때로는 원래의 기생 부위가 아닌 곳에 기생하기도 하는데 이것은 미입, 또는 이소 기생이라고 한다.

기생충의 생활

많은 기생충은 일생 동안 몇 번이나 탈바꿈한다. 장수풍뎅이의 알이 부화하여 유충이 나타나고, 그것이 탈피를 거듭하여 번데기가 되고, 번데기에서 성충이 되듯이, 기생충도 몇 단계의 유충 시기를 거쳐 성충이 된다. 각각의 유충 단계에는 이름이 붙여져 있지만 여기서는 생략하고 기생충의 발육 방식에 대해서 간략하게 설명한다.

● 직접 발육

기생충의 성충만 숙주에 기생하는 타입의 발육 방식을 직접 발육이라고 한다. 예를 들면 개회충은 개의 분변으로 충란이 나오는데 이것을 개가 섭취하여 다음 감염이 일어난다. 직접 발육을 영위하는 기생충은 기본적으로 숙주에 성충만이 기생하고 있다는 말이 된다.

● 간접 발육

기생충의 성충이 기생하는 숙주와는 별도로, 유충도 다른 생물에게 기생하는 타입의 발육 방식을 간접 발육이라고 한다. 개조충이라는 조충은 개나 고양이의 소장에 기생하며, 분변으로 충란이 나온다(정확하게는 끊어진 편절이 분변으로 배출되며 그것이 부서져서 충란이 출현한다). 그런데, 이 충란을 개나 고양이가 섭취해도 개조충에 감염되지 않는다. 개조충은 충란이 일단 벼룩 등에게 먹혀 벼룩의 체내에서 유충이 된 다음이 아니라면 개나 고양이에게 감염이 나타나지 않는다. 이처럼 성충이 되기까지 유충이 기생하는 숙주가 있어야 하는 발육이 간접 발육이다. 이때 성충이 기생하는 숙주를 종숙주(기생충이 성충 시기를 모두 보내는 숙주)라고 하고, 유충이 기생하는 숙주를 중간 숙주라고 한다. 간접 발육하는 기생충에는 중간 숙주가 하나뿐인 것과 두 개의 중간 숙주가 필요한 종이 있다. 만손열두조충은 고양이나 개가 종숙주인데, 제1중간 숙주로 검물벼룩이라는 작은 수생 생물이 필요하며, 다음 단계의 중간 숙주로 개구리 등에 기생한다. 이 2단계의 중간 숙주에는 각각 다른 발육 단계의 유충이 기생하며 제1중간 숙주, 제2중간 숙주라고 불린다.

● 대기 숙주

기생충의 발육 방법은 직접 발육과 간접 발육으로 나눌 수 있는데, 직접 발육과 간접 발육 모두 더욱 복잡한 숙주가 존재하기도 한다. 예를 들면 개회충이나 고양이회충은 직접 발육하는데, 이들의 충란은 언제나 개나 고양이에게 섭취된다고는 할 수 없다. 만약 쥐 종류가 섭취하면 어떻게 될까? 쥐 종류는 원래 개회충이나 고양이회충의 숙주는 아니므로 그것이 기생하지는 않는다. 하지만 기생하지 않는 것은 성충이며, 사실은 유충이 쥐의 체내에 기생한다. 그리고 이 쥐가 개나 고양이에게 잡아먹히면 개회충이나 고양이회충은 개나 고양이에게 감염된다. 만손열두조충은 개구리가 제2중간 숙주인데, 개구리는 고양이와 개에게만 잡아먹히지 않는다. 뱀에게 먹히기도 할 것이다. 이때 만손열두조충은 개구리의 체내에 있었을 때와 같은 단계의 유충 상태로 뱀에게 기생하며, 이 뱀이 고양이 등에게 잡아먹혔을 때 감염하여 성충이 된다. 이상과 같은 부가적인 숙주를 대기 숙주라고 한다. 대기 숙주에는 기생충의 유충이 기생한다는 점에서는 중간 숙주와 같지만, 기생충이 성충이 되기 위해 절대적으로 필요한 것은 아니라는 점이 다르다. 기생충의 발육은 복잡하다. 그 대부분은 먹이 사슬을 잘 이용하고 있다. 기생충증을 예방하기 위해서는 각종 기생충의 발육 방법을 알고 개나 고양이에 대한 감염원을 없애는 것이 중요하다.

기생충증 진단

기생충증 진단은 기생충을 검출하는 것이 기본이다. 기생충의 종류에 따라 증상에서 대략적인 진단이 가능한 것도 있지만, 확진을 위해서는 기생충의 종류를 확인할 필요가 있다. 동물의 몸 내부에 기생하고 있는 기생충, 즉 내부 기생충은 개나 고양이의 체외에서 볼 수 없다. 그러므로 기생충이 낳은 알이나 유충을 검출함으로써 기생충이 존재하는 것을 증명한다. 이런 충란이나 유충은 눈으로는 볼 수 없는 크기다. 따라서 현미경을 이용한 검사가 필요하다. 많은 기생충은 동물의 소화관 내에 기생하고 있다. 충란이나 유충은 분변 속에 나타나는 예가 많으며, 그 검사법으로서 분변 검사를 한다. 호흡기계에 기생하는 것은 충란이나 유충이 가래로 배출되는데, 개와 고양이는 그것을 삼켜 버리므로 역시 분변 검사를 통해 검출한다. 비뇨기계에 기생하는 것은 소변 검사로, 순환기계나 혈액에 기생하는 것은 혈액 검사로 각각 진단한다. 면역학적 진단법도 확립되어 있다. 특히 일상적으로 이루어지는 검사로는 심장사상충 검사가 있다. 이것은 심장사상충의 성충이 배출 또는 분비하는 물질을 면역학적인 방법을 사용하여 검출하는 것이다. 더 나아가 초음파 검사나 엑스레이 검사를 하는 경우도 있으며, 이런 검사는 주로 심장사상충증 진단에 활용된다.

외부 기생충은 동물의 체표나 피부 표층에 기생하는 것이며, 진드기류나 곤충류가 이것에 해당한다. 맨눈으로 볼 수 있는 크기의 외부 기생충, 예를 들면 벼룩류나 참진드기류는 쉽게 그것을 인정할 수 있다. 단, 그것의 종류를 확인하기 위해서는 현미경으로 관찰할 필요가 있다. 그러나 진드기류에는 옴진드기류 등 눈으로는 보이지 않는 크기의 기생충도 있다. 이런 진드기를 검출하려면 병변을 형성하고 있는 피부의 일부를 긁어내서 현미경을 이용하여 검사해야 한다.

기생충증 치료

기생충증 치료는 기생충을 없애는 것이 기본이다. 기생충을 없애기 위해 사용하는 약을 구충제라고 한다. 특히 외부 기생충을 없애는 약에 대해서는 곤충류를 없애는 약을 살충제, 진드기류를 없애는 약을 진드기 구충제라고 하기도 한다. 원충류에 대해서는, 편모충류에는 메트로니다졸을, 콕시듐류[68]에는 설파제 등이 사용된다. 흡충류와 조충류에는 프라지콴텔이 이용되고 있다. 심장사상충을 제외한 각종 선충류에 대해서는 개와 고양이의 경우, 페반텔이나 파모산 피란텔, 밀베마이신 옥심 등이 많이 이용된다. 개와

68 〈콕시듐〉의 병을 일으키는 원생동물의 하나로 콕시듐증은 콕시듐 원충이 동물의 장이나 소화관 벽에 기생하여 발생한다.

고양이에게 기생한다 해도 특수한 선충이거나 이색 반려동물에 기생하는 선충에 대해서는 이버멕틴이 사용되기도 한다. 한편, 심장사상충의 성충을 없애는 데에는 멜라르소민 중염산염, 예방에는 밀베마이신 옥심, 이버멕틴, 목시덱틴, 셀라멕틴이 이용되고 있다.

외부 기생충 가운데 벼룩류와 참진드기류는 페르메트린이나 피프로닐, 피리프롤, 이미다클로프리드와 셀라멕틴, 스피노사드 등의 약물을 이용한다. 페르메트린과 피프로닐, 피리프롤, 스피노사드는 벼룩과 참진드기에 유효하지만 이미다클로프리드와 셀라멕틴은 참진드기에는 효과가 없다. 그 밖에 곤충 발육 제어제라고 불리는 타입의 약물을 사용하여 동물의 사육 환경에 존재하는 발육 각 시기의 벼룩을 없애기도 한다. 옴진드기 등에는 이버멕틴을 많이 이용한다. 기생충증은 대부분 기생충을 없애면 증상은 자연스럽게 사라진다. 그러나 중증에서는 구충제에 의한 치료 이외에 각각의 증상에 따른 치료도 필요하다. 예를 들어 설사한다면 지사제를 투여하기도 한다. 심장사상충증은 병태에 따라 심장 기능을 개선하기 위한 약물이나 이뇨제 등을 투여한다.

기생충증 예방

기생충 감염을 예방하려면 감염 동물의 분변 등을 빨리 적절하게 처리하는 것이 중요하다. 분변으로 배출된 직후의 기생충 알이나 유충은 대부분 아직 감염력을 갖고 있지 않다. 외부에서 잠시 발육한 후에 다음 동물에게 감염할 수 있게 된다. 따라서 빨리 분변을 처리하면 기생충은 다른 동물에게 감염할 기회를 잃게 된다. 중간 숙주가 되어 있을 수도 있다고 의심되는 것은, 가열하지 않고 음식으로 주지 않도록 한다. 야외에서 중간 숙주를 먹을 가능성이 있으면 사육 환경을 재고할 필요가 있다. 그것이 불가능하면 기생충에 감염되지 않도록 정기적으로 검사받는다. 그리고 개조충은 중간 숙주가 벼룩이므로 이것을 없애는 것이 예방이다. 외부 기생충은 대부분 동물끼리의 접촉으로 전파한다. 감염된 동물과의 접촉을 피하는 것은 물론, 불특정 다수의 개나 고양이와 불필요하게 접촉하지 않도록 하는 것도 중요하다.

소화기계 기생충증

소화기계는 음식 또는 영양소의 소화와 흡수를 행하는 일련의 기관이며, 입에서 항문에 이르는 소화관이라는 관과 그것에 부속하는 침샘, 간, 췌장 등의 소화관으로 이루어져 있다. 여러 종의 기생충이 소화기계의 기관에 기생하며 그중에서도 소장에는 많은 종류가 살고 있다. 기생충 검사라면 분변 검사를 떠올리는 예가 많은데, 소화관에 기생하는 기생충 알은 분변에 섞여서 나오는 일이 많으므로 분변 검사가 기생충 검사의 대표처럼 된 것이다. 그렇다면 어떤 기생충이 소화기계에 기생하고 있느냐면, 원충류, 흡충류, 조충류, 선충류 모두 다수의 소화기계 기생 종이 있다. 구체적으로는 원충류에서는 편모충류에 속하는 지아디아나 장 트리코모나스, 아피콤플렉사류에 속하는 에이메리아나 아이소스포라, 크립토스포리듐, 톡소플라스마, 그리고 섬모충류에 속하는 대장 발란티듐 등이 잘 알려져 있다. 이들 원충은 대장 발란티듐이 대장에 기생하는 이외에 종의 기생 부위는 모두 소장에 기생한다. 흡충류에서는 항아리형 흡충, 요코가와 흡충이 소장에 기생하고 간흡충이 간(담관)에 기생하며, 췌장(췌장관)에 기생하는 것도 알려져 있다. 조충류에서는 만손열두조충이나 고양이 조충, 에키노코쿠스류(단포조충 및 다포조충), 개조충 등이 알려져 있다. 이들 조충류는 모두 소장에 기생한다. 선충류에서는 분선충류(분선충과 고양이 분선충), 구충류(개구충 및 고양이구충), 회충류(개회충, 고양이회충, 개소회충)가 소장에, 위충류(특히 고양이 위충)가 위에, 편충류(특히 개편충)가 맹장에 기생한다.

지아디아증

지아디아는 편모충류라는 그룹에 속하는 원충이다. 개나 고양이, 생쥐 등 많은 종류의 동물에게 기생하며, 사람의 기생충으로서도 중요하다. 인체에 기생하는 것은 람블 편모충이라고 불린다. 단, 그 종에 대해서는 지아디아 원충이 기생하는 동물의 종류별로 구별하는 설, 그리고 쥐에 기생하는 것만을 별종으로 하고 그 밖의 포유류에 기생하는 것은 모두 동일 종으로 보는 설 등 다양한 설이 있으며, 아직 정설은 없다. 지아디아 원충은 숙주 동물의 소장에 기생한다. 특히 브리더나 펫 숍 등에서 다수 사육될 때 집단 발생을 일으키는 일이 많다.

지아디아에는 영양형과 시스트(오래 견디는 내구형)의 두 가지 발육 단계가 있다. 영양형은 서양배 모양을 하고 있으며 크기가 15×8마이크로미터고, 시스트는 원형이며 크기는 12마이크로미터로, 둘 다 대단히 작다. 지아디아증인 개나 고양이는 설사하는 경우가 있는데, 영양형은 그 설사에 나타난다. 한편, 시스트는 설사하지 않을 때의 고형 변에 보인다. 영양형은 환경 변화에 약해서 단시간 만에 사멸한다. 그러므로 개나 고양이에의 감염은 시스트로 일어나는 예가 많다고 말할 수 있다. 개와 고양이는 시스트가 부착 또는 혼입된 음식물을 경구 섭취하여 감염되며, 그 시스트로부터 영양형이 출현한다. 숙주 체내에서 지아디아는 이분열로 증식한다.

증상 성장한 개나 고양이에게 지아디아가 감염되어도 눈에 띄는 증상을 거의 보이지 않지만(불현성 감염), 생후 몇 달 이내의 강아지나 새끼 고양이가 감염되면 설사를 일으켜서 수양성이나 점액성 설사를 배출한다. 설사는 통상, 감염 후 1주일 이내에 시작된다. 식욕은 별로 저하하지 않지만 체중이 감소하고 발육 불량이 된다. 이런 증상을 나타내는 강아지나 새끼 고양이는 앞에서 말했듯이 브리더나 펫 숍에서 다수 사육될 때 많이 보인다. 그러나, 이미 발육한 개나 고양이가 감염되면 무증상으로 지나는 예도 많다. 지아디아에 감염된 개의 78퍼센트는 무증상이며, 소수의 개에게만 설사가 보인다는 연구 보고도 있다.

진단 진단하려면 신선한 분변을 검사하여 그 안에서 지아디아 원충을 검출한다. 가장 간단한 검사법은 직접 도말법이라는 방법이며, 분변을 생리 식염수로 희석하여 현미경으로 관찰한다. 그러면 활발하게 운동하는 지아디아의 영양형을 관찰할 수 있다. 형태를 상세히 관찰하려면 요오드액을 한 방울 떨어뜨려서 염색한다. 이것으로 영양형에는 두 개의 핵과 네 쌍의 편모가 있다는 것을 알 수 있다. 그러나 통상적으로 도말법으로는 시스트를 검출할 수 없다. 고형 변을 재료로 하여 MGL법이라는 분변 검사 방법(침전법의 일종)을 시행하여 시스트를 모으고, 요오드 염색을 한다. 그 밖에 지아디아 항원을 이용한 ELISA법 등의 면역 진단법도 개발되어 있다.

치료 지아디아증 치료에는 메트로니다졸이라는 약을 사용한다. 단, 한 번의 투약으로 지아디아를 완전히 없앨 수는 없으며 하루 2회, 4일 정도 연속 투여해야 한다. 지아디아의 시스트는 소독제 등의 약제에 대해 저항성이 높으므로 개집 주위 등의 사육 환경을 열탕 소독하고 건조하는 등의 치료가 필요하다. 지아디아는 각종 포유동물에 기생하며 그 종도 같다고 여겨지곤 한다. 그러나 각종 동물에게 기생하는 지아디아는 동일한 종이라 해도 숙주 특이성에 차이가 있으며 개와 고양이에게 기생하는 지아디아가 사람에게 감염될 가능성은 낮은 것으로 여겨진다.

장 트리코모나스증

장 트리코모나스도 지아디아와 마찬가지로 편모충류에 속하는 원충이다. 개나 고양이에게 기생하는데, 사람에게도 감염된다. 기생 부위는 소장이다. 트리코모나스에는 영양형만 존재한다. 영향형은 서양배 모양을 하며 크기는 14×8마이크로미터다. 몸의 앞쪽 절반에 세포핵이 보인다. 몸의 전방에는 네 개의 편모(전편모)가 나 있다. 한편 몸의 후방에는, 체축을 따라 발달한 파동막으로 이루어진 한 개의 편모(후편모)가 있으며, 이 편모는 다시 뒤쪽으로 뻗어서 유리 편모를 이루고 있다. 이 원충의 생활 환경은 단순하며, 영양형만 존재하고 지아디아처럼 저항성을 가진 시스트를 만들지 않는다. 영양형이 감염원이 된다.

증상 트리코모나스 원충은 병원성을 나타내는 일은 적다고 여겨진다. 그러나 지아디아나 병원성 세균과 함께 강아지에게 감염되면 수양성 설사를 일으키기도 한다. 강아지의 장 트리코모나스증은 대부분 이런 혼합 감염에 의한 것이다.

진단 직접 도말법으로 신선한 변을 검사하여 활발하게 운동하는 서양배 모양의 원충을 검출함으로써 진단한다. 관찰 중에 원충의 운동이 둔해지면 파동막이나 편모의 운동을 뚜렷하게 인정할 수 있게 되어 트리코모나스라는 것이 명백해진다. 더욱 확실하게 진단하려면 신선한 분변을 슬라이드글라스 위에 바르고 염색(김자 염색, 티오닌 염색 등)을 하여 기생충의 형태를 상세하게 관찰한다.

치료 메트로니다졸을 5일 동안 연속적으로 경구 투여한다. 예방법으로는 트리코모나스증인 동물과의 접촉을 피한다. 단, 트리코모나스는 시스트를 만들지 않으므로 함께 키우고 있지 않은 이상, 감염의 위험성은 낮다고 말할 수 있다. 개나 고양이에게 기생하는 트리코모나스 원충은 사람과 공통된 종류다. 그러나 트리코모나스는 시스트를 만들지 않고 영양형에 의한 감염을 일으키므로 감염성은 높지 않다. 보통 개나 고양이를 통해 사람에게 감염되는 일은 잘 일어나지 않는다.

아이소스포라증

콕시듐류라 불리는 일군의 원충이 있다. 콕시듐류에는 대단히 많은 종류가 속해 있는데, 아이소스포라는 콕시듐류에 속하는 하나의 그룹이다. 아이소스포라류는 다양한 동물에게서 확인되는데, 개나 고양이에게 기생하는 것으로 몇 종류가 알려져 있다. 단, 아이소스포라류의 숙주 특이성은 대단히 엄밀하며, 개에게 기생하는 종이 고양이에게 기생하거나, 반대로 고양이에게 기생하는 종이 개에게 기생하는 일은 없다.
아이소스포라류의 원충에는 많은 종류가 있으며, 개와 고양이에게 기생하는 종도 각각 여러 종이 알려져 있다.
아이소스포라류는 개나 고양이의 소장 점막 상피 세포에 주로 기생한다. 그리고, 소장에서 무성 생식(메로고니)을 반복한 후, 다시 유성 생식(가모거니)을 하며, 최종적으로 오시스트라고 불리는 발육 단계가 된다. 오시스트는 원형 또는 달걀형을 하고 있으며, 숙주의 분변 중으로 배출되는데, 처음에는 미성숙 상태다. 그 후, 외부에서 발육하여 성숙한다. 아이소스포라류의 오시스트는 성숙하면 내부에 두 개의 스포로시스트(포자낭)를 포함하며, 각각의 스포로시스트 내부에 네 개의 스포로조이트(포자 소체)가 존재하는 것이 특징이다. 이렇게 하여 성숙한 오시스트를 개 또는 고양이가 섭식하면 감염이 성립한다. 이 성숙 오시스트를 쥐가 섭취하면 그 동물은 대기 숙주가 된다. 아이소스포라 원충은 이들 동물의 장간막 림프샘 등에 칼집에 들어간 모양(낭충 모양의 원충인 메로조이트)으로 기생하고 있다. 개나 고양이는 대기 숙주가 된 쥐 종류를 포식해도 아이소스포라에 감염되게 된다.

증상 아이소스포라증은 생후 1개월부터 몇 개월까지의 어린 개와 고양이에게 많이 발생한다. 발육한 개나 고양이에게도 감염은 일어나지만 증상을 나타내는 경우는 적다고 한다. 잠복 기간은 5~6일이며 물 같은 설사를 일으킨다. 중증 예에서는 종종 점혈 변이 관찰된다. 다른 증상으로는 가벼운 발열, 소화 불량, 기력 상실, 식욕 부진, 가시 점막의 빈혈, 쇠약, 여윔, 체중 저하 등이 인정된다. 아이소스포라증은 다른 병원체와 동시에 감염되거나 세균 등에 이차 감염되면 증상이 악화하는 일이 많다. 감염 후 3주 이상을 경과하면 증상이 경감되고 회복하지만 거기까지 상태가 악화하면 사망하는 일도 적지 않다. 증상이 없어진 후에도 장기간에 걸쳐서 감염 동물의 분변에는 오시스트가 배출되어 다른 동물의 감염원이 된다.

진단 물 같은 설사가 일어나며 아이소스포라증이 의심되면 분변 검사로 오시스트를 검출하고, 감염 유무를 조사한다. 오시스트 검사에는 직접 도말법이나 부유법(대변에서 연충의 알이나 원생동물의 포낭을 분리하는 방법) 검사를 한다.

치료 콕시듐류에는 일반적으로 설파제라는 약물을 투여하는데 개와 고양이에게 기생하는 아이소스포라 원충에 대해서는 결정적인 효과를 나타내는 약물은 적은 것으로 알려져 있다. 반복적으로 분변 검사를 하면서 투약을 계속한다. 설사나 쇠약, 여윔 등에 대해 대증적인 치료도 한다. 무엇보다 감염된 개나 고양이의 분변을 적절하게 처리하는 것이 중요하다. 숙주의 분변으로 배출된 직후의 오시스트는 미성숙 상태이며 감염력을 갖고 있지 않다. 그러므로 분변을 빨리 처리하면 기생충은 다른 동물에게 감염될 기회를 잃게 된다. 아이소스포라류는 숙주 특이성이 대단히 엄밀하므로 개나 고양이에게 기생하는 것이 사람에게 감염되는 일은 없다.

크립토스포리듐증

크립토스포리듐은 콕시듐의 한 그룹이다. 단, 다른 콕시듐과 달리, 크립토스포리듐류의 숙주 특이성은 엄밀하지 않으며, 예를 들어 소형 크립토스포리듐이라고 불리는 종류의 대부분은 모든 포유류에 기생하는 것으로 여겨진다. 이 원충은 개나 고양이에게도 기생하는데 송아지나 사람의 집단 설사증의 원인 병원체로서도 검출되어 인수 공통의 기생충으로 주목받고 있다. 크립토스포리듐도 아이소스포라와 마찬가지로 오시스트를 만든다. 그 오시스트는 다른 콕시듐류보다 대단히 작아서 지름이 4~5마이크로미터에 지나지 않는다. 즉, 적혈구보다도 작아서 내부 구조를 관찰하려면 미분 간섭 현미경이나 전자 현미경 등이 필요하다. 숙주의 분변으로 배출된 크립토스포리듐의 오시스트는 2층의 벽을 갖고 있으며, 내부에는 네 개의 스포로조이트가 이미 형성되어 있다. 다른 콕시듐과 달리 오시스트는 외부에서 발육하지 않고 이미 감염 능력을 갖추고 있는 것이 특징이다. 크립토스포리듐의 감염은 오시스트를 입으로 섭취함으로써 일어난다. 그 후의 숙주 체내에서의 발육은 아이소스포라와 같다. 단, 크립토스포리듐의 오시스트는 숙주의 분변으로 배출되기 전에 이미 감염력을 나타내므로 숙주의 장에서 자가 감염을 일으키기도 한다. 그러므로 크립토스포리듐증에서는 장기화되는 예가 많이 보인다.

증상 크립토스포리듐증은 감염된다 해도 발병하는 일은 적다고 한다. 면역 기능이 저하한 상태의 개나 고양이에게 증상이 발현한다. 면역 기능을 저하하는 기초 질환으로서, 개는 개홍역, 고양이는 고양이 백혈병이 알려져 있다. 증상은 주로 설사나 혈변 등의 소화기 장애, 어린 동물에게 특히 중증화하는 경향이 있다.

진단 분변 검사로 오시스트를 검출함으로써 진단한다. 크립토스포리듐의 오시스트는 지름 4~5마이크로미터로 대단히 작으므로 단순히 현미경으로 관찰하기만 해서는 검출할 수 없다. 자당 부유법으로 오시스트를 검출하고, 그것을 염색(메틸렌 블루 염색, 김자 염색, 요오드 염색 등)하여 확인할 필요가 있다. 최근에는 이 원충에 특이적인 항체를 이용한 형광 항체법 키트가 시판되고 있다.

치료 면역 기능이 정상인 동물은 자연스럽게 낫는 일이 많다고 알려져 있다. 면역 기능이 저하하면 그것을 개선한다. 현재로서는 크립토스포리듐을 없애는 데 유효한 약물은 거의 알려지지 않았다. 사람에게는 아지트로마이신이 유효하므로 앞으로 동물에게도 응용할 수 있을지 모른다. 예방으로는 먹이나 물을 줄 때 크립토스포리듐의 오시스트에 의한 감염을 방지하기 위해 음식과 식기의 세정을 꼼꼼하게 하는 것이 중요하다. 소형 크립토스포리듐은 개와 고양이와 사람에게 공통되는 종이라고 알려져 있다. 그러므로 개나 고양이로부터 사람에게 감염이 일어나지 않는다고는 말할 수 없다. 개나 고양이가 감염되면 분변 처리에 세심한 주의를 기울여야 한다.

톡소포자충증

톡소포자충증은 톡소플라스마 원충에 의해 일어나는 질환으로, 인수 공통 기생충증 가운데 하나다. 톡소플라스마 원충의 숙주는 광범위하며, 사람 이외에 개나 고양이, 돼지, 소, 염소, 양, 쥐, 산토끼, 닭 등에의 감염이 알려져 있다. 그러나 사실은 톡소플라스마 원충은 고양잇과 동물만을 종숙주로 하며, 그 소장에 기생한다. 그 밖의 동물은 중간 숙주 또는 대기 숙주가 된다. 톡소플라스마 원충의 종숙주가 되는 고양이가 톡소플라스마의 시스트를 경구적으로 섭취하면, 그 소장에서 시스트에서 브래디조이트(느린 분열 소체)라고 불리는 상태의 것이 나타난다. 브래디조이트는 소장 점막 상피 세포에 침입하여 쉬존트(발육 증식 시기의 세포)로 발육한다. 마침내 쉬존트는 붕괴되어 그 안에서 메로조이트(분열로 생긴 세포)를 방출한다. 메로조이트는 다른 세포에 침입하며, 이런 발육을 반복된다. 이런 증식 방법은 암수로 나뉘어 행해지는 것이 아니므로 무성 생식이라고 불린다. 이상의 생활과는 별개로 메로조이트는 암수의 생식 모체가 되기도 하며, 암컷과 수컷의 생식 모체는 융합하여 원형을 한 오시스트를 형성한다. 이 증식 방법은 유성 생식이라고 불린다. 이 단계의 오시스트는 아직 미성숙 상태이며, 이 미성숙 상태로 오시스트는 고양이의 분변으로 배출된다. 오시스트의 배출은 감염 후 3~5일째부터 시작되며 2주 정도 계속된다. 오시스트는 외부에서 발육하여 내부에 두 개의 스포로시스트를 형성하며, 각 스포로시스트에는 네 개의 스포로조이트가 포함되어 있다. 이런 성숙 오시스트를 고양이 이외의 동물이 섭취하면, 그 동물은 톡소플라스마 원충의 중간 숙주가 된다. 톡소플라스마 원충은 중간 숙주의 체내에서 발육하여 메로조이트 상태로 전신의 장기에 운반되며 그 세포 내에서 분열, 증식한다. 그러나 그 후에 숙주의 면역이 형성되면 증식은 억제되며 심장이나 근육, 뇌 등에서 시스트를 형성한다. 고양이에게 감염은 다른 고양이의 분변 중으로 배출된 성숙 오시스트를 경구적으로 섭취한 때, 그리고 쥐 종류 등의 중간 숙주를 포식하여 그것에 기생하는 시스트를 경구 섭취한 때에 일어난다.

증상 종숙주가 된 고양이는 소장에 톡소플라스마 원충이 기생하며, 그것으로 설사 등의 소화기 증상이 나타난다. 그러나 실제로는 이렇게 설사하는 고양이가 적으며, 그 설사도 대부분은 자연히 낫는다. 따라서 대부분 톡소플라스마 감염을 알아차리지 못하고 끝나게 된다. 한편 고양이의 체내에서도 시스트가 형성되므로 그것 때문에 일어나는 증상도 있다. 단, 면역 기능이 정상인 고양이는, 특히 발육 후의 고양이라면 톡소플라스마 원충에 감염되어도 발병하지 않고 무증상으로 지나는 일이 많다고 한다. 그런데 어떤 병이나 스트레스 등으로 면역 능력이 저하하면 어린 고양이에게는 식욕 부진이나 발열, 설사, 빈혈, 구토, 중추 신경 장애, 호흡 곤란 등의 증상이 나타나는 경우가 있다. 이런 증상은 급성이며, 결국은 만성적이 되기도 한다. 한편, 개는 완전히 중간 숙주가 되므로 다양한 전신 증상이 급성 또는 만성으로 나타난다.

진단 종숙주가 된 고양이는 분변 검사로 오시스트를 검출함으로써 진단한다. 그러나, 개나 고양이라도 오시스트를 배출하지 않으면 증상은 다양하며, 그 증상으로 톡소포자충증을 예측하기는 대단히 곤란하다. 단, 눈 톡소포자충증이라고 불리는 것은 망막 병변을 특징적으로 나타내므로 안저 검사에 의해 진단할 수 있다. 톡소포자충증의 확진은 혈청 중의 항체값 측정(색소 시험, 혈구 응집 시험, 라텍스 응집 시험, ELISA법)이나 톡소플라스마 원충을 검출함으로써 한다.

치료 종숙주인 고양이에 대해서는 소장에 기생하는 톡소플라스마 원충을 없애기 위해 설파제 등을 투여한다. 그러나, 전신 톡소포자충증의 치료는 곤란하다. 설파다이아진이나 설파모노메톡신, 피리메타민, 클린다마이신 등의 투여를 시도한다. 각각의 증상에 대한 대증 요법도 시행한다. 톡소플라스마 원충에 감염되었을 가능성이 있는 고양이의 분변은 오시스트가 감염성을 갖게 되기 전, 즉 24시간 이내에 적절히 처리한다. 이상적으로는 소각하는 것이 가장 확실하다. 중간 숙주로부터의 감염을 예방하기 위해 밖에서 쥐 따위를 잡아먹지 않도록 한다. 동물의 고기로부터의 감염을 막기 위해 개나 고양이에게 날고기를 주지 않는다. 톡소플라스마는 인수 공통 기생충이다. 사람에게 감염되는 경로 가운데 하나는 고양이의 분변에 존재하는 오시스트의 경구 섭취다. 톡소플라스마의 오시스트는 분변 중으로 배출되며 24시간은 감염력을 갖지 않는다. 그사이에 분변을 처리하면 사람에게 감염되는 것을 예방할 수 있다.

발란티듐병

섬모충의 일종인 대장 발란티듐을 원인으로 한다. 대장 발란티듐은 돼지에게 많이 인정되지만 개나 원숭이, 그 밖의 많은 포유류에서 검출되며 사람에게 기생하기도 한다. 기생 부위는 대장이다. 대장 발란티듐에는 영양형과 시스트의 두 가지 발육 단계가 있다. 원충치고는 대단히 커서 영양형은 크기가 150마이크로미터에 이른다. 영양형은 달걀 모양으로 체표는 섬모로 덮여 있으며 이 섬모를 이용하여 숙주의 장내에서 활발하게 운동하고 있다. 몸의 앞쪽 끝에는 구기[69]가 있고 육질이라고 불리는 부분에는 대핵과 소핵이 있다. 횡이분열[70]이라는 방법으로 증식하며, 유성 생식의 일종인 접합을 한다. 한편, 시스트는 크기가 60마이크로미터로 구형이나 원형이다. 몸은 얇은 벽으로 감싸여

69 무척추동물, 특히 절지동물의 입 부분을 구성하여 섭식이나 저작에 관계하는 기관을 통틀어 이르는 말.
70 세균이나 짚신벌레처럼 세포가 분열할 때 가로로 갈라져 두 개의 개체를 형성하는 일.

있으며, 섬모는 인정되지 않는다. 대장 발란티듐은 이것에 감염된 동물의 분변으로 배출된 시스트, 드물게는 영양형을 섭취함으로써 개에게 감염된다. 시스트에 오염된 음식이나 물을 섭취해도 감염된다.

증상 대장 발란티듐은 보통은 숙주에 대해 해가 없지만, 드물게 대장 점막 내에 침입하여 대장염을 일으켜서 복통을 일으키거나 피가 섞인 설사를 하기도 한다.

진단 분변 검사를 하여 영양형이나 시스트를 검출함으로써 진단한다. 일반적으로 영양형은 설사에 나타나며 이것을 검출하려면 직접 도말법이라는 분변 검사를 한다. 시스트는 고형 변에 나타나며 이것을 검출하려면 부유법이라는 분변 검사를 한다. 진단을 확실하게 하려면 영양형과 시스트의 형태를 상세히 관찰할 필요가 있는데, 그러기 위해서는 도말 표본에 요오드액을 첨가하거나 도말 염색 표본(하이덴하인 철 염색)을 제작한다.

치료 개의 발란티듐병에 대해서는 메트로니다졸을 5일 동안 연속 투여하는 것이 유효하다. 대장 발란티듐은 특히 돼지에게 높은 비율로 감염되고 있으므로 개에게 감염되는 것을 예방하려면 개가 돼지의 분변을 접촉하지 않게 해야 한다. 대장 발란티듐은 사람에게도 기생하는 경우가 있다. 만일에 대비하여 발란티듐병인 개의 분변은 적절하게 처리해야 한다. 일반 가정에서는 문제가 없겠지만, 돼지의 분변을 접촉하지 않도록 주의한다.

항아리형 흡충증

항아리형 흡충은 고양이나 개를 종숙주로 하며, 그것들의 소장에 기생한다. 단, 개는 항아리형 흡충이 선호하는 숙주는 아니며, 고양이보다 개에 기생하는 예는 대단히 적다고 한다. 항아리형 흡충은 유럽, 아프리카, 아시아에 널리 분포하고 있다. 이 흡충의 감염원이 개구리나 뱀이므로 이들 동물이 서식하는 교외 지역이나 무논 지대에서의 발생이 많고 도시에서는 거의 인정되지 않는다. 마찬가지로 개구리나 뱀을 감염원으로 하는 만손열두조충이 동시에 기생하는 예도 많다. 항아리형 흡충은 몸길이가 1~3밀리미터인 작은 흡충이다. 얼핏 보면 깨알처럼 보이지만, 잘 보면 항아리 같은 모양을 하고 있다. 몸은 전후 두 개의 부분으로 나뉘며, 몸의 전반 부분에는 특수한 모양을 한 부착 기관이 발달하여 그것으로 종숙주의 소장에 흡착한다. 알은 긴지름 100~130마이크로미터, 짧은지름 70~90마이크로미터 정도이며, 기생충의 알치고는 큰 편이다. 황갈색을 띠며 현미경으로 관찰하면 그물눈 같은 얼기설기한 문양이 관찰된다. 숙주 동물의 분변 중으로 배출되었을 때 항아리형 흡충란의 내용물은 세포 덩어리를 이루고 있다. 제1중간 숙주는 또아리물달팽이라는 둥근 접시 모양의 민물조개로, 제2중간 숙주는 개구리류 등이다. 뱀류는 제2중간 숙주가 되지만 대기 숙주도 된다. 고양이나 개는 이런 개구리류나 뱀류를 포식함으로써 항아리형 흡충이 기생하게 된다.

증상 항아리형 흡충증의 주된 증상은 설사다. 설사가 오랫동안 계속되면 그것과 동반하여 여위거나 탈수 증상을 일으키기도 한다.

진단 분변에서 이 기생충의 알을 검출함으로써 진단한다. 기생충 알은 현미경으로만 보이므로 동물병원에서 분변 검사를 받는다.

치료 치료는 기생충을 없애는 것이 첫 번째다. 기생충을 없애면 설사 등은 자연히 낫는다. 단, 중증 예에서는 지사제 등을 투여하기도 한다. 항아리형 흡충을 없애려면 프라지콴텔이라는 약물을 사용하며, 1회의 투약으로 완전히 없앨 수 있다. 예방은 고양이나 개가 개구리나 뱀을 포식하지 않도록 하는 것이다. 단, 사육 형태에 따라서는,

특히 고양이는 이것이 어려울 수도 있다. 그런 때는 정기적으로 분변 검사를 받기를 권한다. 항아리형 흡충의 인체 기생 예는 알려지지 않았다. 그러나 사람이 고양이와 마찬가지로 개구리나 뱀을 날로 먹으면 대기 숙주가 될 가능성은 있을 것으로 본다. 그러나 고양이나 개를 통해서 사람에게 감염되는 일은 생각할 수 없다.

요코가와 흡충증

요코가와 흡충은 개나 고양이, 그리고 사람 등 각종 포유류를 종숙주로 하며, 심지어 어떤 종류의 새에게도 기생이 인정되고 있다. 기생 부위는 소장이다. 요코가와 흡충은 예전에는 아시아에서 널리 확인되었지만 현재는 발생이 대단히 적어졌다. 요코가와 흡충은 체장 1~2밀리미터로 소형이며 납작한 형태를 한 흡충이다. 알은 긴지름 25~35마이크로미터, 짧은지름 15~20마이크로미터로 역시 작으며, 내부에는 유충이 형성되어 있다. 제1중간 숙주는 민물에 사는 다슬기, 제2중간 숙주는 은어 등의 민물고기다. 종숙주는 제2중간 숙주가 되는 어류를 생식함으로써 감염된다.

증상 요코가와 흡충증의 증상으로는 설사를 일으키는 경우가 있지만 기생충의 수가 적으면 무증상으로 지내는 일이 많다.

진단 분변에서 이 기생충의 알을 검출함으로써 진단한다.

치료 치료하려면 프라지콴텔 등의 구충제를 사용한다. 예방하려면 개와 고양이의 식사로 제2중간 숙주인 은어를 날로 먹이지 않는다. 가열하면 기생충은 사멸하므로 먹여도 문제는 없다. 요코가와 흡충은 사람에게도 기생하는데, 은어를 먹어서 감염되는 것이며 개나 고양이를 통해서는 감염되지 않는다.

간흡충증(간디스토마증)

간흡충은 개나 고양이, 사람 등 각종 포유류를 종숙주로 삼아 그것의 간(담관)에 기생하는 흡충이다. 간흡충은 아시아에서 많이 발생하는 질병이다. 간흡충은 몸길이 10~25밀리미터 정도의 크기이며, 납작한 형태를 하고 있다. 기생충 알은 긴지름 25~35마이크로미터, 짧은지름 15~20마이크로미터로, 요코가와 흡충의 알과 비슷하지만 일부에 돌출 부분이 있는 것으로 구별할 수 있다. 제1중간 숙주는 민물 고둥인 우렁이, 제2중간 숙주는 참붕어 등 잉엇과 어류 및 그 밖의 여러 종의 민물고기다. 제2중간 숙주인 어류를 날로 먹음으로써 종숙주에 감염이 일어난다.

증상 증상은 주로 간염이며 중증에서는 황달이 보인다.

진단 분변 검사를 하여 기생충 알을 검출함으로써 진단한다.

치료 치료하려면 프라지콴텔 등을 사용한다. 예방하려면 제2중간 숙주가 될 가능성이 있는 민물고기를 날로 주지 않도록 한다. 가열하면 문제가 없는 점은 요코가와 흡충과 같다. 간흡충은 인체 기생충으로도 중요한데, 민물고기를 날로 먹음으로써 감염되므로 개나 고양이를 통해서는 사람에게 감염되지 않는다.

만손열두조충증

만손열두조충은 고양이나 개 등을 종숙주로 삼는다. 특히 고양이에게 기생하는 예가 많으며, 개는 비교적 적다. 기생 부위는 소장이다. 만손열두조충과 그것에 가까운 조충은 세계적으로 널리 분포하며 아시아에서도 각지에 분포하고 있다. 항아리형 흡충과 마찬가지로 만손열두조충도 개구리나 뱀을 통해 종숙주에 감염하므로 논 지대나 교외 지역에서 인정된다. 항아리형 흡충이 높은 비율로 분포하고 있는 지역에서는 이 흡충과 함께 종숙주에 기생하는 경우가 종종 있다. 만손열두조충은 긴 것은 몸길이 1미터 이상이나 되는 대형 조충이다. 몇 개의 편절이 한 줄로 이어진 구조이며, 각각의 편절에 암수의 생식기가 있어서 각각 산란한다. 기생충 알은 긴지름 50~70마이크로미터, 짧은지름 30~45마이크로미터 정도이며, 갈색이나 황갈색을 띠고 좌우 대칭이 아니라 럭비공 같은 모양을 한 것이 특징이다. 숙주인 동물의 분변으로 배출되었을 때의 충란의 내용물은 다세포다. 제1중간 숙주는 검물벼룩이며 제2중간 숙주는 개구리류 등 많은 동물이 알려져 있다. 이런 제2중간 숙주를 뱀 등이 포식하면 그것에 기생하던 만손열두조충 유충이 뱀에게 감염하는데 성충으로는 발육하지 않고 유충인 채로 있다. 이런 뱀류 등을 대기 숙주라고 한다. 그리고 제2중간 숙주인 개구리류나 대기 숙주인 뱀류 등을 고양이나 개가 포식하면 그 소장에서 성충이 된다.

증상 만손열두조충증의 주된 증상은 설사로 무증상인 예도 많다.

진단 분변 검사를 하여 기생충 알을 검출함으로써 진단한다.

치료 치료하려면 먼저 구충하고 설사에 대해서는 지사제를 투여한다. 대개는 지사제를 투여하지 않아도 기생충을 없애면 설사는 바로 낫는다. 만손열두조충에 대해서는 프라지콴텔이 효과적이다. 항아리형 흡충도 함께 기생하는 예가 있다고 해도 프라지콴텔은 항아리형 흡충에게도 유효하므로 두 종류의 기생충을 동시에 없앨 수 있다. 예방은 고양이나 개가 개구리나 뱀을 먹지 못하게 하는 것이다. 그러나 농촌에서 키워져 밖으로 나가는 일이 많은 고양이는 예방하기 힘들 때도 있다. 이런 고양이는 정기적으로 분변 검사를 받으면 좋다. 만손열두조충은 사람에게도 감염되는데 대부분 제2중간 숙주 또는 대기 숙주가 된 개구리류나 뱀류를 날로 먹음으로써 일어난다. 사람은 보통 만손열두조충의 대기 숙주가 된다. 즉, 개구리나 뱀에 기생하는 것과 같은 단계의 유충이 사람에게 기생하는 것이다. 이 유충은 주로 피부밑이나 근육 사이에 기생한다. 극히 드물게 성충이 사람의 소장에 기생하기도 한다. 어떤 경우든, 사람에의 주된 감염원은 개구리나 뱀 등의 제2중간 숙주나 대기 숙주다. 제1중간 숙주가 되어 있는 검물벼룩을 함유한 물을 마신 경우에도 감염은 일어날 수 있다. 그러나 고양이나 개의 분변으로 배출된 기생충 알을 통해 사람에게 감염되는 일은 없다.

고양이 조충증

고양이 조충은 고양이를 주된 종숙주로 하며 개에게 기생하는 예는 대단히 드물다. 고양이 조충은 세계 각지에서 발생한다. 예전에는 고양이에게 많이 확인되었지만 차츰 발생이 감소하여 최근에는 감염이 적어졌다. 그 이유는 고양이가 쥐를 잡지 않게 되었기 때문이라고 생각된다. 고양이 조충은 몸길이 50센티미터 이상에 이르는 비교적 대형 조충이다. 몸은 흰색 또는 황백색을 띤다. 조충이므로 편절이 한 줄로 이어진 구조를 하고 있으며, 각 편절에 암수의 생식기가 있는데 산란공이 없다. 그러므로 각각의 편절이 산란하지 않고 몸의 말단 편절이 하나씩 찢어져서 숙주의 분변으로 나간다. 고양이 조충은 쥐 종류를 중간 숙주로 삼고 있다.

증상 고양이 조충증의 증상으로는 설사가 일어나지만 무증상인 경우도 있다.

진단 분변으로 배출되는 하얀 편절을 관찰함으로써 진단한다. 이 편절은 흰색 또는 황백색이며, 길이는 5밀리미터 정도로 크고, 분변의 표면을 움직이고 있는 경우가 있으므로 가정에서도 쉽게 알아볼 수 있다.

치료 구충에는 프라지콴텔을 투여한다. 예방은 고양이에게 쥐를 먹지 못하게 하는 것인데, 고양이의 습성에 따라서는 어려울 수도 있다. 과거에는 사람이 고양이 조충의 종숙주가 되어 성충이 기생하거나 중간 숙주가 되어 유충이 기생한 예가 알려져 있다. 성충 기생의 예에서는 어떤 사정으로 쥐(또는 그 몸의 일부)를 먹었을 것으로 의심된다. 한편, 유충의 기생 예는 고양이의 분변으로 나온 편절이나 그것이 부서져서 출현한 기생충 알을 경구적으로 섭취한 것으로 생각된다. 고양이 조충이 기생하는 동물의 분변 처리에는 주의가 필요하다.

에키노코쿠스증

에키노코쿠스(포충)류로는 단포 조충과 다포 조충의 두 종이 알려져 있다. 이 두 종의 조충은 개와 고양이나 늑대, 여우 등을 종숙주로 삼는다. 특히 일본의 홋카이도에서는 북극여우가 다포 조충의 종숙주로서 커다란 문제가 되고 있다. 종숙주에서 이들 조충의 기생 부위는 소장이다. 단포 조충, 다포 조충 모두 세계적으로 널리 분포한다. 특히 전자는 비교적 온난한 지역에서, 후자는 한랭한 지역에서 자주 발생하는 경향이 있다. 일본에서 단포 조충은 그 유충의 검출 예는 있지만 현재로서는 성충의 기생 예는 보이지 않는다. 그러나 다포 조충은 홋카이도에 분포하며 북극여우나 개에게서 성충이 검출되고 쥐류에서 유충이 검출되고 있다. 단포 조충과 다포 조충은 소형 조충으로, 편절은 몇 개뿐이며 체장은 단포 조충이 3~6밀리미터, 다포 조충이 1~4밀리미터에 지나지 않는다. 기생충 알은 둘 다 거의 구형이며 지름은 30~40마이크로미터다. 단포 조충과 다포 조충의 중간 숙주는 1단계뿐이다. 단포 조충은 많은 포유류가 중간 숙주가 되는 것이 알려져 있다. 특히 해외에서는 양 같은 가축이 중간 숙주가 되며, 양치기개가 종숙주가 된 예도 많이 보인다. 한편, 다포 조충의 중간 숙주는 주로 쥐류이다. 사람은 이들 두 종의 조충의 중간 숙주가 된다. 종숙주에 감염은 중간 숙주, 또는 그것의 고기를 먹음으로써 일어난다.

증상 감염되더라도 설사 정도의 증상만 보인다.

진단 개나 고양이에게 성충 기생의 진단은 분변에서 편절이나 기생충 알을 검출함으로써 한다. 그러나 알의 형태만으로 확진은 곤란하다.

치료 구충은 프라지콴텔으로 쉽게 할 수 있다. 예방은 중간 숙주가 되는 동물을 포식하지 못하게 하는 것이다. 다포 조충의 중간 숙주는 쥐류이므로 사육 방법에 따라서는 예방하기 힘든 경우도 있으며, 유행지에서는 충분한 주의가 필요하다. 사람은 단포 조충과 다포 조충의 중간 숙주가 되며, 전신에 유충이 기생하여 사망한다. 사람에의 이들 조충 감염은 종숙주인 동물의 분변에 출현한 편절이나 기생충 알을 우발적으로 경구 섭취함으로써 일어난다. 감염 동물의 분변 처리에는 엄중한 관리가 필요하며, 야외에서 함부로 시냇물 등을 마시는 일은 피해야 한다.

개조충증

개조충은 개뿐만 아니라 고양이나 페럿 등도 종숙주로서 그들의 소장에 기생하고 있다. 세계적으로 발생이 보이며 아시아에서도 가장 흔하게 인정되는 개와 고양이의 조충이라고 말할 수 있다. 요즘은 개나 고양이의 기생충증은 감소하는 경향이 있지만 개조충은 벼룩이 감염원이므로 벼룩이 만연함에 따라 도시에서도 여전히 높은 빈도로 발생이 인정되고 있다. 개조충은 큰 것은 체장 50센티미터 이상, 편절의 개수는 100개 이상이다. 몸은 흰색 또는 황백색이며 두부에는 네 개의 흡반이 있고 이것으로 소장에 부착해 있다. 각 편절에는 암수 쌍방의 생식 기관이 한

쌍씩 존재하며, 각각의 편절이 알을 생산한다. 단, 산란공은 없고 몸의 말단의 편절이 차례대로 찢어져 나가 숙주의 분변 중 배출된다. 그리고 배출된 편절은 부서져서 그 안에서 난낭이라는 알을 감싸고 있는 덩어리가 나타나고, 다시 난낭이 부서져서 기생충 알이 출현한다. 알은 거의 구형이며 지름 30~50마이크로미터, 내부에는 유충이 형성되어 있다. 이 알을 개벼룩이나 고양이벼룩, 사람벼룩, 개털니가 섭취하면 개조충은 벼룩이나 이의 체내에서 유충이 된다. 즉, 벼룩이나 이가 중간 숙주인 셈이다. 개나 고양이가 적극적으로 벼룩을 먹는 일은 없지만 그루밍할 때 등에 우발적으로 벼룩을 먹는 일이 있다. 이리하여 개조충은 종숙주에게 감염하고 그것의 소장에서 성충이 된다.
증상 개조충이 기생하는 개나 고양이는 무증상인 예도 많지만 때로 설사를 발병한다. 특히 어린 나이의 동물에게서는 다수의 개조충이 기생하기도 하며 이런 예에서는 심한 설사를 일으킨다. 설사가 계속되면 그것과 동반하여 여위거나 영양 불량, 더욱 중증인 예에서는 탈수가 인정된다.
진단 분변으로 배출된 편절을 확인함으로써 진단한다. 개조충의 편절은 분변 표면에 하얀 깨알 모양으로 인정되는데 수분을 흡수하면 팽창하여 몇 밀리미터가 되기도 한다. 이런 흰 알갱이가 분변에서 확인되었을 때는 그것을 채취하여 물에 넣어 보존하여 동물병원에 가져가면 좋다. 가능하다면 냉장 보존한다. 동물병원에서는 편절의 형태나 그 내부의 난낭과 기생충 알의 형태를 관찰하여 확진한다. 그 밖에 동물병원에서는 사람의 요충 검사와 마찬가지로 항문 주위에 셀로판테이프 등을 붙여서 난낭이나 기생충 알의 검출을 시도하기도 한다.
치료 치료는 개조충을 없애는 것이 첫 번째다. 구충제로는 프라지콴텔을 사용한다. 설사하고 있더라도 조충이 없어지면 자연히 낫지만 중증 예에서는 지사제를 투여하거나 영양 불량이나 탈수에 대한 치료를 적절하게 시행한다. 종숙주인 개와 고양이나 페럿에 대한 개조충의 감염원은 벼룩이나 개털니다. 그러므로 개조충 감염을 예방하려면 이들 외부 기생충이 기생하지 않도록 하는 것이 중요하다. 개조충은 사람에게도 감염되며 소장에 성충이 기생한다. 즉, 사람은 개조충의 종숙주가 되는 것이다. 사람에 대한 감염도 개나 고양이의 경우와 마찬가지로 벼룩 등을 경구 섭취함으로써 일어난다. 실수로라도 이런 곤충을 섭취하지 않도록 해야 한다.

분선충증

개와 고양이에게 기생하는 분선충류(포유류의 창자에 기생하는 소형 또는 중형의 선충류)로 분선충과 고양이 분선충의 두 종이 있다. 분선충은 개나 고양이, 원숭이, 사람 등을 숙주로 삼는데, 개에게 발생이 많이 확인되며 고양이의 기생 예는 거의 알려지지 않았다. 특히 이 기생충은 수입된 개나 브리더가 사육하는 개에게 많이 생긴다. 한편, 고양이 분선충은 기생충 이름에는 고양이라고 붙어 있지만 종숙주는 고양이만이 아니다. 고양이 분선충은 실제로는 너구리 등 야생의 식육목 동물의 기생충으로 여겨지며, 이런 너구리 등과 간접적으로라도 접촉할 기회가 있는 개나 고양이에게 많이 확인된다. 즉, 교외 지역에서 키워지는 개나 고양이에게 보이는 기생충이라고 말할 수 있다. 분선충과 고양이 분선충 모두 기생 부위는 소장이다. 개나 고양이에게 기생하는 분선충의 암컷 성충은 체장 약 2밀리미터, 체폭 약 0.04밀리미터, 고양이 분선충의 암컷 성충은 체장 약 3밀리미터, 체폭 약 0.04밀리미터로 모두 대단히 작아서 맨눈으로는 거의 볼 수 없다. 분선충류는 특수한 생활을 영위하는 기생충으로, 숙주의 체내에는 암컷 성충만 기생한다. 그리고,

암컷만으로 알(고양이 분선충) 또는 유충(분선충)을 낳는다. 이 충란이나 유충은 분변과 함께 체외로 배출되며, 외부에서 발육하여 암수의 성충이 되며, 세대를 반복한다. 이런 가운데 다양한 조건에 따라 개나 고양이에게 감염되는 능력을 갖춘 유충이 출현한다. 이 유충은 개나 고양이에게 경구적으로 감염하는 이외에 피부를 뚫고 경피적으로도 감염한다.

증상 분선충증은 무증상으로 지나가기도 하지만, 설사를 발병하는 예도 많이 인정된다. 특히 분선충이 기생하는 강아지에게는 설사나 여윔, 발육 불량이 종종 관찰된다.

진단 분변에서 기생충 알이나 유충을 검출함으로써 진단한다. 단, 이들 알이나 유충은 뒤에서 언급할 구충과 감별하기는 힘들며, 확실하게 진단하려면 분변을 배양하여 외부에서 생활하는 성충이나 감염력을 가진 유충을 얻어야 한다.

치료 분선충류를 없애기는 쉽지 않다. 이버멕틴 등의 구충제가 유효하지만, 한 번만 투약해서는 완전히 없앨 수 없는 예도 있다. 그러므로 분선충류에 감염된 동물은 구충 후에도 한동안은 종종 분변 검사를 받아야 한다. 분선충은 브리더의 사육장 등에서 많이 발생한다. 수입된 개에 기생하는 예도 많다고 하므로 개를 수입할 때는 건강 진단을 철저히 하여 건강 상태가 확인되기까지는 다른 개와 함께 지내지 않도록 한다. 고양이 분선충은 원래는 너구리 등의 야생 동물의 기생충이다. 교외 지역에서 개나 고양이를 키울 때는 되도록 너구리의 분변과 접촉하는 일이 없도록 주의한다. 그러나 이것은 반드시 쉽지는 않으므로 고양이 분선충이 유행하는 지역에서는 정기적인 분변 검사를 받기를 권한다. 분선충은 사람에게도 감염되는데 사람에게 기생하는 분선충과 개에게 기생하는 분선충은 숙주 특이성이 다소 다르며, 개에게 기생하는 분선충은 사람에게는 잘 감염되지 않는다고 한다. 그렇다고 해도 가능성이 없는 것은 아니므로, 감염된 개에 대해서는 주의가 필요하다. 분변 속에 막 출현한 분선충의 유충은 감염력을 갖고 있지 않으므로 이 단계에서 분변을 처리하면 사람에게 감염되는 일은 없다. 고양이 분선충의 사람에 대한 감염은 알려지지 않았다.

구충증

개와 고양이에게 기생하는 구충류에는 여러 종이 알려져 있는데, 개구충과 고양이구충의 두 종이 중요하다. 이들은 각각 개와 고양이의 소장에 기생한다. 구충류는 예전에는 개와 고양이에게 높은 비율로 기생하고 있었지만 최근에는 많이 감소했다. 단, 브리더의 사육장 등에서는 집단 발생이 인정되기도 한다. 개구충과 고양이구충 모두 체장은 암컷 성충이 15~20밀리미터, 수컷 성충이 8~12밀리미터 정도이다. 몸은 흰색을 띠지만 피를 빨면 불그스름하게 보이기도 한다. 암컷 성충이 산란하고, 그 알은 숙주인 개나 고양이의 분변으로 배출된다. 이 기생충 알은 긴지름 55~70마이크로미터, 짧은지름 35~45마이크로미터 정도의 크기다. 그리고 외부에서 알이 부화하여 유충이 출현하고, 다시 이것이 발육하여 감염력을 갖게 된다. 이 감염 유충이 개나 고양이에게 경구적으로, 또는 피부를 뚫고 경피적으로 감염한다.

증상 구충증에서는 설사를 발병하고 탈수가 일어나기도 한다. 구충류는 피를 빨기 때문에 대단히 많은 구충이 기생할 때는 빈혈을 일으킨다.

진단 분변에서 기생충 알을 검출함으로써 진단한다. 단, 알은 고온에서는 단시간에 부화하여 유충이 출현한다. 유충이 되면 다른 선충류와 감별하기가 어려워지므로 되도록 신선한 분변을 재료로 하여 분변 검사를 할 필요가 있다. 어쩔 수 없이 분변을 보존해야 할 때는 냉장해 두는 것이 좋다.

치료 파모산 피란텔이나 밀베마이신 옥심이라는 구충제를 투여함으로써 없앨 수 있다. 구충류도 브리더의 사육장 등에서 다발하는 경향이 있다. 다수의 개를 사육할 때는 분변을 빨리 처리하여 기생충의 만연을 방지할 것을 명심한다. 개구충이나 고양이구충의 감염 유충은 사람의 피부도 뚫고 감염하는 예가 있다. 사람의 체내에서는 이들 구충류가 성충으로까지 발육하지는 않으며, 감염되어도 얼마 뒤에는 사멸하지만, 뚫린 피부와 그 주변을 유충이 이행하여 피부염을 일으키기도 한다. 분변으로 배출된 직후의 구충류의 알에는 감염력이 없으므로 이들이 기생하는 개나 고양이의 분변을 빨리 처리하면 사람에게 감염되는 것을 예방할 수 있다.

회충증

개와 고양이에게 기생하는 회충류에는 개회충과 고양이회충, 그리고 개소회충의 세 종이 있다. 개회충은 개를, 고양이회충은 고양이를 주요 종숙주로 삼는다. 개소회충은 사자회충이라고도 부르며, 개와 고양이, 그리고 그 밖의 각종 식육목 동물을 종숙주로 삼고 있다. 최근에는 페럿에게도 고양이회충과 개소회충의 기생이 인정되고 있다. 이들 회충류의 성충은 종숙주의 소장에 기생한다. 개회충과 고양이회충은 세계적으로 널리 분포하며 일본에서도 높은 비율로 발생이 보인다. 개와 고양이에게 가장 일반적인 기생충이라고 해도 좋다. 한편 개소회충은 세계적으로 분포하기는 하지만, 발생 빈도가 높은 지역과 낮은 지역이 있으며, 한국은 발생 빈도가 낮은 지역이라고 할 수 있다. 국내에서의 개소회충의 기생 예는 많지 않지만, 수입된 개나 고양이, 또는 브리더가 사육하는 개와 고양이에게 높은 비율로 발생하기도 한다. 동물원에서 사육되는 사자나 호랑이에게도 종종 개소회충의 기생이 인정된다.

개회충, 고양이회충, 개소회충은 흰색 또는 황백색의 실 같은 모양의 기생충이다. 선충류는 자웅 이체며, 일반적으로 수컷보다 암컷이 대형이다. 개회충의 암컷 성충은 5~20센티미터, 수컷 성충은 4~10센티미터, 고양이회충의 암컷 성충은 4~12센티미터, 수컷 성충은 3~7센티미터, 개소회충의 암컷 성충은 10센티미터, 수컷 성충은 7센티미터 정도의 체장이다. 기생충 알은 거의 구형이며, 지름은 개회충 알이 65~80마이크로미터, 고양이회충 알이 60~75마이크로미터, 개소회충 알이 60~80마이크로미터의 크기다. 숙주인 동물의 분변으로 배출되었을 때 알의 내용물은 단세포며, 그 후 외계에서 발육하여 내부에 유충이 형성된다. 종숙주가 되는 동물은 이런 유충형 성란을 경구적으로 섭취함으로써 감염된다. 알을 쥐 따위가 섭취하면 이들 회충류는 그것의 체내에서 유충인 채로 머문다. 즉, 쥐는 대기 숙주가 되는 것이다. 개나 고양이 등은 대기 숙주를 포식해도 회충류에 감염된다. 개회충과 고양이회충은 종숙주에 감염해도 모두가 성충이 되어 소장에 기생하지는 않는다. 일부는 유충인 채로 개나 고양이의 전신 조직에 머문다. 그리고 개나 고양이가 암컷이면 개회충은 임신 때 태반을 통과하여 태아에게 감염한다. 개회충과 고양이회충은 둘 다 분만 후에 모유 속에 유충이 출현하며, 모유를 통해 강아지나 새끼 고양이에게 감염한다. 이런 감염 방법을 태반 감염이나 모유 감염이라고 한다. 그러므로 개회충과 고양이회충은 태어날 때, 또는 태어난 직후부터 기생충에 감염된 예가 많다고 말할 수 있다.

증상 회충증의 증상은 주로 설사다. 발육한 후의 개나 고양이에게서는 심한 설사를 일으키는 일은 별로 없으며, 무증상으로 지내는 예도 많지만, 강아지나 새끼 고양이의 경우는 중증이 되기도

개회충의 일생

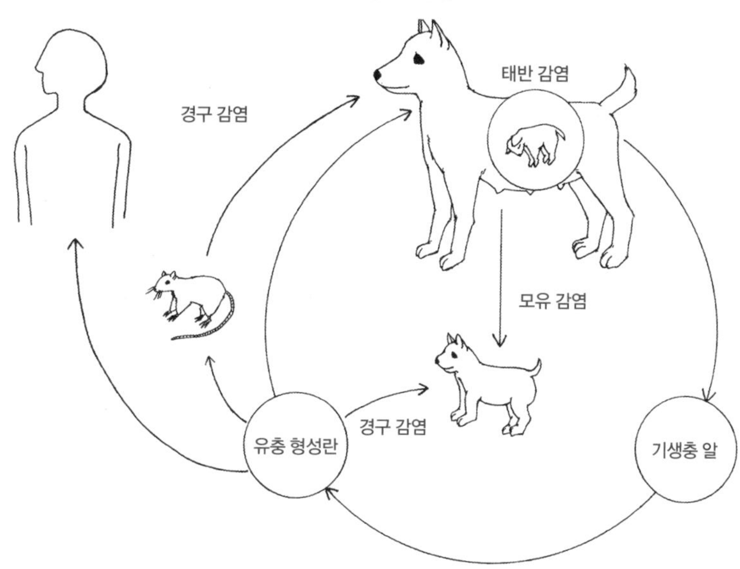

개회충의 성충은 개의 소장에 기생한다. 거기에서 낳은 회충 알은 개가 배변할 때 나타난 후, 외부에서 발육하여 내부에 유충을 형성한다. 이 유충 형성란을 입으로 섭취함으로써 개는 개회충에 감염된다. 개회충은 그 밖에 어미의 체내에서 태아에게 감염(태반 감염)되거나, 젖을 통해 어미에게서 새끼로 감염(모유 감염)된다. 개회충의 유충 형성란을 섭취하면 사람도 이 회충에 감염되기도 한다.

한다. 특히 어린 짐승에게 대단히 많은 회충류가 기생하면 소장이 막혀서 생명의 위기에 이르기도 한다. 설사를 동반한 탈수나 여윔, 발육 불량 등도 인정된다.

진단 분변 검사를 하여 기생충 알을 검출함으로써 진단한다. 회충류는 종종 개나 고양이의 분변 중에서 성충이 자연스럽게 배출된다. 특히 개회충과 고양이회충은 동물이 발육함에 따라 소장에 기생하고 있던 성충이 자연스럽게 배출되는 경향이 있다. 분변에 길이 4~20센티미터 정도의 실 같은 것이 배출되면 아마도 회충의 일종이다. 이때, 회충이 배출되었다고 안심해서는 안 된다. 체내에는 아직 성충이 남아 있을 것으로 생각해야만 한다. 배출된 회충을 채취하여 분변과 함께 동물병원을 찾아 검사받도록 한다.

치료 회충류를 없애려면 파모산 피란텔이나 페반텔, 밀베마이신 옥심, 셀라멕틴 등의 약물을 이용한다. 회충을 없애는 약으로는 이들 이외에도 여러 종류의 약이 판매되고 있는데, 안전성 등을 고려하여 동물병원에서 처방받는 것이 좋다. 설사할 때는 지사제 등을 투여하고 필요에 따라 영양제도 투여한다. 회충류는 직접 발육하므로 감염 동물의 분변을 곧바로 처리하는 것이 중요하다. 분변 중에 출현한 회충 알은 한동안은 감염 능력을 나타내지 않으며, 내부에 유충이 형성된 후에 감염이 가능해진다. 그러므로 그 전에 분변을 처리한다. 대기 숙주로부터의 감염을 막으려면 쥐 등을 포식하지 않도록 주의한다. 그리고, 태반 감염과 모유 감염에 관해서는 곧바로 예방하는 것은 불가능하다. 이에 대해서는 어미 개나 어미 고양이의 회충을 잘 없앰으로써 몇 세대에 걸쳐 청정하게 해가는 것 이외에 예방법은 없다.
개회충과 고양이회충은 사람에게도 감염된다. 사람에 대한 감염원은 유충 형성란이다. 감염되면 이들 회충의 유충이 사람의 전신에 기생한다. 증상은 다양하지만 폐렴 또는 눈에 증상이 나타나는 일이 많다. 개회충과 고양이회충이 사람에게 감염되는 것을 예방하려면 개나 고양이의 분변을 배설 후에 곧바로 처리하고, 공원 등의 모래에 개나 고양이가 분변을 배출하지 않게 하는 것이 중요하다.

위충증

고양이 위충이라는 선충이 고양이나 개의 위장에 기생하는 일이 있다. 단, 감염 예는 그리 많지 않으며 특히 개에게는 드문 기생충이라고 말할 수 있다. 고양이 위충의 성충은 원기둥 모양이며 체장은 암컷 성충이 25~60밀리미터, 수컷 성충이 25~50밀리미터 정도이다. 위충 알은 타원형이며 긴지름은 45~60마이크로미터, 짧은지름은 30~45마이크로미터 정도다. 감염 동물의 분변에는 기생충 알이 출현하는데, 이것이 바퀴벌레나 귀뚜라미류, 메뚜기류에 감염하여 그 체내에서 발육한다. 즉, 이들 곤충이 중간 숙주가 되며 고양이나 개는 이들을 포식하여 고양이 위충에 감염되게 된다.

증상 증상은 정해져 있지 않지만 때로 성충을 토해 내는 경우가 있다.

진단 분변 검사를 하여 기생충 알을 검출함으로써 진단한다.

치료 파모산 피란텔이나 페반텔, 밀베마이신 옥심 등으로 구충을 시도한다. 위충의 감염을 예방하려면 중간 숙주가 되는 곤충류를 먹지 않도록 사육 환경을 정비하는 것이 필요하다. 사람에 대한 고양이 위충의 감염은 알려지지 않았다.

편충증

편충류에는 여러 종의 포유류에게 기생하는 많은 종류가 있으며 개에게는 개편충이 기생한다. 기생 부위는 맹장이며, 때로 결장에도 기생하기도 한다. 개편충은 전 세계적으로 분포하며 요즘은 개편충 감염 발생이 두드러지게 감소하고 있다. 단, 집단 사육을 하는 사육장 등에서는 때로 높은 비율의 기생이 인정된다. 개편충은 흰색 또는 유백색이며 체장은 암컷 성충이 5~7센티미터, 수컷 성충이 4~5센티미터 정도다. 충체는 앞뒤 두 부분으로 나뉘는데, 전반부는 가늘고 채찍 모양이며 후반부는 두껍고 칼자루 모양이다.

개편충은 개의 체내에서 산란하며, 기생충 알이 분변중으로 배출된다. 이 알은 레몬 같은 모양이며, 양쪽 끝에 마개 같은 구조가 보이는 것이 특징이다. 크기는 긴지름이 70~80마이크로미터, 짧은지름이 35~40마이크로미터 정도이며 황갈색이나 다갈색을 띤다. 분변으로 배출된 직후에 개편충 알의 내용물은 단세포인데 발육하면 내부에 유충이 형성된다. 이 유충 형성란을 개가 경구적으로 섭취함으로써 감염이 성립한다.

증상 개편충증은 무증상인 예도 있지만 설사를 발병하기도 한다. 중증에서는 설사를 동반하여 여윔이나 영양 불량, 그리고 탈수가 인정된다.

진단 분변 검사를 하여 기생충 알을 검출함으로써 진단한다.

치료 개편충을 없애는 약으로는 페반텔이나 밀베마이신 옥심 등이 이용된다. 개편충은 내부에 유충을 형성한 충란 상태로 숙주에 감염한다. 개의 분변으로 배출되었을 때의 개편충 알은 감염 능력이 없으므로 이 단계에서 분변을 처리하면 좋다. 개편충은 사람에게는 감염되지 않는 것으로 생각된다.

호흡기계 기생충증

호흡기계는 동물의 체내로 산소를 받아들이고 이산화탄소를 배출하기 위한, 즉 외부와의 가스 교환을 하기 위한 일련의 기관이다. 이때 공기가 지나가는 길은 코에서 후두, 또는 입에서 인두를 거쳐 후두로 이어지며, 그리고 기관, 기관지, 폐로 이어진다. 호흡기계에도 여러 종류의 기생충이 인정된다. 주된 종류로는 폐에 기생하는 폐흡충류나 폐충류가 있다. 폐진드기라는 진드기가 기생하기도 한다.

폐흡충증

폐흡충류는 이름 그대로 폐에 기생하는 흡충이다. 폐흡충류에는 웨스터만 폐흡충 등 여러 종이 알려지지만 자세한 종류에 대해서는 여러 가지 학설이 있다. 폐흡충류는 아시아나 아프리카, 남아메리카에 널리 분포하며 일본에서도 각지에서 발생이 확인되었다. 그러나 요즘은 개나 고양이에게 기생하는 경우는 거의 없어졌다. 성충은 곱구슬 같은 모양, 또는 달걀 모양이며, 적갈색을 띤다. 종숙주는 개와 고양이나 야생의 식육목 동물, 쥐, 사람 등이며, 그들의 폐에 기생한다. 다슬기 등의 민물조개를 제1중간 숙주로, 민물 게 등의 갑각류를 제2중간 숙주로 하며, 제2중간 숙주가 되는 동물을 포식함으로써 종숙주는 폐흡충에 감염된다.

증상 폐흡충증은 폐렴 등의 증상을 나타내며 기침 등이 인정된다. 중증 예에서는 호흡 곤란을 일으키기도 한다.

진단 기생충 알은 기도로 배출되므로 사람은 가래를 뱉을 때 출현한다. 그러나 개나 고양이는 대개 가래를 삼켜 버리므로 알은 분변에 나타나게 된다. 그러므로 개와 고양이의 폐흡충증 진단은 분변 검사로 시행한다.

치료 구충에는 프라지콴텔이 효과적이다. 예방은 제2중간 숙주가 되는 동물을 포식하지 않게 하는 것, 또한 그런 동물을 먹이로써 날로 먹이지 않는 것이다. 폐흡충류는 사람에게도 감염되며 폐에 성충이 기생한다. 사람에 대한 감염원은 개나 고양이와 마찬가지로 제2중간 숙주인 동물이다. 감염을 예방하려면 그런 동물을 날로 먹지 않도록 한다. 개나 고양이와 접촉하여 폐흡충이 사람에게 감염되는 일은 없다.

폐충증

개나 고양이의 폐에 기생하는 선충으로 여러 종이 알려져 있다. 문제가 되는 것은 이 가운데 필라로이데스라는 그룹이다. 필라로이데스류의 발생 예는 적다고 말할 수 있지만, 드물게 개를 번식시키는 시설에서 집단 발생이 확인된다. 필라로이데스류는 체장이 몇 밀리미터인 작은 선충이다. 개의 분변으로 유충이 출현하고, 이것을 섭취함으로써 다른 개에게 감염된다.

증상 경증 감염에서는 무증상으로 지내는 예가 많다. 그러나 다수의 선충이 기생하면 기침 등의 호흡기 증상을 나타낸다.

진단 필라로이데스류는 알이 아니라 유충을 낳는다. 이 유충은 먼저 기도로 배출되는데, 개는 기도의 분비액 등을 삼켜 버리므로 최종적으로는 유충은 분변중으로 나오게 된다. 그러므로 진단에는 분변 검사를 하여 유충의 검출을 시도한다.

치료 개에게 기생하는 필라로이데스류에 유효한 구충제는 충분히 검토되어 있지 않다. 보통 페반텔이나 이버멕틴이라는 구충제를 투여한다. 예방하려면 감염된 개의 분변을 빨리 처리하는 것이 필요하다. 이 선충이 사람에게 감염되는지는 알려지지 않았다.

폐진드기 감염증

진드기류는 대부분 외부 기생하지만 그중에는 동물의 체내에 기생하는 종류도 있다. 개폐진드기도 그런 내부 기생을 하는 진드기의 일종이다. 개의 비강이나 그 부근에 기생하며, 폐진드기라는 이름이긴 하지만 폐에는 기생하지 않는 것 같다.

북아메리카나 오스트레일리아 등에 분포하며 아시아에서도 발생이 인정되지만 빈도는 높지 않다. 그러나 진드기의 검출이 어려워서 발견 예가 적을 수도 있다. 개폐진드기는 체장 1~1.5밀리미터의 소형 진드기이다. 몸은 달걀형이며 담황색 또는 황백색을 띤다.

증상 개폐진드기가 기생해도 뚜렷한 증상이 인정되지 않는 예가 대부분이지만, 때로 비염 증상이 보인다. 개가 잠을 잘 때 진드기가 콧구멍으로 기어 나오기도 한다.

진단 개가 잠을 잘 때 콧구멍에서 기어 나오는 진드기를 발견하면서 기생을 알아차리는 예가 많다. 비강을 씻은 후 액체를 현미경으로 조사하면 개폐진드기를 검출할 수 있다.

치료 유효한 퇴치법은 알려지지 않지만 일반적인 진드기 퇴치제 사용이 시도되고 있다. 개폐진드기는 콧구멍에서 기어 나온 진드기가 다른 개에게 감염된다고 생각할 수 있다. 그러므로 개폐진드기의 감염을 예방하려면 다른 개와 불필요한 접촉을 피하도록 한다. 개폐진드기의 인체 감염은 알려지지 않았다.

비뇨기계 기생충증

비뇨기계는 체내의 노폐물 등을 소변으로서 배출하기 위한 기관이다. 소변은 신장에서 생성되어 요관을 거쳐 방광으로 운반되며, 방광에서 일시적으로 저장된 후 요도를 통해 배출된다. 비뇨기계에서는 신장이나 방광에 선충의 기생이 인정되는 예가 있다.

신충증

개나 족제비 등의 신장에 기생하는 선충이다. 세계적으로 분포하지만 족제비 이외의 기생은 대단히 드물다. 체장은 암컷 성충이 2~10센티미터, 수컷 성충이 1.5~4.5센티미터 정도이다. 성충은 교미 후에 산란하며, 기생충 알은 소변으로 배출된다. 중간 숙주는 민물에 서식하는 지렁이고, 어떤 종류의 어류나 개구리류가 대기 숙주가 된다. 종숙주로의 감염은 이들 중간 숙주나 대기 숙주인 동물을 섭취함으로써 일어난다.

증상 신충이 기생하게 된 동물에게는 신부전 등의 증상이 인정된다.

진단 소변 검사를 하여 기생충 알을 검출함으로써 진단한다.

치료 신충에 유효한 구충약은 알려지지 않았다. 신충을 없애려면 외과적으로 선충을 끄집어내는 것 이외에 유효한 치료법은 없다. 개가 중간 숙주나 대기 숙주가 될 만한 동물을 포식하지 않도록 한다. 신충의 인체 기생은 거의 인정되지 않지만 중간 숙주나 대기 숙주를 경구 섭취함으로써 감염되기도 한다.

방광에 기생하는 모세선충증

모세선충이라고 불리는 선충 가운데 몇 종이 개나 고양이의 방광에 기생하는 예가 있다. 특히 교외 지역이나 산간 지역에서 사육되는 개나 고양이에게 비교적 많이 발생하는 경향이 있다. 개나 고양이의 방광에 기생하는 모세선충류는 체장 1센티미터 이상, 종류와 성별에 따라서는 6센티미터나 되지만 체폭이 대단히 좁으며 가느다란 실 모양을 이루고 있다. 기생충 알은 개편충과 비슷하여 양쪽 끝에 마개 모양의 구조가 보인다. 단, 긴 타원형이며 개편충란 정도로는 양쪽 면이 크게 굽어지지 않았다. 크기는 종에 따라 약간 다르며, 주로 개의 방광에 기생하는 종은 긴지름이 60~70마이크로미터, 짧은지름이 20~35마이크로미터고, 주로 고양이의 방광에 기생하는 종은 긴지름이 50~65마이크로미터, 짧은지름이 20~35마이크로미터 정도다.

증상 이들 모세선충이 기생해도 보통은 특별한 증상을 나타내지 않지만 다수 예에서는 방광염 등의 증상이 보이기도 한다.

진단 소변 검사를 하여 기생충 알을 검출함으로써 진단한다.

치료 개편충 퇴치에 사용하는 것과 같은 약물을 투여하여 구충을 시도한다. 예방법으로는 지렁이류가 중간 숙주이므로 이것을 섭취하지 않도록 한다. 모세선충류의 인체 기생은 알려지지 않았다.

순환기계와 혈액의 기생충증

순환기계는 동물의 전신에 혈액을 보내는 심장과 그 혈액이 지나가는 길인 혈관, 그리고 림프액이 흐르는 림프관 등으로 이루어져 있다. 순환기계 또는 혈액에도 기생충이 기생한다. 원충류에서는 헤파토준이나 피로플라스마 등이 잘 알려져 있다. 흡충류에서는 주혈흡충류가 유명하며, 일본에는 그것의 일종인 일본주혈흡충이 분포하고 있었다. 그러나 이 기생충은 현재 일본에서는 박멸된 것으로 여겨진다. 개나 고양이의 순환기계 기생충으로는 선충의 일종인 심장사상충이 잘 알려져 있다. 심장사상충은 순환기계뿐만 아니라 개의 기생충으로 가장 중요한 것이라고도 말할 수 있다.

헤파토준증

헤파토준증은 헤파토준 카니스라는 원충의 일종이 원인이 되어 발생한다. 헤파토준 카니스는 개에게 기생한다. 헤파토준 카니스는 개의 호중구에 기생하며, 이 개를 매개 참진드기가 흡혈하면 개의 혈액과 함께 헤파토준 카니스가 진드기의 체내에 들어간다. 그리고 이 원충은 진드기의 장관에서 발육하여 개에게 감염력을 갖는 형태(오시스트)가 된다. 이리하여 감염성을 나타내게 된 헤파토준 카니스를 함유한 진드기를 개가 입으로 섭취하면 개에게 감염이 일어난다. 새로 감염된 개의 체내에서 헤파토준 카니스는 먼저 진드기에서 방출되며, 이어서 비장이나 간, 폐, 골수, 림프샘, 심근 등으로 이행하여 증식하며 최종적으로는 호중구에 침입한다. 진드기는 헤파토준 카니스의 숙주가 되며, 일단 진드기의 몸에 들어가지 않는 한, 헤파토준 카니스는 다음 개에게 감염될 수 없다. 그러므로 이 원충이 존재하는 혈액을 다른 개에게 접종해도 감염은 성립하지 않는다.

증상 헤파토준증은 감염된 원충의 수가 적을 때는 뚜렷한 증상이 인정되지 않는 예도 있지만, 합병증이 있으면 일반적으로 발열과 쇠약을 나타내며, 그 밖에 빈혈이나 설사, 식욕 부진도 관찰된다. 특히 4개월령 이하의 강아지나 면역 기능이 저하한 개는 중증이 되는 경향이 있다.

진단 진단은 개의 혈액 검사를 하여 생식 모세포라고 불리는 단계의 원충을 검출한다. 비장이나 골수 조직을 조사하여 쉬존트라는 단계의 원충을 검출할 수도 있다.

치료 항원충제 약물 주사인 이미도카브가 많이 사용되고 있지만 현재로서는 헤파토준 카니스에 구충 효과가 있는 약물은 알려지지 않았다. 대증 요법으로 대응한다. 참진드기를 경구 섭취함으로써 감염되므로 예방법으로는 참진드기류가 생식하는 지역에 들어가지 않도록 하거나, 만약 참진드기류가 기생한다면 그것을 없애고 다시 기생하지 않도록 효력이 지속되는 참진드기 퇴치제를 투여해 두는 것이 유효할 것이다. 헤파토준 카니스의 사람에 대한 감염은 알려지지 않았다.

피로플라스마병

원충류 중에 피로플라스마류라는 커다란 그룹이 있는데, 다시 그 안에 바베시아류와 타일레리아류라는 주혈성(혈액에 기생)

원충을 원인으로 하는 병을 일반적으로 피로플라스마병이라고 부른다. 특히 바베시아류에 의한 것을 바베시아병, 타일레리아류에 의한 것을 타일레리아병이라고 한다. 이들 원충류에는 많은 종류가 있으며, 그들은 다양한 동물에 기생하고 개 이외에 가축으로는 소나 양, 염소, 돼지에게서 검출된다. 개에게 기생하는 피로플라스마류로서 바베시아 깁소니와 바베시아 카니스라는 두 종이 존재하며, 모두 개의 체내에서는 적혈구에 기생한다. 몸의 크기가 2~4마이크로미터로 대단히 작으며 원형에 가깝거나 서양배 두 개가 붙은 모양, 또는 아메바형이나 쉼표 모양으로 관찰된다. 바베시아류는 참진드기라는 대형 진드기로 매개되고 바베시아 깁소니는 작은소참진드기, 바베시아 카니스는 갈색 개진드기라는 진드기로 매개되고 있다. 이들 참진드기류가 개의 피를 빨면 개의 적혈구와 함께 원충도 참진드기의 체내로 들어간다. 그리고 그 소화관에서 유성 생식을 하여 벌레 발육 단계가 된다. 그 후, 원충은 진드기의 장관을 관통하여 난소에 도달하며, 다시 알 속으로 이동한다. 이리하여 원충은 다음 세대의 참진드기에 감염하며, 알에서 부화한 어린 진드기나 젊은 진드기의 침샘에 스포로조이트라는 발육 단계로 존재하고 있다. 이 상태의 참진드기가 개의 피를 빨 때 그 개에게 원충이 감염하여 적혈구 내에서 분열, 증식하게 된다.

증상 바베시아류의 원충은 개의 적혈구에 기생하며 거기서 분열로 증식하는데, 이렇게 분열할 때 적혈구가 파괴된다. 그 결과 말초 혈액에 원충이 증가하면 발열(40~41도)이나 빈혈 등의 증상이 나타나며 기운과 식욕이 없어진다. 빈혈이 진행되어 간 장애를 동반하면 황달이 나타나며, 아픈 개는 여위고 기립 곤란 상태가 된다. 우울 상태까지 되면 사망하는 예가 많다고 한다. 사망률은 10~20퍼센트라고 알려져 있는데, 병의 진행도는 빈혈 상태에 따라 다양하다. 두 달을 견뎌 내면 대부분은 증상이 보이지 않게 되지만 원충은 개의 체내에서 없어지지 않고 감염은 지속된다. 바베시아 깁소니는 병원성이 강하지만 바베시아 카니스의 병원성은 그렇게 강하지 않다.

진단 진단은 증상을 토대로 어느 정도 예측이 가능하다. 단, 확진에는 혈액 검사로 원충을 확인하는 일이 필요하다.

치료 바베시아류에 대해서는 디미나진과 페나미딘이 유효하다고 알려져 있다. 그러나 이들 약물은 개에게 부작용을 일으키는 예가 있으므로 투약할 때는 충분한 주의가 필요하다. 개의 피로플라스마병에 대한 예방약 또는 백신은 개발되어 있지 않다. 이 병을 예방하려면 매개하는 참진드기가 서식하는 지역에 개가 들어가지 못하게 해야 한다. 쥐에게 기생하는 바베시아류의 원충이 사람에게 감염된 예가 있다. 바베시아 깁소니와 바베시아 카니스가 사람에게 기생할 가능성을 부정할 수 없지만 사람에게 감염은 거의 일어나지 않을 것으로 생각된다.

일본주혈흡충증

주혈흡충류는 혈관 안에 기생하는 흡충이며 많은 종류가 알려져 있다. 이 가운데 사람에게 기생하는 것으로는 일본주혈흡충과 만손주혈흡충, 빌하르츠 주혈흡충(방광 주혈흡충)의 세 종이 있다. 일본에서는 예전에 일본주혈흡충증이 다수 발생하여 많은 사람이 사망했다. 이 기생충은 사람뿐만 아니라 여러 종의 포유류에게 기생한다. 단, 현재 일본에서는 일본주혈흡충은 박멸된 것으로 보고 있다. 일본주혈흡충은 포유류의 장간막 정맥에서 문맥에 걸쳐서 기생한다. 보통의 흡충류는 자웅 동체이지만 주혈흡충류는 자웅 이체다. 혈관에 기생하기 때문이라고 생각되지만, 몸은 길고 가느다란 실 모양이다. 산란은 혈관 내에서 이루어지며 기생충 알은 혈액을 역행하여 소장으로 간다. 그리고 분변으로 배출되어 외부에서 민물조개를 중간 숙주로 하여 발육한다. 다음으로 이 조개에서 세르카리아라고 불리는 유충 단계로 출현하여 수중을 헤엄쳐 다닌다. 이때 포유류가 물속으로 들어오면 피부를 뚫고 감염한다.

증상 일본주혈흡충의 기생충 알은 소장으로 옮아가는데, 일부는 간으로 흘러가서 거기에 고여 간 기능 장애를 일으킨다. 문맥의 울혈로 복수 등도 발생하며 최종적으로는 죽음에 이른다.

진단 분변 검사로 기생충 알을 검출하여 진단한다.

치료 프라지콴텔이라는 약이 유효하다.

일본주혈흡충은 위에서 말했듯이 물속을 헤엄쳐 다니는 세르카리아라는 발육 단계의 유충이 피부를 뚫고 감염한다. 그러므로 일본주혈흡충의 감염을 막기 위해서는 그 유행지에서는 맨발 등으로 물속에 들어가지 않도록 한다. 일본주혈흡충은 개나 고양이에게도 기생하지만 사람의 기생충으로 대단히 중요하다. 그러므로 중간 숙주인 조개 등을 박멸하여 현재 일본에서는 발생이 인정되지 않게 되었다. 그러나 동남아시아 등에서는 여전히 맹위를 떨치고 있다. 해외여행을 할 때는 부주의하게 물속에 들어가지 않도록 해야 한다.

심장사상충증

필라리아라고 불리는 일군의 기생충이 있다. 필라리아는 종류도 많고 다양한 동물에게 기생하며 개에게 기생하는 것만 해도 약 10종이 알려져 있다. 심장사상충은 이런 필라리아의 일종이다. 심장사상충은 세계 각지에 분포하며 특히 북아메리카나 아시아, 유럽 남부, 오스트레일리아 등에서 커다란 문제가 되고 있다. 남쪽 지역일수록 높은 비율로 발생이 인정되는 경향이 있는데, 중간 숙주인 모기의 활동 시기가 길기 때문이라고 생각할 수 있다.

심장사상충의 성충은 유백색에 반투명하여 얼핏 보기에는 소면처럼 보인다. 암컷 성충의 길이는 25~30센티미터, 수컷 성충의 길이는 10~20센티미터 정도이며 가늘고 긴 모양을 하고 있다. 수컷 성충의 꼬리 끝은 코일 모양으로 감겨 있는 것이 특징이다. 심장사상충의 종숙주로는 개나 너구리 이외에 고양이나 페럿 등 많은 종류의 식육목 동물이 알려져 있으며 그 밖에도 사람을 포함한 다양한 동물에게 기생한다. 심장사상충의 성충은 종숙주의 대정맥에서 우심방, 우심실, 폐동맥에 걸쳐서, 특히 폐동맥에 기생한다. 그리고 교접(생식 활동)하여 마이크로필라리아라고 불리는 자충을 낳는다. 마이크로필라리아는 종숙주의 혈액 속을 떠다니면서 중간 숙주가 되는 모기가 그 동물의 피를 빨 때 모기의 체내로 빨려 들어가기를 기다린다. 모기의 체내에서 마이크로필라리아는 발육하여 감염력을 가진 유충이 되며, 다시 모기가 개 등의 피를 빨 때 물린 상처를 통해 동물 체내에 침입한다. 개나 고양이 등의 체내에 들어간 감염 유충은 근육 틈새 등에서 발육하고 그 후에 심장이나 폐동맥으로 이동하여 성충이 된다.

증상 심장사상충이 기생하는 개의 증상은 다양하다. 무증상이거나, 기운이 없거나, 식욕 저하, 영양 상태 악화, 털의 질 저하 등 뚜렷하지 않은 증상만 나타내는 예도 있는가 하면, 중증화하여 기침하거나 호흡이 고통스러운 듯한 모습을 보이거나 더 나아가서는 복수가 차기도 한다. 발생 빈도는 높지 않지만 급성 증상을 나타내기도 한다. 급성 심장사상충증에서는 급격히 기운이 없어지며, 식욕이 없어지면서 가시 점막이 창백해지고, 호흡이나 심장의 박동이 빨라지거나 호흡 곤란 등을 나타낸다. 심지어 혈액 중의 적혈구가 파괴되어 그 안의 성분이 소변으로 나타나므로 소변이 붉은색이 되기도 한다. 급성 심장사상충증은 서둘러 치료하지 않으면 죽음에 이르는 일이 많은 중증 질병이다.

한편, 고양이나 페럿의 심장사상충증은 무증상 또는 경증으로 지나는 예도 많은 것 같지만, 급성으로 전화하는 일도 적지 않다. 이들 동물은 심장이 작으므로 일단 급성화하면 심각한 중증이 되며, 사망할 위험성이 개보다도 높아진다.

진단 심장사상충증은 증상으로 의심할 수 있다. 특히 급성 심장사상충증은 증상에 의해 비교적 쉽게 알 수 있다. 그러나 엄밀히 진단하려면 심장사상충이 동물의 체내에 기생하는 것을 증명해야 한다. 그러기 위해서는 혈액 검사를 통해 마이크로필라리아를 검출하거나 심장사상충 성충이 분비하거나 배출하는 어떤 종류의 물질을 검출한다. 그 밖에, 심장사상충의 기생 부위에 따라 다르지만, 심장 초음파 검사로 기생을 확인할 예도 있다. 엑스레이 검사로 폐동맥 등을 조사하여 그 소견에서 심장사상충의 기생을 추측할 수도 있다. 각각의 검사에는 장단점이 있다. 심장사상충증 진단은 각종 검사를 조합하여야 하는 것이 중요하다.

치료 심장사상충을 없애려면 멜라르소민 중염산염이라는 비소제를 사용한다. 단, 심장사상충은 우심실이나 폐동맥에 기생하고 있으므로 사멸하면 폐로 흘러 들어간다. 그 결과, 심장사상충은 퇴치해도 이번에는 폐에 병변이 발생하게 되며 호흡 곤란을 일으켜 최악의 상황에는 사망하기도 한다. 구충제를 투여하여 동물을 안정시키는 등 세심한 주의가 필요하다. 구충제를 투여하여 없애는 것 말고도 외과적으로 심장사상충의 성충을 적출하기도 한다. 이것은 개흉, 더 나아가 개심 수술을 하여 성충을 끄집어내는 것이다. 그러나 큰 수술이므로 동물의 부담도 커서 흔히 할 수 있는 수술은 아니다. 또는 급성 심장사상충증에서는 대부분 성충이 우심방이나 대정맥으로 이동해 있다. 이런 예에서는 가늘고 긴 겸자(집게)를 경정맥에 집어넣어 성충을 낚을 수도 있다. 그 밖에, 대증 요법으로 각각의 증상에 대한 치료도 필요하다. 기본적으로는 동물을 안정시키고 질 좋은 먹이를 준다. 필요에 따라 소염제나 항생제를 투여하거나 심장 능력 개선을 위한 약물 투여, 그리고 복수가 차 있다면 이뇨제를 투여하는 등 다양한 방책을 시도한다.

심장사상충을 없애는 것은 대단히 힘들다. 따라서 심장사상충증은 다른 기생충 이상으로 예방이 중요하다. 심장사상충 감염을 예방하려면 중간 숙주인 모기에게 피를 빨리지 않는 것이 가장 좋다. 그러나 이것은 현실적으로는 대단히 곤란하며, 확실하게 시행할 수 있다는 보증도 없다. 그러므로 모기에게 피를 빨리는 것은 어느 정도 피할 수 없는 일, 즉 심장사상충의 감염은 피할 수 없는 일이라고 생각하고, 감염된 심장사상충의 유충이 개 등의 체내에서 발육하여 심장이나 폐동맥에 이르러서 성충이 되기 전 단계에서 살멸하도록 한다. 그러기 위해 이용되는 것이 심장사상충 예방약이라고 불리는 약물이다. 이것은 예방약이라고 부르지만, 심장사상충의 감염을 예방하는 것이 아니라 성충으로 발육하는 것을 예방하는, 또는 심장사상충증 발병을 예방하기 위한 약이며, 약의 작용은 유충의 살멸이다. 심장사상충의 유충은 종숙주의 근육 틈새 등에 기생하고 있다. 이 시기의 유충을 살멸하면 성충 퇴치와 달리 사망한 기생충이 폐에 쌓이는 일 없이 안전하게 퇴치할 수 있다.

현재 심장사상충증 예방약으로 이용되고 있는 약물에는 이버멕틴, 밀베마이신 옥심, 목시덱틴, 셀라멕틴의 4종이 있다. 이들 약물 중에는 장기간에 걸쳐서 유효한 약제도 있지만, 대부분 한 달에 한 번의 비율로 투약한다. 이것은 그 한 달 동안에 감염된 심장사상충의 유충을 살멸하기 위해서 한 달마다 퇴치한다는 것이다. 따라서 심장사상충증 예방약은 중간 숙주인 모기의 발생 한 달 후에

심장사상충의 일생

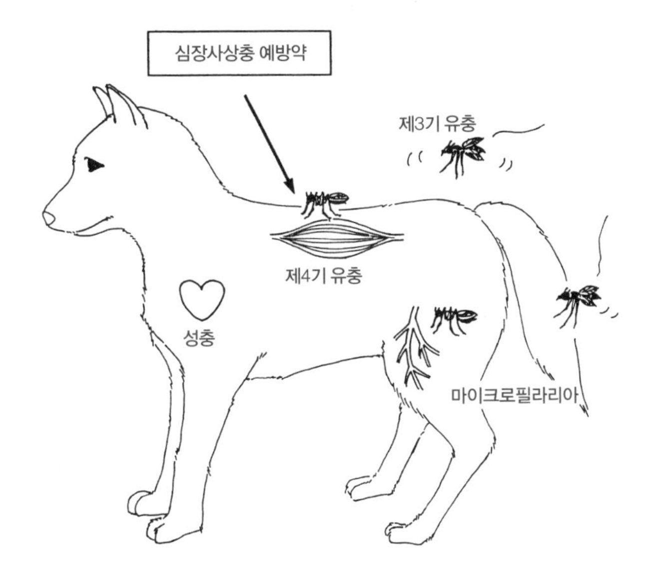

심장사상충의 성충은 개 등의 폐동맥이나 우심실에 기생한다. 거기서 태어난 심장사상충의 새끼(마이크로필라리아)는 숙주의 혈액 속을 떠다니다 모기가 그 동물의 피를 빨 때 모기의 체내로 들어간다. 그리고 모기의 체내에서 탈피를 거듭하여 제3기 유충(감염 유충)까지 자란다. 제3기 유충은 모기가 다시 개 등의 피를 빨 때 찌른 상처를 통해 그 동물의 체내에 침입하여 피부밑 조직이나 근육 사이에서 발육한 다음, 폐동맥이나 심장에 도달한다. 현재 많이 사용되는 심장사상충 예방약은 모기한테 감염 후, 폐동맥이나 심장에 도달하기 전에 피부밑 조직 등에 기생하는 심장사상충 유충(주로 제4기 유충)을 죽이는 것이다.

투여를 시작하고 종식 한 달 후까지, 한 달 간격으로 투여하면 된다. 이 기간은 지역에 따라 다르지만, 요즘은 기온 온난화로 모기의 발생 시기가 길어지고 있다. 투약 기간은 그 지역의 동물병원에서 상담하여 정하기를 바란다.
심장사상충은 사람에게 기생하기도 한다. 단, 개와는 달리 심장이나 폐동맥에 기생하는 일은 거의 없다. 대부분은 폐에 기생한다. 사람에 대한 심장사상충 감염 역시 모기의 흡혈로 일어나는데, 감염된 모든 사람에게 기생하는 것은 아니다. 대부분은 혹시 감염되었더라도 심장사상충은 자연히 사멸해 간다. 극히 드물게 기생이 일어난다는 의미로, 심장사상충의 인체 기생은 대단히 드물어서 별로 걱정할 필요는 없다.

감각기계 기생충증

감각기계란 시각이나 청각, 후각, 미각, 촉각을 담당하는 기관을 통틀어 부르는 말 감각기계에서는 눈에 안충, 귀에 진드기가 기생하는 일이 있다. 피부는 촉각에 관계하는 감각기라고 말할 수 있는데, 피부의 기생충에 대해서는 다음 항에서 자세히 이야기하기로 한다.

동양 안충증

동양 안충은 개나 고양이, 사람 등의 눈, 특히 결막낭(눈꺼풀과 눈알 사이에 결막으로 덮인 공간)이라고 불리는 부분에 기생하는 선충이다. 요즘은 페럿이나 라쿤에게 기생하는 예도 발생하고 있다. 이 선충은 아시아와 북아메리카에 널리 분포한다. 동양 안충은 아마도 중간 숙주의

서식 조건 때문이겠지만, 어떤 한정된 지역에 잦은 경향이 있다. 동양 안충은 암컷 성충이 9~18밀리미터, 수컷 성충이 7~13밀리미터 정도의 크기다. 동물의 눈에 기생하고 거기서 알을 낳는다. 기생충 알은 눈물 중에 떠다니는데, 눈물을 핥으며 생활하는 초파리류가 이것을 핥았을 때, 초파리의 몸 안으로 들어가서 발육한다. 그다음에 그 초파리가 다른 동물의 눈물을 핥을 때 감염된다.

증상 증상은 특별히 명백한 것은 없는 경우도 많지만 결막염 등을 발병하기도 한다.

진단 눈에 커다란 기생충이 존재하고 있으므로 쉽게 진단할 수 있다.

치료 치료는 점안 마취제를 투여하고 핀셋 등으로 기생충을 적출한다. 초파리가 매개인 기생충이므로 사육 환경에 따라서는 예방이 곤란하다. 다행히 특별히 심각한 장애를 일으키는 일은 없으므로 감염을 조기에 발견하도록 노력한다. 동양 안충은 사람에게도 감염된다. 유행지에서는 초파리가 눈에 붙지 않도록 주의한다.

귀 옴 감염증(이개선증)

귀 옴 감염증은 이개선증이라고도 하며, 귀 옴(이개선충)이라는 진드기에 의해 일어나는 질병이다. 귀 옴은 개와 고양이, 페럿의 외이도에 기생한다. 이 진드기는 세계적으로 널리 분포하며 아시아에서도 높은 비율로 발생이 인정되고 있다. 진드기의 몸통은 타원형이다. 진드기류의 성체에는 좌우로 네 개씩의 다리가 있는데, 귀 옴은 수컷의 첫 번째 다리와 두 번째 다리, 암컷의 첫 번째~네 번째 다리의 끝부분에 육반(흡착 기관)이라고 불리는 구조가 있다. 귀 옴은 기생하는 동물의 귓속에서 교미하여 알을 낳는다. 알은 거기서 부화하여 어린 진드기가 출현한다. 그 후 어린 진드기는 발육하여 다 자란 성진드기가 된다. 귀 옴은 동물이 접촉했을 때 등에 감염된다.

증상 개와 고양이에게서는 외이염 같은 증상을 나타내며, 가려워하는 일이 많다. 개나 고양이가 머리를 세게 흔들거나 귀를 긁는 동작을 반복하면 귀 옴의 감염이 의심된다. 외이도를 보면, 많은 예에서 검은색 귀지가 인정된다.

진단 귀 옴 감염증을 진단하려면 이경이라고 불리는 기구로 외이도를 관찰하여 진드기를 인정하거나 면봉 등으로 귀지를 채취하여 그것을 검사함으로써 진드기를 검출한다. 동물병원에서는 정밀하게 검사할 때 귀지에 수산화 칼륨 수용액 등을 첨가해 귀지를 녹여서 관찰한다. 그러나, 귀지를 돋보기로 관찰하기만 해도 진드기를 검출할 수 있는 예도 있다. 검은 귀지 위에 작고 하얀 점 같은 것이 움직이고 있다면 그것은 귀 옴일 가능성이 높다고 말할 수 있다.

치료 귀 옴을 없애려면 셀라멕틴의 적하 투여용 약제를 사용한다. 좌우 어깨뼈 사이에 적하하는데, 셀라멕틴은 진드기 알에는 충분히 작용하지 않는다. 따라서, 1회의 투약으로는 그 후에 진드기의 알이 부화하여 다시 진드기가 기생하는 경향이 있다. 이것을 막기 위해서는 투약 후에도 1주일 내지 열흘 간격으로 검사를 반복하여 진드기가 검출되면 다시 투약한다. 2회째 이후의 투약은 소량의 약제를 외이도에 주입 또는 도포하면 된다. 많은 예에서는 2~3회의 투약을 반복함으로써 귀 옴을 완전히 없앨 수 있다. 그 밖에, 이버멕틴의 주사제를 외이도에 도포하거나, 정제를 경구 투여하거나, 주사제를 피부밑 주사해도 유효하다. 단, 이 경우도 1회의 투약으로는 진드기를 없애기 어려우므로 1주일 또는 열흘 간격으로 투약을 반복할 필요가 있다. 예방은 감염된 동물과의 접촉을 피하는 것이다. 개나 고양이를 여러 마리 키울 때 한 마리에게 귀 옴 감염증이 발병하면 다른 동물에게도 퍼졌을 것으로 보고 모든 동물을 검사해야 한다. 귀 옴이 사람에게 기생하는지는 아직 알려지지 않았다.

피부와 체표의 기생충증

피부나 체표, 또는 몸의 표층에 기생하는 기생충을 외부 기생충이라고 한다. 외부 기생을 하는 것은 주로 진드기류와 곤충류이다. 외부 기생을 하는 진드기류에는 참진드기류, 모낭충류, 발톱진드기류, 옴진드기류 등이, 곤충류로는 새에 기생하는 털니나 이, 벼룩류가 잘 알려져 있다. 특수한 외부 기생충증으로는 피부 구더기증이 있다.

참진드기증

참진드기류에는 많은 종류가 알려져 있다. 참진드기류의 숙주 특수성은 별로 엄밀하지 않으며 각종 참진드기는 다양한 종류의 동물에게 기생하는데, 그런데도 동물의 종별로 많이 인정되는 진드기가 있다. 예를 들면 개에게 많이 기생하는 참진드기로는 은색광대진드기나 갈색 개진드기 등이 알려져 있다. 작은소참진드기나 개피참진드기 등도 개에게 기생하기도 한다. 진드기류는 세계적으로 널리 분포하며, 아시아에서도 각지에 개에게 기생하는 예가 보인다. 반면에 고양이의 참진드기 기생은 개만큼 많지 않다. 어떤 종류의 참진드기는 피로플라스마병을 일으키는 원충의 숙주가 되어 이것을 매개한다. 그 밖에도 참진드기로 매개되는 병원체는 수없이 많다. 이런 점에서도 참진드기를 없애는 것은 중요하다. 참진드기류의 성진드기는 길이가 몇 밀리미터에서 최대 1센티미터에 이른다. 참진드기의 몸은 몸의 앞쪽으로 튀어나와서 머리처럼 보이는 부분과 타원형을 한 몸통(가슴과 배) 부위로 이루어져 있다. 참진드기류의 다리는 어린 진드기일 때는 좌우 세 개, 총 여섯 개이지만 성진드기가 되면 좌우에 네 개, 총 여덟 개가 된다. 참진드기류는 알이 부화한 후, 탈피와 흡혈을 반복하면서 어린 진드기, 유년 진드기, 성진드기로 성장한다. 이때, 참진드기의 종류에 따라 어린 진드기에서 성진드기까지 쭉 동일 숙주에 기생하는 것, 어린 진드기와 유년 진드기가 동일 숙주, 성진드기가 다른 숙주에 기생하는 것, 그리고 어린 진드기와 유년 진드기, 성진드기의 발육기별로 일단 숙주에서 떨어져서 숙주를 바꾸는 것이 있다.

증상 참진드기가 기생하고 흡혈하면 그 부분에 가려움이나 자극이 생기고, 동물이 차분하게 있지 못하게 된다. 사지의 발톱 사이에 기생하면 보행이 곤란해지기도 한다. 그 밖에 흡혈할 때 참진드기가 동물의 체내에 주입하는 어떤 종류의 성분으로 진드기 마비라는 증상이 발생하기도 한다.

진단 기생하는 참진드기를 확인함으로써 진단한다. 어린 진드기나 유년 진드기는 대단히 작으며 성진드기라 해도 수컷은 작으므로 검출은 쉽지 않다. 그러나 암컷 성진드기는 충분히 피를 빨면 상당히 커진다. 그러므로 보통은 이런 상태가 된 암컷 성진드기를 인정하여 참진드기 감염증을 알아차리는 경우가 많다.

치료 기생하는 진드기의 수가 적다면 개개의 참진드기를 핀셋 등으로 제거할 수 있다. 단, 안일하게 참진드기를 제거하면 머리가 동물의 피부에 남는 예가 있으므로 세심한 주의가 필요하다. 또한 참진드기 퇴치제로 몇 가지 약품이 개발되어 있다. 현재는 피프로닐이나 피리프롤이라는 약물이 참진드기 퇴치에 가장 유효하다. 페르메트린이나 스피노사드 등의 약물도 사용되고 있다. 참진드기류의 감염을 예방하려면 참진드기가 서식하는 지역에 들어가지 않도록 한다. 개를 산책시킬 때는 그 경로에 주의하고, 수풀 등은 피하는 것이 좋다. 효과가 유지되는 참진드기 퇴치제를 투여하면 한동안 참진드기의 기생을 방지할 수 있다. 참진드기 유행지에서는 효과성이 높은 참진드기 퇴치제를 정기적으로 투여할 것을 권한다. 각종 참진드기류는 일시적이기는 하지만 사람에게 기생하기도 한다. 개와 함께 산책할 때는 개뿐만 아니라 사람도 수풀 등을 피하는 것이 좋다. 개에 참진드기가 기생하면 당장 퇴치하여 사람에게 감염되는 것을 막아야 한다.

모낭충증

모낭충은 개털진드기라고도 불리는 소형 진드기다. 개에게 기생하는 것은 주로 개모낭충, 고양이에게 기생하는 것은 고양이모낭충인데, 그 밖의 종류도 드물게 확인되기도 한다. 햄스터류에는 개나 고양이에 기생하는 것과는 다른 모낭충이 기생한다. 모낭충은 세계적으로 분포하고 있다. 모낭충류는 몸통이 후방으로 두드러지게 늘어나서 몸 전체가 길고 가느다란 형상을 하고 있다. 길이는 0.15~0.26밀리미터에 지나지 않는다. 진드기이므로 성진드기는 네 쌍의 다리가 존재하는데, 모두 대단히 짧아서 돌기 같은 모양이다. 모낭충류는 숙주의 피부에서 생활하며 여기서 산란하고 일생을 산다.

증상 모낭충이 기생해도 개나 고양이가 반드시 증상을 나타내지는 않는다. 오히려 무증상으로 지내는 예가 많을 것으로 보인다. 모낭충류는 개나 고양이의 체표에 살고 있는 진드기라고도 생각할 수 있다. 그러나, 어린 동물이나 면역력이 저하한 동물에게서는 때로 두드러진 피부 병변을 일으키기도 한다. 처음에는 입이나 눈 주변, 안면, 사지의 끝 등에 탈모가 일어나는데, 병변부는 차츰 전신으로 퍼진다. 그리고 탈모 이외에 세균의 이차 감염으로 화농이 일어나고 출혈이나 부종 등의 다양한 피부 병변이 보인다. 국지적이고 경증인 예에서는 자연히 낫기도 하지만 중증 예에서는 전신의 상태가 악화하여 최종적으로는 죽음에 이르기도 한다.

진단 피부의 증상에서 모낭충증을 의심한다. 확실하게 진단하려면 병변부의 피부 일부를 긁어내서 현미경으로 관찰하여 진드기를 검출한다.

치료 모낭충류는 대개 퇴치하기 힘들며 증상이 적어져도 반드시 진드기를 완전히 퇴치할 수 있다고는 할 수 없다. 약물로는 피레스로이드계나 카바메이트계, 유기인계 등의 각종 진드기 퇴치제의 투여가 시험되었다. 요즘은 이버멕틴이나 밀베마이신 옥심 등이 많이 이용되고 있다. 모두 장기간에 걸쳐 투약해야 한다. 세균의 이차 감염에 대해서는 항생제 등을 투여한다. 모낭충증은 개나 고양이의 면역 상태에 따라 증상의 경중이 달라지는 경우가 많다. 치료할 때는 동물병원에서 충분히 상담하고, 장기적으로 생각하는 것이 필요하다. 모낭충류는 다른 동물과의 접촉으로 감염된다. 그러나 이 진드기는 광범위하게 상재하고 있다고 생각되므로, 너무 신경질적으로 될 필요는 없다. 개나 고양이의 사육 환경을 청결하게 유지하고 개나 고양이에게 스트레스를 주지 않는 것이 발병을 방지하는 데 중요하다. 개와 고양이에게 기생하는 모낭충은 사람에게 기생하는 것과 같은 종이라고 생각하기도 하지만, 개나 고양이를 통해 사람에게 감염되는 일은 없다고 생각된다.

발톱진드기 감염증

발톱진드기류의 분류에 대해서는 여러 설이 있지만, 일반적으로는 개에게 기생하는 종류는 개발톱진드기, 고양이에게 기생하는 종류는 고양이발톱진드기라고 한다. 토끼에게는 토끼발톱진드기가 기생한다. 발톱진드기류는 세계적으로 널리 분포하며 개와 고양이 모두 장모종 품종에 발톱진드기의 기생이 많이 확인된다. 성진드기는 길이가 0.4~05밀리미터고 머리 부위가 뚜렷하다. 발톱진드기는 머리에 생기는 촉지 끝에 커다란 발톱 모양의 구조를 갖고 있는 것이 특징이며 이것이 이름의 유래이기도 하다. 발톱진드기류는 숙주의 체표에서 알을 낳는다.

그리고 알에서 부화한 어린 진드기는 성진드기로 발육하기까지 모든 발육기를 숙주의 체표에서 보낸다.

증상 개는 유년일 때는 두드러진 증상을 나타내는 일이 많으며, 성견에게서는 증상이 보이지 않거나 발병해도 경증인 경우가 많다. 발톱진드기 감염증의 증상으로는 비듬이 많아지고 털의 윤기가 사라진다. 병태가 더욱 진행되면 탈모가 보이기도 한다. 발톱진드기가 기생하는 개는 심한 가려움을 나타낸다. 고양이는 비듬이 증가하는 정도며 심한 증상이 인정되는 경우는 드물다.

진단 병변부의 털을 골라서 돋보기로 관찰하면 발톱진드기가 움직이는 상태를 확인할 수 있다. 하얀 종이 위에 개나 고양이를 올리고 빗질하여 피부에서 떨어진 낙하물을 채취한다. 이것을 돋보기로 관찰해도 된다. 진드기의 형태를 관찰하여 진단을 확실한 것으로 하려면 채취한 재료를 현미경으로 관찰한다.

치료 발톱진드기 퇴치에는 피레스로이드계나 카바메이트계, 유기인계 등 각종 진드기 퇴치제나 이버멕틴 또는 셀라멕틴이 이용된다. 발톱진드기의 기생을 예방하려면 감염된 동물과 접촉하지 않게 하는 것이 최우선이다. 발톱진드기가 기생하는 동물로부터 진드기가 사람에게 감염되어 심한 가려움이나 피부 병변을 일으키는 일이 있다. 발톱진드기에 감염된 개나 고양이는 서둘러 치료하는 것이 중요하다.

옴

옴진드기(개선충)류에 의해 발생하는 피부 질환을 옴이라고 한다. 개와 고양이에게 기생하는 옴진드기류에는 천공 옴진드기(천공 개선충)와 고양이 소천공 진드기(고양이 소천공 개선충)의 두 종이 알려져 있다. 천공 옴진드기는 개나 사람, 그 밖의 다양한 포유류에 기생하며 고양이에게도 감염된다. 고양이 소천공 옴진드기는 주로 고양이에게 기생하지만 개에게도 극히 드물게 감염된다고 한다. 천공 옴진드기, 고양이 소천공 옴진드기 모두 분포는 세계적이다. 천공 옴진드기는 길이 0.2~0.4밀리미터, 고양이 소천공 옴진드기는 길이 0.1~0.3밀리미터 정도이며 모두 거의 공 모양을 하고 있다. 두 종 모두 숙주인 동물의 피부에 구멍을 뚫고 일생을 거기서 지낸다.

증상 천공 옴진드기 또는 고양이 소천공 옴진드기가 기생하면 심한 가려움을 동반하는 피부염이 발생한다. 천공 옴진드기는 전신에 병변을 발현하는데, 특히 귓바퀴나 사지에 심한 증상을 나타내는 일이 많다. 한편 고양이 소천공 옴진드기는 고양이의 안면에 병변을 형성한다. 단, 이 경우도 중증이 되면 병변이 전신으로 번진다. 가려움 때문에 동물이 피부를 긁거나 하면 그 부분이 손상되어 세균의 이차 감염을 일으켜서 화농성 피부염이 발생한다.

진단 옴진드기의 진단은 피부 병변에서 얼추 예측할 수 있다. 더욱 확실하게 진단하려면 병변부의 피부를 긁어서 현미경으로 관찰한다. 단, 고양이 소천공 옴진드기는 쉽게 검출할 수 있지만, 천공 옴진드기는 간단히 검출할 수 없는 예가 있다. 개의 옴에서는 진드기가 검출되지 않더라도 몇 번이고 되풀이하여 검사한다.

치료 천공 옴진드기와 고양이 소천공 옴진드기는 이버멕틴 등의 약물을 투여함으로써 퇴치할 수 있다. 옴인 개와 고양이에 대해서는 비록 국지성 병변을 형성하고 있는 예라 해도 약제는 전신에 투여한다. 한편, 진드기 퇴치제는 진드기의 알에는 효과가 없다. 따라서 옴을 완전히 치료하려면 부화하는 진드기를 살멸하기 위해 1주일에서 열흘 간격으로 반복적으로 투약할 필요가 있다. 많은 예에서는 2~3회의 투약으로 완치시킬 수 있다. 옴진드기는 감염된 동물과 접촉함으로써 옮는다.

발병한 개나 고양이는 바로 치료해야 한다. 개에 기생하는 천공 옴진드기는 사람에게 기생하는 것과 같은 종 또는 대단히 가까운 종이라고 생각된다. 단, 개에게 기생하고 있는 천공 옴진드기는 인체에 기생하는 것과는 감염성이 다르다고 하며, 면역력이 저하된 사람이 아닌 이상, 사람에게 감염되어 쭉 기생하는 일은 거의 없다고 한다. 그러나 천공 옴진드기와 고양이 소천공 옴진드기는 모두 일시적으로 사람에게 감염하는 일이 있다. 이 경우 두드러진 피부 병변은 형성되지 않지만 심한 가려움을 동반하는 피부염이 발생한다. 옴을 앓는 개나 고양이와 접촉할 때는 충분히 주의해야 한다.

털니 감염증

개에게 기생하는 개털니와 고양이에게 기생하는 고양이털니가 있다. 개털니는 개조충의 중간 숙주가 되어 이것을 매개한다. 새털니는 곤충이며 성충의 몸은 두부, 흉부, 복부의 세 부분으로 이루어지고, 좌우에 세 쌍, 여섯 개의 다리가 있다. 단, 성충이라 해도 날개가 없으며 이 점이 다른 많은 곤충과 다르다. 새털니는 두부가 흉부보다 폭이 넓어서 물기에 적합한 구조의 입을 갖고 있다. 개털니는 체장이 약 1.5밀리미터, 두부가 가로로 긴 육각형을 하고 있다. 한편 고양이털니는 체장이 약 1.2밀리미터, 두부가 오각형이다. 새털니는 동물의 체표에서 일생을 보내며 털이나 때를 섭취한다.

증상 새털니는 숙주의 표면을 활발하게 이동하여 동물에게 자극을 주므로 새털니가 기생하는 동물은 스트레스를 받게 된다. 다수의 새털니가 기생한 예에서는 탈모가 보이기도 한다.

진단 체표에서 새털니를 검출함으로써 진단한다. 털을 골라서 주의 깊게 관찰하면 맨눈으로 새털니를 확인할 수 있다. 단, 새털니라는 것을 명확하게 하려면 현미경을 이용하여 채취한 충체의 형태를 관찰해야 한다.

치료 벼룩 퇴치에 사용되는 각종 약물로 쉽게 퇴치할 수 있다. 새털니는 동물끼리 접촉으로 감염된다. 개나 고양이에게 기생하는 새털니는 빨리 퇴치하고, 함께 사는 다른 동물에 대해서도 검사를 해야 한다. 개나 고양이에게 기생하는 새털니가 사람에게 기생하는 일은 없다.

이 감염증

개에게는 개이가 기생한다. 이 이는 고양이에게는 기생하지 않는다. 개이는 세계적으로 분포하고 있다. 이 종류도 새털니와 마찬가지로 날개가 없는 곤충이다. 단, 새털니와는 달리 두부가 흉부보다 폭이 넓지는 않다. 입은 흡혈에 적합한 구조며 유충과 성충은 끊임없이 피를 빤다. 개이는 체장이 약 1.8밀리미터 정도의 크기다.

증상 피를 빨린 개는 가려움을 나타내며 전신을 긁거나 몸을 다양한 사물에 문지른다. 이것에 의해 탈모나 피부의 손상이 일어나는 일이 있다.

진단 진단은 이를 검출함으로써 하며, 현미경으로 관찰하여 종을 확인한다.

치료 치료법은 새털니 감염증과 마찬가지이며, 일반적인 벼룩 퇴치제를 이용하여 퇴치한다. 예방법도 새털니 감염증과 마찬가지다. 다른 동물과의 접촉으로 감염되므로 감염이 의심되는 개와의 접촉을 피하도록 한다. 개에게 기생하는 이가 사람에게 감염되는 일은 없다.

벼룩 감염증

개나 고양이에게 기생하는 벼룩은 여러 종이 알려져 있다. 그러나 보통 인정되는 것은 개벼룩과 고양이벼룩의 두 종으로 한정된다. 이들 벼룩은 개벼룩, 고양이벼룩이라는 이름이 붙어 있지만, 개벼룩이 고양이에게 기생하거나 고양이벼룩이 개에게 기생하는 일이 종종 있다. 특히 고양이벼룩의 숙주 특이성은 낮으며, 개벼룩 이상의 높은 빈도로 개에게 인정되기도 한다. 반려동물로 사육되는 토끼나 페럿, 그 밖의 동물에게도 벼룩의 기생이 인정되기도 하는데, 그들 대부분은 고양이벼룩이며, 개벼룩은 드물게 검출된다. 개벼룩과 고양이벼룩은 세계 각지에서 인정되는데, 고양이벼룩이 더 분포 영역이 넓어서 개벼룩이 서식하지 않는 지역에도 있다고 한다. 벼룩은 페스트균 등 다양한 병원체를 매개한다. 개나 고양이에게 관계하는 병으로는 개조충의 중간 숙주로서 중요한 역할을 하는 것 이외에, 고양이 할퀸병의 병원체를 고양이에게서 고양이로 퍼트리는 경우가 있다.
벼룩류는 곤충이지만 날개는 퇴화하여 인정되지 않게 되었다. 벼룩의 몸은 좌우로 납작하며 세 번째 다리가 잘 발달하여 도약에 적합한 구조를 이루는 것이 특징이다. 벼룩은 눈이 있는 종류와 눈이 없는 종류가 있는데, 개벼룩이나 고양이벼룩에게는 눈이 있다. 개벼룩과 고양이벼룩은 두부의 형상이나 두부에 존재하는 강모(수염 같은 빳빳한 털)의 길이나 개수를 토대로 감별한다. 벼룩은 성충만 숙주에 기생하며 암수 모두 피를 빤다. 피를 빤 암컷 벼룩은 알을 낳고 알에서 유충이 부화하고 그것이 번데기가 되며 최종적으로는 성충으로 탈바꿈한다. 즉, 벼룩은 완전 탈바꿈한다. 벼룩의 알이나 유충, 번데기는 개나 고양이의 생활 환경에 존재하며, 탈바꿈한 성충은 개나 고양이가 호흡하며 뱉는 이산화 탄소를 감지하여 그 동물에 기생한다.
증상 개나 고양이의 벼룩 감염증 증상은 다양하다. 다수의 벼룩이 기생해도 무증상으로 지내는 예도 있고 극히 소수의 벼룩이 기생했을 뿐인데 심한 피부염을 발병하는 예도 있다. 벼룩이 기생하게 된 부위에는 보통 국소성 피부염이 발생한다. 이 피부염은 가려움을 동반하는 일이 많지만 그대로 두어도 대부분은 며칠이면 치유된다. 단, 반복적으로 벼룩에게 피를 빨리면 이런 피부염이 지속해서 발생하게 된다. 벼룩은 피를 빨 때 어떤

벼룩의 일생

벼룩은 완전 탈바꿈하는 곤충이며, 알에서 유충(애벌레)과 번데기를 거쳐 성충으로 자란다. 벼룩의 알이나 성충, 번데기는 개나 고양이의 사육 환경에 숨어 있다.

종류의 물질을 체내에 주입하는데, 이 물질이 원인이 되어 알레르기 증상이 발생하기도 한다. 이것을 벼룩 알레르기라고 하며 중증 피부염을 일으킨다. 벼룩 알레르기에서는 벼룩의 기생 수와 증상의 정도에 반드시 상관관계가 인정되지는 않으며, 적은 수의 벼룩이 기생하고 있더라도 중증이 되기도 한다. 그러므로 피를 빨리기 전에 벼룩을 퇴치해야 한다.

진단 동물의 체표에서 벼룩을 확인함으로써 진단한다. 이때, 벼룩 제거 빗을 이용하면 검출하기 쉽다. 벼룩의 종류를 확실하게 조사하기 위해서는 이것을 채취하여 현미경으로 관찰할 필요가 있다. 벼룩 알레르기 등의 피부염에 대해서는 그 증상에 더해 벼룩의 기생 여부, 또는 벼룩 퇴치 후의 증상의 변화 등을 참고하여 진단을 진행한다.

치료 개나 고양이에게 기생하는 벼룩을 퇴치할 때는 먼저 기생하는 벼룩을 완전히 퇴치해야 한다. 그러기 위해서는 효과가 빠른 벼룩 퇴치제를 사용한다. 지금까지 다양한 종류의 벼룩 퇴치제가 개발됐다. 현재는 피레스로이드계의 페르메트린이나 페닐피라졸계의 피프로닐과 피리프롤, 클로로니코티닐계의 이미다클로프리드, 마크롤라이드계의 스피노사드 등이 적하 투여용 약제로 많이 사용되고 있다. 동물병원에서 상담하여 적당한 약제를 사용하면 된다. 벼룩의 기생으로 발생한 피부염은 벼룩이 퇴치되면 자연스럽게 낫지만, 중증 예에서는 각각의 경우에 적합한 다양한 치료를 한다.

벼룩을 일단 퇴치해도 같은 환경에서 개나 고양이를 키우는 한, 다시 벼룩이 기생할 확률이 높을 것이다. 그래서, 벼룩을 퇴치한 후에도 약물이 동물의 몸에 잔존하거나 다시 기생하는 것을 막을 필요가 있다. 벼룩의 기생 방지를 위해서는 효력이 지속되는 약제를 사용한다. 각종 벼룩 퇴치제는 잔존 효력도 높으므로 벼룩의 퇴치와 함께 기생 예방도 할 수 있게 되었다. 더 나아가, 사육 환경에 존재하는 벼룩의 알이나 유충, 번데기에 대한 대책을 생각하면 좋다. 벼룩의 알이나 유충, 번데기는 개와 고양이의 사육 환경에 다수가 존재하고 있고, 이들은 언젠가 성충이 되어 동물에 기생한다. 성충이 되기 전에 이들을 퇴치하는 것도 중요하다. 그러기 위해서는 사육 환경의 청소를 철저히 하고, 이런 목적에 맞는 벼룩 퇴치제를 사용한다. 특히 벼룩의 발육을 방지하기 위한 약물로 곤충 발육 억제제라는 것이 있으니 동물병원에서 상담하기를 바란다.

예전에는 사람에게 기생하는 벼룩은 사람벼룩이라는 종이었는데, 요즘 사람벼룩은 확인되지 않으며, 사람에게서 채취되는 벼룩은 대부분 반려동물에게서 유래하는 벼룩, 특히 고양이벼룩이다. 즉, 반려동물에게 기생하는 벼룩이 사람에게 감염되는 것이다. 보통의 생활을 하는 이상, 반려동물로부터 감염된 벼룩이 사람의 체표에 쭉 머물며 산란하는 일은 일단 없을 것으로 생각할 수 있다. 그러나 일시적이라 해도 기생하며 피를 빤다면 그 부위에는 심한 가려움을 나타내는 피부염이 발생한다. 그 가려움으로 스트레스도 크다. 개나 고양이에게 벼룩의 기생이 인정되면 곧바로 없애는 것이 사람에게 기생하는 것을 방지하기 위해 중요하다.

피부 구더기증

동물의 피부에 파리의 유충(구더기)이 기생하는 일이 있다. 이것에는 두 가지 타입이 있다. 하나는 파리의 생활 환경 속에서 유충 단계에서의 기생이 필요한 것이며, 다른 하나는 우발적으로 유충이 기생한 것이다. 한국에서 주로 보고된 것은 검정파리과의 금파리속에 의한 것이다. 우발적인 파리 유충의 기생은 주로 검정파리에 의해 일어난다. 검정파릿과에는 양털파리 등 많은 종류가 포함된다. 양털파리는 비교적 소형 파리로, 주로 도시에 서식하고 있다. 피부 구더기증은 동물의 몸에 외상이나 피부염이 있을 때, 그 부위에 파리가 산란함으로써 발생한다. 알에서 부화한 유충은 처음에는 화농 또는 괴사한 조직을 섭취하지만 차츰 그 주위의 건강한 조직까지 침식해 간다.

증상 피부 구더기증의 환부에는 궤양이 생기거나 악취를 풍긴다. 중증이 되면 병변부가 넓어지고 다시 세균의 이차 감염을 일으키거나 전신적인 증상을 나타내며 사망하기도 한다.

진단 진단은 환부에서 파리의 유충을 확인함으로써 쉽게 할 수 있다.

치료 치료하려면 파리의 유충을 제거한 다음, 병변 부위 및 그 주위를 소독하고 항생제 등을 바른다. 피부 구더기증을 예방하려면 외상이나 피부염을 일으켰을 때, 빨리 치료하고 환부를 충분히 소독하는 것이 중요하다. 생활 환경에서 파리류를 퇴치해 두는 것은 피부 구더기증 예방뿐만 아니라 위생적인 의미에서도 필요하다. 피부 구더기증은 개나 고양이에 한정되지 않고 다른 동물이나 사람에게도 발생한다. 피부 구더기증에 걸린 개나 고양이에게서 파리의 구더기가 직접적으로 사람에게 이동하는 일은 없지만, 생활 환경에 다수의 파리가 발생하지 않도록 주의하고, 외상이나 피부염을 일으킨 경우에는 그 부위를 청결하게 유지하는 것이 중요하다.

중독 질환

중독의 원인

중독이란 동물의 몸에 해로운 물질이 체내에 들어오거나 몸 안에 유해 물질이 생겨서 생리적으로 장애가 생긴 상태를 말한다. 동물은 원래 호기심이 강하고 어떤 것이 중독 물질인지 판단할 수 없다. 그러므로 잘못 먹거나 마시거나, 흡입하거나, 피부에 부착되는 중독이 많이 보인다. 요즘은 사육 환경이 바깥에서 집 안으로 크게 변화하면서 중독의 발생도 자연계에서 유래하는 식물 독이나 동물 독에서 가정 내에서의 인공물에서 유래하는 중독 사례로 이행하는 경향이 있다. 사고는 오전 8시에서 오후 10시의 생활 시간대에 많이 발생하며 오전 10시대와 오후 6시대가 가장 많은 것으로 보고되어 있다. 전 지구적으로 1년에 약 1천5백 건의 중독 물질이 발견되고 있다고 한다. 여기서는 그것을 전부 다룰 수는 없으며 국내에서 사육되고 있는 동물, 특히 개와 고양이가 일상생활에서 만나는 주요 중독 물질을 다룬다.
중독을 일으키면 많은 경우 급성 또는 아급성 증상을 나타내며 단시간에 사망하거나 치유된다. 단, 만성적인 시기를 거치면 동물이 독성 물질과 접촉한 것이 확실하지 않은 경우가 종종 있다. 특정 독성 물질을 먹었거나 독성 물질에 접촉한 것이 확인되지 않는 경우는 보호자가 정확하고 상세하게 병력이나 사육 환경의 상태를 파악하고 그것을 수의사에게 제대로 알리는 것이 가장 빠른 구급 구명으로 이어진다. 중독 증상으로는 갑자기 일정량 이상의 독성 물질이 들어옴으로써 장기에 두드러진 장애가 일어나 급격한 쇼크 상태를 나타내며 사망하는 때도 있고, 갑작스럽지만 가벼운 복통이나 설사로 끝나는 예도 있다.
일반적으로 입으로 들어온 것은 위장 증상, 특히 구토나 복통을 일으키는 일이 많으며, 기체 상태로 호흡기를 통해 들어온 것은 기침이나 호흡 곤란 등을 일으키는 경향이 있고, 그중에서도 자극성인 것은 눈이나 목에 통증을 일으킨다. 산이나 알칼리가 피부에 닿으면 통증이나 발열 등에 이어 피부염이 생기기도 한다.

자연계 물질 중독

식물

식물 중에는 개나 고양이에게 유독한 성분을 가진 것이 많이 있다. 유독한 부분은 꽃이나 잎, 뿌리, 씨앗 등 식물의 종류에 따라 다양하며, 개나 고양이가 그것을 입에 넣을 가능성이 큰지에 따라서도 위험도가 다르다. 약초로 알려진 식물이라도 너무 많이 먹으면 중독을 일으키기도 하며, 같은 식물이라도 부위가 다르면 독성의 강도가 다른 예도 있다. 진찰할 때는 어떤 식물 중독을 의심한다 해도 원인 식물을 특정할 수 있는 경우는 드물다. 이것은 많은 경우 개나 고양이가 식물을 먹는 현장을 보호자가 보지 못하고, 주변에 어떤 유독 식물이 있는지를 보호자가 모르는 때가 많기 때문이다. 일반적인 유독 식물과 그것에 의한 중독을 다음다음 페이지에 표로 정리했다. 집 안이나 정원의 식물을 체크해 보기 바란다. 유독 식물로 인한 중독을 치료할 때는 구토 유도나 위세척, 활성탄 등의 흡착제나 설사제 투여 이외에 각각의 증상에 맞는 치료(대증 요법)를 한다. 단, 점막에 자극이 강한 물질에 의한 중독은 토할 때 식도나 구강 점막이 손상되기도 하므로 구토를 유도할 때 주의가 필요하다.

독버섯

일본에는 약 100개 종류의 독버섯이 자생한다.[71] 개나 고양이는 자생하는 것을 먹거나 식용으로 착각하여 사람이 준 것을 먹어서 중독을 일으키는 예가 있다. 사람은 식용 버섯과 비슷한 삿갓외대버섯, 화경버섯, 담갈색송이의 3종에 의한 중독이 버섯 중독 사고의 70퍼센트를 차지한다. 사망 사고 원인으로 가장 많은 것은 독우산광대버섯이다. 삿갓외대버섯과 화경버섯, 담갈색송이는 먹은 후 30분~3시간이면 구토나 설사가 일어난다. 섭취했을 때는 구토를 유도하고 위세척, 활성탄 투여, 수액 등을 시행한다. 독우산광대버섯, 광대버섯, 큰주머니광대버섯, 독황토버섯은 먹은 후 6~10시간 지난 후부터 격렬한 복통이나 구토, 설사 등이 시작된다. 1~3일 후 정도부터는 간 장애, 신장 장애 등이 일어나며 사망하기도 한다. 섭취했을 때는 구토를 유도하고 위세척, 활성탄 투여, 수액과 이뇨제 투여, 혈액 정화, 간 장애에 대한 치료 등을 한다. 마귀광대버섯과 광대버섯은 먹은 후 20분~2시간 만에 운동 실조나 경련, 착란, 혼수 등이 일어난다. 섭취했을 때는 구토를 유도하고 위세척, 활성탄 투여, 설사제 투여 등을 시행한다.

미코톡신

펫 푸드나 기타 식물에 발생하는 진균(곰팡이)이 번식하여 생산하는 유해 물질을 통틀어서 미코톡신이라고 부른다. 아스페르길루스속이나 푸사륨속, 페니실륨속 등 50종 이상의 진균이 300개 이상의 미코톡신을 만들어 내는 것으로 알려져 있다. 아플라톡신은 1960년대에 영국에서 10만 마리 이상의 칠면조가 사망한 사건을 계기로 발견되었다. 2004년에는 케냐에서 옥수수로 사람의 아플라톡신 중독이 발생하여 317명의 환자 가운데 125명이 사망했다. 2005년에는 감염된 펫 푸드를 먹고 미국에서 23마리, 이스라엘에서도 23마리의 개가 사망하기도 했다. 아플라톡신은 주로 옥수수나 땅콩, 수수, 콩 등에 발생하는 진균류인 아스페르길루스 플라부스나 아스페르길루스 파라시티쿠스에 의해 생산된다. 급성 증상으로는 식욕 부진이나 우울, 간 장애(황달, 복수, 출혈 경향) 등이 보인다. 강한 발암성이나 기형 유발 물질이 있다는 것도 알려져 있다. 트리코테센계 곰팡이독(붉은곰팡이)은 옥수수나 수수, 밀, 보리 등에 발생하는 푸사륨속 진균에 의해 생산된다. 구강이나 피부의 괴사, 구토, 복통, 설사, 조혈 기능 장애 등의 증상이 나타난다. 고양이는 특히 감수성이 강하다고 한다. 오크라톡신은 옥수수나 보리, 밀, 호밀 등에 발생하는 아스페르길루스 오크라세우스와 페니실륨 비리디카텀에 의해 생산된다. 여러 종류의 오크라톡신 가운데서도 오크라톡신 A가 가장 잘 알려져 있으며 간 장애나 신장 장애를

71 산림청 국립수목원에 따르면 한국에 자생하는 버섯 중 국내에 기록된 독버섯은 무려 234종이라고 한다(2021년).

일으킨다. 미코톡신 중독에 대한 특이적인 치료법은 없다. 그러므로 치료는 대증 요법이 중심이 된다. 면역력이 저하하므로 감염증도 주의해야 한다.

동물성 독소

파충류나 곤충류, 어류 등 가운데는 다른 동물로부터 몸을 지키기 위해 독을 갖고 있는 것이 있다. 산이나 바다에 데려갔을 때 호기심 강한 개나 고양이가 이런 독을 가진 동물을 무심코 건드리거나 입에 넣어서 중독을 일으킬 때가 있다. 대부분은 일시적이지만 그중에는 중증이 되는 것도 있으므로 주의가 필요하다. 아웃도어 용품점에서는 뱀에 물리거나 벌에게 쏘였을 때 독액을 빨아내는 기구를 팔고 있다. 산에 자주 간다면 상비해 두면 좋다.

●독뱀

한국과 일본, 중국에 서식하는 독뱀에는 독사와 살무삿과의 반시뱀류와 살무사, 뱀과의 유혈목이가 있다. 반시뱀과 살무사에게 물리면 곧바로 심한 통증과 함께 국소가 심하게 붓기 시작한다. 부기는 급속도로 퍼지며 피부밑 출혈이나 근육의 괴사, 구토, 호흡 곤란, 파종 혈관 내 응고 증후군, 신부전 등을 일으키기도 한다. 사지를 물렸을 때 목숨이 걸린 예는 별로 없지만 치료가 늦어지면 중증이 된다. 독뱀 가운데 가장 개체 수가 많은 것은 유혈목이다. 별로 알려지지 않지만, 독니에 물린 경우의 사망률은 반시뱀이나 살무사보다 훨씬 높다. 단, 유혈목이의 독니는 입안에 있어서 깊숙이 물리지 않은 한, 독은 들어가지 않는다. 물리면 혈액의 응고 장애가 일어나며 피부밑 출혈이나 코 출혈, 하혈, 혈뇨 등이 보이게 된다. 증상이 진행되면 의식 장애나 간 부전, 신부전 등이 일어난다. 또한, 유혈목이는 피부 아래에 경선이라는 독선을 갖고 있으며, 몸을 누르면 비늘 틈새에서 독액을 내뿜는다. 이 독액이 눈에 들어가면 중증 눈 증상(통증, 결막염, 각막의 짓무름, 시력 장애 등)이 일어난다.

독뱀에게 물렸을 때 환부를 묶거나 절개하거나 차갑게 하는 치료법이 잘못되면 오히려 악화할 수 있다. 되도록 빨리 동물병원으로 데려가는 것이 중요하다. 유혈목이의 독액이 눈에 들어갔을 때는 그 자리에서 바로 대량의 물로 씻어 낸 다음 병원으로 데려간다. 치료에는 항독소 혈청 이외에 살무사 독에 대해서는 세파란틴도 이용되고 있다. 항생제 투여나 수액 등의 대증 요법도 시행한다. 코르티코스테로이드나 항히스타민제 사용에 관해서는 그 시비에 대해 의견이 나뉜 상태다.

●두꺼비

두꺼비는 귀 뒤쪽에 있는 귀샘에서 강력한 독액을 분비한다. 온몸의 돌기에서는 하얀 독액이 스며 나온다. 이들 독액을 입에 넣었다면 신속한 조치가 필요하다. 증상은 머리를 흔든다, 침흘림, 구토, 메스꺼움, 시력 장애, 신경 장애, 심부전 등이며 사망하기도 한다. 입안을 많은 물로 씻어 냄으로써 대처한다. 침흘림에 대해서는 아트로핀을 투여하고 독의 배출을 촉진하기 위해 활성탄이나 설사제를 투여한다. 그 밖에 여러 증상에 대한 대증 요법도 시행한다.

●곤충

벌 독을 가진 벌로 일반적인 것이 말벌, 꼬마쌍살벌, 꿀벌, 어리호박벌이다. 꿀벌과 어리호박벌의 침에는 가시가 붙어 있으며 쏘인 부분에 남지만, 말벌과 꼬마쌍살벌은 몇 번이고 쏜다. 특히 말벌의 독은 강력하므로 증상이 심해진다. 벌의 독은 아나필락시스 쇼크(급성 알레르기 반응)를 일으키기도 하며 사람도 해마다 희생자가 나오고 있다. 벌에게 쏘였을 때는 당장 빠른 치료가 필요하다. 응급 치료로서는 침이 남아 있다면 침을 제거한다. 단, 침에는 독낭이라는 투명한 주머니가 붙어 있으므로 집어서 독을 눌러 짜지 않도록 주의한다. 손톱으로 튕기듯이 하면 좋다고 한다. 흡입 기구가 있다면 독을 빨아들이고 물로 잘 씻는다(벌의 독은 물에 녹는다). 항히스타민제나 스테로이드 연고가 있으면 발라 주고 환부는 차갑게 해준다. 암모니아는 효과가 없다. 응급 치료 후에는 바로 병원으로 데려간다. 치료할 때는 아나필락시스에 대해서는 에피네프린이나 코르티코스테로이드를 투여하고 쏘인 상처에 대해서는 대증 요법을 시행한다.

가뢰 색깔이 아름다운 딱정벌레류는 독이 없다. 독을 가진 것은 가룃과의 가뢰와 검은가뢰다. 유충은 벌집이나 메뚜기 등의 알에 기생하며 성충은 콩과 식물의 잎을 먹는데, 그 체액에는 칸타리딘이라는 맹독이 함유되어 있다. 체액이 피부에 묻으면 물집을 형성하는 피부염을 일으킨다. 이런 가뢰류를 먹으면 메스꺼움이나 구토, 복통, 설사, 신부전 등이 일어나며 사망하기도 한다. 대증 요법을 시행하는데, 먹었을 때는 신부전이 일어나므로 수액 등도 필요하다.

거미 애어리염낭거미는 억새를 구부려서 특징 있는 집을 짓는다. 재래종에서는 가장 독성이 강하다고 한다. 물리면 강한 통증이 있지만 사망하지는 않는다. 붉은등거미는 오스트레일리아에서 침입한 독거미로 화제가 되기도 했는데, 그 후에도 분포 범위를 넓혀가고 있다. 검정과부거미 독은 신경독으로 국소의 통증 후 마비나 경련을 일으키기도 한다. 고양이는 거미의 독에 대한 감수성이 강하다고 알려져 있다. 치료는 대증 요법을 시행한다.

지네 지네는 육식이며, 만지면 바로 문다. 야행성이므로 대부분 밤에 물린다. 주된 증상은 국소의 심한 통증과 부기이며 전신 증상은 나타나지 않는다. 항히스타민제나 스테로이드를 함유한 연고를 바르거나 약제로 주사한다.

● 복어

복어 독의 테트로도톡신은 맹독으로 잘 알려져 있다. 복어에는 독이 있는 것과 없는 것이 있는데, 방파제에서 잘 잡히고 버려지는 복섬(참복과의 바닷물고기)에는 난소와 간, 장에 맹독이 있으므로 먹이지 않도록 주의한다. 복어 독을 섭취하면 구토나 복통, 마비, 경련, 호흡 곤란 등의 증상이 나타나며 사망하기도 한다. 치료에 특효약은 없다. 먹는 것을 보았다면 바로 토하게 하고 위세척한다. 증상이 나타난다면 수액이나 인공호흡 등의 대증 요법을 시행한다.

환경 오염 물질과 유해 무기물

화재가 나면 일산화 탄소 이외에도 다양한 유독 가스가 발생하는데 주된 것으로는 폴리우레탄, 아크릴 제품 등에서 발생하는 시안화 수소(청산 가스), 염화 비닐 제품 등에서 발생하는 염화 수소, 불소 가공 제품 등에서 발생하는 불화 수소 등이 있다. 호흡기계는 고열의 연기에 의한 열상과 함께 유독 가스에 의한 장애를 입어 쇼크나 폐부종, 기관지 수축, 호흡 곤란, 경련, 혼수 등을 일으켜서 죽음에 이르는 예가 있다. 치료하려면 산소 공급 이외에 증상에 따라 구급치료를 한다.

● 일산화 탄소

산소 부족인 상태에서 물건이 탈(불완전 연소) 때 발생한다. 겨울에 창을 닫고 석유난로나 가스난로를 켜둔 채로 두거나 차고 안에 차의 시동을 걸어 둔 채로 있는 것이 원인이 되어 해마다 사고가 발생하고 사람과 마찬가지로 동물도 희생되고 있다. 일산화 탄소는 몸 안의 모든 세포에 산소를 운반하는 일을 하는 혈중 헤모글로빈에 결합하여 혈액의 산소 운반 능력을 저하한다. 구토나 시력

주요 유독 물질 ①

과	독성 식물	유독한 부분
백합과	개사프란, 접시꽃, 참나리, 만년청, 흰여로, 여로, 삿갓나물(삿갓풀), 튤립, 유럽흰여로, 히아신스	종류에 따라 유독한 부분과 독성의 강도는 다양하지만 동물에게는 모두 위험하며 특히 구근에 주의가 필요
은방울과	은방울	모든 풀, 꺾꽂이를 담가둔 물도 독성을 나타낸다
파과	양파, 마늘, 파	
수선화과	아마릴리스, 백양꽃, 수선, 석산(만주사화)	구근은 특히 독성이 강하며, 소량이라도 위험
붓꽃과	붓꽃	뿌리줄기(땅속줄기)
참맛과	도코로마(큰마)	뿌리줄기(땅속줄기)
가짓과	감자, 담배, 흰독말풀, 토마토, 가지, 스코폴리아(노랑미치광이풀), 등골나물, 꽈리	감자, 토마토, 가지 등은 숙성된 것은 무해하지만 싹이나 녹색 열매, 잎 등은 유독, 흰독말풀이나 스코폴리아는 모든 풀이 맹독, 담뱃잎은 시가를 섭취하는 것과 같은 니코틴 중독을 발병
메꽃과	나팔꽃	씨앗
마편초과	란타나	덜 익은 씨앗, 잎
현삼과	디기탈리스	잎, 뿌리, 꽃
옻과	옻, 황로	수액, 식물 전체
봉선화과	봉선화	모든 풀, 씨앗
코리아리아과	코리아리아	씨앗, 과실(특히 덜 익은 것), 잎, 줄기
칠엽수과	칠엽수	씨앗, 나무껍질, 잎
미나리아재빗과	미나리아재비, 매발톱꽃, 왜젓가락풀, 리스마스로즈, 털개구리미나리, 투구꽃, 클레마티스, 델피니움, 복수초	모든 부분(특히 뿌리)
매자나뭇과	삼지구엽초(음양곽)	모든 풀
댕댕이덩굴과	새모래덩굴	씨앗
분꽃과	분꽃	뿌리, 줄기, 씨앗
자리공과	미국자리공	모든 풀, 뿌리, 열매
쐐기풀과	쐐기풀	잎과 줄기의 쐐기털
뽕나뭇과	삼(대마), 무화과	모든 풀(특히 암그루), 무화과는 잎, 가지
초롱꽃과 (도라지과)	로벨리아, 수염가래꽃, 도라지	모든 풀, 뿌리(도라지)
국화과	등골나물	모든 풀
두릅나뭇과	양담쟁이(아이비, 헤데라 헬릭스)	잎, 과실
미나리과	독미나리(개미나리)	모든 풀

중독 증상	비고
구토, 설사, 침울, 신부전, 호흡 곤란, 손발 저림, 순환 불완전, 신부전이 일어나면 사망률이 높아짐	
구토, 설사, 복통, 운동 실조, 느린맥박, 부정맥, 심부전	
구토, 설사, 적색뇨, 황달, 구강 점막 창백, 잦은맥박, 다호흡 중증도는 개체에 따라 다양, 시바견과 아키타견은 중증이 되기 쉬움	파과 식물에 함유된 유기 티오황산 화합물에 의해 용해성 빈혈을 일으킴 햄버거, 볶음밥, 전골, 된장국, 유아용 보존 식품 등에 들어 있어서 중독을 일으키기도 함
구토, 설사, 복통, 침흘림, 혈압 저하, 중추 신경 마비, 심부전. 죽음에 이르기도 함	
구역질, 구토, 설사, 복통, 위장염	
구토, 위장염	식용으로 여겨지는 참마를 닮았지만 주아(특히, 참마의 잎이 붙어 있는 곳에 나는 눈)는 붙어 있지 않음
구토, 설사, 현기증, 동공 확대, 환각, 호흡 곤란, 죽음에 이르기도 함	
구토, 설사, 반사 저하, 동공 확대, 환각, 혈압 저하	초기에 약용으로 전해졌고 씨앗은 설사제로 사용
구토, 설사, 복통, 허탈, 기면, 황달, 간 장애, 동공 확대, 광선 과민증	
구역질, 구토, 갈증, 설사, 복통, 이명, 현기증, 경련, 부정맥, 느린맥박, 고칼륨 혈증, 중증 예에서는 심정지	잎에서 추출된 성분(디기탈리스)은 강심 이뇨제로 사용함 어린잎일 때 식용 컴프리와 혼동하지 않도록 주의
피부병	옻과의 식물에 함유된 우르시올은 강력한 알레르기성 접촉성 피부염을 유발, 기화하므로 가까이하기만 해도 피부병이 생길 수 있다
구토, 복통, 위장 장애, 자궁 수축	봉선화는 생약으로 이용되지만 잘못 먹으면 중독을 발병
섭취 후 30분 정도면 발병, 구토, 침흘림, 동공 수축, 혈압 상승, 전신 경직, 경련, 호흡 곤란, 죽음에 이르기도 함	맛있고 단맛이 있으므로 사람에게도 중독이 많이 발생
설사, 위장염, 탈수, 전해질 불균형, 근육 떨림, 마비	
침흘림, 구강의 작열감, 구토, 설사, 운동 실조, 부정맥, 경련, 죽음에 이르기도 함	미나리아잿비과 식물은 독성이 대단히 강한 것이 많으므로 주의
지각 신경 흥분	예로부터 강장제로 생식, 또는 약주로 사용, 작은 동물은 중독을 일으킬 가능성
잦은맥박, 신경 장애, 경련	
구토, 설사, 복통, 환각 작용(씨앗), 피부 자극	
구강 자극, 구토, 설사, 시력 장애, 잦은맥박, 호흡 억제, 경련, 혼수 죽음에 이르기도 함	엉겅퀴뿌리장아찌는 잘못 먹으면 중독이 발생
피부 접촉이면 통증, 피부병, 염증. 경구 섭취이면 구강의 작열감, 침흘림, 구토, 근력 저하, 근육 떨림, 호흡 곤란, 느린맥박	
운동 실조, 환각, 마비, 침울과 흥분, 구토 무화과는 피부의 얼룩, 점막의 짓무름	대마는 마리화나 원료로 알려져 있으며, 일본과 한국에서는 대마 관리법으로 규제
구토, 설사, 위장염, 용혈, 혈압 저하, 호흡 곤란, 경련, 의식 장애, 동공 확대, 심장마비, 죽음에 이르기도 함	도라지 뿌리는 한방약으로 사용
쿠마린 중독(혈액 응고 부전, 출혈)	
구토, 설사, 복통, 갈증, 침흘림, 피부 자극	
침흘림, 구토, 구강의 작열감, 위장염, 근육 떨림, 경련, 호흡 곤란, 혼수, 죽음에 이르기도 함 경과가 아주 빠른 것이 특징	줄기가 1미터 이상인 대형 식물로, 뿌리줄기에는 죽순 비슷한 마디가 존재, 봄철의 어린잎일 때는 고추냉이나 미나리와 혼동하기 쉬움

주요 유독 물질 ②

과	독성 식물	유독한 부분
철쭉과	진달래(네덜란드 철쭉, 서양 철쭉), 마취목, 동백, 영산홍, 석남, 철쭉	잎, 꽃(화밀)
노루발과	노루발풀(가회톱)	모든 풀
대극과	아주까리(피마자), 등대풀, 포인세티아, 검양 옻나무	줄기(수액), 잎, 씨앗
굴거리나뭇과	굴거리나무	잎, 나무껍질
운향과	운향(붓순나무, 계수나무), 상산	모든 풀(운향), 잎(상산)
멀구슬나뭇과	멀구슬나무	나무껍질, 과실
목련과	목련(매그놀리아, 자목련, 산앵도나무)	나무껍질
붓순나뭇과	붓순나무	과실, 나무껍질, 잎, 씨앗
주목과	주목(산달래)	씨앗(과육은 무독), 잎, 나무 몸체
고란초과	고사리	지상 부위, 뿌리줄기
때죽나뭇과	때죽나무	열매의 껍질
협죽도과	협죽도	나무껍질, 뿌리, 가지, 잎
양귀비과	애기똥풀, 양귀비, 금낭화, 죽자초(마클레아이아)	모든 풀, 유액
석류과	석류	나무껍질, 뿌리껍질
천남성과	엘리펀트 이어(칼라, 안수리움, 칼라듐), 반하, 알로카시아, 토란, 창포, 스파티필룸, 디펜바키아, 필로덴드론, 천남성	잎, 줄기, 뿌리줄기
서향과	서향, 삼지닥나무	모든 풀
소철과	소철	씨앗, 줄기
마디풀과	대황(약용 대황), 식용 대황(루바브), 여뀌	잎, 여뀌는 특히 씨앗
노박덩굴과	사철나무	잎, 나무껍질, 과실
파초과	극락조화	모든 풀
작약과	모란(야생 귤), 작약, 산작약(들작약)	뿌리, 유액
콩과	미선콩(노랑루핀), 금사슬나무, 아까시나무, 등나무	모든 풀, 씨앗

중독 증상	비고
구강 내의 작열감, 침흘림, 구토, 설사, 근력 저하, 시력 장애, 느린맥박, 부정맥, 혈압 저하, 호흡 곤란, 소화기 증상은 몇 시간 안에 발생, 섭취량이 많으면 며칠 만에 사망	철쭉과 식물은 정원에 많다
혈관 확장에 의한 혈압 저하	모든 풀을 건조시킨 것을 생약에 사용
피부염, 구강의 작열감, 구토, 설사, 복통, 혈압 상승, 현기증, 경련, 아주까리는 신경 장애, 호흡 곤란, 신부전, 죽음에 이르기도 한다	아주까리의 씨앗에 함유된 인산은 특히 맹독이며 사람이라도 서너 알이면 치사량이다. 포인세티아의 수액에 의한 피부염은 사람에게 많이 발생
구토, 설사, 복통, 간 장애, 황달, 마비, 죽음에 이르기도 한다	
구토, 손발의 경련, 마비, 피부염(상산)	운향은 붓순나무과의 붓순나무와 유연 관계는 아니지만 모든 풀이 유독. 상산은 소취목이라고도 쓰듯이 잎에 특유의 냄새가 있다
침흘림, 구토, 설사, 격렬한 위염, 운동 실조, 경련, 호흡 정지, 심정지, 섭취 몇 시간 사이에 증상 발현	사람, 동물 모두에게 사망 사고가 발생
근육의 이완, 마비	꽃은 한방약에도 사용
구토, 설사, 현기증, 깊은 수면, 혈압 상승, 호흡 곤란, 전신 경련, 침흘림	불당에 바치는 나무로 알려져 있으며, 잎으로 가루향이나 선향을 만듦, 독성이 강함
메스꺼움, 구토, 복통, 동공 확대, 근력 저하, 호흡 곤란, 부정맥, 경련, 돌연사	
빈혈, 만성 쇠약, 운동 실조, 부정맥, 혈뇨, 죽음에 이르기도 한다	햄스터나 기니피그에게 방광 종양이나 출혈성 방광염을 유발
구강과 목구멍의 자극, 위의 짓무름, 용혈 작용	과피가 몹시 쓰고 아린 맛이 난다
피부 부스럼, 구강의 통증, 구토, 설사, 복통, 느린맥박, 부정맥, 때로 고칼륨 혈증, 심장 마비	
구토, 위장염, 체온이나 맥박의 저하, 환각, 호흡 곤란, 죽음에 이르기도 한다	양귀비는 일반적으로 재배가 금지되어 있지만 양귀비과 식물은 주변에서 볼 수 있는 것도 있다
구토, 설사, 위염, 현기증, 운동 실조, 정신 혼란, 실신, 중추 신경 마비	
피부 부스럼, 구강과 목구멍의 염증, 침흘림, 구토	수산 칼슘을 함유하여 유해하지만 자극이 강해서 다량 섭취하는 예는 드물다. 식용 토란을 생으로 먹으면 중독을 발생
구강 내의 물집과 부종, 침흘림, 구토, 복통, 설사, 신부전	
섭취 후 12시간 이내에 발병, 구토, 복통, 간 부전(황달, 응고 장애), 신부전, 운동 실조, 기면, 혼수, 경련, 죽음에 이르기도 한다	발암성, 기형 유발 물질이 있다
대황류는 구토, 설사, 황달, 간 부전, 신부전, 부정맥, 저칼슘 혈증, 여뀌는 혈압 저하, 피부 자극	대황의 뿌리줄기를 건조한 것은 한방약인 대황(약한 설사제)이 됨, 식용 대황(루바브)의 잎자루는 잼, 여뀌의 잎은 버들여뀌 식초의 재료로 사용, 대황이나 식용 대황의 잎에는 수산염이 있으므로 먹으면 중독 발생
구토, 설사, 손발의 부기, 마비	
구토, 설사, 복통	
피부의 부스럼(유액), 구토, 위장 장애, 혈압 저하	모란, 작약의 뿌리(근피)는 한방약으로 사용, 그대로 먹으면 중독 발생
구토, 복통, 침흘림, 발한, 혈압 상승, 운동 실조, 호흡 부전, 죽음에 이르기도 한다	

장애, 호흡 곤란, 착란, 경련, 혼수 등이 보이며 사망하기도 한다. 며칠 또는 몇 주 후에 인지 저하나 성격 변화 등을 일으키기도 한다. 치료는 100퍼센트 산소를 되도록 빨리 흡입하게 한다. 일산화 탄소 헤모글로빈의 반감기는 4~5시간인데 100퍼센트 산소를 흡입하게 하면 약 80분이 된다. 사람의 일산화 탄소 중독에는 고기압 산소 요법도 시행한다.

●비소

비소는 천연에서는 황비철석(철과 비소의 황화 광물)이나 계관석 등의 성분 하나로 존재한다. 구리나 아연 등을 정련할 때도 발생한다. 채굴장 근처의 토양이나 지하수가 오염되어 있거나 정련할 때 분진을 흡입하면 중독이 일어난다. 그 밖에 가까운 예로는 제초제나 살충제, 쥐약, 방부제, 반도체 재료, 더 나아가 심장사상충증 치료제(성충 퇴치제) 등으로도 이용되고 있다. 급성 중독이면 구토나 복통, 쇠약, 운동 실조, 물 같은 설사, 쇼크, 신장 장애를 나타내며, 사망하기도 한다. 만성 중독이면 식욕 부진이나 피부염, 각화증, 호흡 촉박, 호흡 곤란, 신장 장애 등이 보인다. 치료하려면 구토 유도나 위세척하고, 활성탄 등의 흡착제나 설사제를 투여한다. 수액이나 금속 제거제의 투여, 페니실라민의 내복 등도 이루어진다.

●보툴리누스 중독

보툴리누스균이 생성하는 신경 독소가 원인이 되어 발병하는 식중독이다. 보툴리누스균은 상한 식품이나 썩어 문드러진 생고무에 존재한다. 타입 C1은 개에게 많이 보고되는 독소다. 증상은 독소가 함유된 음식을 먹은 후, 몇 시간에서 며칠 이내에 발생한다. 보툴리누스 중독에서는 마비 증상이 뒷다리부터 머리 쪽을 향해서 퍼져 간다. 확진하려면 원인으로 추정되는 음식에서 보툴리누스균을 분리 동정한다. 가벼운 신경 증상은 대부분 자연스럽게 회복된다. 그러나 중증에서는 항독소를 투여하여 마비의 진행을 억제해도 치료 전에 일어난 신경 장애는 회복시킬 수 없다.

●마카다미아 너트

껍질이 붙은 견과류를 쉽게 구할 수 있는 하와이에서 알려진 중독이지만 조건이 갖춰지면 어디서나 일어날 수 있다. 이 중독은 다량의 마카다미아 너트를 섭취함으로써 발병하는 것으로 알려져 있다. 단, 중독을 일으키는 성분은 아직 알지 못한다. 중독 증상은 급성이며, 섭취 후 상당히 빨리 발병한다. 증상으로는 다양한 정도의 운동 실조나 뒷다리의 불완전 마비, 고열 등이 생긴다고 알려져 있다. 단, 이들 증상은 치료하지 않아도 12~24시간이면 회복된다고 한다.

인공물 중독

철

공업 오염 물질로 발생하는 금속 가운데 중독의 원인이 되는 것으로는 철, 납, 아연, 카드뮴, 비소, 수은 등 많은 종류가 있다. 공업 오염 물질인 철에 의한 중독이 소동물에게 어느 정도의 빈도로 발생하는지는 명확하지 않지만, 식품이나 비료 등에 함유된 철로 쇼크 증상을 일으키기도 한다. 그러나 철 중독은 개와 고양이에게는 드물다고 한다. 가장 일반적인 원인은 철을 함유한 영양 보조 식품이다. 또한, 철은 식물 비료 조합제에도 존재하며, 개에게 중독을 일으키기도 한다.

증상 철의 과다 섭취는 위와 소장의 점막에 직접적인 부식 작용을 나타내며, 심각한 괴사나 천공, 복막염을 일으킨다. 중독 증상으로서는 구토나 설사, 졸음, 쇼크, 중추 신경계 억제, 위장 출혈, 대사산증, 심한 간 부전, 소변 감소증, 무뇨,

급성 신부전 등이 보인다.

진단 혈청 철 농도를 측정하는 것이 진단에 도움이 된다. 엑스레이 검사에서 소화관 내에 이물이 인정되기도 하며, 위 천공이 있다면 복수나 가스의 저류가 보인다.

치료 아나필락시스가 의심되면 그것에 대한 긴급 치료가 필요하다. 필요에 따라 전혈 수혈이나 탄산수소 나트륨을 투여한다. 원인 물질을 제거하기 위해 구토 유도제를 투여하고 흡수시키지 못하도록 수산화 마그네슘을 투여하거나 위세척한다.

납 중독

납에 의한 중독은 오래전부터 알려진 병이다. 그러나, 초기 증상이 구토나 식욕 부진 등 특이하지 않아서 확진까지 시간이 걸릴 때가 있다. 납 중독의 원인은 납을 함유한 페인트나 배터리, 땜납, 배관 재료나 부품 등의 폐기물, 골프공, 깔개, 장난감, 납으로 만든 창문용 추, 낚싯봉, 절연재, 산탄 등 다종다양하다. 납 중독이 가장 많은 것은 한 살 이하의 동물이다. 영구치가 날 때 가려워서, 또는 호기심이나 이식 습성 등으로 이물을 깨물어 삼키는 일이 많으며, 이것이 납 중독 발생 증가의 한 가지 원인이 되고 있다.

증상 납 중독 증상으로는 구토나 복통, 복부 긴장, 식욕 부진 등의 위장 장애와 신경 장애가 보인다. 일반적으로 다량의 납을 섭취하면 일어나는 급성증에서는 신경 증상이 많고, 저용량을 장기간에 걸쳐 섭취하면 위장 증상부터 신경 증상, 그리고 뼈에 이상한 소견이 보인다.

진단 혈액 검사로 빈혈, 유핵 적혈구나 호염기구의 출현으로 진단한다. 엑스레이 검사에서 납이 확인되기도 한다.

치료 납을 섭취한 직후여서 아직 흡수되지 않으면 황산 나트륨이나 황산 마그네슘 등의 염류 설사제를 경구 투여하여 납을 비수용성인 황산 납으로 변화한다. 구토 유도제의 투여나 관장, 그리고 금속 제거제를 투여한다.

황화 수소

황화 수소는 높은 독성을 가진 기체며 유황 온천이나 아스팔트 증기, 금속 정련 공장, 광산, 부패물, 비료 등에서 발생한다. 황화 수소는 공기보다 무거우므로 몸 높이가 낮은 동물에게 중독이 발생하기 쉽다는 것은 충분히 생각할 수 있다. 증상으로는 직접적인 점막 자극으로 침흘림증이나 안검 경련, 기침, 폐렴 등이 보인다. 호흡 촉박이나 메스꺼움, 구토, 착란, 경련, 혼수, 쇼크, 심정지 등을 일으키기도 한다. 중독을 일으키고 있는 동물은 황화 수소가 발생하는 현장에서 빨리 이동시키고 전신 증상이 보이면 각각의 증상에 따라 긴급 치료한다.

제초제

제초제에 의한 중독은 위장 증상 등을 나타낸다. 단, 사육 동물에게 심각한 제초제 중독이 발생하는 일은 드물지만, 사냥개처럼 바깥에서 운동하면 특수한 제초제 중독이 많이 보고되고 있다. 제초제에는 다양한 종류가 있다. 적절한 사용 방법으로 살포된 제초제로 사육 동물이 치명적인 중독을 일으키는 일은 거의 없다. 중증 제초제 중독은 제품을 직접 섭취함으로써 발생한다.

증상 페녹시계 제초제를 대량으로 섭취하면 식욕 부진, 기면, 근긴장, 대사산증이 생긴다. 또한, 트리아진계 제초제나 다이페닐 에테르계 제초제는 장기간에 걸쳐 섭취하면 중독이 일어나서 구토와 설사가 보인다. 한편, 잡초를 없애는 약품인 패러쾃에는 치명적인 폐나 신장에의 장애 작용이 있으며, 그 중독에서는 경련이나 과도 흥분, 운동 실조가 일어나며 점막의 짓무름이나 폐섬유증, 신부전이 발생하여 사망한다.

진단 사육 환경에 의심스러운 약품이 없는지, 또는 제초제 사용이 의심되는 장소에서 산책하지 않았는지를 확인한다. 원인으로 의심되는 제초제가 있다면 그것에 의한 중독 증상과 현재 증상의 유사성을 검토하여 진단에 참고한다.

치료 페녹시계 제초제 중독을 치료하는 데는 활성탄과 알칼리성 이뇨제를 사용한다. 패러쾃은 치명적인 중독이 되므로 활성탄 투여 이외에, 신장 장애나 폐부종을 예방하기 위해 적절한 약물을 준다. 단, 산소 공급은 병태를 악화하므로 해서는 안 된다. 그 밖의 제초제에 대해서도 위장 내의 원인 물질 제거를 위해 구토 유도제 투여 이외에, 활성탄 투여나 증상에 따른 대증 요법을 시행한다.

쥐약

쥐약으로는 와파린, 그리고 와파린과 유사한 약물이 널리 사용되고 있다. 이들 쥐약의 관리 불충분으로 개나 고양이가 잘못 먹어서 중독을 일으키는 예가 있다. 요즘은 와파린에 저항성을 나타내는 쥐도 출현했다. 원래의 쥐약을 제1세대 하이드록시쿠마린(와파린), 와파린 저항성 쥐에 유효한 쥐약을 제2세대 하이드록시쿠마린이라고 한다. 이들 쥐약은 혈액 응고를 저해하여 쥐를 죽이는 작용을 발현한다. 일반적으로 제1세대 쥐약은 지속적인 섭취로 치사량이 되며, 제2세대 쥐약은 한 번의 섭취로 치사량이 되게 만들어져 있다.

증상 혈액 응고의 저해 작용으로 외상 부위나 각종 점막에서 출혈하는 예가 있는데, 코 출혈이나 혈뇨, 혈변, 혈종 등이 언제나 나타난다고는 할 수 없다. 많이 보이는 증상은 호흡 곤란이나 기면, 식욕 부진이다.

진단 혈액 응고 상태를 검사한다. 진단적 치료로서 비타민 K_1을 투여하고 24시간 이내에 양호한 반응이 있다면 쥐약 중독을 의심한다. 쥐약이 의심되면 그 성분을 제조사 등에 문의하여 원인이라고 생각되는 항응고제를 신속하게 특정하는 것이 중요하다.

치료 증상이 중증이고 심한 빈혈이나 저혈량 쇼크가 보이면 수혈이 필요하다. 증상이 경도인 경우나 수혈로 증상이 개선 경향이 나타나면 비타민 K_1을 투여함과 더불어 안정을 유지하기 위해 케이지에서 쉬게 하고, 필요한 대증 요법을 시행한다. 치료 기간은 제1세대 와파린은 7~10일로 단시간이지만, 제2세대는 4~6주를 필요로 하기도 한다.

살충제

살충제에는 유기인계 카르밤산염계 약물이 있다. 유기인계 살충제에는 디클로르보스나 다이아지논, 테메포스, 피리다펜티온, 메트리포네이트(트리클로르폰), 페니트로티온 등이 있으며, 카르밤산염계 살충제에는 프로폭서 등이 있다. 사육 동물의 살충제 중독은 약제의 직접적인 섭취 이외에 부적절하게 폐기된 용기를 핥아서 일어나기도 한다. 외부 기생충 퇴치를 목적으로 체표에 과다한 양을 사용하거나 장기간 사용함으로써 중독을 일으키기도 한다.

증상 불안, 고통스러운 표정이나 행동, 다량의 침흘림, 빈뇨, 잦은 배변, 구토, 안면에서 전신으로 근육 떨림, 동공 수축, 경직성 경련, 기립 불능, 기관지 협착, 호흡 곤란, 혼수, 호흡 억제가 보이며 사망하기도 한다. 이들 중독 증상은 급성이면 약물과의 접촉 후 몇 분에서 2~3시간 만에 일어나며 지속 시간은 2~3분, 길어도 몇 시간 정도이다.

진단 이들 화합물은 동물의 체내에서 재빨리 대사 배출되므로 체내에 흡수된 약물을 검출하는 것은 현실적이지 않다. 혈액 중의 어떤 종류의 효소 활성을 측정하여 진단에 참고하는 것이 가능하다. 주변에 중독의 원인으로 의심되는 약제가 없는지 조사하거나 살충제 사용이 의심되는 지역으로 산책하지 않았는지를 확인하고, 그 화합물에 의한 중독 증상과 현재 보이는 증상의 유사성을 검토하는 것도 중요하다.

치료 유기인계와 카르밤산염계 살충제에 의한 중독은 급성의 긴급 질환이며, 중독 증상이 인정된 경우는 각각의 증상에 대한 신속한 조치가 필요하다. 이런 화합물의 섭취가 명확하다면 무증상이라 해도 구토 유도제와 함께 활성탄을 경구 투여하고, 적어도 8시간은 계속 관찰한다. 활성탄 투여는 되도록 조기에 하는 것이 중요하다. 그 밖에 아트로핀이나 아세틸콜린에스테라아제 재활성화제, 디아제팜, 디펜히드라민 등의 투여를 검토한다.

유기 염소제

유기 염소계 살충제는 오서다이클로로벤젠이나 BHC, DDT, 클로르데인 등이 있는데, 환경 오염 문제 때문에 현재 그 대부분은 사용되지 않게 되었다. 그러므로 유기 염소제에 의한 중독은 거의 발생하지 않는다고 생각할 수 있다. 단, 농촌 지역의 옛 창고 등에는 처분되지 않은 유기 염소제가 남아 있을 수 있다. 급성 증상으로는 침흘림증이나 구토, 메스꺼움, 활동 항진, 과도 흥분, 협동 운동 실조, 근육 강직, 경련, 간질, 호흡 부전, 만성 증상으로는 식욕 부진이나 체중 감소, 여윔, 근육 떨림, 경련, 혼수가 보인다. 치료하려면 구토 유도제 투여나 위세척, 활성탄이나 염류 설사제, 항경련제 투여, 그 밖에 증상에 따라 대증 요법을 시행한다.

가정용품과 의약품 중독

수없이 많은 제품이 가정이나 작업장에서 사용되고 있지만, 대부분은 동물에 대해 비교적 안전하거나, 또는 일반적으로 접촉하는 일이 없다. 그런데도 가정용품은 동물이 만나는 중독의 주요한 원인이 된다. 여기서는 그것들을 전부 다룰 수는 없으므로 가정 내에서 만날 가능성이 높은 것을 다음 페이지에서 표로 제시한다. 동물에게 영향이 큰 것에 대해서는 예상되는 증상과 함께 알아 두면 유용하다. 그리고 개나 고양이는 보호자와 함께 생활하므로 보호자가 사용하는 약품을 잘못하여 섭취하는 일이 있다. 또한 부주의하거나 의도적으로, 사람을 위해 처방된 치료제가 개와 고양이에게 주어지기도 한다. 어떤 의약품도 대량으로 섭취하면 중독을 일으킨다. 특히 고양이는 약물에 대한 감수성이 높은 경향이 있다. 개와 고양이가 중독을 일으킬 가능성이 높은 약물과 그 중독 증상을 다음다음 페이지에서 표로 제시해 둔다. 치료에 대해서는 이어서 나올 〈동물의 중독에 대한 보호자의 대응〉을 참조한다.

동물의 중독에 대한 보호자의 대응

중독에서는 중독 물질의 섭취(섭식, 흡입, 접촉을 포함)에서 치료에 이르기까지의 시간적 경과가 예후에 커다란 영향을 준다. 그러므로 최초 발견자인 보호자는 당황하지 말고 침착하게 대응해야 한다. 여기서는 동물병원에서 진료받기 전에 보호자가 해두어야 할 일이나 진찰받을 때 신경 써야 할 일에 대해 이야기한다. 무엇보다 중독이 의심되면 원인 물질과 그것의 섭취량, 섭취 시각, 증상의 특징을 확인하여 서둘러 동물병원에 연락한다. 동물병원에 미리 정보를 자세히 전달해 둠으로써 더욱 신속하게 적절한 치료를 받을 수 있다. 중독을 일으킬 위험성이 있는 것을 동물 근처에 두지 않는 것이 중요하다. 비상시에 대비하여 옥시돌이나 탄산수소 나트륨 등을 상비해 두면 좋다.

원인 물질

중독 치료의 첫발은 원인 물질을 특정하는 것이다. 조기에 원인 물질을 특정할 수 있다면 해독제의 사용 등으로 빨리 회복할 수 있는 예도 있다. 원인 물질은 특징적인 증상이나 검사 결과로 추정할 수 있는 때도 있지만, 보호자로부터 적절한 정보를 얻으면 가장 빨리 특정할 수 있다. 여기서는 원인 물질을 특정할 수 있는 경우와 특정할 수 없는 경우에 대해서 대응법을 이야기한다. 개나 고양이가 섭취한 현장을 목격하는 등 중독의 원인 물질이 명백한 경우는 반드시 그 물질명(상품명)과 성분을 확인하기를 바란다. 중독될 위험성이 있는지는 성분에 따라 판단하지만, 상품명에서 성분을 조사할 수도 있으므로 확인한 내용을 되도록 자세히 동물병원에 전달한다. 그리고 연락 후에는 병원의 지시에 따라 신속하게 진찰받는다. 동물병원에서 진찰받을 때는 성분을 특정하기에 이른 자료(포장, 용기 등 중독 물질을 특정하는 데 도움이 되는 것이라면 무엇이든 좋다)를 잊지 말고 가져간다. 증상(다음에 나올 〈증상〉 참조)에서 중독이 의심되지만 원인 물질을 특정할 수 없으면 현재의 증상을 동물병원에 알린다. 연락 후에는 병원의 지시에 따라 신속하게 진찰받는다. 정확히 알 수 없는 원인 물질을 특정하느라 시간을 보낼 필요는 없다.

섭취량과 섭취 시각

중독 물질을 섭취했다고 해서 반드시 중독 증상이 나타난다고는 할 수 없다. 중독 증상이 나타나려면 섭취량과 섭취 후의 경과 시간이 크게 영향을 미친다. 섭취량이 적고 몇 시간이 지나도 아무 증상도 보이지 않는다면 큰 탈이 생기지 않는 예도 있다. 중독되는 양을 섭취했다 해도 섭취한 뒤로 시간이 많이 지나지 않으면 중독 물질을 체외로 배출시키거나 씻어 냄으로써 중독의 영향을 최소한에 그치게 할 수 있다. 섭취량과 섭취 시각은 보호자밖에 모르는 정보이므로 되도록 정확한 정보를 제공할 수 있도록 한다. 섭취량과 섭취 시각이 명백할 때는 그 정보를 동물병원에 정확하게 전달하고, 명백하지 않을 때라도 추정할 수 있다면 대략의 양과 시각을 전달한다. 섭취량을 추정하기 곤란하다면 포장 용기 내의 잔량이라도 상관없다. 섭취한 양과 시각이 불분명한 경우는 어느 무렵까지 건강했는지(증상이 나타나지 않았는지)를 동물병원에 알린다.

증상

중독 물질이 체내에 들어오려면 섭식, 흡입, 접촉 등의 경로가 있으며, 섭식한 경우는 소화관을 통해서, 흡입한 경우에는 호흡기를 통해서, 접촉한 경우는 피부나 점막을 통해서 독성 물질이 흡수된다. 섭취 후 별로 시간이 지나지 않으면 소화기 증상(구토, 설사, 식욕 부진 등), 호흡기 증상(기침, 콧물, 호흡 곤란 등), 피부 증상(발적, 열감, 통증 등)과 같이 섭취 경로와 연관되어 증상이 보인다. 그러나 어떤 경로로 흡수된 경우라도 중독 물질이 일단 혈액 중에 들어가 버리면 다양한 장기에 영향이 미치고 복잡한 전신 증상이 나타나므로, 증상을 보고 중독이라고 판단하기가 더욱 어려워진다. 예를 들어 어느 날 아무런 전조도 없이, 동물이 갑자기 침을 흘리고 비틀거리며 일어서지 못하거나 경련하는 등의 증상을 보인다면 어떻게 대응하면 좋을까?
이들은 중독, 심장 발작, 뇌전증 등에서도 일반적으로 보이는 증상이며, 이들 모두는 동물병원에서의 치료가 필요하다. 그러나 큰 소리로 울거나 도와서 일으켜 세우려고 안아 올리면 안 된다. 우선 보호자가 침착해지자. 그리고 동물의 상태를 관찰한다. 동물이 쓰러진 채로 전혀 움직이지 않는지, 호흡하고 있는지, 머리를 들어 올릴 수 있는지, 어디선가 피를 흘리고 있는지 등을 자세히 관찰한다. 바로 이어서 각각의 증상에 대해 곧바로 동물병원으로 데려가야 하는지, 시간에 여유가 있어 증상을 잘 관찰한 다음 동물병원에 데려가야 하는지, 특별한 치료는 하지 않더라도 지속적인 관찰이 필요한지로 나누어서 주의점이나 방법을 설명한다.

●쓰러져 있다

가장 긴급한 상태다. 동물이 이런 상태가 되는 것은 교통사고나 심장 발작, 뇌전증 발작, 독성 물질에 의한 중독, 열사병 등 다양한 원인을 생각할 수 있다. 침착하게 동물의 상태를 잘 관찰하고 곧바로 가까운 동물병원에 연락하고 데려간다. 교통사고를 당해 척추가 손상되었을 때에는 들어 올리려고 무리하게 몸을 움직이면 좋지 않은 경우도 있으므로 커다란 동물이면 널빤지를 들것 대신으로 사용하여 운반하면 좋다.

●호흡하지 않는다

동공이 크게 열려 있거나 몸이 딱딱하게 경직되어 있다면 이미 늦었으며, 바로 동물병원으로 데려가더라도 살리기 힘들 수 있다.

●깊고 천천히 헐떡거리는 듯이 호흡한다

10초에서 몇십 초에 한 번의 비율로 깊고 큰 호흡을 하고 있으면 대단히 위험한 상태다. 곧바로 가장 가까운 동물병원으로 데려가서 구명 조치를 하면 살릴 수 있기도 하지만, 이미 늦은 경우도 있다.

●경련을 일으킨다

사지를 쭉 뻗은 상태로 경련을 일으키고 있을 때는 2~3분 동안 그대로 상태를 본다. 그사이에 경련이 가라앉으면 곧바로 동물병원으로 데려간다. 3분 이내에 가라앉지 않을 때는 더 이상 기다리지 말고 그대로 동물병원으로 데려간다. 옆으로 누워서 헤엄치듯이 사지를 허우적거린다면 사고에 의한 뇌 장애일 가능성이 있다. 무리하게 몸을 움직이지 않도록 주의하고 널빤지 등을 들것 삼아 그 위에 눕혀서 동물병원으로 데려간다. 경련이 심하면 호흡하지 못하게 되어 사망하기도 한다. 경련을 일으키고 있는 동물을 만질 때는 충분히 주의한다. 평소에는 얌전한 개나 고양이라도 커다란 고통이 있고 의식이 흐려져 보호자를 무는 경우가 있다.

●상반신은 일으켜 세우고 있지만 하반신은 힘없이 옆으로 누워 있다

사고에 의한 척추 손상이나 골반 골절일 가능성이 있다. 무리하게 몸을 움직이지 않도록 충분히 주의하고, 널빤지 등을 들것 삼아 동물병원으로 데려간다.

●출혈이 심하다

피를 흘리고 있는 부위를 확인하고, 천으로 그 부위에서 심장 쪽으로 단단히 동여맨다. 출혈이 멎었거나 거의 출혈하지 않게 된 것을 확인하고 동물병원으로 데려간다. 지혈시킬 수 없다면 서둘러 동물병원으로 데려간다.

●웅크리고 앉아 움직이지 않는다

이 상태도 긴급을 요한다. 〈쓰러져 있다〉와 마찬가지로 여러 가지 원인을 생각할 수 있지만, 시간이 경과하면 살릴 수 없는 때도 있다. 동물의 상태를 잘 관찰하고 되도록 빨리 동물병원으로 데려간다. 이런 상태일 때는 통증 등의 대단히 큰 경우도 있으니 동물을 만질 때는 물리지 않도록 충분히 주의한다.

●구토한다

사람보다 개와 고양이는 잘 토한다. 구토에는 생리적이라고 부를 수 있는 것에서 긴급을

중독이 원인이 되는 주요 가정용품

용품 종류	성분	중독 증상	치료
수채화 도구	안료, 활석(탤크), 아라비아고무, 글리세린	일반적인 수채화 물감은 급성 중독을 일으키지 않지만 대량으로 복용하면 구역질, 구토, 설사 등의 가능성 있음	일반적인 중독에 대한 치료, 대증 요법
유화 도구	안료(납, 아연, 카드뮴, 수은 등의 중금속을 함유한 제품 있음), 체질 안료(활석 등), 전색제(파라핀, 식물유 등), 첨가제	보통 수준에서는 잘못 먹어도 거의 증상이 나타나지 않지만 대량 복용하면 메스꺼움, 구통, 복통, 설사 드물게 안료에 의한 중금속 중독을 일으키기도 함	일반적인 중독에 대한 치료, 대증 요법, 피나 소변에 섞인 중금속을 측정
양이온성 세제	알킬 또는 알릴 치환제를 갖는 4급 암모늄	구토, 답답함, 허탈, 혼수, 식도에 부식성 장애	우유 또는 활성탄의 경구적 투여, 비누도 효과 있음, 필요에 따라 발작과 호흡 억제 치료
음이온성 세제	황산 화합물, 인산 화합물	피부 자극, 구토, 설사, 위장 확장	물 또는 식초로 씻어 냄
하수구 세정제	수산화 나트륨, 때로 차아염소산 나트륨	피부와 점막의 염증, 부종, 괴사 입, 혀, 인두부의 열상, 물약에 의한 식도의 괴사와 협착	물, 우유, 또는 식초로 국부를 씻어 냄 구토 유도제 투여와 위세척은 불가, 희석 아세트산 또는 식초를 경구 투여, 쇼크와 통증에 대한 외과 치료가 필요한 경우도 있음
풀	전분, 폴리비닐 알코올, 방부제	대량이면 메스꺼움, 구토, 설사 등	대증 요법
매직잉크(유성)	크실렌, 알코올, 안료, 천연수지	두통, 현기증, 운동 실조, 알코올에 의한 마취 작용 상태, 의식 장애, 호흡 곤란, 폐부종, 심실 잔떨림에 의한 부정맥, 구강과 위의 작열감, 구역질, 구토, 침흘림, 목이 쉼, 혈뇨, 단백뇨	필요하다면 칼슘 투여, 구토 유도는 금기, 기관 내 관을 삽입, 흡착제 투여
비료	요산, 암모늄염, 질산염, 인산염	요소와 질산염은 위가 하나인 소동물에 대해서는 독성이 낮음, 요소는 초식 동물의 맹장과 결장에서 암모니아를 방출, 암모늄염은 위장 자극과 전신적 산증을 유발, 고농도의 염류는 구토와 설사 발병, 이뇨	흡착제(활성탄)와 점활제 투여, 이뇨에 의한 탈수에 대해서는 수액
폭죽	산화제(질산염, 염소산염), 금속(수은, 안티몬, 구리, 스트론튬, 바륨, 인)	복통, 구토, 피 같은 변, 얕고 빠른 호흡, 염소산염에 의해 메트헤모글로빈 혈증	구토 유도제 투여, 위세척, 메트헤모글로빈 혈증에는 메틸렌 블루(고양이에게는 불가) 또는 비타민 C를 투여, 판명되었다면 금속 중독에 대한 치료
소화제(액상)	클로로브로모메탄, 브롬화 메틸	피부와 눈의 자극, 눈물흘림, 침흘림, 구토, 시력 장애, 현기증, 불완전 마비, 혼수, 폐부종, 간과 신장 장애, 산증	비누와 물로 세정, 구토 유도제 투여와 위세척은 불가, 폐부종, 신부전, 산증, 폐렴의 치료
순간접착제	알파-시아노 아크릴라이트 단위체(용매 함유하지 않음)	입으로 들어가면 바로 입안이나 혀에 달라붙어 회백색의 반점을 만든다, 인두나 식도에 달라붙는 일은 거의 없다	경구일 때: 보통은 치료할 필요는 없지만 구강 안을 물로 헹구며, 삼켰어도 문제는 없다 피부에 접착할 때: 미지근한 물이나 아세톤 등으로 조금씩 문질러서 떼어 낸다 눈에 들어갔을 때: 물로 곧바로 눈을 씻어 내고 점안액을 넣고 안대를 해둔다, 약 24시간 지나면 안구에서 떨어져 나오므로 제거할 수 있다(눈을 비비지 않는다)

용품 종류	성분	중독 증상	치료
연료	석유계 탄화수소, 알코올, 등유, 가솔린	조기에는 중추 신경계 억제, 자기가 있는 곳에 관해 알 수 없음, 괴사, 점막에의 자극, 폐렴, 간과 신장 장애	위세척은 피하거나 흡입을 막는 특별한 주의를 기울인다, 폐렴 치료
성냥	염화 칼륨	위장염, 구토, 염소산염은 청색증과 용혈을, 더불어 메트헤모글로빈 혈증을 유발	대증 요법, 헤모글로빈 혈증에는 메틸렌 블루(고양이에게는 불가) 또는 아스코르브산(비타민 C)을 투여
세탁용 표백제	차아염소산 나트륨	점막과 눈에 대한 자극과 부식, 증기 흡입에 의해 인두 경련, 인두 부종, 폐부종. 경구 중독에 의한 구토	피부를 대량의 물로 세정, 구토 유도제 투여와 위세척은 불가, 식초도 사용 불가, 수산화 알루미늄 경구 투여, 티오황산 나트륨 경구 투여로 차아염소산을 해독
건조제	실리카겔	구강 내나 소화관의 자극, 짓무름, 출혈	섭취하면 구토 유도 치료, 우유와 주스를 투여한 후 위세척한다
역성 비누	생석회	눈에 들어가면 충혈, 부종, 각막 궤양을 일으키고 실명함	흐르는 물이나 붕산수로 충분히 씻어 낸다
섬유 유연제	염화 벤잘코늄	마시면 구토, 복통, 혈압 저하, 착란, 경련, 혼수가 보인다, 중증에서는 호흡 곤란이 일어나 질식사한다, 소화관에 천공이 생겨 쇼크사 하기도 한다	우유, 달걀흰자를 투여하여 기도를 확보한 후 위세척한다, 안일하게 물을 마시게 하여 구토시키면 거품이 생겨 호흡 곤란이 된다
소독용 알코올	에틸알코올	협조 운동 장애, 피부 충혈, 구토, 말초 혈관 허탈과 혼수로 진행, 저체온	위세척 또는 구토 유도, 알코올의 배출 촉진을 위해 소변의 알칼리화를 시도, 중증 예에는 투석
녹 제거제	산(염산, 인산, 불화 수소산, 수산)	피부 열상, 결막 부종, 공막에 흉터 형성	물로 씻어 내고 필요하다면 털을 깎는다, 경구 섭취에 대해서는 구토 유도제 투여와 위세척은 불가, 수산화 마그네슘의 경구 투여
샴푸	황산 라우릴, 황산 도데실, 황산 트리에탄올아민	눈 자극, 점액 분비 항진, 설사	염류 설사제 투여, 활성탄 내복
샴푸(비듬 제거용)	피리딘티온 아연	망막 박리와 삼출성 맥락 망막염을 동반하는 진행성 시력 상실	경구적 무독화 요법
구두 광택제	아닐린 염료, 니트로벤젠, 테르펜	아닐린과 니트로벤젠에 의한 메트헤모글로빈 혈증 유발(성냥 항 참조)	연료 항 참조 메트헤모글로빈 혈증 치료는 성냥 항 참조
선크림	알코올	소독용 알코올 항 참조	소독용 알코올 항 참조
향수	여러 종류의 휘발유를 함유한 향료 진액(운향, 쑥국화, 향나무, 히말라야삼나무)	피부와 점막의 국소 자극, 폐렴, 알부민요, 혈뇨, 당뇨를 동반하는 간과 신장 장애, 흥분, 운동 실조, 혼수, 숨결에 휘발유 냄새	탄산수소 나트륨 희석액으로 위세척, 염류 설사제와 점활제 투여
제설제	염화 칼슘	피부의 홍반과 박탈, 구토, 설사, 위장 궤양 형성, 탈수, 쇼크	국소를 찬물로 세정, 물 또는 달걀흰자를 경구 투여
초콜릿(일반적인 개의 경우)	테오브로민	초기에는 흥분, 신경 장애, 신경 쇠약, 갈증, 구토, 급성 예에서는 활동 과다, 운동 실조, 설사, 이뇨, 중증 예에서는 간헐성 경련, 고온증, 돌연사	구토 유도제(아포모르핀) 투여, 위세척, 활성탄 투여
보랭제	황산 암모늄	마시면 구토, 설사	구토를 유도한 후 대증 요법을 시행
탈취제	염화 알루미늄	구강 자극 또는 괴사, 출혈성 위장염, 때로 협조 운동 장애, 콩팥증(신장증)	구토 유도제 투여, 위세척

용품 종류	성분	중독 증상	치료
나프탈렌	파라다이클로로벤젠	구토, 창백, 잦은맥박, 메트헤모글로빈혈증, 중증 예에서는 경련을 포함한 중추 신경계 증상	구토 유도 불가, 섭취 1시간 이내이며 독소의 양을 판단할 수 있을 때만 위세척, 활성탄, 염류 설사제의 투여
담배	니코틴	흥분, 구토, 침흘림, 설사. 호흡 촉박 후에는 방뇨나 침흘림. 대량 섭취하면 떨림과 경련 때문에 기립불능, 말기에는 호흡이 얕고 빨라지며 잦은맥박, 허탈, 혼수를 거쳐 사망	섭취 1시간 이내라면 구토 유도제 투여, 그 이후는 위세척 활성탄의 반복 투여, 염류 설사제 투여, 부교감 신경 증상에는 아트로핀을 투여
마카다미아 너트(주로 개에게 발생)	올레인산, 팔미톨레산(불포화 지방산)	허탈, 침울, 구토, 운동 실조, 떨림, 고열, 모든 개는 48시간 이내에 회복	

개에게 발생하는 주요 약물 중독

약물 분류	약물	중독 증상
진통제	아스피린	출혈성 장애
	메클로페남산-코르티코스테로이드	설사, 위장 출혈, 죽음에 이르기도 한다
	페닐부타존	빈혈, 백혈구 감소증, 혈소판 감소증, 구토, 출혈성 장염, 코 출혈, 간 효소치 증가, 죽음에 이르기도 한다
중추 신경 억제제	아세틸프로마진	이상 행동, 공격성 증대, 불안, 주사를 맞은 다리의 지행성, 작용 연장, 호흡 부족, 느린맥박, 창백, 발작, 실신, 약한 부정맥, 방뇨, 배변
	부톨파놀	진정, 운동 실조, 침흘림, 헐떡임, 비명, 구토, 우울, 식욕 부진, 호흡 정지, 심정지, 아나필락시스, 청색증, 죽음에 이르기도 한다
	펜타닐 드로페리돌	행동 변화, 지행, 운동 실조, 고체온, 공격성, 발작, 느린맥박, 작은맥박, 과호흡, 무호흡, 근육 떨림, 과호흡, 지나친 흥분, 운동 항진, 눈떨림, 심정지, 죽음에 이르기도 한다
	에틸 이소브트라진(다이쿼트)	지나친 흥분
	할로탄	부정맥, 악성 고체온, 눈떨림, 사경, 구토
	케타민	경련, 청색증
	리도카인	인두 부종, 안면 부종, 호흡 정지, 발작, 운동 실조, 근육 떨림
	메톡시플루레인	심정지, 2주 후에 간염, 죽음에 이르기도 한다
	옥시몰폰	느린맥박
	프로클로르페라진-아이소프로파미드	잦은맥박
	프로마진	우울, 저혈압, 고체온. 죽음에 이르기도 한다
중추 신경 억제제	티아밀랄	심정지, 호흡정지, 마취 연장, 청색증, 무호흡, 부정맥, 느린맥박, 일과성 청력 상실, 회복 지연, 죽음에 이르기도 한다
	티오펜탈	심정지, 회복 지연, 폐부종, 주사 부위가 썩어 들어감, 죽음에 이르기도 한다
	자일라진	광폭성, 느린맥박, 심정지, 죽음에 이르기도 한다
항경련제	페니토인	운동 실조, 간 독성, 백혈구 감소증, 구토, 혼수, 죽음에 이르기도 한다
	프리미돈	간 부전, 황달, 구토, 탈모, 다음다갈증, 다뇨, 죽음에 이르기도 한다

약물 분류	약물	중독 증상
구충제	아레콜린-4염화에틸렌	동공 확대, 운동 실조, 구토, 설사, 급경련통, 보행 불능, 답답함, 저체온
	부나미딘	호흡 곤란, 운동 실조, 구토, 쇠약, 복부에 가스 팽만, 위장염, 폐출혈, 발작, 돌연사하기도 한다
	메타미졸	호흡 곤란, 운동 실조, 근육 떨림, 허탈, 혼수, 답답함, 황달, 주사 부위 부기, 농양 형성, 죽음에 이르기도 한다
	n-부틸클로라이드	지각 마비, 운동 실조, 죽음에 이르기도 한다
	부틸히드록시 톨루엔	협조 운동 장애, 경련, 구토, 동공 확대, 기면, 식욕 부진, 발열, 죽음에 이르기도 한다
	디클로르보스	설사, 구토, 운동 실조, 근육 떨림, 쇠약, 죽음에 이르기도 한다
	디에틸카르바마진	가려움, 쇠약, 구토, 설사, 황달, 유사 아나필락시스 반응, 죽음에 이르기도 한다
	디에틸카르바마진 시트르산염	설사, 구토, 불임, 기형 발생, 죽음에 이르기도 한다
	디사이아자닌 요오드	구토, 설사, 답답함, 불안, 고체온, 식욕 부진, 기면, 죽음에 이르기도 한다
	글리코비아르졸	구토
	레바미솔	호흡 곤란, 폐부종, 구토
	메벤다졸	황달, 구토, 식욕 부진, 설사, 기면, 간 기능 부전, 죽음에 이르기도 한다
	피페라진	마비, 죽음에 이르기도 한다
	메트로니다졸	기면, 뒷다리 힘이 없어짐
	프탈로파인	간염, 비장염, 운동 실조. 죽음에 이르기도 한다
	프라지콴텔	주사 부위 자극, 쇠약, 느린맥박, 발작, 구토, 운동 실조
	론넬	구토, 단일 수축(연축), 답답함
	파라다이클로로벤젠 설폰산	구토, 설사, 장염, 아나필락시스, 출혈성 장염, 간 출혈, 발작, 호흡 곤란, 청색증. 죽음에 이르기도 한다
	티아세타르사미드	구토, 황달, 빌리루빈뇨, 간 효소치 증가, 답답함, 식욕 부진, 기침, 신부전, 주사 부위 부종, 탈모, 피부염, 출혈성 장애, 죽음에 이르기도 한다
	톨루엔	허탈
	트리클로르폰	식욕 부진, 쇠약, 기면
	프로페노포스	구토, 설사, 죽음에 이르기도 한다
호르몬제	베타메타손	쇼크, 다음다갈증, 다뇨
	덱사메타손	다음다갈증, 다뇨, 구토, 설사, 피 같은 설사, 흑색변, 헐떡임,
	프레드니솔론	식욕 부진, 다식, 이상 식욕, 빈혈, 기면, 설사, 다뇨, 간 효소치 증가
	메틸프레드니솔론	환경 인식 장애, 헐떡임
	트리암시놀론	쿠싱 증후군, 구토, 답답함, 두드러기, 호흡 곤란, 발작, 쇼크
	에스트라디올 시피오네이트	주사 부위의 통증, 자궁 축농증
	메게스트롤 아세테이트	다식, 자궁 유수증, 자궁 무력증, 자궁 파열, 식욕 부진, 답답함, 죽음에 이르기도 한다
	미볼레론	간 기능 부전, 황달, 질 분비물의 증가, 행동 이상, 요실금
항균제	아목시실린	피부 발진, 구토
	암피실린	두드러기, 주사 부위의 염증, 구토, 설사

약물 분류	약물	중독 증상
항균제	바시트라신, 폴리믹신 B, 네오마이신	눈에 자극
	세팔렉신	헐떡임, 침흘림, 지나친 흥분
	클로람페니콜	구토, 답답함, 운동 실조, 설사, 죽음에 이르기도 한다
	겐타마이신	주사 부위의 염증, 구순 부종, 안검 부종, 음순 부종, 신 기능 부전
	헤타실린	구토
	린코마이신	구토, 무른 변, 설사, 근육 내 주사 후의 쇼크, 죽음에 이르기도 한다
	니트로푸란토인	구토
	페니실린 G 칼륨	호흡수와 심박수의 증가
	프로카인 페니실린 G	운동 실조, 부종, 호흡 곤란
	프로카인과 벤자틴 페니실린 G	무균성 농양, 아나필락시스
	설파클로르피리다진	운동 실조, 지나친 흥분
	설파구아니딘	각결막염
	설파메라진, 설파피리딘	구토, 호흡 곤란
	테트라사이클린	구토
	트리메토프림 설파다이아진	구토, 설사, 식욕 부진, 간 기능 부전, 황달, 간염, 양측성 각결막염, 주사 부위의 부기와 통증, 두드러기, 박탈 피부염, 안면 부종, 용혈 빈혈, 무형성 빈혈, 다음다갈증, 다뇨, 다발 관절염, 발작
기타	아미노프로파진	주사 부위 괴사
	아미노피린	구토, 식욕 부진, 다식, 다음 다갈증, 다뇨, 지나친 흥분
	아스파라기나제	운동 실조, 근탈력, 기면
	아트로핀	기이성 느린맥박, 심장 블록
	에데트산 칼슘	구토, 설사, 식욕 부진, 답답함
	나프텐 산동(국소용)	피부 열상
	디클로페나미드	환경 인식 장애
	디노프로스트 트로메타민염	헐떡임, 침흘림, 불쾌, 구토
	디곡신	구토, 식욕 부진
	에피네프린-필로카르핀(안과용)	결막염
	이부프로펜	답답함, 구토, 위궤양, 죽음에 이르기도 한다
	메트리자마이드	척수 조영 후의 발작
	네오스티그민-피소스티그민(안과용)	구토, 설사, 느린맥박, 파누스(각막이 비정상적으로 두꺼워짐)
	메틸 황산 네오스티그민	무호흡, 심정지, 죽음에 이르기도 한다
	피리도스티그민	설사, 구토
	정제하지 않은 황화 칼슘(국소용)	피부 열상, 부종, 탈수
	테오필린	설사

고양이에게 발생하는 주요 약물 중독

약물 분류	약물	중독 증상
진통제	아세트아미노펜	답답함, 죽음에 이르기도 한다
	아세트아미노펜 코데인	불안, 흥분, 공황, 동공 확대, 죽음에 이르기도 한다
	아스피린	답답함 또는 흥분, 운동 실조, 안구 진탕, 식욕 부진, 구토, 체중 감소, 과호흡, 간염, 골수 억제, 빈혈, 위장 장애, 죽음에 이르기도 한다
	페닐부타존	식욕 폐절, 체중 감소, 탈모, 탈수, 구토, 심한 답답함, 죽음에 이르기도 한다
중추 신경 억제제	아세틸 프로마진	작용 연장, 심정지, 과민, 경련, 죽음에 이르기도 한다
	케타민, 케타민 아세틸 프로마진	무산소증, 무호흡, 호흡 저하, 각성 불능과 지연, 근육 떨림, 경련, 흥분, 고체온, 호흡 곤란, 심정지, 방광과 신장의 출혈, 지방간, 폐부종, 난청, 죽음에 이르기도 한다
	할로탄	심정지, 무호흡, 쇼크
	메톡시플루레인	운동 실조, 죽음에 이르기도 한다
	티아밀랄	심정지, 호흡 정지, 무호흡, 마취 연장, 운동 실조, 쇼크, 죽음에 이르기도 한다
	자일라진	마취 연장, 무호흡, 경련
	프로파라카인	동공 확대
구충제	부나미딘	발작, 기침, 호흡 곤란, 폐울혈, 질식, 기면, 창백, 혼수, 침흘림, 식욕 부진, 발열, 저체온, 구강 상해, 혀 부종, 돌연사하기도 한다
	n-부틸클로라이드	구토
	부틸히드록시 톨루엔	운동 실조, 단일 수축(연축), 발작, 동공 확대, 환경 인식 장애, 뒷다리의 힘이 빠짐, 협동 운동 장애, 침흘림, 구토, 과호흡, 잦은맥박, 죽음에 이르기도 한다
	디클로로보스	죽음에 이르기도 한다
	글리코비아르졸	구토나 황달, 죽음에 이르기도 한다
	레바미솔	침흘림, 흥분, 설사, 동공 확대
	니클로사미드	답답함, 운동 실조, 저체온
	피페라진	구토, 인지증, 운동 실조, 침흘림
	프라지콴텔	주사 부위의 자극, 절뚝거림, 구토, 운동 실조, 저체온
호르몬제	메게스트롤 아세테이트	다식, 자궁 수종, 자궁 파열
	트리암시놀론	신경질, 침흘림, 환경 인식 장애, 실신
항균제	암피실린	설사
	아목시실린	구토
	암포테리신 B	신부전
	세팔렉신	구토, 발열
	클로람페니콜	유사 아나필락시스증 반응, 식욕 부진, 운동 실조, 구토, 답답함, 설사, 호중구 감소, 죽음에 이르기도 한다
	겐타마이신	가려움, 탈모, 홍반
	린코마이신	설사, 구토, 근육 내 주사 후의 허탈과 혼수
	테트라사이클린	악성 고체온, 구토, 탈수
	타이로신	주사 부위의 자극
	헥사클로로펜	식욕 부진, 운동 실조
	미코나졸	홍반, 탈모
	설피속사졸	구토
	트리메토프림 설파다이아진	구토, 침흘림, 동공 확대, 운동 실조, 발작

요하는 대단히 심각한 것까지 있으며, 침착하게 관찰하여 그것이 긴급을 요하는 것인지, 어느 정도 추측해 보는 것이 필요하다. 한 번 구토하는 것을 보았더라도 우선은 잠시 상태를 본다. 한 번 토했을 뿐, 그다음에는 활발하고 식욕도 있다면 특별한 조치가 필요 없는 경우가 대부분이지만, 하루에 몇 번씩 구토할 때나 다음과 같은 증상을 동반하면 동물병원을 찾아 구토의 원인을 알아보아야 한다. 하루에 몇 번이나 구토하고 기운과 식욕이 전혀 없다, 몇 번이나 구토하고 심한 설사가 동반된다, 몇 번이나 구토하고 고통스러운 듯이 부들부들 떨고 있다, 물을 마신 후나 먹이를 먹은 직후에 구토한다, 토사물이나 설사에 피가 섞여 있다 등 구토와 동반하여 이런 증상을 보이면 독성 물질에 의한 중독이나 장폐색, 식도 폐색, 급성 간염, 이물질의 흡입 등이 의심된다. 이런 상태에서는 시간이 경과하면 치명적이 될 수 있으므로 되도록 빨리 동물병원으로 데려가서 진찰받아야 한다. 한편, 이런 증상이 없으면 일단 사료의 양을 평소의 절반 정도로 줄이고 상태를 본다. 사람용 약을 함부로 먹이면 안 된다.

● 설사한다

이것도 구토할 때와 마찬가지로 사료의 갑작스러운 변경이나 익숙하지 않은 것을 먹은 것 정도에서 독성 물질 중독까지, 다양한 원인을 생각할 수 있다. 우선은 먹이를 주지 말고 상태를 관찰한다. 바로 설사가 멎고 기운이 있고 식욕도 있다면 치료할 필요는 없다. 그러나 기운과 식욕이 전혀 없다, 몇 번씩 설사하고 구토가 동반된다, 등을 둥글게 구부리고 떨고 있다, 물 같은, 또는 진흙 같은 설사가 1주일 이상 계속된다, 변의 색깔이 거무스름하다 같은 증상을 동반한다면 치료가 필요하므로 동물병원에서 진료받는다. 하지만 이런 증상이 없고 기운이 있으면 먼저 하루 24시간을 단식시킨다(단, 마실 물은 반드시 준다). 그리고, 다음 날 평소 먹는 양의 절반 정도를 주고, 그 이후에는 먹이의 양을 조금씩 늘려 간다. 이때, 평소에 먹는 먹이나 그것을 미지근한 물에 약간 불린 것을 준다. 소화하기 좋게

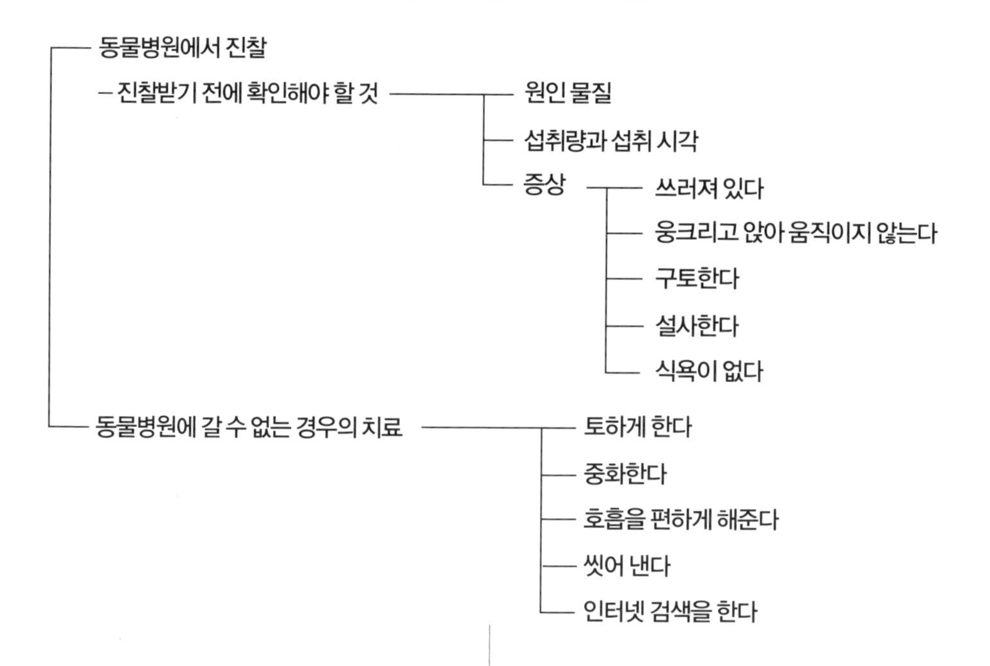

한다고 우유를 주거나 평소에 주지 않던 것을 주는 것은 역효과다. 또한 사람용 비상약을 함부로 주면 안 된다.

● 식욕이 없다

식욕은 동물의 건강 상태를 판단하는 데 가장 간단하고 중요한 지표다. 어떤 병이든 증상이 진행되면 식욕이 떨어지고 결국은 전혀 먹지 않게 된다. 환경의 변화나 여행 등 다양한 스트레스 때문에 식욕이 떨어지기도 한다. 사료가 바뀌거나 수컷 개의 경우는 주변에 발정기의 암컷 개가 있으면 먹지 않게 되기도 한다. 이처럼 식욕은 실로 다양한 요인과 관계하므로 동물이 건강하다면 우선은 하루 이틀 정도 상태를 본다. 단, 다음과 같은 증상이 있을 때 방치하면 병이 진행되어 위험한 상태가 되기도 하므로 되도록 빨리 동물병원에서 진료받는다. 기운이 없고 부들부들 떨고 있다, 걷고 싶어 하지 않는다, 조금밖에 먹지 않는 상태가 5일 이상 계속되고, 여위었다, 이틀 이상 전혀 먹지 않는다, 입안이 희끄무레하고 눈의 점막이 희끄무레하다, 심한 설사나 구토를 동반한다, 소변이 나오지 않는다, 호흡이 거칠다 등. 하지만 이들 증상이 없다면 일단은 무리하게 먹이를 주지 말고 잠시 상태를 지켜본다. 식욕이 약간 돌아오면 평소와 같은 사료를 조금씩 준다. 식욕이 없다고 해서 특별히 맛있는 것을 주는 것은 좋지 않다. 스트레스받고 있는 원인이 있다면 그것을 없애 주는 것도 중요하다.

동물병원에서 진료받을 수 없을 때

야간이나 휴일이라 동물병원과 연락을 할 수 없는 경우, 보호자가 집에서 할 수 있는 치료는 제한되어 있지만, 다음과 같은 것을 해볼 수 있다.

토하게 한다 부식성(강산성, 강알칼리성, 석유성 물질) 이외의 중독 물질을 섭식한 것이 명백하고 섭식 후 단시간(60분 이내)이라면 먼저 토하게 한다. 단, 의식이 없거나 경련을 일으킨다면 토한 것이 기도를 막을 위험성이 있으므로 토하게 해서는 안 된다. 토하게 하는 방법으로는 약국에서 판매되고 있는 옥시돌(2.5~3.5퍼센트 과산화수소수)을 체중 1킬로그램당 1밀리리터 정도 마시게 한다. 마시게 한 후에는 복부를 약간 압박하듯이 마사지하면 10분쯤 뒤에 구토한다. 이 치료는 반드시 토하지는 않으므로 토하지 않을 때는 한 번 더 마시게 하거나 뒤에서 언급하듯이 독성 물질의 흡수를 늦추는 치료를 한다.

중화한다 강산성이나 강알칼리성 물질을 섭취한 때에 토하게 하면 식도의 점막이 짓무를 위험성이 있으므로 토하게 해서는 안 된다. 강산성 물질을 섭취했다면 탄산수소 나트륨을, 강알칼리성 물질을 섭취했다면 식초나 감귤계 주스를 마시게 한다. 이 경우에도 동물이 의식이 없거나 경련을 일으키고 있다면 무리하게 마시게 해서는 안 된다.

흡수를 늦춘다 섭취한 물질의 흡수를 늦추기 위해 달걀흰자나 우유(개와 고양이용)를 마시게 한다. 이것들은 위벽을 보호하고 독성 물질의 흡수를 늦추는 작용이 있다. 단, 석유성 물질(등유, 휘발유, 시너, 벤젠 등)을 섭식한 경우는 반대로 독성 물질의 흡수량이 많아질 가능성이 있으므로 우유를 마시게 해서는 안 된다.

씻어 낸다 중독 물질이 피부에 묻거나 눈에 들어갔다면 흐르는 물로 여러 번 씻어 낸다. 이때 보호자는 중독 물질에 직접 닿지 않도록 장갑을 끼어야 한다.

인터넷 검색을 한다 섭취한 물질이 중독의 원인이 되는지 조사하고 싶은 경우나 섭취한 물질의 성분이나 성상을 조사하고 싶을 때는 인터넷에 〈중독〉을 검색하면 유용한 정보가 실려 있는 사이트를 발견할 수도 있다. 단, 인터넷상 정보의 확실성에 대해서는 각 사이트를 살펴본 후에 판단해야 한다.

영양 질환

영양과 영양소

모든 동물은 언제나 에너지를 소비하여 생명 활동을 하고 있다. 근육을 사용하거나 신경 세포가 흥분을 전달할 때, 또는 소화기에서 소화 흡수를 하거나 내분비샘에서 호르몬을 분비할 때도 에너지가 필요하다. 동물은 식사로 이들 에너지를 얻는다. 이처럼 동물이 식사를 섭취하고 거기에서 에너지를 추출하고 그 에너지를 사용하여 생명 활동을 영위하는 것을 〈영양〉이라고 하며, 식사에서 추출하여 이용하는 물질을 영양소라고 한다. 영양소는 몸의 구성 성분이 되고, 체내에서 일어나는 화학 변화에 관계하며, 체내에서 물질을 운반하고, 체온을 조절하며, 에너지원이 되는 등의 역할이 있다. 영양소에는 탄수화물, 단백질, 지방, 미네랄, 비타민류의 다섯 종류가 있으며, 거기에 물을 포함하기도 한다. 이들 영양소 가운데 특히 탄수화물과 단백질, 지방을 3대 영양소라고 부른다.

탄수화물

탄수화물은 의학, 수의학에서 종종 당질이라고도 한다. 식사 중의 당질은 에너지원으로, 또는 위장 기능을 자극하는 물질로 작용한다. 당질 가운데 고분자인 다당류와 이당류는 글루코스(포도당), 프럭토스, 갈락토스 등의 단당류로 분해되어 흡수된다. 그중에서도 글루코스는 에너지원으로 가장 중요하다. 필요 이상의 글루코스는 다당류인 글리코겐이 되어 간이나 근육에 저장되어 필요할 때 포도당으로 되돌려져 에너지원으로 활용된다. 두 개의 단당류가 결합한 이당류에는 말토스(엿당)나 락토스(젖당)가 있는데 이것들을 분해하는 이당류 분해 효소는 성견이나 성묘에게서는 충분히 분비되지 않으므로 락토스를 많이 함유하는 우유를 대량으로 주면 설사를 일으키기도 한다.

단백질

단백질은 모든 세포에 필수인 구성 성분이다. 효소의 형태로 체내의 대사를 조절하거나 호르몬으로 작용하는 등 중요한 역할도 한다. 단백질은 다양한 종류의 아미노산이 모인 것이다. 식사에 함유되는 단백질에는 많은 종류가 있으며 함유되어 있는 아미노산도 다양하다. 이들 아미노산 가운데 체내에서 만들 수 없는 것을 필수 아미노산이라고 부른다. 동물은 필수 아미노산을 반드시 식사를 통해 섭취해야 한다. 단, 동물의 종류에 따라 무엇이 필수 아미노산인지는 다르다. 예를 들어 타우린은 고양이에게는 필수 아미노산이지만 개에게는 그렇지 않다.

지방

지방은 같은 무게의 탄수화물이나 단백질의 두 배 열량을 가지며, 에너지원으로 저장하는 데에는 가장 효율이 좋은 물질이다. 음식물 중에서는 지용성 비타민의 흡수를 높이고, 동물의 기호성을 높이며, 필수 지방산의 공급원이 되는 등의 역할을 갖고 있다. 지방은 지질이라고 불리는 물질의 일종이지만 지질에는 지방 이외에도 많은 종류가 있다. 예를 들면 인지질이나 당지질은 에너지원은 되지 않지만, 생체막이나 신경 세포를 구성하는 중요한 지질이다. 지방은 소화되면 지방산(여러 종류가 있다)과 글리세린으로 분해된다. 체내에서 합성되지 않는 지방산을 필수 지방산이라고 부르며, 음식을 통해 섭취해야 한다. 리놀산은 모든 동물에게 필요한 필수 지방산이다. 고양이는 여기에 더해 아라키돈산의 합성 능력이 낮으므로 고양이는 식사에 아라키돈산을 포함해 주어야 한다.

미네랄

동물의 몸에 함유되는 미네랄은 그 양에 따라 주요 원소(주요 미네랄)와 미량 원소(미량 미네랄)로 나눌 수 있다. 주요 원소에는 칼슘, 인, 칼륨, 나트륨, 마그네슘이 있고, 미량 원소에는 철, 아연, 구리, 망간, 요오드, 셀레늄이 있다. 미네랄에는 뼈나 치아의 구성 성분이 되고, 무기 이온으로서 체액의 삼투압이나 pH를 조절하며, 효소의 활성화나 정보 전달을 담당하고, 특수한 유기 성분의 구성 인자가 되는 등 중요한 역할이 있다. 미네랄의 섭취량이 동물의 필요량을 넘으면 흡수되는 양과 배출되는 양이 조절되지만 그렇다고 해서 과도한 양의 미네랄을 섭취하는 것은 위험하다. 사료에 미네랄을 함부로 첨가해서는 안 된다.

비타민류

비타민은 개나 고양이 등의 동물의 체내에서 다양한 효소를 보완하는 물질로 작용한다. 그러나 비타민 자체가 에너지원이 되거나 몸을 구성하는 물질이 되지는 않는다. 비타민은 물에 녹기 쉬운지 여부에 따라 지용성 비타민과 수용성 비타민으로 나뉜다. 수용성 비타민에는 비타민 B군(B_1, B_2, B_6, 비오틴, 니코틴산, 엽산, 판토텐산, B_{12})과 비타민 C가 있다. 지용성 비타민에는 비타민 A, 비타민 D, 비타민 E, 비타민 K 등이 있다. 지용성 비타민은 체내에 축적되기 쉬우므로 과다 섭취에 의한 장애가 일어날 우려가 있다.

비타민 A는 눈의 망막 속에 존재하며, 광감수성을 담당한다. 상피 세포의 정상적인 증식에도 필요하다. 비타민 D는 소장에서 칼슘과 인의 흡수를 촉진하고 신장에서 칼슘 배출을 억제하며 혈중 칼슘 농도를 유지한다. 비타민 E는 항산화 작용이 강하며, 세포막의 안정성 유지나 비타민 A의 안정화 등 항산화 작용에 토대하여 작용한다. 비타민 K는 혈액 응고 인자의 합성에 필요하지만, 개나 고양이는 장내 세균에 의해 합성되어 공급된다. 비타민 B군은 탄수화물이나 지방 등의 대사에 조효소로서 관여하거나 같은 B군 비타민을 활성화하는 등 각각이 복잡하게 서로 관계하여 신경계나 피부의 유지, 적혈구 생산 등 중요한 역할을 하고 있다. 비타민 C는 체내의 이물질의 해독이나 콜라겐의 합성에 관여하고 있지만, 개나 고양이는 사람과 달리 체내에서 합성할 수 있다.

물

동물의 체내 수분은 체중의 약 60퍼센트를 차지하며, 그 3분의 2는 세포 안에 존재한다. 물은 체내에서 많은 역할을 하고 있으며 체내 수분의 10퍼센트를 잃으면 생명이 위태로워진다. 물은 식수 이외에도 식사 중의 수분으로 섭취되며 소변이나 분변, 침, 날숨 중의 수분이라는 형태로 몸 밖으로 배출된다. 개나 고양이에게는 신선하고 깨끗한 물을 자유롭게 마시게 해주어야 한다.
물의 섭취량은 기온이나 운동량에 따라 변화한다.
식사에 수분량이 많으면 마시는 양은 적어진다.
고양이는 원래 건조 지대에 서식하던 동물이므로 신장에서 물의 재흡수 능력이 높아서 수분이 많은 통조림 푸드를 먹는 경우에는 먹는 물 양이 상당히 적어지기도 한다.

개와 고양이의 에너지 요구

음식에 함유된 에너지의 양은 그것에 함유된 탄수화물, 단백질, 지방의 양에 따라 정해진다. 개와 고양이를 포함한 모든 동물은 음식의 에너지를 전부 이용할 수 있는 것은 아니다. 그러므로 음식에 함유된 에너지는 어떻게 이용할 수 있는지에 따라 나누는 것이 필요하다. 음식에 함유되는 에너지는 총에너지, 가소화 에너지,[72] 대사 에너지의 세 가지로 나눌 수 있다. 총에너지는 음식이 완전히 연소되었을 때 방출되는 에너지다. 어떤 음식의 총에너지양이 높아도 개나 고양이가 그것을 소화, 흡수할 수 없다면 음식으로는 이용하기 힘든 것이 된다. 이때 소화, 흡수되는 에너지가 가소화 에너지로 총에너지와 가소화 에너지의 양의 차이는 분변 중으로 배출되는 에너지양에 해당한다. 그리고 흡수된 에너지 가운데 어떤 일부분만이 신체 조직에 이용되며 나머지는 소변으로 버려진다. 최종적으로 조직에 이용되는 에너지를 대사 에너지라고 한다.
대사 에너지의 양은 가소화 에너지의 양에서 소변으로 버려지는 에너지의 양을 뺀 것이다. 음식 중 가소화 에너지와 대사 에너지의 양은 그 음식의 구성 성분과 그것을 먹은 동물에 따라 달라진다.
개의 소화 시스템은 고양이보다 효율적이므로 개와 고양이에게 같은 음식을 먹여도 가소화 에너지와 대사 에너지는 다르다.
기초 소비 에너지란 쾌적한 온도 환경에서 식사 후 12~18시간에 특별한 운동 등을 하지 않은 상태에서 이용되는 에너지며, 기초 대사율 또는 기초 에너지 필요량이라고도 한다. 한편, 유지 에너지 필요량이란, 마찬가지로 쾌적한 온도 환경에서 중등도로 활동적인 성숙한 동물이 필요로 하는 에너지양이다. 유지 에너지 필요량은 동물이 체중을 유지하는 데 필요한 음식의 섭취와 그 이용에 소비하는 에너지에 해당하며, 성장, 임신, 수유와 같은 생활 활동에 필요한 에너지는 포함되지 않는다. 개의 유지 에너지 필요량은 기초 대사 에너지의 약 2배인데, 고양이의 유지 에너지 필요량은 약 1.4배다. 고양이의 유지 에너지 필요량이 개보다 적은 것은 고양이가 가만히 있는 시간이 길기 때문이라고 생각된다.
기초 소비 에너지는 체표 면적에 비례하는데, 몸이 작은 동물일수록 단위 체중당 체표 면적이 커지므로 체중당 기초 소비 에너지는 커진다.
병에 걸리거나 다친 동물의 에너지 소비량은 기초 소비 에너지와 거의 동등하지만, 병 때문에 부담이 생기는 대사량을 더해야 한다. 입원 시에 케이지 안에서 안정하고 있는 동물은 기초 소비 에너지의 20퍼센트를 늘린 에너지가 필요하다.
수술 후의 동물은 25~35퍼센트, 다치거나 암에 걸린 동물은 35~50퍼센트, 전염병에 걸린 동물은 50~70퍼센트, 열상을 입은 동물은 70~100퍼센트 많이 필요하다.

생애 주기에 따른 영양 관리

동물이 섭취해야만 하는 음식은 평생 똑같지는 않다. 태어나서 노화하고 죽을 때까지, 그때그때의 생애 주기에 적절한 식사를 취해야 한다. 생애 주기는 성장기, 유지기, 임신기와 수유기, 노령기로 나눌 수 있다. 성장기 때는 젖을 뗀 직후의 강아지는 체중당 성견의 2배의

72 동물이 섭취한 총사료 에너지에서 분으로 빠진 총에너지를 제한 값.

에너지가 필요하며, 젖을 뗀 직후의 고양이는 250킬로칼로리×체중(킬로그램)의 에너지가 필요하다. 이것은 성묘의 3~4배에 해당한다. 이 시기에 특히 필요한 영양소는 단백질과 칼슘, 인이지만 지나치게 많이 섭취하는 것도 바람직하지 않다.
유지기 때는 개와 고양이 모두 에너지 요구량은 성장기보다 훨씬 적어진다. 그러나, 사람에게 사육될 때는 〈과식〉 상태가 되는 일도 많으며, 비만에 주의해야 한다. 임신기와 수유기의 에너지 요구량은 임신 말기의 어미 개는 통상의 1.25~1.5배, 젖분비 기간에는 통상의 3배가 필요하다. 고양이는 임신 말기에는 1.25배, 젖을 분비하는 시기에는 3~4배가 필요하다. 노령기 때는 노화를 동반하여 운동량이 감소하므로 기초 대사도 저하한다. 그러므로 에너지 요구량은 유지기보다 30~40퍼센트 적어진다. 단, 이 시기의 단백질 요구량은 성장기만큼 많지 않아도 유지기보다는 많이 필요해지므로 식사 중의 단백질량을 늘려야 한다. 지방은 대사 기능이 저하하므로 필수 지방산이 부족하지 않도록 해야 하지만, 지방 전체의 섭취량은 줄여야 한다.

에너지 과부족으로 일어나는 질환

비만

개와 고양이에게 있어서 비만이란 표준 체중의 15~20퍼센트 이상의 체중이 된 상태를 말한다. 가정에서 키워지는 개의 약 30퍼센트, 고양이의 약 40퍼센트가 비만이라고 한다. 비만은 소비하는 총칼로리보다 많은 칼로리를 섭취함으로써 일어난다. 그러나 과식만이 비만의 원인이 되는 것은 아니다. 다양한 원인으로 소비 칼로리의 저하가 생기는데, 이런 원인에는 동물의 내적인 요인과 외적인 요인이 있다. 특히 개와 고양이에게 있어서 내적인 요인으로는 내분비(호르몬) 질환과 약제를 들 수 있다. 개는 부신 겉질 기능 항진증(쿠싱 증후군)이나 갑상샘 기능 저하증이 주된 원인이 된다. 증상으로는 다음 다뇨나 기력 저하 등이 보인다. 이들 질환은 혈액 검사로 발견하기 쉽다. 약제로는 피부병이나 면역 질환 치료제인 스테로이드, 뇌전증 치료에 이용되는 페노바르비탈 등의 항경련제가 비만을 일으키는 것이 알려져 있다. 외적인 요인으로는 나이 듦, 일상의 활동(실내 사육 또는 옥외 사육, 산책 시간 등)을 들 수 있다. 일곱 살인 개는 유년견보다 영양 요구량이 약 20퍼센트나 감소하므로, 젊었을 때와 같은 식사를 주면 비만이 되기 쉽다. 사람에게서의 〈특히 소아기에 너무 뚱뚱했던 사람은 정상 체중인 사람의 5배나 되는 비만 세포를 갖는다〉라는 데이터는 개나 고양이 등에도 해당한다. 이 경우, 세포의 수를 줄이는 것이 불가능하므로, 개개 세포 중의 지방량을 줄임으로써만 체중을 줄일 수 있다. 어릴 때 너무 살이 찌지 않는 것이 비만 예방에 중요하다는 것을 알 수 있다.
그 밖에도 비만의 개선과 방지를 위해서는 소비 칼로리를 늘리기 위해 적절한 방법으로 운동을 시킬 것, 필요 이상의 칼로리를 주지 않을 것의 두 가지가 중요하다. 그러기 위해 개와 고양이 모두 다양한 운동 방법이 제안되고 있다. 시판되는 감량식을 주거나 수의사의 관리하에 식사 조절을 해도 좋을 것이다. 최근 연구에서는 중성화 수술을 하면 소비 칼로리가 자연히 감소하므로 비만으로 이어진다는 것이 알려져 있다. 비만이 원인이 되어 생기는 질환도 수없이 많다. 고혈압, 당뇨병, 자궁 내막염이나 축농증, 만성 관절염, 기관 허탈 등 사람과 같은 질환도 많이 보인다. 드물게 복수의 저류나 커다란 복강 내 종양 등을 보호자는 〈요즘

살이 쪘다〉라고만 생각하는 때도 있다. 평소 건강 관리에 충분한 주의가 필요하다.

영양실조

영양실조란 일상의 영양 요구량을 채우지 못한 상태라고 말할 수 있다. 단백질과 당류, 지방을 3대 영양소라고 하며, 영양실조를 생각할 때는 각각의 영양소의 부족으로 나누어 생각할 필요가 있다. 보통 단백질 부족인 경우 〈단백 영양실조〉라고 하는데, 이 영양 부족이 일어나면 동물은 잠만 자거나(기면), 소화 능력이 떨어지며, 감염증에 대한 저항력이 없어진다. 이 상태가 장기간 계속되면 혈청 단백이 감소하여 부종이나 복수가 나타난다. 지방이 부족하면 총칼로리의 부족과 필수 지방산의 부족으로 이어진다. 필수 지방산의 부족으로 일어나는 증상에는 건조 피부, 푸석한 털, 탈모 등이 있다. 성장기에 이 종의 영양실조를 일으키면 그 동물은 충분히 발육할 수 없다. 이것이 발육 장애라고 불리는 상태이다.
영양실조는 균형 잡힌 시판 사료를 먹는 개나 고양이에게는 별로 나타나지 않는다. 많은 사료에 필요량 이상의 단백질이 함유되어 있기 때문이다. 영양실조를 일으키는 것은 대개는 임신 기간이나 수유기에 비교적 〈저렴한〉 펫 푸드를 준 경우다. 고양이는 개보다 다량의 단백질이 필요하므로 고양이에게 장기간에 걸쳐서 사료를 주면 단백질 실조와 타우린 부족을 일으킨다. 동물에게 보이는 영양실조는 장기간의 식욕 부진에서 생기는 경우가 가장 일반적이다. 동물은 스트레스받으면 일시적인 식욕 부진이 되는데, 단기간에 극단적인 체중 감소가 일어나면 뭔가 큰 병일 수도 있으므로 동물병원을 찾아 진료받는다. 많이 먹는데 여윈다면 흡수 불량이나 소화 불량, 대사 항진을 나타내는 다양한 질환을 의심할 필요가 있다. 계속 여위는 경우의 최종 단계로서 〈악액질〉이라고 불리는 상태가 나타난다. 암이나 당뇨병, 심부전 등의 말기에 생기는 것이다. 이런 동물은 과다대사 상태이므로 고칼로리식을 주어도 계속 여위기도 한다. 원인 질환의 적절한 진료와 치료가 필요하다.

미네랄 과부족으로 일어나는 질환

칼슘 과다증

칼슘은 동물의 체내에서 혈액 응고나 근육 수축, 신경의 흥분 전달 등 생명 유지에 빠뜨릴 수 없는 중요한 역할을 하고 있다. 먹이를 통해 섭취된 칼슘은 소장에서 흡수되어 뼈로 운반된다. 여분의 칼슘은 그대로 분변으로 배출되거나 신장을 통해 소변으로 배출된다. 배출 능력을 넘어선 과도한 칼슘은 대부분 뼈에 축적되므로 칼슘의 과다 섭취는 주로 골격 이상 증상을 나타낸다. 칼슘 과다증은 특히 발육기의 개에게 문제가 된다(성장기 관절 질환). 칼슘의 과다 섭취는 표준적인 양의 칼슘을 함유한 펫 푸드라 해도 그것을 과도하게 주었을 때나 보조적으로 칼슘을 주었을 때 일어난다.
성장기의 강아지는 성견보다 2~3배의 칼로리가 필요하다. 이 필요한 칼로리를 얻기 위해 많은 식사를 섭취함으로써 칼슘도 과도하게 섭취하게 되어 버린다. 특히 단기간에 급속한 성장을 하는 대형 견종의 강아지는 소형 견종보다 더욱 많은 칼로리가 필요하며 골격의 성장도 급격하며, 그 영향이 강하게 나타난다. 그러므로 유년견용 도그 푸드는 칼로리당 칼슘양이 적어지도록 조정되어 있다.
혈중 칼슘 농도가 일정 이상이 되면 갑상샘에서 칼시토닌이라고 불리는 호르몬의 분비량이 상승한다. 지속해서 칼슘을 과다하게 섭취하면 칼시토닌도 지속해서 분비되게 된다. 칼시토닌은 칼슘의 뼈로의 이동을 늘리고 혈중 칼슘 농도를 낮추는 작용을 한다. 동시에 뼈나 연골의 발육에 영향을 미치므로, 성장기 강아지의 뼈와 연골의 정상적인 발육을 방해하고 엉덩 관절, 팔꿈치 관절 등의 골격 이상을 일으킨다. 정상인 동물은 혈중 칼슘 농도는 개가 약 9~11mg/dℓ, 고양이가 7~10mg/dℓ의 좁은 범위에서 유지되고 있다. 혈중 칼슘 농도가 이 범위를 넘어서 상승한 경우를 고칼슘 혈증이라고 한다. 동물의 체내에서 혈중 칼슘의 농도는 주로 칼시토닌과 부갑상샘 호르몬(파라토르몬), 비타민 D로 조절되고 있는데, 부갑상샘 질환 및 비타민 D 과다증이 되면 혈중 칼슘 농도가 상승한다. 그 밖에 부신 겉질 기능 저하증이나 신부전, 어떤 종류의 종양 등에서도 혈중 칼슘 농도가 상승하기도 한다. 이들 병은 성장기의 칼슘 과다 섭취와는 다르며, 대부분은 성장기를 지난 동물에게 발생한다. 고칼슘 혈증인 동물은 기력 상실, 식욕 부진, 구토, 다음 다뇨 등의 증상을 나타내지만, 그런 증상이 이 병에 한정되지는 않는다. 지속적인 고칼슘 혈증은 신장의 기능을 약화시키므로 조기 치료가 필요하다. 치료할 때는 원인이 된 병을 조기에 제거할 필요가 있다.

마그네슘 과다증

마그네슘은 칼슘과 더불어 뼈의 발육에 관여한다. 그 밖에도 동물의 체내에서의 마그네슘의 작용은 다양하다고 알려져 있는데, 특히 효소의 활성화에 중요한 역할을 하고 있다. 식사로 섭취된 마그네슘은 소장에서 흡수되며, 과도한 마그네슘은 소변 및 분변으로 배출된다. 다른 미네랄과 마찬가지로, 펫 푸드를 주식으로 하는 개나 고양이에게서는 마그네슘 과다증이나 결핍증은 거의 없다. 마그네슘은 스트루바이트 요석의 성분이 된다. 예전에는 마그네슘을 많이 함유하는 식사를 주면 고양이의 스트루바이트 요석과 요로 폐색이 일어나기 쉽다고 알려져 있었다. 그러나 현재는 스트루바이트 요석은 소변의 pH가 산성이라면 용해되는 것이 밝혀져 있다. 이 때문에 스트루바이트 요석증의 발생은 식사의 마그네슘 함량에 더해 소변의 pH가 깊숙이 관련되어 있다는 것을 알 수 있다.
혈중 마그네슘 농도가 개는 2.1mg/dℓ 이상, 고양이는 2.3mg/dℓ 이상으로 상승한 상태를 고마그네슘 혈증이라고 한다. 동물 체내의 마그네슘양의 조절은 주로 신장에서 이루어진다. 따라서 신장 기능이 저하하면 마그네슘 배출 능력이 저하하여 고마그네슘 혈증을 일으키는 때가 있다. 고마그네슘혈증은 저칼슘 혈증과 마찬가지로 근육이나 골격, 신경, 심장, 혈관과 관련한 증상을 나타낸다. 고마그네슘 혈증과 저칼슘 혈증은 동시에 보이기도 한다. 신부전과 관련한 고마그네슘 혈증에서는 증상대부분이 고마그네슘 혈증 자체에 의한 것이 아니라 고질소 혈증이 원인이다. 신부전 이외에도 애디슨병(부신 겉질 기능 저하증), 갑상샘 기능 저하증 등에서도 고마그네슘 혈증이 일어나기도 한다. 고마그네슘 혈증은 대부분 원인이 되는 질환(신부전 등)과 동반하여 일어나므로 원인 질환의 치료가 필요하다.

구리 과다증

음식 속의 구리는 소장에서 흡수되어 주로 간세포로 가서 다양한 효소의 형성에 관계한다. 구리의 과도한 섭취로 발생하는 주요 증상은 빈혈이다. 이것은 구리의 흡수가 철의 흡수와 경쟁하기 때문이다. 그러므로 구리를 과다하게 섭취하면 철의 흡수 불량을 일으킨다. 그 결과, 철 결핍이 되어 빈혈이 일어난다. 구리 자체가 부족해도 빈혈이 일어난다. 이것은 구리가 철의 대사에 관계하는 효소의 성분으로써 혈액을 만드는 작용에 관여하기 때문이다. 구리도 다른 미네랄과 마찬가지로, 펫 푸드를 주식으로 하는 동물에게서는 부족하거나 과도해지는 일은 거의 없다. 그러나 특정 견종(배들링턴테리어, 웨스트하일랜드 화이트테리어 등)에서는 구리가 간에 축적됨으로써 만성 간염이 일어나는 것이 알려져 있다. 이들 개는 구리와 단백질의 이상 결합 등이 일어나서 간에 구리가 축적된다. 아연은 소장에서의 구리의 흡수를 억제하는 작용이 있으므로 아연이 부족한 식사는 구리 과다증의 원인이 된다. 간에 구리가 축적된 것으로 의심되는 개에게는 구리 함량이 적은 식사를 주는 것을 고려할 필요가 있다.

칼슘 결핍증

동물 체내의 칼슘 농도는 주로 부갑상샘 호르몬(파라토르몬)과 갑상샘에서 분비되는 호르몬인 칼시토닌, 그리고 비타민 D에 의해 조절된다. 일반적으로 사료를 주식으로 하는 동물에게 칼슘이 결핍되는 일은 거의 없지만, 육류를 주식으로 제공받는 동물은 드물게 칼슘 결핍이 일어나기도 한다. 이것은 육류에는 칼슘보다 인이 과도하게 함유되어 있기 때문이다. 동물의 체내에서 인과 칼슘은 밀접하게 관계되어 있으며, 어느 한쪽의 과도한 섭취는 다른 한쪽의 흡수를 억제한다. 그러므로 식사에 칼슘과 인의 비율은 중요하며, 그 비율은 개는 1대 1에서 2대 1, 고양이는 0.9대 1에서 2대 1이 이상적이라고 한다.
가장 많이 보이는 칼슘 결핍은 젖분비기의 개와 고양이에게 보인다. 이것은 젖으로 칼슘을 뺏기며 평소보다 많은 칼슘이 필요한 이 시기에 섭취량이 적어지는 것이 원인이 되어 일어난다. 이런 증상을 산욕 칼슘 경직이라고 한다. 산욕 칼슘 경직이 가장 많이 일어나는 것은 분만 후 2~4주이며, 여러 마리의 새끼를 낳은 소형 견종의 개에게 발생이 많고 대형 견종이나 고양이에게 발생은 드물다. 정상인 동물의 혈중 칼슘 농도는 개가 약 9~11mg/dℓ, 고양이가 7~10mg/dℓ의 좁은 범위에서 유지되고 있다. 개의 경우 혈중 칼슘 농도가 8.5~9.0mg/dℓ 이하로 저하한 상태를 저칼슘 혈증이라고 한다. 저칼슘 혈증은 다양한 병태를 동반하여 일어난다. 증상은 뇌전증 같은 발작, 근육의 떨림이나 온몸 경련, 운동 실조, 개구 호흡 등 특징적인 것이 많으며, 특히 산욕 칼슘 경직에서 심한 증상이 나타난다. 단, 전신 증상이 악화되는 질환에서는 특별히 증상을 나타내지 않는 가벼운 저칼슘 혈증도 보인다. 치료에는 칼슘제가 이용되는데 저칼슘 혈증을 일으키는 병이 배경에 있다면 그것을 치료해야 한다. 산욕 칼슘 경직은 어미로부터 새끼를 떼어서 인공 포유가 필요해지기도 한다.

철 결핍증

동물 체내의 철은 내장 등의 조직과 혈액에 존재한다. 조직 내의 철은 간, 비장, 근육 및 골수 등에서 철 저장 단백질인 페리틴 또는 헤모지데린으로 저장되어 있다. 한편, 혈중 철의 대부분은 헤모글로빈에 결합하여 적혈구 안에 있다. 헤모글로빈에 결합하여 적혈구 안에 존재하는 철은 동물의 체내에 있는 철의 60~70퍼센트를 차지하며, 대단히 중요하다. 혈장에도 철은 분포하며, 이것은 철 수송 단백질인 트랜스페린에 결합하여 전신의 조직으로 운반되고 있다.
철은 주로 식사를 통해 섭취되며 위와 소장 상부에서 흡수된다. 철의 흡수량은 간이나 비장 등의 조직에 저장된 저장 철의 양에 좌우된다. 그러므로 유년일 때나 임신 시기 등 철이 필요한 양이 평소보다 늘어나는 시기에는 철의 흡수는 증가한다. 철은 헤모글로빈에 결합하여 적혈구에 많이 분포하므로 철이 부족하면 헤모글로빈의 합성이 불충분해져서 빈혈(철 결핍 빈혈)을 일으킨다. 철의 결핍은 영양 불량에 의해서도 일어나는데, 출혈(특히 만성적인 출혈)이나 벼룩이나 구충 등 기생충의 흡혈로 다량의 적혈구가 상실되어 저장 철이 없어진 때도 보인다. 그 밖에 감염증, 악성 종양, 교원병 등의 병에서도 철 결핍성 빈혈이 보이기도 한다. 철 결핍 증상은 주로 빈혈에 동반하며 기력 상실, 식욕 부진, 호흡 촉박 등이 일반적이지만 소화관 내의 출혈을 동반하면 하혈 등도 보인다.

아연 결핍증

동물의 체내에 있는 아연은 금속 효소의 성분으로서 중요한 역할을 하고 있다. 이들 효소는 뼈의 형성, 간과 피부의 대사 등에 관여하고 있다. 그러므로 아연이 결핍되면 골격의 이상이나 발육 장애, 피부 장애 등이 일어난다. 알래스칸맬러뮤트나 시베리아허스키 등의 견종 중에는 유전적으로 아연의 흡수와 대사에 장애가 있는 것이 있다. 이들 개는 소장에서 아연을 흡수하는 데 이상이 있는 것으로 알려져 있다. 아연 결핍은 식사 중에 부족한 것 때문에도 일어나지만, 피틴산염, 칼슘 등 아연의 흡수를 방해하는 물질이 식사에 들어 있는 경우에도 보인다. 특히 성장기인 개의 식사에 칼슘을 첨가하면 아연 결핍을 일으키기도 한다. 아연 결핍에서 많이 보이는 증상은 피부의 병변이며 탈모, 발적, 가려움 등을 나타낸다. 아연 결핍에 의한 피부 장애에는 아연제를 이용한 치료가 효과적이다.

비타민 과부족으로 일어나는 질환

비타민 D 과다증

비타민 D 과다증은 대부분 비타민 D 자체나 비타민 D를 함유한 보조제를 과다 섭취하여 체내에 비타민 D가 비정상적으로 축적됨으로써 일어난다. 섭취된

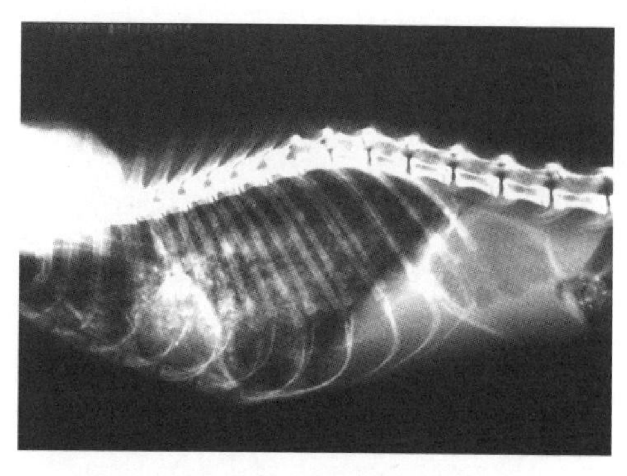

비타민 D가 비정상적으로 함유된 캣 푸드를 섭취한 고양이의 엑스레이 소견. 하얗게 된 부분이 칼슘이 침착한 부위다.

비타민 D는 간과 신장에서 대사되어 칼슘을 뼈에서 혈중으로 이동시키고, 장관에서 칼슘 흡수를 증강하는 작용을 나타낸다. 따라서 비타민 D가 과다해지면 칼슘의 농도가 비정상적으로 올라가서 고칼슘 혈증이 된다. 이때 칼슘은 신장이나 소화관, 심혈 관계에 침착하는 것 이외에, 신경계에 이상을 일으키기도 한다.

증상 구토, 우울, 식욕 부진, 다음 다뇨, 설사, 칼슘의 침착에 의한 소화관 출혈 및 폐출혈, 연부 조직의 칼슘 침착, 신장 압통, 느린맥박 등 고칼슘 혈증 관련 증상이 보인다.

진단 과도한 비타민 D를 섭취한 일이 있거나 증상, 혈중 비타민 D 농도 및 칼슘 농도의 상승에 토대하여 진단한다.

치료 만약 비타민 D 보급의 과도가 일어나도 25,000IU/kg 이하의 섭취량이라면 치료할 필요는 없다. 단, 그것을 넘으면, 특히 과다 섭취 후 바로 알았다면 구토 유도제를 투여하거나 서둘러 동물병원으로 데려간다. 비타민 D는 햇볕을 쬐면 체내에서 합성된다. 양질의 사료를 줄 때는 비타민제나 칼슘제 등을 줄 필요는 없다. 과도하게 섭취하지 않는 것이 중요하다.

비타민 A 과다증

비타민 A 과다증은 비타민 A(레티놀)를 과다하게

섭취함으로써 일어나는 골격의 병이다. 비타민 A는 고농도에서는 뼈의 형성을 억제하며, 그 결과, 이영양성 칼슘 침착의 원인이 된다. 개는 비타민 A의 전구물질인 카로틴(식물 색소)을 체내에서 비타민 A로 변환하여 이용한다. 고양이는 체내에서 이런 화학적 변환이 일어나지 않으므로 비타민 A를 고기나 생선 등의 동물성 식품에서 섭취하게 된다. 특히 개보다 고양이는 몸에 비타민 A를 저장하기 쉬운 특징을 갖고 있다.

비타민 A 과다는 근육의 위축이나 통증을 일으킨다. 또한 기운이 없어진다, 식욕이 저하한다, 만지면 화를 낸다, 앞다리를 들어 올려 유대류 같은 착지 자세를 취한다, 체중 증가로 정상적인 보행을 하지 못하게 된다 등의 증상을 나타낸다. 목부터 앞다리의 피부밑에 과민증 또는 과민 저하증이 일어나거나 관절이나 척추의 경직도 보인다. 통증 때문에 그루밍을 하지 못하게 되므로 털이 푸석푸석해지기도 한다. 그 밖에 변비, 체중 감소, 특히 유년 동물에게서 장골의 느린 성장은 평생에 걸쳐 영향이 남는다. 엑스레이 검사 결과나 식사 이력(예를 들면 간을 생으로 먹었는가, 비타민제를 14일 이상에 걸쳐 보급했는가)에 토대하여 진단한다. 골수염이나 종양 등과의 감별도 필요하다. 생간 섭취 및 비타민 A의 과다 보급을 피하고 영양 균형이 잘 잡힌 펫 푸드를 준다.

비타민 A 결핍증

비타민 A는 성장기나 임신기에 필요한 이외에 피부의 신진대사에 중요한 영양소이다. 개는 음식에 함유된 카로틴을 비타민 A로 변환할 수 있으므로 비타민 A가 부족한 일은 드물다. 그러나 고양이는 체내에서 비타민 A를 만들 수 없으므로 비타민 A가 적은 편식을 계속하면 결핍증이 될 가능성이 있다. 비타민 A 결핍의 특징으로 야맹증이 일어나거나 비듬이 많아지거나 푸석푸석한 피부가 된다. 특히 비타민 A 결핍이 계속되는 개는 털의 윤기가 없어지며 근육의 감쇠가 일어난다. 그 밖에도 번식 장애, 망막 변성, 호흡기 점막, 침샘, 자궁 내막의 이상 등이 보인다. 고양이는 개와 달리 다량의 비타민 A를 신장이나 간에 저장할 수 있으므로 양질의 캣 푸드를 준다면 결핍증이 보이는 일은 거의 없을 것이다. 개도 고양이도 시판되는 사료를 준다면 비타민 A가 부족할 일은 없다. 고양이는 개보다 두 배의 비타민 A가 필요하지만, 고기나 생선에 함유된 것이면 충분하므로 따로 보조제나 간 등을 줄 필요는 없다.

비타민 B_1 결핍증

비타민 B_1 결핍증은 비타민 B_1 분해 효소인 티아미나아제(아노이리나아제)를 함유하는 음식을 다량으로 섭취했을 때 일어나는 경우가 있다. 어패류에는 티아미나아제가 함유된 경우가 있다. 일반적으로 고양이는 개보다 비타민 요구량이 많으므로 비타민 결핍이 일어나기 쉬우며, 조리되지 않은 생선만을 먹은 고양이에게 비타민 B_1 결핍이 일어날 가능성이 있다. 한편, 개는 실험적으로는 비타민 B_1 결핍을 일으키는 일은 어렵다고 하며, 고양이보다 비타민 B_1 결핍증이 일어나는 일은 대단히 적다. 비타민 B_1은 수용성 비타민이므로 과다하게 먹어도 소변과 함께 배출되므로 과다증이 일어나는 일은 거의 없다. 일본에서는 〈고양이가 오징어를 먹으면 허리가 빠진다〉는 옛말이 있는데, 이것은 티아미나아제를 함유한 어패류(오징어 등)를 다량으로 섭취함에 따른 비타민 B_1 결핍 증상이라고 한다. 비타민 B_1은 주로 당의 대사에 관여하고 있다. 결핍되면 뇌에서 당의 대사 이상이 일어남으로써 운동 실조, 허약, 불쾌감 등 다양한 신경 증상이 보인다. 티아미나아제는 가열 처리를 함으로써 쉽게 불활성화된다. 따라서 어패류를 날것으로 주지 않도록 함으로써 예방할 수 있지만 사료를 먹는 개나 고양이는 다른 비타민과 마찬가지로 결핍이 일어나는 일은 드물다.

비타민 D 결핍증

영양 균형이 좋지 않은 먹이를 주거나 만성적인 설사가 계속되면 비타민 D 결핍증이 되는 경우가 있다. 비타민 D가 결핍되면 뼈는 혈액에서 칼슘을 제대로 흡수할 수 없게 된다. 성장기라면 뼈의 발육이 늦어져서 변형하고(구루병), 성장한 동물은 뼈가 물렁물렁해진다(골연화증). 이것들을 통틀어서 영양성 이차 부갑상샘 기능 항진증이라고 부른다. 보행 이상, 측만증, 골절, 관절통, 변비 등이 보인다. 비타민 D와 함께 칼슘을 균형 있게 섭취한다. 비타민 D는 햇볕을 쬐면 동물의 체내에서 합성할 수 있다. 따라서 특수한 환경이 아니라면 개도 고양이도 비타민 D가 부족한 경우는 거의 없다.

비타민 E 결핍증

생선 등에 많이 함유된 불포화 지방산을 과다 섭취하면 그것을 처리하기 위해 비타민 E가 소비되어 결핍증이 된다. 비타민 E 결핍증에서는 항산화 작용이 저하하고, 지방이 황색으로 변색하며 지방 조직에 염증을 일으킨다. 발열이나 통증, 때에 따라서는 화농을 일으키기도 한다. 이것을 황색 지방증이라고 한다. 예전에는 생선을 주식으로 하는 고양이에게 많은 병이었지만 캣 푸드의 보급과 함께 감소하여 요즘은 거의 보이지 않게 되었다. 잠만 잔다, 안아 주면 싫어한다, 발열, 식욕 부진을 나타내며 복부에 결절이 생긴다. 생식 장애나 영양성 근육 위축증 등도 보인다. 비타민 E를 첨가한 식이 요법이 치료의 기본이지만 일반적인 펫 푸드를 주고 있다면 비타민 E가 부족할 일은 없다.

음식 알레르기와 음식 중독

음식 알레르기는 식사 내용물에 대해 면역 반응을 나타낼 때 일어난다. 원인이 되는 물질은 한 종류로 제한되지는 않으며 예를 들어 쌀과 옥수수처럼, 복수인 경우도 있다. 이 증상은 면역 반응이 관계하는 점에서 음식 불내증과 구별된다. 음식 알레르기는 알레르기 반응을 특징으로 하는데, 음식 불내증은 소화 효소가 부족하다든지 음식 중의 독소에 대한 직접적인 반응을 특징으로 한다. 〈우유를 마시면 배가 부글거린다〉라고 하는 사람이 있다. 이것은 젖당 불내증이라고 하는 것이며, 음식 불내증의 하나이다. 음식 중의 알레르겐(알레르기를 일으키는 물질)은 단백질, 리포 단백질(지질과 단백질 복합체), 당단백질, 또는 폴리펩티드 등 다양하다. 식품으로는 쇠고기나 돼지고기, 닭고기, 달걀, 생선, 밀, 콩, 쌀, 옥수수 등이 많이 알려져 있다. 음식 알레르기는 개와 고양이에게는 아토피 피부염, 벼룩 알레르기 피부염에 이어 세 번째로 많은 알레르기 질환인데, 비율적으로는 절대 높지는 않아 개와 고양이의 피부 질환의 약 1퍼센트라고 알려져 있다.

음식 알레르기(음식 과민증)

음식 알레르기에 있어서 반응은 I형, III형, IV형 알레르기 반응이라고 생각되고 있다. I형과 III형의 반응은 특정 물질에 대한 즉시 반응이며, 심한 가려움, 구토나 설사 등의 소화기 반응을 특징으로 한다. IV형 반응은 음식의 섭취 후 몇 시간에서 며칠 뒤에 생기는 지연성 반응이다. 이것들이 합쳐져서 음식 알레르기 증상이 나타난다. 개와 고양이 대부분은 피부병이 단독으로 생기는 일이 많으며, 10퍼센트 정도의 동물에게서는 설사 등의 소화기 증상도 보인다. 피부 병소가 나타나기 쉬운 곳은 개는 겨드랑이 밑, 사지, 그리고 회음부이며,

고양이는 두부, 경부, 귓바퀴인데, 심하면 전신에 미친다. 피부 병소를 나타내지 않고 가려움증만 있거나 약간 빨갛게 되기만 하기도 한다. 그러나 심해지면 이차적인 세균 감염이 더해져 복잡한 상태가 되어 중증화하여 겉으로만 보아서는 원인이 확실하지 않게 되기도 한다. 개와 고양이 모두 외이염이 유일한 증상인 경우도 있다.

현재 개와 고양이의 알레르기 진단에는 혈액 검사가 이용되는 것이 일반적이다. 이것은 혈액 중의 IgE라는 성분을 측정하는 검사다. 그 밖에 피내 검사라고 하여, 동물의 피부에 벼룩, 진드기 등의 알레르겐을 주사하여 그 반응을 보는 직접적인 검사나 림프구의 반응을 이용한 검사도 있다.

그러나, 음식 알레르기에서는 이들 검사만으로는 신뢰성이 별로 높지 않다. 그러므로 알레르기 반응을 일으키는 물질을 제거한 음식(제거식)만을 주어 알레르기 증상이 나타나는지를 조사한다. 제거식이란 예를 들면 오리고기나 감자 등과 같은, 동물이 지금까지 전혀 먹어 보지 않았을 만한 식품이나 가수 분해 아미노산을 단백원으로 한 식사를 가리킨다. 이것은 물론, 직접 만든 것도 상관없지만, 엄청난 시간과 노력과 비용이 들어가므로 요법식을 이용하는 것이 일반적이다. 이런 제거식을 3주, 길면 10주 동안 계속 준다. 이 기간은 물과 제거식 이외에는 주지 않고 피부병의 개선이 보이는지를 판단한다.

이렇게 하여 알레르기 증상이 일단 사라진 다음, 다음으로 그 동물에게 있어서 원인 물질이 무엇인지를 찾는 시험적인 식사로 바꾼다. 이 시험에서는 원인으로 의심되는 식품(예를 들면 쇠고기나 닭고기)을 한 종류, 제거식에 첨가해서 준다. 만약, 정말로 그 물질이 원인이라면 다시

음식 알레르기 발생의 구조

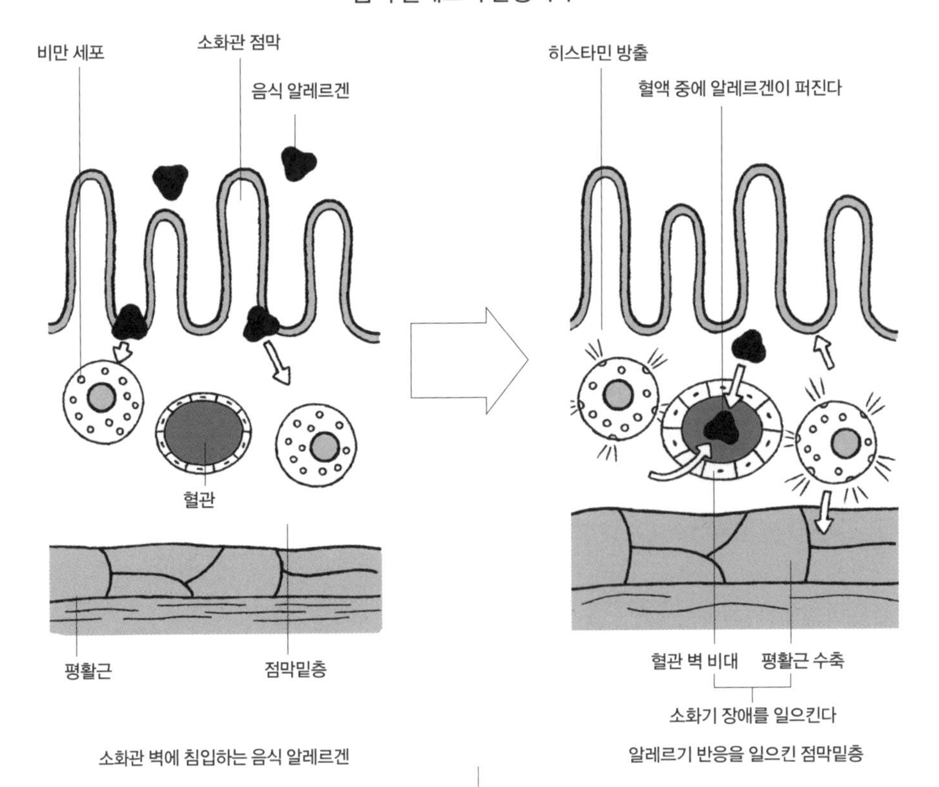

소화관 벽에 침입하는 음식 알레르겐

알레르기 반응을 일으킨 점막밑층

알레르기 반응(가려움이나 발적)이 4시간에서 며칠 사이에 나타날 것이다. 단, 이 시험은 반드시 수의사의 지도 아래 하기 바란다. 만약 알레르기 반응이 일어났을 때는 스테로이드제 등에 의한 치료가 필요하다.
원인이 되는 물질이 여러 가지인 경우도 있다. 모든 원인 물질을 완전히 특정하여 이후의 식사를 안전한 것으로 하고 싶다면 각종 음식에 대해 같은 시험을 반복해야 한다. 즉, 각각의 물질에 대해서 14일간 시험적으로 주어 보고, 동물에게 어떤 변화도 생기지 않으면 다음 식품을 검토하는 것이다.
이렇게 하여 몇 달에서 1년 가까이에 걸쳐서 시험을 반복하게 되는데, 이 기간은 보호자와 동물에게 있어서 대단히 끈기와 인내가 필요하다.
평생 제거식만 먹는 경우에는(여기에는 수제 음식은 물론, 시판 알레르기용 펫 푸드나 요법식이 포함된다) 원인 물질을 특정하는 검사는 필요 없을지도 모른다. 원인 물질을 특정할 수 없는 동안이나 초기에 알레르기 반응을 억제하고 싶은 경우의 치료로 항히스타민제나 부신 겉질 호르몬제를 투여하는 경우가 있다. 아토피 피부염이나 벼룩 알레르기 등과 달리, 음식 알레르기는 식이 요법을 하지 않으면 평생 약을 투여해야 하는데, 항히스타민제나 그 밖의 알레르기 약은 작용이 약하여 가려움을 억제하는 데 충분하지 않거나 부신 겉질 호르몬제는 장기간의 투약에 따른 부작용이 문제가 된다. 면역 억제제도 치료의 선택으로 들 수 있지만, 근본적으로 음식 알레르기 치료는 식이 요법이 중심이 된다.

음식 중독

관엽 식물이나 합성 물질을 섭취하여 중독을 일으키는 것과는 달리, 식품에 의한 중독은 거의 없으며, 실제로 문제가 되는 것은 파 종류와 초콜릿에 의한 것뿐인 것으로 생각된다. 양파 중독은 개를 키울 때 가장 많이 듣는 중독일 것이다. 파, 양파, 마늘 등에는 복수의 유기 티오황산 화합물이 함유되어 있다. 이들 물질은 적혈구에 손상을 입히고 그 내부에 하인츠 소체라고 불리는 물질을 형성한다. 하인츠 소체를 가진 적혈구는 혈액 중에서 비교적 간단히 파괴되며, 그 결과 빈혈을 일으키거나 헤모글로빈요(적색뇨)를 배출하게 한다. 이 증상을 나타낼 때는 먹은 양파의 양은 별로 관계없으며, 유전적 요인으로 양파에 대한 감수성이 정해진다. 양파가 들어간 된장국을 한 입 먹기만 해도 중증 빈혈을 일으키는 개도 있는가 하면, 양파 두 개를 먹어도 아무렇지도 않은 개도 있다. 고양이의 적혈구는 더욱 하인츠 소체를 형성하기 쉬우며, 그러므로 고양이라도 이런 중독이 종종 인정된다. 유기 티오황산 화합물은 열에도 안정적이므로 햄버거나 찌개류 등 가열 처리를 한 음식도 유해하다는 점은 변함이 없다.
초콜릿 중독은 카카오에 함유된 테오브로민이라는 화합물에 의해 생기는 중독이다. 테오브로민은 카페인이나 테오필린의 동료 물질이다. 카페인은 커피, 홍차, 그리고 콜라에 풍부하며, 테오필린은 홍차에 많이 함유되어 있다. 이들 물질이 작용하는 몸의 부위는 중추 신경이나 심장 혈관, 신장, 뼈, 근육이다. 특히 테오브로민은 평활근의 이완 작용, 장관 동맥의 확장, 이뇨, 심장 자극 작용을 나타낸다. 따라서 이것으로 생기는 증상은 구토, 설사, 팬팅, 소변량 증가 또는 배뇨 장애, 근육의 떨림 등이 있다. 보통 몸속에서 테오브로민의 반감기는 사람은 6시간이지만 개는 17.5시간으로 긴 시간이다. 따라서 개에게 이 중독이 발생하기 쉬우므로, 초콜릿이나 커피를 주면 안 된다.

제5장
눈으로 보는 의료의 최전선

653

방사선 진단과 치료

엑스레이 CT 도입

동물의 병을 진단하고 치료할 때, 방사선은 다양한 곳에서 사용되고 있다. 그중에서도 엑스레이는 많은 동물병원에서 검사나 진단을 위해 도입되어 있다. 엑스레이를 이용한 엑스레이 CT나 방사선 치료도 수의료에 도입되게 되어 진단이나 치료가 눈부시게 발전했다. 엑스레이 사진은 다양한 병의 진단에 이용되고 있다. 이것은 외과적인 수단을 쓰지 않고 외부에서 몸의 내부 구조의 정보를 비교적 간단히, 짧은 시간에 얻을 수 있기 때문이다. 구체적으로는 뼈에 이상은 없는지, 장기 등은 올바른 위치에 있으며 정상적인 크기와 형태인지, 정상이라면 존재할 수 없는 것이 나타나지는 않은지를 조사할 수 있다.

엑스레이를 이용하여 촬영한 사진은 흑백의 영상으로 나타난다. 이것은 엑스레이가 체내를 투과할 때 엑스레이를 많이 흡수하는 조직과 거의 흡수하지 않고 그대로 통과시키는 조직이 있기 때문이다. 그 흡수의 정도가 사진에 반영된 것이다. 많은 엑스레이를 흡수하는 뼈는 사진에서는 하얗게 보이며, 거의 그대로 통과하는 가스(폐나 소화관 안의 공기)는 까맣게 보인다. 가장 하얗게 보이는 것이 치아와 뼈이고, 다음으로 혈액, 내장, 근육 등이며, 세 번째가 지방, 그리고 가장 까맣게 보이는 것이 가스(공기)다. 엑스레이에는 이런 성질이 있으므로 보통은 뼈가 하얗게 보인다. 그러나 뼈가 부러졌거나 성긴 상태라면 하얗게 찍혀야 할 뼈의 일부가 까맣게 찍힌다. 그것을 보고 이상이 있는 뼈의 장소나 상태를 외부에서 확인할 수 있는 것이다. 다음에 나올 사진을 보면 일목요연하다. 정상적인 뼈와 이상이 있는 뼈 등이 있는 경우에는 그 차이가 맨눈으로도 뚜렷하게 보일 것이다.

동물에게도 이용되는 방사선 치료

요즘은 컴퓨터 방사선 투과 시험Computed Radiography, CR이라고 불리는 엑스레이 검사 장치가 도입되었다. 기존 엑스레이 사진은 체내를 통과한 엑스레이를 그대로 필름으로 구웠지만 CR은 컴퓨터로 영상을 처리한다. 이것으로 촬영한 영상의 농도나 콘트라스트, 확대율을 모니터 상에서 변경할 수 있으므로, 뼈나 관절을 강조한 영상이나 내장 등을 강조한 영상을 한 번의 엑스레이 조사로 얻을 수 있게 되었다.

CT(Computed Tomography)라고 불리는 단층 촬영 장치도 도입되어 있다. CT는 엑스레이를 이용하여 컴퓨터로 영상을 처리한다는 점에서는 CR과 같지만, 단층 영상을 얻을 수 있다. 따라서 머릿속이나 흉부나 복부 등 몸 안의 정보를 더욱 자세히 관찰할 수 있게 되었다.

방사선은 치료에도 이용되고 있다. 보통은 암

치료에 방사선을 사용한다. 이것은 의학에서는 일반적이지만 수의학에도 점점 퍼지고 있다. 이 치료법이 도입되게 됨으로써 외과 요법만으로는 재발률이 높았던 암이라도 외과 요법 후에 방사선 치료를 함으로써 재발률을 낮출 수 있게 되었다. 암에 따라서는 방사선 요법만으로 치료하는 것도 있다. 예를 들면 입안에 생긴 악성 흑색종(멜라노마)이라는 암은 방사선 요법만으로 치료하기도 한다. 방사선 치료의 문제점은 피폭하는 방사선 에너지양에 따라서는 정상적인 부위에 방사선 장애가 생겨 버리는 것이다. 단, 보호자들이 종종 하는 질문이기도 한데, 방사선 치료를 받은 동물 근처에 있는 사람이나 다른 동물이 방사선에 피폭되는 일은 전혀 없다. 방사선 치료를 받는 동물도 방사선 발생 기기의 전원을 차단하면 피폭되지 않게 되며, 방사선도 체내에는 남지 않는다.

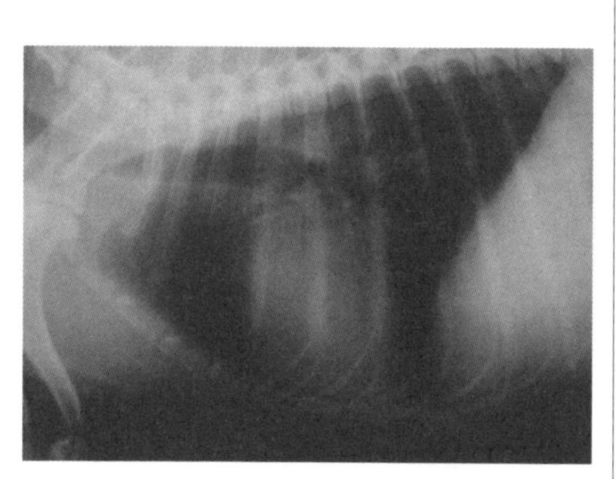

개의 정상 흉부 엑스레이 측방향 영상. 늑골, 등뼈(흉추), 앞다리뼈 > 심장, 혈관 > 기관, 폐 순서로 흰색에서 검은색으로 보인다.

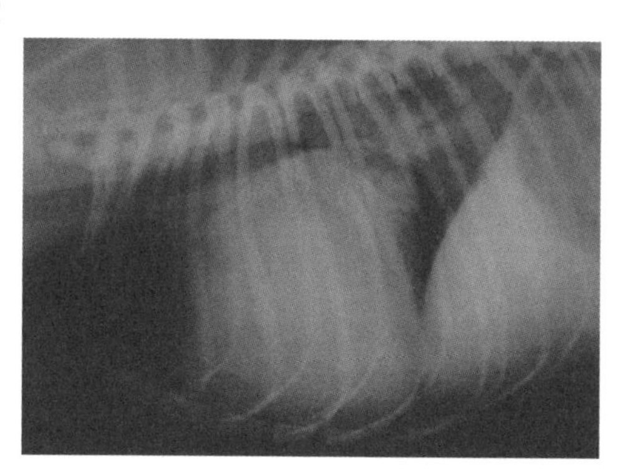

심막강에 액체가 저류하는 병으로 심장이 커져 있다. 또한 심장이 크기 때문에 기관이 등뼈 쪽으로 올라가 있다.

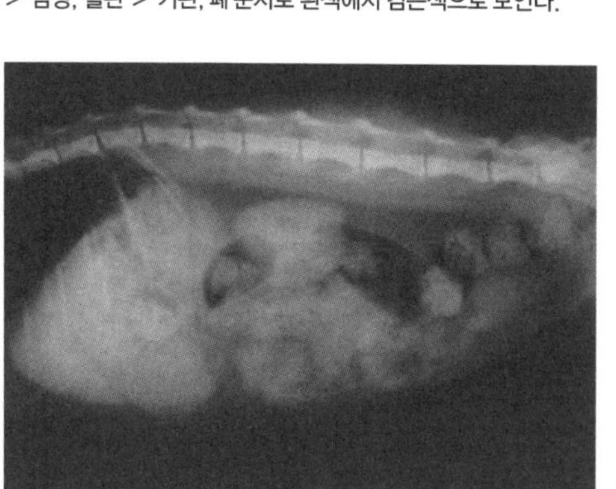

고양이의 정상 복부 엑스레이 측방향 영상. 건강하다면 이런 복강 내의 장기가 뚜렷하게 관찰된다.

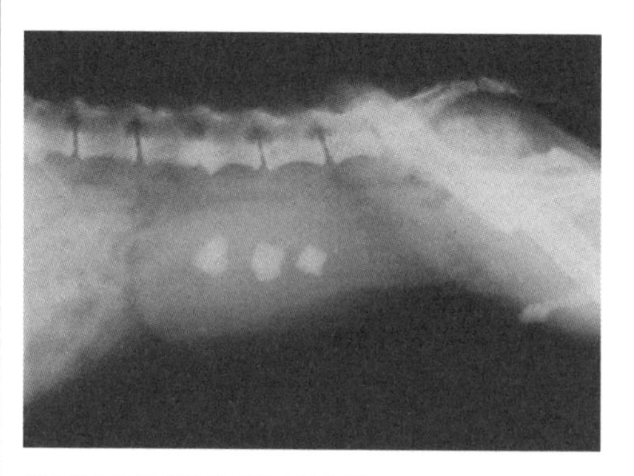

방광 안의 결석. 방광 안에 상당히 하얀(엑스레이 흡수성이 높은) 덩어리 음영이 세 개 관찰된다. 이것은 방광 안에 존재하는 결석이다.

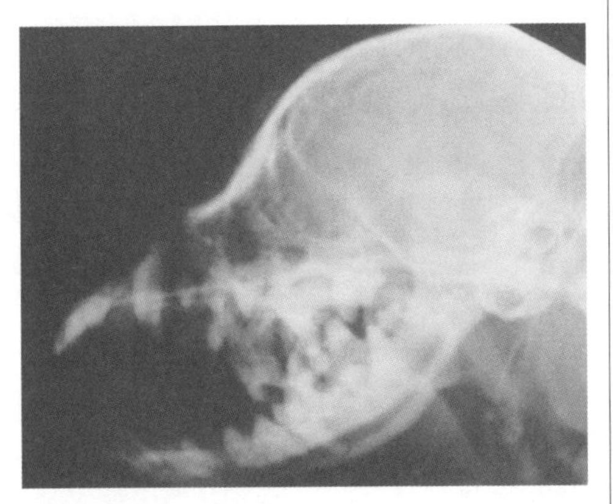

개의 정상 두개골 엑스레이 측방향 영상.

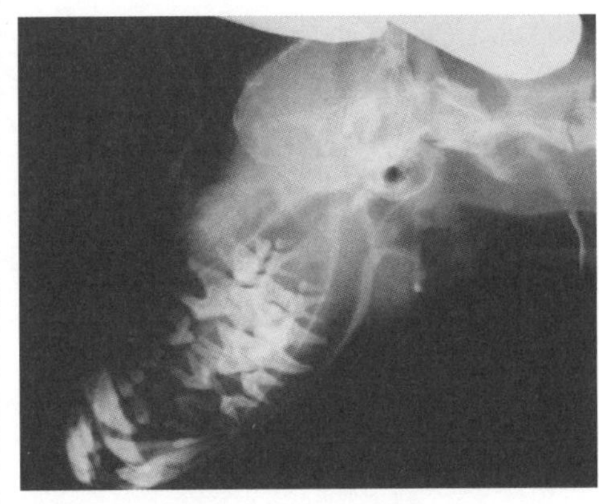

신장병(신부전)으로 부갑상샘 기능 항진증을 일으킨 개.
아래턱뼈의 색깔이 아주 연하다(치아와 아래턱뼈 색깔을 옆 사진과 비교하면 차이를 알 수 있다).

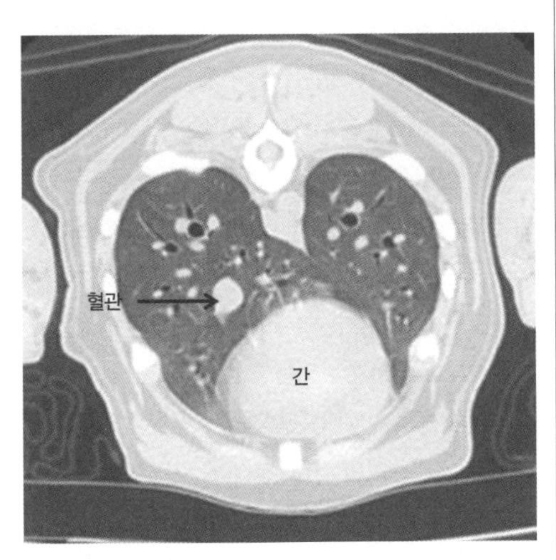

개의 흉부 CT 횡단 상. 정상이라면 이와 같은 폐 구조지만, 옆 사진을 보면 정상에서는 존재하지 않는 구조물이 두 개(암) 인정된다.

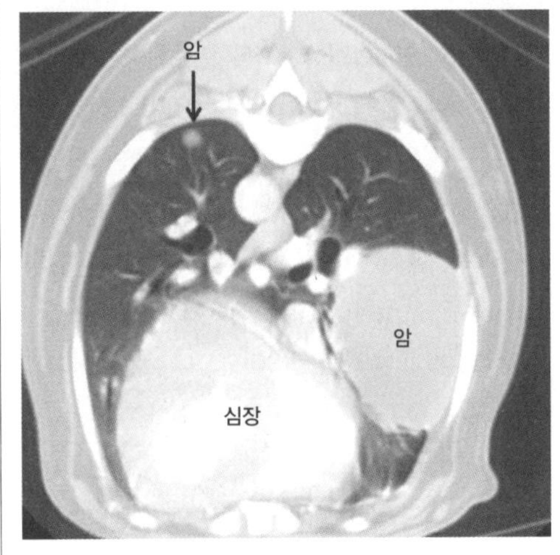

화살표의 암은 작으므로 기존 엑스레이 사진으로는 발견하지 못하고 CT 검사로 판명할 수 있었다.

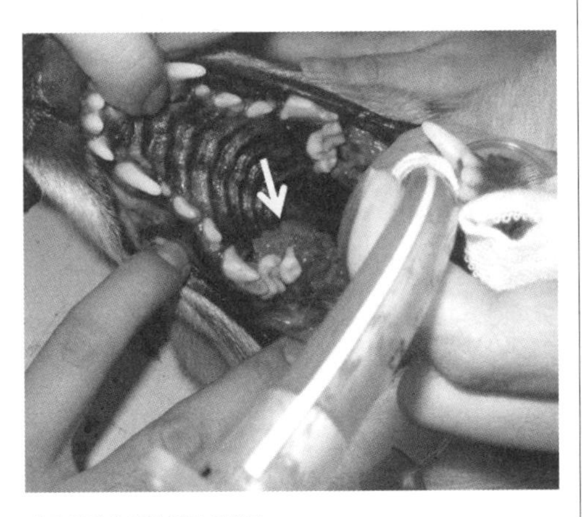

개의 입안에 생긴 악성 흑색종.

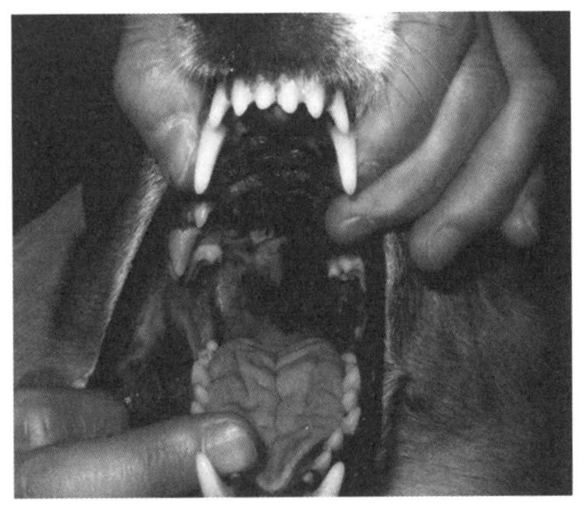

방사선 치료에 의해 사라진 상태.

656

CT 스캔 진단

렌트겐 이외의 영상 진단법의 필요성

지금까지의 수의료에서 가장 일반적으로 이용됐던 영상 진단법은 렌트겐이며, 지금은 동물병원에서 렌트겐 촬영 장치는 빠뜨릴 수 없는 것이 되었다. 렌트겐은 엑스레이가 몸의 조직을 통과하는 성질을 이용하여 동물을 투과해서 본 상을 이차원적인 사진으로 기록하는 것이다. 그런데도 상당한 이점이 있으며 수많은 질환이 렌트겐에 의해 진단되고 있다. 그러나 동물의 몸은 어디까지나 삼차원이며, 〈투과해서 본〉 것만으로는 충분히 구조를 파악할 수 없는 경우도 많다. 그러나 기술의 진보로 컴퓨터 단층 진단법CT이나 초음파 영상 진단법MRI 등을 이용하여 몸을 〈잘라서 단면을 보는〉 일이 가능해졌다. 수의료에서도 더욱 정확한 진단이 추구됐으며 이런 단층 진단법의 중요성은 더욱 커지고 있다.

CT 스캔도 진보한다

CT 스캔과 MRI의 차이를 알고 있는가? 몸의 단층 영상을 얻을 수 있다는 점은 공통점이며, 혼동하는 사람도 많을 것이다. CT 스캔이 먼저 개발되었으며, 1980년 무렵에 CT 스캔의 등장으로 최초로 몸의 〈횡단면〉 영상을 얻을 수 있게 되었다. CT는 원리적으로는 렌트겐과 같은 엑스레이를 이용하고 있지만, 엑스레이의 발생 장치와 수신 장치를 몸 주변을 회전시키면서 촬영하므로 렌트겐과 달리 횡단면 영상을 얻을 수 있다. 그러므로 렌트겐으로는 얻을 수 없었던 장기의 위치 관계 등의 정보를 얻을 수 있게 되었으므로 진단 능력이 비약적으로 향상되었다. 특히 엑스레이의 발생 장치와 수신 장치가 나선형으로 회전하면서 정보를 수집하는 나선형(스파이럴) CT는 단시간에 더욱 효율 좋게 검사할 수 있으므로 많은 수의학 대학에도 도입하게 되었다.

자기를 사용하는 MRI도 단면 상을 얻는 점에서는 같지만, 엑스레이를 사용하지 않으므로 피폭의 영향이 없다는 장점이 있다. MRI는 CT보다 신경의 변성 등 연부 조직의 병변 검출에 탁월하므로 신경 질환 진단에 좀 더 탁월한 MRI가 영상 진단의 주역으로 옮겨 간 시기도 있었다. CT와 MRI 둘 중에 무엇이 더 뛰어나다는 말이 아니며, 용도에 따라 선택해서 쓰는 것이 좋으므로 현재는 많은 이차원 진단 시설에서 CT와 MRI를 모두 도입하고 있다. CT 스캔은 수의업계에 최초로 도입되고 20년 정도가 지났으며 새로운 기종으로 교체하여 도입하는 시설도 늘고 있다. CT의 기본적인 기술에는 커다란 변화는 없지만, 얼마나 다채널화되는지에 따라 CT 본체의 가격이 정해지는 것이 현실이다. 즉, 다채널 CT가 더욱 상위 공기종이며, 현재는 64채널이라는 공기종을 도입하는 수의학 대학도 있다. 다채널화의 장점은 자세한 영상을 단시간에 촬영할 수 있다는 점이다. 멀티 슬라이스 CT란 검출기를 여럿 장착하여 동시에 여러 장의 영상을 얻을 수 있는 CT며, 단순히 찍는 속도가 빨라진 것뿐만 아니라 그 속도를 살린 고해상도 촬영으로 복부 장기나 폐 등에 적용하는 등 용도의 비약적인 확대에도 공헌하고 있다. 2채널 CT와 64채널 CT는 한 번의 회전에 의한 촬영 장수가 32배나 차이가 나므로 훨씬 고속으로 많은 단층을 촬영할 수 있다. 촬영 시간 단축의 장점은 때에 따라서는 마취하지 않고도 촬영할 수 있다는 것, 그리고 촬영 개시에서 완료까지 걸리는 시간이 짧으므로 호흡 등으로 인한 장기의 움직임에 따른 영상의 흔들림이 잘 발생하지 않는 것, 조영제를 주입했을 때 최적의 타이밍에 촬영할 수 있다는 것을 들 수 있다. 다채널 CT에서도 한 장, 한 장의 화질은 크게 다르지 않지만, 연속해서 촬영한 여러 장의 영상에 시간차가 생기지 않는 것이 최고의 장점이며, 삼차원 영상을 합성한 때도 동물의 움직임에 따른 영상의 흔들림이 잘 생기지 않는 것이 최대의 장점이다.

CT 촬영 방법

얌전한 동물이라면 전용 아크릴판 용기를 사용하여 마취하지 않고도 촬영할 수 있다. 그러나 앞에서 말했듯이, 깨끗한 삼차원 영상을 얻으려면 촬영 중의 움직임은 허용되지 않는다. 움직이면 삼차원 영상이 울퉁불퉁해지기 때문이다. 특히 동물은 숨을 참을 수 없으므로 호흡에 따른 영향도 상당하다. 그래서 필요하다면 호흡을 컨트롤할 필요가 있으며 촬영 시에는 기관 튜브를 삽관해 두는 것이 좋을 것이다. 상당히 세세한 슬라이스 단층에 의한 촬영이라도 촬영 시간은 몇 초에서 2분위(채널 수에 따라 다르다)면 끝나므로 마취는 단시간 작용하는 것으로 충분하다. 특별히 고통을 주는 검사가 아니므로 프로포폴을 단일한 성분으로 정맥에 투여한 다음 삽관하고, 필요하다면 이소플루란을 사용하는 촬영 방법이 일반적이다. 이 방법이라면 마취에서도 아주 빨리 깨어나며 통원하면서 검사도 가능하다.

CT 스캔으로 알 수 있는 것, CT값과 조영제

엑스레이 투과량은 생체 내 조직의 밀도(엑스레이 흡수량)와 두께의 곱에 반비례한다. CT를 개발한 고드프리 하운스필드는 물을 0으로 하고 단단한 뼈를 +1,000, 공기를 -1,000으로 할 때 각각의 화소가 갖는 상대적인 값을 나타냈다. 이 상대적인 값을 CT값(하운스필드 숫자 Hounsfield unit, HU)이라고 부른다. 화면상 CT값이 큰 것은 하얗게, 작은 것은 까맣게 표시된다. 각 장기의 CT값은 부분마다 측정할 수 있으므로 〈어떻게 보이는가〉 뿐만 아니라 CT값으로 장기의 비정상적인 변화를 파악할 수 있다. 사람 눈으로는 흑백의 농담(그러데이션)은 16단계 정도밖에 판별할 수 없다고 한다. CT값은 -1,000HU에서 +1,000HU까지 걸쳐 있으므로 윈도 폭을 조절하여 판별하거나 CT값으로 평가하게 된다.

보통 촬영으로 병변이 발견되지 않을 때는 조영제를 사용하면 효과적으로 병변을 검출할 수도 있다. 조영제는 뢴트겐과 마찬가지로 혈관, 요로, 척수, 소화기 등에 이용된다. 조영제가 유용한 질환에는 문맥 션트 등의 혈관 이상처럼 병변이 직접 추출되는 것도 있고, 종양성 병변에서 혈관의 침윤도, 대혈관과의 위치 관계 파악 등 간접적으로 유용한 때도 있다. 뇌종양에서는 뇌의 혈액 장벽이 파괴되므로 종류 병변에 조영제가 들어감으로써 진단이 가능해진다. 조영제를 정맥 내에 투여한 경우, 처음에 조영제는 주로 혈관 내에만 존재한다(동맥 상태). 그 후 조영제가 말초 조직에서 혈관 외로 누출되며(실질 상태), 그 후에는 혈관

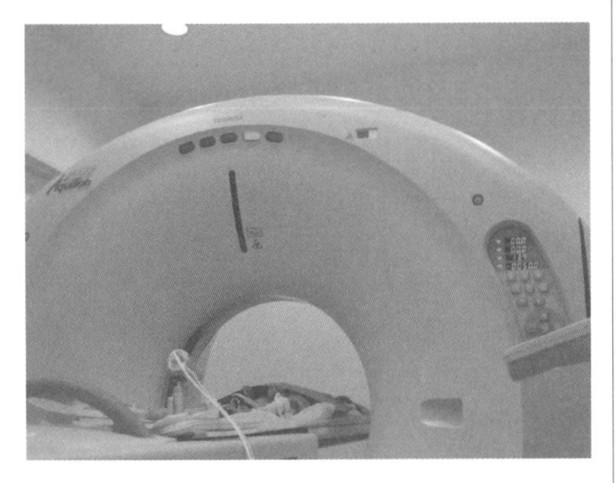

멀티 슬라이스 CT도 수의료 영역에서 널리 보급되게 되었다. 고속의 기기를 사용함으로써 더욱 단시간 안에 촬영이 가능해지고 호흡 등에 의한 몸의 움직임의 영향을 줄일 수 있게 되었으므로, 흔들림이 적은 깨끗한 영상을 얻을 수 있게 되었다. 일반적으로 CT의 촬영 속도는 채널 수에 크게 의존하므로 멀티 슬라이스라고 해도 몇 채널 CT인지에 따라 속도가 크게 달라진다. 사진은 64채널 CT며 현재 수의료 영역에서 가장 빠른 CT다.

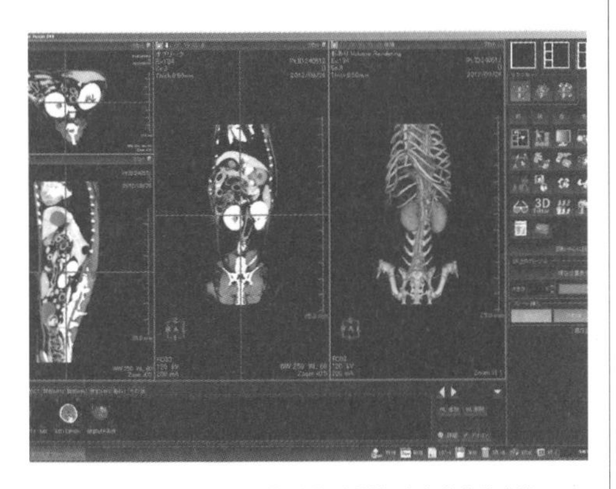

CT의 다채널화로 이차원 단층 상을 이용한 진단에서 삼차원 데이터를 이용한 진단으로 옮겨 가는 변화를 보여 준다. 그림은 CT 영상의 해석에 사용하는 워크스테이션 화면이며, 왼쪽 세 개의 화면은 MPR이라고 불리는 영상으로 주로 삼차원 데이터를 이용한 진단에 사용된다. 오른쪽의 볼륨 렌더링이라 불리는 삼차원 영상도 요즘은 정밀도가 높아져서 진단에 많이 이용되는데, 영상을 만드는 방법에 따라서는 존재하는 병변을 놓치거나 실제로는 존재하지 않는 병변을 만들어 낼 우려가 있으므로 볼륨 렌더링만으로 진단할 때는 조심해야 한다.

내와 세포 외 액 속의 조영제 농도가 평형 상태를 이룬다. 최근의 CT에서는 이런 세 개의 상태를 각각 분리하여 촬영하는 것도 가능해졌다.

삼차원 영상

최근의 CT는 단층 영상보다는 삼차원 데이터를 얻는 것이 주체가 되었다. 여러 장의 단층 영상에서 연속적인 정보를 얻기는 힘들며 특히 입체적인 구조를 파악하기는 대단히 어려운 예가 있다. 미리 삼차원적인 모든 정보를 얻어 두면 모든 방향의 단면을 얻을 수 있으며, 입체적인 영상을 조합할 수도 있게 된다. 문맥 션트나 골반 골절 등 새로운 분야에서 CT가 이용되게 된 것은 이런 삼차원적인 정보가 활용되게 되었기 때문이다. 지금까지 CT는 체축(머리와 몸통의 축) 방향(z축) 데이터의 해상도가 낮아서 뿌연 영상밖에 얻을 수 없는 예도 있었지만 최근의 CT는 얇은 슬라이스 두께로 고속 촬영이 가능하므로 xyz 모든 방향에서 세세한 데이터(아이소트로픽 데이터)를 얻을 수 있게 되었다. 이런 데이터를 이용함으로써 병변부를 모든 방향에서 평가할 수 있게 되고, 입체적인 영상을 구축하여 이미지를 높일 수도 있게 되었다.

CT 스캔의 적용 병례

CT는 적용 범위가 넓으며, 기본적으로 뢴트겐으로 진단할 수 있는 질환은 CT로도 진단 가능하다고 말할 수 있다. 특히 뢴트겐으로 평가하기 어려운

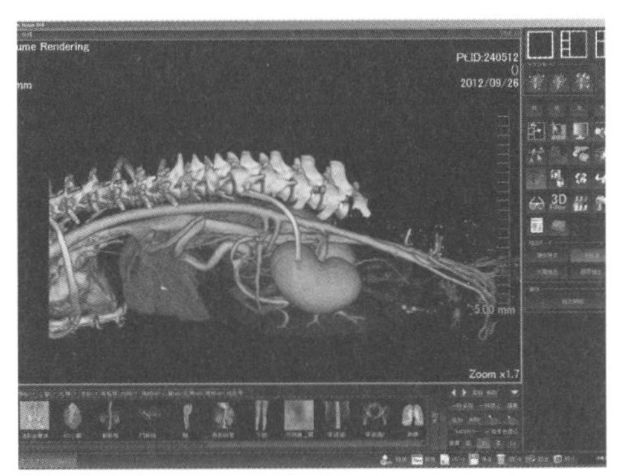

문맥 체순환 단락(션트)에서 단락 혈관의 주행을 볼륨 렌더링으로 나타냈다. 볼륨 렌더링으로는 임의의 뼈를 제거하거나 삼차원 영상의 보기 좋은 방향에서 관찰할 수 있으므로 혈관 기형이나 골절 등을 아는 데 최적이다. 수술 전에 해부학적인 구조를 이미지화하기 쉬우므로 수의사에게도 아주 유용하다. 문제점은 정밀한 영상을 얻으려면 데이터양이 대단히 많아지므로 촬영한 영상 데이터의 통신이나 보존, 컴퓨터상에서의 처리에 부담이 생긴다는 점이다. 또한 많은 촬영 횟수 때문에 환자의 피폭선량이 증가한다는 사실도 잊으면 안 된다.

구조의 복잡한 부위에도 적용할 수 있다. 지난 몇 년 동안에 CT를 촬영할 수 있는 시설은 비약적으로 늘어서 각 지역에 여러 곳의 촬영 가능한 시설이 있는 곳도 적지 않다. 구체적인 CT 적용 질환은 외이염, 수두증, 각종 종양, 추간판 탈출증, 골절, 문맥 단락(션트), 담석 등 다양하다. 앞으로는 폐렴 등 폐 분야의 평가에도 좀 더 이용되게 될 것이다. 고속 CT를 이용하여 심장을 CT로 평가하는 시설도 있지만 동물은 심박수가 빠르므로 한계도 있다.

660

MRI 진단

수의료계에 혁명을 가져온 MRI 장치

반려동물에 대한 수의료는 높아지는 요구에 맞추어 해마다 고도화되어 가고 있다. 요즘은 수의과 대학 병원을 중심으로 고도의 영상 진단 기기를 갖추는 경향이 높아져서 MRI 장치를 도입하는 시설이 늘어가고 있다. CT 검사보다 MRI 검사는 뇌나 척수를 비롯한 신경 연부 조직의 진단에서 위력을 발휘한다. MRI 장치가 출현함으로써 지금까지 곤란했던 뇌척수 질환의 진단이 가능해져서, 수의료계의 신경계 질환에 대한 진단 능력은 한층 진보했다. MRI는 자기 공명 영상법Magnetic Resonance Imaging의 약칭이며, 자기 공명 현상을 이용한 영상 진단법이다. MRI 장치는 MR 신호원인 자석(정자장), 신호에 위치 정보를 더하는 경사 자석 코일, MR 신호를 검출하기 위한 RF 송수신계(코일), 수신계(증폭기)로 되어 있다. 거기에 검출한 신호를 연산 처리하여 영상으로 구축하기 위한 컴퓨터가 더해짐으로써 MRI 장치가 구성된다.

MR 신호를 만드는 장치는 자석이다. 작은 자석인 원자핵이 진동하면 자장이 주기적으로 변동하게 되며, 코일에 기전력이 발생한다. 이 기전력이 MRI 신호이다. MRI 장치에 사용되는 자석에는 영구 자석과 초전도 자석의 두 종류가 있다. 자장의 강도는 테슬라T(1T=1만 가우스) 단위로

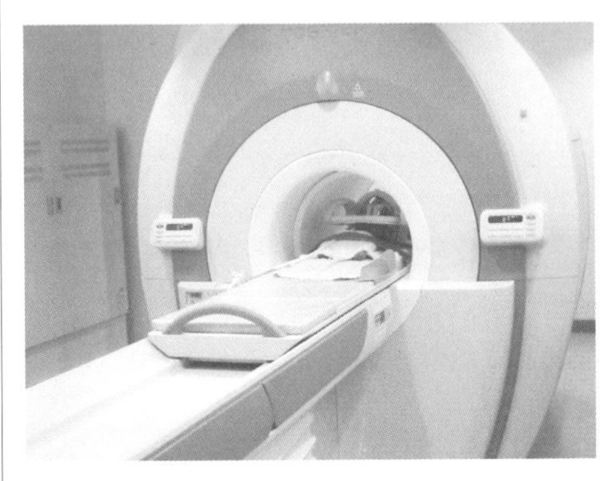

도시바 제품의 MRI 장치.

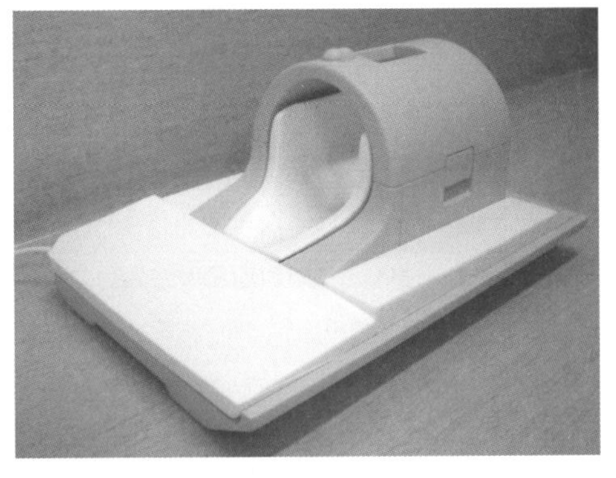

사람의 무릎용 코일(소형견이나 고양이의 머리를 촬영할 때 사용한다).

나타낸다. 현재 사람의 의학에서 사용되는 기기는 1.5T가 주를 이루지만, 두부용에는 3.0T의 고자장 공기증이 사용되고 있다. 실험용에서는 20T를 넘는 기기도 등장했다. MR용 영구 자석에는 희토류를 함유한 Fe-Nd-B계 자석이 채용되어

있다. 그러나 MRI용에는 인체가 들어갈 공간이 필요하므로 강력한 영구 자석을 사용하더라도 MR 신호를 검출하는 위치에서 자장 강도는 0.3T 정도가 되어 버린다. 영구 자석을 이용한 MRI 장치의 장점은 유지가 간편하고 비용도 싸다는 점이다. 단점은 자장 강도를 안정시키기 위해 실온을 일정하게 유지해야 하고, 자석의 총중량이 무거워진다는(0.15T에 8.5t) 점이다.

초전도 자석은 전자석 중에서도 열을 갖지 않는다, 그리고 높은 정자장의 발생이 가능하다는 두 가지 장점이 있다. 단점은 코일 자체를 초전도 상태로 유지하기 위해 초저온 액체 헬륨(4K=마이너스 269℃) 안에 담가야 한다는 것이다. 헬륨이라는 냉매를 떨어뜨리지 않기 위해서 정기적으로 보충해 주어야 하므로 유지비가 비싸지는 것이다.

정자장에 놓인 핵스핀에 대해 강도가 시간상으로 변화하는 경사 자장을 부여하고, 공간 위치 정보를 더함으로써 비로소 MR 신호에서 영상이 구축될 수 있다. 그러기 위해서는 직선적인 경사 자장이 필요하다. MR 신호를 검출하기 위한 신호 검출기(코일)는 여기[73]를 위한 라디오파 출력과 공명한 MR 신호의 라디오파를 검출하는 역할을 맡는 기기다(프로브라고도 한다). 기본적인 구조는 도선을 감은 것이다. 사람은 영상을 찍는 부위에 따라 여러 개의 라디오파 코일을 선택한다. 예를 들어 안장형(두부), 원통 코일인 솔레노이드형(두부), 슬롯 레저네이터형, 새장 bird cage형 등이 보급되어 있다. 또한 안구 등의 국소 촬영에는 표면형 코일이 사용된다.

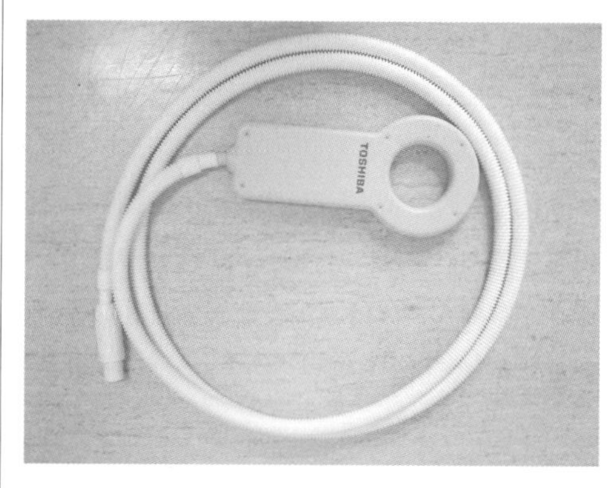

표면형 코일(사람은 눈 위에 올려서 안구 촬영에 사용한다).

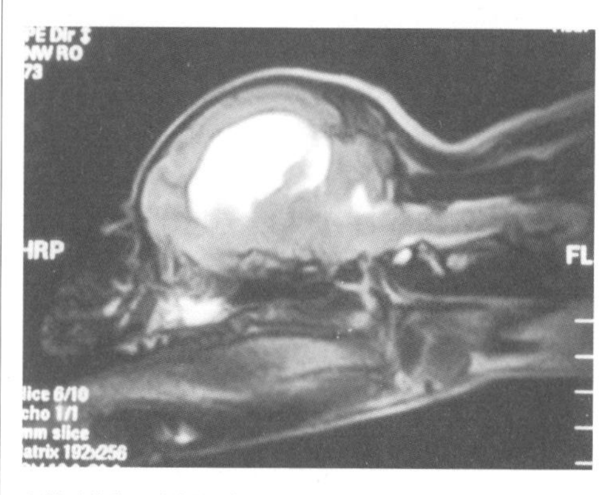

소형견에게 보인 수두증(T2 강조 상, 시상면).

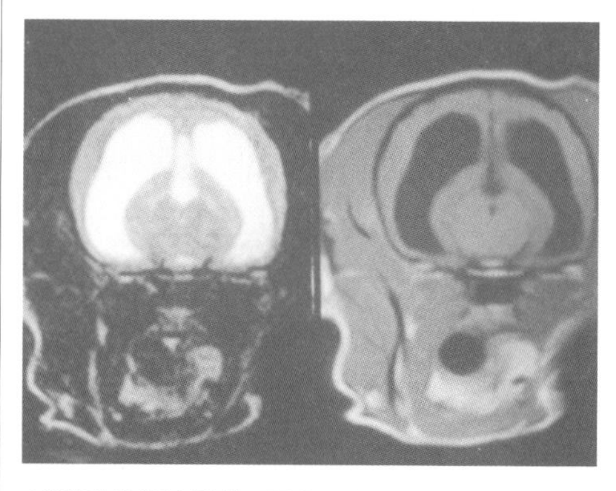

소형견에게 보인 수두증(오른쪽은 T1 강조 상, 왼쪽은 T2 강조 상, 모두 수평면).

수의료에 대한 유용성

MRI 검사는 이처럼 뇌나 척수 등의 신경 연부 조직 진단에 절대적인 위력을 발휘하는데, 구체적으로는 뇌종양, 수두증, 뇌염, 추간판 탈출증, 척수염 등의 진단이며, 외과적 치료가 필요한지에 중요한 판단 재료가 된다. 최근에는 뼈 이외의 연부 장기의

73 양자론에서, 원자나 분자에 있는 전자가 바닥상태에 있다가 외부의 자극에 의하여 일정한 에너지를 흡수하여 더 높은 에너지로 이동한 상태.

진단에도 사용되고 있다. 심지어 치료 후 경과를 관찰하는 때도 사용된다. MRI 검사는 어디까지나 진단이 목적이며 치료 기구는 아니다. 동물에 대한 MRI 검사는 기본적으로 전신 마취하에 행해지므로 마취 도입 시간을 포함하면 사람보다 검사 시간이 길다. 동물의 상태에 따라 마취할 수 있으며, 검사하지 못할 수도 있다.

초음파 진단법과 컬러 도플러

초음파 진단법

초음파 진단법이란 소리가 반사하는 성질을 이용하여 생체의 내부 구조를 해부 등 외과적 수법을 사용하지 않고 진단하는 방법이다. 진단에는 2~7.5메가헤르츠 정도 주파수의 높은음(초음파)을 이용한다. 이 주파수는 우리의 가청역(2~20만 헤르츠)에서 크게 벗어나 있다. 초음파는 지향성이 뛰어나서 〈빛〉처럼 직진하며 생체 조직을 통과할 때 장기의 차이에 따라 특유의 반사나 굴절, 흡수를 일으킨다. 이 특유의 반사, 굴절, 흡수를 영상화함으로써 생체 내의 구조를 진단할 수 있게 된다. 이것이 초음파 진단법(에코 진단법)이다. 이 진단법이 뛰어난 점은 영상을 실시간으로 볼 수 있으므로 심장이나 태아의 움직임을 관찰하여 질병 등의 진단에 유용하다는 점이다. 초음파 진단법은 엑스레이 검사나 CT, MRI 검사와 달리 마취의 필요성이나 엑스레이 피폭이 없으므로 더욱 안전하고 간편하게 검사할 수 있는 것이 커다란 장점이다. 그러므로 임신 진단 등 동물에게 부담을 주고 싶지 않은 때에 초음파 검사가 유용하다. 초음파는 액체, 고체로 전도가 잘되므로 생체 내에서는 간, 췌장, 신장, 비장, 심장 등의 실질 장기, 근육과 지방 등의 연부 조직의 현상을 드러내는 데 탁월하다. 그러나 기체 속은 초음파가 전달되기 힘들기 때문에 생체 내에서는 폐와 소화관 가스로

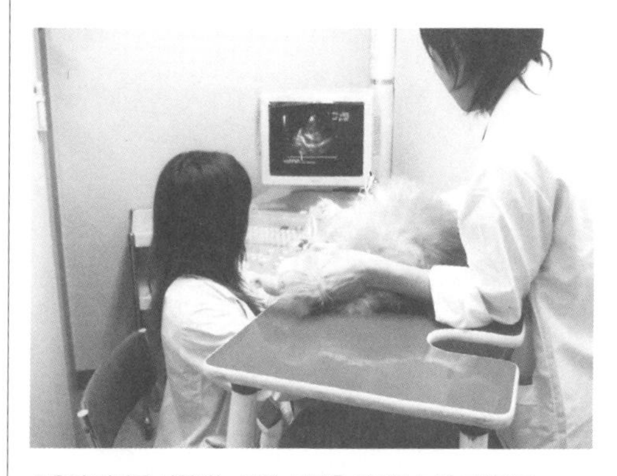

초음파 검사를 시행하는 풍경. 동물을 옆으로 눕혀 고정하고 구멍이 뚫린 테이블 밑에서 프로브를 대고 있다. 털을 깎거나 젤을 이용하여 프로브와 피부의 접촉면에 공기가 들어가지 않게 하여 초음파의 감약(반응이 낮은 상태)을 막는다.

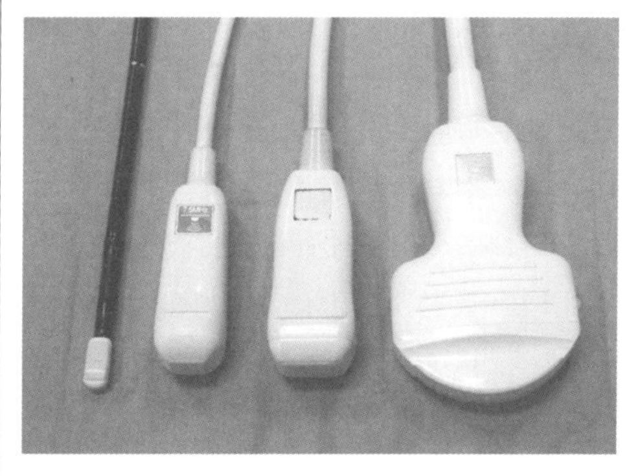

초음파 검사에 이용하는 각종 프로브. 오른쪽부터 컨벡스, 섹터(7.5메가헤르츠), 섹터(5메가헤르츠), 경식도(식도와 위로부터 시작) 프로브.

전도가 방해받는다. 고체라도 뼈나 금속 등의 단단한 것은 그것의 표면에 강하게 반사되므로 영상화가 곤란하다. 그러므로 심장 초음파

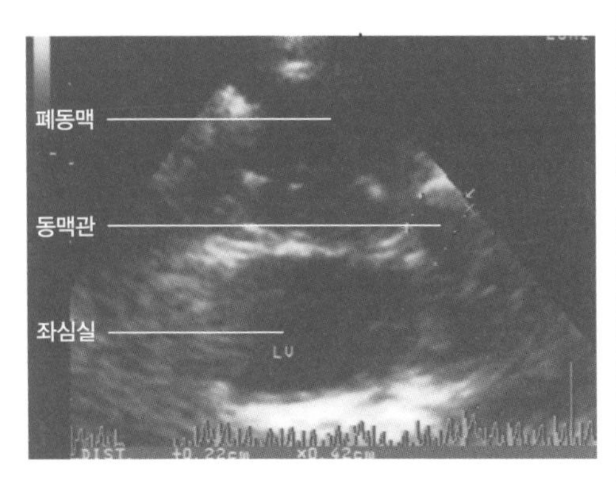

동맥관 개존증의 단층 상. 심장 초음파 진단에서는 늑골이 초음파의 전도를 방해하므로 늑간에서 섹터 프로브를 이용하여 진단한다. 폐동맥으로 단락하는 누두상(깔때기 모양) 동맥관이 추출되어 있다.

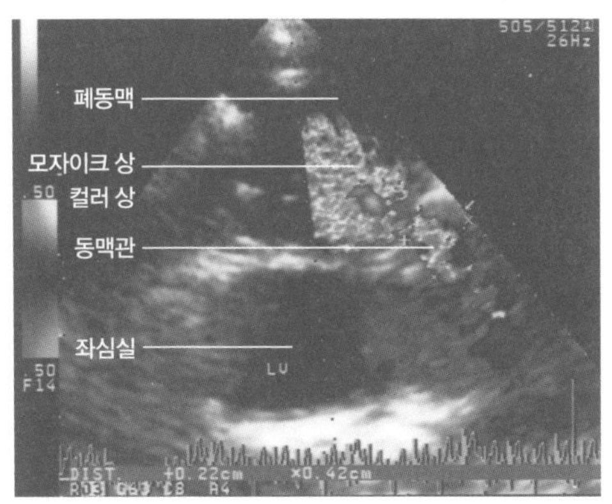

바로 위의 단층 상 컬러 도플러를 사용할 때 사진. 동맥관에서 폐동맥에 걸쳐 모자이크 상의 컬러 도플러를 관찰할 수 있다. 컬러 도플러를 사용함으로써 이상(단락) 혈류를 검출할 수 있어 진단이 쉬워진다.

진단에서는 늑골이 초음파의 전도를 가로막으므로 늑간에서 섹터형 프로브를 사용하여 진단한다. 초음파 검사를 할 때는 생체 내의 단층 영상을 얻기 위해 초음파를 발생, 수신하는 프로브를 동물의 몸에 접촉한다. 심장 초음파 검사에서는 프로브를 구멍이 뚫린 테이블 아래쪽에서 동물의 몸에 댄다. 털을 깎거나 젤을 이용하여 프로브를 피부의 접촉면에 공기가 들어가지 않도록 하여 초음파가 약해지는 것을 막는다. 프로브는 검사하는 부위에 따라 다양한 주파수대와 형상이 준비되고, 동물의 체격이나 검사 부위에 따라 적당한 것을 골라 쓰며, 그것에 의해 양호한 영상을 얻을 수 있다. 리니어 프로브는 프로브에서 띠 모양으로 초음파를 발생한다. 주로 피부나 피부밑 조직 등 비교적 얇은 부위의 관찰에 적합하다. 섹터 프로브는 프로브의 한 점에서 부채꼴로 초음파를 발생한다. 흉강 내 관찰, 특히 심장 관찰에 적합하다. 컨벡스 프로브는 리니어와 섹터의 중간 형태이며, 리니어에 가까운 컨벡스 프로브와 섹터에 가까운 마이크로 컨벡스 프로브가 있다. 다양한 부위의 관찰에 적합하지만 주로 복부 관찰에 사용된다.

컬러 도플러

컬러 도플러란 도플러 효과(예로 구급차의 사이렌이 멀어져 갈 때, 음의 높이가 달라져서 들리는 현상)를 이용하여 혈액이 흐르는 속도(유속)나 방향을 빨강이나 파랑 등의 색깔로 영상화하는 방법이다.
이 방법에서는 프로브에 가까워지는 혈액은 빨강, 멀어지는 혈액은 파랑으로 표시되며, 방향이 제각각인 난류에서는 다양한 색이 섞인 모자이크 패턴으로 관찰된다. 생체 내의 혈액이 정상이면 유속과 방향이 일치하며(층류) 모자이크 패턴이 나타내는 난류는 이상 혈액의 지표가 되어 진단을 돕는다. 최근에는 삼차원 영상화도 가능해져서 더욱 진단에 유용해졌다. 초음파 영상 진단은 안전하고 간편하게 동물의 장기를 시행간으로 영상화하여 진단할 수 있으므로 임상 수의학 분야에서 빠뜨릴 수 없는 진단법이 되었다.

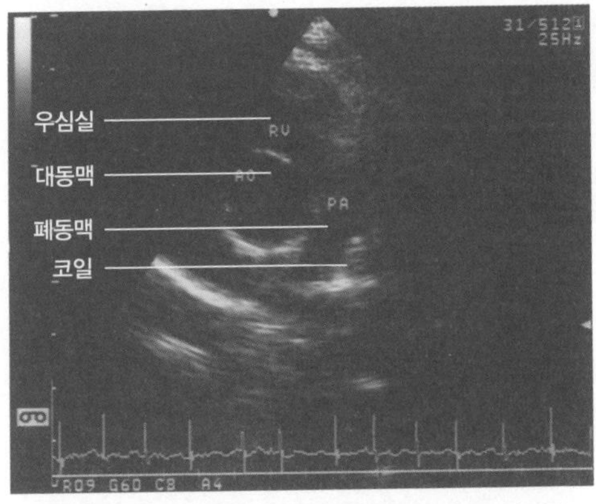

코일 폐쇄술 시행 후의 단층 상. 동맥관 개존증의 치료로 동맥관 안에 코일을 색전시켜 단락 혈류를 차단한다. 동맥관 안에 색전시킨 코일이 추출되어 있으므로 수술 후의 경과를 진단하는 데 유용하다.

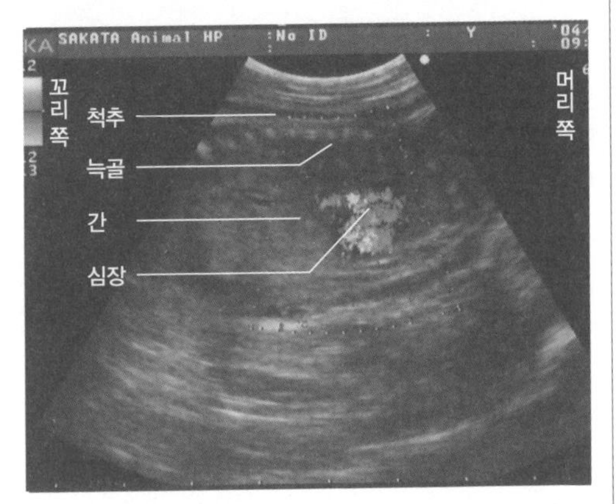

임신 태아(60일)의 단층 상. 심장이 혈액을 뿜어내는 모습을 컬러 도플러를 통해 확인할 수 있다.

심장 카테터법 진단

심장 카테터법과 안전 대책

심장 카테터법이란 카테터라고 불리는 관을 이용하여 심장이나 혈관 질환을 검사하는 방법이다. 카테터는 보통 경동맥, 경정맥, 넙다리 동맥, 넙다리 정맥에서 혈관 내에 삽입하므로 수술의 외상이 최소한의 크기에 그치지만, 개나 고양이는 전신 마취할 필요가 있다. 혈관 안에 삽입한 카테터 끝을 엑스레이로 투시하면서, 목적하는 심장이나 혈관 부위로 유도하여 혈압이나 산소 분압을 모니터링함으로써 심혈관 병변이 혈액 순환에 미치는 영향을 관찰할 수 있다. 동시에 심혈관 조영 검사를 하여 심혈관 병변 부위나 구조도 알 수 있다. 전자를 혈행동태학적 평가라고 하고, 후자를 형태학적 평가라고 한다.

따라서 심장 카테터법을 시행할 때는 마취기, 엑스레이 촬영 장치, C암(순환기용 엑스레이 장치), 혈압 측정기, 혈액가스 분석기 등 충분한 설비와 각종 카테터, 가이드 와이어, 삽입용 시스(외장선) 등의 특수 기구가 필요할 뿐 아니라, 시술자가 그것들을 아주 능숙하게 조작할 수 있어야 한다. 경험을 쌓으면 시술자는 투시하에, 또는 혈압 파형을 가이드로 삼아 카테터를 목적한 부위로 유도할 수 있다. 목적한 부위에 따라 모양이 다른 각종 카테터나 가이드 와이어를 각각 사용함으로써 효율적으로 유도할 수 있다.

주된 카테터에는 끝에 풍선이 붙은 카테터나 돼지 꼬리형 카테터 등이 있다. 끝에 풍선이 붙은 카테터는 정맥에서 우심계로, 혈액에 대해 순행성으로 유도할 때 적합하다. 돼지 꼬리형 카테터는 끝이 돼지 꼬리처럼 돌돌 말린 형태를 하고 있으며 판을 손상할 위험성이 높은 역행성에, 경동맥에서 좌심계로 카테터를 유도할 때 적합하다. 심장 내압은 다양한 질환에서 생리학적인 상태에 따라 크게 달라진다. 대동맥 협착증, 폐동맥 협착증 등의 협착 병변에서는 협착부를 사이에 두고 그 전후에서 혈압에 차이(압력차)가 생긴다. 이 압력차는 협착의 중증도와 그 협착 병변부를 통과하는 혈류량 모두에 영향을 받는다. 방실판(승모판, 삼첨판)에 폐쇄부전 같은 기능적

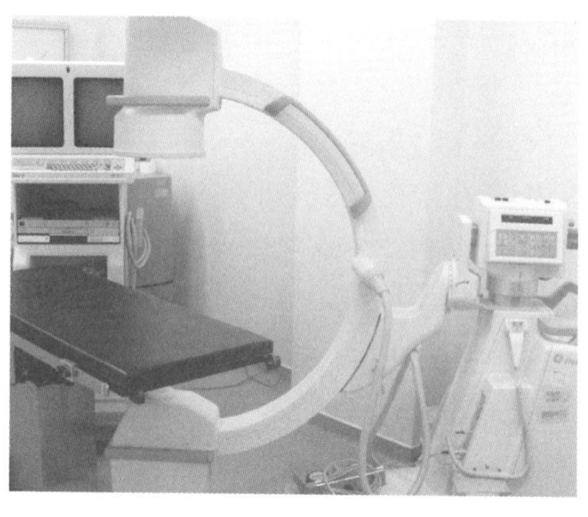

C암(순환기용 엑스레이 측정기).

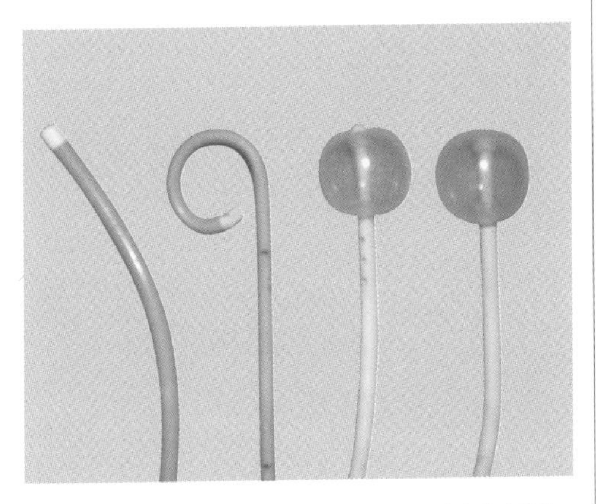

각종 카테터(오른쪽부터 웨지, 버먼, 돼지 꼬리형, 다목적 카테터).

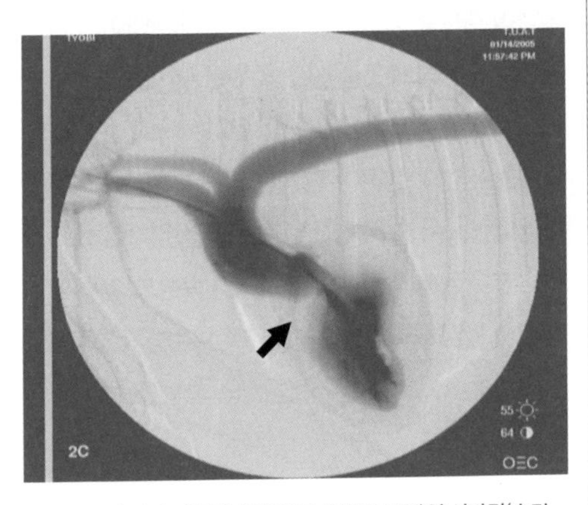

심혈관 조영 검사. 대동맥 협착증(좌심실 내 주입)인 시바견(수컷, 7개월). 대동맥판 하부의 협착과 대동맥활의 부풀어 오름이 인정된다

장애가 있을 때는 수축기에 심방내압이 상승한다. 마찬가지로 반월판(대동맥판, 폐동맥판)에 기능적 장애가 있을 때는 심실 확장 말기압이 상승한다. 심장 카테터법으로 이런 병변을 진단할 수 있다.

형태학적 평가 방법

심혈관 조영 검사는 심혈관 내에 수용성의 엑스레이 불투과성 용액(조영제)을 주입하여 단시간의 엑스레이 연속 촬영이나 투시 영상을 기록하여 행한다. 이들 조영 기록으로 심장의 형태나 혈류의 평가, 또는 심기능을 추측할 수 있다. 조영제의 주입 부위는 질환에 따라 다양하지만 일반적으로는 좌우 심실과 상행 대동맥, 그리고 폐동맥이다.

좌심실 내 주입으로는 승모판 역류, 다양한 타입의 대동맥 협착증이나 심실중격 결손을 통한 좌우 결락 등의 진단이 가능하다. 대동맥 내 주입으로는 대동맥 역류, 동맥관 개존증, 대동맥궁 형성 이상, 관상 동맥의 형태적 기형 등을 진단할 수 있다.

우심실 내 주입으로는 삼첨판 역류, 다양한 타입의 폐동맥 협착증, 팔로 네 징후에서 보이는 심실중격 결손을 통한 좌우 결락 등의 진단이 가능하다.

심실 지름이나 벽의 움직임은 심장 주기를 통해서 관찰함으로써 심실의 크기, 형태나 위치, 수축 기능을 평가할 수 있다.

도플러 초음파 진단 장치가 보급됨에 따라 진단법에서 심장 카테터법은 서서히 교체되어 가고 있지만 복잡한 형태나 혈행동태를 나타내는 복합 심장 기형 등의 확진에는 여전히 심장 카테터법이 신뢰도가 높다. 심장 페이싱(심장 박동 조율), 협착 병변에 대한 치료적 풍선 확장술, 단락 병변에 대한 코일과 디바이스에 의한 폐쇄술 등의 심장 카테터법의 새로운 적용이 개발되어 응용되고 있다.

668

인터벤션 시술

두 가지 치료 대상에 쓰이는 인터벤션

인터벤션(중재 시술)이란 작은 동물의 임상에서 동물에게 부담이 적은 외과 수술법으로 최근 시행하게 된 치료법의 하나다. 주로 카테터라고 불리는 가느다란 관을 혈관 안에 꽂아서 전신을 주행하는 혈관을 통해 카테터를 목적한 부위로 보내고, 카테터를 통해 다양하게 치료한다. 넓은 의미에서는 중증 부정맥에 대한 심박 조율기 장치 수술도 포함된다. 수의학에서 인터벤션은 주로 혈관 자체가 치료 대상이 되는 순환기에 시술되고 있다. 그 치료 방법은 크게 둘로 나뉜다. 심장이나 혈관의 좁은 부분을 넓히는 것, 그리고 선천적으로 생긴 혈관의 단락(원래의 모양이 아니라 혈관이 연결된 상태)을 마개로 막아 버리는 것이다.

먼저, 혈관의 좁은 부분을 넓히기 위해서는 풍선을 이용한다. 선천적, 후천적으로 혈관 지름이 좁아져서 혈액의 흐름에 문제가 생기면 심장에 과도한 부담이 생기는 데 더해 협착 부위 이후의 조직에 혈액 공급이 정체됨으로써 장애가 생긴다. 그러므로 끝에 풍선이 달린 카테터를 이용하고, 카테터의 끝을 혈관의 협착 부분까지 도달시킨 다음, 풍선을 확장한다. 이렇게 함으로써 혈관의 좁은 부분은 펴지고 확장되어 혈액의 흐름이 유지되게 된다.

한편, 단락을 막기 위해서는 색전제를 이용한다. 혈액이 흐르는 경로에 단락이 생기면 혈액이 제대로 순환하지 못해 산소의 운반 사이클이 제대로 이루어지지 않게 되어 결과적으로 심장에 과도한 부담이 생긴다. 단락된 혈관 부위까지 카테터를 보내서 이 카테터를 통해 색전자를 꽂고, 단락 부위에서 색전제를 제거하고 막음으로써 원래의 혈액 흐름을 되살린다. 이 치료법의 가장 큰

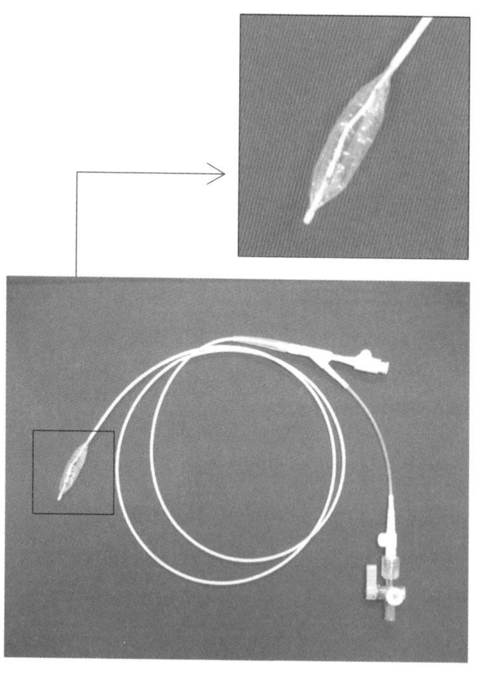

풍선 카테터는 끝부분에 카테터를 가운데 축으로 하여 풍선이 달려 있다. 카테터 안에는 두 줄의 관이 지나가며, 한 줄은 카테터 끝에, 다른 한 줄은 풍선 내부로 통해 있다.

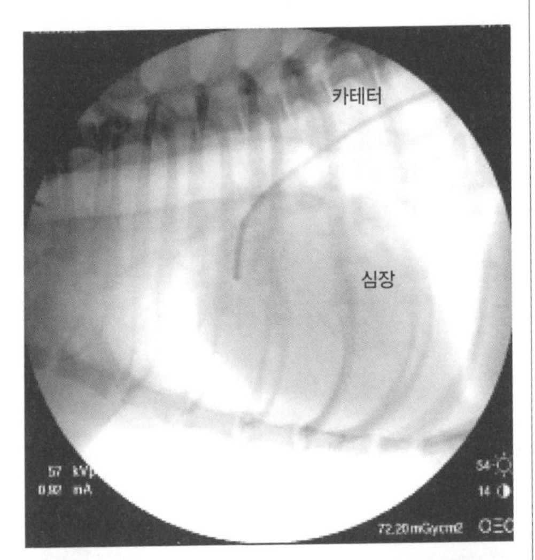

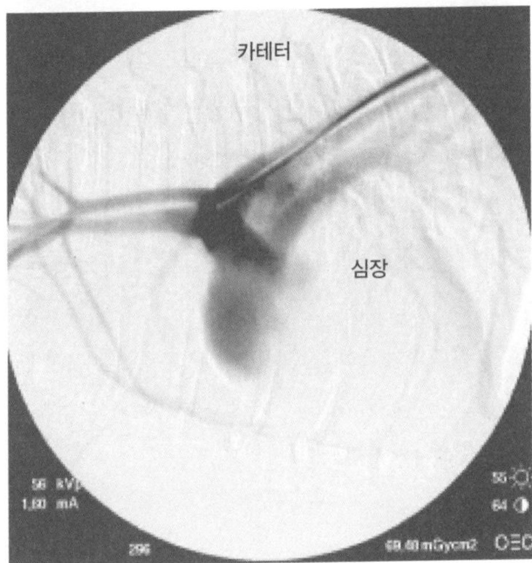

심장에 카테터의 끝이 삽입되어 있다(위). 카테터를 통해 조영제를 주입하여 끝부분에서 조영제가 들어가고 있는 사진(아래). 이것에 의해 동맥관의 타입이나 크기를 판정하고 그것에 맞는 적당한 크기의 코일을 사용하여 막는다.

장점은 동물에게 주는 부담이, 카테터를 집어넣을 혈관을 노출하기 위한 작은 상처만으로 끝난다는 점이다. 동물에게 수술 후 치료는 커다란 고통이 된다. 인터벤션은 수술에 의한 침습(세균과 같은 미생물이나, 생물, 검사용 장비의 일부가 체내 조직 안으로 들어오는 것)으로부터의 회복이 빠르며, 보통 하루 또는 며칠 동안 입원으로 충분하다.

기술 개발로 적용 범위 확대

이처럼 대단히 유용한 인터벤션에도 문제점은 있다. 그것은 인터벤션이 사람용으로 개발되었기 때문에 현 단계에서는 동물에게 그대로 쓸 수 없다는 점이다. 특히, 치와와를 비롯한 소형견의 혈관은 체격에 맞게 당연히 가늘어서 아예 카테터를 삽입할 수 없는 예가 있다. 고양이는 개보다 혈관이 가늘어서 적용할 수 없는데 그런 경우에는 개흉 수술로 대응하는 것이 현실이다.

다음으로 설비 문제가 있다. 보통 인터벤션에서는 혈관 내에 카테터를 삽입한 다음 목적한 부위까지 그 끝을 도달시키기 위한 가이드로, 투시 장치로서 엑스레이의 실시간 영상을 이용한다. 즉, 이런

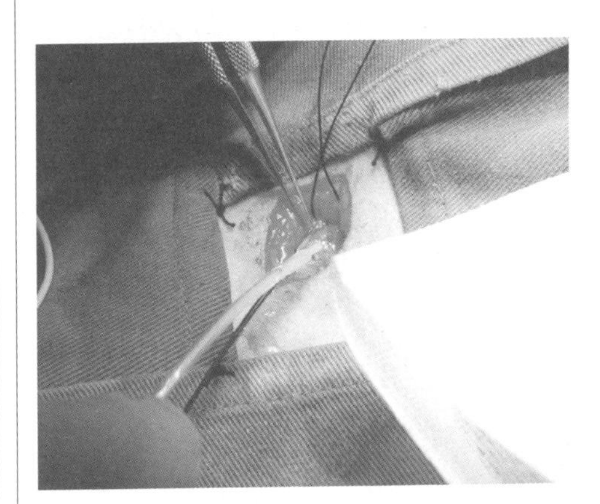

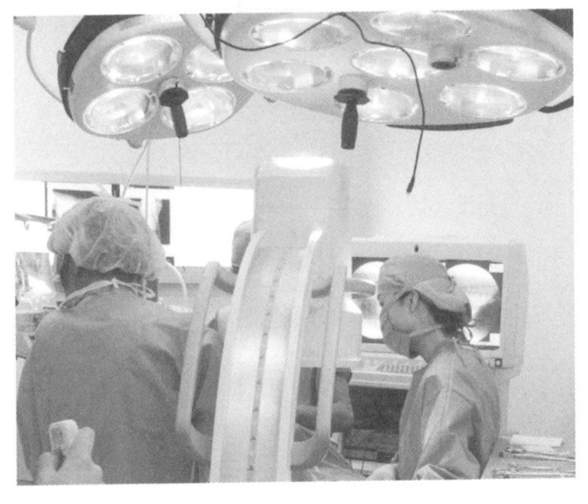

안쪽 사타구니 동맥에서 카테터를 삽입하고 있다(위). 절개 영역은 약 3센티미터로 수술에 의한 부담이 대단히 작다. 투시 장치를 사용하여 카테터를 조작하고 있다(아래). 손에서 아치 모양으로 뻗어 있는 투시 장치로 오른손 앞의 모니터에 비친 화면을 보면서 카테터를 조작한다.

장치를 갖춘 시설이 아니라면 인터벤션 시술을 할 수 없다.
그러나 심장 질환은 보통 병태 파악을 목적으로 외과 수술에 선행하여 심혈관 카테터 검사를 하고 있다. 이 검사는 카테터를 심장에 도달시켜서 행한다는 의미에서는 인터벤션과 조작이 같으므로 검사로서의 심혈관 카테터 검사와 치료로서의 인터벤션을 동시에 시행하는 것이 가능하다. 즉, 지금까지 검사와 치료라는 둘로 나누어서 했던 수술을 하루에 동시에 시행할 수 있으므로 시설이 작음을 충분히 커버할 수 있다. 요즘은 소형견을 위해 지름이 더욱 작은 카테터를 도입하는 등 적용 범위를 늘리고 있다. 앞으로도 이런 기술의 발달로 인터벤션의 적용 범위는 더욱 늘어날 것이다.

671

내시경 진단과 치료

내시경에 의한 진단

사람 의학에서 내시경 검사는 일반적인 것이 되었지만, 동물 의학에서도 동물용 전자 내시경이 개발되면서부터 급속히 퍼지고 있다. 특히, 지난 몇 년의 내시경 검사나 치료 등의 진보는 눈이 부실 정도다. 이것은, 이전에는 내시경 검사를 하는 시술자만이 영상을 볼 수 있었지만 모니터에 영상이 비치게 됨으로써 주위 사람들도 실시간으로 영상을 볼 수 있게 된 것이 커다란 원인일 것이다.

작은 동물에 대한 내시경 검사의 대상 대부분은 소화관이다. 소화관은 체내에 있음에도 불구하고 입에서 직장, 항문에 이르는 관강측(식도, 십이지장, 소장, 대장처럼 파이프 구조를 하는 기관의 내부 공간) 장기이므로 내시경 검사는 내시경이 닿는 한, 그 위력을 충분히 발휘할 수 있다. 식도 내시경 검사에서는 식도염이나 식도 협착, 식도 내 이물, 거대 식도증 등의 진단이 가능하다. 식도 협착이 있는 동물은 풍선 카테터를 이용하면 가장 안전하게 협착 해제의 치료가 가능하다고 알려져 있다.

위내시경 검사는 동시에 행하는 생체 검사와 합쳐서 위염이나 궤양, 양성 폴립, 위암, 위 림프종, 그리고 위 내 이물 등의 진단과 치료에 적용된다.

상부 소화관의 내시경 검사는 십이지장이나 소장의 입구 근처까지 볼 수 있는데(동물의 크기나 내시경의 길이, 굵기에 따라 다르다), 소장은 내시경

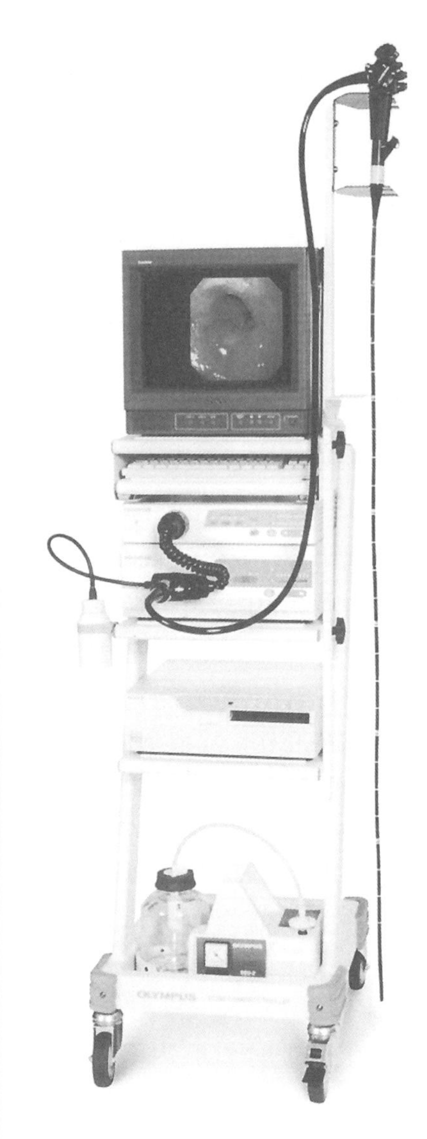

동물용으로 개발된 전자 내시경.

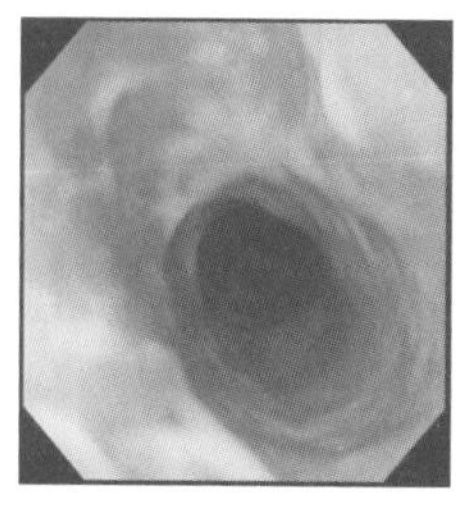

식도염.

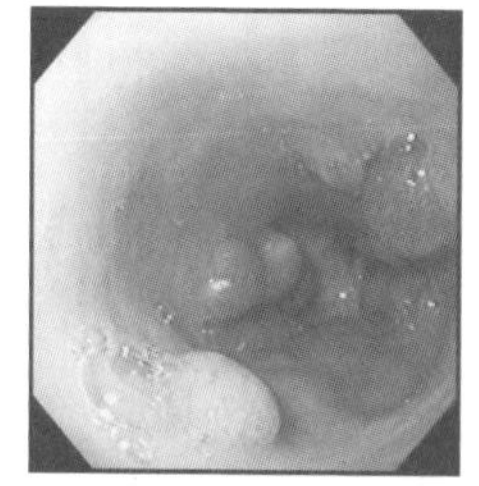

위의 폴립.

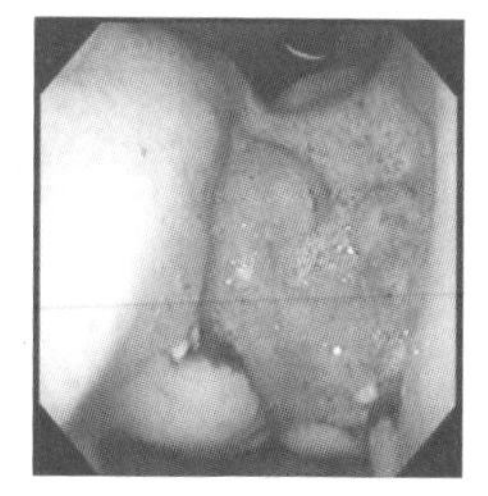

위암.

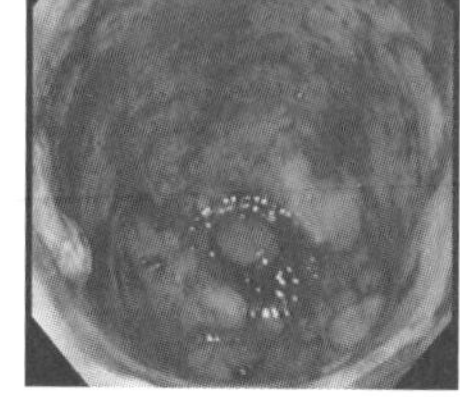

결장염.

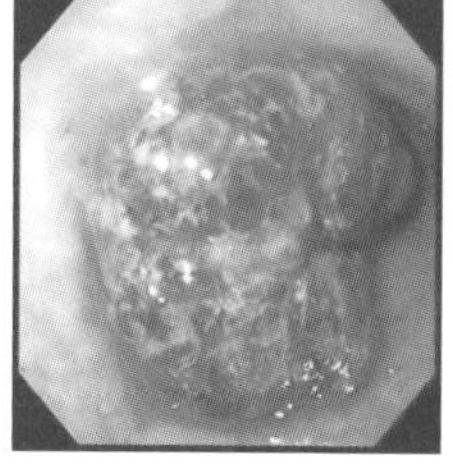

직장 종양.

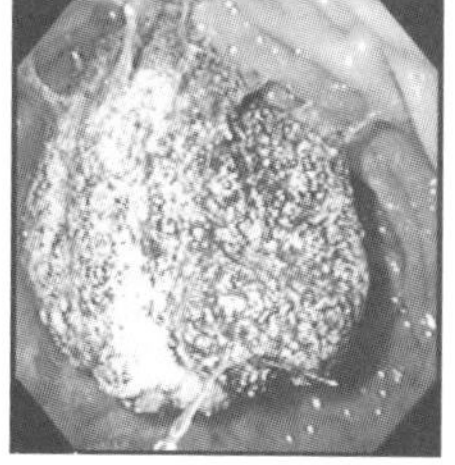

위 내 이물.

검사가 거의 불가능하다. 대장은 항문에 삽입하여 관찰할 수 있다. 대장 내시경 검사로는 직장, 결장, 맹장 입구 부근의 염증이나 종양 등을 관찰할 수 있다. 소장의 맨 뒤쪽(회장 말단부)이 열려 있다면 그 안으로 내시경을 넣어서 조직을 떼어 낼 수도 있다. 대장의 병변으로 많이 보이는 것은 혈변이나 점액이 섞인 변을 배설하는 만성 대장염이다. 그런 증상일 때도 내시경으로 관찰함으로써 폴립이나 암이 의심되는 곳을 발견하기도 한다.

소화관 이외의 내시경 검사는 코나 기관, 기관지 등의 호흡기 내시경 검사, 요도나 방광 등의 비뇨기 내시경 검사를 비롯하여 복강경 검사, 흉강경 검사, 관절경 검사, 암컷 개의 질 내부 검사 등 다양한 곳에 적용되고 있다.

내시경에 의한 치료

내시경에 의한 치료에서 최고는 이물의 적출일 것이다. 식도 내에 걸린 이물이나 위 내 이물 등 수술하지 않고 적출할 수 있으므로 입원이 필요 없는 치료로서 시행되고 있다. 그러나 이 경우, 이물의 크기나 형태에 따라 내시경으로 적출할 수 있는 것인지, 외과 수술을 하는 것이 나은지로 나뉜다. 특히 소프트 테니스공 등은 대형 견종의 강아지가 삼키는 일이 많다. 이런 경우에는 식도를 통과할 때는 말랑말랑하므로 위 속으로 들어가 버리지만, 위 안에서는 위산의 영향을 받아 플라스틱처럼 딱딱해져 버린다. 이런 것은 내시경으로는 적출할 수 없다.

그 밖에도 식도 협착일 때 풍선 확장술도 들 수 있다. 식도가 협착하여 액체는 마실 수 있지만 고형물은 토해 낼 때 보인다. 이럴 때 식도 수술로는 대단히 곤란한 개흉 수술이 필요하므로 내시경에 의한 풍선 확장술이 가장 안전한 방법이라고 알려져 있다. 그러나 한 번의 치료만으로는 불충분하며, 여러 번 확장해 줄 필요가 있다. 사람에게 많이 행해지는 폴립 절제는 동물에게도 행해지고 있다. 위나 대장 등에서 폴립이 발견되면 고주파로 폴립을 태워서 잘라 버리는 방법이다. 이렇게 함으로써 절제한

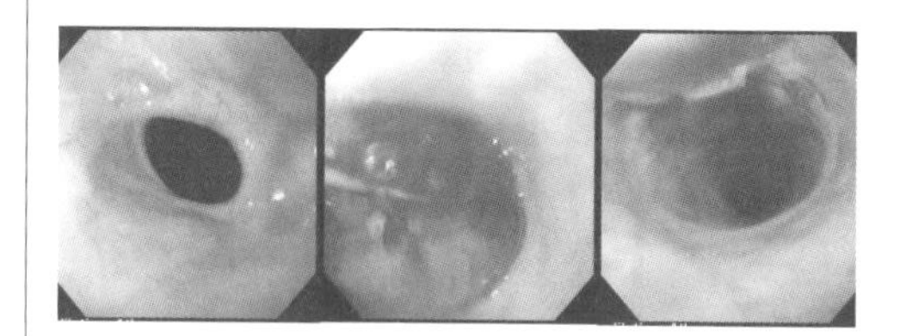

식도 협착 풍선 확장술.

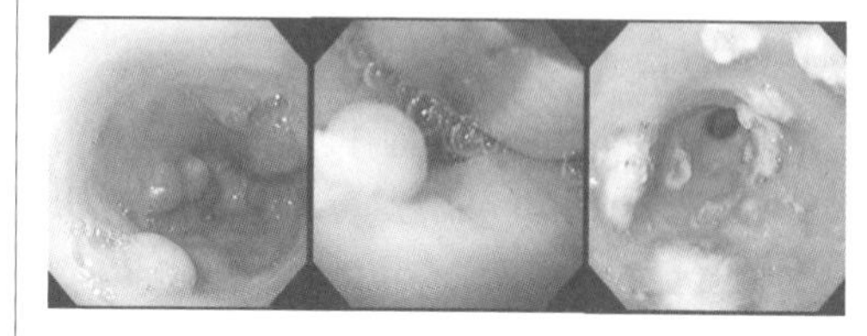

위의 폴립 절제술.

조직을 검사하는 것도 가능해졌다. 앞으로도 이들 내시경 검사와 치료가 동물 의료 중에서 크게 발전하고 진보하게 될 것으로 기대한다.

674

안전하고 신속한 레이저 수술

레이저 수술

레이저LASER란 Light-Amplification-by-Stimulated-Emission-of-Radiation의 머리글자를 따서 생긴 단어로, 〈유도 방출에 의한 빛의 증폭〉이라는 뜻이다. 즉, 인공적으로 만든 빛을 점점 증폭시켜서 방사한 빛이다. 레이저는 매개의 종류에 따라 다양한 파장을 발진할 수 있다. 그 파장의 차이에 따라 성능이나 용도가 다르며, 예를 들어 바코드를 읽거나 레이저 디스크, 복사기, 성분 분석 등에도 사용되고 있다. 의료 분야에서는 절개, 증산, 응고, 지혈 기능을 가진 파장의 레이저가 이용되고 있다.

절개에 관해 비교하면, 일반 메스는 절개 면이 깨끗하고 치료가 빠른 반면 출혈이 지속되므로 부기나 통증이 따른다. 전기 메스는 절개와 동시에 지혈도 하지만, 전기 충격이 몸을 관통하므로 마취에서 깨어난 후에도 통증이 지속된다. 레이저 메스는 지혈하면서 절개하므로 치유가 늦어지는 반면에 부기나 통증이 적다. 절개 시의 통증이 거의 없다는 점에서 무마취로 수술할 수 있을 뿐만 아니라 수술 후의 통증도 크게 줄어든다.

응고와 지혈에 관해 비교하면, 기존에는 전기 메스를 이용하거나 실로 묶었다. 전기 메스는 응고 결합면이 약하여 출혈이 멎은 것을 확인한 다음 피부를 봉합해도 마취에서 깨어나서 혈압이 올라가면 출혈하는 경우가 많다. 실로 묶으면 생체에 있어서 이물이므로 나중에 이물 반응이 생길 우려가 있다. 레이저는 응고 결합면이 강고하므로 수술 후의 출혈은 거의 없다.

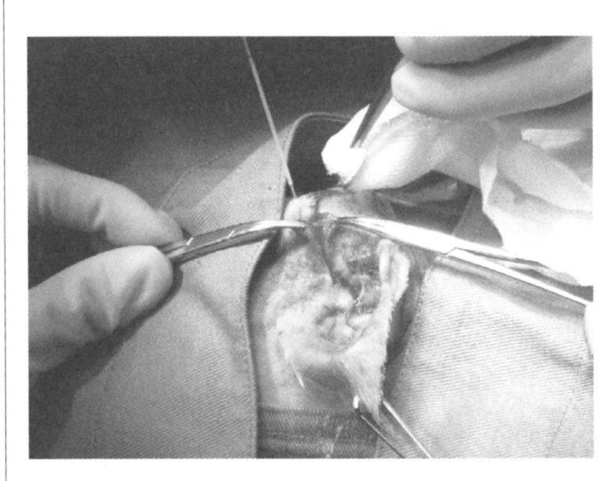

레이저로 지혈을 하면서 절개. 메스로 자르는 것보다 시간이 걸리지만 출혈은 극히 적다.

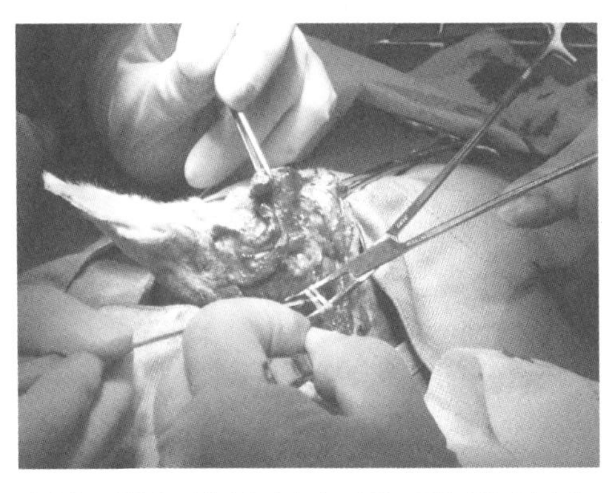

레이저로 자른다. 절개면에 지진 자국이 없고 주변의 천이나 수술 장갑에 피가 거의 묻지 않은 것에 주목.

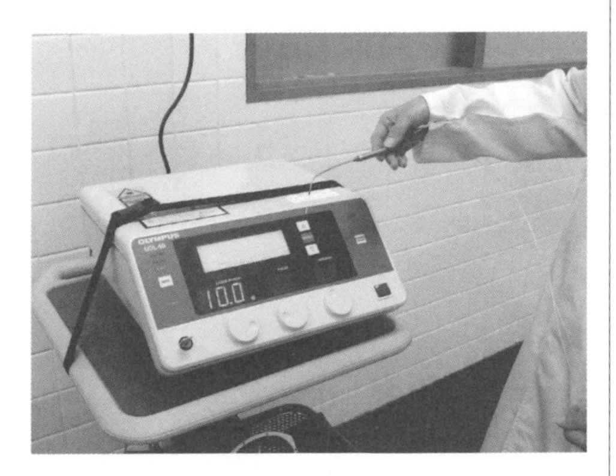
반도체 레이저 본체. 본체의 크기는 기종에 따라 다양하다.

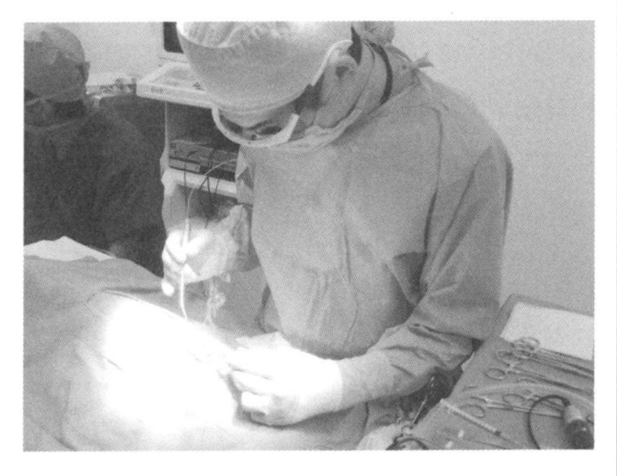
수술 풍경. 의사의 눈을 보호하기 위해 레이저 파장에 맞는 전용 고글을 착용한다.

증산이란 조직을 태워서 소실하는 것이다. 기존의 수술 방법에는 절개, 지혈, 봉합의 수순이 필요했지만, 레이저는 한 점에 대고 계속함으로써 조사 부위의 조직이 증산 즉, 소실되어 간다. 이때 출혈은 동반하지 않으므로 부위에 따라서는 봉합할 필요도 없다. 이 특성을 살려서 봉합하기 힘든 부위의 종양 절제(구강 내, 항문 주위, 폐 등), 녹내장(망막 광응고 수술), 추간판 탈출증(경피적 감압술), 잇몸병 등에 널리 이용되고 있다.

더욱 안전한 치료가 가능해지다

예를 들어 간엽을 절제할 때 일반 메스로 절개하면 출혈이 많으며 실이나 전기 메스로는 지혈하기 힘들다. 그 경우, 레이저로 응고하면서 절개하면 지혈과 동시에 자르게 되므로 안전하고 빠르다. 장기의 뒷면 등 의사의 손이 들어갈 공간이 없는 부위에서는 실로 묶을 수 없는데, 레이저를 이용하면 끝부분만을 환부에 접근시켜서 절개나 응고(지혈)를 할 수 있다. 수의료 영역에서 널리 이용되고 있는 레이저는 주로 탄산 가스 레이저와 반도체 레이저다. 둘의 큰 차이는 접촉(반도체), 비접촉(탄산 가스)과 광특성이다. 탄산 가스 레이저는 반도체 레이저보다 절개 능력이 뛰어나다. 그러나 탄산 가스 레이저는 비접촉이므로 손끝이 떨리기 쉽고 아픈 동물이 호흡할 때마다 몸의 움직임에 맞춰서 초점거리를 일정하게 유지하기 힘든 경우가 있다.

한편 반도체 레이저는 접촉식이므로 기존의 메스와 같은 감각으로 사용할 수 있다. 탄산 가스는 광섬유를 통과하지 않으므로 내시경 수술에는 사용할 수 없지만 반도체 레이저는 내시경 수술에도 사용할 수 있다. 각각의 특성에 맞는 사용 방법을 선택할 필요가 있다고 말할 수 있다. 레이저에는 이처럼 훌륭한 특성이 있다. 기존처럼 〈나으면 된다〉라는 생각이 아니라 〈더 빨리, 더 안전하게, 더 쾌적하게〉라는 시점에서 수의료 영역에서도 일부 시설에서는 도입하기 시작했다. 그러나 비용 면에서 널리 보급되려면 아직 시간이 걸릴 것 같은 〈꿈〉의 치료 기구이기도 하다.

676

심박 조율기에 의한 부정맥 치료

안전하고 효과적인 부정맥 치료법

안정 시의 심박수는 개가 1분에 80~120회, 고양이는 140~220회 정도다. 심박 조율기 치료는 심박수가 비정상적으로 적어지거나 없어지는 부정맥이 일어났을 때 필요하다. 이런 부정맥을 합쳐서 느린맥박성 부정맥이라고 하며, 동기능 부전 증후군이나 완전 방실 차단이 대표적이다. 심장 판막증, 심근증 등이 원인이 되기도 하는데, 원인 불명인 경우도 있다. 부정맥이 생기면 식욕은 있어도 기운이 없다, 얌전해진다, 산책하고 싶어 하지 않는다, 등의 증상이 보인다. 증상이 진행되면 운동하거나 흥분했을 때 실신 발작이 일어난다. 이것은 몸의 움직임에 따라 심박수를 늘릴 수 없게 되므로 몸이 필요한 혈액을 전신으로 보내지 못하기에 일어나는 증상이다.

심전도 검사에서 부정맥으로 진단되고 증상이 지속해서 보이며, 실신 등의 증상을 동반할 때는 심박 조율기 치료를 한다. 부정맥은 약물 치료보다 심박 조율기 치료가 효과가 확실하고 안전성도 높다. 증상이 없더라도 부정맥이 중증일 때는 급사나 심부전의 위험성이 높으므로 가능한 빠른 단계에서 심박 조율기 치료가 필요하다.

심박 조율기는 일정한 간격으로 일정한 강도의 자극을 발생하는 펄스 제너레이터(자극 발생 장치)와 그 자극을 심장까지 유도하는 전극 리드로 이루어져 있다. 기능하지 않게 된 심장에 인공적인 자극을 주어서 심장을 수축시키는 것인데, 예전에는

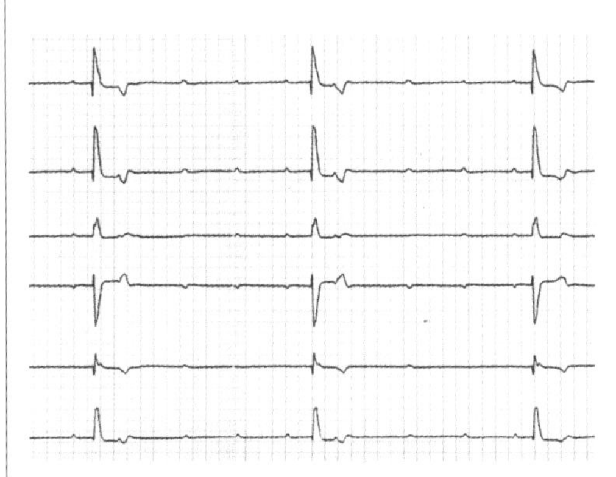

대표적인 느린맥박성 부정맥인 완전 방실 차단. 심박수는 1분에 35회밖에 되지 않는다.

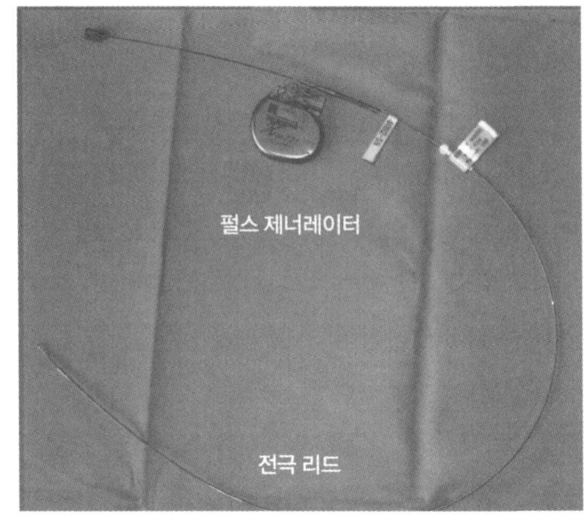

대표적인 심박 조율기. 일정한 간격으로 일정한 강도의 자극을 발생하는 펄스 제너레이터(자극 발생 장치)와 그 자극을 심장까지 전하는 전극 리드로 구성된다.

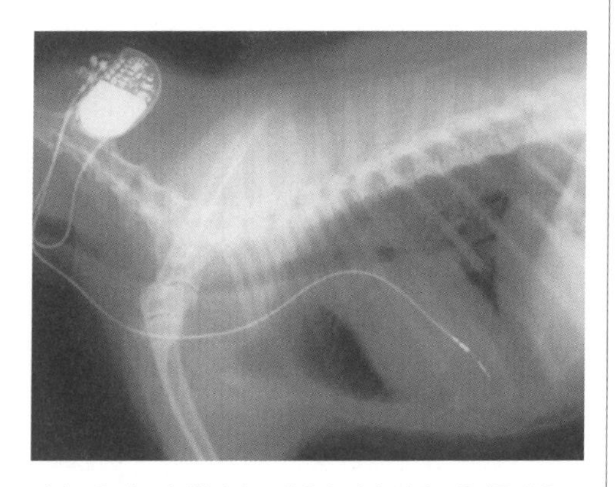

심박 조율기는 간단한 수술로 심을 수 있다. 심박 조율기를 심은 후의 흉부 엑스레이 사진.

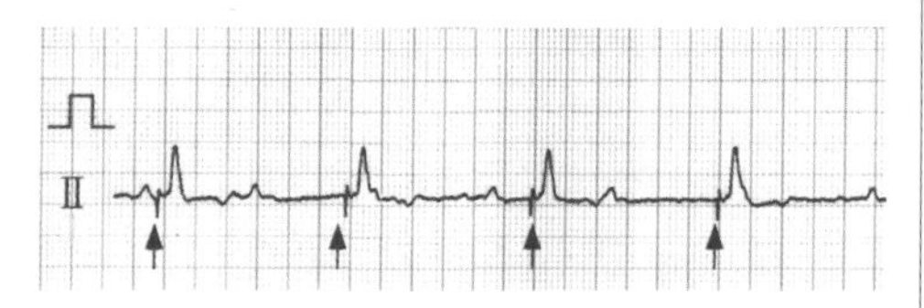

심박수는 개와 고양이는 통상 1분당 100회로 설정한다. 그림은 심박 조율기를 심은 후의 심전도며, 화살표는 페이싱 자극을 나타내고 있다.

심박 조율기의 종류와 기능은 기본적으로 세 개의 문자로 표시된다. 첫 번째 문자는 심박 조율기가 자극하는 심장의 방을, 두 번째 문자는 심장의 전기적인 흥분을 감지하는 심장의 방을, 세 번째 문자는 심박 조율기의 제어 기능을 나타낸다.

개흉 수술을 하여 심장의 외부에서 전극 리드를 삽입했다. 현재는 피부를 몇 센티미터 절개함으로써 목의 정맥에서 전극 리드를 혈관을 따라 심장까지 보내고, 심장 안쪽에 전극을 설치하는 방법이 주류이다. 이 방법에 따라 동물들의 부담은 대단히 적어졌다.
전극 리드가 심장에 닿은 시점에서 전기적인 저항, 심장이 반응하는 자극의 역치(세기를 나타내는 수치) 등을 확인하여 리드를 고정한다. 펄스 제너레이터는 대개 목의 피부밑에 심지만 요즘은 소형 경량화되고(폭 5센티미터, 두께 5밀리미터, 무게 몇십 그램) 성능도 대단히 좋아졌다. 보통 개와 고양이의 심박수는 1분에 100회로 설정한다. 자극의 강도는 역치보다 약간 높게 설정하는데, 이들 설정은 심은 다음에 체외에서 프로그래밍을 통해 몇 번이든 변경할 수 있다. 매립에 동반하는 합병증으로는 전극 리드에 의한 천공, 전극 빠짐, 심박 조율기 본체 고장 등이 보고되어 있는데, 그런 일이 일어날 확률은 대단히 낮으며 안전한 수술이 가능하다. 피부밑에 심은 본체도 몇 달 뒤에는 거의 눈에 띄지 않게 된다.

최신형 심박 조율기

심방과 심실을 동기화시키는 것이나 몸의 움직임이나 체온을 감지하여 심박수를 변화시키는 것이 가능한 심박 응답 기능을 탑재한 심박 조율기가 개와 고양이용으로도 실용화되었다. 심은 다음에는 반년에서 1년에 한 번 정도 정기적인 심박 조율기의 기능 체크가 필요하다. 전지의 수명은 설정에 따라 다르지만, 일반적으로 5~10년 정도는 보증되어 있다. 개와 고양이의 수명을 생각하면 전지를 교환할 필요가 거의 없다고 할 수 있다.
전력 질주 등은 피해야 하지만 일상생활에는 전혀 문제없다. 심박 조율기 치료가 개와 고양이에게 이루어지게 된 것은 최근이다. 현재, 심박 조율기 치료가 가능한 곳은 일부 대학 병원뿐이지만, 앞으로는 이 치료가 더욱 보급되어 많은 개와 고양이를 구제할 수 있을 것으로 기대된다.

심혈관 질환에 대한 개심술

인공 심폐 장치(체외 순환 장치)

개심술이란 심장 내부에 병이 있는 경우에 심장을 정지시키고 심장을 절개함으로써 치료하는 수술이다. 개심술을 하는 동안에는 동물을 인공 심폐 장치에 접속하여 체외 순환으로 산소를 다량 함유한 혈액을 몸으로 계속 보낸다. 동물의 개심술을 대단히 어려운 수술이므로 세계적으로도 수술할 수 있는 곳은 몇 군데뿐이다. 이 수술을 가능하게 한 것은 일본의 공익재단법인 동물임상의학 연구소의 야마네 요시히사 등이 개발한 인공 심폐 장치다.
이 장치를 이용한 경우의 혈액 흐름을 간단히 설명하면, 먼저 동물의 심장에 삽입한 탈혈 카테터로 정맥혈을 탈혈한다. 혈액은 회로로 흘러들고, 일시적으로 저혈조에 저장된다. 혈액은 저혈조에서 펌프로 인공 폐로 운반된다. 인공 폐에서 산소가 더해진 혈액은 다음으로 열 교환기를 통과하고, 거기서 냉각 또는 가온된다(심정지 중에는 냉각하고, 심장의 재박동 후에는 가온한다). 산소가 더해지고 냉각 또는 가온된 혈액은 송혈 카테터에서 동물의 몸으로 돌아온다. 이 수술의 대상이 되는 심혈관 질환은 폐동맥 협착증이나 심실중격 결손증, 심방중격 결손증, 팔로 네 징후, 기타 복합 심장 기형 등의 선천 심장 질환과 몰티즈나 카발리에 킹 찰스스패니얼 등에게 많이 보이는 승모판 기능 부족 등의 후천 질환이 있다.

실제 수술

심장병의 종류에 따라 수술법이 다르지만, 모두 전신 마취나 인공호흡 후에 수술한다. 그리고, 송혈, 혈압 측정용, 중심 정맥압 측정용 카테터를 각각 혈관에 거치한다. 늑간에서 또는 흉골 정중 개폐에 의해 탈혈 카테터를 심장에서 전대정맥과 후대정맥으로 유도한다. 대정맥 기부에 주입용 회로를 거치한 다음, 체외 순환 회로를 접속한다. 탈혈과 송혈이 순조로운 것을 확인한 다음, 완전 체외 순환으로 이행한다. 대동맥 및 폐동맥을 차단하고, 이어서 주입용 회로를 통해 심정지액을 주입하고, 심정지와 동시에 곧바로 심근 보호액을

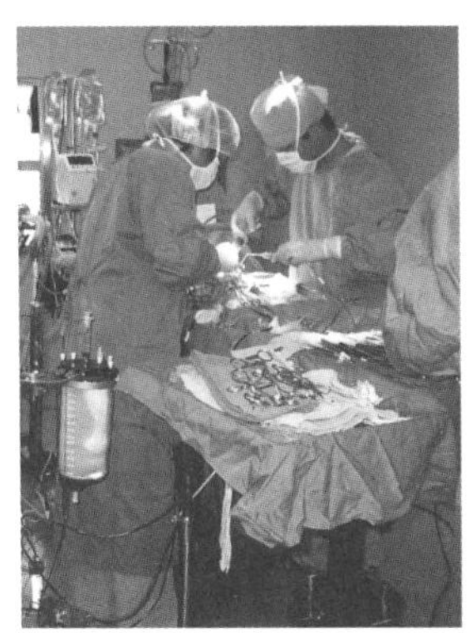

심정지 때의 개심술.동물용 인공 심폐 장치(동물임상연구소의 NAPS III).

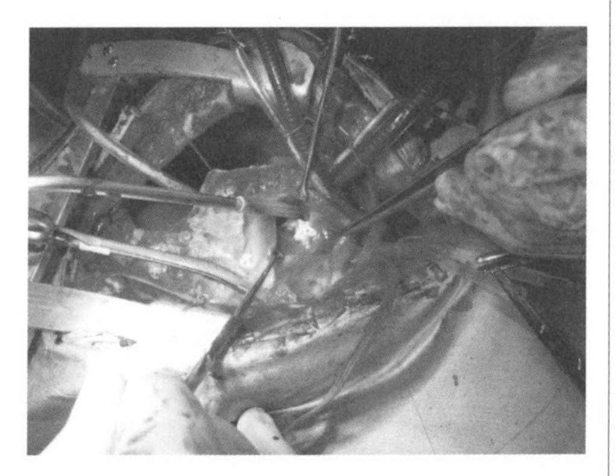

거즈가 달린 봉합 실로 결손구를 봉합 폐쇄(심실중격 결손증).

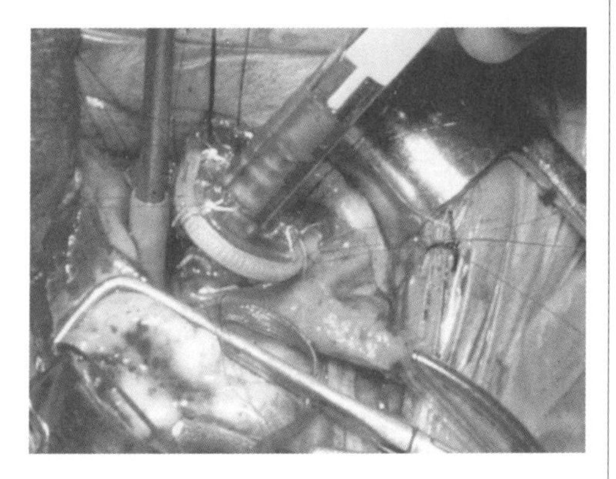

심장 의식 전문의 알랭 카르팡티에가 개발한 인공 판막에 의한 승모판 형성술(승모판 기능 부족).

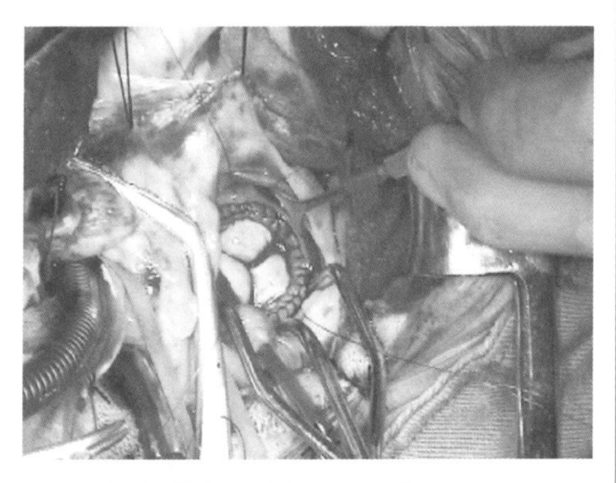

생체판 사용에 의한 승모판 치환술(승모판 기능 부족).

주입하고 심장을 절개한다.

폐동맥 흡착증에서는 좁아진 폐동맥판에 절개를 넣고 우심실에서 폐동맥에 걸쳐 패치 그래프트를 대서 좁아진 폐동맥을 넓히는 수술을 한다. 중격 결손에서는 결손공을 직접 봉합하거나 인공 혈관을 대서 봉합한다. 승모판 기능 부족에서는 좌방을 절개하여 판 형성술, 판막 형성술이나 인공 판막 치환술 등을 행한다. 심장 내의 수술이 끝나면 절개한 심장을 봉합하고, 심장 마사지나 카운터 쇼크로 심장 박동을 재개한다. 개심술을 하고 있을 때는 회로 내의 혈액을 차갑게 하고, 심장도 아이스 슬러시로 국소 냉각을 한다. 심장 봉합을 마치면 회로 내의 혈액을 가온하여 서서히 온도를 복원한다. 동물이 마취에서 깨어나는 데에는 4~8시간 정도 걸리는 큰 수술이다. 그 뒤로도 24시간 체제로 수술 후 관리가 필요하다.

수술의 위험성

개심술은 위험이 큰 수술이라는 것을 인식할 필요가 있다. 실제 수술 도중에는 인공 심폐 장치가 작동하고 있으므로 심장이 정지해 있지만 사망한 것은 아니다. 개심술이 끝나고 인공 심폐 장치에서 이탈이 가장 큰 문제다. 동물이 자기 심장만으로 살아야 하므로 이탈 가능 여부가 대단히 중요하다. 대부분은 빠른 이탈이 가능하지만, 중증 심부전을 나타내면 이탈이 불가능한 경우도 있다. 이탈이 불가능하면 인공 심폐 장치를 재가동시킨다. 심장 위험이 가벼운 경우는 사망률이 낮고 심한 경우는 사망률이 높은 것은 말할 것도 없다. 조기 진단과 조기 수술이 원칙이다.

680

뼈와 관절 질환의 고관절 전 치환술

기능 부전에서 동물을 구하는 치료법

고관절 전 치환술이란 변형되거나 파괴된 고관절(엉덩 관절)의 좋지 않은 부분을 금속이나 고밀도 폴리에틸렌 등의 임플란트로 바꾸는(치환하는) 수술이다. 동물은 고관절 형성 부전이나 사고와 외상 등이 원인이 되어 발생한 만성 중증의 변형성 고관절염으로 고관절 연골이 변형, 파괴되는 경우가 있다. 이 경우 일반적인 내과 치료나 골반뼈 절단술 등 다른 관절 온존 치료를 적용할 수 없는 말기 관절염 치료법으로 고관절 전 치환술이 행해진다.

수술에는 장단점이 있다. 동물은 통증에서 해방되고 다른 치료법으로는 얻을 수 없는 고관절 기능의 비약적인 개선을 기대할 수 있다. 그렇지만 생체에 인공물을 삽입하는 수술인 이상, 헐거워지거나 고장 등의 문제도 피할 수 없다. 현재의 수술 성공률은 90퍼센트 전후라고 하는데, 다른 치료법보다 수술 합병증이 발생할 위험이 크다. 그러므로 고관절 치환술 적용은 신중하게 검토할 필요가 있다. 수술 후 합병증으로는 수술 후 조기 탈구를 비롯해 임플란트의 헐거워짐, 임플란트를 지지하는 뼈의 골절, 뼈 흡수, 세균 감염 등이 있다.

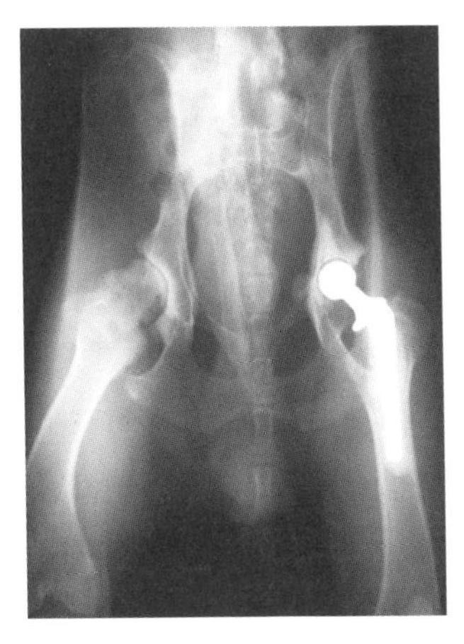

말기 고관절 관절염과 고관절 전 치환술. 임상 증상이 심각하여 진통제 등에 반응하지 않으므로 고관절 전 치환술을 행한 상태. 최종적으로는 양쪽 모두 치환했다.

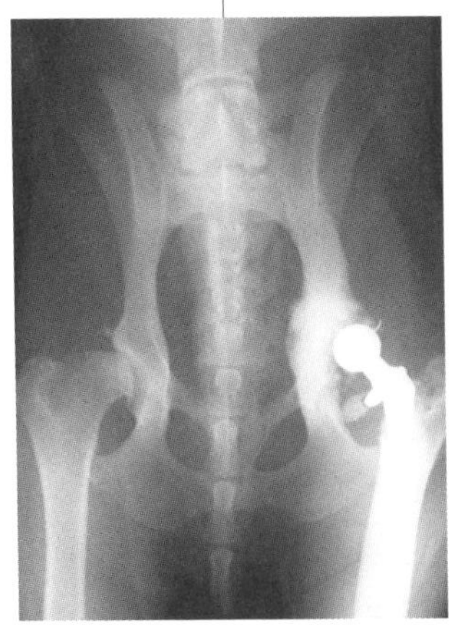

수술 후 합병증. 폴리에틸렌 컵의 파손과 헐거워짐이 보인다.

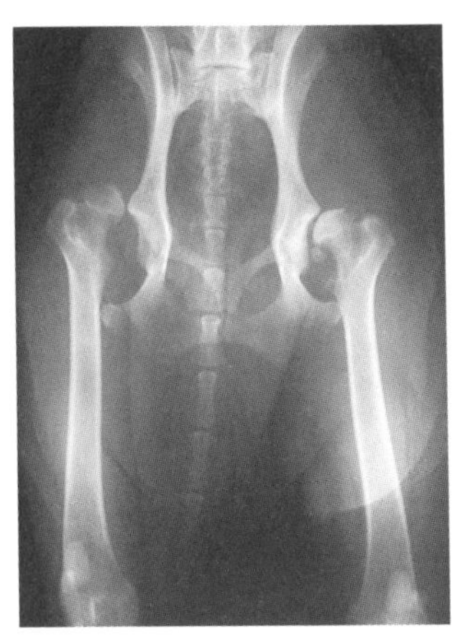

고관절 전 치환술이 곤란한 상태. 완전히 탈구하여 넙다리뼈가 심하게 뒤틀리고 골반 쪽 뼈의 양이 적다. 이런 상태에서도 고관절 전 치환술을 할 수는 있으나 수술 합병증 발생률이 높다.

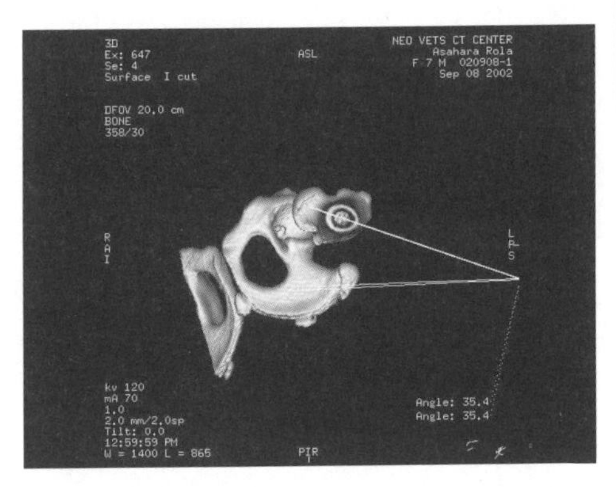

수술 전의 철저한 진단. 수술 전에 삼차원 CT 검사 등을 함으로써 적합한 임플란트를 선택하거나 뼈의 양, 넙다리뼈나 골반의 뒤틀린 각도 등을 검토한다.

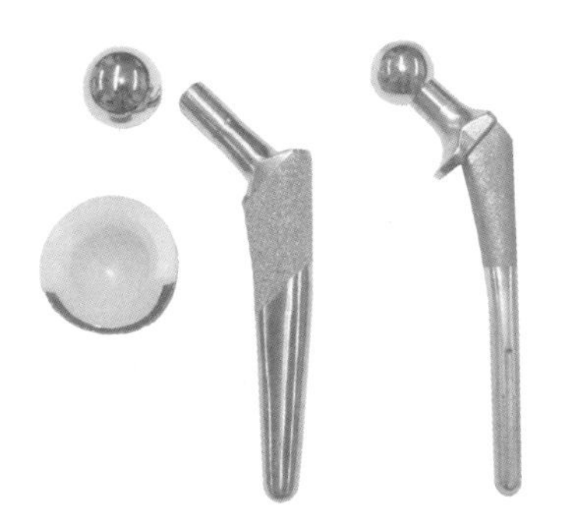

시멘트리스 BFX 타입 임플란트(왼쪽)와 시멘트 타입 임플란트(오른쪽). 헤드나 넥, 컵의 인터페이스가 표준화되어 있으므로 시멘트 타입과 시멘트리스 타입의 혼합형(하이브리드 타입)으로도 사용할 수 있다.

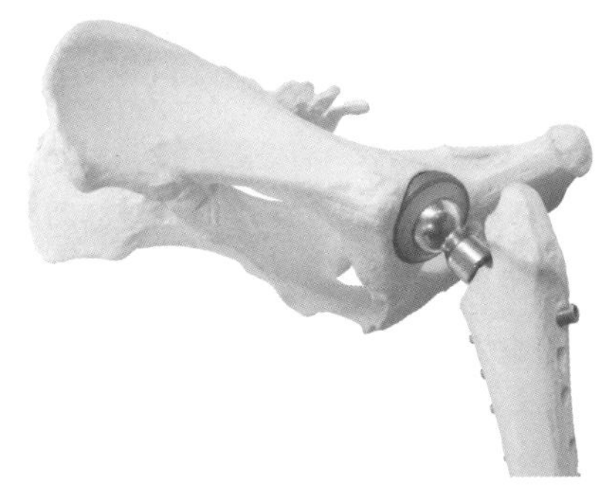

강아지용 시멘트리스 타입 인공 관절(스위스 KYON 모델).

이 수술은 일반적으로 임플란트 크기의 제약과 수술 후의 합병증, 비용 등을 고려하여 임상 증상이 심각하고 고관절 치환술로 얻을 수 있는 장점이 많을 것으로 기대되는 래브라도리트리버, 독일셰퍼드, 뉴펀들랜드 등의 대형견이나 초대형견에 적용되며, 소형견과 중형견에게는 적용되지 않는다. 너무 심한 고관절 변형을 동반하는 경우, 고관절의 골량이 부족한 경우는 임플란트와 적합성이 좋지 않아 적용하기 곤란하다. 임플란트는 다양한 종류가 개발되어 있다. 강아지용 인공 고관절로 가장 표준인 것은 증례 수가 가장 많고 장기적인 성과가 제시된 미국 바이오 메드트릭스 제품인 뼈 시멘트인데, 이것은 뼈에 고정하는 타입의 강아지용 모듈러형 인공 고관절이다.

진화하는 합병증 대책

고관절 전 치환술은 수술 합병증과의 싸움이다. 얻을 수 있는 혜택이 큰 대신에 수술 합병증의 발생 위험도 피할 수 없다. 이 위험을 조금이라도 줄이기 위해 최신 고관절 전 치환술에서는 수술 전의 철저한 진단, 수술실 환경의 정비, 제3세대 시멘트 테크닉, 시멘트를 사용하지 않는 시멘트리스 인공 관절 등 다양한 시도를 하고 있으며, 새로운 기술도 개발되고 있다. 고관절 전 치환술의 수술 환경은 크게 정비되고 있는데 우선 제3세대 시멘트 테크닉의 개발을 들 수 있다. 이것은 뼈와 뼈시멘트의 결합을 양호하게 하고자 사용되는 테크닉이며, 이것으로 시멘트 고정은 커다란 진보를 이루었다고 평가받는다. 그리고, 시멘트리스 또는 노 시멘트라고 불리는 인공 관절이 임상 분야에 등장한다. 해외에서는 바이오 메드트릭스나 KYON 등 여러 회사에서 개발되어 2003년 무렵부터 조금씩 보급되고 있다. 고관절 전 치환술은 수술 중 세균 감염에 대단히 취약하므로 특수한 필터나 양압 환기 시스템 등을 갖춘 클린 룸이라 불리는 대단히 청결한 수술실에서 이루어지는 것이 이상적이다. 현재 몇몇 대학 병원과 민간 동물병원에서도 이런 수술 환경을 갖추고 있다.

682

신부전에 대한 인공 투석과 신장 이식

인공 투석

신부전에 대한 내과적 치료 효과가 보이지 않을 때, 내과적 치료만으로는 충분하지 않을 때의 치료법으로 인공 투석(복막 투석, 혈액 투석)이나 신장 이식이 있다. 수의료에서 인공 투석은 주로 급성 신부전에서 신장 기능이 회복할 때까지 일시적인 치료로 이용되는 일이 많다. 신장 이식은 만성 신부전 치료로 이뤄지지만 특수한 의료 기계가 필요한 혈액 투석의 보급률은 아직 낮으며, 신장 이식도 대단히 제한된 시설에서만 행해지고 있다. 신부전이 되면 신장에서 배설되는 체내의 노폐물이나 유해 물질, 여분의 물, 전해질, 산 등을 배출하지 못하게 된다. 그 결과로 요독증을 일으킨다. 인공 투석은 반투막을 통해 이들 물질이 혈액에서 배출되는 것을 이용한 치료법이다. 반투막이란, 어떤 물질은 통과시키지만 다른 물질은 통과시키지 않는 성질(한외 여과)을 가진 막을 말한다. 수용액 속의 물질은 농도가 높은 곳에서 낮은 곳으로 이동하여 균일한 농도가 되는 성질이 있으며, 이런 현상을 확산이라고 한다. 반투막을 통한 확산으로 물질의 이동이 일어나는 현상을 투석이라고 한다. 복막을 반투막으로 이용하는 것이 복막 투석, 인공 반투막을 이용하는 것이 혈액 투석이다. 인공 투석으로는 적혈구를 만드는 데 필요한 호르몬이나 혈압 조절 인자의 생성, 칼슘이나 뼈의 대사에 필요한 비타민 D의 활성화를 할 수 없다. 그러므로 만성 신부전으로 인공 투석을 할 때는 약제를 투여할 필요가 있다. 인공 투석은 신부전 치료 이외에 독이나 약물의 급성 중독 치료에도 이용할 수 있다.

복막 투석

복막 투석에서는 먼저 투석액이라는 특수한 액을 복강 내에 주입한다. 그리고 복막을 통해 복막에 분포하는 모세 혈관 안을 흐르는 혈액에서 원래는 신장으로 배출되어야 하는 물질을 투석액으로 이동시킨 다음, 그 투석액을 다시 체외로 배출시킨다. 투석액의 주입, 배출에는 다양한 카테터나 천자 바늘이 이용된다. 복강 내에 주입한 투석액은 통상 30~40분간 복강 내에 쌓이며, 그동안에 혈액과의 사이에서 투석을 한다. 한 번의 복막 투석에 약 1시간이 걸리는데, 급성 신부전에서는 신부전의 정도에 따라 하루에 이런 투석을 여러 번 반복해서 할 필요가 있다. 복막 투석은 만성 신부전인 동물의 치료로 이용된다. 이 투석법은 특수한 의료 기계가 필요하지 않지만, 카테터가 막혀서 투석액의 회수가 충분하지 않으면 세균 감염에 의한 복막염의 위험성 등의 문제점도 있다.

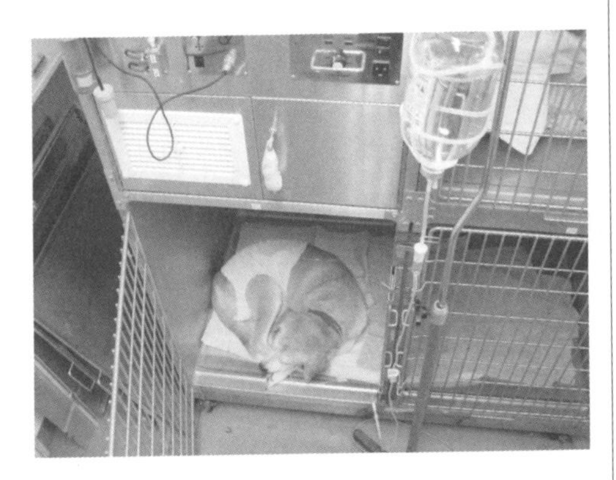
복막 투석 중인 강아지.

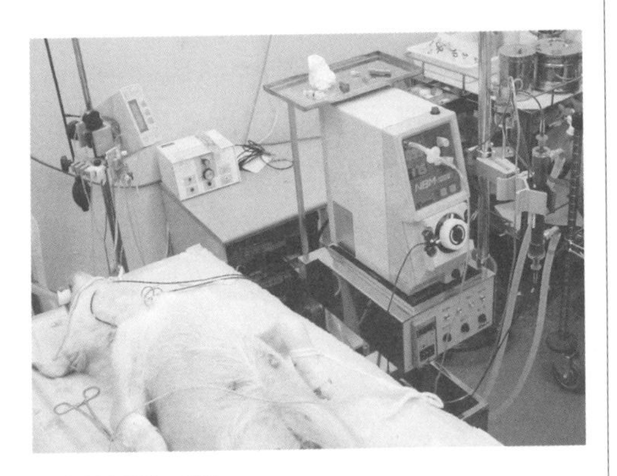
혈액 투석 중인 고양이.

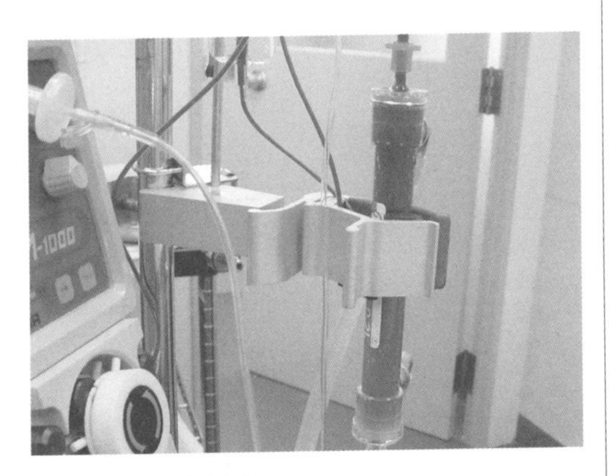
인공 투석기인 다이얼라이저.

혈액 투석

혈액 투석에서는 혈관에 카테터를 넣어서 혈액을 체외로 빼내고, 다이얼라이저라고 불리는 인공 투석기를 통해서 투석액과의 사이에서 투석을 하여 혈액을 정화한다. 한 번의 투석에 필요한 시간은 투석 방법에 따라 달라서 1~5시간이다. 혈액 투석의 주된 합병증에는 저혈압, 구토, 몸의 떨림 등이 있다. 특히 심각한 요독증인 동물에게 혈액 투석을 하면, 투석으로 뇌부종이 생겨서 침착해지지 못한다, 떨린다, 경련한다 등의 증상을 나타내는 경우가 있으므로(불균형 증후군) 주의가 필요하다.

신장 이식

신장 이식은 신장이 기능하지 않고 회복의 기미가 없는 만성 신부전의 치료로서 행해진다. 건강한 동물의 신장을 적출하여 필요로 하는 동물에게 그것을 이식한다. 사람의 신장 이식은 이미 50년 이상의 역사가 있다. 수의학 영역에서도 예전부터 연구가 행해져 임상에서도 응용하게 되었다.
이식하는 신장은 원래 신장의 위치보다 약간 꼬리 쪽(장골와)에 이식된다. 신장 이식에서는 이식 후에 이식한 신장이 거부 반응을 일으키지 않도록 면역 억제제를 투여할 필요가 있다. 면역 억제제에는 부작용도 있으므로 이식 후 면역 억제제 사용법이 이식의 성패를 크게 좌우한다.

684

인공 렌즈를 이용한 백내장 수술

초음파 수정체 유화 흡인술

백내장은 수정체의 혼탁으로 발병한다. 그러므로 백내장 수술은 안저까지 빛이 들어갈 수 있도록 혼탁한 수정체를 제거하는 것이 목적이다.

수정체는 렌즈 역할을 하는데, 백내장 수술로 그 역할을 잃고 평행 광선이 망막보다 후방에 조점을 맺는 원시 상태가 된다. 그래서 안구 내에 인공 렌즈를 이식하여 굴절을 교정하여 더 좋은 시각의 회복을 지향하고 있다. 수정체는 홍채 후방에 있는 생체 렌즈로, 수정체를 감싼 막성 조직인 수정체낭, 수정체의 겉질과 핵으로 이루어진다.

백내장 수술에서는 수정체낭의 앞쪽 면(전낭)에 구멍을 만들고, 거기에서 겉질과 핵을 제거하는데, 수정체낭은 구멍 부분을 제외하고 모두 남긴다. 이것은 유리체의 유출을 방지함과 동시에 겉질과 핵이 있던 장소에 인공 렌즈를 이식한 공간을 확보하기 위해서이다.

개의 백내장 수술에서는 초음파 수정체 유화 흡인술이나 계획적 수정체낭 외적출술이 일반적이다. 전신 마취가 필요하며, 수술용 현미경 아래에서 한다. 초음파 수정체 유화 흡인술은 각막에 약 3밀리미터의 절개창을 만들고, 점탄성 물질로 전안방의 형상을 안정시킨 상태에서 수정체의 전낭에 인공 렌즈가 통과할 수 있는 커다란 구멍을 만든다. 초음파 칩은 각막 절개창이나 전낭의 구멍을 통해서 수정체핵에 도달시킨다. 이때, 초음파 칩의 끝은 전후 진동으로 핵을 파괴하면서 흡인, 제거한다. 남은 겉질도 흡인 제거한다.

관류액의 수압으로 전안방은 유지되므로 흡인으로

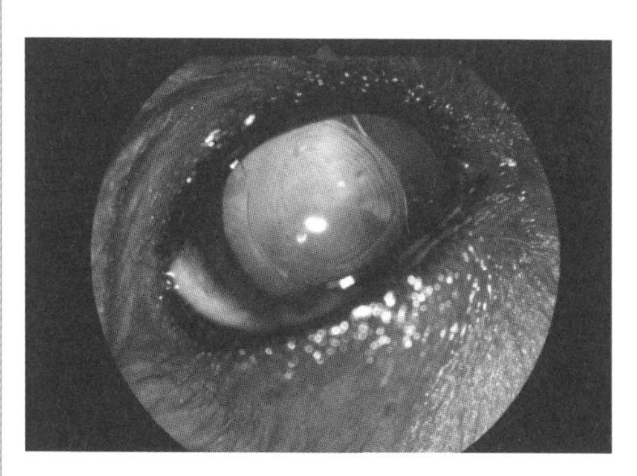

오른쪽 눈에 삽입된 개 전용 인공 렌즈.

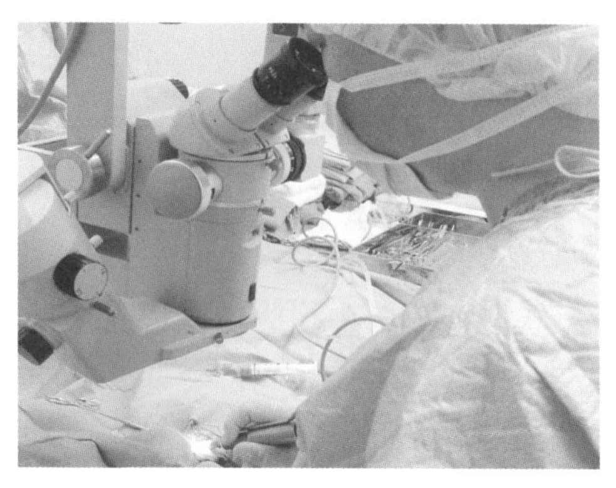

초음파 수정체 유화 흡인술에 의한 백내장 수술. 초음파 칩으로 수정체 핵을 흡인 중이다.

전안방이 허탈할 일은 없다. 전안방과 겉질이나 핵이 있던 공간에 점탄성 물질을 주입하여 안구의 형상을 유지한 상태에서 각막의 창구로부터 인공 렌즈를 세팅한 카트리지 끝을 삽입하고 끝부분을 전낭 밑에 둔다. 카트리지를 통해 인공 렌즈를 삽입하면 겉질과 핵이 있던 공간에 인공 렌즈가 삽입되며 바로 원래의 형태로 복원된다. 주입되어 있던 점탄성 물질을 흡인하고 관류액과 치환한다. 그 후, 각막을 봉합하면 수술은 끝난다. 이 수술 방식에는 초음파 유화 흡인 장치가 필요한데, 각막 절개창이 좁아서 수술 중에도 안구 형태에 커다란 변화를 주지 않는 이점이 있다.

계획적 수정체낭 외적출술

계획적 수정체낭 외적출술은 초음파 수정체 유화 흡인 장치를 사용하지 않을 때 행한다. 먼저 각막을 180도 가까이 절개한다. 수정체의 전낭을 원형으로 크게 절제한 다음, 수정체의 핵을 한 번에 도려낸다. 강아지의 핵은 커서 탈출할 때 전안방이 허탈하므로 점탄성 물질을 전안방에 주입하여 회복시킨다. 각막 절개창을 어느 정도 봉합한 다음, 겉질의 처리나 인공 렌즈를 삽입하는데, 이 과정은 앞에서 말한 것과 거의 같다.

수정체낭 내적출술은 각막을 180도 가까이 절개하고 수정체낭을 포함한 모든 수정체를 적출한다. 강아지에게서는 수정체 전안방 탈구 등 수술할 때 선택되는 방법이다. 인공 렌즈를 설치할 때는 봉합 실로 섬모체 고랑을 꿰매야 한다. 개는 백내장 수술을 하면 원시가 되는 것으로 알려져 있다. 이 원시를 교정하려면 두꺼운 볼록 렌즈 안경을 쓰거나 눈 안에 인공 렌즈를 삽입할 필요가 있다.

개에게는 망막 질환이 많이 발생한다. 만약 백내장에 망막 질환이 합병되어 있다면 수술 후에도 시각이 회복되지 않는 경우가 있다. 눈에 염증이 있으면 수술할 수 없는 예도 있으므로 수술에 적합하지 않다고 진단되는 사례도 있다. 개의 눈은 수술 후에도 문제를 일으키기 쉬우며, 이것을 막기 위해 목 보호대를 씌우거나 수술 후 장기간의 치료가 필요한 때도 있다.

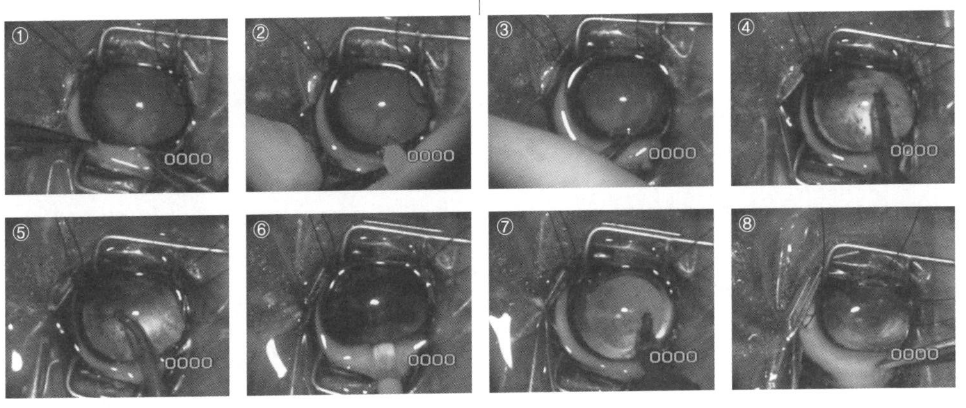

인공 렌즈를 이용한 백내장 수술은 ① 각막 반층을 약 3밀리미터 절개. ② 3.2밀리미터 안과용 미세 나이프를 찔러 넣어 각막 절개창을 만든다. ③ 전낭 가위로 수정체 전낭을 절개. ④ 초음파 칩으로 수정체를 흡인 제거. ⑤ 관류·흡인 칩으로 잔류 겉질을 흡인 제거. ⑥ 카트리지로 인공 렌즈 삽입. ⑦ 관류·흡인 칩으로 점탄성 물질 흡인 제거. ⑧ 안과용 9.0 흡수성 봉합 실로 각막 봉합과 중앙의 인공 렌즈.

686

암에 대한 다중 치료법

면역 요법

동물에 대한 암 치료는 외과 요법, 방사선 요법, 화학 요법의 3대 요법이 주체다. 그러나 암세포는 생체에서 살아남기 위한 다양한 능력을 갖추고 있으므로 한 가지 치료법으로는 박멸시키기 힘들다. 다중 치료법이란 각 전문의가 각각의 치료법을 조합함으로써 더욱 효과적인 치료를 얻기 위한 것이다. 암 치료에서는 이런 전문의의 지식을 집약시킨 진료 체제가 중요하다. 다중 치료법으로 이루어질 수 있는 치료 방법 중 첫 번째는 면역 요법이다.

암 치료에는 숙주 면역 반응의 유지가 불가결하며, 외과 요법 또는 항암제 등에 의한 화학 요법 등으로 되도록 종양의 수를 감소시킨 후에 보완 요법으로 면역 요법을 부가하는 것이 중요하다. 양자 면역 요법(자기 림프구 활성화 요법)은 자기의 림프구에 사이토카인을 더해서 자기 림프구를 활성화해 약 2주 정도 배양하여 10~100배로 늘려서 다시 환자에게 되돌리는 면역 요법이다. 암 환자는 암세포로 생체의 면역 감시 기구가 억제되어 있으므로 암세포의 증식을 저지하는 능력이 떨어진다. 생체로 되돌려진 활성화 림프구는 암세포를 공격함과 동시에 면역 밸런스를 정상으로 복귀시키는 작용을 한다. 암을 앓는 개의 생체에 활성화 림프구를 투여하자 약 80퍼센트에서 뚜렷하게 증상의 개선이 인정되었다(암을 앓는 개의 62개 증례의 보호자를 대상으로 한 앙케트 조사).

몸은 60조 개의 세포로 구성되어 있는데, 그 하나하나의 세포는 표면에 동료(자기 세포)로 인식되는 〈항원〉을 갖고 있다. 그 항원이 달라진

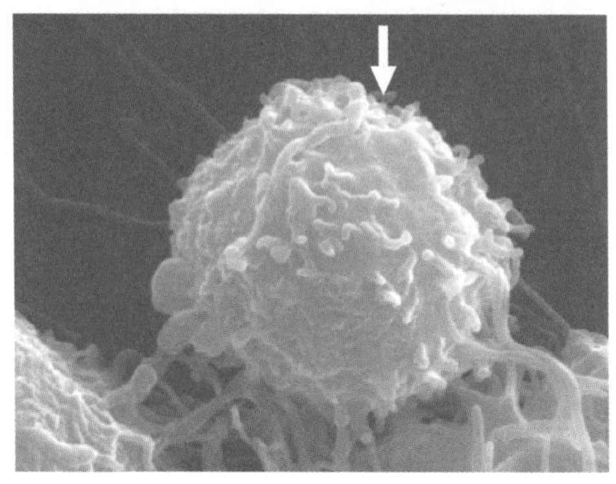

활성화 림프구가 멜라노마의 암세포를 공격하고 있다(화살표가 CTL 세포).

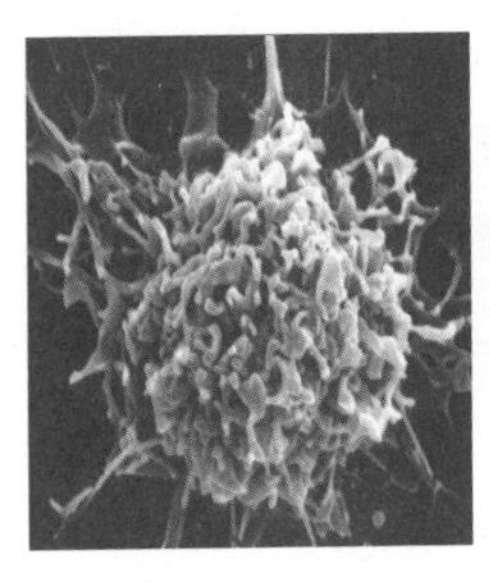
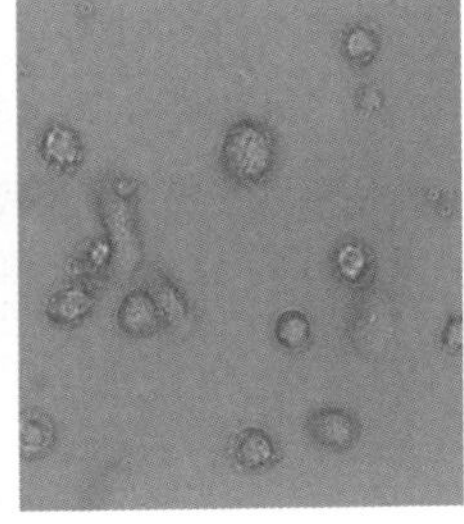

수상 세포와 단핵구에서 분화한 수상 세포.

경우, 그 세포는 이물(비자기 세포)로 인식되어 림프구에 의해 죽게 된다. 암세포는 이것에서 자기의 표면 항원을 단백으로 숨기거나, 내부로 끌어들여서 림프구로부터 인식되지 않도록 회피 작용을 하고 있다. 거기서, 체내에서 가장 항원을 인식시키는 일이 가능한 수상 세포에 암세포를 융합시켜서 암 항원을 표면에 제시하게 한다. 수상 세포는 생체의 암을 공격하는 림프구에 암 항원의 정보를 보내서 암세포를 공격하게 하는데, 체내에 존재하는 다른 암 항원은 공격할 수 없다. 수상 세포와 융합시킨 암 항원만이 공격 대상이 된다. 이 방법이 바로 수상 세포 백신 요법이다.

동맥 내 화학 요법

동맥 내 화학 요법이란 종양의 치료 효과를 높이기 위해 종양 조직 안의 동맥에 항암제를 주입하는 것이다. 목표로 하는 장기의 동맥 내에, 엑스레이 투시 장치를 이용해 특수 카테터를 거치하고 실리콘으로 만들어진 시술 도구, 포트를 피부밑에 심어서 항암제를 주입하는 치료인 레저부아(병원소, 병원체가 본래 생활하는 곳) 요법이다. 이 포트 레저부아를 이용하여 혈관 조영, 항암제 투여, 고열량 수액, 수혈 및 채혈 등을 반복적으로 하는 것도 가능하다. 현재, 수의료 영역의 암에 대한 〈동맥 내 화학 요법〉은 많이 시행하고 있지는 않으므로 그것의 유효성을 평가할 수는 없지만, 장기 내의 전이나 국소의 증대로 외과가 적용되지 않는 증례에는 국소적인 암세포의 컨트롤을 목적으로 하여 적용할 수 있을 것으로 보인다.

이 치료법은 목이나 사타구니 동맥으로부터

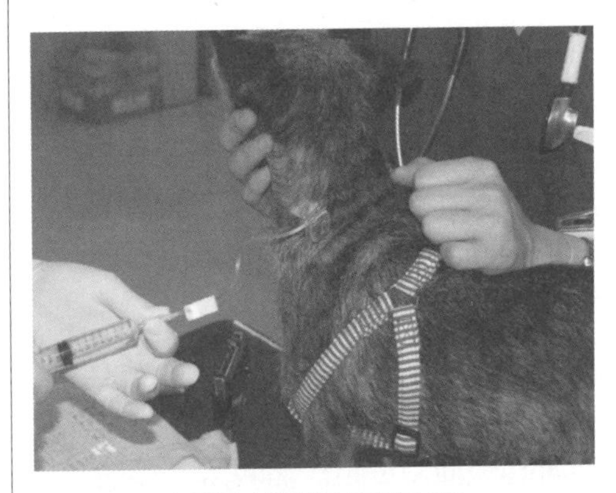

포트를 피부밑에 장착하여 항암제를 주입하고 있다.

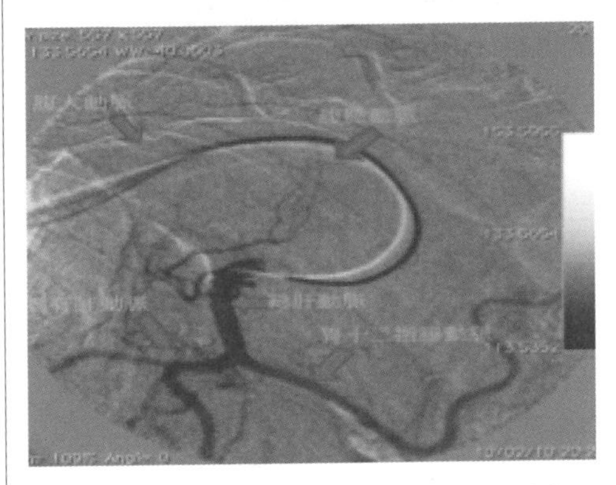

방사 피폭 차폐 장치를 이용하면서 C암형 투시 장치로 동맥 내 화학 요법을 시행하고 있다.

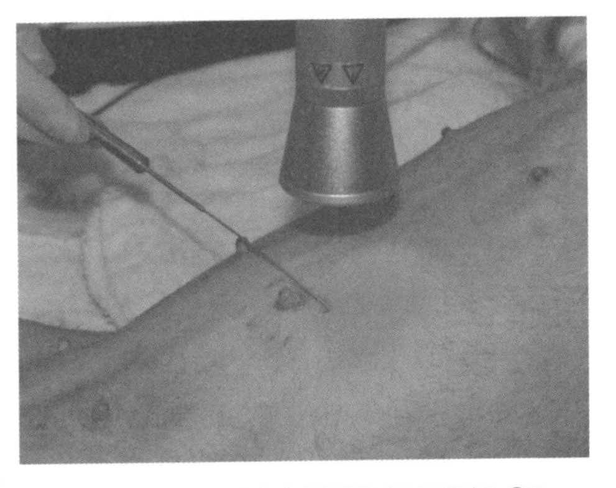

인도시아닌 그린을 주입하여 적외선 치료기로 조사하고, 온도 센서로 표면 온도를 확인하고 있다(약 45도 20분간).

특수한 카테터를 삽입하여 목표로 하는 장기 또는 종양 부분에 거치한다. 특히 여러 엽(葉)에 발생하는 간암에서는 간동맥을 리피오돌 등으로 막아서(폐색 요법) 영양을 차단하는 것도 가능하다. 방사선 피폭의 방호를 확실하게 하면 영상 증폭 장치인 C 암 arm을 보유하고 있지 않더라도 투시 장치가 있으면 충분히 카테터 조작이 가능하다. 특히 두경부암에서는 경동맥에서 카테터를 어느 정도까지 삽입하여 동맥을 묶어 주기만 해도 코 출혈이 멎어 삶의 질 향상을 얻을 수 있다.

온열 요법

암세포는 세포 분열을 반복하기 위해 많은 영양 혈관이 필요하다. 암세포는 혈관의 상피 세포를 녹이면서 새로운 혈관을 만들어서 증식해 간다. 그러나 암세포의 혈관은 빠르게 형성되었으므로 일반 혈관보다 온도에 대한 대응이 떨어진다. 특히 온도가 높을 때는 혈관이 확장하여 장기의 온도를 일정하게 조절하는데 암의 신생 혈관은 확장할 수 없으므로 암세포의 온도가 상승한다. 일반적으로 암세포는 고온에 약해서 섭씨 42~43도에 사멸한다. 거기에서, 국소의 암세포를 피부의 상부에서(또는 수술 부위 등을) 가온하는 방법을 온열 요법이라고 한다. 이 방법에는 전신을 가온하는 방법과 국소를 가온하는 두 가지 방법이 있다. 온열 요법은 면역 요법, 항암제 또는 방사선 요법의 효과를 높이므로 병용할 수 있다.

적외선 치료 장치를 이용한 조사 방법

악성 암세포는 외과적으로 제거되지 않고 약간이라도 암세포가 남은 경우, 다시 증식을 반복하거나 림프구나 혈관에 들어가서 전이를 일으키는 일이 많다. 노령이거나 큰 질환을 앓고 있어서 외과적 치료가 곤란한 경우에도 이 치료법이 적용된다. 환부에 적외선이 잘 흡수될 수 있도록 인도시아닌 그린 수용액을 주입하고 적외선 치료기를 조사한다. 표면 온도를 약 45도로 유지하도록 온도 센서를 확인하면서 조사 거리를 조정한다. 조사 횟수와 시간은 주 1회, 환부에 25분 정도다.

찾아보기

ㄱ

ㄴ

ㄷ

ㄹ

ㅁ

ㅂ

ㅅ

ㅇ

ㅈ

ㅊ

ㅋ

ㅍ

ㅎ

이 책에 참여한 저자

● 감수

야마네 요시히사(山根義久)

공익사단법인 일본수의사회 회장

공익재단법인 동물임상의학 연구소 이사장

도쿄 농공 대학교 명예 교수

(수의학 박사, 의학 박사)

●「제4장 병과 치료」 편집 담당

가나자와 도시로(金澤稔郎)

미도리 가오카 동물병원 원장

고즈키 시게카즈(上月茂和)

고즈키 동물병원 원장

나카니와 시게키(仲庭茂樹)

나카니와 동물병원 원장

노로 고스케(野呂浩介)

노로 동물병원 원장

다카시마 가즈아키(高島一昭)

구라요시 동물 의료 센터, 야마네 동물병원 원장

다케나카 마사히코(竹中雅彦)

다케나카 동물병원 원장

마치다 노보루(町田登)

도쿄 농공 대학교 농학부 수의학과 수의임상종양학 교수(수의학 박사)

사토 마사카쓰(佐藤政勝)

사토 수의과 의원 원장(수의학 박사)

사토 히데키(佐藤秀樹)

토피아 동물병원 원장

시모다 데쓰야(下田哲也)

산요 동물 의료 센터 원장(수의학 박사)

시바사키 후미오(柴崎文男)

시바사키 동물병원 원장(수의학 박사)

아카키 데쓰야(赤木哲也)

아카키 동물병원 원장

야마가타 시즈오(山形静夫)

야마가타 동물병원 원장(수의학 박사)

야마무라 호즈미(山村穗積)

니혼 대학교 동물병원 강사(의학 박사)

우노 다케히로(宇野雄博)

우노 동물병원 원장(수의학 박사)

혼다 에이이치(本多英一)

도쿄 농공 대학교 명예 교수(수의학 박사)

후지와라 아키라(藤原明)

후지와라 동물병원 원장

히로세 다카오(廣瀨孝男)

가사이 동물병원 원장

●「제4장 병과 치료」 감수

후카세 도루(深瀬徹)

하야시야 생명과학 연구소 소장(수의학 박사)

동물임상의학 연구소 소장(의학 박사, 수의학 박사)

● 집필진

가나오 시게루(金尾滋)

하치켄 동물병원 원장

가네마키 노부유키(印牧信行)

아자부 대학교 부속 동물병원 준교수(수의학 박사)

가쓰마 요시히로(勝間義弘)

라쿠세이 동물병원 원장

가와카미 시호(川上志保)

(전) 시바사키 동물병원 수의사

가와타 무쓰미(川田睦)

네오베츠 VR 센터 수의사

가이 가쓰유키(甲斐勝行)

이시카와 동물병원 원장

가쿠다 지카코(角田睦子)

가쿠다 동물병원 수의사

가타기리 마키코(片桐麻紀子)

가타기리 동물병원 원장, 수의사

가타오카 도모노리(片岡智徳)

아유토모 동물병원 원장

가타오카 아유사(片岡アユサ)

아유토모 동물병원 부원장

가토 가오루(加藤郁)

가토 동물병원 원장

간다 준카(神田順香)

(전) 동물임상의학 연구소 연구원, 수의사

고바야시 마사유키(小林正行)

도쿄 농공 대학교 농학부 수의학과 임상종양학 강사(수의학 박사)

고이데 가즈요시(小出和欣)

고이데 동물병원 원장

고이데 유키코(小出由紀子)

고이데 동물병원 부원장

고이에 히로시(鯉江洋)

니혼 대학교 생물자원과학부 수의생리학 연구실 준교수(수의학 박사)

고이에야마 히토시(小家山仁)

렙타일 클리닉 원장

구노 요시히로(久野由博)

구노 펫 클리닉 원장

구도 소로쿠(工藤荘六)

구도 동물병원 원장(수의학 박사)

구시다 기요타카(串間清隆)

세이호 동물병원 원장

구와하라 야스토(桑原康人)

구와하라 동물병원 원장

기노시타 히사노리(木下久則)

기노시타 개 · 고양이 진료소 원장

기무라 다이센(木村大泉)

(전) 산요 동물 의료 센터 수의사

나가사와 아키노리(長沢昭範)

아니호스 펫 클리닉 수의사

나카니시 준(中西淳)

우노 동물병원 원장

나카쓰 쓰쓰무(中津賞)

나카쓰 동물병원 원장(수의학 박사)

나카타니 다카시(中谷孝)

(전) 데즈카야마 동물 진료소 원장

낙농 학원 대학교 수의학연구과 특임 교수

니시 마사루(西賢)

온가 동물병원 원장

다가미 마키(田上真紀)

아나부키 동물 학교 강사

다나카 류(田中綾)

도쿄 농공 대학교 농학부 수의학과 수의외과학 준교수(수의학 박사)

다나카 오사무(田中治)

구우 동물병원 원장

다무카이 겐이치(田向健一)

덴엔초후 동물병원 원장

다카하시 야스시(高橋靖)

쓰키삿푸 동물병원 원장

다케이 요시미(武井好三)

노아 동물병원 원장

다키모토 요시유키(瀧本善之)

다키모토 동물병원 원장

다키야마 아키라(滝山昭)

다키야마 수의과 병원 원장(수의학 박사)

도이구치 오사무(土井口修)

구마모토 동물병원 원장

마시타 다다히사(真下忠久)

마이쓰루 동물 의료 센터 원장

마쓰모토 히데키(松本英樹)

마쓰모토 동물병원 원장(수의학 박사)

마쓰무라 히토시(松村均)

마쓰무라 동물병원 원장

마쓰야마 후미코(松山史子)

마쓰야마 동물병원, 수의사

마쓰카와 다쿠야(松川拓哉)

마쓰카와 동물병원 원장

모우리 다카시(毛利崇)

모우리 동물병원 원장

무토 도모히로(武藤具弘)

무토 펫 클리닉 원장

무토 마코토(武藤眞)

아자부 대학교 수의학부 외과학과 교수(수의학 박사)

사나다 나오코(真田直子)

버드 하우스 원장(수의학 박사)

사네카타 다케시(實方剛)

돗토리 대학교 농학부 수의학과 수의감염병학 준교수(수의학 박사)

사사이 히로시(佐々井浩志)

기타스마 동물병원 원장

사이토 구미코(斎藤久美子)

사이토 동물병원 원장(수의학 박사)

사이토 사토시(斎藤聡)

이시야마 도리 동물병원 원장

사이토 아키히코(斎藤陽彦)

트라이앵글 동물 안과 진료실 원장(수의학 박사)

사카구치 다카히코(阪口貴彦)

아니호스 펫 클리닉 수의사

사카이 히데오(酒井秀夫)

이사하야시 펫 클리닉, 수의사

스즈키 데쓰야(鈴木哲也)

스즈키 동물병원 원장

스즈키 마사코(鈴木方子)

다카즈 약국 약사

시라나가 노부유키(白永伸行)

시라나가 동물병원 원장

시라카와 노조미(白川希)

가야노모리 동물병원 원장

시마무라 슌스케(島村俊介)

이와테 대학교 농학부 공동수의학과 소동물내과학 조교(수의학 박사)

시모자토 다쿠시(下里卓司)

(전) 아니호스 펫 클리닉 수의사

시미즈 구니카즈(清水邦一)

시미즈 동물병원 원장

시미즈 미키(清水美希)

도쿄 농공 대학교 농학부 수의학과 수의영상 진단학과 조교수(수의학 박사)

시미즈 히로코(清水宏子)

시미즈 동물병원 부원장

시바사키 아키라(柴崎哲)

간사이 동물 하트 센터 원장(수의학 박사)

아미모토 아키테루(網本昭輝)

아미카 펫 클리닉 원장(수의학 박사)

아키야마 미도리(秋山緑)

캐믹 동물 검진 센터 수의사

안도 마사히로(安部勝裕)

안도 동물병원 원장

야마네 쓰요시(山根剛)

동물임상의학 연구소 평의원, 요나고 동물 의료 센터 원장(수의학 박사)

야마모토 게이지(山本景史)

산 펫 클리닉 원장

야마사키 히로시(山崎洋)

알파 동물병원 원장(수의학 박사)

야스카와 구니요시(安川邦美)

산요 동물 의료 센터 수의사

에비사와 가즈마사(海老沢和荘)

요코하마 고토리노 병원 원장

오가사와라 준코(小笠原淳子)

동물임상의학 연구소 연구원, 수의사

오가타 니와코(尾形庭子)

FAU 동물 행동 클리닉 수의사

오쿠다 아야코(奥田綾子)

베텍 덴티스트리 원장(치의학 박사)

오타 미쓰하루(太田充治)

동물 안과 센터 원장

와카마쓰 가오루(若松薫)

펭귄 펫 클리닉 원장

와타누키 가즈히코(綿貫和彦)

두리틀 동물병원 원장

와타리 도시히로(亘敏広)

니혼 대학교 생물자원과학부 수의학과 종합임사수의학 연구실 교수(수의학 박사)

요네자와 사토루(米澤覚)

아톰 동물병원 원장

요시무라 도모히데(吉村友秀)

요시무라 동물병원 원장

요시오카 히사오(吉岡永郎)

릴리 동물병원 원장

우네 사토시(宇根智)

네오베츠 VR 센터 센터장(수의학 박사)

이마니시 아키코(今西晶子)

(전) 우노 동물병원 원장, 수의사

이시마루 구니히토(石丸邦仁)

이시마루 동물병원 원장

이와모토 다케히로(岩本竹弘)

나카니와 동물병원 원장

이이노 마키코(飯野真紀子)

(전) 동물임상의학 연구소 연구원, 수의사

이토 히로시(伊藤博)

도쿄 농공 대학교 동물 의료 센터 전임 교수 (수의학 박사)

즈카네 에쓰코(塚根悦子)

아리스 동물병원 원장

지노네 시로(茅根士郎)

아자부 대학교 명예 교수(수의학 박사)

하라 기쿠지(原喜久治)

하라 동물병원 원장

하스이 교코(蓮井恭子)

하스이 동물병원, 수의사

하시모토 시즈(橋本志津)

아니호스 펫 클리닉 수의사(수의학 박사)

하야시 노리코(林典子)

헬로 동물병원 원장

호시 가쓰이치로(星克一郎)

미쓰케 동물병원 수의사(수의학 박사)

후루카와 도시키(吉川敏紀)

구라시키 예술과학 대학교 생명동물과학과 교수(수의학 박사)

후루카와 슈지(吉川修治)

이와타 수의과 의원 수의사(수의학 박사)

후지와라 모토코(藤原元子)

후지와라 동물병원 부원장

후지타 게이이치(藤田桂一)

후지타 동물병원 원장(수의학 박사)

후지타 미치오(藤田道郎)

일본 수의생명과학 대학교 수의방사선학
교수(수의학 박사)
히라오 히데히로(平尾秀博)
일본 동물 고도 의료 센터(수의학 박사)

지은이 **공익재단법인 동물임상의학 연구소**

일본에서 1991년 설립된 공익재단법인 동물임상의학 연구소는 임상 수의학 연구는 물론 학회와 강연회 개최, 수의료 스태프 교육과 양성, 그리고 야생 동물 보호 관리 등 정보 제공뿐 아니라 인재 육성에 걸쳐 대단히 폭넓게 활동하는 단체다. 2011년 일본 내각부로부터 공익재단법인으로 인정받았다. 2006년 반려동물의 건강을 지키기 위한 프로젝트로 일본의 수의사와 수의학 박사 총 120명에게 의뢰하여 〈개와 고양이에 관한 모든 의학 정보〉를 한자리에 모은 『개와 고양이 의학 사전(イヌ·ネコ家庭動物の医学大百科)』을 펴냈으며, 2012년 최신 의학 정보로 수정하고 보완한 개정판을 출간해 지금까지 3만 5천 부 판매 기록을 세우고 있다. 그 외 『동물임상의학(動物臨床医学)』, 『작은 동물 임상 혈액 연구회 텍스트(小動物臨床血液研究会テキスト)』 등의 정기 간행물을 비롯하여 『반려동물이 만나는 중독(伴侶動物が出会う中毒)』, 『개와 고양이를 위한 Q&A(イヌ·ネコペットのためのQ&A)』 등 여러 책이 있다.

옮긴이 **위정훈**

고려대학교 서어서문학과를 졸업하고 『씨네21』 기자를 거쳐 도쿄 대학교 대학원 종합문화연구과 객원 연구원으로 유학했다. 현재 인문, 정치 사회, 과학 등 다양한 분야의 출판 기획과 번역가로 활동하고 있다. 옮긴 책으로 『왜 인간은 전쟁을 하는가』, 『콤플렉스』, 『단백질의 일생』, 『바이러스의 비밀』, 『무한과 연속』, 『그림으로 읽는 친절한 뇌과학 이야기』 등이 있다.

감수

서경원

수의사. 서울대학교 수의과 대학의 수의내과학 교수로 재직하며, 서울대학교 수의과 대학 동물병원 원장을 역임하고 있다.

이종복

수의사. 서울 오래오래 동물병원 원장과 청주 고려 동물병원 내과 원장을 거쳐 부천대학교 반려동물과 교수로 재직하고 있다.

개와 고양이 의학 사전

지은이 공익재단법인 동물임상의학 연구소 **옮긴이** 위정훈
감수 야마네 요시히사·서경원·이종복 **발행인** 홍예빈·홍유진
발행처 사람의집(열린책들) **주소** 경기도 파주시 문발로 253 파주출판도시
대표전화 031-955-4000 **팩스** 031-955-4004
홈페이지 www.openbooks.co.kr **email** home@openbooks.co.kr

ISBN 978-89-329-2427-4 03520 **발행일** 2024년 4월 15일 초판 1쇄 2024년 4월 20일 초판 2쇄

사람의집은 열린책들의 브랜드입니다.
시대의 가치는 변해도 사람의 가치는 변하지 않습니다.
사람의집은 우리가 집중해야 할 사람의 가치를 담습니다.